清 华 大 学 土 木 工 程 系 列 教 材

住房和城乡建设部“十四五

建筑结构抗震设计理论与方法

第2版

潘鹏　张耀庭　王涛　编著

清華大学出版社

北　京

内容简介

本书详细讲解建筑结构抗震设计的基础理论，全面介绍建筑结构抗震设计方法的发展与前沿。第1～8章首先介绍地震学和结构振动分析的基础知识，然后讲解单自由度体系的地震响应规律和反应谱，接下来讲解多自由度体系的分析模型、分析方法和地震响应规律，最后从能量的角度分析结构地震响应和地震损伤。第9～18章则首先介绍建筑结构抗震设计方法和相关规范，并介绍基于性能的抗震设计及其在规范中的体现，然后讲解地基基础、砌体结构、钢筋混凝土结构和钢结构的抗震设计，接下来讲解隔震和消能减震结构设计，最后介绍震后功能可恢复结构的概念和实现方法，以及非结构构件的抗震设计。

本书可作为土木工程相关专业高年级本科生和研究生的教材，也可供从事建筑结构抗震相关工作的科研人员和工程设计人员参考使用。

图书在版编目（CIP）数据

建筑结构抗震设计理论与方法：第2版 / 潘鹏，张耀庭，王涛编著.—北京：清华大学出版社，2023.11
清华大学土木工程系列教材
ISBN 978-7-302-63403-4

I.①建… II.①潘… ②张… ③王… III.①建筑结构－防震设计－高等学校－教材 IV.①TU352.104

中国国家版本馆CIP数据核字（2023）第068740号

责任编辑： 秦　娜　赵从棉
封面设计： 陈国熙
责任校对： 欧　洋
责任印制： 刘海龙

出版发行： 清华大学出版社
网　　址： https://www.tup.com.cn, https://www.wqxuetang.com
地　　址： 北京清华大学学研大厦A座　　**邮　　编：** 100084
社 总 机： 010-83470000　　**邮　　购：** 010-62786544
投稿与读者服务： 010-62776969, c-service@tup.tsinghua.edu.cn
质量反馈： 010-62772015, zhiliang@tup.tsinghua.edu.cn
印 装 者： 三河市科茂嘉荣印务有限公司
经　　销： 全国新华书店
开　　本： 185mm×260mm　　**印　　张：** 39　　**字　　数：** 949千字
版　　次： 2023年11月第1版　　**印　　次：** 2023年11月第1次印刷
定　　价： 128.00元

产品编号：100807-01

前　言

地震工程学发展至今已有 100 余年的历史，地震工程和结构工程界对地震作用和结构抗震设计方法进行了大量的研究，基本上掌握了结构抗震的一般原理与方法。大量的震害实例及工程实践经验表明，对工程结构进行科学的抗震设计是消除或减轻地震灾害最积极有效的措施。与此同时，也发现很多结构在地震中的表现和所预期的结果并不一致，地震所导致的工程结构破坏依然是地震灾害的主要破坏形式。因此，结构工程师责任重大，有必要投入更多精力深入地研究和掌握地震作用的基本规律和结构抗震设计的原理和方法。

“建筑抗震设计”是我国高校土木工程专业的核心专业课程之一。当前，市面上关于建筑抗震设计方面的教材，大多数以我国抗震规范的章节为蓝本、基于对抗震规范条文内容的介绍和解释而编写，较严重地受到规范章节及条文内容的束缚与限制；从学生学习的角度来看，现有教材的普遍特点是内容多而庞杂，未能形成相对系统、完整的地震工程学的理论框架，缺少经典教科书，应该深入重点学习的知识没有介绍，应该粗略了解的知识又讲得过多且模棱两可，并且在新理论与新技术方面涉及较少。因此，合适的建筑结构抗震书籍，无论是土木工程专业本科高年级学生或研究生用的教材，还是结构工程技术人员的参考书，都十分缺乏。编写一本相对系统地介绍建筑抗震设计的基础理论、方法、应用及发展趋势，适应不同层次的教学与科研人员需求，且具有鲜明特点的建筑抗震设计教科书很有必要。在此背景下，编者历经 3 年时间完成了本书的编写。

本书总计 18 章，分别是：绪论；地震学基础知识；结构振动分析基础；单自由度结构的地震响应；多自由度结构弹塑性分析模型；多自由度结构弹塑性分析方法；多自由度结构的地震响应；地震能量和损伤分析方法；结构抗震设计方法和规范；基于性能/位移结构抗震设计方法；地基与基础抗震设计；砌体结构的抗震性能与设计；钢筋混凝土结构的抗震性能与设计；钢结构的抗震性能与设计；消能减震结构设计；隔震结构设计；震后功能可恢复的新型抗震体系；非结构构件抗震设计。其中，第 1～10 章及第 15～17 章由潘鹏编写，第 11～14 章由张耀庭编写，第 18 章由王涛编写。王涛补充完善了部分章节，全书由叶列平审核。

在本书的编写过程中，清华大学的邓开来、吴守君、张东彬、潘恒毅、李伟和韩钟骐等承担了大量的文字编辑工作。本书被用作清华大学研究生课程“结构抗震与减震原理”2016—2022 年的教学参考文档，选修这门课的同学们对本书稿提出了宝贵的修改意见和建议。在此一并表示衷心的感谢。

本书受国家重点研发计划（2019YFC1509303）资助，特此致谢。

由于编者水平有限，书中难免存在不当甚至错误之处，敬请读者批评指正。

编者

2023 年 2 月

目　　录

第 1 章　绪　　论

1.1　建筑结构抗震的任务和内容

建筑结构在地震中的破坏和倒塌是造成地震灾害的主要原因之一。建筑结构抗震是利用工程的手段解决地震灾害的一门学科，也是研究地震对建筑结构的影响以及如何使结构免受地震破坏的学科。

建筑结构是最典型的工程结构。建筑结构抗震问题属于典型的工程结构抗震问题。被称为“中国地震工程之父”的刘恢先先生在为《中国工程抗震研究四十年（1949—1989）》一书写的序言中形象地阐述了工程抗震所包含的内容和它们之间的相互关系。刘先生将工程抗震比喻为一栋摩天大厦，大厦由基础、支柱和各楼层组成。

大厦的基础是地震危险性预测，即地震区域划分，简称地震区划。对工程抗震而言，地震危险性预测是基础性的研究工作，具体包括以下三个方面的内容：①地震活动性区划，即不同地区未来一段时间内可能出现的最大地震的震级分布；②地震动区划，即地震烈度区划和地震动参数区划；③地震灾害区划，包括地震引起各类震害的分布。

支撑大厦的四根柱子是进行工程抗震所必需的手段和方法，具体包括以下四个方面：①地震震害调查，即总结抗震经验、了解结构动力性能并指导结构模型化；②抗震试验，包括拟静力试验、拟动力试验、地震模拟振动台试验以及其他动力试验；③强震观测，即通过强震观测研究地震动特性，进行地震危险性分析，并观测结构的地震响应特性；④动力学，包括结构动力学、土动力学、波动理论和随机振动理论等。

大厦的楼层是工程抗震所包含的内容。大厦包括多个楼层：一层是地震小区划和工程场地安全性评定；二层是一般建筑结构的抗震设计，如《建筑抗震设计规范》(GB 50011—2010)（以下简称《抗规》）中的内容就属于这一层，它给出了一般建筑结构抗震设计应该遵守的规范条款；三层是特种结构的抗震设计，如超高层结构的抗震设计；四层是建筑结构的抗震加固，当建筑结构使用了一定周期后、在根据新规范或标准需提高抗震等级或在地震后结构发生了损伤等情况下，需对其进行加固。

1.2　建筑结构抗震设计的特点

地震是一种自然现象，有其自然规律。工程结构在地震作用下的破坏也有其内在规律。正确掌握和运用这些规律，建造能够抵御地震作用的工程结构，是结构工程师的重要任务。

地震对建筑结构的影响与那些在建筑使用期间长期作用或经常作用的一般重力荷载和

其他作用（温度、沉降、徐变等）的最大不同在于：地震是一种突发性自然灾害，具有极大的随机性和不确定性，且持续时间很短（通常只有数十秒）。尤其是那些不可预见的罕遇地震，其作用荷载量值通常远超过结构设计所考虑的长期荷载，而重现期可能达数百年甚至数千年。因此，如果按罕遇地震作用量值进行结构设计，则对于在建筑物正常寿命期限内不出现罕遇地震的情况，势必会造成结构设计过于浪费。然而，如果不考虑可能会出现的罕遇地震影响，一旦罕遇地震发生，则将会对建筑物造成极大的破坏，并由此造成重大的生命财产损失。因此，建筑结构的抗震设计应采取与结构抵抗一般正常荷载作用不同的理念，使得结构在不同强度地震作用下按预期发生可接受的损坏。这一设计准则已成为目前各国制定建筑抗震设计规范的基础，并逐步得到细化和完善，形成了当前流行的基于性能抗震的设计思想。

相比于一般长期荷载作用效应与结构物动力特性基本无关的特征，地震对结构物的作用效应与结构物动力特性显著相关，这不仅表现在作用效应量值方面，也表现在作用的分布方面。尤其是在强烈地震作用下，结构产生损伤，进入弹塑性阶段后，随着结构物的损伤和弹塑性程度的发展，结构的动力特性会不断发生变化，使得地震作用效应的量值和分布也不断发生变化。而对于这种不断变化着的地震作用效应，目前还难以给出一种简便的方法予以确定。这种变化也使得一般的结构工程师很难准确把握建筑结构抗震设计的实质。因此，在结构抗震设计中，在充分理解结构抗震原理的基础上进行抗震概念设计和整体结构体系的抗震性能设计，往往比结构构件的计算设计更为重要。

迄今为止，人们虽然已经针对地震作用和结构抗震设计方法进行了很多研究，也基本掌握了结构抗震原理，然而很多结构在不断出现的地震中的表现往往并非像所预料的那样，因地震导致的结构破坏依然是地震灾害的主要问题。这令结构工程师需要更进一步继续深入研究和掌握地震作用规律与结构抗震设计原理。

对于像地震这样对结构具有极大不确定性和不可预见性的作用（撞击和爆炸也是如此），结构的冗余度就变得十分重要。冗余度不能简单地看作超静定次数。冗余构件在正常设计条件下不起作用或仅起很小作用，但若需要，它们就能够承受荷载。冗余构件可以看作偶然作用时的自动保险，冗余构件的失效不会影响整个结构的完整性。虽然冗余构件的采用可能违背工程的经济性与简洁性原则，但作为一种特殊的安全储备，对于结构抵御不可预测的偶然作用非常重要，也能够体现结构工程师对工程可能遭遇的各种不确定性作用和非荷载作用影响的掌握与预计水平。

就目前来说，人们还无法准确预测未来地震作用的大小。为避免过于浪费，结构抗震设计的一个原则就是容许在罕遇地震作用时结构中的某些部位或部分构件（最好是冗余构件）产生破坏，但这些部位和构件的破坏不应该影响结构的整体安全性能。地震有“识别结构薄弱部位”的特性，即总是在结构薄弱部位产生破坏。因此应合理利用地震作用的这种特性，人为设定结构的薄弱部位并在薄弱部位设置冗余构件，并使得这些薄弱部位的破坏不会导致整体结构成为几何可变体系，不会使结构丧失整体性，从而避免整体结构在大震作用时发生倒塌。结构在地震作用下的响应以及结构中各个部位的抗震承载力需求均与地震动特性和结构自身动力特性密切相关。因此，要基于对结构抗震性能的充分理解，人为设定结构中的薄弱部位才能达到预期目标。

1.3　本书的主要内容

地震是一种自然现象，有其自然规律性。结构在地震作用下的破坏也有其自然规律。只要是自然规律，人们总是可以设法掌握。正确运用这些规律，设计能够抵御地震作用的工程结构是结构工程师的重要任务。应该先从自然的地震灾害中寻找结构的震害规律，继而从理论上探寻建筑结构抗震的基本原理。本书以地震学的基础知识、结构抗震设计的基本理论与方法、工程结构的抗震三部分内容为主线，对结构抗震设防的基本知识、地震作用和效应、结构抗震设计的基本原理和方法等进行了全面的介绍；同时，对结构非线性地震响应分析的力学基础、数值建模方法、材料本构关系与单元类型选择、地震动的选择与调整等关键技术进行了全面的分析与介绍；另外，本书吸收了近年来各国在工程抗震领域的最新研究成果，包括结构地震能量和损伤分析方法、基于性能的抗震设计方法、消能减震与隔震结构以及震后功能可恢复的新型抗震结构体系等内容。希望读者能够先寻找结构震害规律，掌握建筑结构抗震的基本原理，再了解建筑结构抗震的方法及相关规范，从而对建筑结构抗震设计有更深刻的认识，并在工程设计中灵活运用。

第 2 章　地震学基础知识

工程抗震设计的主要目的是增强建筑结构抵抗地震作用的能力。了解地震学的基础知识可提高设计人员的专业技术水平。本章主要介绍地震学的基本知识，并简要介绍地震动与结构响应之间的关系。

2.1　有关地震的一些基本概念

地震是地壳快速释放能量过程中产生的地面运动。图2.1.1给出了与地震相关的重要概念。

震源：地壳中岩石发生断裂、错动的地方，即地震时的应变能释放区。

震中距R
震中
场地
震源深度h
震源距r
震源
能量中心
断层破裂长度

图 2.1.1　地震概念示意图

震中：震源在地表的投影点。

震中距：从震中到地面上任意一点的距离。

震源距：从震源到地面上任意一点的距离。

能量中心：能量释放的中心，一般是断层破裂面的几何中心。

图 2.1.2（a）示出了世界上最大的陆地断裂带——东非大裂谷，其绵延 6000km，最深处达 2km。地震的能量中心一般在发生地震的断层几何中心，如图 2.1.2（b）所示为东非大裂谷的断层示意图。对于较小的地震，能量中心一般与震源重合；对于较大的地震，能量中心则多与震源不重合。

（a）东非大裂谷

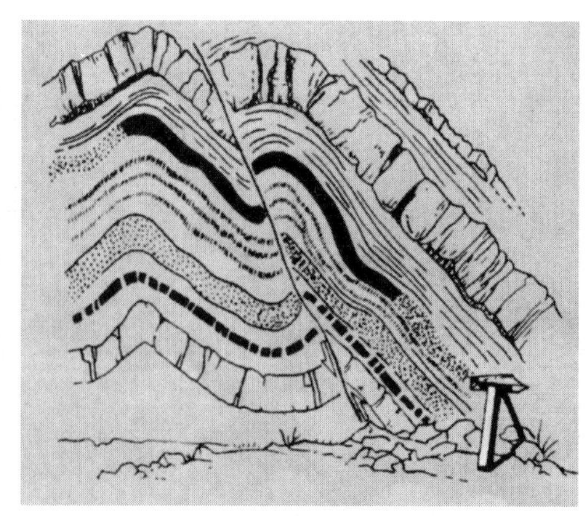

（b）断层示意图

图 2.1.2　裂谷与断层

地震的三要素为时间、空间、强度。描述一场地震时，应该说明地震发生的时间，震源的经纬度、深度以及本次地震的强度。在地震预报中预报一次地震也需要确定这三个要素。对已发生的地震，实际的震中、震源位置的确定通常会有几公里到几十公里的误差，极个别的可能存在百公里的误差。地震预报很难，人们几乎不可能给出准确预报。世界上最成功的范例是 1975 年我国地震工程学者对海城地震做出的预报。

地震强度一般用震级来描述，是以地震仪测定的每次地震活动释放的能量多少来确定的。中国目前使用的震级标准是国际上通用的里氏分级表，共分 9 个等级。在实际测量中，震级则是根据地震仪对地震波所做的记录计算出来的。地震越大，震级的数字也越大；震级每差一级，通过地震释放的能量约差 32 倍。需要注意的是，某次特定的地震只能有一个震级，震级与后面介绍的地震烈度是不同的概念。地震烈度不但和地震能量有关，而且和震中距离、震源深度、地质条件等因素有关。

根据震源位置的深浅，地震可分为浅源地震、中源地震和深源地震。浅源地震的震源深度一般不超过 70km，唐山地震以及 El Centro 地震均为浅源地震，浅源地震约占总地震次数的 72.5%。震源深度为 70～300km 的地震称为中源地震，中源地震约占总地震次数的 23.5%。中源地震在南美洲、日本海、印度尼西亚以及中国北部地区较为常见。深源地震的震源深度超过 300km，深源地震约占全球总地震次数的 4%。深源地震的峰值加速度小，卓越频率一般为 0.2～3Hz，由于岩石和土壤的作用，传递至地面时，地震动中大部分高频分量已被过滤掉。

大地震前后，在震源附近总会有一系列小地震发生，将其按发震时间排列起来（包括本次大地震）称为地震序列。某一地震序列中最强烈的一次地震称为主震，主震前的地震称为前震，一般主震之后还伴随有数次余震。根据地震序列的特征不同，地震可分为以下几种类型。

（1）单发型：有突出的主震，余震次数少、强度低；主震所释放的能量占全序列的 99%以上；主震震级和最大余震相差 2.4 级以上。此类地震约占总地震次数的 10%。

（2）主震型：主震非常突出，余震十分丰富；最大地震所释放的能量占全序列的 80%以上；主震震级和最大余震相差 0.7～2.4 级。海城地震和唐山地震均属于此类型。此类地震约占总地震次数的 60%。

（3）群震型：有两个及两个以上大小相近的主震，余震十分丰富；主要能量通过多次震级相近的地震释放，最大地震所释放的能量占全序列的 80%以下；主震震级和最大余震相差 0.7 级以下。较为典型的群震型地震于 1960 年发生在智利，从 5 月 21 日到 6 月 22 日发生三次超过 8 级的地震。此类地震约占总地震次数的 30%。

2.2　地震的成因和机制

1. 地震的成因

根据地震的成因，可将地震分为以下几类：

（1）构造地震：主要由于岩层断裂，发生变形和错动，在地质构造上发生巨大变化而产生的地震，也叫断裂地震。此类地震占总地震次数的90%以上，破坏性地震多属于构造地震。

（2）火山地震：火山爆发时所引起的能量冲击产生的地壳振动。火山地震有时也相当强烈，但这种地震所波及的地区通常只限于火山附近几十公里远的范围，而且发生次数较少，只占地震总次数的7%左右，所造成的危害较轻。

（3）陷落地震：地层陷落引起的地震。这种地震发生的次数更少，只占地震总次数的3%左右，震级不大，影响范围有限，破坏也较小；我国近70年来仅于1954年和1965年在四川自贡发生过两次。

（4）诱发地震：在特定的地区因某种地壳外界因素诱发（如陨石坠落、水库蓄水、深井注水）而引起的地震。

（5）人工地震：如地下核爆炸、工业爆破等人为活动引起的地面振动。

板块运动目前被公认为诱发构造地震的宏观原因。板块构造学说认为地球表面的岩石圈分为几大板块，均漂浮在其下面的软流圈上。软流圈的物质较轻、较软，部分呈熔融状态，为板块运动提供了条件。

板块构造理论中将地球分为6大板块，分别为亚欧板块、非洲板块、美洲板块、印度板块（或称印度洋板块、澳大利亚板块）、南极洲板块和太平洋板块，板块厚80～200km。有人将美洲板块分为北美板块和南美板块，认为全球有7大板块。根据地震带的分布及其他标志，人们进一步划出纳斯卡板块、科科斯板块、加勒比板块、菲律宾海板块等次一级不定型板块。板块的划分并不遵循海陆界线，也不一定与大陆地壳、大洋地壳之间的分界有关。大多数板块包括大陆和洋底两部分。太平洋板块是唯一基本上由洋底岩石圈构成的大板块。

板块边缘是指一个板块的边缘，板块边界是地质活动带。根据板块的相对运动状态，边界可分为四类：①分离型板块边界；②汇聚型板块边界；③转换型板块边界；④不定型板块边界。震源机制表明，前三类边界的主导应力状态分别是引张、挤压和剪切。板块间相对运动会导致能量在板块边界累积。

板块运动引起岩层变形累积，达到一定程度突然破裂，释放的巨大能量以波的形式向外传播，引起地面运动，迫使结构振动，产生破坏。在大板块边缘地震最多，这些地震称为板缘地震，一般属于浅源地震。图2.2.1所示为世界地震分布图，从图中可以看到两条大地震带：环太平洋地震带，该地区地震占世界地震总数的75%以上；亚欧地震带，在印度东部与环太平洋地震带相遇，其上发生的地震占地震总数的22%。环太平洋地震带属于典型的板缘地震带，大小板块边缘都是地震集中处。

有些地震不是发生在板块边缘，而是在板块内，称为板内地震，约占地震总数的15%。板块内部地震的分布零散，危害性大，机制复杂，如唐山地震。

中国位于亚欧板块东南端，东为太平洋板块，南为印度洋板块，亚欧板块向东、太平洋板块向西、印度洋板块向北挤压中国大陆，因此中国是地震多发国家。

2. 地震的形成机制

弹性回跳理论是目前最流行和最有说服力的解释地震机制的理论。这一理论是由里德（H. F. Reid）在1911年根据1906年旧金山8.3级大地震前后的观测结果提出的，其示意图如图2.2.2所示。其主要论点如下：

（1）地壳是由弹性的有断层的岩石组成的。

（2）地壳运动产生的能量以弹性应变能的形式在断层及其附近的岩层中长期累积。

（3）当弹性应变能累积及岩层变形达到一定程度时，断层上某点（应力超过强度极限）两侧的岩体向相反方向突然滑动，断层上长期累积的弹性应变能突然释放，地震因之产生。

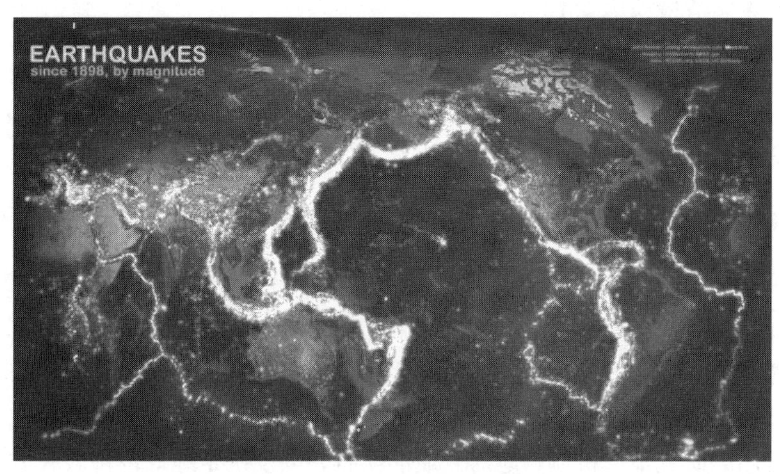

图 2.2.1　世界地震分布图

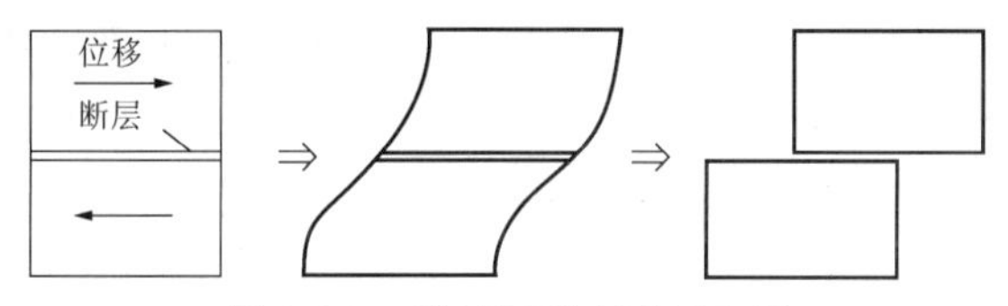

图 2.2.2　弹性回跳理论示意图

弹性回跳理论没有讲地壳如何运动、弹性能量怎样得以累积，而板块构造运动理论弥补了弹性回跳理论的不足。

断层是地震学中的一个重点研究对象。根据断层两侧岩体滑动的形式，可分为以下两种断层，如图 2.2.3 所示。

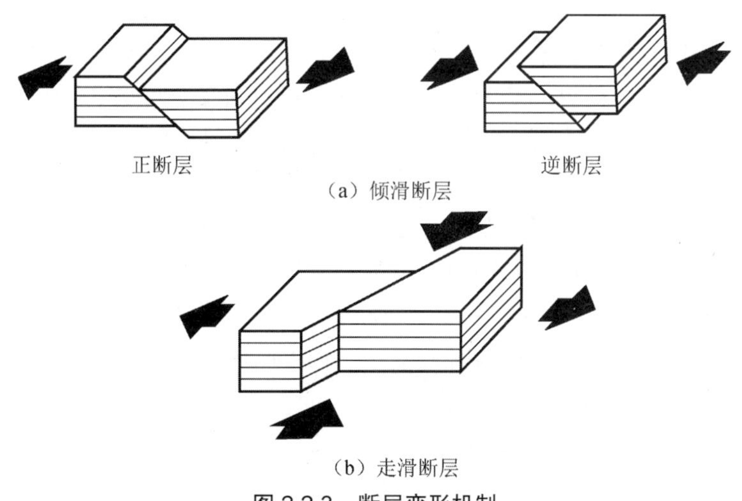

图 2.2.3　断层变形机制

（1）倾滑断层：分为正断层和逆断层，通常产生的地震较小。

（2）走滑断层：分为左旋断层和右旋断层，可产生大地震。

实际地震可能出现两种变形模式均存在的情况。1995 年日本阪神地震是走滑断层，震中地表倾滑达 1m，地震机制与唐山地震基本一致；2001 年 11 月 14 日发生在昆仑山口西的大地震的地表倾滑最大达 6m。

2.3　地震波概述

2.3.1　地震波的特性

地震发生时，震源释放的能量以波的形式从震源向周围地球介质传播，这种波称为地震波。地震波使地面产生运动，导致建筑结构的破坏。地震波是地震产生的后果，也是导致结构物地震破坏的直接原因。地震波是研究震源和地球构造的基础，是地震学的理论基础。

地震波可用来研究地震机制、地球介质的结构，以及确定地球内部较大的界面。同时，合理分析地震波也有利于地质勘探工作的开展。

对于建筑结构来说，地震波是引起结构破坏的原因。对地震波特性的了解是正确估计结构地震响应的基础。在大型复杂结构抗震问题研究中，常常需要进行结构多点输入和多维输入的地震响应分析，当计算分析方法合理可靠时，地震动空间分布的特性确定是正确的，决定了分析结果是否可靠。地震动空间分布特性是地震工程中一个十分重要的研究课题。小波变换方法常常用于地震波动特性的分析，利用小波变换可以研究波动频率成分随时间的改变，而频率的改变有时会对已出现损伤的结构的反应产生重要影响。

关于地震波的特性，首先需要强调几点：

（1）波动是能量的传播，而不是介质物质的传播。

（2）固体介质中的波可以是弹性波、非线性波、弹塑性波。

（3）在震源处，介质的变形是非线性的，而离开震源一定距离后，介质的变形则表现为线弹性。在线弹性介质中传播的波称为弹性波，地震波理论一般都是弹性波理论。

在弹性波理论中，最简单的是一维波动理论。在一维波动问题中，仅用一个空间坐标就能确定波场的空间分布。求解一维波动方程可以避免多维空间造成的数学困难，有利于阐明波动过程的物理概念。同时，在结构地震响应分析中，常采用一维介质模型考虑土层场地的影响，对于构造规则的多层结构，也有研究人员采用一维剪切型结构进行研究，所以一维波动分析在波动理论研究及实际应用两方面都有重要作用。式（2.3.1）为一维弹性波动方程，其中 $c=\sqrt{G/\rho}$ 表示应力波速，是描述波动的重要参数。对于波动方程，可以直接求解偏微分方程，此时该方法称为时域解法；也可以通过积分变换将其转化至频域的范围内再求解，此时该方法称为频域解法。

$$\frac{\partial^2 u(t,x)}{\partial t^2}=c^2\frac{\partial^2 u(t,x)}{\partial x^2} \tag{2.3.1}$$

2.3.2　地震波的传播机制

地球介质中的地震波类型较多，主要为面波和体波。面波沿着地球表面或者介质界面传播，体波可以在地球内部传播。

体波又分为 P（primary）波和 S（secondary）波。P 波也可称为纵波或压缩波，可在固体、液体以及气体介质中传播。P 波的质点振动方向与波动的传播方向一致，例如杆中纵波、空气中声波。P 波的周期短、振幅小。P 波的波速按照式（2.3.2）计算，其中 E、ν、ρ 分别为介质的弹性模量、泊松比及密度。

$$c_{\mathrm{P}} = \sqrt{\frac{E(1-\nu)}{\rho(1+\nu)(1-2\nu)}} \tag{2.3.2}$$

P 波在岩石中的传播速度为 5000～7000m/s，在土壤中的传播速度为 200～1400m/s。

S 波一般称为横波，其主要特点在于质点振动方向与波动的传播方向垂直，只能在固体中传播。与 P 波相比，S 波的周期较长，振幅较大。S 波的波速按照式（2.3.3）计算，S 波在岩石中的传播速度为 3000～4000m/s，在土壤中的传播速度为 100～800m/s。

$$c_{\mathrm{S}} = \sqrt{\frac{E}{2\rho(1+\nu)}} \tag{2.3.3}$$

P 波与 S 波的波速之比为

$$\frac{c_{\mathrm{P}}}{c_{\mathrm{S}}} = \sqrt{\frac{2(1-\nu)}{1-2\nu}} \tag{2.3.4}$$

一般来说，岩石的泊松比为 0.25，P 波的波速约为 S 波的 1.73 倍。一般弹性介质的泊松比为正值，且不超过 0.5，所以 P 波的波速通常大于 S 波；人们通常先感知到 P 波后感知到 S 波，这也是 P 波和 S 波名字的由来。

假若介质是均匀无限空间，则只能存在体波，且各种体波可以独立存在。如果介质存在界面，界面两侧介质的性质不同，则体波在界面上将产生反射和折射。除产生反射和折射的体波外，也会产生其他类型的波。面波即离开震中一定距离后，由体波入射到地面或介质界面时产生的转换波。面波的特点是其能量局限在地表面或界面附近的区域，波的能量沿地表面或界面传播，振幅随深度的增加而减小。地球介质中的 S 波又分为 SH 波和 SV 波。SH 波为平面外波动；SV 波为平面内波动。需要注意的是，地震后引起结构破坏的主要是 S 波。

在地球介质的交界面上，地震波的入射、反射和折射遵循 Snell 定律。图 2.3.1 示出了 P 波和 S 波的入射、反射和折射规律。P 波和 S 波经过反射和折射，可以形成不同类型的地震波。以下分别介绍 Rayleigh 波和 Love 波。

Rayleigh 波是由 SV 波以超临界角入射到弹性半空间表面时干涉产生的转换波，可以存在于弹性半空间及成层弹性半空间中。在震中区一般不出现 Rayleigh 波。Rayleigh 波的存在条件为：震中距 R 满足式（2.3.5）。其中，h 为震源深度，c_{R} 为 Rayleigh 波波速，c_{P} 为 P 波波速。

$$R > \frac{c_{\mathrm{R}} h}{\sqrt{c_{\mathrm{P}}^{2} - c_{\mathrm{R}}^{2}}} \tag{2.3.5}$$

在弹性半空间中，Rayleigh 波是一种沿着自由表面传播的波，地球-空气界面可以看作自由界面，如图 2.3.2 所示。从理论上说，Rayleigh 波只能沿着均匀半空间自由表面和均匀介质自由界面传播。Rayleigh 波沿二维自由表面扩展，在距波源较远处，其破坏力比沿空间各方向扩展的纵波和横波大得多，因而它是地震学中的主要研究对象。地滚波是 Rayleigh 波中一种特殊的波，它沿着地表传播，传播过程中作逆椭圆运动，其特征是低速、低频和强振幅。

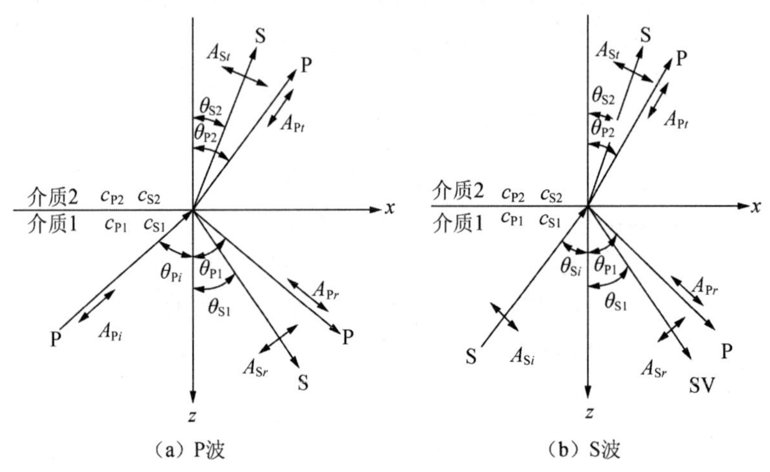

图 2.3.1　地震波的入射、反射和折射

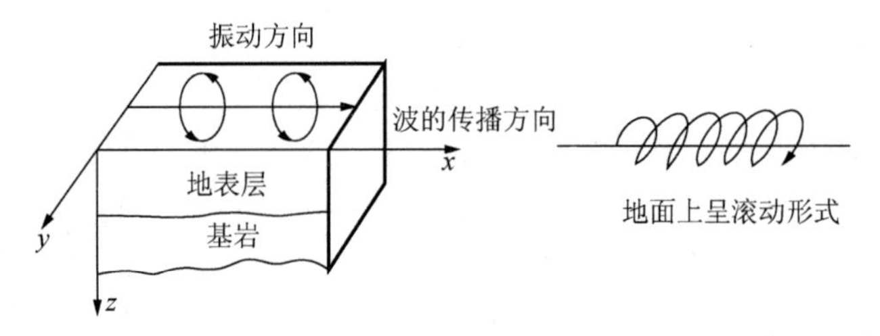

图 2.3.2　Reyleigh 波示意图

Love 波是另外一种重要的地震波，其首先在实际地震观测中被发现，后来由 Love 从理论上证明其存在。Love 波的存在条件为：弹性半空间上存在一软弱水平覆盖层，覆盖层的剪切波速 $c_{S1} < c_{S2}$，如图 2.3.3 所示。Love 波是一种由 SH 波产生的面波。Love 波的传播类似于蛇行运动，即质点作与传播方向垂直的水平运动，无竖向运动分量，如图 2.3.4 所示。

Love 波的传播速度 c_L 介于两种介质的横波波速之间，即 $c_{S1} < c_L < c_{S2}$。与 Rayleigh 波不同，Love 波仅有一个水平分量。

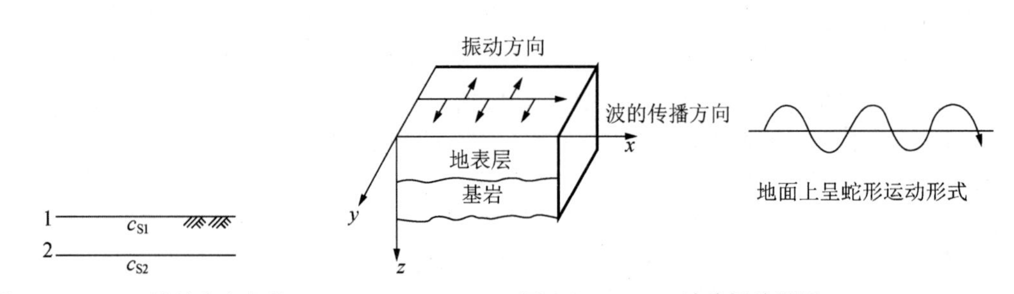

图 2.3.3　Love 波的存在条件　　图 2.3.4　Love 波传播俯视图

实际由震源发出的地震波是由点源射向三维空间的体波，即体波是一个球面波。当这个波射到地球介质的界面时可能产生面波，面波将以柱面波的形式向外传播。随着传播距离的增加，波动的能量密度会减小，波动位移的幅值也随之变小，这就是所谓波动的几何衰减，如图 2.3.5 所示。

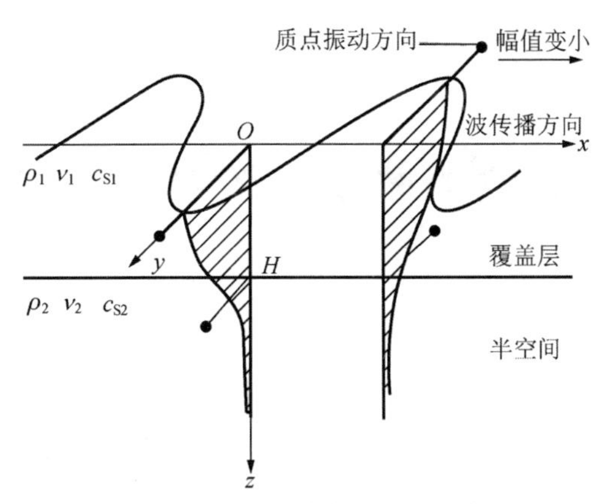

图 2.3.5　Love 波传播及几何衰减

下面根据球面波和柱面波振幅随传播距离变化的特点来定性说明地震波的几何衰减规律。对于体波，其波动振幅的平方与地震能量密度成正比，而地震能量密度与震中距的平方成反比，体波的振幅与震中距成反比关系，如式（2.3.6）所示。

$$A^2 \propto E_B \propto 1/R^2 \Rightarrow A \propto 1/R \tag{2.3.6}$$

而对于面波，其波动振幅的平方与地震能量密度成正比，而地震能量密度与震中距成反比，面波的振幅与震中距的平方根成反比关系，如式（2.3.7）所示。由此可见，面波的衰减比体波慢得多。

$$A^2 \propto E_S \propto 1/R \Rightarrow A \propto 1/\sqrt{R} \tag{2.3.7}$$

三维空间中体波和面波的传播也叫辐射传播。由于波动辐射传播引起的波动振幅衰减的效应称为辐射阻尼。引起地震波振幅衰减的另一个原因是介质的非弹性，即存在介质阻尼。

以上介绍了地震波的主要类型和特点。实际地震波的类型很多，但一般都可用前面介绍的基本波表示。在震中区，地震动以体波为主；在远离震中的区域将出现面波成分；当震中距较大时，地震动分量中面波的振幅可能大于体波。图 2.3.6 显示了不同地震波在空间分布的先后顺序和质点振动特点。P 波传播速度最快，然后是 S 波，S 波之后一般是 Love 波，Rayleigh 波传播速度最慢。

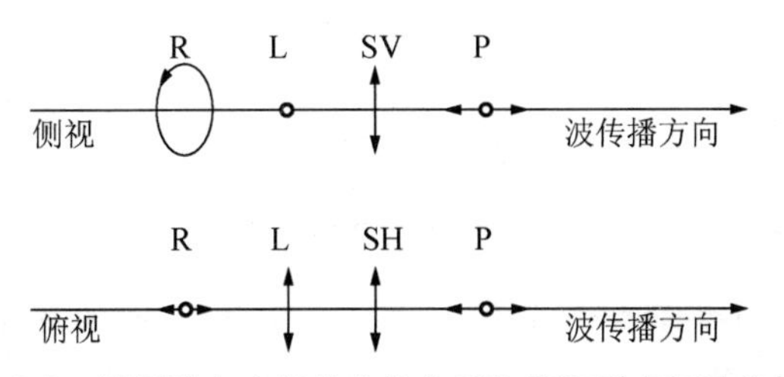

图 2.3.6　地震波在空间分布的先后次序和质点振动的特点

各种地震波的传播特性不同，导致近场地震和远场地震的加速度时程曲线区别较大。近场地震的地面运动在很短时间内达到峰值，地震波中短周期成分较多，地面震动的持续时间不长，衰减较快。在远离震中的地区，地面运动开始较晚，但震动幅度较大，长周期成分较多，衰减较慢。图 2.3.7 给出了典型的近场地震与远场地震的时程曲线。

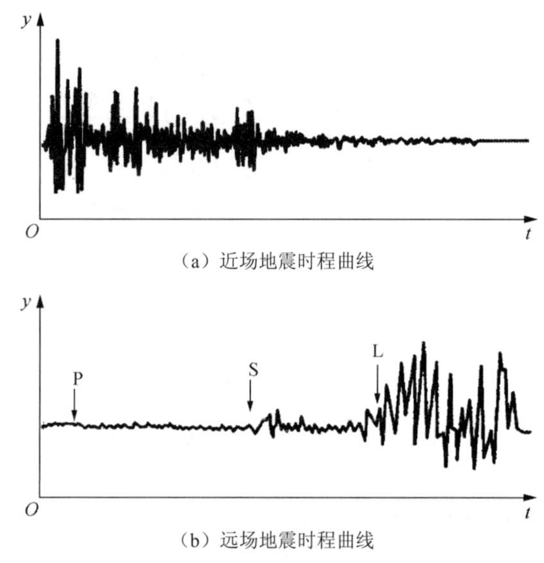

（a）近场地震时程曲线

（b）远场地震时程曲线

图 2.3.7　近场地震与远场地震时程曲线

在工程场地中，P 波首先到达，然后 S 波到达，最后面波出现。由于大部分地震台站离震中较远，因此所得记录一般为远震记录，在这些记录中面波的振幅往往大于体波的振幅，在早期的记录中明显显示了这一特征。但这一结论对强震记录一般不成立，一是由于强震记录以近震为主；二是强震记录为加速度，高频成分影响大于低频成分，而面波以中低频为主。

根据地震记录的初动持续时间 T_{SP}，可以确定震源距。初动持续时间 T_{SP} 定义为

$$T_{\mathrm{SP}}=t_{\mathrm{S}}-t_{\mathrm{P}}=\frac{r}{c_{\mathrm{S}}}-\frac{r}{c_{\mathrm{P}}} \tag{2.3.8}$$

由此可以得到震源距为

$$r=\frac{c_{\mathrm{S}}c_{\mathrm{P}}}{c_{\mathrm{P}}-c_{\mathrm{S}}}T_{\mathrm{SP}} \tag{2.3.9}$$

如果 3 个及以上不同台站记录到了地震，则可以确定震中的位置，再用作图法可以定出震源深度。

2.4　地震震级

2.4.1　里氏震级

我国采用国际惯用的里氏震级（Richter magnitude）来表示地震的大小，如图 2.4.1 所示。

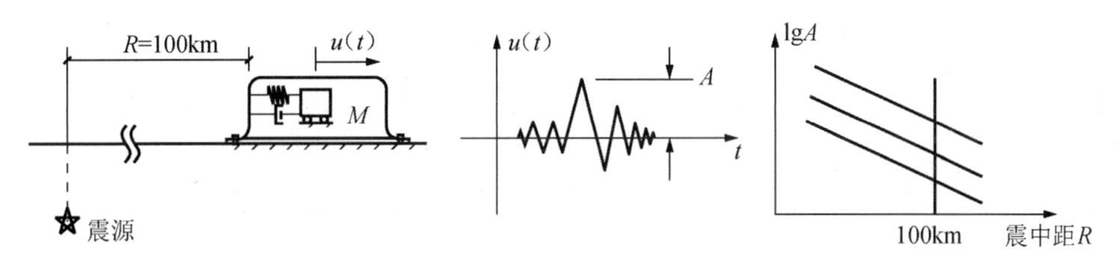

图 2.4.1　里氏震级的确定

用标准地震仪（自振周期为 0.8s、阻尼比为 0.8、放大系数为 2800 的地震仪）在距震中 100km 处以微米（μm）为单位记录地面的最大水平位移时程 A，则地震的震级可用下式表示：

$$M_L = \lg A \tag{2.4.1}$$

当观测点与震中的距离不是 100km 时，里氏震级的换算公式见式（2.4.2），其中 A 为记录到的两个水平分量最大振幅的平均值；$\lg A_0(R)$ 为随震中距 R 变化的起算函数，由当地经验确定，当 R＝100km 时，$A_0(R) = 1$。

$$M_L = \lg A - \lg A_0(R) \tag{2.4.2}$$

$$A = (\max|u_x| + \max|u_y|)/2 \tag{2.4.3}$$

里氏震级的适用范围：R＜600km，2～6 级地震标度，近场地震的测量精度较高。里氏震级是目前应用最广泛的震级单位，不但在科学研究和工程中得到使用，而且在发布地震预报和公告已发生地震的级别时也经常采用。

2.4.2　面波震级

面波震级定义为

$$M_S = \lg A - \lg A_0 \tag{2.4.4}$$

式中，A 为面波最大地面位移，以 μm 为单位，取两水平分量最大振幅的矢量和，表示为

$$A = \max\sqrt{u_x^2 + u_y^2} \tag{2.4.5}$$

$\lg A_0$ 为起算函数。当地震波卓越周期为 3～20s 时，适合用面波震级来描述地震强度。同时，当震中距超过 2000km 时，地震记录中主要是面波，因此面波震级适合描述远场地震。面波震级适用于较大地震的标度，在 4~8 级范围内具有较好的适用性。

2.4.3　体波震级

对于深源地震，地震记录中的面波成分很小，需要用 P 波振幅来量度。体波震级 M_B 适用的地震波周期在 1s 左右，可用于量度较大的地震。

2.4.4　持时震级

持时震级可用于量度震级 M≤3 的小地震，为地震学专用震级单位。

2.4.5 矩震级

为了更好地表征大地震，人们从反映地震断层错动的一个力学量地震矩 M_0 出发，提出了一种新的震级指标——矩震级 M_W。

矩震级直接与地震释放的能量建立定量联系，即 M_W 与地震矩 M_0 有关：

$$M_W = \lg M_0/1.5 - 10.7 \tag{2.4.6}$$

其中 M_0 表示地震能量的大小，其单位为达因・厘米（dyn・cm，1dyn=1×10^{-5}N）。矩震级在理论地震学研究中得到了较多的应用。

矩震级的测量可用宏观的方法，直接从野外测量断层的平均位错、破裂长度和岩石的硬度，根据等震线的衰减或余震推断震源深度，从而估计断层面积。也可用微观的方法，由地震波记录反演计算这些量。矩震级表示震源所释放的能量，而地震对地表的破坏性也取决于震源的深度。

2.4.6 震级计算

在给出的震级定义中，里氏震级和面波震级应用得最为广泛，其中里氏震级适用于量度震中距较小的地震，而面波震级可以量度震中距很大的大地震。

我国使用的计算地震震级的公式与前文介绍的里氏震级和面波震级的计算公式略有不同，主要考虑了我国使用的仪器和地震动的特点。

根据我国现有仪器特点，计算近震（震中距 $\varDelta$＜1000km）震级的公式为

$$M_L = \lg A_{\mathrm{m}} + R(\varDelta) \tag{2.4.7}$$

式中，M_L 为近震体波震级；A_{m} 为水平向最大振幅，μm；$R(\varDelta)$为随震中距 $\varDelta$ 变化的起算函数。

计算远震（震中距 $\varDelta$＞1000km）震级的公式为

$$M_S = \lg \frac{A_{\mathrm{m}}}{T} + \sigma(\varDelta) \tag{2.4.8}$$

式中，M_S 为远震面波震级；A_{m} 为水平向最大振幅，μm；T 为与 A_{m} 相应的周期；$\sigma(\varDelta)$ 为面波震级的量规函数；$\varDelta$ 为震中距。

震级的测定并不十分准确，对于同一次地震在不同地点测得的结果有时可相差 0.5 级，最大可相差 1 级，这是因为一个特定地点地震地面运动不但受震级大小和距震中远近的影响，而且受传播途径和局部场地条件的影响。虽然可以通过台站站址的选择有效地消除局部场地的影响，但传播路径的影响很难消除。

一般来说，小于 2.5 级的地震人感觉不到，为无感地震，也称为微震；震级大于 2.5 级的地震人可以感觉到，称为有感地震；而大于 5 级的地震可以造成破坏，称为破坏性地震，如图 2.4.2 所示。

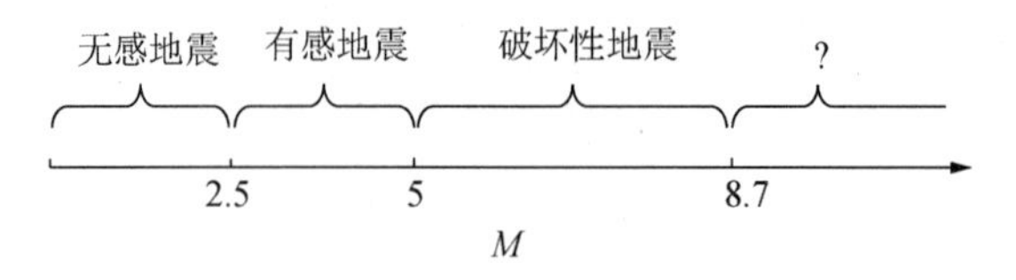

图 2.4.2　震级与震感

1960 年 5 月 22 日智利大地震被认为是截至目前最大的地震，其震级是里氏 8.7 级，矩震级 9.5 级；2011 年 3 月 11 日日本东北大地震是里氏 9.0 级，矩震级 9.0 级。是否有更大的地震或者说最大的地震有多大，目前还不清楚。关于地震的震级饱和问题是地震研究中的一个课题。用前面介绍的体波和面波的衰减规律可以解释为什么体波震级只能测中小地震，而面波震级可以测定大地震（测小地震反而不准或不能）。

2.4.7 震级和能量

根据我国的资料，里氏震级与面波震级之间的经验关系为

$$M_S = 1.13M_L - 1.08 \tag{2.4.9}$$

不同国家由于使用的仪器不同或受不同地区地质条件的影响，不同震级之间的转换关系有所不同。有了里氏震级与面波震级之间的转换关系，就容易理解为什么对于发生的大地震仍然用里氏震级发布。

根据经验，震级 M 与震源释放的能量 E 之间的关系为

$$\lg E = 1.5M + 11.8 \tag{2.4.10}$$

如记 M_n 和 M_{n+1} 分别为 n 级和 n+1 级地震，E_n 和 E_{n+1} 分别为 n 级和 n+1 级地震对应的能量，则 E_{n+1} 和 E_n 的比值约为 31.6，见式（2.4.11）。可见地震每增大 1 级，地震释放的能量约增大至上一级的 31.6 倍。

$$E_{n+1} / E_n = 10^{1.5} \approx 31.6 \tag{2.4.11}$$

利用震级和观测点位移振幅的关系式，可推导出式（2.4.12），说明地震每增大 1 级，振幅约增大至上一级的 10 倍。

$$A_{n+1} / A_n = 10 \tag{2.4.12}$$

2.4.8 震级和频度

震级和频度关系的经验公式一般可表示为

$$\lg N = a - bM \tag{2.4.13}$$

式中，N 为单位时间、单位面积内发生震级等于 M 及大于 M 级地震的次数；a 和 b 为与地区有关的常数。其中，a 是表示一个地区发生地震多少的系数，其变化范围大，日本取值为 6.86，美国西岸取值为 5.94；b 是表示一个地区地震分布关系的系数，一般为 0.5～1.5。

Kaila Narain 曾给出关于常数 a 和 b 的一个经验公式，见式（2.4.14），由这个经验公式可以发现震级和频度的关系是：大震少、小震多。

$$a = 6.35b - 1.41 \tag{2.4.14}$$

在世界范围内，每年发生数百万次地震，被设备记录到的有几千次，其中引发显著震害的仅有十几次。

2.4.9 震级和断层

震级与断层的破裂长度、断裂面积、断层位移均有一定的关系。断层的破裂长度不同，

导致震级的不同。需要注意的是，在不同地区，震级和断层的破裂长度之间的关系也是不一样的。表2.4.1和表2.4.2分别示出了震级和不同断层的破裂长度L以及断层位移D的关系。

表2.4.1 震级和断层破裂长度的关系

断层类型	关系表达式
正断层	$M_S = 0.809 + 1.341\lg L$
逆断层	$M_S = 2.021 + 1.142\lg L$
走滑断层	$M_S = 1.404 + 1.169\lg L$

表2.4.2 震级和断层破裂位移的关系

断层类型	关系表达式
正断层	$M_S = 6.668 + 0.75\lg D$
逆断层	$M_S = 6.793 + 1.306\lg D$
走滑断层	$M_S = 6.974 + 0.804\lg D$

2.5 地震震害

震害是指地震引起的破坏，较大的地震才能造成震害。历史经验表明，地震震级超过里氏5.5级时，可引发显著的震害。通过有效的震害调查，人们可以更加清晰地认识地震。例如从地表的破坏，可以直接观测、分析地震断层的类型和特点；根据一个区域建筑结构的破坏规律可以分析地震波场的特点等。在此基础上，可以提出、改进结构抗震设计，提高结构抗震能力。根据经验，一般抗震设计规范的修订都在大地震后，如1976年唐山大地震后，1978年编制完成了《工业与民用建筑抗震设计规范》(TJ 11—78)，1989年完成了《建筑抗震设计规范》(GBJ 11—89)。同时地震可以检验结构体系、构造措施的优劣。

震害分为直接震害和间接震害。地震直接引起的损失称为直接震害，例如生命财产损失，包括结构倒塌、环境破坏等。地震导致的次生灾害，如火灾、水灾、流行疾病、爆炸等称为间接震害。概括起来，震害主要表现在三个方面，即地表破坏、结构物破坏、次生灾害。下面主要介绍地表破坏和结构物破坏。

地表破坏主要分为地裂缝、地面震陷、喷砂冒水和滑坡塌方四种。较为著名的例子为1959年8月17日美国蒙大拿州赫布根湖7.1级地震中，3300万m^3土石方的山崩堵塞了麦迪逊峡谷，形成一个长1200m、南岸高600m、北岸高约1200m的天然坝，堵河成湖。

建筑结构的破坏是结构抗震设计关注的重点问题。建筑结构破坏包括振动破坏和地基失效破坏。结构振动破坏可表现为结构在地震下丧失整体稳定性，例如连接破坏引起的屋盖整体落下、结构的整体倾斜倒塌破坏；也可表现为结构强度不足造成破坏，如墙体交叉裂纹、支撑柱压坏、梁剪切破坏。当地基的不均匀沉降和地基液化出现时，可引起地基失效破坏，虽然不会导致结构构件破坏，但可能引起整体结构倾斜甚至倒塌，例如1964年6月16日日本新潟7.4级地震中，4层公寓倾倒，但结构本身破坏轻微。在结构灾害中，应该区分结构振动破坏与地基失效引起的破坏，以便工程设计人员对症下药，采取相应措施。

2.6　地震烈度

地震烈度指地震时某一地区的地面和各类建筑物遭受地震影响的平均强弱程度。烈度反映了一次地震中一定区域内地震动多种因素综合强度的总平均值，是地震破坏作用的总评价。一次地震在不同的区域内会有不同的烈度。

烈度是用来量度地震强度的最早的一个变量，已有近 200 年的历史，直到现在很多国家和地区仍在应用。烈度不用仪器量测，而是根据对现象的描述来确定，如表 2.6.1 所示。这些历史地震资料，可为当代地震危险性分析提供参考。

一个地区的地震烈度是用人的感觉、器物反应、结构物破坏、地表现象等特征来评定的，其中结构物破坏和地表现象是最主要的两项。一般按烈度分成 12 度：1～12，如中国、美国；日本分为 8 度：0～7。在分析不同国家的地震震害时，要注意该国家的烈度划分。烈度主要包括以下 3 方面特性：

（1）多指标的综合性（人、物、结构和地表）；

表 2.6.1　中国地震烈度表

地震烈度	人的感觉	房屋震害			其他震害现象	水平向地震动参数	
		类型	震害程度	平均震害指数		峰值加速度/(m/s²)	峰值速度/(m/s)
Ⅰ	无感	—	—	—	—	—	—
Ⅱ	室内个别静止中的人有感觉	—	—	—	—	—	—
Ⅲ	室内少数静止中的人有感觉	—	门、窗轻微作响	—	悬挂物微动	—	—
Ⅳ	室内多数人、室外少数人有感觉，少数人梦中惊醒	—	门、窗作响	—	悬挂物明显摆动，器皿作响	—	—
Ⅴ	室内绝大多数、室外多数人有感觉，多数人梦中惊醒	—	门窗、屋顶、屋架颤动作响，灰尘掉落，个别房屋墙体抹灰出现细微裂缝，个别屋顶烟囱掉砖	—	悬挂物大幅度晃动，不稳定器物摇动或翻倒	0.31（0.22～0.44）	0.03（0.02～0.04）
Ⅵ	多数人站立不稳，少数人惊逃户外	A	少数中等破坏，多数轻微破坏和/或基本完好	0.00～0.11	家具和物品移动；河岸和松软土出现裂缝，饱和砂层出现喷砂冒水；个别独立砖烟囱轻度裂缝	0.63（0.45～0.89）	0.06（0.05～0.09）
		B	个别中等破坏，少数轻微破坏，多数基本完好				
		C	个别轻微破坏，大多数基本完好	0.00～0.08			

续表

<table>
<tr><th rowspan="2">地震烈度</th><th rowspan="2">人的感觉</th><th colspan="3">房屋震害</th><th rowspan="2">其他震害现象</th><th colspan="2">水平向地震动参数</th></tr>
<tr><th>类型</th><th>震害程度</th><th>平均震害指数</th><th>峰值加速度/(m/s^2)</th><th>峰值速度/(m/s)</th></tr>
<tr><td rowspan="3">Ⅶ</td><td rowspan="3">大多数人惊逃户外，骑自行车的人有感觉，行驶中的汽车驾乘人员有感觉</td><td>A</td><td>少数毁坏和/或严重破坏，多数中等和/或轻微破坏</td><td rowspan="2">0.09～0.31</td><td rowspan="3">物体从架子上掉落；河岸出现塌方，饱和砂层常见喷水冒砂，松软土地上地裂缝较多；大多数独立砖烟囱中等破坏</td><td rowspan="3">1.25
(0.90～1.77)</td><td rowspan="3">0.13
(0.10～0.18)</td></tr>
<tr><td>B</td><td>少数中等破坏，多数轻微破坏和/或基本完好</td></tr>
<tr><td>C</td><td>少数中等和/或轻微破坏，多数基本完好</td><td>0.07～0.22</td></tr>
<tr><td rowspan="3">Ⅷ</td><td rowspan="3">多数人摇晃颠簸，行走困难</td><td>A</td><td>少数毁坏，多数严重和/或中等破坏</td><td rowspan="2">0.29～0.51</td><td rowspan="3">干硬土上出现裂缝，饱和砂层绝大多数喷砂冒水；大多数独立砖烟囱严重破坏</td><td rowspan="3">2.50
(1.78～3.53)</td><td rowspan="3">0.25
(0.19～0.35)</td></tr>
<tr><td>B</td><td>个别毁坏，少数严重破坏，多数中等和/或轻微破坏</td></tr>
<tr><td>C</td><td>少数严重和/或中等破坏，多数轻微破坏</td><td>0.20～0.40</td></tr>
<tr><td rowspan="3">Ⅸ</td><td rowspan="3">行动的人摔倒</td><td>A</td><td>多数严重破坏和/或毁坏</td><td rowspan="2">0.49～0.71</td><td rowspan="3">干硬土上多处出现裂缝，可见基岩裂缝、错动，滑坡、塌方常见；独立砖烟囱多数倒塌</td><td rowspan="3">5.00
(3.54～7.07)</td><td rowspan="3">0.50
(0.36～0.71)</td></tr>
<tr><td>B</td><td>少数毁坏，多数严重和/或中等破坏</td></tr>
<tr><td>C</td><td>少数毁坏和/或严重破坏，多数中等和/或轻微破坏</td><td>0.38～0.60</td></tr>
<tr><td rowspan="3">Ⅹ</td><td rowspan="3">骑自行车的人会摔倒，处不稳状态的人会摔离原地，有抛起感</td><td>A</td><td>绝大多数毁坏</td><td rowspan="2">0.69～0.91</td><td rowspan="3">山崩和地震断裂出现，基岩上拱桥破坏；大多数独立砖烟囱从根部破坏或倒毁</td><td rowspan="3">10.00
(7.08～14.14)</td><td rowspan="3">1.00
(0.72～1.41)</td></tr>
<tr><td>B</td><td>大多数毁坏</td></tr>
<tr><td>C</td><td>多数毁坏和/或严重破坏</td><td>0.58～0.80</td></tr>
<tr><td rowspan="3">Ⅺ</td><td rowspan="3">—</td><td>A</td><td rowspan="3">绝大多数毁坏</td><td rowspan="2">0.89～1.00</td><td rowspan="3">地震断裂延续很大，大量山崩滑坡</td><td rowspan="3">—</td><td rowspan="3">—</td></tr>
<tr><td>B</td></tr>
<tr><td>C</td><td>0.78～1.00</td></tr>
<tr><td rowspan="3">Ⅻ</td><td rowspan="3">—</td><td>A</td><td rowspan="3">几乎全部毁坏</td><td rowspan="3">1.00</td><td rowspan="3">地面剧烈变化，山河改观</td><td rowspan="3">—</td><td rowspan="3">—</td></tr>
<tr><td>B</td></tr>
<tr><td>C</td></tr>
</table>

注：表中给出的“峰值加速度”和“峰值速度”为参考值，括号内给出的是变动范围。

（2）分等级的宏观性（有 4 把尺子，每把尺子的刻度模糊，不像物理量，也就是说，从 4 个方面评价、每个方面定性评价、非定量评价的意思）；

（3）结果表示原因的间接性。

不同学者对烈度的理解不一样。一般地震学者倾向于地震后果，认为烈度是用来描述地震震害的强弱程度；工程抗震工作者则倾向于地震作用，认为可用烈度即宏观震害反映地震动的大小。

统计分析可用震中烈度估算震级（量度大地震震级大小）。1980 年李善邦给出震级 M 和震中烈度 I_0 的关系为

$$M = 0.58I_0 + 1.5 \tag{2.6.1}$$

根据 1900 年以来我国 152 次地震资料给出的震级和震中烈度的关系为

$$M = 0.66I_0 + 0.98 \tag{2.6.2}$$

美国古登堡（Gutenberg）和里克特（Richter）1956 年给出震级和震中烈度的关系为

$$M = \frac{2}{3}I_0 + 1 \tag{2.6.3}$$

可以用统计的方法研究地面运动物理量和烈度的关系，为抗震设计等提供参考。

地震后通过震害现场调查，确定各地点的烈度，将烈度标在一张地图上，用曲线将不同烈度区分开，同一区内的烈度相同，这样给出的烈度分布称为等震线图。典型的等震线图如图 2.6.1 所示。理论上的等震线有圆形和椭圆形。圆形等震线一般对应小地震，而椭圆形等震线对应大地震。

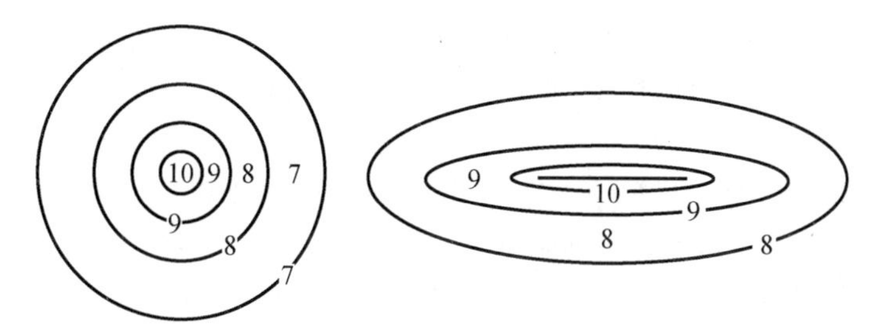

图 2.6.1　典型等震线示意图

由于实际情况则很复杂，等震线为不规则的曲线，在某一烈度区内常常存在烈度异常区，局部场地条件是产生烈度异常区的主要原因。

地震烈度是制定结构抗震设计目标、进行结构抗震设计和分析结构抗震性能的依据。随着人们对地震认识的发展，地震烈度由传统的宏观现象描述发展到现在的定量指标表达。传统的宏观现象描述是在没有地震仪记录的情况下，凭借人们对地面运动剧烈程度的主观感觉和建筑物破坏程度的概念性量度。如目前通用的烈度表与设计良好的现代结构的破坏程度关系很小，不能科学、全面地反映地震强烈程度。科学确定地震烈度的方法应该是直接给出地震引起的地面运动参数，如地面运动加速度、速度、位移和持续时间等。这些地面运动参数是进行结构抗震设计和分析结构抗震性能的依据。

2.7　地震动

地震动指由震源释放出能量产生地震波而引起的地表附近土层（地面）振动。地震动是工程地震研究的主要内容，地面运动是结构地震响应的输入。地震动可以用地面的加速度、速度或位移的时间函数表示，即加速度 $a(t)$、速度 $v(t)$、位移 $u(t)$，通称为地震动时程。

地震动是引起震害的外因，相当于结构分析中的荷载。二者的区别在于结构工程中常用荷载以力的形式出现，而地震动以边界条件的方式出现；常用荷载大多数是竖向作用，地震动则是竖向、水平甚至扭转同时作用。

在地震工程中，人们主要研究三方面内容：地震动，也就是输入结构的荷载；结构，是地震工程中的主要关注对象；结构响应，代表地震动输入后结构的输出。当前我们对结构的了解尚不全面，特别是在结构物超过弹性阶段以后，对地震动的了解更是远远落后于对结构的了解。

地震动是一个复杂的时间过程，之所以复杂是因为存在很多影响地震动的因素，而人们对许多重要因素难以精确估计，从而产生许多不确定性。地震动的显著特点是其时程函数的不规则性。

对地震动的研究强烈地依赖于地震动观测的研究进展。地震动观测是利用仪器将地震动随时间的变化过程记录下来。地震动记录一般是时程曲线。记录到的地震动可分为 6 个分量，即 3 个平动分量和 3 个转动分量。目前可直接得到的某一地点的记录通常为平动分量，而转动分量的获得尚存在一定困难。

2.7.1　地震动观测

大部分地震工作者通常使用地震仪观测地震，主要记录较小的地震。地震仪安放在基岩处，用于记录地面的位移或速度。地震仪可用于预报地震、研究震源机制和地震传播规律等。结构抗震工作者大多使用强震仪，其观测的主要对象为强震，通常记录地面运动的加速度时程，以便于为结构地震响应分析和抗震设计提供参考。强震仪可为研究地震动特性提供数据，为结构设计和试验提供荷载（地震作用）输入，有利于抗震理论发展，帮助人们了解结构在地震中的表现。

1. 强震观测系统

在强震仪的基础上，地震工作者研发了强震观测系统。强震观测系统是按一定规则布置的一组强震仪。根据观测目的不同，强震系统可分为：

（1）地震动衰减台阵；

（2）断层地震动台阵；

（3）区域性地震动台阵；

（4）地震差动台阵，如 SMART-1, 2（图 2.7.1）；

（5）地下地震动台阵；

（6）结构地震响应台阵。

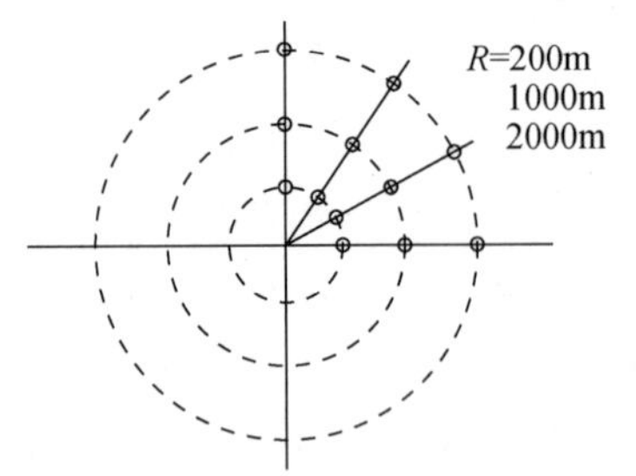

图 2.7.1　SMART-1,2 台阵布置示意图

国际观测台阵中的中国子站——唐山响堂三维场

地观测台阵可用于研究局部场地条件对地震动的影响。美国加利福尼亚州法律和中国建筑抗震设计规范都规定，重要的建筑结构中必须放置一定数量的强震仪。

日本 1930 年开始布设强震仪；美国 1932 年开始布设，并于 1933 年获得了第一条强震记录（long beach）；中国 1966 年开始布设。目前全世界已获得了大量的强震记录，形成强震记录数据库。目前所采用的数字式强震仪可记录到周期为 0.03～20s、峰值加速度为 (0.001～2.0)g 的加速度记录。尽管数字式强震仪在灵敏度、动态范围、采样率等多方面都得到了极大的改善，但是高频与低频段的噪声仍然存在。因此，在获得强震记录后，还需要修正仪器引起的误差，并进行基线校正，才能进一步在工程中应用。

2. 地震动记录处理

由于电磁噪声和背景噪声，尤其是传感器初始零位偏移的存在，地震波到达之前仪器的实际初始值并不为零，初始加速度将在积分中逐步放大，导致位移时程产生很大的误差，这种现象称为基线漂移。一般对原始记录采用减去震前部分平均值的方法进行零线校正，这种方法称作加速度时程零线调整。然后根据速度时程末尾是否为零以及位移时程末尾是否稳定来决定是否进行加速度时程基线校正。

强震动记录的基线校正要区分一般强震记录和具有永久位移信息的强震记录。一般强震记录的处理通常借助滤波器，合理选择滤波器截止频率是消除长周期噪声的关键一步。图 2.7.2 显示了 2011 年 3 月 11 日东日本大地震($M_W = 9.0$)台站 AKT023 的原始记录及采用 4 阶 Butterworth 非因果滤波器进行带通滤波后的加速度、速度和位移时程，低通截止频率取 35Hz，高通截止频率取 0.20Hz。滤波前先进行零线校正。可以看到未经滤波的原始记录经过一次积分得到的速度时程末尾段不为零，再次积分后得到的位移时程末尾段不稳定，这与地震后地面应该静止且位移增量应保持为零的实际情况不符。经过滤波后的加速度信号，在经过一次积分后速度时程末尾已经接近于零，而且位移也基本上保持稳定，更加符合实际。可以看到处理前后的位移相差两个数量级，这也说明了对原始记录进行处理的必要性。

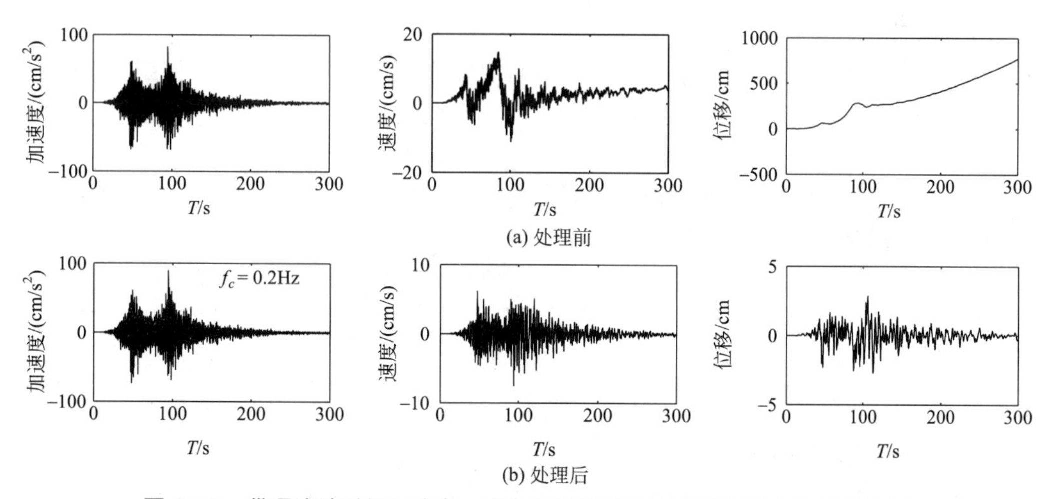

图 2.7.2　带通滤波后的加速度、速度和位移时程(AKT0231103111446.EW)

另一种记录含有永久位移信息，或者说包含卓越的长周期成分，数据处理应防止永久位移信息的损失，这里需要借助基线校正，合理判断加速度、速度和位移时程中基线漂移的详细位置以及漂移程度。

强震动记录加速度、积分速度以及位移基线漂移的类型和程度决定了数据处理的难易程度。加速度时程中很微小的基线漂移在速度时程中都会表现出很大的基线漂移，因此研究速度时程中的基线漂移特点，对于基线校正具有一定的参考意义。速度基线漂移的类型大体可以分为以下几种：① 没有漂移或漂移不严重；② 整段以直线偏移；③ 速度基线末尾段以直线形式偏移；④ 以多段直线形式偏移；⑤ 以直线与曲线形式漂移，等等。因此，根据不同的基线漂移特点给出相应的基线校正方法很重要。

基线校正的方法包括高通滤波、直线拟合校正、多段直线拟合校正、多项式拟合校正、小波变换方法校正、基于蒙特卡洛模拟的校正等。这些方法都基于两个基本假设：① 强震记录震前段、强震段和震后段每一段的斜率稳定；② 永久位移为瞬间形成，记录强震时间段内不再发生明显的位移。应该注意到强震中强震仪基墩会发生倾斜、扭转、垂直升降，不管是独立因素还是多因素共同作用，对强震仪记录的影响是复杂的，现在仍然没有一种普适的基线校正方法。但为了加深读者对基线校正的理解，下面介绍中国地震局工程力学研究所于海英研究员提出的一种较为实用的方法。

首先，确定基线校正的准则。理论上讲，地震过后大地停止振动，地面运动的末速度为零，位移时程末尾值为台站在该方向上的永久位移。在缺乏地面永久位移实测值时，可以位移时程末尾部分基本上平行于时间轴为准。这是判定基线漂移是否被准确消除的准则。

其次，在原始加速度时程中减去震前部分（0～20 s）的平均值，积分求得相应的速度时程。然后用一条或多条直线拟合速度时程的末尾部分，直线斜率记为 a_m (m=1, 2, …, n)，并求得各直线与横轴的交点，记为调整时间 T_m (m=1, 2, …, n)，从该时刻起，在加速度时程相应段减去 a_m。

再次，对新得到的加速度时程积分一次得到速度时程，在速度时程中减去震前部分（0～20 s）的平均值，并令初始速度为零，再对速度时程积分一次得到位移时程。

最后，按校正准则或参考实测同震位移得到可靠的永久位移，当效果不好时，重新调整速度拟合直线及 T_m。

这里采用 1999 年集集地震某台站的实际记录说明基线调整的有效性，如图 2.7.3 所示，可以看到在基线校正后获得的位移为 6.0m，与 GPS 观测的同震位移基本接近。

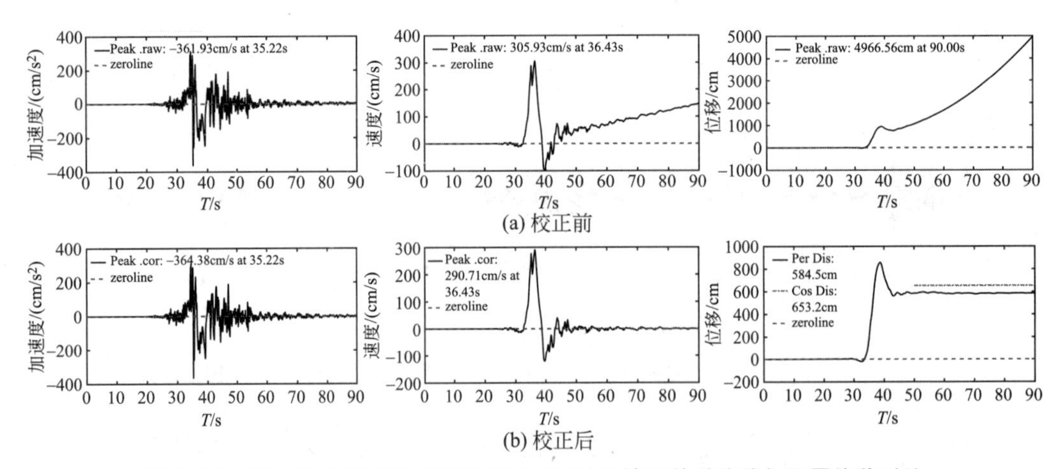

图 2.7.3 “9・21”集集地震 TCU068_N.SAC 校正前后位移与同震位移对比

2.7.2 地震动的类型

在地震工程领域，地震动主要分为以下几种：单脉冲地震，一般为中等地震，有可能引起局部破坏；中长时地震，出现频率高，需要重点研究，闻名世界的 El Centro 即为中长时地震；长持时地震，震级较大，震中距较大，较为典型的是 1985 年墨西哥城地震，达到里氏 8.1 级，震中距为 260km。图 2.7.4 显示了一些典型的强震记录。

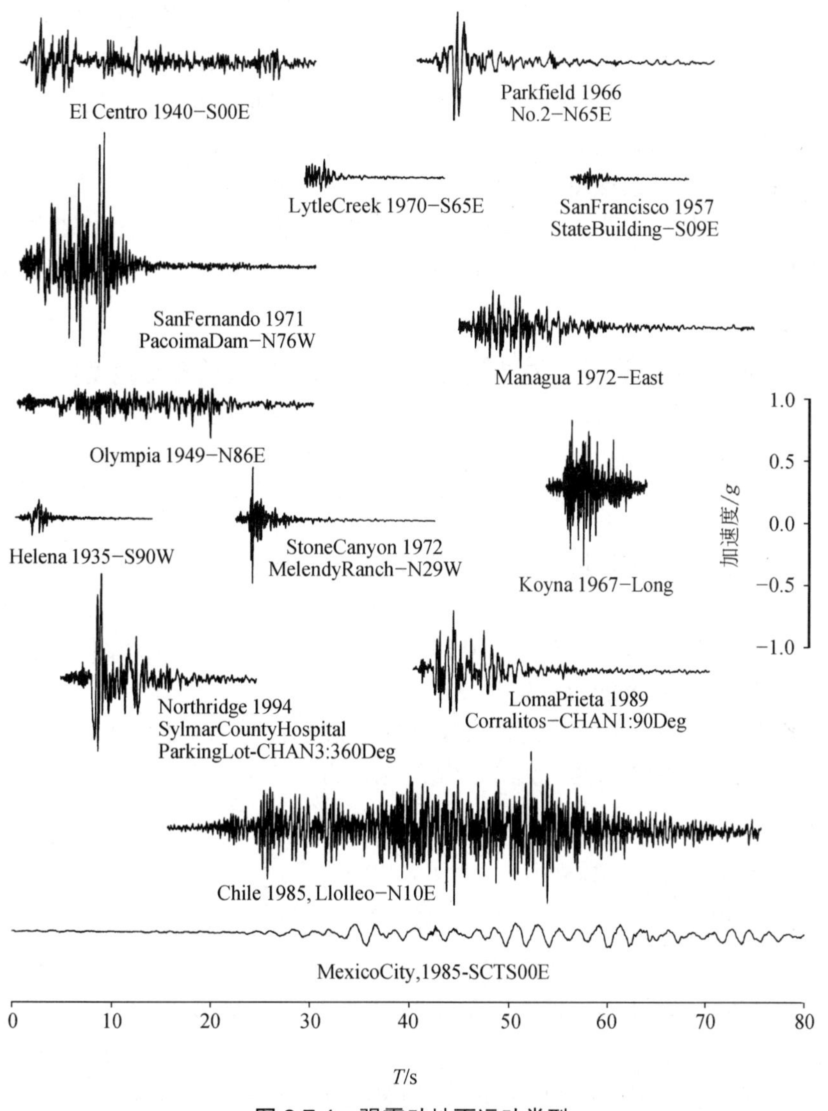

图 2.7.4 强震动地面运动类型

在有关地震动研究的早期，得到的地震动记录表现出一种简谐波动的性态，研究者常采用等效的简谐波进行地震动特性分析并进行结构地震响应计算。1974 年 Housnor 开始把地震动视为随机过程，地震的发生过程、地震动描述、参数的确定等都具有随机性。地震动的特点如下：

（1）随机性——表现为不规则的振动，无法预先确定；

（2）非平稳性——包括时域非平稳和频域非平稳。

一条已获得的地震记录则为一确定的时间过程。在工程抗震领域，地震动的特性至少用三个参数来描述，即地震动三要素：

（1）振幅——工程中最感兴趣的量；

（2）频谱——使得地震对结构的破坏有选择性；

（3）持时——影响结构的累积损伤破坏。

地震经验表明，各类结构的震害表现是这三个基本要素综合影响的结果，而单一因素与震害表现之间的关系往往缺乏明显的统计数据。例如，仅仅依靠振幅的大小有时不能很好地解释地震引起的破坏程度，因为中等振幅但具备长持时的地震引起的破坏可能大于大振幅但具备短持时地震引起的破坏。

振幅可以是地面运动加速度、速度、位移中任何一种物理量的最大值或某种意义的等效值。目前研究者已提出十几种地震动加速度振幅的定义。以下是其中主要的两种：

（1）加速度，速度的最大值（又称峰值）a_p，它反映的是地震动的局部强度，表示为

$$a_p = |a(t)|_{\max} \tag{2.7.1}$$

（2）均方根加速度 a_{rms}，其中 T_d 为地震动的持续时间。均方根加速度具有能量的概念，反映了地震动总强度的平均值，表示为

$$a_{\mathrm{rms}} = \sqrt{\frac{1}{T_d}\int_0^{T_d} a^2(t)\mathrm{d}t} \tag{2.7.2}$$

在地震动研究中峰值加速度 a_p 是人们最关心和应用最多的一个物理量。曾专门有学者从理论上研究过 a_p 是否有上限。1965 年 Housnor 提出 a_p 的上限值为 $0.5g$，当时最大的纪录——El Centro 地震加速度记录的 $a_p = 0.34g$；但 1971 年 S.F.地震记录到 $1.25g$ 的峰值加速度。目前记录到的最大峰值加速度为 $2.0g$。

在结构地震响应研究中人们也关心地震动加速度竖直分量 a_v 和水平分量 a_h 的关系，一般情况下地震动加速度竖直分量与水平分量的比值为

$$a_v / a_h = 0.3 \sim 0.5 \tag{2.7.3}$$

《建筑抗震设计规范》（GB 50011—2010）规定：

$$a_v / a_h = 0.65 \tag{2.7.4}$$

但对于近场地震动，当 $a_h > 0.5g$ 时，a_v 与 a_h 非常接近，甚至竖向值可能超过水平值。例如，1979 年的 Imperial Valley 地震，震级为 6.6 级，a_v=$1.74g$，a_h=$0.72g$。

另一方面，仅根据地面运动振幅的大小很难全面解释震害现象。例如，1962 年墨西哥地震，墨西哥市距震中 400km，地震动峰值加速度仅为 $0.05g$，却造成了非常严重的震害；而在许多小震级地震中人们发现，震中区地震动加速度可达 $0.5g$ 或更大，而基本上无震害发生。这说明除地震动振幅外，还有其他因素对结构破坏起重要作用，地震动的频谱特性是另外一个重要因素。

2.7.3 地震动的频率特征

频谱是表示一次振动中幅值与频率的关系曲线。地震工程中常用的频谱有三种：傅氏

谱，研究分析中常用，特别是理论研究中；反应谱，抗震工程中广泛应用；功率谱，结构随机振动分析中使用较多。

1. 傅氏谱

傅氏谱的思路认为，任一行波都可以表示成一组简谐波的叠加，如式（2.7.5）所示：

$$u\left(t-\frac{x}{c}\right)=\frac{1}{2\pi}\int U(\omega)\mathrm{e}^{\mathrm{i}\omega(t-x/c)}\mathrm{d}\omega \tag{2.7.5}$$

当 $x=x_i$ 时，行波解为该点的振动，简谐波成为简谐振动，即任意一个振动都可以表示成一组简谐振动的叠加。同理，对于任一给定的地震动时程 $a(t)$，总可以把它看作许多不同频率的简谐振动的组合。

傅氏变换的基本思想是用周期函数的组合表示非周期的复杂函数。如式（2.7.6）所示，对于一个复杂的地震动过程 $a(t)$，可以将其按傅氏变换表示成不同频率的简谐振动的组合，$A(\omega)$ 即为 $a(t)$ 的傅氏谱。

$$a(t)=\frac{1}{2\pi}\int_{-\infty}^{\infty}A(\omega)\mathrm{e}^{\mathrm{i}\omega t}\mathrm{d}\omega,\ A(\omega)=\int_{-\infty}^{\infty}a(t)\mathrm{e}^{-\mathrm{i}\omega t}\mathrm{d}t \tag{2.7.6}$$

式（2.7.6）给出的两个公式即为傅氏变换对，由傅氏变换的性质可知 $A(\omega)$ 与 $a(t)$ 一一对应。一般情况下，傅氏谱 $A(\omega)$ 是复函数，可以表示为

$$A(\omega)=\left|A(\omega)\right|\mathrm{e}^{\mathrm{i}\phi(\omega)} \tag{2.7.7}$$

式中，$\left|A(\omega)\right|$ 为 $A(\omega)$ 的模，称为 $a(t)$ 的幅值谱；$\phi(\omega)$ 为 $A(\omega)$ 的相角，称为 $a(t)$ 的相位谱。$\left|A(\omega)\right|$ 和 $\phi(\omega)$ 均为实函数。

2. 反应谱

反应谱的概念是 1940 年前后提出来的，当时计算机技术还较为落后，计算机也不普及，计算在一条地震波作用下的结构动力反应是比较费劲的技术工作。研究者采用典型的地震波为输入，通过数值计算，得到单质点结构地震响应的最大值；再通过不断调整单质点结构的自振周期，可以得到一系列结构反应的最大值，将这些计算结果按结构自振周期（或频率）为自变量画出一条曲线，该曲线即称为反应谱。Housnor 发现反应谱除可以用于计算结构的最大反应外，还可以用来描述地震动的特性。经过不断地发展，反应谱成为又一种描述地震动特性的谱。

设单质点体系的质量和刚度分别为 M 和 K，自振频率为 ω，阻尼比为 ξ，在质点处受到地震动加速度时程 $a(t)$的作用，记 $u(t)$为结构相对位移，$u_g(t)$为地面位移，$u(t)+u_g(t)$为结构绝对位移；则质点的动力学方程见式（2.7.8），其中阻尼系数 $C=2\xi\omega M$。

$$M\ddot{u}(t)+C\dot{u}(t)+Ku(t)=-M\ddot{u}_g(t)=-Ma(t) \tag{2.7.8}$$

采用结构动力学中 Duhamel 积分法或其他时域逐步积分法，根据给定的地面运动加速度时程 $a(t)$可以求得结构的相对位移、相对速度和绝对加速度。由此可以定义相对位移反应谱 S_d、相对速度反应谱 S_v 和绝对加速度反应谱 S_a 如下：

$$\begin{cases} S_d(\omega,\xi)=|u(t)|_{\max} \\ S_v(\omega,\xi)=|\dot{u}(t)|_{\max} \\ S_a(\omega,\xi)=|\ddot{u}(t)+\ddot{u}_g(t)|_{\max} \end{cases} \tag{2.7.9}$$

式中，S_d 为结构的最大变形；S_v 为结构的最大变形速度；S_a 为结构质点的最大绝对加速度。结构所承受的最大惯性力为

$$F=Ma_{\max}=MS_a \tag{2.7.10}$$

在最大惯性力作用下结构的变形 S_d 为

$$KS_d=F=MS_a \tag{2.7.11}$$

由此可得关系

$$S_a=\omega^2 S_d \tag{2.7.12}$$

其中 $\omega^2=K/M$。以上关系也可以直接用运动方程来证明，它是小阻尼情况下的结果。

3. 功率谱

地震波功率谱的定义为

$$\text{功率谱}=|A(\omega)|^2 \tag{2.7.13}$$

即功率谱等于傅氏幅值谱的平方。如果为平稳随机过程，则采用功率谱密度的定义：

$$\text{功率谱密度}=\frac{1}{T_d}E\left[|A(\omega)|^2\right] \tag{2.7.14}$$

表 2.7.1 汇总了三种频谱的计算方式和特征。傅氏谱与时域地震动时程有一一对应的关系，它既有幅值信息又有相位信息；而反应谱和功率谱仅有幅值信息，无相位信息，因而不能直接反演到时程，如图 2.7.5 所示。

表 2.7.1　三种频谱的计算方式和特征

频　谱	计 算 公 式	特　征
傅氏谱	$A(\omega)=\int_{-\infty}^{\infty}a(t)\mathrm{e}^{-\mathrm{i}\omega t}\mathrm{d}t$	与地震时程一一对应
反应谱	$S_a(\omega,\xi)=\|\ddot{u}(t)+\ddot{u}_g(t)\|_{\max}$，$S_d(\omega,\xi)=\|u(t)\|_{\max}$	仅有幅值信息
功率谱	$\text{功率谱}=\|A(\omega)\|^2$	仅有幅值信息

2.7.4　地震持时

人们很早就从震害经验中认识到强震持续时间对结构破坏的重要影响。由于早期地震工程研究中偏重于结构的线弹性反应分析，因而在理论上相对忽略了对持时的研究。20 世纪 70 年代以来，随着结构非线性反应研究工作的深入，关于地震动持时及其影响的研究逐渐增多。持时对结构的影响主要是引起结构低周疲劳、累积损伤破坏。持时的定义也很多，包括绝对持时和相对持时等。

绝对持时根据加速度的绝对值来定义，即取加速度记录图上绝对值第一次到最后一次达到或超过某一规定值（如 0.1g）所经历的时间作为地震动持续时间，如图 2.7.6 所示。采

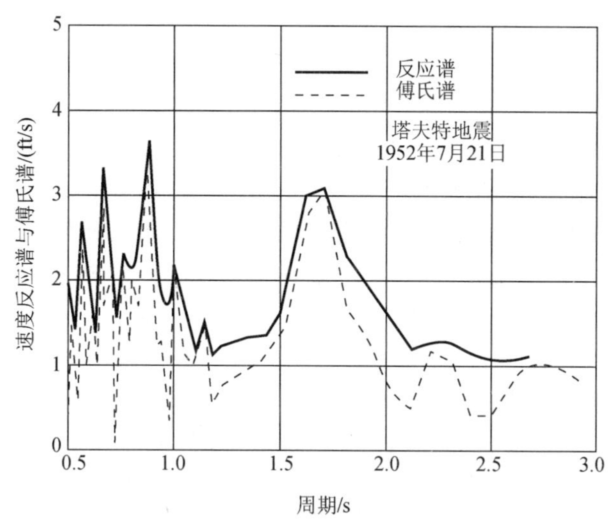

图 2.7.5　无阻尼速度反应谱与傅氏谱的对比

注：1ft=0.3048m。

用绝对持时的优点是定义统一，容易理解，易与结构破坏效果统一，对结构抗震设计有用。采用绝对加速度的缺点是可能出现零持时。

与绝对持时相对应的是相对持时。相对持时根据加速度的相对值来定义。分数持时是一种相对持时，它与绝对持时取值方法类似，但规定值为相对值，例如 $a_{max}/5$～$a_{max}/3$。也有人建议采用能量持时，取能量达到总能量 5%～95%的时间，如图 2.7.7 所示。除上述定义外，还有等效持时、反应持时和工程持时等。

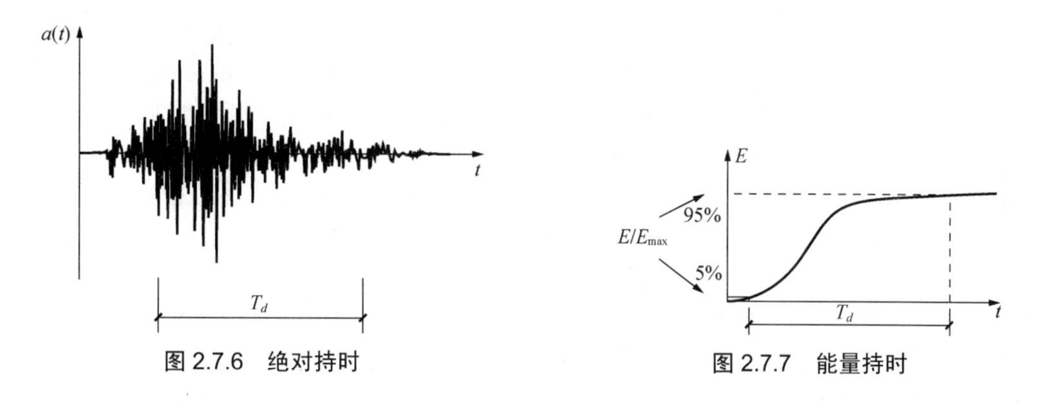

图 2.7.6　绝对持时　　图 2.7.7　能量持时

虽然持时的定义目前尚不统一，但从工程需要方面看，各定义给出的结果差别不大。强震持时对结构反应的影响主要表现在结构的非线性反应阶段。持时的影响主要反映在结构的累积损伤破坏过程中。累积损伤破坏导致的问题与广义的结构疲劳问题相对应，称为低周疲劳问题。系列研究工作发现：

（1）对于无退化非线性体系，强震持时影响一般不大。

（2）对于退化性强的非线性体系，特别是具有下降段恢复力特性的体系，持时对最大反应的影响较大。有研究表明，对此类结构，持时从 1s 增大到 50s，地震动对结构的破坏能力平均增大 40 倍。

（3）持时对非线性体系的能量损耗积累有重大影响。

2.7.5 地震三要素综合影响实例

研究余震对结构的影响，实质就是考虑持时的影响。对于一个给定的地震加速度记录，计算结构在地震动作用下的反应时，持时的影响不大。可以通过结构地震响应性质和地震加速度记录的特点，确定计算结构反应所需要的时间。在用数值方法合成人工波时，地震动持时的确定存在一定难度，但持时的确定一般受持时定义的影响不大。

地震动三要素对结构地震响应起着综合作用，往往均具有重要影响。分析中如果仅仅考虑单一因素，很难合理解释结构的地震破坏现象。下面举例说明综合考虑地震动三要素的重要性。

1985 年 9 月 19 日墨西哥大地震，震级 M=8.1 级，震中距为 400km 的墨西哥城记录的最大水平加速度峰值 a_p=50cm/s^2（0.05g），谱卓越周期为 2s。该记录 90%能量持时 T_d>30s。虽然墨西哥城地震动加速度峰值仅相当于烈度为 6 度时的峰值（按烈度表 6 度烈度对应的水平加速度为 63cm/s^2），但墨西哥城的宏观烈度却高于 8 度（烈度为 8 度时的水平加速度为 250cm/s^2），大约有 1000 栋高层建筑倒塌破坏。主要原因为：墨西哥城坐落在一个很深的沉积盆地之上，该盆地原来是在一个古火山口上形成的火山湖，由于不断沉积和填湖造田形成陆地，因此墨西哥城的不少地方是建在由砂、淤泥、黏土和腐殖土构成的软弱地基之上，其地表为 30～50m 厚的软土沉积层，场地的自振周期约为 1.3s。由于震中距大，远震地震动的长周期成分丰富，且持时长。尽管加速度峰值不大，但由于场地、地震动与高层结构之间形成双共振，以及长持续时间的振动，造成了高层结构的严重破坏。由此可见，虽然地震动的幅值为重要因素，但仅以幅值作为抗震分析的依据是不够的。频谱和持时对结构的破坏也有重要影响。

1966 年 6 月 27 日美国 Parkfield 地震，震级 M=5.6，在距震中 32.4km 的观测台记录的最大水平加速度峰值 a_p=425.7cm/s^2，谱的卓越周期为 0.365s，90%的能量对应的持时较短，T_d=6.8s。虽然加速度峰值已接近地震烈度表 9 度时的值，远远超过 6 度时加速度峰值的数倍，但该地区的宏观烈度仅为 6 度。主要原因为：地震动持时短，震中距小，长周期成分少；而场地土又较软，其估算自振周期为 1s。地震动是一高频短时脉冲。因此，不能只考虑幅值一个因素，需综合考虑地震动持时等因素。

表 2.7.2 和图 2.7.8 对比了发生在加利福尼亚和旧金山的地震概况。可以看出，两次地震的峰值加速度基本相同，但震中距差距明显，震级也不同。

对两次地震记录进行比较可知，尽管两者地震峰值加速度基本相等，但其反应谱形状截然不同，如图 2.7.9 所示。例如在 T=0.95s 时，对应反应谱值分别是 0.04g 和 0.2g，后者为前者的 5 倍。如果结构的自振周期也接近 0.9s，则它对不同地震的反应可相差 4 倍。

由以上三个例子可以看到，为合理估计结构的地震响应，必须同时考虑地震动三要素。最新研究成果表明，仅考虑地震动三要素有时也是不够的，地震动的局部谱特征有时对结构反应也有较大影响。小波变换、希尔伯特-黄变换等有效的局部谱分析方法可以用于研究地震

表 2.7.2 旧金山地震和加利福尼亚地震概况

地震地点	发震时间	震级	震中距/km	峰值加速度/(cm/s^2)
旧金山	1957-04-22	5.3	16.8	46.1
加利福尼亚	1952-07-21	7.7	126	46.5

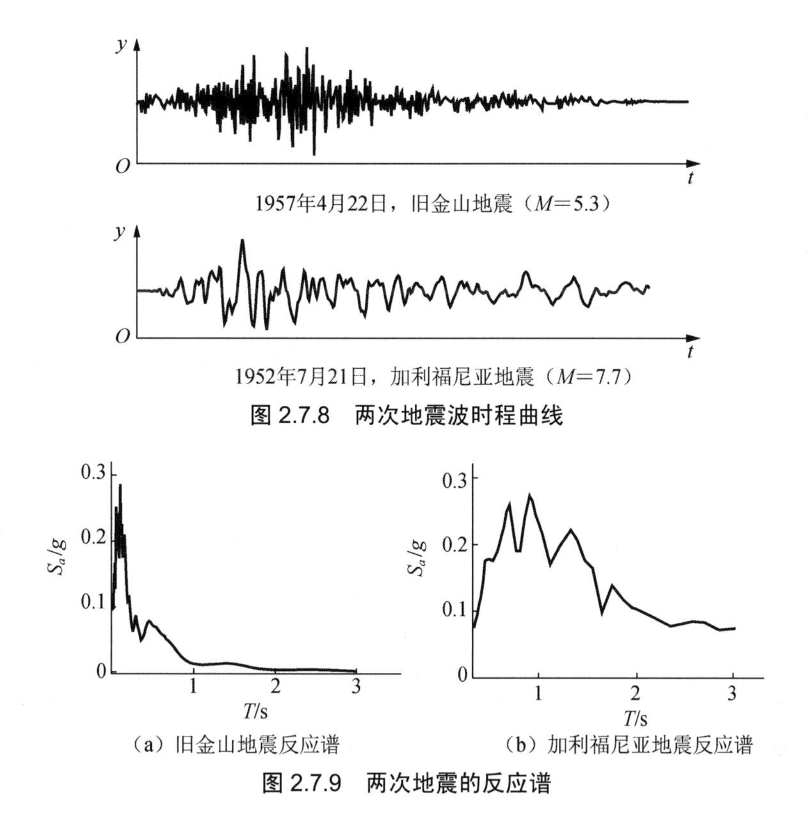

图 2.7.8　两次地震波时程曲线

图 2.7.9　两次地震的反应谱

动频谱随时间的变化规律和特点。最近研究中也有学者用与结构第一自振周期相对应的谱加速度值或前若干阶自振周期对应的谱加速度的组合值来取代峰值加速度，表示地震动强度。

地震动的特征通过地震动的振幅、频谱和持时来反映。分析地震动的影响因素，就是分析这些因素对地震动三要素的综合影响。与影响地震烈度、震害的因素大致相同，这些影响因素包括震级、距离、（局部）场地条件、传播介质、震源条件和地震机制（断层类型）等。下面仅讨论一些主要影响因素。

（1）地震震级的大小对地震动三要素的影响明显；

（2）如图 2.7.10 所示，距离相同时，震级越大，则振幅越大、持时越长、长周期（低频）分量越显著。

距离对峰值加速度 a_p 的定性影响规律很明确，两者之间的定量规律也是一个很重要的研究内容。许多人对峰值 a_p-距离变化规律进行了分析，表明峰值 a_p-距离关系分散，但总体上表现为：

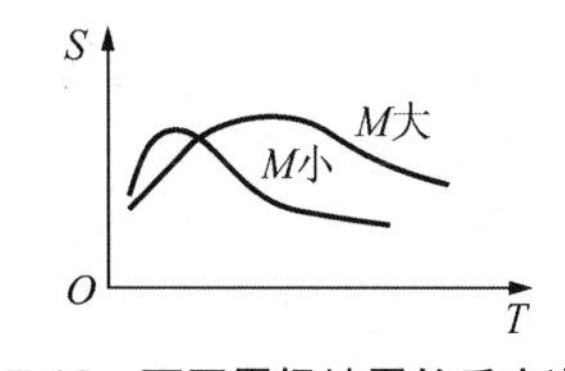

图 2.7.10　不同震级地震的反应谱曲线

（1）随距离增加，a_p 减小；

（2）随距离增加，持时增加；

（3）震中距越远，地震动的长周期分量越显著。

其中（3）是区分近震、中震和远震的依据。造成这一现象的原因是：随距离增加，高频波衰减快，低频波（长周期）衰减慢。对于大地震、远距离场地，地震动中的长周期成分显著，对长周期结构损害大，而短周期结构损坏较小；对于中小地震，在震中区则相反，以自振周期短的低层房屋破坏为主。

场地土通常是指场地范围内深度在 15～20m 的地基土。场地土对地震动的影响很复杂，不能一概而论。地震现场常有地震烈度异常，大多是由于特殊的土质条件（构造）引起的。一般情况下：

（1）基岩上地震动小，烈度低，震害轻；

（2）软土上地震动大，烈度高，震害重。

硬土上刚性结构震害重一些，长周期结构轻些；软土上则相反。例如，1923 年关东大地震，硬土上刚性结构破坏重，软土上柔性结构破坏重。当结构在强震下出现非线性反应时，软土地基有可能出现“隔震”现象。1985 年墨西哥地震中高层结构遭到破坏的原因之一是震中距很远，土层下方入射地震动的长周期分量显著，土层可以把长周期的地震动分量放大。但如果是近场强震，有时可能结果并不一样。

为了分析场地土的性质对谱的影响，我们选取不同类型的场地上测得的地震波，包括：①基岩 28 条；②硬土 31 条；③厚黏土 30 条；④软土 15 条。图 2.7.11 画出了此 104 条地震记录在阻尼比为 5%时的反应谱曲线。从图中可以看出，随着场地变软，地震波的能量更加显著地集中在长周期部分。

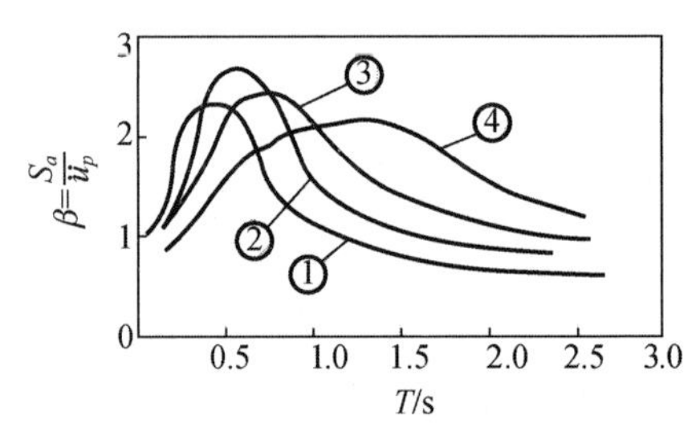

图 2.7.11 不同场地的反应谱曲线

土层厚度对振幅的影响与土层之下入射波的频率成分有关，确切地说与场地的自振频率和入射地震波的卓越频率相关，当两者接近时，振幅将发生显著的放大。一般情况下，土层厚则持时长。因为当土层变厚时，地震波在土层中的往复传播时间变得更长。土层厚度对频谱的影响可以通过分析场地的自振周期来讨论。位于基岩之上的单层覆盖土层的自振周期为

$$T=\frac{4H}{c_s} \tag{2.7.15}$$

式中，H 为土层厚度；c_s 为剪切波速。土层越厚则场地的自振周期越长，可以导致对长周期地震动成分的放大；土层越薄，场地的自振周期越短，更易于放大短周期分量。

1967 年 7 月 29 日委内瑞拉的加拉加斯（Caracas）地震，震级 M=6.3，震中距 6km。土层厚度对结构破坏率的影响如图 2.7.12 所示。该城冲积层厚为 45～300m，可以看出，土层厚大于 160m 时，高层结构的破坏明显加重，破坏率大于 80%。

地形对地震波的振幅、持时以及频谱均有不小的影响。一般突出山顶地震动放大，山脚缩小；斜坡形场地，坡顶地震动放大，坡底缩小。与无地形影响的结果相比，发生在山地的地震持时略有增长，但变化不太大，与山体自振周期接近的频谱放大。

一般山顶的震害高于山脚及平坦地形的震害。如图 2.7.13 所示，1985 年智利地震中，位于山顶的 4～5 层 RC 框架公寓破坏严重，而位于山脚的同样结构则不破坏。

地下水除对地震波的传播有一定影响外，最主要的是可以影响土层的液化。地下水位的高低变化对砂土液化有影响，水位高则易液化。如图 2.7.14 所示，砂土液化时，液化土层对地震波的传播有阻碍作用，消耗波动能量，使地震地面运动变小；但砂土液化易引起地基失效，使结构基础破坏，故砂土液化对结构的破坏有两重性。

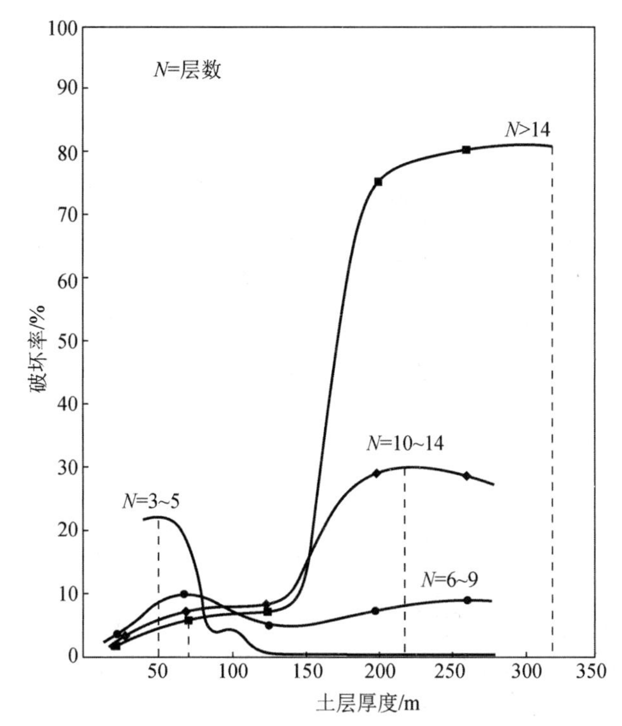

图 2.7.12　土层厚度对结构破坏率的影响

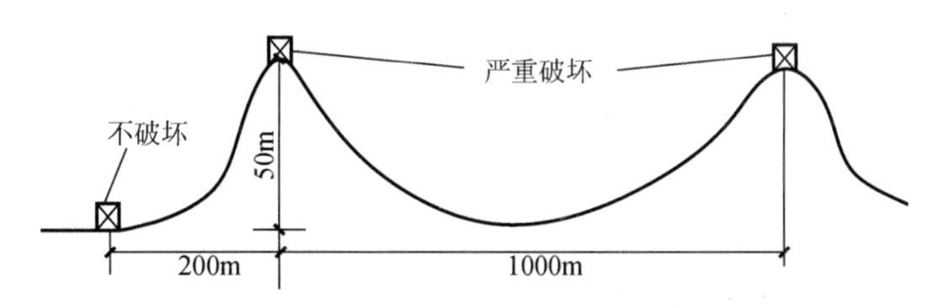

图 2.7.13　1985 年智利地震中位于山顶和山脚处 RC 框架公寓破坏情况

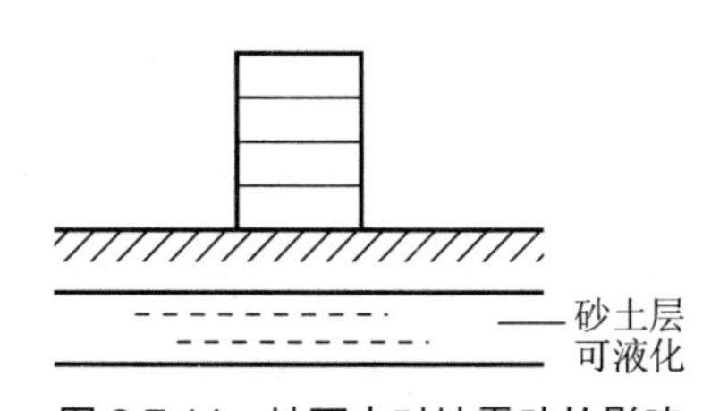

图 2.7.14　地下水对地震动的影响

随着城市化的发展，人类面临越来越严重的土地紧缺、环境污染、交通拥塞、能源浪费等一系列问题，地下空间的开发利用已成为世界性发展趋势和衡量城市现代化的重要标志。我国也对开发地下空间的可行性做了研究，并且认为“目前我国已经具备大规模开发城市地下空间的条件”。了解地震动在地表下沿深度的变化规律，对于半埋或者完全埋置于地下的结构物的抗震设计与抗震安全来说是十分必要的。

以美国加利福尼亚州强震观测计划（CSMIP）的 6 个土工台阵和日本 Hosokura 矿台阵为研究对象，以 323 组三分量地表和地下地震动峰值数据为基础，按照台阵场地的软硬和土层分布，将其分为基岩、土层和“土层/基岩”三类台阵。对于同一类台阵记录的所有地震，分别按照震级和地表地震动峰值的大小将其分类。对于同一类台阵的各类地震，分别对加速度、速度和位移峰值沿深度的变化进行统计分析，得到沿深度变化的峰值比，并且用非线性最小平方法，采用指数衰减模型 $y = a + b\mathrm{e}^{-x/c}$，对峰值比沿深度变化曲线进行拟合，通过对各类场地的各类地震的分析，得到了地震动峰值沿深度变化的初步规律。其中，加速度峰值比沿深度的变化规律如图 2.7.15～图 2.7.17 所示。

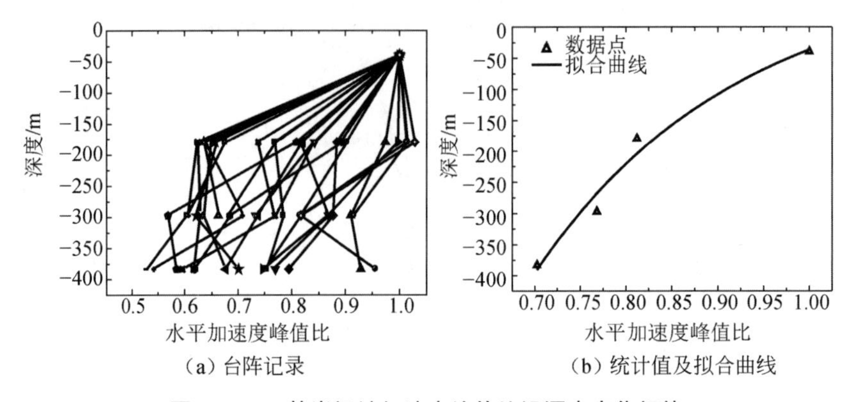

（a）台阵记录　（b）统计值及拟合曲线

图 2.7.15　基岩场地加速度峰值比沿深度变化规律

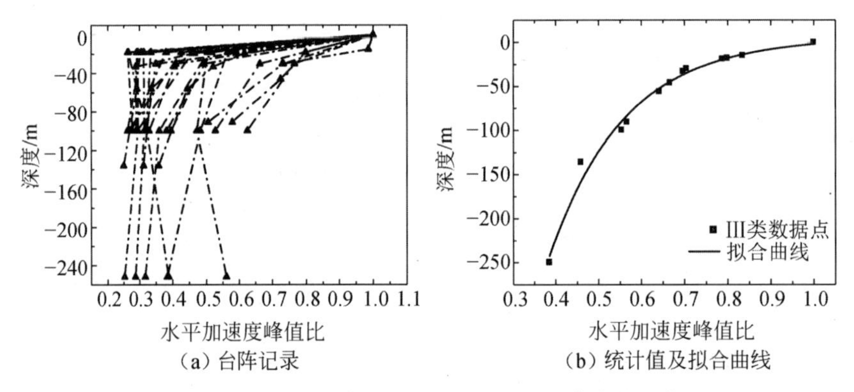

（a）台阵记录　（b）统计值及拟合曲线

图 2.7.16　土层场地加速度峰值比沿深度变化规律

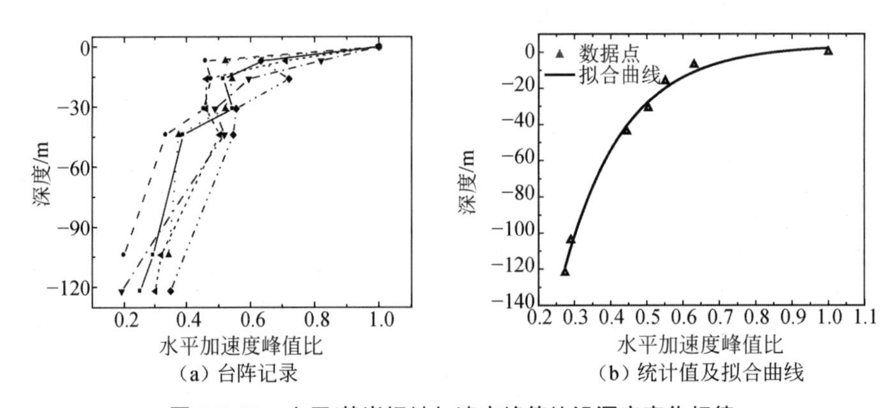

（a）台阵记录　（b）统计值及拟合曲线

图 2.7.17　土层/基岩场地加速度峰值比沿深度变化规律

2.7.6　地震动的衰减规律

对一给定场地进行地震危险性分析，或进行地震区划（烈度区划、地面运动参数区划）的关键之一是地面运动衰减规律，即随震中距增加，峰值或烈度减小的规律。目前大部分已有的衰减关系是统计分析得到的，其中小震数据比重大，主要是在基岩中的衰减规律。不同地区、不同国家、不同地震衰减规律不同，因为地震动衰减不但取决于距离，还取决于震源机制、传播途径和介质的性质。典型的峰值衰减规律为

$$y = b_1 e^{b_2 M} / (R + b_4)^{b_3} \quad 或 \quad \lg y = b_1 + b_2 M + b_3 \lg(x + b_4) \tag{2.7.16}$$

式中，y 为 PGA（即加速度峰值）、PGV（即速度峰值）、PGD（即位移峰值）；M 为震级；x、R 为距离；b_1～b_4 为统计参数。地震波的衰减规律如图 2.7.18 所示。

对我国 152 条地震的强震等震线进行衰减统计分析，得到烈度的衰减规律为

$$I = 0.92 + 1.63M - 3.49\lg D \tag{2.7.17}$$

式中，D 为震中距，km；M 为震级。不同地区的烈度衰减关系可能存在较大的差别。图 2.7.19 示出了我国不同地区地面震动烈度沿有效圆半径方向上的衰减规律。

地震波的频谱随距离的增加将发生变化，人们对地震动频谱的衰减规律也开展了系列研究工作。频谱是一条曲线，频谱的变化规律包括谱值大小的变化和曲线形状的变化两个方面。研究表明，当地震震级一定时，加速度反应谱值随距离的增加而减小，但其中长周期的分量相对提高，即反应谱的形状随距离的增加而发生变化。图 2.7.20 所示为我国华北地区土层与基岩场地加速度反应谱衰减曲线，该曲线的特征可以证明上述论断。

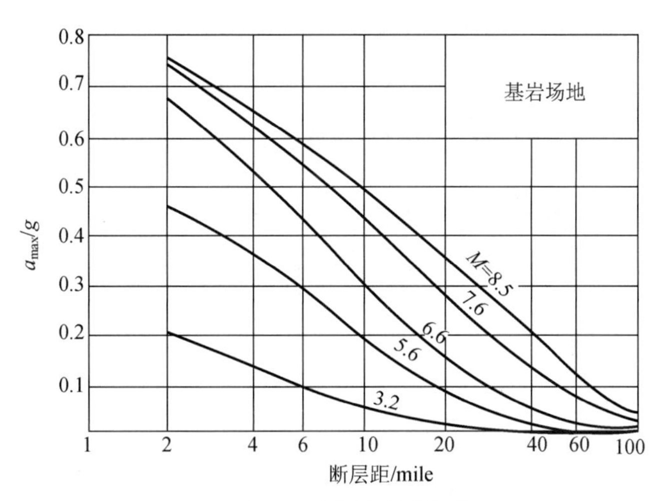

图 2.7.18　地震波衰减规律

注：1mile=1609.344m。

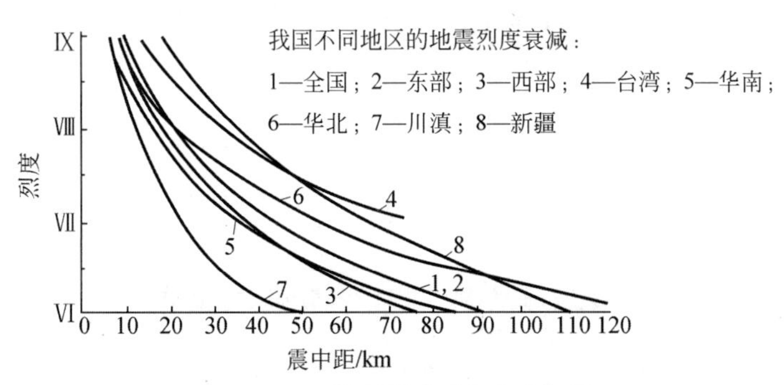

图 2.7.19　地面震动烈度衰减规律

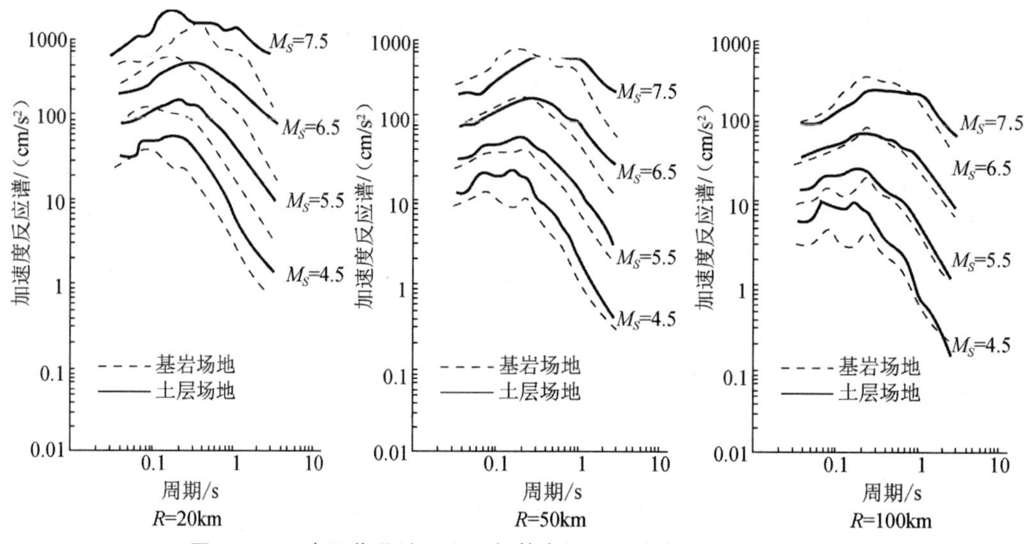

图 2.7.20 中国华北地区土层与基岩场地加速度反应谱衰减曲线

我国的强震记录比较少，在统计衰减规律时常将国内的资料和美国的资料混在一起分析。根据1975年海城地震和1976年唐山地震及其余震的基岩和土层上的反应谱资料，以及美国西部地区的相应资料，统计回归得到了以下加速度反应谱衰减规律：

$$SA(T)=a(T,S)\mathrm{e}^{b(T,S)M}(R+20)^{c(T,S)} \tag{2.7.18}$$

式中，T为反应谱周期，s；a、b、c为回归系数，与周期T和场地条件S有关；M为震级；R为距离，km。

各国研究人员采用多种方法对地震动的传播、衰减和放大规律开展了广泛的研究工作。在我国，统计分析方法用得较多；而在美国已把一些地球物理学领域的理论研究成果用于衰减规律研究中。

习题

1. 名词解释：震级，地震烈度，基本烈度，设防烈度，多遇烈度，罕遇烈度，震中，震中距，震源，地震波，地震烈度表，抗震设防措施，抗震构造措施。
2. 地震动记录最基本的处理包括哪些工作？
3. 基线调整的原则是什么？

参考文献

[1] 《地震工程概论》编写组. 地震工程概论[M]. 北京: 科学出版社, 1985.
[2] 胡聿贤. 地震工程学[M]. 北京: 地震出版社, 2006.
[3] 于海英, 江汶乡, 解全才, 等. 近场数字强震仪记录误差分析与零线校正方法[J]. 地震工程与工程振动, 2009, 29(06): 1-12.

第 3 章　结构振动分析基础

本章将介绍结构振动分析理论和方法。本章中的主要内容在一些经典的结构动力学教科书中均有介绍，但本章更关注能直接为结构抗震动力分析和设计所用的基本知识。

3.1　结构动力分析模型

对结构进行振动分析时，首先应建立结构的动力分析模型。实际结构比较复杂，而结构在地震作用下的分析更为复杂。因此，为保证结构抗震动力分析结果具有足够的准确性和有效性，在建立结构分析模型时，不仅应能较准确地反映结构的振动特性，同时分析模型又不能过于复杂。在满足工程分析精度要求的条件下，应尽量采用能够反映结构主要振动特点的简单分析模型，减少分析的工作量，并可以使工程人员更好地把握结构振动的本质。

由于振动产生的惯性力取决于结构质量 m，若完全按照实际结构的质量分布建立力学分析模型，会使分析十分复杂，计算工作量很大。因此，通常将结构质量适当集中，但即使这样，根据不同分析精度的要求，分析模型也有很大差别。如图 3.1.1（a）所示单层框架结构，当同时考虑结构的水平和竖向地震动影响，并需要获得杆件较为精确的动力反应时，可将结构质量集中于梁柱节点和梁跨中，而结构构件则认为是无质量但具有相应刚度的杆件，如图 3.1.1（b）所示；当仅考虑水平地震动影响，并需要获得梁、柱杆件较为精确的动力反应时，可将结构质量集中于梁柱节点考虑，如图 3.1.1（c）所示；而当仅考虑水平地震动影响，并仅需要获得结构总水平惯性力 P 时，可将结构简化为图 3.1.1（d）所示的单质点模型，而此时结构杆件的内力反应可近似由总水平惯性力 P 按结构静力分析方法获得，这样就使结构的动力反应分析大为简化，并可获得足够的分析精度。

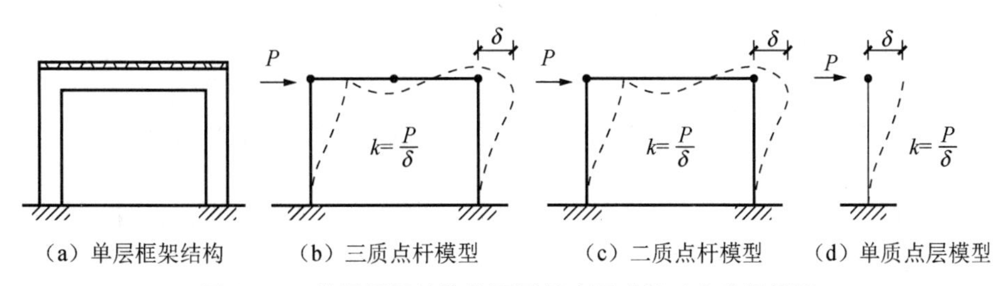

图 3.1.1　单层框架结构的不同精度要求的动力分析模型

大部分地震作用对结构的影响可近似为仅考虑水平振动，因此对于图 3.1.2（a）所示仅考虑水平振动的多层框架，将各层质量集中于各节点位置［图 3.1.2（b）］，可较好地分析梁、柱杆件的动力反应；如将各层质量集中于各层楼板位置来考虑［图3.1.2（c）］，则可较好地反映各楼层的动力反应，此时各杆件的内力反应同样可近似由各楼层的水平惯性力按结构静力分析方法获得。

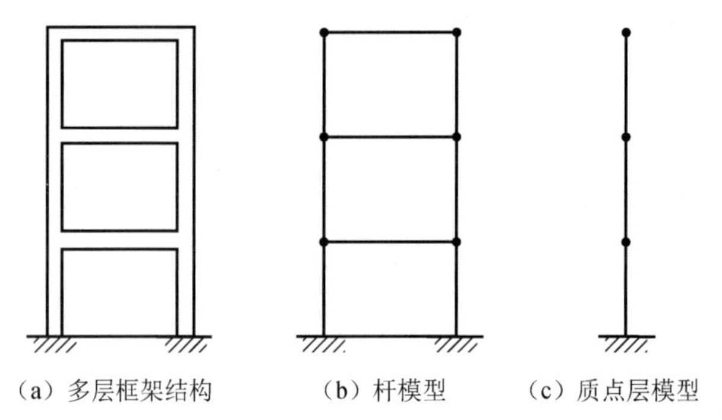

图3.1.2　多层框架结构在水平振动下的分析模型

以上动力分析模型仅适用于结构所在平面内的振动分析，实际结构在地震作用下的振动往往为空间三维振动，即包含两个水平振动和一个竖向振动。此时，可采用图3.1.3（b）所示的空间框架分析模型，并将各层质量集中于各节点位置，但对这样的结构进行动力分析要复杂得多。而图 3.1.2（c）所示的楼层集中质量模型就显得简单得多，结构在两个水平方向刚度不同的特征可借助于每层结构单元在两个方向采用不同抗侧刚度加以解决［图3.1.3（c）］。对于实用结构抗震分析，可以分为两个水平方向的平面结构模型进行计算分析。对于一般规则简单的空间结构，这样的简化结构抗震动力分析模型和抗震设计基本满足工程精度的要求，但对于复杂的结构，这样的简化将会导致很大的误差，因为采用两个水平方向的平面结构模型很难反映三维空间结构的扭转振动。

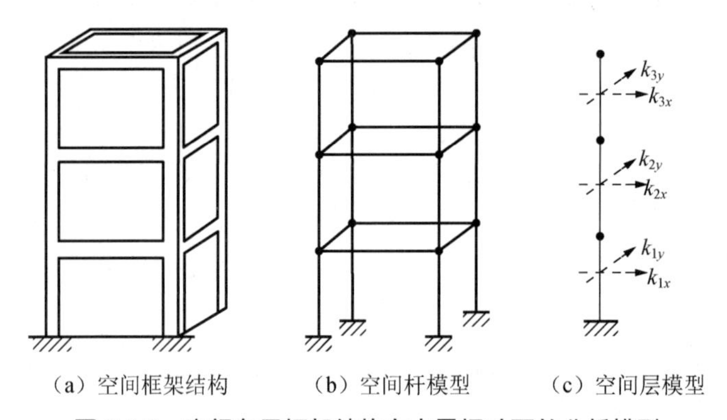

图3.1.3　空间多层框架结构在水平振动下的分析模型

随着计算机技术的不断提升，各种能够更准确反映结构实际情况的实体有限元模型也开始用于结构的动力分析，并已开发出许多大型结构分析软件和通用有限元软件，如SAP2000 和 ABAQUS 等。在这些分析模型中，可采用分布质量，并采用基于材料层面的力学模型，其分析结果将更接近实际结构的情况。尽管结构分析模型变得更为复杂，但本章所介绍的结构振动分析理论和方法仍然适用，因为所有分析模型的数学表达是相同的，即均可以表示为具有有限维数的矩阵形式的动力方程。

3.2　结构振动方程

3.2.1　振动体系的自由度

描述一个体系运动规律的主要变量数目称为该体系的**自由度**。通常空间内一个质点的运动需要用三个位移变量来描述，即两个水平位移变量和一个竖向位移变量。对于图 3.1.1（d）所示的单质点体系，当仅考虑平面内的水平振动时，只有一个质点的一个水平位移变量，称为单自由度体系；而图 3.1.1（b）和（c）、图 3.1.2 和图 3.1.3 需要考虑多个质点的多个位移变量，称为多自由度体系。

结构动力分析模型由有限个质点组成时，称为质点系模型。对于质量连续分布的情况，则可采用连续体动力分析模型。质点系模型的振动分析方程为常微分方程，而连续体模型则为偏微分方程。对于一般结构，采用连续体模型将使分析十分复杂。但有些情况下，如考虑地基、楼板和梁的振动时，采用理想化的连续体模型则很有效。高层建筑分析中的广义连续化分析方法就是一种将非连续结构近似采用连续化方法来简化分析的例子。

将实际结构简化为质点系模型且只考虑各质点空间位置的三个变量时，一般忽略质点的转动变量。如果考虑质点的转动变量，并在振动分析中引入与转动变量相应的惯性力（称为转动惯矩），则需要考虑与转动变量相应的质量（称为转动惯量）。这样的质点系模型可较好地模拟近似实际连续体结构的振动。但建立这样的分析模型过于复杂，尤其是质点的转动惯量往往难以确定。但当采用实体有限元模型时，可通过分布质量模型，使分析模型更接近于连续体。

本书主要采用不考虑质点转动的质点系模型介绍结构的振动分析理论和方法，也即对于每个质点仅用三个反映空间位置的变量来描述其运动。需要说明的是，在质点系振动模型中，可以考虑结构构件的弯曲变形及其相应的受力。基于同样的数学表达，质点系模型的振动分析理论和方法同样适用于实体有限元模型，这种数学表达就是矩阵方法。对于质点系模型，采用矩阵表达方法时，质点的空间位置可用以下向量表示：①

$$\{x_i\}=\{x_1 \quad x_2 \quad \cdots \quad x_n\}^{\mathrm{T}} \tag{3.2.1}$$

其中，向量中的每个元素代表一个质点的某一个方向的位置。相应质点运动的速度和加速度可分别表示为

$$\{\dot{x}_i\}=\{\dot{x}_1 \quad \dot{x}_2 \quad \cdots \quad \dot{x}_n\}^{\mathrm{T}} \tag{3.2.2}$$

$$\{\ddot{x}_i\}=\{\ddot{x}_1 \quad \ddot{x}_2 \quad \cdots \quad \ddot{x}_n\}^{\mathrm{T}} \tag{3.2.3}$$

3.2.2　单自由度体系的动力方程

1. d’Alembert 原理

根据牛顿第二定律，作用于质点 m 上的力 F 与其运动加速度 a 的关系为

$$F=ma \tag{3.2.4}$$

① 为了方便读者，本书中矩阵和向量不用黑斜体表示，分别在字符外面加上中括号和花括号表示矩阵和向量。

式（3.2.4）若写成下列形式：

$$F+(-ma)=0 \tag{3.2.5}$$

即质点上作用的力 F 与惯性力（$-ma$）的总和为 0，则称之为 d'Alembert 原理。

2. 单自由度振动体系的受力

考虑图 3.2.1 所示仅作平面内水平运动的单自由度振动体系。体系的质量为 m，由水平向抗侧刚度为 k 的杆件和线性黏性系数为 c 的阻尼器支撑，并受到与时间相关的地面位移 $x_g(t)$和水平外力 $P(t)$的动力作用，体系的总位移为 $x_g(t)+x(t)$。体系受力如图 3.2.1（b）所示，包括：

惯性力

$$-m\left[\ddot{x}_g(t)+\ddot{x}(t)\right] \tag{3.2.6a}$$

水平外力

$$P(t) \tag{3.2.6b}$$

恢复力

$$-kx(t) \tag{3.2.6c}$$

阻尼力

$$-c\dot{x}(t) \tag{3.2.6d}$$

式中，$\ddot{x}_g(t)$ 为地面运动加速度；$\ddot{x}(t)$ 和 $\dot{x}(t)$ 分别为质点相对于地面运动的加速度和速度。注意，式中恢复力和阻尼力前有负号，表示与作用力 $P(t)$的方向相反。

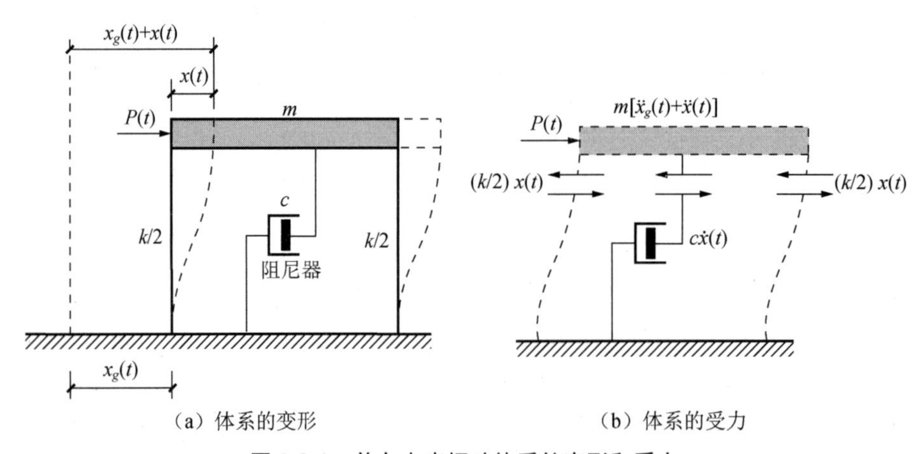

（a）体系的变形　　　（b）体系的受力

图 3.2.1　单自由度振动体系的变形和受力

恢复力是质点发生变形离开其初始位置后，支承质点的结构体内部使质点恢复到初始位置的内力，其大小与结构体的初始变形有关，记为 $F(x)$。当恢复力与位移（变形）成比例时［图 3.2.2（a）]，结构体为线弹性结构，这一般在位移（变形）较小时成立。对于线弹性结构，产生单位位移所需要的恢复力称为结构的刚度，对于图 3.2.1 中支承质点的结构杆件，其水平抗侧刚度记为 k，则恢复力为 $-kx(t)$，即式（3.2.6c）。当位移（变形）较大，恢复力与位移（变形）不成比例时，结构体为非线性结构，分为非线弹性［图3.2.2（b）］和弹塑性［图3.2.2（c）］。

除恢复力外，结构中还存在对振动有减小作用的阻尼力，其使得体系的振动能量逐渐被消耗而使体系的振动最终停止。实际上，设法增大结构中的阻尼是减小结构振动响应的主要措施。产生阻尼的机制十分复杂，原因也很多。通常结构振动所考虑的阻尼有以下几种：

（1）内部摩擦阻尼：由于材料内部分子摩擦，产生与变形速度相关的阻尼力。

（2）外部摩擦阻尼：在空气、水和油等介质中振动时产生的阻尼力，通常与在介质中运动的速度相关。

（3）结构自身摩擦阻尼：结构构件连接节点和支承部位产生的摩擦力。

（4）塑性滞回阻尼：由结构构件屈服后塑性变形滞回环所消耗的能量产生。

（5）逸散阻尼：结构振动能量逐渐向体系外部逸散所产生的阻尼，如在半无限弹性地基上的结构振动能量，通过地基向无限远逸散的波动。

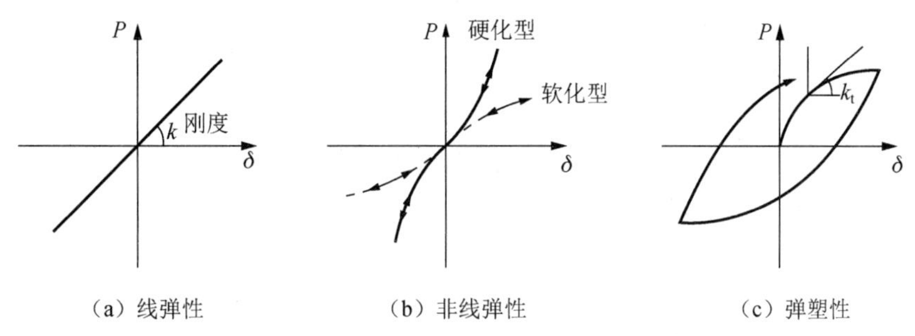

图3.2.2　不同恢复力特性的力-变形关系

在以上的阻尼中，结构构件屈服后的塑性变形滞回阻尼是一种结构在反复振动过程中表现出的塑性力学特性，对结构动力响应有降低作用。塑性变形滞回阻尼是结构构件屈服后力学性能的表现，可归类于结构构件的弹塑性恢复力。在结构抗震设计中，结构塑性变形滞回阻尼具有重要的意义，有关这方面的分析将在弹塑性单自由度体系的动力分析中介绍。滑动摩擦阻尼也有与结构塑性滞回阻尼类似的力学特性，只是其起滑变形较小，起滑后保持基本恒定的摩擦力，可近似认为是初始刚度较大的理想弹塑性模型。

除塑性变形滞回阻尼和滑动摩擦阻尼有较为明确的力学模型外，产生其他阻尼的原因十分复杂，力学模型也十分复杂。通常阻尼力与质点运动的速度和位移相关，可表示为

$$C = C[x(t), \dot{x}(t)] \tag{3.2.7}$$

在结构动力分析中，为便于振动方程的求解，通常采用理想化阻尼模型，其中以阻尼力的大小与相对速度成比例、方向与速度相反的线性黏性阻尼模型应用最多，即阻尼力表示为 $-c\dot{x}(t)$，即式（3.2.6d），此时动力方程为线性微分方程，比例系数 c 称为黏性阻尼系数。阻尼力可能与速度的1次方或更高次方成比例，也可能与速度的小于1的次方成比例，这种阻尼称为非线性黏性阻尼。对于非线性黏性阻尼，实际工程中可根据振动过程中能量耗散等价原则，近似将其等价为线性黏性阻尼来考虑。

3. 振动方程

由式（3.2.5）即 d'Alembert 原理，图3.2.1所示质点上作用的所有外力 $P(t)-c(x(t),\dot{x}(t))-F(x(t))$ 与惯性力 $-m(\ddot{x}_g(t)+\ddot{x}(t))$ 的总和为0，即

$$P(t)-c(x(t),\dot{x}(t))-F(x(t))-m\left(\ddot{x}_g(t)+\ddot{x}(t)\right)=0 \tag{3.2.8}$$

由此，得到以下单自由度体系的振动方程：

$$m\ddot{x}(t)+c(x(t),\dot{x}(t))+F(x(t))=-m\ddot{x}_g(t)+P(t) \tag{3.2.9}$$

对于线弹性结构和线性黏性阻尼情况，则有

$$m\ddot{x}(t)+c\dot{x}(t)+kx(t)=-m\ddot{x}_g(t)+P(t) \tag{3.2.10}$$

为简化起见，以后与时间相关的变量均不记（t），则上式简写成

$$m\ddot{x}+c\dot{x}+kx=-m\ddot{x}_g+P \tag{3.2.11}$$

当仅有外力 $P(t)$ 作用时，称为强迫振动，上式为

$$m\ddot{x}+c\dot{x}+kx=P \tag{3.2.12}$$

当无外力 $P(t)$ 作用时，上式即成为地震作用下弹性单自由度体系的振动方程：

$$m\ddot{x}+c\dot{x}+kx=-m\ddot{x}_g \tag{3.2.13}$$

由式（3.2.12）和式（3.2.13）可知，地震作用和外力作用对结构的振动影响类似，也即地震作用下的结构振动方程可转化为强迫振动的动力方程。因此，研究结构在强迫振动下的受力特性有助于理解结构抗震特性。

3.2.3　多自由度体系的振动方程

对于需要考虑多质点和多向振动分析的结构，可采用合适的有限元模型来描述结构的质量、刚度和阻尼，形成多自由度体系振动模型，并将它们用矩阵形式表达。根据同样的原理，可得到类似于式（3.2.9）用矩阵表达的多自由度体系的振动方程为

$$[M]\{\ddot{x}\}+\{C(\{x\},\{\dot{x}\})\}+\{F(\{x\})\}=-[M]\{I\}\ddot{x}_g+\{P\} \tag{3.2.14}$$

式中，$\{x\}$、$\{\dot{x}\}$、$\{\ddot{x}\}$ 分别为代表体系自由度的广义相对位移、相对速度和相对加速度向量；$[M]$ 为体系的质量矩阵；$\{C(\{x\},\{\dot{x}\})\}$ 为体系各自由度上作用的阻尼力向量；$\{F(\{x\})\}$ 为体系各自由度的恢复力向量；$[M]\{I\}\ddot{x}_g$ 为地面运动加速度引起的体系各自由度的惯性力向量，其中，$\{I\}$ 是与体系自由度相同的单位向量；$\{P\}$ 是体系各自由度上作用的外力向量。

当体系为弹性多自由度体系，且体系的阻尼可用黏性阻尼模型表示时，式（3.2.14）可表示为

$$[M]\{\ddot{x}\}+[C]\{\dot{x}\}+[K]\{x\}=-[M]\{I\}\ddot{x}_g+\{P\} \tag{3.2.15}$$

式中，$[K]$ 和 $[C]$ 分别为体系的刚度矩阵和阻尼矩阵。刚度矩阵 $[K]$ 可用弹性结构静力学有限元方法获得，阻尼矩阵将在3.4.3节中介绍。

需要说明的是，对于体系中的转动自由度，当不考虑质点的转动惯量时，质量矩阵中该自由度位置对应的元素为零，但刚度矩阵中通常仍有与该转动自由度相关联的转动刚度

元素。对于这样的振动方程进行分析时，有时需采用结构动力学名词的方法，将转动自由度从振动方程中消去。

为便于理解式（3.2.15）所示的多自由度体系的振动方程，下面针对图 3.2.3 所示的仅考虑平面内水平振动的 3 层弹性结构模型，介绍其在地震地面运动下振动方程的具体表达式（不考虑阻尼）。质点的水平位移向量为

$$\{x\} = \{x_1 \quad x_2 \quad x_3\}^{\mathrm{T}} \tag{3.2.16}$$

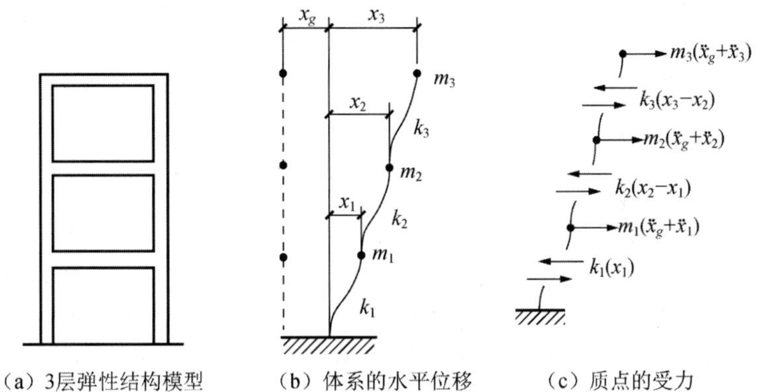

（a）3层弹性结构模型　（b）体系的水平位移　（c）质点的受力

图 3.2.3　多层弹性结构平面内水平振动模型分析

由每层杆件的水平抗侧刚度［图 3.2.3（b）］，可得结构的刚度矩阵为

$$[K] = \begin{bmatrix} k_1+k_2 & -k_2 & 0 \\ -k_2 & k_2+k_3 & -k_3 \\ 0 & -k_3 & k_3 \end{bmatrix} \tag{3.2.17}$$

质量矩阵为

$$[M] = \begin{bmatrix} m_1 & 0 & 0 \\ 0 & m_2 & 0 \\ 0 & 0 & m_3 \end{bmatrix} \tag{3.2.18}$$

注意，在建筑结构的振动分析中，质量矩阵通常均为对角矩阵。以下分析如无特别说明，质量矩阵均认为是对角矩阵。

惯性力向量为

$$[M]\{I\}\ddot{x}_g = \begin{bmatrix} m_1 & 0 & 0 \\ 0 & m_2 & 0 \\ 0 & 0 & m_3 \end{bmatrix} \begin{Bmatrix} \ddot{x}_g \\ \ddot{x}_g \\ \ddot{x}_g \end{Bmatrix} \tag{3.2.19}$$

因此，在无阻尼情况下，该体系在地震作用下的动力方程为

$$\begin{bmatrix} m_1 & 0 & 0 \\ 0 & m_2 & 0 \\ 0 & 0 & m_3 \end{bmatrix} \begin{Bmatrix} \ddot{x}_1 \\ \ddot{x}_2 \\ \ddot{x}_3 \end{Bmatrix} + \begin{bmatrix} k_1+k_2 & -k_2 & 0 \\ -k_2 & k_2+k_3 & -k_3 \\ 0 & -k_3 & k_3 \end{bmatrix} \begin{Bmatrix} x_1 \\ x_2 \\ x_3 \end{Bmatrix} = -\begin{bmatrix} m_1 & 0 & 0 \\ 0 & m_2 & 0 \\ 0 & 0 & m_3 \end{bmatrix} \begin{Bmatrix} \ddot{x}_g \\ \ddot{x}_g \\ \ddot{x}_g \end{Bmatrix} \tag{3.2.20}$$

将上式用矩阵形式表示，可简写为

$$[M]\{\ddot{x}\}+[K]\{x\}=-[M]\{I\}\ddot{x}_g \tag{3.2.21}$$

3.3 单自由度体系的振动分析

单自由度体系虽然不能完全代表实际结构的特征，但由此得到的许多结构在地震作用下的动力响应特性有助于正确理解结构抗震原理，同时它也是多自由度体系动力分析的基础。线弹性结构的动力分析是结构动力学的基础，其中线弹性单自由度体系是最简单的动力分析模型。

3.3.1 无阻尼自由振动

当无外力和地面运动时，体系由于初始干扰而引起的振动称为**自由振动**。自由振动规律反映了体系自身的动力特性。通过自由振动分析，可以确定体系的重要动力特性参数。

当体系无阻尼时，由前述单自由度线弹性体系的振动方程式（3.2.11），可得自由振动方程为

$$m\ddot{x}+kx=0 \tag{3.3.1}$$

上式为二阶齐次常微分方程。取 $\omega^2=k/m$ ，则上式可写成

$$\ddot{x}+\omega^2x=0 \tag{3.3.2}$$

其解可表示为

$$x=A\cos\omega t+B\sin\omega t \tag{3.3.3}$$

式中，A、B 为待定常数，由初始条件确定。设 t=0 时的初始位移为 d_0，初始速度为 v_0，则由初始条件

$$x(t=0)=A=d_0 \tag{3.3.4}$$

$$\dot{x}(t=0)=B\omega=v_0 \tag{3.3.5}$$

得自由振动的解

$$x=d_0\cos\omega t+\frac{v_0}{\omega}\sin\omega t \tag{3.3.6}$$

上式可表示为

$$x=A\cos(\omega t-\theta) \tag{3.3.7}$$

式中，$A=\sqrt{d_0^2+(v_0/\omega)^2}$ 。式（3.3.6）表示的质点位移 x 随时间 t 的变化情况如图 3.3.1 所示，质点位移在最大值 A 和最小值（$-A$）之间作有规则的往复运动，称为简谐振动，其中 A 为振幅，ω 为圆频率，$\theta=\arctan\dfrac{v_0}{\omega d_0}$，$\omega t-\theta$ 为相位角。

一个振动周期所需要的时间 T 称为自振周期，单位时间振动的周期数称为自振频率 f,

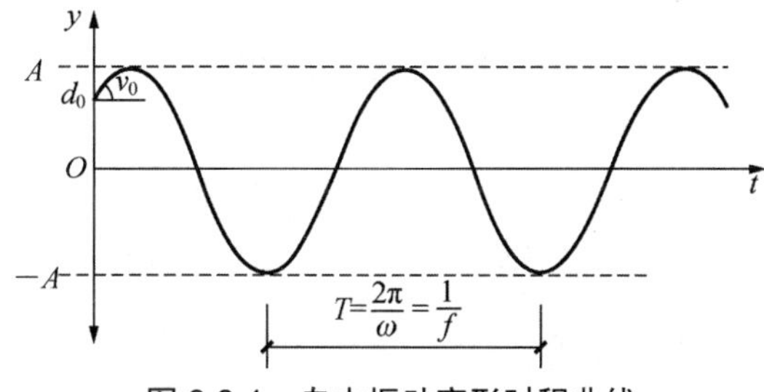

图 3.3.1　自由振动变形时程曲线

两者与圆频率ω的关系为

$$T=\frac{1}{f}=\frac{2\pi}{\omega} \tag{3.3.8}$$

自振周期 T 是反映结构振动特性的基本参数。将 $\omega=\sqrt{k/m}$ 代入上式可得

$$T=2\pi\sqrt{\frac{m}{k}}=\frac{2\pi}{\sqrt{g}}\sqrt{\frac{mg}{k}}\approx 2\sqrt{\Delta_m} \tag{3.3.9}$$

式中，g 为重力加速度，$g=9.8\text{m/s}^2$；$\Delta_m=mg/k$，m，代表将结构自重 mg 作为荷载施加在质点振动方向所产生的位移（变形）。上式所示结构周期与结构变形的关系易于记忆。

自振周期 T、自振频率 f 和圆频率 ω 是体系自身振动特性的三个重要参数。三个参数之间的关系见式(3.3.8)。自振周期 T 的单位通常用秒(s)，自振频率 f 的单位通常用赫兹(Hz)，圆频率ω的单位通常用弧度/秒（rad/s）。

3.3.2　有阻尼自由振动

由式（3.2.11），当不考虑外力作用和地面运动时，可得到具有线性黏性阻尼线弹性单自由度体系的自由振动方程为

$$m\ddot{x}+c\dot{x}+kx=0 \tag{3.3.10}$$

取 $k/m=\omega^2$，$c/m=2\xi\omega$，则上式可写成

$$\ddot{x}+2\xi\omega\,\dot{x}+\omega^2 x=0 \tag{3.3.11}$$

式中，ξ为阻尼比，是反映阻尼大小的重要参数。设式（3.3.11）的解为 $x=Ae^{\lambda t}$，代入上式得

$$\lambda^2+2\xi\omega\lambda+\omega^2=0 \tag{3.3.12}$$

由上式可得以下两个解：

$$\left.\begin{matrix}\lambda_1\\ \lambda_2\end{matrix}\right\}=-\xi\omega\pm\sqrt{\xi^2-1}\,\omega=-\xi\omega\pm \mathrm{i}\sqrt{1-\xi^2}\,\omega \tag{3.3.13}$$

因此，$e^{\lambda_1 t}$ 和 $e^{\lambda_2 t}$ 为式（3.3.11）所示动力方程的两个独立的基本解，其线性组合 $Ae^{\lambda_1 t}+Be^{\lambda_2 t}$ 为式（3.3.11）的一般解。根据阻尼比ξ值的大小，式（3.3.11）的解有以下几种形式：

（1）当 $\xi>1$ 时，式（3.3.13）的 λ 为两个负实根，式（3.3.11）的解为

$$\begin{aligned}x&=e^{-\xi\omega t}\left(Ae^{\sqrt{\xi^2-1}\omega t}+Be^{-\sqrt{\xi^2-1}\omega t}\right)\\&=e^{-\xi\omega t}\left(a\cosh\sqrt{\xi^2-1}\omega t+b\sinh\sqrt{\xi^2-1}\omega t\right)\end{aligned} \tag{3.3.14}$$

上述解表明质点未产生振动，为**超阻尼振动**。

（2）当$\xi<1$时，λ为具有负值实数部分的共轭复数，式（3.3.11）的解为

$$x=\mathrm{e}^{-\xi\omega t}(A\mathrm{e}^{\mathrm{i}\sqrt{\xi^2-1}\omega t}+B\mathrm{e}^{-\mathrm{i}\sqrt{\xi^2-1}\omega t}) \tag{3.3.15}$$

因为x为实数，$\mathrm{e}^{\mathrm{i}\sqrt{\xi^2-1}\omega t}$和$\mathrm{e}^{-\mathrm{i}\sqrt{\xi^2-1}\omega t}$为共轭复数，因此待定系数$A$、$B$也必为共轭复数。设$A=(a-\mathrm{i}b)/2$，$B=(a+\mathrm{i}b)/2$，并利用欧拉公式$\mathrm{e}^{\pm\mathrm{i}x}=\cos x\pm\mathrm{i}\sin x$，可得解的实数表达形式：

$$x=\mathrm{e}^{-\xi\omega t}(a\cos\sqrt{1-\xi^2}\omega t+b\sin\sqrt{1-\xi^2}\omega t) \tag{3.3.16}$$

上述解表明质点的振动幅度不断减小，称为阻尼振动。

（3）当$\xi=1$时，λ仅有一个负实根，为振动和非振动的临界振动情况，此时的基本解为$\mathrm{e}^{-\omega t}$和$t\mathrm{e}^{-\omega t}$，一般解为

$$x=(a+bt)\mathrm{e}^{-\omega t} \tag{3.3.17}$$

对应临界振动的黏性阻尼系数称为临界阻尼系数$c_r=2\sqrt{km}$。根据阻尼比ξ的定义，有$\xi=c/2\omega m=c/2\sqrt{km}=c/c_r$，即阻尼比$\xi$为阻尼系数与临界阻尼系数的比值。

式（3.3.14）、式（3.3.16）和式（3.3.17）中的待定常数a和b由初始条件确定。设初始位移为d_0，初始速度为v_0，则各式的解为

$$x=\mathrm{e}^{-\xi\omega t}\left(d_0\cosh\sqrt{\xi^2-1}\omega t+\frac{v_0+\xi\omega d_0}{\sqrt{\xi^2-1}\omega}\sinh\sqrt{\xi^2-1}\omega t\right),\quad \xi>1 \tag{3.3.18}$$

$$x=\mathrm{e}^{-\xi\omega t}\left(d_0\cos\sqrt{1-\xi^2}\omega t+\frac{v_0+\xi\omega d_0}{\sqrt{1-\xi^2}\omega}\sin\sqrt{1-\xi^2}\omega t\right),\quad \xi<1 \tag{3.3.19}$$

$$x=\mathrm{e}^{-\omega t}\left[d_0+(d_0\omega+v_0)t\right],\quad \xi=1 \tag{3.3.20}$$

图 3.3.2 所示为各种阻尼情况下的振动曲线。注意，阻尼越大，振动停止所需要的时间越短，这是阻尼影响结构振动的一个特性。只要结构存在阻尼，结构振动最终总会停止，只是达到停止所需要的时间不同。

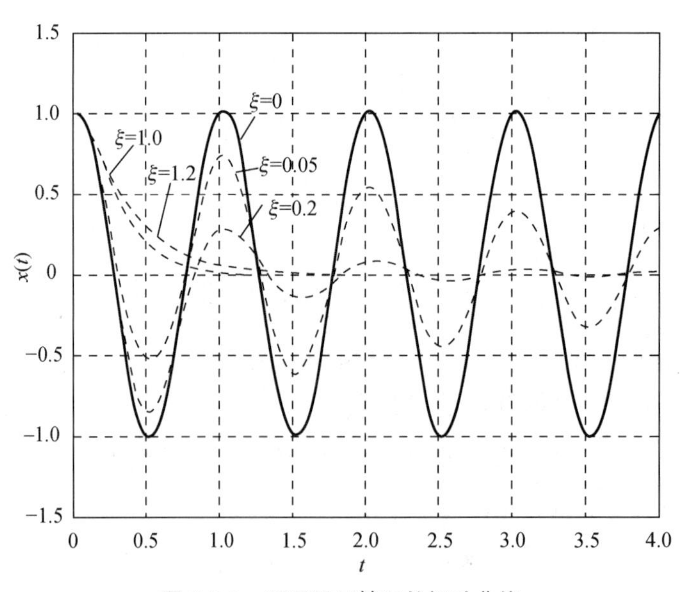

图 3.3.2　不同阻尼情况的振动曲线

根据式（3.3.16），可得阻尼自由振动的周期T'为

$$T' = \frac{2\pi}{\sqrt{1-\xi^2}\omega} = \frac{2\pi}{\omega'} \tag{3.3.21}$$

式中，$\omega' = \sqrt{1-\xi^2}\omega$。实际结构中，阻尼比$\xi$一般比 1 小很多，因此有阻尼自由振动的周期$T'$可取无阻尼自由振动的周期，即 $T' \approx T = 2\pi/\omega$。

建筑结构在振动幅度较小时的阻尼比，对于钢结构通常在 0.5%～3%之间，对于钢筋混凝土结构通常在 2%～7%之间。振幅增大，阻尼比也相应增加。

阻尼是体系振动的另一个重要动力特性参数。通过体系自由振动振幅的衰减，可以得到体系的阻尼。图 3.3.3 所示为有阻尼自由振动变形时程曲线，振幅衰减率为

$$\begin{aligned} d &= \frac{x_1}{x_2} = \frac{x_2}{x_3} = \cdots \\ &= \frac{x_1 + x_1'}{x_2 + x_2'} = \frac{x_2 + x_2'}{x_3 + x_3'} = \cdots \\ &= e^{\xi\omega T'} = e^{2\pi\xi/\sqrt{1-\xi^2}} \end{aligned} \tag{3.3.22}$$

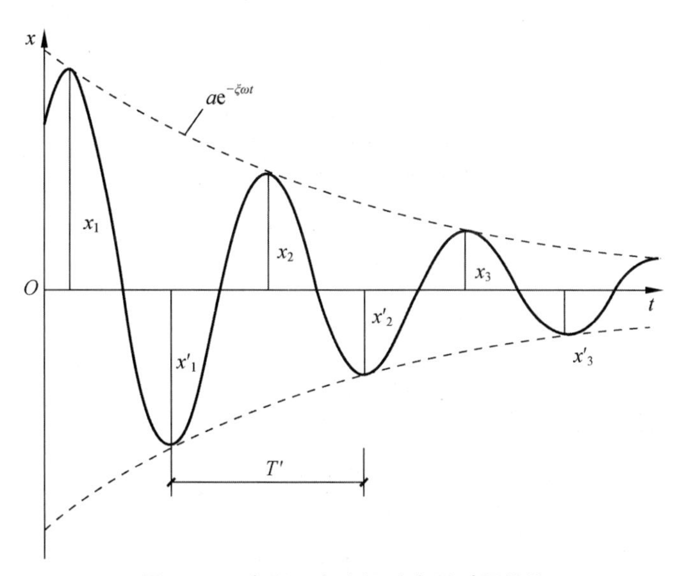

图 3.3.3　有阻尼自由振动变形时程曲线

对上式取对数，得

$$\ln d = 2\pi\xi \frac{1}{\sqrt{1-\xi^2}} \tag{3.3.23}$$

因此得

$$\xi = \frac{\ln d}{2\pi} \Bigg/ \sqrt{1 + \left(\frac{\ln d}{2\pi}\right)^2} \tag{3.3.24}$$

当阻尼比不大时，上式可近似为

$$\xi = \frac{\ln d}{2\pi} \tag{3.3.25}$$

3.3.3 强迫振动

设式(3.2.12)所示强迫振动方程右端的外力为简谐动力作用 $P(t)=F\cos pt$，则有

$$m\ddot{x}+c\dot{x}+kx=F\cos pt \tag{3.3.26}$$

取 $k/m=\omega^2$，$c/m=2\xi\omega$，则上式可写成

$$\ddot{x}+2\xi\omega\dot{x}+\omega^2 x=(F/m)\cos pt \tag{3.3.27}$$

上式的一般解为表示稳态振动的特解与表示自由振动的齐次解的组合。当有阻尼时，自由振动随时间而逐渐衰减，最终仅剩下稳态振动。稳态振动的特解为与外力具有同样振动圆频率 p 的简谐振动，可表示为

$$x=A\cos(pt-\theta) \tag{3.3.28}$$

式中，振幅 A 和相位差 θ 为待定未知数。将特解代入式(3.3.27)可得

$$(\omega^2-p^2)A\cos(pt-\theta)-2\xi\,\omega\,pA\sin(pt-\theta)=(F/m)\cos pt \tag{3.3.29}$$

整理得

$$\sqrt{(\omega^2-p^2)^2+4\xi^2\omega^2p^2}\,A\cos\left\{pt-\theta+\arctan[2\xi\omega p/(\omega^2-p^2)]\right\}=(F/m)\cos pt \tag{3.3.30}$$

因此有

$$\begin{cases} A=\dfrac{1}{\sqrt{(\omega^2-p^2)^2+4\xi^2\omega^2p^2}}\dfrac{F}{m} \\ \quad=\dfrac{1}{\sqrt{[1-(p/\omega)^2]^2+4\xi^2(p/\omega)^2}}\delta_s \\ \theta=\arctan\dfrac{2h(p/\omega)}{1-(p/\omega)^2} \end{cases} \tag{3.3.31}$$

式中，$\delta_s(\delta_s=F/k)$为外力 F 在静力作用下产生的变形。

对于无阻尼情况，其解取为

$$x=A'\cos pt \tag{3.3.32}$$

振幅 A'为

$$A'=\frac{1}{1-(p/\omega)^2}\delta_s \tag{3.3.33}$$

当 $p/\omega=1$ 时，振幅 A'为无穷大，即产生所谓**共振**现象。注意，该结果是考虑稳态振动得到的。事实上，如考虑过渡状态的反应，则振幅随时间而不断增加，当时间趋于无限时，振幅趋于无穷大。

$\delta_s=F/k$ 为外力 F 在静力作用下产生的位移。式(3.3.33)表示的振幅 A'或式(3.3.31)第一式表示的振幅 A 是振幅为 F 的简谐动力作用产生的最大变形幅值。A/δ_s 表示动力作用变形与静力作用变形之比。

对于有阻尼的情况，由式(3.3.31)第一式可得共振点处的稳态振动振幅 A_R 为

$$A_R=\frac{1}{2\xi}\delta_s \tag{3.3.34}$$

但式（3.3.31）第一式的最大振幅 A_m 并不等于 A_R，可由式（3.3.31）第一式对圆频率比 p/ω 求导，在 $p/\omega=\sqrt{1-2\xi^2}$ 处达到最大振幅，即

$$A_m=\frac{1}{2\xi\sqrt{1-\xi^2}}\delta_s \tag{3.3.35}$$

通常结构的阻尼较小，可认为最大振幅 A_m 与共振振幅 A_R 相同。对于阻尼比 $\xi>1/\sqrt{2}$ 的情况，共振曲线无峰值点，比值 A/δ_s 随 p/ω 的增大呈单调减小。

图 3.3.4 所示为 A/δ_s 与圆频率比 p/ω 的关系曲线。当 $p/\omega=1$ 时，即结构自振周期与外力周期相同时，为共振点。在共振点附近，若阻尼很小，则动力反应将很大。在共振点附近，$A/\delta_s>1.0$，故工程中常称 A/δ_s 为动力放大系数，表示同样数值的外力，当以动力形式作用时，会比静力作用产生更大的变形和结构内力。由图 3.3.4 可知，大的阻尼会使系统强迫振动的最大振幅（动力响应）减小，在共振点附近阻尼减振效果尤为显著。阻尼的这一特性有助于减小结构因动力作用而产生的放大效应。因此，应尽量采取各种措施增大结构的阻尼，减小结构的动力响应。

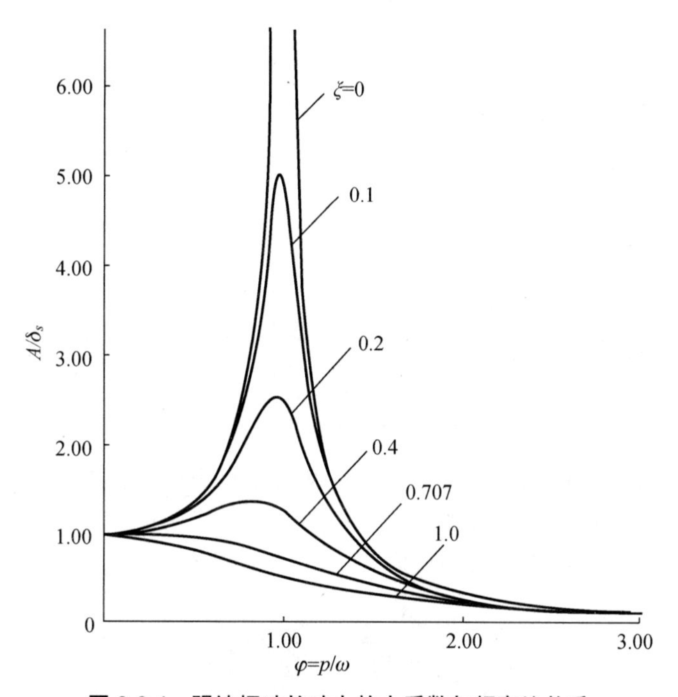

图 3.3.4　强迫振动的动力放大系数与频率比关系

当圆频率比 p/ω 很小，即外力周期与结构自振周期相比很长时，外力接近静力作用，当 $p\to0$ 时，振幅与静力变形 δ_s 接近。而当圆频率比 p/ω 很大，即外力周期与结构自振周期相比很短时，惯性力与外力方向相反，二者相互抵消，当 $p\to\infty$ 时，振幅趋于 0。

外力与变形的相位差 θ 如图 3.3.5 所示。对于无阻尼情况，$p/\omega<1$ 时，$\theta=0$，即外力与变形响应同位相；$p/\omega>1$ 时，$\theta=180°$，即外力与变形响应逆位相。对于有阻尼情况，相位差 θ 随 p/ω 的变化而连续变化，在共振点 $p/\omega=1$ 处，$\theta=90°=\pi/2$。

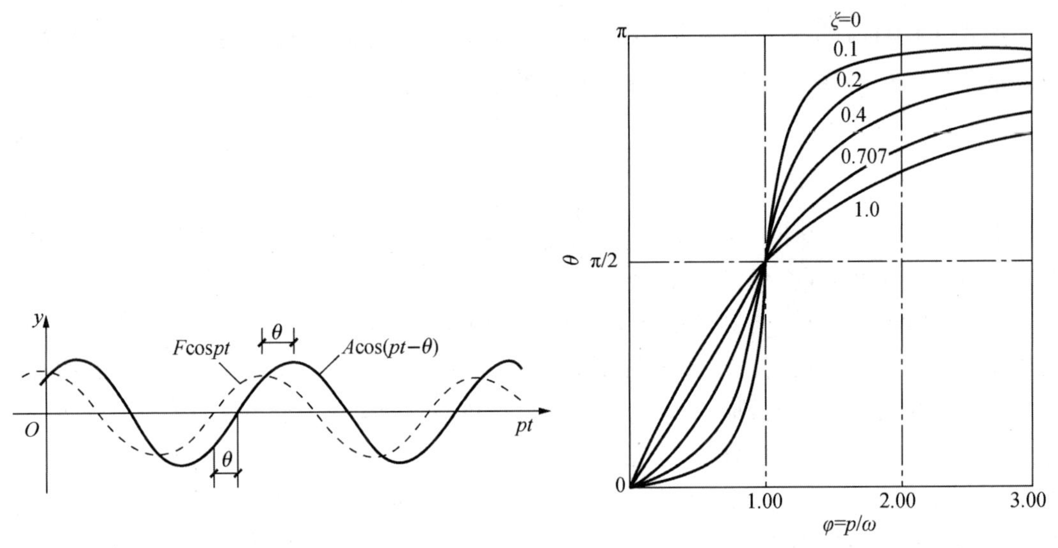

（a）外力与变形响应的时程　　（b）相位差与频率比和阻尼比的关系

图 3.3.5　外力与变形响应的相位差

若考虑地面作以下简谐运动：

$$x_g(t)=\delta_0\cos pt=d_{0,\max}\cos pt \tag{3.3.36a}$$

相应的地面速度和加速度分别为

$$\dot{x}_g(t)=-\delta_0 p\sin pt=-v_{0,\max}\sin pt \tag{3.3.36b}$$

$$\ddot{x}_g(t)=-\delta_0 p^2\cos pt=-a_{0,\max}\cos pt \tag{3.3.36c}$$

式中，$d_{0,\max}$、$v_{0,\max}$、$a_{0,\max}$ 分别为地面运动的最大位移、最大速度和最大加速度。则由式（3.2.13）可知，其地面动力作用下的动力方程为

$$m\ddot{x}+c\dot{x}+kx=-m\ddot{x}_g \tag{3.3.37}$$

由前述强迫振动情况的动力方程可知，地面与相对静止的参考系，可将地面的加速度影响考虑为对结构造成的惯性力外力 $-m\ddot{x}_g(t)$。将 $-\ddot{x}_g(t)$ 代入式(3.3.37)，并结合式(3.3.28)，可得质点相对于地面位移的稳态振动反应为

$$x=\frac{(p/\omega)^2}{\sqrt{[1-(p/\omega)^2]^2+4\xi^2(p/\omega)^2}}d_{0,\max}\cos(pt-\theta) \tag{3.3.38a}$$

其中相位差 $\theta=\arctan\dfrac{2h(p/\omega)}{1-(p/\omega)^2}$。速度和加速度反应分别为

$$\dot{x}=-\frac{(p/\omega)^2}{\sqrt{[1-(p/\omega)^2]^2+4\xi^2(p/\omega)^2}}v_{0,\max}\sin(pt-\theta) \tag{3.3.38b}$$

$$\ddot{x}=-\frac{(p/\omega)^2}{\sqrt{[1-(p/\omega)^2]^2+4\xi^2(p/\omega)^2}}a_{0,\max}\cos(pt-\theta) \tag{3.3.38c}$$

引起质点惯性力的绝对加速度 $(\ddot{x}+\ddot{x}_g)$ 为

$$\ddot{x}+\ddot{x}_g=-2h\omega\dot{x}-\omega^2 x$$

$$=-a_{0,\max}\sqrt{\frac{1+4\xi^2(p/\omega)^2}{[1-(p/\omega)^2]^2+4\xi^2(p/\omega)^2}}\cos(pt-\theta') \tag{3.3.39}$$

式中，$\theta'=\arctan\dfrac{2h(p/\omega)^3}{1-(1-4\xi)(p/\omega)^2}$。

由上述结果可得结构最大响应与相应地面运动最大值的比值为

$$\frac{|x_{\max}|}{|d_{0,\max}|}=\frac{|\dot{x}_{\max}|}{|v_{0,\max}|}=\frac{|\ddot{x}_{\max}|}{|a_{0,\max}|}=\frac{(p/\omega)^2}{\sqrt{[1-(p/\omega)^2]^2+4\xi^2(p/\omega)^2}} \tag{3.3.40a}$$

$$\frac{|(\ddot{x}+\ddot{x}_g)_{\max}|}{|a_{0,\max}|}=\sqrt{\frac{1+4\xi^2(p/\omega)^2}{[1-(p/\omega)^2]^2+4\xi^2(p/\omega)^2}} \tag{3.3.40b}$$

可将以上两式的结果表示在图中，如图 3.3.6 所示。

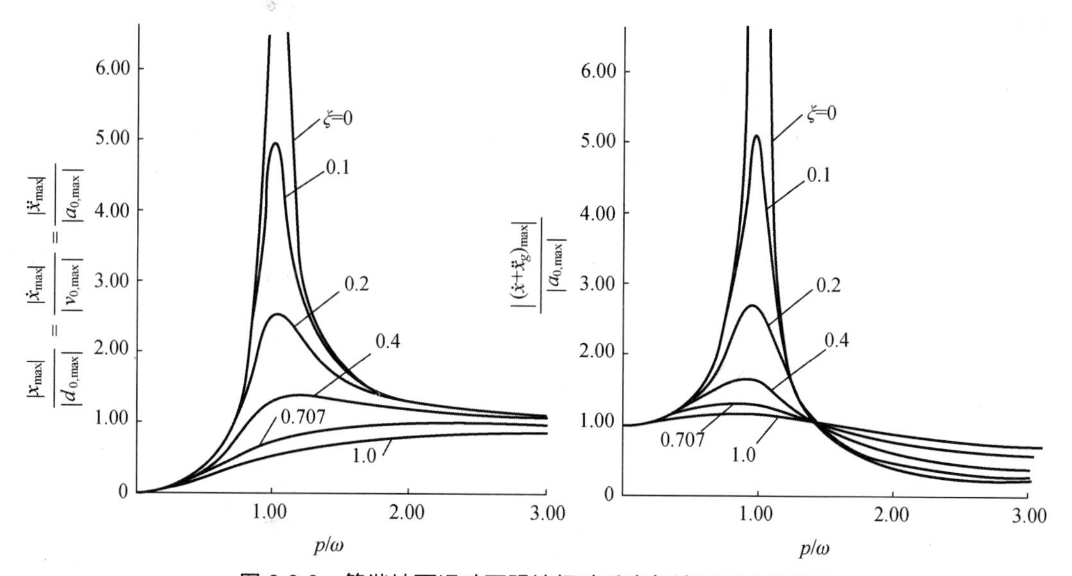

图 3.3.6　简谐地面运动下强迫振动反应与地面运动的关系

由以上结果可知，质点的相对位移、速度和加速度与地面运动位移、速度和加速度的比值相同。当 $p/\omega=0$ 时，即结构为刚体，$\dfrac{|x_{\max}|}{|d_{0,\max}|}=\dfrac{|\dot{x}_{\max}|}{|v_{0,\max}|}=\dfrac{|\ddot{x}_{\max}|}{|a_{0,\max}|}=0$，$\dfrac{|(\ddot{x}+\ddot{x}_g)_{\max}|}{|a_{0,\max}|}=1$，表明结构与地面一起作刚体运动；当 p/ω 趋于无穷时，即结构为无限柔性，$\dfrac{|x_{\max}|}{|d_{0,\max}|}=\dfrac{|\dot{x}_{\max}|}{|v_{0,\max}|}=\dfrac{|\ddot{x}_{\max}|}{|a_{0,\max}|}=1$，$\dfrac{|(\ddot{x}+\ddot{x}_g)_{\max}|}{|a_{0,\max}|}=0$，相位差 $\theta=\pi$，表明质点相对地面的位移、速度和加速度与地面运动相反，大小相等，即质点不作运动，也无惯性力作用；当 p/ω 值在 1.0 附近时，有较大共振影响。同时应注意到，阻尼对地面运动产生反应的削减作用十分显著。

3.3.4 Duhamel 积分

对于一般任意外力作用，可采用 Duhamel 积分方法来表示体系的振动反应。

1. 突加外力

在时间 t=0 时将定值外力 F 突然施加于处于静止状态的结构，如图 3.3.7（a）所示，振动方程为

$$m\ddot{x}+c\dot{x}+kx=F \tag{3.3.41}$$

令 $\alpha=F/m$，则有

$$\ddot{x}+2\xi\omega\dot{x}+\omega^2x=\alpha \tag{3.3.42}$$

上式的特解为外力以静力方式施加时产生的变形 δ_s，表示为

$$\delta_s=\frac{F}{k}=\frac{F}{m}\frac{1}{\omega^2}=\frac{\alpha}{\omega^2} \tag{3.3.43}$$

一般解为

$$x=\delta_s+\mathrm{e}^{-\xi\omega t}(a\cos\omega't+b\sin\omega't) \tag{3.3.44}$$

式中，$\omega'=\sqrt{1-\xi^2}\omega$。由初始条件 $x(t=0)=0$ 和 $\dot{x}(t=0)=0$，求得待定系数 a 和 b 后，可得变形及速度分别为

$$x=\delta_s\left[1-\mathrm{e}^{-\xi\omega t}\left(\cos\omega't+\frac{\xi}{\sqrt{1-\xi^2}}\sin\omega't\right)\right] \tag{3.3.45}$$

$$\dot{x}=\frac{\alpha}{\omega'}\mathrm{e}^{-\xi\omega t}\sin\omega't \tag{3.3.46}$$

当无阻尼时，则简化为

$$x=\delta_s(1-\cos\omega t) \tag{3.3.47}$$

$$\dot{x}=\delta_s\omega\sin\omega t \tag{3.3.48}$$

自振周期 T=1.0s 的结构，在突加外力下的变形响应振动时程如图 3.3.7（b）所示。无阻尼时，突加外力下的最大变形为静力变形的 2 倍；有阻尼时，随时间推移逐渐收敛于静力变形。

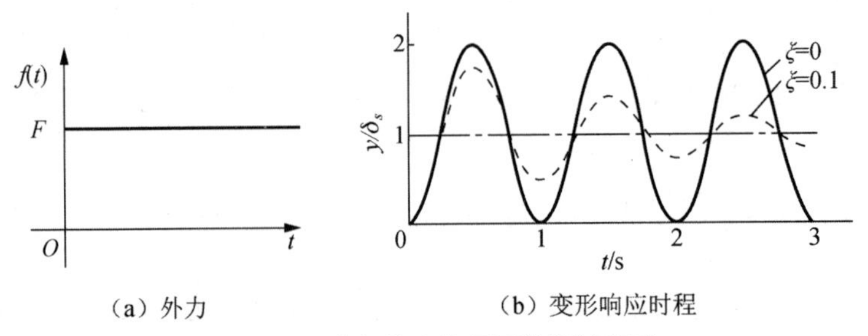

（a）外力　　（b）变形响应时程

图 3.3.7　突加外力作用下的强迫振动

2. 矩形脉冲外力

考虑图 3.3.8（a）所示矩形脉冲外力作用的反应。为简单起见，仅讨论无阻尼情况。脉冲的持续时间为 $T_0/2$，则当 $t\leqslant T_0/2$ 时，与前述突加外力时的分析相同，由 $\omega=2\pi/T$ 和式（3.3.47）得

$$x=\delta_s\left(1-\cos\frac{2\pi}{T}t\right),\quad t\leqslant T_0/2 \tag{3.3.49}$$

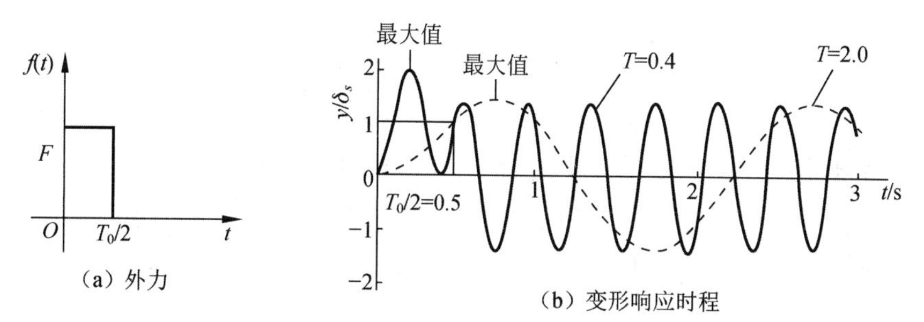

图 3.3.8　矩形脉冲外力作用下的强迫振动

当 $t\geqslant T_0/2$ 时，则为以下初始条件作用下的自由振动：

$$x(t=T_0/2)=\delta_s\left(1-\cos\frac{\pi T_0}{T}\right) \tag{3.3.50a}$$

$$\dot{x}(t=T_0/2)=\delta_s\frac{2\pi}{T}\sin\frac{\pi T_0}{T} \tag{3.3.50b}$$

因此，$t\geqslant T_0/2$ 时的解为

$$\begin{aligned}x&=\delta_s\left\{\left(1-\cos\frac{\pi T_0}{T}\right)\cos\left[\frac{2\pi}{T}\left(t-\frac{T_0}{2}\right)\right]+\sin\frac{\pi T_0}{T}\sin\left[\frac{2\pi}{T}\left(t-\frac{T_0}{2}\right)\right]\right\}\\&=2\delta_s\sin\frac{\pi T_0}{2T}\sin\left(\frac{2\pi t}{T}-\frac{\pi T_0}{2T}\right)\end{aligned} \tag{3.3.51}$$

当结构自振周期 $T\leqslant T_0$ 时，最大反应在 $t\leqslant T_0/2$ 时间内；当 $T>T_0$ 时，最大反应在 $t>T_0/2$ 时间内，其结果如式（3.3.52）所示。对于 T_0=1.0s，自振周期分别为 T=0.4s 和 T=2.0s 情况下的反应如图 3.3.8（b）所示。

$$x_{\max}=\begin{cases}2\dfrac{F}{m}\left(\dfrac{T}{2\pi}\right)^2, & T\leqslant T_0\\[2ex] 2\dfrac{F}{m}\left(\dfrac{T}{2\pi}\right)^2\sin\dfrac{\pi T_0}{2T}, & T>T_0\end{cases} \tag{3.3.52}$$

对于结构自振周期 T 很长的情况，T_0/T 很小，$\sin\dfrac{\pi T_0}{2T}\approx\dfrac{\pi T_0}{2T}$，则上式可近似为

$$x_{\max}=\frac{FT_0}{2m}\frac{T}{2\pi} \tag{3.3.53}$$

3. 脉冲外力

考虑图 3.3.9（a）所示微时间段Δt 内的矩形脉冲外力 F 作用下结构的反应。设 $F\Delta t$=1，当Δt 无限小时，该外力称为单位脉冲，可用$\delta(t)$函数表示。$\delta(t)$函数的性质为

$$\begin{cases} \delta(t)=0\,, \quad t\neq 0 \\ \int_{-\infty}^{\infty}\delta(t)\mathrm{d}t=1 \\ \int_{-\infty}^{\infty}x(t)\delta(t-\tau)\mathrm{d}t=x(\tau) \end{cases} \tag{3.3.54}$$

脉冲外力可表示为以下两种突加外力之差：在 t=0 时作用大小为 F 的突加外力 $f(t)$，其作用下反应为 $x(t)$；在 $t=\Delta t$ 时作用大小为 $-F$ 的突加外力 $f(t-\Delta t)$，其作用下反应为 $x(t-\Delta t)$，如图 3.3.9（b）所示。单位脉冲外力 $F\Delta t$=1，为图 3.3.9（b）中$\Delta t\to 0$ 的极限情况。因此，单位脉冲外力作用下的反应 $g(t)$可用两种突加外力作用下反应差 $x(t)-x(t-\Delta t)$ 的极限得到，即

$$g(t)=\lim_{\Delta t\to 0}[x(t)-x(t-\Delta t)]=\lim_{\Delta t\to 0}\Delta t\,\frac{x(t)-x(t-\Delta t)}{\Delta t}=\lim_{\Delta t\to 0}\Delta t\,\dot{x}(t) \tag{3.3.55}$$

将式（3.3.46）代入得

$$g(t)=\lim_{\Delta t\to 0}\frac{F\Delta t}{m\omega'}\mathrm{e}^{-\xi\omega t}\sin\omega' t=\frac{1}{m\omega'}\mathrm{e}^{-\xi\omega t}\sin\omega' t \tag{3.3.56}$$

式中，$\omega'=\sqrt{1-\xi^2}\,\omega$。将上式与式（3.3.19）比较可知，单位脉冲外力作用下的反应，与初始速度等于 1/m、初始变形等于 0 的自由振动一致。因此，对于下列动力方程：

$$m\ddot{x}+c\dot{x}+kx=\delta(t) \tag{3.3.57}$$

其解为

$$x=g(t)=\mathrm{e}^{-\xi\omega t}\sin\omega' t \tag{3.3.58}$$

4. 任意外力下的反应

对于任意外力作用下的反应，可将外力视为由许多微时间段脉冲外力组成的连续外力来考虑，如图 3.3.10 所示。在时刻τ，结构受到 $f(\tau)\mathrm{d}\tau$ 的脉冲外力作用，由以上分析结果可知，其振动在时刻 t 的位移反应可表示为

$$x_\tau=g(t-\tau)f(\tau)\mathrm{d}\tau \tag{3.3.59}$$

因此，任意外力 $f(t)$在时刻 t 所引起的位移反应，可由上式在 $\tau=0$～t 积分得到：

$$x(t)=\int_0^t g(t-\tau)f(\tau)\mathrm{d}\tau=\frac{1}{m\omega'}\int_0^t f(\tau)\,\mathrm{e}^{-\xi\omega(t-\tau)}\sin\omega'(t-\tau)\mathrm{d}\tau \tag{3.3.60}$$

上式是在初始条件 $x_{t=0}=\dot{x}_{t=0}=0$ 情况下的解，称为 Duhamel 积分。

对于地震动 $\ddot{x}_g(t)$ 作用下的弹性单自由度系统，利用 Duhamel 积分，将式（3.3.60）中的 $f(\tau)$用 $-m\,\ddot{x}_g(\tau)$ 替换，即可得到地震作用下质点的相对位移

$$x(t)=-\frac{1}{\omega'}\int_0^t \ddot{x}_g(\tau)\,\mathrm{e}^{-\xi\omega(t-\tau)}\sin\omega'(t-\tau)\mathrm{d}\tau \tag{3.3.61}$$

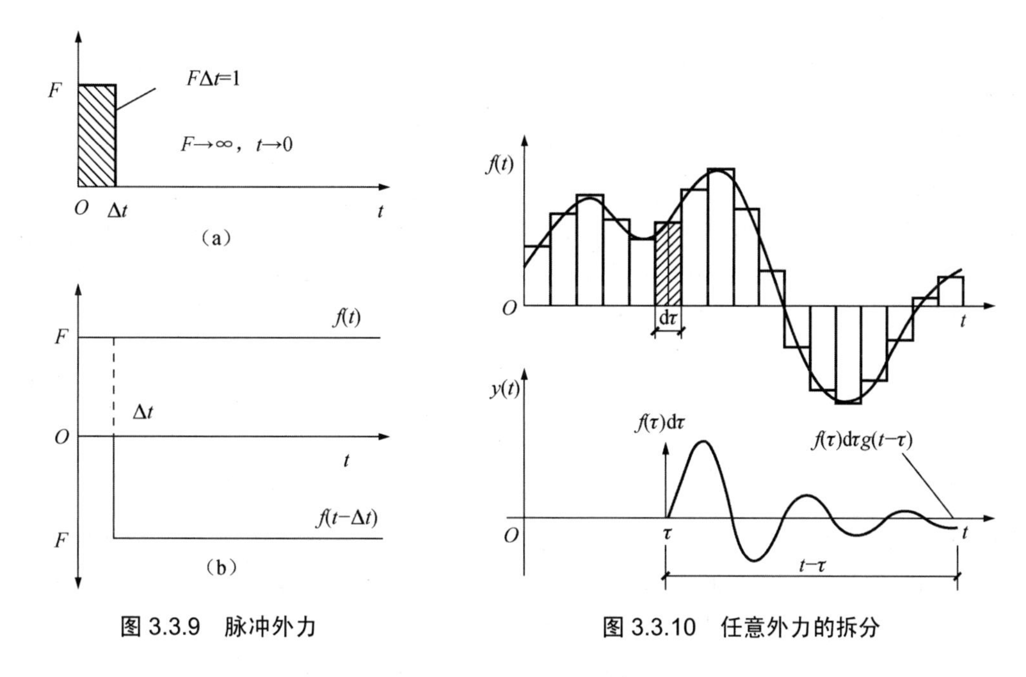

图 3.3.9　脉冲外力　　　　图 3.3.10　任意外力的拆分

由此可得地震引起的相对速度和绝对加速度反应

$$\dot{x}(t)=-\int_0^t \ddot{x}_g(\tau)\mathrm{e}^{-\xi\omega(t-\tau)}\cos\omega'(t-\tau)\mathrm{d}\tau+\frac{\xi}{\sqrt{1-\xi^2}}\int_0^t \ddot{x}_g(\tau)\mathrm{e}^{-\xi\omega(t-\tau)}\sin\omega'(t-\tau)\mathrm{d}\tau \tag{3.3.62}$$

$$\begin{aligned}\ddot{x}(t)+\ddot{x}_g(t)&=-2\xi\omega\dot{x}-\omega^2x\\&=\frac{1-2\xi^2}{\sqrt{1-\xi^2}}\omega\int_0^t \ddot{x}_g(\tau)\mathrm{e}^{-\xi\omega(t-\tau)}\sin\omega'(t-\tau)\mathrm{d}\tau+\\&\quad 2\xi\omega\int_0^t \ddot{x}_g(\tau)\mathrm{e}^{-\xi\omega(t-\tau)}\cos\omega'(t-\tau)\mathrm{d}\tau\end{aligned} \tag{3.3.63}$$

3.4　多自由度体系的振动分析

3.4.1　振型分析

先讨论无阻尼多自由度线弹性体系的自由振动，即由式（3.2.15），取$[C]=[0]$，$\ddot{x}_g=0$和$\{P\}=\{0\}$，有

$$[M]\{\ddot{x}\}+[K]\{x\}=[0] \tag{3.4.1}$$

其解可表示为

$$\{x\}=\{u\}\mathrm{e}^{\mathrm{i}\omega t} \tag{3.4.2}$$

即假定各质点保持一定的形状$\{u\}$作振动。将式（3.4.2）代入式（3.4.1）得

$$(-\omega^2[M]+[K])\{u\}=[0] \tag{3.4.3}$$

求解满足上式的ω^2和$\{u\}$的问题称为特征值问题。当振动位移$\{u\}$不为零时，式（3.4.3）应满足

$$\left|-\omega^2[M]+[K]\right|=0 \tag{3.4.4}$$

上式是关于ω^2的高次方程。对于自由度为N的体系，上式有N个解，按由小到大顺序排列为$\omega_1^2,\omega_2^2,\cdots,\omega_N^2$；其中$\omega_s$称为第$s$阶自振圆频率，与其对应满足式（3.4.3）的向量$\{u\}_s$称为$s$阶特征向量或振型。因此，自由度为$N$的体系共有$N$个振型。

振型中各元素的比例关系是固定的。取最大元素为1，并按满足下式进行正规化，

$$\{u\}_s^{\mathrm{T}}[M]\{u\}_s=\sum_{i=1}^{N}m_i u_{i,s}^2=1 \tag{3.4.5}$$

事实上，对于任意振型$\{u\}_s$，由式$\{u'\}_s=\{u\}_s\bigg/\sqrt{\sum\limits_{i=1}^{N}m_i u_{i,s}^2}$得到新的振型即可满足式（3.4.5）的正规化条件。本书以下如无特别说明，振型均满足正规化条件，称为正规化振型。

第s阶圆频率ω_s^2的两个解$\pm\omega_s$与相应的振型$\{u\}_s$均为式（3.4.3）的解，因此第s阶特征振动的解可表示为$\{u\}_s\,\mathrm{e}^{\mathrm{i}\omega_s t}$和$\{u\}_s\,\mathrm{e}^{-\mathrm{i}\omega_s t}$的线性组合，即

$$\{x\}_s=\{u\}_s(C_{s,1}\mathrm{e}^{\mathrm{i}\omega_s t}+C_{s,2}\mathrm{e}^{-\mathrm{i}\omega_s t}) \tag{3.4.6}$$

注意到待定系数$C_{s,1}$与$C_{s,2}$共轭，上式可写成

$$\{x\}_s=\{u\}_s(A_s\cos\omega_s t+B_s\sin\omega_s t) \tag{3.4.7}$$

下面进一步分析各振型之间的关系。任意两个不同的特征值$\omega_s\neq\omega_r$及其振型$\{u\}_s$和$\{u\}_r$均满足式（3.4.3），因此下列关系式成立：

$$-\omega_s^2[M]\{u\}_s+[K]\{u\}_s=[0] \tag{3.4.8a}$$

$$-\omega_r^2[M]\{u\}_r+[K]\{u\}_r=[0] \tag{3.4.8b}$$

将式（3.4.8a）乘以$\{u\}_r^{\mathrm{T}}$，式（3.4.8b）转置后右乘$\{u\}_s$，并注意到$[M]$和$[K]$的对称性，则以上两式的差为

$$(\omega_s^2-\omega_r^2)\{u\}_r^{\mathrm{T}}[M]\{u\}_s=[0] \tag{3.4.9}$$

因为$\omega_s^2\neq\omega_r^2$，故有

$$\{u\}_r^{\mathrm{T}}[M]\{u\}_s=0\,,\quad r\neq s \tag{3.4.10}$$

再由式（3.4.8a）左乘$\{u\}_r^{\mathrm{T}}$可得

$$\{u\}_r^{\mathrm{T}}[K]\{u\}_s=0\,,\quad r\neq s \tag{3.4.11}$$

式（3.4.10）和式（3.4.11）所示的振型$\{u\}_s$和$\{u\}_r$之间的关系，称为振型关于质量矩阵和刚度矩阵的正交性。该特性是振型极为重要的性质。

将所有振型按列排列形成的方阵$[U]$称为振型矩阵，即

$$[U]=\left[\{u\}_1\ \{u\}_2\ \cdots\ \{u\}_N\right]=\begin{bmatrix}u_{1,1} & u_{1,2} & \cdots & u_{1,N}\\ u_{2,1} & u_{2,2} & \cdots & u_{2,N}\\ \vdots & \vdots & & \vdots\\ u_{N,1} & u_{N,2} & \cdots & u_{N,N}\end{bmatrix} \tag{3.4.12}$$

由各阶振型之间的正交性，可得

$$[U]^{\mathrm{T}}[M][U]=\begin{bmatrix} M_1 & & & \\ & M_2 & & \\ & & \ddots & \\ & & & M_N \end{bmatrix} \tag{3.4.13}$$

$$[U]^{\mathrm{T}}[K][U]=\begin{bmatrix} K_1 & & & \\ & K_2 & & \\ & & \ddots & \\ & & & K_N \end{bmatrix} \tag{3.4.14}$$

由以上结果可知，利用振型矩阵可将质量矩阵$[M]$和刚度矩阵$[K]$对角化。

由于N个自由度体系具有N个振型，且各阶振型相互独立，则体系的任意变形状态的N元向量$\{x\}$可由N个振型的线性组合表示，即

$$\begin{aligned}\{x\}&=a_1\{u\}_1+a_2\{u\}_2+\cdots+a_N\{u\}_N\\&=\sum_{s=1}^{N}a_s\{u\}_s=[U]\{a\}\end{aligned} \tag{3.4.15}$$

将上式两边左乘$\{u\}_s^{\mathrm{T}}[M]$，利用式（3.4.10）即振型关于质量矩阵的正交性，则等式右边除$\{u\}_s^{\mathrm{T}}[M]\{u\}_s$外，其余各项均为0，因此可方便地求得系数$a_s$，即

$$a_s=\frac{\{u\}_s^{\mathrm{T}}[M]\{x\}}{\{u\}_s^{\mathrm{T}}[M]\{u\}_s} \tag{3.4.16}$$

多自由度体系的振型分析归结于对式（3.4.3）的特征值和特征向量（振型）的计算，不熟悉这一计算方法的读者可参见3.4.5节。

3.4.2　无阻尼体系的自由振动

根据以上分析，弹性多自由度体系自由振动方程式（3.4.3）的解可表示为各阶振型的组合，即

$$\begin{aligned}\{x(t)\}&=\{u\}_1q_1(t)+\{u\}_2q_2(t)+\cdots+\{u\}_Nq_N(t)\\&=\sum_{s=1}^{N}\{u\}_sq_s(t)=[U]\{q(t)\}=[U]\{q\}\end{aligned} \tag{3.4.17}$$

代入式（3.4.1）可得

$$[M][U]\{\ddot{q}\}+[K][U]\{q\}=[0] \tag{3.4.18}$$

将上式左乘$[U]^{\mathrm{T}}$，并利用式（3.4.13）和式（3.4.14）所示各阶振型关于质量矩阵和刚度矩阵的正交性，可得N个独立的关于q_s的方程：

$$M_s\ddot{q}_s+K_sq_s=0,\quad s=1,2,\cdots,N \tag{3.4.19}$$

由上式可知，利用振型分析，N阶弹性多自由度体系的自由振动方程可表示为N个独立的单自由度体系的自由振动方程，M_s和K_s分别称为s阶**广义质量**和s阶**广义刚度**。记

$$K_s=\omega_s^2M_s,\quad s=1,2,\cdots,N \tag{3.4.20}$$

式中，ω_s称为第s阶振动圆频率。则式（3.4.19）可写成

$$\ddot{q}_s(t)+\omega_s^2 q_s(t)=0,\qquad s=1,2,\cdots,N \tag{3.4.21}$$

采用正规化振型，则有

$$M_s=\{u\}_s^{\mathrm{T}}[M]\{u\}_s=1 \tag{3.4.22a}$$

$$K_s=\{u\}_s^{\mathrm{T}}[K]\{u\}_s=\omega^2 \tag{3.4.22b}$$

设初始位移为$\{d_0\}$，初始速度为$\{v_0\}$。按式（3.4.17）的振型组合，初始条件可表示为

$$\begin{cases}\{d_0\}=\sum\limits_{s=1}^{N} d_{s,0}\{u\}_s\\ \{v_0\}=\sum\limits_{s=1}^{N} v_{s,0}\{u\}_s\end{cases} \tag{3.4.23}$$

式中，对应第 s 阶振动分量 $q_s(t)$ 的初始条件 $d_{s,0}$ 和 $v_{s,0}$ 为

$$d_{s,0}=\frac{\{u\}_s^{\mathrm{T}}[M]\{d_0\}}{\{u\}_s^{\mathrm{T}}[M]\{u\}_s},\quad v_{s,0}=\frac{\{u\}_s^{\mathrm{T}}[M]\{v_0\}}{\{u\}_s^{\mathrm{T}}[M]\{u\}_s} \tag{3.4.24}$$

因此，由单自由度自由振动的解[式（3.3.6）]，可得式（3.4.21）第 s 阶振动分量 $q_s(t)$ 的解为

$$q_s(t)=d_{s,0}\cos\omega_s t+\frac{v_{s,0}}{\omega_s}\sin\omega_s t \tag{3.4.25}$$

将各阶振动分量 $q_s(t)$ 的解代入式（3.4.17），可得多自由度体系的自由振动解为

$$\{x(t)\}=\sum_{s=1}^{N}\{u\}_s\left(d_{s,0}\cos\omega_s t+\frac{v_{s,0}}{\omega_s}\sin\omega_s t\right) \tag{3.4.26}$$

3.4.3 有阻尼体系的自由振动

1. 比例阻尼矩阵

对于具有黏性阻尼的多自由度体系，其自由振动方程可写成以下形式：

$$[M]\{\ddot{x}\}+[C]\{\dot{x}\}+[K]\{x\}=[0] \tag{3.4.27}$$

当阻尼矩阵具有某种特殊形式时，上式的振型与无阻尼情况一致，其解同样可表示为各振型的组合，具有这种性质的阻尼称为比例阻尼。

比例阻尼的最简单情况是阻尼矩阵与质量矩阵成比例（质量比例型），或与刚度矩阵成比例（刚度比例型）。当阻尼矩阵表示为下式所示质量比例型和刚度比例型的复合形式时，称为 Rayleigh 阻尼。

$$[C]=a_0[M]+a_1[K] \tag{3.4.28}$$

比例阻尼矩阵的一般形式如下，称为 Caughey 阻尼：

$$\begin{aligned}[C]&=[M]\{a_0+a_1[M]^{-1}[K]+a_2([M]^{-1}[K])^2+\cdots+a_{N-1}([M]^{-1}[K])^{N-1}\}\\&=[M]\left\{\sum_{j=0}^{N-1}a_j([M]^{-1}[K])^j\right\}\end{aligned} \tag{3.4.29}$$

可以证明，比例阻尼矩阵与无阻尼振型$\{u\}_s$满足以下正交关系：

$$\begin{cases}\{u\}_r^{\mathrm{T}}[C]\{u\}_s=0, & r\neq s\\ \{u\}_r^{\mathrm{T}}[C]\{u\}_s=C_s, & r=s\end{cases} \tag{3.4.30}$$

因此与质量矩阵和刚度矩阵一样，比例阻尼矩阵可通过无阻尼振型矩阵$[U]$化为对角矩阵：

$$[U]^{\mathrm{T}}[C][U]=\begin{bmatrix}C_1 & & & \\ & C_2 & & \\ & & \ddots & \\ & & & C_N\end{bmatrix} \tag{3.4.31}$$

对于 Rayleigh 阻尼，当采用正规化振型矩阵时，有

$$C_s=a_0+a_1\omega_s^2 \tag{3.4.32}$$

2. 振动分析

对于具有比例阻尼的弹性多自由度体系，其自由振动的解同样可表示为式（3.4.17）的形式，代入式（3.4.27），并左乘振型矩阵的转置矩阵$[U]^{\mathrm{T}}$，再利用质量矩阵、刚度矩阵和比例阻尼矩阵的正交性，可得下列N个独立微分方程：

$$M_s\ddot{q}_s+C_s\dot{q}_s+K_sq_s=0,\ s=1,2,\cdots,N \tag{3.4.33}$$

式中，$M_s=\{u\}_s^{\mathrm{T}}[M]\{u\}_s$，$K_s=\{u\}_s^{\mathrm{T}}[K]\{u\}_s=\omega_s^2M_s$，$C_s=\{u\}_s^{\mathrm{T}}[C]\{u\}_s$，分别称为$s$阶广义质量、广义刚度和广义阻尼系数。$s$阶振型阻尼比$\xi_s$由下式定义：

$$C_s=2\xi_s\omega_sM_s \tag{3.4.34}$$

因此，式（3.4.33）可写成

$$\ddot{q}_s+2\xi_s\omega_s\dot{q}_s+\omega_s^2q_s=0,\quad s=1,2,\cdots,N \tag{3.4.35}$$

在给定初始位移$\{d_0\}=\sum_{s=1}^{N}d_{s,0}\{u\}_s$和初始速度$\{v_0\}=\sum_{s=1}^{N}v_{s,0}\{u\}_s$的条件下，可得有阻尼多自由度体系自由振动的解为

$$\{x(t)\}=\sum_{s=1}^{N}\{u\}_s\mathrm{e}^{-\xi_s\omega_st}\left(d_{s,0}\cos\omega_s't+\frac{v_{s,0}+\xi_s\omega_sd_{s,0}}{\omega_s'}\sin\omega_s't\right) \tag{3.4.36}$$

式中，$\omega_s'=\sqrt{1-\xi_s^2}\,\omega_s$；$d_{s,0}=\dfrac{\{u\}_s^{\mathrm{T}}[M]\{d_0\}}{\{u\}_s^{\mathrm{T}}[M]\{u\}_s}$；$v_{s,0}=\dfrac{\{u\}_s^{\mathrm{T}}[M]\{v_0\}}{\{u\}_s^{\mathrm{T}}[M]\{u\}_s}$。

对于质量比例型阻尼和刚度比例型阻尼，s阶阻尼比ξ_s分别如下：

质量比例型

$$\xi_s=\frac{a_0}{2\omega_s} \tag{3.4.37a}$$

刚度比例型

$$\xi_s=a_1\frac{\omega_s}{2} \tag{3.4.37b}$$

可见，质量比例型阻尼的阻尼比与自振频率成反比，刚度比例型阻尼的阻尼比与自振频率成正比。对于 Rayleigh 阻尼，则有

$$\xi_s = \frac{1}{2}\left(\frac{a_0}{\omega_s} + a_1\omega_s\right) \tag{3.4.38}$$

3. 非比例阻尼

实际结构中的阻尼机制十分复杂，且一般为非比例阻尼。当结构各部分的阻尼机制不同时，如当结构由不同材料的构件组成，或结构中专门设置阻尼器构件时，由各部分的阻尼模型集成的阻尼矩阵通常为非比例阻尼矩阵。

对于非比例阻尼情况，自由振动方程式（3.4.27）的解可表示为

$$\{x\} = \{u\}\mathrm{e}^{\lambda t} \tag{3.4.39}$$

代入式（3.4.27）得

$$(\lambda^2[M] + \lambda[C] + [K])\{u\} = [0] \tag{3.4.40}$$

因为$\{u\}$不等于$\{0\}$，因此有

$$\left|\lambda^2[M] + \lambda[C] + [K]\right| = 0 \tag{3.4.41}$$

上式是关于λ的 $2N$ 次方程。由式（3.4.40）和式（3.4.41）可得到 $2N$ 个复数特征值和特征向量。与比例阻尼情况的特征向量均为实数不同，非比例阻尼情况的特征向量一般为复数。当结构按某一振型振动时，对于比例阻尼情况各质点位置作同相位振动；而对于非比例阻尼情况，不同质点位置将产生相位差。

对于非比例阻尼情况的特征值和特征向量的求解及其振动分析，可参见有关专门论著。对于实际工程结构来说，采用强行解耦方法将非比例阻尼矩阵近似为比例阻尼矩阵，一般可满足工程精度要求。强行解耦方法是采用无阻尼振型按下式确定广义阻尼系数：

$$C_s = \{u\}_s^{\mathrm{T}}[C]\{u\}_s,\quad s = 1, 2, \cdots, N \tag{3.4.42}$$

式中，$[C]$为非比例阻尼矩阵。

3.4.4　强迫振动

由式（3.2.15），可得弹性多自由度体系的强迫振动方程为

$$[M]\{\ddot{x}\} + [C]\{\dot{x}\} + [K]\{x\} = \{P\} \tag{3.4.43}$$

设阻尼矩阵$[C]$为比例阻尼，则其解可表示为无阻尼振型的组合，即

$$\{x\} = \sum_{s=1}^{N}\{u\}_s\, q_s = [U]\{q\} \tag{3.4.44}$$

将此式代入式（3.4.43），左乘振型矩阵的转置矩阵$[U]^{\mathrm{T}}$，并考虑振型的正交性，可得 N 个关于 $q_s(t)$ 的独立微分方程

$$M_s\ddot{q}_s(t) + C_s\dot{q}_s(t) + K_s q_s(t) = f_s(t),\quad s = 1, 2, \cdots N \tag{3.4.45}$$

式中，$f_s(t)$ 为广义外力，由下式确定：

$$f_s(t) = \{u\}_s^{\mathrm{T}}\{f(t)\} = \sum_{i=1}^{N} u_{s,i} f_i(t),\quad s = 1, 2, \cdots N \tag{3.4.46}$$

令 $\omega_s^2 = K_s / M_s$， $C_s = 2h_s\omega_s M_s$，则式（3.4.45）可写成

$$\ddot{q}_s(t) + 2h_s\omega_s\dot{q}_s(t) + \omega_s^2 q_s(t) = f_s(t)/M_s, \quad s = 1,2,\cdots N \tag{3.4.47}$$

因此，由上式可确定 N 个在广义外力作用下的各阶单自由度动力响应 $q_s(t)$, $s = 1,2,\cdots N$，代入式（3.4.44）可得解。

3.4.5　特征值和特征向量计算

多自由度体系的振动分析需要计算式（3.4.3）的特征值和特征向量（振型）。这一计算问题在矩阵分析中称为标准特征值问题，即对于矩阵[A]，计算满足式（3.4.48）的特征值λ和特征向量$\{u\}$。

$$[A]\{u\} = \lambda\{u\} \tag{3.4.48}$$

式（3.4.3）所示多自由度体系的自由振动方程，可表示为以下一般特征值问题：

$$\omega^2[M]\{u\} = [K]\{u\} \tag{3.4.49}$$

式中，[M]和[K]为对称矩阵。将上式写成以下标准特征值问题：

$$\omega^2\{u\} = [M]^{-1}[K]\{u\} \tag{3.4.50}$$

由于 $[M]^{-1}[K]$ 一般为非对称矩阵，因此可通过变换 $\{v\} = [M]^{1/2}\{u\}$，将式（3.4.49）转化为对称矩阵的标准特征值问题，写成

$$\omega^2\{v\} = [M]^{-1/2}[K][M]^{-1/2}\{v\} = [K']\{v\} \tag{3.4.51}$$

上式是关于对称矩阵 $[K'] = [M]^{-1/2}[K][M]^{-1/2}$ 的标准特征值问题。对于质量矩阵[M]为对角矩阵的情况，$[M]^{-1/2}$ 很容易确定。

对于对称矩阵[A]而言，其特征向量具有正交性，即特征向量矩阵[V]满足

$$[V]^{\mathrm{T}}[V]=[I] \tag{3.4.52a}$$

$$[V]^{\mathrm{T}}[A][V]=\begin{bmatrix} \ddots & & 0 \\ & \lambda_i & \\ 0 & & \ddots \end{bmatrix} \quad \text{（特征值矩阵，对角矩阵）} \tag{3.4.52b}$$

因此，对于式（3.4.49）所示振动分析的特征值问题，经 $\{v\} = [M]^{1/2}\{u\}$ 变换后，其特征向量矩阵为 $[V] = [M]^{1/2}[U]$，相应对称矩阵 $[A] = [K']$，则式（3.4.52）变为

$$[U]^{\mathrm{T}}[M][U]=[I] \tag{3.4.53a}$$

$$[U]^{\mathrm{T}}[K][U]=\begin{bmatrix} \ddots & & 0 \\ & \omega_i^2 & \\ 0 & & \ddots \end{bmatrix} \tag{3.4.53b}$$

特征向量矩阵为 $[V] = [M]^{1/2}[U]$，称为正规化振型矩阵。

特征值和特征向量的数值计算方法有多种，以下介绍常用的迭代法。

对于标准特征值问题 $[A]\{u\} = \lambda\{u\}$，先假定向量$\{u\}$，若$\{u\}$为特征向量，则 $[A]\{u\}$ 各元素均应为$\{u\}$各元素的λ倍；若$\{u\}$不是特征向量，则 $[A]\{u\}$ 各元素与$\{u\}$各元素的比值不是定值，此时取 $[A]\{u\}$ 作为$\{u\}$新的近似值，重复此迭代计算过程，最终将收敛于对应最大特征值的特征向量。下面予以证明。

设初始假定的向量为$\{u\}^{(1)}$，该向量可表示为以下实际特征向量的线性组合：

$$\{u\}^{(1)}=\sum_{s=1}^{N}\alpha_s\{u\}_s \tag{3.4.54}$$

以$[A]\{u\}$作为新的假定向量$\{u\}$，重复迭代计算过程可写成如下形式：

$$\begin{cases}\{u\}^{(2)}=[A]\{u\}^{(1)}=\sum_{s=1}^{N}\alpha_s\lambda_s\{u\}_s\\ \{u\}^{(3)}=[A]\{u\}^{(2)}=\sum_{s=1}^{N}\alpha_s\lambda_s{}^2\{u\}_s\\ \quad\vdots\\ \{u\}^{(k)}=[A]\{u\}^{(k-1)}=\sum_{s=1}^{N}\alpha_s\lambda_s{}^{k-1}\{u\}_s\end{cases} \tag{3.4.55}$$

设特征值由大至小按顺序排列，即有$\lambda_N>\lambda_{N-1}>\cdots>\lambda_1$，则

$$\{u\}^{(k)}=\lambda_N^{k-1}\left[\alpha_N\{u\}_N+\sum_{s=2}^{N}\alpha_s\left(\frac{\lambda_s}{\lambda_N}\right)^{k-1}\{u\}_s\right] \tag{3.4.56}$$

因为$(\lambda_s/\lambda_N)<1$，当$k\to\infty$时，上式右边第二项以后各项均趋于 0，因此有

$$\{u\}^{(k)}\approx\lambda_N^{k-1}\alpha_N\{u\}_N\approx\lambda_N\{u\}^{k-1} \tag{3.4.57}$$

即

$$\frac{u_i^{(k)}}{u_i^{(k-1)}}\approx\lambda_N,\qquad i=1,2,\cdots,N \tag{3.4.58}$$

由上述分析可见，只要重复迭代过程，直至前后两次向量的各元素之比趋于一稳定值，即可求得最大的特征值及其相应的特征向量。当假定向量与特征向量$\{u\}_N$接近时，迭代收敛是很快的。此外，为避免迭代过程中$\{u\}$的数值过大，可在适当迭代次数后进行正规化。

对于式（3.4.49）来说，上述迭代方法求得的是各阶特征值ω_i^2中的最大值。而通常对结构振动有重要意义的 1 阶振型特征值是各阶特征值ω_i^2中的最小值，为此可将式（3.4.49）写成以下柔度矩阵形式表达的特征值问题进行迭代计算：

$$\frac{1}{\omega^2}\{u\}=[K]^{-1}[M]\{u\} \tag{3.4.59}$$

式中，$[K]^{-1}=[F]$为结构的柔度矩阵。按上述迭代方法可求得上式所示特征值问题（$1/\omega_i^2$）的最大值，进而得到ω_i^2的最小值。

用上述迭代方法求得 1 阶振型特征值和相应的特征向量后，可利用特征向量间的正交性，从假定的向量中将已求得的 1 阶振型去除，再进行迭代计算，即可获得高阶振型特征值。设已求得的 1 阶振型为$\{u\}_1$，对任意假定的向量$\{u\}$，由下式可得到与 1 阶振型$\{u\}_1$正交的向量$\{\overline{u}\}$：

$$\{\overline{u}\}=\{u\}-\beta_1\{u\}_1 \tag{3.4.60}$$

式中

$$\beta_1=\frac{\{u\}_1^{\mathrm{T}}[M]\{u\}}{\{u\}_1^{\mathrm{T}}[M]\{u\}_1} \tag{3.4.61}$$

利用 $\{\overline{u}\}$ 按式（3.4.55）进行迭代计算，则可收敛到 2 阶振型。因为 1 阶振型计算存在一定的误差，在反复迭代过程中会被逐渐放大，因此在迭代一定次数后，可按式（3.4.60）重新去除 1 阶振型成分。

求得 1 阶和 2 阶振型后，进一步可按下式去除 1 阶和 2 阶振型成分，再按同样的方法进行迭代计算求得 3 阶振型。

$$\begin{aligned}\{\tilde{u}\} &= \{u\} - \beta_1\{u\}_1 - \beta_2\{u\}_2 \\ &= [I] - \frac{\{u\}_1^{\mathrm{T}}[M]\{u\}}{\{u\}_1^{\mathrm{T}}[M]\{u\}_1}\{u\}_1 - \frac{\{u\}_2^{\mathrm{T}}[M]\{u\}}{\{u\}_2^{\mathrm{T}}[M]\{u\}_2}\{u\}_2\end{aligned} \tag{3.4.62}$$

不断重复上述方法，即可求得各阶特征值和振型。

3.5 动力分析的数值方法

在一般外力作用下，特别是在地面运动引起的不规则动力作用下，无法直接获得结构动力反应分析的解析解，因此通常采用数值分析方法。如图 3.5.1 所示，对于任意动力作用，将时间 t 划分为许多微小的时间段Δt，当已知结构在 t_n 时刻的反应值 $\{x\}_n$、$\{\dot{x}\}_n$、$\{\ddot{x}\}_n$ 时，可采用数值方法由动力方程确定时间段Δt 后 $t_{n+1}=t_n+\Delta t$ 时刻的反应值 $\{x\}_{n+1}$、$\{\dot{x}\}_{n+1}$、$\{\ddot{x}\}_{n+1}$，如此逐步进行下去，即可获得结构动力反应的全过程。这种动力反应分析的逐步数值积分方法称为时程分析法。

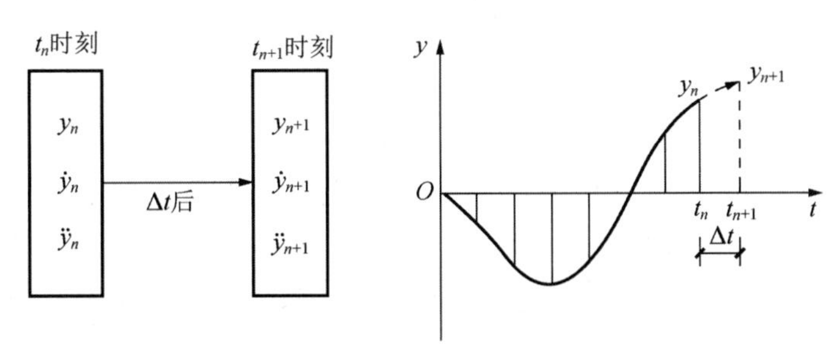

图 3.5.1 时程分析法示意图

时程分析方法特别适用于地震作用下结构的弹塑性动力反应分析，因为结构的恢复力是随结构反应的大小不断变化的，在每步分析中必须根据结构反应状态确定当前结构的恢复力，进行下一步计算，由此获得结构动力反应的全过程。

在时程分析方法中，一般的方法统称为加速度法。各种加速度法可归类为 Newmark-β 法。

3.5.1 线性加速度法

弹性单自由度体系在外力作用下的运动平衡方程为

$$m\ddot{x} + c\dot{x} + kx = F \tag{3.5.1}$$

对于地震作用，将上式右端的外力 F 改为 $-m\ddot{x}_0$，即

$$m\ddot{x} + c\dot{x} + kx = -m\ddot{x}_0 \tag{3.5.2}$$

以下基于式（3.5.2）即地震作用下的运动平衡方程介绍时程分析方法。

设 t_n 时刻的状态 x_n、$\dot{x}_n$、$\ddot{x}_n$ 已知，$t_{n+1}(t_{n+1}=t_n+\Delta t)$时刻的反应 x_{n+1}、$\dot{x}_{n+1}$、$\ddot{x}_{n+1}$ 未知，在 t_n 时刻和 t_{n+1} 时刻的地面运动输入加速度 $\ddot{x}_{0,n}$ 和 $\ddot{x}_{0,n+1}$ 已知。若假定在微时间段Δt 内加速度反应按线性变化，则在 $t_n \leqslant t \leqslant t_{n+1}$ 时段内加速度反应可近似表示为

$$\ddot{x}(t)=\ddot{x}_n+\frac{\ddot{x}_{n+1}-\ddot{x}_n}{\Delta t}(t-t_n) \tag{3.5.3}$$

由此可得速度和位移反应为

$$\dot{x}(t)=\dot{x}_n+\int_{t_n}^{t}\ddot{x}(t)\mathrm{d}t=\dot{x}_n+\ddot{x}_n(t-t_n)+\frac{1}{2}\frac{\ddot{x}_{n+1}-\ddot{x}_n}{\Delta t}(t-t_n)^2 \tag{3.5.4}$$

$$x(t)=x_n+\int_{t_n}^{t}\dot{x}(t)\mathrm{d}t=x_n+\dot{x}_n(t-t_n)+\frac{1}{2}\ddot{x}_n(t-t_n)^2+\frac{1}{6}\frac{\ddot{x}_{n+1}-\ddot{x}_n}{\Delta t}(t-t_n)^3 \tag{3.5.5}$$

由以上公式可见，加速度为 t 的 1 次函数，速度为 t 的 2 次函数，位移为 t 的 3 次函数，函数图像如图 3.5.2 所示。

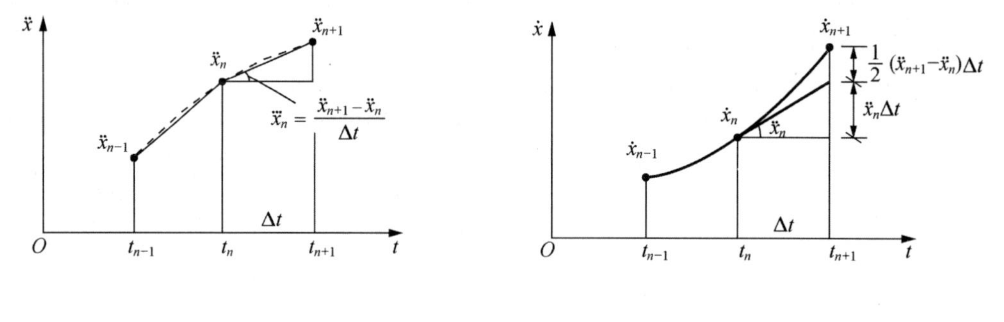

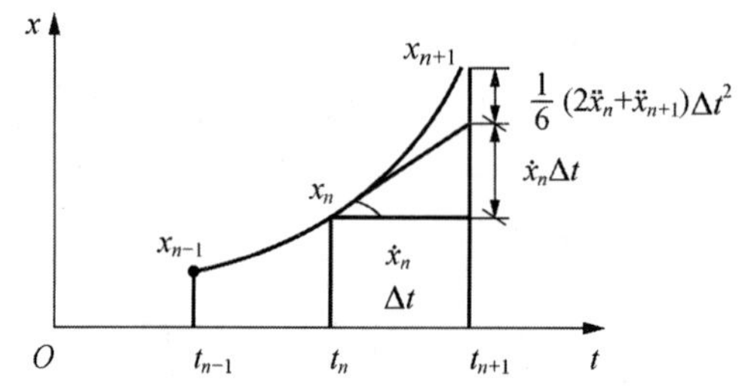

图 3.5.2　线性加速度法 t_{n+1} 时刻的加速度、速度和位移

令 $t=t_{n+1}$，且有 $\Delta t=(t_{n+1}-t_n)$，则由式（3.5.4）和式（3.5.5）可得 t_{n+1} 时刻的速度和位移为

$$\dot{x}_{n+1}=\dot{x}_n+\frac{1}{2}(\ddot{x}_n+\ddot{x}_{n+1})\Delta t \tag{3.5.6}$$

$$x_{n+1}=x_n+\dot{x}_n\Delta t+\frac{1}{6}(2\ddot{x}_n+\ddot{x}_{n+1})\Delta t^2 \tag{3.5.7}$$

同时，在 t_{n+1} 时刻应满足运动平衡方程式（3.5.2），即有

$$\ddot{x}_{n+1}=-\frac{c}{m}\dot{x}_{n+1}-\frac{k}{m}x_{n+1}-\ddot{x}_{0,n+1} \tag{3.5.8}$$

将式（3.5.6）和式（3.5.7）代入式（3.5.8），求解可得 t_{n+1} 时刻的加速度

$$\ddot{x}_{n+1} = -\frac{\ddot{x}_{0,n+1} + \frac{c}{m}\left(\dot{x}_n + \frac{1}{2}\ddot{x}_n\Delta t\right) + \frac{k}{m}\left(x_n + \dot{x}_n\Delta t + \frac{1}{3}\ddot{x}_n\Delta t^2\right)}{1 + \frac{1}{2}\frac{c}{m}\Delta t + \frac{1}{6}\frac{k}{m}\Delta t^2} \tag{3.5.9}$$

将由上式求得的加速度 $\ddot{x}_{n+1}$ 再代入式（3.5.6）和式（3.5.7），可得到 t_{n+1} 时刻的速度 $\dot{x}_{n+1}$ 和位移 x_{n+1}，由此即可根据 t_n 时刻的已知状态 $\{x\}_n$、$\{\dot{x}\}_n$、$\{\ddot{x}\}_n$ 及 t_{n+1} 时刻的地震加速度 $\ddot{x}_{0,n+1}$ 求得 t_{n+1} 时刻的位移、速度和加速度反应。按此步骤重复下去即可获得地震响应的全过程。因为以上方法假定加速度在微时间段 Δt 内为线性变化，故称为**线性加速度法**。

在 t=0 时刻，一般有初始条件 $x(t=0)=0$ 和 $\dot{x}(t=0)=0$，但地震加速度 $\ddot{x}_0(t=0)\neq 0$。因此 $t=0$ 时刻的加速度反应可取 $\ddot{x}(t=0)=-\ddot{x}_0(t=0)$。

对于弹塑性结构，由于结构特性随结构状态而变化，常采用增量法进行时程分析。为此，首先将振动方程式（3.5.2）改写成以下增量形式：

$$m\Delta\ddot{x} + c(t)\Delta\dot{x} + k(t)\Delta x = -m\Delta\ddot{x}_0 \tag{3.5.10}$$

式中，$\Delta x = x_{n+1} - x_n$，$\Delta\dot{x} = \dot{x}_{n+1} - \dot{x}_n$，$\Delta\ddot{x} = \ddot{x}_{n+1} - \ddot{x}_n$，分别为微时间段 Δt 内位移、速度和加速度反应的增量；$\Delta\ddot{x}_0 = \ddot{x}_{0,n+1} - \ddot{x}_{0,n}$，为微时间段 Δt 内地震加速度的增量；$c(t)$、$k(t)$ 分别为 t 时刻的瞬时阻尼和瞬时刚度（图 3.5.3）。将式（3.5.6）～式（3.5.8）写成增量形式，可得以下反应增量的线性加速度法的基本公式：

$$\Delta x = \dot{x}_n\Delta t + \frac{1}{2}\ddot{x}_n\Delta t^2 + \frac{1}{6}\Delta\ddot{x}\Delta t^2 \tag{3.5.11}$$

$$\Delta\dot{x} = \ddot{x}_n\Delta t + \frac{1}{2}\Delta\ddot{x}\Delta t \tag{3.5.12}$$

$$\Delta\ddot{x} = -\frac{c(t)}{m}\Delta\dot{x} - \frac{k(t)}{m}\Delta x - \Delta\ddot{x}_0 \tag{3.5.13}$$

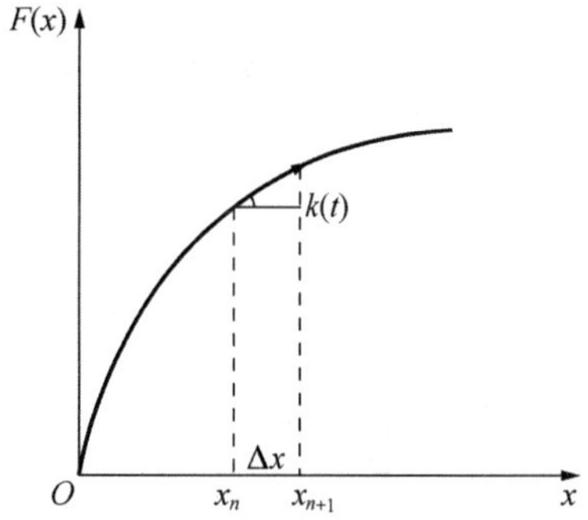

图 3.5.3　线性加速度法示意图

根据以上公式，可将 $\Delta\dot{x}$、$\Delta\ddot{x}$ 用 Δx 表示：

$$\Delta\dot{x} = \frac{3}{\Delta t}\Delta x - 3\dot{x}_n - \frac{\Delta t}{2}\ddot{x}_n \tag{3.5.14}$$

$$\Delta\ddot{x} = \frac{6}{\Delta t^2}\Delta x - \frac{6}{\Delta t}\dot{x}_n - 3\ddot{x}_n \tag{3.5.15}$$

将式（3.5.14）和式（3.5.15）代入式（3.5.13），可得位移增量解 Δx：

$$\Delta x = \frac{m\left(-\Delta\ddot{x}_0 + \frac{6}{\Delta t}\dot{x}_n + 3\ddot{x}_n\right) + c(t)\left(3\dot{x}_n + \frac{\Delta t}{2}\ddot{x}_n\right)}{k(t) + \frac{3}{\Delta t}c(t) + \frac{6}{\Delta t^2}m} = \frac{\Delta\bar{P}(t)}{\bar{k}(t)} \tag{3.5.16}$$

上式中分子 $\Delta\bar{P}(t)$ 可作为力增量，分母 $\bar{k}(t)$ 可视为刚度，则上式类似于静力方程。由式（3.5.16）确定 Δx 后，再代入式（3.5.14）和式（3.5.15），可得 $\Delta\dot{x}$、$\Delta\ddot{x}$，由此可得到 t_{n+1} 时刻的各项反应值。

瞬时刚度 $k(t)$ 需利用恢复力特性，根据以往位移历程以及各步所达到的位移和速度状态确定。当结构产生屈服或速度反向时，刚度会发生突变，应注意由此引起的误差积累。有关结构弹塑性恢复力特性和恢复力模型将在第4章详细介绍。

若将 x_{n+1}、$\dot{x}_{n+1}$、$\ddot{x}_{n+1}$ 在时刻 t_{n+1} 进行 Taylor 展开，可得

$$x_{n+1} = x(t_n + \Delta t) = x_n + \dot{x}_n \Delta t + \frac{1}{2}\ddot{x}_n \Delta t^2 + \frac{1}{6}\dddot{x}_n \Delta t^3 + \cdots \tag{3.5.17a}$$

$$\dot{x}_{n+1} = \dot{x}(t_n + \Delta t) = \dot{x}_n + \ddot{x}_n \Delta t + \frac{1}{2}\dddot{x}_n \Delta t^2 + \cdots \tag{3.5.17b}$$

$$\ddot{x}_{n+1} = \ddot{x}(t_n + \Delta t) = \ddot{x}_n + \dddot{x}_n \Delta t + \cdots \tag{3.5.17c}$$

将含 $\dddot{x}_n$ 项后面的各项去掉，并利用以上三式消去 $\dddot{x}_n$，即得前述线性加速度法的有关公式，可见由线性加速度法求得的位移 x 的截断误差为 Δt^4 阶。

3.5.2 平均加速度法

如图3.5.4所示，取 t_n 时刻和 t_{n+1} 时刻加速度的平均值作为 Δt 时间内的加速度，即

$$\ddot{x}(t) = \frac{\ddot{x}_n + \ddot{x}_{n+1}}{2} \tag{3.5.18}$$

因此，在 Δt 时间内的速度为 t 的1次函数，位移为 t 的2次函数。与线性加速度法相同，可得到下列关系式：

$$\dot{x}_{n+1} = \dot{x}_n + \frac{1}{2}(\ddot{x}_n + \ddot{x}_{n+1})\Delta t \tag{3.5.19}$$

$$x_{n+1} = x_n + \dot{x}_n \Delta t + \frac{1}{4}(\ddot{x}_n + \ddot{x}_{n+1})\Delta t^2 \tag{3.5.20}$$

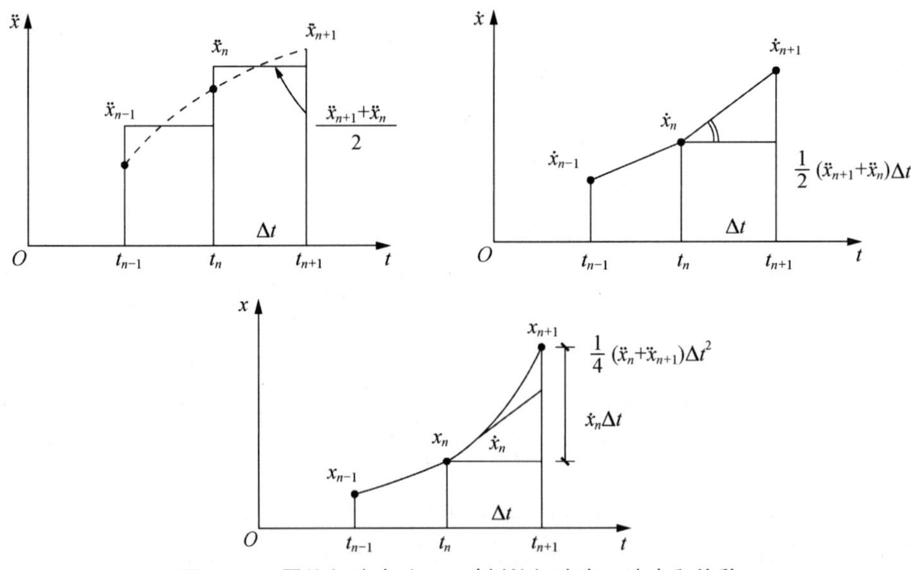

图3.5.4 平均加速度法 t_{n+1} 时刻的加速度、速度和位移

$$\ddot{x}_{n+1} = -\frac{c}{m}\dot{x}_{n+1} - \frac{k}{m}x_{n+1} - \ddot{x}_{0,n+1} \tag{3.5.21}$$

上述方法称为平均加速度法。由以上公式可见，除了系数有所不同外，该方法的其他处理方法与线性加速度法完全一样。因此与式（3.5.9）对应的 t_{n+1} 时刻的加速度 $\ddot{x}_{n+1}$ 为

$$\ddot{x}_{n+1} = -\frac{\ddot{x}_{0,n+1} + \dfrac{c}{m}\left(\dot{x}_n + \dfrac{1}{2}\ddot{x}_n\Delta t\right) + \dfrac{k}{m}\left(x_n + \dot{x}_n\Delta t + \dfrac{1}{4}\ddot{x}_n\Delta t^2\right)}{1 + \dfrac{1}{2}\dfrac{c}{m}\Delta t + \dfrac{1}{4}\dfrac{k}{m}\Delta t^2} \tag{3.5.22}$$

再由式（3.5.19）和式（3.5.20）可确定 t_{n+1} 时刻的速度 $\dot{x}_{n+1}$ 和位移 x_{n+1}。

与式（3.5.16）相对应的位移增量解 Δx 为

$$\Delta x = \frac{\Delta\bar{P}(t)}{\bar{k}(t)} = \frac{m\left(-\Delta\ddot{x}_0 + \dfrac{4}{\Delta t}\dot{x}_n + 2\ddot{x}_n\right) + 2c(t)\dot{x}_n}{k(t) + \dfrac{2}{\Delta t}c(t) + \dfrac{4}{\Delta t^2}m} \tag{3.5.23}$$

相应速度和加速度增量为

$$\Delta\dot{x} = \frac{2}{\Delta t}\Delta x - 2\dot{x}_n \tag{3.5.24}$$

$$\Delta\ddot{x} = \frac{4}{\Delta t^2}\Delta x - \frac{4}{\Delta t}\dot{x}_n - 2\ddot{x}_n \tag{3.5.25}$$

平均加速度法的优点是无条件稳定，与时间段 Δt 的大小无关。因此该方法适用于自由度数目巨大体系的求解。

将式（3.5.19）和式（3.5.20）写成下列形式更便于理解：

$$\dot{x}_{n+1} = \dot{x}_n + \frac{1}{2}(\ddot{x}_n + \ddot{x}_{n+1})\Delta t \tag{3.5.26}$$

$$x_{n+1} = x_n + \frac{1}{2}(\dot{x}_n + \dot{x}_{n+1})\Delta t \tag{3.5.27}$$

由式（3.5.17）所示的 Taylor 展开不难得到平均加速度法的位移 y 的截断误差为 Δt^3 阶。

3.5.3　Newmark-β 法

Newmark 将各种加速度法的公式统一表示为以下形式：

$$\dot{x}_{n+1} = \dot{x}_n + [(1-\gamma)\Delta t]\ddot{x}_n + \gamma\Delta t\ddot{x}_{n+1} \tag{3.5.28}$$

$$x_{n+1} = x_n + \dot{x}_n\Delta t + \left(\frac{1}{2} - \beta\right)\ddot{x}_n\Delta t^2 + \beta\ddot{x}_{n+1}\Delta t^2 \tag{3.5.29}$$

相应的 t_{n+1} 时刻加速度 $\ddot{x}_{n+1}$ 的解为

$$\ddot{x}_{n+1} = -\frac{\ddot{x}_{0,n+1} + \dfrac{c}{m}\left(\dot{x}_n + 1 - \gamma\ddot{x}_n\Delta t\right) + \dfrac{k}{m}\left[x_n + \dot{x}_n\Delta t + \left(\dfrac{1}{2} - \beta\right)\ddot{x}_n\Delta t^2\right]}{1 + \gamma\dfrac{c}{m}\Delta t + \beta\dfrac{k}{m}\Delta t^2} \tag{3.5.30}$$

上述方法称为 Newmark-β 法。与前述方法对比可知，当γ=1/2，β=1/6 时为线性加速度法，当γ=1/2，β=1/4 时为平均加速度法。

Newmark-β 法的增量公式为

$$\Delta x=\frac{m\left(-\Delta\ddot{x}_0+\frac{1}{\beta\Delta t}\dot{x}_n+\frac{1}{2\beta}\ddot{x}_n\right)+c(t)\left[\frac{1}{2\beta}\dot{x}_n+\left(\frac{1}{4\beta}-1\right)\ddot{x}_n\Delta t\right]}{k(t)+\frac{1}{2\beta\Delta t}c(t)+\frac{1}{\beta\Delta t^2}m}=\frac{\Delta\bar{P}(t)}{\bar{k}(t)} \tag{3.5.31}$$

$$\Delta\dot{x}=\frac{1}{2\beta\Delta t}\Delta x-\frac{1}{2\beta}\dot{x}_n-\left(\frac{1}{4\beta}-1\right)\ddot{x}_n\Delta t \tag{3.5.32}$$

$$\Delta\ddot{x}=\frac{1}{\beta\Delta t^2}\Delta x-\frac{1}{\beta\Delta t}\dot{x}_n-\frac{1}{2\beta}\ddot{x}_n \tag{3.5.33}$$

按前述各种数值积分方法逐步计算地震响应时，如微时间段Δt 大于结构自振周期 T 的某一比值，则会随逐步积分的进行造成误差不断累积，导致计算结果发散。这取决于数值积分公式的截断误差。下面讨论 Newmark-β法计算的稳定性问题。

由 t_n 时刻和 t_{n+1} 时刻满足振动方程条件，并取$\omega^2=k/m$ 和 $2\xi\omega=c/m$，可得

$$\ddot{x}_n=-2\xi\omega\,\dot{x}_n-\omega^2x_n-\ddot{x}_{0,n} \tag{3.5.34}$$

$$\ddot{x}_{n+1}=-2\xi\omega\,\dot{x}_{n+1}-\omega^2x_{n+1}-\ddot{x}_{0,n+1} \tag{3.5.35}$$

将以上两式代入式（3.5.28）和式（3.5.29），并整理得 t_n 时刻和 t_{n+1} 时刻速度和位移反应的传递关系：

$$\begin{Bmatrix}x_{n+1}\\ \dot{x}_{n+1}\end{Bmatrix}=[A]\begin{Bmatrix}x_n\\ \dot{x}_n\end{Bmatrix}+[B]\begin{Bmatrix}\ddot{x}_{0,n}\\ \ddot{x}_{0,n+1}\end{Bmatrix} \tag{3.5.36}$$

式中

$$[A]=\frac{1}{d}\begin{bmatrix}1-\left(\frac{1}{2}-\beta\right)\varphi^2+\xi\varphi-\left(\frac{1}{2}-2\beta\right)\xi\varphi^3 & \Delta t\left\{1-(1-4\beta)\xi^2\varphi^2\right\}\\ \frac{1}{\Delta t}\left\{-\varphi^3+\left(\frac{1}{4}-\beta\right)\varphi^4\right\} & 1-\left(\frac{1}{2}-\beta\right)\varphi^2-\xi\varphi+\left(\frac{1}{2}-2\beta\right)\xi\varphi^3\end{bmatrix} \tag{3.5.37}$$

$$[B]=\frac{1}{d}\begin{bmatrix}\left\{-\left(\frac{1}{2}-\beta\right)-\left(\frac{1}{2}-2\beta\right)\xi\varphi\right\}\Delta t^2 & -\beta\Delta t\\ \left\{-\frac{1}{2}+\left(\frac{1}{4}-\beta\right)\varphi^2\right\}\Delta t & -\frac{1}{2}\Delta t\end{bmatrix} \tag{3.5.38}$$

式中，$d=1+\xi\varphi+\beta\varphi^2$，$\varphi=\omega\Delta t$。反复利用式（3.5.36）进行计算，直至右边的位移和速度等于初始位移 d_0 和初始速度 v_0，则 t_n 时刻的位移和速度反应可表示为

$$\begin{Bmatrix}y_n\\ \dot{y}_n\end{Bmatrix}=[A]^n\begin{Bmatrix}d_0\\ v_0\end{Bmatrix}+\sum_{i=1}^{n}[A]^{n-i}[B]\begin{Bmatrix}\ddot{y}_{0,i-1}\\ \ddot{y}_{0,i}\end{Bmatrix} \tag{3.5.39}$$

当 $n\to\infty$时为使上式不致发散，矩阵[A]的特征值的绝对值应小于 1。由矩阵[A]的特征

方程$\left|\lambda[I]-[A]\right|=0$，可得矩阵$[A]$的特征值方程：

$$F(\lambda)=\lambda^2-2\frac{1-\left(\dfrac{1}{2}-\beta\right)\varphi^2}{1+\xi\varphi+\beta\varphi^2}\lambda+\frac{1-\xi\varphi+\beta\varphi^2}{1+\xi\varphi+\beta\varphi^2}=0 \tag{3.5.40}$$

因此为满足稳定条件，上式的 2 个根λ_1、λ_2均应满足$|\lambda|\leqslant 1$的条件。由上式不难得出：当式（3.5.40）的判别式 $D\leqslant 0$ 时，始终有$|\lambda|\leqslant 1$；而当 $D>0$ 时，则$|\lambda|\leqslant 1$的条件是 $F(1)\geqslant 0$ 和 $F(-1)\geqslant 0$。由此可得以下稳定条件：

$$1+\left(\beta-\frac{1}{4}\right)\varphi^2\geqslant 0 \tag{3.5.41}$$

可见 Newmark-β法的稳定条件与阻尼比ξ无关。注意到$\varphi=\omega\Delta t=2\pi(\Delta t/T)$，则稳定条件可表示为

$$\begin{cases}\text{当}\beta\geqslant\dfrac{1}{4}\text{时}, & \text{无条件稳定}\\ \text{当}0\leqslant\beta<\dfrac{1}{4}\text{时}, & \text{在}\dfrac{\Delta t}{T}\leqslant\dfrac{1}{\pi\sqrt{1-4\beta}}\text{时稳定}\end{cases} \tag{3.5.42}$$

由此可见，平均加速度法（β=1/4）是无条件稳定的，而线性加速度法（β=1/6）满足稳定条件的微时间段界限为$\Delta t\leqslant 0.55T$。对于多自由度体系，相应的最小周期也应满足这一条件。而在实际计算中，应综合考虑计算精度和计算时间，选择合适的微时间段长度和积分法。

3.5.4　多自由度体系 Newmark-β法

对于多自由度体系，可采用矩阵表示方法得到地震作用下动力反应分析的数值积分方法。对于 Newmark-β法，有关公式如下：

$$\{x_{n+1}\}=\{x_n\}+\{\dot{x}_n\}\Delta t+\left(\frac{1}{2}-\beta\right)\{\ddot{x}_n\}\Delta t^2+\beta\{\ddot{x}_{n+1}\}\Delta t^2 \tag{3.5.43}$$

$$\{\dot{x}_{n+1}\}=\{\dot{x}_n\}+\frac{1}{2}[\{\ddot{x}_n\}+\{\ddot{x}_{n+1}\}]\Delta t \tag{3.5.44}$$

$$\{\ddot{x}_{n+1}\}=-[M]^{-1}[C]\{\dot{x}_{n+1}\}-[M]^{-1}[K]\{x_{n+1}\}-\{I\}\ddot{x}_{0,n+1} \tag{3.5.45}$$

由式（3.5.43）～式（3.5.45）解得 t_{n+1}时刻的加速度$\{\ddot{x}_{n+1}\}$为

$$\{\ddot{x}_{n+1}\}=[\bar{M}]^{-1}\{\bar{F}\} \tag{3.5.46}$$

式中

$$\{\bar{F}\}=-[M]\{\ddot{x}_{0,n+1}\}-[C]\left(\{\dot{x}_n\}+\frac{\Delta t}{2}\{\ddot{x}_n\}\right)-[K]\left[\{x_n\}+\{\dot{x}_n\}\Delta t+\left(\frac{1}{2}-\beta\right)\{\ddot{x}_n\}\Delta t^2\right] \tag{3.5.47}$$

$$[\bar{M}]=[M]+\frac{\Delta t}{2}[C]+\beta\Delta t^2[K] \tag{3.5.48}$$

式中，$\{\bar{F}\}$可视为由地震动和 t_n 时刻体系的反应值确定的“名义”外力向量。由式(3.5.46)

确定 t_{n+1} 时刻体系的加速度$\{\ddot{x}_{n+1}\}$后，代入式（3.5.43）和式（3.5.44）即可得到 t_{n+1} 时刻体系的位移$\{x_{n+1}\}$和速度$\{\dot{x}_{n+1}\}$。由此逐步进行下去即可获得体系的全部反应过程。

多自由度体系 Newmark-β 法的增量公式如下：

$$\{\Delta x\} = \{\dot{x}_n\}\Delta t + \frac{1}{2}\{\ddot{x}_n\}\Delta t^2 + \beta\{\Delta\ddot{x}\}\Delta t^2 \tag{3.5.49}$$

$$\{\Delta\dot{x}\} = \{\ddot{x}_n\}\Delta t + \frac{1}{2}\{\Delta\ddot{x}\}\Delta t \tag{3.5.50}$$

$$\{\Delta\ddot{x}\} = -[M]^{-1}[C]\{\Delta\dot{x}\} - [M]^{-1}[K]\{\Delta x\} - \{I\}\Delta\ddot{x}_0 \tag{3.5.51}$$

式中

$$\begin{aligned}
\{\Delta x\} &= \{x_{n+1}\} - \{x_n\} \\
\{\Delta\dot{x}\} &= \{\dot{x}_{n+1}\} - \{\dot{x}_n\} \\
\{\Delta\ddot{x}\} &= \{\ddot{x}_{n+1}\} - \{\ddot{x}_n\} \\
\Delta\ddot{x}_0 &= \ddot{x}_{0,n+1} - \ddot{x}_{0,n}
\end{aligned}$$

位移增量的解为

$$\{\Delta x\} = [\bar{K}]^{-1}\{\Delta\bar{P}\} \tag{3.5.52}$$

其中

$$\begin{aligned}
\{\Delta\bar{P}\} = {} & -[M]\{I\}\{\Delta\ddot{x}_0\} + [M]\left(\frac{1}{\beta\Delta t}\{\dot{x}_n\} + \frac{1}{2\beta}\{\ddot{x}_n\}\right) + \\
& 2[C]\left[\frac{1}{2\beta}\{\dot{x}_n\} + \left(\frac{1}{4\beta} - 1\right)\{\ddot{x}_n\}\Delta t\right]
\end{aligned} \tag{3.5.53}$$

$$[\bar{K}] = [K] + \frac{1}{2\beta\Delta t}[C] + \frac{1}{\beta\Delta t^2}[M] \tag{3.5.54}$$

速度和加速度增量的解为

$$\{\Delta\dot{x}\} = \frac{1}{2\beta\Delta t}\{\Delta x\} - \frac{1}{2\beta}\{\dot{x}_n\} - \left(\frac{1}{4\beta} - 1\right)\{\ddot{x}_n\}\Delta t \tag{3.5.55}$$

$$\{\Delta\ddot{x}\} = \frac{1}{\beta\Delta t^2}\{\Delta x\} - \frac{1}{\beta\Delta t}\{\dot{x}_n\} - \frac{1}{2\beta}\{\ddot{x}_n\} \tag{3.5.56}$$

对于多自由度弹塑性体系，每次用式（3.5.52）求解时，都需根据计算时刻体系的刚度矩阵$[K]$的变化来计算名义刚度矩阵$[\bar{K}]$的逆矩阵。这不仅要花费许多计算时间，而且当因某些结构构件屈服或破坏产生负刚度时，可能导致计算无法进行下去。对于质量矩阵$[M]$为对角阵的情况，用迭代法求解式（3.5.49）～式（3.5.51）更简便些，其步骤如下：

（1）假定加速度增量近似值$\{\Delta\ddot{x}\}^{(1)}$，代入式（3.5.49）和式（3.5.50）计算位移和速度增量的近似值$\{\Delta x\}^{(1)}$和$\{\Delta\dot{x}\}^{(1)}$。

（2）将$\{\Delta x\}^{(1)}$和$\{\Delta\dot{x}\}^{(1)}$代入式（3.5.51），计算新的加速度增量近似值$\{\Delta\ddot{x}\}^{(2)}$，因为质量矩阵$[M]$为对角阵，因此式（3.5.51）很容易计算。

（3）重复上述迭代过程，直至前后两次求得的加速度增量之差小于容许误差限值。

3.6　频域分析方法

我们已经知道，时域分析方法可以用来确定受任意荷载作用的线性单自由度体系的反应，但有时使用频域分析方法将更加方便，当运动方程包含由频率确定的参数时，频域分析方法也会优于时域分析方法。本节将介绍频域分析方法的相关知识。

3.6.1　对周期性荷载的反应

在介绍频域分析方法之前，我们需要先对周期性荷载反应的相关内容进行介绍，主要包括周期荷载的傅里叶级数表达式和傅里叶级数荷载的反应。

1. 三角形式

由于任意周期荷载均可用一系列谐振荷载项来表达，为了分析周期为 T_p 的任意周期荷载情况，可方便地将其展开成离散频率谐振荷载分量的傅里叶级数。著名的傅里叶三角级数形式为

$$p(t)=a_0+\sum_{n=1}^{\infty}a_n\cos\bar{\omega}_n t+\sum_{n=1}^{\infty}b_n\sin\bar{\omega}_n t \tag{3.6.1}$$

其中

$$\bar{\omega}_n=n\bar{\omega}_1=n\frac{2\pi}{T_p} \tag{3.6.2}$$

可用如下表达式计算谐振幅值系数：

$$\begin{cases}a_0=\dfrac{1}{T_p}\displaystyle\int_0^{T_p}p(t)\mathrm{d}t\\ a_n=\dfrac{2}{T_p}\displaystyle\int_0^{T_p}p(t)\cos\bar{\omega}_n t\mathrm{d}t,\quad n=1,2,3,\cdots\\ b_n=\dfrac{2}{T_p}\displaystyle\int_0^{T_p}p(t)\sin\bar{\omega}_n t\mathrm{d}t,\quad n=1,2,3,\cdots\end{cases} \tag{3.6.3}$$

2. 指数形式

利用逆 Euler 关系式，可得到相应傅里叶级数的指数形式为

$$\begin{cases}\cos\bar{\omega}_n t=\dfrac{1}{2}[\exp(\mathrm{i}\bar{\omega}_n t)+\exp(-\mathrm{i}\bar{\omega}_n t)]\\ \sin\bar{\omega}_n t=-\dfrac{i}{2}[\exp(\mathrm{i}\bar{\omega}_n t)-\exp(-\mathrm{i}\bar{\omega}_n t)]\end{cases} \tag{3.6.4}$$

将式（3.6.4）代入式（3.6.1）和式（3.6.3），可得

$$p(t)=\sum_{n=-\infty}^{\infty}P_n\exp(\mathrm{i}\bar{\omega}_n t) \tag{3.6.5}$$

式中，复幅值系数可由下式给出：

$$P_n = \frac{1}{T_p}\int_0^{T_p} p(t)\exp(-\mathrm{i}\bar{\omega}_n t)\mathrm{d}t, \quad n = 0, \pm 1, \pm 2, \cdots \tag{3.6.6}$$

当周期荷载表示成为谐振项级数时，对受此荷载的线性体系，其反应可简单地由累加各单个谐振荷载反应得到。

由式（3.6.1）可得第 n 个余弦波谐振荷载引起的稳态反应为

$$v_n(t) = \frac{a_n}{k}\frac{1}{1-\beta_n^2}\cos\bar{\omega}_n t \tag{3.6.7}$$

其中，$\beta_n = \bar{\omega}_n / \omega$。

常数荷载 a_0 稳态反应是静挠度，按下式计算：

$$v_0 = \frac{a_0}{k} \tag{3.6.8}$$

因此，对于无阻尼结构，其周期反应也可表示为一系列单个荷载反应之和，即

$$v(t) = \frac{1}{k}\left[a_0 + \sum_{n=1}^{\infty}\frac{1}{1-\beta_n^2}(a_n\cos\bar{\omega}_n t + b_n\sin\bar{\omega}_n t)\right] \tag{3.6.9}$$

本节所描述的周期荷载作用下的单自由度体系反应的分析方法，包含了频域分析方法的基本原理。该方法的分析过程为：首先，计算周期荷载的傅里叶级数，将作用荷载的时域表达形式转换为频域表达形式；然后，由复频反应系数 H_n 来确定任意给定频率的单自由度反应特性；最后，由包含傅里叶级数荷载表达的全部频率反应成分叠加确定的频域反应可以改回到时域。

3.6.2 频域分析

在学习了周期荷载的傅里叶级数表达式和傅里叶级数荷载的反应后，我们对频域分析方法的基本原理已经有所了解。本节将主要推导连续和离散的频域分析方法的积分公式，对快速傅里叶变换进行简要介绍。

1. 傅里叶反应积分

频域分析方法与 3.6.1 节介绍的周期荷载分析方法相似，这两种方法都把作用荷载展开成谐振分量项，以计算每个分量作用下结构的反应，最后将各谐振反应叠加获得结构的总反应。但是，要将周期荷载方法应用于任意荷载情况，就要把傅里叶级数的概念推广至非周期函数。

考虑任意非周期荷载，选取任意时间间隔 $0 < t < T_p$，傅里叶级数式可示为

$$p(t) = \frac{\Delta\bar{\omega}}{2\pi}\sum_{n=-\infty}^{\infty} P(\mathrm{i}\bar{\omega}_n)\exp(\mathrm{i}\bar{\omega}_n t) \tag{3.6.10}$$

$$P(\mathrm{i}\bar{\omega}_n) = \int_{-T_p/2}^{T_p/2} p(t)\exp(-\mathrm{i}\bar{\omega}_n t)\mathrm{d}t \tag{3.6.11}$$

如果荷载周期扩展到无穷大（$T_p \to \infty$），即频率增量趋于无穷小（$\Delta\bar{\omega} \to \mathrm{d}\bar{\omega}$），则离散的频率 $\bar{\omega}_n$ 就变成 $\bar{\omega}$ 的连续函数。所以，在极限情况下，上述傅里叶表达式可转化为如下

傅里叶积分：

$$p(t)=\frac{1}{2\pi}\int_{-\infty}^{\infty}P(\mathrm{i}\bar{\omega})\exp(\mathrm{i}\bar{\omega}t)\mathrm{d}\bar{\omega} \tag{3.6.12}$$

$$P(\mathrm{i}\bar{\omega})=\int_{-\infty}^{\infty}p(t)\exp(-\mathrm{i}\bar{\omega}t)\mathrm{d}t \tag{3.6.13}$$

式（3.6.12）与式（3.6.13）分别为著名的逆傅里叶变换和直接傅里叶变换。应用直接傅里叶变换，任意荷载 $p(t)$ 可以表示为具有复振幅的无限个谐振分量的和。直接傅里叶变换存在的必要条件是积分 $\int_{-\infty}^{\infty}|p(t)|\mathrm{d}t$ 为有限值，即只要荷载 $p(t)$ 的作用周期是有限的，此必要条件即满足。

频域分析方法的应用仅限于荷载的函数能进行傅里叶积分变换的情况，但即便如此，计算最后所得的积分也很有可能十分复杂。因此，为使频域分析方法更加实用，我们有必要建立其数值分析的方法。

2. 离散傅里叶变换（DFT）

为了实用起见，必须将上述的傅里叶积分表达式转化为近似傅里叶级数形式，重新将式（3.6.6）写出：

$$P_n=\frac{1}{T_p}\int_0^{T_p}p(t)\exp(-\mathrm{i}\bar{\omega}_n t)\mathrm{d}t,\quad n=0,\pm1,\pm2,\cdots \tag{3.6.14}$$

式中，$\bar{\omega}_n=n\Delta\bar{\omega}=n2\pi/T_p$。将周期分为 N 个等时间间隔 Δt $(T_p=N\Delta t)$，计算在离散点 $t=t_m=m\Delta t(m=1,2,\cdots,N)$ 处函数 $p(t_m)=\sum_{n=0}^{N-1}P_n\exp\left(\mathrm{i}\frac{2\pi nm}{N}\right)$ $(m=0,1,2,\cdots,N-1)$ 的值，分别记为 $q_1,q_2,\cdots,q_N$。利用积分梯形法则，上述 P_n 表达式可以写为如下近似形式：

$$P_n=\frac{1}{N}\sum_{m=1}^{N-1}p(t_m)\exp\left(-\mathrm{i}\frac{2\pi nm}{N}\right),\quad n=0,1,2,\cdots,N-1 \tag{3.6.15}$$

利用同样的方法，可将式（3.6.5）转化为

$$p(t_m)=\sum_{n=0}^{N-1}P_n\exp\left(\mathrm{i}\frac{2\pi nm}{N}\right),\quad m=0,1,2,\cdots,N-1 \tag{3.6.16}$$

式（3.6.15）与式（3.6.16）是离散傅里叶变换（DFT）的公式，其便于进行数值求解。

3. 快速傅里叶变换（FFT）

快速傅里叶变换（FFT），即为离散傅里叶变换的快速算法，它由离散傅里叶变换的算法改进而来。目前，基于 Cooley 和 Tukey 所推导算法的快速傅里叶变换，可以对离散的傅里叶变换进行高效准确的计算，还可以正确计算直接和逆 FFT。如式（3.6.15）所表示的离散傅里叶变换，对于所有的 n 值，这个求和的简单计算需要 N^2 次复数乘法；当 N 值较大时计算量过于庞大，这也是发展 FFT 算法的动机。

理论和数值分析均表明，FFT 算法不仅有极高的计算效率，而且其精度也非常好，因而采用频域分析方法进行结构动力反应分析确实非常有吸引力。

3.6.3 时域和频域转换函数之间的关系

前文介绍了频域分析方法的基本知识，接下来将对时域方法和频域方法之间的关系进行讨论。

针对黏滞阻尼单自由度体系，在任意荷载 $p(t)$ 的作用下，可在时域内利用卷积积分得

$$v(t)=\int_{-\infty}^{t}p(\tau)h(t-\tau)\mathrm{d}\tau \tag{3.6.17}$$

或者在频域内利用卷积积分得

$$v(t)=\frac{1}{2\pi}\int_{-\infty}^{\infty}H(\mathrm{i}\varpi)P(\mathrm{i}\varpi)\exp(\mathrm{i}\varpi t)\mathrm{d}\varpi \tag{3.6.18}$$

式中，$h(t)$ 和 $H(\mathrm{i}\varpi)$ 分别为单位脉冲和复频反应函数，分别表示为

$$h(t)=\frac{1}{m\omega_d}\sin(\omega_d t)\exp(-\xi\omega t),\quad 0<\xi<1 \tag{3.6.19}$$

$$H(\mathrm{i}\varpi)=\frac{1}{k}\frac{1}{(1-\beta^2)+\mathrm{i}(2\xi\beta)},\quad \xi\geqslant 0 \tag{3.6.20}$$

需要注意的是，时域和频域变换函数互为傅里叶变换对，即

$$H(\mathrm{i}\varpi)=\int_{-\infty}^{\infty}h(t)\exp(-\mathrm{i}\varpi t)\mathrm{d}t \tag{3.6.21}$$

$$h(t)=\frac{1}{2\pi}\int_{-\infty}^{\infty}H(\mathrm{i}\varpi)\exp(\mathrm{i}\varpi t)\mathrm{d}\varpi \tag{3.6.22}$$

3.7 随机振动理论

道路不平顺导致的车辆振动、飞行器在大气湍流中颠簸、地震造成工程结构振动之类的振动信号无法用确定的数学解析式表达，也无法用试验的方法重复再现，具有不可预见性，这种振动称为随机振动。随机振动的振幅、频率和相位是随机的，无法用简单函数的线性组合来表达。与确定性振动的分析不同，对随机振动的分析不以单个振动为对象，而是对大量振动现象进行分析。尽管从单个振动现象看似是杂乱无规则的，但从总体来看却具有一定的统计规律。因此，需要借助概率论和统计学的方法来描述和分析。本节首先介绍随机振动的概率论知识，然后给出线性体系的平稳随机响应，最后简单介绍线性体系的非平稳随机响应。本节知识有助于读者理解地震作用的随机性，以及结构响应的不确定性。

3.7.1 随机过程的基础知识

1. 概率密度函数和概率分布函数

随机变量通过在某一范围内取值的概率来描述。一般采用概率密度函数 $p(x)$ 描述随机变量 X 在 $x\leqslant X\leqslant x+\mathrm{d}x$ 区间内取值的概率，用下式表达：

$$\mathrm{Prob}[x\leqslant X\leqslant x+\mathrm{d}x]=p(x)\mathrm{d}x \tag{3.7.1}$$

式中，$p(x)$ 满足 $\int_{-\infty}^{\infty} p(x)\mathrm{d}x = 1$。定义概率分布函数 $P(x)$ 为随机变量 $X \leqslant x$ 的概率

$$\mathrm{Prob}[X \leqslant x]=P(x) \tag{3.7.2}$$

式中，$P(x)$ 满足 $P(\infty)=1$，$P(-\infty)=0$，并且有

$$\frac{\mathrm{d}P(x)}{\mathrm{d}x} = p(x) \tag{3.7.3}$$

对于两个随机变量 X 和 Y，联合概率密度函数 $p(x,y)$ 描述了 X 在 $x \leqslant X \leqslant x+\mathrm{d}x$ 区间内取值且 Y 在 $y \leqslant Y \leqslant y+\mathrm{d}y$ 区间内取值的规律：

$$\mathrm{Prob}[x \leqslant X \leqslant x+\mathrm{d}x, y \leqslant Y \leqslant y+\mathrm{d}y]=p(x,y)\mathrm{d}x\mathrm{d}y \tag{3.7.4}$$

式中，$\int_{-\infty}^{\infty}\int_{-\infty}^{\infty} p(x,y)\mathrm{d}x\mathrm{d}y = 1$。

当随机变量 X 和 Y 的联合概率密度函数满足 $p(x,y)=p(x)p(y)$ 时，X 和 Y 相互独立。

2. 期望、标准差和协方差

随机变量的期望表示所有实现值的整体平均特性，是一个确定量。X 和 X^2 的期望 $E[X]$ 和 $E[X^2]$ 分别是均值和均方值，定义为

$$E[X]=\int_{-\infty}^{\infty} p(x)x\mathrm{d}x \approx \sum_{j=1}^{N}\frac{x^j}{N} \tag{3.7.5}$$

$$E[X^2]=\int_{-\infty}^{\infty} p(x)x^2\mathrm{d}x \approx \sum_{j=1}^{N}\frac{(x^j)^2}{N} \tag{3.7.6}$$

式中，$x^j (j=1,2,\cdots,N)$ 是离散的实测值。

$(X-E[X])^2$ 的期望称为方差 σ^2，σ 称为标准差。有

$$E[(X-E[X])^2] = \sigma^2 = E[X^2]-(E[X])^2 \tag{3.7.7}$$

工程振动往往在一个平衡位置（可认为是零位）附近往复振动，所以描述该振动的随机变量的均值为零，当均值为零时，$\sigma^2=E[X^2]$。当均值不为零时，通常先减去均值以得到均值为零的随机变量再考察其特性。此时，其均方值或均方根是表示有效振幅的重要指标。

两个随机变量 X 和 Y 之积的期望为

$$E[XY] = \int_{-\infty}^{\infty}\int_{-\infty}^{\infty} p(x,y)xy\mathrm{d}x\mathrm{d}y \approx \sum_{j=1}^{N}\frac{x^j y^j}{N} \tag{3.7.8}$$

式中，$\{x_j, y_j\}(j=1,2,\cdots,N)$ 是离散的实测值。

同样，当 X 和 Y 相互独立时，有

$$E[XY] = E[X]\cdot E[Y] \tag{3.7.9}$$

$(X-E[X])(Y-E[Y])$ 的期望称为协方差 σ_{XY}，即

$$\sigma_{XY}=E[(X-E[X])(Y-E[Y])] = E(XY)-E(X)\cdot E(Y) \tag{3.7.10}$$

σ_{XY} 与 $\sigma_X\sigma_Y$ 之比 ρ 称为相关系数，见式（3.7.11）。当 X 和 Y 相互独立（无关）时，$\rho=0$；当二者线性相关时，$\rho=\pm 1$。

$$\rho=\frac{\sigma_{XY}}{\sigma_X\sigma_Y} \tag{3.7.11}$$

3. 随机过程

关于时间 t 的随机变量 $X(t)$ 称为随机过程。随机过程在某一时刻 t_1 的取值是概率密度函数 $p(x;t_1)$ 的随机变量。实际观测到的波形 $x(t)$ 是随机过程 $X(t)$ 可能出现的无数波形中的一个，称为该随机过程的样本函数。

在某一时刻 t_1 随机过程 $X(t)$ 取值集合 $\{x^1(t_1), x^2(t_1), \cdots\}$ 的概率密度函数 $p(x;t_1)$ 称为总体概率密度函数，表示为

$$\text{Prob}[x \leqslant X(t_1) \leqslant x+\text{d}x]=p(x;t_1)\text{d}x \tag{3.7.12}$$

在两个不同的时刻 t_1 和 t_2，随机过程 $X(t)$ 取值集合 $\{x^j(t_1), x^j(t_2)\}(j=1,2,\cdots)$ 的联合概率密度函数 $p(x_1,x_2;t_1,t_2)$ 定义为

$$\text{Prob}[x_1 \leqslant X(t_1) \leqslant x_1+\text{d}x_1, x_2 \leqslant X(t_2) \leqslant x_2+\text{d}x_2]=p(x_1,x_2;t_1,t_2)\text{d}x_1\text{d}x_2 \tag{3.7.13}$$

统计特性与时间无关的随机过程称为平稳随机过程。如果对于任意时刻 $(t_1,t_2,\cdots,t_n)$ 和任意实数 τ，式（3.7.14）成立，则随机过程 $X(t)$ 是严格平稳随机过程，即任意阶联合概率密度函数在时间参数的任意平移下保持不变。

$$p(x_1,x_2,\cdots,x_n;t_1,t_2,\cdots,t_n)=p(x_1,x_2,\cdots,x_n;t_1+\tau,t_2+\tau,\cdots,t_n+\tau) \tag{3.7.14}$$

在实践中很难检验一个随机过程的任意阶概率密度函数，通常采用前两阶进行检验，式（3.7.15）说明概率密度函数与时间 t 无关。在式（3.7.16）中令 $\tau=-t_1$，可以看到联合概率密度函数只与时间差有关。满足下面两式的随机过程 $X(t)$ 称为广义平稳随机过程：

$$p(x_1;t_1)=p(x_1;t_1+\tau),\ p(x_1,x_2;t_1,t_2)=p(x_1,x_2;t_1+\tau,t_2+\tau) \tag{3.7.15}$$

$$p(x_1,x_2;t_1,t_2)=p(x_1,x_2;t_2-t_1) \tag{3.7.16}$$

4. 随机过程的数字特征

用随机过程 $X(t)$ 的一阶概率密度函数可以定义其数学期望，即 $X(t)$ 的均值：

$$E[X(t)]=\int_{-\infty}^{\infty} x(t)p(x;t)\text{d}x \tag{3.7.17}$$

$X^k(t)$ 的期望称为 $X(t)$ 的 k 阶矩阵。特别地，当 k=2 时，$E[X^2(t)]$ 称为 $X(t)$ 的均方值。

两个随机过程 $X(t)$ 和 $Y(t)$ 乘积的数学期望可以用 $X(t)$ 和 $Y(t)$ 的联合概率密度函数 $p_{xy}(x_1,y_2;t_1,t_2)$ 表示：

$$E[X(t_1)Y(t_2)]=\int_{-\infty}^{\infty} x(t_1)y(t_2)p_{xy}(x,y;t_1,t_2)\text{d}x\text{d}y \tag{3.7.18}$$

上式也记为 $R_{XY}(t_1,t_2)$，称为 $X(t)$ 和 $Y(t)$ 的互相关函数。特别地，$R_{XX}(t_1,t_2)$ 称为 $X(t)$ 的自相关函数，这是反映随机过程频谱特性的重要参数。对于平稳随机过程，其自相关函数只与 $\tau=t_2-t_1$ 有关，记为 $R_{XX}(\tau)$。

类似地，减去均值的随机过程 $X(t_1)-E[X(t_1)]$ 和 $Y(t_2)-E[Y(t_2)]$ 的互相关函数和自相关函数分别称为互协方差函数和自协方差函数，定义为

$$\sigma_{XY}(t_1,t_2)=E[(X(t_1)-E(X(t_1)))(Y(t_2)-E(Y(t_2)))] \tag{3.7.19}$$

$$\sigma_{XX}(t_1,t_2)=E[(X(t_1)-E(X(t_1)))(X(t_2)-E(X(t_2)))] \tag{3.7.20}$$

当 $t_1=t_2$ 时，自协方差函数记为 $\sigma_{XX}(t)$ 或 $\sigma_X^2(t)$，称为 $X(t)$ 的方差，而 $\sigma_X(t)$ 称为均方差。那么随机过程 $X(t)$ 和 $Y(t)$ 的互相关系数定义为

$$\rho_{XY}(t_1,t_2)=\frac{\sigma_{XY}(t_1,t_2)}{\sigma_X(t_1)\sigma_Y(t_2)} \tag{3.7.21}$$

同理，$X(t)$ 的自相关系数定义为

$$\rho_{XX}(t_1,t_2)=\frac{\sigma_{XX}(t_1,t_2)}{\sigma_X(t_1)\sigma_X(t_2)} \tag{3.7.22}$$

注意到，任何一个随机变量与任意确定性函数加和后的协方差保持不变。因此，当讨论一个随机过程的协方差性质时，可假设它具有零均值，这样可简化代数运算，这时的相关函数就是协方差函数。

5. 遍历随机过程

设平稳随机过程 $X(t)$ 具有总体概率密度函数 $p(x)$，其某一样本函数 $x(t)$ 的振幅概率密度函数 $r(x)$ 可按下式计算，也称为时间概率密度函数。

$$\text{Prob}[x\leqslant x(t)\leqslant x+\mathrm{d}x]=r(x)\mathrm{d}x=\lim_{T\to\infty}\frac{\mathrm{d}t_1+\mathrm{d}t_2+\cdots+\mathrm{d}t_n}{T} \tag{3.7.23}$$

对于某一平稳随机过程，如果其总体概率密度函数和样本函数的时间概率密度函数相同，则称该随机过程具有遍历性。遍历过程总是平稳过程，因此可利用某一样本 $x(t)$ 的时间均值分析来分析随机过程 $X(t)$ 的统计特性。以下分析将围绕遍历随机过程展开。

6. 功率谱密度

对于功率（均方值）有限的平稳随机过程的某一样本 $x(t)$，其自相关函数 $\varphi(\tau)$ 定义为

$$\varphi(\tau)=\frac{1}{T_L}\int_{-\infty}^{\infty}x(t)x(t+\tau)\mathrm{d}t \tag{3.7.24}$$

式中，T_L 为 $x(t)$ 的持时，在持时外 $x(t)=0$。那么，自相关函数 $\varphi(\tau)$ 的傅里叶变换为

$$F[\varphi(\tau)]=\frac{1}{T_L}\int_{-\infty}^{\infty}x(t)\mathrm{e}^{\mathrm{i}\omega t}\mathrm{d}t\int_{-\infty}^{\infty}x(t+\tau)\mathrm{e}^{-\mathrm{i}\omega(t+\tau)}\mathrm{d}\tau=\frac{|F(\mathrm{i}\omega)|^2}{T_L} \tag{3.7.25}$$

将其定义为功率谱密度或均方谱密度：

$$S(\omega)=\frac{|F(\mathrm{i}\omega)|^2}{T_L} \tag{3.7.26}$$

因此，$x(t)$ 的自相关函数和功率谱密度函数构成一个傅里叶变换对：

$$\varphi(\tau)=\frac{1}{2\pi}\int_{-\infty}^{\infty}S(\omega)\mathrm{e}^{\mathrm{i}\omega t}\mathrm{d}\omega \tag{3.7.27}$$

$$S(\omega)=\int_{-\infty}^{\infty}\varphi(\tau)\mathrm{e}^{-\mathrm{i}\omega\tau}\mathrm{d}\tau \tag{3.7.28}$$

3.7.2 线性单自由度体系的平稳随机反应

分析线性单自由度体系在平稳随机干扰下的反应。随机运动方程为

$$\ddot{X}+2\xi\omega_0\dot{X}+\omega_0^2X=Q(t) \tag{3.7.29}$$

式中，$Q(t)$ 是随机扰动，其均值为零，自相关函数 $\varphi_Q(t)$ 和功率谱密度 $S_Q(\omega)$ 已知。给定初始条件：$\dot{X}(0)=X(0)=0$。

根据 3.3.4 节的知识，由 Duhamel 积分可知在时刻 t，线性单自由度体系的位移反应可表示为

$$X(t)=\int_0^t g(t-s)Q(s)\mathrm{d}s \tag{3.7.30}$$

其中，$g(t-s)$ 为单位脉冲响应函数。对于随机响应，我们最关心的是其概率特征，尤其是前二阶矩。

首先，分析反应的自相关函数。在不同时刻 t_1 和 t_2，响应 $X(t_1)$ 和 $X(t_2)$ 的自相关函数为

$$R_{XX}(t_1,t_2)=E[X(t_1)X(t_2)]=\int_0^{t_1}\int_0^{t_2}g(t_1-s_1)g(t_2-s_2)\varphi_Q(s_2-s_1)\mathrm{d}s_1\mathrm{d}s_2 \tag{3.7.31}$$

将自相关函数 $\varphi_Q(t)$ 和功率谱密度 $S_Q(\omega)$ 之间的关系

$$\varphi_Q(s_2-s_1)=\int_{-\infty}^{\infty}S_Q(\omega)\mathrm{e}^{\mathrm{i}\omega(s_2-s_1)}\mathrm{d}\omega \tag{3.7.32}$$

代入式（3.7.31）得

$$\begin{aligned}R_{XX}(t_1,t_2)&=\int_0^{t_1}\int_0^{t_2}g(t_1-s_1)g(t_2-s_2)\cdot\int_{-\infty}^{\infty}S_Q(\omega)\mathrm{e}^{\mathrm{i}\omega(s_2-s_1)}\mathrm{d}\omega\mathrm{d}s_1\mathrm{d}s_2\\&=\int_{-\infty}^{\infty}S_Q(\omega)I(\omega,t_2)I^*(\omega,t_1)\mathrm{d}\omega\end{aligned} \tag{3.7.33}$$

其中，符号*表示共轭，根据式（3.6.19）得

$$I(\omega,t)=\int_0^t g(t-s)\mathrm{e}^{\mathrm{i}\omega s}\mathrm{d}s=\frac{|H(\mathrm{i}\omega)|^2}{H^*(\mathrm{i}\omega)}[\mathrm{e}^{\mathrm{i}\omega t}-\mathrm{e}^{-\xi\omega_0 t}C(\omega,t)] \tag{3.7.34}$$

式中

$$|H(\mathrm{i}\omega)|^2=\frac{1}{(\omega_0^2-\omega^2)^2+4\xi^2\omega_0^2\omega^2} \tag{3.7.35}$$

$$C(\omega,t)=\left(\frac{\xi\omega_0}{\omega_d}\sin\omega_d t+\cos\omega_d t\right)+\mathrm{i}\frac{\omega}{\omega_d}\sin\omega_d t \tag{3.7.36}$$

其中，$\omega_d=\omega_0\sqrt{1-\xi^2}$。将式（3.7.34）代入式（3.7.33），得

$$\begin{aligned}R_{XX}(t_1,t_2)=R_{XX}(t_2-t_1)=\int_{-\infty}^{\infty}&|H(\mathrm{i}\omega)|^2S_Q(\omega)[\mathrm{e}^{\mathrm{i}\omega(t_2-t_1)}-\mathrm{e}^{\mathrm{i}\omega t_2-\xi\omega_0 t_1}C^*(\omega,t_1)-\\&\mathrm{e}^{-\mathrm{i}\omega t_1-\xi\omega_0 t_2}C(\omega,t_2)+\mathrm{e}^{-\xi\omega_0(t_1+t_2)}C(\omega,t_1)C(\omega,t_2)]\mathrm{d}\omega\end{aligned} \tag{3.7.37}$$

当 $t\to\infty$ 时，有

$$R_{XX}(t_2-t_1)=\int_{-\infty}^{\infty}|H(\mathrm{i}\omega)|^2S_Q(\omega)\mathrm{e}^{\mathrm{i}\omega(t_2-t_1)}\mathrm{d}\omega \tag{3.7.38}$$

即线性体系在平稳随机扰动下的反应是非平稳的［式（3.7.37）］，但随着时间的增加，反应将趋于平稳［式（3.7.38）］，该过程的快慢与体系的阻尼比 ξ 和固有频率 ω_0 有关。再根据

平稳随机过程自相关函数与功率谱密度之间的关系，由式（3.7.38）可得

$$S_X(\omega)=\left|H(\mathrm{i}\omega)\right|^2 S_Q(\omega) \tag{3.7.39}$$

上式给出了平稳随机扰动与平稳随机响应在频域内的关系。

地震动往往包含许多不同的周期成分，其功率谱密度在较宽的频率范围内相对比较稳定。相比之下，在小阻尼体系对随机外力作用的反应中，自振频率所对应的周期成分往往比较显著，其功率谱密度在自振频率附近会有显著的峰值。前者称为宽带过程，后者则称为窄带过程。

考察结构对白噪声地面运动的平稳反应。设白噪声的功率谱密度为 S_0，则结构反应的功率谱密度 $S_X(\omega)$ 为

$$S_X(\omega)=\frac{S_0}{(\omega_0^2-\omega^2)^2+4\xi^2\omega_0^2\omega^2} \tag{3.7.40}$$

根据式（3.7.38）可得结构位移反应的自相关函数为

$$R_{XX}(\tau)=\frac{\pi S_0}{2\xi\omega_0^3}\mathrm{e}^{-\xi\omega_0\tau}\left(\cos\omega_d\tau+\frac{\xi\omega_0}{\omega_d}\sin\omega_d\tau\right) \tag{3.7.41}$$

由于干扰的均值为 0，所以平稳反应的均值也为 0，其方差为

$$\sigma_X^2=R_{XX}(0)=\frac{\pi S_0}{2\xi\omega_0^3} \tag{3.7.42}$$

即在白噪声地面运动作用下，结构平稳反应的均方值与阻尼比成反比，与圆频率的 3 次方成反比。地震动的功率谱往往比较杂乱，但对于比较平滑的功率谱，当结构自振频率附近的成分贡献较大时，也可将结构反应的均方值近似地表示为

$$\sigma_X^2\approx\frac{\pi S_Q(\omega_0)}{2\xi\omega_0^3} \tag{3.7.43}$$

速度响应的自相关函数可由位移反应的自相关函数两次求导得到：

$$R_{\dot{X}\dot{X}}(\tau)=\frac{\mathrm{d}^2R_X(\tau)}{\mathrm{d}\tau^2}=-\frac{\pi S_0}{2\xi\omega_0}\mathrm{e}^{-\xi\omega_0\tau}\left(\cos\omega_d\tau-\frac{\xi\omega_0}{\omega_d}\sin\omega_d\tau\right) \tag{3.7.44}$$

因此，平稳速度的方差为

$$\sigma_{\dot{X}}^2=R_{\dot{X}\dot{X}}(0)=\frac{\pi S_0}{2\xi\omega_0} \tag{3.7.45}$$

平稳位移响应和速度响应的互相关函数可由位移反应的自相关函数一次求导得到：

$$R_{X\dot{X}}(\tau)=\frac{\mathrm{d}R_X(\tau)}{\mathrm{d}\tau}=-\frac{\pi S_0}{2\xi\omega_0\omega_d}\mathrm{e}^{-\xi\omega_0\tau}\sin\omega_d\tau \tag{3.7.46}$$

当 τ=0 时，$R_{X\dot{X}}(0)=0$，即平稳位移响应和平稳速度响应在相同时刻是互不相关的。

3.7.3　线性单自由度体系的非平稳随机反应

3.7.2 节讨论了基于 $t\to\infty$ 条件下的平稳响应。为了了解白噪声扰动下线性单自由度体系全部反应时程的概率特征，需要根据式（3.7.37）求出非平稳反应的自相关函数：

$$R_{XX}(t_1,t_2)=R_{XX}(\tau)-\frac{\pi S_0}{2\xi\omega_0^3}\mathrm{e}^{-\xi\omega_0(t_1+t_2)}[\cos\omega_d(t_2-t_1)+\frac{\xi\omega_0}{\omega_d}\sin\omega_d(t_1+t_2)+\frac{2\xi^2\omega_0^2}{\omega_d^2}\sin\omega_d t_1\sin\omega_d t_2] \tag{3.7.47}$$

同样可以得到非平稳速度反应的自相关函数

$$R_{\dot{X}\dot{X}}(t_1,t_2)=R_{\dot{X}\dot{X}}(\tau)-\frac{\pi S_0}{2\xi\omega_0}\mathrm{e}^{-\xi\omega_0(t_1+t_2)}[\cos\omega_d(t_2-t_1)-\frac{\xi\omega_0}{\omega_d}\sin\omega_d(t_1+t_2)+\frac{2\xi^2\omega_0^2}{\omega_d^2}\sin\omega_d t_1\sin\omega_d t_2] \tag{3.7.48}$$

以及非平稳位移和速度的互相关函数

$$R_{X\dot{X}}(t_1,t_2)=R_{X\dot{X}}(\tau)+\frac{\pi S_0}{2\xi\omega_0\omega_d}\mathrm{e}^{-\xi\omega_0(t_1+t_2)}[\sin\omega_d(t_2-t_1)+\frac{2\xi\omega_0}{\omega_d}\sin\omega_d t_1\sin\omega_d t_2] \tag{3.7.49}$$

式中，令 t_1=t_2=t ，则得到在同一时刻的互相关函数，见式（3.7.50），可以看到在非平稳状态下，位移和速度是相关的，但相关程度随着时间增加而减小。

$$R_{X\dot{X}}(t,t)=\frac{\pi S_0}{\omega_d^2}\mathrm{e}^{-2\xi\omega_0 t}\sin^2\omega_d t \tag{3.7.50}$$

下面我们根据位移响应的方差研究从非平稳状态到平稳状态的过渡。由式（3.7.47），并令 t_1=t_2=t ，可以得到非平稳位移响应的方差

$$\sigma_X^2(t)=\frac{\pi S_0}{2\xi\omega_0^3}\left[1-\mathrm{e}^{-2\xi\omega_0 t}\left(1+\frac{\xi\omega_0}{\omega_d}\sin 2\omega_d t+\frac{2\xi^2\omega_0^2}{\omega_d^2}\sin^2\omega_d t\right)\right] \tag{3.7.51}$$

图 3.7.1 给出了非平稳位移反应的方差对应于不同阻尼比的曲线，从图中看出，阻尼比

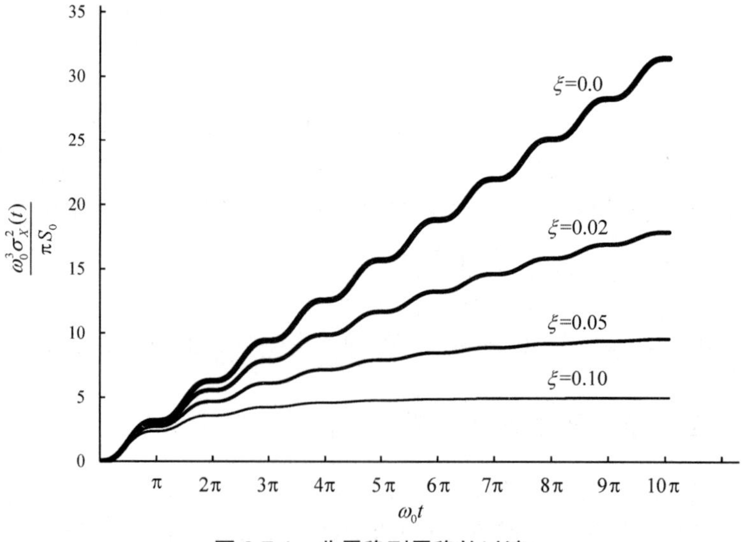

图 3.7.1 非平稳到平稳的过渡

越大，反应从非平稳到平稳的过渡就越快。但当阻尼比为 0 时，也可以从下式看出非平稳响应将无限延续，永远达不到稳定。

$$\lim_{\xi\to 0}\sigma_X^2(t)=\frac{\pi S_0}{2\omega_0^3}(2\omega_0 t-\sin 2\omega_0 t) \tag{3.7.52}$$

从图 3.7.1 中还可以看出，平稳反应的方差是最大的。因此，在工程中对于非平稳干扰的反应大多是关注其平稳反应。

习题

1. 什么是动力系数？动力系数的大小与哪些因素有关？单自由度体系位移的动力系数与内力的动力系数是否一样？

2. 在振动过程中产生阻尼的原因有哪些？

3. 什么是临界阻尼？什么是阻尼比？怎样测量体系振动过程中的阻尼比？

4. 在 Duhamel 积分中时间变量 τ 与 t 有什么区别？怎样利用 Duhamel 积分求解在任意动力荷载下的动力位移问题？简谐荷载下的动力位移可以用 Duhamel 积分求解吗？

5. 多自由度体系有多少个发生共振的可能性？为什么？

6. 动力分析有哪些数值方法？各有什么特点？

7. 什么是平稳随机过程？

答：特性不随时间变化的随机过程称为平稳随机过程。如果随机过程在各个时刻的概率密度函数均与时间无关 $[p(x;t)=p(x)]$ 且两个时刻的联合概率密度为 $[p(x_1,x_2;t_1,t_2)=p(x_1,x_2;t_1-t_2)]$，则称该随机过程为弱平稳随机过程。如果所有高阶（即许多不同时刻处的值之间的）联合概率密度函数均与具体时刻无关，则称之为强平稳随机过程。工程应用中常见的物理量通常属于弱平稳随机过程。平稳随机过程的均值 $E[X(t)]$ 和均方值 $E[X^2(t)]$ 均与时间无关。

8. 已知零均值平稳随机过程 $\{X(t),\ -\infty<t<\infty\}$ 的功率谱密度为

$$S(\omega)=\frac{\omega^2+4}{\omega^4+10\omega^2+9}$$

试求其自相关函数、方差和平均功率。

解：由于 $F^{-1}\left(\dfrac{2a}{\omega^2+\alpha^2}\right)=\mathrm{e}^{-\alpha|\tau|}$，因此，自相关函数为

$$\begin{aligned}R(\tau)&=F^{-1}\left[S(\omega)\right]=F^{-1}\left(\frac{\omega^2+4}{\omega^4+10\omega^2+9}\right)\\&=\frac{3}{8}F^{-1}\left(\frac{1}{\omega^2+1}\right)+\frac{5}{8}F^{-1}\left(\frac{1}{\omega^2+9}\right)\\&=\frac{3}{16}\mathrm{e}^{-|\tau|}+\frac{5}{48}\mathrm{e}^{-3\tau}\end{aligned}$$

方差为

$$D\left[X(t)\right]=R(0)-E^2\left[X(t)\right]=R(0)=\frac{7}{24}$$

平均功率为

$$\Psi=R(0)=\frac{7}{24}$$

参考文献

[1] CLOUGH R W, PENZIEN J. Dynamics of structures[M]. New York: McGraw-Hill, 1993.
[2] CHOPRA A K. Dynamics of structures[M]. Hoboken: Prentice Hall, 2000.

第 4 章　单自由度结构的地震响应

4.1　单自由度结构的受震位移响应

在地面运动的作用下，对建筑结构设计最重要的反应量之一是结构的位移响应 $x(t)$ 。因为对于弹性体系，结构恢复力为 $F = Kx(t)$ ；而对于弹塑性体系，位移响应是结构损伤程度最重要的指标。由于实际地震动十分复杂，结构的地震响应一般采用时程分析方法获得。图 4.1.1 所示为采用 1940 年 5 月 19 日加利福尼亚地震 El Centro 加速度记录的 NS 分量，分

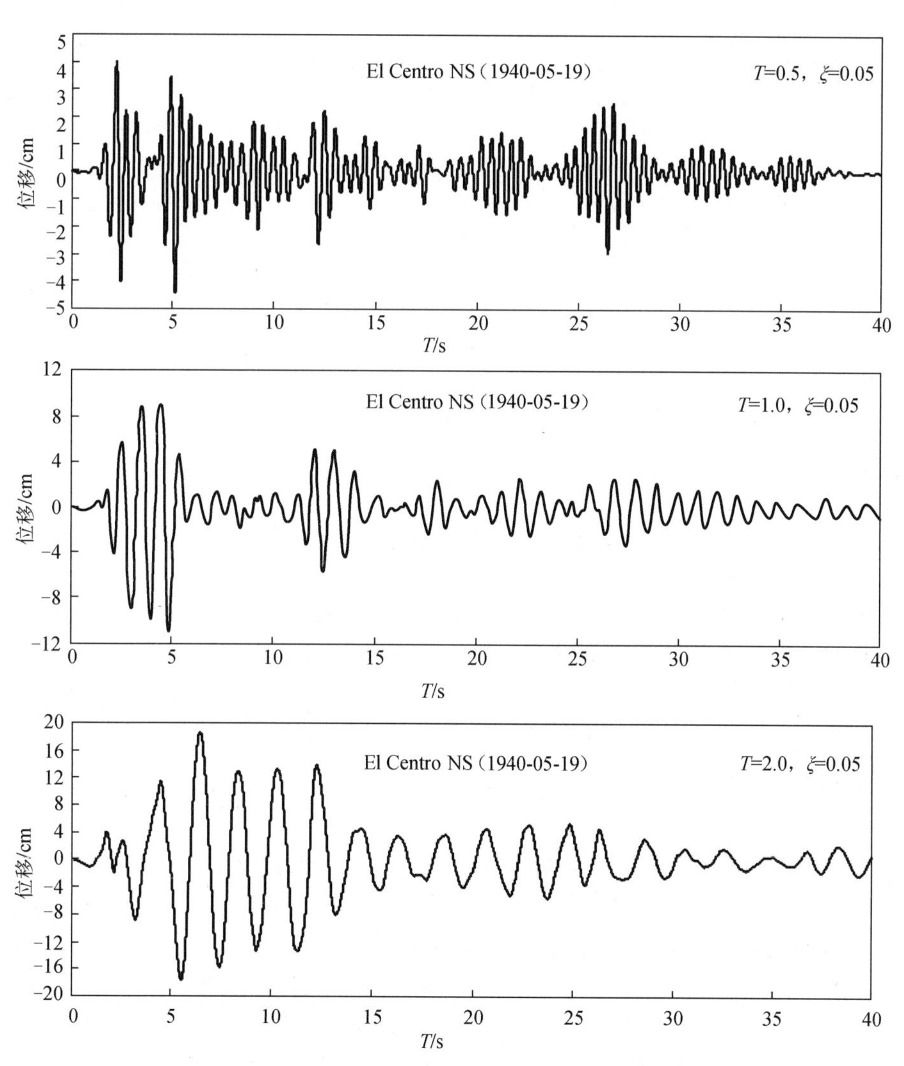

图 4.1.1　不同自振周期单自由度弹性体系相对位移时程

析得到在同一阻尼比（$\xi = 0.05$）条件下，不同自振周期单自由度弹性体系质点相对地面的位移反应时程。

由图 4.1.1 可见，尽管地震波极为复杂，并包含各种周期成分，但结构的位移反应仍基本按其自振周期振动。这一规律可以用地震作用下相对位移响应的 Duhamel 积分解释如下：忽略阻尼对体系自振频率的影响，地震作用下相对位移的 Duhamel 积分表达式为

$$x(t) = -\frac{1}{\omega}\int_0^t \ddot{x}_g(\tau)\mathrm{e}^{-\xi\omega(t-\tau)}(\sin\omega t\cos\omega\tau - \cos\omega t\sin\omega\tau)\mathrm{d}\tau \tag{4.1.1}$$

设

$$A(t,\omega) = \int_0^t \ddot{x}_g(\tau)\mathrm{e}^{-\xi\omega(t-\tau)}\cos\omega\tau\mathrm{d}\tau \tag{4.1.2a}$$

$$B(t,\omega) = \int_0^t \ddot{x}_g(\tau)\mathrm{e}^{-\xi\omega(t-\tau)}\sin\omega\tau\mathrm{d}\tau \tag{4.1.2b}$$

则式（4.1.1）可写成

$$x(t) = -\frac{1}{\omega}(A\sin\omega t - B\cos\omega t) \tag{4.1.3}$$

进一步设

$$A = S\cos\varphi \tag{4.1.4a}$$

$$B = S\sin\varphi \tag{4.1.4b}$$

其中

$$S = \sqrt{A^2 + B^2} \tag{4.1.5a}$$

$$\varphi = \arctan\frac{B}{A} \tag{4.1.5b}$$

则式（4.1.3）可写成

$$x(t) = -\frac{1}{\omega}S\sin(\omega t - \varphi) \tag{4.1.6}$$

由于式（4.1.2）中 A 和 B 一般为随时间缓慢变化的函数，因此相对位移反应 $x(t)$是振幅 S/ω 和相位 φ 缓慢变化的简谐振动，其平均周期就是体系的自振周期。

4.2 反应谱的概念

对于工程结构的抗震设计来说，最大地震响应具有重要意义。工程中一般用相对位移、相对速度和绝对加速度来全面反映结构在地震作用下的反应状况，进行结构抗震计算；利用 Duhamel 积分得到的相应的计算公式如下。

最大相对位移响应

$$S_D(T,h) = |y(t)|_{\max} = \frac{1}{\omega'}\left|\int_0^t \ddot{y}_0(\tau)\mathrm{e}^{-h\omega(t-\tau)}\sin\omega'(t-\tau)\mathrm{d}\tau\right|_{\max} \tag{4.2.1}$$

最大相对速度响应

$$S_V(T,h)=\left|\dot{y}(t)\right|_{\max}=\left|\int_0^t \ddot{y}_0(\tau)\mathrm{e}^{-h\omega(t-\tau)}\left[\cos\omega'(t-\tau)-\frac{h\omega}{\omega'}\sin\omega'(t-\tau)\right]\mathrm{d}\tau\right|_{\max} \tag{4.2.2}$$

最大相对加速度响应

$$S_A(T,h)=\left|\ddot{y}(t)\right|_{\max}=\omega'\left|\int_0^t \ddot{y}_0(\tau)\mathrm{e}^{-h\omega(t-\tau)}\sin\omega'(t-\tau)\mathrm{d}\tau\right|_{\max} \tag{4.2.3}$$

最大绝对加速度响应

$$\begin{aligned}S_a(T,h)&=\left|\ddot{y}(t)+\ddot{y}_0(t)\right|_{\max}\\&=\left|\frac{1-2h^2}{\sqrt{1-h^2}}\omega\int_0^t \ddot{y}_0(\tau)\,\mathrm{e}^{-h\omega(t-\tau)}\sin\omega'(t-\tau)\mathrm{d}\tau+2h\omega\int_0^t \ddot{y}_0(\tau)\mathrm{e}^{-h\omega(t-\tau)}\cos\omega'(t-\tau)\mathrm{d}\tau\right|_{\max}\end{aligned} \tag{4.2.4}$$

式中，$\omega=2\pi/T$；$\omega'=\sqrt{1-h^2}\omega$。

由以上公式可知，最大相对位移、最大相对速度和最大绝对加速度响应与结构周期 T 和阻尼比 h 有关；若以结构无阻尼自振周期 T 为横轴，分别以最大相对位移、最大相对速度和最大绝对加速度反应值为竖轴，以阻尼为变化参数，则所得到的关系曲线分别称为位移反应谱、速度反应谱和加速度反应谱。

1932 年，加州理工大学的 M.A.Biot 在其博士学位论文中提出反应谱理论，1959 年 G. W. Housner 给出地震反应谱。反应谱反映了地震激励作用的频谱特性和动力放大效应，是研究动力响应的主要方法，是地震全部频谱成分和幅值对结构地震响应影响的映射，但其中并不包含持时效应的影响。

在结构抗震设计中，我们通常关心的是最大地震响应，由式（4.1.6）可知，相对位移反应 $x(t)$ 的幅值为 S/ω。由以上分析可知，S/ω的最大值，即最大位移 $x_{\max}$，是与结构自振周期T（自振频率）和阻尼比 h 有关的函数。对于某一地震作用，当给定结构的阻尼比时，可以得到一条 $x_{\max}$ 与 T 的关系曲线，该曲线称为相对位移反应谱，简称位移反应谱。

除位移反应外，速度和加速度反应也是反映结构在地震作用下反应状况的重要指标。在地震作用下，质点惯性力与绝对加速度（$\ddot{x}+\ddot{x}_g$）成正比，故通常采用绝对加速度进行分析。因此，对于某一地震作用，以最大相对位移、最大相对速度和最大绝对加速度反应值为竖轴，以结构自振周期 T 为横轴，所得到的关系曲线分别称为位移反应谱、速度反应谱和加速度反应谱。以下若无特别说明，位移和速度均指质点相对位移和相对速度，加速度均指质点绝对加速度。由前述 El Centro NS（1940-05-19）地震波分析得到的各反应谱如图 4.2.1 所示，可见反应谱值是体系自振周期和体系阻尼比的函数。

位移反应谱、速度反应谱和加速度反应谱各有其特点和用途，具体如下。

位移反应谱：主要反映地面运动中长周期分量的影响；近年来人们更加深刻地认识到，结构的破坏程度取决于位移响应，特别是弹塑性位移响应。对于长周期结构来说，位移响应则更为重要。

速度反应谱：可以较好地反映地面运动中各周期分量的影响，即速度反应谱在相当宽的周期范围内有峰值，且速度谱值基本稳定。

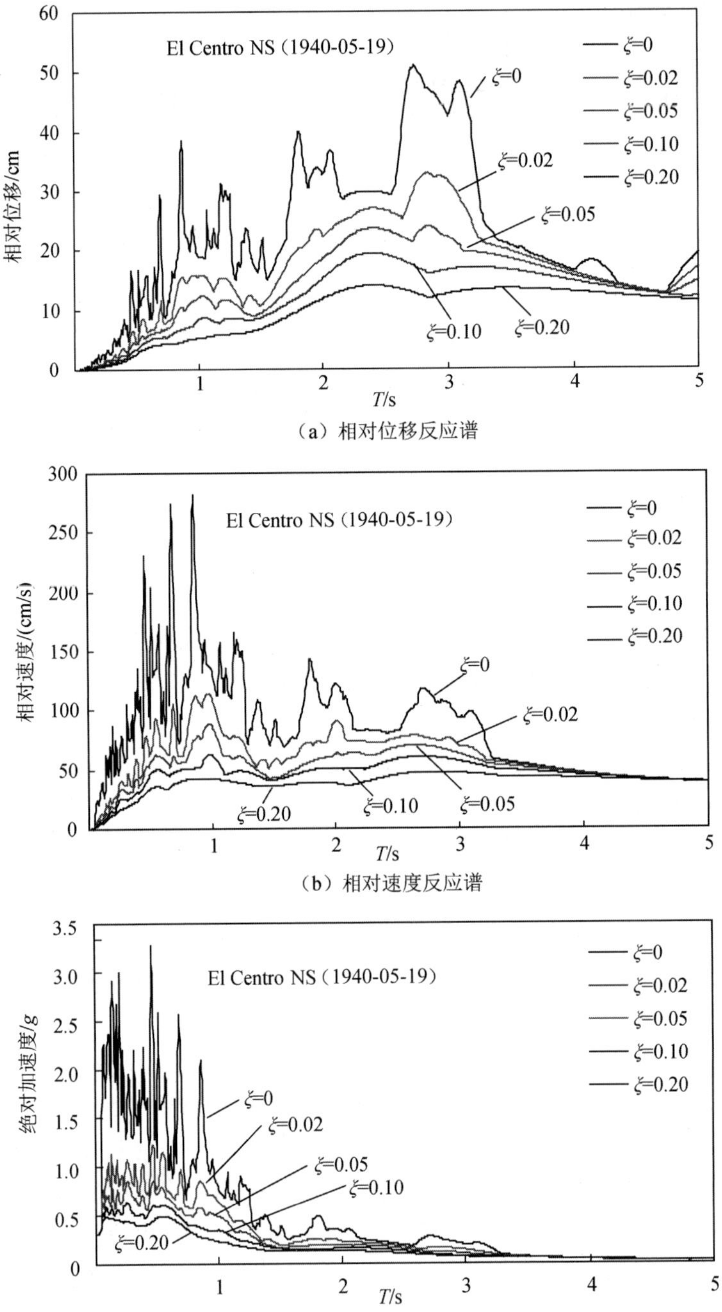

（a）相对位移反应谱

（b）相对速度反应谱

（c）绝对加速度反应谱

图 4.2.1　反应谱

加速度反应谱：用于计算惯性力，可以较好地反映地面运动中短周期分量的影响，即地震波中的高频分量（短周期地震波）在加速度反应谱上的峰值显著。

地震记录包含复杂的频谱成分，反应谱是地震完整信息的一个映射。1933 年，Newmark 的老师 Westergaard 教授通过频谱分析发现加速度比值谱 $\frac{|\ddot{y}_{\max}|}{|\ddot{y}_{0,\max}|}$ 取决于地震波的短周期分

量，而长周期分量产生的$\dfrac{|\ddot{y}_{\max}|}{|\ddot{y}_{0,\max}|}$值所占比例很小，即使当地震波的长周期分量的幅值较大时，其所占的比例也相对较小。他推测加速度反应随着振动周期的增加而减小，还猜测地面速度可能是表征地震动需求最合适的指标。他所作的研究只记录了 600 多字，且长期被人遗忘，直到最近才引起人们的注意。

4.3　弹性反应谱

4.3.1　反应谱之间的关系

设最大位移为 $x_{\max}=S_D$，则可采用下式近似计算速度和加速度：

$$S_V = \omega S_D \approx \dot{x}_{\max} \tag{4.3.1}$$

$$S_A = \omega S_V = \omega^2 S_D \approx (\ddot{x} + \ddot{x}_g)_{\max} \tag{4.3.2}$$

对于无阻尼情况，由式（4.1.2）～式（4.1.6）可知，上面关系式成立。对于小阻尼比情况，对地震作用下位移响应表达式（4.1.1）分别求一阶导数和二阶导数，忽略高阶小量后可近似得到以上关系式。

因为 $S_V = \omega S_D$ 近似反映了最大速度响应 $\dot{x}_{\max}$，$S_A = \omega^2 S_D$ 近似反映了最大加速度响应 $(\ddot{x} + \ddot{x}_g)_{\max}$，所以称 $S_V = \omega S_D$ 为拟速度（pseudo-velocity），$S_A = \omega^2 S_D$ 为拟加速度（pseudo-acceleration）。图 4.3.1 分别给出了 El Centro 地震波阻尼比为 0.05 情况下的位移谱、拟速度谱和拟加速度谱。

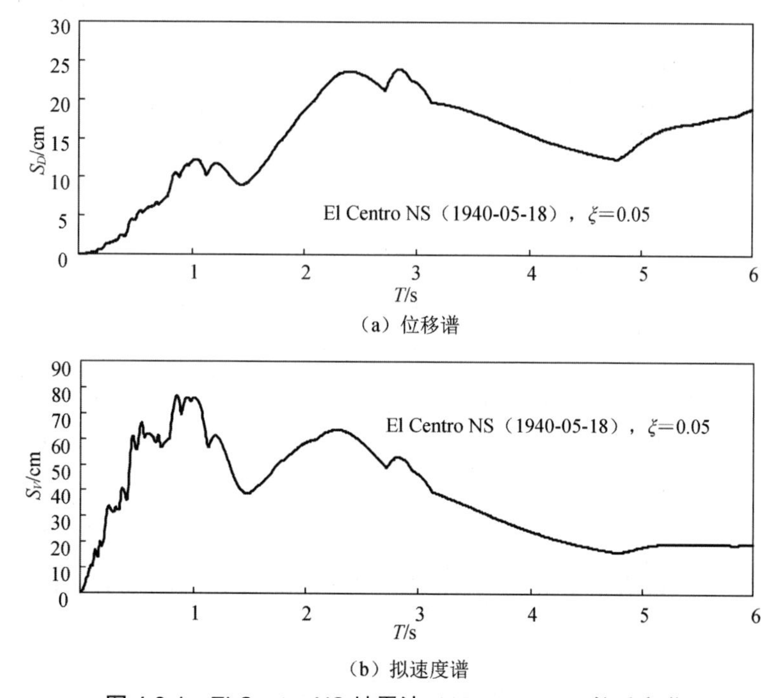

（a）位移谱

（b）拟速度谱

图 4.3.1　El Centro NS 地震波（1940-05-18）的反应谱

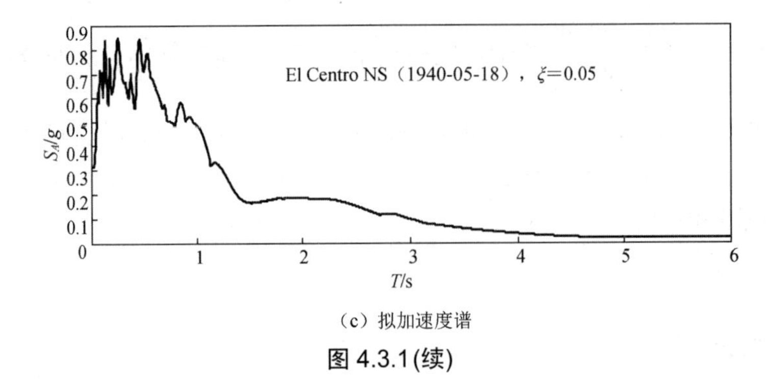

（c）拟加速度谱

图 4.3.1(续)

式（4.3.1）和式（4.3.2）给出了位移谱值、速度谱值和加速度谱值三者之间的近似关系。图 4.3.2（a）所示为时程分析得到的加速度反应谱与由式（4.3.2）计算的拟加速度谱 S_A 的对比，可见两者基本吻合。图 4.3.2（b）所示为时程分析得到的速度反应谱与由式（4.3.1）拟速度谱 S_V 的对比，可见在周期较小时，S_V 谱与相对速度反应谱较为接近；而周期较大时，S_V 谱与绝对速度反应谱较为接近。因此，利用式（4.3.1）近似计算速度反应谱并不完全适用。

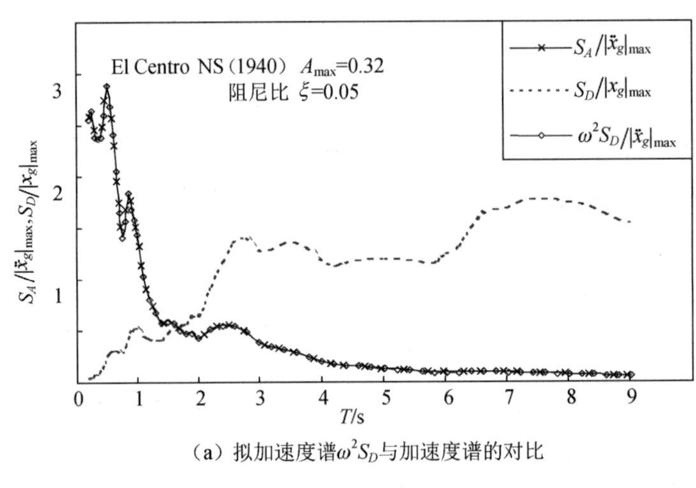

（a）拟加速度谱$\omega^2 S_D$与加速度谱的对比

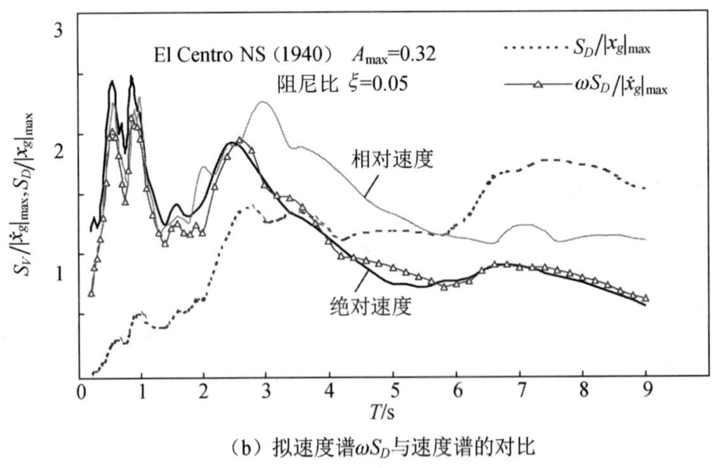

（b）拟速度谱ωS_D与速度谱的对比

图 4.3.2　反应谱对比

引入拟加速度 S_A 是为了在体系的恢复力与惯性力之间建立联系，这样可以直接计算真实最大相对位移。对于单自由度弹性体系，体系达到最大位移反应 S_D 时，可得体系最大恢复力 $F_{\max}$ 为

$$F_{\max} = kx_{\max} = kS_D = m\omega^2 S_D = mS_A \tag{4.3.3}$$

式中，k 为单自由体系的刚度；m 和 ω 分别为单自由度体系的质量和圆频率。

上式表明，按拟加速度计算的质点最大惯性力等于体系最大恢复力，通常将地震作用产生的惯性力称为地震力；由动力方程也可以看出，由地震作用加速度 $\ddot{x}_g$ 计算得到惯性力≠恢复力，所以用拟加速度计算地震力。

由图 4.3.2（a）可知，当阻尼比较小时，拟加速度谱与实际加速度谱比较一致，因此在工程结构抗震计算中一般直接采用拟加速度反应谱来计算地震力，进而近似将惯性力作为静力作用于结构，即可计算地震作用下结构的内力。式（4.3.3）可进一步表示为

$$F_{\max} = mS_A = \alpha mg = \alpha G \tag{4.3.4}$$

式中，$\alpha = S_A/g$（g 为重力加速度），称为地震影响系数；G 为结构质量产生的重力。上式表明地震力等于结构重力 G 的 α 倍。

引入拟速度 S_V 是为了在体系的变形能与动能之间建立联系。当单自由度弹性体系达到最大位移 S_D 时，体系的变形能为

$$E_S = \frac{1}{2}kS_D^2 = \frac{1}{2}m\omega^2 S_D^2 = \frac{1}{2}mS_V^2 \tag{4.3.5}$$

式中，$\frac{1}{2}mS_V^2$ 为体系质量 m 以速度 S_V 运动时的动能。在结构抗震能量分析中，将进一步介绍有关内容。

4.3.2　反应谱的特征

在位移反应谱 S_D 的基础上，对式（4.3.1）所示的拟速度谱 S_V 和式（4.3.2）所示的拟加速度谱 S_A 取对数，可得

$$\lg S_V = \lg\omega + \lg S_D \tag{4.3.6}$$

$$\lg S_V = -\lg\omega + \lg S_A \tag{4.3.7}$$

再利用 S_D、S_V 和 S_A 的关系，可进一步得到如下形式：

$$S_D = \frac{S_V}{\omega} = S_V\frac{1}{2\pi f} \rightarrow \lg S_D = \lg S_V - \lg f - \lg 2\pi \tag{4.3.8}$$

$$S_A = \omega S_V = S_V\frac{2\pi f}{1} \rightarrow \lg S_A = \lg S_V + \lg f + \lg 2\pi \tag{4.3.9}$$

或者

$$S_D = \frac{S_V}{\omega} = S_V\frac{T}{2\pi} \rightarrow \lg S_D = \lg S_V + \lg T - \lg 2\pi \tag{4.3.10}$$

$$S_A = \omega S_V = S_V\frac{2\pi}{T} \rightarrow \lg S_A = \lg S_V - \lg T + \lg 2\pi \tag{4.3.11}$$

Newmark 利用上式，采用四对数坐标系，用一条谱曲线即可同时表示拟速度谱、位移谱

和拟加速度谱。图 4.3.3 所示为 El Centro NS 地震波(1940-05-18)对应不同阻尼比的 S_D-S_V-S_A 反应谱，图中同时给出了地面运动的峰值位移 $x_{g,\max}$、峰值速度 $\dot{x}_{g,\max}$ 和峰值加速度 $\ddot{x}_{g,\max}$。图 4.3.4 所示为图 4.3.3 中阻尼比 $\xi=0.05$ 的谱曲线按地震地面运动归一化得到的谱曲线及其理想化谱曲线（图中虚线）。

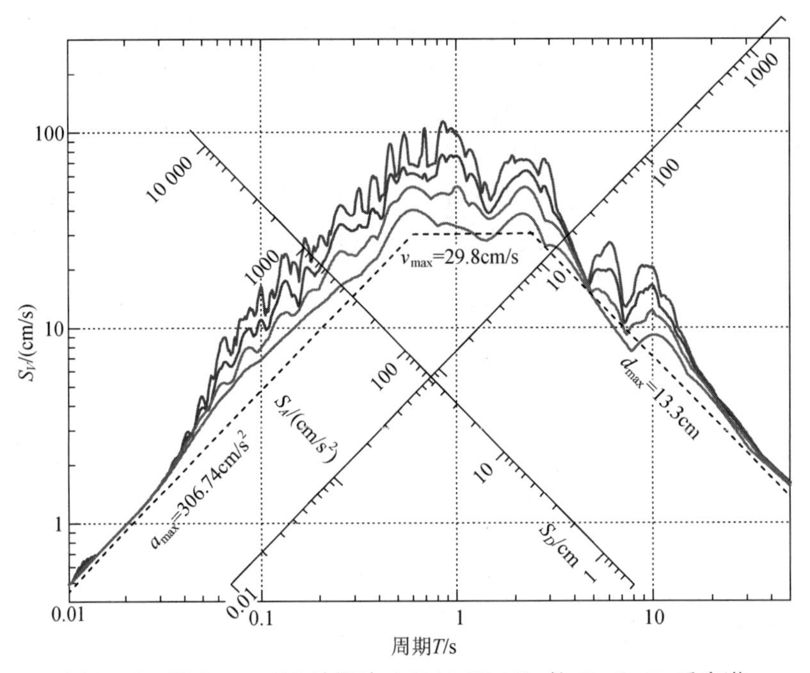

图 4.3.3 El Centro NS 地震波（1940-05-18）的 S_D-S_V-S_A 反应谱

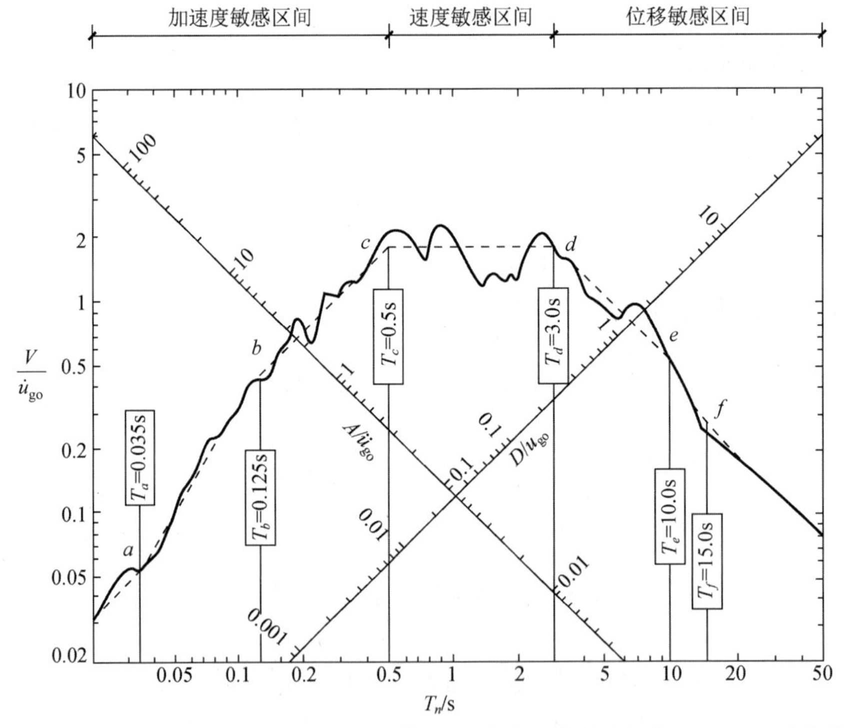

图 4.3.4 El Centro NS 地震波（1940-05-18）的归一化及理想化 S_D-S_V-S_A 反应谱

由图 4.3.4 所示的理想化 S_D-S_V-S_A 反应谱可知谱曲线具有以下特征：

（1）对于极短周期体系（$T<T_a$=0.035s），加速度谱值 S_A 与地面峰值加速度 $\ddot{x}_{g,\max}$ 几乎一致，而位移谱值 S_D 很小，即对于刚度很大的极刚性体系，其变形很小，质点加速度几乎与地面加速度相同，体系随地面运动作刚体运动［图 4.3.5（a）］。

（2）对于极长周期体系（$T>T_f$=15s），位移谱值 S_D 与地面峰值位移$\left|x_{g,\max}\right|$几乎一致，而加速度谱值 S_A 极小，即对于刚度很小的极柔性体系，质点的绝对位移$(x+x_g)$和绝对加速度$(\ddot{x}+\ddot{x}_g)$几乎为 0，也即质点绝对位置基本保持在其原始位置，而仅地面在作运动［图 4.3.5（b）］。

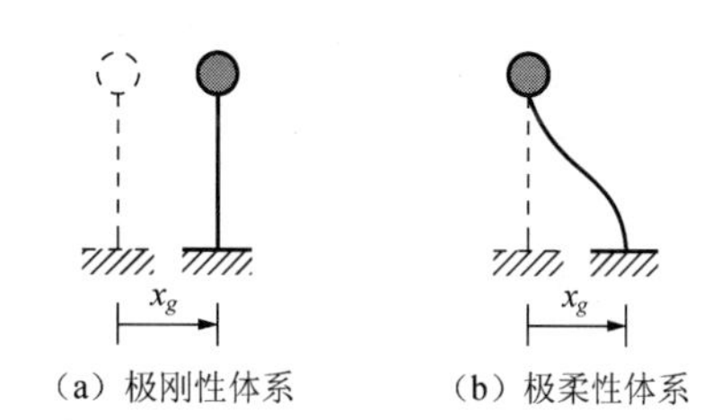

图 4.3.5　极刚性体系和极柔性体系的地震响应

（3）在短周期 T_a～T_c 范围（0.035～0.50s），加速度谱值 S_A 大于最大地面峰值加速度 $\ddot{x}_{g,\max}$ 。在 T_a～T_b 范围（0.035～0.125s），加速度响应放大系数β_A=S_A/ $\ddot{x}_{g,\max}$ 从 1（即 S_A= $\ddot{x}_{g,\max}$ ）开始近似线性增加；在 T_b～T_c 范围（0.125～0.50s），β_A 近似为常数，其值与系统阻尼比 ξ 有关。

（4）在中长周期 T_c～T_d 范围（0.50～3.0s），速度谱值 S_V 大于最大地面峰值速度 $\dot{x}_{g,\max}$ ，且速度响应放大系数β_V=S_V/ $\dot{x}_{g,\max}$ 近似为常数，其值与系统阻尼比 ξ 有关。

（5）在长周期 T_d～T_f 范围（3.0～15.0s），位移谱值 S_D 大于最大地面峰值位移 $x_{g,\max}$ 。在 T_d～T_e 范围（3.0～10.0s），位移响应放大系数β_D=S_D/ $x_{g,\max}$ 近似为常数，其值与系统阻尼比 ξ 有关；在 T_e～T_f 范围（10.0～15.0s）近似线性减小，直至 $\beta_D=1$（即 $S_D=x_{g,\max}$ ）。

由以上反应谱特征可知，反应谱可分为短周期范围的加速度敏感区（$T<T_c$）、中长周期范围的速度敏感区（T_c～T_d）和长周期范围的位移敏感区（$T>T_d$）。同时存在等加速度响应区（T_b～T_c）、等速度响应区（T_c～T_d）和等位移响应区（T_d～T_e），各等响应区的响应放大系数β_A、β_V和β_D与体系的阻尼比 ξ 有关。对于给定的地震动，分界周期值 T_a、T_b、T_c 和 T_d 与体系的阻尼比无关，由于不同的地震波其频谱组成不同，因此上述反应谱分界周期与地震波有关。同时，不同的地震波，地震动强度不同，各等放大系数响应区的放大系数也会有所不同。

图 4.3.1 分别给出了阻尼比 ξ =0.05 的 El Centro NS 地震波（1940-05-18）的位移谱 S_D、拟速度谱 S_V 和拟加速度谱 S_A，将其与图 4.3.4 对比可知，仅由图 4.3.1 很难观察到上述反应谱的特征，这是采用四对数坐标系反应谱的优点。但对于工程应用来说，四对数坐标系反应谱是不太实用的。

4.3.3　反应谱的标准化与设计反应谱

由不同地震波得到的反应谱是不同的，为找到它们的共同点，1959 年 Housner 根据美国的强震记录，按谱烈度加权平均，得到了平均反应谱，如图 4.3.6 所示。该反应谱是在阻尼比 ξ =0 时，在长周期下最大速度为 1ft/s（1ft/s=30cm/s=30kine），最大地震动加速度为 4ft/s^2（120cm/s^2 或 120Gal①）情况下进行标准化得到的。由图 4.3.6（a）所示的平均速度谱可见，在

① 1Gal=1cm/s^2，后同。

短周期范围，速度谱曲线随周期增加而增大，而当周期达到一定值后，速度谱曲线趋于一定值，这是速度反应谱的一个重要特性。此外由图可见，地震反应随着阻尼比的增加而减小。

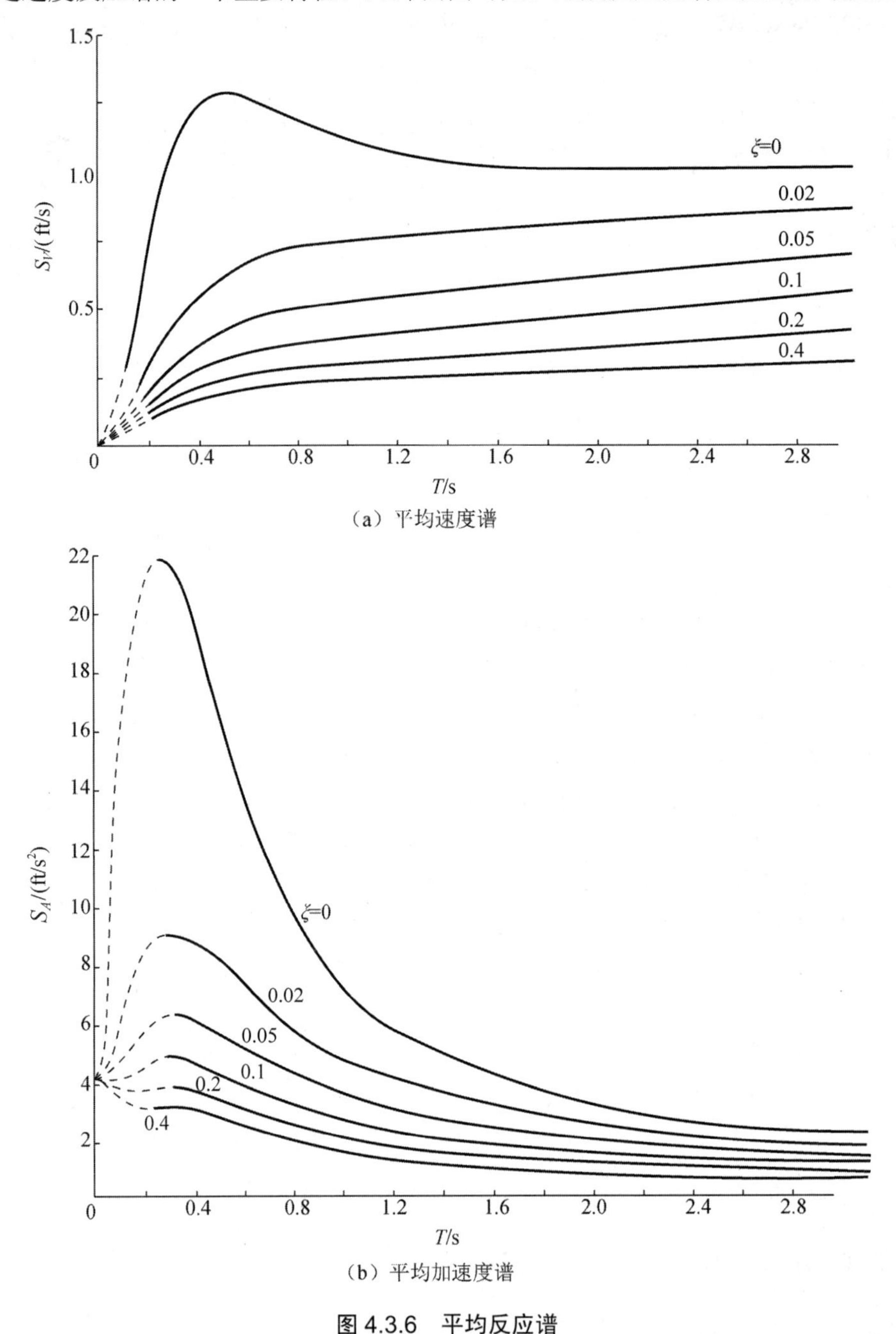

（a）平均速度谱

（b）平均加速度谱

图 4.3.6　平均反应谱

1970 年日本学者根据地基性质不同，发表了考虑不同地基类型的平均反应谱［图 4.3.7（a）］。1973 年 Newmark 等将大约 30 个强震记录以最大地面加速度进行标准化，发表了在平均反应谱中增加标准偏差（约 84%）的谱，但未考虑地基类型的影响［图 4.3.7（b）中的虚线］。我国《抗规》（GB 50011—2010）建议的地震反应谱见 9.3 节。

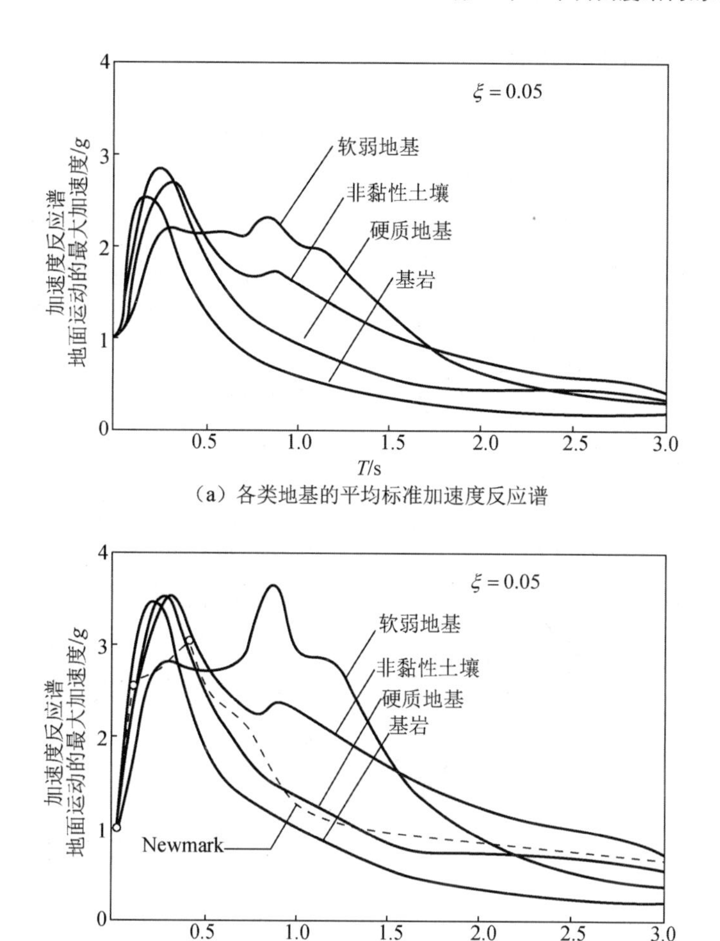

（a）各类地基的平均标准加速度反应谱

（b）增加了标准偏差的各类地基的平均标准加速度反应谱

图 4.3.7　考虑不同地基类型的平均反应谱

在不同地震动作用下，反应谱相差很大，而实际抗震设计中需要有反应谱，因此有必要对其进行标准化处理，即得到设计反应谱。反应谱的标准化主要包括纵坐标的标准化和横坐标的标准化，纵坐标的标准化是为了消除不同地震动强度对反应谱的影响，横坐标的标准化则是为了消除不同场地类别对反应谱的影响，经过标准化处理后的不同地震波的反应谱曲线形状具有较好的规律性。

对于加速度反应谱，以地面运动峰值加速度为基准对纵坐标进行标准化，再以特征周期T_{ga}为基准对横坐标进行标准化。标准化后，各地震动的加速度最大谱值比较接近，谱线形状也比较类似，基本消除了不同地震强度和场地类别的影响。图 4.3.8（a）和（b）分别给出了一组地震波在标准化前后的加速度反应谱。

对于设计反应谱而言，其须代表一个场地可能的全部地震事件，而不是一次地震；另外，一个设计反应谱所有周期点所对应的谱值必须有一个统一的超越概率。我国的抗震规范的设计反应谱如图 4.3.9 所示，尽管一个实际地震波的反应谱不可能有一个等加速度的长平台，但作为几个地震波的谱包络线则是可能的。

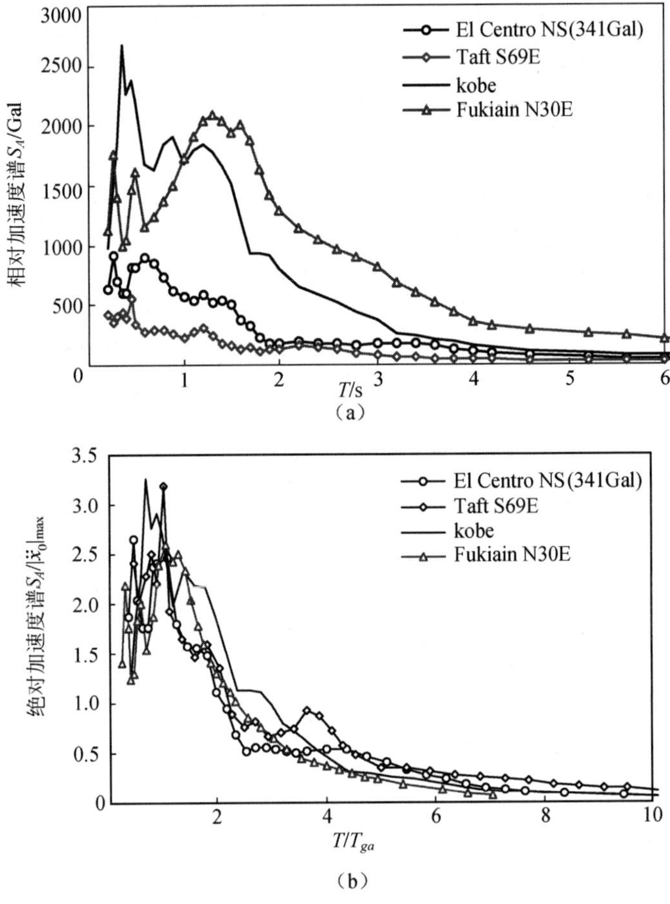

图 4.3.8 加速度反应谱的标准化

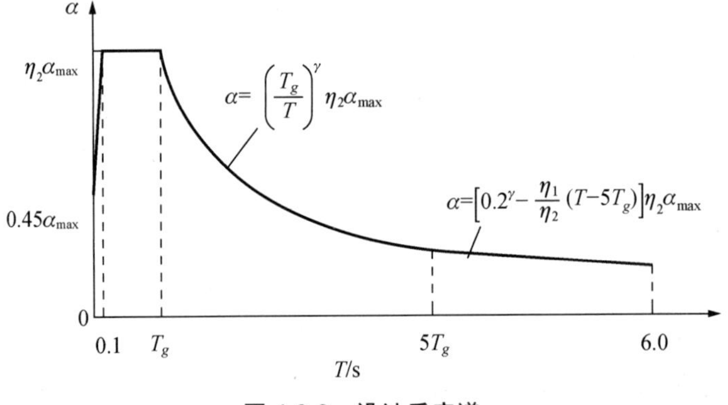

图 4.3.9 设计反应谱

4.3.4 傅里叶谱与反应谱

事实上，可以认为地震波是由许多频率不同的简谐波组成的。通过以下傅里叶变换，可以将一个复杂的地震地面加速度运动 $\ddot{x}_g(t)$ 表示为无穷多个不同频率的简谐质点振动的组合：

$$\ddot{x}_g(t)=\frac{1}{2\pi}\int_{-\infty}^{\infty}A(\omega)\mathrm{e}^{\mathrm{i}\omega t}\mathrm{d}\omega \tag{4.3.12}$$

式中

$$A(\omega)=\int_0^{t_D}\ddot{x}_g(\tau)\mathrm{e}^{-\mathrm{i}\omega\tau}\mathrm{d}\tau \tag{4.3.13}$$

式中，$A(\omega)$代表频率ω处的加速度幅值，即将加速度时程$\ddot{x}_g(t)$在频域中表达。相应地，在频率ω处的幅值为

$$\left|A(\omega)\right|=\sqrt{\left[\int_0^{t_D}\ddot{x}_g(\tau)\sin\omega\tau\mathrm{d}\tau\right]^2+\left[\int_0^{t_D}\ddot{x}_g(\tau)\cos\omega\tau\mathrm{d}\tau\right]^2} \tag{4.3.14}$$

式中，t_D为地震动持时。$\left|A(\omega)\right|$与周期的关系曲线称为地震地面运动的傅里叶谱。

地震地面运动的频谱特性决定了傅里叶谱的形状，傅里叶谱可以反映出地震地面运动加速度记录中含有哪些频率分量和各频率分量振幅的大小。如果某一频率分量的傅里叶谱值特别大，就称该频率分量是卓越的，相应的周期称为地震波的卓越周期。如结构的自振周期与地震动的卓越周期相近，将会使结构产生共振，在反应谱曲线上就会有一个峰值与此相对应。

图 4.3.10 所示为 El Centro NS 地震波（1940-05-18）的傅里叶谱与阻尼比为 0.05 的单自由度弹性体系的位移谱、速度谱和加速度谱的比较。由图可见，反应谱具有以下特点：

（1）加速度谱、速度谱和位移谱上的峰值点与傅里叶谱上的峰值点存在对应关系，它们都能反映地震动的频谱特征。

（2）加速度谱在短周期范围内（$T\leqslant T_{ga}$）谱值较大，中长周期后逐渐减小。因此，加速度谱在短周期范围内可以较好地反映地震动的频谱特征；周期较长时，加速度谱比较平滑，不能较好地反映地震动的频谱特征。

（3）位移谱在短周期范围内谱值较小，随周期的增加而增大，长周期后（$T\geqslant T_{gd}$）趋于平稳。因此，在中长周期范围内位移谱能较好地反映地震动的频谱特征；而在短周期范围内，其数值较小，不能较好地反映地震动的频谱特征。

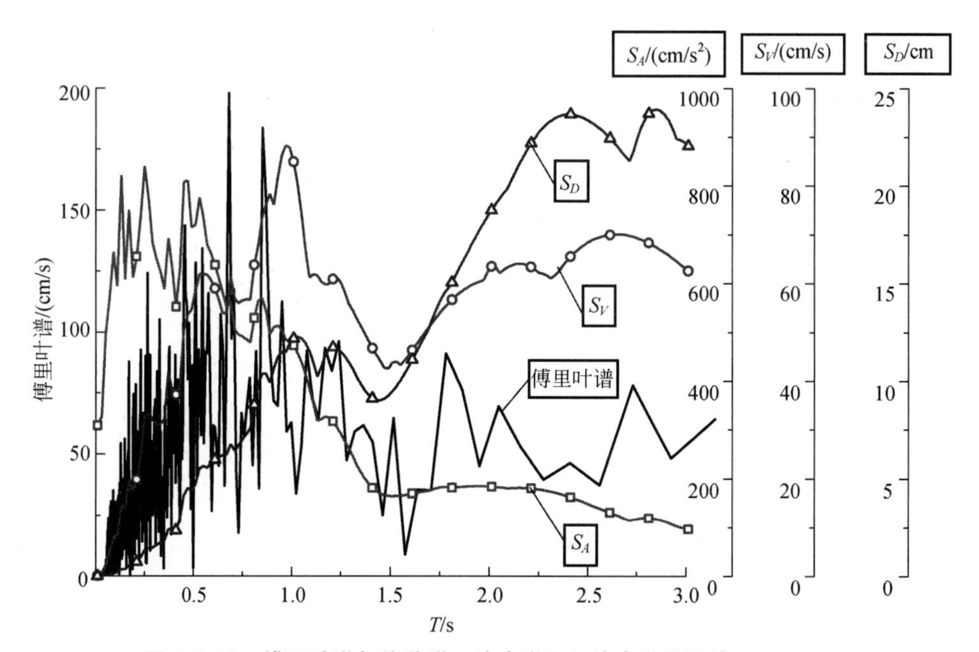

图 4.3.10　傅里叶谱与位移谱、速度谱和加速度谱的比较（ξ=0.05）

（4）速度谱在短周期范围内谱值随周期的增加而增大，中长周期范围内（$T_{ga} \leqslant T \leqslant T_{gd}$）较为平稳，长周期后又开始下降。

对于无阻尼弹性体系，傅里叶谱还代表无阻尼弹性体系的地震终了时的体系总能量对应的等价速度谱，即

$$\sqrt{\frac{2E}{m}}=|F(\omega)|=A(\omega) \tag{4.3.15}$$

证明如下：体系的总能量等于变形能和动能之和，即

$$E(t)=\frac{1}{2}m\left[\dot{x}(t)\right]^2+\frac{1}{2}k\left[x(t)\right]^2 \tag{4.3.16}$$

$$\sqrt{\frac{2E(t)}{m}}=\left\{\left[\dot{x}(t)\right]^2+\left[\omega x(t)\right]^2\right\}^{\frac{1}{2}} \tag{4.3.17}$$

注意到，由 Duhamel 积分得相对位移

$$x(t)=-\frac{1}{\omega'}\int_0^t \ddot{x}_0(\tau)\mathrm{e}^{-h\omega(t-\tau)}\sin\omega'(t-\tau)\mathrm{d}\tau \tag{4.3.18}$$

相对速度

$$\dot{x}(t)=-\int_0^t \ddot{x}_0(\tau)\mathrm{e}^{-h\omega(t-\tau)}\left[\cos\omega'(t-\tau)-\frac{h\omega}{\omega'}\sin\omega'(t-\tau)\right]\mathrm{d}\tau \tag{4.3.19}$$

当阻尼比 h=0 时，相对位移为

$$\omega x(t)=-\int_0^t \ddot{x}_0(\tau)\sin\omega(t-\tau)\mathrm{d}\tau \tag{4.3.20}$$

相对速度为

$$\dot{x}(t)=-\int_0^t \ddot{x}_0(\tau)\cos\omega(t-\tau)\mathrm{d}\tau \tag{4.3.21}$$

故有

$$\sqrt{\frac{2E(t)}{m}}=\left\{\left[\int_{\tau=0}^t \ddot{x}_0(\tau)\cos\omega\tau\mathrm{d}\tau\right]^2+\left[\int_{\tau=0}^t \ddot{x}_0(\tau)\sin\omega\tau\mathrm{d}\tau\right]^2\right\}^{\frac{1}{2}} \tag{4.3.22}$$

根据地面运动加速度的傅里叶变换

$$F(\omega)=\int_{\tau=-\infty}^{\infty}\ddot{x}_0(\tau)\mathrm{e}^{-\mathrm{i}\omega\tau}\mathrm{d}\tau \tag{4.3.23}$$

地震持续时间从 τ=0 到地震终了时 $\tau=t_1$，则有

$$F(\omega)=\int_{\tau=0}^{t_1}\ddot{x}_0(\tau)\cos\omega\tau\mathrm{d}\tau-\mathrm{i}\int_{\tau=0}^{t_1}\ddot{x}_0(\tau)\sin\omega\tau\mathrm{d}\tau \tag{4.3.24}$$

傅里叶谱值

$$|F(\omega)|=\left\{\left[\int_{\tau=0}^{t_1}\ddot{x}_0(\tau)\cos\omega\tau\mathrm{d}\tau\right]^2+\left[\int_{\tau=0}^{t_1}\ddot{x}_0(\tau)\sin\omega\tau\mathrm{d}\tau\right]^2\right\}^{\frac{1}{2}} \tag{4.3.25}$$

可见傅里叶谱值等于无阻尼体系在地震终了时的体系总能量。体系的最大能量通常是在地

震终了前某个时刻的能量，因此，体系的最大能量对应的等价速度谱 $\sqrt{2E/m}$ 通常大于傅里叶谱值。另外，根据式（4.3.17）可知，地震输入最大能量的等价速度谱是相对速度和拟速度的一个上限。

4.3.5　弹性反应谱的不足

地震动强度、频谱特性及持续时间是反映地震动的三要素。弹性反应谱是结构在地震作用下弹性响应最大值与结构自振周期的关系曲线，可以较好地反映地震动强度对结构弹性响应的影响，且由上述傅里叶谱与反应谱的关系可知，反应谱也可较好地反映地震动的频谱特性。

弹性反应谱给出了结构体系弹性地震响应的最大变形量，是反映地面运动强度的一个重要指标。因此，取一个适当周期范围的反应谱的积分，也是一个表征地面运动强度的参考量。

为反映地震对各种周期结构的整体影响程度，Housner 根据速度谱面积定义了谱烈度（图 4.3.11），见式（4.3.26）。谱烈度比传统烈度的定义更为科学。

$$SI = \int_{0.1}^{2.5} S_V(T,h)\mathrm{d}T \tag{4.3.26}$$

该指标可反映地震动强度的大小。

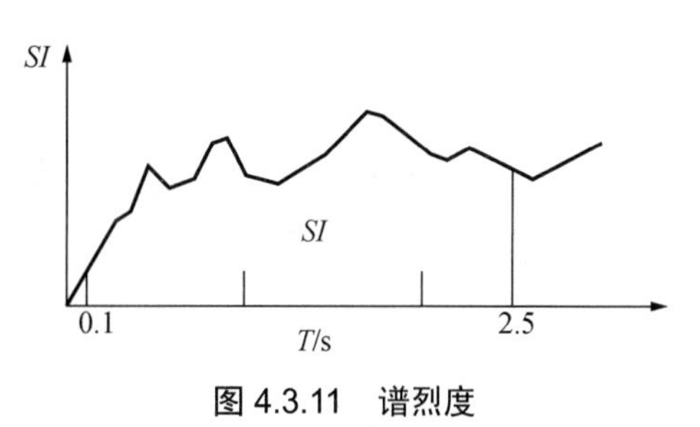

图 4.3.11　谱烈度

但是，弹性反应谱不能用以确定结构的破坏程度，因为结构破坏中包含非弹性反应的部分。另外，结构的反应谱不能反映地震持时的影响，这是反应谱的缺点。地震动持续时间对结构的影响主要表现在结构的弹塑性反应阶段。对结构遭受地震破坏的机理进行分析可知，结构物从局部破坏（非线性开始）到完全倒塌一般是需要一个过程的。如果在局部破裂开始时结构恰恰遭遇到一个很大的地震脉冲，那么结构的倒塌与一般静力试验中的现象类似，即倒塌取决于最大变形反应。另一种情况是，结构从局部破坏开始到倒塌，往往要经历几次甚至几十次往复振动过程，塑性变形的不可恢复性必然耗散能量，同时也必然导致结构内部损伤随循环的增多，即随输入能量的增大而加重。因此，在这一振动过程中，即使结构最大变形反应没有达到静力试验条件下的最大变形，结构也可能因累积损伤达到某一极限而发生倒塌。

4.4　结构恢复力模型

结构在强烈地震作用下，一般均经历弹塑性受力阶段。结构发生屈服，甚至可能会出现严重破坏和倒塌。结构的塑性变形能力和滞回耗能能力对保证结构在强烈地震作用下的安全性具有重要意义。因此，研究结构的抗震性能，需要进行结构的弹塑性动力分析，以确定强烈地震作用下结构弹塑性动力反应的大小。

地震作用下，单自由度体系的弹塑性动力方程一般可表示成以下形式：

$$m\ddot{x}+F(\dot{x},x,t)=-m\ddot{x}_0 \tag{4.4.1}$$

式中，结构恢复力 $F(\dot{x},x,t)$ 可主要表示成位移历程的函数，而与速度相关的阻尼以及其他各种阻尼均可近似用阻尼力表示，因此上式可写成

$$m\ddot{x}+c\dot{x}+F(x)=-m\ddot{x}_0 \tag{4.4.2}$$

要按式（4.4.2）进行动力反应分析，必须知道结构恢复力与往复位移历程的本构关系 $F(y)$。利用该关系绘制出的恢复力与位移关系曲线称为滞回曲线，它可全面反映结构或结构构件的抗震性能。滞回曲线通常可直接由结构或结构构件在往复荷载作用下的试验得到，图 4.4.1～图 4.4.4 所示为往复荷载作用下不同结构构件的滞回曲线试验结果。

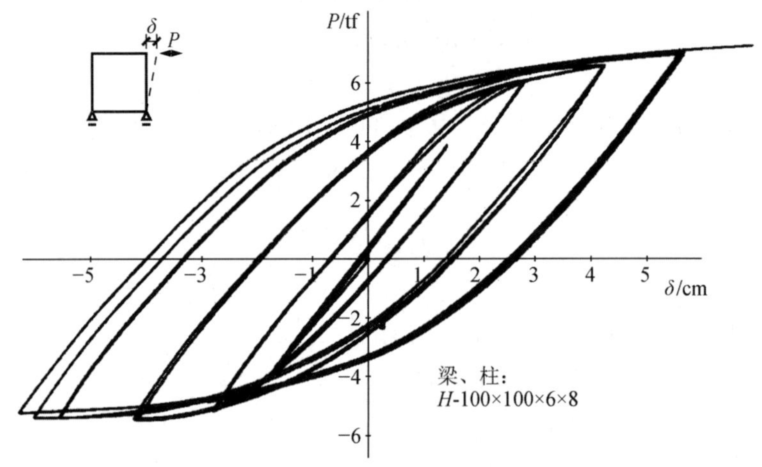

图 4.4.1　钢框架滞回曲线

注：1tf=9.806 65×103N。

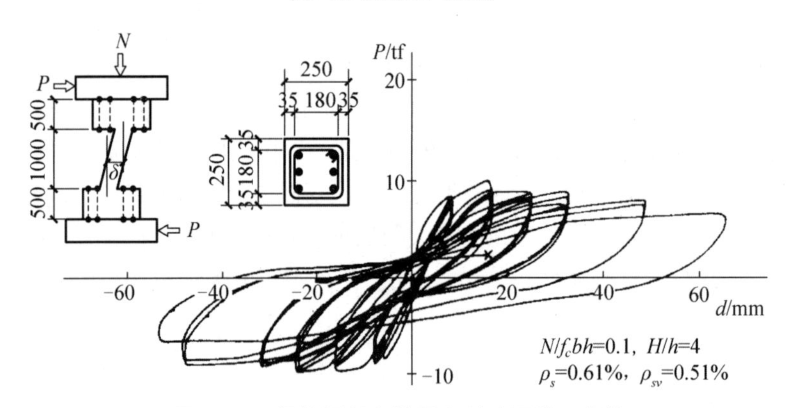

图 4.4.2　钢筋混凝土柱压弯型破坏滞回曲线

在进行弹塑性动力反应分析时，需对试验得到的滞回曲线进行一定的简化，建立所谓弹塑性恢复力模型或滞回模型。滞回模型的确定主要取决于两个因素：①滞回模型的骨架曲线；②卸载和再加载的规则。

根据各类结构构件在往复荷载作用下滞回曲线的特点来分，常用的骨架线模型有双线型、三线型和曲线型；卸载规则有保持初始刚度型和刚度退化型；再加载规则有保持卸载

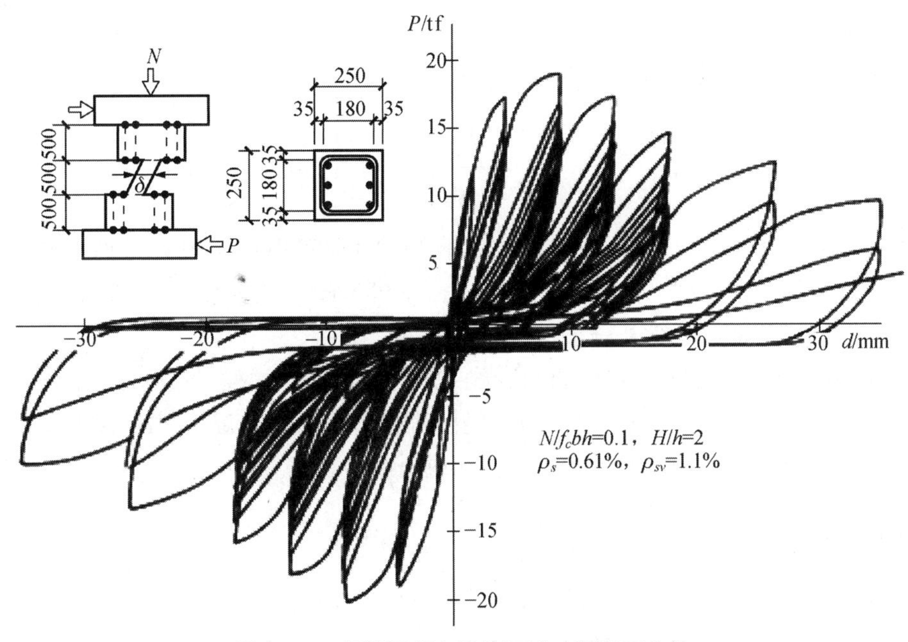

图 4.4.3　钢筋混凝土柱剪切型破坏滞回曲线

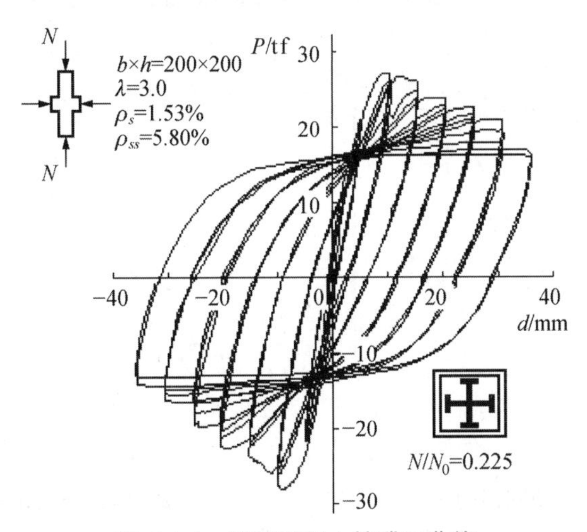

图 4.4.4　钢骨混凝土柱滞回曲线

刚度型、最大位移指向型、滑移-强化型。必要时可进一步考虑往复荷载作用下承载力退化的影响。由这些骨架线模型、卸载和再加载规则，可组合得到各种滞回模型，以下介绍一些常用的滞回模型。

1. 双线型滞回模型

如图 4.4.5 所示为最早进行弹塑性动力分析时采用的模型，目前该模型仍常用于钢结构。其骨架线为双线型，以初始刚度 k 沿 OA 线加载达到屈服点 A 后（屈服力为 F_y），沿直线 AB 继续加载，AB 段的刚度可表示为 βk 。当 $\beta=0$ 时，骨架线为理想弹塑性型；当 $\beta>0$ 时，为**强化型**；当 $\beta<0$ 时，为**负刚度型**，也称**倒塌型**。

当达到最大位移 d_m（B 点）时变形减小（速度反号），沿 BC 按卸载刚度 k_r 卸载，卸载刚度 k_r 可根据已达到的最大位移 d_m 按下式确定：

$$k_r = k\left|\frac{d_m}{d_y}\right|^{-\gamma} \tag{4.4.3}$$

卸载刚度系数 γ =0～1。当 γ =0 时，卸载刚度等于初始刚度；当 γ >0 时，卸载刚度小于初始刚度，为**刚度退化型**；当 γ =1 时，卸载刚度等于卸载点与原点 O 连线的斜率，为**原点指向型**。对钢筋混凝土构件，一般取 γ =0.4～0.5。

卸载至荷载等于 0（C 点）时，将沿直线 CD 进入反向再加载，直线 CD 的斜率与卸载刚度 k_r 一致。D 点为反向屈服点，BD 段在竖向荷载轴的投影为 $2F_y$。若卸载时荷载未达到 0 即变形反向（GH 段），则按原卸载刚度再加载至原卸载点 G。

2. Clough 滞回模型

考虑钢筋混凝土结构滞回曲线的特征，Clough 对反向再加载采用最大位移指向型修改了上述双线性模型，如图 4.4.6 所示。卸载至零后，反向再加载曲线指向以往最大位移点（$-d_m$，$-F_m$），首次反向时指向反向屈服点。卸载刚度同式（4.4.3）。

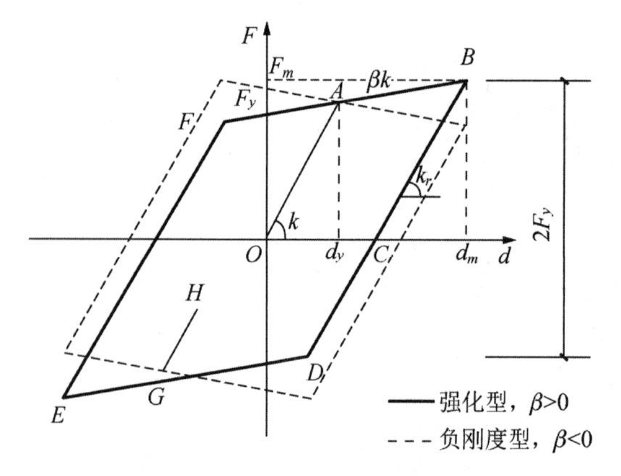

图 4.4.5　双线型滞回模型

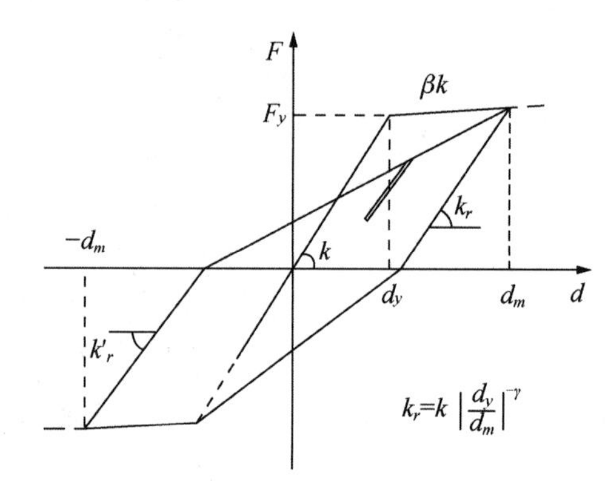

图 4.4.6　Clough 滞回模型

3. Takeda 滞回模型

Takeda 考虑钢筋混凝土开裂的影响，采用三线型骨架线，并对卸载刚度做了修改，还进一步规定了内滞回规则，如图 4.4.7 所示。卸载刚度按下式确定：

$$k_r = \frac{F_c + F_y}{d_c + d_y}\left|\frac{d_m}{d_y}\right|^{-\gamma} \tag{4.4.4}$$

式中，F_c、F_y 分别为对应开裂和屈服时的荷载；d_c、d_y 分别为对应开裂和屈服时的位移；卸载刚度系数 γ 同式（4.4.3）。内滞回再加载指向前一外滞回环的最大点。当忽略开裂影响而采用双线型骨架线时，除内滞回环规则考虑更多一些外，Takeda 滞回模型与 Clough 滞回模型基本相同。

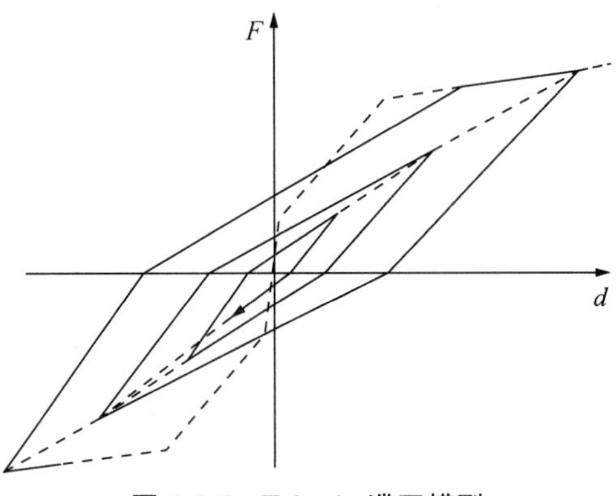

图 4.4.7　Takeda 滞回模型

4. 滑移型滞回模型

对于钢筋混凝土构件产生剪切破坏的情况，由于反向加载时需先使正向斜裂缝闭合后，构件承载力才能增加，因此其滞回曲线为捏拢型，即反向加载为滑移-强化型（图 4.4.8）。较为常用的是 Takeda 滑移滞回模型，即在 Takeda 滞回模型的基础上，对反向加载部分按滑移-强化型加载规则修正得到。记荷载卸载至零时的位移为 d_0，则反向再加载（图 4.4.8 中 CD 段）滑移刚度为

$$k_s=\frac{F_m}{d_m-d_0}\left|\frac{d_m}{d_y}\right|^{-\lambda} \tag{4.4.5}$$

式中，λ为滑移刚度系数，Takeda 建议取 0.5。当按滑移刚度加载与以往最大点和原点连线相交时，则按最大点和原点连线向以往最大点（$-d_m$，$-F_m$）加载（图 4.4.8 中 ODF 虚线），即滑移强化刚度为

$$k_p=\frac{F_m}{d_m} \tag{4.4.6}$$

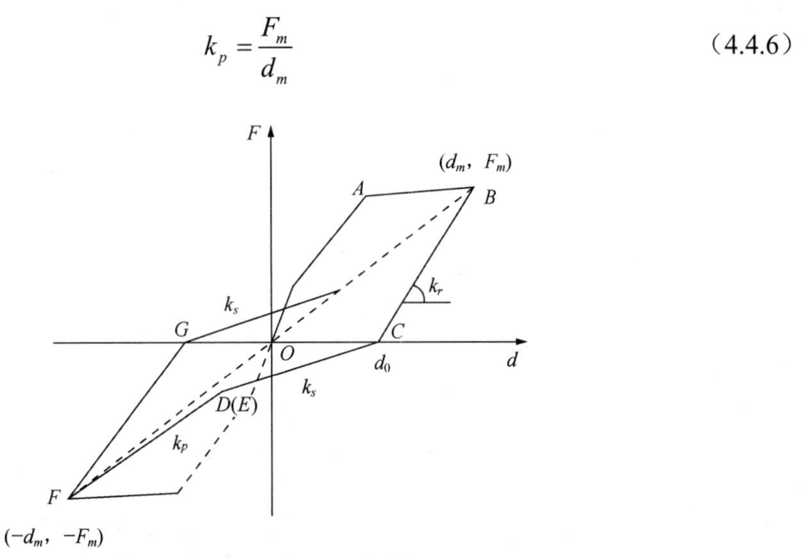

图 4.4.8　Takeda 滑移滞回模型

对于正反向承载力不同的情况，Kabeyasawa 将滑移刚度和滑移强化刚度进行了修改：

滑移刚度

$$k_s = \frac{F_m}{d_m - d_0}\left|\frac{d_m}{d_m - d_0}\right|^{-\gamma} \tag{4.4.7}$$

滑移强化刚度

$$k_p = \eta\left(\frac{F_m}{d_m}\right) \tag{4.4.8}$$

式中，γ为滑移刚度系数；η为滑移强化刚度系数。当滑移刚度系数γ=0 时，为最大位移指向型，即无滑移；当γ>1时，滑移十分显著。当滑移强化刚度系数η=1 时，式（4.4.8）与式（4.4.6）相同；滑移强化刚度随η减小而降低。再加载规则为：荷载卸载至零后，按滑移刚度反向加载（图 4.4.8 中 CE 段），当与从以往最大点按滑移强化刚度作的直线相交（图 4.4.8 中 E 点）时，则开始进入滑移强化阶段（图 4.4.8 中 EF 段）。

5. Ramberg Osgood 滞回模型

该模型为曲线形式，如图 4.4.9 所示，适用于钢结构。其初始骨架曲线为

$$\frac{d}{d_y} = \frac{F}{F_y} + \eta\left(\frac{F}{F_y}\right)^{\gamma} \tag{4.4.9}$$

该曲线的初始刚度为（F_y/d_y），曲线的形状由参数γ确定。当γ=0 时，为线弹性；当γ趋于无穷时，为理想弹塑性。

当从点（F_0，d_0）卸载时，卸载和反向加载曲线为

$$\frac{d - d_0}{2d_y} = \frac{F - F_0}{2F_y} + \eta\left(\frac{F - F_0}{2F_y}\right)^{\gamma} \tag{4.4.10}$$

再加载曲线同上式，直至达到前一外滞回环的最大点。

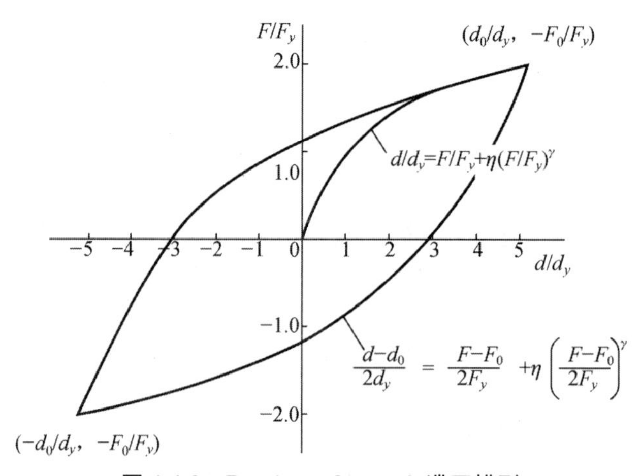

图 4.4.9　Ramberg Osgood 滞回模型

前述 1.～4. 均为折线式滞回模型，在计算过程中需进行各种转折判别。滞回模型越复

杂，滞回规则越多，计算程序编制就越复杂。Ramberg Osgood 曲线型滞回模型仅在卸载时（速度反号）需要判别，计算程序编制相对简单得多。

4.5　单自由度结构的弹塑性地震响应

4.5.1　承载力和延性对地震响应的影响

对于弹塑性单自由度体系，利用恢复力模型和数值积分方法，即可通过计算机分析获得其地震响应。下面以 Clough 滞回模型为例说明弹塑性单自由度体系地震响应的特点。

设体系的初始刚度为 k，屈服强度为 F_y，屈服后强化系数β=0，卸载刚度系数γ =0.4。如图 4.5.1 所示，假定具有同样初始刚度 k 的弹性体系的最大地震响应在 A 点，对应最大弹性恢复力为 F_e，最大弹性位移为 d_e；弹塑性体系的地震响应在很大程度上取决于其屈服强度 F_y 与最大弹性恢复力 F_e 的比值:

$$\frac{F_y}{F_e}=\frac{1}{R}\rightarrow F_y=\frac{F_e}{R} \tag{4.5.1}$$

式中，R 称为承载力降低系数。R=1 时为弹性体系；R>1 时为弹塑性体系，地震作用下体系进入弹塑性阶段。

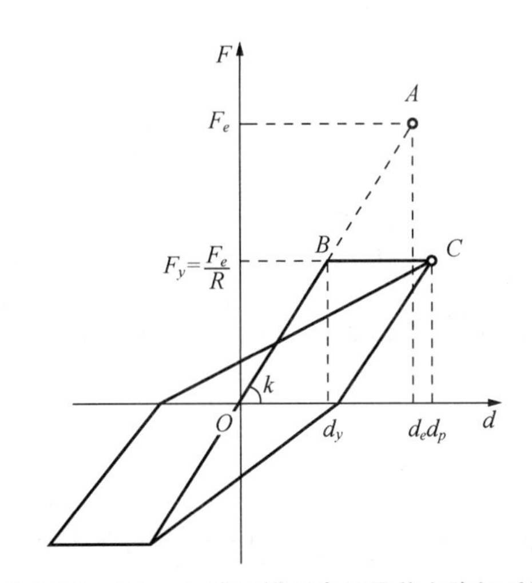

图 4.5.1　Clough 滞回模型中的承载力降低系数

以下研究初始周期$T=2\pi\sqrt{m/k}=1.0\text{s}$，$R$ 分别等于 1（弹性）、2、5、10 时在 El Centro 地震波下地震响应的变化（R=1 为弹性）。图 4.5.2（a）所示为位移反应时程，图 4.5.2（b）所示为相应加速度反应时程。

由图 4.5.2 可知，承载力降低系数 R 较小时（R=2），其振动规律大体与弹性体系一致，但由于屈服导致刚度降低，振动周期比弹性体系有所增长，然而最大位移反应却相对有所减少；随着承载力降低系数 R 的增大，振动越来越没有明显的规律性，且具有较大的不可恢复的残余变形。

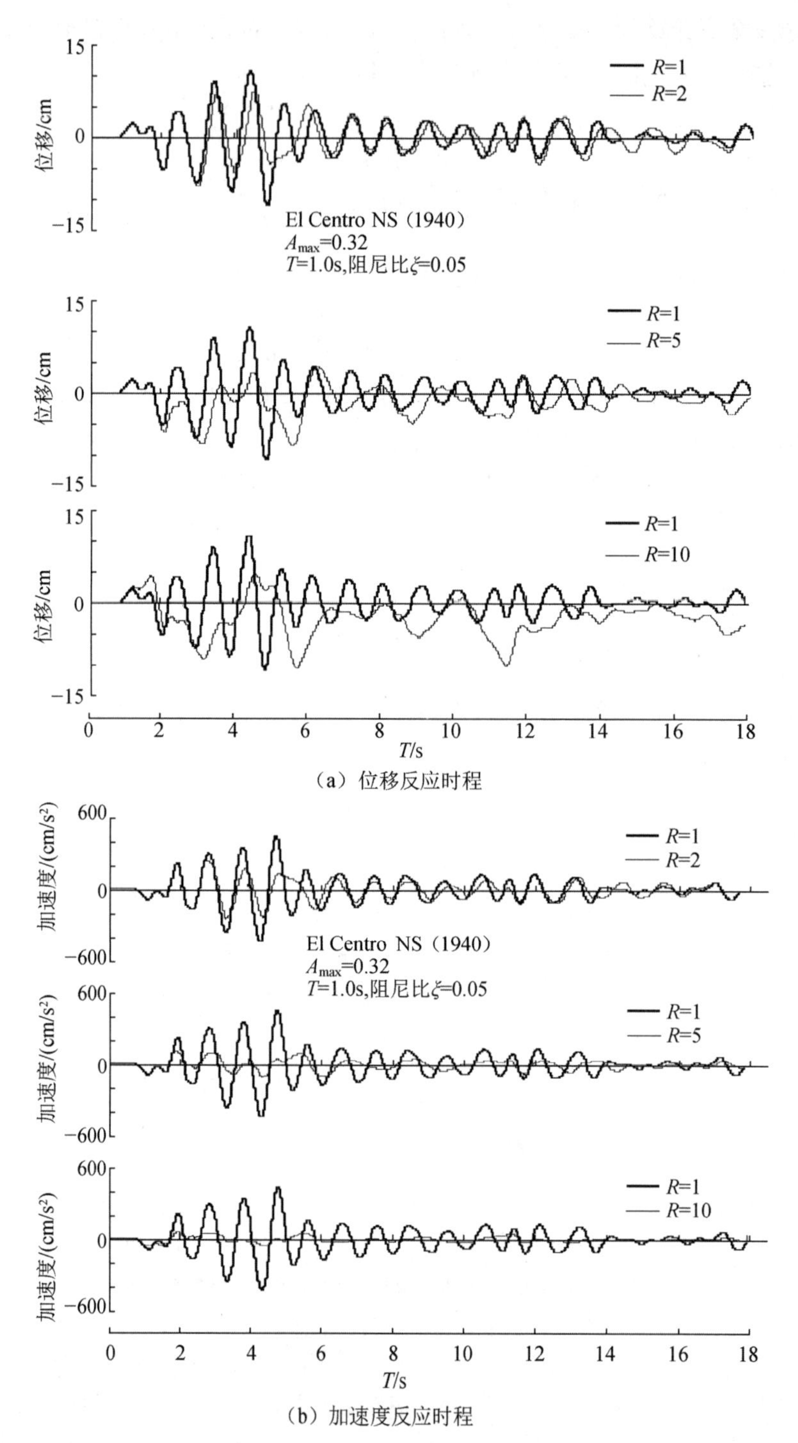

图 4.5.2 不同承载力降低系数下的地震响应时程

随着承载力降低系数 R 的增大，屈服强度降低，加速度反应也越来越小。由此可知，使结构尽量保持较大的弹性性能，对控制结构的地震响应是很重要的，而一定的塑性能力有利于减小地震响应，并使结构设计更经济。

在 El Centro 地震波作用下，R 分别等于 1、2、5、10 的加速度和位移反应谱如图 4.5.3 所示。

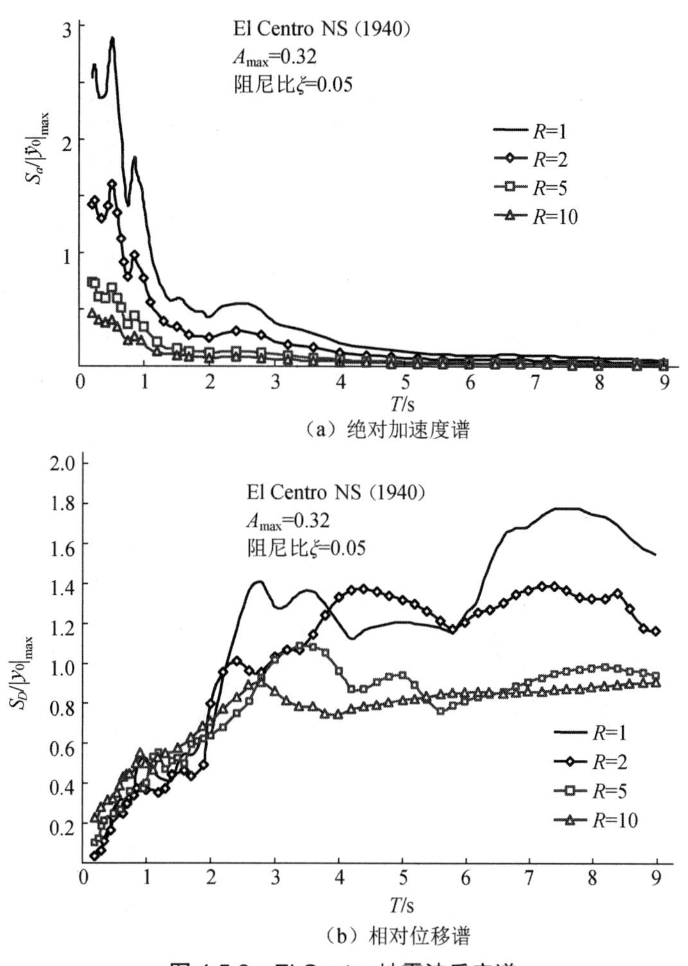

图 4.5.3　El Centro 地震波反应谱

屈服强度为 $F_y=F_e/R$ 的弹塑性体系进入屈服阶段后，其恢复力不再增加，因此其加速度谱基本等于对应弹性加速度谱的 $1/R$。弹塑性体系加速度响应的降低，有利于减小结构物内部对加速度敏感设施的损坏。

随着承载力降低系数 R 的增加，在短周期范围，弹塑性位移大于弹性位移；在中长周期范围，弹塑性位移与弹性位移相近；而在超长周期范围，弹塑性位移反而小于弹性位移。

需要注意的是，对于弹塑性体系，加速度谱与位移谱的近似关系式 $S_a=\omega^2 S_D$ 不再成立。

根据表 4.5.1 中历史上不同场地和频谱特性的 10 条地震地面运动加速度记录，计算得到标准化平均弹塑性位移谱，计算结果如图 4.5.4 所示。图中纵横坐标数值分别采用 T_{gd} 对应的位移反应谱值和 T_{gd} 进行了标准化。其中，T_{gd} 为傅里叶谱最后一个大峰值对应的周期，T_{ga} 为加速度谱特征周期。图 4.5.4 表明上述关于弹性反应谱和弹塑性反应谱比较的结论具有一般性。

表 4.5.1　地震地面运动参数

地震动	记录地点和方向	最大地面加速度/Gal	加速度谱特征周期 T_{ga}/s	位移谱特征周期 T_{gd}/s
美国帝国峡谷地震 1940 年 5 月 18 日	El Centro NS	341.0	0.55	2.7
	El Centro EW	210.1	0.47	5.1
	El Centro NS	312.0	0.47	2.9
日本十胜冲地震 1968 年 5 月 16 日	Hachinohe NS	225.0	0.35	2.6
	Hachinohe WE	210.1	0.85	2.7
美国塔夫特地震 1952 年 7 月 21 日	Taft N21E	152.7	0.7	2.55
	Taft S69E	175.9	0.44	3.4
日本坂神地震 1995 年 1 月 17 日	Fukiain N30E	802.0	0.85	1.7
	Fukiain N60E	686.5	0.7	2.9
	Kobe	820.6	0.5	1.3

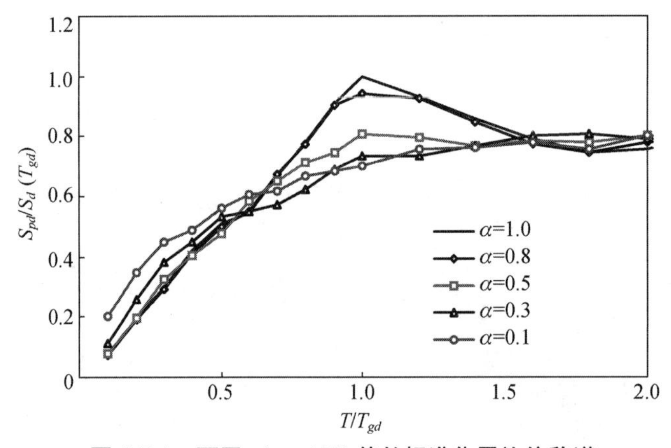

图 4.5.4　不同α(α =1/R) 值的标准化平均位移谱

不同周期范围，弹塑性体系最大地震位移反应与对应弹性体系最大位移反应的比值 d_p/d_e 随承载力降低系数 R 而变化的情况如图 4.5.5 所示。图 4.5.5（a）~（c）分别针对短周期（0.2~0.4s）结构、中长周期（0.5~2.0s）结构和长周期（3.0~9.0s）结构。每个图中还给出了等能量准则和等位移准则对应的关系曲线。关于等能量准则和等位移准则，下文将详细介绍。

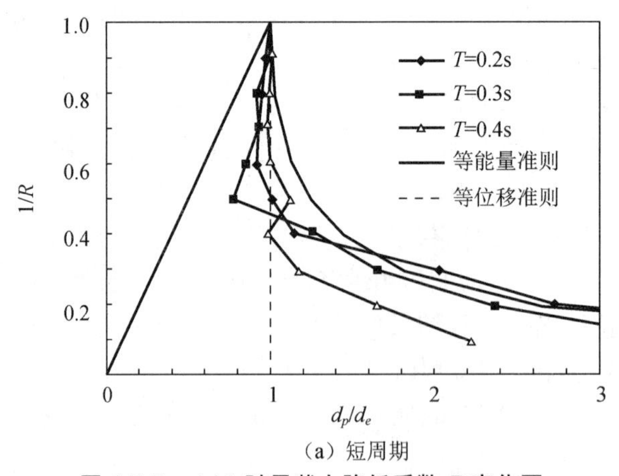

（a）短周期

图 4.5.5　d_p/d_e 随承载力降低系数 R 变化图

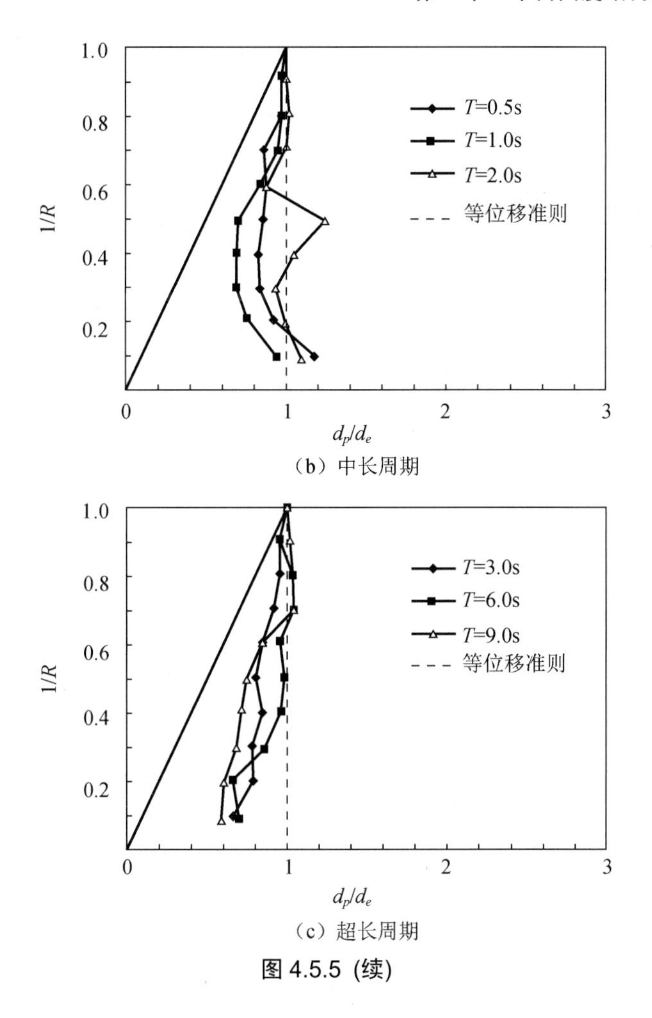

（b）中长周期

（c）超长周期

图 4.5.5 (续)

由图 4.5.5 可知，最大位移反应与承载力降低系数 R 存在一定关系，且与所处周期范围有关。在短周期范围［图 4.5.5（a)］，最大弹塑性位移随屈服强度降低而逐渐增大；在极短周期范围，这种增大趋势更快；在中长周期范围［图 4.5.5（b)］，最大弹塑性位移基本不随屈服强度降低而变化，且当承载力降低系数 R 在某一合适范围（$1/R$=0.3～0.5）时，最大弹塑性位移存在一极小值；在超长周期范围［图 4.5.5（c)］，最大弹塑性位移随屈服强度降低呈减小趋势。

1960 年，Newmark 根据弹性体系和弹塑性体系最大位移反应的对比，提出了所谓等能量准则和等位移准则。

（1）等能量准则：在短周期范围，初始周期相同的弹性体系和弹塑性体系达到最大位移时的势能相等，即图 4.5.6（a）中两阴影面积相等，由此推得

$$d_p = \frac{1+R^2}{2R} d_e \tag{4.5.2}$$

（2）等位移准则：在中长周期范围，初始周期相同的弹性体系和弹塑性体系的最大位移相等［图 4.5.6（b)］，即

$$d_p = d_e \tag{4.5.3}$$

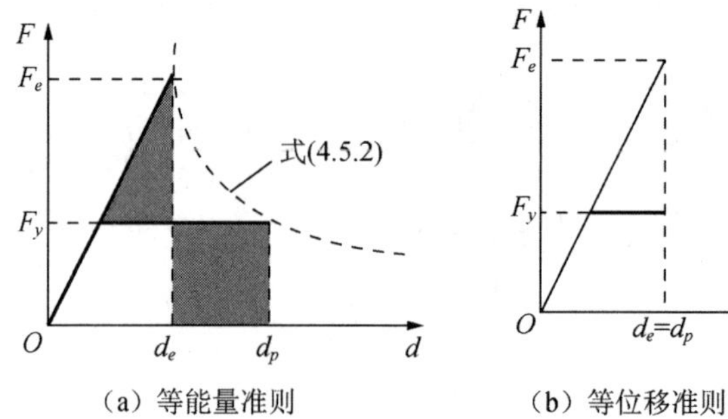

（a）等能量准则

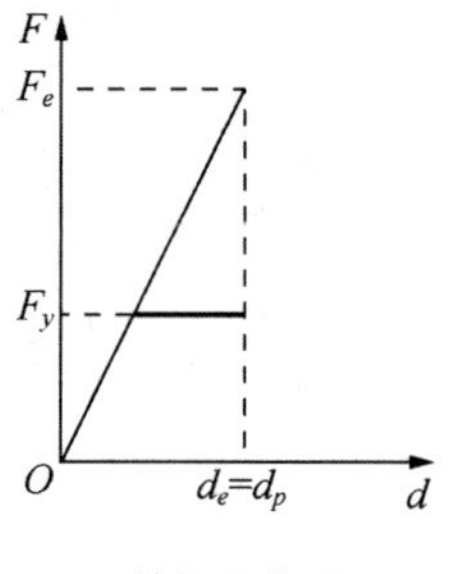

（b）等位移准则

图 4.5.6 Newmark 准则

若用延性系数 $\mu=\dfrac{d_p}{d_y}$ 表达等能量准则和等位移准则，则可表示如下：

（1）等能量准则

$$\mu=\frac{1}{2}(1+R^2) \tag{4.5.4}$$

或

$$R=\frac{F_e}{F_y}=\sqrt{2\mu-1} \tag{4.5.5}$$

（2）等位移准则

$$\mu=R \tag{4.5.6}$$

或

$$R=\frac{F_e}{F_y}=\mu \tag{4.5.7}$$

对于延性系数 μ=4 的体系：

（1）如果是中长周期结构，可得 R=4；

（2）如果是短周期结构，可得 R=2.65；

（3）对于极短周期结构（T<0.2s），弹性体系与弹塑性体系的质点绝对加速度近似相等，即 $S_a=\ddot{x}_{0,\max}$，因此 $F_y=F_e$，R=1。

可得结论如下：

（1）对于短周期结构，保证结构的承载力比保证延性更为重要，这也是早期基于承载力抗震设计方法的原因，因为早期的建筑物高度不大，周期都很小。

（2）对于中长周期结构，可充分利用结构延性来降低对承载力的需求，但对于承载力降低系数所需的延性能力必须予以保证。要求延性需求≤延性能力，即

$$\mu_D\leqslant[\mu] \tag{4.5.8}$$

延性系数是结构损伤程度的一种指标，等能量准则和等位移准则反映弹性体系与弹塑性体系之间的近似关系，可较为简便地由弹性反应来近似确定弹塑性反应。

如根据弹性位移谱，可用式（4.5.2）和式（4.5.3）确定弹塑性位移反应；由承载力降低系数 R，可用式（4.5.4）和式（4.5.6）确定弹塑性延性（系数）需求。

反过来，预先设定损伤程度的延性（系数）能力，通过式（4.5.5）和式（4.5.7）可确定承载力降低系数 R，从而确定结构所需抗震承载力大小。

这里延性（系数）需求是指地震作用下结构的最大弹塑性位移与屈服位移的比值；延性（系数）能力是指结构最大变形能力与屈服位移的比值。

Newmark 最早认识到结构的塑性变形对结构抗震能力的贡献，其研究结论表明：如果允许结构有一定塑性变形，结构的承载力要求可大大降低。这也成为现代结构抗震的基本原理，并且衍生出一个重要的概念——地震力与结构的塑性变形能力有关。

结构的塑性变形能力取决于结构体系、结构材料、破坏机制、塑性部位的延性能力。根据以上研究，Blume 和 Newmark 在 1965 年就提出钢筋混凝土梁铰破坏机制具有更大的延性能力。

图 4.5.7 所示为 R 分别等于 2、5、10 情况下在 El Centro 地震波作用下的延性系数谱。

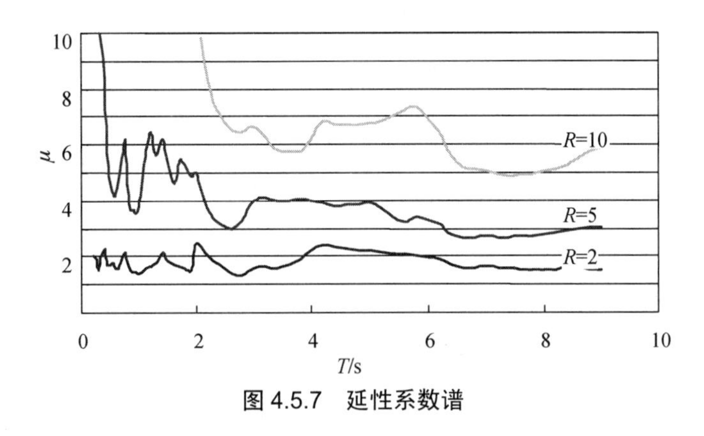

图 4.5.7　延性系数谱

由图 4.5.7 可见，在短周期范围，随着屈服强度的降低（系数 R 增大），延性系数迅速增大，结构的损伤十分严重，因此对于短周期结构屈服强度不应太小。对于给定的承载力降低系数 R，在中长周期范围，延性系数随周期增长呈减小趋势；而在超长周期范围，则延性系数随周期增长基本维持常数。

4.5.2　滞回模型对弹塑性地震响应的影响

为了考察屈服后刚度和卸载刚度对弹塑性地震响应的影响，我们计算了 El Centro NS（A_{max}=312Gal）地震动作用下，不同屈服后刚度和不同卸载刚度的弹塑性位移谱，如图 4.5.8 和图 4.5.9 所示。计算过程中，恢复力滞回模型采用 Clough 双线型刚度退化模型，屈服后刚度系数为 0（即骨架线为理想弹塑性），卸载刚度系数为 0.4。图 4.5.8 中结构屈服强度系数 $\alpha = 0.5$，图 4.5.9 中 $\alpha = 0.1$。屈服强度系数是屈服承载力和结构总质量的比值。

从图 4.5.8 中可以看出，当结构屈服强度系数 α 足够大时，屈服后刚度和卸载刚度的变化对位移谱没有明显影响。而图 4.5.9 则表明，当结构屈服强度系数 α 较小时，屈服后刚度和卸载刚度的变化对位移谱有影响。

屈服强度系数足够大，即结构进入塑性程度不深时，滞回特性对弹塑性地震响应的影响较小。但当屈服强度不足，即结构进入塑性程度较深时，滞回特性对弹塑性地震位移反应有较大影响，具体影响如下：

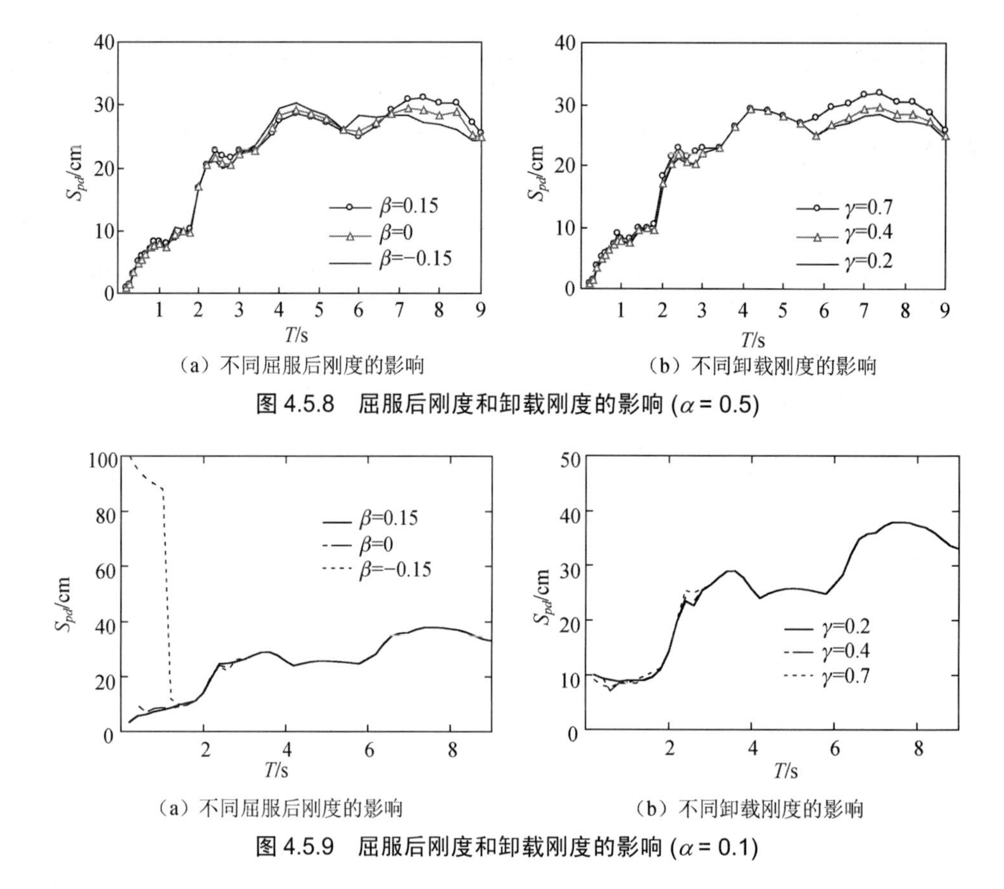

（a）不同屈服后刚度的影响　（b）不同卸载刚度的影响

图 4.5.8　屈服后刚度和卸载刚度的影响 (α = 0.5)

（a）不同屈服后刚度的影响　（b）不同卸载刚度的影响

图 4.5.9　屈服后刚度和卸载刚度的影响 (α = 0.1)

（1）屈服后刚度。对于屈服后强化情况，弹塑性位移反应将有所减小；对于屈服后出现负刚度的情况，弹塑性位移反应将增大，尤其是对屈服后负刚度较大的倒塌型，弹塑性位移反应将急剧增大。

（2）骨架线。屈服前有开裂的三线型骨架线，与刚度等于屈服刚度的双线型骨架线的弹塑性位移反应基本相同，略有减小。

（3）滞回环为捏拢型的弹塑性位移反应要大于滞回环较为丰满的情况。

4.6　弹塑性反应谱

如图 4.6.1 所示，系统的弹性地震响应点为 A 点，对应结构的弹性恢复力为 F_e；弹塑性地震响应点为 C 点，对应结构的屈服强度为 F_y，这里定义强度折减系数 $R=F_e/F_y$，或简称折减系数。研究表明，强度折减系数与周期和延性有关。

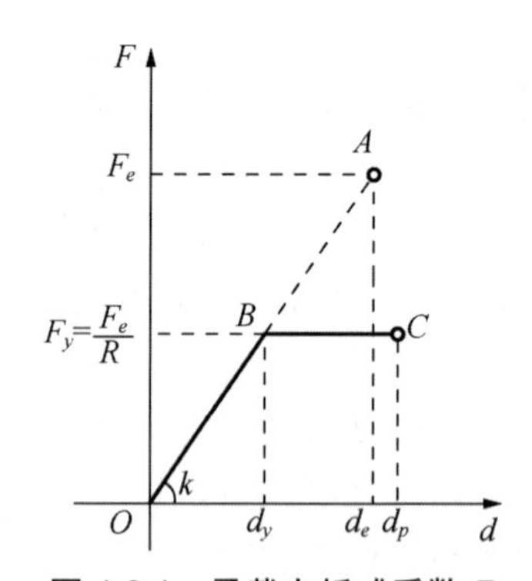

图 4.6.1　承载力折减系数 R

对于给定的结构延性系数 μ，弹塑性反应谱可以通过弹性反应谱、延性比和折减系数 $R(\mu,T)$ 得到，如式（4.6.1）和式（4.6.2）所示。

$$S_a(\mu)=\frac{S_a(\mu=1)}{R(\mu,T)} \tag{4.6.1}$$

$$S_D(\mu)=\frac{\mu}{R(\mu,T)}S_D(\mu=1) \tag{4.6.2}$$

早在 1960 年，Velersos 和 Newmark 就基于早期地震加速度记录 El Centro（1940-05-18）冲击激励下的 SDOF（单自由度）弹塑性体系的地震响应分析，得到了以下三点重要结论：

（1）对极短周期的单自由度体系，弹性体系和弹塑性体系的加速度响应相等；

（2）对中等周期的单自由度体系，按单调加载到最大位移响应时的变形能相等；

（3）对长周期的单自由度体系，弹塑性体系的最大反应位移与弹性体系的最大位移响应在统计平均意义上相等。

后两个结论即上述的等能量准则和等位移准则，由此可得到强度折减系数 $R(\mu,T)$ 的表达式。后来 Newmark 和 Hall 又做了进一步完善，具体为

$$\begin{cases} R(\mu,T)=1, & 0\leqslant T<\dfrac{T_1}{10} \\ R(\mu,T)=\sqrt{2\mu-1}\left(\dfrac{T_1}{4T}\right)^{2.513\lg\frac{1}{\sqrt{2\mu-1}}}, & \dfrac{T_1}{10}\leqslant T<\dfrac{T_1}{4} \\ R(\mu,T)=\sqrt{2\mu-1}, & \dfrac{T_1}{4}\leqslant T<T_1' \\ R(\mu,T)=\dfrac{T\mu}{T_1}, & T_1'\leqslant T<T_1 \\ R(\mu,T)=\mu, & T_1\leqslant T<T_2 \\ R(\mu,T)=\mu, & T_1\leqslant T<10\text{s} \end{cases} \tag{4.6.3}$$

式中，T_1 为等加速度区与等速度区过渡的特征周期（参考图 4.6.2），$T_1=2\pi\dfrac{\varphi_{ev}v_{0,\max}}{\varphi_{ea}a_{0,\max}}$；$T_1', T_2$ 为等速度区与等位移区过渡的特征周期，$T_1'=T_1\dfrac{\mu}{\sqrt{2\mu-1}}$，$T_2=2\pi\dfrac{\varphi_{ed}d_{0,\max}}{\varphi_{ev}v_{0,\max}}$。其中，$a_{0,\max}$，$v_{0,\max}$，$d_{0,\max}$ 为地面运动最大值；φ_{ea}，φ_{ev}，φ_{ed} 分别为等加速度区、等速度区和等位移区反应谱值放大系数（参考图 4.6.2）。

此后，新西兰学者 Berrill 等则明确提出，在结构自振周期大于 0.7s 时，等位移准则可以适用；在结构自振周期小于 0.7s 时，Berrill 等建议采用下式所示的线性近似关系来代替等能量准则：

$$\begin{cases} R(\mu,T)=1+(\mu-1)\dfrac{T}{0.7}, & 0\leqslant T\leqslant 0.7 \\ R(\mu,T)=\mu, & T>0.7 \end{cases} \tag{4.6.4}$$

Nassar 和 Krawinkler（1991）的研究基于美国西部 15 条冲积层和岩石地基上的地震记录，对场地影响未仔细考虑，但考虑了震中距、自振周期、屈服水平、应变硬化和滞回模型（双线性和刚度退化），给出的结果见式（4.6.5）。其研究结果表明，震中距和刚度退化对折减系数 $R(\mu,T)$ 影响不大。

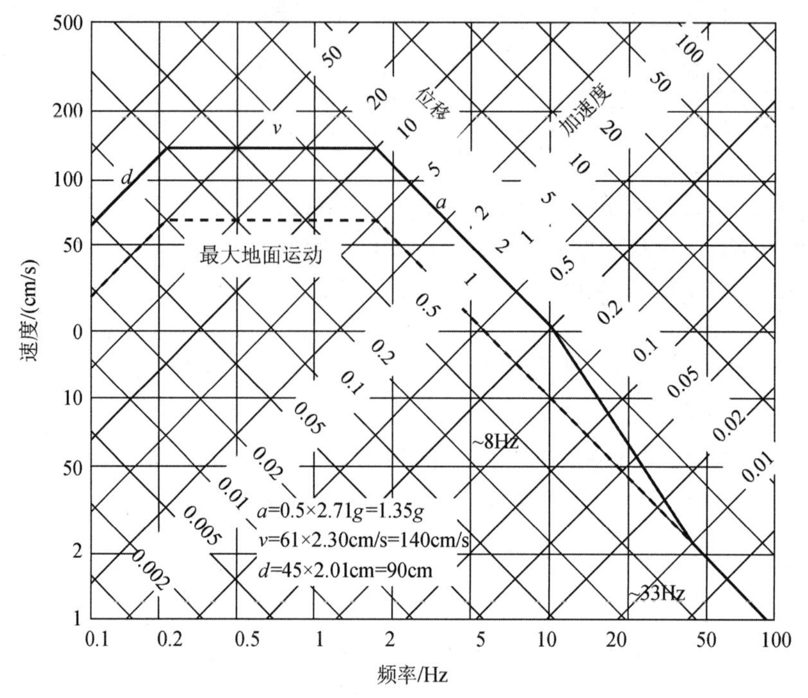

图 4.6.2　理想化四对数坐标反应谱

$$\begin{cases} R(\mu,T)=\left[c(\mu-1)+1\right]^{1/c} \\ c(\beta,T)=\dfrac{T^a}{1+T^a}+\dfrac{b}{T} \end{cases} \tag{4.6.5}$$

式中，β 为屈服后刚度与初始刚度的比值；系数 a、b 按表 4.6.1 确定。

表 4.6.1　Nassar 和 Krawinkler 建议的 $R(\mu,T)$ 谱参数

β	a	b
0.00	1.00	0.42
0.02	1.00	0.37
0.10	0.80	0.29

Vidic、Fajfar 和 Fischinger（1994）的研究基于美国西部以及 1979 年南斯拉夫共 20 条地震记录，所采用的滞回模型为双线型和刚度退化型（两者屈服刚度系数均为 10%，与多自由度体系的骨架线基本接近），并采用质量比例型和瞬时刚度比例型两种黏滞型阻尼，给出的结果见式（4.6.6）。他们建议的 $R(\mu,T)$ 谱参数如表 4.6.2 所示。

$$\begin{cases} R(\mu,T)=c_1(\mu-1)^{c_R}\dfrac{T}{T_0}+1, & T\leqslant T_0 \\ R(\mu,T)=c_1(\mu-1)^{c_R}+1, & T>T_0 \end{cases} \tag{4.6.6}$$

式中，$T_0=c_2\mu^{c_T}T_1$；$T_1=2\pi\dfrac{\varphi_{ev}v_{0,\max}}{\varphi_{ea}a_{0,\max}}$。

表 4.6.2　Vidic、Fajfar 和 Fischinger 建议的 $R(\mu,T)$ 谱参数

分析模型		c_1	c_R	c_2	c_T
滞回	阻尼				
刚度退化型	质量比例型	1.0	1.0	0.65	0.30
	瞬时刚度比例型	0.75	1.0	0.65	0.30
双线型	质量比例型	1.35	0.95	0.75	0.20
	瞬时刚度比例型	1.10	0.95	0.75	0.20

对于最常用的情况，有

$$\begin{cases} R(\mu,T) = (\mu-1)\dfrac{T}{T_0}+1, & T \leqslant T_0 \\ R(\mu,T) = \mu, & T > T_0 \end{cases} \tag{4.6.7}$$

式中，$T_0 = 0.65\mu^{0.3}T_1 \leqslant T_1$。

图 4.6.3 所示即为折减系数 R_μ 与弹性加速度反应谱的关系，根据弹性谱和 $R(\mu,T)$ 的关系可得弹塑性反应谱。图 4.6.4 所示为由几种不同的 $R(\mu,T)$ 关系导出的弹塑性位移反应谱（延性系数为 4）。

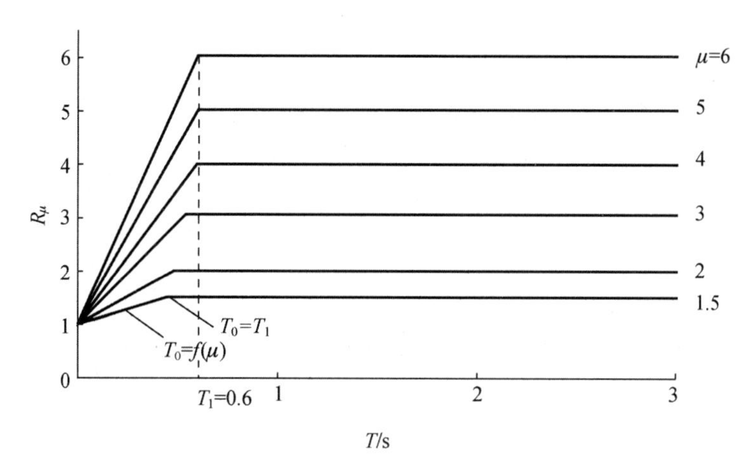

图 4.6.3　折减系数 R_μ 与弹性加速度反应谱的关系

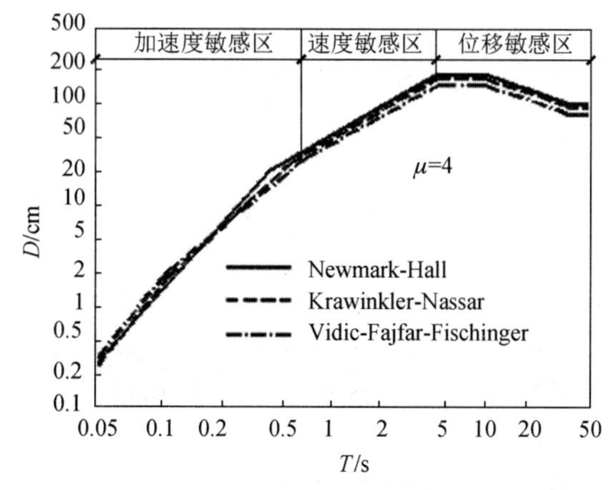

图 4.6.4　三种 $R(\mu,T)$ 关系导出的弹塑性位移反应谱

Miranda 和 Bertero（1994）基于 13 次不同地震的 124 条水平地震动记录，对强度折减系数进行了深入研究，给出的结果见式（4.6.8）。在他们的研究中，考虑了岩石、冲积土和软弱土三类场地条件以及震级和震中距的影响。他们发现，场地条件对强度折减系数有显著影响，而震级和震中距的影响可以忽略。

$$R(\mu,T)=\frac{\mu-1}{\Phi}+1\geqslant 1 \tag{4.6.8}$$

其中，岩石场地：

$$\Phi=1+\frac{1}{10T-\mu T}-\frac{1}{2T}\exp\left[-\frac{3}{2}\left(\ln T-\frac{3}{5}\right)^2\right]$$

冲积层场地：

$$\Phi=1+\frac{1}{12T-\mu T}-\frac{2}{5T}\exp\left[-2\left(\ln T-\frac{1}{5}\right)^2\right]$$

软土场地：

$$\Phi=1+\frac{T_g}{3T}-\frac{3T_g}{4T}\exp\left[-3\left(\ln\frac{T}{T_g}-\frac{1}{4}\right)^2\right]$$

式中，T_g 为地面运动卓越周期。

Riddell 根据 1985 年智利 Valparaiso 地震及其余震的 72 条水平地震动记录，研究了构造非弹性反应谱的两种方法——直接法和间接法，着重研究了通过强度折减系数构造非弹性反应谱的间接法。他的研究表明，强度折减系数不但与自振周期和位移延性系数有关，还与场地条件有关，尤其是对较软的场地，影响更为明显。他给出如下建议：

（1）等加速度区。

$R(\mu,T)=\left(\frac{1}{4.2\mu-3.2}\right)^{1/3}$，相比于等能量准则：$R(\mu,T)=\left(\frac{1}{2\mu-1}\right)^{1/2}$。

（2）等速度区。

$R(\mu,T)=\frac{1}{(1.9\mu-0.9)^{0.7}}$，相比于等位移准则：$R(\mu,T)=\frac{1}{\mu}$。

（3）等位移区。

$R(\mu,T)=\frac{1}{\mu^{1.08}}$，相比于等位移准则：$R(\mu,T)=\frac{1}{\mu}$。

为了研究可供抗震设计规范采用的强度折减系数，卓卫东、范立础等利用来自 17 次破坏地震中的 327 条水平地震动记录，对单自由度振动体系的反应进行了分析。这些水平地震动记录均为自由场记录，按我国现行规范中关于场地分类的规定，分为四类：一类场地 119 条，二类场地 128 条，三类场地 74 条，四类场地仅为 6 条。对每一条输入的地震动记录，计算的单自由度振动体系的弹性自振周期为 0.1～5s，间隔 0.1s，共计算 50 个不同的周期点，并分别考虑延性系数 $\mu=1,2,3,4,5,6,7,8$ 共八种不同情况，总计算工况达 130 800 次。采用 Clough 刚度退化模型。他们得出以下几点结论：

（1）平均强度折减系数随延性系数增大而增大。

（2）对特定的位移延性系数，平均强度折减系数随周期变化，尤其是在短周期段，变化极为明显。

（3）当周期趋向无穷大时，平均强度折减系数符合等位移准则。

习题

1．什么是反应谱？分为哪几种类型？各有什么特点？

2．什么是滞回模型？有哪些特点？

3．反应谱与设计谱有什么区别？

4．推导地面加速度为 $u_g(t)=u_{g_0}\,\delta(t)$ 时位移、拟速度和拟加速度反应谱的计算公式，并画出以上反应谱。其中 $\delta(t)$ 为 Dirac-δ 函数，u_{g0} 为速度增量或加速度脉冲幅值。仅考虑无阻尼体系。

5．习题 5 图所示为单层钢筋混凝土框架，设梁刚度 $EI=\infty$，柱截面尺寸 $b\times h=350\text{mm}\times 350\text{mm}$，采用 C20 的混凝土（$E$=25.5kN/mm^2），阻尼比为 0.05。设防烈度为 7 度，三类场地，该地区的地震动参数区划的特征周期分区为一区。试计算该框架在多遇地震下的水平地震作用。

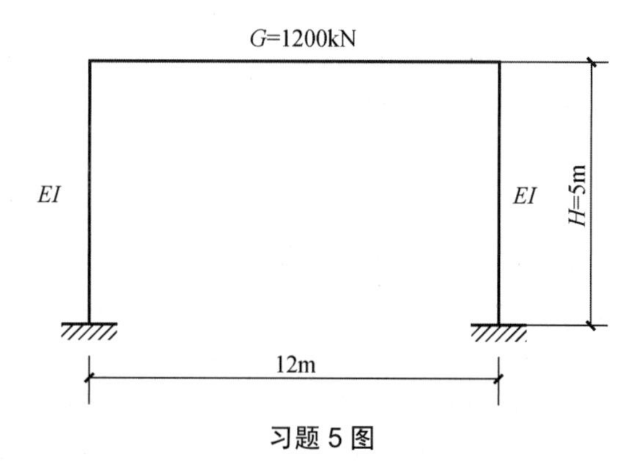

习题 5 图

参考文献

[1] 杨松涛, 叶列平, 钱稼茹. 地震位移反应谱特性的研究[J]. 建筑结构, 2002, 32(5): 4.

[2] MIRANDA E, BERTERO V V. Evaluation of Strength Reduction Factors for Earthquake-Resistant Design[J]. Earthquake Spectra, 1994, 10(2): 357-379.

[3] RIDDELL R, GARCIA J E, GARCES E. Inelastic deformation response of SDOF systems subjected to earthquakes[J]. Earthquake Engineering & Structural Dynamics, 2002, 31(3): 515-538.

[4] VIDIC T , FAJFAR P , FISCHINGER M . Consistent inelastic design spectra: Strength and displacement[J]. Earthquake Engineering & Structural Dynamics, 1994, 23(5): 507-521.

第 5 章　多自由度结构弹塑性分析模型

5.1　概述

为了完成结构的弹塑性地震响应分析，一般需要开展以下四个方面的工作：

（1）建立结构的弹塑性模型。结构的弹塑性模型是进行地震响应分析的基础，应当根据结构形式、受力特征和分析精度要求，并结合预期达到的分析目标，选用合适的分析模型。一般情况下，结构构件是分析的主要对象，应当仔细选择使用分析模型；当关注非结构构件的响应时，尚应对非结构构件使用的分析模型进行精心设计。在地震作用下，构件往往会出现屈服、产生一定的塑性，因此，除了弹性行为外，需要对模型的塑性行为进行建模。建立结构的弹塑性模型主要是建立相应的质量矩阵、刚度矩阵和阻尼矩阵，其中，建立模型的刚度矩阵是重点和难点。

（2）确定结构承受的外部作用。实际结构承受的外部作用复杂多变，为了进行分析计算，应当对外部作用进行合理简化，按照恰当的大小与分布形式，使其作用在结构模型的相应位置。通常来讲，结构承受的外部作用可以分为力作用与位移作用两大类。按照外部作用的变化频率，还可分为静力作用与动力作用。在地震响应分析中，最重要的外部作用为重力荷载与地震作用。

（3）建立和求解平衡方程。当结构模型和其承受的外部作用确定后，通过建立和求解平衡方程即可得到结构的响应。平衡方程可分为静力平衡方程和动力平衡方程两类。在地震响应分析中，结构的动力响应十分显著，因此建立和求解动力平衡方程显得非常重要。目前常用的求解方法可分为隐式方法和显式方法两大类。前者需要对方程组进行迭代求解；后者可根据当前时间步的结构响应推测下一个时间步的响应，不需要对方程组进行迭代计算。

（4）对计算结果进行分析。当完成地震响应分析计算后，往往会获得大量的计算数据。为了获取所关心的计算结果，需要对计算数据进行处理，使之具有明确的物理意义，且更加直观。可视化技术将计算数据以图形化的方式呈现出来，对于快速、直观地把握计算结果有积极的作用。另外，为了从计算结果中提取有效信息，并提高数据之间的通用性，应当按照一定的标准和格式对产生的数值数据进行组织与输出，以便对数据进行后续处理。

本章主要讨论在地震响应分析中常用的结构弹塑性分析模型，包括：

（1）层模型。它是结构分析的常用模型之一。它将结构质量集中在楼层处，并以等效的无重弹簧代替楼层结构构件。根据结构变形的特征，可进一步细分为剪切型、弯曲型、弯剪型和平-扭耦联型等。

（2）基于构件的宏模型。对于一些受力比较明确的构件，可以选取构件单元内部有代表性的截面，分析其刚度，从而直接给出构件的力-变形关系。这种模型广泛应用于工程计算中。常见的基于构件的宏模型有梁柱模型和剪力墙模型等。

（3）基于材料本构关系的精细有限元模型。为了确定结构的恢复力模型，可以将截面按位置和材料组成划分成一系列的层或纤维。层与层之间、纤维与纤维之间满足平截面假定。这一类模型中常见的为纤维梁模型和壳单元模型等。

通常来讲，从宏观构件到微观材料，随着模型愈发精细，模型的适应性和精确度均会有所提高。然而模型精细化必然导致计算量和建模工作量增加，并使得判定结构计算的正确性变得困难。使用精细化模型时需要进行模型的收敛性分析，并且需要更多的工程概念对模型的合理性进行判断。与其他计算模型相同，精细化模型在使用时必须满足相应的假定和应用条件，否则将可能得到比宏观模型更差的结果。

综上所述，为了解决具体的工程问题，应当精心选择合适的计算模型，以期达到精度和效率的统一。

5.2　层模型

复杂结构的弹塑性地震响应分析，一般先根据结构形式、主要受力特征和分析精度要求，将结构简化为合适的分析模型，建立相应的质量矩阵、阻尼矩阵和刚度矩阵，即可利用时程分析方法获得其地震响应。弹塑性时程分析通常采用增量法进行。此时刚度矩阵应根据相应构件的恢复力模型和变形历程，由瞬时刚度确定。

层模型是建筑结构弹塑性地震响应分析常用的结构分析模型。它以结构层为单位，假定结构的质量全部集中在楼层处，并用等效的无质量的弹簧杆代替楼层结构构件，形成底部固定且在楼层处具有集中质量的串联多自由度体系。利用层模型可较好地获得楼层和结构总体地震动力响应，如层间剪力、层间侧移、基底总地震剪力、结构顶点侧移等；同时层模型自由度数少，计算分析简单。

层模型一般只能考虑水平地震动的影响。根据结构变形的特征，层模型可分为剪切型、弯曲型、弯剪型和考虑扭转影响的平–扭耦联型。对于楼层质量中心和刚度中心重合的情况，可分别沿着结构的平面主轴方向采用剪切型层模型或弯剪型层模型进行分析；当楼层质量中心和刚度中心不重合时，需采用考虑扭转影响的层模型进行分析。

5.2.1　剪切型层模型

所谓剪切型层模型，是指某层的层间侧移变形仅在该层产生层间剪力。图 5.2.1（a）所示的梁刚度很大的框架结构为典型的剪切型层模型。对于高度不大的多层建筑结构、强梁弱柱型框架结构，一般可近似采用剪切型层模型。剪切型层模型是最简单且应用较早的多自由度体系动力分析模型。该模型中各层质量集中于楼层位置，每层仅用一个反映层间侧移刚度 k_i 的弹簧来表示，如图 5.2.1（b）所示。

设各楼层的侧移变形为 $\{x\}=\{x_1\ \ x_2\ \ \cdots\ \ x_n\}^{\mathrm{T}}$，由于剪切型层模型的楼层剪力仅与该层层间侧移变形有关，则由图 5.2.1（c）可知，第 i 层层间剪力与楼层侧移变形的关系为

$$\begin{Bmatrix} V_i \\ V_{i-1} \end{Bmatrix}=\begin{bmatrix} k_i & -k_i \\ -k_i & k_i \end{bmatrix}\begin{Bmatrix} x_i \\ x_{i-1} \end{Bmatrix} \tag{5.2.1}$$

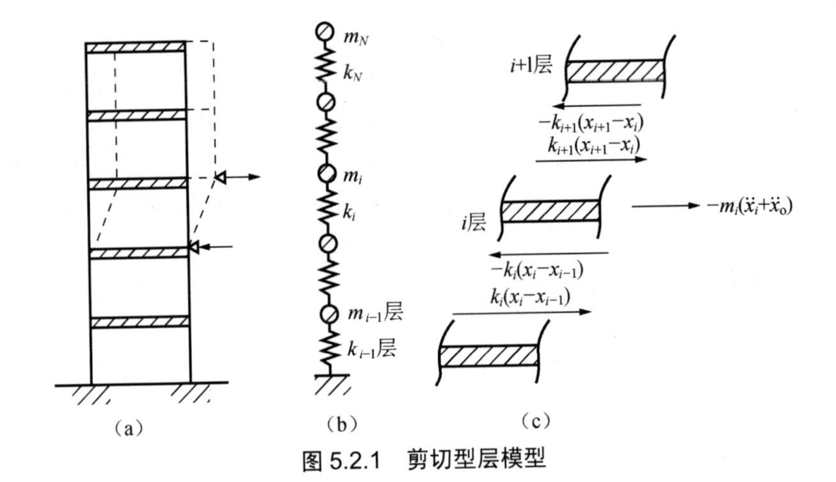

图 5.2.1　剪切型层模型

式中，V_i 为第 i 层的层间剪力。则第 i 层的恢复力为

$$F_i = V_i - V_{i+1} = -k_i x_{i-1} + (k_i + k_{i+1}) x_i - k_{i+1} x_{i+1} \tag{5.2.2}$$

由此可得整个结构的刚度矩阵为

$$[K] = \begin{bmatrix} k_1 + k_2 & -k_2 & & & & & \\ -k_2 & k_2 + k_3 & -k_3 & & & & \\ & \ddots & \ddots & \ddots & & & \\ & & -k_i & k_i + k_{i+1} & -k_{i+1} & & \\ & & & \ddots & \ddots & \ddots & \\ & & & & & & -k_n \\ & & & & -k_n & k_n & \end{bmatrix} \tag{5.2.3}$$

可见刚度矩阵为三对角带状矩阵。

进行弹性时程分析时，各层弹簧的侧移刚度可根据结构形式和受力特点，按以下几种方法确定。

（1）对于梁刚度很大的框架结构，第 i 层的侧移刚度 k_i 可取该层所有竖向构件的侧移刚度之和：

$$k_i = \sum_{s=1}^{m} \frac{12EI_{i,s}}{(1+2\beta_s)h_i^3} \tag{5.2.4}$$

其中

$$\beta_s = \frac{6\mu EI_{i,s}}{GA_{i,s}h_i^2} \tag{5.2.5}$$

式中，$EI_{i,s}$ 为第 i 层第 s 个竖向构件的抗弯刚度；$GA_{i,s}$ 为第 i 层第 s 个柱的抗剪刚度；h_i 为第 i 层层高；μ 为剪应力不均匀系数。

（2）对于一般框架结构，各层的侧移刚度可采用 D 值法确定。对于第 i 层有

$$k_i = \sum_{s=1}^{m} \alpha_{i,s} \frac{12EI_{i,s}}{(1+2\beta_s)h_i^3} \tag{5.2.6}$$

式中，$\alpha_{i,s}$ 为第 i 层第 s 个柱的 D 值法系数，根据柱端条件确定，如表 5.2.1 所示。

表 5.2.1　D 值法系数

项　目	i_{b1} i_{b2} i_c i_{b3} i_{b4}	i_{b1} i_{b2} i_c
$\overline{i}$	$\dfrac{i_{b1}+i_{b2}+i_{b3}+i_{b4}}{2i_c}$	$\dfrac{i_{b1}+i_{b2}}{i_c}$
α	$\dfrac{\overline{i}}{2+\overline{i}}$	$\dfrac{0.5+\overline{i}}{2+\overline{i}}$

注：i 为构件线刚度。

（3）对于结构中有剪力墙的框架-剪力墙结构，当近似采用剪切层模型时，可假定水平地震力分布形式，由静力分析得到各层层间剪力 V_i 和层间侧移 δ_i（图 5.2.2），则第 i 层的侧移刚度为

$$k_i=\frac{V_i}{\delta_i}=\frac{V_i}{y_i-y_{i-1}} \tag{5.2.7}$$

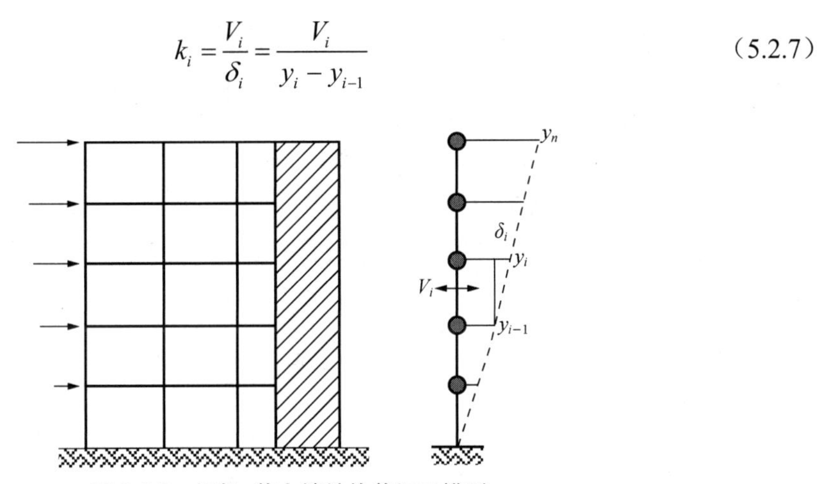

图 5.2.2　框架-剪力墙结构剪切层模型

水平地震力分布形式通常按倒三角形分布。该方法对一般框架结构同样适用，且比 D 值法更为精确。

进行弹塑性时程分析时，一般先确定各层弹簧恢复力模型的骨架线，而滞回规则需根据结构材料类型、受力特点和已有试验数据凭经验确定。骨架线的确定主要有节点屈服机构法、整体屈服机构法和静力弹塑性全过程分析方法，以下分别介绍。

1）节点屈服机构法

对于钢筋混凝土框架结构，其骨架线一般采用三折线模型，转折点分别对应开裂和屈服，如图 5.2.3 所示。框架柱的开裂剪力可假定柱上、下端同时达到开裂弯矩（图 5.2.4），再由平衡条件按下式确定：

$$V_{cr}=\frac{M_{cr,t}+M_{cr,b}}{h_n} \tag{5.2.8}$$

式中，$M_{cr,t}$ 和 $M_{cr,b}$ 分别为框架柱上、下端的开裂弯矩；h_n 为框架柱的净高度。第 i 层所有柱的开裂剪力之和即为该层的总开裂层剪力。开裂前的层间侧移刚度 k_e 可按弹性方法确定。

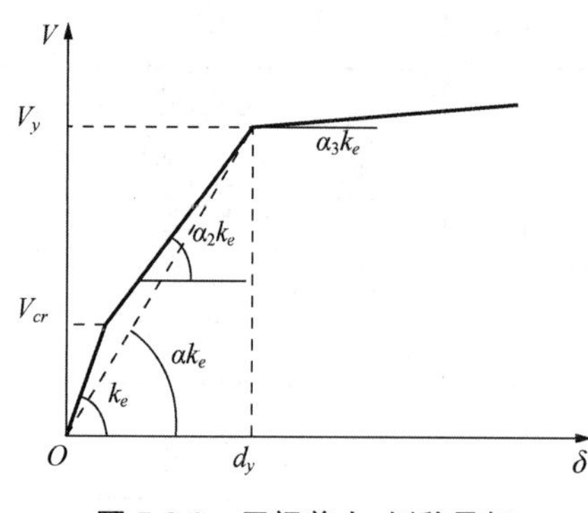

图 5.2.3 层间剪力-侧移骨架

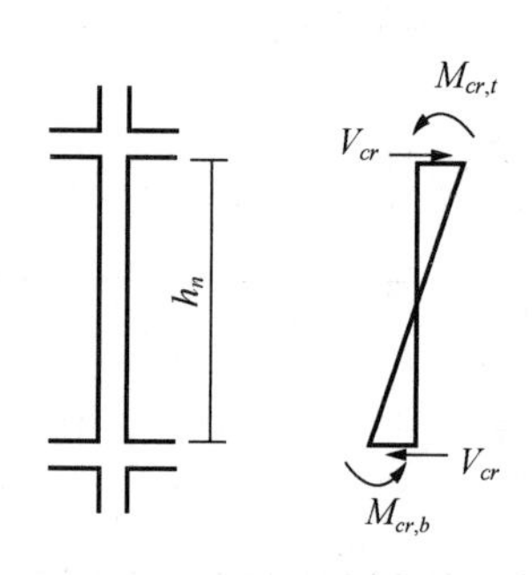

图 5.2.4 框架柱开裂剪力

柱屈服剪力同样可按式（5.2.9）所示的平衡关系确定：

$$V_y = \frac{M'_{cr,t} + M'_{cr,b}}{h_n} \tag{5.2.9}$$

式中，$M'_{cr,t}$ 和 $M'_{cr,b}$ 分别为框架柱上、下端的名义屈服弯矩。柱端名义屈服弯矩应根据节点屈服机构形式，分以下两种情况确定：

（1）强梁弱柱型。如图 5.2.5（a）所示，当节点柱端屈服弯矩之和小于梁端屈服弯矩之和，即 $\sum M_{cy} < \sum M_{by}$ 时，取柱端屈服弯矩 M_{cy} 作为柱端名义屈服弯矩 M'_{cy}。

（2）强柱弱梁型。如图 5.2.5（b）所示，当节点柱端屈服弯矩之和大于梁端屈服弯矩之和，即 $\sum M_{cy} > \sum M_{by}$ 时，此时将梁端屈服弯矩之和 $\sum M_{by}$ 按节点上、下柱线刚度比分配得柱端名义屈服弯矩，即

$$M'_{cy,u} = \sum M_{by} \frac{i_u}{i_u + i_l} \tag{5.2.10a}$$

$$M'_{cy,l} = \sum M_{by} \frac{i_l}{i_u + i_l} \tag{5.2.10b}$$

式中，$M'_{cy,u}$ 为节点上柱下端的名义屈服弯矩；$M'_{cy,l}$ 为节点下柱上端的名义屈服弯矩；i_u、i_l 分别为上柱和下柱的线刚度。

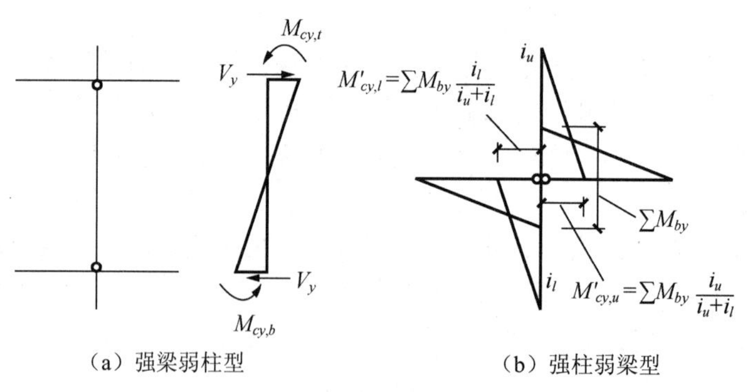

（a）强梁弱柱型　（b）强柱弱梁型

图 5.2.5 柱端名义屈服弯矩

同样，第 i 层所有柱的屈服剪力之和即为该层的总屈服层剪力，而对应层间屈服位移可采用屈服刚度降低系数 α 确定（图 5.2.3），即

$$\delta_y = \frac{V_y}{\alpha k_e} \tag{5.2.11}$$

屈服刚度降低系数 α 可由柱端名义屈服弯矩对应的柱端抗弯刚度降低系数 α_y 确定（图 5.2.6）：

$$\frac{1}{\alpha} = 1 + \left(\frac{1}{\alpha_y} - 1\right)\frac{1 - M_{cr}/M'_{cy}}{1 - M_{cr}/M_{cy}} \tag{5.2.12}$$

式中，α_y 为柱端屈服弯矩对应的抗弯刚度降低系数，可按下列经验公式计算：

$$\alpha_y = \left(0.043 + 1.64\alpha_E\rho + 0.043\frac{a}{h} + 0.33\frac{N}{f_c bh}\right)\left(\frac{h_0}{h}\right)^2 \tag{5.2.13}$$

式中，α_E 为钢筋与混凝土的弹性模量比；ρ 为受拉钢筋配筋率；a 为剪跨长度，可取净跨或净高的 1/2；$N/f_c bh$ 为柱轴压比。

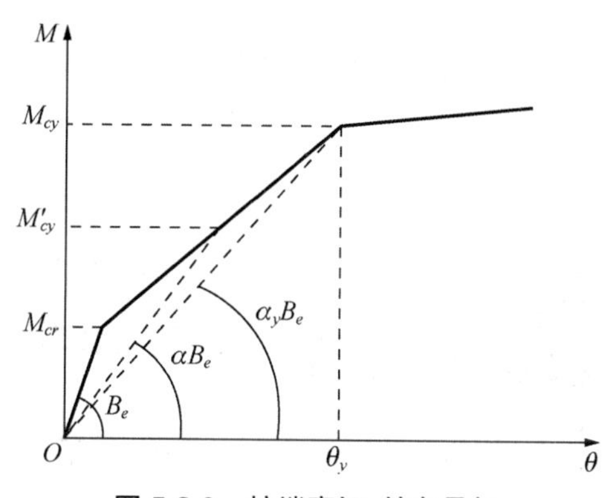

图 5.2.6　柱端弯矩-转角骨架

由式（5.2.12）可知，当柱端名义屈服弯矩 M'_{cy} 等于其实际屈服弯矩 M_{cy} 时，$\alpha = \alpha_y$。当柱上、下端屈服刚度降低系数 α 不等时，可取平均值。确定了屈服刚度降低系数 α 后，则不难由图 5.2.3 确定层间剪力-层间侧移关系骨架线的第二折线刚度折减系数 α_2：

$$\alpha_2 = \left(V_y - V_{cr}\right)\Big/\left(\frac{V_y}{\alpha} - V_{cr}\right) \tag{5.2.14}$$

骨架线的第三折线刚度折减系数 α_3 一般取 0.001。

2）整体屈服机构法

该方法根据合理的水平地震力分布，并由外力和塑性铰内力在虚位移下所做功相等的条件确定水平地震力大小，进而得到各层的层间屈服剪力。通常水平地震力造成的结构塑性破坏按三角形分布假定，如图 5.2.7 所示，则由以上条件得

$$\sum_{i=1}^{n}\frac{H_i}{H_1}PH_i\theta = \sum_j M_{yj}\theta \tag{5.2.15}$$

式中，H_i 为第 i 层至基底的高度；$\sum_j M_{yj}$ 为所有塑性铰弯矩的总和。

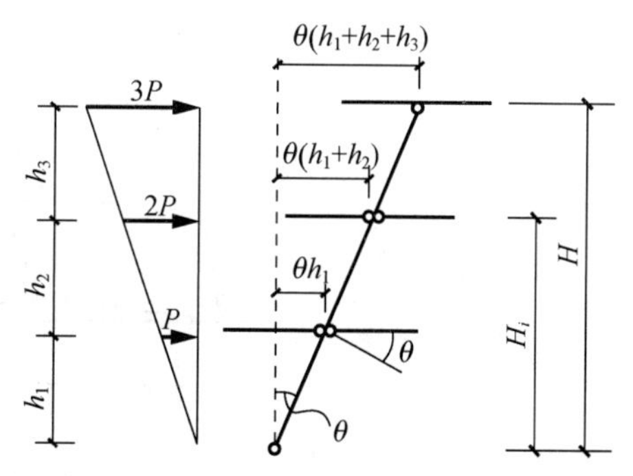

图 5.2.7　水平地震力三角形分布假定

各楼层位置水平地震力 P_i 为

$$P_i = \frac{H_i}{H_1} P$$

其中

$$P = \frac{\sum_j M_{yj}}{\sum_{i=1}^{n} \frac{H_i^2}{H_1}} \tag{5.2.16}$$

各楼层层间屈服剪力为

$$V_{yi} = \sum_{k=i}^{n} P_k \tag{5.2.17}$$

对于开裂情况，也可根据开裂破坏机构形式采用类似方法。该方法对于确定图 5.2.8 所示的框架-剪力墙结构的屈服剪力尤为适用，且可考虑剪力墙基础梁屈服引起剪力墙基础上浮的情况［图 5.2.8（c）］。

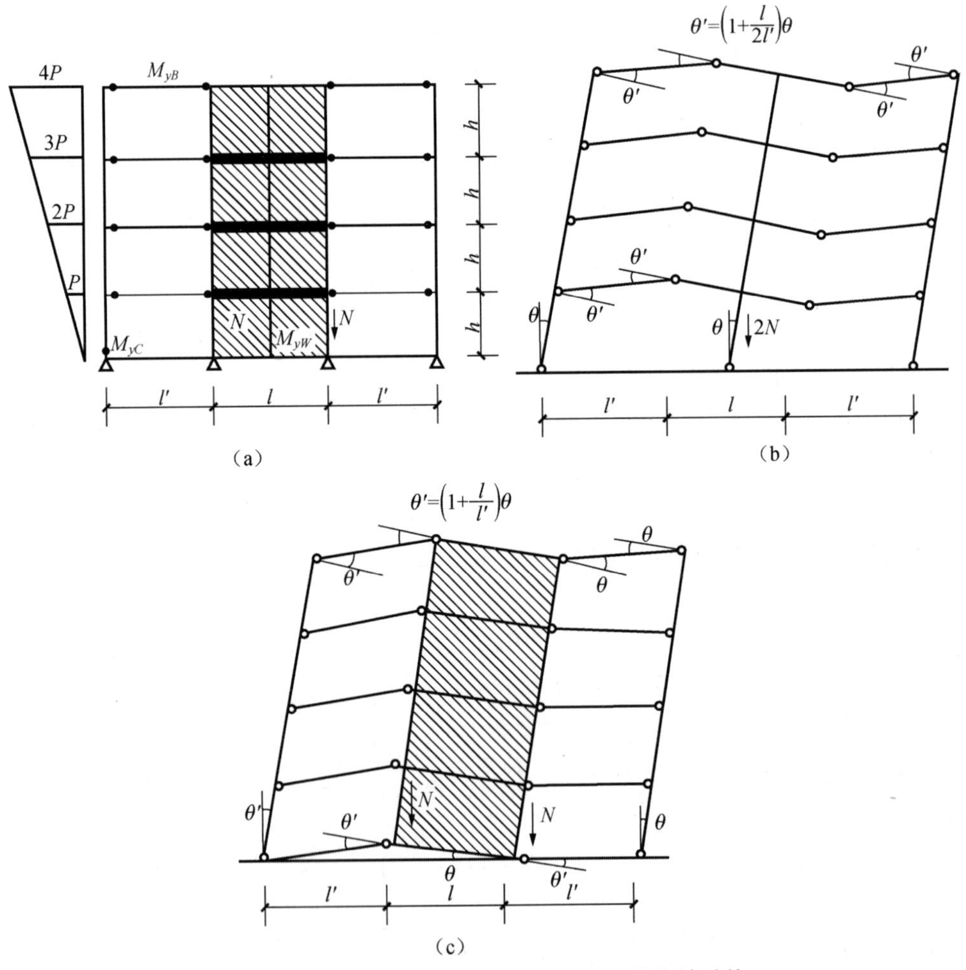

图 5.2.8 整体屈服机构法应用于框架-剪力墙结构

3）静力弹塑性全过程分析方法

前述方法均为近似手算方法，而本方法采用弹塑性杆模型（见 5.3 节），假定水平地震力分布形式，并由小到大逐渐增加水平荷载进行弹塑性全过程分析，直至进入屈服阶段，必要时采用位移增量方法进行分析，由此获得各层层间剪力与层间侧移的骨架线，然后再按双折线或三折线对骨架线进行适当的简化。采用该方法确定各层层间恢复力骨架线较为准确合理，当然计算也较为复杂。图 5.2.9 所示为由静力弹塑性全过程分析获得的某 12 层框架-剪力墙结构的各层层间剪力与层间侧移的骨架线。

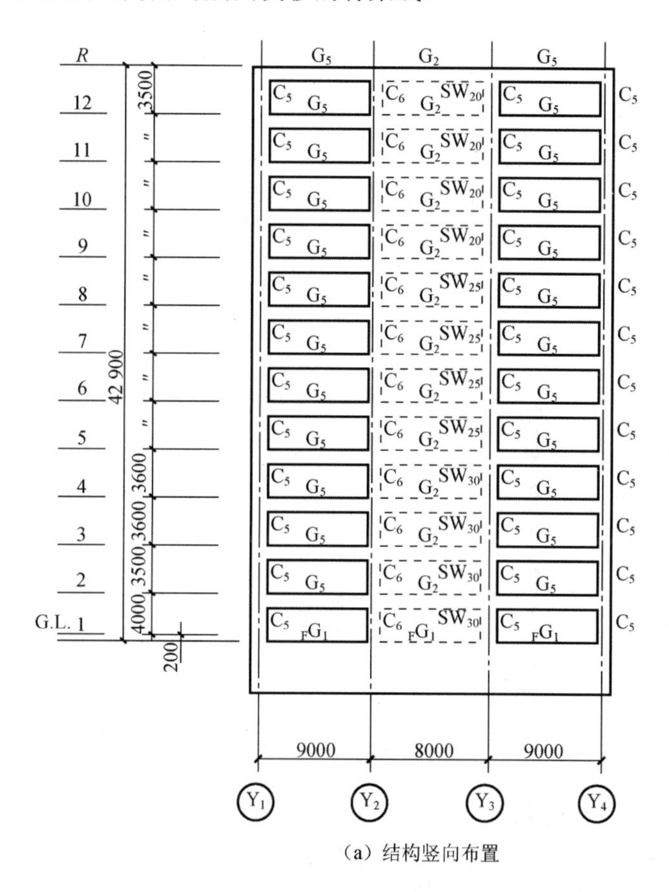

（a）结构竖向布置

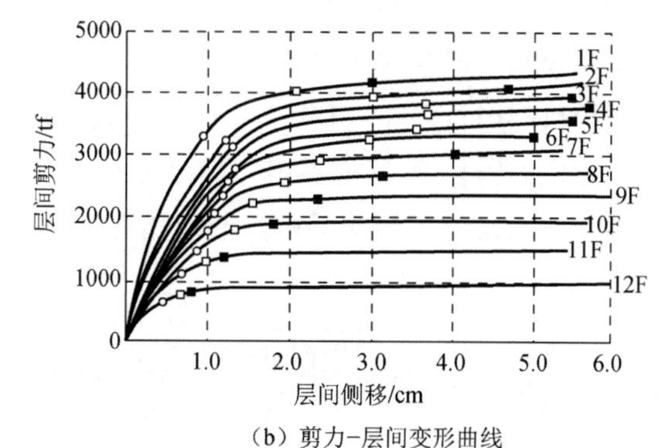

（b）剪力-层间变形曲线

图 5.2.9　静力弹塑性全过程分析实例

注：$1tf=9.8\times10^3N$。

5.2.2　弯曲型层模型

对于剪力墙、烟囱等竖向悬臂结构，侧移主要由弯曲变形产生，此时可采用弯曲型层模型，如图 5.2.10 所示。

与剪切型层模型不同的是，弯曲型层模型除考虑质点的水平变形外，还考虑质点的转动变形，当忽略轴向变形的影响时，每个质点有两个自由度。在进行弹性分析时，第 i 层层间单元力与变形的关系如下（图 5.2.11）：

$$\begin{Bmatrix} V_i \\ M_i \\ V_{i-1} \\ M_{i-1} \end{Bmatrix} = \begin{bmatrix} \dfrac{12EI_i}{h_i^3} & -\dfrac{6EI_i}{h_i^2} & -\dfrac{12EI_i}{h_i^3} & -\dfrac{6EI_i}{h_i^2} \\ -\dfrac{6EI_i}{h_i^2} & \dfrac{4EI_i}{h_i} & \dfrac{6EI_i}{h_i^2} & \dfrac{2EI_i}{h_i} \\ -\dfrac{12EI_i}{h_i^3} & \dfrac{6EI_i}{h_i^2} & \dfrac{12EI_i}{h_i^3} & \dfrac{6EI_i}{h_i^2} \\ -\dfrac{6EI_i}{h_i^2} & \dfrac{2EI_i}{h_i} & \dfrac{6EI_i}{h_i^2} & \dfrac{4EI_i}{h_i} \end{bmatrix} \begin{Bmatrix} y_i \\ \theta_i \\ y_{i-1} \\ \theta_{i-1} \end{Bmatrix} \tag{5.2.18}$$

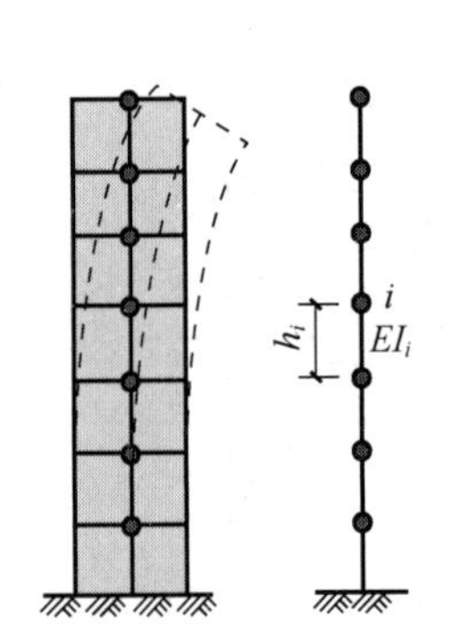

图 5.2.10　弯曲型层模型

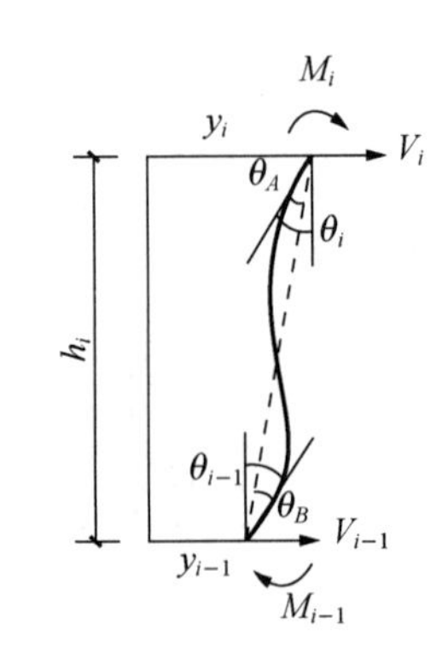

图 5.2.11　单元内力与变形示意

对应转动变形，质量矩阵需考虑质点的转动惯性效应，一般可取质点转动惯量为 0。也可利用自由度凝聚方法，将与转动有关的刚度系数项并入仅与水平位移有关的刚度系数项，使得所需解算的自由度数与质点数一致。对于无阻尼自由振动情况，将各单元组装后的结构总振动方程按水平位移和转动变形分离，可表示成如下形式：

$$\begin{bmatrix} [M] & [0] \\ [0] & [0] \end{bmatrix} \begin{Bmatrix} \{\ddot{y}\} \\ \{\ddot{\theta}\} \end{Bmatrix} + \begin{bmatrix} [K_{vv}] & [K_{v\theta}] \\ [K_{\theta v}] & [K_{\theta\theta}] \end{bmatrix} \begin{Bmatrix} \{y\} \\ \{\theta\} \end{Bmatrix} = \{0\} \tag{5.2.19}$$

式中，$[M]$ 为对应各质点水平位移的质量矩阵，与前述剪切型层模型相同，为对角阵。由上式第 2 组方程可解出

$$\{\theta\} = -[K_{\theta\theta}]^{-1}[K_{\theta v}]\{y\} \tag{5.2.20}$$

代入式（5.2.19）第 1 组方程, 可得

$$[M]\{\ddot{y}\} + [K]\{y\} = \{0\} \tag{5.2.21}$$

式中，自由度凝聚后的刚度矩阵为

$$[K]=[K_{vv}]-[K_{v\theta}][K_{\theta\theta}]^{-1}[K_{\theta v}] \tag{5.2.22}$$

此刚度矩阵称为等效侧移刚度矩阵，为满阵。

等效侧移刚度矩阵也可以由柔度矩阵求逆的方法确定，即在每一层施加单位水平力，计算出各层的水平位移 δ_{ij}，组成侧向柔度矩阵 $[D]$：

$$[D]=\begin{bmatrix} \delta_{11} & \delta_{12} & \cdots & \delta_{1n} \\ \delta_{21} & \delta_{22} & \cdots & \delta_{2n} \\ \vdots & \vdots & & \vdots \\ \delta_{n1} & \delta_{n2} & \cdots & \delta_{nn} \end{bmatrix} \tag{5.2.23}$$

对柔度矩阵求逆，则可得到等效侧移刚度矩阵：

$$[K]=[D]^{-1} \tag{5.2.24}$$

在进行弹塑性分析时，可将层间单元的塑性转动变形集中于杆端的转动弹簧来考虑，中部仍按弹性杆考虑，具体详见 5.4 节剪力墙模型。同样，对于弹塑性分析也可采用由柔度矩阵求逆来确定等效瞬时侧移刚度矩阵。

5.2.3　弯剪型层模型

高层框架结构、剪力墙结构和框架-剪力墙结构，一般其整体变形中既有剪切变形，又有弯曲变形。图 5.2.12 所示为框架-剪力墙的变形形式。可同时考虑弯曲变形和剪切变形的层模型称为弯剪型层模型。弯剪型层模型又可分为弯曲变形与剪切变形同时考虑的单串联型、弯曲变形与剪切变形分离考虑的并串联型，以及混合并串联型，如图 5.2.13 所示。

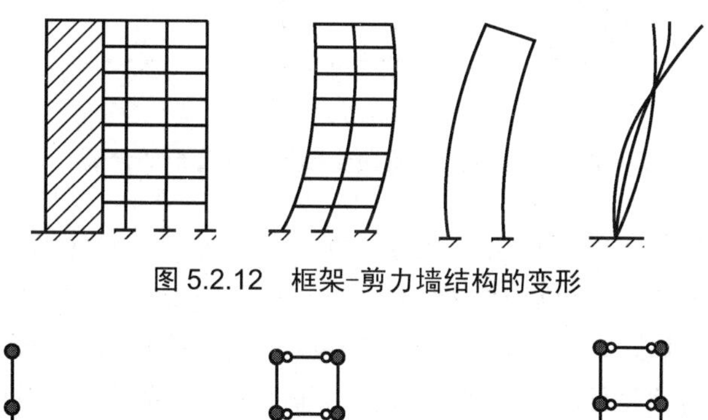

图 5.2.12　框架-剪力墙结构的变形

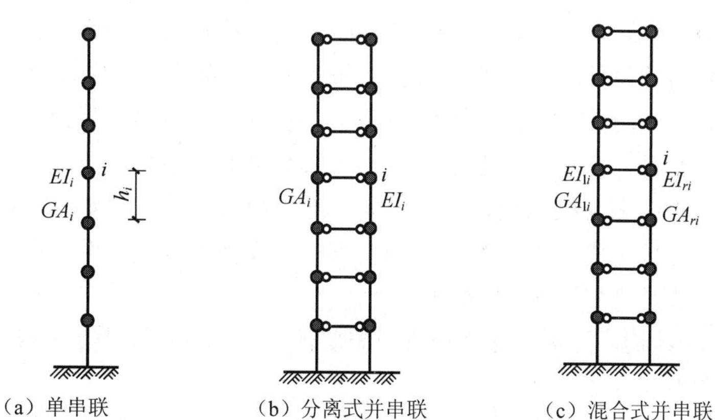

图 5.2.13　弯剪型层模型

对于单串联型弯剪型层模型，第 i 层层间单元力与变形的关系为

$$\begin{Bmatrix} V_i \\ M_i \\ V_{i-1} \\ M_{i-1} \end{Bmatrix} = \begin{bmatrix} c\dfrac{12EI_i}{h_i^3} & -c\dfrac{6EI_i}{h_i^2} & -c\dfrac{12EI_i}{h_i^3} & -c\dfrac{6EI_i}{h_i^2} \\ -c\dfrac{6EI_i}{h_i^2} & a\dfrac{4EI_i}{h_i} & c\dfrac{6EI_i}{h_i^2} & b\dfrac{2EI_i}{h_i} \\ -c\dfrac{12EI_i}{h_i^3} & c\dfrac{6EI_i}{h_i^2} & c\dfrac{12EI_i}{h_i^3} & c\dfrac{6EI_i}{h_i^2} \\ -c\dfrac{6EI_i}{h_i^2} & b\dfrac{2EI_i}{h_i} & c\dfrac{6EI_i}{h_i^2} & a\dfrac{4EI_i}{h_i} \end{bmatrix} \begin{Bmatrix} y_i \\ \theta_i \\ y_{i-1} \\ \theta_{i-1} \end{Bmatrix} \tag{5.2.25}$$

刚度矩阵中的剪切变形影响系数为

$$a = \frac{1+0.5\beta_s}{1+2\beta_s}, \quad b = \frac{1-\beta_s}{1+2\beta_s}, \quad c = \frac{1}{1+2\beta_s}, \quad \beta_s = \frac{6\mu EI_i}{GA_i h_i^2} \tag{5.2.26}$$

式中，GA_i 为第 i 层层间单元的剪切刚度；μ 为剪切不均匀系数。

对于高层框架结构，可采用图 5.2.14 所示的方法，根据水平力作用下的静力分析结果，分离剪切变形和弯曲变形，然后分别确定等效剪切刚度和等效弯曲刚度。

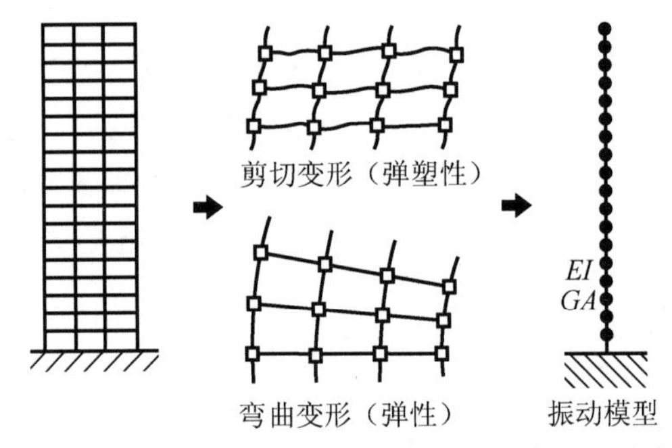

图 5.2.14　框架结构弯曲变形与剪切变形的分离

等效剪切刚度可按前述剪切型层模型方法确定。考虑到弯曲变形主要由柱轴向变形引起，等效弯曲刚度可取中性轴到各柱距离的平方与柱截面乘积之和。但一般柱的轴向变形分布往往不服从平截面假定，此时可根据各个柱的竖向位移和该柱的轴力，求出与其位能之和相等且保持平截面的等效转角，然后再算出与此相对应的等效弯曲刚度。

在进行弹塑性分析时，应分别根据弯矩-曲率关系和剪力-剪切变形关系的恢复力模型，对抗弯刚度和剪切刚度进行修正；但根据弯矩-曲率关系恢复力模型对抗弯刚度的修正方法目前仍不成熟。不过对于高层框架结构，柱轴向变形一般很少进入弹塑性阶段，故对应由此引起的弯曲可仅按弹性考虑，而只考虑剪切变形进入弹塑性阶段。对于剪力墙，其弯剪型弹塑性单元刚度矩阵见 5.4 节剪力墙模型。

对于框架-剪力墙结构，可采用并串联弯剪型层模型。各串联杆件可根据分析需要，分别采用剪切型、弯曲型或弯剪型。

同样，也可采用由柔度矩阵求逆的方法来确定弯剪型层模型的等效侧移刚度矩阵。虽然弯剪型层模型在概念上可行，但对于弹塑性实用分析仍存在许多问题，且一般需要采用

由柔度矩阵求逆来确定等效侧移刚度矩阵。因此目前较为实用的同时考虑弯曲和剪切变形影响的弹塑性动力分析方法，仍然是利用静力弹塑性全过程分析方法获得各层层间剪力与层间侧移的骨架线，然后采用剪切型层模型。

当楼层的质量中心与刚度中心不一致时，结构在水平地震作用下不仅产生平动，还会出现扭转。考虑扭转影响的层模型一般采用刚性楼层假定，层的变形有 X 方向和 Y 方向的平动分量 x、y，以及转动分量 θ，如图 5.2.15（a）所示。地震产生的惯性力的合力作用于楼层的质量中心，而结构恢复力的合力作用在刚度中心，由此引起楼层绕刚度中心的扭转。虽然以刚度中心作为楼层变形参考点较为合理，但由于实际结构刚度中心的确定较为困难，尤其是当结构进入弹塑性阶段后，因此通常将质量中心作为位移参考点。因为各楼层质量中心的平面位置不一定一致，故形成图 5.2.15（b）所示的曲轴形层模型。

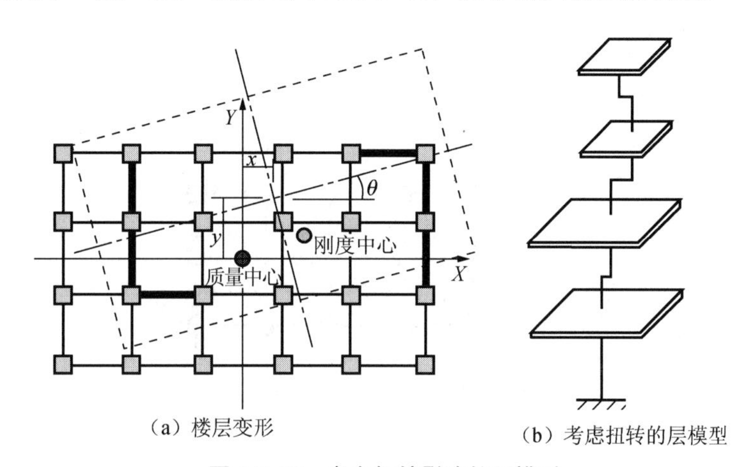

图 5.2.15　考虑扭转影响的层模型

对应于转动分量的扭转惯性力为 $J\ddot{\theta}$，其中 J 为楼层的转动惯量，根据楼层质量分布按下式确定（图 5.2.16）：

$$J = \int r^2 \mathrm{d}m \tag{5.2.27}$$

式中，r 为质量单元 $\mathrm{d}m$ 至质量中心的距离。

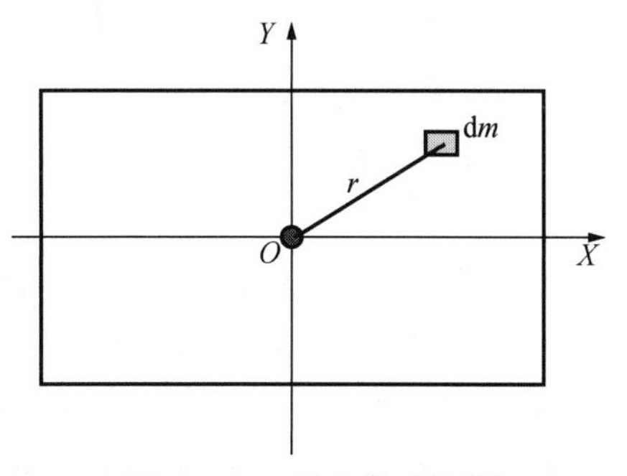

图 5.2.16　楼层转动惯量

假定各榀抗侧结构仅在其结构平面内具有抗侧刚度。如图 5.2.17 所示，第 r 榀 X 方向抗侧结构的层间侧移刚度记为 $k_{x,r}$，到楼层质量中心的距离为 $e_{y,r}$；第 s 榀 Y 方向抗侧结构的层间侧移刚度记为 $k_{y,s}$ ，到楼层质量中心的距离为 $e_{x,s}$ 。则以质量中心 O 为原点，刚度中心 S 的坐标为

$$e_{x0}=\frac{\sum_{s}k_{y,s}e_{x,s}}{\sum_{s}k_{y,s}}=\frac{\sum_{s}k_{y,s}e_{x,s}}{K_y} \tag{5.2.28a}$$

$$e_{y0}=\frac{\sum_{r}k_{x,r}e_{y,r}}{\sum_{r}k_{x,r}}=\frac{\sum_{r}k_{x,r}e_{y,r}}{K_x} \tag{5.2.28b}$$

式中，K_x, K_y 分别为 X 方向和 Y 方向所有抗侧结构的总层间侧移刚度 $K_x=\sum_{r}k_{x,r}$, $K_y=\sum_{r}k_{y,s}$。对质量中心的扭转刚度按下式确定：

$$K_\theta=\sum_{r}k_{x,r}e_{y,r}^2+\sum_{s}k_{y,s}e_{x,s}^2 \tag{5.2.29}$$

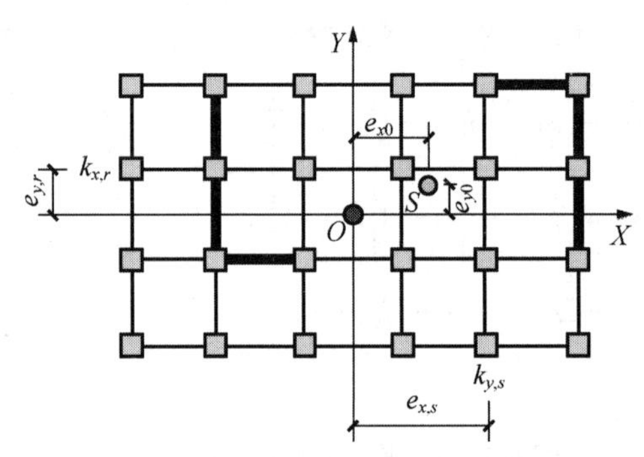

图 5.2.17　考虑扭转影响的楼层平面

对于单层情况，地震作用下考虑平动与扭转变形的振动方程，可分别由质量中心处沿 X、Y 方向的动平衡条件和绕质量中心的动弯矩平衡条件得到，即

$$\begin{cases}m(\ddot{x}+\ddot{x}_0)+K_x x+K_x e_{y0}\theta=0\\ m(\ddot{y}+\ddot{y}_0)+K_y y-K_y e_{x0}\theta=0\\ J(\ddot{\theta}+\ddot{\theta}_0)+K_x e_{y0}x-K_y e_{x0}x+K_\theta\theta=0\end{cases} \tag{5.2.30}$$

式中，$\ddot{x}_0$ 、$\ddot{y}_0$ 分别为 X、Y 方向的地面加速度；$\ddot{\theta}_0$ 为地面扭转角加速度，是由基础不同部位地面运动加速度差引起的，但目前很少有实测结果，故一般可忽略，即取 $\ddot{\theta}_0=0$ 。因此，上式的矩阵表示形式为

$$\begin{bmatrix}m&0&0\\0&m&0\\0&0&J\end{bmatrix}\begin{Bmatrix}\ddot{x}\\\ddot{y}\\\ddot{\theta}\end{Bmatrix}+\begin{bmatrix}K_x&0&K_x e_{y0}\\0&K_y&-K_y e_{x0}\\K_x e_{y0}&-K_y e_{x0}&K_\theta\end{bmatrix}\begin{Bmatrix}x\\y\\\theta\end{Bmatrix}=-\begin{bmatrix}m&0&0\\0&m&0\\0&0&J\end{bmatrix}\begin{Bmatrix}\ddot{x}_0\\\ddot{y}_0\\0\end{Bmatrix} \tag{5.2.31}$$

对于多层情况，取上式中变形向量 $\{x\quad y\quad \theta\}^{\mathrm{T}}$ 为层间变形差，即

$$\begin{cases}x=x_i-x_{i-1}\\ y=y_i-y_{i-1}\\ \theta=\theta_i-\theta_{i-1}\end{cases} \tag{5.2.32}$$

则可得层间单元的刚度矩阵，从而按层模型可组合成以下形式的总体振动方程：

$$\begin{bmatrix} [M] & [0] & [0] \\ [0] & [M] & [0] \\ [0] & [0] & [J] \end{bmatrix} \begin{Bmatrix} \ddot{X} \\ \ddot{Y} \\ \ddot{\Theta} \end{Bmatrix} + \begin{bmatrix} [K_{xx}] & [K_{xy}] & [K_{x\theta}] \\ [K_{yx}] & [K_{yy}] & [K_{y\theta}] \\ [K_{\theta x}] & [K_{\theta y}] & [K_{\theta\theta}] \end{bmatrix} \begin{Bmatrix} X \\ Y \\ \Theta \end{Bmatrix} = -\begin{Bmatrix} [M]\{1\}\ddot{x}_0 \\ [M]\{1\}\ddot{y}_0 \\ [0] \end{Bmatrix} \tag{5.2.33}$$

式中，$[M]$和$[J]$为由各层质量和转动惯量组成的对角矩阵。

在进行弹塑性分析时，可采用时程分析增量法，由各榀抗侧结构的层间恢复力模型，根据变形历程进行相应的刚度修正，得到瞬时刚度矩阵。

5.3　杆单元模型

层模型虽然分析较为简单，但在形成分析模型时采用了一系列的近似简化，给计算结果带来一定的误差，同时分析结果一般仅反映层间总体受力情况，往往不能获得结构各部分、各构件的具体反应状况，因此对构件抗震设计仍不能较好地全面掌握。随着计算机能力的迅速发展，近年来采用杆模型进行结构地震弹塑性动力分析已取得很大进展。

5.3.1　两端简支杆单元

利用杆模型进行弹塑性动力分析，关键是建立能较好地反映杆单元弹塑性受力性能的力学模型，即单元刚度矩阵。为此先讨论弹性杆单元刚度矩阵。

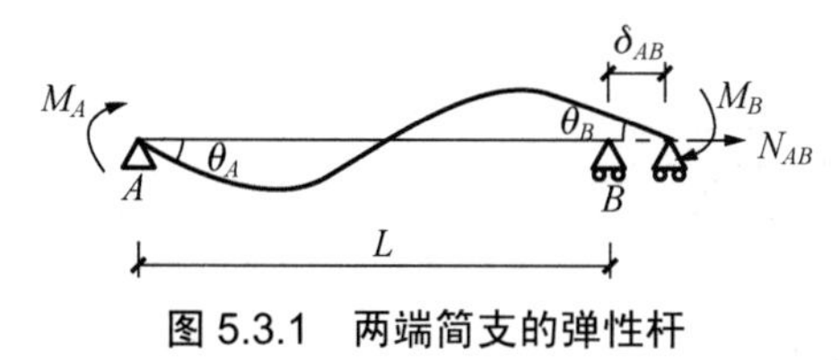

图 5.3.1　两端简支的弹性杆

图 5.3.1 所示为一两端简支的弹性杆，抗弯刚度为 EI，轴向刚度为 EA，两端作用的弯矩分别为 M_A、M_B，轴力为 N_{AB}，则杆两端的转角变形 θ_A、θ_B 和轴向变形 δ_{AB} 与杆端弯矩和轴力之间的关系为

$$\begin{Bmatrix} N_{AB} \\ M_A \\ M_B \end{Bmatrix} = \begin{bmatrix} \dfrac{EA}{L} & 0 & 0 \\ 0 & \dfrac{4EI}{L} & \dfrac{2EI}{L} \\ 0 & \dfrac{2EI}{L} & \dfrac{4EI}{L} \end{bmatrix} \begin{Bmatrix} \delta_{AB} \\ \theta_A \\ \theta_B \end{Bmatrix} \tag{5.3.1}$$

上式用矩阵表示可简写为$\{F_{AB}\}=[K_{AB}]\{e_{AB}\}$，其中$[K_{AB}]$为单元刚度矩阵，表示为

$$[K_{AB}] = \begin{bmatrix} \dfrac{EA}{L} & 0 & 0 \\ 0 & \dfrac{4EI}{L} & \dfrac{2EI}{L} \\ 0 & \dfrac{2EI}{L} & \dfrac{4EI}{L} \end{bmatrix} \tag{5.3.2}$$

5.3.2　两端自由杆单元

对于图 5.3.2 所示两端自由杆，杆端 1 处变形为$\{d_1\}=\{u_1\ \ v_1\ \ \theta_1\}^{\mathrm{T}}$，作用的外力为$\{F_1\}=\{X_1\ \ Y_1\ \ M_1\}^{\mathrm{T}}$；杆端 2 处变形为$\{d_2\}=\{u_2\ \ v_2\ \ \theta_2\}^{\mathrm{T}}$，作用的外力为$\{F_2\}=\{X_2\ \ Y_2\ \ M_2\}^{\mathrm{T}}$。图 5.3.2 中若以 AB 为基准线，则相应简支杆杆端的变形与两端自由杆杆端的变形有以下转换关系：

$$\begin{cases}\delta_{AB}=-u_1+u_2\\ \theta_A=\theta_1-(v_1-v_2)/L\\ \theta_B=\theta_2-(v_1-v_2)/L\end{cases}\tag{5.3.3}$$

上式写成矩阵形式为

$$\begin{Bmatrix}\delta_{AB}\\ \theta_A\\ \theta_B\end{Bmatrix}=\begin{bmatrix}-1 & 0 & 0\\ 0 & -\dfrac{1}{L} & 1\\ 0 & -\dfrac{1}{L} & 0\end{bmatrix}\begin{Bmatrix}u_1\\ v_1\\ \theta_1\end{Bmatrix}+\begin{bmatrix}1 & 0 & 0\\ 0 & \dfrac{1}{L} & 0\\ 0 & \dfrac{1}{L} & 1\end{bmatrix}\begin{Bmatrix}u_2\\ v_2\\ \theta_2\end{Bmatrix}\tag{5.3.4}$$

或简写为

$$\{e_{AB}\}=[B_1]\{d_1\}+[B_2]\{d_2\}=[B_1\ \ B_2]\begin{Bmatrix}d_1\\ d_2\end{Bmatrix}\tag{5.3.5}$$

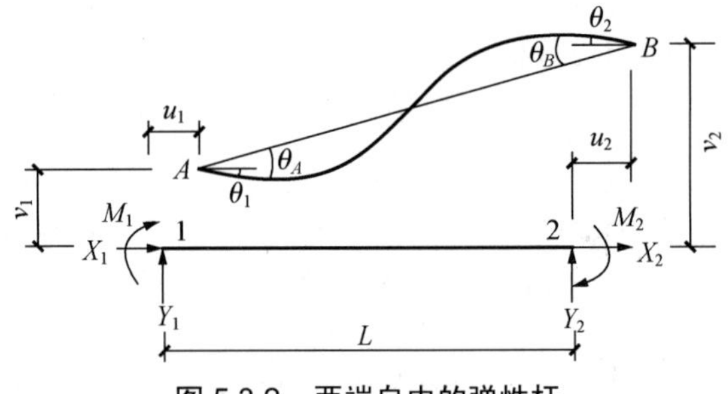

图 5.3.2　两端自由的弹性杆

同理，相应 AB 简支杆杆端作用力与两端自由杆杆端作用力之间的转换关系为

$$\begin{cases}X_1=-N_{AB}\\ Y_1=-(M_A+M_B)/L\\ M_1=M_A\end{cases}\tag{5.3.6a}$$

$$\begin{cases}X_2=N_{AB}\\ Y_2=(M_A+M_B)/L\\ M_2=M_B\end{cases}\tag{5.3.6b}$$

写成矩阵形式为

$$\begin{Bmatrix}X_1\\ Y_1\\ M_1\end{Bmatrix}=\begin{bmatrix}-1 & 0 & 0\\ 0 & -\dfrac{1}{L} & -\dfrac{1}{L}\\ 0 & 1 & 0\end{bmatrix}\begin{Bmatrix}N_{AB}\\ M_A\\ M_B\end{Bmatrix}\tag{5.3.7a}$$

$$\begin{Bmatrix} X_2 \\ Y_2 \\ M_2 \end{Bmatrix} = \begin{bmatrix} 1 & 0 & 0 \\ 0 & \dfrac{1}{L} & \dfrac{1}{L} \\ 0 & 0 & 1 \end{bmatrix} \begin{Bmatrix} N_{AB} \\ M_A \\ M_B \end{Bmatrix} \tag{5.3.7b}$$

或简写为

$$\left.\begin{array}{l} \{F_1\} = [B_1]^{\mathrm{T}} \{F_{AB}\} \\ \{F_2\} = [B_2]^{\mathrm{T}} \{F_{AB}\} \end{array}\right\} \rightarrow \begin{Bmatrix} F_1 \\ F_2 \end{Bmatrix} = [B_1 \quad B_2]^{\mathrm{T}} \{F_{AB}\} \tag{5.3.8}$$

利用上述转换关系，则可由简支杆的单元刚度矩阵$[K_{AB}]$得到两端自由杆杆端作用力与杆端变形的关系：

$$\begin{aligned} \begin{Bmatrix} F_1 \\ F_2 \end{Bmatrix} &= [B_1 \quad B_2]^{\mathrm{T}} \{F_{AB}\} = [B_1 \quad B_2]^{\mathrm{T}} [K_{AB}]\{e_{AB}\} \\ &= [B_1 \quad B_2]^{\mathrm{T}} [K_{AB}][B_1 \quad B_2] \begin{Bmatrix} d_1 \\ d_2 \end{Bmatrix} = [K] \begin{Bmatrix} d_1 \\ d_2 \end{Bmatrix} \end{aligned} \tag{5.3.9}$$

因此，单元刚度矩阵$[K]$为

$$[K] = [B_1 \quad B_2]^{\mathrm{T}} [K_{AB}][B_1 \quad B_2] = [B]^{\mathrm{T}} [K_{AB}][B] \tag{5.3.10}$$

刚度矩阵的具体表达式为

$$[K] = \begin{bmatrix} \dfrac{EA}{L} & 0 & 0 & -\dfrac{EA}{L} & 0 & 0 \\ 0 & \dfrac{12EI}{L^3} & -\dfrac{6EI}{L^2} & 0 & -\dfrac{12EI}{L^3} & -\dfrac{6EI}{L^2} \\ 0 & -\dfrac{6EI}{L^2} & \dfrac{4EI}{L} & 0 & \dfrac{6EI}{L^2} & \dfrac{2EI}{L} \\ -\dfrac{EA}{L} & 0 & 0 & \dfrac{EA}{L} & 0 & 0 \\ 0 & -\dfrac{12EI}{L^3} & \dfrac{6EI}{L^2} & 0 & \dfrac{12EI}{L^3} & \dfrac{6EI}{L^2} \\ 0 & -\dfrac{6EI}{L^2} & \dfrac{2EI}{L} & 0 & \dfrac{6EI}{L^2} & \dfrac{4EI}{L} \end{bmatrix} \tag{5.3.11}$$

上式即为一般平面杆单元的刚度矩阵。由以上推导可见，上式所示的刚度矩阵可通过转换矩阵$[B] = [B_1 \quad B_2]$由简支杆的刚度矩阵得到，故在后面的讨论中均以简支杆建立各种情况的单元刚度矩阵。

5.3.3　两端有刚域杆单元

图 5.3.3 所示为两端有刚域的简支杆单元，两端刚域的长度分别为$\lambda_A L$和$\lambda_B L$，两端的弯矩分别为M_A和M_B，两端的转角变形分别为θ_A和θ_B。杆件中部弹性部分$A'B'$段两端的弯矩分别为M'_A和M'_B，且以图中$A'B'$为基准，$A'B'$段两端的转角变形分别为θ'_A和θ'_B，则由变形后的三角形$AA'C$和$BB'C$可得

$$\begin{cases} \theta'_A = R_{A'B'} + \theta_A \\ \theta'_B = R_{A'B'} + \theta_B \end{cases} \tag{5.3.12}$$

式中

$$R_{A'B'} = \frac{\theta_A \lambda_A L + \theta_B \lambda_B L}{(1-\lambda_A-\lambda_B)L} \tag{5.3.13}$$

代入式（5.3.12）得

$$\begin{cases} \theta'_A = \dfrac{(1-\lambda_B)\theta_A + \lambda_B\theta_B}{1-\lambda_A-\lambda_B} \\ \theta'_B = \dfrac{\lambda_A\theta_A + (1-\lambda_A)\theta_B}{1-\lambda_A-\lambda_B} \end{cases} \tag{5.3.14}$$

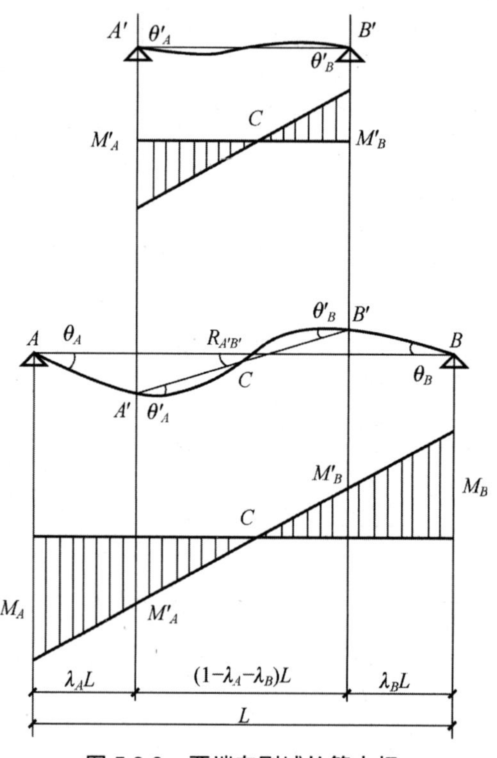

图 5.3.3　两端有刚域的简支杆

此外，AB 段与 $A'B'$ 段的轴向变形相等。因此，中部弹性 $A'B'$ 杆两端变形与有刚域杆 AB 两端变形的转换关系为

$$\begin{Bmatrix} \delta_{A'B'} \\ \theta'_A \\ \theta'_B \end{Bmatrix} = \begin{bmatrix} 1 & 0 & 0 \\ 0 & \dfrac{1-\lambda_B}{1-\lambda_A-\lambda_B} & \dfrac{\lambda_B}{1-\lambda_A-\lambda_B} \\ 0 & \dfrac{\lambda_A}{1-\lambda_A-\lambda_B} & \dfrac{1-\lambda_A}{1-\lambda_A-\lambda_B} \end{bmatrix} \begin{Bmatrix} \delta_{AB} \\ \theta_A \\ \theta_B \end{Bmatrix} \tag{5.3.15}$$

简写为

$$\{e'_{A'B'}\} = [A]\{e_{AB}\} \tag{5.3.16}$$

同理可得有刚域 AB 杆两端作用力 $\{F_{AB}\}$ 与中部弹性 $A'B'$ 杆两端作用力 $\{F'_{A'B'}\}$ 的转换关系为

$$\{F_{AB}\}=[A]^{\mathrm{T}}\{F'_{A'B'}\} \tag{5.3.17}$$

因此，有刚域 AB 杆的刚度矩阵可由中部弹性 $A'B'$ 杆的刚度矩阵经以下转换得到：

$$[K_{AB}]=[A]^{\mathrm{T}}[K'_{A'B'}][A] \tag{5.3.18}$$

5.3.4　杆端弹塑性弹簧杆模型

在进行弹塑性分析时，杆件刚度随着杆件的损伤不断产生变化。因此，分析中通常采用增量形式表达杆端作用力增量与杆端变形增量的关系，即

$$\begin{Bmatrix}\Delta N_{AB}\\ \Delta M_A\\ \Delta M_B\end{Bmatrix}=\begin{bmatrix}k_{11} & k_{12} & k_{13}\\ k_{21} & k_{22} & k_{23}\\ k_{31} & k_{32} & k_{33}\end{bmatrix}\begin{Bmatrix}\Delta\delta_{AB}\\ \Delta\theta_A\\ \Delta\theta_B\end{Bmatrix} \tag{5.3.19}$$

其中刚度矩阵是按弹塑性变形历程根据前一级计算得到的变形状况确定的瞬时刚度矩阵。一般情况下，轴向与弯曲变形的耦合影响可忽略，即 $k_{12}=k_{21}=0$，$k_{13}=k_{31}=0$。轴向刚度 k_{11} 可根据杆件在单向受力情况下的轴力-变形关系确定。以下主要讨论弹塑性弯曲变形的处理。

杆件的弹塑性损伤通常并不是集中在某一个截面位置，而是有一定长度的区域。图 5.3.4（a）所示为钢筋混凝土杆件的开裂损伤状况，图 5.3.4（b）、（c）所示为弯矩和曲率分布。常用的一种处理杆件弹塑性变形的分析模型，是将塑性变形产生的转角集中于杆端，用一塑性转动弹簧代替，而杆件的其他部分仍按弹性处理，如图 5.3.4（d）所示。塑性转动弹簧的瞬时转动刚度分别记为 k_{Ap} 和 k_{Bp}。杆端弯矩-转角关系，以及杆端弯矩-弹性转角关系和杆端弯矩-塑性转角关系如图 5.3.5 所示。

由图 5.3.4（d）可知，杆端的转角为杆端弹性转角与杆端塑性转角之和，即

$$\begin{cases}\theta_A=\theta_{Ae}+\theta_{Ap}\\ \theta_B=\theta_{Be}+\theta_{Bp}\end{cases} \tag{5.3.20}$$

对于简支弹性杆，其杆端弹性转角与杆端弯矩的关系为

$$\begin{Bmatrix}\theta_{Ae}\\ \theta_{Be}\end{Bmatrix}=\begin{bmatrix}\dfrac{L}{3EI} & -\dfrac{L}{6EI}\\ -\dfrac{L}{6EI} & \dfrac{L}{3EI}\end{bmatrix}\begin{Bmatrix}M_A\\ M_B\end{Bmatrix} \tag{5.3.21}$$

杆端塑性转角与杆端弯矩的关系为

$$\begin{Bmatrix}\theta_{Ap}\\ \theta_{Bp}\end{Bmatrix}=\begin{bmatrix}\dfrac{1}{k_{Ap}} & 0\\ 0 & \dfrac{1}{k_{Bp}}\end{bmatrix}\begin{Bmatrix}M_A\\ M_B\end{Bmatrix} \tag{5.3.22}$$

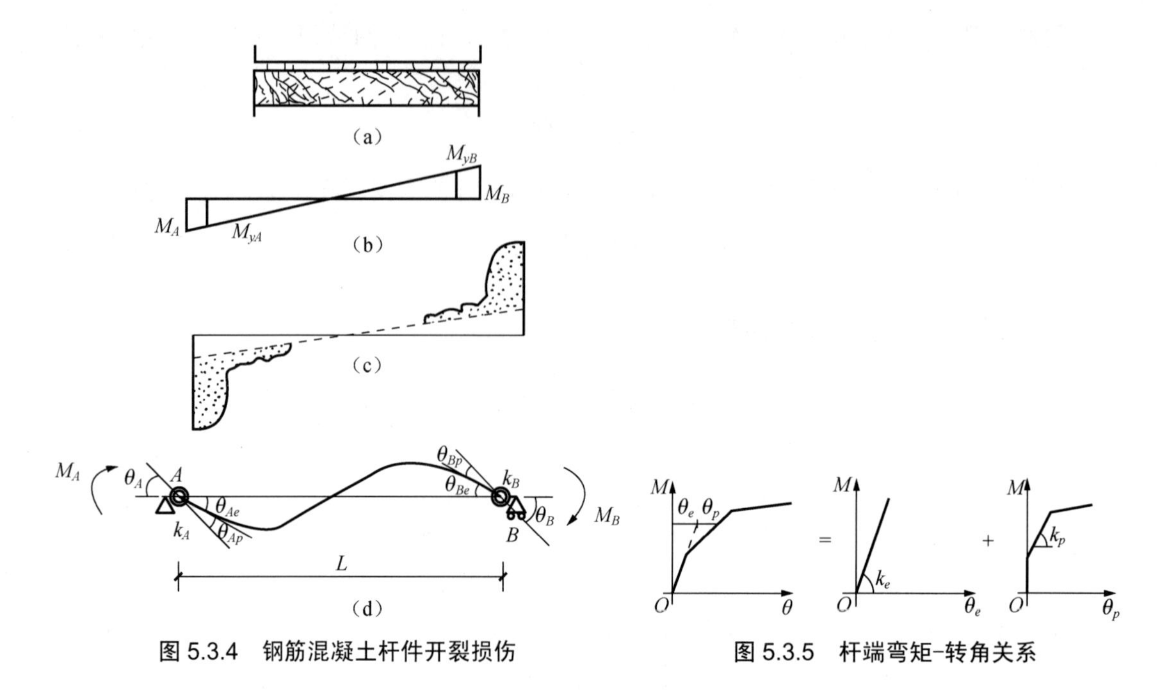

图 5.3.4　钢筋混凝土杆件开裂损伤

图 5.3.5　杆端弯矩-转角关系

因此，杆端总转角与杆端弯矩的关系为

$$\begin{Bmatrix}\Delta\theta_A\\\Delta\theta_B\end{Bmatrix}=\begin{bmatrix}\dfrac{L}{3EI}+\dfrac{1}{k_{Ap}} & -\dfrac{L}{6EI}\\ -\dfrac{L}{6EI} & \dfrac{L}{3EI}+\dfrac{1}{k_{Bp}}\end{bmatrix}\begin{Bmatrix}\Delta M_A\\\Delta M_B\end{Bmatrix} \tag{5.3.23}$$

取 $s_A=(6EI/L)/k_{Ap}$ 及 $s_B=(6EI/L)/k_{Bp}$，则上式可写成

$$\begin{Bmatrix}\Delta\theta_A\\\Delta\theta_B\end{Bmatrix}=\frac{L}{6EI}\begin{bmatrix}2+s_A & -1\\ -1 & 2+s_B\end{bmatrix}\begin{Bmatrix}\Delta M_A\\\Delta M_B\end{Bmatrix} \tag{5.3.24}$$

简写为

$$\{\Delta e_{AB}\}=[f_{AB}]\{\Delta F_{AB}\} \tag{5.3.25}$$

式中，$[f_{AB}]$为柔度矩阵，对其求逆得刚度矩阵，即$[K_{AB}]=[f_{AB}]^{-1}$，因此杆端弯矩与杆端转角的关系为

$$\begin{Bmatrix}\Delta M_A\\\Delta M_B\end{Bmatrix}=\frac{6EI/L}{(2+s_A)(2+s_B)-1}\begin{bmatrix}2+s_B & 1\\ 1 & 2+s_A\end{bmatrix}\begin{Bmatrix}\Delta\theta_A\\\Delta\theta_B\end{Bmatrix} \tag{5.3.26}$$

当需要考虑杆件的剪切变形影响时，可采用图 5.3.6（a）所示杆件模型，在杆件中设置一剪切弹簧，其瞬时剪切刚度记为k_s。通常剪切变形按弹性考虑，即取$k_s=GA/\beta_s$。在杆两端弯矩作用下，杆件的变形状况如图 5.3.6（b）所示，杆端转角为

$$\begin{cases}\Delta\theta_A=\Delta\theta_{Ae}+\Delta\theta_{Ap}+\Delta\gamma\\ \Delta\theta_B=\Delta\theta_{Be}+\Delta\theta_{Bp}+\Delta\gamma\end{cases} \tag{5.3.27}$$

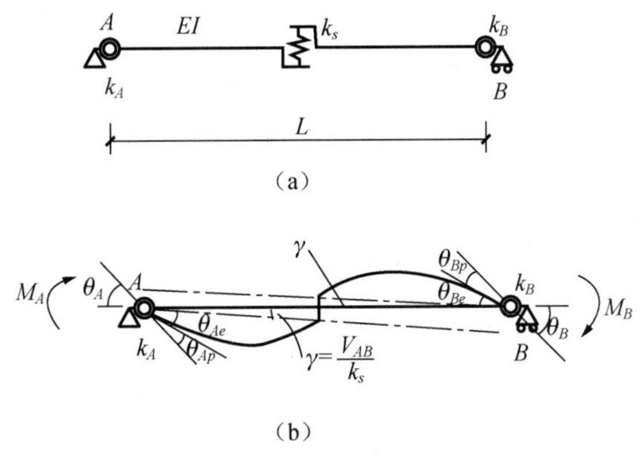

图 5.3.6　考虑剪切变形的杆端弹簧弹塑性杆模型

剪切变形角增量 $\Delta\gamma$ 为

$$\Delta\gamma=\frac{\Delta V_{AB}}{k_s}=\frac{\Delta M_A+\Delta M_B}{k_s L} \tag{5.3.28}$$

由此得杆端转角增量与杆端弯矩增量的关系为

$$\begin{Bmatrix}\Delta\theta_A\\ \Delta\theta_B\end{Bmatrix}=\begin{bmatrix}\frac{L}{3EI}+\frac{1}{k_{Ap}}+\frac{1}{k_s L} & -\frac{L}{6EI}+\frac{1}{k_s L}\\ -\frac{L}{6EI}+\frac{1}{k_s L} & \frac{L}{3EI}+\frac{1}{k_{Bp}}+\frac{1}{k_s L}\end{bmatrix}\begin{Bmatrix}\Delta M_A\\ \Delta M_B\end{Bmatrix} \tag{5.3.29}$$

故柔度矩阵 $[f_{AB}]$ 可写成

$$[f_{AB}]=\frac{L}{6EI}\begin{bmatrix}2+s_A+g & -1+g\\ -1+g & 2+s_B+g\end{bmatrix} \tag{5.3.30}$$

式中，$g=(6EI/L)/(k_s L)$。对柔度矩阵求逆即可得刚度矩阵，即 $[K_{AB}]=[f_{AB}]^{-1}$。因此，杆端弯矩与杆端转角的关系可写成

$$\begin{Bmatrix}\Delta M_A\\ \Delta M_B\end{Bmatrix}=[K_{AB}]\begin{Bmatrix}\Delta\theta_A\\ \Delta\theta_B\end{Bmatrix} \tag{5.3.31}$$

由式（5.3.22）和式（5.3.28），可得杆端弯矩增量与杆端塑性转角增量和剪切变形角增量的关系，即

$$\begin{Bmatrix}\Delta\theta_{Ap}\\ \Delta\theta_{Bp}\\ \Delta\gamma\end{Bmatrix}=\begin{bmatrix}\frac{1}{k_{Ap}} & 0\\ 0 & \frac{1}{k_{Bp}}\\ \frac{1}{k_s L} & \frac{1}{k_s L}\end{bmatrix}\begin{Bmatrix}\Delta M_A\\ \Delta M_B\end{Bmatrix}=[D]\begin{Bmatrix}\Delta M_A\\ \Delta M_B\end{Bmatrix} \tag{5.3.32}$$

将式（5.3.31）代入式（5.3.32），可得杆端塑性转角增量和剪切变形角增量与杆端转角增量的转换关系为

$$\begin{Bmatrix} \Delta\theta_{Ap} \\ \Delta\theta_{Bp} \\ \Delta\gamma \end{Bmatrix} = [D][K_{AB}]\begin{Bmatrix} \Delta\theta_A \\ \Delta\theta_B \end{Bmatrix} \tag{5.3.33}$$

如图 5.3.7 所示，对于两端自由且有刚域的弹塑性杆单元，其刚度矩阵不难由上述简支弹塑性杆单元的刚度矩阵通过式（5.3.18）给出的转换矩阵$[A]$转换得到。

在上述分析中，杆端弹性转角和塑性转角与杆端弯矩的关系需分别考虑。因为通常都是由试验结果直接建立杆端总转角与总弯矩关系的滞回模型，如图 5.3.8 所示。因此若直接由杆端总转角与总弯矩关系按式（5.3.34）确定杆端的总瞬时刚度更为方便，而不需再按图 5.3.5 进行分解。

$$k_A = \frac{\Delta M_A}{\Delta\theta_A},\quad k_B = \frac{\Delta M_B}{\Delta\theta_B} \tag{5.3.34}$$

在反对称弯矩分布下，即$\Delta M_A = \Delta M_B$，由式（5.3.23）知，A端的转角增量为

$$\begin{aligned} \Delta\theta_A &= \left(\frac{L}{3EI} + \frac{1}{k_{Ap}}\right)\Delta M_A - \frac{L}{6EI}\Delta M_B \\ &= \left(\frac{L}{6EI} + \frac{1}{k_{Ap}}\right)\Delta M_A \end{aligned} \tag{5.3.35}$$

因此有

$$\frac{1}{k_A} = \frac{L}{6EI} + \frac{1}{k_{Ap}} \tag{5.3.36}$$

取$s'_A = 1 + s_A = (6EI/L)/k_A$及$s'_B = 1 + s_B = (6EI/L)/k_B$，则相应地，式（5.3.24）变为

$$\begin{Bmatrix} \Delta\theta_A \\ \Delta\theta_B \end{Bmatrix} = \frac{L}{6EI}\begin{bmatrix} 1+s'_A & -1 \\ -1 & 1+s'_B \end{bmatrix}\begin{Bmatrix} \Delta M_A \\ \Delta M_B \end{Bmatrix} \tag{5.3.37}$$

式（5.3.26）变为

$$\begin{Bmatrix} \Delta M_A \\ \Delta M_B \end{Bmatrix} = \frac{6EI/L}{(1+s'_A)(1+s'_B)-1}\begin{bmatrix} 1+s'_A & 1 \\ 1 & 1+s'_B \end{bmatrix}\begin{Bmatrix} \Delta\theta_A \\ \Delta\theta_B \end{Bmatrix} \tag{5.3.38}$$

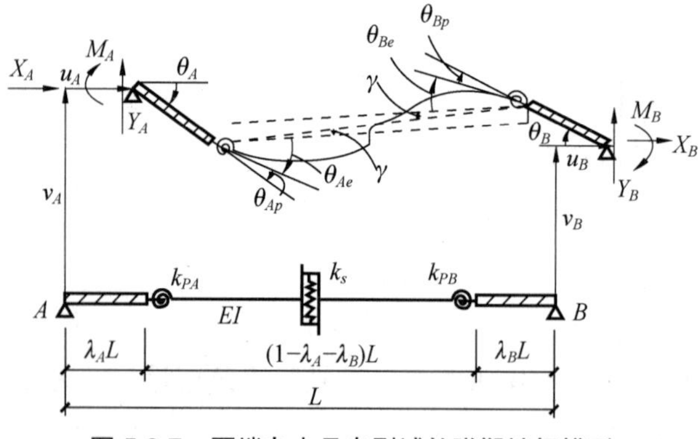

图 5.3.7 两端自由且有刚域的弹塑性杆模型

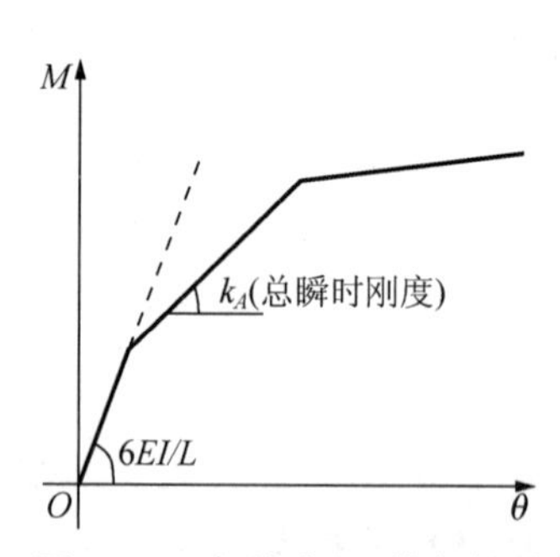

图 5.3.8 杆端弯矩-转角关系

杆端弹簧的弯矩-转角关系需根据曲率沿杆件的分布情况来确定，这是上述杆端弹塑性弹簧杆模型的缺点。如图 5.3.9 所示为不同弯矩分布，在同样的杆端弯矩情况下，由图中阴影部分面积得到的杆端转角不同。因此，杆端弹簧弹塑性杆模型不适用于杆件弯矩分布随荷载变化而有较大变化的情况。但对大多数层数不多的普通框架结构而言，在反复地震作用下，梁柱杆件的反弯点一般在其中点，弯矩沿杆件分布的变化不大，因此利用该模型仍可较好地分析结构在地震作用下的弹塑性动力反应。

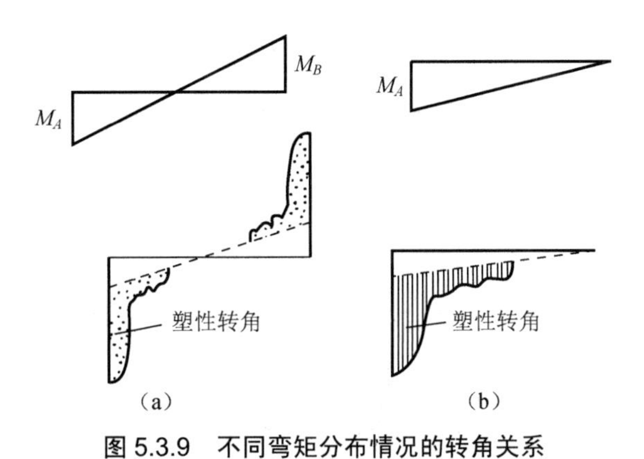

图 5.3.9　不同弯矩分布情况的转角关系

5.3.5　其他弹塑性杆模型

为克服上述杆端弹簧杆模型不能考虑曲率分布变化的弊端，研究者们先后提出了分布弹簧杆模型、分割杆模型以及曲率分布杆模型，以下分别予以介绍。

1. 分布弹簧杆模型

分布弹簧杆模型是在上述杆端弹簧杆模型的基础上，进一步沿杆件再考虑若干个转动弹簧，如图 5.3.10 所示。设第 i 个弹簧的瞬时转动柔度为 f_i，即第 i 个弹簧的转角增量与其弯矩增量的关系为

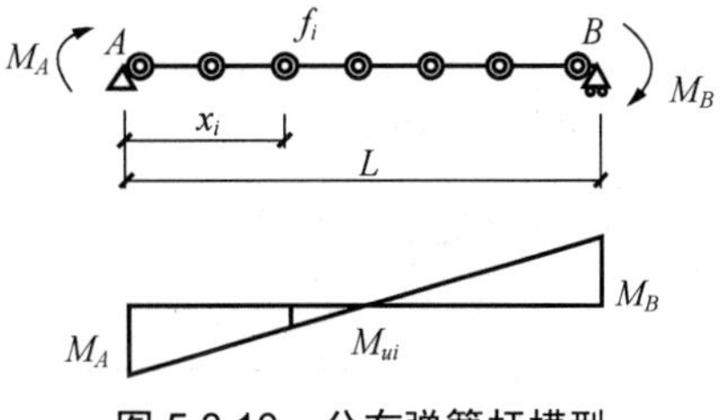

图 5.3.10　分布弹簧杆模型

$$\Delta\theta_i = f_i \Delta M_i \tag{5.3.39}$$

在杆端弯矩增量 ΔM_A 和 ΔM_B 作用下，第 i 个弹簧的弯矩增量 ΔM_i 为（以截面底部受拉为正）

$$\Delta M_i = \left(1-\frac{x_i}{L}\right)\Delta M_A - \left(\frac{x_i}{L}\right)\Delta M_B \tag{5.3.40}$$

采用单位力法可确定杆端转角增量与杆端弯矩增量的关系。设在杆端 A 作用单位弯矩，则在第 i 个弹簧处产生的弯矩 M_{ui} 为

$$M_{ui} = 1-\frac{x_i}{L} \tag{5.3.41}$$

因此，杆端 A 的转角增量 $\Delta\theta_A$ 为

$$
\begin{aligned}
\Delta\theta_A &= \sum_i M_{ui}\Delta\theta_i \\
&= \sum_i \left(1-\frac{x_i}{L}\right) f_i \left[\left(1-\frac{x_i}{L}\right)\Delta M_A - \frac{x_i}{L}\Delta M_B\right]
\end{aligned} \tag{5.3.42a}
$$

同理可得

$$
\begin{aligned}
\Delta\theta_B &= \sum_i M_{ui}\Delta\theta_i \\
&= \sum_i \left(-\frac{x_i}{L}\right) f_i \left[\left(1-\frac{x_i}{L}\right)\Delta M_A - \frac{x_i}{L}\Delta M_B\right] \\
&= f_{BA}\Delta M_A + f_{BB}\Delta M_B \\
&= f_{AA}\Delta M_A + f_{AB}\Delta M_B
\end{aligned} \tag{5.3.42b}
$$

将上面两式写成矩阵形式，得

$$
\begin{Bmatrix} \Delta\theta_A \\ \Delta\theta_B \end{Bmatrix} = \begin{bmatrix} f_{AA} & f_{AB} \\ f_{BA} & f_{BB} \end{bmatrix} \begin{Bmatrix} \Delta M_A \\ \Delta M_B \end{Bmatrix} \tag{5.3.43}
$$

上式柔度矩阵中的元素为

$$
f_{AA} = \sum_i \left(1-\frac{x_i}{L}\right)^2 f_i \tag{5.3.44a}
$$

$$
f_{AB} = f_{BA} = -\sum_i \frac{x_i}{L}\left(1-\frac{x_i}{L}\right) f_i \tag{5.3.44b}
$$

$$
f_{BB} = \sum_i \left(\frac{x_i}{L}\right)^2 f_i \tag{5.3.44c}
$$

对式（5.3.43）所示柔度矩阵求逆即可得刚度矩阵。

2. 分割杆模型

1965 年 Clough 在框架结构地震响应分析中提出了图 5.3.11 所示的双分割杆模型，即

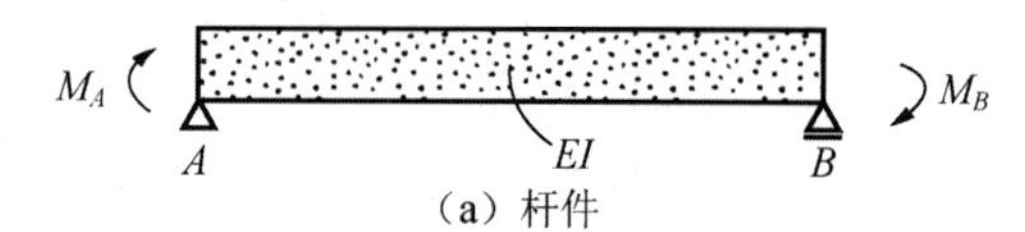

（a）杆件

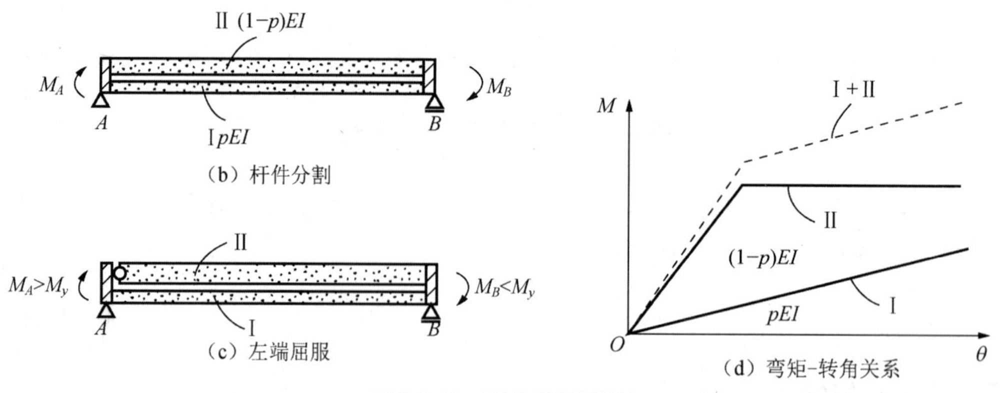

图 5.3.11 双分割杆模型

将杆件用两个虚拟的平行杆代替，其中一个为杆端可出现塑性铰的杆，以反映原杆件屈服后的塑性变形，另一个为弹性杆，以反映屈服后变形硬化。两虚拟杆的弯曲刚度之和等于原杆件的弯曲刚度 EI 。杆件两端为刚性连接，使两虚拟杆在杆端保持变形协调，且两虚拟杆端弯矩之和等于原杆端弯矩。当杆端弯矩达到屈服时，杆端可出现塑性铰的虚拟杆在该杆端形成一塑性铰；而当卸载时，塑性铰又消失。

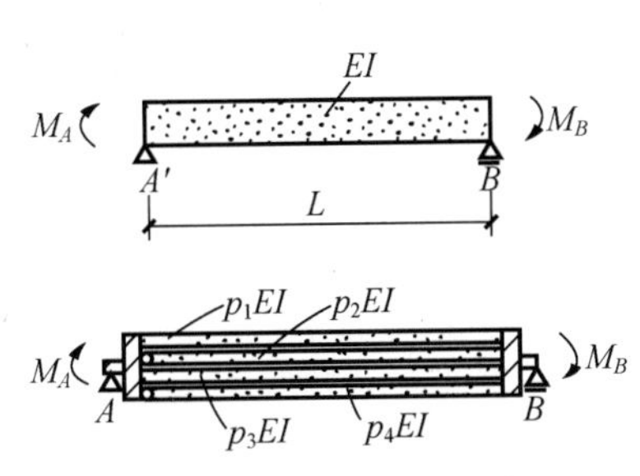

图 5.3.12　四分割杆模型

采用双分割杆模型，原杆件一端的弯矩-转角关系将取决于两虚拟杆两端的弯矩-转角关系，因此可近似在分析中反映弯矩沿杆件分布的影响。

为反映杆件开裂、两端不同的屈服弯矩及变形硬化的情况，青山博之在上述 Clough 分割杆模型的基础上，提出了图 5.3.12 所示的四分割杆模型。各虚拟杆件的弯矩-转角增量关系可分别表示如下：

（1）弯曲刚度等于 p_1EI 的弹性杆：

$$\begin{Bmatrix}\Delta M_{A1}\\ \Delta M_{B1}\end{Bmatrix}=\frac{p_1EI}{L}\begin{bmatrix}4 & 2\\ 2 & 4\end{bmatrix}\begin{Bmatrix}\Delta\theta_A\\ \Delta\theta_B\end{Bmatrix} \tag{5.3.45}$$

（2）弯曲刚度等于 p_2EI ，且 A 端有塑性铰的杆，因为 A 端弯矩为 0，因此有

$$\begin{Bmatrix}\Delta M_{A2}\\ \Delta M_{B2}\end{Bmatrix}=\frac{p_2EI}{L}\begin{bmatrix}0 & 0\\ 0 & 3\end{bmatrix}\begin{Bmatrix}\Delta\theta_A\\ \Delta\theta_B\end{Bmatrix} \tag{5.3.46}$$

（3）弯曲刚度等于 p_3EI ，且 B 端有塑性铰的杆，因为 B 端弯矩为 0，因此有

$$\begin{Bmatrix}\Delta M_{A3}\\ \Delta M_{B3}\end{Bmatrix}=\frac{p_3EI}{L}\begin{bmatrix}3 & 0\\ 0 & 0\end{bmatrix}\begin{Bmatrix}\Delta\theta_A\\ \Delta\theta_B\end{Bmatrix} \tag{5.3.47}$$

（4）弯曲刚度等于 p_4EI ，且两端均有塑性铰的杆：

$$\begin{Bmatrix}\Delta M_{A4}\\ \Delta M_{B4}\end{Bmatrix}=\frac{p_4EI}{L}\begin{bmatrix}0 & 0\\ 0 & 0\end{bmatrix}\begin{Bmatrix}\Delta\theta_A\\ \Delta\theta_B\end{Bmatrix} \tag{5.3.48}$$

考虑各虚拟杆在杆端保持变形协调，即转角相等，且各虚拟杆杆端弯矩之和等于该杆端弯矩，因此由以上各虚拟杆的弯矩-转角增量关系，可得原杆件的弯矩-转角关系为

$$\begin{Bmatrix}\Delta M_A\\ \Delta M_B\end{Bmatrix}=\frac{EI}{L}\begin{bmatrix}4p_1+3p_3 & 2p_1\\ 2p_1 & 4p_1+3p_2\end{bmatrix}\begin{Bmatrix}\Delta\theta_A\\ \Delta\theta_B\end{Bmatrix} \tag{5.3.49}$$

须注意， p_2EI 杆与 p_3EI 杆两者仅可取其一，这主要是为了反映两端屈服弯矩不同，即：当 A 端屈服弯矩大于 B 端时， B 端先屈服，此时虚拟杆可仅由 p_1EI 杆+ p_3EI 杆表示；当 B 端屈服弯矩大于 A 端时， A 端先屈服，此时虚拟杆可仅由 p_1EI 杆+ p_2EI 杆表示；而当两端均屈服时，虚拟杆将仅剩 p_1EI 杆， $p_2=p_3=0$ 。 p_4EI 杆反映开裂前刚度影响，开裂后 $p_4=0$ 。

虽然分割杆模型可反映弯矩沿杆件分布的情况，但各虚拟杆的刚度参数 p 需根据预先假定的弯矩分布形式下的杆端弯矩-转角关系来推算，且仅适用于与预先假定弯矩分布形式相近情况的杆件分析。通常取对称反弯弯矩分布来确定各虚拟杆的刚度参数。

3. 曲率分布杆模型

对于钢筋混凝土杆件而言，当其出现裂缝后，截面刚度沿杆件是变化的。反映这种变化影响的另一种分析模型如图 5.3.13 所示，即假定截面曲率$1/EI(x)$沿杆件的分布形式，由此得到杆端转角-弯矩增量关系的柔度矩阵：

$$\begin{Bmatrix} \Delta\theta_A \\ \Delta\theta_B \end{Bmatrix} = \begin{bmatrix} f_{AA} & f_{AB} \\ f_{BA} & f_{BB} \end{bmatrix} \begin{Bmatrix} \Delta M_A \\ \Delta M_B \end{Bmatrix} \tag{5.3.50}$$

对于两端简支杆，假定杆件截面瞬时曲率$1/EI(x)$和瞬时剪切刚度$GA/\beta(x)$的分布形式后，柔度矩阵中各元素分别为

$$f_{AA} = \int_0^L \frac{(1-x/L)^2}{EI(x)} \mathrm{d}x + \frac{1}{L^2}\int_0^L \frac{1}{GA/\beta(x)} \mathrm{d}x \tag{5.3.51a}$$

$$f_{AB} = f_{BA} = \int_0^L \frac{-(x/L)(1-x/L)^2}{EI(x)} \mathrm{d}x + \frac{1}{L^2}\int_0^L \frac{1}{GA/\beta(x)} \mathrm{d}x \tag{5.3.51b}$$

$$f_{BB} = \int_0^L \frac{(x/L)^2}{EI(x)} \mathrm{d}x + \frac{1}{L^2}\int_0^L \frac{1}{GA/\beta(x)} \mathrm{d}x \tag{5.3.51c}$$

通常假定截面曲率$1/EI(x)$沿杆件为二次抛物线分布，因此具体分布函数将取决于杆件两端的截面曲率$1/EI_A$和$1/EI_B$以及截面曲率最小值$1/EI_0$，如图 5.3.13 所示。反弯点可在杆件内或在杆件外。截面曲率最小值$1/EI_0$通常可按弹性阶段计算，而杆端的截面曲率可根据杆端弯矩-转角关系得到。

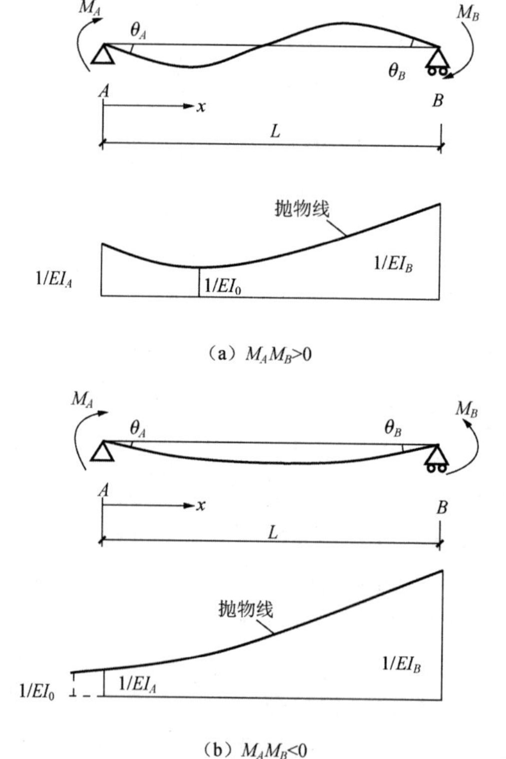

图 5.3.13 曲率分布杆模型

对于弯矩为反对称分布情况，如忽略剪切变形的影响，当假定截面曲率$1/EI(x)$按二次抛物线分布时，则由其杆端弯矩-转角关系，可得瞬时柔度矩阵为

$$\begin{Bmatrix}\Delta\theta_A\\\Delta\theta_B\end{Bmatrix}=\begin{bmatrix}2f_A+\dfrac{f_B-f_0}{3}-f_{AB} & -\dfrac{f_A+f_B}{2}+\dfrac{2f_{AB}}{3}\\-\dfrac{f_A+f_B}{2}+\dfrac{2f_{AB}}{3} & 2f_B+\dfrac{f_A-f_0}{3}-f_{AB}\end{bmatrix}\begin{Bmatrix}\Delta M_A\\\Delta M_B\end{Bmatrix} \tag{5.3.52}$$

式中，f_A和f_B分别为在反对称弯矩分布下，由相应杆端弯矩-转角关系确定的瞬时截面转动柔度，$f_A=\Delta\theta_A/\Delta M_A$，$f_B=\Delta\theta_B/\Delta M_B$；$f_0$为弹性阶段的转动柔度，$f_0=L/(6EI)$；$f_{AB}$为两端相互影响的转动柔度，按下式确定：

$$f_{AB}=\text{sign}(M_AM_B)\sqrt{(f_A-f_0)(f_B-f_0)} \tag{5.3.53}$$

5.3.6　多弹簧杆模型

对于钢筋混凝土构件，轴力对其杆端弯矩-转角关系有较大影响，即所谓轴力-弯矩相互作用。而在地震作用下，结构中的杆件尤其是边框架柱和角框架柱所受轴力往往是不断变化的。前述杆模型所采用的杆端弯矩-转角关系，一般仅在固定轴力下得到，不能考虑地震作用下轴力变动对杆件的影响。此外，在双向弯矩作用下，一个方向的弯矩对另一个方向的受弯承载力和变形性能也有影响。前述杆模型均不能考虑变动轴力和双向弯矩的影响，因而通常仅适用于平面结构的弹塑性地震分析。为解决这一问题，1984 年，Lai 采用多弹簧模型来代替前述杆端弹塑性转动弹簧，如图 5.3.14 所示。

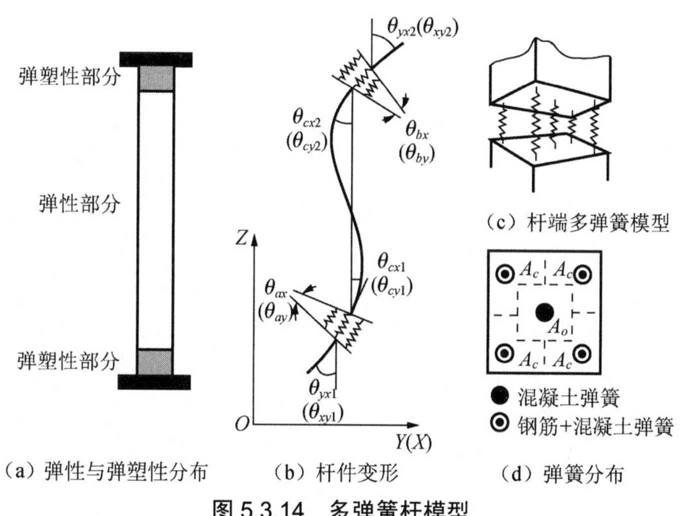

图 5.3.14　多弹簧杆模型

杆件按图 5.3.14（a）所示分为杆端弹塑性部分和中部弹性部分，这与图 5.3.4 的假定是相同的，不同的是杆端弹塑性部分采用多弹簧模型。多弹簧模型的上、下为两个刚性截面，上、下截面之间由多个弹簧连接，每个弹簧反映横截面上一部分面积内材料的性能，弹簧性质可通过材料的应力-应变关系确定。由于计算量的限制，在早期采用 5 个混凝土弹簧和 4 个钢筋弹簧［图 5.3.14（c）］。随着计算机能力的发展，现在可采用足够多数量的弹簧，

以充分反映截面材料的分布状况并满足一定的计算精度。

由上、下刚性截面的相对变形（轴向变形和相对转动变形）即可确定各个弹簧的变形和受力，从而可由平衡条件得到杆端的轴力和弯矩。弹簧的长度应根据杆件弯矩分布形式，由杆端塑性变形的大小确定，通常根据经验值可取 $h/2$ 或 $0.2L$，其中 h 为截面高度，L 为构件长度。

由杆端多弹簧模型的分析可得杆端转角-弯矩增量之间的关系和相应的瞬时柔度矩阵，与中部弹性部分杆件的柔度矩阵合并后，再按前述杆模型方法得到整个杆件的刚度矩阵。多弹簧模型一般用于框架柱。

5.3.7 基于纤维模型的杆单元

集中塑性铰法、多弹簧杆模型等都是根据工程经验，选取单元内部比较有代表性的截面，分析其截面刚度，进而得到整个单元的刚度。这样的方法都属于特征截面法的范畴。

特征截面法的优点在于概念简单、实现容易；但是需要事先了解构件的受力特点，才能选取有代表性的特征截面，保证计算结果的精度。然而在实际工程中，大量构件的内部受力特点是无法准确预知的。在这种情况下，采用数值积分法可以更加灵活地由截面刚度得到构件刚度。

数值积分法即根据积分法则，在一个构件中选取若干截面，计算其截面刚度，继而积分得到整个构件的刚度。以最常用的三点高斯积分法为例，在单元内部选取距离构件一端相对长度分别为 0.3873、0.5、0.6127 的三个代表性截面，计算其截面刚度，然后将各截面刚度乘以相应的积分权系数，得到整个构件的刚度。数值积分的方法适用于构件内部截面刚度变化连续平滑的情况，具有较高的计算精度。

构件的截面刚度可简单表示为

$$\begin{Bmatrix} N \\ M \end{Bmatrix} = \begin{bmatrix} K^{\mathrm{sec}t} \end{bmatrix} \begin{Bmatrix} \varepsilon_N \\ \phi \end{Bmatrix} \tag{5.3.54}$$

式中，N 为截面轴力；M 为截面弯矩；ε_N 为截面轴向应变；ϕ 为截面曲率。

构件的截面行为非常复杂，精确构造出截面刚度 $\left[K^{\mathrm{sec}t}\right]$ 的表达式非常困难。因此，往往需要进一步将截面行为细分成很多小的纤维（图 5.3.15），即得到基于纤维模型的杆单元。按照平截面假定，根据轴向变形、弯曲变形和纤维位置，计算出纤维的应变，再根据材料的单轴本构关系，计算出纤维的应力与刚度，进而积分得到整个截面的内力。公式如下：

$$\begin{aligned} N = &\sum_{i_c=1}^{n_c} \{(E_t)_{i_c} [\varepsilon_t + (\phi_x)_t y_{i_c} - (\phi_y)_t x_{i_c}] A_{i_c}\} + \\ &\sum_{i_s=1}^{n_s} \{(E_t)_{i_s} [\varepsilon_t + (\phi_x)_t y_{i_s} - (\phi_y)_t x_{i_s}] A_{i_s}\} \end{aligned} \tag{5.3.55a}$$

$$\begin{aligned} M_x = &\sum_{i_c=1}^{n_c} \{(E_t)_{i_c} [\varepsilon_t + (\phi_x)_t y_{i_c} - (\phi_y)_t x_{i_c}] A_{i_c} y_{i_c}\} + \\ &\sum_{i_s=1}^{n_s} \{(E_t)_{i_s} [\varepsilon_t + (\phi_x)_t y_{i_s} - (\phi_y)_t x_{i_s}] A_{i_s} y_{i_s}\} \end{aligned} \tag{5.3.55b}$$

$$
\begin{aligned}
M_y = & \sum_{i_c=1}^{n_c}\{(E_t)_{i_c}[\varepsilon_t + (\phi_x)_t y_{i_c} - (\phi_y)_t x_{i_c}]A_{i_c}(-x_{i_c})\} + \\
& \sum_{i_s=1}^{n_s}\{(E_t)_{i_s}[\varepsilon_t + (\phi_x)_t y_{i_s} - (\phi_y)_t x_{i_s}]A_{i_s}(-x_{i_s})\}
\end{aligned} \tag{5.3.55c}
$$

式中，N 为截面轴力；M_x、M_y 分别为截面绕 x、y 轴的弯矩；下标 c 代表混凝土纤维的相关符号；下标 s 代表钢筋纤维的相关符号；n 为截面上纤维总数；i_c、i_s 为纤维的编号；(x, y) 为纤维的坐标；A 为纤维的面积；E_t 为纤维的切线模量；ε_t 为纤维的轴向应变截面轴力；$(\phi_x)_t$ 为纤维绕 x 轴的曲率；$(\phi_y)_t$ 为纤维绕 y 轴的曲率。

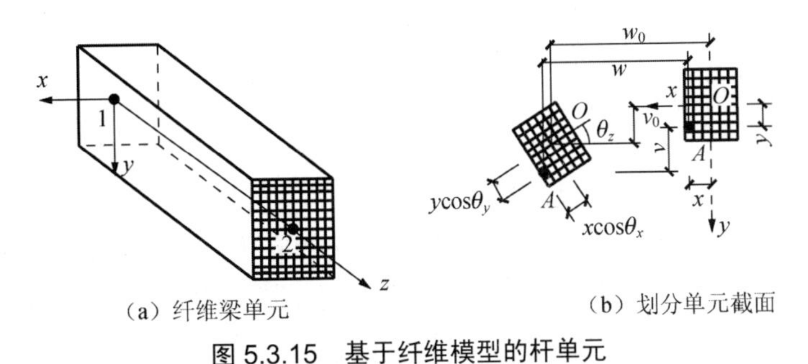

（a）纤维梁单元　　（b）划分单元截面

图 5.3.15　基于纤维模型的杆单元

由以上表达式可以得到对应的截面刚度为

$$
\left[K^{\mathrm{sec}\,t}\right] = \begin{bmatrix}
\sum_{i=1}^{n}(E_t)_i A_i & \sum_{i=1}^{n}(E_t)_i A_i y_i & -\sum_{i=1}^{n}(E_t)_i A_i x_i \\
\sum_{i=1}^{n}(E_t)_i A_i y_i & \sum_{i=1}^{n}(E_t)_i A_i y_i^2 & -\sum_{i=1}^{n}(E_t)_i A_i x_i y_i \\
-\sum_{i=1}^{n}(E_t)_i A_i x_i & -\sum_{i=1}^{n}(E_t)_i A_i x_i y_i & \sum_{i=1}^{n}(E_t)_i A_i x_i^2
\end{bmatrix} \tag{5.3.56}
$$

纤维模型将截面的力-位移关系与材料的应力-应变关系联系起来，其过程如图 5.3.16 所示。由于引入了平截面假定与位移形函数，当构件的变形无法满足这两个条件时，则纤维模型不能得到精确的结果。

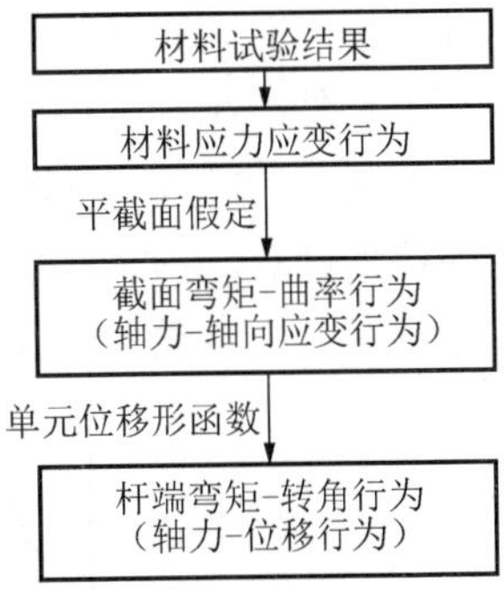

材料试验结果
↓
材料应力应变行为
↓ 平截面假定
截面弯矩-曲率行为（轴力-轴向应变行为）
↓ 单元位移形函数
杆端弯矩-转角行为（轴力-位移行为）

图 5.3.16　由材料本构模型得到截面刚度

对于多种材料组合而成的构件，通常的思路是将截面按材料组成与位置划分成一系列层或纤维（图 5.3.17）。在层与层之间或纤维与纤维之间引入平截面假定，可得截面变形关系为

$$
\varepsilon_k = \varepsilon_N + \phi d_k \tag{5.3.57}
$$

进一步可得截面上力平衡关系为

$$
\sum F_k = N \tag{5.3.58a}
$$

$$
\sum F_k d_k = M \tag{5.3.58b}
$$

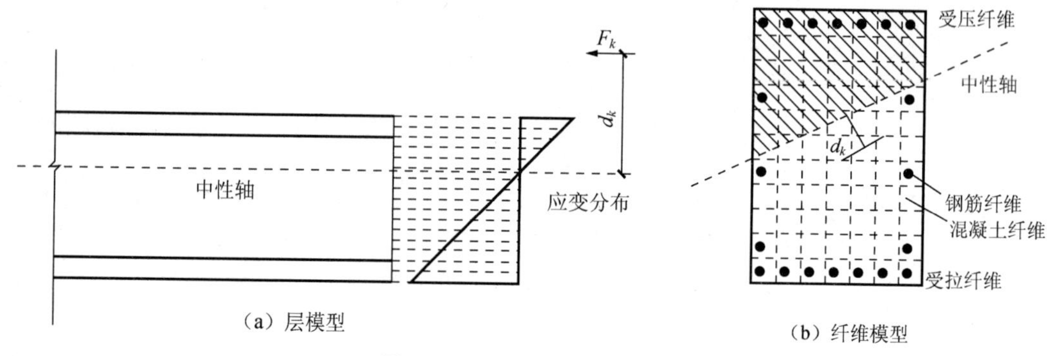

图 5.3.17　层模型或纤维模型

对于钢筋混凝土构件，由于混凝土受拉开裂后中性轴会发生偏移，需要采取一定的手段进行处理。第一种方法为移动中性轴至真实位置，这种方法一般用于简单构件的分析，在整体结构中并不常用。另一种方法则是保持截面中心位置不变，即通过修改轴向变形来模拟中性轴位置的改变（图 5.3.18），常用于整体结构的有限元分析中。使用第二种方法时，一般欧拉梁单元沿全长仅有一个轴向应变，而不同截面的曲率不同，因此轴向变形与弯曲变形之间难以完全协调。当构件内部弯矩变化剧烈时，应适当细分单元以减小误差。

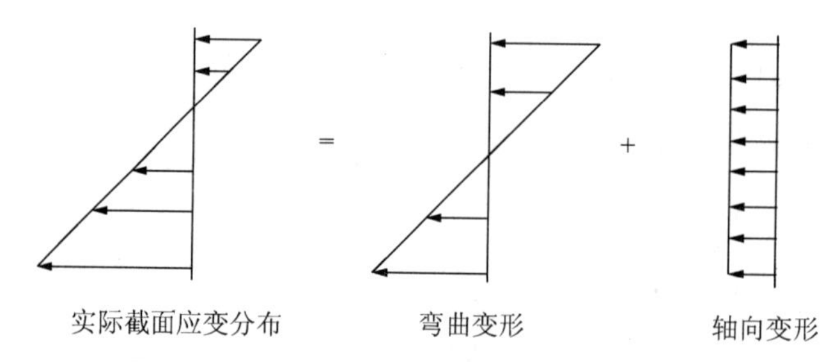

图 5.3.18　改变轴向变形模拟中性轴位置改变

使用纤维模型时，首先需要根据截面不同部位的材料受力性能的差别，按一定规则进行分区。对于杆件模型，混凝土受力特性与其受到的侧向约束有关，一般保护层混凝土和核心约束区混凝土的应力-应变关系不同，需要分别模拟，如图 5.3.19 所示。钢筋分区主要根据钢筋的位置确定。由于杆件中纵向钢筋一般分布在四周，用四个角点分布的 4 纤维模型或均匀布置的 9 纤维模型一般可以实现较为理想的模拟效果（图 5.3.20）。

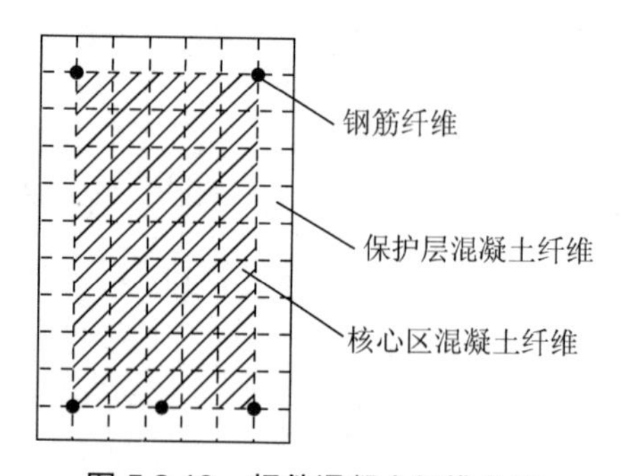

图 5.3.19　杆件混凝土纤维分区

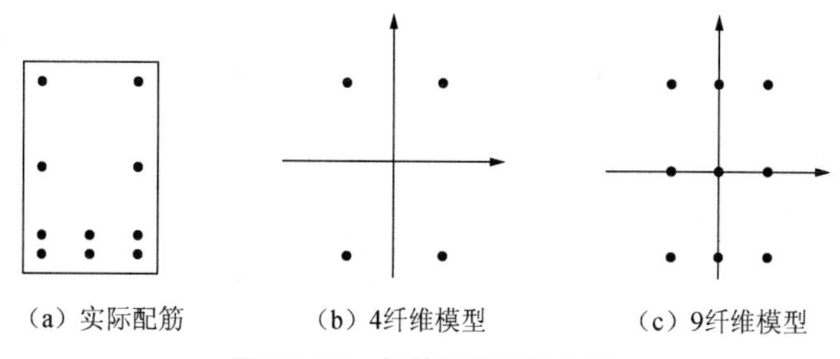

（a）实际配筋　（b）4纤维模型　（c）9纤维模型

图 5.3.20　杆件钢筋纤维分区

钢筋材料一般可采用简单的双线性弹塑性模型模拟（图 5.3.21），使用随动硬化模型来考虑包辛格效应；可用于模拟混凝土的本构模型很多，Lai 等给出了一个最简单的混凝土滞回模型，可以描述混凝土的受压屈服、刚度退化和受拉断裂等行为（图 5.3.22）。也可以根据需要采用其他更复杂、精细的材料模型。

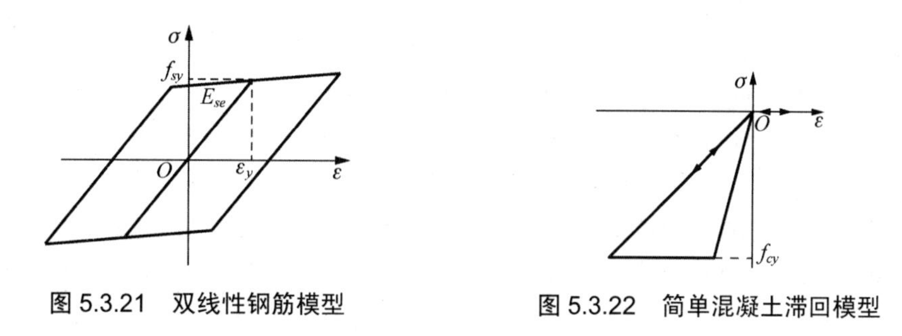

图 5.3.21　双线性钢筋模型　　图 5.3.22　简单混凝土滞回模型

纤维模型从材料性质与配筋位置出发，可以同时考虑轴力和弯矩对截面力-位移关系的影响，因此理论上有较高的精度和广泛的适应能力，特别适用于轴力有较大变化的情况。但是，由于每次计算都对各个纤维的受力情况进行计算并积分迭代，计算工作量大，编程难度高。另外，许多情况下实际构件的截面行为远比平截面假定得到的结果复杂，此时采用纤维模型未必可以得到相当高精度的结果。

5.4　剪力墙模型

根据剪力墙在水平地震荷载下的受力特点和性能来分，目前常用的剪力墙的弹塑性分析宏观模型有柱模型、支撑桁架模型，以及边柱+中柱复合模型。近年来，随着计算机能力的提高，剪力墙结构的非线性计算已经逐渐集中到分层壳模型中。

5.4.1　柱模型

如图 5.4.1 所示，采用前述框架柱杆模型来模拟剪力墙的受力和变形。轴线位置在剪力墙的截面形心处，与楼层连接的上下边界采用刚性梁。上下端采用弹塑性转动弹簧反映剪力墙的弹塑性弯矩-转角关系，中间部分采用弹性杆反映剪力墙的弹性弯曲。剪切变形和轴向变形可采用剪切弹簧和轴向弹簧来反映。

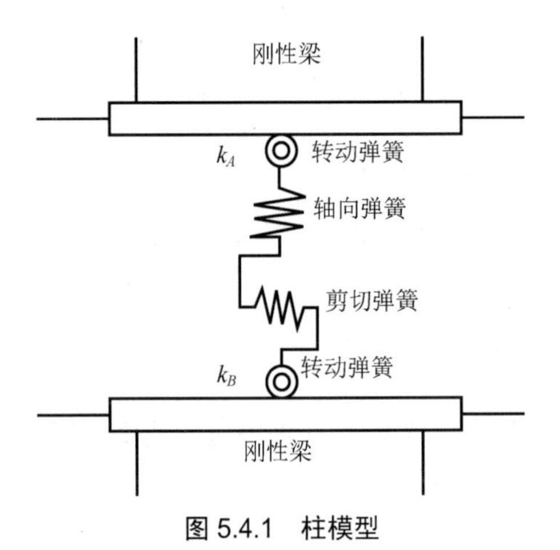

图 5.4.1 柱模型

上下端弹塑性转动弹簧的弯矩-转角关系可根据弯矩沿墙高的分布形式确定，可取均匀分布或反对称分布。底部几层的剪力墙通常认为分布均匀弯矩。与前述杆模型分析结果类似，考虑剪切变形和轴向变形的杆端变形与杆端受力的增量关系及相应的瞬时柔度矩阵为

$$\begin{Bmatrix} \Delta\delta_{AB} \\ \Delta\theta_A \\ \Delta\theta_B \end{Bmatrix} = \begin{bmatrix} \dfrac{h}{EA} & 0 & 0 \\ 0 & 2f+f_A+g & -f+g \\ 0 & -f+g & 2f+f_B+g \end{bmatrix} \begin{Bmatrix} \Delta N_{AB} \\ \Delta M_A \\ \Delta M_B \end{Bmatrix} \tag{5.4.1}$$

式中，$f = h/(6EI)$，其中，EI 为中部弹性部分的弯曲刚度；$f_A = 1/k_A$；$f_B = 1/k_B$；$g = \beta h/(GA_w)$。其中 h 为剪力墙的净层高；k_A、k_B 分别为上下端转动弹簧的瞬时转动刚度；GA_w/β 为剪力墙截面的剪切刚度，β 为截面剪切不均匀系数，当考虑弹塑性剪切变形时，剪切刚度应减小。

前述杆模型中的弯曲柔度分布模型的分析方法也可用于剪力墙的柱模型。

由于柱模型位于剪力墙截面形心位置，因此上下刚性梁两端产生大小相同、符号相反的竖向位移。实际上随着塑性变形的发展，截面中和轴会不断偏移，剪力墙两侧边缘的轴向变形率会随之发生改变，从而使得轴向刚度与弯曲刚度之间存在耦联效应，这在柱模型中不能得到反映。

5.4.2 支撑桁架模型

支撑桁架模型如图 5.4.2 所示，剪切变形由斜撑杆来反映，弯曲变形由两边的竖向杆来反映。该模型在剪切变形占主导时较为适用。受拉斜撑杆和受拉竖杆的轴向刚度应考虑混凝土开裂对刚度降低的影响。

5.4.3 边柱+中柱复合模型

边柱+中柱复合模型如图 5.4.3 所示，由两侧两个竖杆和一个中心竖杆来反映剪力墙的受力性能，上下仍采用刚性梁。该模型适用于弯曲变形占主导的情况。两侧两个竖杆反映

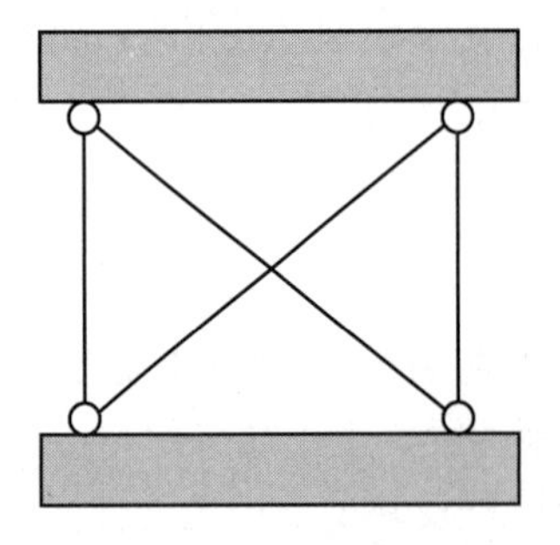
图 5.4.2 支撑桁架模型

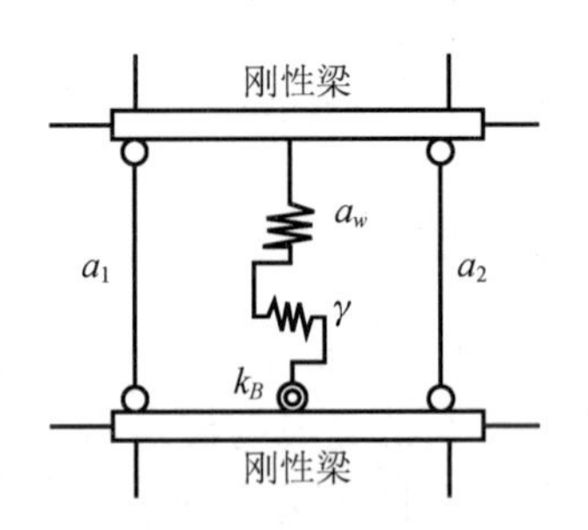

图 5.4.3 边柱+中柱复合模型

剪力墙边柱的轴向刚度，且上下端与刚性梁铰接。中心竖杆反映剪力墙的轴向变形、剪切变形和弯曲变形，杆底端为弹塑性转动弹簧，上端与刚性梁弹性连接。

两侧竖杆的受压刚度和受拉刚度有很大差别，受压刚度可假定为弹性，而受拉刚度的确定应考虑混凝土开裂和钢筋屈服的弹塑性性质。

考虑剪切变形和轴向变形的杆端变形与杆端受力的增量关系及相应的瞬时柔度矩阵为

$$\begin{Bmatrix}\Delta\delta_{AB}\\ \Delta\theta_A\\ \Delta\theta_B\end{Bmatrix}=\begin{bmatrix}a & 0 & 0\\ 0 & 2f+g & -f+g\\ 0 & -f+g & 2f+f_B+g\end{bmatrix}\begin{Bmatrix}\Delta N_{AB}\\ \Delta M_A\\ \Delta M_B\end{Bmatrix}\tag{5.4.2}$$

式中，$a=a_1+a_2+a_w$，$a_1=h/EA_1$，$a_2=h/EA_2$，$a_w=h/EA_w$；$f=h/(6EI_w)$，其中，EI_w 为扣除两侧边柱截面后剪力墙板的弹性弯曲刚度；$f_B=1/k_B$；$g=\beta h/GA_w$。其中，h 为剪力墙的净层高；k_B 为下端转动弹簧的瞬时转动刚度；GA_w/β 为剪力墙截面的剪切刚度；β 为截面剪切不均匀系数，当考虑弹塑性剪切变形时，剪切刚度应减小。各力和变形均以刚性梁中点为基准。

5.4.4　分层壳模型

以上介绍的宏观剪力墙模型力学概念清晰，计算效率高。然而由于其简化较多，存在很多问题；此外，这些模型参数标定困难，也影响了其实用性。

分层壳单元基于复合材料力学原理，将一个壳单元沿厚度度方向划分成若干层，各层可根据构件的实际尺寸和配筋情况赋予相应的材料（钢筋和混凝土）和厚度，如图 5.4.4 所示。计算时首先获得壳单元中心层的应变和曲率，根据平截面假定计算得到其他各层的应变，进而由各层的材料本构模型得到各层积分点上的应力，最终通过数值积分得到壳单元的内力。分层壳单元考虑了面内弯曲、面内剪切和面外弯曲之间的耦合，能较全面地反映钢筋混凝土壳体构件的空间力学性能。

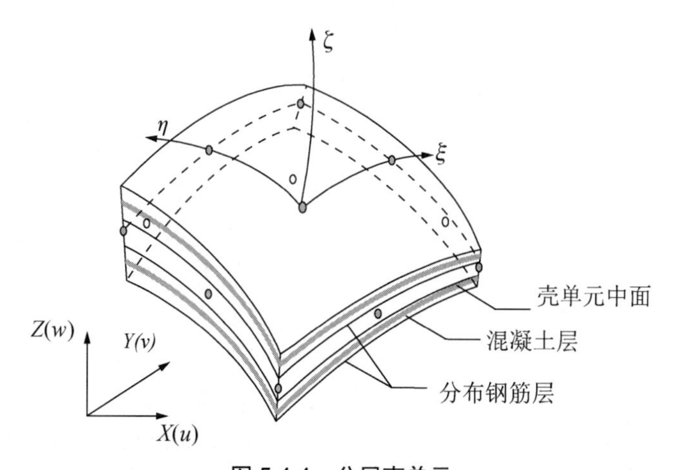

图 5.4.4　分层壳单元

分层壳单元假设：①混凝土层与钢筋（层）之间无相对滑移；②每个分层壳单元可以有不同的分层数，每层厚度可以不同，但同一分层内保持厚度均匀。

规定了单元内力的正方向后（图 5.4.5），即可得到分层壳单元的内力为

$$N_{x(y)}=\int_{-h/2}^{h/2}\sigma_{x(y)}\mathrm{d}z=\sum_{i=1}^{n}\sigma_{x(y)}^{i}\Delta\zeta^{i} \tag{5.4.3a}$$

$$M_{x,(y),(xy)}=-\int_{-h/2}^{h/2}\sigma_{x,(y),(xy)}z\mathrm{d}z=-\sum_{i=1}^{n}\sigma_{x,(y),(xy)}^{i}\zeta^{i}\Delta\zeta^{i} \tag{5.4.3b}$$

在分层壳单元中，钢筋被弥散到某一层或某几层中。对于纵横配筋率相同的剪力墙，钢筋层可以设为各向同性以同时模拟双向钢筋；当纵横配筋率不同时，可分别设置不同材料主轴方向的正交各向异性钢筋层，材料的主方向对应于钢筋的主方向，不同方向材料的参数可以不同。

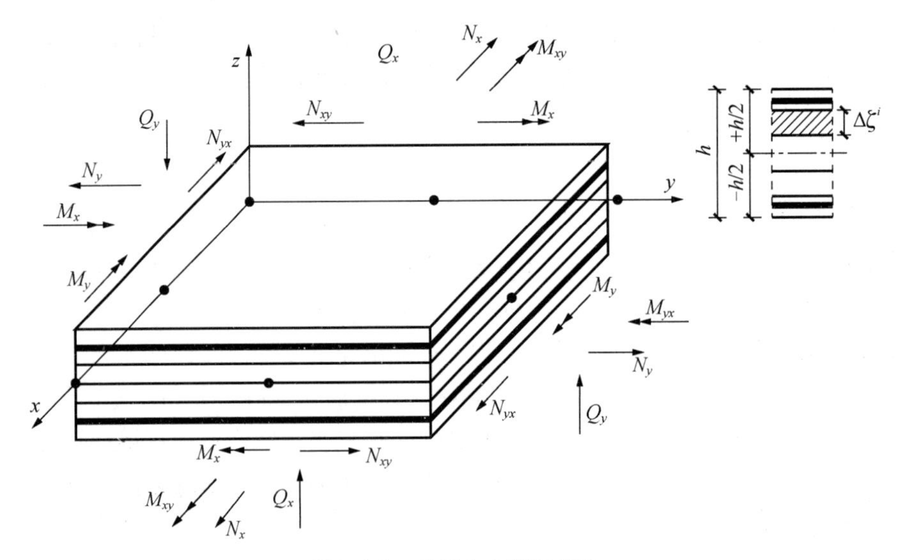

图 5.4.5　单元内力符号规定

5.5　上部结构与基础的共同工作

上部结构-基础相互作用近年来得到广泛关注。土与其上的结构是一个共同工作的整体，由于土体与建筑材料在弹性模量、强度等材料特性方面存在较大差异，在荷载作用下，二者在界面处会产生较强的相互作用。由于基础不可能为完全刚性，与地震分析中常用的假设并不相符，因此可能导致上部结构在地震下的真实响应与理论计算有较大差异。在高层建筑、大型桥涵、地下工程、大型水坝、核电站等结构中，这一问题更加突出。因此在一些情况下，考虑上部结构与基础的共同工作是十分必要的。

相对于尺度有限的工程结构，地球更像是一个半空间无限体。在工程结构-半空间无限体这一系统中，地震波由断层传播到工程结构，引起工程结构的振动，而工程结构的振动也会辐射到土体并向无限远处传播，这种振动能量耗散也称为辐射阻尼。同时，由于结构和基础的惯性力直接作用于地基，也使地基运动不同于自由场运动。辐射能量和非自由场运动是土-结构相互作用中两个核心问题。

分析土-结构相互作用的方法主要有子结构法、集中参数法和直接法三种。

5.5.1 子结构法

考虑到结构和地基物理特性的不同，可将其取为隔离体，分别列出针对结构和地基的动力平衡方程，并在两者的界面上寻求平衡和协调，这种方法称为子结构法。子结构法可以灵活地分割整个体系，从而针对各个子结构采用最适当的分析方法。计算分界面上的动力阻抗函数是该方法的核心。

如图 5.5.1 所示，结构 S 位于半无限地基 F 上，基础与地基的接触面为 B。设$\{P_s\}$为上部结构所受外力，$\{P_b\}$为界面上的相互作用力。

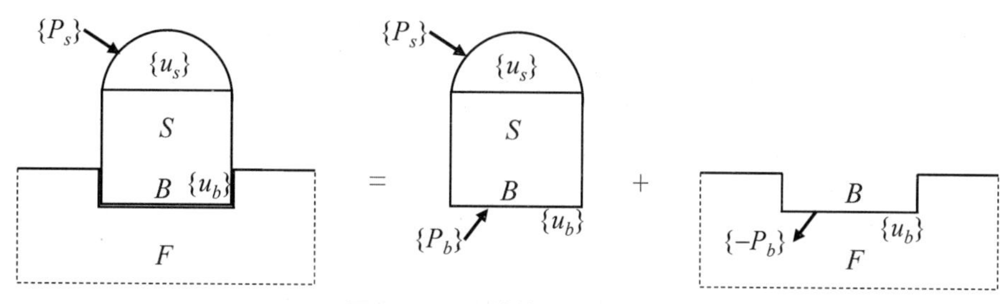

图 5.5.1　子结构及相互作用

先分析上部子结构。将节点划分为结构内部节点和界面节点，分别用下标 s 和 b 表示。将其动力平衡方程改写为等效静力方式，上部子结构的平衡方程为

$$\begin{bmatrix} [K_{ss}] & [K_{sb}] \\ [K_{bs}] & [K_{bb}] \end{bmatrix} \begin{Bmatrix} \{u_s\} \\ \{u_b\} \end{Bmatrix} = \begin{Bmatrix} \{P_s\} \\ \{P_b\} \end{Bmatrix} \tag{5.5.1}$$

式中，$[K]$为等效静力形式的动力刚度矩阵；$\{u\}$为子结构位移。

按照子结构间的位移协调和力平衡条件，作用在地基子结构边界上的力为$\{-P_b\}$，界面位移为$\{u_b\}$，$\{u_b\}$为地震动位移$\{u_{gb}\}$和相互作用位移$\{u_{sb}\}$之和。那么地基子结构的平衡方程可以写作

$$\left[K_{bb}^F\right]\{u_{sb}\} = \{-P_b\} \tag{5.5.2}$$

式中，$[K_{bb}^F]$为地基的动力刚度矩阵，也称为动力阻抗函数。结合上述两个方程，可得到结构在外荷载和地震动作用下土-结构相互作用的完备方程组：

$$\begin{bmatrix} [K_{ss}] & [K_{sb}] \\ [K_{bs}] & [K_{bb}]+[K_{bb}^F] \end{bmatrix} \begin{Bmatrix} \{u_s\} \\ \{u_b\} \end{Bmatrix} = \begin{Bmatrix} \{P_s\} \\ [K_{bb}^F]\{u_{gb}\} \end{Bmatrix} \tag{5.5.3}$$

但是求解地震动作用下地基子结构在界面上的位移$\{u_{gb}\}$非常不便，往往借助于自由场地震动位移$\{u_{fb}\}$。如图 5.5.2 所示，将自由场地基分割为挖出土体 E 和剩余部分 F，设分界面上的作用力为$\{P_{ef}\}$，界面总位移为$\{u_f\}$，$\{u_f\}$为挖出土体在界面处相对位移$\{u_{ef}\}$与地震动位移$\{u_{gb}\}$之和。

那么，类似式（5.5.2），则有

$$\left[K_{bb}^F\right]\{u_{ef}\} = \{-P_{ef}\} \tag{5.5.4}$$

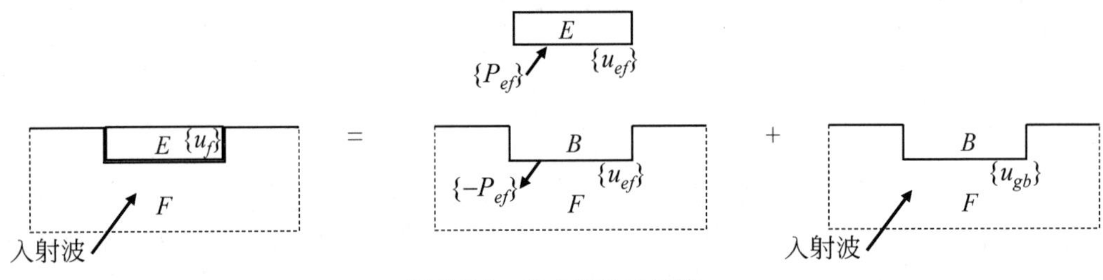

图 5.5.2　自由场及子结构

进而，式（5.5.3）可变为

$$\begin{bmatrix}[K_{ss}] & [K_{sb}] \\ [K_{bs}] & [K_{bb}]+[K_{bb}^F]\end{bmatrix}\begin{Bmatrix}\{u_s\} \\ \{u_b\}\end{Bmatrix}=\begin{Bmatrix}\{P_s\} \\ [K_{bb}^F]\{u_f\}+\{P_{ef}\}\end{Bmatrix} \tag{5.5.5}$$

式中，$\{P_{ef}\}$为界面内力，可由挖出部分土体的刚度矩阵得到：

$$\left\{P_{ef}\right\}=\left[K_{bb}^E\right]\left\{u_f\right\} \tag{5.5.6}$$

因此，式（5.5.5）变为

$$\begin{bmatrix}[K_{ss}] & [K_{sb}] \\ [K_{bs}] & [K_{bb}]+[K_{bb}^F]\end{bmatrix}\begin{Bmatrix}\{u_s\} \\ \{u_b\}\end{Bmatrix}=\begin{Bmatrix}\{P_s\} \\ [K_{bb}^\infty]\{u_f\}\end{Bmatrix} \tag{5.5.7}$$

其中，$[K_{bb}^\infty]=[K_{bb}^F]+[K_{bb}^E]$是自由场在分界面上的刚度矩阵。

在应用子结构法时，由于自由场地震动位移往往是已知的，据此可以计算分界面上的位移$\{u_f\}$，那么只要给出自由场地基动力阻抗函数$[K_{bb}^\infty]$和带缺口地基动力阻抗函数$[K_{bb}^F]$，即可求解土-结构相互作用过程中上部结构的位移响应。

动力阻抗函数取决于地基模型和特性、基础的形状和设置方式等，但对于规则的圆盘状基础和矩形基础有经典解析解。将基础面分割成足够小的单元及对应的集中力，可得到任意形状基础动力阻抗函数的近似解，以此为基础发展了更为实用的集中参数法。更复杂的模型必须借助有限元、边界元、无限元等数值方法进行分析。

5.5.2　集中参数法

集中参数法也称为集总参数法，该方法将半无限地基简化为弹簧-阻尼-质量模型，由于概念明确，在工程中有较多应用，特别适用于土质均匀、线性且地形变化不大的土-结构相互作用分析，当等效弹簧等元件能反映地基的非线性时，利用该方法也可以处理非线性问题。在这一模型中，将地基用弹簧和阻尼器进行模拟，用地基的弹簧常数与阻尼常数来表征地基反力；基础看作在弹簧与阻尼器支承上的一定质量的刚体；上部结构看作由质量、弹簧与阻尼器共同组成的动力系统，如图 5.5.3 所示。

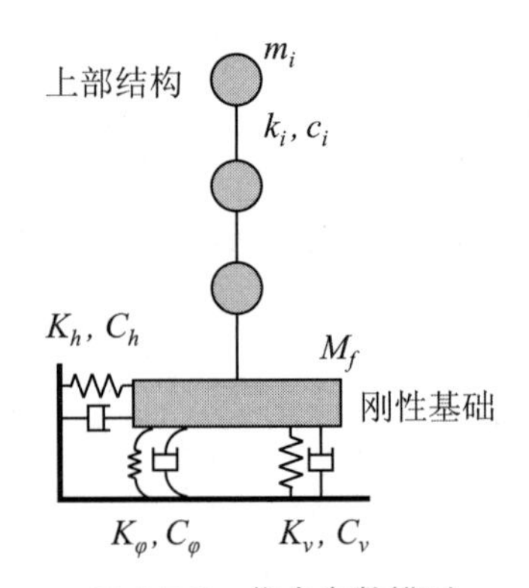

图 5.5.3　集中参数模型

当地基集中参数与频率无关时，等效弹簧刚度可参考下式确定：

$$\begin{cases} K_h = K_h' + K_h'' \\ K_v = K_v' + K_v'' \\ K_\varphi = K_\varphi' + K_\varphi'' \end{cases} \tag{5.5.8}$$

式中，K_h、K_v、K_φ 分别为水平、竖向和转动弹簧刚度，分别由基础置于地表时的刚度 K_h'、K_v'、K_φ' 和考虑基础埋置效应时的附加刚度 K_h''、K_v''、K_φ'' 构成。圆形基础和矩形基础的各刚度和阻尼参数可参考表 5.5.1 及表 5.5.2。

表 5.5.1 圆形基础的等效弹簧刚度和等效阻尼系数

方向	等效弹簧刚度 K'	附加弹簧刚度 K''	等效阻尼系数 C
水平	$\dfrac{32(1-\nu)Gr}{7-8\nu}$	$2.17\sum_{i=1}^{n}h_iG_i$	$0.576K_hr\sqrt{\dfrac{\rho}{G}}$
竖向	$\dfrac{4Gr}{1-\nu}$	$2.57\sum_{i=1}^{n}h_iG_i$	$0.85K_vr\sqrt{\dfrac{\rho}{G}}$
转动	$\dfrac{8Gr^3}{3(1-\nu)}$	$2.17\sum_{i=1}^{n}h_iG_i\left(d_i^2+\dfrac{h_i^2}{12}\right)+2.52r^2\sum_{i=1}^{n}h_iG_i$	$\dfrac{0.30K_\varphi r\sqrt{\rho/G}}{1+\beta}$，$\beta=\dfrac{3(1-\nu)J_0}{8\rho r^5}$

注：n 为基础底面以上地基介质分层数；G_i 和 h_i 分别为地基介质各层剪切模量和厚度；d_i 为地基介质各层中心到基础底面的距离；r 为基础底面半径；ν 为地基介质泊松比；G 为地基介质平均剪切模量；ρ 为地基介质平均密度；J_0 为上部结构和基础绕转动轴的转动惯量。

表 5.5.2 矩形基础等效弹簧刚度和等效阻尼系数

方向	等效弹簧刚度 K'	附加弹簧刚度 K''	等效阻尼系数 C
水平	$2(1+\nu)G\beta_h\sqrt{bL}$	同圆形基础相应公式，但基础半径应取矩形基础等效半径，取三向最大值：$r_h=\dfrac{(1+\nu)(7-8\nu)\beta_h\sqrt{bL}}{16(1-\nu)}$，$r_v=\dfrac{\beta_z\sqrt{bL}}{4}$，$r_\varphi=\dfrac{\sqrt[3]{3\beta_\varphi b^2L}}{2}$	
竖向	$\dfrac{G\beta_v\sqrt{bL}}{1-\nu}$		
转动	$\dfrac{G\beta_\varphi b^2L}{1-\nu}$		

注：β_h、β_v、β_φ 为计算系数，按照图 5.5.4 取值；b 为水平运动方向边长；L 为水平运动正交方向边长。

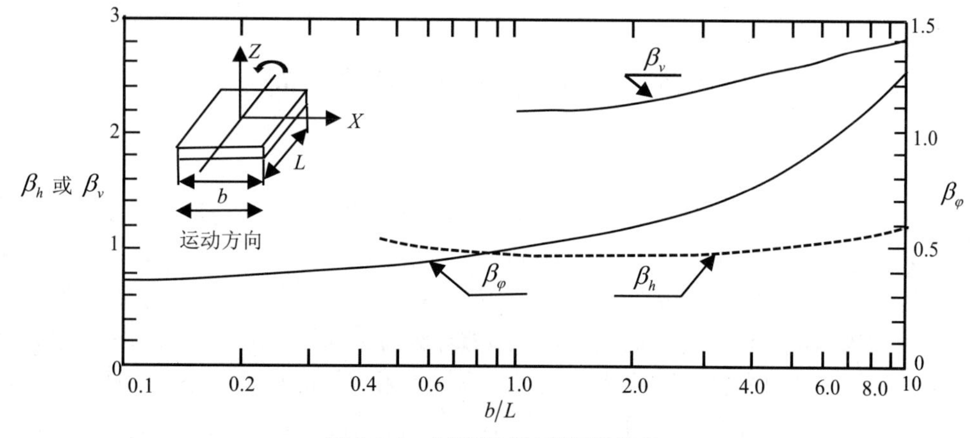

图 5.5.4 矩形基础计算系数取值

上述计算方法已经在我国《核电厂抗震设计标准》(GB 50267—2019)中应用，计算方法与美国土木工程师协会标准 ASCE 4 相同。当地基集中参数与频率有关时，可参考法国核岛设备设计、建造及在役检查规则协会 RCC-G 系列技术标准规定确定，本节不再赘述。

5.5.3 直接法

这种方法将土与结构看作一个整体的系统，考虑基础与结构的非线性、结构与基础间相对运动等，研究在动力荷载作用下地基承载力与结构稳定性的变化。直接分析法中常用的计算方法包括边界元法、无限元法、有限元法等。

边界元法只对边界进行离散，有效减少了未知量的数目，大大降低了计算成本；且无须引入人工边界，在土-结构相互作用研究中有比较广泛的应用。然而边界元法没有考虑土体复杂的非线性性质，是其弊端所在。

无限元法是一种适用于岩质地基分析的数值方法，本质是建立一种岩土地基模型，可以分析岩体的大变形与失稳过程。目前在土-结构相互作用中的应用成果较少。

有限元法由于其强大的优势，随着计算机技术的高度发展得到快速发展与广泛应用；但是为了考虑地震波在土体中的传播，要求单元尺寸划分得足够小，因此导致计算模型非常庞大，大大增加了计算成本。为了减小模型单元的数量，需要将部分地基和结构从无限地基中取出作为隔离体进行分析，如图 5.5.5 所示。此时，隔离体是一个开放系统，即需要与外部介质进行能量交换，其运动方程不是完备的，需要在边界处补充动力相互作用的边界条件才能求解。因此，采用有限元的土-结构相互作用分析需考虑两个问题：一是如何模拟无限土体的辐射阻尼效应，即人工边界条件的设置问题；二是如何实现地震动的有效输入。

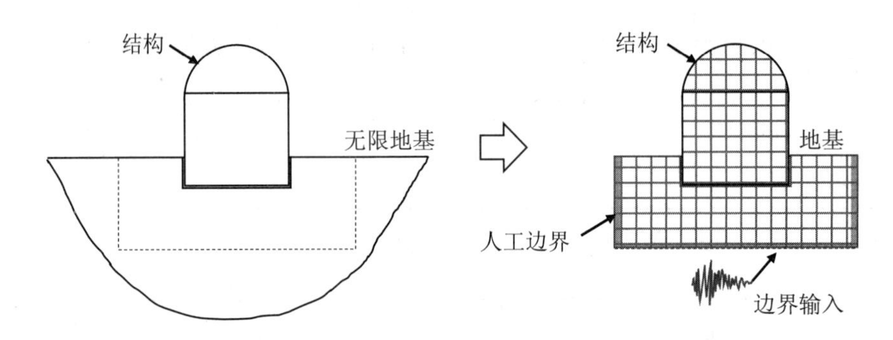

图 5.5.5 隔离体的人工边界条件和地震动输入

1. 人工边界条件

当计算土体区域尺寸满足 $L \geqslant cT/2$（其中，L 为土体尺寸，c 为地震波在土体中的传播速度，T 为计算时间）时，计算结果将不会受到边界的影响。但工程结构远小于这个尺度，设置过大的土体区域将导致计算量激增，因此往往采用接近工程结构的尺度模拟土体，而采用人工边界解决土体辐射阻尼问题。人工边界分为全局人工边界和局部人工边界。

全局人工边界是外行波在穿过人工边界时满足无限域的所有场方程、物理边界条件和辐射条件。这是一种严格的边界条件，常用的分析方法包括边界元法、一致边界条件法、波函数展开法等。由于边界节点的运动在时空上存在耦联性，因此虽然采用全局人工边界有较高的计算精度，但是计算量巨大，计算效率受到很大的限制。

局部人工边界一般模拟单侧波动传播的无限域问题，人工边界之外的区域不存在散射源，外行散射波不再返回计算区域。局部人工边界在某一时刻只要求边界点的运动与其相邻点的运动相关联，在当前时刻人工边界节点物理量只同前几个时刻的物理量相关联，这种边界在时空上解耦，虽精度受限，但可以采用局部人工边界。常见的局部人工边界有透射边界、黏性边界、黏弹性人工边界等。

清华大学刘晶波教授基于球面波理论提出了集中黏弹性人工边界，在边界节点上设置弹簧和阻尼进行模拟，如图 5.5.6 所示。表 5.5.3 给出了弹簧刚度和阻尼系数的取值，其中法向和切向人工边界修正系数取值见表 5.5.4。

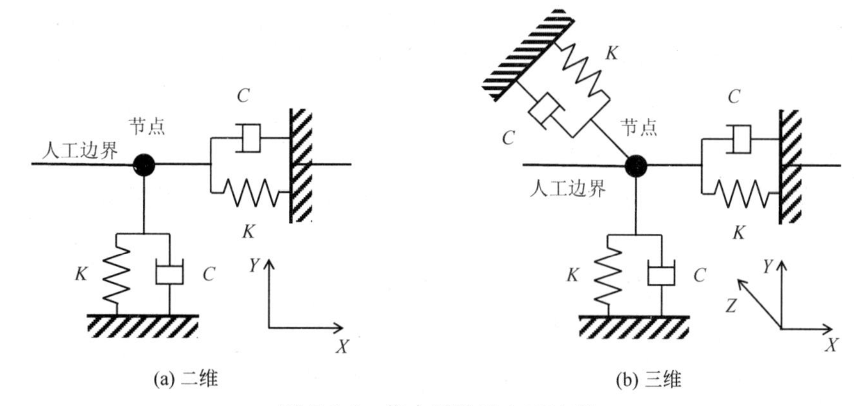

图 5.5.6　集中黏弹性人工边界

表 5.5.3　集中黏弹性人工边界参数取值

方向	二维		三维	
	刚度	阻尼	刚度	阻尼
切向	$K_{BT}=\alpha_T\dfrac{G}{R}$	$C_{BT}=\rho c_s$	$K_{BT}=\alpha_T\dfrac{G}{R}$	$C_{BT}=\rho c_s$
法向	$K_{BN}=\alpha_N\dfrac{G}{R}$	$C_{BN}=\rho c_p$	$K_{BN}=\alpha_N\dfrac{G}{R}$	$C_{BN}=\rho c_p$

注：c_s 为地基介质中剪切波波速；c_p 为地基介质中压缩波波速；R 为波源至人工边界点的距离；G 为地基介质平均剪切模量；ρ 为地基介质平均密度。

表 5.5.4　人工边界修正系数取值

方向	二维		三维	
	法向 α_N	切向 α_T	法向 α_N	切向 α_T
经验取值	0.8~1.2	0.35~0.65	1.0~2.0	0.5~1.0
推荐值	1.0	0.5	1.33	0.67

2. 地震动输入

人工边界上的运动由已知入射波和结构基础产生的散射波组成，散射波由人工边界吸收，而入射波则需采用一定的方法输入计算区中。

清华大学刘晶波教授对边界点使用脱离体概念，如图 5.5.7 所示，采用将输入问题转化为源问题的方法处理波动输入，满足力的叠加原理，认为在边界上入射波场和散射波场互不影响，因此可以将入射波和散射波分开处理。

设 $\omega_0(x,y,t)$ 为已知入射波场，即自由波场，波的入射角度可以是任意的，在人工边界上入射波产生的位移为 $\omega_0(x_B,y_B,t)$，准确实现波动的输入条件是在人工边界上施加的等效荷载使人工边界上的位移和应力与原自由场的相同，即

$$\begin{cases}\omega(x_B,y_B,t)=\omega_0(x_B,y_B,t)\\ \tau(x_B,y_B,t)=\tau_0(x_B,y_B,t)\end{cases} \tag{5.5.9}$$

式中，τ_0 为在原介质中由位移 ω_0 产生的应力。

为实现地震动等效输入，设在人工边界点 B 上施加的应力为 $F_B(t)$，采用脱离体概念，将人工边界附加其上的物理元件分离（图 5.5.7）。图中 $f_B(t)$为物理元件和人工边界连接处的内力。则人工边界上 B 点的应力为

$$\tau(x_B,y_B,t)=F_B(t)-f_B(t) \tag{5.5.10}$$

用 $\dot{\omega}_0$ 表示节点速度场，K_b 表示弹簧刚度，C_b 表示阻尼系数，则弹簧和阻尼器的动力方程为

$$C_b\dot{\omega}_0(x_B,y_B,t)+K_b\omega_0(x_B,y_B,t)=f_B(t) \tag{5.5.11}$$

由式（5.5.9）~式（5.5.11）可得边界 B 点施加的应力为

$$F_B(t)=\tau_0(x_B,y_B,t)+C_b\dot{\omega}_0(x_B,y_B,t)+K_b\omega_0(x_B,y_B,t) \tag{5.5.12}$$

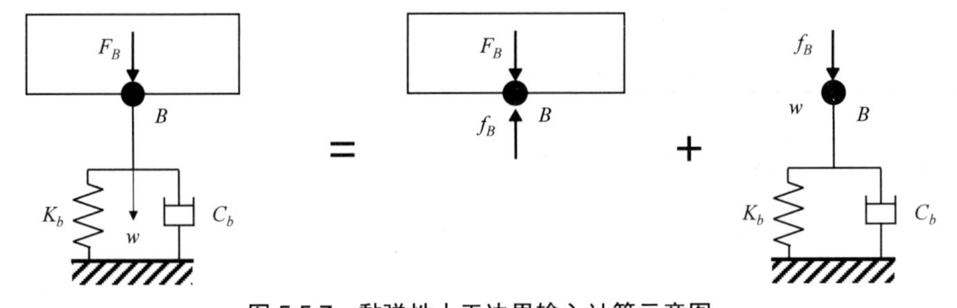

图 5.5.7　黏弹性人工边界输入计算示意图

习题

地震响应分析中常用的结构弹塑性分析模型有哪些？各有什么特点？

参考文献

[1] 中国地震局. 核电厂抗震设计标准：GB 50267—2019[S]. 北京：中国计划出版社, 2019.

[2] 张敏政. 地震工程的概念和应用[M]. 北京：地震出版社, 2015.

[3] 刘晶波, 谷音, 杜义欣. 一致粘弹性人工边界及粘弹性边界单元[J]. 岩土工程学报, 2006(9): 1070-1075.

第6章　多自由度结构弹塑性分析方法

6.1　动力弹塑性时程分析法

6.1.1　简述

计算结构在任意荷载作用下的动力反应的方法包括时域分析方法和频域分析方法。当外荷载可用解析函数表达时，利用上述两种方法一般均可以得到动力反应的解析表达式。但是，当外荷载比较复杂，无法通过解析函数表达时，对于结构的动力反应往往不能得到解析解。采用数值计算的方法，结构的动力反应能够通过数值解进行表达。动力弹塑性时程分析方法正是一种基于结构动力学方程的时域数值求解方法。根据地震动输入，直接基于动力学方程进行求解。在地震作用下，结构的动力学方程为

$$[M]\{\ddot{x}\}+[C]\{\dot{x}\}+[K]\{x\}=-[M]\{I\}\ddot{x}_g \tag{6.1.1}$$

基于上述方程，可利用数值积分方法获得任意时刻结构的位移、速度、加速度等响应，以及结构的内力。

6.1.2　动力弹塑性时程分析基本原理

常用的数值积分方法包括分段解析法、中心差分法、平均加速度法、线性加速度法、Newmark-β 法和 Wilson-θ 法。

动力弹塑性时程分析针对的是离散时间点上结构的反应。给定 t_i 时刻的反应 u_i、$\dot{u}_i$ 和 $\ddot{u}_i$，采用数值积分方法由已知的 t_i 时刻的反应值计算 $t_{i+1}=t_i+\Delta t$ 时刻的反应，逐步进行下去，即可得到结构动力反应的全过程。需要注意的是，由于结构的动力学方程建立在离散的时间点上，因此体系不一定在全部时间点上都满足运动学微分方程。

不同的积分方法的收敛性和稳定性不同，计算精度也不同，详细的介绍请参考结构动力学相关书籍。本章仅介绍工程中常用的分段解析法、中心差分法、线性加速度法和 Newmark-β 法的基本原理。

1. 分段解析法

设 t_i 时刻外荷载大小 $p(t_i)=p_i$，t_{i+1} 时刻外荷载大小 $p(t_{i+1})=p_{i+1}$。分段解析法假设在 $t_i\leqslant t\leqslant t_{i+1}$ 时段内，外荷载分布 $p(\tau)=p_i+\alpha_i\tau$，其中，$\alpha_i=(p_{i+1}-p_i)/\Delta t$，如图 6.1.1 所示。

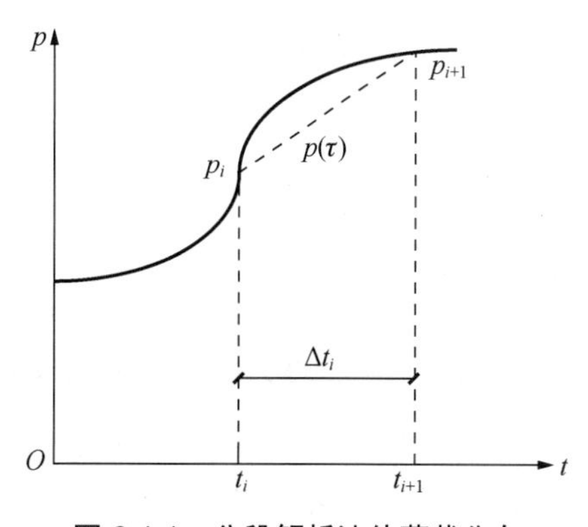

图 6.1.1　分段解析法外荷载分布

在 $t_i\leqslant t\leqslant t_{i+1}$ 时段内体系的运动方程为

$$m\ddot{u}(\tau)+c\dot{u}(\tau)+ku(\tau)=p(\tau)=p_i+\alpha_i\tau \tag{6.1.2}$$

初值条件为

$$u(\tau)\big|_{\tau=0}=u_i,\quad u(\tau)\big|_{\tau=0}=\dot{u}_i \tag{6.1.3}$$

运动方程的特解为

$$u_p(\tau)=\frac{1}{k}(p_i+\alpha_i\tau)-\frac{\alpha_i}{k^2}c \tag{6.1.4}$$

运动方程的通解为

$$u_c(\tau)=\mathrm{e}^{-\xi\omega_n\tau}(A\cos\omega_D\tau+B\sin\omega_D\tau) \tag{6.1.5}$$

运动方程的全解为

$$u(\tau)=u_p(\tau)+u_c(\tau) \tag{6.1.6}$$

将$u(\tau)$代入边界条件，即可确定系数A、B。

最后得

$$u(\tau)=A_0+A_1\tau+A_2\mathrm{e}^{-\xi\omega_n\tau}\cos\omega_D\tau+A_3\mathrm{e}^{-\xi\omega_n\tau}\sin\omega_D\tau \tag{6.1.7}$$

式中，$A_0=\dfrac{u_i}{{\omega_n}^2}-\dfrac{2\xi\alpha_i}{{\omega_n}^3}$；$A_1=\dfrac{\alpha_i}{{\omega_n}^2}$；$A_2=u_i-A_0$；$A_3=\dfrac{1}{\omega_D}\left(\dot{u}_i+\xi\omega_nA_2-\dfrac{\alpha_i}{{\omega_n}^2}\right)$。

当$\tau=\Delta t_i$时，可得

$$\begin{cases}u_{i+1}=Au_i+B\dot{u}_i+Cp_i+Dp_{i+1}\\ \dot{u}_{i+1}=A'u_i+B'\dot{u}_i+C'p_i+D'p_{i+1}\end{cases} \tag{6.1.8}$$

其中

$$\begin{cases}A=\mathrm{e}^{-\xi\omega_n\Delta t}\left(\dfrac{\xi}{\sqrt{1-\xi^2}}\sin\omega_D\Delta t+\cos\omega_D\Delta t\right)\\ B=\mathrm{e}^{-\xi\omega_n\Delta t}\left(\dfrac{1}{\omega_D}\sin\omega_D\Delta t\right)\\ C=\dfrac{1}{k}\left\{\dfrac{2\xi}{\omega_n\Delta t}+\mathrm{e}^{-\xi\omega_n\Delta t}\left[\left(\dfrac{1-2\xi^2}{\omega_D\Delta t}-\dfrac{\xi}{\sqrt{1-\xi^2}}\right)\sin\omega_D\Delta t-\left(1+\dfrac{2\xi}{\omega_n\Delta t}\right)\cos\omega_D\Delta t\right]\right\}\\ D=\dfrac{1}{k}\left[1-\dfrac{2\xi}{\omega_n\Delta t}+\mathrm{e}^{-\xi\omega_n\Delta t}\left(\dfrac{1-2\xi^2}{\omega_D\Delta t}\sin\omega_D\Delta t+\dfrac{2\xi}{\omega_n\Delta t}\cos\omega_D\Delta t\right)\right]\\ A'=\mathrm{e}^{-\xi\omega_n\Delta t}\left(\dfrac{\omega_n}{\sqrt{1-\xi^2}}\sin\omega_D\Delta t\right)\\ B'=\mathrm{e}^{-\xi\omega_n\Delta t}\left(\cos\omega_D\Delta t-\dfrac{\xi}{\sqrt{1-\xi^2}}\sin\omega_D\Delta t\right)\\ C'=\dfrac{1}{k}\left\{-\dfrac{1}{\Delta t}+\mathrm{e}^{-\xi\omega_n\Delta t}\left[\left(\dfrac{\omega_n}{\sqrt{1-\xi^2}}+\dfrac{\xi}{\Delta t\sqrt{1-\xi^2}}\right)\sin\omega_D\Delta t+\dfrac{1}{\Delta t}\cos\omega_D\Delta t\right]\right\}\\ D'=\dfrac{1}{k\Delta t}\left[1-\mathrm{e}^{-\xi\omega_n\Delta t}\left(\dfrac{\xi}{\sqrt{1-\xi^2}}\sin\omega_D\Delta t+\cos\omega_D\Delta t\right)\right]\end{cases} \tag{6.1.9}$$

式中，$\omega_D = \omega_n\sqrt{1-\xi^2}$；$\omega_n = \sqrt{k/m}$。

2. 中心差分法

中心差分方法是用有限差分代替位移对时间的求导（即速度和加速度）。如果采用等步长 $\Delta t_i = \Delta t$，则 t_i 时刻速度和加速度的中心差分近似为

$$\dot{u}_i = \frac{u_{i+1} - u_{i-1}}{2\Delta t}, \quad \ddot{u}_i = \frac{u_{i+1} - 2u_i + u_{i-1}}{\Delta t^2} \tag{6.1.10}$$

而 t_i 时刻结构的动力学方程满足：

$$m\ddot{u}(t_i) + c\dot{u}(t_i) + ku(t_i) = p(t_i) \tag{6.1.11}$$

将式（6.1.10）代入上式可得

$$m\frac{u_{i+1} - 2u_i + u_{i-1}}{\Delta t^2} + c\frac{u_{i+1} - u_{i-1}}{2\Delta t} + ku_i = p_i \tag{6.1.12}$$

式中，$u_i = u(t_i)$；$\dot{u}_i = \dot{u}(t_i)$；$\ddot{u}_i = \ddot{u}(t_i)$；$p_i = p(t_i)$。

整理可得

$$\left(\frac{m}{\Delta t^2} + \frac{c}{2\Delta t}\right)u_{i+1} = p_i - \left(k - \frac{2m}{\Delta t^2}\right)u_i - \left(\frac{m}{\Delta t^2} - \frac{c}{2\Delta t}\right)u_{i-1} \tag{6.1.13}$$

利用上述等式，即可根据 t_i 时刻和 t_{i-1} 时刻的运动状态推导出 t_{i+1} 时刻的运动状态。

3. 线性加速度法

顾名思义，线性加速度法中，假定在时间间隔 Δt 内加速度线性变化，如图 6.1.2 所示，即当 $t_i \leqslant t \leqslant t_{i+1}$ 时，

$$\ddot{u}(t) = \ddot{u}_i + \frac{\ddot{u}_{i+1} - \ddot{u}_i}{\Delta t}(t - t_i) \tag{6.1.14}$$

上式两边对 t 积分，可得

$$\dot{u}(t) = \dot{u}_i + \ddot{u}_i(t - t_i) + \frac{\ddot{u}_{i+1} - \ddot{u}_i}{2\Delta t}(t - t_i)^2 \tag{6.1.15}$$

再次对 t 积分，可得

$$u(t) = u_i + \dot{u}_i(t - t_i) + \frac{1}{2}\ddot{u}_i(t - t_i)^2 + \frac{\ddot{u}_{i+1} - \ddot{u}_i}{6\Delta t}(t - t_i)^3 \tag{6.1.16}$$

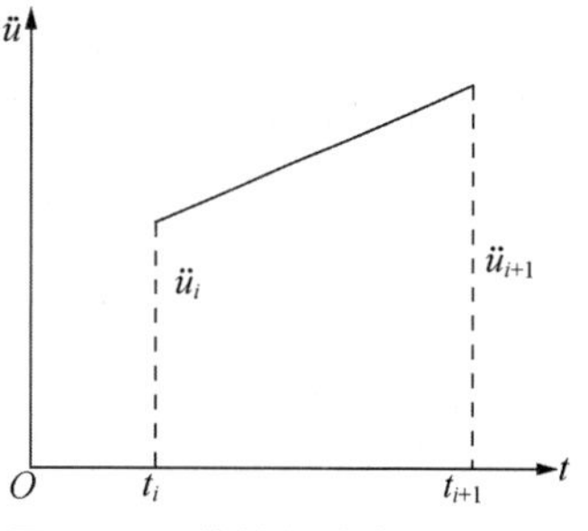

图 6.1.2　线性加速度法示意图

当 $t = t_{i+1}$ 时，有

$$\dot{u}_{i+1} = \dot{u}_i + \frac{\ddot{u}_{i+1} + \ddot{u}_i}{2}\Delta t \tag{6.1.17}$$

$$u_{i+1} = u_i + \dot{u}_i\Delta t + \frac{1}{6}(2\ddot{u}_i + \ddot{u}_{i+1})\Delta t^2 \tag{6.1.18}$$

令 $\Delta u = u_{i+1} - u_i$，$\Delta\dot{u} = \dot{u}_{i+1} - \dot{u}_i$，$\Delta\ddot{u} = \ddot{u}_{i+1} - \ddot{u}_i$，可得

$$\Delta\dot{u} = \ddot{u}_i\Delta t + \frac{1}{2}\Delta\ddot{u}\Delta t \tag{6.1.19}$$

$$\Delta u = \dot{u}_i\Delta t + \frac{1}{2}\ddot{u}_i\Delta t^2 + \frac{1}{6}\Delta\ddot{u}\Delta t^2 \tag{6.1.20}$$

因此，$\Delta\dot{u}$、$\Delta\ddot{u}$ 可用 Δu 表示为

$$\Delta\dot{u}=\frac{3}{\Delta t}\Delta u-3\dot{u}_i-\frac{\Delta t}{2}\ddot{u}_i \tag{6.1.21}$$

$$\Delta\ddot{u}=\frac{6}{\Delta t^2}\Delta u-\frac{6}{\Delta t}\dot{u}_i-3\ddot{u}_i \tag{6.1.22}$$

当 $t=t_{i+1}$ 时，u_{i+1}、$\dot{u}_{i+1}$ 和 $\ddot{u}_{i+1}$ 需满足：

$$m\ddot{u}_{i+1}+c(t)\dot{u}_{i+1}+k(t)u_{i+1}=-m\ddot{u}_{0i+1} \tag{6.1.23}$$

增量形式为

$$m\Delta\ddot{u}+c(t)\Delta\dot{u}+k(t)\Delta u=-m\Delta\ddot{u}_0 \tag{6.1.24}$$

式中，$\Delta\ddot{u}_0=\ddot{u}_{0i+1}-\ddot{u}_{0i}$。

将 $\Delta\dot{u}$ 和 $\Delta\ddot{u}$ 代入式（6.1.24），可得

$$\Delta u=\frac{m\left(-\Delta\ddot{u}_0+\dfrac{6}{\Delta t}\dot{u}_i+3\ddot{u}_i\right)+c(t)\left(3\dot{u}_i+\dfrac{\Delta t}{2}\ddot{u}_i\right)}{k(t)+\dfrac{3}{\Delta t}c(t)+\dfrac{6}{\Delta t^2}m} \tag{6.1.25}$$

结合 Δu、$\Delta\dot{u}$ 和 $\Delta\ddot{u}$ 的定义，即可求得 u_{i+1}、$\dot{u}_{i+1}$ 和 $\ddot{u}_{i+1}$。

4. Newmark-β法

与中心差分法不同的是，Newmark-β法不是用差分对 t_i 时刻的运动方程进行展开，得到 u_{i+1} 的计算公式，而是以 t_i 时刻的运动量为初始值，通过积分方法得到 u_{i+1} 的计算公式。

Newmark-β法假设在 $t_i\leqslant t\leqslant t_{i+1}$ 加速度为常量，记为 a，如图 6.1.3 所示。因此有

$$\dot{u}_{i+1}=\dot{u}_i+\Delta t a \tag{6.1.26}$$

$$u_{i+1}=u_i+\Delta t\dot{u}_i+\frac{1}{2}\Delta t^2 a \tag{6.1.27}$$

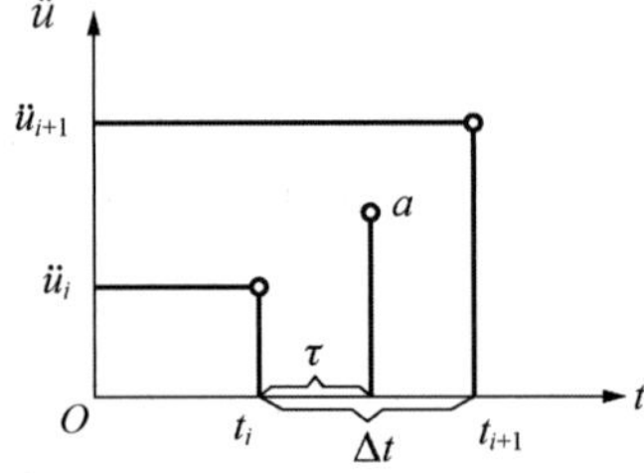

图 6.1.3 Newmark-β法示意图

设

$$a=(1-\gamma)\ddot{u}_i+\gamma\ddot{u}_{i+1},\quad 0\leqslant\gamma\leqslant 1 \tag{6.1.28}$$

$$a=(1-2\beta)\ddot{u}_i+2\beta\ddot{u}_{i+1},\quad 0\leqslant\beta\leqslant 1/2 \tag{6.1.29}$$

由式（6.1.26）和式（16.1.27），可得

$$\dot{u}_{i+1}=\dot{u}_i+(1-\gamma)\Delta t\ddot{u}_i+\gamma\Delta t\ddot{u}_{i+1} \tag{6.1.30}$$

$$u_{i+1}=u_i+\Delta t\dot{u}+\left(\frac{1}{2}-\beta\right)\Delta t^2\ddot{u}_i+\beta\Delta t^2\ddot{u}_{i+1} \tag{6.1.31}$$

将以上两式代入式

$$m\ddot{u}_{i+1}+c\dot{u}_{i+1}+ku_{i+1}=p_{i+1} \tag{6.1.32}$$

可得

$$\hat{k}u_{i+1}=\hat{p}_{i+1} \tag{6.1.33}$$

式中

$$\hat{k} = k + \frac{1}{\beta \Delta t^2} m + \frac{\gamma}{\beta \Delta t} c$$

$$\widehat{p}_{i+1} = p_{i+1} + \left[\frac{1}{\beta \Delta t^2} u_i + \frac{1}{\beta \Delta t} \dot{u}_i + \left(\frac{1}{2\beta} - 1 \right) \ddot{u}_i \right] m + \left[\frac{\gamma}{\beta \Delta t} u_i + \left(\frac{\gamma}{\beta} - 1 \right) \dot{u}_i + \frac{\Delta t}{2} \left(\frac{\gamma}{\beta} - 2 \right) \ddot{u}_i \right] c$$

因此，利用 t_i 时刻的运动状态 u_i、$\dot{u}_i$ 和 $\ddot{u}_i$ 即可推导出 t_{i+1} 时刻的运动状态 u_{i+1}、$\dot{u}_{i+1}$ 和 $\ddot{u}_{i+1}$。

Newmark-β 法最经典的应用是平均加速度法。平均加速度法对应 $\gamma = 1/2$，$\beta = 1/4$。此外，如果 $\gamma = 1/2$，$\beta = 1/6$，则 Newmark-β 法就变成了 6.1.2 节介绍的线性加速度法。

6.1.3　动力弹塑性时程分析地震波选择

在结构分析模型和结构自身弹塑性特征给定的情况下，地震动输入的选择也是影响弹塑性分析结果的重要因素。受多种因素的影响，地震动输入本身存在很大的随机性。地震动强度、频谱和持时是影响结构弹塑性地震响应的三个主要因素。地震动强度一般通过调整实际地震动记录的幅值来获得。调幅时有多种地震动强度指标可供选用。单一地震动强度指标均无法在各个周期段内达到最佳，但相对来说采用 PGV 作为地震动强度指标，所获得的结构弹塑性响应与地震动强度的相关性最佳。

除幅值外，场地的地震动特性还包括地震波频谱特性与地震波持时，因此在相同地震强度情况下，选波方法也会对地震响应分析结果有直接影响。

根据分析目的的不同，各国的抗震规范、指南和相关文献中关于弹塑性动力时程分析的选波方法可以大致分为三类：基于台站与地震信息的选波方法、基于设计反应谱的选波方法和基于最不利地震动的选波方法。以下分别对这三种选波方法进行介绍。

1. 基于台站和地震信息的选波方法

基于台站和地震信息的选波方法希望得到一组可以适用于不同结构类型和不同周期结构的地震波集合，并以此作为评价和研究各类建筑物抗震性能的基础，这往往需要较多的地震波。

基于台站和地震信息的选波方法可以分为两种，一种是以 ATC-63 为代表的面向研究的选波方法，另一种是以 ASCE 7 为代表的面向设计的选波方法。

1）ATC-63 的选波方法

ATC-63 选波的宗旨在于，一方面要排除不必要的或人为引入的离散性，如过小的地震或极少发生的震源机制下记录到的地震波、仪器的有效记录频段与仪器安放位置的影响等；另一方面又希望保留地震波本身合理的离散性，包括地震波的频谱与持时特性的差异，以使所建立的地震波选择集可以作为评价不同建筑结构抗震性能的统一标准。因此，其选波的各项依据与规则均尽量不涉及任何对于地震波频谱与持时特性的直接限制，而是通过台站与地震本身的特性来间接控制所选地震波的频谱与持时特性。其中，台站信息包括台站所在的场地条件、台站到发震断层的距离、台站强震仪的有效记录频段等；地震信息则主要是独立的地震事件及其震级和震源机制。

2）ASCE 7 的选波方法

美国抗震设计规范 ASCE 7 要求动力时程分析所选用的地震波应在震级、断层距和震源机制等方面与对当地最大考虑地震（maximum considered earthquake，MCE）贡献较大的地震一致。一个地区的 MCE 由地震危险性分析给出，综合考虑了该地区附近各个断层和潜在震源处可能发生的不同震级地震的概率，并以谱加速度形式给出对应于不同超越概率的地震动强度。进行动力时程计算时，则根据当地 MCE 通过“反综合”过程，反演出对当地的地震危险性贡献较大的地震的震级与震中距等参数。由“反综合”过程得到的震级和震中距，再加上场地条件，即可作为选波的依据。该方法希望所选地震动与抗震规范中规定的设计地震动（与 MCE 成比例）达到一致，并且仅针对一个特定的地点、特定的场地，是面向工程设计的。该方法的实施需要以比较明确的潜在震源区域、详细的地震历史记录和比较充分的地震危险性分析为基础。

2. 基于设计反应谱的选波方法

基于设计反应谱的选波方法主要针对所设计的结构或既有结构的弹塑性抗震性能进行校核与检验。为减少弹塑性分析的计算工作量，并与规范设计目标一致，希望能够给出较少的且尽量与规范规定的设计反应谱一致的地震波，使得在有限数量地震波输入下的结构弹塑性地震响应的离散性能尽量小一些。

基于设计反应谱的选波方法直接将地震波反应谱与设计反应谱进行比较，由此来控制所选地震波的频谱特性，即所选用的实际地震动反应谱与规范规定的设计反应谱尽可能接近。匹配方法包括按场地确定、按场地特征周期确定、双频段确定、按反应谱面积确定等方案。双频段控制方法是比较有代表性的，其方法是在地震波数据库中直接挑选那些经调幅后拟加速度反应谱在短周期段（如$[0.1\text{s}, T_g]$）和结构基本周期附近（$[T_1-\Delta T_1, T_1+\Delta T_2]$）与设计反应谱相差较小的地震波，不考虑场地条件、震级、震中距等一系列客观参数的限制。其中，T_g为场地特征周期，即设计反应谱短周期平台段的终点；T_1为结构的基本周期；ΔT_1与ΔT_2为周期控制范围，考虑到结构遭受地震损伤后周期会有所增大，一般ΔT_2大于ΔT_1，建议选取ΔT_1=0.2s，ΔT_2=0.5s。

该选波方法与工程结构有相关性，即对不同基本周期的结构，所选取的地震波可能不同。另外，该方法将与场地地震动特征有关的一切问题抛给设计反应谱，而设计反应谱其实只是针对场地地震动特征经过多方面的综合考虑后的一个偏于安全的结果，这种确定性的表达形式不利于反映地震动的合理离散性。因此，这种方法主要适用于选波数量较少时的工程结构弹塑性分析校核，如我国抗震规范要求至少采用 3 条地震波对设计进行校核，美国 ASCE 7 要求用不少于 3 条地震波作用下的地震响应的最大值对设计进行校核，而 FEMA 356 则规定可以采用不少于 7 条地震波作用下的地震响应的平均值对设计进行校核。

新西兰规范的选波方法则是基于台站和地震信息选波方法与基于设计反应谱选波方法的结合。该规范要求首先按照与 ASCE 7 类似的方法挑选出与对当地地震危险性贡献较大的地震在震级、震中距和场地条件等方面相匹配的地震波，再根据一定的准则从其中挑选出与规范规定的设计反应谱相接近的地震波，这样便综合考虑了台站与地震信息对地震动特性的影响以及与规范设计反应谱相一致的问题。

地震动选择流程如图 6.1.4 所示。在地震动记录数据库中逐条进行搜索：① 对地震动记录的基本信息进行判定，如震级、震源深度、震中距、PGA 等信息，如不满足要求则读取下一条地震动记录，如没有特殊要求也可以不作筛选；② 对每一个需求的周期（频率）点（段），计算地震动的反应谱，与目标谱（如规范谱或者自定义反应谱）的谱值进行匹配，如不满足误差要求，则读取下一条地震记录；③ 地震动选择时设置条数限制，达到需求数量时，终止计算，输出结果；④ 遍历所有地震记录以后，如没有达到足够的地震动数量，建议放松筛选条件重新筛选。

另外，地震动记录都是三向的，对于成组的地震动，如何定义其与目标谱的匹配尤为重要。但三个方向都与目标谱匹配基本是不可能的，因此，可行的选择原则如下：地震动单方向与目标谱进行匹配，该地震动反应谱在有限周期（频率）点（段）上与目标谱匹配（或采用其他准则），如图 6.1.5 所示。示例中要求选择的地震动的反应谱在周期 0.6、0.8、1.0、1.5 和 2.0s 处与目标谱的误差小于 20%。

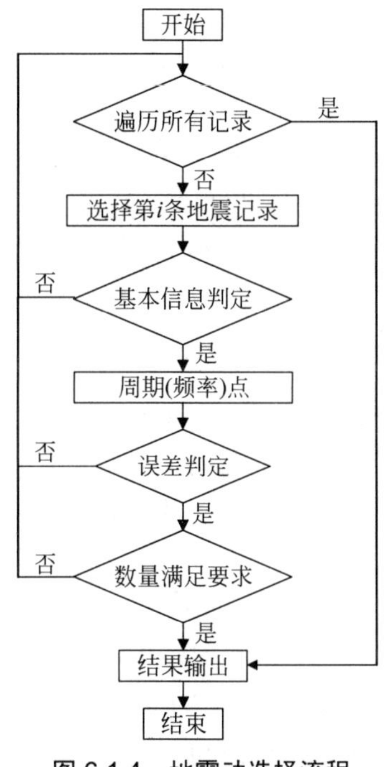

图 6.1.4　地震动选择流程

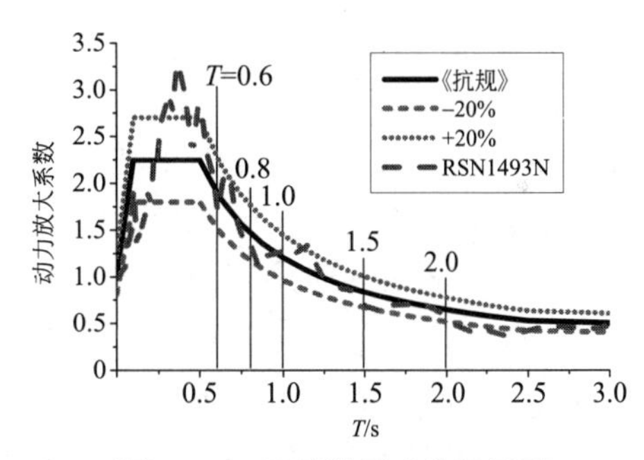

图 6.1.5　天然地震动选择原则

3. 基于最不利地震动的选波方法

基于最不利地震动的选波方法与基于设计反应谱的方法一致，但它寻求少量的具有很大破坏能力的地震波，以用于检验地震危险性很高地区的建筑或非常重要建筑物的抗震性能，因此采用该方法选出的地震波，结构的地震响应应该明显大于按其他方法选出的地震波作用下的结构响应。

确定最不利地震动包括以下两个步骤：

(1) 分别按基于地震动本身特性或其线弹性反应谱的强度指标对所有地震波进行排序。例如，在实际应用中可以只考虑五个指标，即 PGA、PGV、PGD、EPV（有效峰值速度）和能量持时。对于各个指标，分别挑选排名靠前者，形成备选数据库。

（2）计算非线性单自由度体系在备选数据库中的地震波输入下的地震响应，挑选出地震响应最大的地震波，作为最不利地震动。其中，非线性单自由度体系的周期与结构的一阶自振周期相同。在计算非线性响应时，一般遵循等延性的条件，即通过调整单自由度体系的屈服承载力，使其在不同地震波作用下具有相同的延性。

上述过程中的第（2）步在比较结构的非线性地震响应时是与结构周期相关的，即对不同基本周期的结构，选出的最不利设计地震动可能是不同的。为了兼顾适用性，将结构基本周期分为 0～0.5s、0.5～1.5s 和 1.5～5.5s 三个区段，分别给出适用于不同区段的最不利地震动，以便于工程应用。

综上所述，以上三种选波方法所希望达到的目标并不相同。基于台站和地震信息的选波方法希望得到一组可以适用于不同结构类型和不同周期结构的地震波集合，并以此作为评价和研究各类建筑物抗震性能的基础，这往往需要较多的地震波。

基于设计反应谱的选波方法则主要针对所设计的结构或既有结构的弹塑性抗震性能进行校核与检验。为减少弹塑性分析的计算工作量，并与规范设计目标相一致，希望能够给出较少的且尽量与规范规定的设计反应谱一致的地震波，使得在有限数量地震波输入下的结构弹塑性地震响应的离散性能尽量小一些。

基于最不利地震动的选波方法的目标与基于设计反应谱的方法一致，但它寻求少量的具有很大破坏势的地震波，以用于检验地震危险性很高地区的建筑或非常重要建筑物的抗震性能。

6.1.4　人工模拟地震动加速度时程生成方法

由于强震记录的数量有限，工程设计、分析研究中通常使用比较出名的 El-Centro、Taft 和 Lanzos 等天然地震动。然而，这些地震动并不一定与场地条件相匹配，而且实测强震记录具有不可重复性，其数量也是有限的。为了满足工程多样化的需求，生成与目标谱相匹配的人工地震动作为补充也十分重要。

人工地震动时程通常采用三角级数法生成，该方法的原理可由式（6.1.34）、式（6.1.35）说明。随机振动可由多个不同频率、振幅和相位的振动组合叠加而成，如式（6.1.34）所示。其中 t 表示时刻，$a_0(t)$ 表示 t 时刻的加速度，n 表示具有不同频率的振动的数量，ω_k 为第 k 项的频率，φ_k 为第 k 项的相位角，A_k 为第 k 项的幅值。$f(t)$ 为强度包络曲线，用以反应地震动的强度非平稳特性。强度包络曲线由曲线上升段、平稳段、指数下降段和加零段（也可以不要）组成，如式（6.1.35）所示。

$$a_0(t) = f(t) \cdot \sum_{k=1}^{n} A_k \cos(\omega_k t + \varphi_k) \tag{6.1.34}$$

$$f(t) = \begin{cases} t^2 / t_1^2, & 0 \leqslant t < t_1 \\ 1, & t_1 \leqslant t < t_2 \\ \mathrm{e}^{-c(t-t_2)}, & t_2 \leqslant t < t_3 \\ 0, & t_3 \leqslant t < T \end{cases} \tag{6.1.35}$$

式中，t_1 为平台段的起点时刻；t_2 为平台段的终点时刻；t_3 为下降段的终点时刻；c 为衰减系数，取值范围为 0.1~1.0。

第 k 项振动的幅值 A_k 由相应的功率谱 $S(\omega_k)$ 和增量频率 $\Delta\omega$ 计算，如式（6.1.36）、式（6.1.37）所示，功率谱则可以通过反应谱近似得到，如式（6.1.38）所示。其中，T_d 为人工地震动的持续时间，ζ 为阻尼比，$S_a(\omega_k)$ 为频率 ω_k 对应的反应谱谱值，P 为反应谱不超过反应谱值的概率，一般可取为 $P \geqslant 0.85$。

$$A_k = A(\omega_k) = [4S(\omega_k)\Delta\omega]^{1/2} \tag{6.1.36}$$

$$\Delta\omega = \omega_k - \omega_{k-1} \tag{6.1.37}$$

$$S(\omega_k) = \frac{2\zeta}{\pi\omega_k} S_a^2(\omega_k) \bigg/ \left[-2\ln\left(-\frac{\pi}{\omega_k T_d}\ln P\right)\right] \tag{6.1.38}$$

由于功率谱与反应谱仅为近似关系，因此上述得到的加速度时程反应谱与目标谱存在一定差距，需要根据误差对每个振动幅值进行迭代，如式（6.1.39）所示。

$$A_k^{i+1} = A_k^i \frac{S_a^i(\omega)}{S_a^{i-1}(\omega)} \tag{6.1.39}$$

人工地震动生成的流程如图 6.1.6 所示。根据目标反应谱生成近似的功率谱，进而得到幅值谱。将幅值谱与相位谱结合，经过反傅里叶变换即可得到强度平稳时程。相位谱通常采用在 0~2π 内均匀分布的随机相位，也可提取天然地震动的相位。将强度平稳时程乘以强度包络曲线即可得到初始人工地震动，对反应谱控制点进行迭代，满足误差要求后即可输出人工地震动。

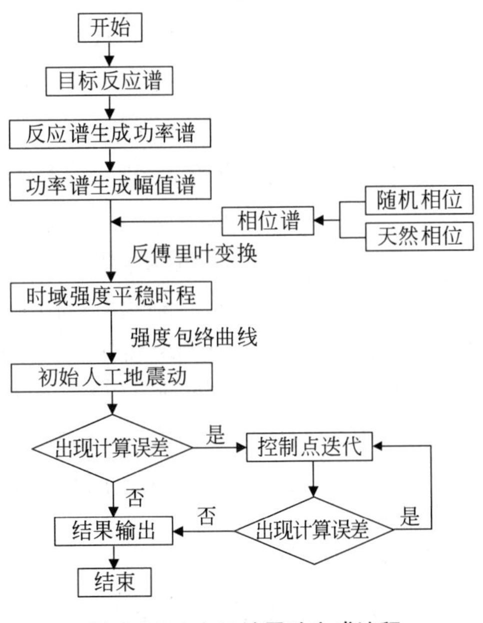

图 6.1.6　人工地震动生成流程

按照《抗规（GB 50011—2010）》设计反应谱生成的人工地震动如图 6.1.7 所示。图中实线为根据《抗规》确定的设计反应谱：Ⅱ类场地，设计地震分组为第二组，特征周期为 0.4s，阻尼比为 0.05。虚线为生成的人工地震动反应谱，与目标反应谱匹配较好。

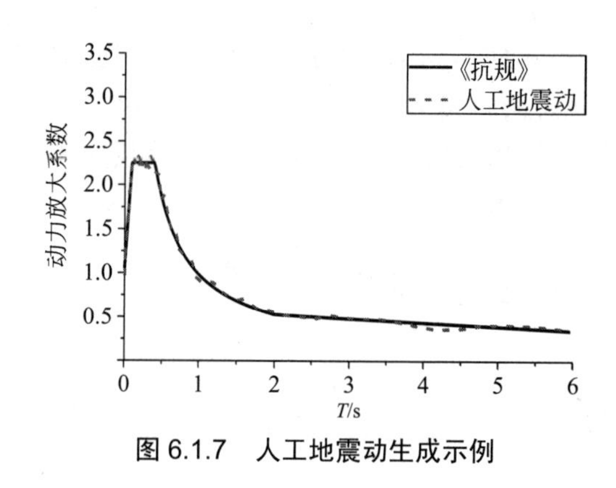

图 6.1.7　人工地震动生成示例

6.2　静力弹塑性分析方法

6.2.1　简述

弹塑性时程分析方法虽然可以准确预测结构的弹塑性地震响应，但其结果受不同地震波输入的影响很大，而且结构建模和计算复杂，代价高。20世纪70年代，国外发展了一种简化的近似方法——静力弹塑性分析方法（nonlinear static Analysis）。

静力弹塑性分析方法确定结构弹塑性地震响应的基本步骤如下：

（1）设定某种符合结构地震作用特征的侧向荷载分布模式，在保持结构上竖向重力荷载不变的条件下，按照该模式逐步单调增加侧向荷载，对结构进行静力弹塑性分析。结构经历从弹性受力阶段到结构中构件的逐渐屈服和塑性变形的不断发展，直至结构被推覆至超过目标位移或结构成为破坏机构，由此获得整个结构及其各结构构件和部位的受力与变形的全过程，以及结构的破坏机制，并得到基底剪力-顶点位移关系曲线。这一步骤通常称为推覆分析（pushover 分析）。

（2）假定结构在地震作用下的位移模式。将结构等效为单自由度体系，由推覆分析得到结构基底剪力-顶点位移关系曲线，并进一步得到等效单自由度体系的力-位移关系曲线。

（3）由等效单自由度体系确定在强震作用下的地震弹塑性位移响应，再根据等效单自由度体系与原结构的对应关系，反算得到原结构的顶点位移，将该顶点位移作为目标位移。

（4）将由前述静力弹塑性分析中顶点达到目标位移时结构的受力和弹塑性变形状态，包括总侧移、层间变形、塑性铰分布以及各结构构件的塑性变形程度和延性，作为结构在强震作用下的弹塑性地震响应。

与目前基于承载力抗震设计的弹性分析方法（振型分解反应谱法或底部剪力法）相比，静力弹塑性分析方法可以给出结构在强震作用下的弹塑性位移和变形以及各结构构件的塑性变形近似估计；而与弹塑性时程分析法相比，其计算工作量要小很多且不受地震波离散性的影响。

然而，静力弹塑性分析方法是一种近似简化方法，其分析结果与弹塑性时程分析方法得到的结构弹塑性地震响应势必存在一定差异。该方法提出后，经过许多专家的研究和发展，被认为是一种简单而有效的弹塑性地震响应分析方法和结构抗震性能评估方法，对于满足该方法适用范围的结构，其分析结果具有一定的可靠性。

随着近年来基于性能/位移的抗震设计方法的发展，该方法再次受到关注。许多国家的建筑抗震设计规范都将该方法推荐为一种抗震设计的基本分析方法。美国 ATC 和 FEMA 都正式采用该方法，日本新的建筑标准也采用该方法，我国《抗规》也将静力弹塑性分析方法作为验算结构在罕遇地震下的弹塑性变形的方法之一。

静力弹塑性分析方法作为结构弹塑性地震响应分析的理论基础是不严密的，该近似方法的形成是基于以下假设：结构在地震过程中沿高度方向的形状向量保持不变。也即结构的地震响应由某一位移模式控制（通常认为由第一振型控制），结构的地震响应可以与该结构的等效单自由度体系的地震响应存在线性相关关系。

严格来说，上述假设是不符合结构的弹塑性地震响应特征的，尤其对于在地震作用下进入屈服的结构是错误的。但众多学者的研究表明，该方法对受高阶振型影响不大的中低层结构的弹塑性地震响应的预测是相当好的。

静力弹塑性方法需解决几个关键问题，包括加载模式、等效单自由度及其位移模式和目标位移等，以下将逐一介绍。

6.2.2　加载模式

在静力弹塑性分析方法中，首先要确定推覆分析的加载模式。加载模式应能比较合理地反映地震作用下结构惯性力分布的特征，并且又能够使结构的位移总体上反映结构在地震作用下的结构位移状况。为简化计算起见，在结构推覆分析时加载模式一般是不变的，即不考虑地震力分布随结构弹塑性变形的变化而变化。这会使得结构推覆分析结果与弹塑性时程分析结果有较大的差别，特别是对高阶振型影响较大或结构存在薄弱层而对地震力分布影响较大的结构。因此推覆分析的加载模式对静力弹塑性分析方法的最后结果有直接影响。

FEMA 356 建议至少从下面两组侧力模式中分别选取一种侧力模式对结构进行推覆。

1. 第一组侧力模式

第一组是振型相关模式，包括以下几种加载模式：

1）考虑层高影响的侧向力分布

公式为

$$F_i = \frac{w_i h_i^k}{\sum_{j=1}^{n} w_j h_j^k} V_b, \quad k = \begin{cases} 1.0, & T \leqslant 0.5\text{s} \\ 1.0 + \dfrac{T - 0.5}{2.5 - 0.5}, & 0.5\text{s} < T < 2.5\text{s} \\ 2.0, & T \geqslant 2.5\text{s} \end{cases} \tag{6.2.1}$$

式中，F_i 为结构第 i 层的侧向力；V_b 为结构基底剪力；w_i、w_j 分别为第 i 层和第 j 层的质量；h_i、h_j 分别为第 i 层和第 j 层距基底的高度；n 为结构总层数；T 为第一振型周期。

FEMA 356 建议在第一振型质量超过 75%并且同时采用了均匀分布模式侧向力时采用该分布模式。该模式可以考虑层高影响，当 k=1.0 时即为倒三角分布模式。

2）第一振型比例分布

公式为

$$F_i = \phi_{1i} V_b \tag{6.2.2}$$

式中，F_i为结构第i层的侧向力；V_b为结构基底剪力；ϕ_{1i}为第一振型在第i层的振型分量。FEMA 356建议采用该分布时第一振型参与质量超过总质量的75%。

3）振型组合分布（SRSS（square root of the sum of the squares，平方和开平方）组合分布）

首先根据振型分析方法求得各阶振型的反应谱值，再通过以下平方和开方的方法计算结构各层层间剪力：

$$V_i = \sqrt{\sum_{s}^{m}\left(\sum_{j=i}^{n}\Gamma_s w_j \phi_{js} A_s\right)^2} \tag{6.2.3}$$

式中，V_i为结构第i层的层间剪力；m为考虑的结构振型数；Γ_s为第s振型的振型参与系数；w_j为结构第j层的质量；ϕ_{js}为第j层的第s振型的相对位移值；A_s为第s振型的结构弹性反应谱值。根据计算出的层间剪力可以反算各层所加侧向力。FEMA 356建议所考虑振型数的振型质量之和需达到总质量的90%，并选用合适的地震动反应谱，同时结构第一振型周期应该大于1.0s。

2. 第二组侧力模式

1）质量比例分布（均匀分布）

公式为

$$F_i = \frac{w_i}{\sum_{j=1}^{n} w_j} V_b \tag{6.2.4}$$

该模式结构各层所加侧向力与该层质量成正比，如果结构各层质量相等，则该分布即为均匀分布。

2）自适应加载模式

定侧力加载模式无法体现结构进入塑性后振动特性的改变对结构的地震力分布的影响。图6.2.1所示为按我国《抗规》设计的8层钢筋混凝土框架结构在不同地震强度下的楼层水平地震力模式。水平力模式分别按顶点位移达到最大时刻和各层水平力绝对值最大两种情况以顶点位移为基准绘出。由图可见，在不同强度地震下，随着结构进入弹塑性程度的不同，水平力模式在不断地变化，其变化规律是：小震弹性阶段，最大楼层地震力基本接近倒三角形分布；随着地震强度不断加大，最大楼层地震力分布先趋于均匀分布，然后趋于均匀分布+三角形分布。

为考虑加载模式随结构弹塑性发展程度的变化而变化的情况，有研究者提出了根据结构侧移或振型的变化对结构加载模式进行调整的自适应加载模式。如杨溥、李英民等人在发表于建筑结构学报的《结构静力弹塑性分析方法的改进》一文中建议根据推覆分析过程中结构弹塑性的发展，由前一步结构的刚度状态确定结构周期和振型，并采用振型组合方法计算结构各楼层的层间剪力，进而再由相邻楼层剪力差确定各楼层处的水平地震力，作为下一步水平力加载模式，由此逐步进行静力弹塑性分析。这种在推覆分析过程中根据结构变形状态不断重新调整加载模式的方法计算十分复杂，失去了静力弹塑性分析方法的简便性。

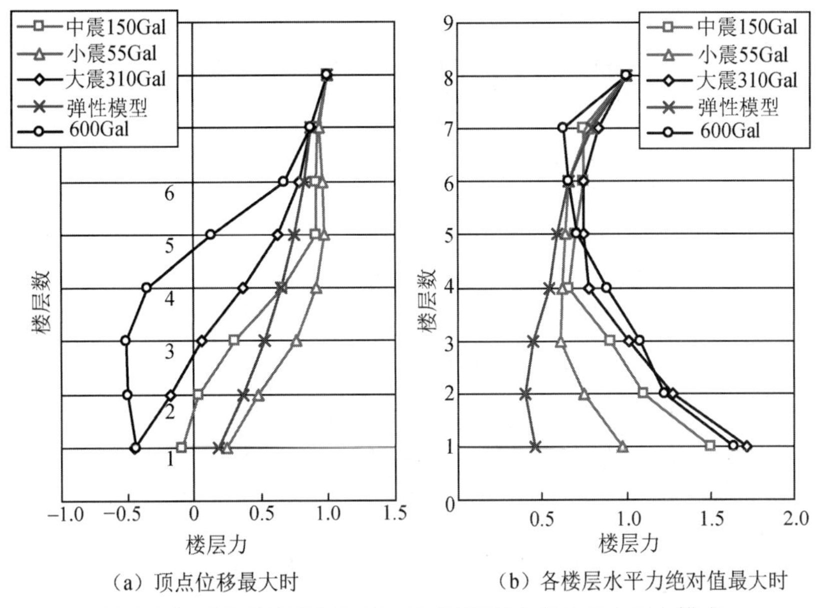

（a）顶点位移最大时　　（b）各楼层水平力绝对值最大时

图 6.2.1　不同地震强度下 8 层钢筋混凝土框架的水平力模式

我国《抗规》中规定的底部剪力法中，水平地震作用采用了倒三角分布附加顶部集中水平地震作用的侧力模式，以下简称规范侧力模式，即

$$F_i = \frac{G_i H_i}{\sum_{j=1}^{n} G_j H_j}(1-\delta_n)V_b, \quad \delta F_n = \delta_n V_b \tag{6.2.5}$$

式中，δF_n 为顶部附加集中侧向力；δ_n 为顶部附加侧向集中力系数，可按照规范取值；G_i 和 G_j 分别为第 i 层和第 j 层重力荷载代表值；H_i 和 H_j 分别为结构第 i 层和第 j 层的高度。

图 6.2.2 和表 6.2.1 示出了按我国《抗规》设计的一个 6 层和一个 10 层的钢筋混凝土框架结构。两个框架的底层层高 4.2m，其他层层高均为 3.6m。设计地震烈度为 8 度，地震分组为第一组，二类场地。6 层框架的梁柱混凝土强度等级都为 C30，纵筋 HRB335 级，箍筋 HPB235 级。10 层框架除了一层、二层柱混凝土强度等级为 C40 外，其余结构构件的材料强度同 6 层框架。6 层框架前三阶周期分别为 1.05、0.34、0.19s；10 层框架前三阶周期分别为 1.60、0.52、0.29s。

图 6.2.3 所示为按不同加载模式推覆分析得到的两个框架的基底剪力-顶点位移曲线。

除以上采用第一振型作为位移模式外，还有以下几种确定位移模式的方法：

（1）采用考虑高阶振型影响的位移模式；

（2）采用 SRSS 组合得到的位移模式；

（3）采用加载模式推覆分析得到弹性阶段的位移模式；

（4）随着推覆分析的塑性变形发展，采用相应阶段的位移模式，进行该阶段的等效多自由度分析。

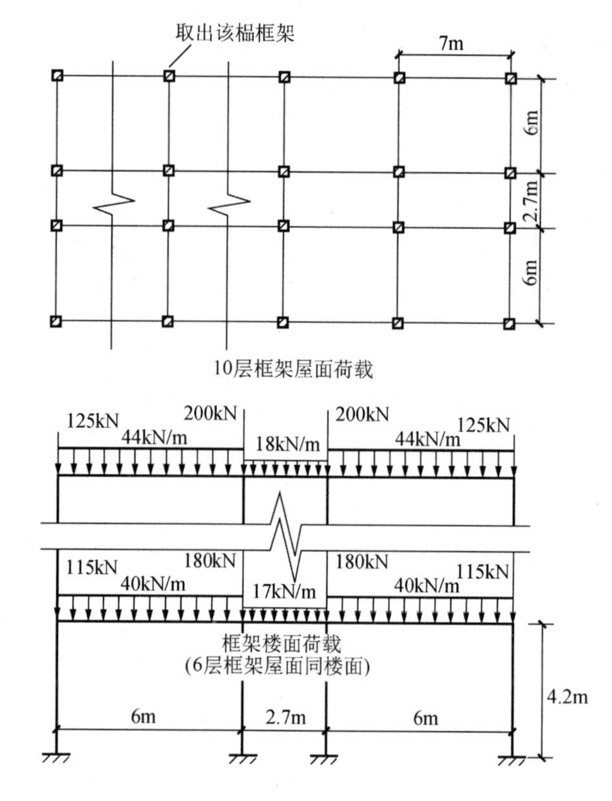

图 6.2.2　6 层和 10 层钢筋混凝土框架结构平面和竖向受力简图

表 6.2.1　框架梁柱尺寸及配筋面积

框架名称	层号	柱尺寸/(mm×mm)	柱配筋（四边每侧配筋面积）/mm^2		梁尺寸/(mm×mm)	梁配筋（上下每侧配筋面积）/mm^2			
			中柱	边柱		中梁		边梁	
						上	下	上	下
6 层	1	550×550	2418	1847	300×550	3217	3054	3770	1964
	2		1847	1017		3217	3054	3770	1964
	3		1520	1017		2463	1847	3770	1964
	4		1520	1017		1520	1140	2463	1017
	5		1017	1017		941	603	1964	1017
	6		1017	1017		603	603	1140	1140
10 层	1	600×600（C40）	2945	2281	300×600	3217	2661	3217	2036
	2		1964	1256		3217	2661	3217	2036
	3	600×600（C30）	1964	1256		2463	2281	3217	1964
	4		1964	1256		2463	2281	3217	1964
	5		1473	1256		1780	1520	3217	1964
	6		1473	1256		1780	1520	2661	1473
	7		1473	1256		1256	1017	2661	1473
	8		1256	1256		1256	1017	1847	941
	9		1256	1256		804	804	1847	941
	10		1256	1256		804	804	1140	804

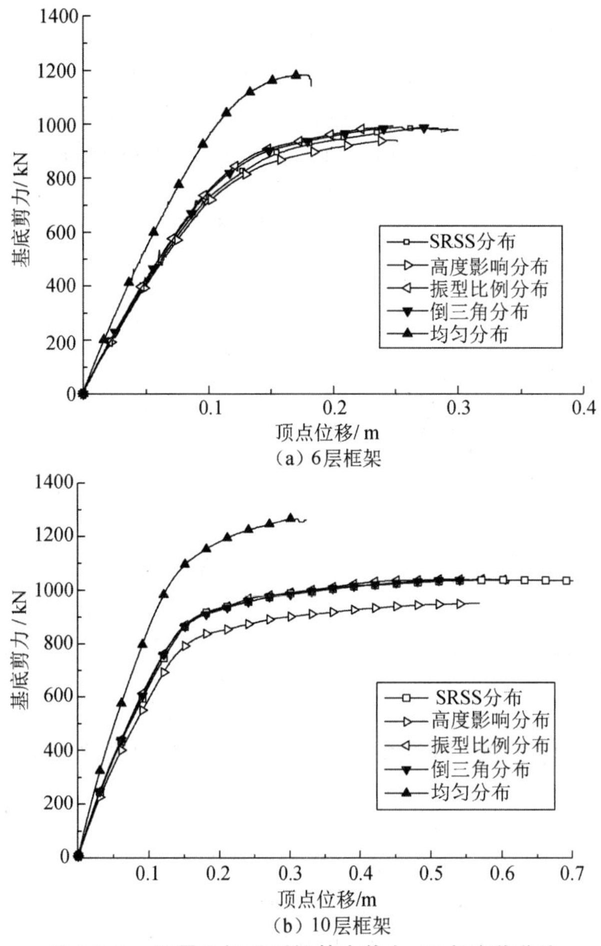

图 6.2.3 推覆分析得到的基底剪力-顶点位移曲线

图 6.2.4 所示为前述 10 层框架结构，由不同加载模式推覆分析结果，采用第一振型位移模式，得到的等效单自由度的力-位移关系（用能力谱曲线表示）对比，可见与图 6.2.3（b）中各相应加载模式的推覆曲线基本相似。

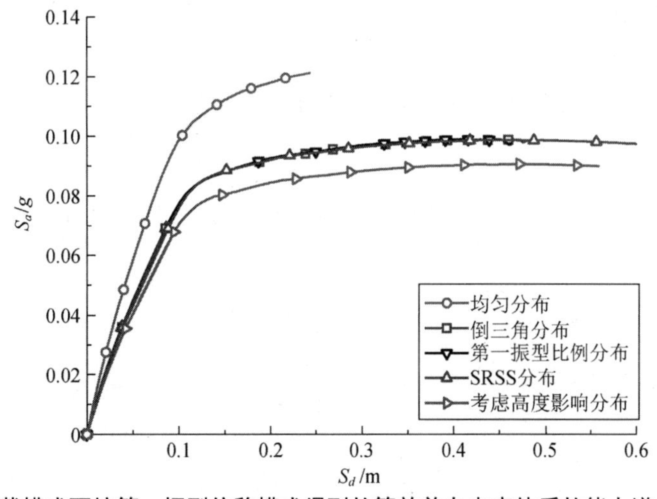

图 6.2.4 不同加载模式下按第一振型位移模式得到的等效单自由度体系的能力谱曲线（10 层框架）

图 6.2.5 所示为前述 10 层框架结构，根据 SRSS 加载模式推覆分析结果，采用不同位移模式得到的等效单自由度的力-位移关系（用能力谱曲线表示）对比。由图可见，不同侧移模式对等效单自由度的力-位移关系有一些影响，其中推覆分析中根据塑性变形发展情况而采用相应的位移模式得到的曲线偏高，这是因为结构进入塑性变形阶段，水平侧移模式趋于均匀分布。

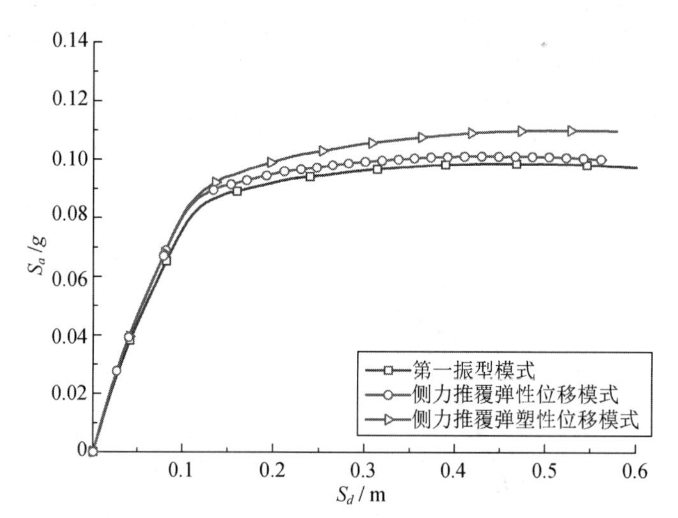

图 6.2.5　在 SRSS 加载模式下按不同位移模式得到的等效单自由度体系的能力谱曲线（10 层框架）

6.2.3　等效单自由度及其位移模式

地震作用下，当多自由度结构体系满足一定条件时，可将其等效为一单自由度体系，即在多自由度结构体系的地震响应与等效单自由度体系的地震响应之间建立一一对应关系，从而可方便地由等效单自由度体系的地震响应来近似确定多自由度结构体系的地震响应。

多自由度体系在地震作用下的动力方程为

$$[M]\{\ddot{x}\}+[C]\{\dot{x}\}+\{F(x)\}=-[M]\{I\}\ddot{x}_0 \tag{6.2.6}$$

设结构的相对位移向量$\{x\}$由结构顶点位移 x_t 和位移形状向量$\{u\}$表示，即$\{x\}=\{u\}x_t$。于是式（6.2.6）可写成

$$[M]\{u\}\ddot{x}_t+[C]\{u\}\dot{x}_t+\{F(x)\}=-[M]\{I\}\ddot{x}_0 \tag{6.2.7}$$

上式两边乘以$\{u\}^{\mathrm{T}}$得

$$\{u\}^{\mathrm{T}}[M]\{u\}\ddot{x}_t+\{u\}^{\mathrm{T}}[C]\{u\}\dot{x}_t+\{u\}^{\mathrm{T}}\{F(x)\}=-\{u\}^{\mathrm{T}}[M]\{I\}\ddot{x}_0 \tag{6.2.8}$$

令

$$x_t=\frac{\{u\}^{\mathrm{T}}[M]\{I\}}{\{u\}^{\mathrm{T}}[M]\{u\}}x_e \tag{6.2.9}$$

则式（6.2.8）变为

$$\{u\}^{\mathrm{T}}[M]\{I\}\ddot{x}_e+\{u\}^{\mathrm{T}}[C]\{u\}\frac{\{u\}^{\mathrm{T}}[M]\{I\}}{\{u\}^{\mathrm{T}}[M]\{u\}}\dot{x}_e+\{\dot{u}\}^{\mathrm{T}}\{F(x)\}=-\{u\}^{\mathrm{T}}[M]\{I\}\ddot{x}_0 \tag{6.2.10}$$

将上式写成以下等效单自由度体系的动力方程：

$$M_e\ddot{x}_e + C_e\dot{x}_e + F_e = -M_e\ddot{x}_0 \tag{6.2.11}$$

其中，等效质量

$$M_e = \{u\}^{\mathrm{T}}[M]\{I\} \tag{6.2.12}$$

等效阻尼

$$C_e = \{u\}^{\mathrm{T}}[C]\{u\}\frac{\{u\}^{\mathrm{T}}[M]\{I\}}{\{u\}^{\mathrm{T}}[M]\{u\}} \tag{6.2.13}$$

等效恢复力

$$F_e = \{u\}^{\mathrm{T}}\{F(x)\} \tag{6.2.14}$$

等效位移

$$x_e = \frac{\{u\}^{\mathrm{T}}[M]\{u\}}{\{u\}^{\mathrm{T}}[M]\{I\}}x_t \tag{6.2.15}$$

对于弹性多自由度结构体系，由于恢复力$\{F(x)\}=[K]\{u\}x_t$，则等效恢复力为

$$F_e = \{u\}^{\mathrm{T}}[K]\{u\}\frac{\{u\}^{\mathrm{T}}[M]\{I\}}{\{u\}^{\mathrm{T}}[M]\{u\}}x_e = K_e x_e \tag{6.2.16}$$

式中，K_e为等效刚度。

设$S_{a,e}$为等效单自由度体系的加速度反应谱值，则等效单自由度体系的地震力为

$$F_e = \{u\}^{\mathrm{T}}\{F(x)\} = M_e S_{a,e} \tag{6.2.17}$$

记多自由度体系各质点地震力为

$$\{F\} = [M]\{u\}S_a \tag{6.2.18}$$

近似认为各质点的地震力等于各质点的恢复力，即

$$F_e = \{u\}^{\mathrm{T}}\{F(x)\} = \{u\}^{\mathrm{T}}[M]\{u\}S_a = M_e S_{a,e} = \{u\}^{\mathrm{T}}[M]\{I\}S_{a,e} \tag{6.2.19}$$

可得

$$S_a = \frac{\{u\}^{\mathrm{T}}[M]\{I\}}{\{u\}^{\mathrm{T}}[M]\{u\}}S_{a,e} \tag{6.2.20}$$

因此有

$$\{F\} = [M]\{u\}\frac{\{u\}^{\mathrm{T}}[M]\{I\}}{\{u\}^{\mathrm{T}}[M]\{u\}}S_{a,e} \tag{6.2.21}$$

记$\gamma = \dfrac{\{u\}^{\mathrm{T}}[M]\{I\}}{\{u\}^{\mathrm{T}}[M]\{u\}}$，称$\gamma$为位移形状向量的参与系数，则有

$$\{F\} = [M]\{u\}\gamma S_{a,e} \tag{6.2.22}$$

结构侧移为

$$\{x\} = \{u\}x_t = \{u\}\frac{\{u\}^{\mathrm{T}}[M]\{I\}}{\{u\}^{\mathrm{T}}[M]\{u\}}x_e = \{u\}\gamma x_e \tag{6.2.23}$$

式（6.2.22）所示的恢复力模式即为前述推覆分析中所采用的侧向力加载模式。

由式（6.2.22）和式（6.2.23）可知，多自由度体系可以等效为单自由度体系的前提是，多自由度体系在地震作用下的振动过程中，其位移模式和恢复力模式保持不变。当自由度较多且结构复杂时，这个条件对于多自由度体系实际上是不成立的，即使对于弹性多自由度体系的结构也是如此，这是静力弹塑性分析方法在理论上的不严密之处。

但对于自由度较少的规则多层建筑结构，这个条件近似满足。一般来说，此时的结构地震响应受第一振型控制，若设位移模式$\{u\}$为第一振型$\{u\}_1$，即假定多自由度体系在地震作用下仅按第一振型振动，则式（6.2.9）的等效关系为

$$x_t = \frac{\{u\}_1^{\mathrm{T}}[M]\{I\}}{\{u\}_1^{\mathrm{T}}[M]\{u\}_1} x_e = \gamma_1 x_e \tag{6.2.24}$$

式中，$\gamma_1 = \dfrac{\{u\}_1^{\mathrm{T}}[M]\{I\}}{\{u\}_1^{\mathrm{T}}[M]\{u\}_1}$，即为第一振型参与系数。此时，若设由等效单自由度体系得到的最大加速度反应为 $S_{a,e}$ 和最大位移反应为 $S_{d,e}$（可根据等效单自由度体系的周期 $T_e = 2\pi\sqrt{M_e / K_e}$ 由反应谱获得），则反算得到的多自由度结构体系各质点的最大地震力$\{F\}$和最人位移$\{x\}$分别为

$$\{F\} = [M]\{u\}_1 \gamma_1 S_{a,e} \tag{6.2.25}$$

$$\{x\} = \{u\}_1 \gamma_1 S_{d,e} \tag{6.2.26}$$

6.2.4 目标位移

静力弹塑性分析方法的第（3）步是，由等效单自由度体系确定在强震作用下的地震弹塑性位移响应，再由等效单自由度方法反算得到原结构的顶点位移，以该顶点位移作为目标位移。

等效单自由度体系在强震作用下的地震弹塑性位移响应，可采用弹塑性时程分析方法或弹塑性位移谱法（求得）。但是由于结构弹塑性发展有一个过程，所得到的等效单自由度体系的力-位移骨架线是一条曲线，而且需要采用反复推覆分析才能得到等效单自由度体系的滞回曲线（图 6.2.6），在此基础上再将等效单自由度体系的恢复力模型进行简化后，才能采用弹塑性时程分析方法或弹塑性位移谱法，这个过程较为复杂。因此，实际计算时一般采用位移影响系数法和能力谱法。

1. 位移影响系数法

美国 FEMA 273、FEMA 274 推荐采用位移影响系数法来确定目标位移，其基本原理是：将结构推覆曲线等效为单自由度体系后，近似为双线型骨架线，再基于弹性反应谱与理想弹塑性滞回模型的弹塑性反应谱之间的关系，考虑屈服承载力水平、恢复力模型滞回曲线形状和结构 P-Δ 效应的影响，得到结构在强震作用下的目标位移。

首先说明结构的近似双线型骨架线。图 6.2.7 所示为推覆分析得到的结构基底剪力-顶点位移曲线，其初始刚度为 K，可按弹性动力分析方法确定。在推覆曲线上 $0.6F_y$ 处取割线刚度作为双线型骨架线的弹性刚度，称为有效刚度 K_e，再按图 6.2.7 所示方法将推覆

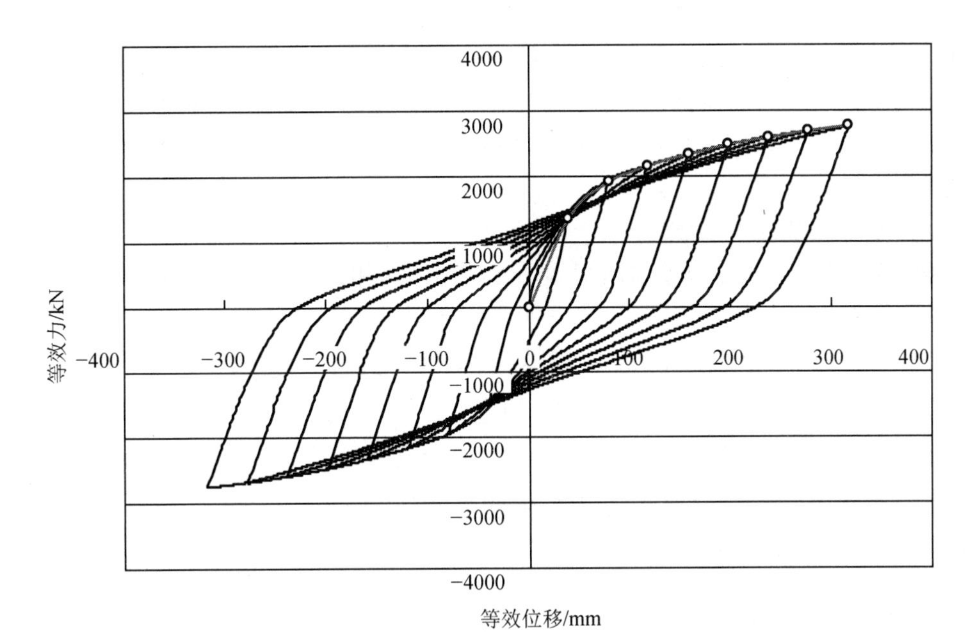

图 6.2.6　反复推覆分析得到的等效单自由度体系的恢复力模型

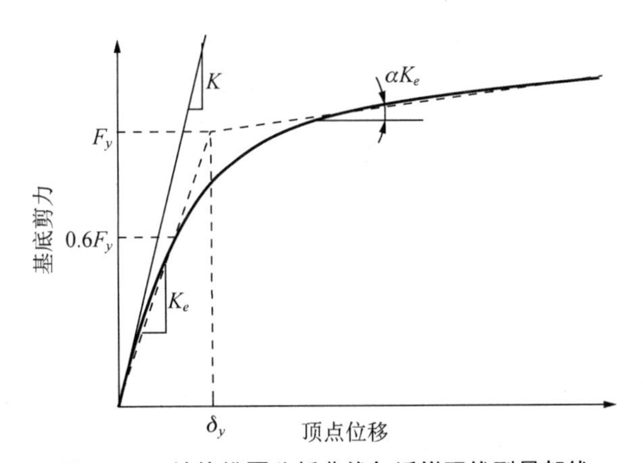

图 6.2.7　结构推覆分析曲线与近似双线型骨架线

曲线近似为双线型。对应双线型骨架线结构的初始周期称为有效周期 T_e，按下式确定：

$$T_e = T\sqrt{\frac{K}{K_e}} \tag{6.2.27}$$

按图 6.2.7 所示方法确定结构的近似双线型弹塑性恢复力模型骨架线后，再根据结构的类型，近似确定结构的滞回模型，也可按图 6.2.6 所示反复推覆分析方法确定结构的滞回模型。

FEMA 建议的结构位移控制点（通常取建筑顶层的质量中心，不包括顶部小间）目标位移的计算公式为

$$\delta_1 = C_0C_1C_2C_3S_d = C_0C_1C_2C_3S_a\left(\frac{T_e}{2\pi}\right)^2 \tag{6.2.28}$$

式中，S_a 为设计所考虑地震强度作用下相应有效周期 T_e 的弹性加速度反应谱值，此时的阻尼比可考虑取有效周期 T_e 所对应结构状态的等效阻尼比；S_d 为由弹性加速度反应谱值得到

的弹性位移反应谱值，即取 $S_d = S_a / \omega^2 = S_a (T_e / 2\pi)^2$；$C_0$ 为反映等效单自由度体系位移与原结构顶点位移之间关系的换算系数；C_1 为反映最大弹塑性位移与弹性位移之间关系的换算系数；C_2 为反映滞回环形状对最大位移响应的调整系数；C_3 为反映 $P\text{-}\Delta$ 效应对位移影响的调整系数。

下面分别介绍各影响系数。

系数 C_0 相当于前述等效单自由度体系方法中所采用的位移模式在结构位移控制点处的振型参与系数，其具体确定方法有以下几种：

（1）根据控制点处的第一振型参与系数确定，公式为

$$C_0 = u_{n,1}\gamma_1 \tag{6.2.29}$$

式中，$u_{n,1}$ 为第一振型在控制点处的值；γ_1 为第一振型参与系数。

（2）按等效单自由度法的位移模式在控制点处的参与系数确定。位移模式可取结构达到目标位移时的结构变形形状向量。

（3）按表 6.2.2 取值。

表 6.2.2　C_0 的取值

层数	1	2	3	5	≥10
C_0	1.0	1.2	1.3	1.4	1.5

系数 C_1 可根据弹塑性 SDOF 体系的屈服承载力降低系数 R，由弹性 SDOF 体系的位移与弹塑性 SDOF 体系之间的关系得到。FEMA 建议按下式计算：

$$C_1 = \begin{cases} 1.0, & T_e \geqslant T_g \\ \dfrac{1.0 + (R-1)T_g / T_e}{R}, & T_e < T_g \end{cases} \tag{6.2.30}$$

式中，T_g 为反应谱特征周期；R 为弹塑性 SDOF 体系的屈服承载力降低系数，可按下式计算：

$$R = \frac{S_a}{F_y / G} \frac{1}{C_0} \tag{6.2.31}$$

式中，F_y 为推覆分析得到的结构屈服承载力，按图 6.2.7 所示的方法确定；G 为结构质量（恒载与可变荷载组合值）；S_a 同式（6.2.28）的说明，即对应设计所考虑地震强度作用下相应等效周期 T_e 的弹性加速度反应谱值，这里设计所考虑地震强度作用可根据抗震设计目标取中震或大震。

系数 C_2 为反映滞回环形状对最大位移响应的调整系数。这是由于上述系数是基于双线性滞回模型得到的，如果体系的滞回环存在承载力退化、刚度退化或捏拢，则体系的滞回耗能能力将有所降低，这会导致弹塑性位移响应增大。FEMA 356 建议系数 C_2 按表 6.2.3 确定。

系数 C_3 为反映 $P\text{-}\Delta$ 效应对位移响应的调整系数，即 $P\text{-}\Delta$ 效应对位移响应的放大系数。对于屈服后具有正刚度的结构，取 C_3=1.0；对于屈服后具有负刚度的结构，C_3 按下式计算：

$$C_3 = 1.0 + \frac{|\alpha|(R-1)^{3/2}}{T_e} \tag{6.2.32}$$

式中，α 为屈服后刚度与有效刚度 K_e 的比值。

表 6.2.3　C_2 的取值

地震作用水平	$T \leqslant 0.1\text{s}$		$T \geqslant T_g$	
	结构或构件的承载力和刚度退化类型			
	I	II	I	II
50 年超越概率 50%	1.0	1.0	1.0	1.0
50 年超越概率 10%	1.3	1.0	1.1	1.0
50 年超越概率 2%	1.5	1.0	1.2	1.0

注：（1）I 型是指任一层在设计地震下，30%以上的楼层剪力，由可能产生承载力或刚度退化的抗侧力结构或构件承担的结构；这些构件包括中心支撑框架、支撑只承担拉力的框架、非配筋砌体墙、受剪破坏为主的墙或柱，或由以上结构组合成的结构类型。

（2）II 型是指 I 型以外的各类框架。

（3）T 在 0.1s 和 T_g 之间时采用线性插值。

2. 能力谱法

能力谱法（capacity spectrum method）最早于 1975 年由 Freeman 等提出，是快速评估结构抗震能力的一种方法。随后作为评价建筑结构性能和地震作用之间关系的一种方法在 1982 年被美国的应用技术委员会 ACT-10 采用。此后又经过一系列改进，先后在美国的国家标准技术研究院 NIST（1994）和应用技术委员会 ACT-40（1996）中作为既有建筑的抗震性能评估方法。1998 年 Fajfar 建议直接采用弹塑性反应谱作为需求谱曲线，对该方法做了进一步的发展。该方法用直观图解方法将结构的能力曲线与地震作用对结构的需求进行对比，使得人们很容易理解和评价既有结构或所设计结构的抗震性能。

能力谱法的基本思路是：

（1）设定结构的位移模式和水平力分布模式，由静力弹塑性分析得到结构力-位移关系曲线，称为结构的能力曲线，如图 6.2.8（a）所示。

（2）根据设定的位移模式，将结构的力-位移关系曲线等效为一单自由度体系力-位移关系曲线，并将力用加速度表示，由此获得等效单自由度体系的能力曲线，如图 6.2.8（b）所示。

（3）建立需求谱曲线。设计反应谱如图 6.2.8（c）所示，需求谱可依据设计加速度反应谱曲线生成。需求谱曲线将单自由度线弹性体系的加速度谱作为纵坐标，将位移反应谱作为横坐标，如图 6.2.8（d）所示。对于不同阻尼比，需求谱曲线也不同，即有一组对应不同阻尼比的需求谱曲线族。需求谱曲线也可直接由弹塑性动力反应谱分析获得，得到一组对应不同延性系数的需求谱曲线族。

（4）将等效单自由度体系的能力曲线与设计需求谱曲线族对比，即将能力曲线绘制在设计需求谱曲线族中。能力曲线与相应的需求谱曲线的交点即为等效单自由度体系的弹塑性响应点，该点通常称为“目标位移点”或“结构抗震性能点”，如图 6.2.8（e）所示。

（5）若能力曲线上的某设计状态点大于结构对应的性能点，则认为结构设计是安全的。

能力谱法与直接位移法的区别在于：①结构的力-位移关系由结构静力弹塑性分析得到，而不是按等效单自由度确定，这样可以获得结构位移与构件变形的关系，从而便于进行构件层次的基于变形的设计；②将地震响应（即需求谱）、结构能力曲线和等效线性体系力-位移关系绘于同一坐标系内，使设计十分直观；③能力谱法是一种性能验算方法，而直接位移法是依据预期性能目标进行设计的方法。

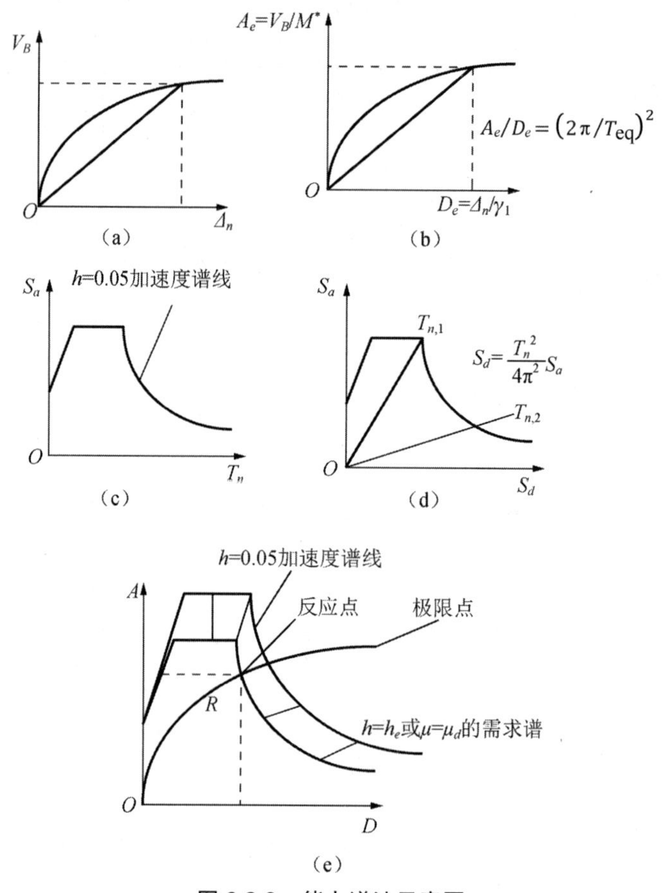

图 6.2.8　能力谱法示意图

为了得到等效单自由度体系的能力曲线，需要将单自由度体系力-位移关系在加速度-位移坐标系中表示。此时只需要将式(6.2.16)所示的等效力 F_e 用加速度 $A_e=F_e/M_e$、式(6.2.15)所示的等效位移 x_e 用 $D_e=x_e$ 表示即可，如图 6.2.8（b）所示，图中 A_e-D_e 曲线即称为“能力曲线”。

将单自由度体系的弹塑性反应谱在加速度-位移坐标系中表示即得到“需求谱曲线”，如图 6.2.8（c）和（d）所示。弹塑性反应谱曲线与延性大小有关，而待求的目标位移点的延性尚未确定，因此需求谱曲线往往采用一族对应不同延性系数的谱曲线。为此，目前有两种方法来建立需求谱曲线：一种是按等效弹性方法来建立对应不同延性系数的需求谱曲线；另一种是直接由对应不同延性系数的弹塑性加速度谱和位移谱来建立需求谱曲线。以下分别介绍。

1）按等效弹性方法建立需求谱曲线

弹塑性单自由度体系可等效为阻尼比增大的弹性单自由度体系，塑性变形程度越大，等效阻尼比也越大。这也被称为弹塑性地震响应分析的等效线性化方法。等效线性化方法将在 6.3 节中详细介绍。因此，弹塑性单自由度体系的需求谱曲线可采用一族对应不同阻尼比的等效弹性单自由度体系反应谱来确定。

利用反复推覆分析得到的等效单自由度体系的力-位移关系的滞回曲线，按等效线性化方法得到等效弹性单自由度体系相应于延性系数 μ 时的等效阻尼比为

$$\xi_e = 0.21 + 0.008(\mu - \sqrt{\mu}) + \xi_0 \tag{6.2.33}$$

式中，ξ_e 为等效阻尼比；ξ_0 为原体系的初始阻尼比；μ 为弹塑性等效单自由度体系在最大地震响应时的延性系数。

当已知初始阻尼比 ξ_0=0.05 时的弹性单自由度体系的加速度谱值 $S_a(0.05)$时，由 6.3 节所述可知，对阻尼比为 ξ_e 时的弹性单自由度体系的加速度谱值 $S_a(\xi_e)$可按下式确定：

$$\frac{S_a(\xi_e)}{S_a(0.05)} = \sqrt{\frac{2.5}{1+30\xi_e}} \tag{6.2.34}$$

在阻尼不是很大的情况下，弹性单自由度体系的位移反应谱值 S_d 可近似由加速度值 S_a 按下式确定：

$$S_d(T) = \left(\frac{T}{2\pi}\right)^2 S_a(T) \tag{6.2.35}$$

式中，T 为结构周期；$S_a(T)$ 和 $S_d(T)$ 分别为周期为 T 时的加速度谱值和位移谱值。将 $S_a(T)$ 和 $S_d(T)$的关系绘制在以加速度为纵坐标、位移为横坐标的坐标系中，即得到需求谱曲线［图 6.2.8（d）］，曲线上一点与原点连线的斜率为 $\omega^2=(2\pi/T)^2$，其中，ω 和 T 分别为等效弹性体系的圆频率和周期。

我国《抗规》直接给出了考虑阻尼比变化情况的加速度设计反应谱曲线，即《抗规》中的地震影响系数 α 谱曲线。此时可直接建立不同阻尼比的需求谱曲线。图 6.2.9 所示为由《抗规》的设计反应谱得到的对应 8 度（二类场地二区）抗震设防时的小震、中震和大震时不同阻尼比的需求谱曲线，图中纵坐标用地震影响系数 $\alpha(\alpha = S_a)$ 表示。

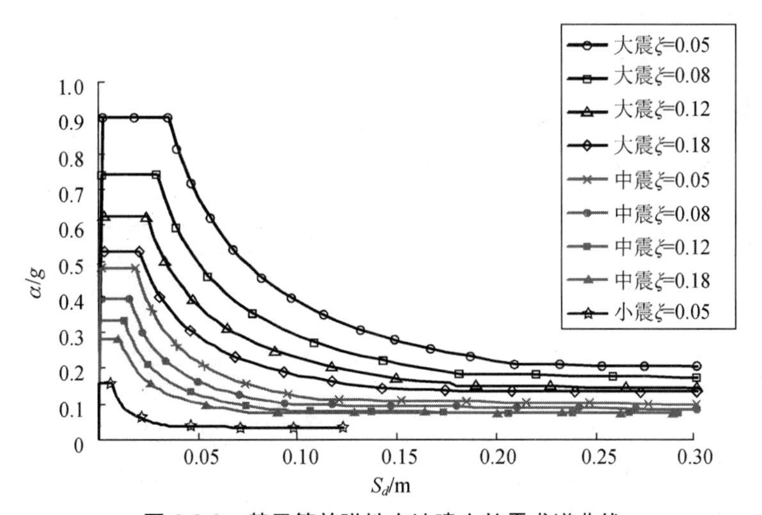

图 6.2.9　基于等效弹性方法建立的需求谱曲线

2）直接由弹塑性反应谱建立需求谱曲线

上述方法通过一系列等效弹性体系的反应谱，采用等效弹性方法来确定结构的弹塑性反应。但是有争议的是至今并未证实弹塑性体系的最大滞回耗能与等效黏性阻尼比之间存在

稳定的关系，特别是对弹塑性变形较大的体系。为此，Reinborn（1997）提出需求谱应该直接采用弹塑性反应谱曲线，前述 Fajfar 提出的弹塑性反应谱曲线便是一个具体实践。

需求谱曲线采用一族对应不同延性系数的弹塑性反应谱确定。对于具有双线型力-位移关系骨架线的弹塑性单自由度体系，Fajfar（1999）建议弹塑性需求谱曲线按以下方法确定：

$$S_a = \frac{S_{ae}}{R_\mu} \tag{6.2.36}$$

$$S_d = \frac{\mu}{R_\mu} S_{de} = \frac{\mu}{R_\mu} \frac{T^2}{4\pi^2} S_{ae} \tag{6.2.37}$$

式中，S_a、S_d 分别为弹塑性谱加速度和谱位移；S_{ae}、S_{de} 分别为弹性谱加速度和谱位移；R_μ 为延性系数为 μ 时的承载力折减系数，采用 Vidic 等（1994）提出的以下关系式计算：

$$\begin{cases} R_\mu = (\mu - 1)\dfrac{T}{T_0} + 1, & T \leqslant T_1 \\ R_\mu = \mu, & T > T_1 \end{cases} \tag{6.2.38}$$

$$T_1 = 0.65\mu^{0.3} T_c \leqslant T_c \tag{6.2.39}$$

式中，T_c 为场地的特征周期；μ 为弹塑性等效单自由度体系在最大地震响应时的延性系数。以我国规范建议的阻尼比为 0.05 的加速度反应谱作为弹性反应谱，按上述方法确定的需求谱曲线如图 6.2.10 所示。

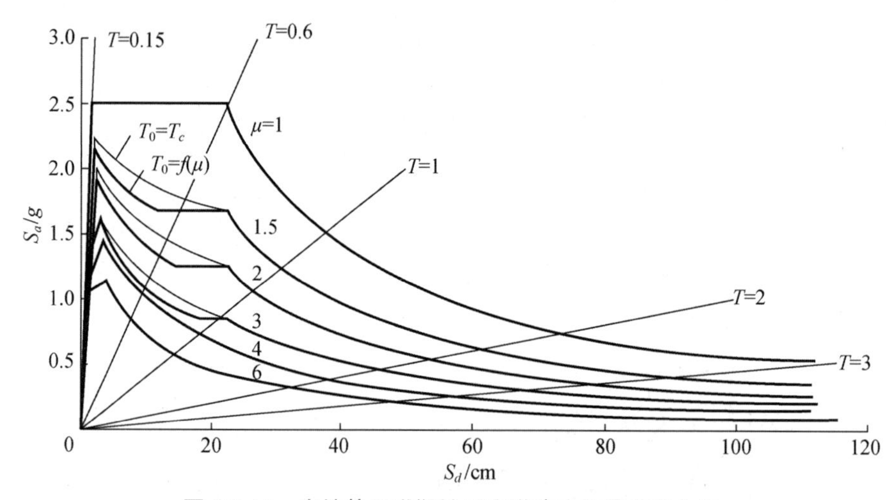

图 6.2.10　直接基于弹塑性反应谱建立的需求谱曲线

结构抗震的性能点需要经过反复迭代计算才能确定，下面进行具体说明：

对于按等效弹性方法建立需求谱曲线的情况，图 6.2.11 给出了相应阻尼比分别为 $\xi = 0.05$，0.08，0.12 和 0.18 的需求谱曲线，A_e-D_e 能力曲线上各实心点上方的数值为对应延性系数 μ 分别为 1.5、2.0、2.5、3.0 和 3.7 时的等效阻尼比 ξ_e，分别为 ξ_e=0.05，0.11，0.14，0.15 和 0.16。可见，能力谱曲线上相应等效阻尼比 ξ_e=0.15 的点，在阻尼比 ξ=0.15 的需求谱曲线之下，而能力谱曲线上相应等效阻尼比 ξ_e=0.16 的点，在阻尼比 ξ=0.16 的需求谱曲线之上，故弹塑性地震响应点介于两者之间，经进一步试算后即可求得反应点。

对于按弹塑性反应谱直接建立需求谱曲线的情况，利用弹塑性反应谱曲线和能力谱曲线确定弹塑性反应点的方法与上面的方法类似，只是能力谱曲线与需求谱曲线的交点应具有相同延性系数。图 6.2.12 所示为弹塑性反应点确定的示例。

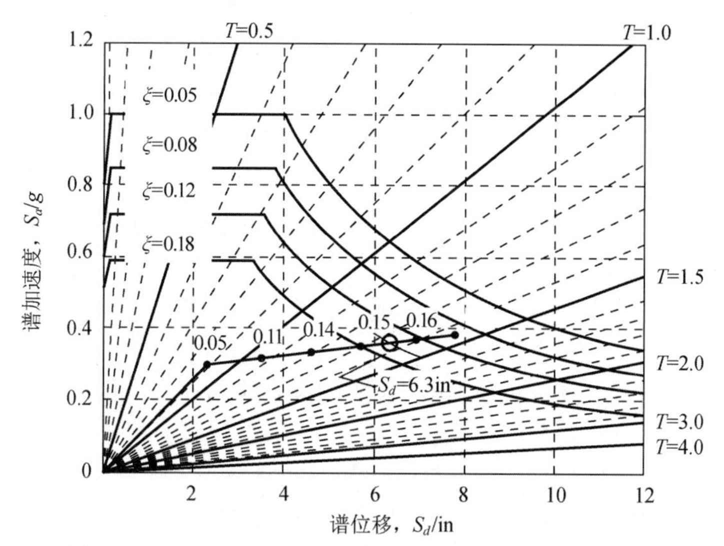

图 6.2.11　基于等效弹性需求谱的弹塑性响应点的确定

注：1in=2.54cm。

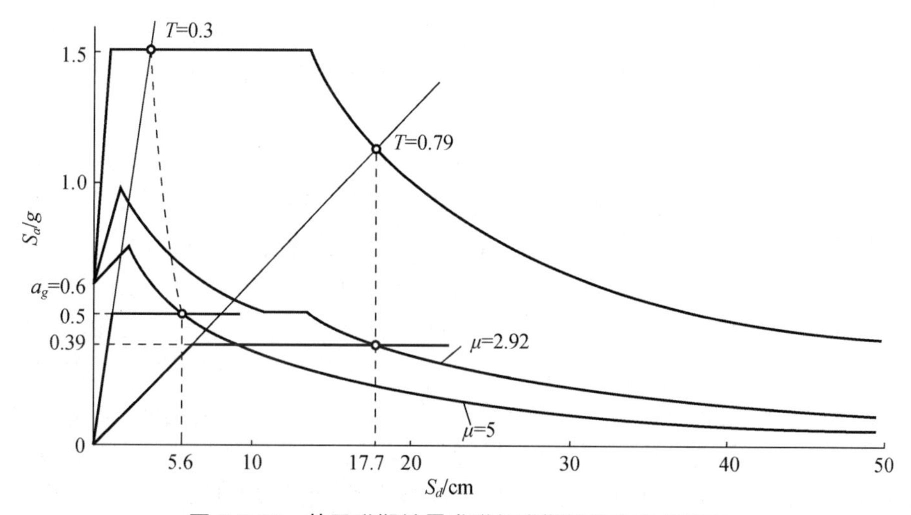

图 6.2.12　基于弹塑性需求谱的弹塑性响应点的确定

6.2.5　静力弹塑性分析的适用条件

采用静力弹塑性分析方法计算多自由度结构体系弹塑性地震响应的关键是，将多自由度结构体系等效为单自由度体系，并利用多自由度结构体系的地震响应与等效单自由度体系地震响应之间的线性相关关系，来获得多自由度结构体系的弹塑性地震响应。这一等效基于以下的两个假定：

（1）结构在地震过程中沿高度方向的形状向量保持不变；

（2）结构弹塑性地震响应取决于等效周期。

第一个假定要求多自由度结构体系在地震作用下的振动特性能受控于某一基本不变的位移形状，否则就无法将多自由度结构体系等效为单自由度体系。符合这种条件的结构应具有以下特性：结构的整体塑性变形发展程度不大，也即结构弹塑性振动特性与弹性振动特性相差很小。这里，结构整体塑性变形程度的意思是指，结构在地震作用下无明显塑性变形集中的薄弱层。如果存在这种薄弱层，结构在地震作用下的弹塑性位移模式将会随着薄弱层的塑性变形发展而发生很大变化，等效单自由度的第一个假定就不能满足。

第二个假定是由等效单自由度体系的弹塑性地震响应仅取决于其等效周期这一方法所决定的。这就要求多自由度结构体系振动的控制周期与等效周期相近，这对于层数不多的结构通常成立，因为此时结构大多受第一振型控制。而当结构高振型对地震作用影响较大时，即使是弹性结构也无法满足这一等效条件。

需要特别说明的是，是否满足第一个假定也是实现基于性能抗震设计的重要前提。在满足第一个假定的前提下，即使不满足第二个假定，也可以采用等价线性化结构的方法来确定结构弹塑性地震响应，或采用 Chopra 提出的振型推覆分析（modal pushover analysis，MPA）方法来确定结构弹塑性地震响应。这两种方法均在本章后面的部分作详细介绍。

由以上分析可知，适用于静力弹塑性分析方法的结构，是层数不多且结构弹塑性位移模式受控于第一振型建筑的结构。在满足以上两个假定的前提下，选择符合地震作用下接近实际的加载模式和位移模式，采用静力弹塑性分析方法确定结构的弹塑性地震响应，均具有足够可靠度。在分析中，是否考虑随结构弹塑性发展而变化的加载模式和位移模式对分析结果影响不大。在满足以上适用条件的情况下，建议采用 SRSS 加载模式与考虑推覆分析过程中各步弹塑性位移模式相结合的方法来获得结构的等效单自由度体系，进而确定结构弹塑性地震响应。

尽管上述前提条件使静力弹塑性分析方法的适用范围受到限制，但该方法的第一步分析，即推覆分析，依然可以帮助确定结构薄弱部位。因为结构在变形较小时处于弹性范围，此时可根据弹性地震响应分析方法确定加载模式，进行推覆分析，其结果与弹性时程分析结果差别不大。结构中屈服承载力相对较小的部位将首先屈服，由此可以确定结构中的薄弱部位，尤其是可以确定具有薄弱层这种对结构整体抗震不利的问题。因此，推覆方法还有助于提升对结构整体抗震性能的认识。但当结构中因出现薄弱层而导致结构的振动位移形状显著变化时，则无法进一步由等效单自由度方法来获得结构的弹塑性地震响应。

推覆分析的另一个应用是，由推覆分析得到各层层间力-位移骨架线，再配以合适的恢复力模型，则可利用弹塑性时程分析方法计算各层的层间弹塑性位移响应，进而可进一步获得各结构构件和部位的弹塑性地震响应。

6.2.6 不规则结构的适用性

前面介绍的静力弹塑性分析方法主要适用于规则结构，其原因是所列加载模式均是以水平力沿结构竖向分布形式给出。对于层数不多的不规则建筑结构，如果结构在地震作用下的振动主要受第一振型控制（注意此时第一振型是不规则的位移形状），符合前述两个基本假定，则对不规则建筑结构也可以采用静力弹塑性分析方法来确定弹塑性地震响应。但此时的加载模式应按结构实际振动惯性力分布确定，如每层楼板同时作用两个方向的水平力，或结构各质点分别作用水平力，则宜采用振型完全平方根组合（complete quadratic combination，CQC）振型组合方法确定加载模式。

需注意的是，不规则结构通常容易出现塑性变形集中薄弱层或部位，使得位移模式发生变化，此时静力弹塑性分析方法就不适用了。

不规则结构可分为：

（1）结构沿竖向分布不规则；

（2）平面不对称结构；

（3）空间偏心结构；

（4）底部薄弱层结构。

6.2.7　振型推覆分析方法

为较好地考虑结构高阶振型对静力弹塑性分析结果的影响，Chopra 根据弹性分析的振型分解组合方法，提出了振型推覆分析（modal pushover analysis，MPA）方法。该方法取结构的前几阶振型分别确定侧向力分布模式，并分别进行弹塑性静力分析，得到相应各阶振型的弹塑性地震响应后，再按照 SRSS 方法进行组合得到结构在地震作用下的响应。当结构为线弹性结构时，该方法即等价于振型分解组合方法。

弹塑性动力时程分析是计算结构弹塑性变形地震响应的准确方法，但由于地震输入本身的不确定性、结构弹塑性分析建模的复杂性和计算代价偏高等，使这一方法的实际应用存在困难。传统 Pushover 法的分析结果受不同侧力模式的影响较大，且一般只适用于结构振动以第一振型为主的结构，无法反映结构高阶振型的影响。

MPA 法是按各阶振型侧力模式分别进行类似普通 Pushover 分析的计算，得到各阶振型的等效单自由度体系及其弹塑性地震响应，按类似振型组合方法得到结构的弹塑性地震响应。其中，忽略结构屈服后各个模态坐标之间的耦合。结构总的地震需求值通过各模态反应平方和开平方组合（SRSS）得到。

1. 弹性体系

运动微分方程为

$$[M]\{\ddot{u}\}+[C]\{\dot{u}\}+[K]\{u\}=-[M]\{I\}\ddot{u}_g(t) \tag{6.2.40}$$

式中，$\ddot{u}_g(t)$ 表示水平地面运动；$\{u\}$ 表示结构相对地面的各楼层位移列向量；$[M]$、$[C]$、$[K]$ 分别表示结构的质量矩阵、阻尼矩阵和侧向刚度矩阵；$\{I\}$ 表示单位列向量。

等效地震力可表示为

$$\{p_{\mathrm{eff}}(t)\}=-[M]\{I\}\ddot{u}_g(t) \tag{6.2.41}$$

此等效地震力沿结构高度的空间分布值由向量 $[M]\{I\}$ 决定，时间变化值由 $\ddot{u}_g(t)$ 决定。

将地震力的空间分布向量 $[M]\{I\}$ 展开成各模态惯性力分布 s_n 的叠加：

$$[M]\{I\}=\sum_{n=1}^{N}\{s_n\}=\sum_{n=1}^{N}\varGamma_n[M]\{\phi_n\} \tag{6.2.42}$$

式中，$\{\phi_n\}$ 表示结构的第 n 阶振型；$\varGamma_n=L_n/M_n$，$L_n=\{\phi_n\}^{\mathrm{T}}[M]\{I\}$，$M_n=\{\phi_n\}^{\mathrm{T}}[M]\{\phi_n\}$。

等效地震力

$$\{p_{\text{eff}}(t)\}=\sum_{n=1}^{N}\{p_{\text{eff},n}(t)\}=\sum_{n=1}^{N}-\{s_n\}\ddot{u}_g(t) \tag{6.2.43}$$

第 n 阶振型的贡献 $\{s_n\}=\Gamma_n[M]\{\phi_n\}$，$\{p_{\text{eff},n}(t)\}=-\{s_n\}\ddot{u}_g(t)$。

弹性多自由度体系在 $\{p_{\text{eff},n}(t)\}$ 作用下的楼层位移为

$$\{u_n(t)\}=\{\phi_n\}q_n(t) \tag{6.2.44}$$

其中，模态坐标 $q_n(t)$ 可由下列方程求出：

$$\ddot{q}_n+2\delta_n\omega_n\dot{q}_n+\omega_n^2=-\Gamma_n\ddot{u}_g(t) \tag{6.2.45}$$

可解得

$$q_n(t)=\Gamma_n D_n(t) \tag{6.2.46}$$

其中，$D_n(t)$ 可通过对第 n 阶模态单自由度体系在 $\ddot{u}_g(t)$ 作用下的运动方程求解得到：

$$\ddot{D}_n+2\xi_n\omega_n\dot{D}_n+\omega_n^2 D_n=-\ddot{u}_g(t) \tag{6.2.47}$$

将式（6.2.46）代入式（6.2.44）得弹性多自由度体系在 $\{p_{\text{eff},n}(t)\}$ 作用下的楼层位移

$$\{u_n(t)\}=\Gamma_n\{\phi_n\}D_n(t) \tag{6.2.48}$$

弹性多自由度体系在 $\{p_{\text{eff},n}(t)\}$ 作用下的任意反应量，如层间位移、单元内力等，可用下式表述：

$$\{r_n(t)\}=\{r_n^{\text{st}}\}A_n(t) \tag{6.2.49}$$

式中，$\{r_n^{\text{st}}\}$ 表示模态静力反应，是由外力 $\{s_n\}$ 引起的静力反应值；$A_n(t)=\omega_n^2 D_n(t)$。

因此，MDF 体系在 $\{p_{\text{eff}}(t)\}$ 作用下的反应表达式为

$$\{u(t)\}=\sum_{n=1}^{N}\{u_n(t)\}=\sum_{n=1}^{N}\Gamma_n\{\phi_n\}D_n(t) \tag{6.2.50}$$

$$\{r(t)\}=\sum_{n=1}^{N}\{r_n(t)\}=\sum_{n=1}^{N}\{r_n^{\text{st}}\}A_n(t) \tag{6.2.51}$$

第 n 阶振型的反应贡献 $\{r_n(t)\}$ 的峰值 $\{r_{no}\}=\{r_n^{\text{st}}\}A_n$。其中，$A_n$ 表示第 n 阶振型单自由度体系在拟加速度反应谱中的坐标 $A(T_n,\zeta_n)$。

然后，可以按照一定的法则（例如 SRSS 法则等）将这些峰值反应值组合起来，得到总反应的峰值为

$$r_o\approx\left(\sum_{n=1}^{N}r_{no}^2\right)^{1/2} \tag{6.2.52}$$

MPA 方法中，为了形成与上述公式对应的 Pushover 分析过程，假定结构承受侧向力分布

$$f_{no}=\Gamma_n[M]\{\phi_n\}A_n \tag{6.2.53}$$

对其进行静力分析，可得到与 SRSS 相同的结果。对于线弹性结构来说，MPA 方法与振型分解反应谱方法等效。

2. 弹塑性体系

运动微分方程为

$$[M]\{\ddot{u}\}+[C]\{\dot{u}\}+f_s(u,\text{sign}\{\dot{u}\})=-[M]\{I\}\ddot{u}_g(t) \tag{6.2.54}$$

结构的侧向力$\{f_s\}$与侧向楼层位移$\{u\}$之间的关系取决于结构的位移时程。

尽管经典模态分析方法并不适用于弹塑性体系，然而，不考虑弹塑性体系各振型的耦合，仍然采用模态分析方法将运动方程变换成相应线弹性体系的模态坐标方程，即

$$\ddot{q}_n+2\xi_n\omega_n\dot{q}_n+F_{sn}/M_n=-\Gamma_n u_g(t),\quad n=1,2,\cdots,N \tag{6.2.55}$$

弹塑性体系与弹性体系只有一项不同：F_{sn}/M_n。恢复力取决于所有的模态坐标$q_n(t)$，这意味着由于结构的屈服，多自由度结构的模态坐标耦合可由式（6.2.56）表示：

$$F_{sn}=F_{sn}(q,\text{sign}\,\dot{q})=\{\phi_n\}^{\mathrm{T}}f_s(q,\text{sign}\,\dot{u}) \tag{6.2.56}$$

假定忽略式（6.2.55）中模态坐标的耦合，根据式（6.2.42），等效地震力的空间分布向量$\{s\}$可以展开成各模态贡献向量$\{s_n\}$之和。弹塑性结构在$\{p_{\text{eff},n}(t)\}$作用下的运动方程为

$$[M]\{\ddot{u}\}+[C]\{\dot{u}\}+f_s(u,\text{sign}\{\dot{u}\})=-\{s_n\}\ddot{u}_g(t) \tag{6.2.57}$$

式（6.2.56）转化为

$$F_{sn}=F_{sn}(q_n,\text{sign}\,\dot{q}_n)=\{\phi_n\}^{\mathrm{T}}\{f_s(q_n,\text{sign}\,\dot{q}_n)\} \tag{6.2.58}$$

在这种近似假定下，式（6.2.55）的求解可以用式（6.2.58）来表达，其中$q_n(t)=\Gamma_n D_n(t)$可以由下述方程求解得到:

$$\ddot{D}_n+2\xi_n\omega_n\dot{D}_n+F_{sn}/L=-\ddot{u}_g(t) \tag{6.2.59}$$

并且有

$$F_{sn}=F_{sn}(D_n,\text{sign}\,D_n)=\{\phi_n\}^{\mathrm{T}}\{f_s(D_n,\text{sign}\,D_n)\} \tag{6.2.60}$$

显然，式（6.2.59）是一个标准的单自由度体系的运动方程，可以很方便地用任一非线性程序求解；并且$D_n(t)$的峰值可以通过弹塑性反应谱很方便地估算出来。

求解出$D_n(t)$就可以根据式（6.2.49）和式（6.2.50）得出第n阶振型弹塑性单自由度结构的楼层位移及任意反应量$\{r_n(t)\}$。

3. 计算步骤

（1）计算结构的自振周期T_n和振型$\{\phi_n\}$。

（2）对于第n阶振型，采用不变侧向力分布$\{s_n\}=[M]\{\phi_n\}$，建立 Pushover 曲线。

（3）将 Pushover 曲线理想化为双折线曲线。

（4）将理想化的 Pushover 曲线转化为对应于第 n 阶振型的弹塑性单自由度体系加速度-位移关系曲线，转换公式为

$$\frac{F_{sny}}{L_n}=\frac{V_{bny}}{M_n^*} \tag{6.2.61}$$

$$D_{ny}=\frac{u_{rny}}{\Gamma_n\phi_{rn}} \tag{6.2.62}$$

式中，M_n^*为等效振型质量；Γ_n为振型参与系数。

（5）计算此 SDOF（单一自由度）的位移峰值，可利用弹塑性反应谱或非线性时程分析得出。

（6）利用公式 $u_{rn}=\Gamma_n\phi_{rn}D_n$ 计算第 n 阶振型顶端位移峰值。

（7）根据 Pushover 曲线，求出第 n 阶振型下的任一反应值 r_n。

（8）对于各振型，重复步骤（3）～（7）的计算。

（9）采用 SRSS 组合规则，求出总的地震需求 $r=\sqrt{\sum r_n^2}$。

6.3 等价线性化方法

6.3.1 单自由度结构的等价线性化方法

等价线性化方法将弹塑性体系等价为弹性体系便于弹塑性体系的地震动力反应的实用分析。等价条件是：按等价线性化方法确定的最大地震反应谱与弹塑性体系的最大地震反应谱一致。

弹塑性单自由度体系在地震作用下的动力方程可表示为

$$m_0\ddot{x}+c_0\dot{x}+k_0f(x)=-m_0\ddot{x}_0(t) \tag{6.3.1}$$

式中，m_0、c_0、k_0 分别为弹塑性体系的质量、阻尼系数和初始刚度；$k_0f(x)$ 为原体系的恢复力，$f(x)$ 的初始斜率为 1。因此，弹塑性体系的初始阻尼比和初始周期为

$$\xi_0=\frac{c_0}{2\sqrt{k_0m_0}},\quad T_0=2\pi\sqrt{\frac{m_0}{k_0}} \tag{6.3.2}$$

现用以下等价线弹性单自由度体系近似式（6.3.1）的弹塑性单自由度体系：

$$m_e\ddot{x}+c_e\dot{x}+k_ex=-m_e\ddot{x}_0(t) \tag{6.3.3}$$

式中，m_e、c_e、k_e 分别为等价线弹性体系的等价质量、等价阻尼系数和等价刚度。通常，等价质量 m_e 取与原体系的质量 m_0 相同，因此确定等价线弹性体系的关键是确定等价阻尼系数 c_e 和等价刚度 k_e，相应的是等价阻尼比 ξ_e 和等价周期 T_e。计算公式为

$$\xi_e=\frac{c_e}{2\sqrt{k_em_e}},\quad T_e=2\pi\sqrt{\frac{m_e}{k_e}} \tag{6.3.4}$$

等价线性化方法的等价条件是，按等价线弹性体系式（6.3.3）确定的最大地震响应与弹塑性体系式（6.3.1）的地震响应一致。

事实上，不可能做到完全一致，而只能做到在统计意义上两者的误差尽可能小。

图 6.3.1 所示为适用于钢筋混凝土结构的刚度降低型双线型 Clough 恢复力滞回模型，对应最大位移点的等价刚度、等价周期和等价阻尼比。图中屈服后刚度为弹性刚度的 0.05，即屈服后刚度系数为 0.05。对于屈服后刚度系数为 γ 的情况，等价刚度

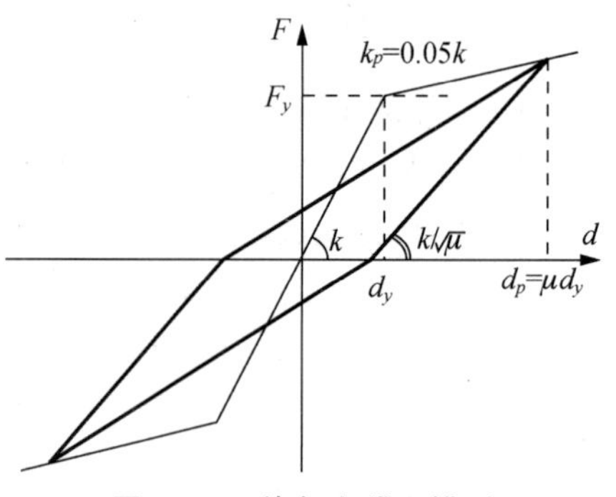

图 6.3.1　恢复力滞回模型

$$k_e = [1 + \gamma(\mu - 1)]\frac{k}{\mu} \tag{6.3.5}$$

等价周期

$$T_e = \frac{2\pi}{\omega_e} = 2\pi\sqrt{\frac{k_e}{m}} \tag{6.3.6}$$

等价阻尼比

$$\xi_e = \frac{1}{4\pi}\frac{\Delta E_{\mathrm{H}}}{W_e} = \frac{1}{\pi}\left(1 - \frac{1}{\sqrt{\mu}}\right)\frac{1 + \gamma(\mu - 1)\mu}{1 + \gamma(\mu - 1)} \tag{6.3.7}$$

式中，ΔE_{H} 和 W_e 分别是系统的耗能和应变能。注意上式对应最大位移时的等价阻尼比。事实上在地震作用下，弹塑性体系的塑性变形是随地震作用时间而不断发展的，不会马上就按最大位移作往复稳态振动。

根据弹性体系的振动能量方程，地震终了时地震输入能量 $E_{EQ} = \int_0^t (-m\ddot{y}_0)\dot{y}\mathrm{d}t$ 全部由阻尼耗能 E_D 所吸收。设等价阻尼系数为 c_e，则地震终了时等价线性体系的阻尼耗能 $E_D = \int_0^t c_e \dot{y}^2 \mathrm{d}t$。令 $E_D = E_{EQ}$，有

$$E_D = \int_0^t c_e \dot{y}^2 \mathrm{d}t = E_{EQ} = \int_0^t (-m\ddot{y}_0)\dot{y}\mathrm{d}t \tag{6.3.8}$$

取弹塑性体系的速度反应时程 $\dot{y}$ 代入上式，则可得等价阻尼系数 c_e，进而确定等价阻尼比

$$\xi_e = \frac{\int_0^t -\ddot{y}_0 \dot{y}\mathrm{d}t}{2\omega_e \int_0^t \dot{y}^2 \mathrm{d}t} \tag{6.3.9}$$

图 6.3.2 所示为采用弹塑性体系的时程反应分析结果，按上式确定的等价阻尼比情况。

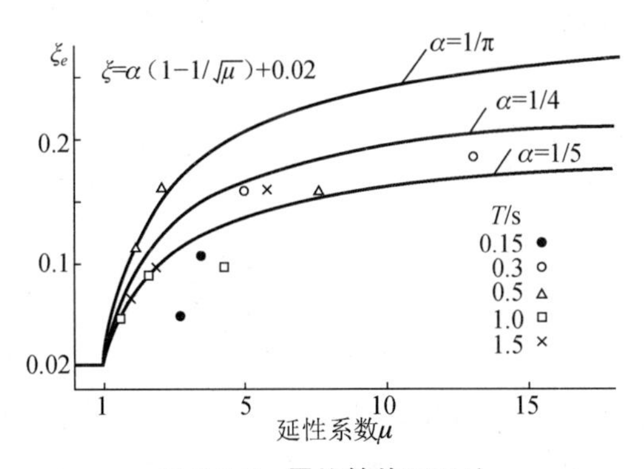

图 6.3.2　平均等价阻尼比

根据图 6.3.2 的结果，等价阻尼与延性系数的关系可取

$$\xi_e = 0.2\left(1 - \frac{1}{\sqrt{\mu}}\right) + 0.02 \tag{6.3.10}$$

式中，0.02 为体系初始阻尼比。

按上述方法获得等价弹性体系后，即可利用弹性地震反应谱来确定弹塑性体系的最大地震位移反应，从而进行有关的抗震设计。但此时仍有两个问题：

第一个问题是，由于等价阻尼比可能为各种数值，故需给出不同阻尼比情况的弹性地震反应谱。地震响应随着阻尼比的增加而减小。日本的柴田明德在等价线性化方法的研究中，建议不同阻尼比弹性体系地震反应谱间的关系可按下式确定，

$$S_{\xi}=\frac{8}{6+100h}S_{0.02} \tag{6.3.11}$$

式中，$S_{0.02}$ 为阻尼比 ξ 等于 0.02 时的弹性反应谱。

《抗规》也给出了考虑不同阻尼比的地震作用影响系数。此外利用前述等往复振动能量准则，也可以方便地由已知阻尼比的位移反应谱获得其他阻尼比的位移反应谱，现介绍如下：

考虑具有不同阻尼比而刚度相同的两个单自由度弹性体系，由等往复能量准则可得以下能量方程

$$E_{D1}+E_{E1}=E_{D2}+E_{E2} \tag{6.3.12}$$

式中，E_{D1} 和 E_{E1} 分别为阻尼比为 ξ_1 的体系 1 在往复振动下的阻尼耗能和最大弹性应变能；E_{D2} 和 E_{E2} 分别为阻尼比为 ξ_2 的体系 2 在往复振动下的阻尼耗能和最大弹性应变能。设两个体系的最大地震位移分别为 d_1 和 d_2，则相应的弹性应变能分别为

$$E_{E1}=\frac{1}{2}kd_1^2 \tag{6.3.13}$$

$$E_{E2}=\frac{1}{2}kd_2^2 \tag{6.3.14}$$

达到最大位移时的累积阻尼耗能 E_D 可表示为

$$E_D=4\pi n_D\xi W \tag{6.3.15}$$

式中，W 为对应最大位移的弹性应变能，如式（6.3.13）和式（6.3.14）所示；n_D 为累积阻尼耗能与对应最大位移往复振动一个循环阻尼耗能的比值，称为等效循环数。因此，式（6.3.12）可写成

$$\frac{1}{2}kd_1^2+2\pi n_{D1}\xi_1kd_1^2=\frac{1}{2}kd_2^2+2\pi n_{D2}\xi_2kd_2^2 \tag{6.3.16}$$

于是有

$$\frac{d_2}{d_1}=\frac{S_{d2}}{S_{d1}}=\sqrt{\frac{1+4\pi n_{D1}\xi_1}{1+4\pi n_{D2}\xi_2}} \tag{6.3.17}$$

当给出了阻尼比为 ξ_1 的单自由度弹性体系的位移反应谱 S_{d1}，则可由上式获得其他阻尼比的位移反应谱。如取 $n_{D1}=n_{D2}=1$，阻尼比 $\xi_1=0.05$，对于阻尼比 $\xi>0.05$ 情况的位移反应谱值 S_ξ 可通过下式算得：

$$\frac{S_{\xi}}{S_{0.05}}=\sqrt{\frac{1+4\times0.05\pi}{1+4\pi\xi}}=\sqrt{\frac{1.628}{1+12.566\xi}} \tag{6.3.18}$$

图 6.3.3 所示为不同阻尼单自由度弹性体系，采用时程数值分析方法获得的位移谱与式（6.3.18）的对比，可见总体吻合较好。

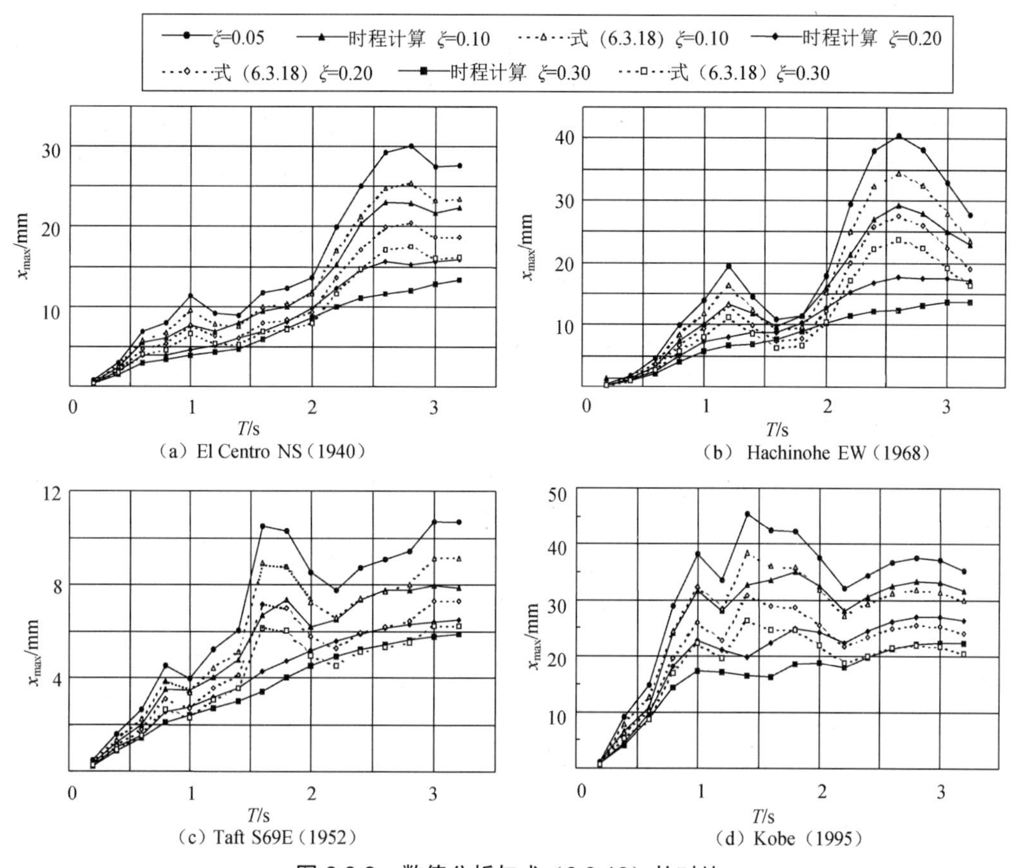

图 6.3.3　数值分析与式（6.3.18）的对比

若取 $\xi_1 = 0$，则式（6.3.17）成为

$$\frac{S_\xi}{S_0} = \sqrt{\frac{1}{1+4\pi n_D \xi}} \tag{6.3.19}$$

当取 $4\pi n_D$=30 时，上式与时程数值分析的结果对比如图 6.3.4 所示，图中数值分析结果是对初始周期 T=0.1～5s 体系分析结果的平均值。

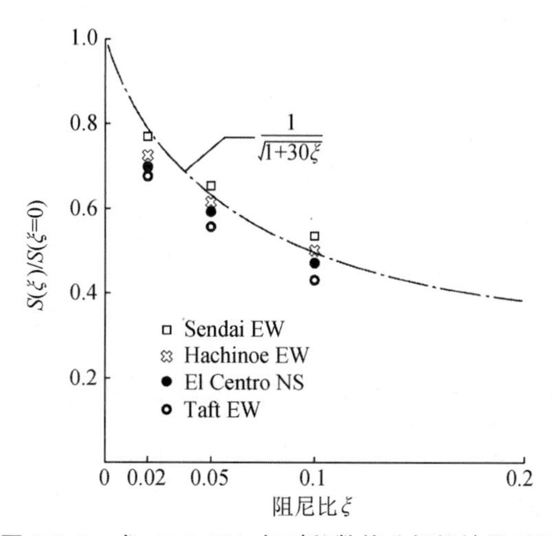

图 6.3.4　式（6.3.19）与时程数值分析的结果对比

柴田明德利用式（6.3.10）和式（6.3.11），并根据反应谱的特征得到了弹塑性体系最大地震位移与对应弹性体系最大位移之间的关系，现简述如下：

（1）在中长周期范围，速度反应谱 S_V 为常数，与弹性恢复力成比例的加速度反应谱 $S_A=\omega S_V$ 与周期成反比。对于图 6.3.1 所示的滞回模型，当屈服后刚度系数 $\gamma=0$ 时，有 $T_e=\sqrt{\mu}T$。设阻尼比为 0.02 的弹性体系最大恢复力为 F_e，对于初始刚度相同但屈服承载力为 F_y 的弹塑性体系，设对应最大位移的延性系数为 μ，则将其用等价周期 $T_e=\sqrt{\mu}T$ 和等价阻尼比按式（6.3.10）计算的等价弹性体系代替后，假定不同弹性体系地震反应谱之间的关系符合式（6.3.11），可得到的最大恢复力即为 F_y。由前述分析可知，F_y 与 F_e 的比值 $\left(\dfrac{F_y}{F_e}=\dfrac{1}{R}\right)$ 要同时考虑等价周期延长和等价阻尼增加的降低影响，有

$$\frac{1}{R}=\frac{F_y}{F_e}=\frac{S_A(\xi_e,T_e)}{S_A(0.02,T)}=\frac{1}{\sqrt{\mu}}\frac{8}{8+20\left(1-\dfrac{1}{\sqrt{\mu}}\right)} \tag{6.3.20}$$

（2）在短周期范围，加速度反应谱 S_A 为常数，与周期无关，前述 F_y 与 F_e 的比值仅随等价阻尼增加而降低，有

$$\frac{1}{R}=\frac{F_y}{F_e}=\frac{S_A(\xi_e,T_e)}{S_A(0.02,T)}=\frac{8}{8+20\left(1-\dfrac{1}{\sqrt{\mu}}\right)} \tag{6.3.21}$$

式(6.3.20)和 Newmark 的等位移准则的对比如图 6.3.5(a)所示，可见式(6.3.20)与 Newmark 的等位移准则相比，Newmark 的等位移准则是在 $1/R$ 大于一定值情况下比式（6.3.20）偏于安全的近似；但在 $1/R$ 小于一定值时，Newmark 的等位移准则比式（6.3.20）偏于不安全。式（6.3.21）与 Newmark 的等能量准则的对比如图 6.3.5（b）所示，可见式（6.3.21）在 $1/R$ 较大时与 Newmark 等能量准则吻合较好；Newmark 等能量准则在 $1/R$ 较大时偏于数值分析结果的上限，而在 $1/R$ 较小时偏于不安全。

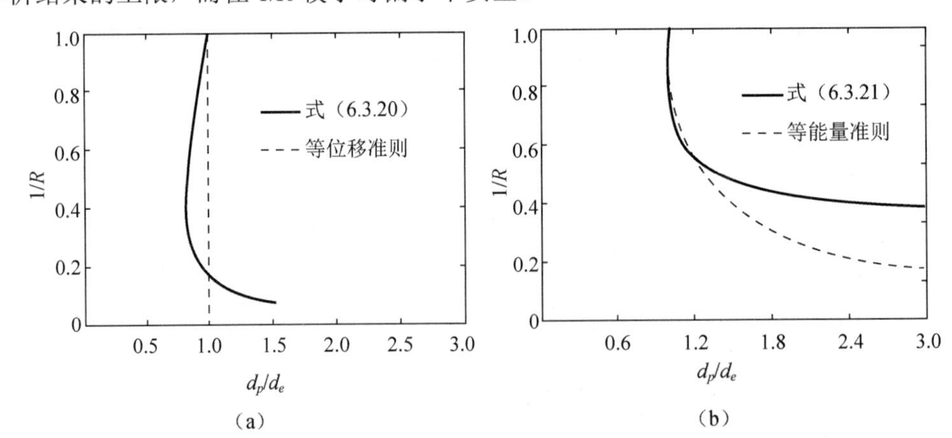

图 6.3.5　式（6.3.20）和式（6.3.21）与 Newmark 等位移和等能量准则的对比

利用等价弹性体系计算弹塑性地震响应的第二个问题是，最大弹塑性位移 d_p 是待确定的，而等价周期又取决于 d_p，因此不能直接由反应谱获得等价弹性体系的最大位移。

采用以下迭代方法进行计算：假定最大弹塑性位移或延性系数，并按式（6.3.6）和

式（6.3.10）确定等价周期 T_e 和等价阻尼比 ξ_e，由此根据反应谱确定最大位移反应，若其与假定的最大弹塑性位移相差不大，则认为所假定的位移值是准确的；否则重新假定最大弹塑性位移或延性系数再重复计算。

图 6.3.6 所示为按等价弹性方法计算的最大弹塑性位移与按时程数值分析得到结果的对比，可见总体趋势吻合较好。但注意对短周期情况，上述等价弹性方法偏大较多，这与图 6.3.5（b）的情况是相同的。

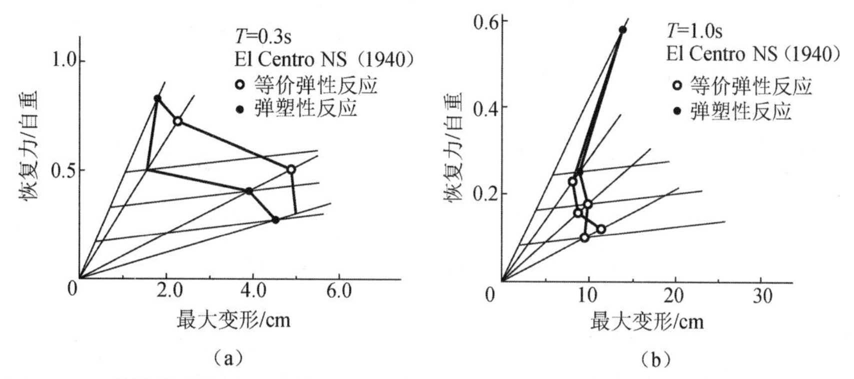

图 6.3.6　按等价弹性方法计算的最大弹塑性位移与按时程数值分析得到结果的对比

6.3.2　多自由度结构的等价线性化方法

如果已知弹塑性体系的容许延性系数，则可按以下等价弹性方法进行弹塑性体系的抗震设计：先按前述式（6.3.6）和式（6.3.10）确定等价周期和等价阻尼后，再由等价弹性方法根据反应谱确定最大弹塑性位移。因为在同样强度下，如图 6.3.7 所示，等价弹性刚度和初始弹性刚度直线上两点的位移比即等于容许延性系数 μ，所以可根据等价弹性体系的最大弹性恢复力来确定弹塑性体系的屈服承载力。

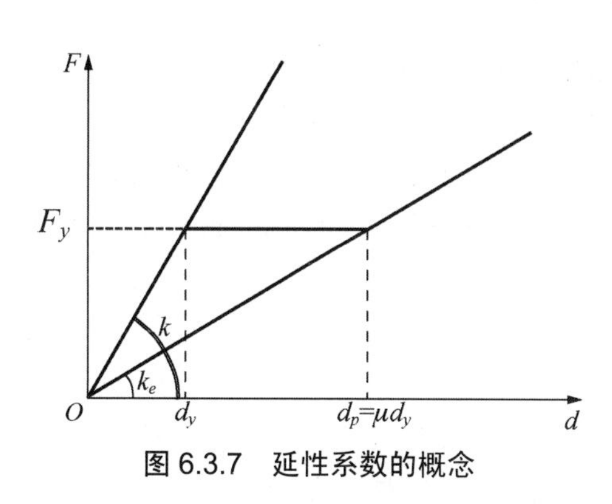

图 6.3.7　延性系数的概念

根据上述思想，柴田明德和 Sozen 提出了钢筋混凝土框架结构弹塑性抗震设计的等价弹性结构方法：

（1）根据各构件的容许延性系数，确定各构件的等价刚度和等价阻尼，得到等价弹性结构；

（2）计算等价弹性结构各振型的周期、振型和近似阻尼比；

（3）根据设计反应谱，采用振型组合方法确定等价弹性结构的地震作用，并由此计算各构件内力，确定各构件的承载力，同时也可得到相应的弹塑性变形，并进行变形验算。

如图 6.3.8 所示，利用各构件的容许延性系数 μ_i，其等价弯曲刚度和等价阻尼比按下式确定：

$$(EI)_{ei}=\frac{1}{\mu_i}(EI)_{yi} \tag{6.3.22}$$

$$\xi_{ei}=0.2\left(1-\frac{1}{\sqrt{\mu_i}}\right)+0.02 \tag{6.3.23}$$

式中，$(EI)_{ei}$ 为第 i 个构件的等价弯曲刚度；$(EI)_{yi}$ 为第 i 个构件屈服时的弯曲刚度；μ_i 为第 i 个构件的容许延性系数；ξ_{ei} 为第 i 个构件的等价阻尼比。

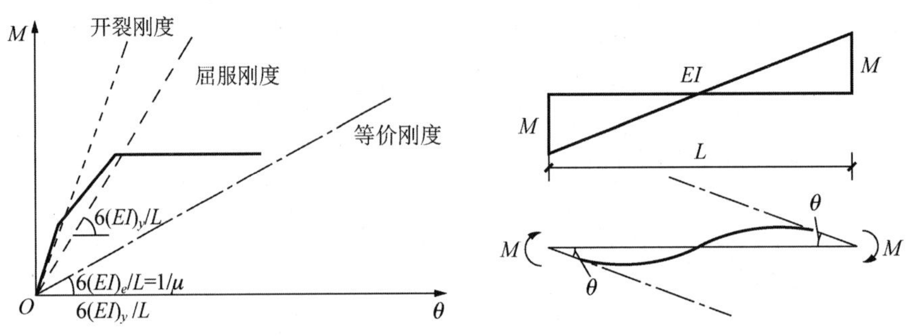

图 6.3.8　弯曲构件的等价刚度和等价阻尼

利用等价弹性结构进行振型组合分析时，振型及相应的等价周期 $T_{e,s}$ 可近似按无阻尼结构确定，而对应各振型的阻尼比 ξ_s，Biggs 建议按以下方法确定：结构按第 s 振型作一个循环振动，各构件所耗散的能量为 ΔW_{si}，最大弹性势能为 W_{si}，则对应该振型的阻尼比 ξ_s 为

$$\xi_s=\frac{1}{4\pi}\frac{\sum_i \Delta W_{si}}{\sum_i W_{si}}=\frac{\sum_i \xi_{ei}W_{si}}{\sum_i W_{si}} \tag{6.3.24}$$

对于受弯构件，其第 s 振型的最大弹性势能 W_{si} 为

$$W_{si}=\frac{L_i}{6(EI)_{ei}}\left(M_{A,s}^2+M_{B,s}^2-M_{A,s}M_{B,s}\right) \tag{6.3.25}$$

式中，$M_{A,s}$、$M_{B,s}$ 为对应第 s 振型时第 i 个杆件两端的弯矩；L_i 为第 i 个杆件的长度。

按以上方法确定等价弹性结构的振动特性参数后，即可根据 SRSS 振型组合方法计算结构各构件等价弹性内力和变形。所不同的只是各振型的反应值应根据该振型的等价周期 $T_{e,s}$ 和等价阻尼 ξ_s，由相应弹性反应谱确定。图 6.3.9 所示为柴田明德和 Sozen 建议的设计

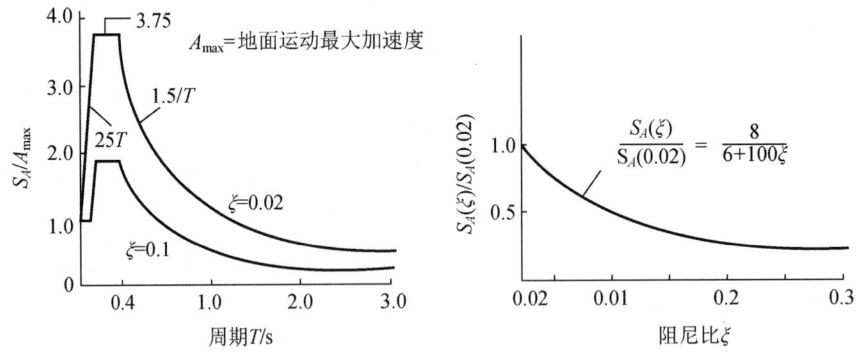

图 6.3.9　设计加速度反应谱

反应谱。为安全起见，由 SRSS 法确定的反应值 $F_{i,\mathrm{SRSS}}$ 乘以一个系数后作为设计值 $F_{i,\mathrm{dsgn}}$：

$$F_{i,\mathrm{dsgn}} = F_{i,\mathrm{SRSS}} \frac{V_{\mathrm{SRSS}} + V_{\mathrm{ABS}}}{2V_{\mathrm{SRSS}}} \tag{6.3.26}$$

式中，$V_{i,\mathrm{SRSS}}$ 为按各振型反应值的平方和开平方根法（SRSS 法）确定的基底剪力；$V_{i,\mathrm{ABS}}$ 为按各振型反应值的绝对值之和法（ABS 法）确定的基底剪力。

按上述等价弹性结构方法确定的内力，即可作为满足容许延性系数所要求的构件（屈服）承载力的设计值。因此如果要想实现预定容许延性系数分布，则应根据工程要求对计算结果作必要修正。如要实现强柱弱梁的梁屈服型破坏机构，柱屈服弯矩与梁屈服弯矩的比值应乘以必要的增大系数。

图 6.3.10 所示为按上述等价弹性结构方法设计的 8 层钢筋混凝土框架结构的设计实例。该结构梁的容许弯曲延性系数取 6，柱的容许弯曲延性系数取 1。屈服时构件的刚度，对梁取其弹性刚度的 1/3，对柱取其弹性刚度的 1/2。等价弹性结构各构件的等价刚度取屈服刚度除以该构件的容许延性系数。原结构弹性阶段、屈服时和等价弹性结构各振型的自振周期如表 6.3.1 所示，表中同时列出了按式（6.3.23）和式（6.3.24）确定的各振型的等价阻尼比。

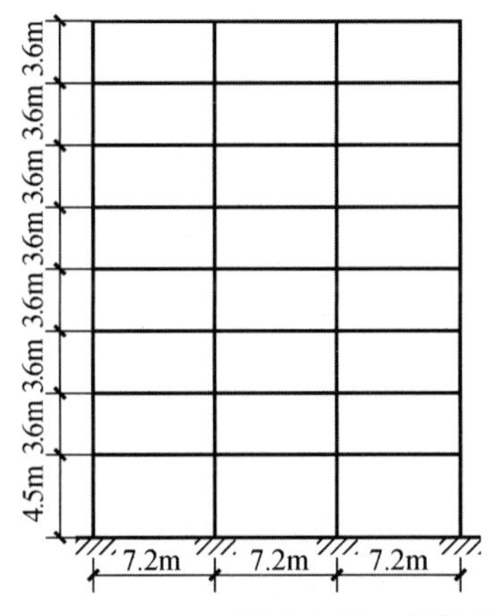

层	梁截面/(mm×mm)	柱截面/(mm×mm)
8,7	400×600	600×600
6,5	400×700	700×700
4,3	400×800	800×800
2,1	400×900	900×900

各层质量为15万kg

图 6.3.10　框架结构设计实例

表 6.3.1　各振型对应的自振周期

振型阶数	弹性周期 /s	屈服周期 /s	等价弹性结构		
			周期 /s	阻尼比	加速度谱值 /Gal
1	0.73	1.19	2.47	0.116	80
2	0.28	0.45	0.83	0.094	270
3	0.16	0.25	0.41	0.070	650
4	0.11	0.16	0.23	0.053	790
5	0.08	0.12	0.14	0.037	910

设计反应谱按图 6.3.9 取值，地震最大加速度取 300Gal。取振型组合法确定的等价弹性结构的内力作为设计承载力，同一杆件取两端内力较大值。为保证柱不产生塑性变形，柱的受弯承载力乘以增大系数 1.2。

按上述设计结果，采用杆模型方法，用实际地震波进行时程分析，其结果如图 6.3.11 所示。由图可见，虽然各地震波的时程分析结果离散性较大，但反应值基本接近预期的柱延性系数 1 和梁延性系数 6 的目标值。

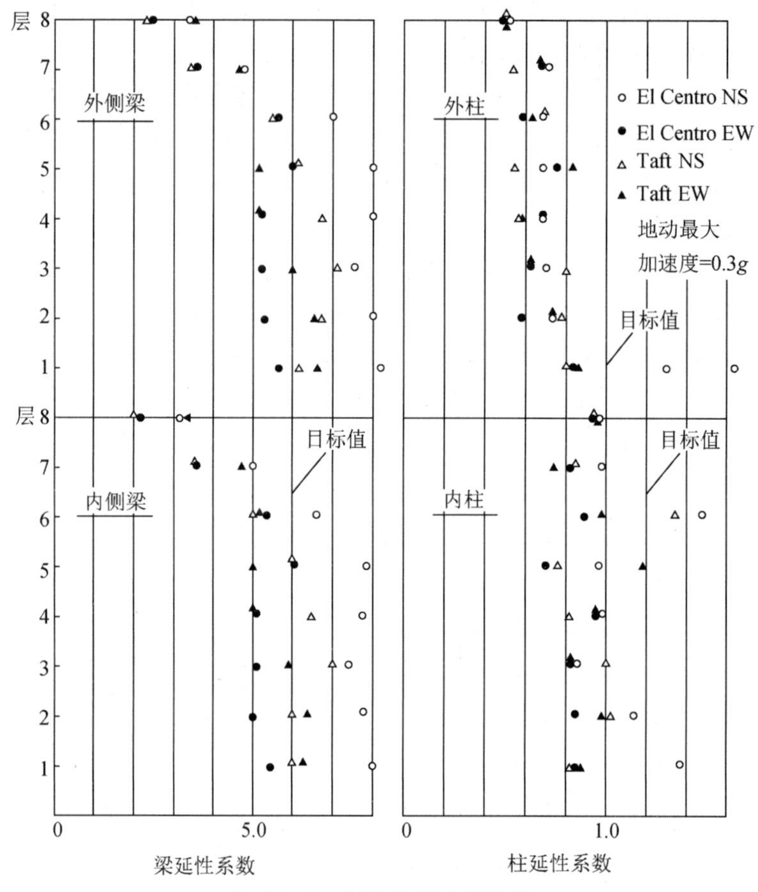

图 6.3.11　时程分析计算结果

习题

1．地震响应分析中常用的结构弹塑性分析模型有哪些？各有什么特点？

2．什么是动力弹塑性时程分析方法和静力弹塑性分析方法？二者有什么区别？

3．进行动力弹塑性时程分析时地震波是如何选择的？有哪几种方法？

4．静力弹塑性分析方法的适用条件是什么？

5．计算多自由度体系地震响应的方法步骤是什么？

6．什么叫结构的等价线性化方法？

7．一个单自由度体系的参数如下：$m = 44.35\text{t}$，$k = 1751\text{kN/m}$，$T_n = 1\text{s}$（$\omega_n = 6.283\text{rad/s}$），$\xi = 0.05$。试确定体系对习题 7 图所示的半周正弦脉冲力 $p(t)$ 的反应 $u(t)$：①用 $\Delta t = 0.1\text{s}$ 的 $p(t)$ 的分段线性插值；②计算理论解。

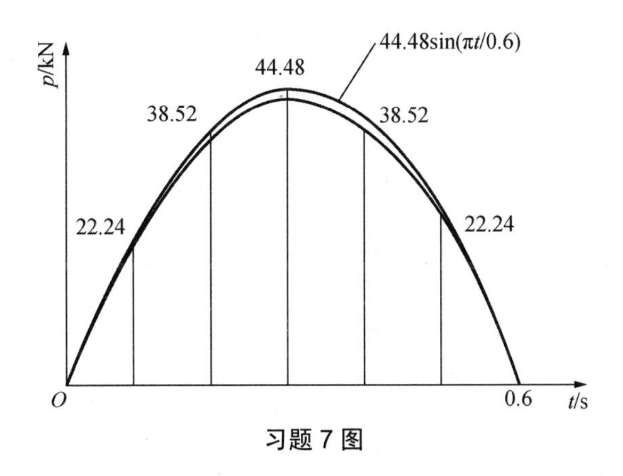

习题 7 图

8．习题 8 图给出了一个剪切型框架（即刚性梁）和它的楼层质量以及层间刚度。结构在顶层处受到谐振力 $p(t)=p_0\sin\omega t$ 的作用，不计阻尼。

（1）用两种方法求稳态位移对 ω 的函数关系：①直接求解耦联方程；②振型分析。

（2）证明两种方法给出的结果相同。

9．习题 9 图给出了具有三个集中质量的悬臂塔及其抗弯刚度特性：$m=85.1\text{t}$，$EI/L^3=985\text{kN/m}$，$EI'/L^3=0.11\text{kN/m}$，各层高 $L=3.05\text{m}$。注意到结构顶部的集中质量及其支撑构件是主塔结构的附属结构。阻尼由振型阻尼比来表征，所有振型的阻尼比为 $\xi_n=0.05$。

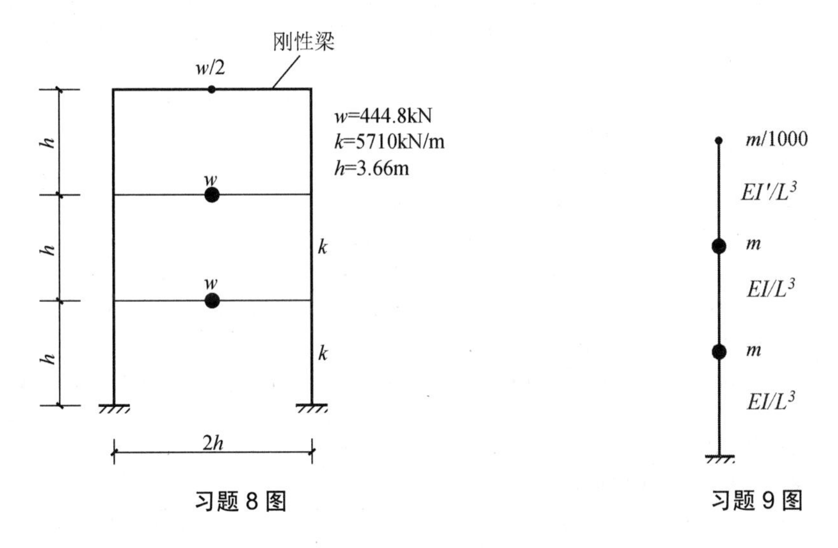

习题 8 图　　　　习题 9 图

（1）试求固有振动周期和振型，画出振型图。

（2）将有效地震力按振型分量展开，并用图形显示其结果。

（3）分别计算以下三个反应量的振型静力反应：①附属结构的位移；②附属结构底部剪力；③塔的基底剪力。

10．天然地震动的选择策略有哪些？

11．人工地震动的生成流程是什么？

参考文献

[1] 胡聿贤. 地震工程学[M]. 北京: 地震出版社, 2006.

[2] 钱稼茹, 罗文斌. 建筑结构基于位移的抗震设计[J]. 建筑结构, 2001, 031(004): 3-6.

[3] 杨溥, 李英民, 王亚勇, 等. 结构静力弹塑性分析(push-over)方法的改进[J]. 建筑结构学报, 2000, 21(1): 8.

[4] 中华人民共和国住房和城乡建设部. 建筑抗震设计规范: GB 50011—2010[S]. 北京:中国建筑工业出版社, 2010.

[5] AKIYAMA H. Earthquake-resistant limit-state design for buildings[M]. Tokyo: University of Tokyo Press, 1985.

[6] ASCE. Minimum design loads for buildings and other structures [J]. ASCE/SEI Standard, 2010: 7-10.

[7] Applied Technology Council. An investigation of the correlation between earthquake ground motion and building performance (ATC-10)[M]. Sacramento: Seismic Safety Commission, 1982.

[8] Applied Technology Council. ATC-40 Seismic evaluation and retrofit of concrete buildings. Volume 2, Appendices[M]. Sacramento: Seismic Safety Commission, 1996.

[9] BERTERO V V. Tri-service manual methods. Vision 2000, Part 2, Appendix J [M]. Sacramento: Structural Engineering Association of California, 1995.

[10] FAJFAR P. Capacity spectrum method based on inelastic demand spectra[J]. Earthquake Engineering & Structural Dynamics, 1999, 28(9): 979-993.

[11] FAJFAR P. Equivalent ductility factors, taking into account low-cycle fatigue[J]. Earthquake Engineering & Structural Dynamics, 1992, 21:837-848.

[12] FREEMAN S A. Evaluations of existing buildings for seismic risk-A case study of Puget Sound Naval Shipyard[C]//Proc. 1st US Nat. Conf. on Earthquake Engrg., Bremerton, Washington, 1975. 1975: 113-122.

[13] FREEMAN S A. Development and Use of Capacity Spectrum Method[C]. Proceedings of the 6th US NCEE Conference on Earthquake Engineering/EERI, 1998.

[14] KAUL M K. Stochastic characterization of earthquakes through their response spectrum[J]. Earthquake Engineering & Structural Dynamics, 1978, 6(5): 497-509.

[15] KRAWINKLER H, SENEVIRATNA G. Pros and cons of a pushover analysis of seismic performance evaluation[J]. Engineering Structures, 1998, 20(4/6): 452-464.

[16] LI H L, SANG W H, OH Y H. Determination of ductility factor considering different hysteretic models[J]. Earthquake Engineering & Structural Dynamics, 1999, 28(9): 957-977.

[17] MIRANDA E, BERTERO V V. Evaluation of Strength Reduction Factors for Earthquake-Resistant Design[J]. Earthquake Spectra, 1994, 10(2): 357-379.

[18] MIRANDA E. Site-Dependent Strength-Reduction Factors[J]. Journal of Structural Engineering, 1993, 119(12): 703-720.

[19] NASSAR A A, KRAWINKLER H. Seismic Demands for SDOF and MDOF Systems[R]. Report 95, The John A. Blumn Earthquake Engineering Center, Stanford University, 1991.

[20] NEWMARK N M, HALL W J. Earthquake spectra and design[M]. Oakland: Earthquake Engineering Research Institute, 1982.

[21] ORDAZ M, et al. Estimation of strength-reduction factors for elastoplastic systems: a new approach[J]. Earthquake Engineering & Structural Dynamics, 1998, 27: 99-901.

[22] OTANI S. New seismic design provisions in Japan[J]. Proc Uzumeri Symposium Aci Annual Convention, 2001, 197: 87-104.

[23] SEAOC Vision 2000 Committee. Performance-based Seismic Engineering[R]. Report Prepared by Structural Engineering Association of California, 1995.

[24] SHIBATA A. Study on inelastic response of nonlinear structures for earthquake motion by equivalent linear system method[R]. Report of Northeast University, 1975.

[25] U.S. Department of Commerce. Standards of seismic safety for existing federally owned or leased buildings[S]. Gaithersburg: National Institute of Standards and Technology, 1994.
[26] VELETSOS A S, NEWMARK N M. Effect of Inelastic Behavior on the Response of Simple System to Earthquake Motion[C]. Second World Conference on Earthquake Engineering, 1960.
[27] VIDIC T, FAJFAR P, FISCHINGER M. Consistent inelastic design spectra: Strength and displacement[J]. Earthquake Engineering & Structural Dynamics, 1994, 23(5): 507-521.
[28] YE L, OTANI S. Maximum seismic displacement of inelastic systems based on energy concept[J]. Earthquake Engineering & Structural Dynamics, 1999, 28(12): 1483-1499.

第 7 章　多自由度结构的地震响应

7.1　动力方程

如图 7.1.1 所示结构，在地震地面运动作用情况下，设地面运动变形为 x_0，则质点系的绝对位移为

$$\{X\}=\begin{Bmatrix}X_1\\X_2\\X_3\end{Bmatrix}=\begin{Bmatrix}x_1+x_0\\x_2+x_0\\x_3+x_0\end{Bmatrix}\tag{7.1.1}$$

质点受到的惯性力为

$$\begin{Bmatrix}P_1\\P_2\\P_3\end{Bmatrix}=-\begin{Bmatrix}-m_1\ddot{X}_1\\-m_2\ddot{X}_2\\-m_3\ddot{X}_3\end{Bmatrix}=-\begin{bmatrix}m_1&0&0\\0&m_2&0\\0&0&m_3\end{bmatrix}\begin{Bmatrix}\ddot{x}_1\\\ddot{x}_2\\\ddot{x}_3\end{Bmatrix}-\begin{bmatrix}m_1&0&0\\0&m_2&0\\0&0&m_3\end{bmatrix}\begin{Bmatrix}1\\1\\1\end{Bmatrix}\ddot{x}_0\tag{7.1.2}$$

即

$$\{P\}=-[M]\{\ddot{x}\}-[M]\{I\}\ddot{x}_0\tag{7.1.3}$$

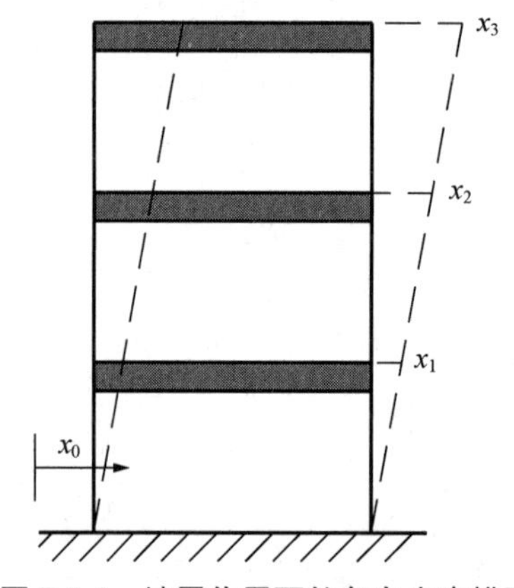

图 7.1.1　地震作用下的多自由度模型

因此，根据 d'Alembert 原理，结构在地震作用下的动力方程为

$$[M]\{\ddot{x}\}+[C]\{\dot{x}\}+\{F(x)\}=-[M]\{I\}\ddot{x}_0\tag{7.1.4}$$

式（7.1.4）相当于在强制外力向量 $-[M]\{I\}\ddot{x}_0$ 作用下的振动方程。$\{F(x)\}$ 为结构恢复力向量，当结构变形处于弹性阶段时，$\{F(x)\}=[K]\{x\}$，因此地震作用下的弹性结构动力方程为

$$[M]\{\ddot{x}\}+[C]\{\dot{x}\}+[K]\{x\}=-[M]\{I\}\ddot{x}_0\tag{7.1.5}$$

7.2　线弹性多自由度体系的振动分析

对于无阻尼的多自由度质量-弹簧体系，其自由振动时的动力方程为

$$[M]\{\ddot{x}\}+[K]\{x\}=\{0\} \tag{7.2.1}$$

式中，$\{x\}=\{x_1\ \ x_2\ \ \cdots\ \ x_n\}^{\mathrm{T}}$，为体系的自由度位移向量；$\{\ddot{x}\}$ 为体系的自由度加速度向量；$[M]$ 为体系的质量矩阵；$[K]$ 为体系的刚度矩阵。

假定各质点位移保持一定的形状 $\{u\}$，其位移解可表示为

$$\{x\}=\{u\}\mathrm{e}^{\mathrm{i}\omega t} \tag{7.2.2a}$$

代入式（7.2.1）得

$$\left(-\omega^2[M]+[K]\right)\{u\}=\{0\} \tag{7.2.2b}$$

求解使上式成立的 ω 和 $\{u\}$ 的问题，称为广义特征值问题。为了求解该问题的非平凡解（即 $\{u\}$ 不为零的解），式（7.2.2b）应满足

$$\left|-\omega^2[M]+[K]\right|=0 \tag{7.2.3}$$

当结构有 N 个自由度时，求解关于 ω^2 的高次方程可得到 N 个解；将其按从小到大的顺序排列为 ω_1，ω_2，…，ω_N，分别称为体系的 1 阶、2 阶、…、N 阶自振圆频率。与 ω_s 相对应的特征向量 $\{u\}_s$ 称为 s 阶振型。振型向量中各元素的比例关系是固定的，可以按满足下式要求进行正规化：

$$\{u\}_s^{\mathrm{T}}[M]\{u\}_s=\sum_{i=1}^{N}m_i u_{i,s}^2=1 \tag{7.2.4}$$

事实上，对任意振型向量 $\{u\}_s$，按

$$\{u'\}_s=\{u\}_s\Big/\sqrt{\sum_{i=1}^{N}m_i u_{i,s}^2} \tag{7.2.5}$$

得到的向量即可满足式（7.2.4）的正规化条件。

结构的第 r 阶振型和第 s 阶振型，由式（7.2.2）可得

$$-\omega_r^2[M]\{u\}_r+[K]\{u\}_r=\{0\} \tag{7.2.6a}$$

$$-\omega_s^2[M]\{u\}_s+[K]\{u\}_s=\{0\} \tag{7.2.6b}$$

将式（7.2.6a）左乘 $\{u\}_s^{\mathrm{T}}$，式（7.2.6b）两边转置后右乘 $\{u\}_r$，并利用 $[M]$ 和 $[K]$ 的对称性，可得

$$-\omega_r^2\{u\}_s^{\mathrm{T}}[M]\{u\}_r+\{u\}_s^{\mathrm{T}}[K]\{u\}_r=0 \tag{7.2.7a}$$

$$-\omega_s^2\{u\}_s^{\mathrm{T}}[M]\{u\}_r+\{u\}_s^{\mathrm{T}}[K]\{u\}_r=0 \tag{7.2.7b}$$

因为 $\omega_r\neq\omega_s$，可得

$$\{u\}_s^{\mathrm{T}}[M]\{u\}_r=0,\quad r\neq s \tag{7.2.8a}$$

$$\{u\}_s^{\mathrm{T}}[K]\{u\}_r=0,\quad r\neq s \tag{7.2.8b}$$

式（7.2.8）称为振型向量关于质量矩阵（或刚度矩阵）的正交性，是振型向量的重要性质。

将所有振型向量按顺序排列得到的方阵$[U]$称为振型矩阵，表示为

$$[U]=\left[\{u\}_1 \quad \{u\}_2 \quad \cdots \quad \{u\}_N\right]=\begin{bmatrix} u_{1,1} & u_{1,2} & \cdots & u_{1,N} \\ u_{2,1} & u_{2,2} & \cdots & u_{2,N} \\ \vdots & \vdots & & \vdots \\ u_{N,1} & u_{N,2} & \cdots & u_{N,N} \end{bmatrix} \tag{7.2.9a}$$

由振型向量的正交性可得

$$[U]^{\mathrm{T}}[M][U]=\begin{bmatrix} M_1 & & & \\ & M_2 & & \\ & & \ddots & \\ & & & M_N \end{bmatrix} \tag{7.2.9b}$$

$$[U]^{\mathrm{T}}[K][U]=\begin{bmatrix} K_1 & & & \\ & K_2 & & \\ & & \ddots & \\ & & & K_N \end{bmatrix} \tag{7.2.9c}$$

式中，$M_s=\{u\}_s^{\mathrm{T}}[M]\{u\}_s=\sum\limits_{i=1}^{N}m_i u_{i,s}^2$，为第$s$阶广义质量；$K_s=\{u\}_s^{\mathrm{T}}[K]\{u\}_s=\omega_s^2 M_s$，为第$s$阶广义刚度。当$\{u\}_s$为正规化振型向量时，$M_s=1$，$K_s=\omega_s^2$。

由式（7.2.9）可见，利用振型矩阵可将质量矩阵与刚度矩阵转化为对角阵，即实现了自由度之间的解耦。

N个自由度体系具有N个振型向量，且彼此独立，则体系的位移向量$\{x\}$可表达为振型向量的线性组合：

$$\begin{aligned}\{x\}&=a_1\{u\}_1+a_2\{u\}_2+\cdots+a_N\{u\}_N \\ &=\sum_{s=1}^{N}a_s\{u\}_s=[U]\{a\}\end{aligned} \tag{7.2.10}$$

利用振型向量的正交性，有

$$a_s=\frac{\{u\}_s^{\mathrm{T}}[M]\{x\}}{\{u\}_s^{\mathrm{T}}[M]\{u\}_s} \tag{7.2.11}$$

对于无阻尼体系的自由振动，其动力方程（7.2.1）的解可以用振型线性表达：

$$\begin{aligned}\{x(t)\}&=\{u\}_1\cdot q_1(t)+\{u\}_2\cdot q_2(t)+\cdots+\{u\}_N\cdot q_N(t) \\ &=\sum_{s=1}^{N}q_s(t)\{u\}_s=[U]\{q(t)\}\end{aligned} \tag{7.2.12}$$

代入式（7.2.1）可得

$$\sum_{s=1}^{N}\left[[M]\{u\}_s\ddot{q}_s(t)+[K]\{u\}_s q_s(t)\right]=0 \tag{7.2.13}$$

将式（7.2.13）左乘$\{u\}_s^{\mathrm{T}}$，并利用振型的正交性，可得N个关于$q_s(t)$的方程：

$$\{u\}_s^{\mathrm{T}}[M]\{u\}_s\ddot{q}_s(t)+\{u\}_s^{\mathrm{T}}[K]\{u\}_s q_s(t)=0,\quad s=1,2,\cdots,N \tag{7.2.14}$$

进一步可以使用振型质量与振型刚度进行表达：

$$M_s\ddot{q}_s(t)+K_s q_s(t)=0,\quad s=1,2,\cdots,N \tag{7.2.15}$$

因此，多自由度自由振动方程（7.2.1）转换为以上 N 个独立的单自由度自由振动方程。

以上分析均未考虑结构阻尼；实际上，阻尼在结构体系中是广泛存在的。一般来讲，结构中的阻尼有以下三种来源：

（1）库仑阻尼或摩擦阻尼。材料内部分子摩擦会产生阻尼力，阻尼力通常与变形速度成比例。结构在空气、水和油等介质中振动时同样会产生阻尼力，产生的阻尼力通常与在介质中的运动速度成比例，当速度很大时，阻尼力与速度的平方或更高次幂成比例。另外，节点连接和支承部位在运动时同样会产生摩擦阻尼力。

（2）逸散阻尼。它是结构振动能量逐渐向外部逸散所产生的阻尼，如在半无限弹性地基上的结构，其振动能量会通过地基向无限远处逸散。

（3）塑性滞回阻尼。由结构构件屈服后滞回环所消耗的能量表现为一种阻尼，通常在弹塑性分析中需要考虑。

由于阻尼的成因复杂，不能完全定量确定，在动力分析中为方便获得数学解，通常采用黏性阻尼模型，即阻尼力与相对速度成比例，方向与速度相反。阻尼力可以表达为

$$F_c=-c\dot{y} \tag{7.2.16}$$

式中，c 为黏性阻尼系数。

地震作用下，有阻尼的单自由度体系动力方程为

$$m\ddot{y}+c\dot{y}+ky=-m\ddot{y}_0 \tag{7.2.17a}$$

两边同时除以质量项 m 可以写作

$$\ddot{y}+2\xi\omega\dot{y}+\omega^2 y=-\ddot{y}_0 \tag{7.2.17b}$$

其中

$$c/m=2\xi\omega \tag{7.2.17c}$$

式中，ξ 为阻尼比。钢结构的阻尼比一般为 2%～5%，通常取 2%；混凝土结构的阻尼比一般为 2%～7%，通常取 5%。

具有黏性阻尼的多自由度体系自由振动方程为

$$[M]\{\ddot{x}\}+[C]\{\dot{x}\}+[K]\{x\}=0 \tag{7.2.18}$$

当阻尼矩阵满足某种形式时，其解同样可以用各振型向量线性表达，即阻尼矩阵可以解耦，具有这种性质的阻尼称为比例阻尼。实际结构中的阻尼机制人们通常不完全清楚，且一般为非比例阻尼，其振动分析十分复杂。若使用比例阻尼，可以满足一般工程中的精度需求。

在比例阻尼中最简单的情况是阻尼矩阵与质量矩阵成比例（称为质量比例型）或与刚度矩阵成比例（称为刚度比例型）。当阻尼矩阵表达为如下质量比例型和刚度比例型的复合形式时，称为 Rayleigh 阻尼：

$$[C]=a_0[M]+a_1[K] \tag{7.2.19}$$

比例阻尼矩阵更一般的表达形式如下，称为 Caughey 阻尼：

$$[C]=[M]\{a_0+a_1[M]^{-1}[K]+a_2([M]^{-1}[K])^2+\cdots+a_{N-1}([M]^{-1}[K])^{N-1}\}$$
$$=[M]\left\{\sum_{j=0}^{N-1}a_j([M]^{-1}[K])^j\right\} \tag{7.2.20}$$

可以证明，比例阻尼矩阵与无阻尼振型向量$\{u\}_s$具有以下正交性：

$$\begin{cases}\{u\}_r^{\mathrm{T}}[C]\{u\}_s=0, & r\neq s\\ \{u\}_r^{\mathrm{T}}[C]\{u\}_s=C_s, & r=s\end{cases} \tag{7.2.21}$$

因此与质量矩阵和刚度矩阵一样，比例阻尼矩阵可使用振型矩阵$[U]$进行解耦：

$$[U]^{\mathrm{T}}[C][U]=\begin{bmatrix}C_1 & & & \\ & C_2 & & \\ & & \ddots & \\ & & & C_N\end{bmatrix} \tag{7.2.22}$$

有阻尼多自由度体系的自由振动方程可转换为以下N个独立的单自由度自由振动方程：

$$M_s\ddot{q}_s(t)+C_s\dot{q}_s(t)+K_sq_s(t)=0,\quad s=1,2,\cdots,N \tag{7.2.23}$$

式中

$$M_s=\{u\}_s^{\mathrm{T}}[M]\{u\}_s \tag{7.2.24a}$$

$$K_s=\{u\}_s^{\mathrm{T}}[K]\{u\}_s=\omega_s^2M_s \tag{7.2.24b}$$

$$C_s=\{u\}_s^{\mathrm{T}}[C]\{u\}_s \tag{7.2.24c}$$

分别为第s阶广义质量、广义刚度和广义阻尼。定义第s阶振型阻尼比ξ_s为

$$\xi_s=C_s/(2\omega_sM_s) \tag{7.2.25}$$

则式（7.2.23）可以重写为

$$\ddot{q}_s(t)+2\xi_s\omega_s\dot{q}_s(t)+\omega_s^2q_s(t)=0,\quad s=1,2,\cdots,N \tag{7.2.26}$$

对于比例阻尼，振型阻尼比ξ_s可具体表达为以下形式：

（1）质量比例型阻尼：

$$\xi_s=\frac{a_0}{2\omega_s} \tag{7.2.27a}$$

阻尼比与自振频率成反比。

（2）刚度比例型阻尼：

$$\xi_s=a_1\frac{\omega_s}{2} \tag{7.2.27b}$$

阻尼比与自振频率成正比。

（3）Rayleigh 阻尼：

$$\xi_s=\frac{1}{2}\left(\frac{a_0}{\omega_s}+a_1\omega_s\right) \tag{7.2.27c}$$

阻尼比与自振频率之间的关系为对勾函数。

下面考虑如图 7.2.1 所示的有阻尼多自由度强迫振动体系。其运动方程为

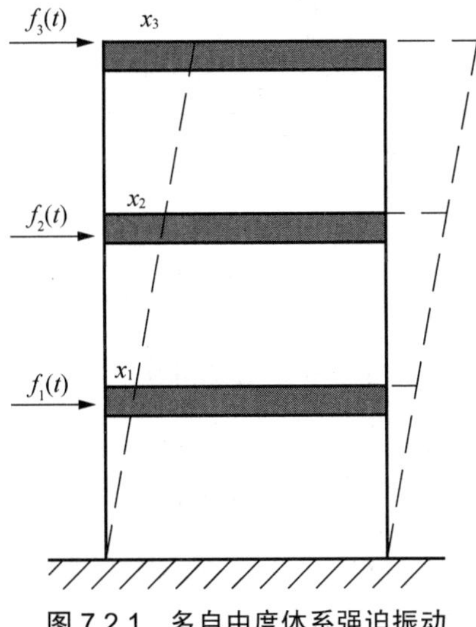

图 7.2.1　多自由度体系强迫振动

$$[M]\{\ddot{x}(t)\}+[C]\{\dot{x}(t)\}+[K]\{x(t)\}=\{f(t)\} \tag{7.2.28}$$

若阻尼矩阵为比例阻尼，其解可表达为振型向量的线性组合，即

$$\{x(t)\}=\sum_{s=1}^{N}\{u\}_s\, q_s(t)=[U]\{q\} \tag{7.2.29}$$

代入式（7.2.28），左乘 $[U]^{\mathrm{T}}$，并利用振型向量的正交性，可得 N 个关于 $q_s(t)$ 的独立单自由度振动方程：

$$M_s\ddot{q}_s(t)+C_s\dot{q}_s(t)+K_s q_s(t)=f(t)_s,\quad s=1,2,\cdots,N \tag{7.2.30}$$

式中，$f(t)_s$ 为广义力，表示为

$$f(t)_s=\{u\}_s^{\mathrm{T}}\{f(t)\}=\sum_{i=1}^{N}u_{s,i}f_i(t) \tag{7.2.31}$$

利用广义质量、广义阻尼和广义刚度的定义，上式可进一步表达为

$$\ddot{q}_s(t)+2\xi_s\omega_s\dot{q}_s(t)+\omega_s^2 q_s(t)=f_s(t)/M_s,\quad s=1,2,\cdots,N \tag{7.2.32}$$

由式（7.2.32）解得 q_s 后代入式（7.2.29）即可得到式（7.2.28）的解。

7.3　振型分解反应谱法

如前所述，最大反应对于工程结构的抗震设计具有重要意义。单自由度结构可以采用反应谱法，多自由度结构则可以采用振型分解反应谱法进行分析。对于弹性结构，相应 N 个关于 $q_s(t)$ 的独立微分方程可表示为

$$\ddot{q}_s(t)+2\xi_s\omega_s\dot{q}_s(t)+\omega_s^2 q_s(t)=-\gamma_s\ddot{x}_0(t),\quad s=1,2,\cdots,N \tag{7.3.1}$$

式中

$$\gamma_s = \frac{\{u\}_s^{\mathrm{T}}[M]\{I\}}{\{u\}_s^{\mathrm{T}}[M]\{u\}_s} \tag{7.3.2}$$

当质量矩阵为对角阵时，

$$\gamma_s = \frac{\sum_{i=1}^{N} m_i u_{i,s}}{\sum_{i=1}^{N} m_i u_{i,s}^2} \tag{7.3.3}$$

式中，γ_s 为振型参与系数，是将单位向量$\{I\}$表达为各阶振型的线性组合时的系数，即

$$\{I\} = \gamma_1\{u\}_1 + \gamma_2\{u\}_2 + \cdots + \gamma_N\{u\}_N = \sum_{s=1}^{N} \gamma_s\{u\}_s \tag{7.3.4}$$

利用振型参与系数，式（7.3.1）可表示为以下形式：

$$q_s(t) = \gamma_s q_{s0}(t) \tag{7.3.5a}$$

$$\ddot{q}_{s0}(t) + 2\xi_s\omega_s\dot{q}_{s0}(t) + \omega_s^2 q_{s0}(t) = -\ddot{x}_0(t) \tag{7.3.5b}$$

因此，对于各阶振型的自振周期$T_s = 2\pi/\omega_s$和阻尼比ξ_s，按式（7.3.5b）对单自由度体系进行地震响应分析得到位移响应$q_{s0}(t)$、速度响应$\dot{q}_{s0}(t)$和加速度响应$\ddot{q}_{s0}(t)$后，即可由以下振型线性组合得到多自由度体系的地震响应：

$$\begin{cases} \{x(t)\} = \sum_{s=1}^{N} \gamma_s q_{s0}(t)\{u\}_s \\ \{\dot{x}(t)\} = \sum_{s=1}^{N} \gamma_s \dot{q}_{s0}(t)\{u\}_s \\ \{\ddot{x}(t)\} = \sum_{s=1}^{N} \gamma_s \ddot{q}_{s0}(t)\{u\}_s \end{cases} \tag{7.3.6}$$

相应的结构恢复力（内力）为

$$F(x) = [K]\{x(t)\} = \sum_{s=1}^{N} \gamma_s q_{s0}(t)[K]\{u\}_s = \sum_{s=1}^{N} \gamma_s q_{s0}(t)\{f\}_s \tag{7.3.7}$$

式中，$\{f\}_s = [K]\{u\}_s$ 称为振型恢复力（振型内力）。

虽然多自由度体系的地震响应可表达为各阶振型的单自由度地震响应的线性组合，但对于地震响应的最大值，这一方法并不成立。一般来说，各阶振型响应的最大值不会在同一时刻出现，因此多自由度体系地震响应的最大值不会大于各阶振型响应最大值（反应谱值）的绝对值之和，对于位移响应则有

$$|x_i|_{\max} \leqslant \sum_{s=1}^{N} \left|\gamma_s u_{s,i} S_{s,D}(T_s, h_s)\right| \tag{7.3.8}$$

式中，$S_{s,D}(T_s,\xi_s)$为对应 s 阶振型单自由度体系的弹性位移反应谱值。为近似确定多自由度体系地震响应的最大值，可采用各阶振型最大响应值平方和的平方根（square root of sum of squares，SRSS），即

$$|x_i|_{\max} \approx \sqrt{\sum_{s=1}^{N} \left|\gamma_s u_{s,i} S_{s,D}(T_s, \xi_s)\right|^2} \tag{7.3.9}$$

上述方法称为 SRSS 振型组合方法。同样，对于速度、加速度及其他结构地震响应（如内力）等，也可近似按上述组合方法确定其最大地震响应，即

$$\left|\dot{x}_i\right|_{\max} \approx \sqrt{\sum_{s=1}^{N}\left|\gamma_s u_{s,i} S_{s,V}(T_s,\xi_s)\right|^2} \tag{7.3.10}$$

$$\left|\ddot{x}_i+\ddot{x}_0\right|_{\max} \approx \sqrt{\sum_{s=1}^{N}\left|\gamma_s u_{s,i} S_{s,A}(T_s,\xi_s)\right|^2} \tag{7.3.11}$$

式中，$S_{s,V}(T_s,\xi_s)$ 和 $S_{s,A}(T_s,\xi_s)$ 分别为对应 s 阶振型单自由度体系的弹性速度反应谱值和加速度反应谱值。

通常低阶振型（频率低的振型）对地震总响应的贡献大，高阶振型（频率高的振型）的贡献小。因此，一般用前几个（低阶）振型按上述振型组合方法进行组合即可。参与振型组合数可按以下方法确定：

第 s 阶振型的地震力为

$$\{F\}_s = [M]\{u\}_s \gamma_s S_{s,A}(T_s,\xi_s) \tag{7.3.12}$$

总地震力为

$$F_s = \{I\}^{\mathrm{T}}[M]\{u\}_s \gamma_s S_{s,A}(T_s,\xi_s) \tag{7.3.13}$$

因此第 s 阶振型的等效参与质量为

$$M_{s,e} = \gamma_s \{u\}_s^{\mathrm{T}}[M]\{I\} = \frac{(\{u\}_s^{\mathrm{T}}[M]\{I\})^2}{\{u\}_s^{\mathrm{T}}[M]\{u\}_s} \tag{7.3.14}$$

前 m 阶振型的等效参与质量总和 $\sum_{s=1}^{m} M_{s,e}$ 与总质量 $\sum_{i=1}^{n} M_i$ 之比称为质量参与系数。当前 m 阶振型的质量参与系数在 90%以上时，则采用前 m 阶振型组合得到的结果，其精度就足够了。对于层数较少的建筑结构或自由度较少的结构，一般用前 1～3 个振型组合即可。对于高层建筑或自由度较多的结构，可选取前 9～15 个振型组合。

对于各阶自振频率分布稀疏的结构，SRSS 方法可以得到极好的结构反应估计。对于扭转效应较大、需要考虑结构平移-扭转耦联振动等频率密集型的结构，需要使用振型完全平方根组合（CQC）方法对结构最大响应进行估计。SRSS 方法是 CQC 方法对于疏频结构的简化，在层模型中经常使用。振型分解法与 SRSS 方法和 CQC 方法构成弹性多自由度体系最大地震响应（包括位移、加速度、内力等）的基本公式。

振型分解反应谱法假定结构阻尼为经典阻尼，可采用叠加原理进行振型组合。而许多实际结构，如后续章节将介绍的隔震结构和消能减震结构，其阻尼为非比例阻尼，即其广义阻尼矩阵对于结构体系的自振振型不满足正交条件。对于这些结构，原则上传统的振型分解反应谱法不再适用。但研究表明，对于许多结构，强制解耦振型分解反应谱法也有较好的精度。

强制解耦振型分解反应谱法首先利用传统的振型分解反应谱法得到广义阻尼矩阵，然后将其非对角元素全部强制改为 0，即人为调整振型阻尼矩阵使其简化为对角阵。此时结构的广义质量矩阵、广义刚度矩阵、广义阻尼矩阵均满足对角矩阵的要求，结构在地震动作用下的振动方程就能按照传统的振型分解法进行实数化解耦，这被称为结构的“强制解耦振型分解法”。

利用强制解耦振型分解法能实现振动方程的实数化解耦，进而可以计算结构各质点在任意振型、任意时刻下的相对位移、相对速度和相对加速度时程曲线，此方法即为“强制解耦分析法”。但工程上更为关心的是结构各质点的最大地震响应，这时可在振型分解法的基础上，结合单自由度体系的反应谱理论，依照特定的方法组合各阶振型的最大地震作用效应，求解体系在各质点处的最大地震作用效应，这就是隔震结构的“强制解耦振型分解反应谱法”(FDCQC)。

值得注意的是，虽然强制解耦分析法在实际结构设计中有一定的应用，但是该方法需要把广义阻尼矩阵的非对角元素强制改为0，即通过调整结构的振型阻尼的方式来简化体系振动方程的解耦过程，必然会对计算结果带来一定的误差。此外强制解耦分析法在理论背景、物理意义、误差控制、适用范围等方面还需要进行深入研究，其中桂国庆从范数角度对强制解耦分析法的误差进行分析并指出：①当振型阻尼矩阵的行元素比主对角元素小时，误差上限相应也小，强制解耦分析法有一定适用性；②非比例阻尼程度较大时，误差值会较大，强制解耦分析法将不再适用。因此，在实际工程中结构能否采用FDCQC方法计算地震效应尚需进行必要的分析和探讨，尤其在整体结构具有强非比例阻尼特性时更应慎重使用。

7.4 复振型分解法和复振型分解反应谱法

7.4.1 复振型分解法

如前文所述，当结构具有明显的非比例阻尼特性时，虽然强制解耦分析法能实现对振动方程的实数化解耦，但需要忽略广义阻尼矩阵的非对角元素，即调整了结构的振型阻尼，分析结果由此会产生难以量化的误差。为使用振型分解反应谱法精确计算非比例阻尼结构的地震作用，可以采用基于Foss变换复振型分解法对动力方程解耦，即引入一个包含位移、速度的状态变量和辅助方程将非比例结构的振动方程改写为状态方程，对状态方程进行实数化解耦，进而精确求解非比例结构的地震作用效应。

N个自由度、具有非比例阻尼特性的结构在一维地震作用下的振动方程表达式为

$$[M]\{\ddot{u}\}+[C]\{\dot{u}\}+[K]\{u\}=-[M]\{I\}\ddot{u}_g \tag{7.4.1}$$

引入状态变量$\{x\}=\begin{Bmatrix}\dot{u}\\u\end{Bmatrix}$并构建辅助方程$[M]\{\dot{u}\}-[M]\{\dot{u}\}=\{0\}$，将辅助方程和式（7.4.1）合并后就得到状态方程

$$\begin{pmatrix}[0] & [M]\\ [M] & [C]\end{pmatrix}\{\dot{x}\}+\begin{pmatrix}-[M] & [0]\\ [0] & [K]\end{pmatrix}\{x\}=-\begin{pmatrix}[0] & [M]\\ [M] & [C]\end{pmatrix}\begin{pmatrix}\{I\}\\ \{0\}\end{pmatrix}\ddot{u}_g \tag{7.4.2}$$

令$[R]=\begin{pmatrix}[0] & [M]\\ [M] & [C]\end{pmatrix}$，$[D]=\begin{pmatrix}-[M] & [0]\\ [0] & [K]\end{pmatrix}$，$\{E\}=\begin{pmatrix}\{I\}\\ \{0\}\end{pmatrix}$，则状态方程改写为

$$[R]\{\dot{x}\}+[D]\{x\}=-[R]\{E\}\ddot{u}_g \tag{7.4.3}$$

此时也就得到了非比例结构在一维地震作用下状态方程的自由振动形式

$$[R]\{\dot{x}\}+[D]\{x\}=\{0\} \tag{7.4.4}$$

假定自由振动的解形式为$\{x\}=\{\Phi\}\mathrm{e}^{\lambda t}$，回代方程式（7.4.4），可得到非比例结构采用复振型分解时的特征方程

$$(\lambda[R]+[D])\{\Phi\}=\{0\} \tag{7.4.5}$$

矩阵$[R]$、$[D]$是$2N\times 2N$对称非正定矩阵，其特征值和特征向量均为复数形式，且为 N 对共轭复数。假定λ为复振型特征值，并记第j个复特征值为λ_j，则有$\lambda_j=\overline{\lambda}_{j+N}$，$j=1,2,\cdots,N$。此外，根据有阻尼单自由度体系特征值表达形式，复特征值λ_j也可表示为

$$\lambda_j=-\alpha_j+\mathrm{i}\beta_j=-\xi_j\omega_j+\mathrm{i}\omega_j\sqrt{1-\xi_j^2} \tag{7.4.6}$$

式中，ξ_j为第j振型的阻尼比；ω_j为第j振型的自振频率。

因此当λ_j、λ_k为共轭复数时，$\lambda_j\lambda_k=\omega_j^2$，$\lambda_j+\lambda_k=-2\xi_j\omega_j$。

设定复振型特征向量$\{\Phi\}=\{\Phi_v^{\mathrm{T}},\Phi_d^{\mathrm{T}}\}$，由于$\Phi_v$，$\Phi_d$分别与速度、位移相对应，则$\Phi_v=\lambda\Phi_d$，且第$j$个振型向量可以表示为

$$\{\Phi\}_j=\begin{Bmatrix}\lambda_j\{\phi_j\}\\ \{\phi_j\}\end{Bmatrix}, \text{其中}\ \{\phi_j\}=\{\varphi_j\}+\mathrm{i}\{\psi_j\} \tag{7.4.7}$$

式中，$\{\varphi_j\}$和ψ_j分别为$\{\phi_j\}$的实部和虚部。将任意两个振型$\{\Phi\}_j$、$\{\Phi\}_k$代入式（7.4.5），等式两边再分别左乘$\{\Phi\}_k^{\mathrm{T}}$、$\{\Phi\}_j^{\mathrm{T}}$后得

$$\lambda_j\{\Phi\}_k^{\mathrm{T}}[R]\{\Phi\}_j=-\{\Phi\}_k^{\mathrm{T}}[D]\{\Phi\}_j \tag{7.4.8}$$

$$\lambda_k\{\Phi\}_j^{\mathrm{T}}[R]\{\Phi\}_k=-\{\Phi\}_j^{\mathrm{T}}[D]\{\Phi\}_k \tag{7.4.9}$$

当$j\neq k$时，$\lambda_j\neq\lambda_k$，矩阵$[R]$、$[D]$又分别为对称矩阵，因此将式（7.4.8）两边进行转置并减去式（7.4.9）后可得

$$\{\Phi\}_j^{\mathrm{T}}[R]\{\Phi\}_k=0,\quad \{\Phi\}_j^{\mathrm{T}}[D]\{\Phi\}_k=0,\quad j\neq k \tag{7.4.10}$$

将$[R]=\begin{pmatrix}[0] & [M]\\ [M] & [C]\end{pmatrix}$，$[D]=\begin{pmatrix}-[M] & [0]\\ [0] & [K]\end{pmatrix}$，$\{\Phi\}_j=\begin{pmatrix}\lambda_j\{\phi_j\}\\ \{\phi_j\}\end{pmatrix}$代入式（7.4.10）并展开计算后得

$$(\lambda_j+\lambda_k)\{\phi\}_j^{\mathrm{T}}[M]\{\phi\}_k+\{\phi\}_j^{\mathrm{T}}[C]\{\phi\}_k=0,\quad j\neq k \tag{7.4.11}$$

$$-\lambda_j\lambda_k\{\phi\}_j^{\mathrm{T}}[M]\{\phi\}_k+\{\phi\}_j^{\mathrm{T}}[K]\{\phi\}_k=0,\quad j\neq k \tag{7.4.12}$$

假定λ_j、λ_k为共轭复数，将式（7.4.6）代入式（7.4.11）及式（7.4.12），就可以推导出非比例结构采用复振型分解时第j振型的自振频率ω_j和振型阻尼比ξ_j：

$$\omega_j^2=\frac{\{\overline{\phi}\}_j^{\mathrm{T}}[K]\{\phi\}_j}{\{\overline{\phi}\}_j^{\mathrm{T}}[M]\{\phi\}_j},\quad \xi_j=\frac{\{\overline{\phi}\}_j^{\mathrm{T}}[C]\{\phi\}_j}{2\sqrt{\{\overline{\phi}\}_j^{\mathrm{T}}[M]\{\phi\}_j\{\overline{\phi}\}_j^{\mathrm{T}}[K]\{\phi\}_j}} \tag{7.4.13}$$

已知结构体系自振振型为完备正交系，相对位移向量用振型向量表示为

$$\{x\}=\sum_{j=1}^{2N}\{\Phi\}_j q_j(t) \tag{7.4.14}$$

将式（7.4.14）代入式（7.4.3），等式两边再同时左乘$\{\Phi\}_j^{\mathrm{T}}$后得

$$\{\Phi\}_j^{\mathrm{T}}[R]\{\Phi\}_j\dot{q}_j(t)+\{\Phi\}_j^{\mathrm{T}}[D]\{\Phi\}_j q_j(t)=-\{\Phi\}_j^{\mathrm{T}}[R]\{E\}\ddot{u}_g(t) \tag{7.4.15}$$

式（7.4.15）可以进一步简化为

$$\dot{q}_j(t)-\lambda_j q_j(t)=-\gamma_j\ddot{u}_g(t) \tag{7.4.16}$$

式中，$\lambda_j=-\dfrac{\{\Phi\}_j^{\mathrm{T}}[D]\{\Phi\}_j}{\{\Phi\}_j^{\mathrm{T}}[D]\{\Phi\}_j}=-\alpha_j+\mathrm{i}\beta_j$，为第$j$振型复特征值；$\gamma_j=\dfrac{\{\Phi\}_j^{\mathrm{T}}[R]\{E\}}{\{\Phi\}_j^{\mathrm{T}}[R]\{\Phi\}_j}$，为第$j$振型参与系数。假定$\{\Phi\}_j^{\mathrm{T}}[R]\{\Phi\}_j=a_j+\mathrm{i}b_j$，其中$\{\Phi\}_j=\begin{Bmatrix}\lambda_j\{\phi_j\}\\ \{\phi_j\}\end{Bmatrix}$，$\{\Phi\}_j=\{\varphi_j\}+\mathrm{i}\{\psi_j\}$，经展开后可得

$$\begin{aligned}a_j=&-2\alpha_j\left[\{\varphi\}_j^{\mathrm{T}}[M]\{\varphi\}_j-\{\psi\}_j^{\mathrm{T}}[M]\{\psi\}_j\right]-2\beta_j\left[\{\varphi\}_j^{\mathrm{T}}[M]\{\psi\}_j+\{\psi\}_j^{\mathrm{T}}[M]\{\varphi\}_j\right]+\\&\{\varphi\}_j^{\mathrm{T}}[C]\{\varphi\}_j-\{\psi\}_j^{\mathrm{T}}[C]\{\psi\}_j\end{aligned}$$

$$\begin{aligned}b_j=&2\beta_j\left[\{\varphi\}_j^{\mathrm{T}}[M]\{\varphi\}_j-\{\psi\}_j^{\mathrm{T}}[M]\{\psi\}_j\right]-2\alpha_j\left[\{\varphi\}_j^{\mathrm{T}}[M]\{\psi\}_j+\{\psi\}_j^{\mathrm{T}}[M]\{\varphi\}_j\right]+\\&\{\varphi\}_j^{\mathrm{T}}[C]\{\psi\}_j+\{\psi\}_j^{\mathrm{T}}[C]\{\varphi\}_j\end{aligned}$$

$$\gamma_j=\frac{\{\varphi\}_j^{\mathrm{T}}[M]\{I\}+\mathrm{i}\{\psi\}_j^{\mathrm{T}}[M]\{I\}}{a_i+\mathrm{i}b_j}$$

令$c_j=\{\varphi\}_j^{\mathrm{T}}[M]\{I\}$，$d_j=\{\psi\}_j^{\mathrm{T}}[M]\{I\}$，则

$$\begin{aligned}\gamma_j&=\frac{c_j+\mathrm{i}d_j}{a_j+\mathrm{i}b_j}=\frac{(a_jc_j+b_jd_j)+\mathrm{i}(a_jd_j-b_jc_j)}{a_j^2+b_j^2}\\&=p_j+\mathrm{i}w_j\end{aligned}$$

其中

$$p_j=\frac{a_jc_j+b_jd_j}{a_j^2+b_j^2},\quad w_j=\frac{a_jd_j-b_jc_j}{a_j^2+b_j^2}$$

则式（7.4.16）改写为

$$\dot{q}_j(t)+(\alpha_j-\mathrm{i}\beta_j)q_j(t)=-(p_j+\mathrm{i}w_j)\ddot{u}_g(t) \tag{7.4.17}$$

对式（7.4.17）进行数学推导，可得振型坐标实部$q_{j\mathrm{R}}$和虚部$q_{j\mathrm{I}}$的矩阵表示形式，其中$\dot{\delta}_j(t)$、$\delta_j(t)$为方程$\ddot{\delta}_j(t)+2\xi_j\omega_j\dot{\delta}_j(t)+\omega_j^2\delta_j(t)=-\ddot{u}_g(t)$的解。

$$\begin{Bmatrix} q_{j\mathrm{R}}(t) \\ q_{j\mathrm{I}}(t) \end{Bmatrix} = \begin{bmatrix} p_j & p_j\alpha_j - w_j\beta_j \\ w_j & w_j\alpha_j + p_j\beta_j \end{bmatrix} \begin{Bmatrix} \dot{\delta}_j(t) \\ \delta_j(t) \end{Bmatrix} \tag{7.4.18}$$

将 $\{x\}=\begin{Bmatrix} \dot{u} \\ u \end{Bmatrix}=\sum_{j=1}^{2N}\{\Phi\}_j q_j(t)$ 代入式（7.4.18）得

$$\begin{aligned}
\begin{Bmatrix} \dot{u} \\ u \end{Bmatrix} &= \sum_{j=1}^{2N}\{\Phi\}_j q_j(t) = \sum_{j=1}^{2N}\begin{Bmatrix} (-\alpha_j + \mathrm{i}\beta_j)(\{\varphi\}_j + \mathrm{i}\{\psi\}_j) \\ \{\varphi\}_j + \mathrm{i}\{\psi\}_j \end{Bmatrix}_j (q_{j\mathrm{R}}(t) + \mathrm{i}q_{j\mathrm{I}}(t)) \\
&= \sum_{j=1}^{2N}\begin{bmatrix} -\alpha_j\{\varphi\}_j - \beta_j\{\psi\}_j & \alpha_j\{\psi\}_j - \beta_j\{\varphi\}_j \\ \{\varphi\}_j & -\{\psi\}_j \end{bmatrix}\begin{Bmatrix} q_{j\mathrm{R}}(t) \\ q_{j\mathrm{I}}(t) \end{Bmatrix} + \\
&\quad \mathrm{i}\sum_{j=1}^{2N}\begin{bmatrix} -\alpha_j\{\psi\}_j + \beta_j\{\varphi\}_j & -\alpha_j\{\varphi\}_j - \beta_j\{\psi\}_j \\ \{\psi\}_j & \{\varphi\}_j \end{bmatrix}\begin{Bmatrix} q_{j\mathrm{R}}(t) \\ q_{j\mathrm{I}}(t) \end{Bmatrix}
\end{aligned} \tag{7.4.19}$$

由于复振型的特征值、特征向量均以共轭的形式出现，振型坐标也是 N 对共轭复数，合并一对共轭振型的贡献，并将式（7.4.18）代入式（7.4.19）即可消除虚数部分，此时式（7.4.19）被改写为

$$\begin{aligned}
\begin{Bmatrix} \dot{u} \\ u \end{Bmatrix} &= 2\sum_{j=1}^{N}\begin{bmatrix} -\alpha_j\{\varphi\}_j - \beta_j\{\psi\}_j & \alpha_j\{\psi\}_j - \beta_j\{\varphi\}_j \\ \{\varphi\}_j & -\{\psi\}_j \end{bmatrix}\begin{bmatrix} p_j & p_j\alpha_j - w_j\beta_j \\ w_j & w_j\alpha_j + p_j\beta_j \end{bmatrix}\begin{Bmatrix} \dot{\delta}_j(t) \\ \delta_j(t) \end{Bmatrix} \\
&= 2\sum_{j=1}^{N}\begin{bmatrix} A_j & B_j \\ E_j & F_j \end{bmatrix}\begin{Bmatrix} \dot{\delta}_j(t) \\ \delta_j(t) \end{Bmatrix}
\end{aligned} \tag{7.4.20}$$

式中

$$A_j = -(p_j\alpha_j + w_j\beta_j)\{\varphi\}_j + (w_j\alpha_j - p_j\beta_j)\{\psi\}_j$$

$$B_j = -p_j(\alpha_j^2 + \beta_j^2)\{\varphi\}_j + w_j(\alpha_j^2 + \beta_j^2)\{\psi\}_j$$

$$E_j = p_j\{\varphi\}_j - w_j\{\psi\}_j$$

$$F_j = \left[\left(p_j\xi_j - w_j\sqrt{1-\xi_j^2}\right)\{\varphi\}_j - \left(w_j\xi_j + p_j\sqrt{1-\xi_j^2}\right)\{\psi\}_j\right]\omega_j$$

依据以上推导可知，对非比例结构进行复振型分解，可以得到具有完全实数形式位移响应精确解的表达式，即

$$\begin{aligned}
\{u(t)\} = 2\sum_{j=1}^{N}\Big\{&\left[\left(p_j\xi_j - w_j\sqrt{1-\xi_j^2}\right)\{\varphi\}_j - \left(w_j\xi_j + p_j\sqrt{1-\xi_j^2}\right)\{\psi\}_j\right]\omega_j\delta_j(t) + \\
&\left(p_j\{\varphi\}_j - w_j\{\psi\}_j\right)\dot{\delta}_j(t)\Big\}
\end{aligned} \tag{7.4.21}$$

式中 $\dot{\delta}_j(t)$、$\delta_j(t)$ 是方程 $\ddot{\delta}_j(t) + 2\xi_j\omega_j\dot{\delta}_j(t) + \omega_j^2\delta_j(t) = -\ddot{u}_g(t)$ 的解，采用 Duhamel 积分求解可得

$$\delta_j(t) = -\frac{1}{\omega_{\mathrm{D}j}}\int_0^t \ddot{u}_g(\tau)\mathrm{e}^{-\xi_j\omega_j(t-\tau)}\sin\omega_j\sqrt{1-\xi_j^2}(t-\tau)\mathrm{d}\tau \tag{7.4.22}$$

$$\dot{\delta}_j(t) = -\xi_j\omega_j\delta_j(t) - \int_0^t \ddot{u}_g(\tau)\mathrm{e}^{-\xi_j\omega_j(t-\tau)}\cos\omega_j\sqrt{1-\xi_j^2}(t-\tau)\mathrm{d}\tau \tag{7.4.23}$$

将式（7.4.22）和式（7.4.23）代入式（7.4.21），非比例结构具有完全实数形式位移响应精确解的表达式也可改写为

$$\begin{aligned}\{u(t)\} = 2\sum_{j=1}^{N}\Big[&\left(w_j\{\varphi\}_j + p_j\{\psi\}_j\right)\int_0^t \ddot{u}_g(\tau)\mathrm{e}^{-\xi_j\omega_j(t-\tau)}\sin\omega_j\sqrt{1-\xi_j^2}(t-\tau)\mathrm{d}\tau - \\ &\left(p_j\{\varphi\}_j - w_j\{\psi\}_j\right)\int_0^t \ddot{u}_g(\tau)\mathrm{e}^{-\xi_j\omega_j(t-\tau)}\cos\omega_j\sqrt{1-\xi_j^2}(t-\tau)\mathrm{d}\tau\Big]\end{aligned} \tag{7.4.24}$$

通过以上基于经典结构动力学的理论分析及公式推导可知，具有非比例阻尼特性的体系可按照复振型分解法计算完全实数形式的动力响应，且经复振型分解的每个单自由度体系的动力反应均由位移和速度两部分组成，是真正意义上的精确解。此外，式（7.4.21）和式（7.4.24）给出了非比例阻尼体系具有完全实数形式的复振型叠加公式，由此也证明了非比例结构可以利用“复振型分解法”精确计算出全时程地震响应。

7.4.2 复振型分解反应谱法

对于具有非比例阻尼体系特征的非比例结构按照复振型分解法得到各振型的位移、速度时程后，即可利用设计反应谱计算出各振型的水平地震作用效应最大值，再按照特定的方法组合上述振型工况，从而计算出非比例结构的整体地震作用效应。但是该静力学方法需求解 N 个联立方程，工作量较大，为此可以依据结构的最大反应与均方反应平方根成比例的假定，采用非比例阻尼系统基于反应谱的叠加公式（CCQC）计算非比例结构的整体地震响应，即先求解相应于各振型位移的内力，再应用与计算位移响应类同的公式计算整体内力响应，主要公式及求解过程如下：

$$\{u(t)\} = \sum_{j=1}^{N}\left[A_j\delta_j(t) + B_j\dot{\delta}_j(t)\right] \tag{7.4.25}$$

式中

$$A_j = 2\left[\left(p_j\xi_j - w_j\sqrt{1-\xi_j^2}\right)\{\varphi\}_j - \left(w_n\xi_j + p_j\sqrt{1-\xi_j^2}\right)\{\psi\}_j\right]w_j$$

$$B_j = 2\left(p_j\{\varphi\}_j - w_j\{\psi\}_j\right)$$

根据平稳随机振动理论，位移向量的均方为

$$\begin{aligned}E\{u(t)\}^2 &= E\left\{\sum_{j=1}^{N}\left[A_j\delta_j(t) + B_j\dot{\delta}_j(t)\right]\right\}^2 \\ &= \sum_{m=1}^{N}\sum_{n=1}^{N}\left\{A_nA_m\left[\delta_n(t)\delta_m(t)\right] + B_nB_m\left[\dot{\delta}_n(t)\dot{\delta}_m(t)\right] + 2B_nA_m\left[\dot{\delta}_n(t)\delta_m(t)\right]\right\} \\ &= \sum_{m=1}^{N}\sum_{n=1}^{N}\left\{A_nA_mI_{nm}^{DD} + B_nB_mI_{nm}^{VV} + 2B_nA_mI_{nm}^{VD}\right\}\end{aligned} \tag{7.4.26}$$

式中

$$I_{nm}^{DD} = \int_{-\infty}^{\infty} H_n(\mathrm{i}\omega)H_m(-\mathrm{i}\omega)S(\omega)\mathrm{d}\omega$$

$$I_{nm}^{VD}=\int_{-\infty}^{\infty}\omega H_n(\mathrm{i}\omega)H_m(-\mathrm{i}\omega)S(\omega)\mathrm{d}\omega$$

$$I_{nm}^{VV}=\int_{-\infty}^{\infty}\omega^2 H_n(\mathrm{i}\omega)H_m(-\mathrm{i}\omega)S(\omega)\mathrm{d}\omega$$

式中，$S(\omega)$ 为地震动谱密度；$H(\mathrm{i}\omega)$ 为结构的传递函数。

基于地震动为平稳白噪声的假定，并令 $r=\omega_n/\omega_m$，可得出复振型的振型相关系数：

$$\rho_{nm}^{DD}=\frac{I_{nm}^{DD}}{\sqrt{I_{nn}^{DD}}\sqrt{I_{mm}^{DD}}}=\frac{8\sqrt{\xi_n\xi_m}(r\xi_n+\xi_m)r^{3/2}}{(1-r^2)^2+4\xi_n\xi_m r(1+r^2)+4(\xi_n^2+\xi_m^2)r^2} \tag{7.4.27}$$

$$\rho_{nm}^{VV}=\frac{I_{nm}^{VV}}{\sqrt{I_{nn}^{VV}}\sqrt{I_{mm}^{VV}}}=\frac{8\sqrt{\xi_n\xi_m}(\xi_n+r\xi_m)r^{3/2}}{(1-r^2)^2+4\xi_n\xi_m r(1+r^2)+4(\xi_n^2+\xi_m^2)r^2} \tag{7.4.28}$$

$$\rho_{nm}^{VD}=\frac{I_{nm}^{VD}}{\sqrt{I_{nn}^{VV}}\sqrt{I_{mm}^{DD}}}=\frac{4\sqrt{\xi_n\xi_m}(1-r^2)r^{1/2}}{(1-r^2)^2+4\xi_n\xi_m r(1+r^2)+4(\xi_n^2+\xi_m^2)r^2} \tag{7.4.29}$$

式中，ρ_{nm}^{DD} 为位移相关系数；ρ_{nm}^{VV} 为速度相关系数；ρ_{nm}^{VD} 为位移-速度相关系数。

将 $I_{nn}^{VV}=\omega_n^2 I_{nn}^{DD}$ 以及式（7.4.27）～式（7.4.29）代入式（7.4.26）可得

$$\begin{aligned}E\{u(t)\}^2=&\sum_{m=1}^{N}\sum_{n=1}^{N}\Big\{\big(A_nA_m\rho_{nm}^{DD}+B_nB_m\omega_n\omega_m\rho_{nm}^{VV}+\\&2B_nA_m\omega_n\rho_{nm}^{VD}\big)\left[\delta_n^2(t)\right]^{1/2}\left[\delta_m^2(t)\right]^{1/2}\Big\}\end{aligned} \tag{7.4.30}$$

假定结构的最大位移反应 $|u(t)|_{\max}$ 与位移向量均方反应平方根成比例，则可以得到非比例阻尼线性系统基于反应谱的叠加公式，即复振型完全平方组合（complex complete quadratic combination, CCQC）法的表达式：

$$\begin{aligned}|u(t)|_{\max}=&\Big[\sum_{n=1}^{N}\sum_{m=1}^{N}\big(A_nA_m\rho_{nm}^{DD}+B_nB_m\omega_n\omega_m\rho_{nm}^{VV}+\\&2B_nA_m\omega_n\rho_{nm}^{VD}\big)|\delta_n(t)|_{\max}|\delta_m(t)|_{\max}\Big]^{\frac{1}{2}}\end{aligned} \tag{7.4.31}$$

结合反应谱的定义以及《抗规》中的设计反应谱原则，CCQC 法面向工程的精确计算公式也就可以表示为

$$\begin{aligned}|u(t)|_{\max}&=\left[\sum_{m=1}^{N}\sum_{n=1}^{N}\varGamma_{mn}\left(\frac{\alpha_m g}{\omega_m^2}\right)\left(\frac{\alpha_n g}{\omega_n^2}\right)\right]^{\frac{1}{2}}\\&=\left[\sum_{m=1}^{N}\sum_{n=1}^{N}\varGamma_{mn}S_{s,D,m}S_{s,D,n}\right]^{\frac{1}{2}}\end{aligned} \tag{7.4.32}$$

式中，$\varGamma_{mn}=A_nA_m\rho_{nm}^{DD}+B_nB_m\omega_n\omega_m\rho_{nm}^{VV}+2B_nA_m\omega_n\rho_{nm}^{VD}$；$\alpha_n$ 为第 n 阶振型的地震影响系数；$S_{s,D,n}$ 为第 n 阶振型的位移反应谱。

综上，复振型分解反应谱法就是利用复模态理论对非比例阻尼体系的振动方程解耦，把复振型下的地震响应表示为位移响应和速度响应的线性组合，再依据平稳随机振动理论和设计反应谱，按照完全实数形式的复振型完全平方组合（CCQC）法计算出非比例阻尼

体系的地震效应。从理论上分析，CCQC法能整体考虑非比例阻尼矩阵的作用，无须在人为干预下获得振型阻尼，是一种更为精细的分析计算方法，原则上可用于包括隔震结构和消能减震结构在内的任何非比例阻尼体系。

7.5 结构弹塑性地震响应

多自由度体系的弹性地震响应可采用振型组合方法进行分析，即结构的弹性地震响应规律是可以被预测与把握的。在强震作用下，如果仍保持结构处在弹性阶段，可以比较容易地得到结构的地震响应，但是毫无疑问建设成本将大大增加，非常不经济。因此应当允许结构中的部分构件进入塑性。

结构的弹塑性地震响应十分复杂。对于任意形式的多自由度结构，除直接采用弹塑性时程方法进行地震响应分析外，目前尚无规律可循。然而，当结构中进入塑性的构件（或部位）以次要构件（或部位）为主时，其塑性程度对整体结构在地震作用下的弹性振动规律影响不大，主要结构构件仍基本保持弹性，此时结构的弹塑性地震响应规律与弹性响应相近，即可以根据结构的弹性地震响应把握结构的地震弹塑性响应规律。

在这种思想指导下设计的结构称为“有目的进行抗震控制设计的结构”，其要点在于：在结构设计中有意识地选择在强震下进入塑性的构件（或部位），以控制整个结构在强震作用下的地震响应模式。

本节讨论多自由度弹塑性地震响应的一些规律及其影响因素。

7.5.1 剪切层模型结构

1. 层模型参数

如图7.5.1所示的剪切层模型是最早用来分析多自由度体系弹塑性地震响应的模型。影响剪切层模型弹塑性地震响应的因素，除结构的初始周期和总质量外，还有层质量、层刚度和层剪切强度沿高度的分布。初始周期一般影响基底剪力和顶点位移等结构的总地震响应；而层质量、层刚度和层剪切强度分布则影响各楼层的地震响应，如楼层剪力和层间位移。当进入弹塑性阶段后，楼层剪力即为层剪切屈服强度，因此层间弹塑性位移响应及其分布规律就成为需要研究的主要问题。

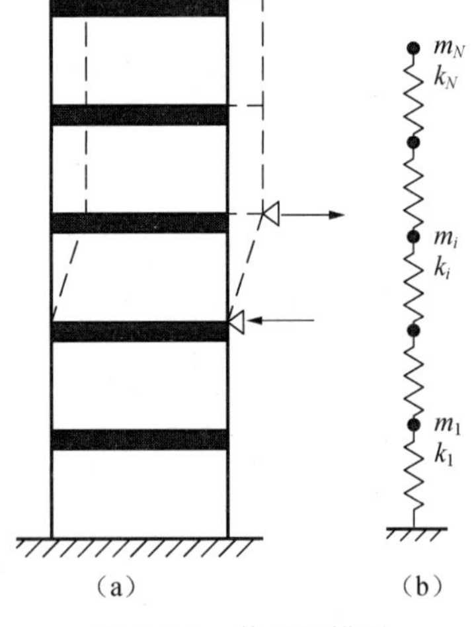

图7.5.1 剪切层模型

首先定义层质量、层刚度和层剪切强度沿高度的分布参数如下：

质量分布参数

$$\alpha_{mi}=\frac{m_i}{m_1} \tag{7.5.1a}$$

刚度分布参数

$$\alpha_{ki}=\frac{k_i}{k_1} \tag{7.5.1b}$$

层屈服强度分布参数

$$\alpha_{yi}=\frac{\xi_{yi}}{\xi_{y1}}\text{，其中}\quad \xi_{yi}=\frac{F_{yi}}{F_{ei}} \tag{7.5.1c}$$

式中，m_i、k_i、F_{yi} 分别为第 i 层的质量、层剪切刚度和层屈服强度；F_{ei} 为在同样层质量和层刚度分布情况下，在同样地震输入时按弹性分析得到的层间最大弹性恢复力；ξ_{yi} 为层屈服强度系数。

2. 楼层变形集中现象

由以上定义知，当质量分布参数 $\alpha_{mi}=1$ 时，各层质量相同，即质量分布均匀；当刚度分布参数 $\alpha_{ki}=1$ 时，各层剪切刚度相同，即刚度分布均匀。对于一般的多层建筑，构件尺寸一般从下到上会逐渐减小，层剪切刚度也会逐渐减小，因此层刚度分布通常沿高度呈均匀梯度减小。一般情况下，当层屈服强度分布参数 $\alpha_{yi}=1$ 时，可认为结构屈服强度分布是均匀的。下面先讨论层质量、层刚度和层屈服强度为均匀分布的情况。

为了考察中长周期（指一阶初始周期）层模型多自由度体系在不同地震作用下的影响，分别对自由度为 1、2、3、4、5、8、12 的模型进行了计算。在分析中，层间滞回模型取 Clough 双线性刚度退化模型，阻尼比取 $\xi_1=0.05$，对应于 Rayleigh 阻尼矩阵取 $[C]=4\pi h_1/(T_1[M])$，即只考虑结构的第一频率。

图 7.5.2 所示为层间最大弹塑性位移响应分析结果，可见即使在层质量、层刚度和层屈服强度都均匀分布的情况下，某些楼层的层间位移也会显著大于其他楼层，形成所谓的变形集中楼层。屈服强度系数越小，变形集中程度越显著。同时，这种楼层变形集中位置和集中程度无规律可循，即在层数相同情况下，对于具有同样初始周期的结构在不同地震作用下，或同样地震作用下但具有不同初始周期的结构，其变形集中楼层的位置都有可能不同，有时甚至会有几个变形集中楼层。造成这些差别的原因与结构的基本周期及地震动的频谱成分有关。

3. 产生楼层变形集中的原因

由于层间最大弹塑性位移响应反映了各楼层的地震损伤程度，是进行多自由度体系结构抗震设计的主要依据，而上述层间变形集中楼层的不确定性给抗震设计带来很大的困难，因此，需要设法判别变形集中楼层位移的位置，并确定其弹塑性变形。

由多自由度体系的弹性地震响应分析可知，各楼层达到其弹性最大地震响应的时刻不同，因此即使各楼层的屈服强度系数相同，先达到最大弹性地震响应的楼层也会首先进入塑性状态，由此在该层形成变形集中。图 7.5.3 给出了对应图 7.5.2（a）中 5 层结构在弹性情况下各楼层达到最大响应附近时间区间的层间位移时程，可见第 3 层首先达到最大响应，故该层首先进入塑性状态形成变形集中楼层，这与图 7.5.2（a）的结果吻合。其他情况的分析结果也是如此。

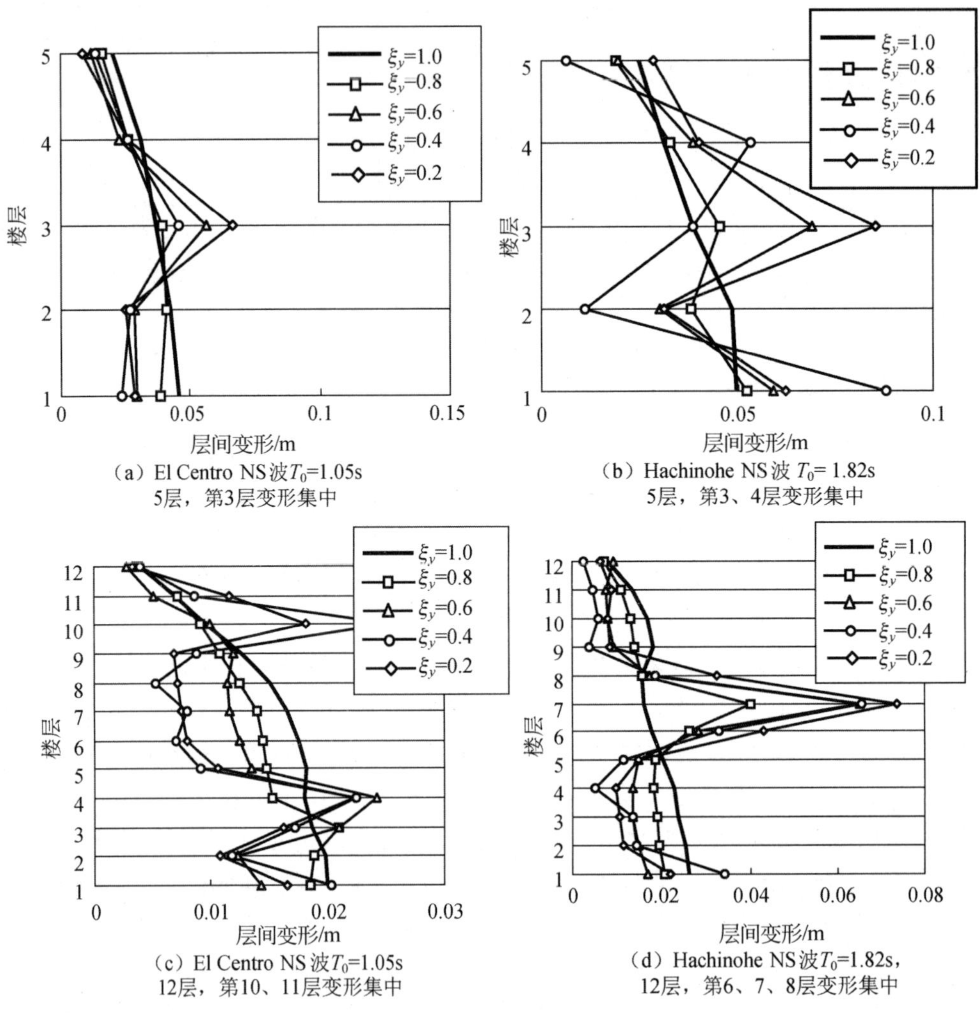

(a) El Centro NS 波 T_0=1.05s
5层，第3层变形集中

(b) Hachinohe NS 波 T_0= 1.82s
5层，第3、4层变形集中

(c) El Centro NS 波 T_0=1.05s
12层，第10、11层变形集中

(d) Hachinohe NS 波 T_0=1.82s，
12层，第6、7、8层变形集中

图 7.5.2 层间最大弹塑性位移响应

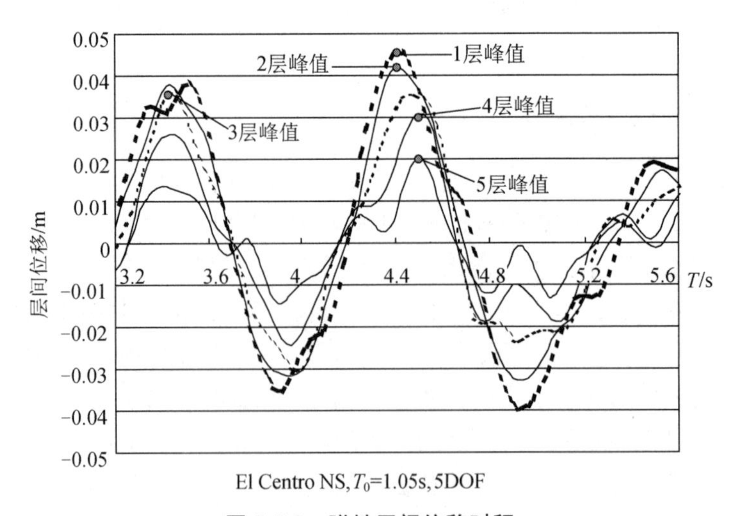

图 7.5.3 弹性层间位移时程

对于层刚度和层质量分布不均匀的结构，弹塑性位移响应的规律与上述均匀结构的情况基本一致，即对于中长周期结构，顶点和楼层节点的位移基本符合等位移准则，而层间变形集中楼层的位置具有不确定性，并非都出现在刚度薄弱楼层，但出现在刚度薄弱楼层的概率较大。因此，根据首先达到最大弹性位移楼层来判别层间位移集中楼层的位置较为合理。

4. 弹塑性层间变形系数

需要指出的是，上述变形集中楼层不是指层间位移绝对值最大的楼层，而是指某层弹塑性层间位移与其弹性层间位移的比值显著大于其他各层的楼层。为此定义弹塑性层间变形系数 η_d 为

$$\eta_{di} = \frac{\delta_{pi}}{\delta_{ei}} \tag{7.5.2}$$

式中：η_{di} 为第 i 层的弹塑性层间变形系数；δ_{pi} 为第 i 层的弹塑性层间位移；δ_{ei} 为在同样地震作用下第 i 层的弹性层间位移。因此，当某层弹塑性层间变形系数 η_d 显著大于其他各层时，则称该层为变形集中楼层。若经过大量的弹塑性分析研究，给出弹塑性层间变形系数 η_d，即可方便地由弹性层间位移来确定该层的弹塑性层间位移。

对于变形集中楼层的层间弹塑性位移计算，国内外许多学者进行了研究。何广乾对多层剪切型结构弹塑性层间变形进行了大量的分析研究，指出变形集中楼层的弹塑性层间变形系数 η_d 随着楼层屈服强度系数的降低而增加，即使是屈服强度分布较为均匀的结构，各楼层的弹塑性层间变形分布也是不均匀的。陈光华总结了当时国外学者的几种结构弹塑性地震位移反应的简化计算方法，指出屈服强度系数及其沿高度的分布是影响结构弹塑性位移反应的关键因素，并且通过统计分析，给出了多层均匀结构弹塑性最大层间位移与相应的弹性层间位移的简化关系式；高小旺采用 Newmark 的等能量准则，给出了“均匀”与“非均匀”多层剪切型结构的定义，对“非均匀”结构的弹塑性位移反应做了一些探讨，对最大层间位移反应的楼层位置也进行了研究。

表 7.5.1 总结了我国研究者对层间弹塑性位移的计算方法，其总体思路是在弹性层间位移基础上考虑一个层间变形集中楼层的放大系数，即上述的弹塑性层间变形系数 η_d。表 7.5.2 给出了我国《抗规》中的弹塑性层间变形系数 η_d。图 7.5.4 所示为各建议弹塑性层间变形系数 η_d 的对比。

值得注意的是，上述层间弹塑性位移的计算建议适用于层间屈服强度系数分布比较均匀的框架结构。对屈服强度系数分布显著不均匀的结构，楼层屈服系数小的楼层将产生显著的变形集中，极易导致严重破坏，因此对于实际工程结构应尽量控制屈服强度系数使其分布均匀。

5. 最优层屈服强度分布

大量的分析表明，屈服强度系数分布参数是影响楼层变形集中程度的主要因素。合适的屈服强度系数分布可以使各楼层的弹塑性层间位移（角）基本一致，也即各楼层的损伤程度基本一致，此即所谓“最优屈服强度系数分布”问题。日本学者秋山宏在多自由度剪切型层模型最优屈服强度系数分布问题的研究中，采用以下层屈服强度系数和层屈服强度分布参数定义。

表 7.5.1 弹塑性层间位移与弹性层间位移间的关系

研究者	公式及简单说明
陈光华	$$d_p = d_0[a_2(1/\xi + b_2)(N-1)+1]d_e$$ 式中，d_p 为最大层间位移；d_e 为层间弹性位移；d_0 为单质点位移比谱；$\xi_i = F_{yi}/F_{ei}$，F_{yi} 为第 i 层屈服抗剪强度，F_{ei} 为弹性层间剪力；a_2、b_2 为与地震波有关的系数；N 为楼层数
高小旺	$$\varDelta_{\max}^s(i) = \mu_{\max}^s(i)\varDelta_y^s(i)$$ 式中，$\varDelta_{\max}^s(i)$ 为最大层间弹塑性位移；$\mu_{\max}^s(i)$ 为统计分析得到的最大层间延性系数；$\varDelta_y^s(i)$ 为第 i 层的层间屈服位移
何广乾	$$\varDelta_p(N) = \eta\varDelta_e(N)$$ $$\eta = \begin{cases} \alpha\left[(T_0-T)/\xi\right]+0.75, & T_0 \leqslant T \\ 0.75, & T_0 > T \end{cases}$$ 式中，$\varDelta_p$ 为弹塑性顶点位移反应；$\varDelta_e$ 为弹性顶点位移反应；T 为结构基本自振周期；α 为与场地土有关的系数；N 为总层数；ξ 为平均屈服强度比，$\xi = \frac{1}{N}\sum_{j=1}^{N} F_y(j)/Q_e(j) = \frac{1}{N}\sum_{j=1}^{N}\xi(j)$，$\xi(j)$ 为第 j 层的屈服强度系数

表 7.5.2 我国《抗规》规定的弹塑性层间位移增大系数

结构类型	总层数 N	ξ_y		
		0.5	0.4	0.3
多层均匀框架结构	2～4	1.3	1.4	1.6
	5～7	1.5	1.65	1.8
	8～12	1.8	2.0	2.2

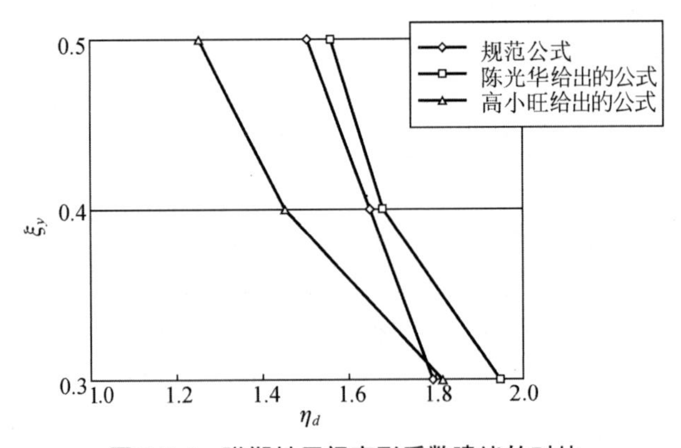

图 7.5.4 弹塑性层间变形系数建议的对比

层屈服强度系数

$$\alpha_{yi} = \frac{F_{yi}}{\sum_{j=i}^{n} m_j g} \tag{7.5.3a}$$

层屈服强度分布参数

$$\overline{\alpha}_i = \frac{\alpha_{yi}}{\alpha_{y1}} \tag{7.5.3b}$$

以各层累积弹塑性变形损伤指标（见 8.3 节）一致为条件，根据弹塑性分析结果，通过不断调整各层的层屈服强度的方法，获得最优层屈服强度分布参数。图 7.5.5 所示为根据 3～9 层剪切型层模型多自由度体系，层间滞回模型采用理想弹塑性型，在 El Centro（1940）地震输入作用下得到的最优层屈服强度分布参数分析结果；基于此结果的回归，秋山宏建议最优层屈服强度分布参数采用式（7.5.4）的多项式形式表示：

$$\overline{\alpha} = 1 + 1.529x - 11.8519x^2 + 42.5833x^3 - 59.4827x^4 + 30.1586x^5, \quad x \geqslant 0.2 \tag{7.5.4a}$$

$$\overline{\alpha} = 1 + 0.5x, \quad x < 0.2 \tag{7.5.4b}$$

式中，$x = \frac{H_i}{H} = \frac{i-1}{N}$，其中 H_i 为第 i 层至地面的高度，H 为顶层至地面的高度。式（7.5.4）适用于质量分布基本均匀的情况。当质量分布不均匀时，式中的 x 可采用下式：

$$x = 1 - \frac{\sum_{j=i}^{N} m_j}{M} \tag{7.5.5}$$

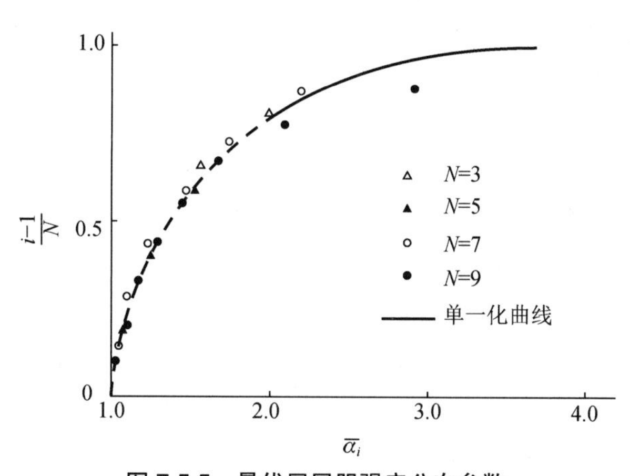

图 7.5.5　最优层屈服强度分布参数

图 7.5.6 所示为最优层屈服强度分布参数与弹性层间剪力分布参数的对比。弹性层间剪力系数和弹性层间剪力系数分布参数的定义如下：

弹性层间剪力系数

$$\alpha_{ei} = \frac{F_{ei}}{\sum_{j=i}^{n} m_j g} \tag{7.5.6a}$$

弹性层间剪力系数分布参数

$$\overline{\alpha}_{ei} = \frac{\alpha_{ei}}{\alpha_{e1}} \tag{7.5.6b}$$

分析结果表明，弹性层间剪力系数分布与刚度分布、地震动特征周期以及建筑结构周

期对应的 T_1/T_g 相关，其中受 T_1/T_g 的影响较大。对于多层的建筑结构，其底层抗侧刚度与顶层抗侧刚度的比值范围通常为 $2 \leqslant \kappa \leqslant 6$。因此，图中分别给出了 $\kappa=2$ 和 $\kappa=6$ 两种情况下的弹性层间剪力分布。

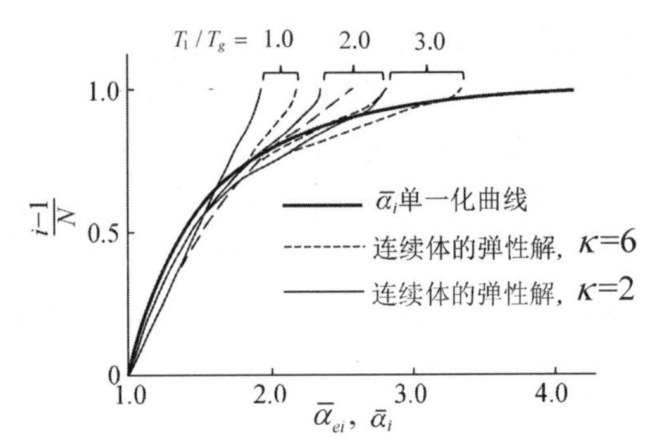

图 7.5.6 最优屈服强度分布参数的比较

由图 7.5.6 可见，在下部 2/3 高度范围，最优层屈服强度分布参数与弹性层间剪力分布参数基本一致；而在上部 1/3 高度范围，最优层屈服强度分布参数为各种弹性层间剪力分布参数的包络线。这一结论与上述要求层屈服强度系数 ξ_y 均匀的条件是基本吻合的。然而，如前述分析结果所述，即使在层屈服强度系数 ξ_y 满足均匀化条件下，仍有可能会出现变形集中楼层，且其位置和变形集中程度具有不确定性。其原因是各楼层不是在同一时刻达到屈服进入塑性，先屈服进入塑性的楼层因其刚度显著降低成为结构中的薄弱楼层，从而导致在该楼层形成变形集中。

6. 屈服后刚度的影响

为了准确预测结构在强震作用下的弹塑性响应，其离散性不能太大，如变形集中等现象应当避免。叶列平等人研究了结构的屈服后刚度对结构弹塑性地震响应的影响，认为结构屈服后刚度显著影响着弹塑性反应的离散性，适当提高结构的屈服后刚度有利于提高结构的抗震性能，对于提高结构的变形能力、减小震后残余变形等均有积极作用，并可使结构的延性需求和累积滞回耗能分布趋于均匀。

对于如图 7.5.7 所示的双线性滞回模型，定义其屈服后刚度系数为

$$\gamma = \frac{k_y}{k_0} \tag{7.5.7}$$

式中，k_0 为结构的初始弹性刚度；k_y 为结构的屈服后刚度。$\gamma=0$ 为理想弹塑性模型，$\gamma>0$ 为强化型模型，$\gamma<0$ 为倒塌型模型。由于地震作用以惯性力的形式分布作用于整个结构，可以从由 Pushover 分析得到的基底剪力-顶点位移关系中获取结构的强化特征。

在介绍屈服后刚度对多自由度结构地震响应的影响之前，首先介绍其对单自由度结构地震响应的影响。

图 7.5.8 给出了不同自振周期的两个单自由度体系，在不同屈服后刚度系数 γ 下，最大变形 $d_{\max}$ 平均值随屈服强度系数 α_y 的变化情况。在 α_y 较小时，尤其是短周期结构情况，会导致 $d_{\max}$ 急剧增大；只有当 α_y 足够大时，才能使得 $d_{\max}$ 与理想弹塑性系统下相近；而

对于$\gamma>0$的强化型情况，$d_{\max}$均小于理想弹塑性 SDOF 系统的值，有利于减小最大弹塑性变形。

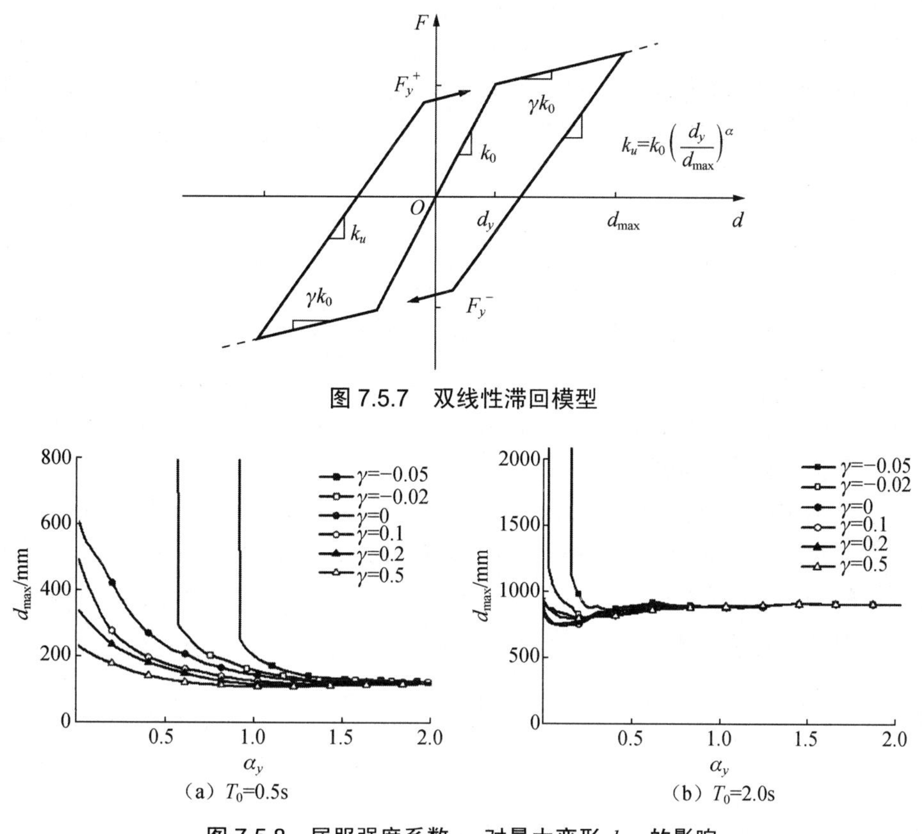

图 7.5.7　双线性滞回模型

（a）T_0=0.5s　　（b）T_0=2.0s

图 7.5.8　屈服强度系数α_y对最大变形$d_{\max}$的影响

屈服后刚度系数γ越大，结构弹性程度越大，结构恢复能力越强，因此可以有效减小结构的残余变形（图 7.5.9）。对于短周期结构而言，强化型结构随着γ增大，残余变形迅速减小，离散性亦随之减小；倒塌型结构的残余变形随着γ减小迅速增大。中长周期结构中，γ对残余变形的影响与短周期结构类似，区别在于变化相对缓慢。

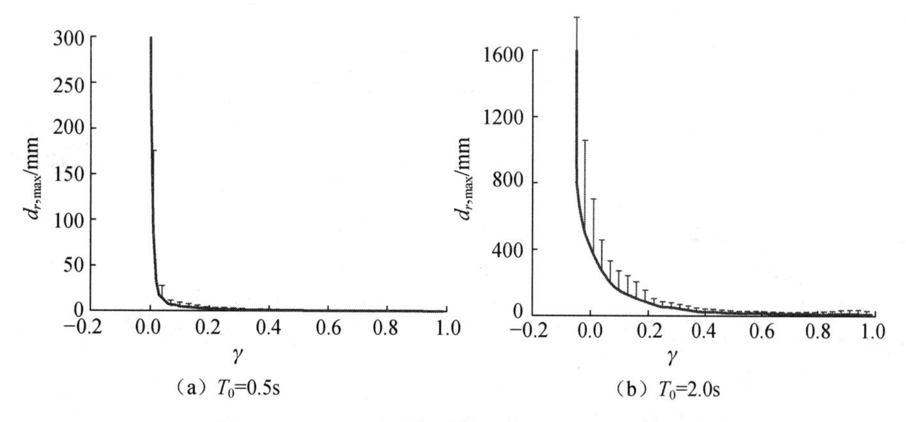

（a）T_0=0.5s　　（b）T_0=2.0s

图 7.5.9　屈服后刚度系数γ对残余变形的影响

以下介绍屈服后刚度对多自由度结构的地震响应的影响。通过对某 10 层钢框架结构进行弹塑性分析，发现屈服后刚度对于多自由度体系的弹塑性响应同样意义重大。有一定屈服后刚度的结构，其地震响应均小于理想弹塑性结构［图 7.5.10（a）］；特别是当 PGA 大于一定值后，理想弹塑性结构的地震响应激增，远远超出可接受的范围；而屈服后刚度可以保证结构的地震响应的变化比较平稳，表现出较小的离散性。将理想弹塑性体系的反应剔除后［图 7.5.10（b）］，可以看出屈服后刚度对于减小结构的层间变形和离散性均有显著的作用。因此，具有合理屈服后刚度的强化型结构，其结构抗震性态能够得到较好的控制。

屈服后刚度对于多自由度体系的另一重要影响是对结构延性需求与滞回耗能分布的影响（图 7.5.11）。当γ较小时，延性需求和累积滞回耗能的分布无明显规律可循，有明显的位移和能量集中层。当γ较大时，结构延性需求趋于均匀，且近似满足等位移准则，累积滞回耗能也未出现集中现象。γ越大，对结构延性需求和累积滞回耗能的调整能力越强，结构弹塑性变形和损伤可以均匀地分布于所有结构楼层，避免出现局部损伤集中和形成局部破坏机制。

由钢或混凝土制成的构件，其屈服后刚度系数通常在 0.1 左右，因此单一结构体系通常难以形成强化型结构。因此，除了改善材料和截面的强化特性外，可以在主结构中加入次结构，以提高结构的屈服后刚度。在实际工程结构设计中，应充分利用结构系统中不同结构构件的层次性和布置形式，使不同构件按照预先设计好的模式逐步屈服，使结构的整体刚度逐渐降低，从而有效提高结构屈服后的刚度，减小结构在弹塑性阶段的地震响应离散性，更好地实现对结构弹塑性地震响应的控制。

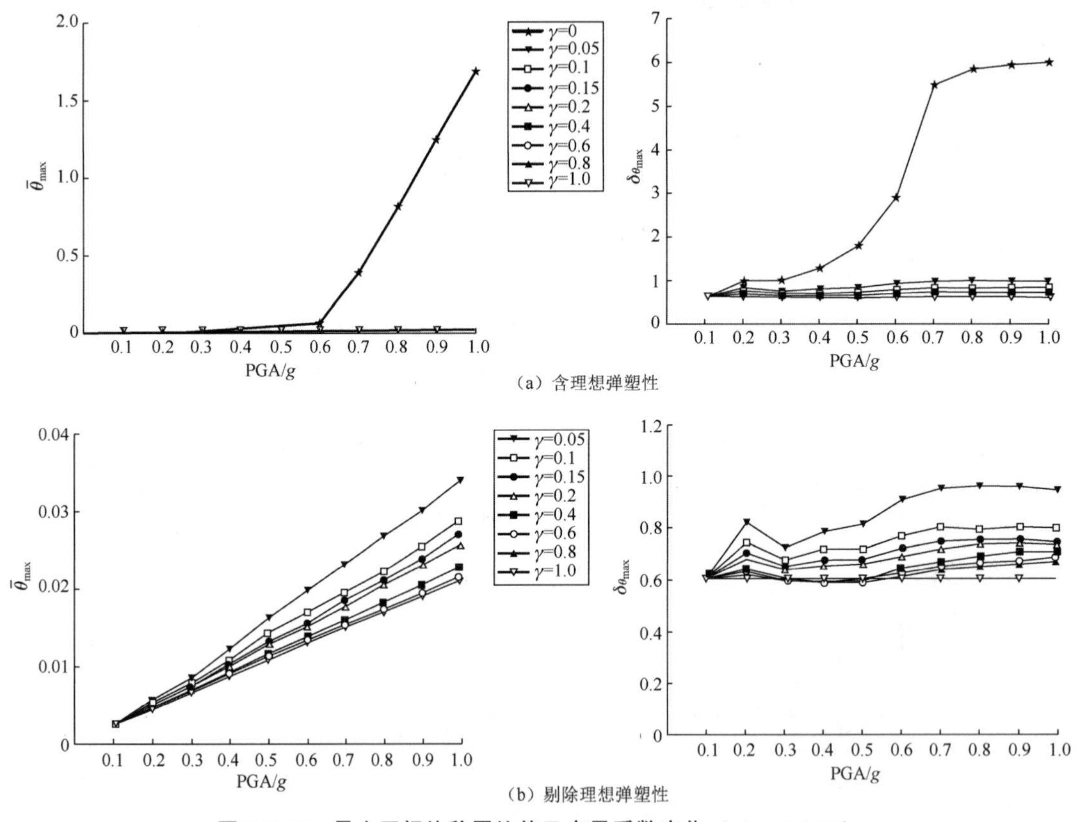

图 7.5.10　最大层间位移平均值及变异系数变化（$\Delta_y = 1/250$）

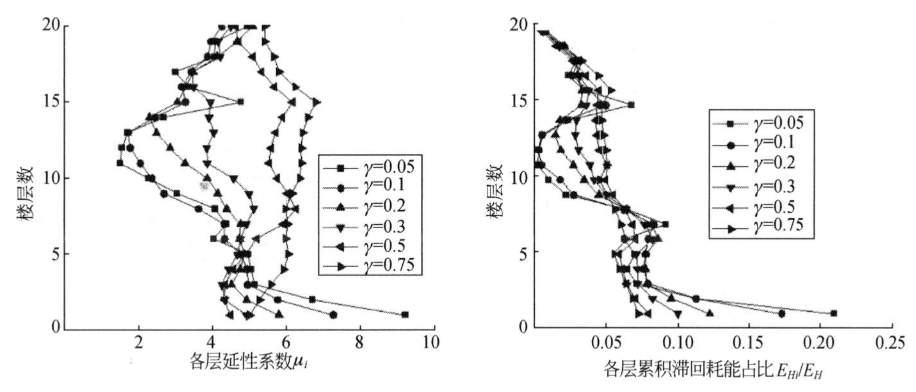

图 7.5.11　延性需求和累积滞回耗能分布（$\xi = 0.1$，$R = 6$）

以下通过一个实际案例，说明提高结构屈服后刚度的原理和方法。

某 15 层钢支撑框架结构，首层层高为 5m，其余各层均为 4m。框架柱为箱型截面，框架梁为工型截面，支撑采用 BRB 支撑，结构布置如图 7.5.12（a）所示。

在水平地震作用下，BRB 支撑屈服强度最低，且由于 BRB 支撑的布置形式，使得其受力最大，首先屈服。由于 BRB 支撑存在外部约束，可在维持其屈服承载力的情况下持续变形。随着变形增大，框架部分的受力不断增加，使得整个结构的承载力不断增加，然后框架梁逐渐屈服，最后框架柱屈服，整体结构形成具有二阶段强化型的受力特征，其基底剪力-顶点位移关系如图 7.5.12（b）所示。

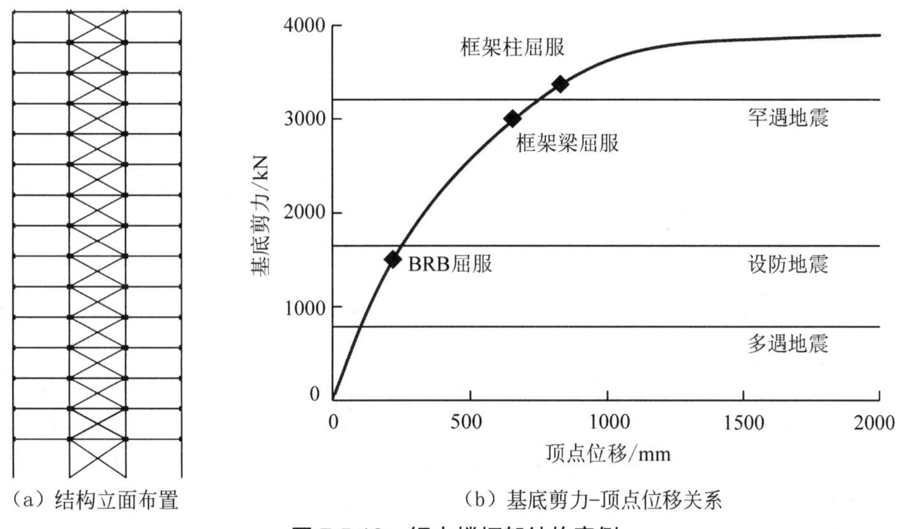

（a）结构立面布置　　（b）基底剪力-顶点位移关系

图 7.5.12　钢支撑框架结构案例

7. 框架结构算例

下面以一典型的 12 层钢筋混凝土框架结构为例，讨论其在地震作用下的弹塑性响应规律。结构简图如图 7.5.13 所示，仅考虑 Y 方向的振动。考虑实际结构情况，结构构件和混凝土强度沿结构高度划分为三组，如表 7.5.3 所示。结构平均楼面荷载取为 $12\,\mathrm{kN/m^2}$，层结构质量为 $W_i = 1685\mathrm{t}$，结构总质量为 $W = 20\,220\mathrm{t}$，一阶周期为 1.02s，属于中长周期结构。

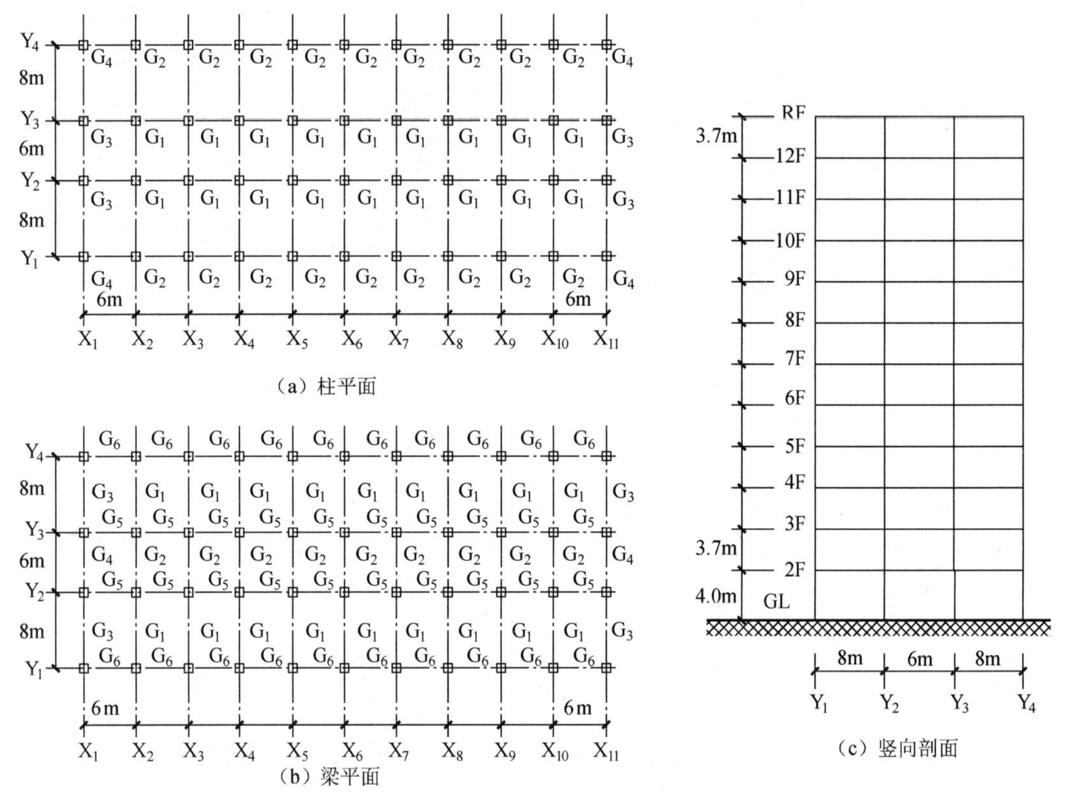

（a）柱平面

（b）梁平面

（c）竖向剖面

图 7.5.13 12层钢筋混凝土框架结构

表 7.5.3 构件尺寸和混凝土强度

楼 层	柱（C1～C4）/（mm×mm）	梁（G5,G6）/（mm×mm）	梁（G1～G4）/（mm×mm）	F_c/（kgf/cm^2）/（mm×mm）
11、12	850×850	450×850	500×850	300
6～10	900×900	550×900	600×900	330
1～5	950×950	600×950	650×950	360

首先取设计基底剪力系数为 0.25（基底剪力系数为总水平地震力与结构重力的比值），按水平地震力沿竖向倒三角形分布及顶点作用 10%总基底剪力的集中力，按弹性方法分析在竖向荷载和水平地震作用下结构的内力，并根据实际工程要求将有关楼层的梁柱构件分组后确定它们的杆端屈服弯矩。为保证形成梁屈服机构，在确定柱端屈服弯矩时，考虑了 1.7 的增大系数，但对首层柱底截面没有考虑增大系数。同时在分析中，假定梁柱构件的受剪承载力足够，不会产生剪切破坏，即满足强剪弱弯的要求。

梁采用杆端弹塑性弹簧杆模型，梁端截面的弯矩-转角关系采用三线性 Takada 滞回模型，屈服后的刚度系数取 0.01，卸载的刚度系数取 0.4。柱采用杆端多弹簧杆模型。

算例分别采用 El Centro NS（1940）、Taft NS（1952）和 Hachinohe NS（1968）三个地震动加速度记录作为地震动输入。地震动强度根据小震、中震和大震水平确定。对于小震和中震水平，取相应最大地震动速度分别为 25cm/s 和 50cm/s。对于大震水平，取最大地震动加速度为 800Gal。各地震动原始记录的最大加速度和速度及相应各地震水平修正后的最大加速度和速度列于表 7.5.4。

表 7.5.4　输入地震动数据

地震动	原始记录数据		使用极限状态		可修复极限状态		破坏极限状态	
	A_{max}/Gal	V_{max}/(cm/s)	A_{max}/Gal	V_{max}/(cm/s)	A_{max}/Gal	V_{max}/(cm/s)	A_{max}/Gal	V_{max}/(cm/s)
El Centro	341.7	33.4	225.8	25	511.5	50	800	78.2
Taft	175.9	17.7	248.4	25	496.8	50	800	80.5
Hachinohe	225.0	34.1	164.6	25	329.9	50	800	121.2

为了研究弹塑性动力响应的规律，分别采用以下四种方法进行分析：

（1）按前述水平地震力分布采用静力弹性方法分析；

（2）按结构的初始刚度进行弹性动力时程分析；

（3）按各杆件的屈服点割线刚度进行弹性动力时程分析；

（4）弹塑性动力时程分析方法。

用方法（1）计算结构变形时，相应小震和中震水平时的基底剪力分别取 Q_0 和 $2Q_0$（Q_0 为设计基底剪力）；相应大震的基底剪力取 ηQ_1，η 为

$$\eta = \frac{800}{A_{max}\big|_{V_{max}=25\text{cm/s}}} \tag{7.5.8}$$

图 7.5.14 所示为上述四种方法得到的最大楼层位移计算结果的对比，由对比结果可以得到以下结论：

（1）在小震和中震作用下，由于结构进入塑性程度不大，方法（2）与方法（4）得到的楼层位移曲线基本一致，即符合等位移准则，且方法（4）与方法（1）的结果也基本一致，因此对于小震和中震，可近似采用静力分析方法计算结构的弹塑性位移响应。

（2）在大震作用下，由于结构进入塑性程度较大，方法（1）、（2）的楼层位移分析结果与弹塑性动力分析结果（方法（4））有较大差别，而采用屈服割线刚度的弹性动力时程方法（方法（3））与方法（4）吻合较好，符合等位移准则。

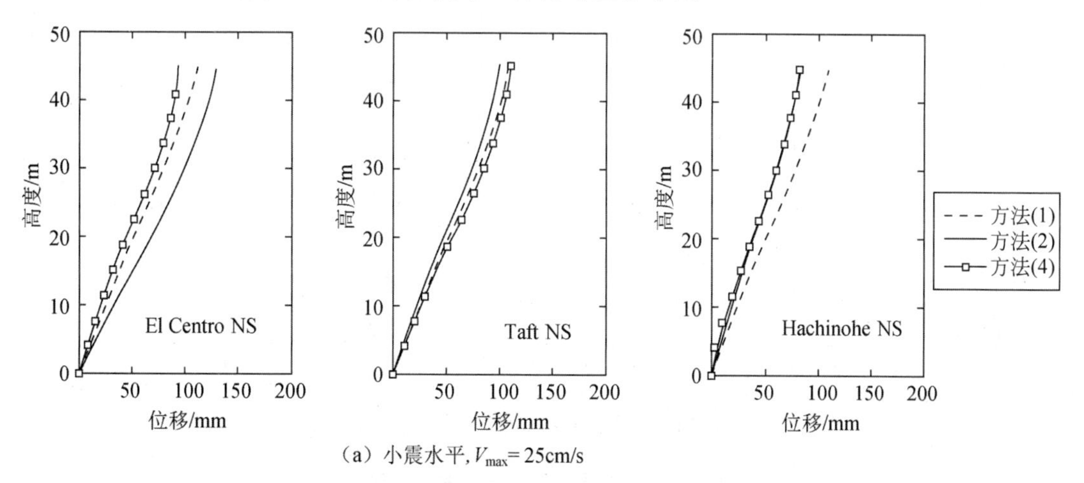

（a）小震水平, V_{max}= 25cm/s

图 7.5.14　不同计算方法最大楼层位移对比

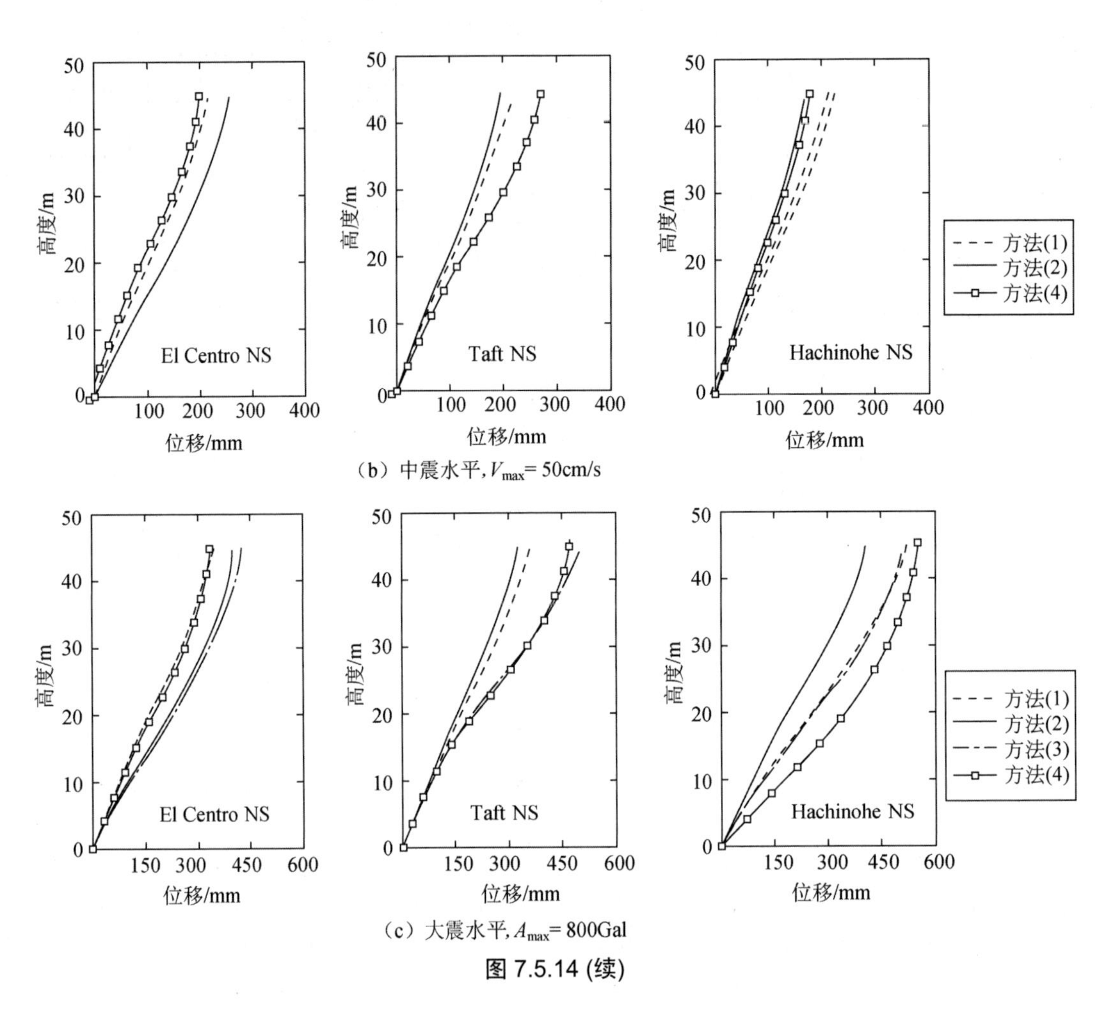

（b）中震水平, V_{max}= 50cm/s

（c）大震水平, A_{max}= 800Gal

图 7.5.14 (续)

上述结论同样适用于层间位移，如图 7.5.15 所示。

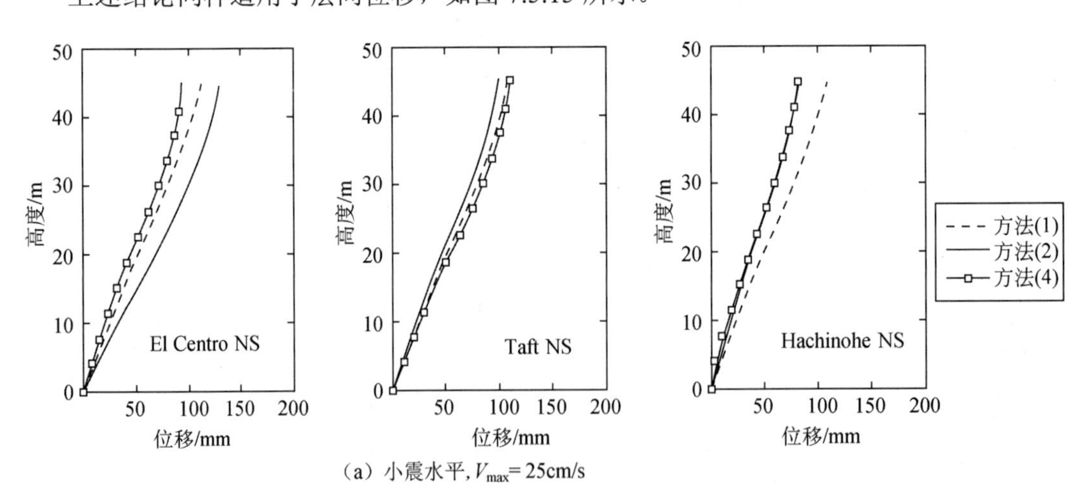

（a）小震水平, V_{max}= 25cm/s

图 7.5.15 不同计算方法层间位移对比

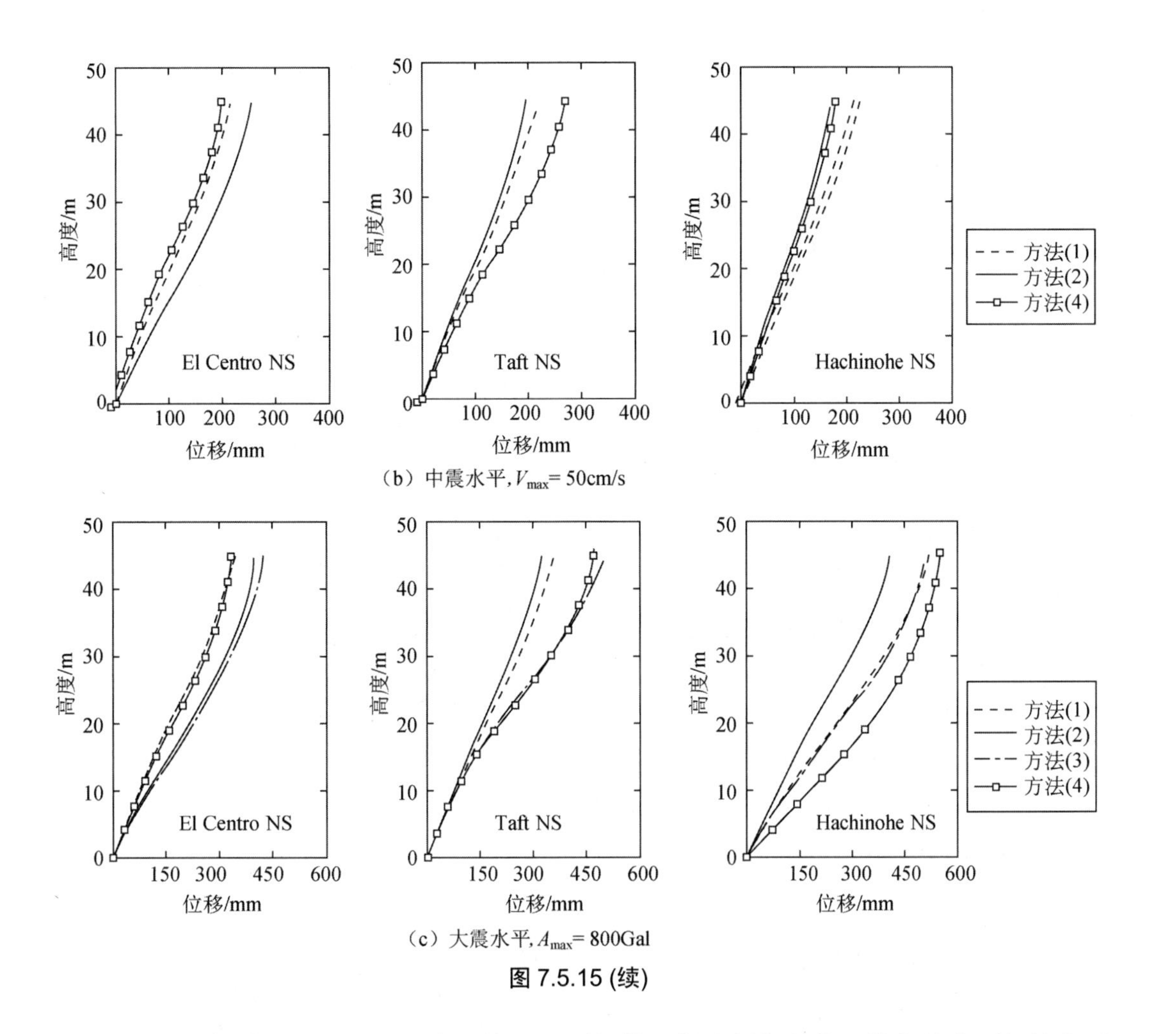

图 7.5.15 (续)

由以上分析结果可知，对于多层梁屈服型钢筋混凝土框架结构，等位移准则仍基本适用。在小震和中震水平下，结构的最大楼层弹塑性位移及层间位移可采用弹性静力或动力分析的结果来估算；在大震水平下，可采用屈服割线刚度，按弹性动力方法来估算弹塑性最大楼层位移和层间位移。

7.5.2　双重结构层模型

1. 整体屈服机制抗震体系的概念

由 7.5.1 节知识可知，即使是均匀剪切层模型结构，由于地震作用下不同楼层达到其屈服强度的时刻不同，也会导致形成变形集中楼层，且变形集中楼层位置难以把握，层间侧移的规律也不易把握。

另一方面，由第 4 章弹塑性地震反应谱的规律和第 8 章地震能量分析可知，结构的塑性变形和滞回耗能对结构抗震能力具有重要作用，同时由于罕遇地震发生的概率很小，要求结构在罕遇地震作用下仍保持在弹性范围也是不合理的。因此，允许结构在地震作用下出现一定塑性变形，并具有与之相适应的塑性变形能力。但 7.5.1 节所讨论的剪切层模型结构，一旦某层地震力首先超过该层的屈服强度进入塑性，则会在该层形成变形集中楼层。事实上，剪切层模型是一种简化弹塑性结构分析模型，实际多高层建筑结构往往不会出现某一楼层的所有构件同时全部达到屈服强度的情况，除非该层的竖向承重构件的抗侧屈服强度都很小，才会出现剪切层模型的层屈服情况，这种屈服破坏机制称为层屈服机制，如图 7.5.16（a）所示。合理的结构抗震体系应该是主体竖向承重构件具有较大的抗侧承载力，允许塑性变形先出现在不太重要的梁端或专门设置的非竖向承重构件等次要构件中，以减缓地震作用对整体结构的影响并耗散地震能量，这种破坏机制称为整体屈服机制，如图 7.5.16（b）所示。剪力墙结构、框架-剪力墙结构、筒中筒结构和强柱弱梁型框架结构等，以及各种耗能减震结构均属于这种抗震结构体系。

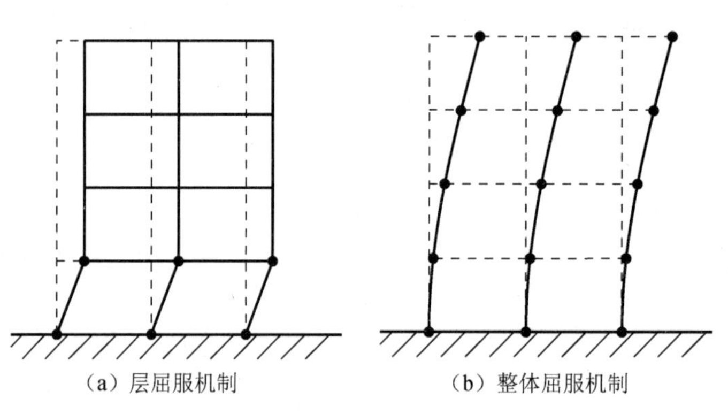

图 7.5.16　结构的屈服机制

2. 模型构成介绍

由于弹塑性分析模型的复杂性，对于整体屈服机制的抗震结构体系的弹塑性地震响应规律的研究尚不多，下面采用图 7.5.17 所示的简化模型进行研究。该模型整体上仍为层模型，但每层抗侧力杆件有两个，其中一个屈服强度较高，代表主体结构（简称主结构）；另一个屈服强度较低，代表次要构件（简称次结构）。在地震作用下，各层的次要构件先达到屈服强度进入塑性。这样整体结构的变形状态和地震响应就受控于主体结构，只要主体结构基本处于弹性范围，就不会出现楼层位移集中的情况，从而使得多自由度结构弹塑性位移响应规律得以被把握。如图 7.5.17 所示的分析模型称为双重结构层模型。

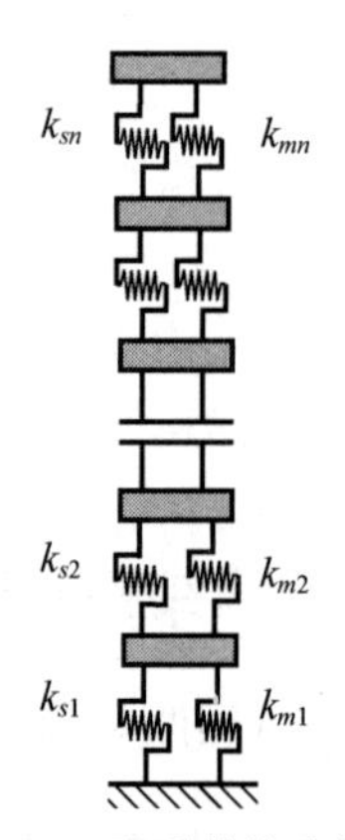

图 7.5.17　双重结构分析模型

为研究其弹塑性地震响应规律，定义模型的有关参数如下：

1）主结构参数

k_{mi}：第 i 层主结构刚度，当各层主结构层刚度相同时，取 $k_{mi}=k_m$。

F_{mei}：第 i 层主结构最大弹性恢复力。

F_{myi}：第 i 层主结构屈服强度。

ξ_{myi}：第 i 层主结构自身屈服强度系数，$\xi_{myi}=\dfrac{F_{myi}}{F_{mei}}$。

2）次结构参数

k_{si}：第 i 层次结构刚度，当各层次结构层刚度相同时，取 $k_{si}=k_s$。

F_{sei}：第 i 层次结构最大弹性恢复力。

F_{syi}：第 i 层次结构屈服强度。

$\xi_{syi,s}$：第 i 层次结构自身屈服强度系数，$\xi_{syi,s}=\dfrac{F_{syi}}{F_{sei}}$。

3）主、次结构参数比

α_{ki}：第 i 层次结构与主结构的刚度比，$\alpha_{ki}=\dfrac{k_{si}}{k_{mi}}$，当各层刚度比相同时，取 $\alpha_{ki}=\alpha_k$。

α_{Fei}：第 i 层次结构与主结构的最大弹性恢复力之比，$\alpha_{Fei}=\dfrac{F_{sei}}{F_{mei}}$，由于主、次结构层间位移相同，即 $d_i=d_{mi}=d_{si}$，因此有

$$\alpha_{Fei}=\frac{F_{sei}/d_i}{F_{mei}/d_i}=\frac{k_{si}}{k_{mi}}=\alpha_{ki} \tag{7.5.9}$$

$\xi_{syi,m}$：第 i 层次结构屈服强度系数（屈服强度与最大弹性恢复力之比），$\xi_{syi,m}=\dfrac{F_{syi}}{F_{mei}}$，可用上述参数表示为

$$\xi_{syi,m}=\frac{F_{syi}}{F_{mei}}=\frac{F_{syi}}{\alpha_{Fei}F_{mei}}=\frac{1}{\alpha_{Fei}}\xi_{syi,m}=\frac{1}{\alpha_{ki}}\xi_{syi,m} \tag{7.5.10}$$

α_{fyi}：第 i 层次结构与主结构的屈服强度比，$\alpha_{fyi}=\dfrac{F_{syi}}{F_{myi}}=\dfrac{\xi_{syi,m}}{\xi_{myi}}$，当各层主次结构屈服强度比相同时，取 $\alpha_{fyi}=\alpha_{fy}$。

α_{dyi}：第 i 层次结构屈服位移 $\left(d_{syi}=\dfrac{F_{syi}}{k_{si}}\right)$ 与主结构屈服位移 $\left(d_{myi}=\dfrac{F_{myi}}{k_{mi}}\right)$ 之比，$\alpha_{dyi}=\dfrac{d_{syi}}{d_{myi}}=\dfrac{F_{syi}}{k_{si}}\dfrac{k_{mi}}{F_{myi}}=\dfrac{\alpha_{fyi}}{\alpha_{ki}}$，当各层主次结构屈服位移比相同时，取 $\alpha_{dyi}=\alpha_{dy}$。

3. 地震位移响应规律

1）次结构屈服强度系数 $\xi_{sy,m}$ 的影响

图 7.5.18 和图 7.5.19 所示为初始周期 $T_0=1.05\text{s}$ 的 12 层双重结构在 El Centro NS 地震作用下，主结构处于弹性范围内时，$\xi_{sy,m}$ 对整体结构位移的影响。由图可见，在主次结构层刚度比 α_k 给定的条件下，$\xi_{sy,m}$ 对楼层位移模式的影响较小，且楼层位移模式与单一主结构的弹性楼层位移模式基本一致；但是对层间位移模式有一定影响。不过即使在 $\xi_{sy,m}$ 很小的情况下也没有出现明显的变形集中楼层。

前面的分析都是在主结构弹性、次结构的屈服强度系数 $\xi_{sy,m}$ 各层一致的条件下进行计算而得到的结果；当某层的次结构屈服强度系数 $\xi_{sy,m}$ 与其他层不一致时，对双重结构位移模式的影响同样值得研究。本节计算出底层次结构屈服强度系数是其他层的 1/2，其他层取 $\xi_{sy,m}=0.4$，刚度比 $\alpha_k=0.6$，在 Hachinohe NS 波输入下 12 层剪切型结构的位移模式，并且与前面计算的一般情况的位移模式进行比较，比较结果如图 7.5.20 所示。

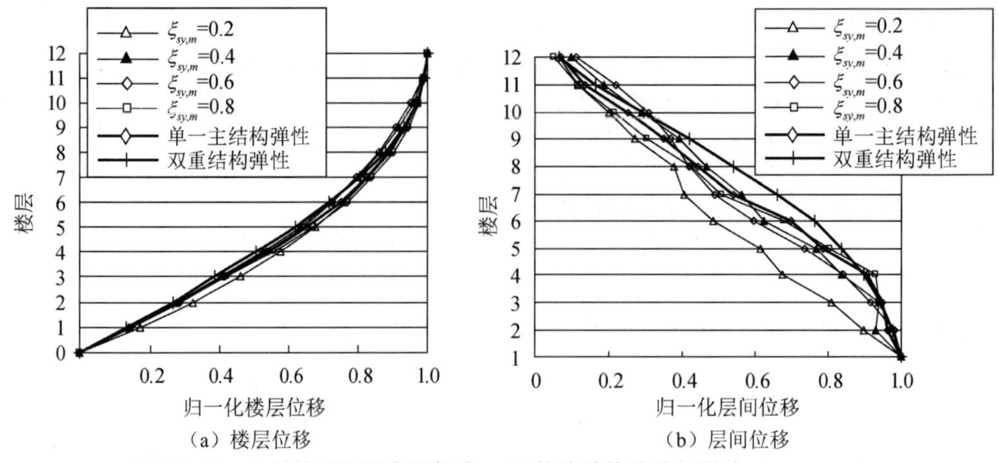

（a）楼层位移　（b）层间位移

图 7.5.18　次结构屈服强度系数 $\xi_{sy,m}$ 对整体结构位移的影响（$\alpha_k=1.0$）

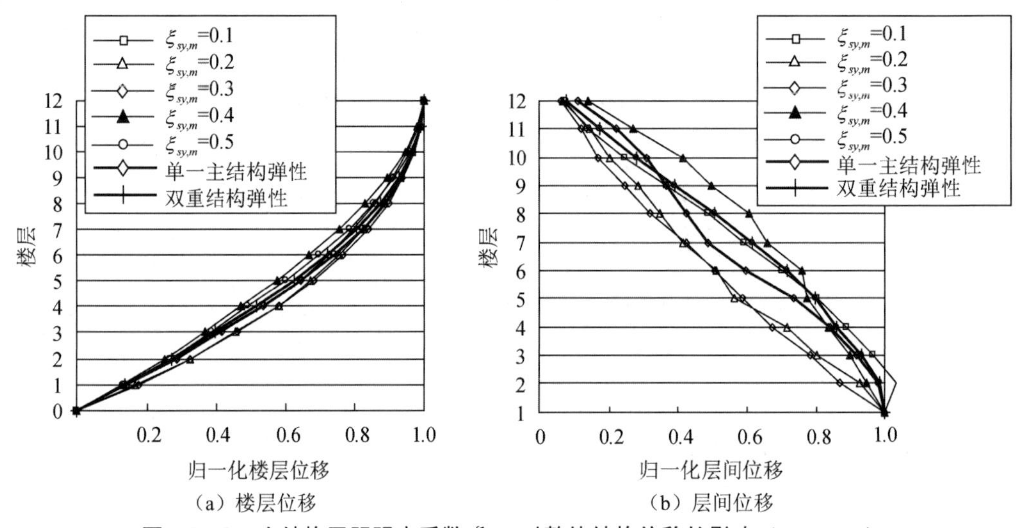

（a）楼层位移　（b）层间位移

图 7.5.19　次结构屈服强度系数 $\xi_{sy,m}$ 对整体结构位移的影响（$\alpha_k=0.6$）

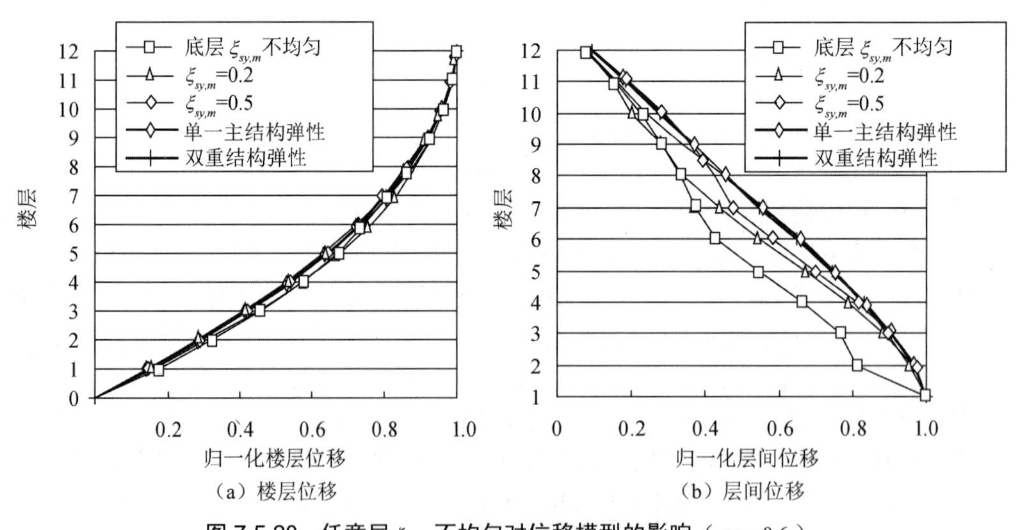

（a）楼层位移　（b）层间位移

图 7.5.20　任意层 $\xi_{sy,m}$ 不均匀对位移模型的影响（$\alpha_k=0.6$）

根据计算结果，当$\alpha_k<1$时，如果主结构处于弹性状态，同时其他层的$\xi_{sy,m}$在前面要求的范围内，则任意一层出现$\xi_{sy,m}$突变都对位移模式影响不大。因此，可以得出这样的结论：当主结构处于弹性状态，$\alpha_k<1$时，一般楼层次结构的$\xi_{sy,s}$取值大于0.2，则出现某层$\xi_{sy,m}$突变对位移模式的影响不大。

2）次结构刚度的影响

主结构处于弹性，在次结构屈服强度参数$\xi_{sy,m}$给定的条件下，主次结构的刚度比α_k对双重结构的位移模式同样有一定的影响。对α_k在0.4～1.6范围内变化，$\xi_{sy,m}$分别取0.2、0.8的情况，相应位移模式的分析结果如图7.5.21和图7.5.22所示。从图中可以看出，α_k在一定范围内整体结构的位移模式变化不大，超出这个范围，位移模式变化的幅度比较明显［图7.5.21（d）］。进一步分析表明：将α_k限定在1.0以内，方能体现主结构对位移的“引导”或“控制”作用。

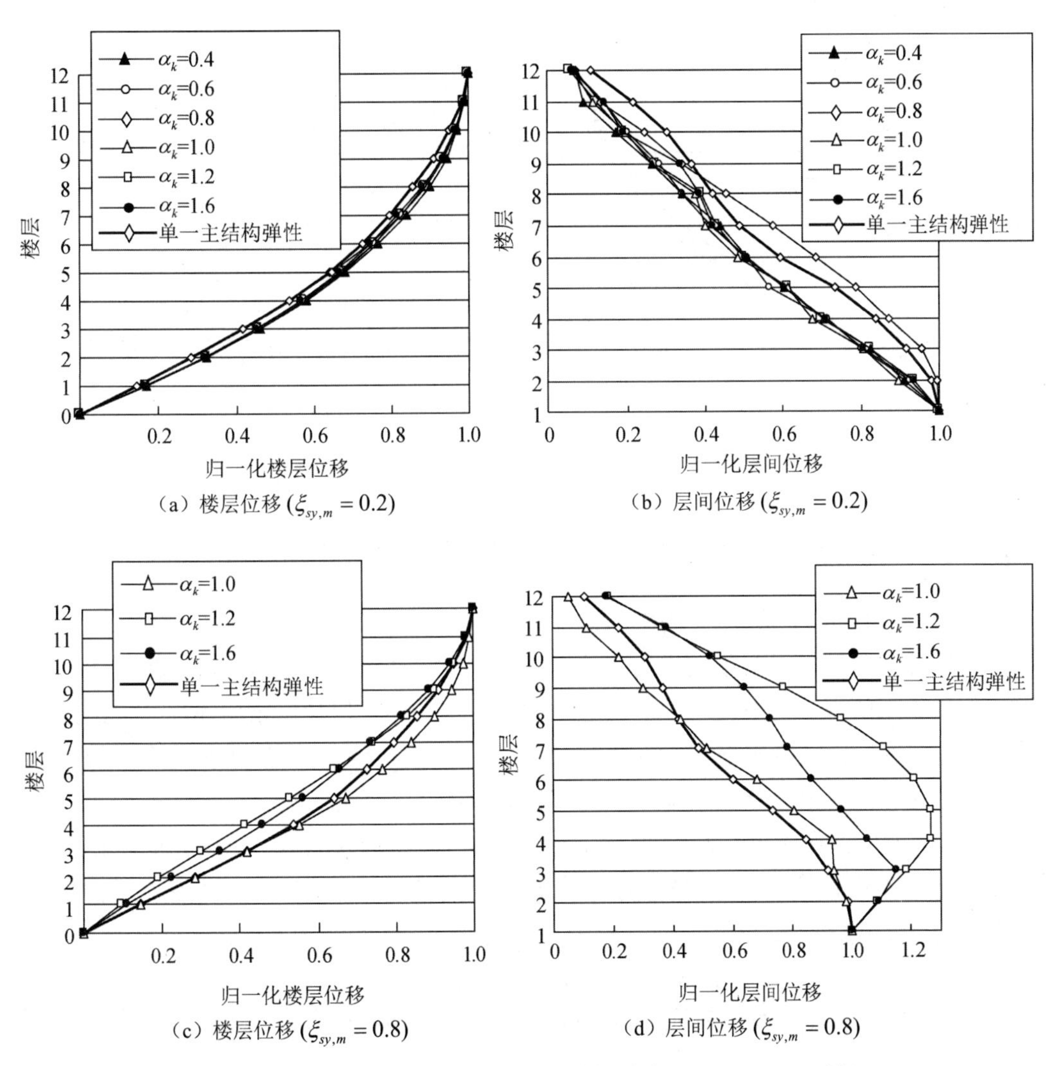

图7.5.21 次结构刚度变化对位移模式的影响（El Centro NS波）

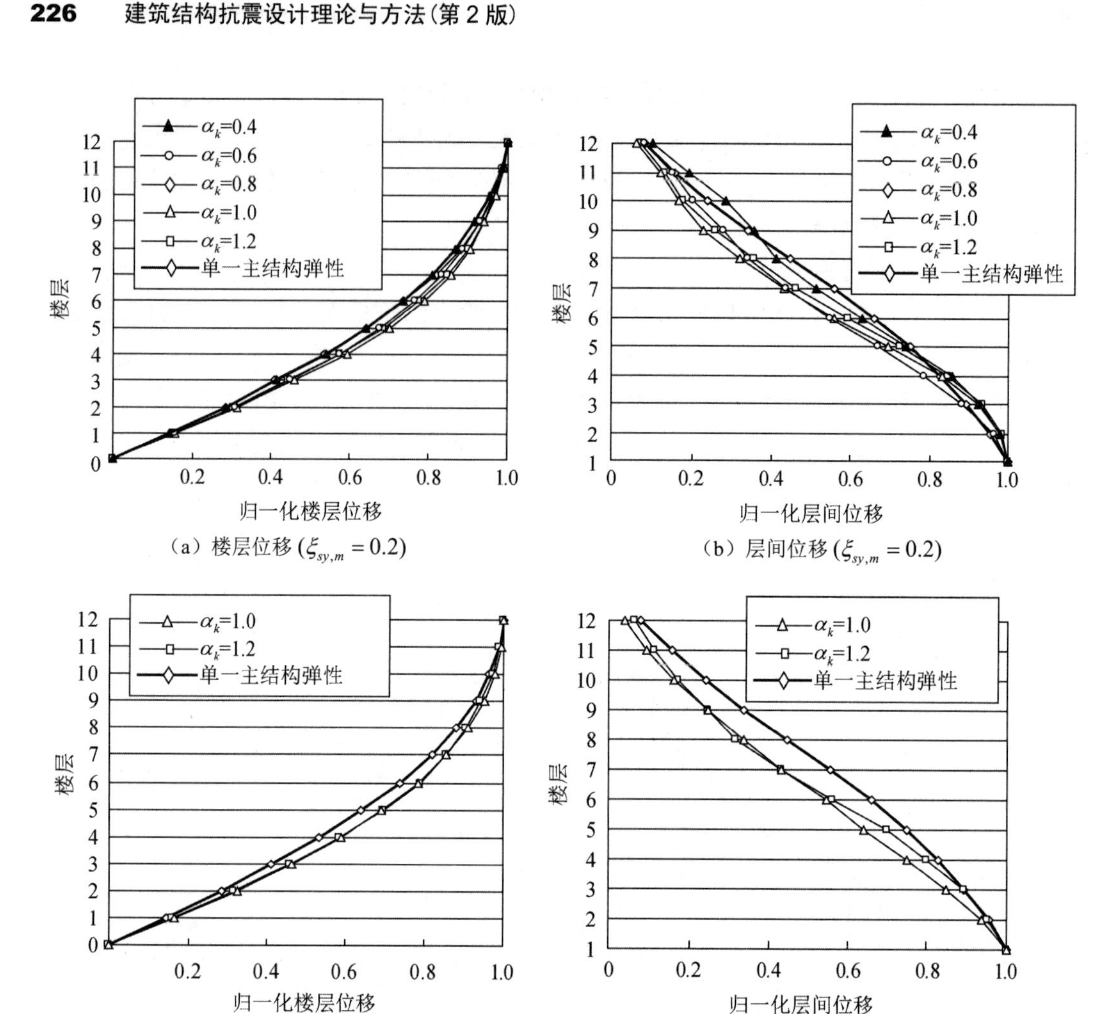

（a）楼层位移 ($\xi_{sy,m}=0.2$)

（b）层间位移 ($\xi_{sy,m}=0.2$)

（c）楼层位移 ($\xi_{sy,m}=0.8$)

（d）层间位移 ($\xi_{sy,m}=0.8$)

图 7.5.22　次结构刚度变化对位移模式的影响（Hachinohe NS 波）

3）主结构屈服强度系数 ξ_{my} 的影响

主结构处于弹性时，双重结构的位移模式在一定条件下与主结构近似一致。不同设防标准的地震作用的水平是不同的，在罕遇地震作用下，如果保持主结构弹性，显然是不经济的，也无法在实际工程中应用。因此有必要对主结构处于一定屈服水平的双重结构的位移模式进行充分的研究。分析结果如图 7.5.23 所示。

对于 $\xi_{sy,s}$ 的取值，考虑主结构处于屈服状态时对应结构大震水平下的性能。在主结构处于弹性时，对应中震水平，要求 $\xi_{sy,s}$ 大于 0.2。同样的结构参数，对应大震水平的 $\xi_{sy,s}^{\mathrm{l}}$ 与中震下的 $\xi_{sy,s}^{\mathrm{m}}$ 有下面的关系：

$$\xi_{sy,s}^{\mathrm{l}}=\frac{F_y}{F_{se}^{\mathrm{l}}}=\frac{F_y}{F_{se}^{\mathrm{m}}}\frac{F_{se}^{\mathrm{m}}}{F_{se}^{\mathrm{l}}}=\xi_{sy,s}^{\mathrm{m}}\frac{\alpha_1^{\mathrm{m}}}{\alpha_1^{\mathrm{l}}}=\xi_{sy,s}^{\mathrm{m}}\alpha_{\alpha 1} \tag{7.5.11}$$

式中，$\xi_{sy,s}^{\mathrm{m}}$ 为对应中震水平的次结构的屈服强度系数；F_{se}^{l} 为大震水平的次结构弹性恢复力；F_{se}^{m} 为中震水平的次结构弹性恢复力；$\alpha_{\alpha 1}$ 为中震（多遇地震）的水平地震影响系数最大值与大震结构（罕遇地震）的水平地震影响系数最大值之比，其数值一般在 0.16～0.23 之间变化。

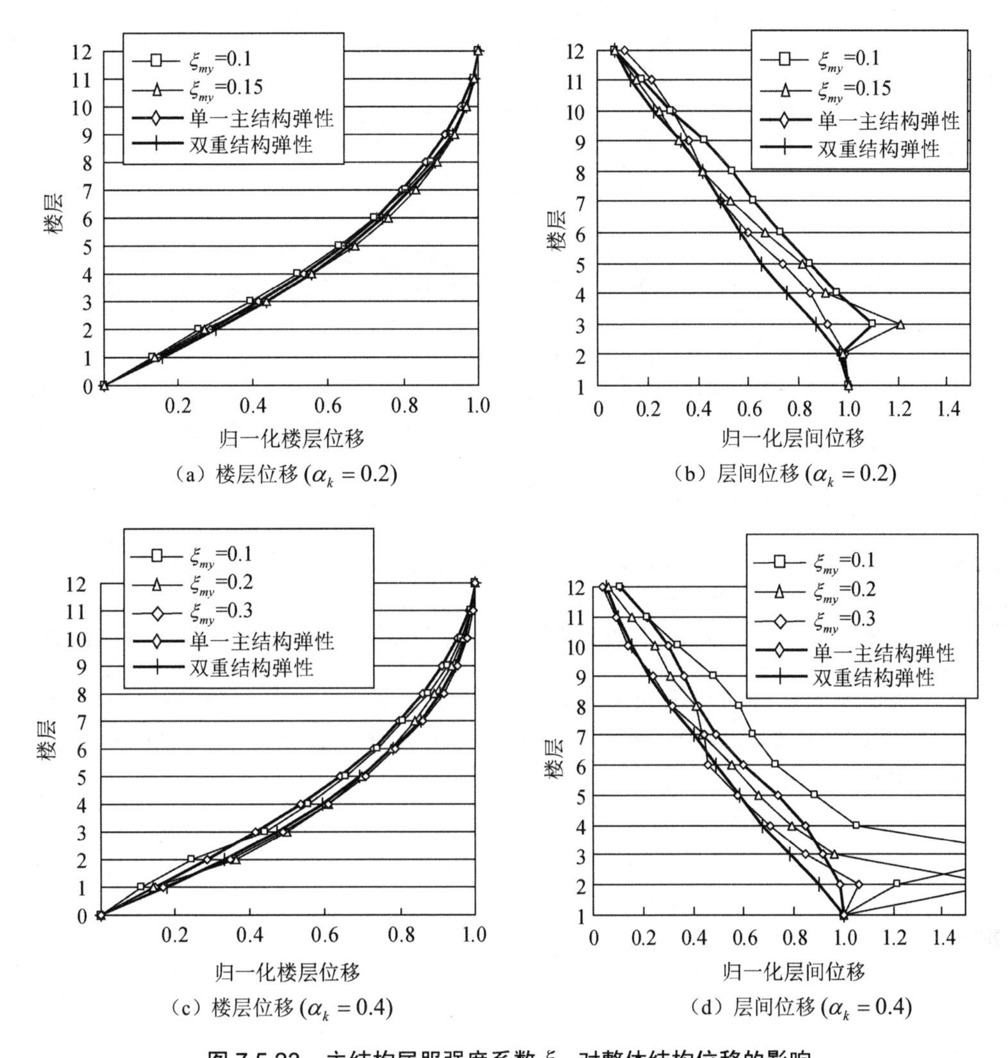

图 7.5.23　主结构屈服强度系数 ξ_{my} 对整体结构位移的影响

根据 $\alpha_{\alpha 1}$ 的取值范围以及式（7.5.11）可知，$\xi^{\mathrm{l}}_{sy,s}$ 的取值下限小于 0.1（$\xi^{\mathrm{m}}_{sy,s}$ 的取值下限为 0.2）。只要 α_k 小于 1.0，误差就可控制在 15%以内。实际工程中 $\xi^{\mathrm{l}}_{sy,s}$ 的取值不能太小，如果取 $\xi^{\mathrm{l}}_{sy,s} \geqslant 0.1$，同时 $\xi_{my} \geqslant 0.9$，则 $\xi^{\mathrm{m}}_{sy,s}$ 不应小于 0.625，而此时大震水平下对次结构的延性提出了相当高的要求。本章给定满足位移模式要求的 $\xi^{\mathrm{l}}_{sy,s}$ 的范围为 $\xi^{\mathrm{l}}_{sy,s} \geqslant 0.1$，关于实际不同设防水平下的屈服强度系数要求，将在第 9 章和第 10 章中给出。

习题

试说明屈服后刚度对结构抗震性能的影响。

参考文献

[1] 陈光华. 地震作用下多层剪切型结构弹塑性位移反应的简化计算[J]. 建筑结构学报, 1984(2): 47-59.

[2] 高小旺. 地震作用下多层剪切型结构弹塑性位移反应的实用计算方法[J]. 土木工程学报, 1984(3): 81-89.

[3] 何广乾, 魏琏, 戴国莹. 论地震作用下多层剪切型结构的弹塑性变形计算[J]. 土木工程学报, 1982(3): 12-21.

[4] AKIYAMA H. Earthquake-resistant limit-state design for buildings[M]. Tokyo: University of Tokyo Press, 1985.

[5] 叶列平, 陆新征, 马千里,等. 屈服后刚度对建筑结构地震响应影响的研究[J]. 建筑结构学报, 2009(2): 13.

[6] 俞瑞芳, 周锡元. 非比例阻尼弹性结构地震反应强迫解耦方法的理论背景和数值检验[J]. 工业建筑, 2005, 35(2): 6.

[7] 张树传, 何玉敖, 王亚勇. 非比例阻尼线性体系振型组合法适用范围探讨[J]. 建筑结构, 2011, 41(5): 5.

[8] 桂国庆, 何玉敖. 非比例阻尼结构体系近似解耦分析中的误差研究[J]. 工程力学, 1994, 11(4): 40-45.

[9] 闫维明. 非正交阻尼体系地震反应的非经典振型分解反应谱方法[J]. 华南建设学院西院学报, 1997, 02: 12-17.

[10] 汪梦甫. 非比例阻尼线性体系地震反应计算的振型分解反应谱法[J]. 地震工程与工程振动, 2007, 27(1): 7.

[11] 周锡元, 董娣, 苏幼坡. 非正交阻尼线性振动系统的复振型地震响应叠加分析方法[J]. 土木工程学报, 2003, 36(5): 8.

[12] 俞瑞芳, 周锡元. 大型非比例阻尼线性系统的地震反应复振型分析方法[J]. 计算力学学报, 2008(4): 434-441.

[13] 周锡元, 俞瑞芳. 非比例阻尼线性体系基于规范反应谱的 CCQC 法[J]. 工程力学, 2006, 23(2): 9.

[14] 黄吉锋, 周锡元. 钢-混凝土混合结构地震反应分析的 CCQC 和 FDCQC 方法及其应用[J]. 建筑结构, 2008, 38(10): 6.

第 8 章　地震能量和损伤分析方法

8.1　单自由度地震能量分析

本章介绍结构的能量分析方法。从能量角度来分析结构振动现象，可更为深入地理解建筑结构地震响应特征，掌握结构抗震和减震的本质，从而在工程结构抗震设计中灵活应用。本节主要介绍单自由度体系的地震能量分析方法。

8.1.1　振动能量方程

单自由度体系的振动主要包括无阻尼自由振动、有阻尼自由振动、弹性体系的强迫振动和弹塑性体系的强迫振动等。

1. 无阻尼自由振动情况

振动方程为

$$m\ddot{y}+ky=0 \tag{8.1.1}$$

将上式乘以

$$\dot{y}=\frac{\mathrm{d}y}{\mathrm{d}t} \tag{8.1.2}$$

得

$$\begin{aligned}&m\ddot{y}\dot{y}+ky\frac{\mathrm{d}y}{\mathrm{d}t}\\&=m\dot{y}\frac{\mathrm{d}\dot{y}}{\mathrm{d}t}+ky\frac{\mathrm{d}y}{\mathrm{d}t}=\frac{\mathrm{d}}{\mathrm{d}t}\left(\frac{1}{2}m\dot{y}^2\right)+\frac{\mathrm{d}}{\mathrm{d}t}\left(\frac{1}{2}ky^2\right)=0\end{aligned} \tag{8.1.3}$$

从时刻 t_1 到时刻 t_2 对上式积分得

$$\begin{cases}\displaystyle\int_{t_1}^{t_2}\frac{\mathrm{d}}{\mathrm{d}t}\left(\frac{1}{2}m\dot{y}^2\right)\mathrm{d}t+\int_{t_1}^{t_2}\frac{\mathrm{d}}{\mathrm{d}t}\left(\frac{1}{2}ky^2\right)\mathrm{d}t=0\\ \displaystyle\left(\frac{1}{2}m\dot{y}_2^2-\frac{1}{2}m\dot{y}_1^2\right)+\left(\frac{1}{2}ky_2^2-\frac{1}{2}ky_1^2\right)=0\\ \displaystyle\frac{1}{2}m\dot{y}_2^2+\frac{1}{2}ky_2^2=\frac{1}{2}m\dot{y}_1^2+\frac{1}{2}ky_1^2\end{cases} \tag{8.1.4}$$

第一项为体系的动能 E_K（kinetic energy）。

第二项为体系的弹性势能 E_E（elastic potential energy）。

动能 E_K 和势能 E_E 之和为体系振动的总能量 $E_S = E_K + E_E$。

上式表明，对于自由振动情况，任一时刻体系振动的总能量为常数，即有

$$E_S = E_{K1} + E_{E1} = E_{K2} + E_{E2} \tag{8.1.5}$$

所以，对自由振动来说，振动过程中只是体系的动能与弹性势能作相互转换，能量没有任何耗散。

对于初始位移为 a 的自由振动，其位移振动解为 $y = a\cos\omega t$，则体系动能和弹性势能分别为

$$E_K = \frac{1}{2}m\dot{y}^2 = \frac{1}{4}ka^2(1-\cos 2\omega t) \tag{8.1.6a}$$

$$E_E = \frac{1}{2}ky^2 = \frac{1}{4}ka^2(1+\cos 2\omega t) \tag{8.1.6b}$$

体系振动总能量为

$$E_S = E_K + E_E = \frac{1}{2}ka^2 = \frac{1}{2}m\dot{y}_{\max}^2 = \frac{1}{2}m(\omega a)^2 \tag{8.1.7}$$

动能与弹性势能的变化情况如图 8.1.1 所示。

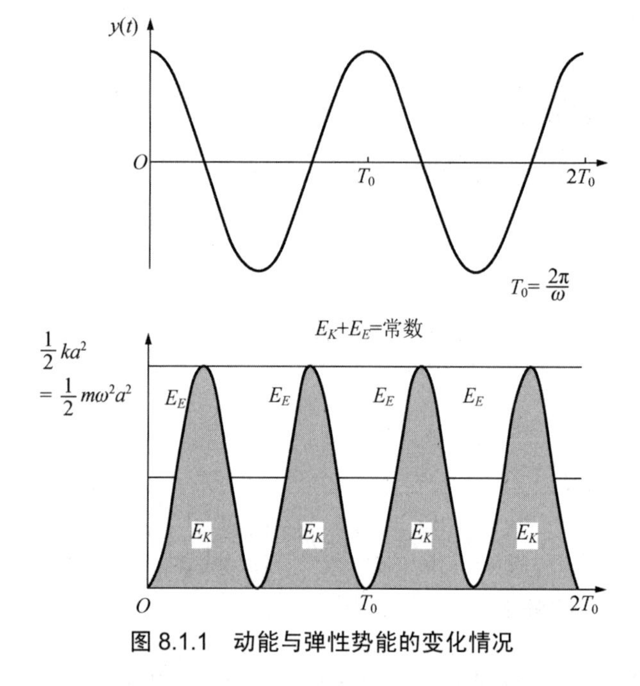

图 8.1.1　动能与弹性势能的变化情况

无阻尼系统是保守系统，即势能（变形能）与动能之间不断变换，没有能量耗散。

体系的惯性力（$-m\ddot{y} = ky$）与位移（y）的关系如图 8.1.2 所示。最大动能在位移为 0 时达到（图中 O 点），最大弹性势能在位移为最大值 a 时达到（图中 A、B 点）。

2. 有阻尼自由振动情况

振动方程为

$$m\ddot{y} + c\dot{y} + ky = 0 \tag{8.1.8}$$

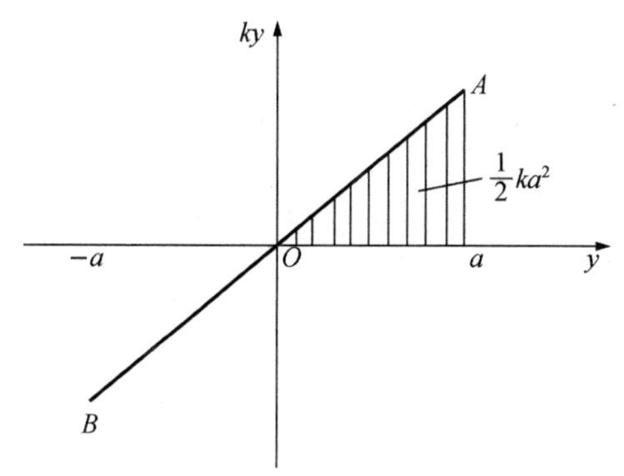

图 8.1.2　体系惯性力与位移的关系

将上式乘以 $\dot{y}$，并从 0～t 积分得

$$\frac{1}{2}m\dot{y}^2+\frac{1}{2}ky^2+\int_0^t c\dot{y}^2\mathrm{d}t=E_K+E_E+E_D=E_S+E_D=\text{常数} \tag{8.1.9}$$

式中，$E_D=\int_0^t c\dot{y}^2\mathrm{d}t$ 为阻尼力所做的功，即阻尼耗散的能量。

由上式知

$$\frac{\mathrm{d}(E_S+E_D)}{\mathrm{d}t}=0 \tag{8.1.10a}$$

$$-\frac{\mathrm{d}E_S}{\mathrm{d}t}=\frac{\mathrm{d}E_D}{\mathrm{d}t} \tag{8.1.10b}$$

上式表明，在一个时段内体系振动能量的减少，等于该时段内阻尼所耗散的能量，即

$$-[E_S(t_2)-E_S(t_1)]=E_D(t_2)-E_D(t_1) \tag{8.1.11}$$

能量变化和位移变化情况分别如图 8.1.3（a）、（b）所示，体系振动过程中惯性力（$-m\ddot{y}=ky+c\dot{y}$）与位移（y）的关系如图 8.1.3（c）所示。从 A 点到 B 点一个振动循环间的阻尼耗能为图中阴影面积。

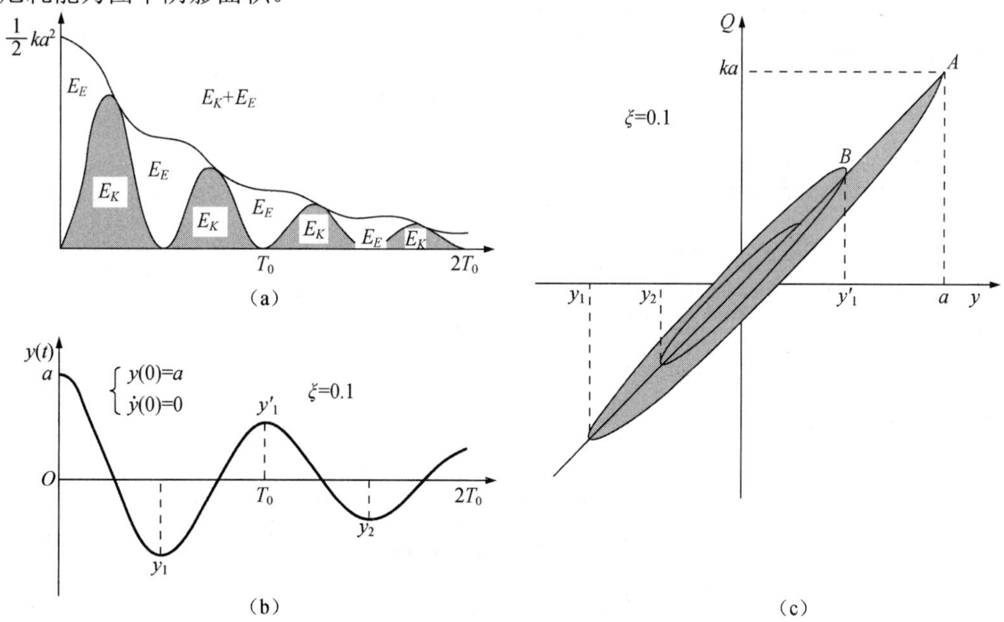

图 8.1.3　有阻尼体系能量变化情况

一个振动循环间的阻尼耗能为

$$\Delta W = \frac{1}{2}ky_1^2 - \frac{1}{2}ky_2^2 \tag{8.1.12a}$$

如图 8.1.3（c）所示，一个振动循环内体系振动能量的平均值可近似取该振动循环的中间值：

$$W = \frac{1}{2}ky_1'^2 \tag{8.1.12b}$$

则在阻尼不大时有以下关系式：

$$\frac{\Delta W}{W} = \frac{\frac{1}{2}ky_1^2 - \frac{1}{2}ky_2^2}{\frac{1}{2}ky_1'^2} = \left(\frac{y_1}{y_1'}\right)^2 - \left(\frac{y_2}{y_1'}\right)^2 = \mathrm{e}^{2\pi h} - \mathrm{e}^{-2\pi h} \approx 4\pi\xi \tag{8.1.13}$$

3. 强迫振动

考虑单自由度体系在简谐外力 $F\cos pt$ 作用下的稳态振动。振动方程为

$$m\ddot{y} + c\dot{y} + ky = F(t) \tag{8.1.14}$$

将上式乘以 $\dot{y}$，并从 0～t 积分得

$$E_S + E_D - E_I = 常数 \tag{8.1.15}$$

式中，E_I 为外力所做的功，即外力对体系的能量输入，表示为

$$E_I = \int_0^t F\cos pt \cdot \dot{y}\mathrm{d}t \tag{8.1.16}$$

上式表明，体系振动能量+阻尼力做功（E_S+E_D）的变化，等于其间外力所做的功。

对于稳态振动而言，由于一个振动循环后体系的振动能量 E_S 没有变化，因此外力对体系的能量输入为阻尼所耗散。

取稳态振动的解为

$$y = a\cos(pt - \theta)$$

则一个振动循环内的阻尼耗能为

$$\begin{aligned}\Delta W &= \oint c\dot{y}\mathrm{d}y = \int_0^{2\pi/p} c\dot{y}^2\mathrm{d}t \\ &= -\int_0^{2\pi/p} cp^2a^2\sin^2(pt-\theta)\mathrm{d}t \\ &= \pi cpa^2 \end{aligned} \tag{8.1.17}$$

一个振动循环内外力做功为

$$\begin{aligned}\Delta E_I &= \int_0^{2\pi/p} F\cos pt \cdot \dot{y}\mathrm{d}t \\ &= -\int_0^{2\pi/p} apF\cos pt\sin(pt-\theta)\mathrm{d}t \\ &= \pi aF\sin\theta \end{aligned} \tag{8.1.18}$$

由 3.3.3 节式（3.3.31）可知

$$\sin\theta = \frac{2\xi\left(\dfrac{p}{\omega}\right)}{\sqrt{\left[1-\left(\dfrac{p}{\omega}\right)^2\right]^2 + 4\xi^2\left(\dfrac{p}{\omega}\right)^2}} = \frac{ka}{F}\frac{2\xi p}{\omega} = \frac{apc}{F} \tag{8.1.19}$$

因此，$\Delta E_I = \pi a F\dfrac{apc}{F} = \pi cpa^2 = \Delta W$。

可见 ΔE_I 与 ΔW 两者相等。在共振点，相位差 θ 为 $\pi/2$，由于振幅很大，阻尼耗散的能量也很大。

对于稳态振动，体系振动过程中的惯性力（$-m\ddot{y} = ky + c\dot{y}$）与位移（$y$）的关系如图 8.1.4 所示。

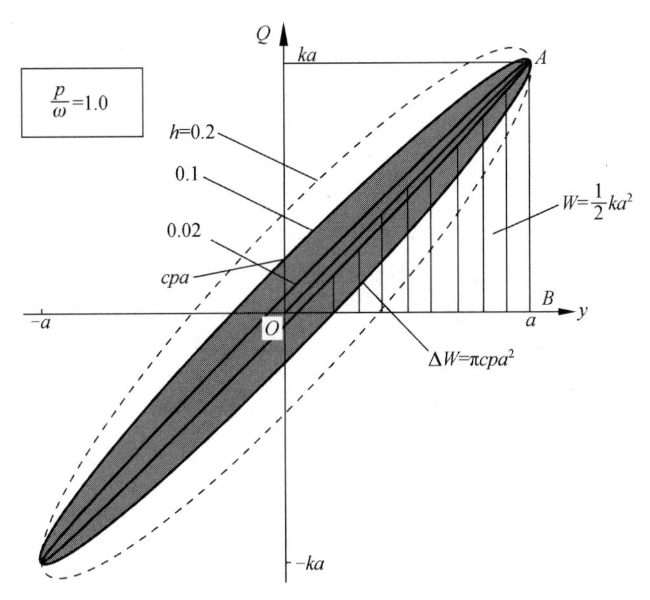

图 8.1.4　强迫振动下体系惯性力与位移的关系

图 8.1.4 中惯性力

$$Q = ky + c\dot{y} = ky \pm cp\sqrt{a^2 - y^2} = k\left[y \pm 2\xi(p/\omega)\sqrt{a^2 - y^2}\right] \tag{8.1.20}$$

阻尼力在一个振动循环内所做的功 ΔW 即等于椭圆的面积：

$$\Delta W = 2\int_{-a}^{a} cp\sqrt{a^2 - y^2}\,\mathrm{d}y = \pi cpa^2 \tag{8.1.21}$$

体系的最大势能 W 为图 8.1.4 中△AOB 的面积，即 $W = \dfrac{1}{2}ka^2$，因此体系能量耗散率 $\Delta W/W$ 与阻尼比 ξ 的关系为

$$\frac{\Delta W}{W} = \frac{\pi cpa^2}{\dfrac{1}{2}ka^2} = \frac{2\pi(2h/\omega)kpa^2}{ka^2} = 4\pi\frac{p}{\omega}\xi \tag{8.1.22a}$$

$$\xi = \frac{1}{4\pi}\frac{\omega}{p}\frac{\Delta W}{W} \tag{8.1.22b}$$

当为共振时，$p=\omega$，则有

$$\xi=\frac{1}{4\pi}\frac{\Delta W}{W} \tag{8.1.22c}$$

4. 弹塑性体系的强迫振动

考虑简谐外力作用下单自由度无阻尼弹塑性体系的稳态振动。

振动方程为

$$m\ddot{y}+Q(y)=F\cos pt \tag{8.1.23}$$

将上式乘以 $\dot{y}$，并从 0～t 积分得

$$E_S-E_I=\text{常数} \tag{8.1.24}$$

体系的能量 E_S 可表示为 $E_S=E_K+E_E+E_P+E_H$，其中 E_P+E_H 为体系所耗散的能量，E_P 为塑性变形耗能，E_H 为累积滞回耗能。

在稳态振动情况下，体系沿图 8.1.5（a）中 $ABCD$ 作循环振动。

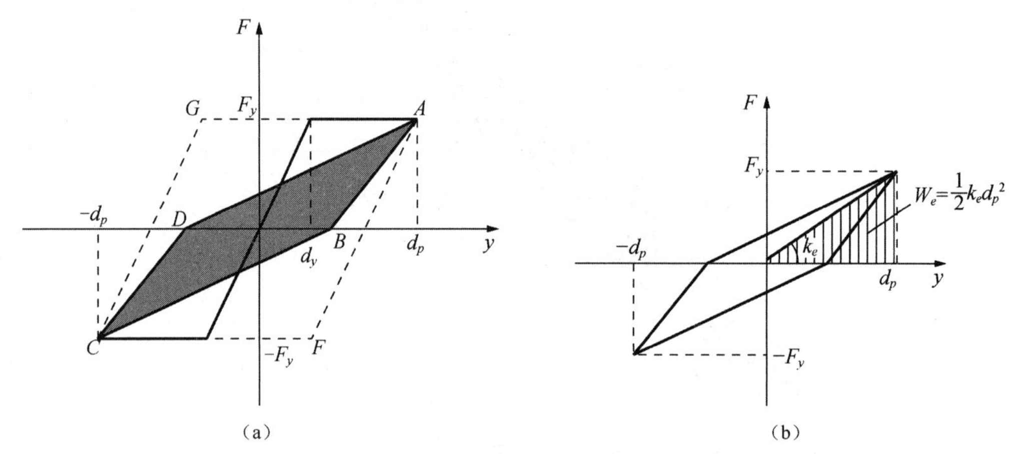

图 8.1.5　弹塑性体系强迫振动下循环振动与耗能

由能量方程知，一个振动循环内外力对体系的能量输入 ΔE_I 将由一个振动循环内的滞回耗能 ΔE_H 所耗散，即图 8.1.5（a）中滞回环的面积。

滞回耗能 ΔE_H 可表示为

$$\Delta E_H=4\beta F_y(d_p-d_y) \tag{8.1.25}$$

式中，β 为滞回环面积（图 8.1.5 中阴影部分面积）与理想弹塑性滞回环的面积（图中四边形 $AFCG$ 的面积）的比值，称为滞回耗能系数。

对于弹塑性体系，随着往复振动的进行，累积滞回耗能 E_H 将不断增加，最终将使结构产生低周疲劳破坏。这种破坏是在结构塑性变形未达到其单向加载下破坏时的极限变形前，由于反复滞回耗能导致结构的损伤不断积累而产生的，这就是所谓的累积滞回耗能损伤，是结构在地震作用下产生破坏的重要原因。

与前述有阻尼弹性体系的强迫振动情况对比可见，弹塑性体系可等效为有阻尼弹性体系。

等效刚度：取最大位移点与原点连线的刚度，$k_e = F_y / d_p$，如图 8.1.5（b）所示。

等效阻尼比：一个振动循环的阻尼耗能与滞回耗能 ΔE_H 相等，则有

$$\xi_e = \frac{1}{4\pi}\frac{\omega_e}{p}\frac{\Delta E_H}{W_e} \tag{8.1.26}$$

式中，ω_e 为等效振动圆频率，$\omega_e = \sqrt{k_e / m}$；$W_e$ 为等效弹性势能，$W_e = \frac{1}{2}k_e d_p^2$。

对于弹塑性体系，因为每一振动循环的滞回耗能 ΔE_H 与外力周期 p 无关，故等效阻尼比可取

$$\xi_e = \frac{1}{4\pi}\frac{\Delta E_H}{W_e} = \frac{2\beta}{\pi}\left(1 - \frac{1}{\mu}\right) \tag{8.1.27}$$

式中，$\mu = d_p / d_y$，为延性系数。

有阻尼弹塑性体系的振动能量方程为

$$E_K + E_E + E_P + E_H + E_D - E_I = 0 \tag{8.1.28}$$

即外力输入能量 E_I 由阻尼耗能 E_D、体系塑性耗能 E_P 和累积滞回耗能 E_H 所耗散。

5. 单自由度有阻尼弹塑性体系的地震响应能量分析

能量方程为

$$\begin{cases} m\ddot{x} + c\dot{x} + F(x) = -m\ddot{x}_0 \\ \frac{1}{2}m\dot{x}^2 + \int_0^t c\dot{x}^2 \mathrm{d}t + \int_0^t F(x)\dot{x}\mathrm{d}t = \int_0^t -m\ddot{x}_0\dot{x}\mathrm{d}t \\ E_K + E_D + E_S = E_{EQ} \\ E_K + E_D + E_E + E_P + E_H = E_{EQ} \end{cases} \tag{8.1.29}$$

式中，$E_K = \int_0^t m\ddot{x}\dot{x}\mathrm{d}t = \frac{1}{2}m\dot{x}^2$，为体系动能；$E_D = \int_0^t c\dot{x}^2\mathrm{d}t$，为体系阻尼耗能；$E_S = \int_0^t F(x)\dot{x}\mathrm{d}t$，为体系变形能，由弹性变形能 E_E、塑性变形能 E_P 和滞回耗能 E_H 三部分组成，即 $E_S = E_E + E_P + E_H$；E_P 为塑性变形能，即吸收冲击荷载的能量；E_H 为滞回耗能，即耗散往复振动的能量；$E_{EQ} = \int_0^t (-m\ddot{x}_0)\dot{x}\mathrm{d}t$，为地震作用对体系输入的能量。

地震结束后，体系运动的速度为 0，弹性变形恢复，故动能 E_K 和弹性应变能 E_E 等于 0，能量方程成为

$$E_D + E_P + E_H = E_{EQ} \tag{8.1.30}$$

上式表明，地震对体系的输入能量 E_{EQ} 最终由阻尼、体系塑性变形和滞回耗能所耗散。结构能否有效抵抗地震作用，不产生倒塌，除阻尼耗能 E_D 外，关键在于结构能否由自身的塑性变形耗能 E_P 和累积滞回耗能 E_H 来耗散地震的输入能量。

8.1.2　地震输入能量谱

在结构抗震设计中，为确定结构塑性变形能力和滞回耗能的需求，首先需研究地震输入能量 E_{EQ}。

振动动能为 $E_K=\frac{1}{2}mV^2$（V 为体系质点的相对速度），因此为方便起见，将地震输入能量 E_{EQ} 用等价速度 V_{EQ} 表示，$V_{EQ}=\sqrt{\frac{2E_{EQ}}{m}}$。

4.3.4 节中已经证明，对于弹性无阻尼体系，V_{EQ} 谱值等于输入地震波的傅里叶谱值，即 $V_{EQ}(\omega)=\sqrt{\frac{2E_{EQ}(\omega)}{m}}=A(\omega)$。

图 8.1.6 所示为不同阻尼比 ξ 情况下的弹性体系的地震输入能量的等价速度谱。

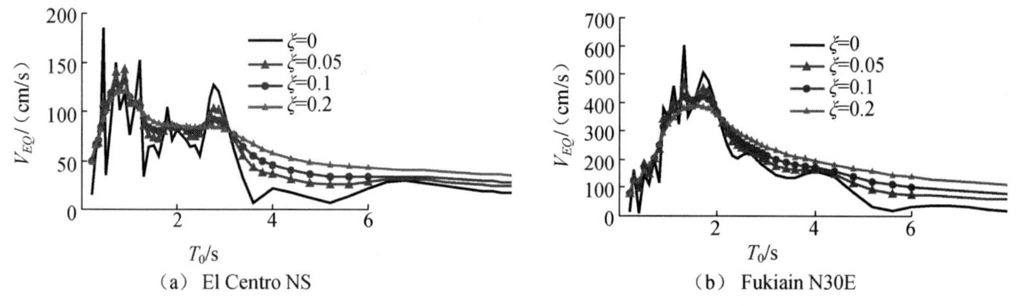

图 8.1.6　不同阻尼比情况下的弹性体系的 V_{EQ} 谱

从图中可以看出：

（1）不同阻尼比的 V_{EQ} 谱有所不同，随着阻尼比的增大，V_{EQ} 谱的峰值逐渐减弱，阻尼对峰值消减作用比较明显。

（2）当阻尼比大于 0.05 时，各条 V_{EQ} 谱线比较接近，不同阻尼比的 V_{EQ} 谱线基本上是在一条基准线上波动的，也与不同 V_{EQ} 谱的平均值基本一致。

（3）在短周期范围（加速度谱值常值区），V_{EQ} 谱值随周期的增大近似成比例直线增加；在中长周期范围（速度谱值常值区），V_{EQ} 谱值变化较小，存在一平台；而在长周期范围（位移谱值常值区），V_{EQ} 谱值随周期的增大而减小。

因此，对于给定的地震动，弹性体系的地震总输入能量主要取决于体系的自振周期和质量，而受阻尼的影响不大。

图 8.1.7 所示为不同屈服强度系数 $\alpha=1/R$ 弹塑性体系的地震输入能量的等价速度谱，图中周期 T 为按体系初始刚度 k 确定的初始周期，即 $T=T_0=2\pi\sqrt{m/k}$。这里弹塑性体系的恢复力滞回模型为修正刚度 Clough 双线型模型，卸载刚度系数为 0.4，阻尼比 ξ 为 0.05。

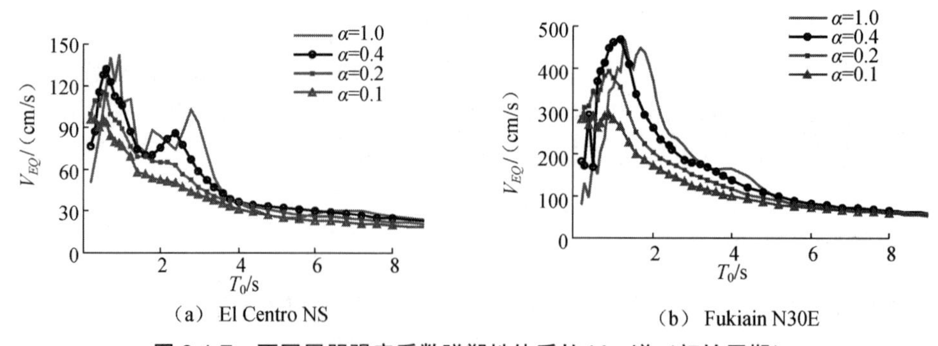

图 8.1.7　不同屈服强度系数弹塑性体系的 V_{EQ} 谱（初始周期）

由图 8.1.7 可见，在短周期范围，弹塑性体系的 V_{EQ} 谱值比具有同样初始刚度的弹性体系的 V_{EQ} 谱值稍大，而且随屈服强度系数 α 的减小而增大；在中长周期范围，弹塑性体系的 V_{EQ} 谱值比具有同样初始刚度的弹性体系的 V_{EQ} 谱值要小一些，并且随着屈服强度系数 α 的减小而减小。

图 8.1.8 所示为不同目标延性系数 μ 时的 V_{EQ} 谱（横坐标仍用初始周期 T_0 表示）。

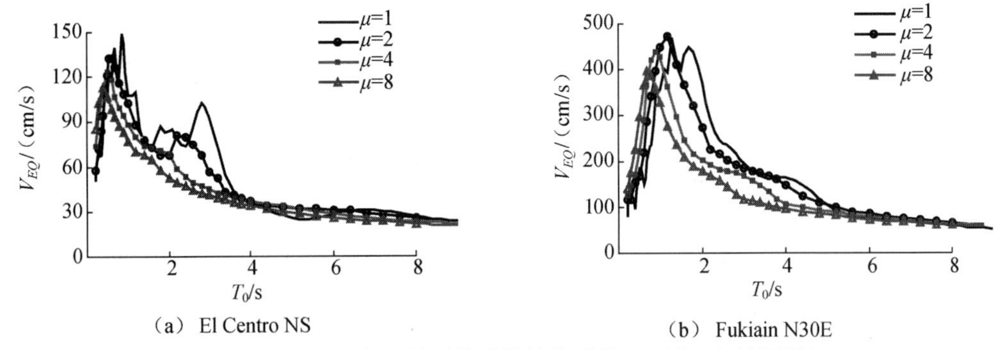

图 8.1.8　不同目标延性系数弹塑性体系的 V_{EQ} 谱（初始周期）

屈服强度系数 α 和目标延性系数 μ 都可以表示结构进入塑性的程度。在地震作用下，对于给定的单自由度体系和给定的地面运动输入，屈服强度系数 α 和目标延性系数 μ 之间存在一一对应关系，α 越小 μ 就越大，反之则 μ 越小 α 越大，它们之间的关系是单调的。但相比之下，用 μ 作为参数的 V_{EQ} 谱规律性更好一些。

由图 8.1.8 可见，随目标延性系数 μ 的增加，V_{EQ} 谱曲线有向左偏移的趋势。弹塑性体系的 V_{EQ} 谱曲线与同样初始刚度弹性体系的 V_{EQ} 谱曲线之间存在差别的原因是，弹塑性体系屈服后，对应其最大位移反应与原点连线的等价刚度 k_p 减小，相应等价周期 $T_p = 2\pi\sqrt{m/k_p}$ 延长。

由前述弹性体系在短周期范围 V_{EQ} 谱值随周期的增加而增加的特征，不难理解弹塑性体系在短周期范围 V_{EQ} 谱值大于对应弹性体系 V_{EQ} 谱值的现象。

对于理想弹塑性体系，等价周期 T_p 与目标延性系数 μ 的关系为 $T_p = T_0\sqrt{\mu}$ 。

由于在地震作用下，结构是逐渐进入弹塑性的，其振动周期也从初始周期 T_0 逐渐增长。取初始周期 T_0 与等价周期 T_p 的平均值作为弹塑性体系的等效周期 T_e：

$$T_e = \frac{T_0 + T_p}{2} = \frac{\sqrt{\mu} + 1}{2} T_0 \tag{8.1.31}$$

以等效周期 T_e 为横坐标，所得到的弹塑性体系的 V_{EQ} 谱如图 8.1.9 所示。

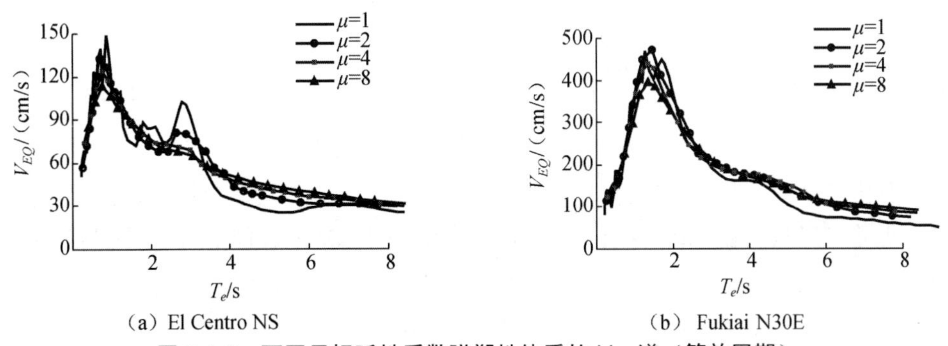

图 8.1.9　不同目标延性系数弹塑性体系的 V_{EQ} 谱（等效周期）

可见，采用等效周期 T_e 作横坐标后，不同目标延性系数情况下的 V_{EQ} 谱曲线基本一致，且与不同阻尼情况下弹性体系的 V_{EQ} 谱曲线基本一致。这表明，采用等效周期后，弹塑性体系与弹性体系的总输入能量可以认为是等价的。

图 8.1.10 所示为不同恢复力滞回模型的弹塑性体系的 V_{EQ} 谱的对比，可见基本一致。这表明弹塑性体系的恢复力滞回模型的差别对地震输入能量影响较小。

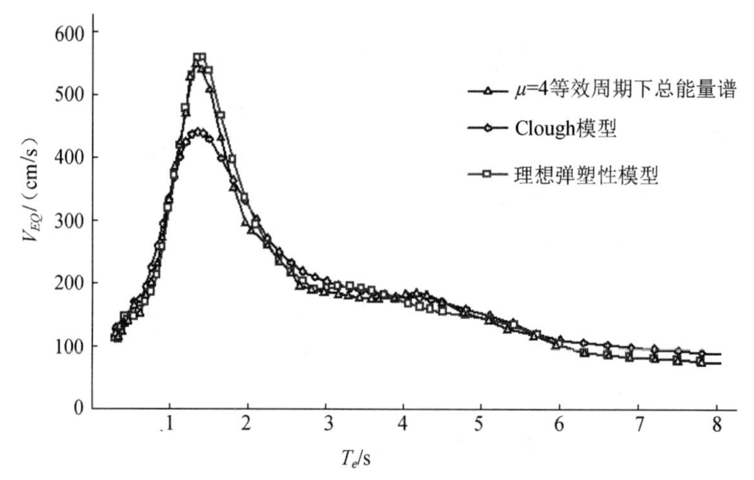

图 8.1.10　不同滞回模型对 V_{EQ} 谱的影响（等效周期）

由以上分析可知，等效周期 T_e 相同的弹性和弹塑性体系，其地震输入能量 V_{EQ} 谱基本相同。因此，可以用弹性体系的 V_{EQ} 谱来进行弹塑性体系的能量分析。

对于初始周期相同的弹性和弹塑性体系，无论屈服强度大小如何（即地震力降低系数 R），地震总输入能量 E_{EQ} 基本相同，其与无阻尼弹性反应谱值之间有以下近似关系：

$$E_{EQ} \approx \frac{1}{2} m S_{V0}^2 = \frac{1}{2} k S_{D0}^2 \tag{8.1.32}$$

式中，S_{V0} 和 S_{D0} 分别为弹性速度反应谱和位移反应谱。地震终了时，地震输入能量 E_{EQ} 全部转变为阻尼耗能 E_D、塑性变形耗能 E_P 和滞回耗能 E_H。引起结构损伤和破坏的是塑性变形耗能 E_P 和滞回耗能 E_H，因此需要确定塑性变形耗能 E_P 和滞回耗能 E_H 在地震输入能量 E_{EQ} 中所占的比例，即能量耗散的分配。能量分配系数定义如下：

阻尼耗能分配系数：$\eta_D = \dfrac{E_D}{E_{EQ}}$

塑性变形和滞回耗能分配系数：$\eta_{PH} = \dfrac{E_{PH}}{E_{EQ}}$

对于弹性体系，仅有阻尼耗能，因此有 E_D=E_{EQ}，即 $\eta_D = 1$。

对于弹塑性体系，屈服强度越大，即屈服强度系数 $\alpha = F_y / F_e = 1/R$ 越大，结构越强，结构进入塑性变形状态就越晚，且滞回次数也越少，因此阻尼耗能 E_D 所占比例就越大，而塑性变形和滞回耗能（E_P+E_H）所占比例就越少。

图 8.1.11 所示为阻尼耗能 E_D 与塑性变形和滞回耗能（E_P+E_H）的分配比例情况。

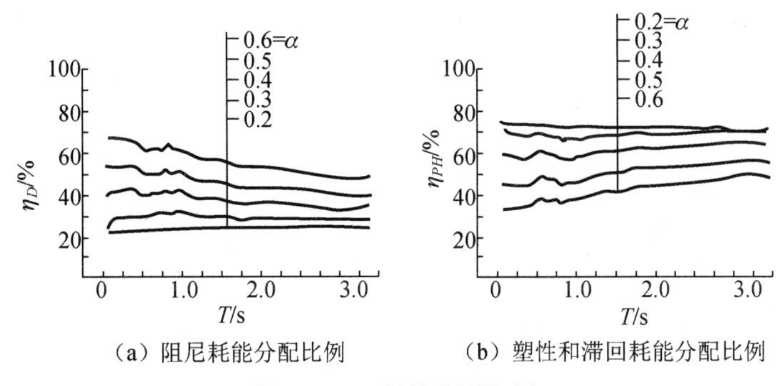

（a）阻尼耗能分配比例　（b）塑性和滞回耗能分配比例

图 8.1.11　耗能分配比例

由图 8.1.11 可见，随屈服强度系数 $\alpha=1/R$ 的减小，阻尼耗能所占的比例 η_D 逐渐减小。

当 α 很小时，η_D 基本为一定值，与结构周期没有关系。

当 α 较大时，η_D 随结构周期增加呈减小趋势，并逐渐趋于平缓。

由于塑性变形耗能 E_P 仅与最大塑性变形有关，因此达到最大变形后，E_P 将不再随地震的反复作用而增加，而滞回耗能 E_H 则随地震反复作用不断增加累积。

当地震持时足够长时，塑性变形耗能 E_P 占地震输入能量的比例很小，因此体系的耗能将主要取决于累积滞回耗能 E_H。

分析研究表明，不同地震动下塑性滞回耗能分配系数 η_{PH} 的离散性不大，η_{PH} 与延性系数有较大关系，且随周期的增大有减小趋势。

图 8.1.12 所示为根据 26 条具有代表性地震记录计算的不同延性系数的 η_{PH} 平均谱曲线。

可见当 $\mu>1.5$ 时，η_{PH} 值随周期的增大有减小的趋势，而在不同延性系数 μ 下的平均 η_{PH} 值比较接近。因此，建议 η_{PH} 按下式计算：

$$\eta_{PH}=\frac{(\mu-1)^{0.8}}{\mu},\quad \mu\leqslant 1.5 \tag{8.1.33}$$

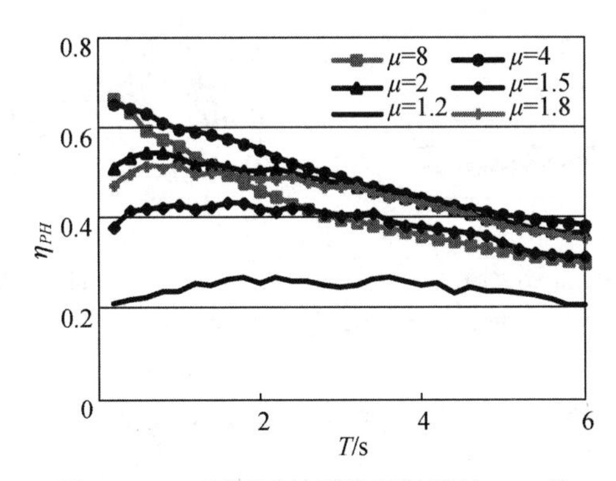

图 8.1.12　不同延性系数下的平均 η_{PH} 值

$$\eta_{PH}=0.6-0.04T,\quad \mu>1.5 \tag{8.1.34}$$

如前所述，每一往复振动循环的阻尼耗能与阻尼比 ξ 成正比，如采用等效阻尼比 ξ_e 将滞回耗能等效为阻尼耗能，则累积滞回耗能 E_H 与等效阻尼比 ξ_e 成正比，而累积阻尼耗能 E_D 与阻尼比 ξ 成正比，因此耗能分配系数可近似如下：

阻尼耗能分配系数

$$\eta_D = \frac{E_D}{E_{EQ}} = \frac{\xi}{\xi + \xi_e} \tag{8.1.35}$$

塑性变形和滞回耗能分配系数

$$\eta_{PH} = \frac{E_P + E_H}{E_{EQ}} \approx \frac{E_H}{E_{EQ}} = \frac{\xi_e}{\xi + \xi_e} \tag{8.1.36}$$

设弹性体系在地震作用下的最大速度谱值为 S_V，相应最大动能 E_V 为

$$E_V = \frac{1}{2} m S_V^2 \tag{8.1.37a}$$

对于具有同样初始刚度的弹塑性体系，Housner 于 1956 年提出以下假说：

$$\begin{cases} \dfrac{1}{2} m S_V^2 \approx F_y \sum | d_p | + \dfrac{1}{2} k d_y^2 \\ E_S \leqslant E_V \end{cases} \tag{8.1.37b}$$

式中，$E_S = E_E + E_P + E_H$ 为体系总应变能和滞回耗能。

将体系总应变能 E_S 用下列等价速度表示：

$$V_S = \sqrt{\frac{2E_S}{m}} \tag{8.1.38}$$

图 8.1.13 所示为 V_S 谱与 S_V 谱的对比。按 Housner 假说，$V_S \leqslant S_V$，即 S_V 谱应为 V_S 谱的上限。由图 8.1.13 可见，S_V 谱实际为 V_S 谱的近似，而且在短周期范围，V_S 谱反而大于 S_V 谱。产生这种现象的原因是，在短周期范围，随着塑性变形的发展，地震输入能量增加了。

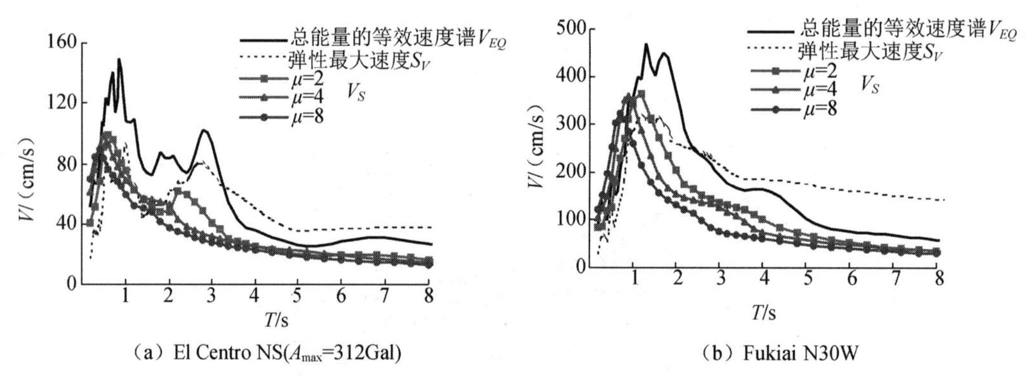

（a）El Centro NS(A_{max}=312Gal)　　（b）Fukiai N30W

图 8.1.13　V_S 谱与 S_V 谱的对比

若采用对应最大弹塑性位移的等效刚度 k_e 确定的等效周期 $T_e = 2\pi\sqrt{m / k_e}$ 作横坐标（图 8.1.14），则 Housner 假说是近似成立的。

8.1.3　最大弹塑性位移

利用 Housner 假说，可以方便地由弹性体系的地震响应确定弹塑性体系的地震响应。由于弹性体系和弹塑性体系均符合 Housner 假说式（8.1.37），因此可以进一步假设对于等价周期相同的弹性体系和弹塑性体系应变能相等，即 $E_{Se} = E_{Sp}$。

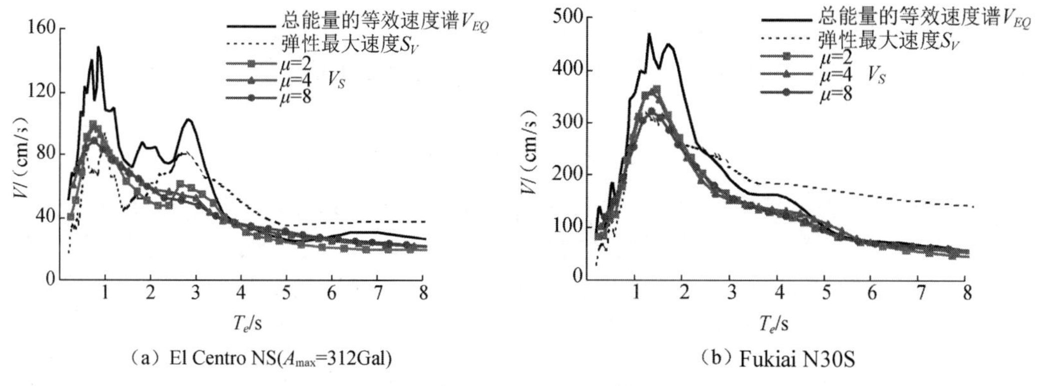

（a）El Centro NS(A_{max}=312Gal)　（b）Fukiai N30S

图 8.1.14　V_S谱与S_V谱的对比（等效周期表示）

对于弹性体系，设其最大位移反应为 d_e，因此体系应变能为

$$E_{Se} = \frac{1}{2} k d_e^2 \tag{8.1.39}$$

对于与弹性体系具有相同的初始刚度、屈服承载力为 F_y 的弹塑性体系，设最大位移反应为 d_p，体系总应变能 E_{Sp} 可表示为

$$\begin{aligned} E_{Sp} &= E_E + E_P + E_{H,d_{\max}} \\ &= \frac{1}{2} k d_y^2 + F_y(d_p - d_y) + 4n_H \beta F_y (d_p - d_y) \end{aligned} \tag{8.1.40}$$

式中，第一项 $E_E = \frac{1}{2} k d_y^2$ 为体系的弹性应变能；第二项 $E_P = F_y(d_p - d_y)$ 为体系的塑性应变能；第三项 $E_{H,d_{\max}} = 4n_H \beta F_y (d_p - d_y)$ 为达到最大位移时的累积滞回耗能，是用对应最大位移的 n_H 个滞回环面积来表达的。对应最大位移的滞回环见图 8.1.15 中 $ABCDA$，β 为滞回环 $ABCDA$ 的面积与理想弹塑性滞回环 $AFCGA$ 的面积 $4F_y(d_p - d_y)$ 的比值，称为滞回耗能系数。对于钢结构，当采用理想弹塑性滞回模型时，β=1；对于钢筋混凝土结构，当采用修正 Clough 滞回模型时，β=0.33；对于原点指向型恢复力模型，因无滞回耗能，β=0。

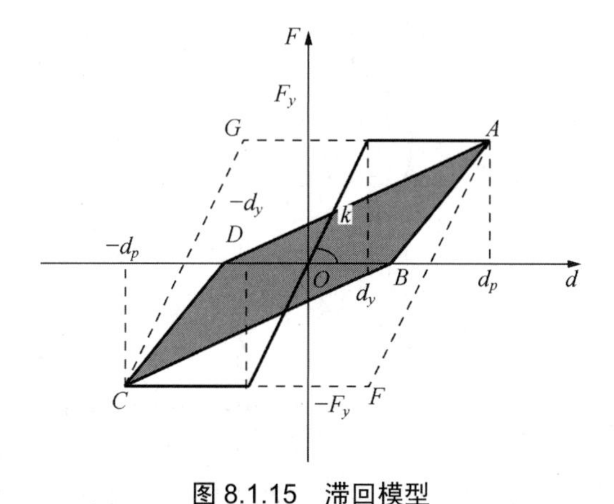

图 8.1.15　滞回模型

根据地震输入能量谱的特性，进一步设在中长周期范围，体系应变能 E_S 谱与周期无关，

故可令式（8.1.39）与式（8.1.40）相等，并取弹性体系的最大恢复力 $F_e=kd_e$，承载力降低系数 $R=F_e/F_y$，可得以下弹塑性体系与对应弹性体系最大地震位移反应间的关系：

$$d_p=\frac{R^2+(8n_H\beta+1)}{2R(4n_H\beta+1)}d_e \tag{8.1.41}$$

由上式可见，弹塑性体系最大位移反应 d_p 与对应弹性体系最大位移反应 d_e 间的关系，与抗震承载力降低系数 R 和累积滞回耗能系数 $n_H\beta$ 有关。若取 $n_H=1$，则得到一个有意思的结果，即对于具有同样初始刚度的结构，弹性体系与弹塑性体系在一个往复振动循环中的变形能（含滞回耗能）相等，此即所谓“等往复振动能量准则”。

对式（8.1.41）进行分析可知，对于同样的承载力降低系数 R，累积滞回耗能系数 $n_H\beta$ 越大，最大弹塑性位移 d_p 越小。因此，当 $n_H\beta=0$（原点指向型恢复力模型）时，可得式（8.1.41）的上限：

$$d_p=\frac{1+R^2}{2R}d_e \tag{8.1.42}$$

上式与 Newmark 的等能量准则一致。

对于理想弹塑性恢复力模型，$\beta=1$，当取 $n_H=1$ 时，得到等往复振动能量准则的下限：

$$d_p=\frac{9+R^2}{10R}d_e \tag{8.1.43}$$

对于钢筋混凝土结构，采用修正 Clough 恢复力滞回模型时，β 近似等于 0.33，当取 $n_H=1$ 时，得

$$d_p=\frac{3.64+R^2}{4.64R}d_e \tag{8.1.44}$$

式（8.1.42）～式（8.1.44）的对比如图 8.1.16 所示。可见在中长周期情况下，Newmark 的等位移准则是等往复振动能量准则式（8.1.44）在承载力降低系数 R 小于一定值时的一个近似。

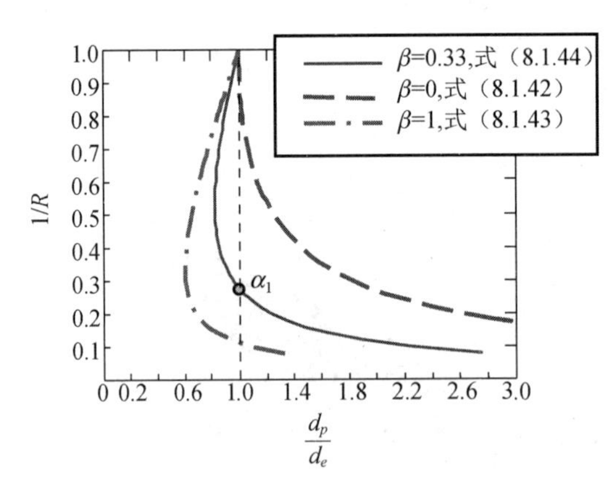

图 8.1.16　弹塑性位移变化与承载力降低系数的关系

图 8.1.17 给出了 26 条地震动作用下不同延性系数 μ 值情况时参数 n_H 的平均值。可见，当 $\mu\geqslant3$ 时，不同 μ 值的 n_H 值比较接近，且当周期大于 1s 时，n_H 基本为 1，即在中长周期范围，等效滞回循环数近似为 1；当 $\mu<3$ 时，n_H 值随 μ 减小而减小。

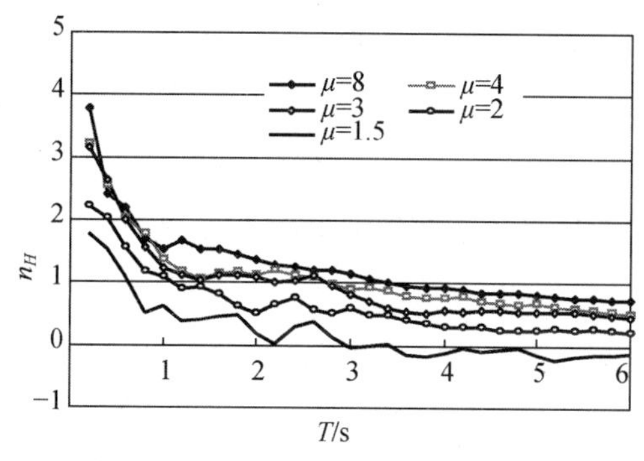

图 8.1.17 不同 μ 值时的 n_H 平均值

图 8.1.18 所示为采用 Clough 双线性刚度退化型滞回模型（卸载刚度系数取$\gamma = 0.4$）的弹塑性体系在 El Centro NS 地震作用下时程分析结果与式（8.1.42）～式（8.1.44）的对比。由图可见，对于中长周期结构体系（$T_n = 0.5$～3.5s），当 $1/R \geqslant 0.5$ 时，数值计算结果介于等能量准则的式（8.1.42）和式（8.1.44）之间；当 $1/R<0.5$ 时，数值计算结果介于式（8.1.43）和式（8.1.44）之间。需要注意的是，累积滞回耗能系数$n_H\beta$是随屈服强度的增大而减小的，在 $1/R$ 接近 1.0 时，$n_H\beta$ 接近 0；而当屈服强度较小，即 $1/R$ 较小时，$n_H\beta$ 大于 0.33。因此上述数值计算结果与式（8.1.44）的偏差是可以理解的。

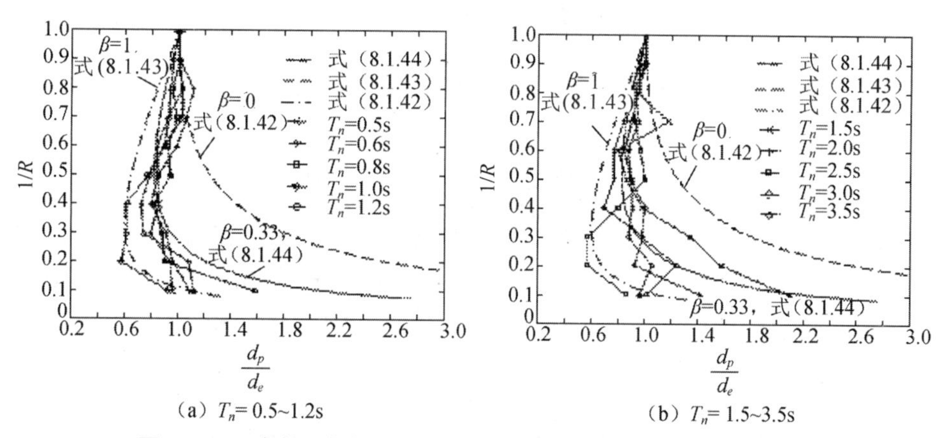

图 8.1.18 中长周期范围弹塑性位移变化与承载力降低系数的关系

在短周期范围，由于地震输入能量谱值随周期增加而增大，近似按线性关系考虑，同样体系变形能 E_S 也随周期增加而线性增大，且假设初始周期为 T_0 的弹塑性体系应变能 $E_{Sp}(T_0)$ 与等价周期为 T_e 的弹性体系的变形能 $E_{Se}(T_e)$ 相等，即 $E_{Sp}(T_0) = E_{Se}(T_e)$。对于弹塑性体系，随着塑性变形的发展，若取等价周期$T_e = 2\pi\sqrt{m/k_e}$，则对于图 8.1.15 所示 Clough 恢复力滞回模型，设达到最大弹塑性位移时的延性系数为μ，则有

$$k_e = \frac{k}{\mu} \tag{8.1.45}$$

$$T_e = \frac{2\pi}{\omega_e} = 2\pi\sqrt{\frac{m}{k_e}} = \sqrt{\mu}T \tag{8.1.46}$$

则对应等价周期为 T_e 的弹性体系的变形能为

$$E_{Se}(T_e)=E_{Se}(T_0)\frac{T_e}{T_0}=\frac{1}{2}kd_e^2\sqrt{\mu} \tag{8.1.47}$$

初始周期为 T_0 的弹塑性体系的应变能 $E_{Sp}(T_0)$ 仍为式（8.1.40），令其与式（8.1.47）相等，可推得

$$R^2=2(4n_H\beta+1)\sqrt{\mu}-(8n_H\beta+1)\frac{1}{\sqrt{\mu}} \tag{8.1.48}$$

上式不易直接表达成如式（8.1.44）所示的弹塑性位移 d_p 与弹性位移 d_e 的显式关系，但利用以下关系式仍容易确定 d_p 与 d_e 的关系：

$$\frac{d_p}{d_e}=\frac{d_p}{Rd_y}=\frac{\mu}{R} \tag{8.1.49}$$

取 n_H=1，β=0.33，由式（8.1.48）和式（8.1.49）确定的 d_p/d_e-$1/R$ 关系与短周期情况下时程反应分析结果的对比如图 8.1.19 所示，可见等往复振动能量准则比式（8.1.42）所示的 Newmark 等能量准则与时程数值分析结果吻合更好些，且在 $1/R$ 较小时，等往复振动能量准则比 Newmark 等能量准则更偏于安全。

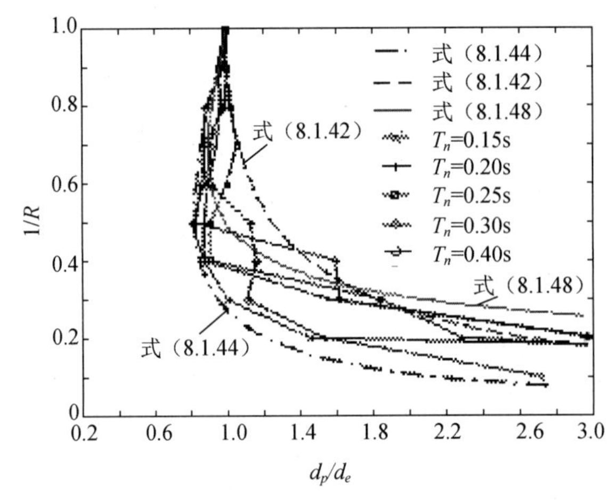

图 8.1.19 短周期范围弹塑性位移变化与承载力降低系数的关系

8.2 多自由度体系的能量分析

8.1 节主要介绍了单自由度体系的能量分析方法，本节主要讨论多自由度体系的能量分析方法。

8.2.1 弹性多自由度体系

对于弹性多自由度体系，地震作用下的动力方程为

$$[M]\{\ddot{x}\}+[C]\{\dot{x}\}+[K]\{x\}=-[M]\{I\}\ddot{x}_0 \tag{8.2.1}$$

将上式左乘$\{\dot{x}\}^{\mathrm{T}}$，并从 0～t 积分得

$$\int_0^t \{\dot{x}\}^{\mathrm{T}}[M]\{\ddot{x}\}\mathrm{d}t+\int_0^t \{\dot{x}\}^{\mathrm{T}}[C]\{\dot{x}\}\mathrm{d}t+\int_0^t \{\dot{x}\}^{\mathrm{T}}[K]\{x\}\mathrm{d}t=-\int_0^t \{\dot{x}\}^{\mathrm{T}}[M]\{\ddot{x}_0\}\mathrm{d}t \tag{8.2.2}$$

上式简写为

$$E_K+E_D+E_E=E_{EQ} \tag{8.2.3}$$

其中，体系动能

$$E_K=\int_0^t \{\dot{x}\}^{\mathrm{T}}[M]\{\ddot{x}\}\mathrm{d}t=\frac{1}{2}\{\dot{x}\}^{\mathrm{T}}[M]\{\dot{x}\} \tag{8.2.4a}$$

阻尼耗能

$$E_D=\int_0^t \{\dot{x}\}^{\mathrm{T}}[C]\{\dot{x}\}\mathrm{d}t \tag{8.2.4b}$$

弹性势能

$$E_E=\int_0^t \{\dot{x}\}^{\mathrm{T}}[K]\{x\}\mathrm{d}t=\frac{1}{2}\{x\}^{\mathrm{T}}[K]\{x\} \tag{8.2.4c}$$

地震输入能量

$$E_{EQ}=-\int_0^t \{\dot{x}\}^{\mathrm{T}}[M]\{\ddot{x}_0\}\mathrm{d}t \tag{8.2.4d}$$

由式（8.2.4a）和式（8.2.4c）知，仅当速度向量$\{\dot{x}\}$和位移向量$\{x\}$为$\{0\}$时，动能 E_K 和势能 E_E 才为 0，其他情况动能和势能均为正值。对于某一矩阵$[A]$和任意向量$\{x\}$，若当且仅当向量$\{x\}$为$\{0\}$时，$\{x\}^{\mathrm{T}}[A]\{x\}$ 的值才等于 0，其他情况 $\{x\}^{\mathrm{T}}[A]\{x\}$ 的值均为正值，则称该矩阵$[A]$为**正定的**。因此，质量矩阵$[M]$和刚度矩阵$[K]$是正定矩阵。

由 7.3 节介绍的振型组合法可知，式（8.2.1）可表示为以下 N 个独立的单自由度振动微分方程：

$$\ddot{q}_s(t)+2\xi_s\omega_s\dot{q}_s(t)+\omega_s^2 q_s(t)=-\gamma_s\ddot{x}_0(t),\quad s=1,2,\cdots,N \tag{8.2.5}$$

另外，记以下单自由度弹性体系的地震输入能量的等效速度为 V_{EQ}（ω_s）：

$$\ddot{q}_{s0}(t)+2\xi_s\omega_s\dot{q}_{s0}(t)+\omega_s^2 q_{s0}(t)=-\ddot{x}_0(t) \tag{8.2.6}$$

则对应式（8.2.5）的第 s 阶振型的地震输入能量等效速度为$\gamma_s V_{EQ}$（ω_s），相应地震输入能量为

$$E_{EQ,s}=\frac{M_s}{2}\left[\gamma_s V_{EQ}(\omega_s)\right]^2 \tag{8.2.7}$$

体系的总地震输入能量为

$$E_{EQ}=\sum_s E_{EQ,s}=\sum_s \frac{M_s}{2}\left[\gamma_s V_{EQ}(\omega_s)\right]^2 \tag{8.2.8}$$

式中，M_s 为对应第 s 阶振型的广义质量，由 3.4.1 节知识可知

$$M_s=\{x\}_s^{\mathrm{T}}[M]\{x\}_s=\sum_{i=1}^{N} m_i x_{i,s}^2 \tag{8.2.9}$$

质量阵为对角矩阵时，满足以下正规化条件：

$$M_s=\{x\}_r^{\mathrm{T}}[M]\{x\}_s=\begin{cases}\{x\}_s^{\mathrm{T}}[M]\{x\}_s=\bar{M}, & r=s\\ \{x\}_r^{\mathrm{T}}[M]\{x\}_s=0, & r\neq s\end{cases} \tag{8.2.10}$$

式中，$\bar{M}$ 为体系总质量，$\bar{M}=\sum_{i}^{N} m_i$ 。事实上，对于任意特征向量$\{x\}_s$，按$\{x'\}_s = \left(\bar{M}\Big/\sqrt{\sum_{i=1}^{N} m_i x_{i,s}^2}\right)\{x\}_s$ 得到的新的特征向量即可满足式（8.2.10）的正规化条件。因此，式（8.2.8）成为

$$E_{EQ}=\frac{\bar{M}}{2}\sum_{s}\left[\gamma_s V_{EQ}(\omega_s)\right]^2 \tag{8.2.11}$$

由式（7.3.4）知，振型参与系数具有以下特性：

$$\begin{aligned}\sum_{s=1}^{N}\gamma_s\{x\}_s &= \{\gamma_s\}^{\mathrm{T}}[\{x\}_1\ \ \{x\}_2\ \ \cdots\ \ \{x\}_N] \\ &= \{\gamma_s\}^{\mathrm{T}}[U]=\{I\}\end{aligned} \tag{8.2.12}$$

式中，$[U]$为振型向量矩阵。将上式两边均乘以质量矩阵$[M]$得

$$[M]\{\gamma_s\}^{\mathrm{T}}[U]=[M]\{I\} \tag{8.2.13}$$

将式（8.2.12）转置后等式两边分别乘以式（8.2.13）两边，得

$$[U]^{\mathrm{T}}\{\gamma_s\}[M]\{\gamma_s\}^{\mathrm{T}}[U]=\{I\}[M]\{I\} \tag{8.2.14a}$$

$$\sum_{s=1}^{N}\gamma_s^2\{u\}_s^{\mathrm{T}}[M]\{u\}_s=\sum_{s=1}^{N}m_s=\bar{M} \tag{8.2.14b}$$

并注意到式（8.2.10）的正规化条件，上式成为

$$\sum_{s=1}^{N}\gamma_s^2\bar{M}=\bar{M} \tag{8.2.14c}$$

故有

$$\sum_{s=1}^{N}\gamma_s^2=1 \tag{8.2.15}$$

若地震输入能量的等效速度 $V_{EQ}(\omega_s)$与振型频率（周期）无关，则由式（8.2.11）和式（8.2.15）可知，总质量相同的多自由度体系和单自由度体系的地震输入能量相同，也即多自由度体系的地震输入能量取决于总质量和 1 阶自振周期。由于多自由度体系的高阶振型频率较大，相应周期较短，由 V_{EQ} 谱的特点知，多自由度体系的地震输入能量比同样总质量的单自由度体系要小些。因此工程设计中，取多自由度体系的地震输入能量等于具有同样总质量和第 1 阶振型周期的单自由度体系的地震输入能量是偏于安全的。图 8.2.1 所示为单自由度体系与多自由度体系在 El centro NS 波作用下地震输入能量对比。

另外，由于结构刚度矩阵由各构件单元刚度矩阵组成，即

$$[K]=\sum_{e}[K_e] \tag{8.2.16}$$

因此，体系的弹性势能可表示为

$$E_E=\frac{1}{2}\{y\}^{\mathrm{T}}[K]\{y\}=\frac{1}{2}\{y\}^{\mathrm{T}}\left(\sum_{e}[K_e]\right)\{y\}=\sum_{e}E_{E,e} \tag{8.2.17}$$

式中，$E_{E,e}$ 为各构件的弹性势能。由于各质点位移一般不会同时达到最大，体系的最大弹性

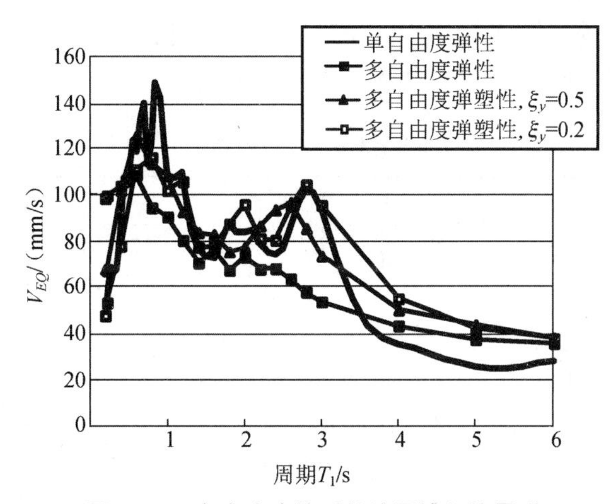

图 8.2.1　多自由度体系的地震输入能量谱

势能小于等于各构件最大弹性势能之和，即

$$E_{E,\max} \leqslant \sum_e E_{E,e\max} \tag{8.2.18}$$

各构件的最大弹性势能 $E_{E,e\max}$ 也可表示为相应结构部位的最大弹性势能。如在剪切型层模型中，第 i 层的层间侧移刚度为 k_i，最大层间位移为 δ_i，则该层的 $E_{E,e\max}=\frac{1}{2}k_i\delta_i^2$；又如杆端 A 转动刚度为 k_A，最大转角为 θ_A，则该杆端的最大弹性弯曲势能为 $E_{E,e\max}=\frac{1}{2}k_A\theta_A^2$。

8.2.2　弹塑性多自由度体系

与单自由度情况相同，多自由度弹塑性体系的地震输入能量与对应弹性体系的地震输入能量也存在等价关系。图 8.2.1 中同时给出了不同层屈服强度系数 ξ_y 情况的多自由度弹塑性体系的地震输入能量等效速度谱，可见其与对应弹性体系有较好的等价关系。

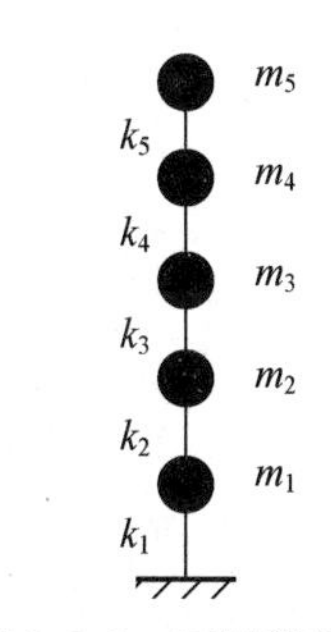

图 8.2.2　五层剪切模型

秋山宏对图 8.2.2 所示五层剪切层模型弹塑性多自由度结构在各种参数组合情况下的地震输入能量进行了更为全面的分析，在其分析中取以下层屈服强度系数：

$$\alpha_i=\frac{F_{yi}}{\sum_{j=i}^{5} m_j g} \tag{8.2.19}$$

式中，F_{yi} 为第 i 层的层间剪力屈服强度；m_i 为第 i 层质点的质量；g 为重力加速度。

如 7.5.1 节所述，影响剪切层模型结构弹塑性地震响应的参数有：层质量比 m_i/m_1，层间屈服强度比 α_i/α_1，以及层间侧移刚度比 k_i/k_1。以第 1 层的参数 m_1、α_1 和 k_1 为基准选定其他各层的参数，则体系的 1 阶自振周期取决于 k_1/m_1，各层屈服剪力取决于 α_1。表 8.2.1 给出了几种参数的组合情况，以（M_i，A_j，K_k）代表一种参数组合，其中（M_1，A_1，K_1）和

（M_1，A_1，K_2）为模型的接近实际工程的参数组合。层间剪力-侧移的弹塑性恢复力模型取图 8.2.3 所示理想弹塑性倒塌型滞回模型。

表 8.2.1　计算参数

参数	参数编号	层、质点号 i					参数特性
		1	2	3	4	5	
m_i/m_1	M_1	1.0	1.0	1.0	1.0	1.0	均匀质量
	M_2	1.0	0.333	0.333	0.333	0.333	底层质量集中
	M_3	1.0	1.0	3.0	1.0	1.0	中间质量集中
	M_4	1.0	1.0	1.0	1.0	3.0	顶层质量集中
α_i/α_1	A_1	1.0	1.10	1.25	1.565	2.0	均匀损伤分布
	A_2	1.0	10.0	10.0	10.0	10.0	底层损伤集中
	A_3	1.0	10.0	10.0	10.0	1.0	底、顶层损伤集中
	A_4	1.0	1.0	1.0	1.0	0.1	顶层损伤集中
k_i/k_1	K_1	1.0	0.867	0.733	0.600	0.400	刚度由下到上缓慢减少
	K_2	1.0	0.820	0.640	0.500	0.200	刚度由下到上快速减少
	K_3	1.0	1.0	1.0	1.0	1.0	均匀刚度分布

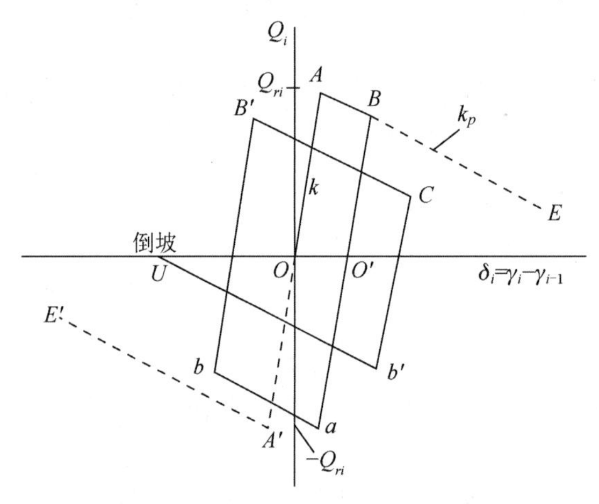

图 8.2.3　倒塌型滞回模型

8.2.3　最大层间位移

图 8.2.4 所示为参数组合（M_1，A_1，K_1）情况，采用理想弹塑性恢复力滞回模型（即屈服后刚度 k_p=0）的无阻尼弹塑性体系，几种不同 1 阶自振周期情况的地震输入能量与底层屈服强度系数α_1 的关系。图中横坐标的地震输入能量是按下式计算的无量纲指标 A_E：

$$A_E = \frac{E_{EQ}}{\dfrac{Mg^2T^2}{4\pi^2}} \tag{8.2.20}$$

对于无阻尼单自由度弹性体系，地震能量输入为

$$
\begin{aligned}
E_{EQ} &= \frac{1}{2}kS_D^2 = \frac{1}{2}k\left(\frac{S_A}{\omega^2}\right)^2 = \frac{1}{2}\times\frac{1}{k}\left(MS_A\right)^2 \\
&= \frac{1}{2}\times\frac{1}{k}F_e^{\,2} = \frac{(\alpha Mg)^2}{2k} = \frac{Mg^2T^2}{4\pi^2}\frac{\alpha^2}{2}
\end{aligned}
\tag{8.2.21}
$$

由此可见，无量纲指标 A_E=0.5α^2，α=F_e/Mg 为弹性恢复力与体系自重的比值。

图 8.2.4 中实线对应单自由度无阻尼弹塑性体系，可见多自由度体系的地震输入能量与单自由度体系基本一致，且随屈服强度的变化地震输入能量基本相同。

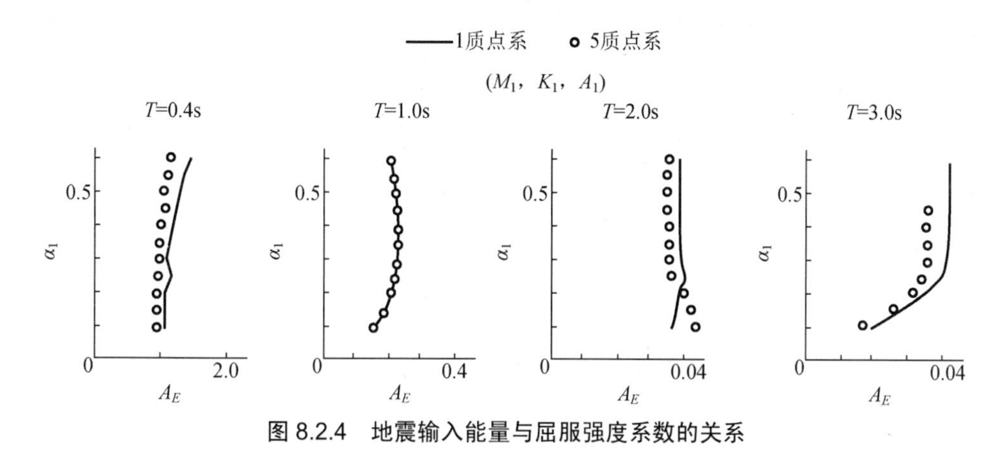

图 8.2.4　地震输入能量与屈服强度系数的关系

图 8.2.5 所示为初始周期 T=1.0s，采用理想弹塑性恢复力滞回模型的弹塑性体系在各种模型参数组合情况下的地震输入能量。由图可见，不同刚度分布、质量分布和屈服强度分布对地震输入能量基本没有影响。

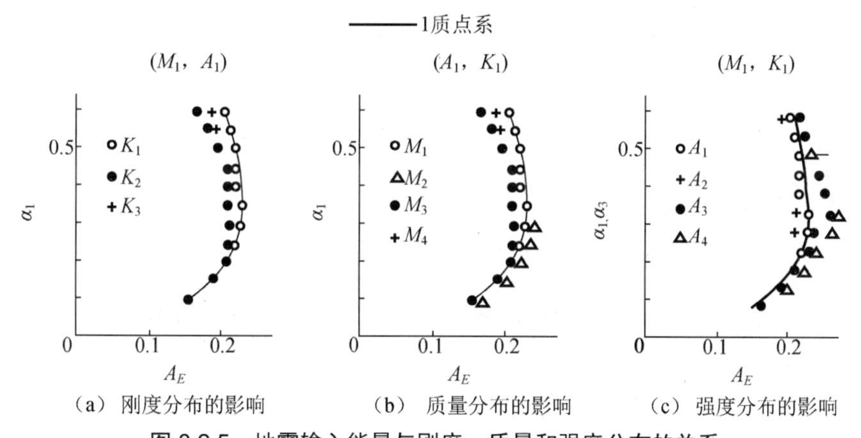

图 8.2.5　地震输入能量与刚度、质量和强度分布的关系

图 8.2.6 所示为参数组合（M_1，A_1，K_1）情况下，第 1 层或第 5 层分别采用理想弹塑性倒塌型恢复力滞回模型，其他层仍采用理想弹塑性恢复力滞回模型的弹塑性体系在同样 1 阶自振周期时的地震输入能量。屈服后刚度 k_p 与初始刚度 k 的比值 k_p/k 分别取−0.025、−0.05、−0.075 和−0.1 四种，对应同一图中同一标志的四个点，由下至上分别对应这四个 k_p/k 值不产生倒塌的屈服强度系数α_1 的最小界限值$\alpha_{1\min}$，即$|k_p|/k$ 值越大，不产生倒塌的屈服强

度系数α_1的最小界限值$\alpha_{1\min}$越大，相应的弹塑性滞回耗能越小。由图可见，在产生倒塌破坏前，地震输入能量与相同周期的单自由度体系相差也不是很大。

由以上结果可知，1 阶周期为 T、总质量为 M 的多自由度弹性和弹塑性体系的地震输入能量基本等价于具有同样周期和质量的单自由度体系的地震输入能量。

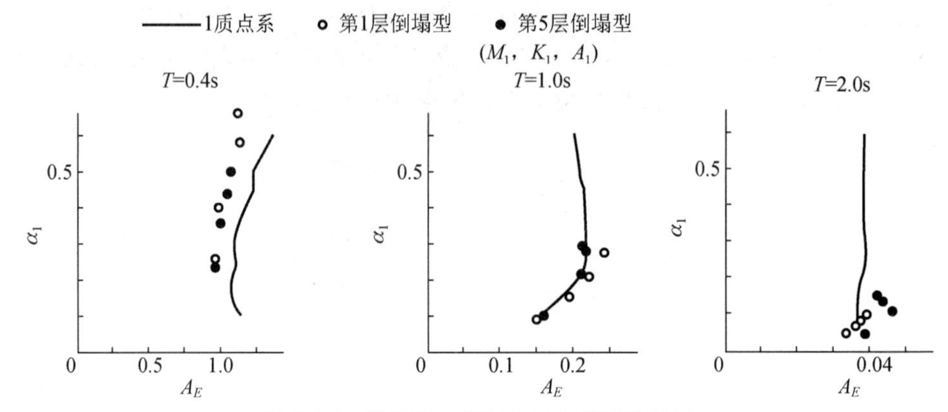

图 8.2.6 地震输入能量与结构模型的关系

另外，对于弹塑性多自由度体系，能量方程也可表示为

$$E_K + E_D + E_S = E_{EQ} \tag{8.2.22}$$

其中，E_K、E_D 和 E_{EQ} 仍分别按式（8.2.4）计算，而体系总应变能 E_S 由弹性应变能 E_E、塑性应变能 E_P 和滞回耗能 E_H 组成，按下式计算：

$$E_S = \int_0^t \{\dot{x}\}^{\mathrm{T}} \{F(x)\} \mathrm{d}t \tag{8.2.23}$$

式中，$\{F(x)\}$为体系恢复力，对于多自由度弹塑性体系，可表示为$\{F(x)\}=[K(t)]\{x(t)\}$，其中$[K(t)]$为 t 时刻下的位移状态 $x(t)$所确定的瞬时刚度矩阵。因此，上式成为

$$E_S = \int_0^t \{\dot{x}\}^{\mathrm{T}} [K(t)] \{x\} \mathrm{d}t \tag{8.2.24}$$

同样，瞬时刚度矩阵由各构件单元瞬时刚度矩阵组成，即$[K(t)]=\sum_e [K_e(t)]$，因此体系的总应变能可表示为

$$E_S = \sum_e E_{S,e} = \sum_e (E_{E,e} + E_{P,e} + E_{H,e}) \tag{8.2.25}$$

式中，$E_{S,e}$为各构件的总应变能。同样，由于地震作用下各质点位移不会同时达到最大，因此地震结束时体系最大总应变能小于各构件最大应变能之和，即

$$E_{S,\max} \leqslant \sum_e E_{S,e\max} \tag{8.2.26}$$

如 7.5.1 节所述，对于剪切型多自由度弹塑性体系而言，即使是均匀结构，能量分布也存在能量集中现象。定义某层的弹塑性变形能与该层最大弹性变形能的比值为楼层能量集中系数，即

$$E_{Pi} = \eta E_{ei} \tag{8.2.27}$$

式中，E_{Pi}为第 i 层的弹塑性变形能；E_{ei}为在同样地震作用下按弹性分析得到的第 i 层的最大弹性变形能。

对于质量、刚度和层屈服强度均匀的结构，变形集中楼层的能量集中系数与层屈服强度ξ_y和楼层数 N 有关。研究人员根据大量的计算分析，得到能量集中系数与ξ_y和 N 关系的统计结果如图 8.2.7 所示，其统计公式如下：

5 层：

$$\eta_5 = -8.5\xi_y^{\ 2} + 6.5\xi_y + 3 \tag{8.2.28a}$$

12 层：

$$\eta_{12} = -10\xi_y^{\ 2} + 7\xi_y + 4 \tag{8.2.28b}$$

20 层：

$$\eta_{20} = -12\xi_y^2 + 8\xi_y + 5 \tag{8.2.28c}$$

由图 8.2.7 可见，随着结构自由度数的增加，楼层能量集中系数增大，这是由于初始周期和总质量相同时总地震输入能量基本相同，随着结构自由度的增加，每个楼层平均分配的能量则降低，能量集中楼层相应的放大效应就会增大。

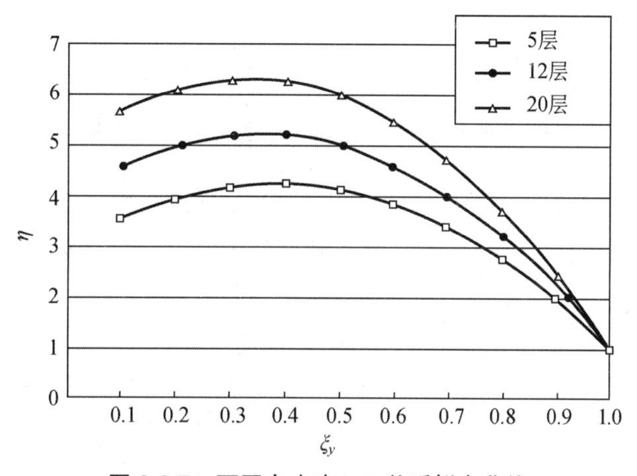

图 8.2.7　不同自由度η-ξ_y关系拟合曲线

利用能量集中系数和等往复振动能量准则，可以得到变形集中楼层的最大弹塑性位移 d_p 与该层最大弹性层间位移 d_e 的关系。分析结果如下：

变形集中楼层的弹塑性滞回耗能 E_R 为

$$E_R = \frac{1}{2}Kd_y^{\ 2} + (1+4\beta)F_y(d_p - d_y) \tag{8.2.29}$$

相应楼层的弹性变形能 E_e 为

$$E_e = \frac{1}{2}Kd_e^{\ 2} \tag{8.2.30}$$

由 $E_{Pi} = \eta E_{ei}$，得到变形集中楼层的弹塑性和弹性层间位移的关系为

$$\frac{d_p}{d_e} = \frac{\eta + (1+8\beta)\xi_y^{\ 2}}{2(1+4\beta)\xi_y} \tag{8.2.31}$$

图 8.2.8 中按等能量准则、抗震规范公式、式（8.2.31）以及时程分析结果分别给出了弹塑性层间位移角增大系数 d_p / d_e 和层屈服强度ξ_y之间的关系。由图可知，式（8.2.31）的

结果为弹塑性时程分析结果的偏上限；同时也可见，弹塑性时程分析结果有较多情况超过了等能量准则，而且也超过了我国《抗规》建议的层间弹塑性位移增大系数。

虽然多自由度弹塑性体系的地震输入能量与相应弹性多自由度体系存在等价关系，并与相应单自由度体系也存在等价关系，但能量在体系中的分布却十分复杂，这是基于能量抗震设计（方法）的困难之处。

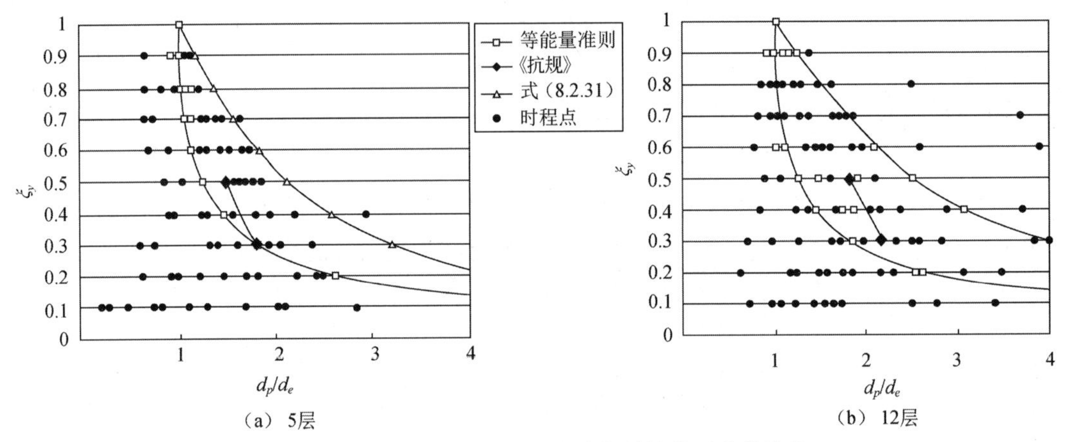

图 8.2.8 变形集中楼层的最大弹塑性位移反应曲线比

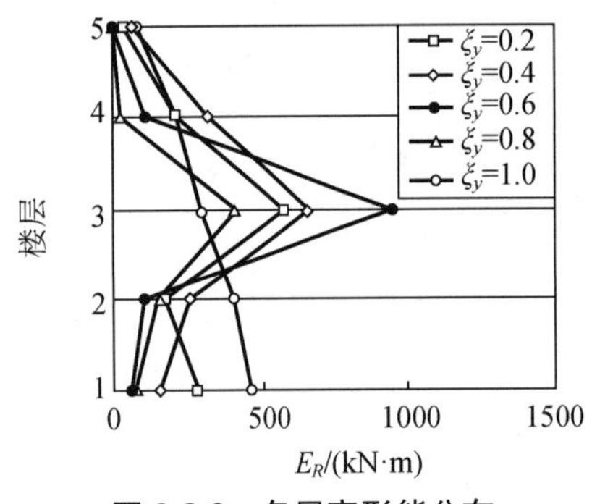

图 8.2.9 各层变形能分布

El Centro NS 波, T_0=1.05s, 5 层

如 7.5 节所述，对于剪切型层模型多自由度体系，其层间弹塑性位移响应存在变形集中楼层，这意味着能量也在该楼层集中。图 8.2.9 所示为质量和刚度均匀分布、基本周期 T_0=1.05s 的 5 层剪切型结构，在 El Centro NS 波输入下，不同屈服强度系数情况的变形能分布。由图可见，随着屈服强度系数 ξ_y 的减小，变形集中楼层（第 3 层）的变形能显著大于其他楼层，由于弹塑性体系和弹性体系的总地震输入能量基本保持一致，这就使得其他楼层的变形能小于相应弹性体系的变形能。这表明弹塑性体系的地震输入能量主要由变形集中楼层耗散，这势必将导致变形集中楼层产生严重的损伤。由该分析结果可知，楼层屈服机制导致的楼层变形集中对结构抗震十分不利。如何采取合理的结构体系，使得地震输入能量均匀地分布于结构中，尽量保持与结构的弹性变形能分布一致，是结构抗震设计的关键。

8.3 结构地震损伤分析

8.3.1 损伤的概念和损伤指标

基于“小震不坏、中震可修、大震不倒”多级抗震设防原则进行结构抗震设计与结构损伤程度有很大关系，尤其结构在中震和大震下的损伤控制是抗震设计的主要内容。处于弹性阶段的结构是没有损伤的，因此损伤是结构非弹性性能的反映。最大弹塑性位移或延性系数（定义为结构的最大弹塑性位移与屈服位移的比值）是目前常用的反映结构非弹性性能的参数。近年来的震害经验和研究表明，由于地震导致结构的往复振动，结构的损伤程度不仅与最大弹塑性位移有关，还与结构的低周疲劳效应所造成的累积损伤有关。

所谓损伤程度是结构损伤与最终破坏倒塌之间关系的一个量度，用损伤指标 DM 表示。损伤指标 DM 与结构状态参数有关（如塑性变形、累积滞回耗能等），其值在 0～1 之间。

DM = 0，表示结构没有损伤。

DM = 1，表示结构或构件完全破坏。

0 < DM < 1 之间的不同数值，对应不同的损伤程度。

由于结构损伤的不可逆性，损伤指标 DM 应为结构状态参数的单调递增函数。结构损伤指标与结构损伤概念和定义有关，并可以反映结构地震损伤的机理。震害调查和试验研究表明，结构地震破坏主要分为两类，即首次超越破坏和累积损伤破坏。

首次超越破坏是指在强烈地震脉冲作用下，结构的响应，如地震力、变形或延性等指标首次超过某个限值，从而导致结构的突发性破坏，这通常在强脉冲型地震、短周期和结构延性较小的情况下出现。

累积损伤破坏是指结构最大响应虽未达到破坏极限，但由于结构在地震作用下的往复振动，使结构的材料力学性能产生劣化而最终导致破坏，这通常在地震持时较长、周期较长和结构延性较好的情况下出现。

反映结构弹塑性状态的参数主要有变形和累积滞回耗能，因此损伤指标 DM 可分别表示为变形和累积滞回耗能的函数。

在具体表达形式上，有单参数损伤模型和双参数损伤模型。

8.3.2　单参数损伤模型

单参数损伤模型认为结构或构件的地震损伤可仅采用一个结构状态参数$\varDelta$来描述。当结构状态参数$\varDelta$大于其极限值$\varDelta_u$时，则认为结构达到破坏。同时也存在一阈值$\varDelta_0$，当结构状态参数$\varDelta$小于该阈值时，结构没有损伤。

Powell 和 Allahabadi 建议的单参数损伤模型为

$$\mathrm{DM}=\left(\frac{\varDelta-\varDelta_0}{\varDelta_u-\varDelta_0}\right)^{\alpha} \tag{8.3.1}$$

式中，参数α一般根据试验确定。

对应于不同的结构状态参数，单参数损伤模型有：最大变形损伤模型、累积塑性变形损伤模型、耗能损伤模型。

1. 最大变形损伤模型

该模型认为结构或构件的损伤是由最大弹塑性变形引起的，并假设达到单调加载下的极限变形$\varDelta_u$时产生破坏，取$\alpha=1$，则有

$$\mathrm{DM}=\frac{\varDelta-\varDelta_y}{\varDelta_u-\varDelta_y}=\frac{\mu-1}{\mu_u-1} \tag{8.3.2}$$

最大变形损伤模型虽然计算简单、便于应用，但无法反映结构在地震作用下的低周疲劳效应，也不能考虑往复振动变形对结构损伤的影响。因此，一般只适用于单向加载情况下的损伤分析。

2. 累积塑性变形损伤模型

由于地震作用下结构产生往复振动，因此在往复两个方向均可能产生塑性变形，且会多次屈服。图 8.3.1、图 8.3.2 所示为一理想弹塑性单自由度体系在 El Centro 地震波作用下恢复力时程和恢复力-变形滞回情况。可见，结构在地震作用下经历多次屈服。

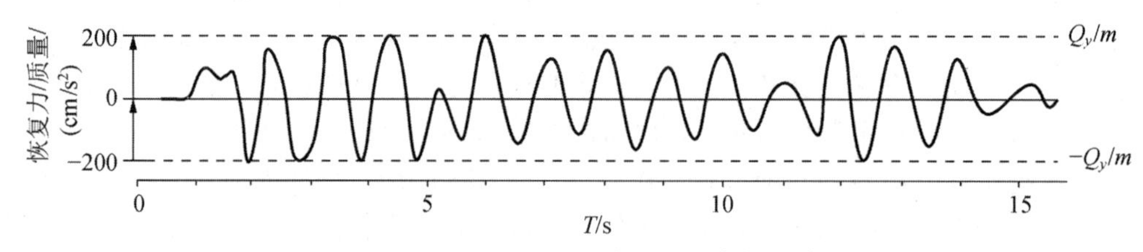

图 8.3.1　El Centro 地震波作用下恢复力时程

为反映结构往复振动情况的弹塑性变形对损伤的影响，取所有屈服后的累积塑性变形 $\Delta_{cp}=\sum\left|\Delta_p\right|$ 代替式（8.3.2）$\mathrm{DM}=\dfrac{\Delta-\Delta_y}{\Delta_u-\Delta_y}=\dfrac{\mu-1}{\mu_u-1}$ 中的塑性变形（$\Delta-\Delta_y$）来计算损伤指标。

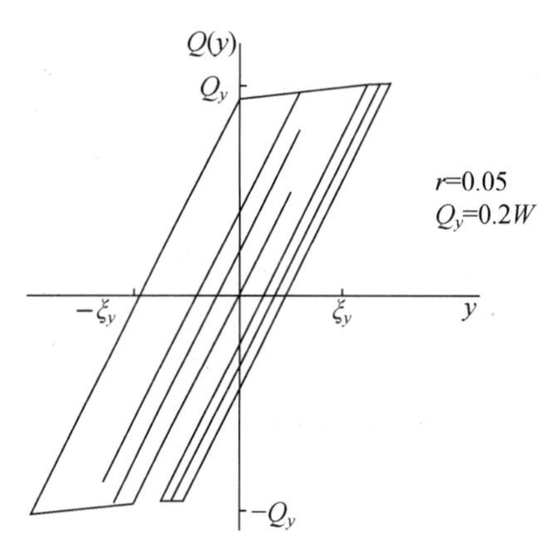

图 8.3.2　El Centro 地震波作用下恢复力-变形滞回情况

累积塑性变形损伤模型虽比最大变形损伤模型有所改进，但不能考虑不同塑性变形幅值往复振动对损伤的影响。因为即使在累积塑性变形 Δ_{cp} 相同的情况下，少数大幅值往复振动也可能比多数小幅值往复振动产生的损伤更大。

3. 耗能损伤模型

该模型认为结构的损伤是由于结构塑性变形耗能产生的。在单调加载的情况下，对于理想弹塑性结构对应最大弹塑性变形为 Δ 时的塑性耗能为 $E_P=F_y(\Delta-\Delta_y)$［图 8.3.3（a）］，而达到破坏极限时的塑性耗能为 $E_u=F_y(\Delta_u-\Delta_y)$［图 8.3.3（b）］。

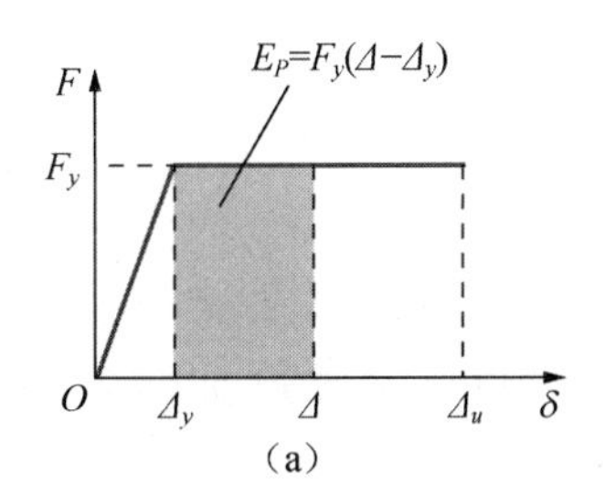

（a）

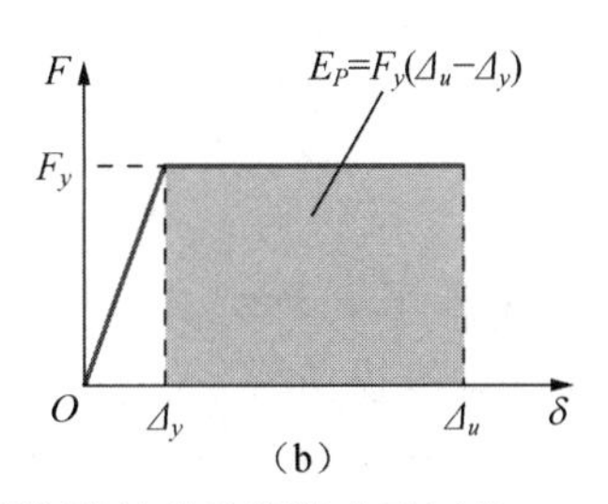

（b）

图 8.3.3　单调加载情况下理想弹塑性结构的塑性变形耗能

因此损伤指标可按下式计算：

$$\mathrm{DM}=\frac{E_P}{E_u}=\frac{F_y(\Delta-\Delta_y)}{F_y(\Delta_u-\Delta_y)} \tag{8.3.3}$$

当考虑往复振动影响时，取塑性耗能和累积滞回耗能之和（E_P+E_H）代替上式中单调加载情况下的塑性耗能 E_P，则有

$$\mathrm{DM}=\frac{E_P+E_H}{F_y(\Delta_u-\Delta_y)}=\frac{E_P+E_H}{F_y\Delta_y(\mu_u-1)} \tag{8.3.4}$$

对于理想弹塑性结构，耗能损伤模型与累积塑性变形损伤模型一致。而对具有非理想弹塑性滞回模型的结构，采用耗能损伤模型则比累积塑性变形损伤模型更为合理。

但耗能损伤模型未考虑在小振幅多往复振动情况下，塑性耗能和累积滞回耗能之和(E_P+E_H)可能在大于单调加载情况下破坏时塑性耗能，因此该模型是偏于保守的。

8.3.3　双参数损伤模型

结构地震破坏包括首次超越破坏和累积损伤破坏两种类型，而单参数损伤模型仅将结构状态参数与一种破坏极限状态比较，因此不能反映结构地震破坏常常同时包含两种破坏类型的事实。

而且，当两种破坏类型同时出现时，两类破坏极限状态也会相互影响，即结构塑性变形越大，其累积损伤破坏的极限值越小；反之，结构累积损伤越大，其塑性变形破坏的极限值也越小。

因此，更为合理的损伤模型应能同时反映最大变形和累积损伤这两种结构地震破坏类型。

考虑这两种结构状态参数的双参数模型一般可表示为

$$\mathrm{DM}=f\left(\frac{\Delta-\Delta_0}{\Delta_u(E_H)-\Delta_0},\frac{E_H}{E_u(\Delta)}\right) \tag{8.3.5}$$

式中，$\Delta_u(E_H)$为结构或构件的弹塑性变形极限，其值与结构或构件的累积滞回耗能 E_H 有关，累积滞回耗能 E_H 越大，$\Delta_u(E_H)$就越小；$E_u(\Delta)$为结构或构件的累积滞回耗能极限，其值与结构或构件的弹塑性变形Δ有关，弹塑性变形Δ越大，$E_u(\Delta)$就越小。

通常上式可用以下组合表达形式：

$$\mathrm{DM}=a\left(\frac{\varDelta-\varDelta_0}{\varDelta_u(E_H)-\varDelta_0}\right)^{\alpha}+b\left(\frac{E_H}{E_u(\varDelta)}\right)^{\beta} \tag{8.3.6}$$

1985年，美国学者Y. J. Park和洪华生（A. H. S. Ang）首次提出最大变形和累积滞回耗能线性组合的结构地震损伤模型，基于一大批美国和日本的钢筋混凝土梁、柱试验结果，他们给出的损伤指标定义为

$$\mathrm{DM}=\frac{\varDelta}{\varDelta_u}+\beta\frac{E_{PH}}{F_y\varDelta_u} \tag{8.3.7}$$

式中，β为反映结构实际特性的耗能因子，Y. J. Park和洪华生在大量试验结果分析的基础上，建议按下式计算：

$$\beta=(-0.447+0.073\lambda+0.240n+0.314\rho_t)\times0.7\rho_w \tag{8.3.8}$$

式中，λ为构件的剪跨比，当$\lambda<1.7$时取1.7；n为构件的轴压比，当$n<0.2$时取0.2；ρ_t为构件纵筋配筋率，当$\rho_t<0.75\%$时取0.75%；ρ_w为构件体积配箍率，当$\rho_w>2\%$时取2%。β一般在0～0.85之间变化，其平均值约为0.15。

Y. J. Park和洪华生的损伤模型较好地描述了结构地震损伤机理，且具有广泛的试验基础，自提出后在地震损伤评估中得到广泛的应用。

此后，许多研究者也对其他各种结构的双参数模型进行了研究。

江近仁、孙景江对国内45个砖墙在往复荷载作用下的试验结果进行分析，提出了砖砌体结构的双参数地震损伤模型，其损伤指标为

$$\mathrm{DM}=\frac{1}{14.61}\left[\left(\frac{\varDelta}{\varDelta'_y}\right)^2+3.67\left(\beta\frac{E_P+E_H}{F_u\varDelta'_y}\right)^{1.12}\right]^{1/2} \tag{8.3.9}$$

式中，$\varDelta'_y=F_u/k$，为墙体的名义屈服位移，其中k和F_u分别为墙体的初始刚度和极限强度。

欧进萍等对钢结构的地震损伤提出如下模型：

$$\mathrm{DM}=\left(\frac{\varDelta}{\varDelta_u}\right)^{\beta}+\left(\frac{E_P+E_H}{E_u}\right)^{\beta} \tag{8.3.10}$$

式中，β为非线性组合系数。对于一般结构，取$\beta=2.0$；对于重要结构，取$\beta=1.0$。

在众多研究者提出的双参数损伤模型中，均未考虑变形极限与耗能极限之间的相互影响。对于理想弹塑性情况，在单调加载时，当变形达到极限$\varDelta_u$（或延性系数达到μ_u）时，相应塑性耗能极限为$E_u=F_y(\varDelta_u-\varDelta_y)$。$E_u$为耗能极限最小值$E_{u,\min}$，因为试验表明，在变形小于极限$\varDelta_u$时，在低周疲劳反复荷载作用下达到破坏的耗能大于$E_{u,\min}$。从理论上来说，当变形略大于屈服变形$\varDelta_y$时，低周疲劳耗能将比$E_{u,\min}$要大。Takeda等在20世纪70年代初期从大量的钢筋混凝土延性构件的模型试验中发现，钢筋混凝土延性构件的位移延性系数$\mu_\varDelta$与构件经历的最大变形反复循环周数N之间存在一个确定的对应关系。Takeda建议的对应关系为

$$\mu_\varDelta N^{\alpha}=\mu_\varDelta^{s} \tag{8.3.11}$$

其中参数α和s的取值通过大量的试验数据进行标定。

8.3.4　等效极限延性系数

尽管双参数损伤模型能更好地反映结构或构件损伤机理，但由于需要根据结构或构件在往复地震作用下的时程分析结果来计算其累积塑性滞回耗能，给实用抗震设计带来很大不便。为此许多研究者提出考虑累积耗能影响的等效极限延性系数来确定结构或构件的地震损伤。

等效极限延性系数的概念如下：设在单调荷载作用下结构或构件达到破坏时的极限延性系数为μ_u，当受往复地震作用时，由于存在累积滞回耗能，结构或构件达到破坏时的延性系数μ_{ue}将小于μ_u，因此如取μ_{ue}作为考虑累积耗能影响的极限延性系数，则可按最大变形损伤模型来确定结构或构件的损伤指标 DM，使抗震设计变得简单。

Fajfa 提出的考虑滞回塑性耗能影响的等效极限延性系数的折算系数γ如下：

$$\frac{E_P + E_H}{F_y \varDelta_y} = \frac{(E_P + E_H)/m}{\omega^2 \varDelta^2}\left(\frac{\varDelta}{\varDelta_y}\right)^2 = \gamma^2 \mu^2 \tag{8.3.12a}$$

$$\gamma = \frac{\sqrt{(E_P + E_H)/m}}{\omega \varDelta} = \frac{V_{PH}}{4\omega \varDelta} \tag{8.3.12b}$$

式中，F_y为屈服强度，$F_y = k\varDelta_y = m\omega^2 \varDelta_y$；$\varDelta_y$为屈服位移变形；$m$为体系的质量；$\omega$为体系自振圆频率；$\varDelta$为地震位移反应；$\mu$为延性系数，$\mu = \varDelta/\varDelta_y$；$V_{PH} = \sqrt{2(E_P + E_H)/m}$，为塑性滞回耗能等价速度。

采用上述折算系数γ，取前述含有塑性滞回耗能的损伤模型，损伤指标 DM = 1，即可得到等效极限延性系数μ_{ue}。

例如，对耗能损伤模型有

$$\mu_{ue} = \frac{\sqrt{\mu_u - 1}}{\gamma} \tag{8.3.13}$$

由上式可知，折算系数γ越大，即塑性滞回耗能越大，往复低周疲劳影响越大，等效极限延性系数越小。折算系数γ越小，即塑性滞回耗能越小，往复低周疲劳影响越小，则结构或构件的损伤将主要取决于最大变形或延性。

当为单调加载情况时，折算系数γ达到其最小值。

对于理想弹塑性情况，在单调加载情况达到破坏时，仅有塑性耗能，无滞回耗能，即$E_P + E_H = F_y(\varDelta - \varDelta_y)$，因此折算系数$\gamma$的最小值为

$$\gamma_{\min} = \frac{\sqrt{\mu_u - 1}}{\mu_u} \tag{8.3.14}$$

Y. J. Park 和洪华生的双参数地震损伤模型的等效极限延性系数μ_{ue}为

$$\mu_{ue} = \frac{\sqrt{1 + 4\beta\gamma^2 \mu_u} - 1}{2\beta\gamma^2} \tag{8.3.15}$$

图 8.3.4 所示为由以上两种损伤模型得到的等效极限延性系数μ_{ue}与单调加载极限延性系数μ_u的关系。

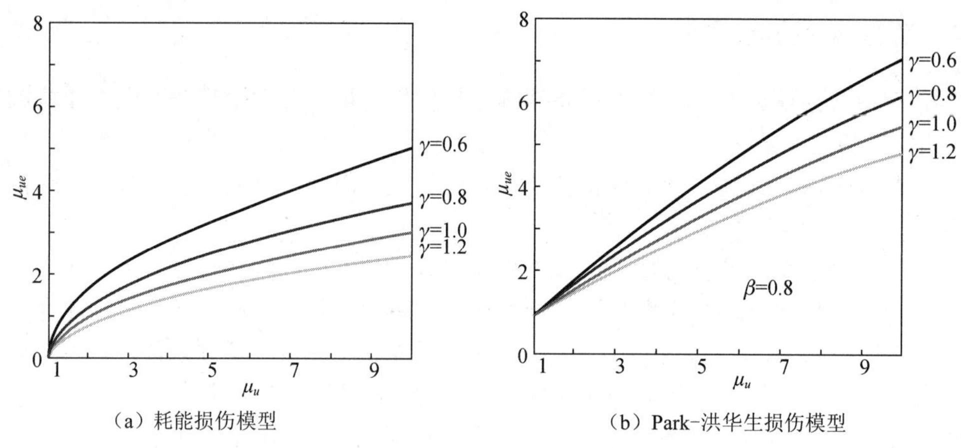

（a）耗能损伤模型　　（b）Park-洪华生损伤模型

图 8.3.4　等效极限延性系数μ_{ue}与单调加载极限延性系数μ_u的关系

由图 8.3.4 可见，考虑了塑性滞回耗能影响的等效极限延性系数μ_{ue}小于单调加载极限延性系数μ_u，且随折算系数γ的增加，即塑性滞回耗能增大，等效极限延性系数μ_{ue}减小。

在折算系数和单调加载极限延性系数μ_u相同的情况下，耗能损伤模型的等效极限延性系数μ_{ue}小于 Park-洪华生双参数损伤模型的，这是因为耗能损伤模型中耗能极限 E_u 取单调加载下的塑性耗能极限，偏于保守。

由$\gamma=\dfrac{\sqrt{(E_P+E_H)/m}}{\omega\varDelta}=\dfrac{V_{PH}}{4\omega\varDelta}$知，折算系数$\gamma$取决于结构的自振频率$\omega$、塑性滞回耗能等价速度 V_{PH}和最大位移反应$\varDelta$。

Fajfa 采用时程分析方法研究了抗震承载力系数 R、目标延性系数、不同地震波、滞回模型、阻尼比和自振频率等对折算系数γ的影响。

图 8.3.5 所示为双线性滞回模型和 Clough 滞回模型在不同目标延性系数时的折算系数γ谱。

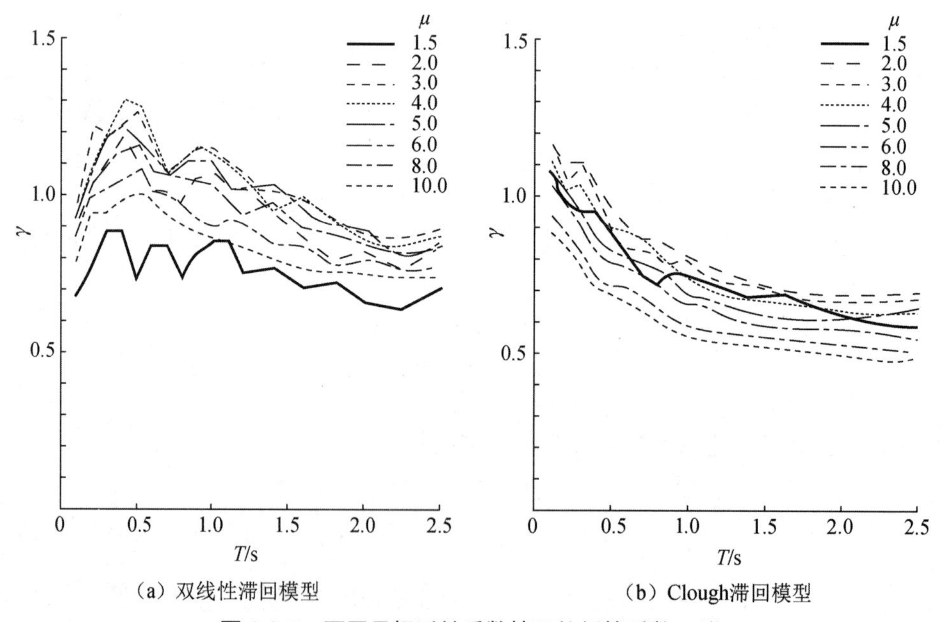

（a）双线性滞回模型　　（b）Clough滞回模型

图 8.3.5　不同目标延性系数情况的折算系数γ谱

对于实用抗震设计，Fajfa 建议采用图 8.3.5 中折算系数γ的上包络线，对双线性滞回模型可近似取$\gamma=1.0$，对 Takeda 滞回模型可近似取$\gamma=0.7$。

8.3.5　损伤程度评价

Park 等人根据他们提出的结构地震损伤模型和地震震害分析，建议结构损伤程度和损伤指标的关系为

$$\begin{cases} \mathrm{DM} \leqslant 0.4, & \text{可修复} \\ \mathrm{DM} > 0.4, & \text{不可修复} \\ \mathrm{DM} > 1.0, & \text{倒塌} \end{cases}$$

欧进萍根据我国震害调查情况和分析，给出钢筋混凝土框架结构的震害损伤程度和损伤指标范围如表 8.3.1 所示。

在上述研究的基础上，欧进萍根据我国现行结构抗震规范“小震不坏、中震可修、大震不倒”的三水准抗震设防要求，给出了钢筋混凝土结构三水准抗震设计的性能目标和相应损伤指标 DM，如表 8.3.2、表 8.3.3 和图 8.3.6 所示。

表 8.3.1　钢筋混凝土框架结构的震害损伤程度和损伤指标范围

损伤程度	震害描述	损伤指标 DM 范围
基本完好	梁或柱端有局部不贯通的细小裂缝，墙体局部有细小裂缝，稍加修复即可使用	0～0.20
轻微破坏	梁或柱端有贯通的细小裂缝，节点处混凝土保护层局部剥落，墙体大都有内外贯通的裂缝，较易修复	0.20～0.40
中等破坏	柱端周围裂缝、混凝土局部压碎和露筋、节点严重裂缝、梁折断等，墙体普遍严重开裂或部分墙体裂缝扩张，难以修复	0.40～0.60
严重破坏	柱端混凝土压碎崩落、钢筋压屈、梁板下塌、节点混凝土压裂露筋，墙体部分倒塌，难以修复	0.60～0.90
倒塌	主要构件折断、倒塌或整体倾倒，结构完全丧失功能	>0.90

表 8.3.2　三水准抗震设防与损伤指标

设防水准	小震不坏	中震可修	大震不倒
损伤程度	基本完好	轻微破坏和中等破坏	严重破坏和倒塌
损伤性能目标	0.00～0.25	0.25～0.50	0.50～0.90

表 8.3.3　不同损伤等级的结构损伤指标(DM)

损伤等级 / 作者	基本完好	轻微破坏	中等破坏	严重破坏	倒塌
牛荻涛等	0～0.2	0.2～0.4	0.4～0.65	0.65～0.9	>0.9
刘伯权等	0～0.10	0.11～0.30	0.31～0.60	0.61～0.85	0.86～1.0
欧进萍等	0.10	0.25	0.45	0.65	0.9
江近仁等	0.228	0.254	0.420	0.777	1.000
Ghobarah 等	0～0.15		0.15～0.3	0.3～0.8	>0.8
Park 和 Ang	0～0.4（可修复破坏）			0.4～1.0（不可修复破坏）	≥1.0

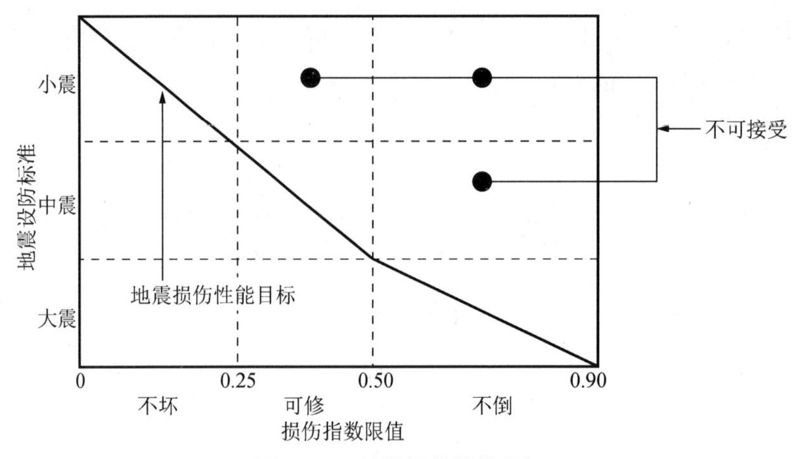

图 8.3.6　地震损伤性能目标

习题

1．什么是单自由度地震能量分析和多自由度地震能量分析？

2．什么是地震输入能量谱？

3．什么是地震损伤分析模型？有哪些地震损伤分析模型？有哪些损伤指标？

参考文献

[1] 白少良，等．基于能量准则的结构抗震设计分析方法研究[R]．国家自然科学基金项目总结报告，1995．

[2] 弓俊青，朱晞．一种以位移为基础的抗震设计方法[J]．内蒙古科技大学学报, 2000, 19(2): 150-154.

[3] 江近仁，孙景江．砖结构的地震破坏模型[J]．地震工程与工程振动, 1987(1): 20-34.

[4] 欧进萍，何政，吴斌，等．钢筋混凝土结构基于地震损伤性能的设计[J]．地震工程与工程振动，1999(1): 21-30.

[5] 欧进萍，何政，吴斌，等．钢筋混凝土结构的地震损伤控制设计[J]．建筑结构学报, 2000(1): 63-70+76.

[6] 欧进萍，牛荻涛，王光远．多层非线性抗震钢结构的模糊动力可靠性分析与设计[J]．地震工程与工程振动, 1990, 10(4): 11.

[7] 韦承基．弹塑性结构的位移比谱[J]．建筑结构学报, 1983(1): 40-48.

[8] 肖明葵，王耀伟，严涛，等．抗震结构的弹塑性位移谱[J]．重庆建筑大学学报, 2000, 22(0Z1): 34-40.

[9] 杨松涛，叶列平，钱稼茹．地震位移反应谱特性的研究[J]．建筑结构, 2002(5): 47-50.

[10] AKIYAMA H. Earthquake-resistant limit-state design for buildings[M]. Tokyo: University of Tokyo Press, 1985.

[11] FAJFAR P. Equivalent ductility factors, taking into account low-cycle fatigue[J]. Earthquake Engineering & Structural Dynamics, 1992, 21: 837-848.

[12] FAJFAR P, VIDIC T. Consistent inelastic design spectra: Hysteretic and input energy[J]. Earthquake Engineering & Structural Dynamics, 1994, 23(5): 523-537.

[13] HOUSNER G W. Behavior of Structures during Earthquakes[J]. Journal of the Engineering Mechanics Division, 1959, 85: 283-303.

[14] EDUARDO M. Seismic evaluation and upgrading of existing buildings[D]. Berkeley: University of California Berkeley, 1991.
[15] PARK Y, AH-Ang. Mechanistic Seismic Damage Model for Reinforced Concrete[J]. Journal of Structural Engineering, 1985, 111(4): 722-739.
[16] PARK Y, AH-Ang, WEN Y K. Seismic Damage Analysis of Reinforced Concrete Buildings[J]. Journal of Structural Engineering, 1985, 111(4): 740-757.
[17] POWELL G H , ALLAHABADI R. Seismic damage prediction by deterministic methods: Concepts and procedures[J]. Earthquake Engineering & Structural Dynamics, 2010, 16(5): 719-734.
[18] SHIMAZAKI K, SOZEN M A . Seismic drift of reinforced concrete structures[J]. Journal of Structural and Construction Engineering (Transactions of AIJ), 1993, 444: 95-104.
[19] VELETSOS A S, NEWMARK N M. Effect of Inelastic Behaviour on the Response of Simple Systems to Earthquake Motions[C]. Second World Conference on Earthquake Engineering, 1960.
[20] TOMA, VIDIC, PETER, et al. Consistent inelastic design spectra: Strength and displacement[J]. Earthquake Engineering & Structural Dynamics, 1994, 23(5): 507-521.
[21] WHITTAKER A, TSOPELAS P, Constantinou M. Displacement estimates for performance-based seismic design[J]. Journal of Structural Engineering, 1998(8): 124.
[22] YE L, OTANI S. Maximum seismic displacement of inelastic systems based on energy concept[J]. Earthquake Engineering & Structural Dynamics, 1999, 28(12): 1483-1499.

第 9 章　结构抗震设计方法和规范

9.1　结构抗震设计方法的发展

结构抗震设计方法的发展历史是人们对地震作用和结构抗震能力认识不断深化的过程。对结构抗震设计方法发展历史的回顾，有助于提升对结构抗震原理的认识。

结构抗震设计方法经历了静力法、反应谱法、延性设计法、能力设计法、基于能量平衡的极限设计法、基于损伤设计法和近年来正在发展的基于性能/位移设计法几个阶段。有些设计法的发展阶段相互交错，并相互渗透。为了更好地从结构抗震原理上认识和理解结构抗震设计方法，本节将结构抗震设计方法分为：

（1）基于承载力设计方法；

（2）基于承载力和构造保证延性设计方法；

（3）基于损伤和能量设计方法；

（4）能力设计方法；

（5）基于性能/位移设计方法。

以下分别简要介绍上述抗震设计方法。

9.1.1　基于承载力设计方法

基于承载力设计方法又可分为静力法和反应谱法。

静力法产生于 20 世纪初期，是最早的结构抗震设计方法。20 世纪初日本浓尾、美国旧金山和意大利 Messina 的几次大地震中，人们注意到地震产生的水平惯性力对结构的破坏作用，提出把地震作用看成作用在建筑物上的一个总水平力，该水平力取为建筑物总质量乘以一个地震系数。意大利都灵大学应用力学教授 M.Panetti 建议，1 层建筑物取设计地震水平力为上部质量的 1/10，2 层和 3 层取上部质量的 1/12。这是最早的将水平地震力定量化的建筑抗震设计方法。1923 年日本关东大地震后，日本《都市建筑法》首次增设的抗震设计规定，取地震系数为 0.1。1927 年美国 UBC 规范第一版也采用静力法，地震系数也是取 0.1。

用现在的结构抗震知识来考察，静力法没有考虑结构的动力效应，即认为结构在地震作用下，随地基作整体水平刚体移动，其运动加速度等于地面运动加速度，由此产生水平惯性力，即建筑物质量与地震系数的乘积，并沿建筑高度均匀分布。考虑到不同地区地震强度的差别，设计中取用的地面运动加速度按不同地震烈度分区给出。

根据结构动力学的观点，地震作用下结构的动力效应，即结构上质点的地震响应加速度不同于地面运动加速度，而是与结构自振周期和阻尼比有关。采用动力学的方法可以求得不同周期单自由度弹性体系质点的加速度反应。以地震加速度反应为纵坐标，以体系的自振周期为横坐标，所得到的关系曲线称为地震加速度反应谱，以此来计算地震作用引起的结构上的水平惯性力更为合理，这即是反应谱法。对于多自由度体系，可以采用振型分解组合方法来确定地震作用。

反应谱法的发展与地震地面运动的记录直接相关。1923 年，美国研制出第一台强震地面运动记录仪，并在随后的几十年间成功地记录到许多强震记录，其中包括 1940 年的 El Centro 和 1952 年的 Taft 等多条著名的强震地面运动记录。1943 年 M.A.Biot 发表了以实际地震记录求得的加速度反应谱。20 世纪 50—70 年代，以美国的 G. W. Housner、N. M. Newmark 和 R. W. Clough 为代表的一批学者在此基础上又进行了大量的研究工作，对结构动力学和地震工程学的发展做出了重要贡献，奠定了现代反应谱抗震设计理论的基础。

然而，静力法和早期的反应谱法都是以惯性力的形式来反映地震作用，并按弹性方法来计算结构地震作用效应。当遭遇超过设计烈度的地震作用，结构进入弹塑性状态时，这种方法显然无法应用。同时，在由静力法向反应谱法过渡的过程中，人们发现短周期结构加速度谱值比静力法中的地震系数大 1 倍以上。这使得地震工程师无法解释以前按静力法设计的建筑物如何能够经受得住强烈地震作用。

9.1.2　基于承载力和构造保证延性设计方法

为解决由静力法向反应谱法的过渡问题，以美国 UBC 规范为代表，通过地震力降低系数 R 将反应谱法得到的加速度反应值 α_m 降低到与静力法水平地震相当的设计地震加速度 α_d：

$$\alpha_d = \alpha_m / R \tag{9.1.1}$$

地震力降低系数 R 对延性较差的结构取值较小，对延性较好的结构取值较大。尽管最初利用地震力降低系数 R 将加速度反应降下来只是经验性的，但人们已经意识到应根据结构的延性性质不同来取不同的地震力降低系数。这是考虑结构延性对结构抗震能力贡献的最早形式。然而对延性重要性的认识却经历了一个长期的过程。

在确定和研究地震力降低系数 R 的过程中，G. W. Housner 和 N.M.Newmark 分别从两个角度提出了各自的看法。

G. W. Housner 认为考虑地震力降低系数 R 的原因有：每一次地震中可能包括若干次震动，较小的响应可能出现多次，而较大的地震响应可能只出现一次。此外，某些地震峰值反应的时间可能很短，实际情况表明这种脉冲式地震作用带来的震害相对较小。基于这一观点，形成了现在考虑地震重现期的抗震设防目标。

随着研究的深入，N. M. Newmark 认识到结构的非弹性变形能力可使结构在较小的屈服承载力的情况下经受更大的地震作用。由于结构进入非弹性状态即意味着结构的损伤和遭受一定程度的破坏，基于这一观点，形成了现在的基于损伤的抗震设计方法，并促使人们对结构非弹性地震响应的研究。而进一步采用能量观点对此进行研究的结果，则形成现在的基于能量的抗震设计方法。

然而由于进行结构非弹性地震响应分析比较困难，只能根据震害经验采取必要的构造措施来保证结构自身的非弹性变形能力，以适应和满足结构非弹性地震响应的需求。而结构的抗震设计方法仍采用小震下按弹性反应谱计算的地震力来确定结构的承载力。

与考虑地震重现期的抗震设防目标相结合，采用反应谱的基于承载力和构造保证延性的设计方法成为目前各国抗震设计规范的主要方法。应该说这种设计方法是在对结构非弹性地震响应尚无法准确预知情况下的一种以承载力设计为主的方法。

9.1.3 基于损伤和能量设计方法

在超过设防地震作用下，虽然非弹性变形对结构抗震和防止结构倒塌有着重要作用，但结构自身将因此产生一定程度的损伤。而当非弹性变形超过结构自身非弹性变形能力时，则会导致结构的倒塌。因此，对结构在地震作用下非弹性变形以及由此引起的结构损伤的研究就成为结构抗震研究的一个重要方面，并由此形成基于结构损伤控制的抗震设计方法。在该设计方法中，人们试图引入反映结构损伤程度的某种指标作为设计指标。许多研究者根据自己对地震作用下结构损伤机理的分析，提出了多种不同的结构损伤指标计算模型。这些研究加深了人们对结构抗震机理的认识，尤其是将能量耗散能力引入损伤指标的计算。但由于涉及的结构损伤机理较为复杂，需要确定结构非弹性变形以及累积滞回耗能等指标，并且结构达到破坏极限状态时的阈值与结构自身设计参数的关系中也存在一些未解决的问题。

从能量观点来看，结构能否抵御地震作用而不产生破坏，主要在于结构能否以某种形式耗散地震输入到结构中的能量。其能量平衡关系可表示为

$$E_K + E_D + E_S = E_{EQ} \tag{9.1.2}$$

式中，E_K 为体系动能；E_D 为体系阻尼耗能；E_S 为体系变形能，由弹性变形能 E_E、塑性变形能 E_P 和滞回耗能 E_H 三部分组成，即 $E_S = E_E + E_P + E_H$；E_{EQ} 为地震作用对体系输入的能量。地震结束后，质点的速度为 0，体系弹性变形恢复，故动能 E_K 和弹性应变能 E_E 等于零，能量方程式（9.1.2）成为

$$E_D + E_P + E_H = E_{EQ} \tag{9.1.3}$$

上式表明，地震对体系的输入能量 E_{EQ} 最终由体系的阻尼、体系的塑性变形和滞回耗能所耗散。因此，从能量观点来看，只要结构的阻尼耗能与体系的塑性变形耗能和滞回耗能能力大于地震输入能量，结构即可有效抵抗地震作用，不产生倒塌。由此形成了基于能量平衡的极限设计方法。近年来，我国学者基于能量平衡概念提出了结构非弹性变形的计算方法，为将能量概念引入结构抗震设计方法中做了有益的尝试。

基于能量平衡概念来理解结构的抗震原理简洁明了，但将其作为实用抗震设计方法仍有许多问题尚待解决，如地震输入能量谱、体系耗能、阻尼耗能和塑性滞回耗能的分配，以及塑性滞回耗能体系内的分布规律等。同时，尽管基于损伤和能量的抗震设计方法在理论上有其合理之处，但直接以损伤和能量作为设计指标不易为一般工程设计人员所采用，因此一直未得到实际应用。但关于损伤和基于能量概念的研究为实用抗震设计方法中保证结构抗震能力提供了理论依据，具有重要的指导作用。

9.1.4 能力设计方法

20 世纪 70 年代后期，新西兰的 T. Paulay 和 R. Park 提出了保证钢筋混凝土结构具有足够弹塑性变形能力的能力设计方法。该方法是基于对非弹性性能对结构抗震能力贡献的理

解和超静定结构在地震作用下实现具有延性破坏机制的控制思想提出的，可有效保证和达到结构抗震设防目标，同时又使设计经济合理。

能力设计方法的核心是：①引导框架结构或框架-剪力墙（核心筒）结构在地震作用下形成梁铰机构，即使得塑性变形能力大的梁端先于柱出现塑性铰，即所谓“强柱弱梁”；②避免构件（梁、柱、墙）剪力较大的部位在梁端达到塑性变形能力极限之前发生非延性破坏，即控制脆性破坏形式的发生，即所谓“强剪弱弯”；③通过各类构造措施保证将出现较大塑性变形的部位确实具有所需要的非弹性变形能力。

到20世纪80年代，各国规范均在不同程度上采用了能力设计方法的思路。能力设计方法的关键在于将控制概念引入结构抗震设计，有目的地引导结构破坏机制，避免不合理的破坏形态。该方法不仅使得结构抗震性能和能力更易于掌握，同时也使得抗震设计变得更为简便、明确，即后来在抗震概念设计中提出的主动抗震设计思想。

9.1.5 基于性能/位移设计方法

通过多年的研究和实践，人们基本掌握了结构抗震设计方法，并达到原来所预定的抗震设防目标。然而20世纪90年代发生在一些发达国家现代化大城市的地震，人员伤亡虽然很少，且一些设备和装修投资很高的建筑物并没有倒塌，但因结构损伤过大，所造成的经济损失十分巨大。如1994年1月美国西海岸洛杉矶地区的地震，震级仅为6.7级，死亡57人，而由于建筑物损坏造成1.5万人无家可归，经济损失达170亿美元。1995年1月日本阪神地震，7.2级，死亡6430人（大多是旧建筑物倒塌造成），但经济损失却高达960亿美元。

因此在现代化充分发展的今天，研究人员意识到再单纯强调结构在地震下不严重破坏和不倒塌，已不是一种完善的抗震思想，不能适应现代工程结构抗震的需求。在这样的背景下，美、日学者提出了基于性能（performance based design, PBD）的抗震设计思想。基于性能设计的基本思想就是使所设计的工程结构在使用期间满足各种预定的性能目标要求，而具体性能要求可根据建筑物和结构的重要性确定。

应该说，基于性能抗震设计是对传统单一抗震设防目标推广后的新理念，或者说它给了设计人员一定“自主选择”抗震设防标准的空间。然而问题是对结构性能状态的具体描述和计算以及设计标准目前尚未明确，因此可以说基于性能抗震设计目前仅停留在概念阶段。

对于结构工程师来说，可明确描述结构性能状态的物理量主要有力、位移（刚度）、速度、加速度、能量和损伤。基于性能设计要求能够给出结构在不同强度地震作用下这些结构性能指标的反应值（需求值），以及结构自身的能力值，尤其当结构进入非弹性阶段时。

由于用力（承载力）作为单独的指标难以全面描述结构的非弹性性能及破损状态，而用能量和损伤指标又难以实际应用，因此目前基于性能抗震设计方法的研究主要用位移指标对结构的抗震性能进行控制，称为基于位移抗震设计方法（displacement based design, DBD）。

无论是基于性能还是基于位移，抗震设计的难点仍然是结构进入非弹性阶段后结构性态的分析。这一点与以往抗震设计方法一样，只是基于性能/位移抗震设计理念的提出，使研究人员更加注重对结构非弹性地震响应分析和计算的研究。

在基于位移抗震设计方法研究中，值得推荐的是能力谱法。该方法由S. A. Freeman于

1975 年提出。近几年研究人员对能力谱曲线以及需求谱曲线的确定方法做了进一步改进，使得该方法成为各国推进基于位移设计方法的一种主要方法，如图 9.1.1 所示。

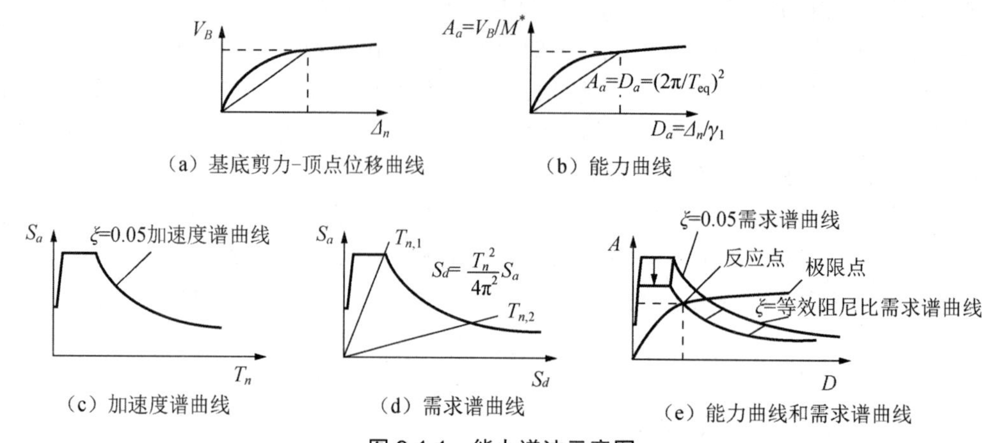

图 9.1.1　能力谱法示意图

结构的能力曲线是由结构的等效单自由度体系的力-位移关系曲线转化为加速度-位移关系曲线来表示的。等效单自由度体系的力-位移关系即为由结构静力弹塑性分析（即推覆分析）得到的基底剪力-顶点位移关系曲线［图 9.1.1（a）]，根据动力学方法等效转换后得到能力曲线［图 9.1.1（b）]。

需求谱曲线由单自由度体系的反应谱在加速度-位移坐标系中的曲线表示[图 9.1.1(d)]。最初，需求谱曲线仅由等价线弹性单自由度体系的加速度谱［图 9.1.1（c）]得到。为反映非弹性性能对反应谱的影响，早期研究人员采用根据延性系数按能量等效换算得到的具有等价阻尼比的弹性反应谱，后来 Fajfa 建议直接采用对应不同延性系数的一组弹塑性需求谱曲线。

将能力曲线和需求谱曲线在同一加速度-位移坐标系绘出［图 9.1.1（e）]，则能力曲线与相应阻尼比或延性系数的需求谱曲线的交点即为地震响应点，若能力曲线的极限点大于该地震响应点，则认为结构的抗震性能满足要求。

能力谱法十分简便而直观，而且一旦某结构的能力曲线确定，即可与不同地震强度水平的需求谱曲线进行对比，以确定该结构在不同地震强度水平下的性能。

值得指出的是，能力谱法中用到以下方法来确定能力曲线：依据位移模式或分布力模式采用推覆分析方法获得结构的基底剪力-顶点位移关系。该计算方法假定结构的弹性位移模式与弹塑性位移模式一致，对该问题目前国际上尚有争论。此外，按能力谱法确定的需求位移未考虑结构损伤和滞回耗能的影响。更详细的内容将在本书第 10 章进行介绍。

9.2　结构抗震能力和性能指标

9.2.1　结构的性能指标

结构的抗震性能指标主要有周期（刚度）、承载力、延性、累积滞回耗能。结构周期决定了弹性地震作用的大小，当结构承载力小于弹性地震力时则会导致结构在地震作用下进入非弹性阶段而产生损伤，而延性和累积滞回耗能的大小反映了结构损伤程度。

根据前述对结构抗震设计方法发展历史的回顾，以及对结构抗震性能和抗震设防水准的分析，我们注意到目前的抗震设计方法发展方向，即所谓基于性能设计理念，要求根据具体工程需要确定相应的设防水准，并给出相应的性能需求目标，以设计出具备相应抗震能力的结构。

从结构角度来看，地震作用下对结构性能需求主要有以下几个方面，即刚度需求、承载力需求、位移或延性需求、耗能需求、损伤需求等。由以上分析可知，在某一地震水平作用下，这些性能需求之间是相互关联的，因此如果通过几个关键性能指标的需求来进行抗震设计，将使得设计方法更实用和可操作。

目前各国抗震设计方法中，一般均是根据一定的抗震设防目标，按结构的刚度（周期）来确定结构的承载力（即承载力需求），而位移或延性需求则主要通过构造措施予以保证，只是这种保证措施未进入量化阶段。从基于性能设计理念来看，这实际上是一种在给定设防水准下，对位移或延性需求尚无法预计情况下的简化设计方法。

结构的延性能力是指结构或构件在屈服后，承载力没有显著降低情况的变形能力。结构延性取决于结构或构件的自身材料属性、结构和构件形式、受力状态、构造特点和破坏机制等。延性一般用延性系数表示，延性系数定义为极限变形与屈服变形的比值。

对于构件，变形可为截面曲率ϕ、杆端转角θ、构件挠度f，屈服变形定义为受拉钢筋屈服时的变形，极限变形一般定义为承载力降低 10%～20%时的变形。对于结构，变形是指整体结构在地震作用下的侧移变形，通常用结构顶点位移Δ表示。对于整个结构而言，当某个构件屈服出现塑性铰时，结构开始出现塑性变形，但一个构件屈服只会使结构刚度略有降低。随着出现塑性铰的构件数量逐渐增多，结构塑性变形逐渐增大，结构刚度逐渐降低。当出现塑性铰的构件数量达到一定值后，结构才会出现“屈服”现象，即结构进入变形迅速增大而承载力略有增大的塑性阶段。因此，结构的“屈服”有个过程，难以明确定义屈服位移Δ_y。实际操作中可以取整体结构刚度出现显著变化的点。结构承载力降低的过程与屈服过程类似，当某些构件达到变形极限后，承载力显著降低或破坏，结构的承载能力开始降低，当破坏的构件达到一定数量后，结构的承载能力有明显降低，结构的极限变形Δ_u是整个结构不能维持其承载能力，即承载能力下降到最大承载力的 80%～90%时的变形。

承载力和延性是结构抗震能力最重要的两个方面。对于给定设计地震作用，承载力越大，延性需求就越小；反之，承载力越小，延性需求就越大。结构的延性是在结构抗震承载力不足时对结构抗震能力的重要补充，也是结构抗震耗能能力的主要部分。由于地震不是经常出现的作用，因此没有必要要求结构始终保持弹性。当遭遇超过结构承载力的地震作用时，结构的延性能力就成为避免结构倒塌的重要条件。足够的延性能力对于避免结构在罕遇地震下的倒塌具有重要作用。如果结构的延性能力越大（如延性框架结构、钢结构），结构所需要的抗震承载力就可以取得越小；而如果结构的延性能力越小（如砌体结构），结构所需要的抗震承载力就要取得越大。因此，具有延性的结构可使得设计更为经济合理。

对结构抗震来说，整体结构的延性更为重要，构件的延性是为了保证出现塑性铰部位的变形能力和耗能能力，结构的延性与构件的延性既有联系，又有区别。要保证整体结构的延性，首先要保证整体结构具有合理的变形模式和屈服机制。在此前提条件下，再通过构造措施实现构件的延性能力。为了保证结构具有合理的变形模式和屈服机制，通常采用的办法是使常见的框架或框剪结构在地震作用下形成梁铰机构，同时使梁、柱、墙中受剪力较大的部位在梁铰形成前不出现剪切破坏，而且通过构造措施保证将出现较大塑性变形的部位具有所需的变形能力，该方法已在新西兰1982年版《混凝土结构标准》（NZS3101）中采用。20世纪80年代美国的UBC和ACI318、欧洲各国规范和我国《抗规》都先后建立了一定程度上具有能力设计（capacity design）特点的钢筋混凝土结构抗震设计方法，但又都不是采用完全的梁铰机制。在中等及更大地震作用下形成一种以梁铰为主，同时不排除某些柱端出现塑性铰的情况，有人称之为“梁-柱铰混合机制”。

应该说承载力和位移（或延性）是结构抗震性能的两个最主要性能指标，其他性能指标可通过各指标之间的内在联系，采用等效方法予以考虑，这对于随机特性很强的地震作用，是可以满足一般工程结构的需要的。图9.2.1以单自由度体系为例表示出周期（刚度）、承载力、延性和累积滞回耗能这四个抗震性能指标之间的关系。对于某一初始周期单自由度体系，设其最大弹性地震力为 F_e（图9.2.1中 A 点）。若屈服承载力 F_y 小于 F_e，则结构将会进入弹塑性阶段，并以其延性和往复滞回耗能继续抵御地震作用，耗散地震输入能量。图9.2.1中 BC 段为非弹性变形大小，累积滞回耗能可用若干个等效面积 $CEFG$ 来反映。结构的非弹性变形能力和滞回耗能能力越大，则结构在较低屈服承载力水平下的抗震能力就越好。因此，延性和累积滞回耗能是结构对其弹性抗震能力不足的补充，其代价是结构的损伤。

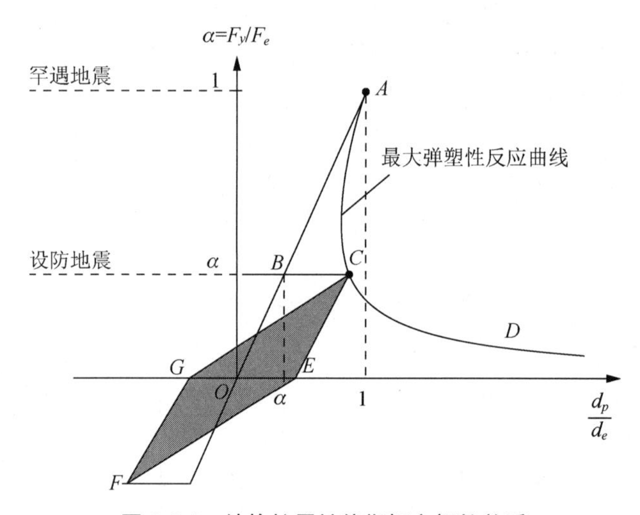

图9.2.1　结构抗震性能指标之间的关系

由以上分析可见，结构的承载力越大，对延性和滞回耗能的需求就越小。因此，基于性能和基于位移的设计方法，实际上就是改变以往仅按某一地震水平来确定结构承载力的做法，而取代以根据结构性能要求来合理确定结构承载力、延性和累积滞回耗能的需求。

研究表明，结构的损伤程度（或损伤指标）与延性系数和累积滞回耗能均有关。图9.2.2所示为达到损伤极限状态时延性系数和累积滞回耗能的关系。单调加载下的损伤极限状态所能达到的延性系数最大，而塑性耗能最小［图9.2.2（b）和（a）中 A 点］；随着反复累积滞回耗能的增加，极限延性系数将相应减小［图9.2.2（c）和（a）中 B 点］。如果能获得损伤极限状态的延性系数和累积滞回耗能关系曲线［图9.2.2（a)］，则在实用设计方法中可以根据滞回耗能大小用等效延性系数来综合反映结构的损伤指标。

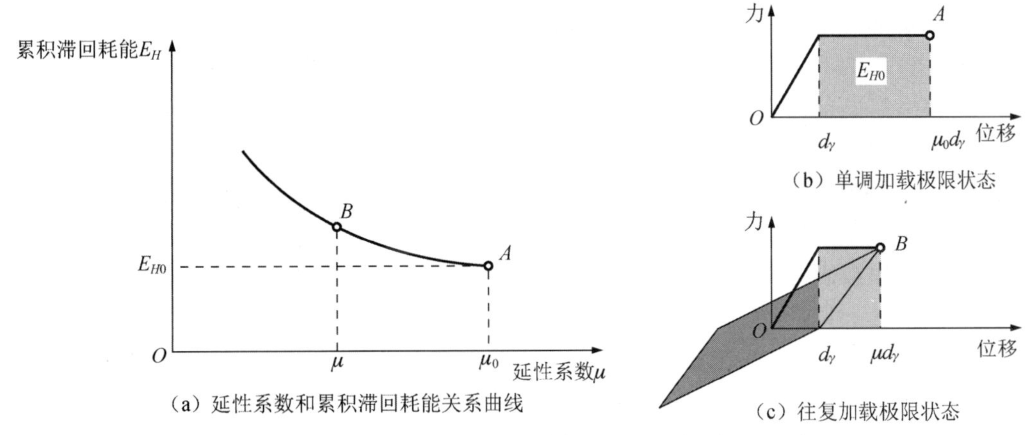

图 9.2.2　损伤极限状态的延性系数和累积滞回耗能关系

9.2.2　抗震设防水准与抗震性能需求

如前所述，G. W. Housner 从地震动峰值反应时间角度对地震力降低系数 R 的研究，推动了现在考虑地震重现期的抗震设防目标的确定。

长期地震观测表明，在同一地区不同强度地震的重现期是不同的。强度小的地震重现期较短，一般 10～50 年发生一次，即所谓频遇地震或“小震”；强度较大的地震重现期较长，一般 100～500 年发生一次，即所谓设防地震或“中震”；而强度特别大的强烈地震重现期一般为数千年，即所谓罕遇地震或“大震”。

但工程结构的使用寿命一般为 50～100 年，因此要求结构在罕遇地震作用下不产生破坏显然是不合适和不经济的。这就提出了对于不同强度地震的重现期，结构应具有不同的抗震性能的要求，即所谓抗震设防目标。目前国际上公认的较为合理的抗震设防目标如下：

（1）在频遇地震作用下，结构地震响应应处于弹性阶段，结构无损坏或轻微损坏，且结构变形很小，不会导致非结构构件的破坏，震后可无条件继续使用。

（2）在设防地震作用下，结构和非结构构件损伤在一定限度以内，震后经修复可继续使用。

（3）在罕遇地震作用下，结构不产生倒塌，非结构构件无脱落或落下，保证人身安全。

上述抗震设防目标，即所谓“小震不坏、中震可修、大震不倒”，为目前各国抗震规范所广泛接受。现在的问题是这种单一的抗震设防目标已不能适应现代工程结构对抗震性能的需求。许多重要建筑对大震作用下的性能要求也不再是不倒塌，而是应满足一定性能指标要求，以保证其仍具有一定的建筑功能和使用功能。这即是基于性能抗震设计方法研究的目的。

由图 9.2.1 可知，抗震设防水准与结构延性和地震力降低系数 R（图 9.2.1 中$\alpha=1/R$）有着密切联系。若设罕遇地震作用下的弹性地震力为 F_e，设防地震作用下的弹性地震力为结构屈服承载力 F_y，则 F_e/F_y 即为地震力降低系数 R。由此可知，设防地震作用越小，地震力降低系数 R 越大，则结构在可能遭遇到的大震作用下非弹性变形程度或损伤程度也就越大。因此，结构非弹性变形能力的需求直接与地震力降低系数 R，也即抗震设防水平有密切的关系。

我们不可能以罕遇地震下结构不产生损伤为目标来进行结构抗震设防，因此任何水准的抗震设防目标都不可能保证结构在未来遭遇到的罕遇地震下不产生损伤。而基于性能抗震设计的要求是，确定可能的损伤会有多大，以及达到这样大的损伤程度有多大的概率。

图 9.2.3 可以较好地帮助我们建立和确定设防水准与损伤概率的联系。图 9.2.3（a）中 S、M、L 三个点分别对应小震、中震和大震的弹性地震力反应，它们出现的概率与这三个地震水平的发生概率 $P(I_S)$、$P(I_M)$、$P(I_L)$ 一致。设防水平为 F_y 的结构，在小震作用下处于弹性，未产生损伤；在中震作用下非弹性变形达到 $D_{d,M}$，相应的损伤程度可用等效延性系数$\mu_{d,M}$来反映，其相应的概率为 $P(I_M)$；同样，对于大震作用，非弹性变形达到 $D_{d,L}$，相应的等效延性系数和概率分别为$\mu_{d,L}$和 $P(I_L)$。

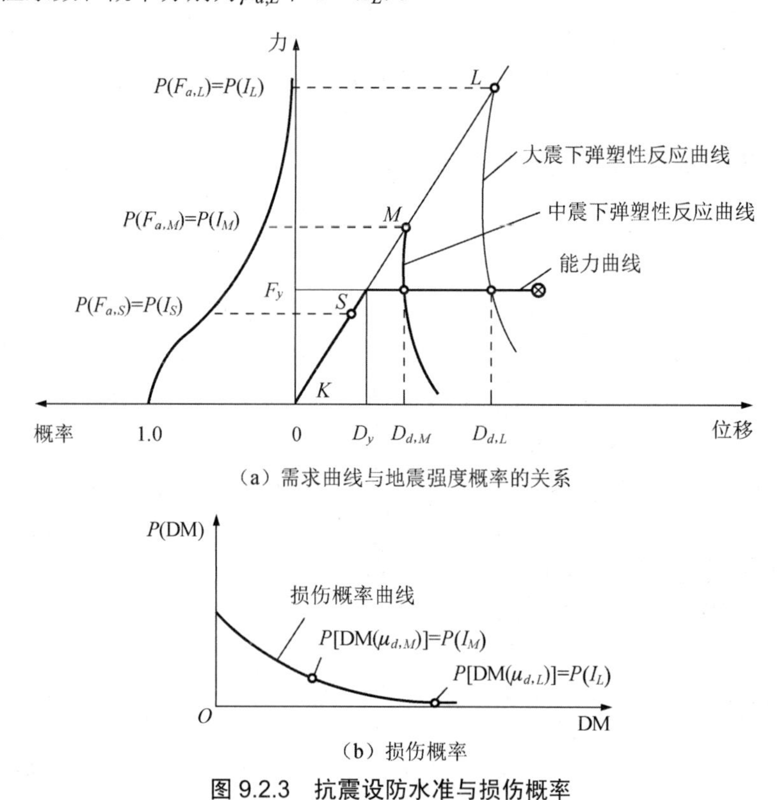

（a）需求曲线与地震强度概率的关系

（b）损伤概率

图 9.2.3　抗震设防水准与损伤概率

如果我们能够确定不同地震水平下的弹塑性反应曲线，则通过图 9.2.3（a）所示的关系，就可确定任一设防水准下的结构损伤概率曲线［图 9.2.3（b）］，从而设计出满足所需抗震性能的结构。

9.3　我国建筑结构抗震设计方法

9.3.1　我国结构抗震发展概况

我国是地震多发国家之一。但在新中国成立初期，我国几乎没有抗震设防的概念。1956 年邢台和海城地震后，才开始地震预报和监测工作。

1976 年发生的唐山大地震造成 24 万余人死亡，是世界上死亡人数最多的一次地震。唐山地震后，相关部门根据中央的要求仓促制定了《工业与民用建筑抗震设计规范》（TJ 11—78）。该规范只是提出了一个笼统的抗震设防目标，即当建筑物遭遇到重现期为 475 年的设防烈度地震时，建筑物可以有一定的损坏，但不能危及重要设备和人的生命安全，建筑物不加修理或只作一般修理仍可继续使用。

20 世纪 70 年代后期到 80 年代中期，我国地震和结构抗震工程的研究工作得到很大发展，并吸收了国外地震工程的研究成果和规范经验，1990 年颁布的《建筑抗震设计规范》（GBJ 11—89）形成了代表我国现代结构抗震水平、与国际水平接近的抗震设计方法。该规范在国际上首次提出了三水准抗震设防目标，并采用了基于承载力+构造保证延性的两阶段设计方法，必要时可进行罕遇地震作用下的弹塑性变形验算，以防止结构的倒塌，这在某种程度上已体现了基于性能抗震设计的思想。

从 20 世纪 90 年代开始，我国结构抗震研究的发展一直保持着与国际水平接近。国内研究者在结构抗震和减震领域开展了众多研究工作，在抗震设计理论、结构弹塑性时程动力分析、结构减震方法等方面均取得很大进展。2001 年颁布的《建筑抗震设计规范》（GB 50011—2001），在进一步补充和完善原规范的基础上，增加了结构隔震和消能减震内容。2008 年汶川大地震后，基于汶川震害经验，修订《建筑抗震设计规范》（GB 50011—2001）的部分条款，推出了《建筑抗震设计规范》（GB 50011—2001）2008 年版。随后的两年中，对《建筑抗震设计规范》（GB 50011—2001）2008 年版进行补充完善，推出了新版《抗规》。以下主要介绍我国这部新《抗规》的结构抗震设计方法。

9.3.2　三水准设防目标与二阶段设计

地震发生的地点、时间和强度具有很大的随机性。同一地区，不同烈度水平的地震发生的概率是不同的。图 9.3.1 所示为根据我国华北、西北和西南地区的地震发生概率统计得到的 50 年设计基准期内的地震烈度概率密度分布，为极值Ⅲ型。我国对基本烈度的定义为 50 年内的超越概率约为 10%，其重现期为 475 年。图 9.3.1 中概率密度分布的峰值所对应的烈度称为众值烈度，其 50 年内的超越概率约为 63%，它比基本烈度约小 1.55 度，发生的频率较高，其重现期为 50 年，我国将该烈度的地震作为多遇地震。而我国对罕遇烈度则

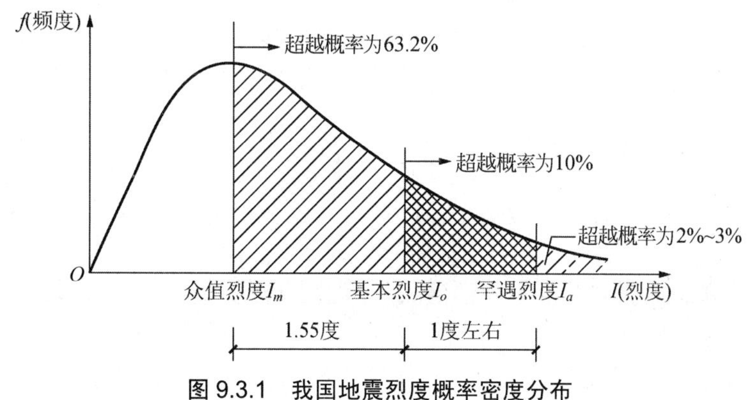

图 9.3.1　我国地震烈度概率密度分布

是取50年内的超越概率为2%～3%所对应的烈度，它比基本烈度约高1度，发生的概率很小，其重现期为1641～2475年。通常，多遇地震称为“小震”，设防烈度地震称为“中震”，罕遇烈度地震称为“大震”。

由于一般工程结构的设计使用寿命为50～100年，因而在其使用期间遭遇强烈地震的可能性不是很大。然而如不进行必要的抗震设防，则一旦遭遇强烈地震，其后果又十分严重。但如果都按抵御强烈地震作用的要求来设计结构，势必又导致极大的经济负担和不必要的浪费。因此抗震设防目标的设定需要考虑地震发生的危险性和人民生命财产所造成的经济损失之间的平衡，即既要使震前用于抗震设防的经济投入在合理的范围，又要在强烈地震发生后使符合抗震设计要求的结构的破坏程度控制在人们可以承受的范围内。我国《抗规》采用以下“三水准”设防目标：

水准一：当遭受低于本地区抗震设防烈度的多遇地震影响时（重现期50年的地震，在使用期间可能至少遭遇一次），建筑物一般不受损坏或不需修理仍可继续使用。从结构分析的角度来说，就是要求结构在“小震”作用下仍处于弹性阶段，且结构的侧向变形应控制在合理的限值范围内（即要求结构有一定的抗侧刚度），防止非结构构件的损坏。

水准二：当遭受相当于本地区抗震设防烈度的地震影响时（重现期475年的地震，在使用期间遭遇一次的可能性很小），建筑物可能损坏，但经一般修理或不需修理仍可继续使用。从结构分析的角度来说，可以认为结构进入非弹性工作阶段，但非弹性变形或结构损坏必须控制在可修复范围，并要求修复费用不能太高。

水准三：当遭受高于本地区抗震设防烈度预估罕遇地震影响时（重现期1641～2475年的地震，在使用期间遭遇一次的可能性极小），建筑物不应倒塌或发生危及生命的严重破坏。从结构分析的角度来说，此时结构已进入很大的非弹性工作阶段，应对结构的损伤进行必要的控制，防止发生倒塌。

上述抗震设防水准即通常所说的“小震不坏、中震可修、大震不倒”，也是目前国际上普遍采用的抗震设防原则，它充分考虑并利用了结构的弹性和弹塑性对抗震能力的贡献。

结合上述“三水准”设防目标，《抗规》以“二阶段设计”来实现：

第一阶段设计为承载力验算，其目标是，在第一水准地震作用下，结构的承载力具有足够的可靠度，以保证结构处于弹性状态，不产生损坏；在第二水准地震作用下，结构达到承载力，并产生程度不大的弹塑性变形，损伤属于可修程度范围。

第二阶段设计为弹塑性变形验算，在第三水准地震作用下，为避免结构的薄弱部位的弹塑性变形较大，进行结构薄弱部位的确认，并计算其弹塑性变形，将其控制在容许范围内，同时采取相应的构造措施，确保薄弱部位的弹塑性变形能力。

9.3.3　地震作用计算

1. 场地

在岩层中传播的地震波具有多种频谱成分，地震波通过覆盖土层传递到地表的过程中，其中某些与覆盖土层固有周期相近的频率成分由于共振作用而明显放大，这一周期称为地面运动的“卓越周期”。因此场地情况与该场地的地震动特性有很大关系，相应地震反应谱也随场地不同有很大差别。

当结构固有周期与结构物所在地面运动的“卓越周期”相近时，则由于共振作用而会大大加大结构的地震响应。宏观震害经验表明，在卓越周期较短的浅薄坚硬土层上，刚性结构物（结构基本周期在 0.4～0.5s）的震害有所加重；而在卓越周期较长的深厚软弱土层上，柔性结构物（结构基本周期在 1.5～2.5s）的地震响应特别强烈，往往导致严重破坏。1967 年 7 月 29 日委内瑞拉加拉加斯城的地震，震级为 6.5 级，加拉加斯城区距震中 60km，震害调查表明：在厚度为 180～300m 的冲积层上，15～24 层的建筑物震害最严重；在土层厚度为 50m 的场地上，3～5 层的建筑物的破坏相对较多。1985 年 9 月 19 日墨西哥地震时，在远离震中 400km 的墨西哥城，厚层软黏性土上的许多高层建筑遭到严重破坏，而附近短周期的建筑破坏很轻。

为考虑场地情况对地震作用效应的影响，我国《抗规》将场地土类型分成五类。

场地土类型主要根据土层剪切波速来划分，如表 9.3.1 所示。坚硬土层的刚性大，周期短，剪切波传递速度快；软弱土层的刚性小，周期长，剪切波传递速度慢。当计算深度范围有多种不同类型的土层时，可根据各土层的剪切波速按各土层厚度加权平均值计算等效剪切波速 v_{se}，即

$$v_{se} = d_0 / t \tag{9.3.1}$$

$$t = \sum_{i=1}^{n} (d_i / v_{si}) \tag{9.3.2}$$

式中，d_0 为计算深度，m，取场地覆盖层厚度和 20m 两者中的较小值；t 为剪切波在地表与计算深度之间传播的时间，s；d_i 为计算深度范围内第 i 土层的厚度，m；n 为计算深度范围内土层的分层数；v_{si} 为计算深度范围内第 i 土层的剪切波速，m/s，由现场实测确定。

表 9.3.1　土的类型划分和剪切波速范围

土的类型	岩土名称和形状	土层剪切波速范围 v_s/(m/s)
岩石	坚硬、较硬且完整的岩石	$v_s > 800$
较坚硬或软质岩石	破碎和较破碎的岩石或软和较软的岩石，密实的碎石土	$800 \geqslant v_s > 500$
中硬土	中密、稍密的碎石土，密实、中密的砾、粗、中砂，$f_{ak} > 150$ 的黏性土和粉土，坚硬黄土	$500 \geqslant v_s > 250$
中软土	稍密的砾、粗、中砂，除松散外的细、粉砂，$f_{ak} \leqslant 150$ 的黏性土和粉土，$f_{ak} > 130$ 的填土，可塑性黄土	$250 \geqslant v_s > 150$
软弱土	淤泥和淤泥质土，松散的砂，新近沉积的黏性土和粉土，$f_{ak} \leqslant 130$ 的填土，流塑黄土	$v_s \leqslant 150$

注：f_{ak} 为由荷载试验等方法得到的地基承载力特征值，kPa；v_s 为岩土的剪切波速。

场地土覆盖厚度一般取地面至剪切波速大于 500m/s 的坚硬土层或岩层顶面的距离；当地面 5m 以下存在剪切波速大于相邻上层土剪切波速 2.5 倍的土层，且下卧岩土层的剪切波速均不小于 400m/s 时，可取地面至该土层顶面的距离作为覆盖层厚度。

根据场地土类型和场地土覆盖厚度，场地类别的划分如表 9.3.2 所示。

表 9.3.2　各类建筑场地的覆盖层厚度

单位：m

等效剪切波速 v_{se} /（m/s）	场地类别			
	Ⅰ类	Ⅱ类	Ⅲ类	Ⅳ类
v_{se}>500	0			
500≥v_{se}>250	<5	≥5		
250≥v_{se}>140	<3	3～50	>50	
v_{se}≤140	<3	≥3 且<15	15～80	>80

2. 设计地震动

目前各国的抗震设计方法主要采用反应谱理论。影响反应谱的主要因素是地震动强度（地震波加速度）和频谱特性。我国《抗规》以Ⅱ类场地为基准，规定相应于设防烈度的设计基本地震加速度如表 9.3.3 所示，并引入特征周期 T_g 来反映地震动频谱特性对反应谱的影响。

表 9.3.3　设计基本地震加速度

抗震设防烈度	6 度	7 度	8 度	9 度
设计基本地震加速度/g	0.05	0.10（0.15）	0.20（0.30）	0.40

注：“()”表示部分 7 度设防地区设计基本加速度为 0.15g，部分 8 度设防地区设计基本加速度为 0.30g。

特征周期 T_g 指加速度反应谱值从最大值开始明显下降的点所对应的周期值(图 9.3.2)，该值与场地类别有很大关系。我国研究人员根据大量调查和历史地震分析，编制了地震动参数区划图，规定了各地设计基本地震加速度和特征周期。为表述方便，对于Ⅱ类场地，特征周期为 0.35、0.40、0.45s 的情况，《抗规》又分别称为第一组、第二组和第三组。各种场地类别和分区所对应的特征周期如表 9.3.4 所示。

表 9.3.4　特征周期值

单位：s

特征周期分区	场地类别				
	$Ⅰ_0$	$Ⅰ_1$	Ⅱ	Ⅲ	Ⅳ
第一组	0.20	0.25	0.35	0.45	0.65
第二组	0.25	0.30	0.40	0.55	0.75
第三组	0.30	0.35	0.45	0.65	090

强震地面运动观测资料表明，土层对地震动强度，即地面运动峰值加速度具有明显的放大作用。一般来讲，软土层的放大作用比硬土层更大一些，这已在近年来的多次地震观测和震害调查中被证实。P. M. Boore 在统计分析了 1995 年日本神户地震、1999 年哥伦比亚地震和土耳其地震以及美国 20 世纪 80 年代中期以来取得的强震观测资料，以地表 30m 以内的等效剪切波速 v_{se} 为参数进行回归分析，结果表明地震动峰值加速度和特征周期均随 v_{se} 值的减小而增加。近年来已有研究建议根据基岩地震动参数，采用土层动力分析方法获得

土层对地震动的放大效应。对一般工程结构来说，为简化考虑土层对地震动的影响，《抗规》规定，当烈度为 6 度、7 度、8 度（不包括加速度 0.3g）时，对 I 类场地，表 9.3.3 中的设计基本地震加速度值可采用 0.7 的调整系数；对 III、Ⅳ类场地应采用 1.3 的调整系数。

3. 地震反应谱

对于单自由度弹性体系，地震作用可表示为

$$F = mS_a = mg\frac{|\ddot{x}_g|_{\max}}{g}\frac{S_a}{|\ddot{x}_g|_{\max}} = Gk\beta = \alpha G \tag{9.3.3}$$

式中，S_a 为质点绝对加速度反应谱值，即质点的最大绝对加速度反应；m 为体系质点质量，kg；$G=mg$ 为体系质点重力，N 或 kN；g 为重力加速度，g=9.8m/s^2；$|\ddot{x}_g|_{\max}$ 为地震动峰值加速度；k 为地震动峰值加速度与重力加速度的比值，$k=|\ddot{x}_g|_{\max}/g$，对于表 9.3.3 的设计基本地震加速度，对应设防烈度为 6 度、7 度、8 度、9 度的情况，该值分别为 0.05、0.10（0.15）、0.20（0.30）和 0.40；β 为质点绝对加速度反应谱值与地震动峰值加速度的比值，表示质点最大绝对加速度反应相对于地震动峰值加速度的放大倍数，根据我国的大量地震反应谱统计分析，取β 的最大值$\beta_{\max}$=2.25。

由式（9.3.3）可知：

$$\alpha = \frac{F}{G} = \frac{mS_a}{G} = \frac{S_a}{g} \tag{9.3.4}$$

称为地震影响系数，表示绝对加速度谱值 S_a 与重力加速度 g 的比值，也可理解为单自由度弹性体系的水平地震作用力 F 与体系质点质量 G 的比值。由式（9.3.4）可知，若已知加速度谱 S_a，则地震影响系数α 即可确定。我国《抗规》为使用方便起见，直接给出了经换算后的地震影响系数α 谱曲线，该曲线与加速度谱曲线形状相同，如图 9.3.2 所示。图中纵轴为地震影响系数α，横轴为结构自振周期 T。根据加速度反应谱曲线特征，《抗规》给出的地震影响系数α 谱曲线分为 4 段。

上升段：

$$\alpha = [0.45 + 10T(\eta_2 - 0.45)]\alpha_{\max},\quad 0 < T < 0.1\text{s} \tag{9.3.5a}$$

水平段：

$$\alpha = \eta_2\alpha_{\max},\quad 0.1\text{s} \leqslant T < T_g \tag{9.3.5b}$$

下降段：

$$\alpha = \left(\frac{T_g}{T}\right)^{\gamma}\eta_2\alpha_{\max},\quad T_g \leqslant T < 5T_g \tag{9.3.5c}$$

倾斜段：

$$\alpha = \left[0.2^{\gamma} - \frac{\eta_1}{\eta_2}(T - 5T_g)\right]\eta_2\alpha_{\max},\quad 5T_g \leqslant T < 6\text{s} \tag{9.3.5d}$$

式中，$\alpha_{\max}$ 为阻尼比 $\xi = 0.05$ 时地震影响系数最大值，其值如表 9.3.5 所示；γ 为曲线下降段衰减指数，按式（9.3.5e）计算；η_1 为直线下降段的下降斜率调整系数，按式（9.3.5f）计算，当η_1小于 0 时取 0；η_2为考虑阻尼比ξ不等于 0.05 时对表 9.3.5 中地震影响系数最大值的调整系数，按式（9.3.5g）计算，当η_2小于 0.55 时取 0.55。

$$\gamma = 0.9 + \frac{0.05 - \xi}{0.3 + 6\xi} \tag{9.3.5e}$$

$$\eta_1 = 0.02 + \frac{0.05 - \xi}{4 + 32\xi} \tag{9.3.5f}$$

$$\eta_2 = 1 + \frac{0.05 - \xi}{0.08 + 1.6\xi} \tag{9.3.5g}$$

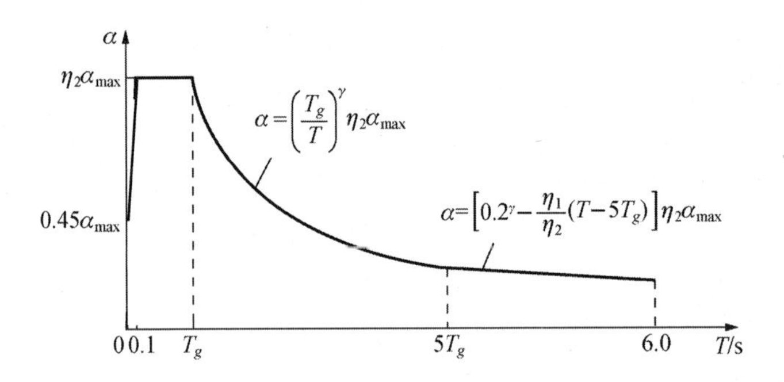

图 9.3.2　地震影响系数曲线

表 9.3.5　水平地震影响系数最大值α_{max}（阻尼比 0.05）

地 震 影 响	烈　　度			
	6 度	7 度	8 度	9 度
多遇地震	0.04	0.08（0.12）	0.16（0.24）	0.32
频遇地震	0.12	0.23（0.34）	0.45（0.68）	0.90
罕遇地震	0.28	0.50（0.72）	0.90（1.20）	1.40

注：括号内为设计基本加速度分别为 0.15*g* 和 0.30*g* 的地区的取值。

需要注意的是，图 9.3.2 和表 9.3.5 均对应于结构弹性反应。由抗震设防目标知，结构仅在小震下处于弹性范围，因此式（9.3.5）和表 9.3.5 仅适用于多遇地震下计算结构的弹性地震力，也即我国《抗规》中计算地震作用标准值时的反应谱值，应按表 9.3.5 中多遇地震的地震影响系数最大值和式（9.3.5）来确定。对于频遇地震和罕遇地震，表 9.3.5 中相应的地震影响系数最大值和式（9.3.5）作为由结构弹性反应来计算结构弹塑性反应的简化方法之用。

4. 地震作用计算

根据《抗规》“三水准设防，二阶段设计”的思路，地震作用是按第一水准地震动，采用弹性反应谱理论进行计算的。

实际结构一般均是比较复杂的空间结构，其地震作用影响也十分复杂。为简化地震作用的计算，我国《抗规》对一般建筑结构要求采用振型分解反应谱法。对高度不超过 40m，以剪切变形为主且质量和刚度沿高度分布比较均匀的结构，以及近似于单质点体系的结构，可采用底部剪力的简化计算方法。而对特别不规则的建筑、特别重要的甲类建筑和高度超过表 9.3.6 限值的建筑，还应采用时程分析方法进行补充计算。

表 9.3.6　采用时程分析的房屋高度范围

烈度、场地类别	房屋高度范围/m
8 度Ⅰ、Ⅱ场地和 7 度	>100
8 度Ⅲ、Ⅳ场地	>80
9 度	>60

由于地震运动以水平振动为主，因此一般情况下主要考虑水平地震作用。对于平面上有两个相互垂直主轴的结构，主要计算沿结构两个主轴方向的水平地震作用；当平面上有斜交抗侧力构件，且相交角度大于 15°时，则应考虑抗侧力构件方向的水平地震作用；当平面质量和刚度分布明显不均匀、不对称时，应考虑双向水平地震作用产生的扭转影响。

对于 8 度和 9 度大跨度结构、长悬臂结构，9 度时的高层建筑，地震竖向振动影响较大，在计算地震作用时应予考虑。

在计算地震作用时，建筑的重力荷载代表值应取结构构件和构配件自重标准值与各可变荷载组合值之和。各可变荷载组合值系数按表 9.3.7 采用。

表 9.3.7　可变荷载组合值系数

可变荷载种类		组合值系数
雪荷载		0.5
屋面积灰荷载		0.5
屋面活荷载		不考虑
按实际情况考虑的楼面活荷载		1.0
按等效均布荷载考虑的楼面活荷载	藏书库、档案库	0.8
	其他民用建筑	0.5
吊车悬吊重力	硬钩吊车	0.3
	软钩吊车	不考虑

1）振型分解反应谱法

由 7.3 节知识可知，对于多自由度体系，利用振型组合原理，相应于 j 振型 i 质点的水平地震作用为

$$F_{ji} = m_i \gamma_j X_{ji} S_{aj} = \alpha_j \gamma_j X_{ji} G_i \tag{9.3.6}$$

式中，F_{ji} 为 j 振型 i 质点的水平地震作用标准值；m_i 为 i 质点的质量；α_j 为相应于 j 振型自振周期的地震影响系数，按表 9.3.5 中多遇地震情况的地震影响系数最大值和式（9.3.5）计算确定；X_{ji} 为 j 振型 i 质点的水平相对位移；γ_j 为 j 振型的参与系数，按下式计算：

$$\gamma_j = \frac{\sum_{i=1}^{N} m_i X_{ji}}{\sum_{i=1}^{N} m_i X_{ji}^2} = \frac{\sum_{i=1}^{N} G_i X_{ji}}{\sum_{i=1}^{N} G_i X_{ji}^2} \tag{9.3.7}$$

由各振型水平地震作用效应，采用开平方根（square root of sum of squraes, SRSS）振型组合法，可确定总水平地震作用效应，即

$$S=\sqrt{\sum_{j} S_j^2} \tag{9.3.8}$$

式中，S 为总水平地震作用效应，如弯矩、剪力、轴力和变形；S_j 为 j 振型水平地震作用效应。一般情况下，取前 2～3 个振型进行组合即可。当基本周期大于 1.5s 或房屋高宽比大于 5 时，振型个数要适当增加。

2）底部剪力法

对于高度不超过 40m，以剪切变形为主且质量和刚度沿高度分布比较均匀的结构，以及近似于单质点的结构，《抗规》规定，为简化计算，可采用底部剪力法计算水平地震作用。

（1）结构总基底剪力

对于结构计算图形如图 9.3.3 所示的多质点体系，由上述振型组合法知，j 振型的结构底部剪力为

$$F_{Ej}=\sum_{i=1}^{n} F_{ji}=\alpha_j\gamma_j\sum_{i=1}^{n} X_{ji}G_i=\alpha_1 G_E\frac{\alpha_j}{\alpha_1}\gamma_j\sum_{i=1}^{n} X_{ji}\frac{G_i}{G_E} \tag{9.3.9}$$

式中，G_E 为结构总重力荷载代表值，$G_E=\sum G_i$；α_1 为相应于结构基本周期 T_1 的地震影响系数。

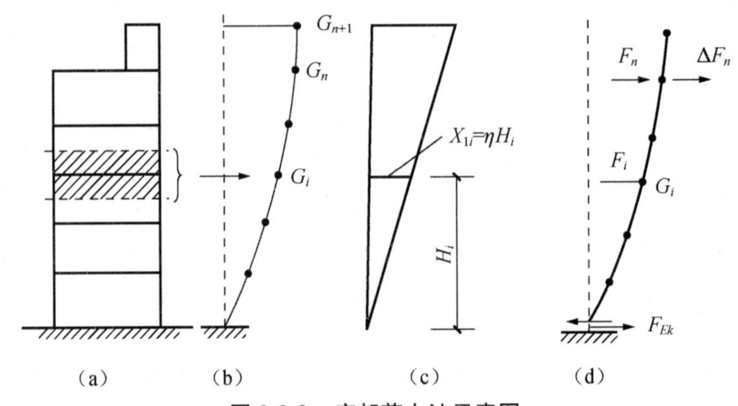

图 9.3.3　底部剪力法示意图

底部剪力法可由振型组合法推得。如前所述，采用 SRSS 型组合法得结构总基底剪力标准值 F_{Ek}，即

$$F_{Ek}=\sqrt{\sum_{j=1} F_{Ej}^2}=\alpha_1 G_E\sqrt{\sum_{j}\left(\frac{\alpha_j}{\alpha_1}\gamma_j\sum_{i=1}^{n} X_{ji}\frac{G_i}{G_E}\right)^2} \tag{9.3.10}$$

令 $\beta=\sqrt{\sum_{j}\left(\frac{\alpha_j}{\alpha_1}\gamma_j\sum_{i=1}^{n} X_{ji}\frac{G_i}{G_E}\right)^2}$，则上式成为

$$F_{Ek}=\alpha_1\beta G_E=\alpha_1 G_{\mathrm{eq}} \tag{9.3.11}$$

系数 β 称为等效质量系数。根据我国 400 多个多质点体系的计算分析，对应不同周期

结构的等效质量系数β的平均值如图 9.3.4 所示。我国《抗规》规定，对单质点体系取β=1，对多质点体系取β=0.85。

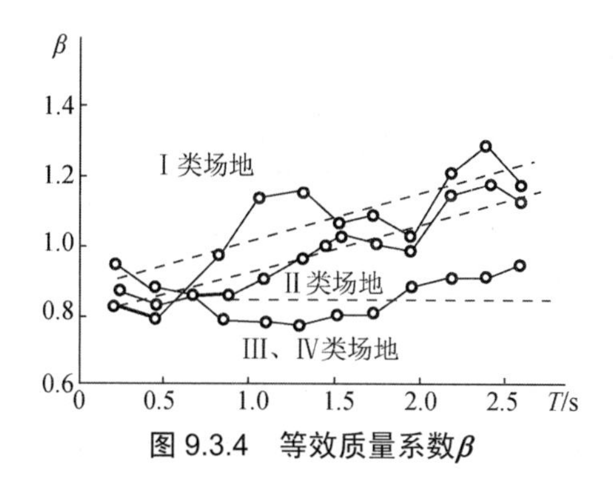

图 9.3.4　等效质量系数β

（2）地震作用分布

对于质量和刚度沿高度分布比较均匀、以剪切变形为主的结构，其地震响应通常以第 1 振型为主，且振型接近于倒三角形（图 9.3.3）。假定第 1 振型为倒三角形，则第 i 质点的水平侧移幅值与该质点距基底的高度成比例，即 $X_{1i}=\eta H_i$，其中η为比例常数。i 质点的水平地震作用为

$$F_{1i}=\alpha_1\gamma_1X_{1i}G_i=\alpha_1\gamma_1\eta H_iG_i \tag{9.3.12}$$

底部总剪力为

$$F_{Ek}=\sum_{i=1}^{n}F_{1i}=\alpha_1\gamma_1\eta\sum_{i=1}^{n}H_iG_i \tag{9.3.13}$$

由上式得

$$\eta=\frac{F_{Ek}}{\alpha_1\gamma_1\sum\limits_{j=1}^{n}H_jG_j} \tag{9.3.14}$$

将η 代入式（9.3.12），并以 F_i 代替 F_{1i}，可得质点 i 处的水平地震作用为

$$F_i=\frac{H_iG_i}{\sum\limits_{j=1}^{n}H_jG_j}F_{Ek} \tag{9.3.15}$$

上式适用于基本周期较短的结构，当结构的基本周期相对较长时，高振型的影响增大，按上述底部剪力法计算的顶部楼层地震剪力偏小，应加以修正。《抗规》规定，当 $T_1>T_g$ 时，以及对于内框架结构，应将总地震作用的一部分作为集中力附加于主体结构（不包括突出屋面的小屋）的顶部，然后再将其余的地震作用按倒三角形分布分配到各质点，即

$$\Delta F_n=\delta_nF_{Ek} \tag{9.3.16}$$

$$F_i=\frac{H_iG_i}{\sum\limits_{j=1}^{n}H_jG_j}F_{Ek}(1-\delta_n) \tag{9.3.17}$$

式中，δ_n 为顶部附加地震作用系数，多层钢筋混凝土和钢结构房屋按表 9.3.8 采用，多层内框架砖房可采用 0.2，其他房屋不考虑。

表 9.3.8　顶部附加地震作用系数

T_g/s	$T_1>1.4T_g$	$T_1\leqslant 1.4T_g$
<0.35	0.08 T_1+0.07	不考虑
0.35～0.55	0.08 T_1+0.01	
>0.55	0.08 T_1−0.02	

对于屋面顶部有局部突出的屋顶间、女儿墙、烟囱等，考虑到鞭梢效应的影响，在采用底部剪力法时，可将地震作用效应乘以增大系数 3，但增大部分不向下传递；当采用振型分解法时，突出屋面的部分可作为一个质点处理。

（3）扭转影响的考虑

即使对于平面规则的结构，由于施工、使用等原因产生的偶然偏心，以及地震作用的不确定性，地震作用下结构也会有一定的扭转振动，使得结构边缘构件的受力增大。《抗规》规定，平面规则的结构按不考虑扭转耦联影响计算的水平地震作用，其边榀结构构件的地震作用效应乘以增大系数。一般情况下，短边增大系数取 1.15，长边取 1.05；当结构扭转刚度较小时，增大系数可取 1.3。

对于平面不规则的建筑结构，可按考虑扭转耦联的方法进行结构振型分析，各楼层可取两个正交的水平位移和一个转角共三个自由度，采用振型分解法计算地震作用，具体计算公式为

$$\begin{cases} F_{xji}=\alpha_j\gamma_{tj}X_{ji}G_i \\ F_{yji}=\alpha_j\gamma_{tj}Y_{ji}G_i \quad , \quad i=1,2,\cdots,n;\ \ j=1,2,\cdots,m \\ F_{tji}=\alpha_j\gamma_{tj}r_i\varphi_{ji}G_i \end{cases} \tag{9.3.18}$$

式中，F_{xji}、F_{yji}、F_{tji} 分别为 j 振型 i 层的 x 方向、y 方向和转角方向的水平地震作用标准值；X_{ji}、Y_{ji} 分别为 j 振型 i 层质心在 x、y 方向的水平相对位移；φ_{ji} 为 j 振型 i 层的相对转角；r_i 为 i 层的转动半径，$r_i=\sqrt{J_i/M_i}$，其中 J_i 为 i 层绕质心的转动惯量，M_i 为 i 层的质量；γ_{tj} 为考虑扭转的 j 振型的参与系数，按下式计算：

当仅考虑 x 方向的地震时，

$$\gamma_{tj}=\gamma_{xj}=\frac{\sum\limits_{i=1}^{n}G_iX_{ji}}{\sum\limits_{i=1}^{n}\left(X_{ji}^2+Y_{ji}^2+\varphi_{ji}^2r_i^2\right)G_i} \tag{9.3.19a}$$

当仅考虑 y 方向的地震时，

$$\gamma_{tj}=\gamma_{yj}=\frac{\sum\limits_{i=1}^{n}G_iY_{ji}}{\sum\limits_{i=1}^{n}\left(X_{ji}^2+Y_{ji}^2+\varphi_{ji}^2r_i^2\right)G_i} \tag{9.3.19b}$$

当考虑与 x 方向斜交 θ 的地震时，

$$\gamma_{tj}=\gamma_{xj}\cos\theta+\gamma_{yj}\sin\theta \tag{9.3.19c}$$

按 CQC 方法，在单向地震作用下，考虑扭转耦联影响的地震作用效应振型组合为

$$S=\sqrt{\sum_{j=1}^{m}\sum_{k=1}^{m}\rho_{jk}S_jS_k} \tag{9.3.20a}$$

$$\rho_{jk}=\frac{0.02(1+\lambda_T)\lambda_T^{1.5}}{(1-\lambda_T^2)^2+0.01(1+\lambda_T)^2\lambda_T} \tag{9.3.20b}$$

式中，S_j、S_k 分别为 j、k 振型地震作用产生的效应，可取前 9～15 个振型；ρ_{jk} 为 j 振型与 k 振型的耦联系数；λ_T 为 k 振型与 j 振型的自振周期比。

根据强震观测记录的统计分析，两个方向的水平地震加速度的最大值不相等，二者之比约为 1∶0.85，而且两个方向的最大值不同时发生。因此，当考虑双向水平地震作用的扭转地震作用效应时，可取以下两者中的较大值：

$$S=\sqrt{S_x^2+(0.85S_y)^2} \tag{9.3.21a}$$

$$S=\sqrt{S_y^2+(0.85S_x)^2} \tag{9.3.21b}$$

式中，S_x、S_y 分别为仅考虑 x、y 方向水平地震作用时的地震作用效应。

由于加速度反应谱在大于 3s 的长周期段下降很快，结构的水平地震加速度响应可能太小。而对于长周期结构，地震地面运动速度和位移可能对结构的破坏影响更大，考虑到振型分解反应谱法在计算地震速度和位移方面的欠缺和出于对结构安全的考虑，我国《抗规》还规定了各楼层水平地震剪力的最小值，即按前述各种方法计算所得 i 层的楼层水平地震剪力标准值 V_{Eki} 应满足：

$$V_{Eki}\geqslant\lambda\sum_{j=i}^{n}G_j \tag{9.3.22}$$

式中，λ为剪力系数，对于扭转效应明显或基本周期大于 3.5s 的结构，不小于 $0.2\alpha_{\max}$；其他情况，7 度时为 0.012，8 度时为 0.024，9 度时为 0.040。

（4）竖向地震作用

9 度时的高层建筑，地震竖向振动影响较大，在计算地震作用时应予考虑。按与基底剪力法相同的思路，竖向地震作用标准值 F_{Evk} 按下式确定（图 9.3.5）：

$$F_{Evk}=\alpha_{v\max}G_{eq} \tag{9.3.23}$$

$$F_{vi}=\frac{H_iG_i}{\sum_{j=1}^{n}H_jG_j}F_{Evk} \tag{9.3.24}$$

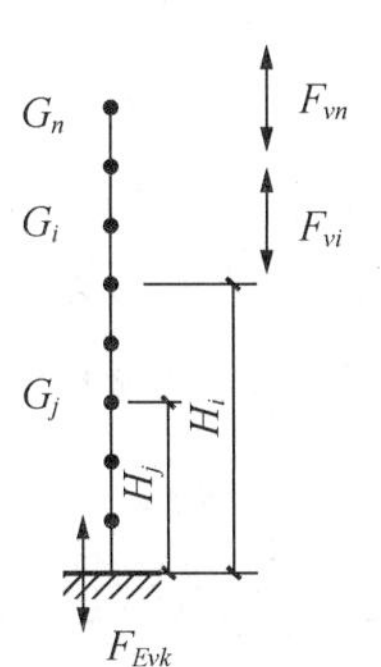

图 9.3.5　竖向地震作用

式中，F_{vi} 为 i 质点的竖向地震作用标准值；$\alpha_{v\max}$ 为竖向地震影响系数的最大值，可取水平地震影响系数最大值的 65%；G_{eq} 为结构等效总重力荷载，可取重力荷载代表值的 75%。

对于平板型网架和跨度大于 24m 的屋架，其竖向地震作用标准值取其重力荷载代表值与竖向地震作用系数的乘积，竖向地震作用系数按表 9.3.9 采用。

表 9.3.9 竖向地震作用系数

结构类型	烈度	场地类别		
		I	II	III、IV
平板型网架、钢屋架	8 度	0.10	0.12	0.15
	9 度	0.15	0.15	0.20
钢筋混凝土屋架	8 度	0.15	0.19	0.19
	9 度	0.20	0.25	0.25

对于 8 度和 9 度下的长悬臂和其他大跨度结构，竖向地震作用标准值分别取该结构、构件重力荷载代表值的 10%和 20%。

（5）时程分析法

虽然反应谱法已成为各国现行抗震设计规范推荐的主要方法，但是，反应谱只能提供结构在地震作用下弹性阶段的最大地震响应，而不能直接应用于结构的非弹性阶段，不能描述结构在强烈地震作用下逐步开裂、损坏直至倒塌的全过程，也不能反映地震持续时间对结构地震响应的影响。因此，当需要分析结构在地震作用下的破坏机理，识别通常设计中可能存在的薄弱部位以及是否可能倒塌时，就需要对结构进行非弹性地震响应分析。随着计算机技术的发展，到 20 世纪 70 年代中后期，人们开始利用时程分析计算结构在地震作用下的动力反应全过程。时程分析的具体方法已在第 6 章中进行详细介绍。

由于地震的不确定性、结构的复杂性以及要求使用者有较高的专业知识水平等原因，弹塑性时程分析目前难以广泛用于一般的工程设计。不过由于时程分析方法可较准确地预测结构在地震作用下从破坏直至倒塌的振动全过程，研究人员可用其来模拟结构地震响应和结构震害，从而使其成为进行现代抗震设计理论研究的重要工具。同时，对于特别重要的结构，也可以利用时程分析方法找到其薄弱环节，对结构抗震设计提供重要的参考依据。

我国《抗规》规定，对特别不规则的建筑、甲类建筑和表 9.3.6 所列高度范围的高层建筑，除需按振型分解反应谱法计算地震作用外，还要求采用弹性时程分析法进行多遇地震下的补充计算，最后取多个时程计算结果的平均值与振型分解反应谱法计算结果两者中的较大值作为地震作用标准值。

采用时程分析法时，要求根据建筑场地类别和所在地区的特征周期选用不少于两条实际地震记录和一条人工模拟的加速度时程，且其平均反应谱曲线（以地震影响系数表示）应与振型分解反应谱法所采用的反应谱曲线在统计意义上一致，即在各周期点上相差不超过 20%。加速度时程的最大值按表 9.3.10 中多遇地震情况采用。对每条地震波所进行的弹性

表 9.3.10 时程分析所用地震加速度时程的最大值

单位：Gal

地震影响	烈度			
	6 度	7 度	8 度	9 度
多遇地震	18	35（55）	70（110）	140
设防地震	50	100（150）	200（300）	400
罕遇地震	125	200（310）	400（510）	620

注：7 度和 8 度括号内的数值分别用于设计基本地震加速度为 0.15g 和 0.3g 的地区。

时程分析所得结构底部剪力不应小于振型分解反应谱法计算结果的 65%，多条时程曲线计算所得结构底部剪力的平均值不应小于振型分解反应谱法计算结果的 80%。

表 9.3.10 中设防地震和罕遇地震的加速度最大值用于结构弹塑性时程分析，以确定结构的弹塑性变形和损伤程度。

9.3.4　结构抗震设计方法

我国《抗规》采用二阶段抗震设计方法来实现“三水准”的抗震设防要求。

第一阶段设计是承载力和弹性变形验算，即取多遇地震情况下地震动参数，按弹性反应谱计算结构的弹性地震作用及其作用效应，并与其他荷载效应组合后进行结构构件的抗震承载力验算和结构弹性变形验算。

第二阶段设计是罕遇地震下的弹塑性变形验算，以防止结构的倒塌。由于结构弹塑性变形计算较为复杂，且目前计算理论尚不成熟，对一般结构主要通过构造措施保证结构构件的延性来防止结构的倒塌；对于特别重要的结构，可采取专门的计算进行弹塑性变形验算。

因此，我国目前采用的是基于“承载力+构造保证延性”的抗震设计方法。

1. 第一阶段设计

1）抗震承载力验算

根据前述多遇地震下按弹性方法计算的地震作用，由结构分析获得结构构件的地震作用效应（如弯矩、剪力、轴力、位移等），再与其他荷载效应进行组合后，进行结构构件的抗震承载力和变形验算。

结构构件内力的基本组合公式为

$$S=\gamma_G S_{GE}+\gamma_{Eh}S_{Ehk}+\gamma_{Ev}S_{Evk}+\psi_w\gamma_w S_{wk} \tag{9.3.25}$$

式中，S 为结构构件内力组合设计值，包括组合的弯矩、轴向力和剪力设计值；γ_G 为重力荷载分项系数，一般情况应采用 1.2，当重力荷载效应对构件承载力有利时，不应大于 1.0；γ_{Eh}、γ_{Ev} 分别为水平、竖向地震作用分项系数，按表 9.3.11 选用；γ_w 为风荷载分项系数，应采用 1.4；S_{GE} 为重力代表值的作用效应；S_{Ehk}、S_{Evk} 分别为水平、竖向地震作用标准值的作用效应；S_{wk} 为风荷载标准值的作用效应；ψ_w 为风荷载组合值系数，一般结构可不考虑，较高的高层建筑可采用 0.2。

表 9.3.11　地震作用分项系数

地震作用	γ_{Eh}	γ_{Ev}
仅考虑水平地震作用	1.3	不考虑
仅考虑竖向地震作用	不考虑	1.3
同时考虑水平与竖向地震作用（水平为主）	1.3	0.5
同时考虑水平与竖向地震作用（竖向为主）	0.5	1.3

结构构件截面抗震验算的表达式为

$$S\leqslant\frac{R}{\gamma_{RE}} \tag{9.3.26}$$

式中，R 为结构构件承载力设计值；γ_{RE} 为承载力抗震调整系数，一般按表 9.3.12 选用。当仅考虑竖向地震作用时，各类构件的承载力抗震调整系数均取 1.0。

表 9.3.12 承载力抗震调整系数

材 料	结 构 构 件	受力状态	γ_{RE}
钢	柱，梁，支撑，节点板件，螺栓，焊缝柱，支撑	强度 稳定	0.75 0.80
砌体	两端均有构造柱、芯柱的抗震墙， 其他抗震墙	受剪 受剪	0.9 1.0
钢筋 混凝土	梁 轴压比小于 0.15 的柱 轴压比不小于 0.15 的柱 抗震墙 各类构件	受弯 偏压 偏压 偏压 受剪、偏拉	0.75 0.75 0.80 0.85 0.85

承载力抗震调整系数γ_{RE}有两方面作用：一是在修订《建筑抗震设计规范》(GBJ 11—89）时，保持与原《工业与民用建筑抗震设计规范》（TJ 11—78）总体可靠度的一致。二是考虑到即使在同一结构中，由于不同构件和不同截面受力状态的延性大小不同，而采用不同的地震力降低系数。以钢筋混凝土结构为例，延性差的构件或截面受力状态与延性好的构件或截面受力状态，地震力降低系数之比大约为 0.85/0.75=1.13。但式（9.3.26）将 R/γ_{RE} 作为结构构件抗震承载力的做法显然在理论上并不规范，不过采用一个可以调整同一结构中不同构件和不同截面受力状态的地震力降低系数的思路仍有其可取之处。

2）抗震变形验算

根据多遇地震作用下的抗震设防目标，建筑结构主体应没有损坏，非结构构件（包括维护墙、隔墙、幕墙、内外装修等）也不应产生过重的破坏，震后建筑物仍可继续正常使用。防止非结构构件的破坏主要通过限制结构在多遇地震作用下的弹性层间位移角实现，验算公式为

$$\Delta u_e \leqslant [\theta_e]h \tag{9.3.27}$$

式中，Δu_e 为多遇地震作用标准值产生的楼层最大弹性层间位移，计算时各作用分项系数均取 1.0，结构构件取其弹性刚度；对钢筋混凝土构件取不出现裂缝的短期刚度，即混凝土的弹性模量取 $0.85E_c$；对一般建筑，不扣除由于结构平面不对称引起的扭转效应和重力 $P\text{-}\Delta$ 效应所产生的水平相对位移；对高度超过 150m 或高宽比大于 6 的高层建筑，可扣除结构整体弯曲变形所产生的楼层水平绝对位移值。$[\theta_e]$为弹性层间位移角限值，按表 9.3.13 选用。h 为计算楼层的层高。

表 9.3.13 弹性层间位移角限值

结构类别	$[\theta_e]$
框架	1/550
框架-抗震墙，板柱-抗震墙，框架-核心筒	1/800
抗震墙、筒中筒	1/1000
框支层	1/1000
多高层钢结构	1/250

对于钢筋混凝土结构，层间位移角限值是根据国内外大量的试验研究和有限元分析结果，以构件开裂时的层间位移角为依据得到的。框架结构的试验结果表明，构件开裂时的层间位移角，当为无洞填充墙时为 1/2500，开洞填充墙时为 1/960；有限元分析结果，不带填充墙时为 1/800，无洞填充墙时为 1/2000。对于框架-剪力墙结构中的剪力墙，其开裂层间位移角，试验结果为 1/3300～1/1100，有限元分析结果为 1/4000～1/2500，两者平均值为 1/3000～1/1600。我国近十年来建成的 124 幢钢筋混凝土框-墙、框-筒、抗震墙、筒体结构的高层建筑的抗震计算结果表明，在多遇地震作用下的最大弹性层间位移角均小于 1/800，其中 85%小于 1/1200。

2. 第二阶段设计

罕遇地震作用下的抗震设防目标是保证结构不发生倒塌，这要求结构具有足够的塑性变形能力，即要求结构构件的延性能力大于地震作用所需求的延性。由于在罕遇地震作用下结构均进入弹塑性阶段，地震作用的需求延性计算比较困难。对于一般规则的建筑结构，按上述多遇地震作用的抗震承载力进行验算后，罕遇地震下的需求延性一般可控制在一定的范围。

下面以单质点体系为例，分析式（9.3.26）所对应的地震力降低系数和延性需求。当仅考虑水平地震作用时，地震作用力 $S=1.3S_{Ek}=1.3F_{Ek}$，系数 1.3 为地震作用分项系数。对于钢筋混凝土结构，若以钢筋达到屈服强度标准值时的承载力 F_{yk} 作为结构屈服承载力，则有结构抗力 $R=F_{yk}/1.1$，系数 1.1 为钢筋的材料分项系数。取钢筋混凝土结构的抗震承载力调整系数 γ_{RE} 的平均值为 0.80。将上述取值代入式（9.3.26），得 $F_{yk}=1.144F_{Ek}$，即结构水平抗侧承载力标准值为多遇地震弹性地震力的 1.144 倍。若以设防烈度地震作用为基准，地震力降低系数 $R=\alpha_{\max,2}/(1.144\alpha_{\max,1})=2.62$，需求延性系数为 2～3；若以罕遇烈度地震作用为基准，抗震承载力降低系数为 $R=\alpha_{\max,3}/(1.144\alpha_{\max,1})=5.46\sim3.82$，需求延性系数为 3.5～7.0，有关结果如表 9.3.14 所示。可见对应于地震力降低系数 R 为一确定的具体值，相应在设防地震和罕遇地震作用下，结构的需求延性即控制在一定的范围。因此对于一般的规则结构，《抗规》通过一定构造措施要求来保证结构构件的延性能力，从而实现“大震不倒”的抗震设防目标。具体的结构构件抗震构造措施见本书第 12～14 章。

表 9.3.14　我国《抗规》的地震影响系数最大值 $\alpha_{\max}$ 和抗震承载力降低系数 R

基本烈度	7 度	8 度	9 度
多遇地震 $\alpha_{\max,1}$	0.08	0.16	0.32
设防地震 $\alpha_{\max,2}$	0.23	0.45	0.90
罕遇地震 $\alpha_{\max,3}$	0.50	0.90	1.40
屈服强度 F_{yk}	$1.144F_{Ek}$	$1.144F_{Ek}$	$1.144F_{Ek}$
以设防地震为准时 $R=\alpha_{\max,2}/(1.144\alpha_{\max,1})$	2.62	2.62	2.62
	$\mu=2\sim3$		
以罕遇地震为准时 $R=\alpha_{\max,3}/(1.144\alpha_{\max,1})$	5.46	4.92	3.82
	$\mu=3.5\sim7.0$		

存在薄弱层或薄弱部位的结构在罕遇地震作用下，会在这些薄弱部位产生很大的弹塑性变形，即所谓变形集中，这将导致结构构件的严重破坏甚至引起整个结构倒塌，因此需要通过计算确定这些薄弱部位的弹塑性变形。此外，对于一些生命线工程结构，由于其破坏将产生严重的后果，也需要进行罕遇地震下的弹塑性变形验算。

《抗规》规定下列结构应进行弹塑性变形验算：

（1）8度III、IV类场地和9度时，高大的单层钢筋混凝土柱厂房的横向排架。

（2）7～9度时楼层屈服强度系数ξ_y小于0.5的钢筋混凝土框架结构和框排架结构。

（3）高度大于150m的结构。

（4）甲类建筑和9度时乙类建筑中的钢筋混凝土结构和钢结构。

（5）采用隔震和消能减震设计的结构。

《抗规》还规定下列结构一般也需进行弹塑性变形验算：

（1）超过规范规定的高度限制且沿竖向不规则的高层建筑结构。

（2）7度III、IV类场地和8度时乙类建筑中的钢筋混凝土结构和钢结构。

（3）板柱-抗震墙结构和底部框架砌体房屋。

（4）高度不大于150m的其他高层钢结构。

（5）不规则的地下建筑结构及地下空间综合体。

楼层屈服强度系数ξ_y是按构件实际配筋和材料强度标准值计算的楼层受剪承载力与按罕遇地震作用计算的楼层弹性地震剪力的比值（对单层厂房排架柱，指按实际配筋和材料强度标准值计算的正截面受弯承载力与按罕遇地震作用计算的弹性地震弯矩的比值）。ξ_y的倒数即为该楼层在罕遇地震下的地震力降低系数 R。楼层屈服强度系数ξ_y越小，表明该层塑性变形越大，破坏程度越严重。对于剪切型结构，ξ_y=0.5 时，该层的层间位移延性系数约为2.0。由第6章的分析知，弹塑性位移与相应地震作用下的弹性位移和地震力降低系数 R（$R=1/\xi_y$）有一定内在关系。为简化计算，《抗规》规定对不超过12层且层刚度无突变的钢筋混凝土框架结构和填充墙框架结构、不超过20层且层刚度无突变的钢框架结构和支撑钢框架结构，以及单层钢筋混凝土柱厂房，可根据弹性层间位移Δu_e和屈服强度系数ξ_y按以下近似方法确定弹塑性层间位移Δu_p：

$$\Delta u_p=\eta_p\,\Delta u_e \tag{9.3.28}$$

式中，η_p为弹塑性位移增大系数，对于钢筋混凝土结构，当薄弱层（部位）的屈服强度系数不小于相邻层（部位）该系数平均值的0.8倍时，可按表9.3.15选用；对钢结构，可按表9.3.16选用；当薄弱层（部位）的屈服强度系数不大于相邻层（部位）该系数平均值的0.5倍时，可分别按表9.3.15和表9.3.16中相应数值的1.5倍选用；其他情况可采用内插法取值。

表9.3.15　钢筋混凝土结构弹塑性位移增大系数

结构类型	总层数 n	楼层屈服强度系数ξ_y		
		0.5	0.4	0.3
多层均匀结构	2～4	1.30	1.40	1.60
	5～7	1.50	1.65	1.80
	8～12	1.80	2.00	2.20
单层厂房	—	1.30	1.60	2.00

表 9.3.16　钢框架及框架-支撑结构弹塑性位移增大系数

R_s	层数	楼层屈服强度系数ξ_y			
		0.6	0.5	0.4	0.3
0（无支撑）	5	1.05	1.06	1.07	1.19
	10	1.11	1.14	1.17	1.20
	15	1.13	1.16	1.20	1.27
	20	1.13	1.16	1.20	1.27
1	5	1.49	1.62	1.70	2.09
	10	1.35	1.44	1.48	1.80
	15	1.23	1.32	1.45	1.80
	20	1.11	1.15	1.25	1.80
2	5	1.61	1.80	1.95	2.62
	10	1.29	1.39	1.55	1.80
	15	1.21	1.22	1.25	1.80
	20	1.10	1.12	1.25	1.80
3	5	1.68	1.86	2.16	—
	10	1.25	1.31	1.68	—
	15	1.21	1.22	1.25	1.80
	20	1.10	1.12	1.25	1.80
4	5	1.68	1.86	2.32	—
	10	1.25	1.30	1.67	—
	15	1.21	1.22	1.25	1.80
	20	1.10	1.12	1.25	1.80

注：R_s为框架-支撑结构楼层部分抗侧移承载力与该层框架部分抗侧移承载力的比值。

注意，罕遇地震下的弹性层间剪力和弹性层间位移Δu_e可根据振型分解反应谱法计算，但此时地震影响系数最大值应取表 9.3.14 中罕遇地震所对应的数值。

对于不能按上述简化方法计算的建筑结构，可采用静力弹塑性分析方法或弹塑性时程分析方法计算罕遇地震下的弹塑性位移。弹塑性时程分析方法已在 6.1 节中介绍。静力弹塑性分析方法是根据实际配筋和材料强度标准值确定结构中各构件或截面位置的弹塑性力-位移关系，然后按近似水平地震力分布（或位移模式分布）逐渐增加水平力（或增加位移）至结构达到最终极限状态，再以结构等效单自由度体系在罕遇地震下的弹塑性位移来确定结构在罕遇地震下的弹塑性位移。具体方法见 6.2 节。

为防止结构薄弱层弹塑性位移过大产生严重破坏和倒塌，《抗规》规定，结构薄弱层（部位）弹塑性层间位移应满足：

$$\Delta u_p \leqslant \left[\theta_p\right] h \tag{9.3.29}$$

式中，$\left[\theta_p\right]$为弹塑性层间位移角限值，按表 9.3.17 选用；对钢筋混凝土框架结构，当轴压比小于 0.40 时，该位移角限值可提高 10%；当柱子全高的箍筋构造比规范规定的最小含箍特征值大 30%时，该位移角限值可提高 20%，但累计不超过 25%。

表 9.3.17　弹塑性层间位移角限值

结构类别	$[\theta_p]$
单层钢筋混凝土柱排架	1/30
框架	1/50
底部框架砖房中的框架-抗震墙	1/100
框架-抗震墙，板柱-抗震墙，框架-核心筒	1/100
抗震墙，筒中筒	1/120
多、高层钢结构	1/50

弹塑性层间位移角限值是以结构构件（梁、柱、墙）和节点达到破坏极限变形时所对应的层间极限位移角为依据给出的。国内外的研究表明，不同结构类型的不同结构构件的弹塑性变形能力是不同的。钢筋混凝土结构的弹塑性变形主要由构件关键受力区的弯曲变形、剪切变形和节点区受拉钢筋的滑移变形等三部分非线性变形组成。美国研究人员对 36 个梁-柱组合试件的试验结果表明，极限侧移角在 1/27～1/8 之间；我国对数十榀填充墙框架结构的试验结果表明，实体填充墙和开洞填充墙框架的极限侧移角平均分别为 1/30 和 1/38。

对于框架-剪力墙结构，由于剪力墙刚度大、受力大，且屈服和极限变形较框架小，在罕遇地震作用下，剪力墙要先于框架柱进入弹塑性状态，且最终破坏也相对集中于剪力墙。日本对 176 个带边框柱剪力墙的试验研究表明，剪力墙的极限位移角在 1/333～1/125 之间；国内对 11 个带边框低矮剪力墙试验所得到的极限位移角在 1/192～1/112 之间。

高层钢结构具有较大的变形能力，其位移角限值比钢筋混凝土结构的大。

表 9.3.17 是根据上述有关试验结果和国外规范的经验偏于安全取得的。

9.4　美国抗震规范介绍

9.4.1　简述

美国为联邦制国家，各州具有独立的司法权和行政权，但任何一个州都没有能力编制自己的有关建筑法规，主要由各学会或协会根据各地方的情况制定有关建筑规范。目前涉及结构抗震的有四部规范：①美国建筑官员理事会（Council for American Building Officials, CABO）的住宅规范；②建筑官员与规范管理人员联合会（Building Officials and Code Administrators，BOCA）的国家建筑规范（National Building Code，NBC），主要用于美国东北部各州；③南方建筑规范国际委员会（Southern Building Code Congress International，SBCCI）的标准建筑规范（Standard Building Code，SBC），主要用于美国中南部各州；④建筑官员国际会议（International Conference of Building Officials，ICBO）的统一建筑规范（Uniform Building Code, UBC），主要用于美国西部各州。

前三部规范，即CABO的住宅规范、NBC和SBC都或多或少地接受了美国《国家减轻地震灾害计划》（NEEHRP）规程中的规定，目前这三部规范正在向联合的方向发展，形成一部《国际规范》（2000）（International Code 2000）。而UBC则具有自己的特色，它从传统上与加利福尼亚州结构工程师协会（Structural Engineers Association of California, SEAOC）的规程始终保持某种一致性。

美国混凝土学会（America Concrete Institute）制定的《建筑规范的结构性混凝土要求》（ACI318）也从20世纪80年代开始增加了抗震设计条文，到90年代形成独立的一章，对钢筋混凝土构件的抗震设计和构造作出规定。这一点与我国《混凝土结构设计规范》的做法类似。

1906年的旧金山大地震（里氏8.25级）在世界地震史上虽然很著名，但其造成的灾害主要是火灾。从建筑物地震震害角度来看，1925年的Santa Barbara地震成为美国建筑抗震发展的契机，加利福尼亚州采用0.2的地震系数考虑地震作用。1927年以建筑官员国际会议等学术团体出版的有关结构抗震设计规范草案为基础，首次形成了《统一建筑规范》（Uniform Building Code, UBC），其附录中规定对强地震地区的地震系数为0.1。

1943年洛杉矶市的建筑标准中，采用了计算楼层以上随层数增加而逐渐减小的地震系数来确定该楼层的地震力，即

$$楼层地震力=地震系数\times该楼层以上的重力 \tag{9.4.1}$$

其中，地震系数随顶层到该层的层数增加而减小。这样计算的结果是，底部楼层的地震系数小，且设计基底剪力系数随建筑物层数的增加而减小。这说明人们已经开始意识到随建筑高度增加，结构周期延长，地震作用将有所减小。1946年该方法为UBC所采用。

关于按周期来考虑设计基底剪力的最初规定是在1956年的旧金山市的建筑标准中，这体现了采用计算机来计算地震反应谱的研究成果。建筑物的1阶周期近似按建筑物的高度和宽度计算（$T=0.05H/\sqrt{B}$），且地震力沿高度采用倒三角形分布。

美国地域广阔，不同地区的地震危险程度不同。1948年美国海岸勘测局公布了地震危险度地图。1952年UBC根据各地地震危险度来确定相应的设计地震力。

美国加利福尼亚州结构工程师协会对美国的抗震规范制定起到了重要作用。1959年以来，该协会的地震委员会发布的SEAOC规范均在UBC规范中得到反映。1959年第一版SEAOC规范的抗震规定包括：①设计地震荷载按地震反应谱确定；②给出了建筑物静周期的近似计算公式；③地震荷载的大小考虑了结构种类延性的差别；④考虑高阶振型震动的影响，设计地震倾覆力矩随周期增加而减小；⑤地震力沿建筑物高度方向呈倒三角形分布。其后SEAOC规范不断修改补充，并大量吸收了应用技术委员会（Applied Technology Council, ATC）的标准ATC-3中的内容。

1971年San Fernando地震中，钢筋混凝土结构的医院产生严重震害。以此为契机，开展了弹塑性地震响应分析方法的研究，此间积累了大量的反复加载试验数据。与此同时，应用技术委员会、国家标准局（National Bureau of Standards）和美国科学基金会（National Science Foundation）联合资助进行新抗震设计方法的研究。到1978年形成ATC3-06《建筑抗震设计法》（草案）。新抗震设计法中包括：①根据统计处理获得的地震发生概率来确定设计地震作用的大小；②考虑了远震对长周期建筑物的影响，除按地面最大加速度外，还考虑了地面最大速度来确定地震作用；③考虑不同结构种类和结构材料的变形和耗能差别，

确定设计地震作用和位移反应；④根据地震危险度、建筑物的用途及重要性，规定了相应的设计和分析方法；⑤除考虑场地对地震波特性的影响外，还考虑了地基与建筑物的相互作用来确定设计地震作用和位移反应；⑥考虑了大变形时 P-Δ效应对变形增大的影响。

在 ATC-3 建议的基础上，进一步考虑安全与经济的平衡，至 1985 年形成可实施的抗震设计规范。

1994 年美国 Northrigde 地震和 1995 年的日本神户地震中，按新抗震设计方法设计的建筑物虽然结构本身并未倒塌，达到预期设计目标，但因结构侧向变形过大，造成的设备和装修损失却十分巨大，人们开始意识到现行的基于承载力的结构抗震设计方法并不完善。在这样的背景下，20 世纪 90 年代，美国的 Bertero 等人提出了基于性能的抗震设计思想。基于性能设计（performance based design, PBD）的基本思想是使所设计的工程结构在使用期间满足各种预定的性能目标要求。性能目标可根据不同的建筑物对象和功能要求而不同。SEAOC 起草了一份基于性能设计的计划，以期望结构工程师可以根据工程结构的实际性能需求进行结构抗震设计。

尽管基于性能抗震设计的理念已开始为研究人员、结构工程师和业主们所接受，但形成具体的抗震设计方法还有许多工作要做。本节主要介绍美国现行《统一建筑规范》(UBC，1997）中有关抗震设计的方法和规定。

9.4.2 抗震设防目标

美国《国家减轻地震灾害计划》(NEEHRP，1997）强调让结构在合理超越概率的地震作用下绝对安全和没有损伤是不经济的。NEEHRP 的第一个抗震设防目标是在 50 年超越概率为 10%的设防地震地面运动作用下，结构和非结构构件可以出现损伤，但这种损伤是可以修复的。NEEHRP 的第二个抗震设防目标是使结构在高于设计地震地面运动作用下的倒塌概率很低。

UBC（1997）指出：抗震设防的目标是避免结构倒塌和人身伤亡，而不是限制结构的破坏和保证结构的功能。按 UBC 规范设计的一般建筑结构，在遭遇到超过 475 年重现期地震时不倒塌，并保证生命安全，但容许结构构件和非结构构件损坏，并在震后可停止使用，直至修复完成。这是规范规定的最低设防标准。对于结构性能要求更高的建筑，如医院、消防和警察中心、应急处理指挥中心以及救灾设施等，可按所需的风险水平确定更高的设防目标。对于因地震可能导致重大经济损失的建筑，业主也可根据风险评估来提高结构的抗震性能。

对于一般建筑结构，其抗震设计采用的是二水准设防、一阶段设计的方法，即考虑不同结构体系的冗余度和延性耗能能力的影响将设防地震作用折减后，①按弹性进行结构分析和内力组合，并进行结构构件承载力验算；②按弹性变形近似计算弹塑性变形，进行变形验算。

9.4.3 反应谱

UBC 规范的反应谱采用 50 年超越概率为 10%（重现期为 475 年）的地震动参数计算。根据地震区划的地震动参数统计，UBC 规范规定了地面运动有效峰值加速度（effective peak acceleration）为设防地震地面运动加速度，并以此作为地震区划系数 Z（表 9.4.1）。

表 9.4.1　地震区划系数 Z

地震区划	Ⅰ区	Ⅱ区		Ⅲ区	Ⅳ区
		A	B		
有效峰值加速度/g	0.075	0.15	0.20	0.3	0.4

UBC 规范建议的地震响应系数反应谱，即不同周期的弹性单自由度体系在设防烈度下的峰值反应加速度与设防烈度下地面运动有效峰值加速度的比值分为三段，如图 9.4.1 所示，其中系数 C_a 和 C_v 称为场地响应系数，取决于场地土类型和有效峰值加速度，反映了不同场地土对地面运动的放大效应影响，其取值如表 9.4.2 和表 9.4.3 所示。对于 S_B 类场地，C_a 和 C_v 等于地面运动有效峰值加速度。

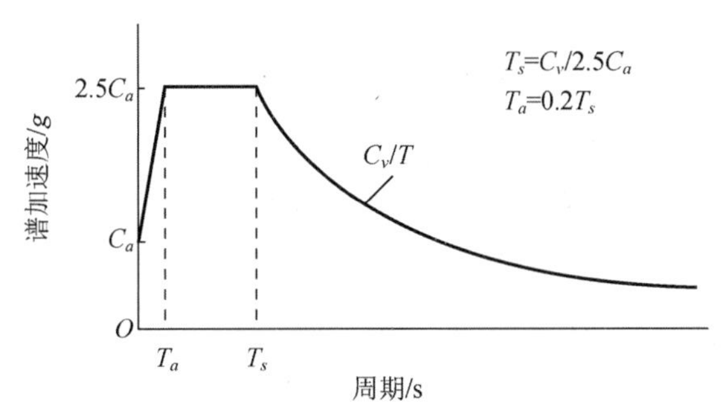

图 9.4.1　UBC 反应谱

表 9.4.2　反应谱系数 C_v

场 地 类 型	地 震 区 划				
	Ⅰ	ⅡA	ⅡB	Ⅲ	Ⅳ
S_A	0.06	0.12	0.16	0.24	0.32
S_B	0.08	0.15	0.20	0.30	0.40
S_C	0.13	0.25	0.32	0.45	0.56
S_D	0.18	0.32	0.40	0.54	0.64
S_E	0.26	0.50	0.64	0.84	0.96

表 9.4.3　反应谱系数 C_a

场 地 类 型	地 震 区 划				
	I	IIA	IIB	III	IV
S_A	0.06	0.12	0.16	0.24	0.32
S_B	0.08	0.15	0.20	0.30	0.40
S_C	0.09	0.18	0.24	0.33	0.40
S_D	0.12	0.22	0.28	0.36	0.44
S_E	0.19	0.30	0.34	0.36	0.36

场地类型根据建造场地地面以下 100ft（1ft=0.3048m）厚度的平均剪切波速度划分，如表 9.4.4 所示。S_F类场地为淤泥场地，需进行特别评估。

表 9.4.4　不同场地的剪切波速

场 地 类 型	性　质	剪切波速/（ft/s）
S_A	坚硬岩石	>5000
S_B	岩石	2500～5000
S_C	软岩石	1200～2500
S_D	硬土	600～1200
S_E	软土	<600

9.4.4　地震作用计算

UBC 规范建议的设计基底剪力 V 为

$$V = C_s W \tag{9.4.2}$$

式中，W 为地震重力荷载；C_s 为设计地震响应系数，即

$$C_s = \frac{C_v}{T} I \frac{1}{R} \tag{9.4.3a}$$

且

$$C_s \leqslant 2.5 C_a I \frac{1}{R} \tag{9.4.3b}$$

$$C_s \geqslant 0.11 C_a I \tag{9.4.3c}$$

式中，R 称为结构响应修正系数，如表 9.4.5 所示；I 为结构重要性系数，一般建筑取 1.0，对于结构性能要求更高的建筑，如医院、消防和警察中心、应急处理指挥中心以及救灾设施等，取 1.25。式（9.4.3a）对应反应谱中周期较大时的加速度相关区，设计地震响应系数

表 9.4.5　结构抗侧力体系、高度限值及系数 R

结 构 体 系		高度限值/ft	R
承重墙体系	混凝土或砌体剪力墙	160	4.5
	钢支撑框架	160	4.4
单一抗侧力体系	偏心支撑钢框架	240	7.0
	普通支撑钢框架	160	5.6
	混凝土剪力墙	240	5.5
	砌体剪力墙	160	5.5
延性框架体系	钢或混凝土延性框架	无	8.5
双重抗侧力体系	混凝土剪力墙-延性框架	无	8.5
	偏心支撑钢框架-延性框架	无	8.5
	普通支撑钢框架-延性框架	无	6.5
框支体系	框支柱	35	2.2

与周期成反比；式（9.4.3b）对应反应谱中周期较小时的加速度相关区，设计地震响应系数为常数；式（9.4.3c）是考虑长期结构地震作用过小而规定的下限。

地震力沿建筑高度分布按振型分解组合方法计算，对一般规则结构可按基底剪力法计算。当结构基本周期大于 0.7s 时，考虑高振型影响的顶部集中力为

$$F_t = 0.07TV \tag{9.4.4}$$

按基底剪力法，其余楼层的地震力为

$$F_x = (V - F_t)\frac{w_x H_x}{\sum w_i H_i} \tag{9.4.5}$$

9.4.5　抗震设计

按上述计算的基底剪力，再根据地震力沿竖向分布情况确定地震作用后，先按结构弹性进行结构分析和内力组合，并进行结构构件承载力验算；然后按弹性变形近似计算弹塑性变形，进行变形验算。

UBC 规范的抗震设计原理如图 9.4.2 所示。在设防地震作用（50 年超越概率为 10%，相当于重现期为 475 年）下，按理想弹性结构分析得到的基地剪力为 V_E，即

$$V_E = \frac{C_v}{T}W \tag{9.4.6a}$$

且

$$V_E \leqslant 2.5C_a W \tag{9.4.6b}$$

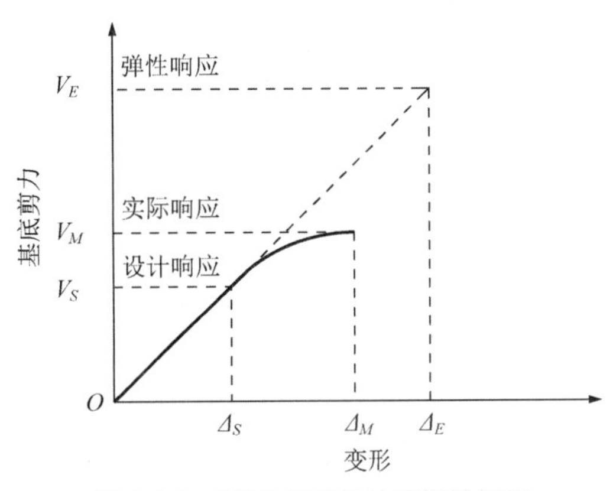

图 9.4.2　UBC 规范的抗震设计原理

由于在设防地震作用下要求结构处于弹性状态是不经济的，因此考虑结构的冗余度和非弹性变形能力以及结构的重要性，经结构响应修正系数和结构重要性系数修正后的设计基底剪力为

$$V_S = V_E I \frac{1}{R} \tag{9.4.7}$$

在按上述设计基底剪力确定的地震作用下，结构处于弹性，并按内力组合后进行结构构件承载力验算。而在设防地震作用下，结构将进入非弹性，非弹性位移为Δ_M。根据非弹性位移Δ_M与设计地震作用下计算得到的弹性位移Δ_S分析结果，UBC 建议考虑 0.7R 的放大系数后来计算设防地震作用下的非弹性位移Δ_M，即

$$\Delta_M = 0.7R\Delta_S \tag{9.4.8}$$

而在设防地震下的基底剪力为 V_M（图 9.4.2）。由图 9.4.2 可见，上式的值小于等位移准则的规定，这对于某些结构低估了非弹性位移Δ_M。

9.4.6　结构体系

在上述地震作用计算中，有一个与结构抗侧力体系有关的结构响应修正系数 R。该系数

为按线弹性分析得到的设计基底剪力与设防地震作用下基底剪力的比值，反映结构的非弹性变形的能量吸收能力和结构体系的冗余度，以及水平抗侧力体系中次结构对结构抗震能力的影响。系数 R 值随结构的整体延性能力、能量吸收能力和冗余度的增加而增大。

UBC 根据抗侧力结构的情况，将建筑结构分为 5 种体系（图 9.4.3）：承重墙体系、单一抗侧力体系、延性框架体系、双重抗侧力体系和框支体系，对各体系又按建筑材料进行细分，并给出了各种情况的高度限值和地震响应修正系数 R（表 9.4.5）。

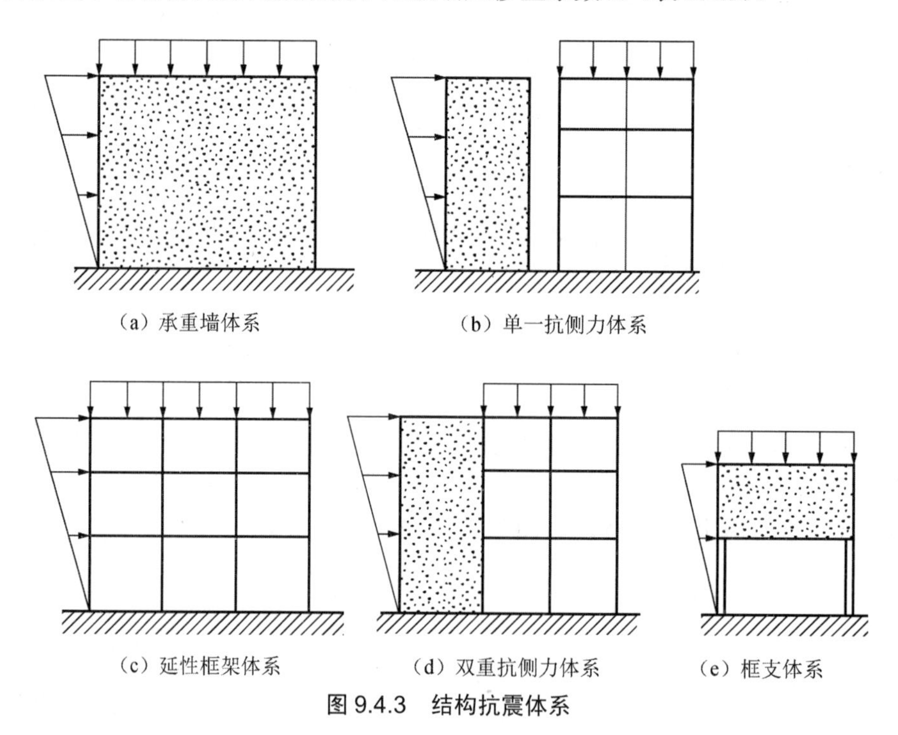

图 9.4.3 结构抗震体系

承重墙体系（bearing wall system）中，剪力墙或支撑钢框架承担全部和大部分竖向重力荷载，同时承受水平地震作用［图 9.4.3（a）］。因此，当抗侧力构件在水平地震作用下产生破坏时，将同时丧失竖向承载能力。故这种体系的冗余度小，且非弹性变形能力差，因而其结构响应修正系数 R 较小。在 III 区和 IV 区，抗侧力构件应满足特殊的构造要求。

单一抗侧力体系（building frame system）中，其水平抗侧力构件和竖向承重构件是分离的［图 9.4.3（b）］，框架承担竖向重力荷载，剪力墙和支撑钢框架（抗侧力构件）承担水平地震作用，框架部分在抗侧力构件破坏后仍可继续承受重力荷载，故不会导致建筑的倒塌。承担竖向重力荷载框架无特殊的延性构造要求，但需满足变形协调要求。因此，这种体系高度有一定的限制。

延性框架体系（moment resisting frame system）采取了特殊的构造措施保证框架结构构件的弯曲延性，使框架能同时承担水平地震作用和竖向荷载［图 9.4.3（c）］。这种结构具有较大的冗余度，且具有较好的变形能力，在保证竖向承载能力无显著降低的情况下可承受很大的水平变形。

双重抗侧力体系（dual system）由非承重的主抗侧力结构体系（剪力墙或支撑）和次抗侧力体系（延性框架）组成［图 9.4.3（d）］。非承重主抗侧力结构体系承担结构的大部分水平力地震作用，次抗侧力体系则主要承担竖向重力荷载，并对主抗侧力体系的水平抗震能力予以补充。次抗侧力体系一般采用延性框架结构，其应承担不少于基底剪力25%的水平地震荷载，且主次结构体系承担的水平荷载应根据两者的相对抗侧刚度分配。

框支体系（inverted pendulum system）［图9.4.3（e）］中，结构下部的框支部分同时承担上部结构的重力荷载和水平地震作用，且其冗余度和非弹性变形能力有限。因此，地震作用下框支柱的破坏将导致其丧失竖向承载能力。

9.5　日本抗震规范介绍

9.5.1　简述

日本是多地震国家，对结构抗震问题一直给予高度重视。但日本结构设计的一个特点是长期采用容许应力设计法。

1924年，日本关东大地震后，《日本都市建筑法》首次增设的抗震设计规定，采用静力法计算水平地震力，地震系数取0.1，且水平地震力分布取为沿高度均布。当时的容许应力系数，钢取2.0，混凝土取3.0。因此，按地震系数0.1设计的建筑物，实际上可以抵抗相当于地震系数为0.3的水平地震作用。

1947年制定了《日本建筑标准3001》，确定了采用长期和短期二阶段容许应力设计法，并一直沿用到现在。对短期荷载，容许应力系数比长期荷载情况大2倍，即在地震短期荷载作用下，钢材应力容许达到屈服，混凝土应力容许达到2/3抗压强度。同时将地震系数取为0.2，以保持与《日本都市建筑法》一致。

1948年福井发生的M7.1级地震，造成了很大人员伤亡和严重建筑物倒塌，一些较高的建筑物产生严重破坏。日本现代地震工程即从这次地震后得到全面发展。1950年颁布了《日本建筑基准法》，16m以下的建筑，地震系数取0.2；以后高度每增加4m，地震系数增加0.01。此后，1952年又增加了考虑场地影响的系数。

20世纪60年代，美国在地震工程方面获得突破性进展，开始考虑与结构周期有关的地震动力效应，加之实际地震记录和计算机技术的发展，使得多层结构的地震动力分析成为可能。以日本东京大学武藤清教授为代表的一批专家开展了大量的高层建筑弹塑性地震动力计算分析工作。1963年《日本建筑基准法》修订，取消了不容许超过31m的高度限制。1968年建成了36层的霞关大厦，开始确立了动力设计法。

1964年日本建筑学会提出了超高层建筑抗震设计的二阶段设计法，采用与结构周期有关的基底剪力系数，并提出了剪力沿高度分布的假定。此后，关于高层建筑地震作用的计算成为研究重点，1967年日本建筑学会出版了《地震荷载与建筑结构的抗震性》专著，其中日本建设省建筑研究中心提出了验算建筑物在强震作用下的抗震能力时采用速度反应谱，该方案虽然最后并未被现行的日本建筑设计规范采纳，但也算是国际上较早开始考虑结构速度反应性能的抗震设计方法。

从1972年到1977年，日本建设省开展了大规模的研究计划，基于所取得的研究成果，1977年形成了土木和建筑结构的《新抗震设计法》。1981年对《建筑法规》做了修改，其中有关抗震规定采纳了《新抗震设计法》中的动力学方法。

《新抗震设计法》采用了二阶段抗震设计：①对于中等地震采用容许应力设计法；②对于大地震进行极限抗震性能验算。

由于日本结构设计的容许应力方法明显落后于国际上普遍采用的极限状态设计法，基于极限状态的抗震设计法一直是日本规范修订的目标，并进行了许多研究。到 1988 年汇总其成果，日本建筑学会编制了《钢筋混凝土结构极限承载力保证型抗震设计指南》(1990)。该指南的抗震设计法是先设定强震作用时结构所期望的屈服机构——一般为梁屈服型的整体屈服机构，然后按保证实现此目标进行结构设计，因此这是一种结构整体抗震极限状态的设计方法。

此后，日本建筑学会对该指南中遗留的问题又开展了进一步研究，到 1992 年取得一批成果，开始进行修订，向延性保证型抗震设计转化，也即对不同地震水平、结构中的不同部位，在保证形成预定屈服机构的前提下，提出不同的延性和强度要求。正值修订成型过程中，1995 年发生了阪神大地震。阪神地震的教训对抗震设计提出以下问题：

(1) 直下型地震动的大小及性质；

(2) 结构遭到罕遇地震时的实际地震作用；

(3) 以地震后结构维持其功能和维修可能性为目标的损伤控制；

(4) 业主对结构性能的要求；

(5) 最低标准以外的设计目标。

以上问题的提出已体现出结构抗震目标应满足结构性能需求的思想，当时美国学者提出基于性能抗震设计的理念。因此，在《钢筋混凝土极限承载力保证型抗震设计指南》的修订中，对设计思路和内容进行了很大的修改，也即采用以变形控制为设计准则的基于性能设计法为基础的新的抗震设计方法。1997 年形成了《钢筋混凝土结构延性保证型抗震设计指南》，其主要特点如下：

(1) 以变形反应控制作为极限状态，确定结构的目标抗震性能；

(2) 设计工作不仅仅是确定构件断面，而是一直要到确认结构满足规定的设计性能目标为止；

(3) 设计过程和分析方法由设计人员自行选择；

(4) 对双向地震作用的设计进行了简化处理；

(5) 引入了潜在塑性铰范围的新概念，使柱的抗弯设计自由度扩大；

(6) 构件的有关计算公式采用了最新的研究成果，同时简化配筋构造细节的规定，尽可能直接评价构件承载力和变形性能；

(7) 为确保压弯作用下的延性，对约束箍筋的配置定量化。

下面主要介绍日本现行的《新抗震设计法》中的抗震设计规定。

9.5.2　地震作用计算

日本《建筑法规》(1981) 制定了两个抗震设防目标。第一个设防目标是在发生频率较大的“中等强度”的地震作用下(使用期遭遇 2～3 次)，结构仍可保持其使用功能，不容许结构产生屈服。“中等强度”地震相应的地面加速度为 80～100Gal。第二个设防目标是要求结构在“强烈地震”作用下虽有破坏，但不致倒塌。“强烈地震”对应的地面运动加速度为 300～400Gal。

针对以上两个抗震设防目标，结构抗震采用二阶段设计。

第一阶段设计对应“中等强度”地震，由于要求结构不产生屈服，故按容许应力法进行设计。设计地震作用是按“中等地震”确定的，在短周期范围，建筑结构对应设计地震作用产生的基底剪力系数（即建筑基底剪力与建筑总质量的比值）标准值取 C_0=0.2。这是根据日本历史上静力法中采用 0.2 的地震系数设计的建筑物在历次中等地震中没有什么损坏沿用的结果。

层剪力系数（该层剪力与其上总质量的比值）为

$$C_i = ZR_t A_i C_0 \tag{9.5.1}$$

式中，Z 为地震区域系数，根据日本地震区划图，分别取 1.0、0.9 和 0.8；R_t 为振动特性系数，与建筑物固有周期和建筑物所在场地有关，是根据不同类别场地的地震记录所得到的加速度反应谱曲线形状确定的，其表达式为

$$R_t = \begin{cases} 1, & T < T_e \\ 1-0.2(T/T_e-1)^2, & T_e \leqslant T < 2T_e \\ 1.6T_e/T, & 2T_e \leqslant T \end{cases} \tag{9.5.2}$$

式中，T 为建筑物 1 阶固有周期，钢结构取 0.03H，钢筋混凝土和钢骨混凝土结构取 0.02H；T_e 为与场地有关的特征周期，表 9.5.1 所示为日本场地类别及相应的 T_e。R_t 与周期关系的谱曲线如图 9.5.1 所示，R_t 值的下限为 0.25。

表 9.5.1 日本场地类别及相应的 T_e

类　别	场 地 状 况	T_e
第 1 类	基岩，硬质砂层	0.4
第 2 类	第 1 类和第 3 类以外的场地	0.6
第 3 类	腐殖土、泥土及其冲积层厚度在 30m 以上	0.8

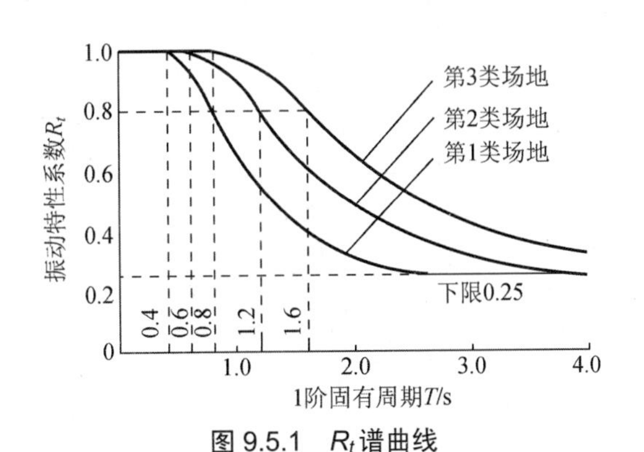

图 9.5.1 R_t 谱曲线

式（9.5.1）中的 A_i 为层剪力系数沿建筑物高度分布系数，按下式计算：

$$A_i = 1 + \left(\frac{1}{\sqrt{\alpha_i}} - \alpha_i\right)\frac{2T}{1+3T} \tag{9.5.3}$$

式中，$\alpha_i = \sum_{j=i}^{N} w_j \Big/ \sum_{j=1}^{N} w_j$，即该层以上质量与地上部分总质量的比值。图 9.5.2 所示为对应不同 1 阶自振周期 T 时 A_i 的分布状况。可见当 1 阶自振周期越长时，高阶振型影响越显著。

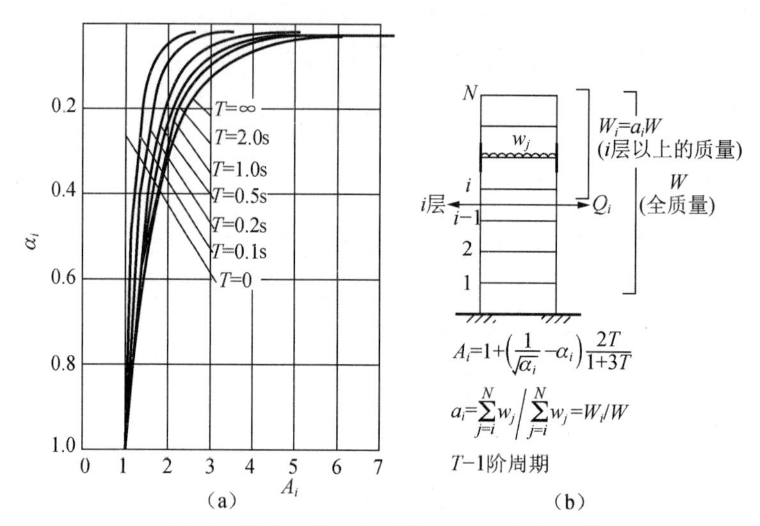

图 9.5.2　不同 1 阶自振周期 T 时 A_i 的分布状况

日本上述地震作用的计算未直接采用振型分解反应谱法，而是根据振型分解反应谱法经 SRSS 法得到的层剪力，直接给出层剪力系数分布。图 9.5.3 所示为一 10 层、各层质量为 100t 的层剪力和层剪力系数分布，地震力沿高度分布分别采用了：（a）均布；（b）倒三角分布；（c）倒三角分布+10%总基底剪力的顶点集中力。可见（c）与日本地震力计算结果基本吻合。

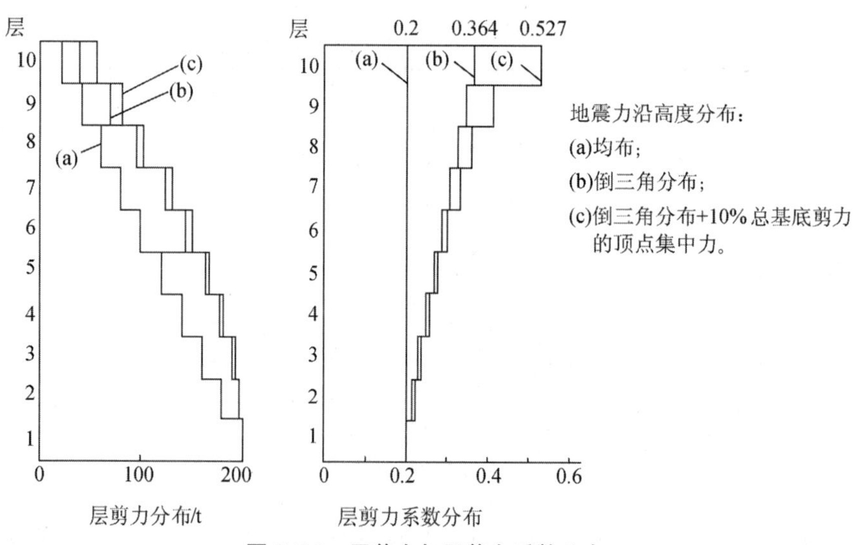

图 9.5.3　层剪力与层剪力系数分布

第一阶段的设计，即按上述方法确定的地震力进行结构分析，使各构件截面应力小于短期容许应力。为防止非结构构件的破坏，要求此时各层间侧移角小于 1/200。

9.5.3　第二阶段设计

第二阶段设计是为了保证在“强烈地震”作用下结构不产生倒塌。为简化设计，根据分析和震害经验，第二阶段设计又分为三类：①不需进行第二阶段设计的结构；②可简化第二阶段设计的结构；③需进行大震下极限承载力验算的第二阶段设计的结构。

1. 不需进行第二阶段设计的结构

根据以往的震害经验调查分析，对以下一些情况可不进行第二阶段设计。

1）砌体结构

3 层以下（不包括地下层）采用配筋混凝土砌体的结构。

2）钢筋混凝土和钢骨混凝土结构

（1）高度不超过 20m 的建筑。

（2）地上部分各层剪力墙和柱水平截面面积满足下式的结构：

$$\sum 25A_w + \sum 7A_c \geqslant ZWA_i \tag{9.5.4}$$

式中，A_w 为该层计算方向剪力墙的水平截面面积；A_c 为该层柱的水平截面面积；W 为该层以上部分的质量。

3）钢结构

（1）3 层以下的建筑（不包括地下层）。

（2）高度不超过 13m 且檐口高不超过 9m 的建筑。

（3）框架柱距不超过 6m 的结构。

（4）建筑面积在 500m^2 以内的结构。

（5）按标准基底剪力系数为 0.3 计算的结构。

（6）对承担水平力的支撑，验算过当其屈服时支撑端部及其连接不产生破坏的结构。

下面对钢筋混凝土和钢骨混凝土结构的式（9.5.4）进行解释。日本在多次震害调查中发现，剪力墙数量越多，结构破坏程度越轻。图 9.5.4 所示为关东地震和福井地震钢筋混凝土建筑的损坏程度与墙量的关系，墙量用每建筑平米剪力墙的长度表示。

图 9.5.5 所示为 1968 年冲绳地震钢筋混凝土低层建筑物震害调查统计结果。定义墙率 $A_w/\sum A_f$（cm^2/m^2）为建筑物 1 层各主轴方向钢筋混凝土剪力墙总水平截面面积 A_w（cm^2）与 1 层以上建筑面积 $\sum A_f$（m^2）的比值；定义柱率 $A_c/\sum A_f$（cm^2/m^2）为建筑物 1 层所有柱总水平截面面积 A_w（cm^2）与 1 层以上建筑面积 $\sum A_f$（m^2）的比值。近似取单位面积质量产生的地震力为 1000kgf/m^2，则图 9.5.5 中竖轴 $1000\sum A_f/(A_c + A_w)$ 为 1 层柱和剪力墙的平均剪应力。

由图 9.5.5 中震害程度记号可见，C 区为无震害，其墙率为 $30\text{cm}^2/\text{m}^2$，柱和剪力墙的平均剪应力小于 12kgf/cm^2。当仅有柱时，C 区的临界剪应力为 12kgf/cm^2；当全部为剪力墙时，临界剪应力为 $1000\sum A_f/30\sum A_f = 33\,\text{kg/cm}^2$。因此当同时有剪力墙和柱时，剪应力满足下式可认为震害较轻：

$$12A_c + 33A_w \geqslant 1000\sum A_f \tag{9.5.5}$$

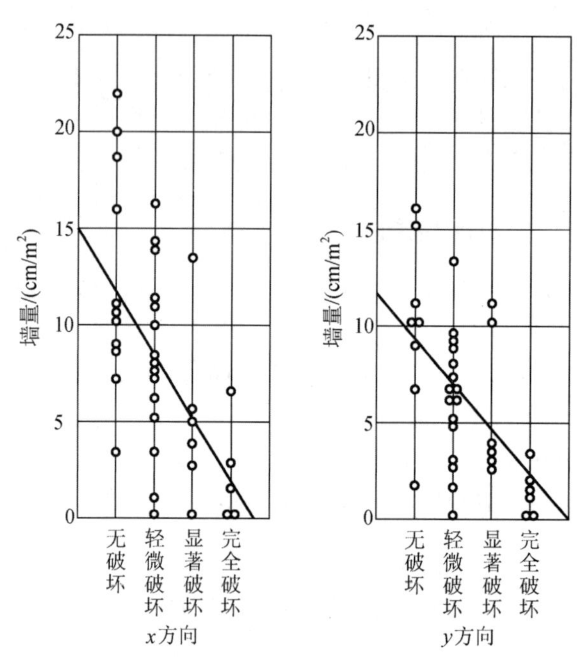

图 9.5.4　钢筋混凝土建筑的损坏程度与墙量的关系

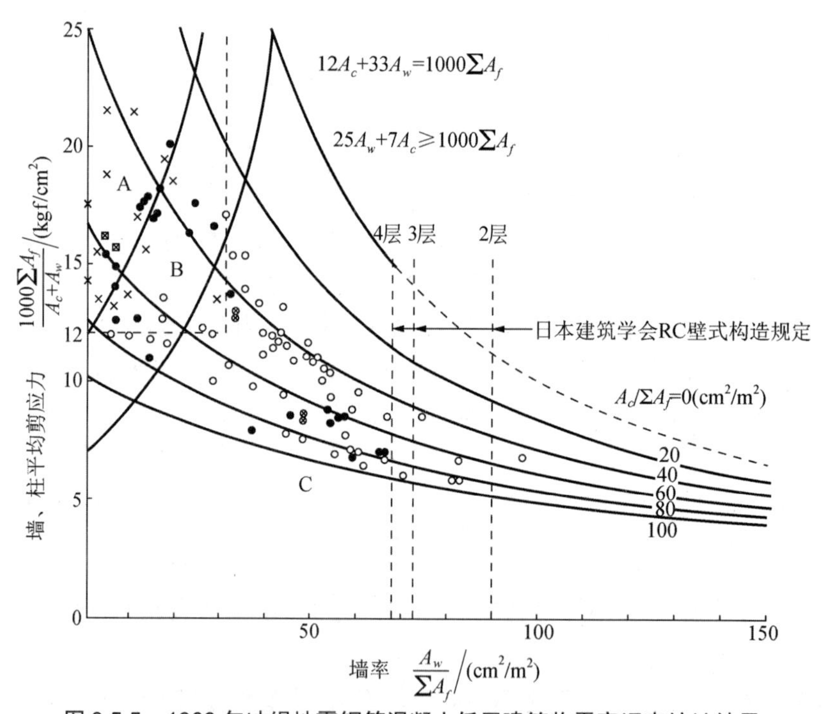

图 9.5.5　1968 年冲绳地震钢筋混凝土低层建筑物震害调查统计结果

注：×：1层柱全部出现剪切裂缝，有钢筋混凝土剪力墙时，剪力墙出现许多剪切裂缝；

⊠：1层半数左右的柱出现弯曲裂缝，少数钢筋混凝土剪力墙出现剪切裂缝；

⊗：1层钢筋混凝土剪力墙均出现剪切裂缝，柱全部出现轻微损坏；

○：墙、柱破坏轻微，即建筑物几乎没有破坏，其中●为学校。

由图 9.5.5 可见，不满足上式的情况落在 A 区，震害较为严重。式（9.5.4）是在式（9.5.5）的基础上偏于安全考虑后给出的。

2. 可简化第二阶段设计的结构

高度小于 31m，且结构刚度与质量沿高度和平面分布都较为均匀，各层承载力满足一定要求的建筑结构，在大震作用下不会因出现局部变形集中（即薄弱层或薄弱部位）而产生严重的破坏或倒塌。

结构刚度与质量沿高度和平面分布情况用刚性率和偏心率来反映。刚性率表示结构刚度沿高度的分布，偏心率反映结构刚度和质量的平面分布。通过控制刚性率和偏心率，可使结构较为规则均匀，不会因薄弱层或扭转在大震作用下产生显著的变形集中。刚性率和偏心率的验算称为形状验算。

各层的刚性率 R_s 可按下式计算：

$$R_s = \frac{r_s}{\overline{r}_s} \tag{9.5.6}$$

式中，r_s 为各层层间变形角的倒数，$r_s = 1/(\delta_i / h_i) = h_i / \delta_i$；$\overline{r}_s$ 为各层 r_s 的平均值，$\overline{r}_s = \sum r_s / N$。当各层的刚性率 R_s 均大于 0.6 时，则认为结构刚度沿高度的分布均匀。

各层的偏心率 R_e 可按下式计算：

$$R_e = \frac{e}{r_e} \tag{9.5.7}$$

$$r_e = \sqrt{K_c / \sum D} \tag{9.5.8}$$

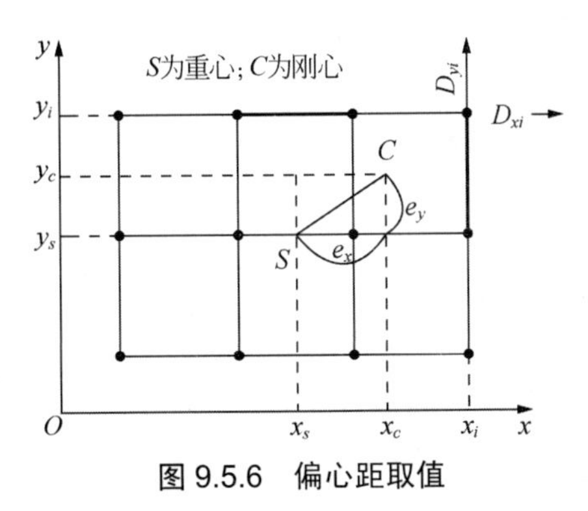

图 9.5.6　偏心距取值

式中，e 为各层质量重心与刚度中心的距离在与验算方向相垂直方向的投影，即偏心距（如图 9.5.6 所示，验算方向为 x 方向时取 e_y，验算方向为 y 方向时取 e_x）；$\sum D$ 为验算方向该层抗侧刚度总和；K_c 为该层绕刚度中心的扭转刚度。当各层的偏心率 R_e 均小于 0.15 时，则认为结构平面刚度分布均匀，地震作用下不会产生显著扭转。

若刚性率和偏心率满足以上条件，且高度不超过的 31m 建筑还满足下列条件时，可认为结构在大震作用下的承载力足够。

1）满足以下任一条件的钢筋混凝土、钢骨混凝土结构

（1）各层钢筋混凝土或钢骨混凝土剪力墙、柱以及上下端与结构有紧密连接墙的总水平截面面积满足

$$\sum 25A_w + \sum 7A_c \geqslant 0.75ZWA_i \tag{9.5.9}$$

对钢骨混凝土柱，上式中的系数 7 可采用 10。

（2）各层钢筋混凝土或钢骨混凝土剪力墙、柱以及上下端与结构有紧密连接墙的总水平截面面积满足

$$\sum 18A_w + \sum 18A_c \geqslant ZWA_i \tag{9.5.10}$$

对钢骨混凝土柱，上式中的系数 18 可采用 20。

（3）梁、柱构件两端达到最大受弯承载力时，剪力引起的构件中的剪应力不超过短期容许剪应力，以保证结构具有足够的延性。

2）钢结构应满足的条件

（1）有斜撑承担水平力的楼层，根据一次设计计算斜撑在该层承担水平剪力的比例β，按该层柱及上下梁应力的 $1+0.7\beta$ 倍进行斜撑的设计。

（2）斜撑端部及其与结构连接部位应有足够的强度，在斜撑达到轴向屈服情况下不得产生破坏。

（3）梁、柱及其节点不得由于局部压曲而导致承载力急剧降低。

3. 需进行大震下极限承载力验算的第二阶段设计的结构

31～60m 的建筑结构，以及不满足简化计算条件的 31m 以下的建筑结构，需计算结构的层抗剪极限承载力，使其大于大震作用下需求的层抗剪承载力。

大震作用下所需的层抗剪承载力 Q_{un} 与结构容许延性和结构形状（刚性率和偏心率）有关，按下式确定：

$$Q_{un} = D_s F_{es} Q_{ud} \tag{9.5.11}$$

式中，D_s 为结构特性参数，与结构塑性变形能力（结构容许延性）有关；F_{es} 为结构形状特性参数，是考虑刚性率偏小和偏心率偏大情况对需求层抗剪承载力的增大系数；Q_{ud} 为大震作用下按弹性计算的层剪力。

结构特性参数 D_s 为地震力降低系数 R 的倒数，即大震作用下结构的屈服承载力与弹性地震力的比值。根据等能量准则，D_s 可按下式计算：

$$D_s = \frac{1}{\sqrt{2\mu - 1}} \tag{9.5.12}$$

式中，μ 为结构的容许延性系数。当考虑结构阻尼影响时，上式可修正为

$$D_s = \frac{\beta}{\sqrt{2\mu - 1}} \tag{9.5.13}$$

其中，β 为考虑阻尼时的修正系数，如下：

$$\beta = \frac{1.5}{1 + 10\xi} \tag{9.5.14}$$

式中，ξ 为阻尼比。

对于各种结构形式，根据试验研究获得的结构变形能力和延性，结构特性参数 D_s 建议按表 9.5.2 和表 9.5.3 取值。

表 9.5.2　钢筋混凝土结构特性参数

结构性能		A 类	B 类	C 类
		刚性节点结构或类似结构	A、C 类以外的结构	各层水平力大部分由该层剪力墙或斜撑承担的结构
（1）	结构构件明显不会产生剪切破坏和其他导致承载力急剧下降的破坏，塑性变形能力特别大	0.30	0.35	0.40
（2）	除（1）以外的结构，结构构件不会产生剪切破坏和其他导致承载力急剧下降的破坏，塑性变形能力大	0.35	0.40	0.45
（3）	除（1）和（2）以外的结构，结构构件产生塑性变形时该构件不发生剪切破坏，承载力不急剧下降	0.40	0.45	0.50
（4）	除（1）～（3）以外的结构	0.45	0.50	0.55

注：柱、梁大部分为钢骨混凝土构件的楼层，可取比本表中相应栏的数值减小不超过 0.05。

表 9.5.3　钢结构特性参数

结构性能		A 类	B 类	C 类
		刚性节点结构或类似结构	A、C 类以外的结构	由受压斜撑杆承担水平力，且斜撑压杆压曲导致承载力降低较小的结构，以及类似结构
（1）	结构构件中的应力明显不会导致局部压曲，且塑性变形能力特别大	0.25	0.30	0.35
（2）	除（1）以外的结构，结构构件中的应力不会导致局部压曲，且塑性变形能力大	0.30	0.35	0.40
（3）	除（1）和（2）以外的结构，当结构构件产生塑性变形时无局部压曲，且承载力无急剧降低	0.35	0.40	0.45
（4）	除（1）～（3）以外的结构	0.40	0.45	0.50

结构形状特性参数 F_{es} 为

$$F_{es}=F_sF_e \tag{9.5.15}$$

式中，F_s 为刚性率修正系数；F_e 为偏心率修正系数。F_s 和 F_e 分别按表 9.5.4 和表 9.5.5 取值。

表 9.5.4　F_s 取值

刚性率 R_s	F_s
>0.6	1.0
0.3～0.6	其间线性插值
<0.3	1.5

表 9.5.5 F_e 取值

刚性率 R_e	F_e
<0.15	1.0
0.15～0.3	其间线性插值
>0.3	1.5

大震下结构弹性地震力按下式计算：

$$Q_{ud} = C_i W_i \tag{9.5.16}$$

$$C_i = Z R_t A_i C_0 \tag{9.5.17}$$

式中，C_0 为大震下基底剪力系数，取 C_0=1.0；W_i 为 i 层以上建筑物的质量。大震时地震加速度为 300～400Gal。

为保证大震下结构不产生倒塌破坏，要求结构层抗剪极限承载力 Q_u 应大于需求抗剪承载力 Q_{un}。

习题

1. 什么是抗震概念设计？抗震概念设计包括哪些内容？
2. 何谓抗震性能设计？结构抗震性能目标应根据哪些因素确定？
3. 结构抗震设计方法有哪些？各自的特点是什么？

参考文献

[1] 青山博之, 铁筋コンクリート建物の终局强度型耐震设计法[M]. 东京：技报堂出版, 1990.
[2] WILLIAMS A. Seismic design of buildings and bridges[M]. 北京：中国水利水电出版社, 2002.

第10章　基于性能/位移结构抗震设计方法

10.1　概述

现行建筑抗震设计的目标是，在遭遇强烈地震时，容许出现一定程度的损坏，但应确保使用者的生命安全。经过长期的研究和实践，目前工程中广泛采用的是基于承载力-构造保证延性的反应谱结构抗震设计方法，在减少强烈地震时的人员伤亡方面已达到了预期的目标。

然而，随着社会的发展进步，各种功能的建筑日益增多，在强烈地震下有些重要建筑的损坏即使不危及使用者的生命安全，但如果其功能受到损害，也会对社会的正常活动产生很大影响，并造成巨大的经济损失。20世纪80年代至21世纪初，在许多发达国家和地区的现代化大城市发生的大地震，如1989年，美国Loma Prite（洛马·普雷塔）的M7.1级地震，伤亡数百人，经济损失为150亿美元；1994年，美国洛杉矶Northridge（北岭）的M6.7级地震，伤亡仅57人，经济损失为170亿美元；1995年，日本阪神的M7.2级地震，死亡5438人，经济损失达1000亿美元，震后的基本恢复重建耗资近1000亿美元；1999年，我国台湾省集集M7.6级地震，死亡2405人，经济损失近100亿美元；2008年，我国汶川M8.0级大地震，死亡和失踪人数87 150人，经济损失近8000亿元人民币。地震震害表明，在地震工程已得到一定发展且经济高度发达地区，人员的伤亡数量比过去同样烈度的地震有显著减少，然而由于结构或非结构构件的破损所造成的经济损失却特别大，如表10.1.1所示。

经过地震工程和结构工程研究者们近百年的努力研究，以及随着结构动力分析方法和现代计算机技术取得重大进展，目前已经基本可以实现地震危险性分析，并可以对工程结构各种抗震性能进行较为准确的分析计算，从而可以将各种结构性能控制在预期的、可接受的范围内。因此，在对现代社会经济的抗震需求提出更高要求和现代地震工程领域的技术高度发展的背景下，20世纪90年代初，美、日地震工程研究者开始重新审视现行的建筑抗震设计目标，提出了基于性能的抗震设计（performance-based design，PBD）的理念。其基本思想是，针对可以预期到的不同强度地震，区别不同使用性质和重要性的各类建筑，分别规定不同的抗震设防目标和水准，并寻求更完善的设计计算方法，使所设计的工程结构在遭遇各种强度的地震作用下的反应、性能和破损状态控制在设计预期的性能目标内，不仅确保生命安全，而且要尽量使所造成的经济损失最小。这就是基于性能抗震设计的理念，也是社会发展的必然结果。

这里所指的性能具有广泛的含义和内容，涉及结构、非结构、设备使用、装修、人员安全和舒适度等方面的要求。对于工程结构抗震，主要性能要求包括：

（1）在预期设防地震下的适用性要求；

（2）在超过预期设防地震下的可修复性要求；

表 10.1.1 著名大地震及其损失情况

时 间	地 点	震 级	死亡人数	经济损失
1923年9月1日	日本 东京	8.3	20万	
1976年7月28日	中国 唐山	7.8	24万	100亿美元
1989年10月17日	美国 Loma Prite（洛马·普雷塔）	7.1	伤亡数百人	150亿美元
1992年3月13日	土耳其 艾耳津坎	6.8	653	8亿美元
1993年9月29日	印度 凯拉里	6.2	约1万	
1994年1月17日	美国 洛杉矶 Northridge（北岭）	6.7	57（伤亡）	170亿美元
1995年1月17日	日本 阪神	7.2	5438	1000亿美元
1995年5月27日	俄罗斯 萨哈林	7.6	2965	
1996年2月3日	中国 云南丽江	7.0	309	25亿元人民币
1996年5月3日	中国 内蒙古包头	6.4	26	27亿元人民币
1998年1月10日	中国 河北张北	6.2	49	9亿元人民币
1999年8月17日	土耳其 伊兹米特	7.4	约1.7万	>100亿美元
1999年9月21日	中国 台湾集集	7.6	2405	100亿美元
2001年1月26日	印度 古吉拉特	7.9	19 984	
2003年2月24日	中国 巴楚	6.8	5000（伤亡）	20亿元人民币
2003年5月21日	阿尔及利亚	6.9	1.5万（伤亡）	50亿美元
2005年10月8日	巴基斯坦	7.6	>8万	
2008年5月12日	中国 汶川	8.0	87 150	8000亿元人民币

（3）在远超过设防地震作用下的抗倒塌要求；

（4）各种非结构构件和内部设备在不同地震水平作用下满足预定使用功能的可靠度要求。

基于性能抗震/位移设计与现行基于承载力结构抗震设计的不同之处在于：

（1）现行基于承载力结构抗震设计的设防目标是单一的，这种单一的抗震设防标准是以在极罕遇破坏性地震发生时建筑物不产生倒塌破坏为主要目标，并以规范形式予以规定；而基于性能/位移抗震设计的设防目标是多级可选的，根据建筑的重要性、使用性质或业主的要求，在避免建筑倒塌的前提下以最经济为目标，这里的经济费用包括增加抗震能力的费用、因地震破坏造成的损失（如人员伤亡、经营中断、修复重建等）。

（2）基于承载力结构抗震设计通常以结构承载力计算为主，罕遇地震下的结构抗倒塌能力主要根据经验由构造措施予以保证，变形计算通常只考虑适用性要求；而为了准确确定不同地震强度下建筑的损伤状态，基于性能/位移抗震设计需对不同地震强度下建筑的各种性能指标进行计算，这些性能指标不仅包括结构的承载力，还包括变形、加速度、速度和损伤程度等。

（3）基于结构的承载力抗震设计通常只考虑结构本身的设计计算，而基于性能/位移抗震设计还需考虑非结构构件和建筑物内设备的设计，必要时还需考虑经济损失的评估。

因此，在基于性能的抗震设计中，建立量化的性能指标来描述工程结构的各种性能要求，并在设计时加以控制，是首先需要解决的问题。不同功能的建筑，其性能指标及要求是不同的，包括响应速度、加速度、变形、承载力等。然而，由于性能指标的广泛性和多样性，使得实际工程的设计工作需按具体个案处理，这也是不同于现行规范的基于承载力结构抗震设计具有一定通用性的原因。

事实上，人们还是最关心结构在遭遇不同地震水平时结构的损伤情况，以及由此所造成的附加损失。结构损伤与附加损失之间的关系与具体建筑功能有关，需要专门研究。根据这些专门研究（通常由业主与结构工程师共同商议），由业主向结构工程师提出有关结构性能指标和损伤目标。也就是说，对于建筑的各种性能目标需求最终可转化为不同地震水平作用下建筑结构的性能目标，如位移、变形、加速度和损伤及残余变形等，进而可以使得结构工程师对各种结构性能指标进行计算，并予以控制。

大量震害表明，地震作用下结构或非结构构件的破损主要是由于结构位移和结构构件变形过大造成的，因此结构的各种性能指标均与结构的位移有一定的内在联系。Priestley 指出，结构的破损状态总是与截面的变形和极限应变密切相关，截面的变形（应变或曲率）又可以转化为位移（构件端部的转动、结构的层间位移、顶点位移），从而可通过位移来控制结构的损伤程度。

因此，基于性能抗震设计的具体方法往往着眼于对结构位移的控制，也即基于位移抗震设计。基于位移抗震设计（displacement based design，DBD）是指以一定性能水准对应的目标位移作为结构的极限状态指标，通过位移或变形来控制结构在不同强度水平的地震作用下的实际行为和损伤程度。

基于性能/位移设计方法概念提出后，成为目前国际上建筑抗震设计发展的主要趋势，美国和日本已初步建立了设计体系，并在有关设计规程和指南中得到反映。

美国 ATC-33 首先将基于位移的抗震设计概念用于建筑物的加固。1995 年美国加州结构工程师协会（Structural Engineers Association of California，SEAOC）公布的 SEAOC Vision2000、1996 年美国应用技术委员会（Applied Technology Council，ATC）颁布的 ATC-40，以及 1997 年美国 UBC 规范都正式纳入了基于位移的抗震设计思想。1997 年美国国际规范委员会（ICC）出版的国际建筑规范 2000 草案也强调了与结构性能要求有关的内容。

1995 年，日本建设省建筑科学研究所（BRI）开始进行名为“新结构工程体系”的项目研究，其主要任务是发展基于性能的结构设计体系。1996 年，日本建设省决定将建筑标准法修改成符合国际标准的基于性能设计的形式，并成立了一个专门的技术委员会负责健全和推广基于性能的抗震设计方法。图 10.1.1 所示为日本基于性能设计体系框架。

1998 年欧洲 CEB 出版的《钢筋混凝土结构控制弹塑性反应的抗震设计：设计概念及规范的新进展》中正式提出了用基于位移的方法评估在用结构的抗震性能，建议采用基于位移延性的加固设计方法，将构件塑性铰区的曲率转化为对混凝土极限压应变的要求，依此设计这些关键区域的约束箍筋，避免纵筋压屈并保证构件塑性铰区的混凝土有能力达到所要求的极限压应变。

我国在 1989 年颁布的《建筑抗震设计规范》（GB 11—89）中采用三水准二阶段设计的原则，实际上已体现了不同性能目标的抗震设计思想，但是对三个地震水准下结构性能的要求只有一个模糊的定性说明，按规范设计的房屋在预期不同强度地震下将达到何种程度

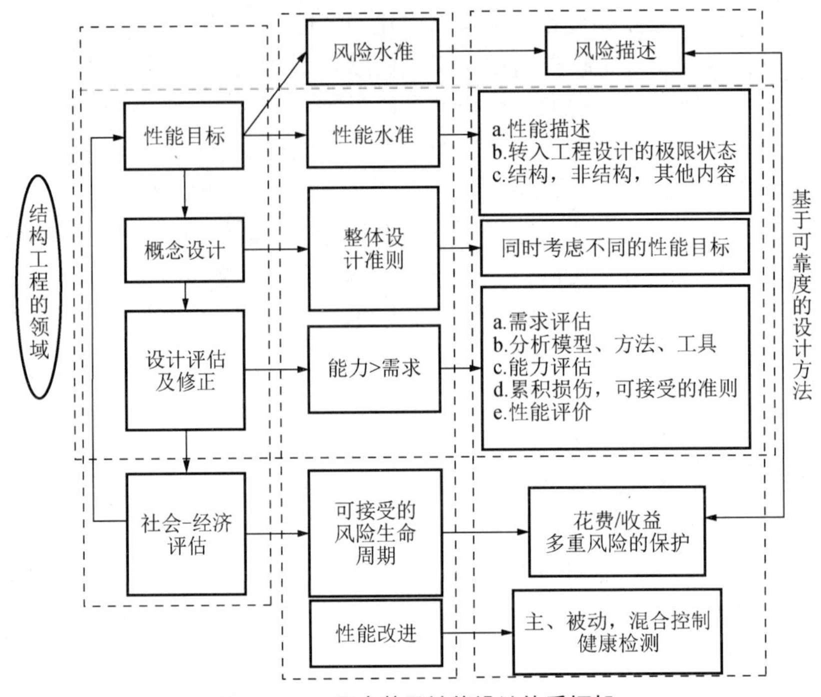

图 10.1.1　日本基于性能设计体系框架

的性能水准尚缺乏科学的评估体系。2001 年颁布的《抗规》中，虽然及时引入了基于位移抗震设计概念，指出对于重要结构宜采用弹塑性时程分析方法或推覆分析方法确定结构的抗震性能，但在整体上没有很大发展。20 世纪 90 年代后期，随着国际上基于性能抗震设计理念和研究的发展，我国地震工程和结构抗震研究人员也开展了相应的研究工作。2004 年，我国也编制出版了《建筑工程抗震性态设计通则》（CECS 160：2004）（以下简称《通则》）。

需要指出的是，基于性能/位移抗震设计方法是随着经济发展水平的提高，在人员伤亡已得到控制的前提下，以减少经济损失为目标，人们对工程结构抗震提出更高要求的背景下发展起来的。在这样更高的抗震设防目标下，结构的费用势必会有所增加，但这种增加与未来地震可能造成的经济损失相比是值得的。然而，对于经济仍不发达地区，由于经济条件较差，抗震设防水平较低，保证建筑结构在地震作用下不出现倒塌造成重大人员伤亡仍然是其工程抗震的主要目标，这从表 10.1.1 中 20 世纪 90 年代以后的土耳其、印度和巴基斯坦地震震害的人员伤亡情况可见一斑。基于性能抗震设计的最低水准仍应以避免建筑倒塌造成人员伤亡为目标。

10.2　结构抗震性能水准和目标

目前建筑抗震规范大多是针对一般建筑的抗震设防目标的性能要求给出了具体设计方法的规定，而对其他更重要的建筑虽然在概念上对抗震设防有更高的性能要求，但具体的设计方法规定并不明确。基于性能/位移抗震设计方法研究的主要目标，就是要针对不同性能要求的结构，给出地震作用下性能指标的具体计算方法和相应的控制标准。因此，首先需要明确性能指标和不同设防目标的性能目标。

SEAOC Vision 2000 报告对基于性能抗震设计的有关技术术语定义如下：

性能水准：在某一地震水平下，所容许的建筑物损伤程度。

设计性能目标：各设计地震水平下，建筑物所应达到的性能水准。

SEAOC Vision 2000 给出的不同建筑抗震设计性能目标如图 10.2.1 所示。

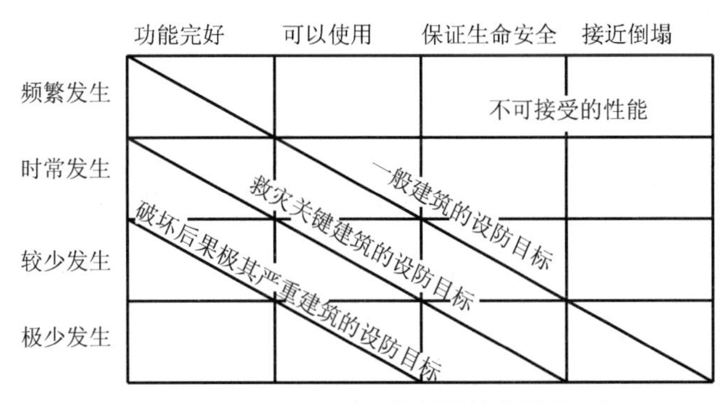

图 10.2.1　SEAOC 建议的抗震性能设防目标

注意，建筑物的性能水准不仅包括受力结构部分（整体结构和结构构件），也包括非受力部分（非结构构件和室内物品及设施等）。在避免结构倒塌的情况下，一般非结构构件的损坏是造成经济损失和人员伤亡的主要原因。

设计性能目标应根据建筑物的重要性、使用性质或业主要求，以及经济性和其他因素（如历史文化遗迹）等综合确定。性能目标的表述分为非专业表述和专业表述。

非专业表述主要针对业主、用户和管理人员等非专业人员，如建筑物的破坏程度可表述为完好、轻微破坏、中等破坏和严重破坏、倒塌等，而使用情况可表述为可继续使用、暂不能入住、可修复、不可修复等。

专业表述主要针对设计、维修和评估的专业技术人员，要采用专业技术术语，如结构构件、非结构构件、承载力、刚度、结构整体性、变形、层间位移、塑性铰、损伤、延性系数、能力耗散、残余变形等，并尽量以定量方式给出具体的指标。

从结构专业角度，P. Fajfar 认为一种性能水准就是一种损伤状态或极限状态。美国 FEMA 273 给出了通过推覆分析得到的基底剪力-顶点侧向位移曲线所表示的结构的性能水准，如图 10.2.2 所示。

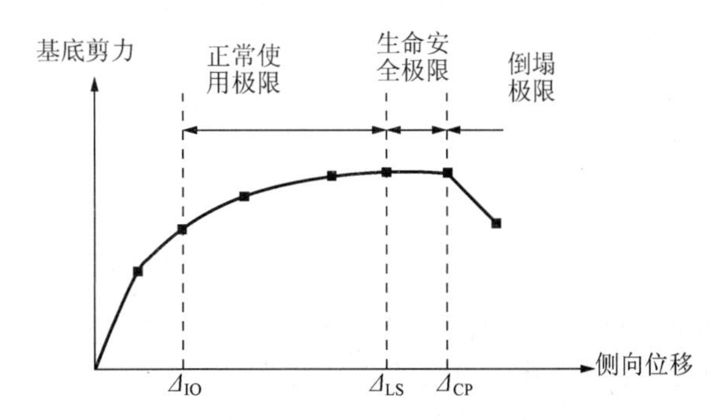

图 10.2.2　FEMA 273 给出的结构性能水准

注：Δ_{IO} 表示正常使用极限位移；Δ_{LS} 表示生命安全极限位移；Δ_{CP} 表示倒踢极限位移。

日本提出了三水准性能：正常使用（serviceability）、坚固（soundness）、安全（safety）。安全水准是法律最低的要求。正常使用的最低要求可列入建筑法规，但是业主可以提出更高的水准要求。坚固，也称为损伤控制，是指将结构在地震作用下的损伤程度控制在业主所要求的范围内。相应三水准性能状态的具体描述如下：

1. 正常使用极限状态

对于钢筋混凝土结构，通常用不可接受的残余裂缝宽度来定义抗震正常使用极限状态。采用残余裂缝宽度比地震响应过程中达到的最大裂缝宽度更有意义。研究表明，当梁的最大钢筋拉应变不超过 0.01，柱和墙的最大钢筋拉应变不超过 0.015 时，其残余裂缝宽度在 0.5～1.0mm 范围。

2. 损伤控制极限状态

非结构构件的损伤很大程度上与连接构造措施有关。当构造措施良好时，则层间位移角小于 1/100，一般非结构构件的损伤不是很显著。针对各种非结构构件的连接构造措施，规范应给出相应的层间位移角限值的规定。

结构构件的损伤控制极限状态可以用材料的应变界限来定义。纵筋的最大拉应变应限制在不超过最大强度所对应应变的 0.6 倍范围内，以防止压曲和低周疲劳。

最后，可取非结构构件的损伤控制极限状态和结构构件损伤极限状态分别对应的层间位移角中的较小值作为该极限状态的设计目标。

3. 安全极限状态

罕遇地震作用下结构的目标位移的确定涉及两方面问题：一是抗震投资；二是对于不同结构体系，相对（层间）位移角的大小与结构损伤程度之间的关系需要有明确的量化对应关系。

我国的谢礼立建议将建筑物的抗震性能水准分为五级，即

（1）功能不受影响（完好）；

（2）主要功能不受影响（轻微破坏）；

（3）主要功能修复后才能恢复（中等破坏）；

（4）主要功能几乎不值得修复（严重破坏）；

（5）功能丧失（倒塌）。

各级性能水准的描述如表 10.2.1 所示。

我国编制的《通则》根据国际地震工程界公认的基于性能抗震设计原则，将不同使用性质和重要性的建筑的最低抗震设防目标划分为四种类别，并针对三种设防地震动水平分别规定了不同的最低抗震性态要求和相应的建筑震害程度，如表 10.2.2 所示。现行《抗规》的抗震设防目标相当于表 10.2.2 中的第Ⅱ类抗震设防目标。

表 10.2.1　建筑抗震性能描述

破坏描述	破坏指标	使用功能描述	专业描述
完好	0.0	功能不受影响	无破坏，可继续运行
	0.2		继续运行，震后设备继续实现功能，结构构件和非结构构件可能有轻微的损坏
轻微破坏	0.3	主要功能不受影响	轻度破坏，大部分功能可立即恢复，一些次要的部件也许需要少量修复
	0.4		结构安全，震后可立即使用，主体部位可继续运行，非主要部位可能要中断
中等破坏	0.5	主要功能修复后才能恢复	中等破坏，结构的个别关键和重要部位可能会出现塑性铰，室内物品可能免遭破坏
	0.6		生命安全保障，主要的抗侧力构件可能会出现裂缝，结构虽遭破坏但仍稳定，不大可能发生坠落现象
严重破坏	0.7	主要功能几乎不值得修复	主体结构中可能出现塑性铰，但不致倒塌，非结构部件可能坠落
	0.8		主体结构破坏严重，但仍不倒塌，非结构部件坠落
倒塌	0.9	功能丧失	部分主体结构倒塌
	1.0		结构全部倒塌

表 10.2.2　各类建筑的最低抗震性态要求

设防地震动水平			建筑使用性质类别			
地震烈度	地震烈度重现期	50 年超越概率	Ⅳ类	Ⅲ类	Ⅱ类	Ⅰ类
多遇地震	50 年	63%	功能不受影响（完好）	功能不受影响（完好）	功能不受影响（微裂）	主要功能可以恢复（损伤，可修复）
偶遇地震（基本烈度）	475 年	10%	功能不受影响（微裂）	主要功能不受影响（轻伤、易修复）	主要功能可以恢复（损伤，可修复）	功能部分丧失、生命安全（破坏）
罕遇地震	975 年	5%	主要功能不受影响（轻伤，易修复）	主要功能可以恢复（损伤，可修复）	功能部分丧失、生命安全（破坏）	功能丧失（倒塌）

10.3　基于位移性能的设计方法

10.3.1　简述

基于性能/位移的设计方法需要解决以下几个问题：

（1）地震作用下的结构（整体）位移需求，或在预定目标位移下结构的（整体）刚度和承载力需求；

（2）结构（整体）位移与结构构件位移和延性系数（或截面转角和曲率延性系数）的关系；

（3）结构构件位移和延性系数（或控制截面的转角和曲率延性系数）与其控制截面极限变形的关系（如极限压应变）。

10.3.2 结构抗震体系与结构性能控制

基于性能/位移抗震设计的一个重要内容是对预期地震作用下的结构（位移）响应进行估计，并设法保证结构相应的（变形）能力大于结构地震响应需求。其中，最困难的问题是如何估计结构地震响应，尤其是结构进入弹塑性阶段的地震响应，并获得各个结构构件的性能（变形和延性）需求。

无论是直接位移法还是能力谱设计法，由以上两节的论述可知，结构弹塑性地震响应需求的估计均是建立在等效单自由度基础上的，而由6.2节等效单自由度方法的介绍可知，多自由度结构体系能够等效的条件是结构在地震作用下具有一个基本不变的振动模式，即式（6.2.23）所表示的位移形状向量。

另外，由7.4节和7.5节所述可知，如果不进行有意识的结构抗震设计控制，结构的弹塑性地震响应规律将十分复杂，并会导致地震输入能量在结构的薄弱部位集中，引起这些部位的严重破坏，并往往成为造成结构倒塌的原因。由结构地震能量分析可知，地震总输入能量主要取决于结构的总质量和周期。而如果地震的输入能量大部分集中于结构的局部部位，显然对这些部位的抗震需求就会十分高。况且，对于无抗震控制设计的结构而言，其薄弱部位具有极大的随机性，这将进一步增加结构弹塑性地震响应估计的困难，甚至无法把握。

因此，由以上讨论可知，无论是从保证结构整体抗震性能角度，还是从基于性能/位移抗震理论角度，都需要采取必要的抗震控制设计措施，使得结构在地震作用下即使进入弹塑性，仍然具有一个基本不变的合理振动模式。这里所谓合理振动模式包括两种：

（1）振动模式能够使结构不会因出现薄弱部位而导致能量集中；

（2）专门设置薄弱部位，使得地震能量必然在所设置的薄弱部位形成能量集中。

第（1）种模式称为分散耗能型结构，消能减震结构是这种模式的一个特别应用。消能减震结构在主体结构中分散布置消能减震装置，消能减震装置在地震中先于主体结构屈服，耗散地震能量，从而保护主体结构不发生严重损伤。有关消能减震结构的设计将在第15章中介绍。

第（2）种模式称为集中耗能型结构，隔震结构是这种模式的一个特别应用。由于其耗能位置明确（如隔震层），也使得抗震设计能够针对薄弱部位进行，并且因为设计中已预先明确了这个薄弱部位，也就可以在使用中和地震时避免造成人员伤亡和财产损失。有关隔震结构的抗震设计将在第16章中介绍。根据这个振动模式和地震耗能的特点，以下两种结构体系也不失为结构抗震设计可选的方案：

（1）专门设置的底部弱柱支撑结构；

（2）弱柱支撑建筑顶部次要附属结构，专门设置的TMD减震结构属于这种结构的特别应用。

接下来的问题是，需要确定不同设防水准下结构的承载力和等效延性系数需求，尤其是当考虑结构进入非弹性变形阶段时。问题的困难在于结构非弹性地震响应十分复杂。由大量的弹塑性地震响应分析结果可知，要想获得任意结构的非弹性地震响应的一般规律几乎是不可能的（注：任意结构的弹性地震响应规律可通过振型分解组合方法获得）。这也就是抗震设计方法的发展，也可以说是基于性能设计方法的关键问题所在。

然而，需要注意的是结构抗震设计是一种人们主动创造的过程。根据理论分析，在满足一定条件的情况下，是可以获得结构非弹性地震响应的近似结果的。

理论来源于实践，反过来理论也可以指导实践。

在前面介绍的能力谱设计法中，原结构的能力曲线是通过基于一定荷载分布模式或位移模式下的推覆分析结果等效为单自由度体系获得的。这里有个假定，即结构在非弹性阶段的荷载分布或位移模式与弹性阶段相同。这个假定并不适用于任意结构，而是要求结构满足一定的条件。

图 10.3.1 所示为某 12 层剪切型层模型结构在不同层屈服强度系数下的楼层位移模式和层间变形弹塑性时程分析结果，层屈服强度系数为 $\alpha = F_{yi} / F_{ei}$。由图可见，当 $\alpha \geqslant 0.7$ 时，也即结构的屈服程度不大时，弹塑性位移模式与弹性位移模式基本一致。同时计算还表明，当 $\alpha < 0.7$ 时，弹塑性位移模式将变得十分没有规律，这就是非弹性地震响应的复杂性。

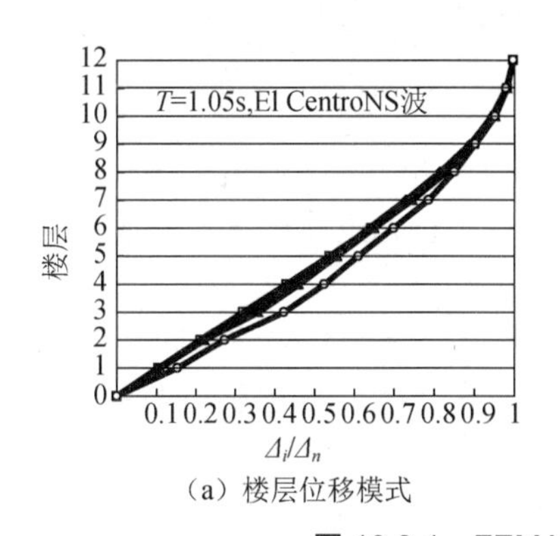

（a）楼层位移模式

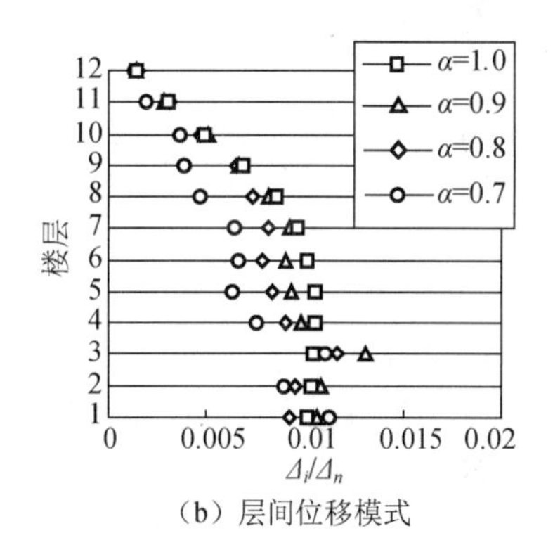

（b）层间位移模式

图 10.3.1　FEMA273 给出的结构性能水准

对于单一结构，虽然我们可以通过限制屈服强度系数 α 使弹塑性位移模式与弹性位移模式基本一致，进而可得到简化弹塑性变形的计算方法，但满足该条件的屈服强度系数 α 较大，无法应用于全部抗震设防水准的设计。

但实际结构均为超静定结构，根据能力设计法对结构破坏机制进行控制的思想，我们可以将结构体系划分为两部分：一部分为主体结构；另一部分为附属结构。通过主体结构与附属结构承载能力比例的控制，使主体结构在大震作用下的屈服程度不大，而附属结构则可能显著进入非弹性阶段，整个结构位移模态由主体结构起控制作用。这样，基于位移模态的非弹性变形的简化计算方法就可以得到应用，而整体结构在地震作用下的非弹性性态则主要由附属结构非弹性程度来反映。

许多工程中常用的双重抗震结构体系即属于这种结构体系。图 10.3.2 所示为多层双重结构体系弹性和弹塑性位移模态的分析结果，可见在次结构（附属结构）屈服系数 α_s 很大的情况下，只要主体结构的屈服系数 α_m 不小于 0.6，则整体结构的弹塑性位移模态及层间位移模式与单一结构弹性位移模式仍基本一致。与单一结构相比，对于超静定结构，在采用能力设计法对结构破坏机制进行控制的情况下，不仅结构的位移模式与单一结构弹性位移模式基本一致，而且保持位移模式基本不变的适用条件范围也更加扩大，这可以基本满足不同性能水平结构抗震设计的需要。

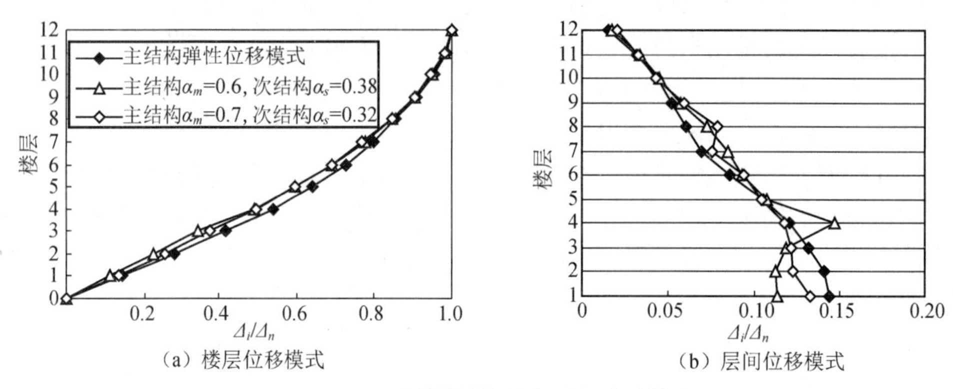

图 10.3.2 双重结构弹塑性与弹性位移模式对比

上述思路实际上是将多道抗震防线概念、能力设计法和位移模态方法结合，以便于不同地震水平下结构性能的简化分析，从而实现基于性能/位移的抗震设计具体方法。

10.3.3 直接基于位移设计方法

1995 年，美国圣地亚哥加州大学 Kowalsky 等首次较完整地提出了桥梁柱（单自由度体系）基于位移的设计方法，其基本步骤如下：

（1）根据结构材料、结构形式和所考虑的极限状态，选定结构的目标位移。

（2）根据预期损伤目标，确定结构的目标延性系数，进而确定等价阻尼。

（3）根据给定的场地条件和预期地震，选定合适的位移反应谱，并由目标位移和等价阻尼得到结构的等效周期。

（4）确定结构构件的尺寸，使考虑与变形水平相适应的刚度折减后的等价周期与步骤（3）所得等价周期相等；如果两者相差太大则返回步骤（2），直至足够接近。

1998 年 M. J. N. Priestley 基于同样思路，提出了用于多自由度的“直接位移设计法”，并更加明确了基于位移设计法的思路。基于该思路，现将具体设计步骤介绍如下（图 10.3.3）：

（1）根据结构设计要求，初步确定结构方案和结构质量分布$[M]$，并设定合理的结构整体位移模式$\{u\}$。

（2）根据结构的预定性能设计要求，设定结构顶点目标位移 Δ_t 以及与这一位移对应的目标延性系数 μ_t。在设定结构顶点目标位移时，可考虑目标层间侧移的性能设计要求，由结构整体位移模式确定结构顶点目标位移。

（3）根据设定的结构整体位移模式$\{u\}$，由结构目标位移 Δ_t 和目标延性系数 μ_t，按等效单自由度方法确定相应的等效目标位移 $\Delta_e=\dfrac{\{u\}^{\mathrm{T}}[M]\{u\}}{\{u\}^{\mathrm{T}}[M]\{I\}}\Delta_t$ 和等效目标延性系数 $\mu_e=\mu_t$，同时得到等效单自由度体系的等效质量 $M_{\mathrm{eq}}=\{u\}^{\mathrm{T}}[M]\{I\}$。

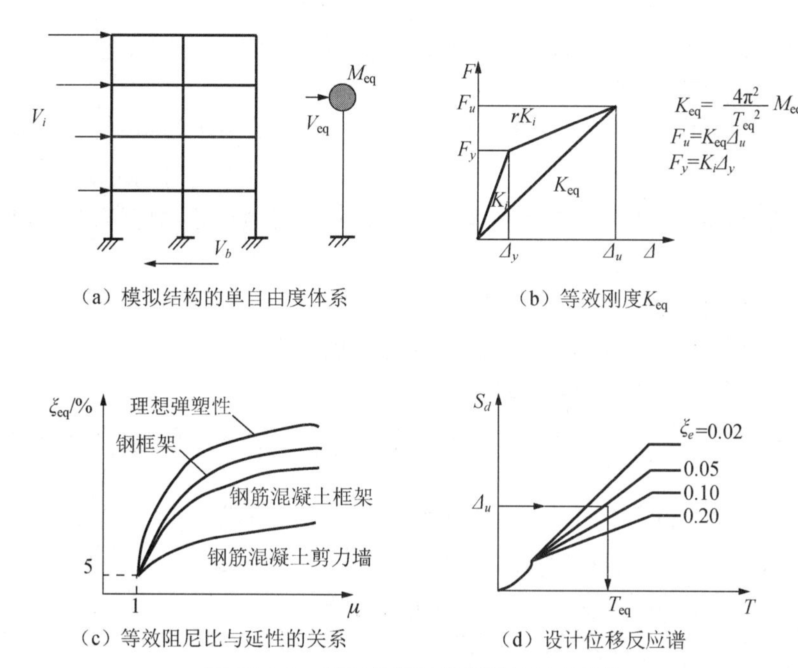

（a）模拟结构的单自由度体系　（b）等效刚度K_{eq}

（c）等效阻尼比与延性的关系　（d）设计位移反应谱

图 10.3.3　基于位移的抗震设计基本思路

（4）近似取等效单自由度体系的力-位移骨架线为双线性关系［图 10.3.3（b）］。然后按等价弹性单自由度体系方法，由等效目标延性系数确定等价阻尼 ξ_{eq} ［图 10.3.3（c）］。

（5）利用线弹性单自由度体系的位移反应谱和等价阻尼 ξ_e ［图 10.3.3（d）］，由等效目标位移 Δ_e 确定所需的结构第一振型等效周期 T_{e1}。

（6）根据等效周期 T_{eq} 和等效质量 M_{eq}，确定所需的等价刚度 $K_{eq}=\dfrac{4\pi^2}{T_{eq}^2}M_{eq}$ 及其相应的加速度响应 $S_{a,e}$。

（7）由等效单自由度体系的力-位移骨架线［图 10.3.3（b）］，根据等价刚度 K_{eq} 和等效目标位移 Δ_{eq} 确定结构所需的等效极限承载力 $F_u=K_{eq}\Delta_{eq}$，并确定结构所需的等效屈服承载力 $F_y=\dfrac{F_u}{(\mu-1)\gamma+1}$。

（8）对应等效极限承载力 F_u 的结构地震水平力分布 $\{F\}=[M]\{u\}\psi S_{a,e}$，其中 $\psi=\dfrac{\{u\}^{\mathrm{T}}[M]\{I\}}{\{u\}^{\mathrm{T}}[M]\{u\}}$，然后就可以按一般方法进行结构抗震承载力设计计算，同时根据结构延性目标需求确定结构构件的配筋构造。

从理论上来说，上述直接基于位移的设计方法是可行的，但实际操作起来还是有很多困难，不便于在实际工程中应用。并且，直接基于位移设计方法还存在以下一些问题尚未很好解决：

（1）等效单自由度体系的力-位移关系骨架线是近似假定的，而不是直接由结构推覆分析得到的基底剪力-顶点位移关系按等效单自由度方法确定的，因此等效单自由度结构的力-位移关系骨架线的参数与结构形式和结构参数的关系，如屈服后刚度系数、初始刚度与原结构弹性刚度的关系等，都需要进一步研究。研究表明，屈服后刚度系数与结构层数有关，层数越多，结构进入完全塑性的过程就越长，屈服后刚度系数也越大。但不同的结构形式，结构进入塑性的过程不完全相同。

(2) 等效单自由度体系的力-位移关系、恢复力滞回曲线和等价阻尼比应能反映原结构的屈服机制和弹塑性发展过程。目前较多的研究只是给出力-位移关系的近似，而如何考虑不同结构形式以及结构的不同部位塑性发展程度来确定等效单自由度结构的等价阻尼比的研究还不够。

事实上，一个结构的设计都不是一次就能完成的，通常需要经过多次反复计算和调整。因此，为解决上述问题，并使得设计过程操作起来更为实用可行，以下介绍一种基于直接位移设计方法发展而来的设计验算方法：

(1) 根据设计要求进行结构初步设计，并根据性能设计要求确定结构的位移限值和构件变形限值。

(2) 根据结构形式设定合理的结构整体位移模式$\{u\}$，并基于位移模式对结构进行推覆分析，同时由结构的位移和构件变形限值，由推覆分析结果确定结构的顶点位移变形能力Δ_u。

(3) 由推覆分析得到的基底剪力-顶点位移的关系曲线，按等效单自由度方法确定等效单自由度体系的力-位移关系曲线，并根据顶点位移变形能力Δ_u确定相应等效位移变形能力$\Delta_{eq}=\dfrac{\{u\}^{T}[M]\{u\}}{\{u\}^{T}[M]\{I\}}\Delta_u$。

(4) 根据简化双线性力-位移关系曲线和等效位移变形能力Δ_{eq}，利用等价弹性单自由度方法，确定等价刚度和等价阻尼比（可以由反复推覆分析得到的等效单自由度体系的滞回曲线来确定），进而由弹性地震响应谱确定所要求地震强度作用下的等效单自由度体系的位移响应需求。

(5) 若位移响应需求小于等效位移变形能力Δ_{eq}，则设计符合要求；若位移响应需求大于等效位移变形能力Δ_{eq}，则需调整设计，增加结构的承载力。

以下利用图 10.3.4 所示的 10 层框架结构来说明上述基于位移的设计验算方法。表 10.3.1 所示为该框架结构的基本参数，楼板厚 100mm，混凝土强度等级 C30，抗震设防烈度为 8 度，Ⅱ类场地土，对应小震、中震、大震的地震加速度峰值分别取 70、200、400gal，要求在罕遇地震作用下结构顶点位移目标为 1/100，层间侧移目标为 1/50。

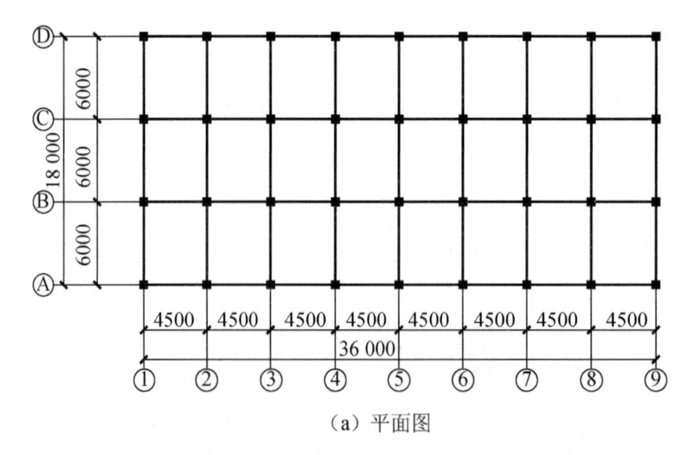

(a) 平面图

图 10.3.4 10 层框架结构的平、剖面图及构件基本尺寸

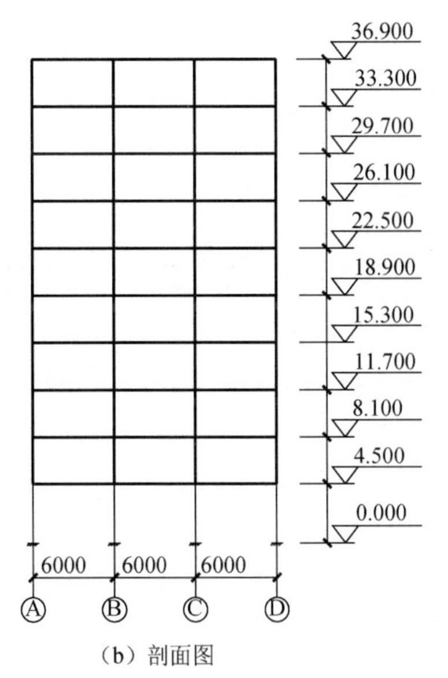

（b）剖面图

单位：mm×mm

楼层数	柱	梁	
		x方向	y方向
10～8	550×550	250×450	300×500
5～7	600×600	250×450	300×550
1～4	650×650	250×450	300×600

（c）框架梁、柱的截面尺寸

图 10.3.4(续)

表 10.3.1　框架结构的基本参数

楼　层	楼层质量 m_i/kg	楼层重力 G_i/kN	楼层标高 H_i/m
10	649 693.9	6367	36.9
9	649 693.9	6367	33.3
8	649 693.9	6367	29.7
7	679 489.8	6659	26.1
6	679 489.8	6659	22.5
5	679 489.8	6659	18.9
4	706 428.6	6923	15.3
3	706 428.6	6923	11.7
2	706 428.6	6923	8.1
1	741 326.5	7265	4.5

首先按基于位移模式推覆分析得到结构基底剪力-顶点位移关系曲线，位移模式取第一振型。按等效单自由度方法确定等效单自由度体系的力-位移关系曲线如图 10.3.5 所示，等效单自由度体系的参数和以目标位移确定的等价线弹性体系的参数如表 10.3.2 所示。

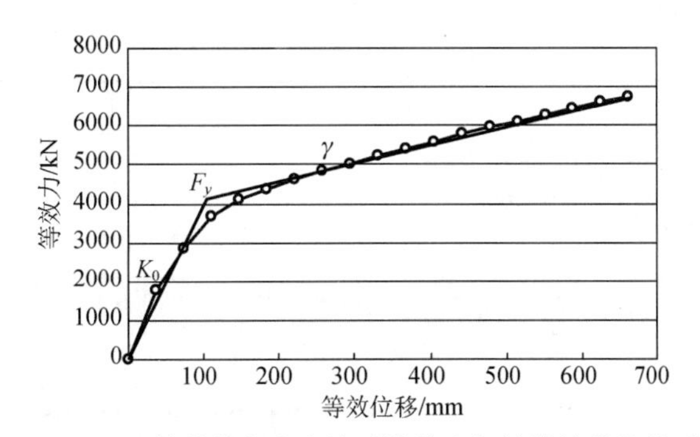

图 10.3.5　等效单自由度体系等效力与等效位移的关系

表 10.3.2 等效单自由度体系的参数

等效质量 M_{eq}/kg	目标位移 Δ_{eq}/m	屈服强度 F_y/kN	初始刚度 K_0/（kN/m）	屈服刚度系数
3.868 24×10^6	0.271	4098.68	38 676.65	0.124
屈服位移/m	目标延性系数	等效周期/s	等效刚度 K_{eq}/（kN/m）	等效阻尼比 ξ_{eq}
0.106	2.56	2.9	18 111.1	0.268

由我国《抗规》的加速度弹性地震反应谱，按罕遇地震作用（地震影响系数最大值 $\alpha_{max}=0.72$），可计算得到等价线弹性单自由度体系的位移响应需求为 S_d=247.3mm，此值小于等效目标位移 $\Delta_{eq}=271$mm（变形能力），说明结构设计在罕遇地震作用下的位移需求小于结构的位移变形能力，结构的设计满足要求。进一步，根据顶点极限位移变形能力 $\Delta_u=$ 369mm 的要求，由推覆分析结果得到中间 2～8 楼层的最大层间位移变形为 0.013 76m，对应梁端塑性转角能力 θ_u 应不小于 1/130。根据相关试验和计算分析，可求得相应框架梁端的含箍特征值应不小于 0.031，按照所求的值进行构件的变形能力设计，可使得结构满足相应的延性要求。

表 10.3.3 所示为按照第 6 章的方法由等效单自由度体系的分析结果反算多自由度体系位移需求，并与结构的目标位移进行比较，由分析结果可知按照本节设计步骤得到的结构在罕遇地震作用下位移满足预期的要求。

表 10.3.3 框架结构的位移需求比较

楼 层	楼层标高 H_i/m	楼层位移需求 /m	层间位移角需求	累计位移/总位移 Δ_i/Δ_n	目标位移	
					楼层位移/m	层间位移角
10	36.9	0.336	0.005	1	0.369	0.0055
9	33.3	0.318	0.0073	0.95	0.349	0.0080
8	29.7	0.292	0.0091	0.87	0.320	0.0099
7	26.1	0.259	0.0099	0.77	0.284	0.0109
6	22.5	0.224	0.011	0.67	0.245	0.0121
5	18.9	0.184	0.0117	0.55	0.202	0.0129
4	15.3	0.142	0.0116	0.42	0.156	0.0127
3	11.7	0.100	0.0110	0.30	0.110	0.0121
2	8.1	0.060	0.0096	0.18	0.066	0.0106
1	4.5	0.026	0.0057	0.08	0.028	0.0078

10.4 基于性能的地震工程

10.4.1 简述

基于性能的地震工程（performance based earthquake engineering，PBEE）并不是一个全新的概念，各国抗震设计规范都包含性能化设计的理念，只是都存在需要改进的地方。例如，中国抗震规范规定的“小震不坏、中震可修、大震不倒”的三水准设防目标。但是，历次地震中结构破坏引发的巨大人员伤亡、经济损失，让人们逐渐意识到，单纯采用简单指标进行抗震设计、衡量结构的破坏已经不能满足现代结构的抗震需求，基于性能的地震工程逐渐走上历史舞台。

针对这一目标，各国研究人员进行了深入的探讨和研究，例如美国加州工程师协会（SEAOC）提出的 Vision 2000、联邦紧急事务管理局（FEMA）提出的 FEMA 273/274/356，以及应用技术委员会（ATC）提出的 ATC-40。上述基于性能的设计方法被称为第一代 PBEE。后续研究表明，第一代 PBEE 中性能水准及对应的设计地震动水平都是离散的，性能估计完全是确定性的，使得基于可靠性的性能评估无法进行。此外，第一代 PBEE 还存在简化分析方法与精细非线性动力分析结构差异较大等问题。针对第一代 PBEE 存在的问题，研究者提出了更加全面、合理的基于性能的地震工程的方法，例如 FEMA 440、FEMA 445 等。

10.4.2　理论框架

总体而言，基于性能的地震工程可分为基于性能的地震性能评估、基于性能的设计、基于性能的使用和基于性能的维护修复等四个部分。以下就基于性能的地震性能评估和基于性能的结构抗震设计进行简要介绍。

1. 基于性能的地震性能评估

新一代基于性能的地震工程的评估方法由美国太平洋地震工程研究中心（Pacific Earthquake Engineering Research Center，PEER）提出。针对抗震性能评估中的各种不确定性，研究人员将性能评估的全过程分为四个阶段，采用基于全概率理论的抗震性能评估方法。这四个阶段分别是地震危险性分析、结构响应分析、结构损伤分析和损失评估。基本理论框架可采用如下表达式：

$$\lambda\left(\mathrm{dv}<\mathrm{DV}\right)=\iiint G\left(\mathrm{dv}\middle|\mathrm{dm}\right)\mathrm{d}G\left(\mathrm{dm}\middle|\mathrm{edp}\right)\mathrm{d}G\left(\mathrm{edp}\middle|\mathrm{im}\right)\mathrm{d}\lambda\left(\mathrm{im}\right)$$

式中，im 为地面运动的强度指标，例如峰值加速度、峰值速度等；edp 为工程需求参数，例如楼层位移、加速度等；$G\left(\mathrm{edp}\middle|\mathrm{im}\right)$ 为在给定的 im 下工程需求参数的概率分布函数；dm 为损伤指标，如修复费用等；$G\left(\mathrm{dm}\middle|\mathrm{edp}\right)$ 为在给定的 edp 下损伤程度的概率分布，被称为易损性函数；dv 为决策变量，例如直接经济损失、人员伤亡等；$G\left(\mathrm{dv}\middle|\mathrm{dm}\right)$ 为在给定 dm 下，决策变量的概率分布函数，称为损失函数。

为了得到不同地震动作用下结构的抗震需求和能力，需要对结构在地震下的响应，特别是非线性响应进行准确的分析。常用的分析方法包括非线性静力分析和非线性动力分析等。

2. 基于性能的结构抗震设计

现阶段的抗震设计中存在以下局限性：首先，设计阶段建筑的性能并不确定；其次，业主和使用者由于缺乏相关的知识和经验，很难了解建筑的抗震性能；最后，建筑结构的抗震性能无法通过确定的数据进行评估，业主无法了解投资后建筑能够带来的预期和收益。

针对上述问题，20 世纪 90 年代开始，美国学者提出了基于性能的抗震设计。与常规的设计相比，基于性能的抗震设计过程能够使设计结果更“个性化”，从而可以满足不同层次的性能需求。

基于性能的抗震设计主要包括三个步骤：

（1）根据结构的用途、业主和使用者的特殊要求，采用投资-效益准则，明确建筑结构的目标性能。

（2）根据上述目标性能，采用适当的结构体系、建筑材料和设计方法等进行结构设计。

（3）对设计出的建筑进行性能评估，如果满足要求，则完成设计；否则，调整设计目标或设计结构形式等内容，重新进行设计，直至目标性能与设计结果相匹配。

图 10.4.1 对比了常规设计与基于性能的抗震设计的过程。

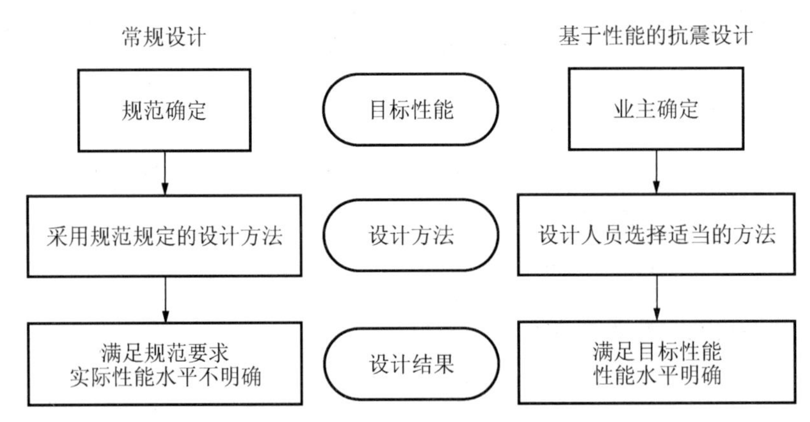

图 10.4.1　常规设计与基于性能的抗震设计的过程对比

10.5　基于韧性的地震工程

10.5.1　简述

随着我国城镇化进程不断加快，截至 2018 年年末，我国常住人口城镇化率已达到59.58%。然而，我国建筑的抗震能力还不能与社会经济的快速发展相匹配。对于人员和财富高度密集的城市而言，地震灾害的影响将会更为严重且复杂，其后果主要体现为人员伤亡、经济损失和城市功能中断。因此，在保证人员生命安全的前提下，维持建筑的功能与实现震后建筑功能的快速恢复成为迫切需要解决的问题。建筑抗震安全与建筑功能震后可维持即抗震韧性的主要内涵。

建筑抗震韧性是指建筑在设定水准地震作用后，维持与恢复原有建筑功能的能力。“韧性”一词来自拉丁语 resilio，意思是“跳回来”。韧性的概念率先在生态学领域使用，随后先后被引入工程学、社会学等领域。近年来，美国、日本等国家主要从事地震工程和结构工程研究的学者相继提出了抗震韧性的概念并进行了深入研究，对于建筑、建筑群，以及城市的综合抗震性能要求也由“地震安全”提升到了“地震韧性”的层面。

2003 年，Bruneau 等提出了如图 10.5.1 所示的系统震后功能恢复曲线，将时间因素引入系统功能评价体系之中。当某一系统在 t_0 时刻遭遇地震，其功能将部分丧失。之后，系统功能按照恢复路径经过 t_1-t_0 时间恢复至 100%。式（10.5.1）所定义的系统震后可恢复性损失，宏观地给出了震后功能可恢复能力的量化方法。Bruneau 等同时提出了 4 个特性，即鲁棒性（robustness）、冗余性（redundancy）、策略性（resourcefulness）和快速性（rapidity），作为进一步明确震后可恢复性的指标。

$$R = \int_{t_0}^{t_1} \left[100 - Q(t)\right] \mathrm{d}t \tag{10.5.1}$$

式中，$Q(t)$ 为系统功能随时间变化曲线；R 为需要恢复的代价，R 越大系统震后可恢复性越差。

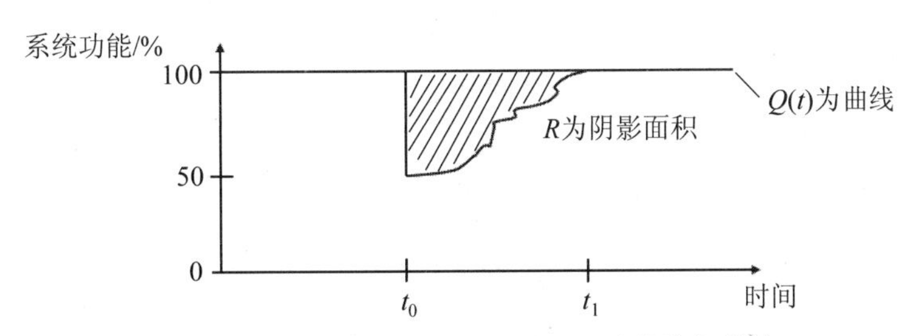

图 10.5.1 Bruneau 提出的系统震后功能恢复曲线

10.5.2 国际相关建筑抗震韧性评价标准

目前，国际上关于建筑抗震韧性评价有三部标准，分别是 FEMA-P58、REDi Rating System 和 USRC Building Rating System。FEMA-P58 发布于 2012 年，是美国联邦应急管理署和美国技术应用委员会提出的建筑性能评估方法，FEMA-P58 建立了包括人员伤亡、修复费用和修复时间等性能指标的评价方法，但是缺少明确的评级等级；REDi Rating System 发布于 2013 年，是奥雅纳工程咨询有限公司在 FEMA-P58 的基础上提出的新一代基于韧性的建筑抗震设计指南，REDi 建立了包括 4 个维度、52 个指标及 3 个评价等级的评价体系，但是仅基于“停摆时间”进行评价，没有对修复时间作详细的分级规定；USRC Building Ratings System 发布于 2015 年，是美国韧性委员会建立的建筑性能评价系统，USRC 建立了包括人员伤亡、修复费用和修复时间 3 个评价指标及白金级、金级、银级、铜级和成员级 5 个评价等级的评价体系，但是也存在对于人员伤亡、修复时间等指标的分级不明确、操作性不强等问题。

10.5.3 我国《建筑抗震韧性评价标准》概述

我国《建筑抗震韧性评价标准》（GB/T 38591—2020）基于震害现场调研经验和大量试验数据，充分利用了建筑结构性能化设计、损伤控制理论、可靠度评价方法等工程抗震领域的研究成果，制订了设定水准地震作用下建筑的损伤状态、修复费用、修复时间和人员伤亡的评价方法，规定了房屋建筑抗震韧性的评价方法和分级标准。

建筑抗震韧性定义为建筑在设定水准地震作用后，维持与恢复原有建筑功能属性的能力。韧性建筑的功能可以概括为 3 种，分别是建筑抗震安全功能、基本功能和综合功能，其所包含的内容是逐渐扩充的。建筑抗震安全功能重点考察人员伤亡指标；建筑基本功能重点考察建筑修复时间指标，尤其是对于震后需要承担特殊任务或者对周边建筑恢复功能有重大影响的建筑物；建筑综合功能重点考察建筑修复费用指标，现代建筑中往往存在一些不影响建筑基本功能而影响综合功能且造价昂贵的构件，必须予以考虑才能得到准确的修复费用。建筑抗震韧性评价按照图 10.5.2 所示的评级流程确定。

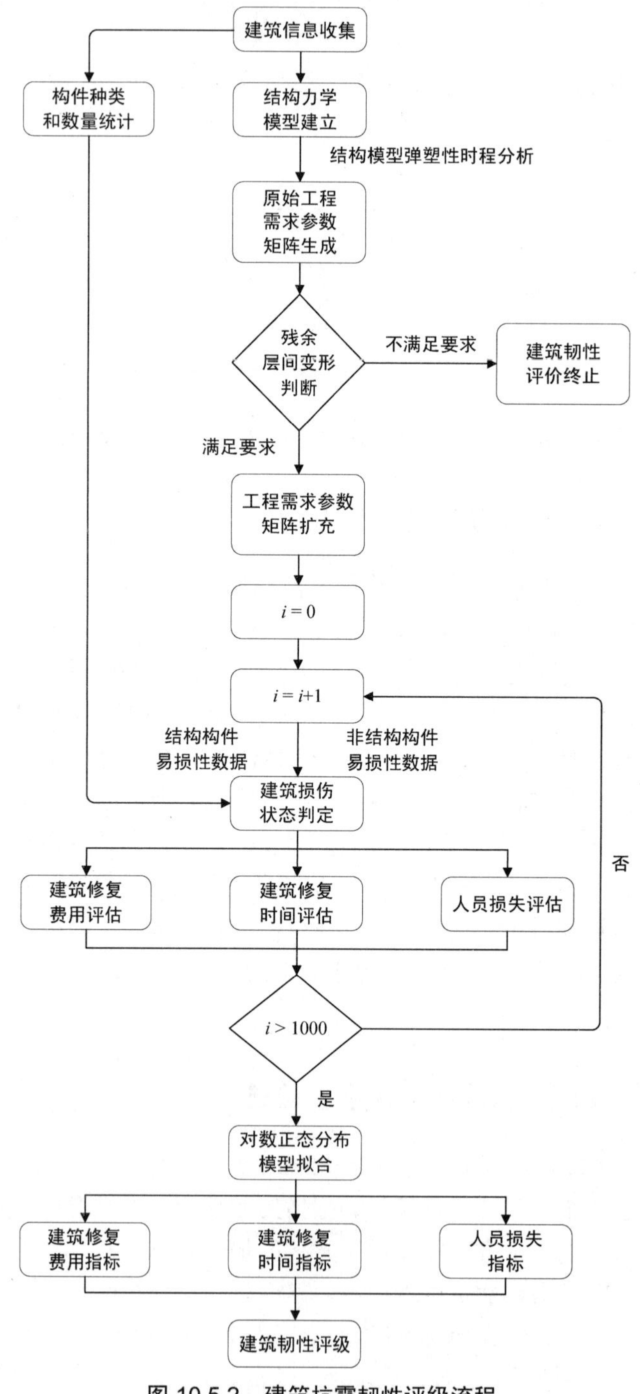

图 10.5.2　建筑抗震韧性评级流程

（1）收集建筑信息。将评价的建筑分解为不同的结构构件和非结构构件，收集其设计信息，并依据其对层间位移角、楼面加速度等工程需求参数的敏感程度划分为“位移敏感型构件”和“加速度敏感型构件”，为后续基于建筑构件易损性的韧性评价做准备。评价对象为新建建筑时，以业主方和设计方所提供的建筑、结构、水、暖、电专业图纸为依据进行韧性评价；评价对象为既有建筑时，以建筑物现状检测结果为依据进行抗震韧性评价。

（2）建立结构模型。结构模型是指从结构嵌固端至结构顶层范围内的结构模型，不考虑嵌固端以下地下室部分以及土结相互作用的影响。在多数情况下，结构模型是根据结构专业图纸建立的。但对于既有建筑，标准要求对实际建筑进行复核。如发生影响结构特性的变动，应反映在结构模型中。结构模型中材料强度取标准值。在采用时程分析法时，要求按建筑场地类别和设计地震分组选用不少于 11 组的实际强震记录和人工模拟的加速度时程曲线，其中实际强震记录时程的数量不应少于总数的 2/3。输入地震的地面运动采用峰值加速度和峰值速度双控制。

（3）提取工程需求参数。由弹塑性时程分析结果提取工程需求参数，工程需求参数包括建筑各层在垂直的两个方向上的层间位移角和楼面加速度响应。根据结构层间变形和楼面加速度与构件变形和加速度的相互关系，建立工程需求参数与构件易损性数据之间的关联性。对于位移敏感型构件，构件变形取为结构层间变形；对于加速度敏感型构件，构件加速度取为楼面加速度。

（4）判定层间残余变形。层间残余变形是指地震时程结束且结构响应接近静止时的层间变形。宜采用罕遇地震水准下弹塑性时程分析的平均值，并取最大层间残余变形平均值与层间残余变形限值比较。若大于限值，则判断建筑不可修，终止建筑韧性评级；若小于或等于限值，可进行建筑韧性评级。钢筋混凝土和钢结构住宅或公共建筑的层间残余位移角限值宜取 1/200。

（5）扩充工程需求参数矩阵。采用蒙特卡洛模拟的方法进行工程需求参数矩阵扩充，相当于对结构进行多次弹塑性时程分析，每一次时程分析均可以得到一组工程需求参数，要求扩充前后工程需求参数矩阵的均值向量、协方差矩阵不变。蒙特卡洛模拟的次数不少于 1000 次。

（6）判定建筑损伤状态。建筑损伤状态由全部构件的损伤状态共同确定。在评价过程中，依据工程需求参数，结合构件易损性数据确定构件各类损伤状态的发生概率，在一次蒙特卡洛模拟中采用生成随机数的方法确定构件的损伤状态。图 10.5.3 给出了构件易损性曲线示意图，其中 DS_i 为构件的第 i 级损伤状态，P_i 为第 i 级损伤状态的超越概率。

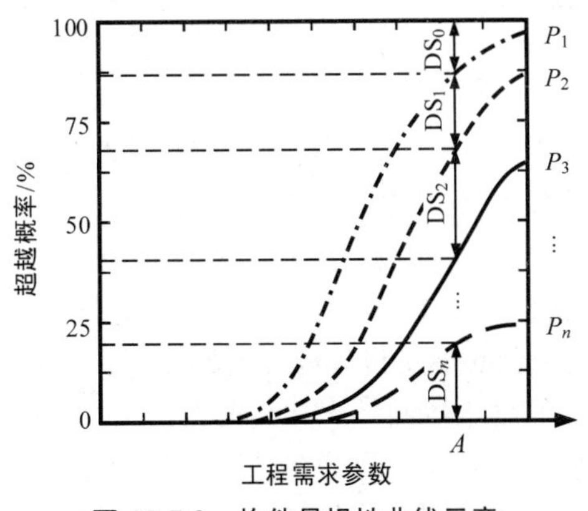

图 10.5.3　构件易损性曲线示意

（7）评估分项指标。抗震韧性指标包括建筑修复费用指标、修复时间指标和人员伤亡指标，其评定方法将在下文详细介绍。

（8）评定建筑韧性星级。根据多次蒙特卡洛模拟得到的分项指标，采用具有 84%保证率的拟合值进行建筑抗震韧性等级评价。将建筑抗震韧性等级划分为 3 个星级，表达简单清晰。标准要求将韧性评价的等级采用标牌形式给出，更利于公众对建筑抗震韧性的直观理解。

对震损建筑进行修复时，可能采用不同类型的修复手段，部分甚至会采用加固方案，从而提升建筑的抗震性能，如图 10.5.4 所示，其中 BE 表示地震前的建筑抗震性能，AE 表示地震后的剩余抗震性能，C_0~C_3 代表采用不同修复方案所达到的建筑抗震性能。由于建筑抗震性能提升程度及相应产生的费用难以量化，故标准规定不考虑建筑抗震性能提升所产生的额外费用，即不计算提升结构抗震韧性能力的整体加固手段所产生的费用。同理，提升建筑功能的超量采购和设备升级等产生的费用也不予考虑。

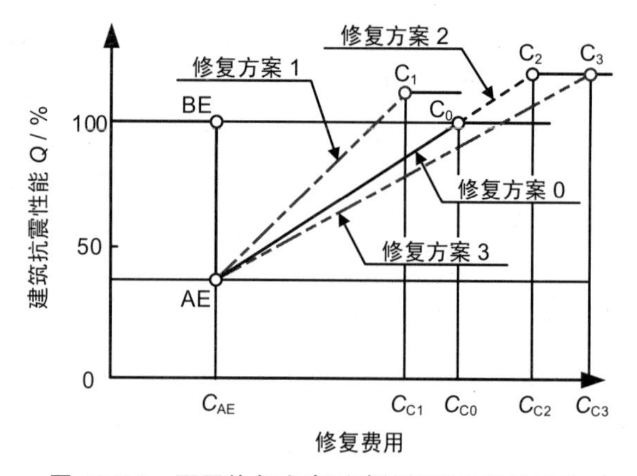

图 10.5.4　不同修复方案对建筑抗震性能的影响

震损构件的修复费用主要由以下 4 项组成：场地清理、临时支撑和保护、修复或替换构件以及修复过程中产生的用电或机械设备调整。在计算构件经济损失时，考虑到新建建筑和既有建筑的共同项，应考虑由临时支撑和保护、修复或替换构件这两项产生的费用。此两项费用之和与构件成本之比即为损失系数 η_1。相对于构件的新建过程，第 1 项场地清理和第 4 项用电或机械设备调整是其修复过程中新增的工作内容。考虑以上两项附加修复工作所产生的直接费用，采用修复系数 η_2 来说明构件修复费用和损失之间的比例关系。考虑随着某一类型构件的修复工作量的增加，技术工人的熟练程度会有所提升，从而节省一定的人力成本，故采用修复费用折减系数 ζ_C 来反映这一情况，其取值来源于工程类公司的实践经验。处在不同楼层的同类型构件，其修复工作所涉及的运输成本、人力成本等均有一定的差异。一般情况下，处于较高楼层的构件修复费用要高于低楼层的构件修复费用。故标准采用楼层影响系数 λ_C 来反映这一影响，其取值参考了 FEMA P58 提供的数据，并参考国内设计和工程类公司的反馈进行修整。采用建筑修复费用与建造成本的比值作为建筑修复费用评价指标，可以更有效地反映建筑抗震韧性的“性价比”，从而避免以绝对指标评价时，为提升建筑抗震韧性，无节制地堆砌新技术和新设备。

建筑修复时间应计入所有震损构件和设备完成建筑功能性恢复所需的修复时间。建筑物自地震发生开始，至其基本功能得到恢复，整个修复过程大致可分为两个阶段：施工准备阶段和现场修复阶段。其中，施工准备阶段涉及的工作，如现场检查、评估、招标等，所耗费的时间具有很大的不确定性。现场修复阶段应考虑修复策略的影响。修复策略包括并行修复和串行修复两种策略，层间采用并行修复策略，层内采用串、并行策略混合。将修复工作根据其内容和所需手段的不同分为 8 类，包括结构构件修复（为方便表达，记为 W1，下同）、楼梯修复（W2）、围护构件修复（W3）、隔断构件修复（W4）、吊顶及附属构件修复（W5）、管线修复（W6）、大型设备修复（W7）和电梯修复（W8），修复流程如图 10.5.5 所示。

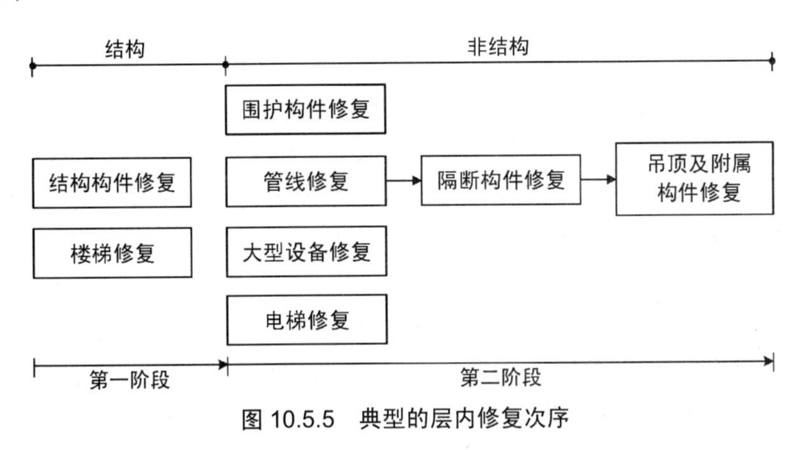

图 10.5.5　典型的层内修复次序

人员伤亡的计算以楼层为基本单位，采用受伤率或者死亡率、人员密度和楼层内人员数量三者的乘积来获得人员受伤或者死亡的可能数量。标准提供了室内人员密度的两种取值方法：第一种为采用目标建筑的实际人员密度。如教学楼等人员数量变化较小的建筑物，可以采用此方法，并且建议按照工作时间满员状态计算其实际人员密度。第二种是参考标准给出的人员密度统计值。具有不同功能的房间对应不同的室内人员密度。标准列出的房间类型较为宽泛，参考消防等专业规范给出了相应的室内人员密度建议值。由于人员安全是抗震设计的基本要求，也应是韧性建筑的警戒线，因此，标准的取值均保守地采用了较大的密度。楼层破坏等级判定是基于建筑构件的损伤状态进行的。实际震害显示，人员伤亡主要是由结构构件、填充墙、吊顶引起的。因此，根据结构构件、可致伤亡非结构构件的损伤状态，参考《建（构）筑物地震破坏等级划分》(GB/T 24335—2009）中对钢筋混凝土框架结构、钢筋混凝土剪力墙结构、钢筋混凝土框架-剪力墙结构、钢框架结构、钢框架-支撑结构对建（构）筑物破坏等级Ⅰ~Ⅳ级（基本完好、轻微破坏、中等破坏、严重破坏）的描述建立了楼层破坏等级的判别标准。标准给出了楼层破坏等级相对应的名义受伤率 r_{hr} 和名义死亡率 r_{dr}。数据来源于中国地震局工程力学研究所尹之潜研究员等人的研究成果。这里强调受伤率和死亡率，而不突出实际伤亡人数，这种表示方法可以避免对使用者和公众造成心理上的冲击。

总体上，标准采用分水准分项评价和集成评级的方法评定建筑抗震韧性等级。将建筑物的抗震韧性等级分为 3 级，由低到高分别采用一星、二星和三星表示。将抗震韧性等级判定工作分为两个阶段：

（1）第一阶段，应根据建筑物在设防地震作用下所得到的 3 个抗震韧性指标（建筑修复费用指标 κ，建筑修复时间指标 T_{tot} 和人员伤亡指标 γ_H 和 γ_D），对照标准中所列一星的标准判定建筑物是否符合一星韧性建筑的要求。如果不符合，则无须进行下一步评价；如果符合要求，则可进行下一阶段评价。

（2）第二阶段，根据建筑物在罕遇地震作用下所得 3 个抗震韧性指标，对照标准中所列二星和三星的标准判定建筑物是否满足相应要求。如果符合，则将建筑物韧性等级提升至新的等级；如达不到二星要求，则仍维持原一星韧性建筑的判定结果。

10.5.4 建筑抗震韧性评价算例分析

表 10.5.1 给出了算例分析采用的 6 栋建筑的基本建筑及结构信息，包括建筑功能、层数、建筑高度、建筑面积等和进行结构建模及弹塑性时程分析时所需要的结构信息。建筑编号首字母中，K 代表抗震设计方案，J 代表消能减震设计方案，G 代表隔震设计方案。算例分别包含 2 栋抗震建筑（K01、K02）、1 栋消能减震建筑（J01）和 3 栋隔震建筑（G01、G02-1、G02-2）。K01、J01 和 G01 建筑，为同一栋图书馆建筑的抗震设计方案和减/隔震设计方案，用以考察减/隔震设计对建筑抗震韧性的影响。K02 是一栋办公楼的设计方案，其弹性层间位移角为 1/564，刚好满足小震弹性层间位移角限值，K01 的弹性层间位移角为 1/667，将 K01 和 K02 对比以考察结构设计最低要求对建筑抗震韧性的影响。G02-1 和 G02-2 均为医疗建筑，抗震设防烈度分别为 9 度和 7 度（0.15g），而 G02-1 和 G02-2 的上部结构均按照 7 度（0.15g）设计，用以考察隔震建筑上部结构是否降设防烈度设计对建筑抗震韧性的影响。表 10.5.2 给出了所有建筑所用非结构构件的种类、敏感类型、数量等信息。

表 10.5.1 算例编号及建筑信息

<table>
<tr><th>编号</th><th>建筑功能</th><th>层数</th><th>建筑高度/m</th><th>建筑面积/m²</th><th>抗震设防类别</th><th>结构类型</th><th>抗震设防烈度</th><th>设计地震分组</th><th>场地类别</th><th colspan="2">抗/减/隔震情况</th><th>结构构件抗震等级</th></tr>
<tr><td>G01</td><td rowspan="3">校图书馆</td><td rowspan="3">4</td><td rowspan="3">16.8</td><td rowspan="3">5437</td><td rowspan="3">丙类</td><td rowspan="3">框架</td><td rowspan="3">8,0.2g</td><td rowspan="3">二</td><td rowspan="3">II</td><td>隔</td><td>隔震设计方案，48 个铅芯橡胶支座和 6 个天然橡胶支座</td><td rowspan="3">二</td></tr>
<tr><td>J01</td><td>减</td><td>消能减震设计方案，共使用 34 个黏滞阻尼器</td></tr>
<tr><td>K01</td><td>抗</td><td>抗震设计方案，弹性层间位移角 1/667</td></tr>
<tr><td>K02</td><td>办公楼</td><td>6</td><td>22.6</td><td>2116.8</td><td>丙类</td><td>框架</td><td>7,0.15g</td><td>二</td><td>II</td><td>抗</td><td>抗震设计方案，弹性层间位移角 1/564</td><td>二</td></tr>
<tr><td>G02-1</td><td rowspan="2">医疗楼裙楼</td><td rowspan="2">6</td><td rowspan="2">27.3</td><td rowspan="2">20 312</td><td rowspan="2">乙类</td><td rowspan="2">框架</td><td>9,0.4g</td><td rowspan="2">二</td><td rowspan="2">III</td><td>隔</td><td>隔震设计方案，全铅芯橡胶支座，上部结构降低 1 度半设计</td><td rowspan="2">二</td></tr>
<tr><td>G02-2</td><td>7,0.15g</td><td>隔</td><td>隔震设计方案，全铅芯橡胶支座，上部结构不降度设计</td></tr>
</table>

表 10.5.2　非结构构件和成本信息

<table>
<tr><th rowspan="3">编号</th><th colspan="4">非结构构件使用情况</th><th rowspan="3">总造价/万元</th><th rowspan="3">结构构件成本占比/%</th><th colspan="2">非结构构件成本占比/%</th></tr>
<tr><th colspan="3">位移敏感型</th><th>加速度敏感型</th><th rowspan="2">位移敏感型</th><th rowspan="2">加速度敏感型</th></tr>
<tr><th>X 向</th><th>Y 向</th><th>无方向</th><th>无方向（主要区别在于有无电梯和构件的抗震能力）</th></tr>
<tr><td>G01</td><td>玻璃幕墙（普通）</td><td>玻璃幕墙（普通）</td><td>钢筋混凝土</td><td>—</td><td>511.41</td><td>14.91</td><td>30.41</td><td>54.68</td></tr>
<tr><td>J01</td><td rowspan="2">填充墙、隔墙饰面（少量），均为上下端固定</td><td rowspan="2">填充墙、隔墙饰面（少量），均为上下端固定</td><td rowspan="2">楼梯</td><td rowspan="2">电梯，吊顶，灯具，暖通空调风管，支管及风口，VAV 箱带卷盘，冷、热、污水管，蒸汽管道、消防喷淋水管，喷头立管，暖通空调风管。仅有蒸汽管道为抗震能力较好的选型</td><td rowspan="2"></td><td rowspan="2"></td><td rowspan="2"></td><td rowspan="2"></td></tr>
<tr><td>K01</td></tr>
<tr><td>K02</td><td>填充墙、隔墙饰面，均为上下端固定</td><td>填充墙、隔墙饰面，均为上下端固定</td><td>钢筋混凝土楼梯</td><td>吊顶，灯具，配电盘，暖通空调风管，支管及风口，VAV 箱带卷盘，冷、热、污水管，消防喷淋水管，喷头立管。均为抗震能力较差的选型</td><td>415.70</td><td>11.98</td><td>54.21</td><td>33.81</td></tr>
<tr><td>G02-1</td><td rowspan="2">填充墙，上下端固定</td><td rowspan="2">填充墙，上下端固定</td><td rowspan="2">钢筋混凝土楼梯</td><td rowspan="2">吊顶，灯具，配电盘，暖通空调风管，支管及风口，冷、热、污水管，蒸汽管道、消防喷淋水管，喷头立管，冷却水管，冷却机组，冷却塔，空气压缩机，暖通空调风管和管道风机，空调系统风机，空气处理机组，变压器，柴油发电机。均为抗震能力较好的选型</td><td rowspan="2">2913.44</td><td rowspan="2">26.60</td><td rowspan="2" colspan="2">73.40</td></tr>
<tr><td>G02-2</td></tr>
</table>

首先对所有建筑进行设防地震水平下的抗震韧性等级评价，其结果详见表 10.5.3。表 10.5.3 仅用于判定建筑物是否满足一星要求，不满足一星要求的建筑不再进行二星、三星的评价。评价结果显示 5 栋建筑获得了一星，K02 未能满足一星要求。表中以灰色标示出各建筑韧性指标中不满足一星要求的数据。

表 10.5.3　抗震韧性评价结果（设防地震水平）

编号	修复费用占造价百分比/%		修复时间/d		受伤率		死亡率		等级
	X 向	Y 向	X 向	Y 向	X 向	Y 向	X 向	Y 向	
G01	0.01	0.01	0.02	0.04	0.00E+00	0.00E+00	0.00E+00	0.00E+00	☆
J01	1.22	0.75	11.38	9.37	8.25E–06	7.32E–06	1.10E–08	1.36E–09	☆
K01	1.77	1.35	16.97	16.19	4.76E–05	3.82E–05	1.35E–06	1.11E–06	☆
K02	15.59	16.69	31.43	60.32	2.26E–03	2.40E–03	3.89E–04	4.13E–04	—
G02-1	0.51	0.42	11.52	10.68	3.99E–06	3.14E–06	3.31E–07	2.68E–08	☆
G02-2	0.25	0.52	8.65	14.71	1.17E–06	6.19E–06	0.00E+00	0.00E+00	☆

对已获得一星的 5 栋建筑进行罕遇地震水平下的二星和三星韧性等级评价，其结果详见表 10.5.4。下划线表示该项数据满足二星要求但未达到三星要求，灰色表示该项数据不满足二、三星的要求。G01、G02-2 隔震建筑的韧性等级为三星，G02-1 隔震建筑的韧性等级为二星。

表 10.5.4 抗震韧性评价结果（罕遇地震水平）

编号	修复费用占造价百分比/%		修复时间/d		受伤率		死亡率		等级
	X 向	Y 向	X 向	Y 向	X 向	Y 向	X 向	Y 向	
G01	0.34	0.35	3.81	5.29	1.47E–06	3.19E–06	0.00E+00	0.00E+00	☆☆☆
J01	4.02	3.50	32.49	32.13	1.32E–03	8.69E–04	2.20E–04	1.40E–04	—
K01	6.01	4.71	41.78	41.23	5.36E–03	5.13E–03	9.36E–04	8.96E–04	—
G02-1	1.71	1.51	22.29	20.16	2.35E–04	1.58E–04	3.85E–05	2.49E–05	☆☆
G02-2	0.19	0.18	6.32	6.62	7.15E–07	5.62E–07	0.00E+00	0.00E+00	☆☆☆

K01、J01 和 G01 韧性指标构成如图 10.5.6 所示，图中红线代表《建筑抗震韧性评价标准》（GB/T 38591—2020）规定的韧性指标的限值，下同。图 10.5.6(b)中的 Stage1 表示结构构件修复，Stage2 表示非结构构件修复。经对比可知，隔震方案对应的韧性指标明显优于消能减震和抗震方案。设防地震水平下，相较于消能减震建筑和抗震建筑，隔震建筑的修复费用指标的降幅达到 99%，基本上不需要修复时间，即震后可立即投入使用；罕遇地震水平下，修复费用指标降幅分别达到 91%和 94%，而修复时间指标的降幅则分别达到 84%和 87%。表明隔震建筑的抗震韧性远优于抗震和消能减震建筑。

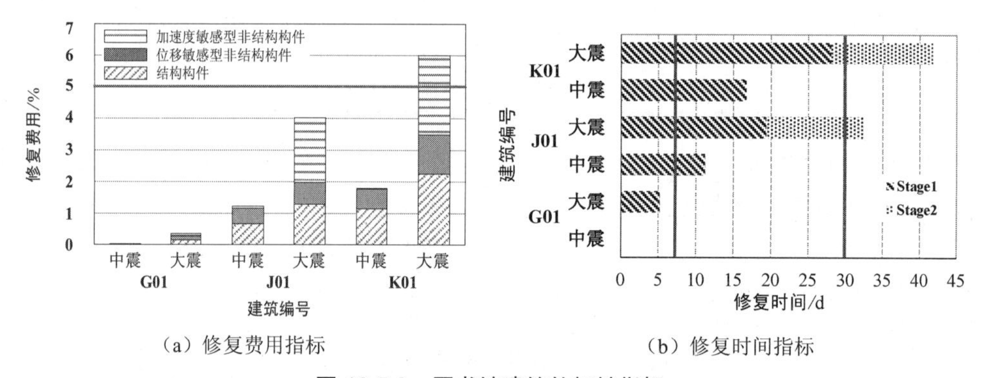

（a）修复费用指标　　（b）修复时间指标

图 10.5.6 图书馆建筑的韧性指标

图 10.5.7 和图 10.5.8 分别展示了抗震建筑修复费用和修复时间两项韧性指标的构成情况。如图 10.5.8 所示，K02 在设防地震水平下的结构部分的修复时间已经超过韧性指标限值，表明仅满足现行抗震设计规范下限要求的抗震建筑抗震韧性水平较低，无法获得星级。

图 10.5.9 和图 10.5.10 分别展示了隔震建筑修复费用和修复时间两项韧性指标的构成情况。由于地震动输入强度显著降低，结构构件的修复时间大幅降低，G02-2 的评价结果为三星。G02-1 的韧性评价结果为二星，其原因为 9 度地震动在经过隔震层削减作用后，输入上部结构的地震作用略低于上部结构设计所采用的 7 度（0.15g）地震水准，从而其韧性表现介于不降度设计的隔震建筑和抗震建筑之间。

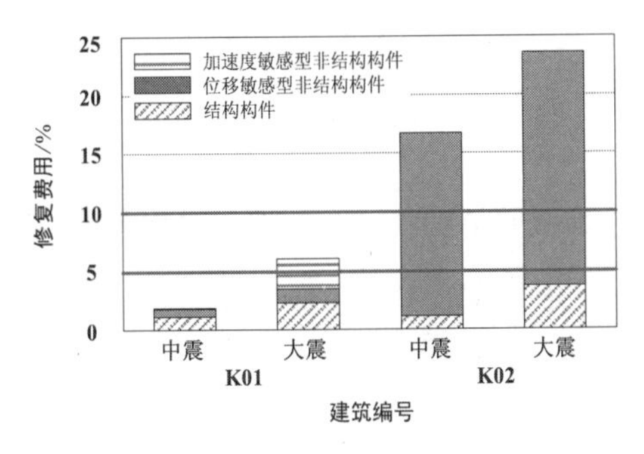

图 10.5.7　抗震建筑修复费用

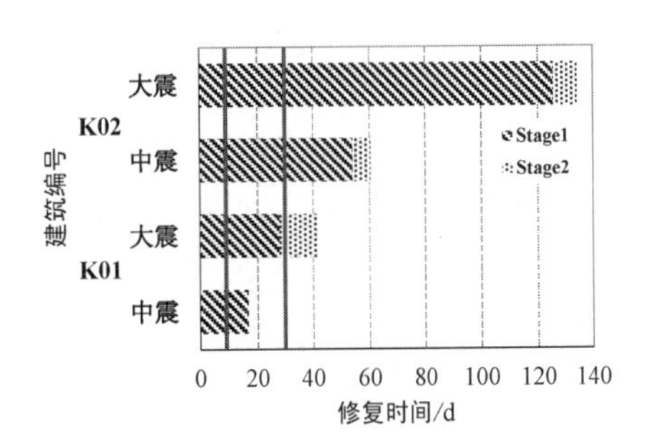

图 10.5.8　抗震建筑修复时间

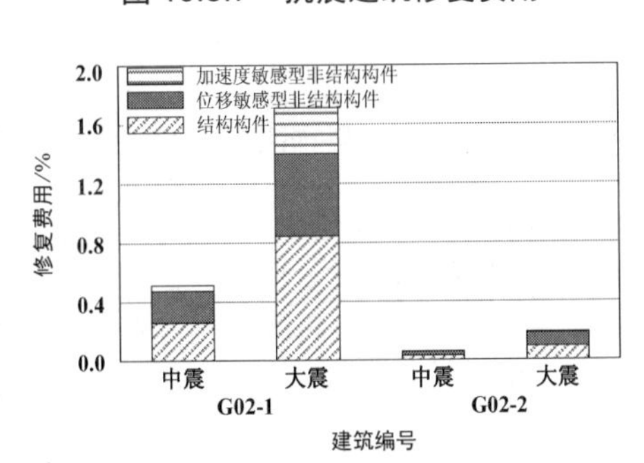

图 10.5.9　隔震建筑修复费用

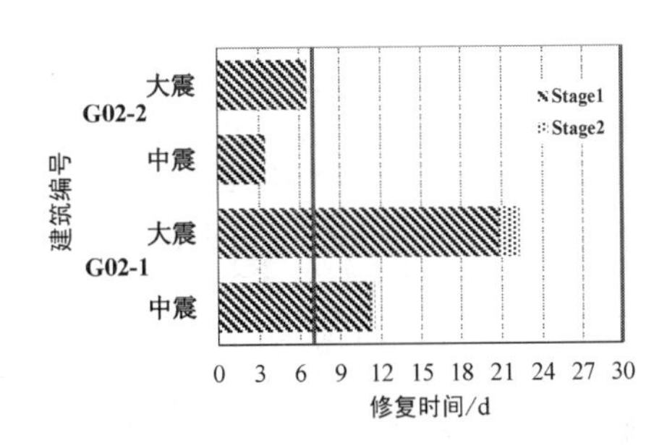

图 10.5.10　隔震建筑修复时间

通过整体考察图 10.5.6（a）中非结构构件占比的情况可以发现，对于抗震和消能减震建筑，非结构构件对建筑抗震韧性的影响明显高于结构构件。对比 K01 和 J01 可以发现，相较于抗震方案，消能减震方案虽然可以有效降低结构构件的损伤，但对于加速度敏感型非结构构件的保护效果并不明显。

通过对比图 10.5.7 中 K01 和 K02 非结构构件占比的情况，可以发现 K01 由于选用了抗震性能较差的电梯等加速度敏感型非结构构件，导致修复费用指标中加速度敏感型非结构构件的占比较高；同时，由于 K02 的结构层间位移角响应较大并选用了较多抗震性能较差的填充墙和隔墙饰面等位移敏感型非结构构件，导致修复费用指标中位移敏感型非结构构件的占比较高。

通过对比图 10.5.9 中 G02-1 和 G02-2 非结构构件占比的情况，可以发现隔震建筑中非结构构件对建筑抗震韧性的影响和结构构件基本相同。综上所述，隔震建筑具有更好的抗震韧性，消能减震和抗震建筑在抗震韧性方面表现较差。尤其是对于仅仅满足结构抗震设计最低要求的建筑，不能达到《建筑抗震韧性评价标准》（GB/T 38591—2020）建筑抗震韧性的要求。消能减震建筑的抗震韧性与隔震建筑差距明显。从结构设计的角度来看，《建筑抗震设计规范》（GB 50011—2010，2016 版）和《建筑消能减震技术规程》（JGJ 297—2013）中对于消能减震结构的抗震要求主要体现在抗震变形方面，且与对抗震结构的要求基本一致。为了更好地实现基于性能的抗震设计要求，规范只建议“消能减震结构的层间位移角限值可比不设置消能减震的结构适当减小”。结合消能减震算例的结果和《建筑消能减震技术规程》（JGJ 297—2013）6.5 节列出的消能减震结构抗震性能目标，算例建筑在设防地震和罕遇地震水平下均处于性能 4 阶段（设防地震水平下轻微至接近中等破坏，罕遇地震水平下接近严重破坏），表明目前规范所采用的消能减震设计方法难以提高建筑抗震韧性。

习题

1. 目前关于建筑抗震韧性评价的相关标准主要有哪些？

2. 我国《建筑抗震韧性评价标准》(GB/T 38591—2020)中规定的建筑抗震韧性评价流程是什么？

3. 如何进行建筑抗震韧性等级评定？

参考文献

[1] 任军宇, 潘鹏, 王涛, 等.《建筑抗震韧性评价标准》(GB/T 38591—2020)解读[J]. 建筑结构学报, 2021, 42(01): 48-56.

[2] 钱稼茹, 罗文斌. 建筑结构基于位移的抗震设计[J]. 建筑结构, 2001, 031(4): 3-6.

[3] 谢礼立. 抗震性态设计和基于性态的抗震设防[J]. 工程建设标准化, 2004(5): 7.

[4] 王啸霆, 潘鹏, 王涛, 等. 基于《建筑抗震韧性评价标准》的算例分析[J]. 建筑结构, 2020, 50(16): 7.

[5] 中国地震局工程力学研究所. 建筑工程抗震性态设计通则(CECS160: 2002)[S]. 北京：中国计划出版社, 2004.

[6] AKIYAMA H. Earthquake-resistant limit-state design for buildings[M]. Tokyo: University of Tokyo Press, 1985.

[7] Applied Technology Council. An investigation of the correlation between earthquake ground motion and building performance (ATC-10)[M]. Sacramento: Seismic Safety Commission, 1982.

[8] Applied Technology Council. Seismic evaluation and retrofit of concrete buildings. Vol.1, ATC-40[M]. Sacramento: Seismic Safety Commission, 1996.

[9] BERTERO V V. Tri-service manual methods. Vision 2000, Part 2, Appendix J [M]. Sacramento: Structural Engineering Association of California, 1995.

[10] BRUNEAU M, CHANG S E, EGUCHI R T, et al. A Framework to Quantitatively Assess and Enhance the Seismic Resilience of Communities[J]. EARTHQUAKE SPECTRA, 2003,19(4): 733-752.

[11] BRUNEAU M, REINHORN A. Exploring the concept of seismic resilience for acute care facilities[J]. Earthquake Spectra, 2007, 23(1): 41-62.

[12] FAJFAR P. Capacity spectrum method based on inelastic demand spectra[J]. Earthquake Engineering & Structural Dynamics, 1999, 28(9): 979-993.

[13] FAJFAR P. Equivalent ductility factors, taking into account low-cycle fatigue[J]. Earthquake Engineering & Structural Dynamics, 1992, 21: 837-848.

[14] FREEMAN S A. Evaluations of existing buildings for seismic risk-A case study of Puget Sound Naval Shipyard[C]//Proc. 1st US Nat. Conf. on Earthquake Engrg., Bremerton, Washington, 1975. 1975: 113-122.

[15] FREEMAN S A. Development and Use of Capacity Spectrum Method[C]. Proceedings of the 6th US NCEE Conference on Earthquake Engineering/EERI, 1998.

[16] KRAWINKLER H, SENEVIRATNA G. Pros and cons of a pushover analysis of seismic performance evaluation[J]. Engineering Structures, 1998, 20(4/6): 452-464.

[17] LI H L, SANG W H, OH Y H. Determination of ductility factor considering different hysteretic models[J]. Earthquake Engineering & Structural Dynamics, 1999, 28(9): 957-977.

[18] MIRANDA E, BERTERO V V. Evaluation of Strength Reduction Factors for Earthquake-Resistant Design[J]. Earthquake Spectra, 1994, 10(2): 357-379.

[19] MIRANDA E. Site-Dependent Strength-Reduction Factors[J]. Journal of Structural Engineering, 1993, 119(12): 703-720.

[20] NASSAR A A, KRAWINKLER H. Seismic Demands for SDOF and MDOF Systems[R]. Report 95, The John A. Blumn Earthquake Engineering Center，Stanford University, 1991.

[21] NEWMARK N M, HALL W J. Earthquake spectra and design[M]. Oakland: Earthquake Engineering Research Institute, 1982.

[22] ORDAZ M, et al. Estimation of strength-reduction factors for elastoplastic systems: a new approach[J]. Earthquake Engineering & Structural Dynamics, 1998, 27: 99-901.

[23] OTANI S, HIRAISHI H, MIDORIKAWA M, et al. New seismic design provisions in Japan[J]. American Concrete Institute, ACI Special Publication, 2002, 87-104.

[24] PORTER K A, KIREMIDJIAN A S, et al. Assembly-based vulnerability of buildings and its use in performance evaluation[J]. Earthquake Spectra, 2001, 17(2): 291-312.

[25] SHIBATA A. Study on inelastic response of nonlinear structures for earthquake motion by equivalent linear system method[R]. Report of Northeast University, in Japanese, 1975.

[26] Seismic performance assessment of buildings volume1-methodology: FEMA-P58[S]. Washington D.C.: Federal Emergency Management Agency, 2012.

[27] U.S. Department of Commerce. Standards of seismic safety for existing federally owned or leased buildings[S]. Gaithersburg: National Institute of Standards and Technology, 1994.

[28] VELETSOS A S, NEWMARK N M. Effect of Inelastic Behavior on the Response of Simple System to Earthquake Motion[C], Second World Conference on Earthquake Engineering, 1960.

[29] VIDIC T, FAJFAR P, FISCHINGER M. Consistent inelastic design spectra: Strength and displacement[J]. Earthquake Engineering & Structural Dynamics, 1994, 23(5): 507-521.

[30] YE L, OTANI S. Maximum seismic displacement of inelastic systems based on energy concept[J]. Earthquake Engineering & Structural Dynamics, 1999, 28(12): 1483-1499.

第 11 章　地基与基础抗震设计

11.1　概述

大量的震害表明，建筑场地的地质状况、地形地貌等均对建筑物的震害有很大的影响。例如，1967 年 7 月 29 日委内瑞拉首都加拉加斯发生里氏 6.4 级地震，其震害调查表明，在不同覆盖层厚度地区，不同高度的房屋倒塌率有很大的差异。1985 年 9 月 19 日墨西哥发生 8.1 级强震，距震中 400km 的墨西哥城房屋的破坏比震中区更严重，震害调查发现，这主要与该区域的地形、工程地质和水文条件有关。2008 年 5 月 12 日，发生在我国四川的汶川大地震，建筑物的破坏也表现出相同的特征，在地震波传播过程中，处于平衡位置的建筑完好无损或轻微破坏，而其他位置的建筑则破坏严重；另外，断层所经过的位置，建筑物尽数倒塌，而断层附近的建筑物则破坏程度很轻。我国 1975 年发生的海城地震、1976 年发生的唐山地震，其震害也表现出类似的规律：房屋的倒塌率随土层厚度的增加而加大；软弱场地上的建筑物震害程度一般重于坚硬场地上的。

地震引起地表建筑物的破坏，主要包括以下三种形式：第一，地震时地面的强烈运动，使建筑物在振动时丧失整体性、强度不足或产生过大的变形而破坏；第二，地震引起水坝坍塌、海啸、火灾、爆炸等次生灾害导致建筑物的破坏；第三，地震引起的断层错动、泥石流、山崖崩塌、滑坡、地层塌陷等地面严重变形导致的破坏，如图 11.1.1 所示。对于前面两种情况，可以通过工程措施加以防治；而对最后一种情况，单靠工程技术措施是很难达到预防目的的。

（a）滑坡

（b）地裂缝

图 11.1.1　地震引起的滑坡、地裂缝

因此，我国《抗规》第 3.3.1 条规定：选择建筑场地时，应根据工程需要和地震活动情况、工程地质和地震地质的有关资料，对抗震有利、一般、不利和危险地段做出综合评价。对建筑物不利地段，应提出避开要求；当无法避开时应采取有效的措施。对危险地段，严禁建造甲、乙类的建筑，不应建造丙类的建筑。建筑地段的划分如表 11.1.1 所示。

表 11.1.1　有利、一般、不利和危险地段的划分

地段类别	地质、地形、地貌
有利地段	稳定基岩，坚硬土，开阔、平坦、密实、均匀的中硬土等
一般地段	不属于有利、不利和危险地段
不利地段	软弱土，液化土，条状突出的山嘴，高耸孤立的山丘，非岩质的陡坡，河岸和边坡的边缘，平面分布上成因、岩性、状态明显不均匀的土层（如故河道、疏松的断破裂带、暗埋的塘浜沟谷和半填半挖地基）等
危险地段	地震时可能发生滑坡、崩塌、地陷、地裂、泥石流等及发震断裂带上可能发生地表错位的部位

11.2　场地

建筑场地是指工程群体所在地，具有相似的反应谱特性，其范围相当于厂区、居民小区和自然村或不小于 1.0km^2 的平面面积。

国内外大量的震害已经表明，不同场地上的建筑震害差异是十分明显的。因此，研究场地条件对建筑震害的影响是建筑抗震设计中十分重要的问题。一般认为，场地条件对建筑震害影响的主要因素是：场地土刚性（即土的坚硬和密实程度）的大小和场地覆盖层厚度。场地土的土质越软，覆盖层厚度越厚，建筑震害越严重，反之越轻。场地土的刚性一般用土的剪切波速表征，土的剪切波速是土的重要动力参数，是最能反映土的动力特性的指标，因此，以剪切波速表示场地土的刚性，广为各国抗震规范所采用。

理论分析表明，多层土的地震效应取决于覆盖层厚度、土层剪切波速及岩土阻抗比这三个主要因素。其中，覆盖层厚度和土层剪切波速主要影响地震动的频谱特性，岩土阻抗比则主要影响其共振放大效应。

11.2.1　建筑场地类别

《抗规》规定，建筑场地类别应根据土的剪切波速和场地覆盖层厚度划分为四类，如表 11.2.1 所示，其中 I 类分为 I$_0$（硬质岩石）和 I$_1$ 两个亚类。

表 11.2.1　各类建筑场地的覆盖层厚度

单位：m

岩石的剪切波速或土的等效剪切波速/（m/s）	场地类别				
	I$_0$	I$_1$	II	III	IV
$v_s>800$	0				
$800\geqslant v_s>500$		0			
$500\geqslant v_{se}>250$		<5	≥5		
$250\geqslant v_{se}>150$		<3	3～50	>50	
$v_{se}\leqslant 150$		<3	3～15	15～80	>80

注：v_s 为硬质岩石和坚硬土的剪切波速；v_{se} 为土层的等效剪切波速。

1. 建筑场地覆盖层厚度的确定

《抗规》规定，建筑场地覆盖层厚度的确定，应符合下列要求：

（1）一般情况下，应按地面至剪切波速大于500m/s且其下卧层各岩土的剪切波速均不小于500m/s的土层顶面确定。

（2）当地面5m以下存在剪切波速大于其上部各土层剪切波速2.5倍的土层，且该层及其下卧各岩土的剪切波速均不小于400m/s时，可按地面至该土层顶面的距离确定。

（3）剪切波速大于500m/s的孤石、透镜体，应视同周围土层。

（4）土层中的火山岩硬夹层，应视为刚体，其厚度应从覆盖土层中扣除。

2. 土层剪切波速的确定

《抗规》规定，土层剪切波速应在现场测量，并应符合下列要求：

（1）在场地初步勘查阶段，对大面积的同一地质单元，测试土层剪切波速的钻孔数量不宜少于3个。

（2）在场地详细勘察阶段，对单幢建筑，测试土层剪切波速的钻孔数量不宜少于2个，数据变化较大时，可适量增加；对小区中处于同一地质单元的密集建筑群，测试土层剪切波速的钻孔数量可适量减少，但每幢高层建筑和大跨空间结构的钻孔数量均不得少于1个。

（3）对丁类建筑和丙类建筑中层数不超过10层、高度不超过24m的多层建筑群，当无实测剪切波速时，可根据岩土名称和形状，按表11.2.2划分土的类型，再利用当地经验在表11.2.2的剪切波速范围内估算土层的剪切波速。

表11.2.2　土的类型划分和剪切波速范围

土的类型	岩土名称和形状	土层剪切波速范围/（m/s）
岩石	坚硬、较硬且完整的岩石	$v_s > 800$
坚硬或软质岩石	破碎和较破碎的岩石或软和较软的岩石，密实的碎石土	$800 \geqslant v_s > 500$
中硬土	中密、稍密的碎石土，密实、中密的砾、粗、中砂，$f_{ak} > 150$的黏性土和粉土，坚硬黄土	$500 \geqslant v_{se} > 250$
中软土	稍密的砾、粗、中砂，除松散外的细、粉砂，$f_{ak} \leqslant 150$的黏性土和粉土，$f_{ak} > 130$的填土，可塑性黄土	$250 \geqslant v_{se} > 150$
软弱土	淤泥和淤泥质土，松散的砂，新近沉积的黏性土和粉土，$f_{ak} \leqslant 130$的填土，流塑黄土	$v_{se} \leqslant 150$

注：f_{ak}为由荷载试验等方法得到的地基承载力特征值，kPa；v_s为岩土的剪切波速。

土层等效剪切波速应按下列公式计算：

$$v_{se} = \frac{d_0}{t} \tag{11.2.1a}$$

$$t = \sum_{i=1}^{n} \frac{d_i}{v_{si}} \tag{11.2.1b}$$

式中，v_{se}为土层等效剪切波速，m/s；d_0为计算深度，m，取覆盖层厚度和20m两者的较小值；t为剪切波在地面至计算深度之间的传播时间，s；d_i为计算深度范围内第i层土的厚度，m；v_{si}为计算深度范围内第i层土的剪切波速，m/s；n为计算深度范围内土层的分层数。

等效剪切波速是根据地震波通过计算深度范围内多层土层的时间等于该波通过计算深度范围内单一土层时间的条件确定的。

设场地计算深度范围由 n 层性质不同的土层组成（图 11.2.1），地震波通过它们的厚度分别为 d_1，d_2，…，d_n。设计算深度为 d_0，即

$$d_0 = \sum_{i=1}^{n} d_i$$

于是有

$$t = \sum_{i=1}^{n} \frac{d_i}{v_{si}} = \frac{d_0}{v_{se}} \tag{11.2.1c}$$

经整理后，即得到多层土的等效剪切波速计算公式。

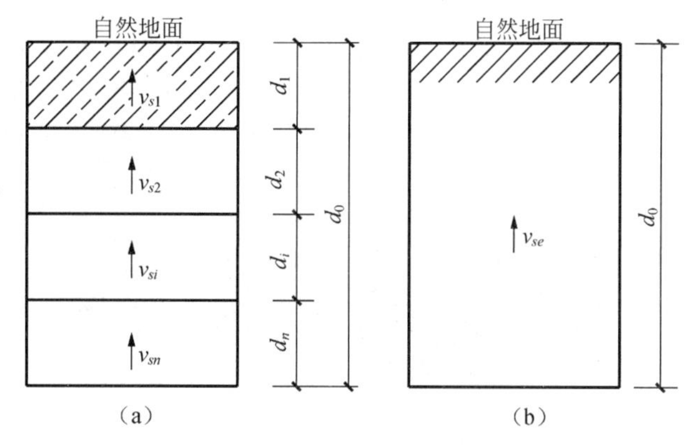

图 11.2.1　多层土等效剪切波速计算

【例题 11.1】表 11.2.3 所示为某工程场地地质钻孔资料，试确定该场地类别。

表 11.2.3　例题 11.1 附表

土层底部深度/m	土层厚度/m	岩土名称	剪切波速/(m/s)
2.50	2.50	杂填土	200
4.00	1.50	粉土	280
4.90	0.90	中砂	310
6.10	1.20	砾砂	500

【解】因为地面下 4.90m 以下土层剪切波速 $v_s = 500\text{m/s}$，所以场地计算深度 $d_0 = 4.90\text{m}$。按式（11.2.1）计算得

$$v_{se} = \frac{d_0}{\sum_{i=1}^{n} \frac{d_i}{v_{si}}} = \frac{4.90}{\frac{2.50}{200} + \frac{1.50}{280} + \frac{0.90}{310}} \text{m/s} = 236\text{m/s}$$

由表 11.2.1 查得，当 $250\text{m/s} \geqslant v_{se} = 236\text{m/s} > 150\text{m/s}$ 且 $5\text{m} \geqslant d_0 = 4.90\text{m} > 3\text{m}$ 时，该场地属于Ⅱ类场地。

【例题 11.2】表 11.2.4 所示为 8 层、高度 24m 丙类建筑的场地地质钻孔资料（无剪切波速资料），试确定该场地类别。

表 11.2.4　例题 11.2 附表

土层底部深度/m	土层厚度/m	岩土名称	地基土静承载力特征值/kPa
2.20	2.20	杂填土	130
8.00	5.80	粉质黏土	140
12.50	4.50	黏土	150
20.70	8.20	中密的细砂	180
25.00	4.30	基岩	700

【解】场地覆盖层厚度为 20.7m，大于 20m，故取场地设计深度 $d_0 = 20\text{m}$。本例在计算深度范围内有 4 层土，根据杂填土静承载力特征值 $f_{ak} = 130\text{kPa}$，由表 11.2.2 取其剪切波速值 $v_s = 150\text{m/s}$；根据粉质黏土、黏土静承载力特征值分别为 140kPa 和 150kPa，以及中密的细砂，由表 11.2.2 查得，它们的剪切波速值范围均为 250～150m/s，现取其平均值 $v_s = 200\text{m/s}$。

将上述数值代入式（11.2.1），得

$$v_{se} = \frac{d_0}{\sum_{i=1}^{n}\frac{d_i}{v_{si}}} = \frac{20}{\frac{2.20}{150}+\frac{5.80}{200}+\frac{4.50}{200}+\frac{7.50}{200}}\text{m/s} = 192\text{m/s}$$

由表 11.2.1 查得，该建筑场地属于Ⅱ类场地。

【例题 11.3】表 11.2.5 所示为某工程场地地质钻孔资料，试确定该场地的覆盖层厚度。

表 11.2.5　例题 11.3 附表

土层编号	土层底部深度/m	土层厚度/m	岩土名称	剪切波速/（m/s）
①	3.00	3.00	杂填土	120
②	5.50	2.50	粉质黏土	140
③	8.00	2.50	细砂	145
④	10.40	2.40	中砂	420
⑤	13.70	3.30	砾砂	430

【解】第④层土顶面的埋深为 8m，大于 5m，且其剪切波速均大于该层以上各土层的 2.5 倍，第④和第⑤层土的剪切波速均大于 400m/s。根据覆盖层厚度确定的要求，本场地可按地面至第④层土顶面的距离确定覆盖层厚度，即 $d_0 = 8\text{m}$。

11.2.2　建筑场地评价及有关规定

1）《抗规》第 4.1.7 条规定

场地内存在发震断裂时，应对断裂的工程影响进行评价，并应符合下列要求：

（1）对符合下列规定之一的情况，可忽略发震断裂错动对地面建筑的影响：①抗震设防烈度小于 8 度；②非全新世活动断裂；③抗震设防烈度为 8 度和 9 度时，隐伏断裂的土层覆盖厚度分别大于 60m 和 90m。

（2）对不符合第（1）款规定的情况，应避开主断裂带。其避让距离不宜小于表 11.2.6 对发震断裂最小避让距离的规定。

表 11.2.6　发震断裂的最小避让距离

单位：m

烈度	建筑抗震设防类别			
	甲	乙	丙	丁
8	专门研究	200	100	—
9	专门研究	400	200	—

2）《抗规》第 4.1.8 条规定

当需要在条状突出的山嘴、高耸孤立的山丘、非岩石和强风化岩石的陡坡、河岸和边坡边缘不利地段建造丙类以上建筑时，除保证其在地震作用下的稳定性外，尚应估计不利地段对设计地震动参数可能产生的放大作用，其水平地震影响最大值应乘以增大系数，其值应根据不利地段的具体情况确定，在 1.1～1.6 范围内采用。

3）《抗规》第 4.1.9 条规定

场地岩土工程勘察，应根据实际需要划分对建筑有利、一般、不利和危险的地段，提供建筑场地类别和岩土地震稳定性（如滑坡、崩塌、液化和震陷特性等）评价，对需要采用时程分析法补充计算的建筑，尚应根据设计要求提供土层剖面、场地覆盖层厚度和有关的动力参数。

11.3　地震时的地面运动特性

11.3.1　场地土对地震波的作用与土的卓越周期

地震波是一种波形十分复杂的行波。根据谐波分析原理，可以将它看作由 n 个简谐波叠加而成。场地土对基岩传来的各种谐波分量都有放大作用，但对各种谐波分量有的放大得多，有的放大得少。也就是说，不同的场地土对地震波有不同的放大作用。了解场地土对地震波的这一作用，对进行建筑抗震设计和震害分析都具有重要意义。

为了说明场地土对地震波的这一作用，我们参考相关文献，对地震波在场地土中的传播进行简要分析。

1. 横向地震波的震动方程及其解答

根据土力学的知识，可将地基土假定为均质半无限空间弹性体，首先建立地震在均质半空间弹性体内传播时介质的振动方程，然后再讨论它的解答。图 11.3.1（a）所示为弹性半空间体，现从其中地震波通过的地方取出一微分体，并假设其体积为 $dx \times 1 \times 1$。

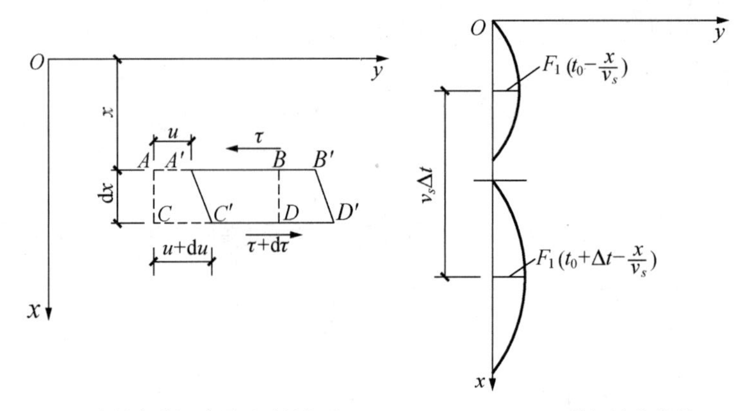

（a）土体在剪切波通过时的位移　　　　（b）剪切波的传播

图 11.3.1　地震波的分析

剪切波速通过微分体时将产生振动。假设在某一瞬时，其位置由 $ABDC$ 变位至 $A'B'D'C'$。并设 A 变位为 u，而 CD 变位为 $u+\mathrm{d}u$，同时，假设微分体 AB 水平面上产生的剪应力为 τ，而 CD 水平面上的剪应力为 $\tau+\mathrm{d}\tau$。显然

$$\mathrm{d}u=\frac{\partial u}{\partial x}\mathrm{d}x \tag{11.3.1a}$$

$$\mathrm{d}\tau=\frac{\partial \tau}{\partial x}\mathrm{d}x \tag{11.3.1b}$$

由图 11.3.1 可以看出，剪应变为

$$\gamma=\frac{\partial u}{\partial x} \tag{11.3.1c}$$

由胡克定律（Hooke）定律，得

$$\tau=G\gamma=G\frac{\partial u}{\partial x} \tag{11.3.1d}$$

式中，G 为剪切模量。

又有

$$\frac{\partial \tau}{\partial x}=G\frac{\partial^2 u}{\partial x^2} \tag{11.3.1e}$$

将式（11.3.1e）代入式（11.3.1b），得

$$\mathrm{d}\tau=G\frac{\partial^2 u}{\partial x^2}\mathrm{d}x \tag{11.3.1f}$$

设介质的密度为 ρ，根据牛顿第二定律得

$$\rho\mathrm{d}x\times1\times1\times\frac{\partial^2 u}{\partial t^2}=-\tau\times1\times1+(\tau+\mathrm{d}\tau)\times1\times1$$

即

$$\rho\frac{\partial^2 u}{\partial t^2}\mathrm{d}x=\mathrm{d}\tau \tag{11.3.1g}$$

将式（11.3.1f）代入式（11.3.1g），得

$$\rho \frac{\partial^2 u}{\partial t^2} \mathrm{d}x = G \frac{\partial^2 u}{\partial x^2} \mathrm{d}x \tag{11.3.1h}$$

整理得

$$\frac{\partial^2 u}{\partial t^2} = \frac{G}{\rho} \frac{\partial^2 u}{\partial x^2} \tag{11.3.2}$$

令

$$v_s^2 = \frac{G}{\rho} \tag{11.3.3}$$

则有

$$\frac{\partial^2 u}{\partial t^2} - v_s^2 \frac{\partial^2 u}{\partial x^2} = 0 \tag{11.3.4}$$

式（11.3.4）即为横波通过半空间弹性体时，介质质点的振动偏微分方程。其解为

$$u_1 = F_1\left(t - \frac{x}{v_s}\right) \tag{11.3.5}$$

$$u_2 = F_2\left(t + \frac{x}{v_s}\right) \tag{11.3.6}$$

二者的和为

$$u_1 + u_2 = F_1\left(t - \frac{x}{v_s}\right) + F_2\left(t + \frac{x}{v_s}\right) \tag{11.3.7}$$

式中，F_1、F_2 分别为具有二阶导数的函数。

实际上，u_1 是沿 x 正方向传播的反射波；而 u_2 是沿 x 反方向传播的入射波。

当 $t = t_0$ 时，质点的位移为

$$(u_1)_{t=t_0} = F_1\left(t_0 - \frac{x}{v_s}\right) \tag{11.3.1i}$$

式中，t_0 为常数，故 u_1 是 x 的函数，其波形如图 11.3.1（b）所示。

当 $t = t_0 + \Delta t$ 时，质点的位移为

$$(u_1)_{t=t_0+\Delta t} = F_1\left(t_0 + \Delta t - \frac{x}{v_s}\right) = F_1\left(t_0 - \frac{x'}{v_s}\right) \tag{11.3.1j}$$

式中，$x' = x - v_s \Delta t$。

根据坐标平移定理，式（11.3.1i）和式（11.3.1j）具有相同的波形。同时，这表明波形沿 x 正方向平移 $v_s \Delta t$，由于所需时间为 Δt，故波形传播的速度为 $\frac{v_s \Delta t}{\Delta t} = v_s$。这就证明了 $F_1\left(t - \frac{x}{v_s}\right)$ 是沿 x 正方向传播的反射波，从而也证明了式（11.3.4）所示振动方程中的 v_s 为剪切波的波速。

不难证明，$u_2 = F_2\left(t+\dfrac{x}{v_s}\right)$是沿 x 反方向传播的入射波。

2. 成层介质振动方程的解答、场地的卓越周期

首先讨论在基岩上覆盖层只有一层土的振动方程的解答。

设覆盖层厚度为d_{ov}，剪变模量为G_1，密度为ρ_1，剪切波速为v_{s1}；基岩为半无限弹性体，剪变模量为G_2，密度为ρ_2，剪切波速为v_{s2}（图 11.3.2）。

当基岩内有振幅为 1、频率为$\omega = 2\pi/T$（T 为周期）的正弦形剪切波垂直向上传来时，即基岩内的入射波为

$$u_0 = \mathrm{e}^{\mathrm{i}\omega\left(t-\frac{x}{v_{s2}}\right)} \tag{11.3.8}$$

考虑到基岩内波的反射作用，则基岩内的波为

$$u_2 = \mathrm{e}^{\mathrm{i}\omega\left(t+\frac{x}{v_{s2}}\right)} + A\mathrm{e}^{\mathrm{i}\omega\left(t-\frac{x}{v_{s2}}\right)} \tag{11.3.9}$$

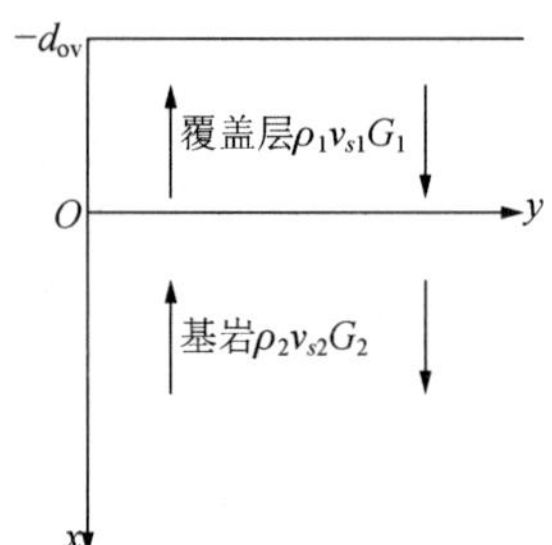

图 11.3.2 土的卓越周期计算

当基岩内的波传到与覆盖层相交的界面时，将有一部分透射到覆盖层中，并传到地面后反射。因此，覆盖层中的波可写成

$$u_1 = B\mathrm{e}^{\mathrm{i}\omega\left(t+\frac{x}{v_{s1}}\right)} + C\mathrm{e}^{\mathrm{i}\omega\left(t-\frac{x}{v_{s1}}\right)} \tag{11.3.10}$$

式（11.3.10）中的A、B、C为选定的常数，由边界条件确定。在该问题中，边界条件如下：

（1）在地表处，剪应力为零，即

$$x = -d_{\text{ov}},\quad \tau = 0 \quad 或 \quad \frac{\partial u_1}{\partial x} = 0$$

（2）在基岩和覆盖层的界面处剪应力相等，位移相同，即

$$x = 0,\quad \left(G_1\frac{\partial u_1}{\partial x}\right)_{x=0} = \left(G_2\frac{\partial u_2}{\partial x}\right)_{x=0},\quad (u_1)_{x=0} = (u_2)_{x=0}$$

将上述边界条件代入式（11.3.9）和式（11.3.10），即可求得待定常数：

$$A = \frac{(1-k)+(1+k)\mathrm{e}^{-2\mathrm{i}\frac{\omega d_{\text{ov}}}{v_{s1}}}}{(1+k)+(1-k)\mathrm{e}^{-2\mathrm{i}\frac{\omega d_{\text{ov}}}{v_{s1}}}} \tag{11.3.11}$$

$$B = \frac{2}{(1+k)+(1-k)\mathrm{e}^{-2\mathrm{i}\frac{\omega d_{\text{ov}}}{v_{s1}}}} \tag{11.3.12}$$

$$C = \frac{2\mathrm{e}^{-2\mathrm{i}\frac{\omega d_{\text{ov}}}{v_{s1}}}}{(1+k)+(1-k)\mathrm{e}^{-2\mathrm{i}\frac{\omega d_{\text{ov}}}{v_{s1}}}} \tag{11.3.13}$$

式中

$$k = \frac{\rho_1 v_{s1}}{\rho_2 v_{s2}} \tag{11.3.14}$$

将常数 B、C 的分子和分母同乘以 $e^{i\frac{\omega d_{ov}}{v_{s1}}}$，代入覆盖层位移表达式（11.3.10），并令 $x=-d_{ov}$，则得出地面位移为

$$(u_1)_{x=-d_{ov}}=\frac{2e^{i\omega t}}{(1+k)e^{i\frac{\omega d_{ov}}{v_{s1}}}+(1-k)e^{-i\frac{\omega d_{ov}}{v_{s1}}}}+\frac{2e^{i\omega t}}{(1+k)e^{i\frac{\omega d_{ov}}{v_{s1}}}+(1-k)e^{-i\frac{\omega d_{ov}}{v_{s1}}}}$$
$$=\frac{4e^{i\omega t}}{(1+k)e^{i\frac{\omega d_{ov}}{v_{s1}}}+(1-k)e^{-i\frac{\omega d_{ov}}{v_{s1}}}} \tag{11.3.15}$$

下面求地面位移的幅值，即振幅。为此需要求式（11.3.15）的模。

设式（11.3.15）分母的模为 R，由矢量图（图 11.3.3）并应用余弦原理，得

$$R=\sqrt{(1+k)^2+(1-k)^2+2(1+k)(1-k)\cos\frac{2\omega d_{ov}}{v_{s1}}} \tag{11.3.16a}$$

化简得

$$R=2\sqrt{\cos^2\frac{\omega d_{ov}}{v_{s1}}+k^2\sin^2\frac{\omega d_{ov}}{v_{s1}}} \tag{11.3.16b}$$

将式（11.3.16b）代入式（11.3.15），得

$$\left|(u_1)_{x=-d_{ov}}\right|_{\max}=\frac{2}{\sqrt{\cos^2\frac{\omega d_{ov}}{v_{s1}}+k^2\sin^2\frac{\omega d_{ov}}{v_{s1}}}} \tag{11.3.17}$$

覆盖层振幅放大系数 β 等于地面振幅与基岩入射波振幅之比，即

$$\beta=\frac{\left|(u_1)_{x=-d_{ov}}\right|_{\max}}{1}=\frac{2}{\sqrt{\cos^2\frac{\omega d_{ov}}{v_{s1}}+k^2\sin^2\frac{\omega d_{ov}}{v_{s1}}}} \tag{11.3.18}$$

对应于不同 k 值的 $\beta-\frac{\omega d_{ov}}{v_{s1}}$ 曲线如图 11.3.4 所示。从图中可以看出，一般 $k<1$，故基岩入射波的振幅均被放大，并且当 $\frac{\omega d_{ov}}{v_{s1}}=\frac{\pi}{2}$ 时，有

$$T=\frac{4d_{ov}}{v_{s1}} \tag{11.3.19}$$

振幅放大系数 β 将达到其最大值，亦即当地震波的某个谐波分量的周期恰为该波穿过表土层所需时间 $\frac{d_{ov}}{v_{s1}}$ 的 4 倍时，覆盖层的地面振动将最为显著。一般称式（11.3.19）中的 T 为**场地的卓越周期**或**自振周期**。

由于场地覆盖层的厚度 d_{ov} 与剪切波速 v_{s1} 不同，覆盖层的卓越周期 T 亦将不同，一般在 0.1s 至数秒之间变化。

覆盖层的卓越周期是场地的重要动力特性之一。震害调查表明，凡建筑物的自振周期与场地的卓越周期相等或接近时，建筑物的震害都有加重趋势。这是由于建筑物发生类共振现象所致。因此，在建筑抗震设计中，应使建筑物的自振周期避开场地的卓越周期，以避免发生类共振现象。

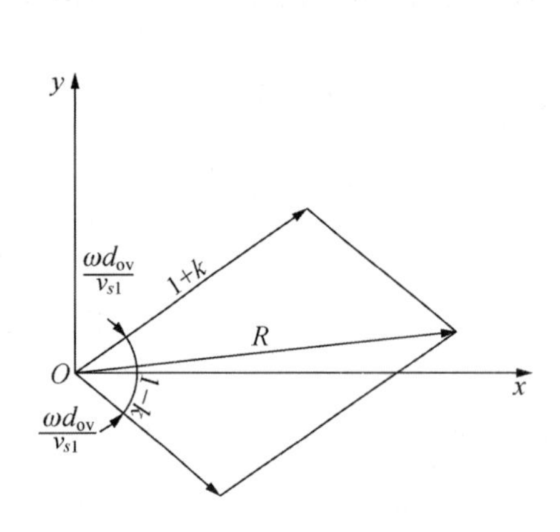

图 11.3.3　式（11.3.15）分母模的矢量图

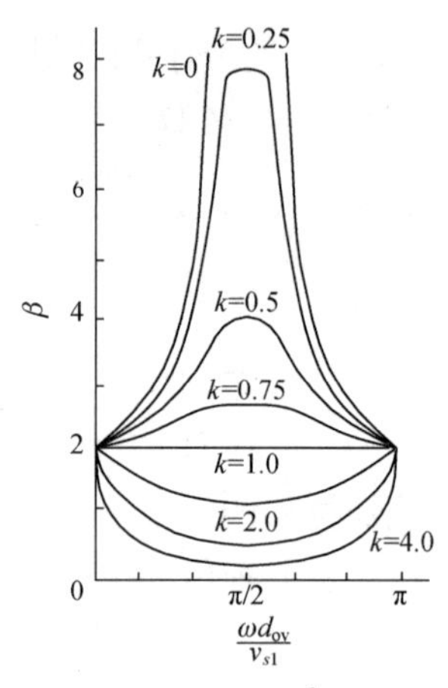

图 11.3.4　$\beta\text{-}\dfrac{\omega d_{ov}}{v_{s1}}$ 曲线

对于由碎石、砂、粉土、黏性土的人工填土等多土层形成的覆盖层，可按它们的等效剪切波速 v_{se} 来计算场地的卓越周期。等效剪切波速 v_{se} 可按式（11.2.1）确定：

$$v_{se}=\frac{d_0}{\sum_{i=1}^{n}\frac{d_i}{v_{si}}}$$

由式（11.3.19）可知，基岩上的覆盖层越厚，则场地的卓越周期越长，这一点与观测结果一致，如图 11.3.5 所示。

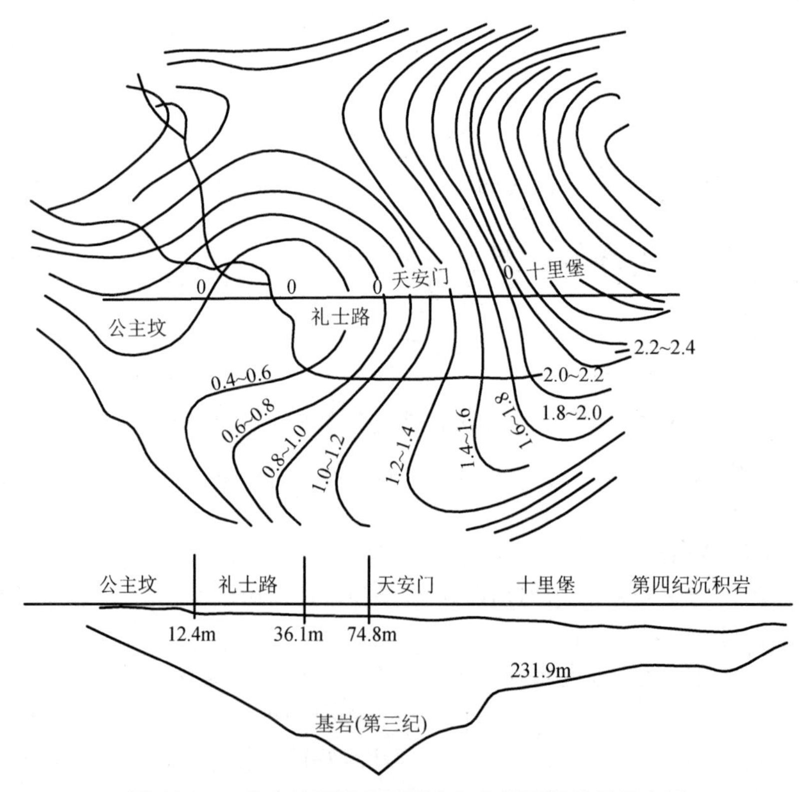

图 11.3.5　北京地区覆盖层厚度与卓越周期关系示意图

在工程实践中，除采用式（11.3.19）计算场地的卓越周期 T 外，也常采用场地的常时微振来确定场地的卓越周期。常时微振是指，由于各种振源的影响，例如工厂机器的运转、交通工具的运行等，使场地存在着微弱的振动。场地常时微振的主要周期和场地卓越周期的数值接近，因此，可以取场地常时微振的主要周期作为卓越周期的近似值。

利用场地常时微振确定卓越周期的主要做法是，将放大倍数大于 1000 的地震仪放置在要测定的场地的地面上，记录微振波形［图 11.3.6（a）］，然后在记录纸上量出各周期 T_i 及出现的频数 N_i，并算出它与总频数 $\sum N_i$ 之比（%）：

$$\mu_i = \frac{N_i}{\sum N_i} \tag{11.3.20}$$

最后绘出 T-μ_i 关系分布曲线［图 11.3.6（b）］，曲线上的峰值所对应的周期就是该场地的主要周期。

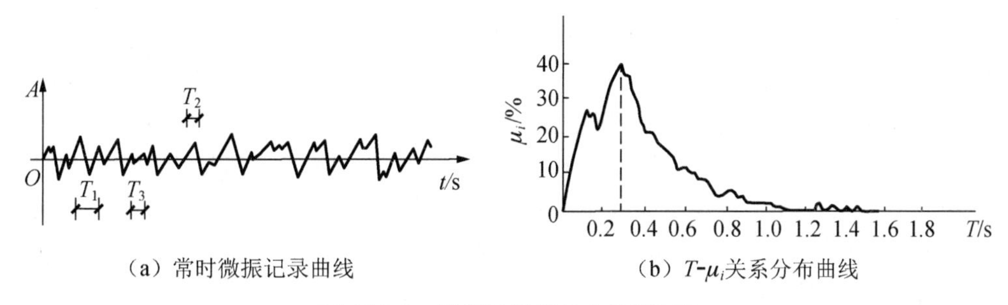

（a）常时微振记录曲线　（b）T-μ_i关系分布曲线

图 11.3.6　按常时微振确定卓越周期

图 11.3.7 所示为不同场地的常时微振周期 T-频数 N 分布曲线。由图中可见，场地的主要周期随场地类别增高而增长。

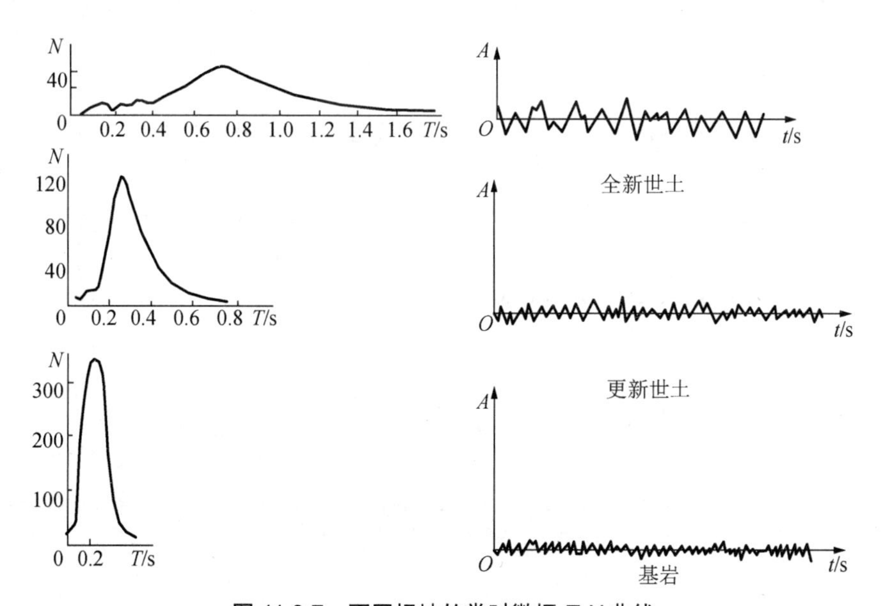

图 11.3.7　不同场地的常时微振 T-N 曲线

11.3.2　强震时的地面运动

地震动是指由震源释放出的能量产生的地震波引起的地表附近土层（地面）的振动，它是地震工程学研究的主要内容，地面运动就是对结构的输入。地震动可以用地面的加速度、速度或位移的时间函数表示。加速度 $a(t)$、速度 $v(t)$、位移 $u(t)$ 统称为地震动时程。地震地面运动有时也简称地震动。地震动是引起震害的外因，其作用相当于结构分析中的荷载，区别在于，结构工程中常用的荷载以力的形式出现，而地震动以运动的方式出现，且同时具有竖向、水平向甚至是扭转作用。

在地震工程中，人们研究的对象包含地震动（输入）、结构（系统）、结构反应（输出）三个。只有在了解结构的地震响应之后，才能科学地设计结构，而为了了解结构反应，则必须了解地震动与结构，两者缺一不可。当前，我们对结构的了解还很不够，尤其是当结构物进入弹塑性阶段以后，对地震动的了解远远落后于对结构的了解。地震动是一个复杂的时间过程，因为影响地震动的因素很多，且对很多重要因素难以精确估计，从而导致其产生许多不确定性的变化。地震动的显著特点是其时程函数的不规则性，因此，关于地震动的研究，强烈依赖对地震动的观测现状与发展。

现有地震动量测仪器可以概括为两类：一类是地震工作者使用的，目的是确定地震震源的地点和力学特性、发震时间和地震大小，从而了解震源机制、地震波所经过的路线中的地球介质及地震波的特性和传播规律；另一类是抗震工作者使用的，目的在于确定强震时测点处的地震动和结构振动反应，以便了解结构的地震动输入特性和结构的抗震性能。前者称为地震仪；后者称为强震仪或强震加速度仪。因此，结构抗震时，强震地面运动一般均为强震仪所测得，强震仪可以测到所在点的加速度时程曲线。目前，绝大多数强震仪记录的只是测点的两个水平向和一个竖向的地面加速度时程曲线。图 11.3.8 所示为 1971 年美国圣费尔南多（San Fernando）6.5 级地震时地震仪记录下来的三个方向的地面加速度曲线。地震时地面运动加速度记录是地震工程的基本数据。在绘加速度反应谱曲线和进行结构地震响应直接动力计算时，都要用到强震地面运动加速度记录（时程曲线）。

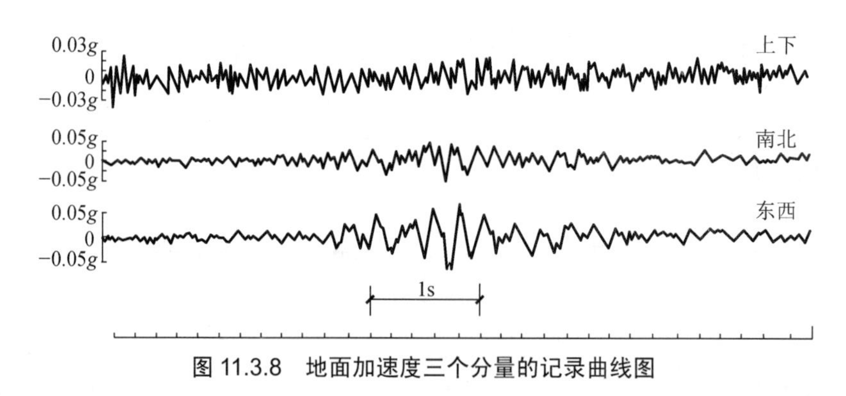

图 11.3.8　地面加速度三个分量的记录曲线图

对于工程抗震而言，地震动的特性可以通过其三要素来描述，即地震动的振幅、频谱和持时。当用加速度表述时，即加速度峰值、主要周期、持续时间。振幅的大小，或者说最大加速度可以作为地震动强弱的标志；频谱的组成决定了不同周期结构地震响应上的差别；持时反映的是地震动的持续时间及其所引起结构的累积损伤。一般说来，震级大，峰值加速度就高，持续时间就长；主要周期则随场地类别、震中距远近而变化。如前所述，场地类别越大，震中距越远，地震的主要周期（或称特征周期）越长。

经统计发现，强震地面加速度各分量之间大致有一个比例关系。从大多数测得的地震记录来看，地面运动两个水平分量的平均强度大体相同，地面竖向分量相当于水平分量的1/3～2/3。

11.4　天然地基与基础

大量的强烈地震震害经验表明，在遭受破坏的建筑中，因地基失效而导致的结构破坏远大于因惯性力引起的结构破坏，且这类地基主要由饱和松砂、软弱黏土和成因延性状态严重不均匀的土层所组成，而大量的一般性的天然地基都具有较好的抗震性能。因此，我国自 1989 版《建筑抗震设计规范》以来，规定了天然地基可以不验算的范围。在地震作用下，为了保证建筑物的安全和正常使用，对地基而言，应同时满足地基承载力和变形的要求；但是，由于地震时地基变形的过程十分复杂，当前尚没有条件进行这方面的定量计算。因此，《抗规》规定，只要求对地基抗震承载力进行验算，至于地基变形，则通过对上部结构或地基基础采取一定的抗震措施来加以保证。

11.4.1　可不进行天然地基与基础抗震承载力验算的范围

《抗规》规定，建造在天然地基上的以下建筑，可不进行天然地基与基础抗震承载力验算：

（1）规范规定的可不进行上部结构抗震验算的建筑。包括：6 度时的建筑（不规则建筑及建造于Ⅳ类场地上较高的高层建筑除外），以及生土房屋和木结构等。

（2）地基主要受力层范围内不存在软弱黏性土层的下列建筑：①一般单层厂房和单层空旷房屋；②砌体房屋；③不超过 8 层且高度在 24m 以下的一般民用框架和框架-抗震墙房屋；④基础荷载与第③项相当的多层框架厂房和多层混凝土抗震墙房屋。

这里，软弱黏性土层是指 7 度、8 度和 9 度时，地基承载力特征值分别小于 80、100、120kPa 的土层。

11.4.2　天然地基抗震承载力验算

1. 验算方法

地基基础的抗震验算一般采用所谓“拟静力法”，即假定地震作用如同静力，然后验算地基和基础的承载力和稳定性。验算天然地基地震作用下的竖向承载力时，地震作用效应标准组合时的基础底面平均压力和边缘最大压力，应符合下列各式的要求：

$$p \leqslant f_{aE} \tag{11.4.1}$$

$$p_{\max} \leqslant 1.2 f_{aE} \tag{11.4.2}$$

式中，p 为地震作用效应标准组合的基础底面平均压力；$p_{\max}$ 为地震作用效应标准组合的基础边缘的最大压力；f_{aE} 为调整后的地基土抗震承载力。

《抗规》同时规定，高宽比大于 4 的高层建筑，在地震作用下基础底面不宜出现脱离区（零应力区）；其他建筑，基础底面与地基土之间脱离区（零应力区）面积不应超过基础底面面积的 15%。根据后一规定，基础底面为矩形的基础，其受压宽度与基础宽度之比则应大于 85%，即

$$b' \geqslant 0.85b \tag{11.4.3}$$

式中，b' 为矩形基础底面受压宽度（图 11.4.1）；b 为矩形基础底面宽度。

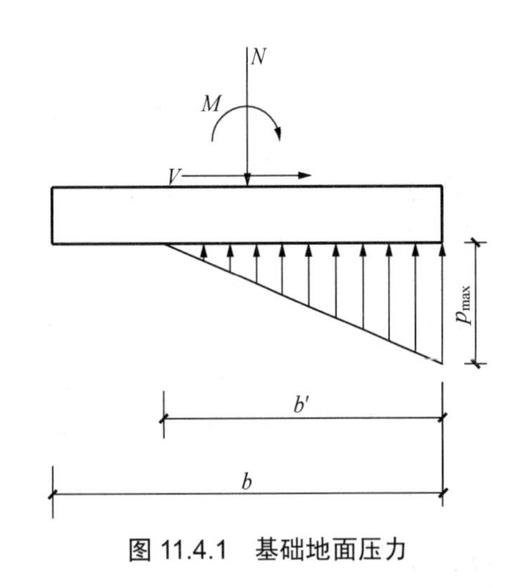

图 11.4.1　基础地面压力

2. 地基土抗震承载力

要确定地基土抗震承载力，就要研究动力荷载作用下土的强度（简称动强度）。动强度一般取动荷载和静荷载作用下的对比试验结果，即在一定的动荷载循环次数下，土样达到一定的应变值（常取静荷载的极限应变值）时的总作用应力。因此，它与静荷载大小、脉冲次数、频率、允许应变值等因素有关。由于地震是低频（1～5Hz）的有限次的（10～30 次）脉冲作用，在这样的条件下，除十分软弱的土外，大多数土的动强度都比静强度高。此外，又考虑到地震是一种偶然作用，历时短暂，所以地基在地震作用下的可靠度要求可较静力作用下低。这样，在天然地基抗震验算中，有关地基土抗震承载力的取值，我国和世界上大多数国家一样，都是采取在地基土静承载力的基础上，乘以一个调整系数的办法来确定。

《抗规》规定，地震土抗震承载力按下式计算：

$$f_{aE} = \xi_{sa} f_a \tag{11.4.4}$$

式中，f_{aE} 为调整后的地基土抗震承载力；ξ_{sa} 为地基土抗震承载力调整系数，按表 11.4.1 取值；f_a 为经深宽度修正后地基土承载力特征值，按现行国家标准《建筑地基基础设计规范》（GB 50007—2011）取值。

表 11.4.1　地基土抗震承载力调整系数

岩土名称和性状	ξ_{sa}
岩石，密实的碎石土，密实的砾、粗、中砂，$f_{ak} \geqslant 300\text{kPa}$ 的黏性土和粉土	1.5
中密、稍密的碎石土，中密和稍密的砾、粗、中砂，密实和中密的细、粉砂，$300\text{kPa} > f_{ak} \geqslant 150\text{kPa}$ 的黏性土和粉土，坚硬黄土	1.3
稍密的细、粉砂，$150\text{kPa} > f_{ak} \geqslant 100\text{kPa}$ 的黏性土和粉土，可塑黄土	1.1
淤泥，淤泥质土，松散的砂，杂填土，新近堆积黄土及流塑黄土	1.0

3. 基础的抗震承载力验算

在建筑抗震设计中，房屋结构的基础一般埋入地面以下，基础受到的地震作用影响较小，可按规范要求进行或不进行抗震承载力验算。但值得注意的是，在进行结构基础的设

计时，一般按照上部结构传下来的最不利内力组合进行设计，这些最不利内力组合可以是有地震作用的组合，也可以是无地震作用的组合。

11.5　地基土的液化与防治

11.5.1　液化的概念

位于地下水位以下由饱和松散的砂土和粉土组成的土层，在强烈地震作用下，土颗粒之间发生相对位移而趋于密实［图 11.5.1（a）］，孔隙水来不及排泄而受到挤压，使土颗粒处于悬浮状态，形成如“液体”一样的现象［图 11.5.1（b）］，称为地基土的液化。这是因为，当孔隙水压力增加到与土颗粒所受到的总的正压力接近或相等时，土颗粒间因摩擦产生的抗剪能力消失，从而土颗粒上浮形成液化现象。图 11.5.2 所示为地震时液化照片。

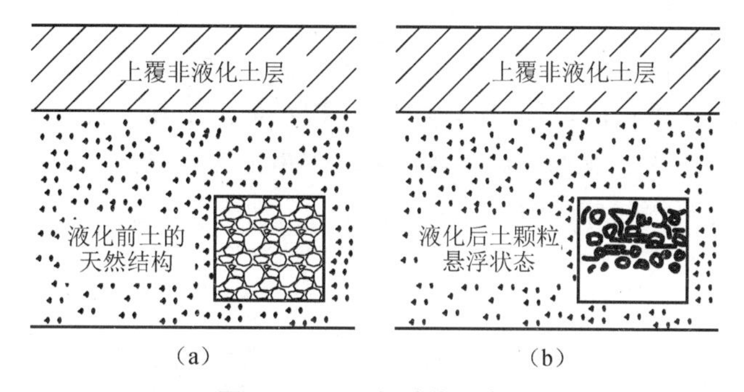

图 11.5.1　土的液化示意图

图 11.5.2　地震时土层液化

1964 年 6 月日本的新潟地震中，很多建筑的地基失效，就是饱和松砂发生液化的典型实例。这次地震开始时，该市的低洼地区出现了大面积砂层液化，地面多处喷砂冒水，继而在大面积液化地区上的汽车和建筑逐渐下沉。而一些诸如水池之类的构筑物则逐渐浮出水面。其中最引人瞩目的是某公寓住宅群普遍倾斜，最严重的倾角竟达 80°之多。据目击者称，该建筑是在地震后 4min 开始倾斜的，至倾斜结束共历时 1min。新潟地震以后，土的动强度和液化问题引起国内外地震工作者的普遍关注。我国 1966 年的邢台地震、1975 年的海城地震、1976 年的唐山地震以及 2008 年的汶川地震，场地土都发生过液化现象，都使建筑遭到不同程度的破坏。砂土液化的典型现象为冒水喷砂，喷起高度有的达到2～3m，喷出的水砂可冲走家具等物品、掩盖农田沟渠，引起地上结构的不均匀沉陷或下沉，甚至引起地下或半地下建筑物的上浮。

根据土力学原理，砂土液化是由于饱和砂土在地震时短时间内抗剪强度为零所致。我们知道，饱和砂土的抗剪强度可写成

$$\tau_f = \bar{\sigma}\tan\varphi = (\sigma - u)\tan\varphi \tag{11.5.1}$$

式中，$\bar{\sigma}$为剪切面上有效法向压应力（粒间土压力）；σ为剪切面上总的法向压应力；u为剪切面上孔隙水压力；φ为土的内摩擦角。

地震时，由于场地土作强烈振动，孔隙水压力u急剧增高，直至与总的法向压应力σ相等，即有效法向压应力$\bar{\sigma} = \sigma - u = 0$时，砂土颗粒便呈现出悬浮状态。土体抗剪强度$\tau_f = 0$，从而使场地土失去承载能力。

11.5.2　影响地基土液化的主要因素

场地土液化与许多因素有关，因此需要根据多项指标综合分析判断土是否会发生液化。但当某项指标达到一定数值时，无论其他因素情况如何，土都不会发生液化，或即使发生液化也不会造成房屋震害。我们称这个数值为这个指标的界限值。因此，了解影响液化的因素及其界限值也是有实际意义的。

1. 地质年代

地质年代的新老表示土层沉积时间的长短。较老的沉积土，经过长时期的固结作用和历次大地震的影响，使土的密实程度增大，还往往具有一定的胶结紧密结构。因此，地质年代越久的土层，其固结度、密实度和结构性越好，抵抗液化能力也就越强；反之，地质年代越新，则其抵抗液化能力就越差。宏观震害调查表明，在我国和国外的历次大地震中，尚未发现地质年代属于第四纪晚更新世（Q_3）或其以前的饱和土层发生液化的。

2. 土中的黏粒含量

黏粒是指粒径不超过0.005mm的土颗粒。理论分析和实践表明，当粉土内黏粒含量超过某一限值时，粉土就不会液化。这是由于随着土中黏粒的增加，使土的黏聚力增大，从而抵抗液化能力增加。

图11.5.3所示为海城、唐山两个震区粉土液化点黏粒含量与烈度关系分布图。由图可以看出，液化点在不同烈度区的黏粒含量上限不同。由此可以得出结论，黏粒超过表11.5.1所列数值时就不会发生液化。

3. 上覆非液化土层厚度和地下水位深度

上覆非液化土层厚度是指地震时能抑制可液化土层喷水冒砂的厚度。构成覆盖层的非液化层，除天然土层外，还包括堆积5年以上，或地基承载力大于100kPa的人工填土层。当覆盖层中夹有软土层，对抑制喷水冒砂作用很小，且其本身在地震中很可能发生软化现象时，该土层应从覆盖层中扣除。覆盖层厚度一般从第一层可液化土层的顶面至地表。

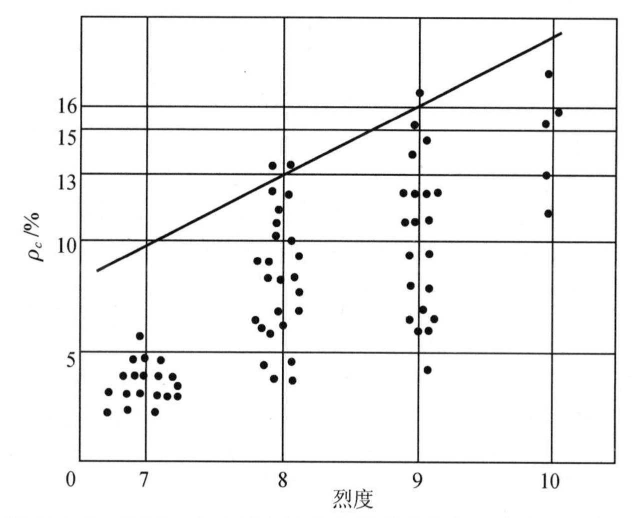

图 11.5.3　海城、唐山粉土液化点黏粒含量与烈度关系分布图

表 11.5.1　粉土非液化黏粒含量界限值

烈　度	黏粒含量 ρ_c/%
7	10
8	13
9	16

现场宏观调查表明，当砂土和粉土的覆盖层厚度超过表 11.5.2 所列界限值时，未发现土层发生液化现象。

地下水位高低是影响喷水冒砂的一个重要因素，实际震害调查表明，当砂土和粉土的地下水位不小于表 11.5.2 所列界限值时，未发现土层发生液化现象。

表 11.5.2　土层不考虑液化时覆盖层厚度 d_{uj} 和地下水位界限值 d_{wj}

单位：m

土类及项目		烈度		
		7	8	9
砂土	d_{uj}	7	8	9
	d_{wj}	6	7	8
粉土	d_{uj}	6	7	8
	d_{wj}	5	6	7

4. 土的密实程度

砂土和粉土的密实程度是影响土层液化的一个重要因素。1964 年日本新潟地震现场分析资料表明，相对密度小于 50%的砂土普遍发生液化，而相对密度大于 70%的土层则没有发生液化。

5. 土层埋深

理论分析和土工试验表明：侧压力越大，土层越不易发生液化。侧压力大小反映土层埋深大小。现场调查资料表明：土层液化深度很少超过15m，多数浅于15m，更多的浅于10m。

6. 地震烈度和震级

烈度越高的地区，地面运动强度越大，显然土层就越容易液化。一般在6度及其以下地区很少看到液化现象，而在7度及其以上地区液化现象则相当普遍。日本新潟曾经发生过25次地震，在历史记载中，仅有3次地面加速度超过0.13g时才发生液化；1964年那一次地震地面加速度为0.16g，液化就相当普遍。

室内土的动力试验表明，土样振动的持续时间越长，就越容易液化。因此，某场地遭受到相同烈度的远震比近震更容易液化。因为前者对应的大震持续时间比后者对应的中等地震持续时间要长。

哪些土会液化？最常见的液化土是砂土与粉土，各国规范多列入对这两类土液化的判别方法。黄土也是会产生液化的土类，我国西北的黄土地区，历史上震害颇多，其中不乏黄土液化的记载与报道。此外，砾石的液化问题在国内外一直有现场资料和室内研究，1995年日本的阪神大地震就获得了不少砾石液化的现场资料。由于我国目前有关黄土和砾石土液化问题的研究还不够充分，暂未将其列入规范，有待进一步研究。

11.5.3 液化的判别

饱和砂土和饱和粉土（不含黄土）的液化判别：6度时，一般情况下可不进行判别和处理，但对液化沉陷敏感的乙类建筑可按7度的要求进行判别和处理；7～9度时，乙类建筑可按本地区抗震设防烈度的要求进行判别和处理。

地面下存在饱和砂土和饱和粉土时，除6度外，应进行液化判别；存在液化土层的地基，应根据建筑的抗震设防类别、地基的液化等级，结合具体情况采取相应的措施。

1. 初步判别方法

饱和的砂土或粉土（不含黄土），当符合下列条件之一时，可初步判别为不液化或可不考虑液化影响：

（1）地质年代为第四纪晚更新世（Q_3）及其以前时，7度、8度时可判为不液化。

（2）粉土的黏粒（粒径小于0.005mm的颗粒）含量百分率，7度、8度和9度分别不小于10%、13%和16%时，可判为不液化土。

（3）浅埋天然地基的建筑，当上覆非液化土层厚度和地下水位深度符合下列条件之一时，可不考虑液化影响：

$$d_u > d_0 + d_b - 2 \tag{11.5.2}$$

$$d_w > d_0 + d_b - 3 \tag{11.5.3}$$

$$d_u + d_w > 1.5d_0 + 2d_b - 4.5 \tag{11.5.4}$$

式中，d_w为地下水位深度，m，宜按设计基准期内年平均最高水位采用，也可按近期内年最高水位采用；d_u为上覆盖非液化土层厚度，m，计算时宜将淤泥和淤泥质土层扣除；

d_b 为基础埋置深度，m，不超过 2m 时应采用 2m；d_0 为液化土特征深度，m，可按表 11.5.3 采用。

表 11.5.3　液化土特征深度 d_0

单位：m

饱和土类型	烈　度		
	7	8	9
粉土	6	7	8
砂土	7	8	9

2. 标准贯入试验判别法

当饱和砂土、粉土的初步判别认为需进一步进行液化判别时，应采用标准贯入试验判别法。标准贯入试验设备主要由贯入器、触探杆和穿心锤组成（图 11.5.4）。触探杆一般用直径 42mm 的钻杆，穿心锤质量为 63.5kg。操作时先用钻具钻至试验土层标高以上 150mm，然后在锤的落距为 760mm 的条件下，每打入土中 300mm 的锤击次数记作 $N_{63.5}$。

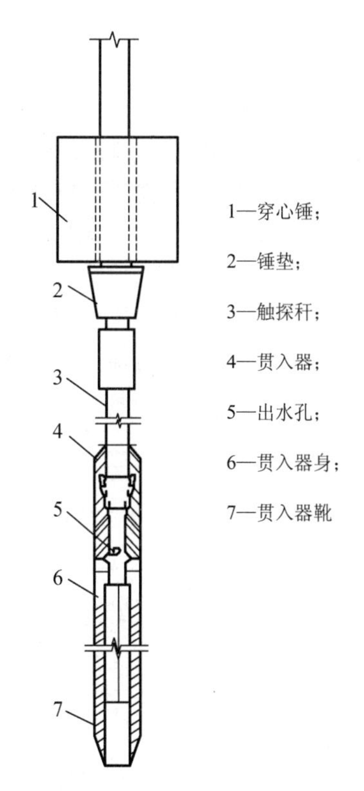

图 11.5.4　标贯示意图

《抗规》规定，当地面下 20m 范围内土层标准贯入锤击数 $N_{63.5}$（未经杆长修正）小于或等于液化判别标准贯入锤击数临界值时，应判为液化土。对于可不进行天然地基及基础的抗震承载力验算的各类建筑，可只判别地面以下 15m 范围内土的液化。

在地面下 20m 深度范围内，液化判别标准贯入锤击数临界值可按下式计算：

砂土

$$N_{cr} = N_0\beta[\ln(0.6d_s + 1.5) - 0.1d_w] \tag{11.5.5}$$

粉土

$$N_{cr} = N_0\beta[\ln(0.6d_s + 1.5) - 0.1d_w]\sqrt{\frac{3}{\rho_c}} \tag{11.5.6}$$

式中，N_{cr} 为液化判别标准贯入锤击数临界值；N_0 为液化判别标准贯入锤击数基准值，可按表 11.5.4 采用；d_s 为饱和土标准贯入点深度，m；d_w 为地下水位，m；ρ_c 为黏粒含量百分率，当小于 3%或为砂土时，应采用 3%；β 为调整系数，设计地震第一组取 0.80，第二组取 0.95，第三组取 1.05。

表 11.5.4　液化判别标准贯入锤击数基准值 N_0

设计基本地震加速度/g	0.10	0.15	0.20	0.30	0.40
液化判别标准贯入锤击数基准值	7	10	12	16	19

11.5.4 液化地基的评价

1. 评价的意义

上述关于场地土液化的问题，仅根据判别式给出液化或非液化两种结论不能对液化危害性做出定量的评价，从而也就不能采取相应的抗液化措施。

很显然，地基土液化程度不同，对建筑的危害也就不同。因此，对液化地基危害性的分析和评价是建筑抗震设计中一个十分重要的问题。

2. 液化指数

为了鉴别场地土液化危害的严重程度，我国《抗规》中给出了液化指数的概念。

在同一地震烈度下，液化层的厚度越厚，埋藏越浅，地下水位越高，实测标准贯入锤击数与临界标准贯入锤击数相差越多，液化就越严重，带来的危害性也就越大。液化指数是比较全面反映上述各因素影响的指标。

液化指数按下式确定：

$$I_{lE}=\sum_{i=1}^{n}\left(1-\frac{N_i}{N_{\mathrm{cr}i}}\right)d_i w_i \tag{11.5.7}$$

式中，I_{lE} 为液化指数；n 为在判别深度范围内每一个钻孔标准贯入试验点的总数；N_i、$N_{\mathrm{cr}i}$ 分别为 i 点标准贯入锤击数的实测值和临界值，当实测值大于临界值时应取临界值，当只需要判别 15m 范围以内的液化时，15m 以下的实测值可按临界值采用；d_i 为 i 点所代表的土层厚度，m，可采用与该标准贯入试验点相邻的上、下两标准贯入试验点深度差的一半，但上界不高于地下水位深度，下界不深于液化深度；w_i 为 i 土层单位土层厚度的层位影响权函数值，m^{-1}，当该层中点深度不大于 5m 时应采用 10，等于 20m 时应采用零值，5～20m 时应按线性内插法取值。

式（11.5.7）中的 d_i、w_i 可参照图 11.5.5 所示方法确定。

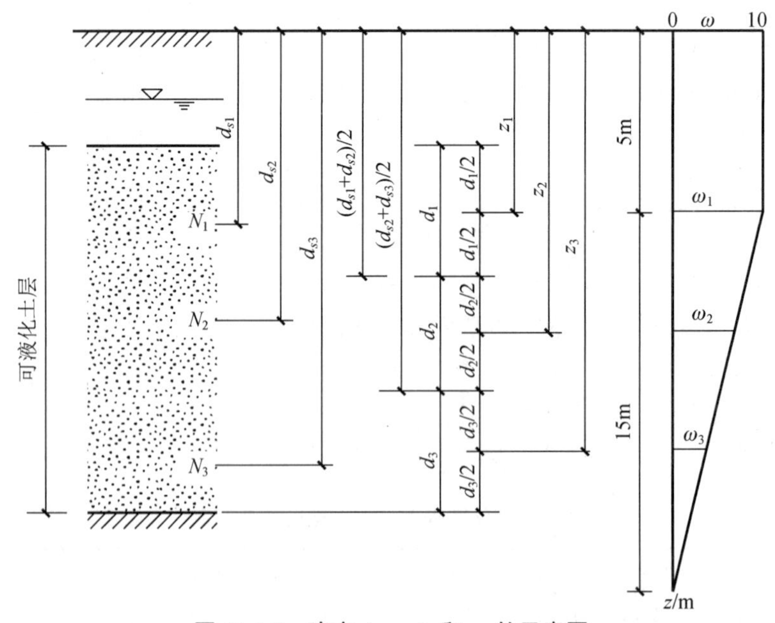

图 11.5.5 确定 d_i、d_{si} 和 w_i 的示意图

现在进一步分析式（11.5.7）的物理意义：

$$1-\frac{N_i}{N_{\mathrm{cr}i}}=\frac{N_{\mathrm{cr}i}-N_i}{N_{\mathrm{cr}i}}$$

式中，分子表示 i 点标准贯入锤击数临界值与实测值之差，分母为锤击数临界值。显然，分子差值越大，即式（11.5.7）括号内的数值越大，表示该点液化程度越严重。

显然，液化层的厚度越大，埋藏越浅，它对建筑的危害性就越大。式（11.5.7）中的 d_i、w_i 就是反映这两个因素的。我们可以将 $d_i w_i$ 看作对 $1-\frac{N_i}{N_{\mathrm{cr}i}}$ 值的加权面积 A_i，其中，表示土层液化严重程度的值 $1-\frac{N_i}{N_{\mathrm{cr}i}}$ 随深度对建筑的影响，按图 11.5.5 的 w 值来加权计算。

3. 地基液化的等级

存在液化土层的地基，根据其液化指数 I_{lE} 按表 11.5.5 划分液化等级，不同液化等级对建筑物造成的危害程度如表 11.5.6 所示。

表 11.5.5　液化等级划分

液化等级	轻微	中等	严重
液化指数 I_{lE}	$0<I_{lE}\leqslant 6$	$6<I_{lE}\leqslant 18$	$I_{lE}>18$

表 11.5.6　不同液化等级对建筑物的危害

液化等级	地面喷水冒砂情况	对建筑物的危害情况
轻微	地面无喷水冒砂，或仅在洼地、河边有零星的喷水冒砂点	危害性小，一般不致引起明显的震害
中等	喷水冒砂可能性大，从轻微到严重均有，多数属中等	危害性较大，可造成不均匀沉陷和开裂，有时不均匀沉陷可达 200mm
严重	一般喷水冒砂都很严重，地面变形很明显	危害性大，不均匀沉陷可能大于 200mm，高重心结构可能产生不允许的倾斜

11.5.5　地基抗液化措施

地基抗液化措施应根据建筑的抗震设防类别、地基的液化等级，结合具体情况综合确定。当液化土层较平坦且均匀时，可按表 11.5.7 选用抗液化措施；尚可考虑上部结构重力荷载对液化危害的影响，根据液化沉陷量的估计适当调整抗液化措施。不宜将未经处理的液化土层作为天然地基持力层。

现将表 11.5.7 中的抗液化措施具体要求说明如下：

1）全部消除地基液化沉陷的措施，应符合下列要求：

（1）采用桩基时，桩端伸入液化深度以下稳定土层中的长度（不包括桩尖部分）应按计算确定，且对碎石土，砾、粗、中砂，坚硬黏性土和密实粉土尚不应小于 0.8m，对其他非岩石土尚不宜小于 1.5m。

（2）采用深基础时，基础底面应埋入液化深度以下的稳定土层中，其深度不应小于 0.5m。

表 11.5.7 抗液化措施

建筑类别	地基的液化等级		
	轻 微	中 等	严 重
乙类	部分消除液化沉陷，或对基础和上部结构进行处理	全部消除液化沉陷，或部分消除液化沉陷且对基础和上部结构进行处理	全部消除液化沉陷
丙类	进行基础和上部结构处理，亦可不采取措施	进行基础和上部结构处理，或更高要求的措施	全部消除液化沉陷，或部分消除液化沉陷且对基础和上部结构进行处理
丁类	可不采取措施	可不采取措施	进行基础和上部结构处理，或其他经济的措施

（3）采用加密法（如振冲、振动加密、挤密碎石桩、强夯等）加固时，应处理至液化深度下界；振冲或挤密碎石桩加固后，桩间土的标准贯入锤击数不宜小于《抗规》第 4.3.4 条规定的液化判别标准贯入锤击数临界值。

（4）用非液化土替换全部液化土层，或增加上覆非液化土层的厚度。

（5）采用加密法或换土法处理时，在基础边缘以外的处理宽度，应超过基础底面下处理深度的 1/2 且不小于基础宽度的 1/5。

2）部分消除地基液化沉陷的措施，应符合下列要求：

（1）处理深度应使处理后的地基液化指数减小，其值不宜大于 5；大面积筏基、箱基的中心区域，处理后的液化指数可比上述规定降低 1；对独立基础和条形基础，尚不应小于基础底面下液化土特征深度和基础宽度的较大值。

注：中心区域指位于基础外边界以内沿长宽方向距外边界大于相应方向 1/4 长度的区域。

（2）采用振冲或挤密碎石桩加固后，桩间土的标准贯入锤击数不宜小于按《抗规》第 4.3.4 条规定的液化判别标准贯入锤击数临界值。

（3）基础边缘以外的处理宽度，应符合《抗规》第 4.3.7 条第 5 款的要求。

（4）采取减小液化震陷的其他方法，如增加上覆非液化土层的厚度和改善周边的排水条件等。

3）减轻液化影响的基础和上部结构处理，可综合采用下列各项措施：

（1）选择合适的基础埋置深度。

（2）调整基础底面积，减少基础偏心。

（3）加强基础的整体性和刚度，如采用箱基、筏基或钢筋混凝土交叉条形基础，加设基础圈梁等。

（4）减轻荷载，增强上部结构的整体刚度和均匀对称性，合理设置沉降缝，避免采用对不均匀沉降敏感的结构形式等。

（5）管道穿过建筑处应预留足够尺寸或采用柔性接头等。

11.6 桩基的抗震验算

一直以来，桩基抗震是工程中的难题。首先，由地基输入桩基的地震作用，在有桩时比无桩时更难准确估计。其次，桩在土中承受水平向荷载时，其工作状态属于弹性地基梁或弹塑性地基梁。此外，还有其他一些因素使情况复杂化，如桩头和承台的连接，按目前的方法，桩嵌入承台 50～100mm，桩身主筋按锚固长度要求伸入承台一定长度；桩与承台的连接既不是嵌固更不是铰接，其嵌固度至今还不能定量确定，这对桩基在承受竖向荷载时的影响不大，但对桩基承受水平地震作用时的影响极大，连接支座的方式直接决定了桩身弯矩与剪力的分布。另外，由于震后桩基的破坏资料难以获得，对人们所提出的桩基抗震理论而言，缺乏有力的检验论证。20 世纪 80 年代后，采用桩基震后开挖等方式获取桩基破坏资料，特别是 1995 年日本阪神大地震后，注重对桩基震害进行调查，采用桩身内照相技术、动力检测与监测桩技术等，使得桩基震害资料的积累渐趋丰富。此外，时程分析方法的广泛应用，加深了人们对桩基的抗震性能以及桩身内力分布的认识。

桩基典型的震害如下：

（1）木桩：桩与承台的连接不牢，桩身长度一般不大，因此，从承台中拔脱或产生刚体式桩基倾斜下沉等破坏形式较多，桩身破坏少。

（2）钢筋混凝土桩：在非液化土中，以桩头的剪压或弯曲破坏为主。空心桩因桩头压坏，桩头处后填混凝土楔入空心部分，致使桩身开裂产生纵向裂缝；预应力桩在顶部 300mm 左右，因预应力不足、抗弯能力不够而破坏。

（3）钢管桩：因液化土侧向扩展，引起土体水平滑移而产生弯曲破坏，或因桩顶位移过大而产生弯曲破坏，纵向压屈者少。

总之，地基变形，如滑坡、挡墙后填土失稳、液化、软土震陷、地面堆载等，会引起桩基破坏。目前的桩头-承台连接方式，因抗拔与嵌固不足，致使钢筋拔出、剪断或桩头与承台相对位移，以及桩头处承台混凝土破坏。目前，对于桩基抗震的认识，较之以往已经有了很大的进步，但仍有许多问题需要进一步研究。

11.6.1　桩基不需进行验算的范围

震害表明，承受以竖向荷载为主的低承台桩基，当地面下无液化土层且桩承台周围无淤泥、淤泥质土和地基承载力特征值不大于 100kPa 的填土时，下列建筑的桩基很少发生震害。因此，《抗规》规定，下列建筑的桩基可不进行抗震承载力验算：

（1）7 度和 8 度时的下列建筑：①一般的单层厂房和单层空旷房屋；②砌体房屋；③不超过 8 层且高度在 24m 以下的一般民用框架房屋；④基础荷载与第③项相当的多层框架厂房和多层混凝土抗震墙房屋。

（2）6 度时的建筑（不规则建筑及Ⅳ类场地上较高的高层建筑除外）。

（3）7 度Ⅰ、Ⅱ类场地，柱高不超过 10m 且结构单元两端均有山墙的单跨和等高多跨厂房（锯齿形除外）。

（4）7 度时和 8 度时（0.2g）Ⅰ、Ⅱ类场地的露天吊车栈桥。

11.6.2　低承台桩基的抗震验算

1. 非液化土中的桩基

非液化土中低承台桩基的抗震验算，应符合下列规定：

（1）单桩的竖向和水平向抗震承载力特征值，均可比非抗震设计时提高 25%。

（2）当承台周围的回填土夯实至干密度不小于我国现行《建筑地基基础设计规范》（GB 50007—2011）对填土的要求时，可由承台正面填土与桩共同承担水平地震作用；但不应计入承台底面与地基间的摩擦力。

2. 存在液化土层的桩基

（1）承台埋深较浅时，不宜计入承台周围土的抗力或刚性地坪对水平地震作用的分担作用。

（2）当桩承台底上、下分别有厚度不小于1.5m、1.0m的非液化土层或非软弱土层时，可按下列两种情况进行桩的抗震验算，并按不利情况设计：①主震时——桩承受全部地震作用，桩承载力按《抗规》第4.4.2条取用，液化土的桩周摩阻力及桩水平抗力均应乘以表11.6.1所示的折减系数。②余震时——地震作用按水平地震影响系数最大值的10%采用，桩承载力仍按《抗规》第4.4.2条第1款取用，但应扣除液化土层的全部摩阻力及桩承台下2m深度范围内非液化土的桩周摩阻力。

表11.6.1　土层液化影响折减系数

实际标贯锤击数/临界标贯锤击数 n	饱和土标准贯入点深度 d_s/m	折减系数
$n \leqslant 0.6$	$d_s \leqslant 10$	0
	$10 < d_s \leqslant 20$	1/3
$0.6 < n \leqslant 0.8$	$d_s \leqslant 10$	1/3
	$10 < d_s \leqslant 20$	2/3
$0.8 < n \leqslant 1.0$	$d_s \leqslant 10$	2/3
	$10 < d_s \leqslant 20$	1

（3）打入式预制桩及其他挤土桩，当平均桩距为2.5～4倍桩径且桩数不少于5×5时，可计入打桩对土的加密作用及桩身对液化土变形限制的有利影响。当打桩后桩间土的标准贯入锤击数值达到不液化的要求时，单桩承载力可不折减，但对桩尖持力层作强度校核时，桩群外侧的应力扩散角应取为零。打桩后桩间土的标准贯入锤击数宜由试验确定，也可按下式计算：

$$N_1 = N_p + 100\rho(1 - \mathrm{e}^{-0.3N_p}) \tag{11.6.1}$$

式中，N_1为打桩后的标准贯入锤击数；ρ为打入式预制桩的面积置换率；N_p为打桩前的标准贯入锤击数。

3. 桩基抗震验算的其他一些规定

（1）处于液化土中的桩基承台周围，宜用密实干土填筑夯实，若用砂土或粉土则应使土层的标准贯入锤击数不小于《抗规》第4.3.4条规定的液化判别标准贯入锤击数临界值。

（2）液化土和震陷软土中桩的配筋范围，应自桩顶至液化深度以下符合全部消除液化沉陷所要求的深度，其纵向钢筋应与桩顶部相同，箍筋应加粗和加密。

（3）在有液化侧向扩展的地段，桩基除应满足本节中的其他规定外，尚应考虑土流动时的侧向作用力，且承受侧向推力的面积应按边桩外缘间的宽度计算。

11.7　软弱黏性土地基

软弱黏性土地基是指 7 度、8 度、9 度时，地基承载力特征值分别小于 80、100、120kPa 的黏土层所组成的地基。这种地基的特点是地基承载力低、压缩性大。因此，建造在软弱黏性土地基上的建筑，如设计不周、施工质量不好，就会使建筑沉降超过容许值，致使建筑物开裂，从而加重建筑物的震害。例如，1976 年唐山地震时，天津市望海楼住宅小区房屋的震害就说明了这一点。该小区有 16 栋三层、10 栋四层的房屋，采用筏基，基础埋置深度为 0.6m，地基承载力 30～40kPa，而实际采用 57kPa，于 1974 年建成。其中四层房屋震后总沉降量为 253～540mm，震前震后的沉降差为 141～203mm，震前倾斜为 1‰～3‰，震后倾斜为 3‰～6‰；三层房屋震后总沉降量为 288～852mm，震前震后的沉降差为 146～352mm，震前倾斜为 0.7‰～19.8‰，震后倾斜为 0.7‰～45.1‰。

地基中软弱黏性土层的震陷判别可以采用下列方法。饱和粉质黏土震陷的危害性和抗震陷措施应根据沉降和横向变形大小等因素综合研究确定，8 度（0.30g）和 9 度时，塑性指数小于 15 且符合下式规定的饱和粉质黏土，可判为震陷性软土：

$$W_S \geqslant 0.9W_L \tag{11.7.1}$$

$$I_L \geqslant 0.75 \tag{11.7.2}$$

式中，W_S 为天然含水量；W_L 为液限含水量，采用液、塑限联合测定法测定；I_L 为液性指数。

由此可见，对软弱黏性土地基上的建筑在正常荷载作用下就应采取有效措施，如采用桩基、地基加固处理或如上所述的减轻液化影响的基础和上部结构处理措施，切实做到减小房屋的有害沉降，避免地震时产生过大的附加沉降或不均匀沉降，造成上部结构破坏。

习题

1. 场地土的固有周期（亦称卓越周期）与地震动的卓越周期有何区别与联系？场地土的卓越周期与哪些因素相关？

2. 为什么地基的抗震承载力大于其静承载力？

3. 什么是土的液化？如何判别土的液化？影响液化的主要因素有哪些？如何确定地基的液化指数和液化的危害程度？简述可能液化的地基的抗液化措施。

4. 什么是场地？我国怎样划分建筑场地？

5. 我国如何进行场地土分类？

6. 依据我国规范，桩基础抗震时，哪些建筑的桩基可不进行抗震验算？低承台桩基的抗震验算应符合哪些规定？

7. 试计算习题 7 表所示场地的等效剪切波速，并判别其场地类别。

习题 7 表

土层厚度/m	2.4	5.6	8.3	4.7	4.2
v_s/（m/s）	175	200	250	420	530

8. 某工程所在地烈度为 8 度，其地质年代属 Q_4，钻孔地质资料表明自上至下依次为：杂填土层 1.0m，砂土层至 4.0m，砂砾石层至 6m，粉土层至 9.4m，粉质黏土层至 16m，试验结果如习题 8 表所示。该工程地下水位深 1.5m，结构基础埋深 2.0m，设计地震分组为第二组。试对该工程进行液化评价。

习题 8 表

测　值	测点深度/m	标准贯入值	黏粒含量百分值/%
1	2.0	5	4
2	3.0	7	5
3	7.0	11	8
4	8.0	14	9

9. 地基抗震承载力比地基静承载力高的原因是什么？在软弱土层、液化土层或严重不均匀土层上修建建筑物时，可采取哪些措施来增大基础强度和稳定性？

10. 哪些建筑可不进行桩基的抗震承载力验算？为什么？

11. 已知某建筑场地的钻孔土层资料如习题 11 表所示，试确定该建筑场地的类别。

习题 11 表

层底深度/m	土层厚度/m	土的名称	剪切波速/（m/s）
4.5	4.5	黏土	170
7.9	3.4	淤泥质黏土	120
15.0	7.1	砂	260
27.0	12.0	淤泥质黏土	210
46.0	19.0	细砂	310
59.1	13.1	砾混粗砂	520

参考文献

[1] 龚思礼. 建筑抗震设计手册[M]. 2 版. 北京: 中国建筑工业出版社, 2002.
[2] 郭继武. 建筑抗震设计[M]. 3 版. 北京: 中国建筑工业出版社, 2011.
[3] 胡聿贤. 地震工程学[M]. 2 版. 北京: 地震出版社, 2006.
[4] 黄世敏, 杨沈. 建筑震害与设计对策[M]. 北京: 中国计划出版社, 2009.
[5] 李国强, 李杰, 苏小卒. 建筑结构抗震设计[M]. 3 版. 北京: 中国建筑工业出版社, 2009.
[6] 刘伯权, 吴涛, 等. 建筑结构抗震设计[M]. 北京: 机械工业出版社, 2011.
[7] 沈聚敏. 抗震工程学[M]. 2 版. 北京: 中国建筑工业出版社, 2015.
[8] 中国建筑科学研究院. 建筑抗震设计规范：GB 50011—2010[S]. 北京:中国建筑工业出版社, 2010.

第 12 章　砌体结构的抗震性能与设计

砌体结构房屋是指由砖、砌块、石块等块体材料通过砂浆砌筑成承重墙体，与楼（屋）盖结构体系一起组成的房屋结构。20 世纪六七十年代以前，砌体结构的墙体材料一般多采用普通黏土砖。多层砌体房屋曾经是我国住宅、学校和医院等房屋建筑中使用最为普遍的一种建筑结构形式。近年来，伴随我国的城市化进程，高层建筑飞速发展，砌体结构的应用相对有所减少，但多层建筑砌体结构仍占极大的比重。以北京市为例，目前高层与多层建筑的比例约各占 50%；而在我国其他城市，一般多层建筑均超过高层建筑的数量。可以预期，在今后相当长的一段时间内，砌体结构仍将是城乡建设中的一种主要结构形式。因此，砌体结构的抗震设计不容忽视。

12.1　砌体结构的震害

12.1.1　一般砌体结构的震害特点

砌体结构中，砌块之间一般采用砂浆砌筑，并通过内外墙的咬合，使结构达到一定的整体性连接。楼板多采用预制钢筋混凝土板，梁和其他构件多为钢筋混凝土构件。砌体结构的构件连接和材料组成特点，使之具有一定的脆性性质，且砌体材料的抗剪、抗拉和抗弯强度都相对较低，抵御水平地震作用的能力较差。

在国内外历次大地震中，未经合理抗震设计的多层砌体结构房屋破坏严重。例如，1906 年美国的旧金山大地震，里氏震级 8.3 级，砌体结构房屋破坏严重，砖石结构的市政府大厦全部倒塌。1923 年日本关东发生里氏 8.1 级大地震，东京约有砌体结构房屋 7000 幢，几乎全部遭受不同程度的破坏，灾后仅有 1000 多幢平房能够修复使用。1976 年我国唐山发生里氏 7.8 级大地震，砌体结构的倒塌和破坏最为严重，位于地震烈度 10～11 度地区，砌体房屋的倒塌率为 63.2%，严重破坏率为 22.6%，尚能修复的仅占约 4.2%，总的破坏率达 95.8%；在地震烈度为 6～7 度地区，仅有 10%～15%的建筑有不同程度的损坏，绝大部分基本完好。2008 年 5 月 12 日，我国汶川发生里氏 8.0 级大地震，震害资料表明，砌体结构房屋破坏最为严重，但是，经过合理设计、规范施工，并采取有效构造措施时，砌体结构房屋具有较高的抗倒塌能力，可以达到相应的抗震设防要求。这说明经过合理设计和严格施工的砌体结构房屋可以在高地震烈度区应用。

在地震作用下，砌体房屋的破坏通常是由于剪切和连接出现问题而引起的，一般表现为局部破坏，但也有不少完全倒塌的例子。下面就砌体结构房屋的典型震害情况进行简要介绍。

（1）倒塌。砌体结构房屋的倒塌可分为三种类型：第一，当房屋墙体尤其是底层墙体抗震强度不足时，易造成房屋整体倒塌；第二，当结构上部墙体或局部墙体抗震强度不足时，易发生局部倒塌；第三，当构件之间连接强度不足时，也会造成局部失稳倒塌。如图12.1.1所示为在汶川地震中发生倒塌的砌体结构房屋。

（a）断层带上房屋垮塌

（b）南坝镇小学教学楼垮塌

图12.1.1　汶川地震中发生倒塌的砌体结构房屋

（2）墙体的破坏。墙体震害的具体表现是在墙体上出现水平裂缝、竖向裂缝、交叉斜裂缝等。当地震作用与墙体平行且高宽比较小时，墙体大都发生剪切变形，当墙体抗剪强度不足时，易发生斜裂缝，再加上地震的往复作用，墙面上会出现呈交叉状的斜裂缝。如墙体的高宽比接近1时，墙体呈现X形交叉裂缝，若墙体高宽比更小，则在墙体中间部位出现水平裂缝。当地震作用与墙体垂直时，墙体在其平面外受弯，则易产生水平裂缝。当结构受竖向地震作用时，墙体因受拉而出现水平裂缝。图12.1.2所示为汶川地震后都江堰市某砌体结构房屋交叉斜裂缝。

图12.1.2　都江堰市某砌体结构房屋局部倒塌及墙体交叉斜裂缝

（3）转角处墙体的破坏。墙角的破坏从外观上看，房屋四角以及凸出部分阳角的墙面上出现纵横两个方向的V形斜裂缝，严重者则发生外墙墙角局部倒塌。这是由于房屋转角处刚度大，且转角处墙体受到两个方向的水平地震作用，易出现应力集中。另外，墙角位于房屋的端部，受房屋约束整体较弱，在地震作用下处于复杂的应力状态；其破坏形态多种多样，有受剪斜裂缝，也有受压竖向裂缝，震害严重时块材被压碎或墙角脱落。图12.1.3所示为某砌体结构墙角的破坏情况。

（4）纵横墙连接处的破坏。受水平和竖向地震作用，纵墙和横墙连接处产生应力集中，或者，由于施工不当出现质量问题时，均可导致墙体间拉结强度低。在垂直于纵墙的水平地震力作用下，纵墙连接处将产生较大的拉应力，出现竖向裂缝、拉脱、纵墙外闪，严重者可导致整片纵墙脱离横墙倒塌，如图 12.1.4 所示。

图 12.1.3　砌体墙角破坏

图 12.1.4　唐山地震时砌体结构外纵墙倒塌

（5）楼板与屋盖的破坏。在装配式结构中，由于预制楼板或屋面板在支承墙上的搁置长度不够，或没有采取可靠的拉结措施，地震时易引起楼板的局部塌落，如图 12.1.5 所示。

图 12.1.5　砌体结构预制楼板破坏

（6）楼梯间破坏。一般以楼梯间墙体的破坏为主，楼梯结构本身的破坏较少，如图 12.1.6 所示。这是由于楼梯间开间小，其水平抗剪刚度相对较大，楼梯间墙体分配的水平地震剪力也较大，且墙体高厚比较大，在结构高度方向的约束作用减弱。因此，在地震作用下易产生斜裂缝或交叉裂缝，上层楼梯间的震害一般比下层严重。

（a）汉旺某中学教学楼近端楼梯间倒塌

（b）板式楼梯施工缝位置破坏

图 12.1.6　汶川地震时楼梯间破坏

（7）屋面附属结构的破坏。多层砌体房屋的附属物，如楼、电梯间、女儿墙、烟囱、屋顶间等，地震时会发生“鞭梢效应”，若连接构造不力，地震时极易发生破坏，且其破坏较主体结构明显加重。室内外装修构件在地震中则会发生脱落等现象。图 12.1.7 所示为汶川地震时某屋顶间凉亭的破坏图片。

图 12.1.7　都江堰某屋顶凉亭的破坏

12.1.2　底部框架-抗震墙砌体房屋震害特点

底部框架-抗震墙砌体房屋是多层砌体房屋中的一种特殊形式，由底部框架-抗震墙和上部砌体结构组成。房屋的底部因大空间的需要而采用框架结构，上部因纵横墙较多而采用砌体承重结构，具有经济、实用的优点，多出现在临街建筑的底层，多为商店、餐厅、车库或银行等用房。但是，这种在整幢建筑中上下层采用不同材料与结构形式的做法是一种比较特殊的复合结构形式，对于结构的抗震是不利的，其震害主要集中于结构底层的框架部分，多表现为框架柱和节点的变形集中，承载力不足而破坏。图 12.1.8 所示为都江堰一典型底部框架-抗震墙砌体房屋的实际震害。

图 12.1.8　红白镇底框砖混加油站破坏

造成此种破坏现象的原因，主要是底部框架所在楼层的抗侧刚度比上部砌体楼层的抗侧刚度小很多，导致框架部位变形、位移都很大，严重时即造成结构倒塌。底部框架-抗震墙砌体房屋，其上部砌体的破坏情况和多层砌体结构房屋破坏情况基本相似。随着对该类结构抗震性能认识上的加深，人们在该类结构底部增设一定数量的抗震墙，设计时注意上部结构与下部结构抗震性能的匹配关系，明显地改善了该类结构的抗震性能。汶川地震中，按新的要求所设计的底部框架-抗震墙砌体房屋，其薄弱层出现的部位不再集中在底部，受损部位趋于分散均匀。

12.1.3　砌体结构震害规律

除高烈度区外，砌体结构房屋只要做到合理设计、按规范采取有效抗震措施精心施工，就可以在地震区采用，并能达到相应的抗震设防要求。通过对实际震害的调查分析，对砌体结构房屋的震害特点总结如下：

（1）外廊式砌体房屋抗震性能较差，破坏严重。

（2）预制装配式楼盖砌体结构房屋的震害，较相同条件下的现浇楼盖砌体结构房屋严重。

（3）楼梯间、建筑端角、出屋面的女儿墙等附属结构震害较重。

（4）地基条件对砌体结构房屋的震害也有影响，坚实地基对房屋抗震有利。

（5）刚性楼盖房屋震害表现为上层轻、下层重；柔性楼盖房屋则相反。

（6）底部框架-抗震墙砌体房屋，若底层设置抗震墙过少，则底部楼层破坏严重。

12.2　多层砌体结构布置与选型

结合对大震后震害规律的总结不难看出，砌体结构抗震设计的重要问题是防坍塌，砌体结构震害的主要原因是墙体抗剪承载力不足，或者是结构构造、施工质量存在缺陷，减弱了结构的抗震能力。因此，在进行砌体结构设计时，应从总体布置及细节构造措施等方面入手，重视砌体结构的抗震概念设计和构造措施。

12.2.1　房屋层数和总高度的限制

由于砌体墙的脆性性质，在地震作用下易产生裂缝并发生一定错动，加上砌体结构自重大，若层数多，则破裂和错动的墙体可能会被压垮。震害调研结果表明，同烈度区砖房破坏程度随着层数和总高度的增加而加重。因此，应对砌体房屋的总高度和层数加以限制，《抗规》第 7.1.2 条以强制性条文方式对其进行规定，如表 12.2.1 所示。

横墙较少的多层砌体房屋，总高度应比表 12.2.1 中的规定降低 3m，层数相应减少一层；各层横墙很少的多层砌体房屋还应再减少一层。所谓横墙较少是指同一楼层内开间大于 4.2m 的房间占该层总面积的 40%以上；或者，开间不大于 4.2m 的房间占该层总面积不到 20%，但开间大于 4.8m 的房间占该层总面积的 50%以上。6 度、7 度且为丙类设防横墙较少的多层砌体房屋，当按规定采取加强措施并满足抗震承载力要求时，其层数和高度可按照表 12.2.1 的规定采用。

表 12.2.1 房屋的层数和总高度限值　　单位：m

房屋类型		最小抗震墙厚度/mm	烈度和设计基本地震加速度											
			6		7				8				9	
			0.05g		0.10g		0.15g		0.20g		0.30g		0.40g	
			高度	层数	高度	层数	高度	层数	高度	层数	高度	层数	高度	层数
多层砌体房屋	普通砖	240	21	7	21	7	21	7	18	6	15	5	12	4
	多孔砖	240	21	7	21	7	18	6	18	6	15	5	9	3
		190	21	7	18	6	15	5	15	5	12	4	—	—
	小砌块	190	21	7	21	7	18	6	18	6	15	5	9	3
底部框架-抗震墙房屋	普通砖、多孔砖	240	22	7	22	7	19	6	16	5	—	—	—	—
	多孔砖	190	22	7	19	6	16	5	13	4	—	—	—	—
	小砌块	190	22	7	22	7	19	6	16	5	—	—	—	—

注：（1）房屋的总高度指室外地面到主要屋面板板顶或檐口的高度，半地下室从地下室室内地面算起，全地下室和嵌固条件好的半地下室应允许从室外地面算起；对带阁楼的坡屋面应算到山尖墙的 1/2 高度处。

（2）室内外高差大于 0.6m 时，房屋总高度应允许比表中的数据适当增加，但增加量应少于 1.0m。

（3）乙类的多层砌体房屋仍按本地区设防烈度查表，其层数应减少一层且总高度应降低 3m；不应采用底部框架-抗震墙砌体房屋。

（4）本表小砌块砌体房屋不包括配筋混凝土小型空心砌块砌体房屋。

采用蒸压灰砖和蒸压粉煤灰砖砌体的房屋，当砌体的抗剪强度仅达到普通砖砌体的70%时，房屋的层数应比普通砖房减少一层，总高度应减少 3m；当砌体的抗剪强度达到普通砖砌体的取值时，房屋的层数和高度同普通砖房屋。

多层砌体承重房屋的层高不应超过 3.6m；底部框架-抗震墙砌体房屋的底部，层高不应超过 4.5m；当底层采用约束砌体抗震墙时，底层层高不应超过 4.2m；当使用功能确有需要时，采用约束砌体等加强措施的普通砖房屋，层高不应超过 3.9m。

12.2.2 房屋高宽比的限制

房屋的高宽比指总高度与建筑平面最小总宽度之比。当地震烈度较高，房屋高宽比较大且横墙上开洞率较大时，地震倾覆力矩作用下墙体水平截面产生的弯曲应力超过砌体抗弯强度，底层外纵墙出现水平裂缝，并延伸至内横墙，将导致房屋整体弯曲破坏。

不进行整体弯曲验算的条件下，并保证房屋的整体稳定性，《抗规》第 7.1.4 条给出了多层砌体房屋总高度与总宽度的最大比值，如表 12.2.2 所示。

表 12.2.2 房屋最大高宽比

烈　度	6	7	8	9
最大高宽比	2.5	2.5	2	1.5

注：（1）单面走廊房屋的总宽度不包括走廊宽度。

（2）建筑平面接近正方形时，其高宽比宜适当减小。

12.2.3　砌体抗震横墙的间距

抗震横墙的间距直接影响房屋的空间刚度。如果横墙间距过大，则结构的空间刚度减少，不能满足楼盖传递水平地震作用到相邻墙体所需要的水平刚度的要求。所以，《抗规》第 7.1.5 条以强制性条文规定了多层砌体房屋抗震横墙的间距要求，如表 12.2.3 所示。

表 12.2.3　房屋抗震横墙间距　单位：m

房屋类型		烈度			
		6	7	8	9
多层砌体房屋	现浇或装配整体式钢筋混凝土楼、屋盖	15	15	11	7
	装配式钢筋混凝土楼、屋盖	11	11	9	4
	木屋盖	9	9	4	—
底部框架-抗震墙房屋	上部各层	同多层砌体房屋			—
	底层或底部两层	18	15	11	—

注：（1）多层砌体房屋的顶层，除木屋盖外的最大横墙间距应允许适当放宽，但应采取相应加强措施。
（2）多孔砖抗震横墙厚度为 190mm 时，最大横墙间距应比表中数值减少 3m。

12.2.4　房屋局部尺寸限值

为避免砌体结构房屋出现抗震薄弱部位，防止因局部破坏而引起房屋倒塌，《抗规》第 7.1.6 条给出了房屋中砌体墙段的局部尺寸限值，如表 12.2.4 所示。

表 12.2.4　房屋局部尺寸限值　单位：m

部　位	烈度			
	6	7	8	9
承重窗间墙最小宽度	1.0	1.0	1.2	1.5
承重外墙尽端至门窗洞边的最小距离	1.0	1.0	1.2	1.5
非承重外墙尽端至门窗洞边的最小距离	1.0	1.0	1.0	1.0
内墙阳角至门窗洞边的最小距离	1.0	1.0	1.5	2.0
无锚固女儿墙（非出入口处）的最大高度	0.5	0.5	0.5	0.0

注：（1）局部尺寸不足时，应采取局部加强措施弥补，且最小宽度不宜小于 1/4 层高和表列数据的 80%。
（2）出入口处的女儿墙应有锚固。

12.2.5　多层砌体房屋的建筑布置和结构体系

纵横承重的结构体系，由于横向支承较少，纵横墙易受弯曲而导致倒塌。横墙承重结构房屋的震害比纵墙承重结构房屋震害轻。因此，建议优先采用横墙承重或纵横墙共同承重的结构体系，尽量避免采用纵墙承重方案，不应采用砌体墙和混凝土墙混合承重的结构体系。横墙较少、跨度较大的房屋，宜采用现浇钢筋混凝土楼、屋盖。

多层砌体房屋在进行建筑和结构设计时，应注意保持平面、立面规则的体型和纵横墙的均匀布置。纵横向砌体抗震墙的布置宜均匀对称，水平向应对齐，沿竖向应上下连续。纵横墙体的数量不宜相差过大。

平面轮廓凹凸尺寸不应超过典型尺寸的50%，当平面轮廓凹凸尺寸超过典型尺寸的25%时，房屋转角处应采取加强措施。

楼板局部大洞口的尺寸不宜超过楼板宽度的30%，且不应在墙体两侧同时开洞。房屋错层的楼板高差超过500mm时应按两层计算，并对错层部位的墙体采取加强措施。

同一轴线上的窗间墙宽度宜均匀；墙面洞口的面积，6度、7度时不宜大于墙面总面积的55%，8度、9度时不宜大于50%。在房屋宽度方向的中部应设置内纵墙，其累计长度不宜小于房屋总长度的60%（高宽比大于4的墙段不计入）。

楼梯间是容易发生破坏的部位，不宜设置在地震作用较大的房屋尽端或转角处。若必须这样设置，应在楼梯间四周设置现浇钢筋混凝土构造柱等加强措施。不应在房屋转角处设置转角窗。横墙较少、跨度较大的房屋，宜采用现浇钢筋混凝土楼、屋盖。

12.2.6 防震缝设置

房屋有下列情况之一时宜设置防震缝，缝两侧均应设置墙体，缝宽应根据烈度和房屋高度确定，可采用70～100mm：

（1）房屋立面高差在6m以上；

（2）房屋有错层，且楼板高差大于层高的1/4；

（3）各部分结构刚度、质量截然不同。

12.3 多层砌体结构的抗震设计

多层砌体结构房屋在地震作用下将受到水平地震作用、竖向地震作用和扭转作用。其中，竖向地震作用造成多层砌体结构房屋的破坏相对较少，扭转作用可以通过注重建筑和结构平面对称均匀布置得以控制。因此，多层砌体结构房屋抗震计算一般可以只考虑水平地震作用，不考虑竖向地震作用和扭转效应的影响。在水平地震作用下，砌体结构房屋震害的主要特点表现为墙体的斜向交叉裂缝，产生这种现象的原因是墙体受到水平地震作用引起的剪应力与竖向荷载作用引起的正应力，两者共同形成斜向主拉应力作用。

多层砌体房屋的抗震计算，主要是针对从属面积较大或竖向应力较小的薄弱墙段进行截面抗震承载力验算。计算过程中的主要步骤包括：计算简图的确定、计算及分配地震剪力、进行薄弱墙段验算等。

12.3.1 水平地震作用计算简图

1. 砌体结构计算简图

在计算多层砌体房屋地震作用时，应以防震缝划分的结构单元作为计算单元。可将多层砌体结构房屋的重力荷载代表值分别集中于各楼层及屋盖处，下端为固定端。

重力荷载代表值（G_i）包括第 i 层楼盖自重、作用在该层楼面上的可变荷载和以该楼层为中心上下各半层的墙体自重（门窗自重）之和。结构和构配件自重取标准值，可变荷载取组合值，组合系数可参考抗震规范或本书的相关内容。

确定计算简图底部固定端位置时，当基础埋置较浅时，可取基础顶面；当基础埋置较深时，取室外地坪以下 0.5m 处；当设有整体刚度很大的全地下室时，取地下室顶板处；当地下室整体刚度较小或为半地下室时，取地下室室内地坪处。图 12.3.1 所示为多层砌体房屋示意图和计算简图。

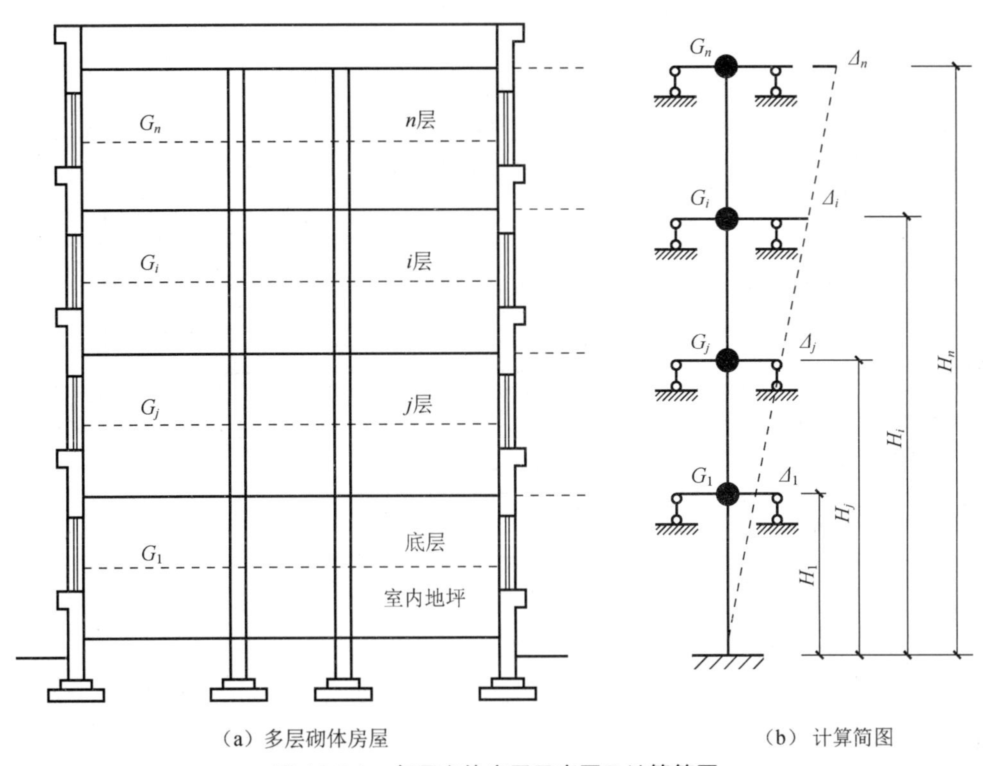

（a）多层砌体房屋　　（b）计算简图

图 12.3.1　多层砌体房屋示意图及计算简图

2. 楼层水平地震作用与剪力的计算

由于多层砌体房屋质量和刚度沿高度分布均匀，且在水平地震作用下结构以剪切变形为主，在计算各层水平地震作用时，可采用底部剪力法计算。

因为砌体房屋刚度较大，基本周期较短，$T_1 = 0.2 \sim 0.3\text{s}$，故 $\alpha_1 = \alpha_{\max}$。多层砌体结构房屋在线弹性阶段的地震作用以剪切变形为主，基本呈倒三角形分布，可取顶部附加地震作用系数 $\delta_n = 0$。因此，砌体房屋总水平地震作用标准值为

$$F_{Ek} = \alpha_{\max} G_{\text{eq}} \tag{12.3.1}$$

而第 i 点水平地震作用标准值为

$$F_i = \frac{H_i G_i}{\sum_{j=1}^{n} H_j G_j} F_{Ek}, \quad i = 1,2,\cdots,n \tag{12.3.2}$$

作用于第 i 层的地震剪力标准值 V_i 为第 i 层以上地震作用标准值之和，即

$$V_i = \sum_{j=1}^{n} F_j \tag{12.3.3}$$

抗震验算时，由式（12.3.3）计算出的每一楼层剪力均应符合最小剪力的要求。当考虑突出屋面的楼顶间、女儿墙、烟囱等部位的鞭梢效应时，这些部位的地震剪力宜乘以增大系数 3，增大的部分不应向下传递，但进行其相连构件设计时应计入。

12.3.2 楼层水平地震剪力的分配

多层砌体结构的纵、横墙体是主要的抗侧力构件。楼层地震剪力 V_i 由与其平行的同层墙体共同承担。楼层地震剪力 V_i 在各墙体之间的分配，受楼、屋盖的水平刚度和各墙体的侧移刚度等因素影响。

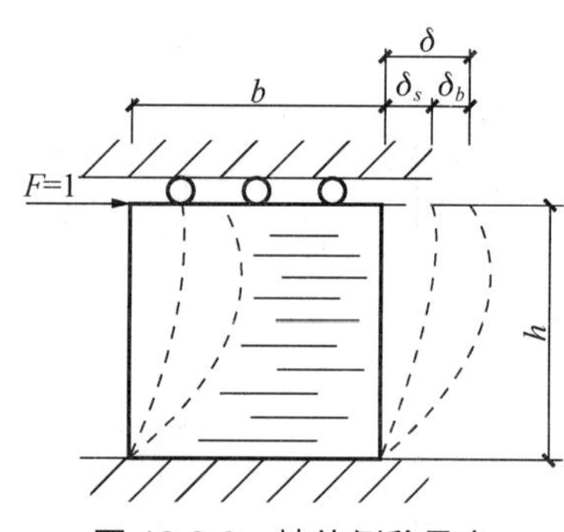

图 12.3.2 墙体侧移柔度

1. 墙体的侧移刚度

设墙体高度、宽度和厚度分别为 h、b 和 t。剪应力不均匀系数为 ξ_0。当其顶端作用一单位水平侧向力时，所产生的侧移称为该墙体的侧移柔度 δ，此处，柔度与刚度在数值上互为倒数，因此柔度可表征刚度，如图 12.3.2 所示。

如只考虑墙体的剪切变形，其侧移柔度为

$$\delta = \delta_s = \frac{\xi h}{GA} = \frac{3\dfrac{h}{b}}{Et} \tag{12.3.4}$$

2. 横向楼层水平地震剪力的分配

由于楼盖水平刚度不同，因此横向水平地震剪力的分配可采取不同的方法。

1）刚性楼盖

当抗震横墙间距符合表 12.2.3 的要求时，现浇和整体式钢筋混凝土楼、屋盖的水平刚度很大，可视为刚性楼盖。在横向水平地震作用下，楼、屋盖在其自身水平面内只发生刚体位移。此时，各抗震横墙所分担的水平地震剪力与其抗侧力刚度成正比，可按同一层各墙体抗侧力刚度的比例进行分配。

设第 i 层共有 m 道横墙，则其中第 j 道墙所承担的水平地震剪力标准值 V_{ij} 为

$$V_{ij} = \frac{K_{ij}}{\sum_{k=1}^{m} K_{ik}} V_i \tag{12.3.5}$$

式中，K_{ij}、K_{ik} 分别为第 i 层第 j 道墙体和第 k 道墙体的抗侧力刚度。

当同层墙体材料和高度均相同，且只考虑剪切变形时，由式（12.3.4）可得以下简化公式;

$$V_{ij} = \frac{A_{ij}}{\sum_{k=1}^{m} A_{ik}} V_i \tag{12.3.6}$$

式中，A_{ij}、A_{ik} 分别为第 i 层第 j 道墙体和第 k 道墙体的水平截面面积。

2）柔性楼盖

水平刚度较小的木楼盖、木屋盖可视为柔性楼盖。在横向水平地震剪力作用下，楼盖在其平面内不仅有平移，而且有弯曲变形，可将其视为水平支承在各抗震横墙上的多跨简支梁（图 12.3.3）。各抗震横墙上承担的水平地震作用，为该墙体的从属面积（即该墙与两侧相邻横墙之间各一半的楼盖面积之和）范围内的重力荷载代表值所产生的水平地震作用。因此，各横墙上承担的水平地震剪力，可按该从属面积上的重力荷载代表值的比例分配，即第 i 层第 j 道横墙所承担的水平地震剪力标准值 V_{ij} 为

$$V_{ij}=\frac{G_{ij}}{G_i}V_i \tag{12.3.7}$$

式中，G_{ij} 为第 i 层第 j 道横墙从属面积范围内的重力荷载代表值；G_i 为第 i 层所承担的总重力荷载代表值。

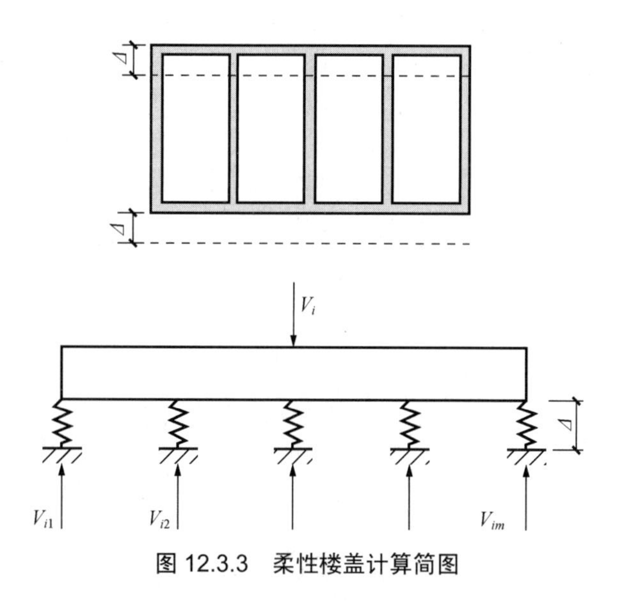

图 12.3.3　柔性楼盖计算简图

当楼层上重力荷载均匀分布时，式（12.3.7）可简化为

$$V_{ij}=\frac{A_{ij}}{A_i}V_i \tag{12.3.8}$$

式中，A_{ij}、A_i 分别为第 i 层第 j 道横墙的从属面积和第 i 层的总面积。

3）中等刚度楼（屋）盖房屋

装配式钢筋混凝土楼（屋）盖称为中等刚度楼盖房屋，其楼（屋）盖刚度介于刚性与柔性楼（屋）盖之间。对于此类中等刚度楼（屋）盖结构，楼层水平地震剪力在抗侧力构件间的分配，可采取刚性楼（屋）盖房屋和柔性楼（屋）盖房屋的分配结果的平均值，见式（12.3.9）。

$$V_{ij}=\frac{1}{2}\left(\frac{K_{ij}}{\sum\limits_{l=1}^{m}K_{il}}+\frac{G_{ij}}{G_i}\right)V_i \tag{12.3.9}$$

对于一般建筑，当墙体高度、材料相同，楼（屋）面荷载分布均匀，且只考虑剪切变形时，式（12.3.9）简化为

$$V_{ij}=\frac{1}{2}\left(\frac{A_{ij}}{\sum_{l=1}^{m}A_{il}}+\frac{G_{ij}}{G_i}\right)V_i \tag{12.3.10}$$

式（12.3.9）和式（12.3.10）中的符号含义同式（12.3.5）～式（12.3.8）。

（1）纵向楼层水平地震剪力的分配

一般来说，对于多层砌体房屋，纵墙比横墙长得多，楼（屋）盖纵向刚度要远大于其横向刚度。所以，无论何种楼（屋）盖，其纵向均可视为刚性楼盖，因此，地震剪力在纵墙间的分配均可采用式（12.3.5）或式（12.3.6）来计算。

（2）同一道墙内各墙段间的水平地震剪力分配

求得某道墙体的地震剪力后，当墙体开有门窗洞口时，还应将地震剪力分配到该墙的各个墙段。各个墙段所承担的地震剪力可按墙段的抗侧移刚度之比进行分配。设第 i 层第 j 道墙上共有 s 个墙段，则其中第 r 墙段所承担的地震剪力为

$$V_{ijr}=\frac{K_{ijr}}{\sum_{l=1}^{s}K_{ijl}}V_{ij} \tag{12.3.11}$$

式中，K_{ijr}、K_{ijl} 分别为第 i 层第 j 道横墙的第 r 道和第 l 道墙段的抗侧移刚度。

按照门窗洞口划分墙段抗侧移刚度的计算，应考虑墙肢高宽比的影响。高宽比（h/b）指层高与墙长之比。高宽比不同，墙体总侧移中的弯曲变形与剪切变形所占的比例不同。高宽比小于 1 时，可只计算剪切变形；高宽比不大于 4 且不小于 1 时，应同时计算弯曲和剪切变形；高宽比大于 4 时，等效侧向刚度可取 0。对设置小开口的墙体，可按毛墙面计算的刚度，根据开洞率乘以表 12.3.1 所示的墙段洞口影响系数。在进行墙段高宽比计算时，墙段高度 h 的取法为：窗间墙取窗洞高，门间墙取门洞高，门窗之间的墙取窗洞高，尽端墙取与其相邻的门洞或窗洞高，具体如图 12.3.4 所示。

表 12.3.1 墙段洞口影响系数

开洞率	0.10	0.20	0.50
影响系数	0.98	0.94	0.88

注：（1）开洞率为洞口水平截面面积与墙段水平毛截面面积之比，相邻洞口之间净宽小于 500mm 的墙段视为洞口。

（2）洞口中线偏离墙段中线大于墙段长度的 1/4 时，表中影响系数值折减 0.9。

（3）门洞的洞顶高度大于层高 80%时，表中数据不适用；窗洞高度大于 50%层高时，按门洞对待。

12.3.3 墙体抗震承载力验算

1. 抗震抗剪强度的计算

目前有两种关于砌体结构的强度理论，即主拉应力强度理论和剪切摩擦强度理论。地震时砌体结构墙段受到竖向压应力和水平地震剪应力的共同作用，一般会发生剪切破坏。

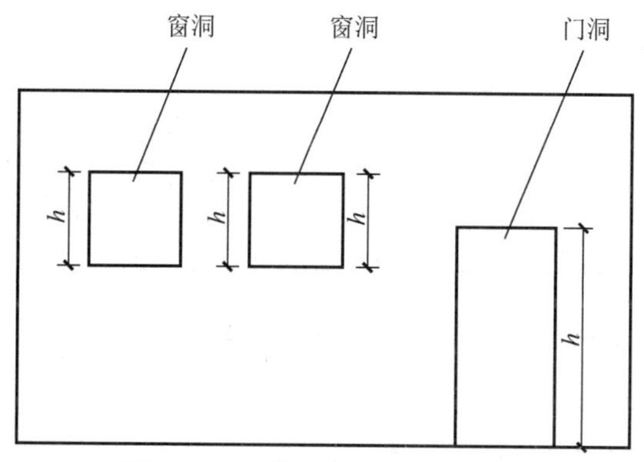

图 12.3.4　墙段高度取值示意图

我国《抗规》根据试验和统计归纳结果，给出的各类砌体沿阶梯形截面破坏的抗震抗剪强度设计值为

$$f_{vE}=\zeta_N f_v \tag{12.3.12}$$

式中，f_{vE} 为砌体沿阶梯形截面破坏的抗震抗剪强度设计值；f_v 为非抗震设计的砌体抗剪强度设计值；ζ_N 为砌体抗震抗剪强度的正应力影响系数，应按表 12.3.2 选用。

表 12.3.2　砌体强度的正应力影响系数 ζ_N

砌体类别	σ_0/f_v							
	0	1.0	3.0	5.0	7.0	10.0	12.0	≥16.0
普通砖，多孔砖	0.80	0.99	1.25	1.47	1.65	1.90	2.05	—
小砌块	—	1.23	1.69	2.15	2.57	3.02	3.32	3.92

注：σ_0 为对应于重力荷载代表值的砌体截面平均压应力。

2. 砌体截面抗震承载力验算

各种砌体进行抗震承载力验算时，可选择不利墙段（即地震剪力较大、墙体截面较小等）进行验算，根据不同砌体采用相应公式。

普通砖、多孔砖墙体的截面抗震受剪承载力验算如下：

（1）无筋砌体截面抗震承载力验算

验算公式为

$$V\leqslant\frac{f_{vE}A}{\gamma_{RE}} \tag{12.3.13}$$

式中，V 为墙体剪力设计值；f_{vE} 为砖砌体沿阶梯形截面破坏的抗震抗剪强度设计值；A 为墙体横截面面积，多孔砖取毛截面面积；γ_{RE} 为承载力抗震调整系数，一般承重墙体取 1.0，自承重墙按 0.75 采用，两端均有构造柱约束的承重墙体取 0.9。

（2）水平配筋的砌体截面抗震承载力验算

验算公式为

$$V\leqslant\frac{1}{\gamma_{RE}}(f_{vE}A+\zeta_s f_{yh}A_{sh}) \tag{12.3.14}$$

式中，f_{yh} 为水平钢筋抗拉强度设计值；A_{sh} 为层间墙体竖向截面的总水平钢筋面积，其配筋率应不小于 0.07%且不大于 0.17%；ζ_s 为钢筋参与工作系数，可按表 12.3.3 选用。

表 12.3.3　钢筋参与工作系数 ζ_s

墙体高厚比	0.4	0.6	0.8	1.0	1.2
ζ_s	0.10	0.12	0.14	0.15	0.12

3. 砌体及钢筋混凝土构造柱组合墙截面抗震承载力验算

当按式（12.3.13）和式（12.3.14）验算不满足要求时，除可采用配筋砌体提高承载力外，尚可采用在墙段中部增设构造柱的方法。可计入基本均匀设置于墙段中部、截面不小于 240mm×240mm（墙厚 190mm 时为 240mm×190mm）且间距不大于 4m 的构造柱，对受剪承载力的提高作用，按下列简化方法验算：

$$V \leqslant \frac{1}{\gamma_{RE}}[\eta_c f_{vE}(A-A_c)+\zeta_c f_t A_c+0.08 f_{yc} A_{sc}+\zeta_s f_{yh} A_{sh}] \tag{12.3.15}$$

式中，A_c 为中部构造柱的横截面总面积（对横墙和内纵墙，$A_c>0.15A$ 时，取 0.15A；对外纵墙，$A_c>0.15A$ 时，取 0.25A）；f_t 为中部构造柱的混凝土轴心抗拉强度设计值；A_{sc} 为中部构造柱的纵向钢筋截面总面积（配筋率不小于 0.6%，大于 1.4%时取 1.4%）；f_{yh}、f_{yc} 分别为墙体水平钢筋、构造柱钢筋抗拉强度设计值；ζ_c 为中部构造柱参与工作系数，居中设一根时取 0.5，多于一根时取 0.4；η_c 为墙体约束修正系数，一般情况取 1.0，构造柱间距不大于 3.0m 时取 1.1；A_{sh} 为层间墙体竖向截面的总水平钢筋面积，无水平钢筋时取 0。

4. 混凝土小砌块墙截面抗震受剪承载力验算

验算公式为

$$V \leqslant \frac{1}{\gamma_{RE}}[f_{vE}A+(0.3 f_t A_c+0.05 f_y A_s)\zeta_c] \tag{12.3.16}$$

式中，A_c 为芯柱截面总面积；f_t 为芯柱混凝土轴心抗拉强度设计值；A_s 为芯柱钢筋截面总面积；f_y 为芯柱钢筋抗拉强度设计值；ζ_c 为芯柱参与工作系数，可按表 12.3.4 选用。

注：当同时设置芯柱和构造柱时，构造柱截面可作为芯柱截面，构造柱钢筋可作为芯柱钢筋。无芯柱时，$\gamma_{RE}=1.0$；有芯柱时，$\gamma_{RE}=0.9$。

表 12.3.4　芯柱参与工作系数 ζ_c

填孔率 ρ	$\rho<0.15$	$0.15\leqslant\rho<0.25$	$0.25\leqslant\rho<0.5$	$\rho\geqslant0.5$
ζ_c	0.0	1.0	1.10	1.15

注：填孔率指芯柱根数（含构造柱和填实孔洞数量）与孔洞总数之比。

12.4　多层砌体结构房屋的抗震构造措施

在抗震设计时，为了保证砌体结构房屋的抗震性能，除满足对房屋总体方案与布置的一般规定，及必要的抗震验算外，还必须采取合理可靠的抗震构造措施。多层砌体房屋的抗震构造措施对于提高其整体抗震性能，做到“大震不倒”有着重要的意义。

12.4.1　多层砖砌体房屋的抗震构造措施

1. 钢筋混凝土构造柱的设置与要求

钢筋混凝土构造柱是多层砖砌体房屋的一种重要抗震构造措施。震害调查表明，在多层砌体结构房屋适当部位设置钢筋混凝土构造柱及圈梁后，可以对砌体结构起到约束作用，不仅可以提高墙体抗剪能力，还可以明显提高结构的极限变形能力。国内外的模型试验和大量的设置钢筋混凝土构造柱的砖墙墙片试验表明，构造柱虽然对提高砖墙的受剪承载力作用有限，提高 10%～20%，但是，对墙体的约束和防止墙体开裂后砖的散落能起到非常显著的作用。而这种约束作用需要钢筋混凝土构造柱与圈梁一起形成，即通过构造柱与圈梁把墙体分片包围，能限制开裂后砌体裂缝的延伸和砌体的错位，使砖墙能维持竖向承载力，并能继续吸收地震能量，从而避免墙体倒塌。

1）构造柱设置要求

多层普通砖、多孔砖房，现浇钢筋混凝土结构构造柱的设置部位，一般情况下应符合表 12.4.1 的要求。

表 12.4.1　多层砖砌体房屋构造柱设置要求

<table>
<tr><th colspan="4">房屋层数</th><th colspan="2" rowspan="2">设置部位</th></tr>
<tr><th>6 度</th><th>7 度</th><th>8 度</th><th>9 度</th></tr>
<tr><td>四、五</td><td>三、四</td><td>二、三</td><td></td><td rowspan="3">楼、电梯间四角、楼梯斜梯段上下端对应的墙体处；
外墙四角和对应转角；
错层部位横墙与外纵墙交接处；
较大洞口两侧</td><td>隔 12m 或单元横墙与外纵墙交接处；
楼梯间对应的另一侧内横墙与外纵墙交接处</td></tr>
<tr><td>六</td><td>五</td><td>四</td><td>二</td><td>隔开间横墙（轴线）与外墙交接处；
山墙与内纵墙交接处</td></tr>
<tr><td>七</td><td>≥六</td><td>≥五</td><td>≥三</td><td>内墙（轴线）与外墙交接处；
内横墙的局部较小墙垛处；
内纵墙与横墙（轴线）交接处</td></tr>
</table>

从钢筋混凝土构造柱的设置部位来看，可以分为三种：容易破坏部位，如在房间外墙的四角和楼、电梯间四角等；隔开间设置，这是根据烈度和层数不同区别对待设置钢筋混凝土构造柱，如 6 度时六层，构造柱除满足必需的设置部位外，还要在房间隔开间的横墙（轴线）与外墙交接处、山墙与内纵墙的交接处设置构造柱；每开间设置，当房屋层数较多时，构造柱的设置增多，如 6 度七层。

外廊式和单面走廊式的多层房屋，应根据房屋增加一层的层数，按表 12.4.1 的要求设置构造柱，且单面走廊两侧的纵墙均应按外墙处理。

横墙较少的房屋，应根据房屋增加一层的层数，按表 12.4.1 的要求设置构造柱。当横墙较少的房屋为外廊式或单面走廊式时，应按外廊式和单面走廊式的多层房屋要求设置构造柱；但 6 度不超过四层、7 度不超过三层和 8 度不超过二层时，应按增加两层的层数对待。各层横墙很少的房屋，应按增加两层的层数设置构造柱。

采用蒸压灰砂砖和蒸压粉煤灰砖的砌体房屋，当砌体的抗剪强度仅达到普通黏土砖砌体的 70%时，应根据增加一层的层数按《抗规》第 7.3.1 条第 1～4 款要求设置构造柱；但 6 度不超过四层、7 度不超过三层和 8 度不超过二层时，应按增加两层的层数对待。

表 12.4.1 中的较大洞口，内墙指不小于 2.1m 的洞口；外墙在内外墙交接处已设置构造柱时应允许适当放宽，但洞侧墙体应加强。表 12.4.1 是对丙类多层砌体房屋构造柱的设置要求，对于多层砌体教学楼等乙类建筑，应按比丙类建筑增加一层后的层数，再按表 12.4.1 的要求设置构造柱。

2）多层砖砌体房屋构造柱的构造要求

构造柱最小截面可采用 180mm×240mm（墙厚 190mm 时为 180mm×190mm），纵向钢筋宜采用 4ϕ12，箍筋间距不宜大于 250mm，且在柱上下端应适当加密；6 度、7 度时超过六层、8 度时超过五层和 9 度时，构造柱纵向钢筋宜采用 4ϕ14，箍筋间距不应大于 200mm；房屋四角的构造柱应适当加大截面及配筋。

构造柱与墙连接处应砌成马牙槎，沿墙高每隔 500mm 设 2ϕ6 水平钢筋和 ϕ4 分布短筋平面内点焊组成的拉结网片或 ϕ4 点焊钢筋网片，每边伸入墙内不宜小于 1m。6 度、7 度时底部 1/3 楼层，8 度时底部 1/2 楼层，9 度时全部楼层，上述拉结钢筋网片应沿墙体水平通长设置。

构造柱与圈梁连接处，构造柱的纵筋应在圈梁纵筋内侧穿过，保证构造柱纵筋上下贯通。构造柱可不单独设置基础，但应伸入室外地面下 500mm，或与埋深小于 500mm 的基础圈梁相连。由于构造柱的主要作用是约束墙体，故其尺寸不宜太大，必须保证与圈梁或现浇楼板的连接，才能充分发挥其作用。

房屋高度和层数接近前述的限值时，纵、横墙内构造柱间距尚应符合下列要求：

（1）横墙内的构造柱间距不宜大于层高的 2 倍；下部 1/3 楼层的构造柱间距适当减小。

（2）当外纵墙开间大于 3.9m 时，应另设加强措施；内纵墙的构造柱间距不宜大于 4.2m。

2. 钢筋混凝土圈梁的设置要求

圈梁在砌体结构中具有多方面作用。圈梁可以加强墙体间的连接，以及墙体与楼盖间的连接；圈梁与构造柱一起，增强了房屋的整体性和空间刚度；圈梁作为楼、屋盖的边缘构件，将装配式楼、屋盖箍住，从而提高了楼、屋盖的整体性和水平刚度；此外，圈梁还可以约束墙体，限制裂缝的展开，提高墙体的稳定性，减轻地基不均匀沉降的不利影响。震害调查表明，合理设置圈梁的房屋，其震害较轻；否则震害相对严重。

1）多层砖砌体房屋的现浇钢筋混凝土圈梁的设置要求

装配式钢筋混凝土楼、屋盖或木屋盖的砖房，应按表 12.4.2 的要求设置圈梁；纵墙承重时，抗震横墙上的圈梁间距应比表内要求适当加密。

现浇或装配整体式钢筋混凝土楼、屋盖与墙体有可靠连接的房屋，应允许不另设圈梁，但楼板沿抗震墙体周边均应加强配筋，并应与相应的构造柱钢筋可靠连接，楼板内需有足够的钢筋（沿墙体周边加强配筋）伸入构造柱内，并满足锚固要求。

2）多层砖砌体房屋现浇混凝土圈梁的构造要求

圈梁应闭合，遇有洞口时，圈梁应上下搭接。圈梁宜与预制板设在同一标高处或紧靠板底；圈梁在表 12.4.2 要求的间距内无横墙时，应利用梁或板缝中配筋替代圈梁。

表 12.4.2　多层砖砌体房屋现浇钢筋混凝土圈梁设置要求

墙　类	烈　度		
	6、7	8	9
外墙和内纵墙	屋盖处及每层楼盖处	屋盖处及每层楼盖处	屋盖处及每层楼盖处
内横墙	同上； 屋盖处，间距不应大于 4.5m； 楼盖处，间距不应大于 7.2m； 构造柱对应部位	同上； 各层所有横墙，且间距不应大于 4.5m； 构造柱对应部位	同上； 各层所有横墙

圈梁的截面高度不应小于 120mm，配筋应符合表 12.4.3 的要求；按《抗规》第 3.3.4 条第 3 款的要求增设的基础圈梁，其截面高度不应小于 180mm，配筋不应少于 4ϕ12 。

表 12.4.3　多层砖砌体房屋圈梁配筋要求

配　筋	烈　度		
	6、7	8	9
最小纵筋	4ϕ10	4ϕ12	4ϕ14
箍筋最大间距/mm	250	200	150

3. 楼梯间构造措施

在砌体结构中，楼梯间是结构抗震较为薄弱的部位。所以，楼梯间的震害往往比较严重。在抗震设计时，楼梯间不宜布置在房屋的第一开间及转角处，不宜开设过大的窗洞。否则应采取加强措施。

顶层楼梯间墙体应沿墙高每隔 500mm 设 2ϕ6 通长钢筋和ϕ4 分布短钢筋平面内点焊组成的拉结网片或ϕ4 点焊网片；7～9 度时其他各层楼梯间墙体应在休息平台或楼层半高处设置 60mm 厚、纵向钢筋不少于 2ϕ10 的钢筋混凝土带或配筋砖带，配筋砖带不少于 3 皮，每皮的配筋不少于 2ϕ6 ，砂浆强度等级不应低于 M7.5 且不低于同层墙体的砂浆强度等级。

楼梯间及门厅内墙阳角处的大梁支承长度不应小于 500mm，并应与圈梁连接。

装配式楼梯段应与平台板的梁可靠连接，8、9 度时不应采用装配式楼梯段；不应采用墙中悬挑式踏步或踏步竖肋插入墙体的楼梯，不应采用无筋砖砌栏板。

突出屋顶的楼、电梯间，构造柱应伸到顶部，并与顶部圈梁连接，所有墙体应沿墙高每隔 500mm 设 2ϕ6 通长钢筋和ϕ4 分布短筋平面内点焊组成的拉结网片或ϕ4 点焊网片。

4. 结构各部位连接构造

砌体结构的墙体之间、楼盖之间以及结构其他部位之间连接不牢是造成震害的主要原因。因此，《抗规》规定，除设置构造柱（或芯柱）和圈梁之外，在各连接部位的抗震加强构造措施有以下几方面要求。

1）楼、屋盖连接

现浇钢筋混凝土楼板或屋面板伸入纵、横墙内的长度，均不应小于 120mm。装配式钢筋混凝土楼板或屋面板，当圈梁未设在板的同一标高时，板端伸进外墙的长度不应小于

120mm，伸进内墙的长度不应小于 100mm 或采用硬架支模连接，在梁上不应小于 80mm 或采用硬架支模连接。当板的跨度大于 4.8m 并与外墙平行时，靠外墙的预制板侧边应与墙或圈梁拉结。

房屋端部大房间的楼盖，6 度时房屋的屋盖和 7～9 度时房屋的楼、屋盖，当圈梁设在板底时，钢筋混凝土预制板应相互拉结，并应与梁、墙或圈梁拉结。

楼、屋盖的钢筋混凝土梁或屋架应与墙、柱（包括构造柱）或圈梁可靠连接。跨度不小于 6m 大梁的支承构件应采用组合砌体等加强措施，并满足承载力要求。不得采用独立砖柱。

2）墙体之间及其他部位的连接

6、7 度时长度大于 7.2m 的大房间，以及 8、9 度时外墙转角及内外墙交接处，应沿墙高每隔 500mm 配置 $2\phi6$ 的通长钢筋和 $\phi4$ 分布短筋平面内点焊组成的拉结网片或 $\phi4$ 点焊网片。

后砌的非承重砌体隔墙，烟道、风道、垃圾道等应符合抗震规范对非结构构件的有关规定。

坡屋顶房屋的屋架应与顶层圈梁可靠连接，檩条或屋面板应与墙、屋架可靠连接，房屋出入口处的檐口瓦应与屋面构件锚固。采用硬山搁檩时，顶层内纵墙顶宜增砌支承山墙的踏步式墙垛，并设置构造柱。

门窗洞处不应采用砖过梁；过梁支承长度，6～8 度时不应小于 240mm，9 度时不应小于 360mm。

预制阳台，6、7 度时应与圈梁和楼板的现浇板带可靠连接，8、9 度时不应采用预制阳台。

同一结构单元的基础（或桩承台）宜采用同一类型的基础，底面宜埋置在同一标高上，否则应增设基础圈梁并应按 1∶2 的台阶逐步放坡。

5. 丙类设防多层砌体房屋要求

丙类的多层砖砌体房屋，当横墙较少且总高度和层数接近或达到《抗规》表 7.1.2 规定的限值时，应采取下列加强措施：

房屋的最大开间尺寸不宜大于 6.6m。同一结构单元内横墙错位数量不宜超过横墙总数的 1/3，且连续错位不宜多于两道；错位的墙体交接处均应增设构造柱，且楼、屋面板应采用现浇钢筋混凝土板。

横墙和内纵墙上洞口的宽度不宜大于 1.5m；外纵墙上洞口的宽度不宜大于 2.1m 或开间尺寸的一半；且内外墙上洞口位置不应影响内外纵墙与横墙的整体连接。

所有纵横墙均应在楼、屋盖标高处设置加强的现浇钢筋混凝土圈梁：圈梁的截面高度不宜小于 150mm，上下纵筋各不应少于 $3\phi10$，箍筋不小于 $\phi6$，间距不大于 300mm。

所有纵横墙交接处及横墙的中部，均应增设满足下列要求的构造柱：在纵、横墙内的柱距不宜大于 3.0m，最小截面尺寸不宜小于 240mm×240mm（墙厚 190mm 时为 240mm×190mm），配筋宜符合表 12.4.4 的要求。

同一结构单元的楼、屋面板应设置在同一标高处。房屋底层和顶层的窗台标高处，宜设置沿纵横墙通长的水平现浇钢筋混凝土带；其截面高度不小于 60mm，宽度不小于墙厚，纵向钢筋不少于 $2\phi10$，横向分布筋的直径不小于 $\phi6$ 且其间距不大于 200mm。

表 12.4.4　增设构造柱的纵筋和箍筋设置要求

<table>
<tr><th rowspan="2">位置</th><th colspan="3">纵向钢筋</th><th colspan="3">箍　筋</th></tr>
<tr><th>最大配筋率/%</th><th>最小配筋率/%</th><th>最小直径/mm</th><th>加密区范围</th><th>加密区间距/mm</th><th>最小直径/mm</th></tr>
<tr><td>角柱</td><td rowspan="2">1.8</td><td rowspan="2">0.8</td><td>14</td><td>全高</td><td rowspan="3">100</td><td rowspan="3">6</td></tr>
<tr><td>边柱</td><td>14</td><td rowspan="2">上端 700 mm
下端 500 mm</td></tr>
<tr><td>中柱</td><td>1.4</td><td>0.6</td><td>12</td></tr>
</table>

12.4.2　多层小砌块房屋的抗震构造措施

1. 钢筋混凝土芯柱的设置及要求

钢筋混凝土芯柱是多层及高层小型空心砌块的一种重要抗震构造措施。多层砌块房屋抗震构造的芯柱设置应符合下列要求：

1）多层小砌块房屋芯柱设置要求

多层小砌块房屋芯柱应按表 12.4.5 的要求设置。对外廊式和单面走廊式的多层房屋、横墙较少的房屋、各层横墙很少的房屋，还应分别考虑前述关于增加层数的要求后，按表 12.4.5 的要求设置芯柱。

表 12.4.5　多层小砌块房屋芯柱的设置要求

<table>
<tr><th colspan="4">房屋层数</th><th rowspan="2">设置部位</th><th rowspan="2">设置数量</th></tr>
<tr><th>6 度</th><th>7 度</th><th>8 度</th><th>9 度</th></tr>
<tr><td>四、五</td><td>三、四</td><td>二、三</td><td></td><td>外墙转角，楼、电梯间四角，楼梯斜梯段上下端对应的墙体处；
大房间内外墙交接处；
错层部位横墙与外纵墙交接处；
隔 12m 或单元横墙与外纵墙交接处</td><td rowspan="2">外墙转角，灌实 3 个孔；
内外墙交接处，灌实 4 个孔；
楼梯斜梯段上下端对应的墙体处，灌实 2 个孔</td></tr>
<tr><td>六</td><td>五</td><td>四</td><td></td><td>同上；
隔开间横墙（轴线）与外纵墙交接处</td></tr>
<tr><td>七</td><td>六</td><td>五</td><td>二</td><td>同上；
各内墙（轴线）与外纵墙交接处；
内纵墙与横墙（轴线）交接处和洞口两侧</td><td>外墙转角，灌实 5 个孔；
内外墙交接处，灌实 4 个孔；
内墙交接处，灌实 2 个孔；
洞口两侧各灌实 1 个孔</td></tr>
<tr><td></td><td>七</td><td>≥六</td><td>≥三</td><td>同上；
横墙内芯柱间距不大于 2m</td><td>外墙转角，灌实 7 个孔；
内外墙交接处，灌实 5 个孔；
内墙交接处，灌实 4、5 个孔；
洞口两侧各灌实 1 个孔</td></tr>
</table>

外墙转角、内外墙交接处、楼电梯间四角等部位，可采用钢筋混凝土构造柱代替部分芯柱。

2）芯柱构造要求

小砌块房屋芯柱截面不宜小于 120mm×120mm。芯柱混凝土强度等级不应低于 C20。芯柱的竖向插筋应贯通墙身且与圈梁连接；插筋不应小于 $1\phi12$，6、7 度时超过五层、8 度时超过四层和 9 度时，插筋不应小于 $1\phi14$。

芯柱应伸入室外地面下500mm或与埋深小于500mm的基础圈梁相连。为提高墙体抗震受剪承载力而设置的芯柱宜在墙体内均匀布置，最大净距不宜大于2.0m。

多层小砌块房屋墙体交接处或芯柱与墙体连接处应设置拉结钢筋网片，网片可采用直径4mm的钢筋点焊而成，沿墙高间距不大于600mm，并应沿墙体水平通长设置。6、7度时底部1/3楼层，8度时底部1/2楼层，9度时全部楼层，上述拉结钢筋网片沿墙高间距不大于400mm。

2. 替代芯柱

构造柱截面不宜小于190mm×190mm，纵向钢筋宜采用4ϕ12，箍筋间距不宜大于250mm，且在柱上下端应适当加密；6、7度时超过五层，8度时超过四层和9度时，构造柱纵向钢筋宜采用4ϕ14，箍筋间距不应大于200mm；外墙转角的构造柱可适当加大截面及配筋。

构造柱与砌块墙连接处应砌成马牙槎，与构造柱相邻的砌块孔洞，6度时宜填实，7度时应填实，8、9度时应填实并插筋。构造柱与砌块墙之间沿墙高每隔600mm设置ϕ4点焊拉结钢筋网片，并应沿墙体水平通长设置。6、7度时底部1/3楼层，8度时底部1/2楼层，9度全部楼层，上述拉结钢筋网片沿墙高间距不大于400mm。

构造柱与圈梁连接处，构造柱的纵筋应在圈梁纵筋内侧穿过，保证构造柱纵筋上下贯通。构造柱可不单独设置基础，但应伸入室外地面下500mm，或与埋深小于500mm的基础圈梁相连。

3. 多层小砌块房屋的现浇钢筋混凝土圈梁的设置

多层小砌块房屋的现浇钢筋混凝土圈梁的设置位置，应按前述多层砖砌体房屋圈梁的要求执行，圈梁宽度不应小于190mm，配筋不应少于4ϕ12，箍筋间距不应大于200mm。

4. 连接措施

多层小砌块房屋的层数，6度时超过五层、7度时超过四层、8度时超过三层和9度时，在底层和顶层的窗台标高处，沿纵横墙应设置通长的水平现浇钢筋混凝土带；其截面高度不小于60mm，纵筋不少于2ϕ10，并应有分布拉结钢筋；其混凝土强度等级不应低于C20。

水平现浇混凝土带亦可采用槽形砌块替代模板，其纵筋和拉结钢筋不变。

5. 丙类的多层小砌块房屋

丙类的多层小砌块房屋，当横墙较少且总高度和层数接近或达到《抗规》表7.1.2规定的限值时，应符合前述要求；其中，墙体中部的构造柱可采用芯柱替代，芯柱的灌孔数量不应少于2孔，每孔插筋的直径不应小于18mm。

6. 多层小砌块房屋的其他抗震构造措施

多层小砌块房屋的其他抗震构造措施，应符合前述多层砖砌体房屋抗震构造措施的具体要求。墙体的拉结钢筋网片间距分别取600mm和400mm。

12.5 底部框架-抗震墙砌体房屋的抗震设计

在城镇建设中，临街的住宅、办公室等建筑在底层或底部两层设置商店、餐厅或银行等，房屋的上部几层为纵横墙比较多的砖（砌体）墙承重结构，房屋的底层或底部两层因使用功能需要的大空间而采用框架-抗震墙结构，这就是底部框架-抗震墙砖房。由于这种类型的结构是旧城改造、避免商业区过分集中的较好形式，与多层钢筋混凝土框架房屋相比，具有造价低和便于施工等优点，所以目前仍在我国大量建造。因此，对这类房屋的震害规律进行分析研究，对于做好该类房子的抗震设计是非常重要的。

历次大地震的震害调查表明，底部框架-抗震墙砌体房屋的震害较为严重，主要原因是结构底部楼层和上部楼层之间抗侧刚度差异较大，设计时处理不当，易使下部楼层成为“薄弱层”。另外，建筑施工质量差、混凝土强度等级不足等也是造成此类结构房屋震害严重的原因。对底部框架-抗震墙砌体房屋应严格进行概念设计和计算分析，采取正确的构造措施，注重施工质量。

12.5.1 底部框架-抗震墙砌体房屋的结构布置

为避免房屋底部抗侧刚度过小，防止房屋底部楼层因变形集中而发生严重震害，结构布置时应沿纵横两个方向分别设置一定数量的抗震墙，抗震墙应均匀对称布置，不得采用纯框架布置方案。6 度且总层数不超过四层的底部框架-抗震墙砌体房屋，可采用嵌砌于框架之间的约束普通砖砌体或小砌块砌体的砌体抗震墙，但应计入砌体墙对框架的附加轴力和附加剪力，并进行底层的抗震验算，且不应同时采用钢筋混凝土抗震墙和约束砌体抗震墙；其余情况下，8 度时应采用钢筋混凝土抗震墙，6、7 度时应采用钢筋混凝土抗震墙或配筋小砌块砌体抗震墙。

上部结构的砌体墙体与底部的框架梁或抗震墙，除楼梯间等处的个别墙段外均应对齐。

底部框架-抗震墙砌体房屋的纵横两个方向，第二层计入构造柱影响的侧向刚度与底层侧向刚度的比值，6、7 度时不应大于 2.5，8 度时不应大于 2.0，且不应小于 1.0。

两层底部框架-抗震墙砌体房屋纵横两个方向，底层与底部第二层侧向刚度接近，第三层计入构造柱影响的侧向刚度与底部第二层侧向刚度的比值，6、7 度时不应大于 2.0，8 度时不应大于 1.5，且不应小于 1.0。

底部框架-抗震墙砌体房屋的抗震墙应设置条形基础、筏板基础或桩基础。底部框架-抗震墙砌体房屋的钢筋混凝土结构部分，除应符合本章规定外，尚应符合混凝土结构抗震设计的有关要求。底部的混凝土框架和墙体的抗震等级，应按照前面章节的具体要求确定。

底部框架-抗震墙砌体房屋结构布置的其他要求，可参见本书 12.2 节相关内容。

12.5.2 底部框架-抗震墙砌体房屋的抗震计算

1. 水平地震作用及层间地震剪力计算及分配

满足前述结构布置要求的底部框架-抗震墙砌体房屋，质量和刚度分布比较均匀，可采用底部剪力法计算结构的地震作用。

采用底部剪力法时，由于结构刚度较大，可取地震影响系数 $\alpha_1=\alpha_{\max}$，底部附加地震影响系数 $\delta_n=0$。为了提高地震底部楼层的抗震能力，《抗规》要求，底部的纵向和横向地震剪力设计值均应乘以增大系数 ξ_v，其值在 1.2～1.5 范围内选用，第二层与底部侧向刚度比有差异者应取大值。对两层底部框架-抗震墙砌体房屋，底层和第二层的纵向和横向地震剪力设计值均应乘以增大系数 ξ_v，其值在 1.2～1.5 范围内选用，第三层与第二层侧向刚度比有差异者应取大值。底部剪力计算公式为

$$V_1=\xi_v\alpha_{\max}G_{\mathrm{eq}} \tag{12.5.1}$$

式中，V_1 为底层剪力；ξ_v 为底层剪力放大系数。

底部或底部两层框架和抗震墙设计时可按两道防线思想进行。结构在弹性阶段，抗震墙未开裂，其抗侧刚度较大，可不考虑框架的抗剪贡献，底层或底部两层的纵向和横向地震剪力设计值应全部由该方向的抗震墙承担，并按各墙体的侧向刚度比例分配。结构进入弹塑性阶段后，由于抗震墙开裂后刚度退化，由抗震墙和框架柱共同承担地震剪力。依据试验研究，各构件剪力根据有效侧移刚度进行分配。抗震墙开裂后，钢筋混凝土墙的有效抗侧刚度约为弹性状态下抗侧刚度的 30%，砖墙有效抗侧刚度为弹性抗侧刚度的 20%，框架柱的抗侧刚度不折减。框架承担的地震剪力设计值为

$$V_{fj}=\frac{K_{fj}}{0.3\sum K_{WCj}+0.2\sum K_{WMj}+\sum K_{fj}} \tag{12.5.2}$$

式中，V_{fj} 为第 j 榀框架承担的地震剪力设计值；K_{fj} 为第 j 榀框架的弹性抗侧刚度；K_{WCj} 为第 j 片混凝土抗震墙弹性抗侧刚度；K_{WMj} 为第 j 片砖抗震墙弹性抗侧刚度。

2. 地震倾覆力矩计算及分配

框架柱的轴力应计入地震倾覆力矩引起的附加轴力，上部砖房可视为刚体，底部各轴线承受的地震倾覆力矩可近似按底部抗震墙和框架的有效侧向刚度的比例进行分配。当抗震墙之间楼盖长宽比大于 2.5 时，框架柱各轴线承担的地震剪力和轴向力尚应考虑楼盖平面内变形的影响。

作用于房屋底层的地震作用倾覆力矩（图 12.5.1）计算公式为

$$M_u=\sum_{i=2}^{n}F_i(H_i-H_1) \tag{12.5.3}$$

式中，M_u 为底部地震倾覆力矩；F_i 为第 i 层受到的地震作用；H_i 为第 i 层距基底的高度；n 为楼层数。

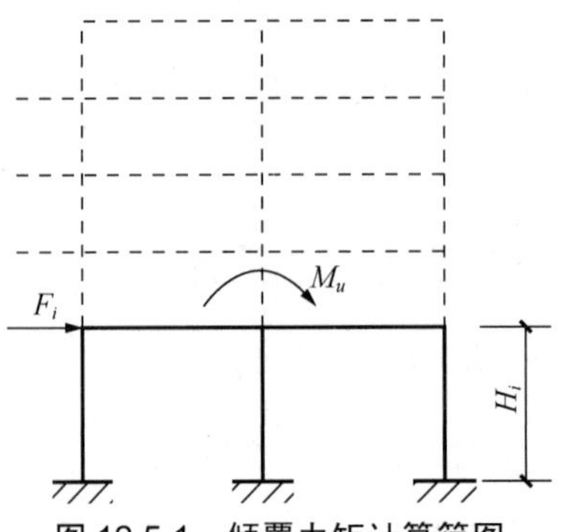

图 12.5.1 倾覆力矩计算简图

倾覆力矩 M_u 按墙体和框架的转动刚度进行分配，底层一片墙和一榀框架的平面转动刚度分别按式（12.5.3）和式（12.5.4）计算。

$$K_w^r = \frac{1}{\dfrac{h}{EI} + \dfrac{1}{C_\phi I_\phi}} \tag{12.5.4}$$

$$K_f^r = \frac{1}{\dfrac{h}{E\sum A_i x_i^2} + \dfrac{1}{C_Z \sum F_i x_i^2}} \tag{12.5.5}$$

式中，K_w^r、K_f^r 分别为底层一片抗震墙和一榀框架的自身平面内转动刚度；I、I_ϕ 分别为抗震墙水平截面和基础底面的转动惯量；C_Z、C_ϕ 分别为地基抗压和抗弯刚度系数；A_i、F_i 分别为一榀框架中第 i 层柱子的水平截面面积和基底面积；x_i 为第 i 根柱子到所在中和轴的距离。

一片抗震墙承受的倾覆力矩 M_w 为

$$M_w = \frac{K_w^r}{\sum K_w^r + \sum K_f^r} M_u \tag{12.5.6}$$

一榀框架承受的倾覆力矩 M_f 为

$$M_f = \frac{K_f^r}{\sum K_w^r + \sum K_f^r} M_u \tag{12.5.7}$$

由倾覆力矩 M_f 在框架中产生的附加轴力为

$$N_{ci} = \pm \frac{A_i x_i}{\sum A_i x_i^2} M_f \tag{12.5.8}$$

式中符号同式（12.5.4）和式（12.5.5）。

3. 钢筋混凝土托墙梁计算

对于底部框架-抗震墙砌体房屋的钢筋混凝土托墙梁计算地震组合内力时，应采用合适的计算简图，以保证结构安全。若考虑上部墙体与托墙梁的组合作用，应计入地震时墙体开裂对组合作用的不利影响，可调整有关的弯矩系数、轴力系数等计算参数。

4. 墙体抗震承载力验算

底部框架-抗震墙砌体房屋嵌砌于框架之间的普通砖或小砌块的砌体墙，应符合规范规定的构造要求，底层框架柱的轴向力和剪力应计入砖墙或小砌块引起的附加轴向力和附加剪力，其值可按式（12.5.9）和式（12.5.10）确定。

$$N_f = \frac{V_w H_f}{l} \tag{12.5.9}$$

$$V_f = V_w \tag{12.5.10}$$

式中，V_w 为墙体承担的剪力设计值，柱两侧有墙时可取二者的较大值；N_f 为框架柱的附加轴压力设计值；V_f 为框架柱的附加剪力设计值；H_f、l 分别为框架的层高和跨度。

嵌砌于框架之间的普通砖墙或小砌块墙及两端框架柱，其抗震受剪承载力应按下式验算：

$$V \leqslant \frac{1}{\gamma_{REc}}\sum\frac{M_{yc}^{u}+M_{yc}^{l}}{H_0}+\frac{1}{\gamma_{REw}}\sum f_{vE}A_{w0} \tag{12.5.11}$$

式中，V 为嵌砌普通砖墙或小砌块墙及两端框架柱剪力设计值；A_{w0} 为砖墙或小砌块墙水平截面的计算面积，无洞口时取实际截面的 1.25 倍，有洞口时取截面净面积，但不计入宽度小于洞口高度 1/4 的墙肢截面面积；M_{yc}^{u}、M_{yc}^{l} 分别为底层框架柱上下端的正截面受弯承载力设计值，可按现行国家标准《混凝土结构设计规范》（GB 50010—2010）非抗震设计的有关公式取等号计算；H_0 为底层框架柱的计算高度，两侧均有砌体墙时取柱净高的 2/3，其余情况取柱净高；γ_{REc} 为底层框架柱承载力抗震调整系数，可采用 0.8；γ_{REw} 为嵌砌普通砖墙或小砌块墙承载力抗震调整系数，可采用 0.9。

12.5.3　底部框架-抗震墙砌体房屋抗震构造措施

底部框架-抗震墙砌体房屋抗震构造措施较多层砌体结构房屋严格。紧邻下部框架-抗震墙砌体结构的砌体墙属于结构过渡层，应对其构造措施予以重视。本节主要说明抗震规范对底部框架-抗震墙砌体房屋抗震构造措施的特殊要求，未涉及的其他抗震构造措施应符合本章前述内容和钢筋混凝土结构抗震设计的相关要求。

1. 上部墙体构造柱或芯柱设置要求

钢筋混凝土构造柱、芯柱的设置部位，根据房屋的总层数应符合多层砌体房屋和多层小砌块房屋的相关要求设置。

底部框架-抗震墙砌体结构的上部砌体内的构造柱、芯柱应与每层圈梁连接，或与现浇楼板可靠拉结，设置要求及规定如下：

（1）砖砌体墙中构造柱截面不宜小于 240mm×240mm（墙厚 190mm 时为 240mm×190mm）；

（2）构造柱的纵向钢筋不宜少于 $4\phi14$，箍筋间距不宜大于 200mm；

（3）芯柱每孔插筋不应小于 $1\phi14$，芯柱之间沿墙高应每隔 400mm 设 $\phi14$ 焊接钢筋网片。

2. 过渡层墙体的构造要求

为避免应力集中，上部砌体墙的中心线宜与底部的框架梁、抗震墙的中心线相重合。构造柱或芯柱宜与框架柱上下贯通。

过渡层应在底部框架柱、混凝土墙或约束砌体墙的构造柱所对应处设置构造柱或芯柱；墙体内的构造柱间距不宜大于层高；芯柱除按《抗规》表 7.4.1 设置外，最大间距不宜大于 1m。

过渡层构造柱的纵向钢筋，6、7 度时不宜少于 $4\phi16$，8 度时不宜少于 $4\phi18$；过渡层芯柱的纵向钢筋，6、7 度时不宜少于每孔 $1\phi16$，8 度时不宜少于每孔 $1\phi18$。一般情况下，纵向钢筋应锚入下部的框架柱或混凝土墙内；当纵向钢筋锚固在托墙梁内时，托墙梁的相应位置应加强。

过渡层的砌体墙在窗台标高处，应设置沿纵横墙通长的水平现浇钢筋混凝土带；其截面高度不小于 60mm，宽度不小于墙厚，纵向钢筋不少于 $2\phi10$，横向分布筋的直径不小于 6mm 且其间距不大于 200mm。此外，砖砌体墙在相邻构造柱间的墙体，应沿墙高每隔 360mm 设置 $2\phi6$ 通长水平钢筋和 $\phi4$ 分布短筋平面内点焊组成的拉结网片或 $\phi4$ 点焊钢筋网片，并锚入构造柱内；小砌块砌体墙芯柱之间沿墙高应每隔 400mm 设置 $\phi4$ 通长水平点焊钢筋网片。

过渡层的砌体墙，凡宽度不小于 1.2m 的门洞和 2.1m 的窗洞，洞口两侧宜增设截面不小于 120mm×240mm（墙厚 190mm 时为 120mm×190mm）的构造柱或单孔芯柱。

当过渡层的砌体抗震墙与底部框架梁、墙体不对齐时，应在底部框架内设置托墙转换梁，并且过渡层砖墙或砌块墙应另外采取加强措施。

3. 底部钢筋混凝土墙截面和构造要求

墙体周边应设置梁（或暗梁）和边框柱（或框架柱）组成的边框；边框梁的截面宽度不宜小于墙板厚度的 1.5 倍，截面高度不宜小于墙板厚度的 2.5 倍；边框柱的截面高度不宜小于墙板厚度的 2 倍。

墙板的厚度不宜小于 160mm，且不应小于墙板净高的 1/20；墙体宜开设洞口形成若干墙段，各墙段的高宽比不宜小于 2。

墙体的竖向和横向分布钢筋配筋率均不应小于 0.30%，并应采用双排布置；双排分布钢筋间拉筋的间距不应大于 600mm，直径不应小于 6mm。

墙体的边缘构件可按《抗规》第 6.4 节关于一般部位的规定设置。

4. 6 度设防层约束砌体墙构造要求

1）6 度设防层约束砖砌体墙构造要求

砖墙厚不应小于 240mm，砌筑砂浆强度等级不应低于 M10，应先砌墙后浇框架。沿框架柱每隔 300mm 配置 $2\phi8$ 水平钢筋和 $\phi4$ 分布短筋平面内点焊组成的拉结网片，并沿砖墙水平通长设置；在墙体半高处尚应设置与框架柱相连的钢筋混凝土水平系梁。墙长大于 4m 时和洞口两侧，应在墙内增设钢筋混凝土构造柱。

2）6 度设防底层约束小砌块砌体墙构造要求

墙厚不应小于 190mm，砌筑砂浆强度等级不应低于 Mb10，应先砌墙后浇框架。

沿框架柱每隔 400mm 配置 $2\phi8$ 水平钢筋和 $\phi4$ 分布短筋平面内点焊组成的拉结网片，并沿砌块墙水平通长设置；在墙体半高处尚应设置与框架柱相连的钢筋混凝土水平系梁，系梁截面不应小于 190mm×190mm，纵筋不应小于 $4\phi12$，箍筋直径不应小于 $\phi6$，间距不应大于 200mm。

墙体在门、窗洞口两侧应设置芯柱，墙长大于 4m 时，应在墙内增设芯柱，芯柱应符合本章的有关规定；其余位置，宜采用钢筋混凝土构造柱替代芯柱，钢筋混凝土构造柱应符合本章有关规定。

5. 底部框架-抗震墙砌体房屋的框架柱构造要求

柱的截面不应小于 400mm×400mm，圆柱直径不应小于 450mm。

柱的轴压比，6 度时不宜大于 0.85，7 度时不宜大于 0.75，8 度时不宜大于 0.65。

柱的纵向钢筋最小总配筋率，当钢筋的强度标准值低于 400MPa 时，中柱在 6、7 度时不应小于 0.9%，8 度时不应小于 1.1%；边柱、角柱和混凝土抗震墙端柱在 6、7 度时不应小于 1.0%，8 度时不应小于 1.2%。

柱的箍筋直径，6、7 度时不应小于 8mm，8 度时不应小于 10mm，并应全高加密箍筋，间距不大于 100mm。

柱的最上端和最下端组合的弯矩设计值应乘以增大系数，一、二、三级的增大系数应分别按 1.5、1.25、1.15 采用。

6. 楼盖构造要求

过渡层的底板应采用现浇钢筋混凝土板，板厚不应小于 120mm；并应少开洞、开小洞，当洞口尺寸大于 800mm 时，洞口周边应设置边梁。

其他楼层，采用装配式钢筋混凝土楼板时均应设现浇圈梁；采用现浇钢筋混凝土楼板时应允许不另设圈梁，但楼板沿抗震墙体周边均应加强配筋并应与相应的构造柱可靠连接。

7. 钢筋混凝土托墙梁构造要求

梁的截面宽度不应小于 300mm，梁的截面高度不应小于跨度的 1/10。

箍筋的直径不应小于 8mm，间距不应大于 200mm；梁端在 1.5 倍梁高且不小于 1/5 梁净跨范围内，以及上部墙体的洞口处和洞口两侧各 500mm 且不小于梁高的范围内，箍筋间距不应大于 100mm。

沿梁高应设腰筋，数量不应少于 $2\phi14$，间距不应大于 200mm。

梁的纵向受力钢筋和腰筋，应按受拉钢筋的要求锚固在柱内，且支座上部的纵向钢筋在柱内的锚固长度应符合钢筋混凝土框支梁的有关要求。

8. 材料强度要求

框架柱、混凝土墙和托墙梁的混凝土强度等级，不应低于 C30。

过渡层砌体块材的强度等级不应低于 MU10，砖砌体砌筑砂浆的强度等级不应低于 M10，砌块砌体砌筑砂浆的强度等级不应低于 Mb10。

12.6 砌体结构抗震加固

12.6.1 扶壁柱加固技术

1. 基本原理

扶壁柱加固技术是在原有墙体侧面加设砖柱或混凝土柱，用以提供墙体的面外支撑（图 12.6.1)，这是一种加大墙肢构件截面的加固方法。扶壁柱可以看作一种增强砌体墙肢稳定性的辅助措施，施工简单，成本低廉，易于实现，但缺点是对结构承载力的提升有限。

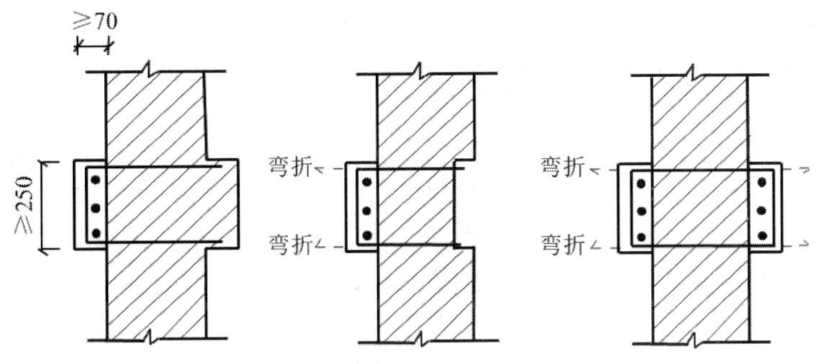

图 12.6.1　扶壁柱加固构造图

2. 施工工艺

扶壁柱加固技术施工流程如下：①将原砌体表面的粉刷层凿去，清理干净，并用水冲洗湿润；②在砖墙的灰缝中打入 $\phi 4$ 或 $\phi 6$ 的连接插筋；③插入钢筋后将水泥砂浆注入插孔填塞，并在墙面作找平处理；④使用强度不低于原砌体的砖块和砂浆砌筑扶壁柱，且扶壁柱的宽度不应小于 240mm，厚度不应小于 125mm。扶壁柱加固示意图如图 12.6.2 所示。

图 12.6.2　扶壁柱加固示意图

12.6.2　钢筋网水泥砂浆面层加固技术

1. 基本原理

采用钢筋网水泥砂浆面层加固时，需要在墙体的一侧或两侧布置钢筋网，使该钢筋网能够与原砖墙进行有效的连接，同时抹上水泥砂浆形成钢筋网水泥砂浆面层来提高墙体的受剪承载力（图 12.6.3）。该技术如今在实际工程中最为常见。它具有厚度薄，对原有构件尺寸及结构自重影响小，抗拉、抗压强度高，原墙体面层与新面层黏结良好的特点。

2. 计算公式

钢筋网水泥砂浆面层加固砌体墙的抗震受剪承载力应符合下式的要求：

$$V \leqslant V_{ME} + \frac{V_{sj}}{\gamma_{RE}} \tag{12.6.1}$$

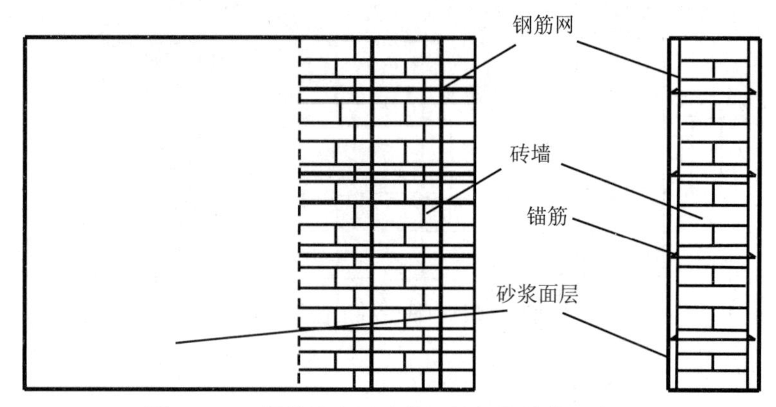

图 12.6.3　钢筋网水泥砂浆面层加固技术示意图

式中，V 为考虑地震组合的墙体剪力设计值；γ_{RE} 为承载力抗震调整系数，取 0.9；V_{ME} 为原砌体抗震受剪承载力，按照下式计算：

$$V_{ME} \leqslant (f_V + \alpha\mu\sigma_0)A \tag{12.6.2}$$

$$\gamma_G = 1.2\text{时，}\quad \mu = 0.26 - \frac{0.082\sigma_0}{f} \tag{12.6.3}$$

$$\gamma_G = 1.5\text{时，}\quad \mu = 0.23 - \frac{0.065\sigma_0}{f} \tag{12.6.4}$$

式中，V_{ME} 为剪力设计值；A 为墙体水平截面面积；f_V 为砌体抗剪强度设计值；α 为修正系数，当 γ_G 取 1.2 时，砖砌块取 0.6，混凝土砌块取 0.64，当 γ_G 取 1.35 时，砖砌块取 0.64，混凝土砌块取 0.66；μ 为剪压复合受力影响因素；f 为砌体抗压强度设计值；σ_0 为永久荷载设计值产生的水平截面平均压应力，其值不应大于 $0.8f$。

V_{sj} 为采用钢筋网水泥砂浆面层加固后提高的抗震受剪承载力，按照下式计算：

$$V_{sj} = 0.02fbh + 0.2f_yA_s\frac{h}{s} \tag{12.6.5}$$

式中，f 为砂浆轴心抗压强度设计值；b 为砂浆面层厚度；h 为墙体水平方向长度；f_y 为水平向钢筋的设计强度值；A_s 为水平向单排钢筋截面面积；s 为水平向钢筋的间距。

3. 施工工艺

钢筋网水泥砂浆面层加固技术施工流程如下：①对砖墙进行清理和找平；②对穿墙锚固的钢筋进行布置，在墙片上以 150mm 为间距钻上一排直径为 8mm 的穿墙洞；③在每个孔中放置 260mm 的穿墙钢筋，穿墙钢筋长度应比墙体厚度略大，如此能够使得纵筋更好地焊接锚固，再将水玻璃砂浆灌注到穿墙孔洞内部；④使用焊接条带将穿墙钢筋与墙片表面的钢筋焊接为一个钢筋网；⑤进行面层砂浆填抹，首先需要将墙面彻底清理干净，确保没有其他任何杂物后按照作业要求填抹一定量的水泥砂浆；⑥完成抹灰作业内容之后，按要求进行养护。如图 12.6.4 所示为钢筋网水泥砂浆面层加固示意图。

图 12.6.4　钢筋网水泥砂浆面层加固示意图

12.6.3　外套整体式加固技术

1. 基本原理

既有建筑装配式外套加固技术（图 12.6.5）是在原有的砌墙结构两侧增加预制墙板体系，等同于在原结构外围加了一圈剪力墙结构，形成一个钢筋混凝土外套套在原结构外围，用以承担整个结构体系的地震力。在构成阳台等附件的同时，可以实现对墙体结构的进一步约束，达到约束原砌体结构、提高结构整体抗震性能、加固原结构的目的。

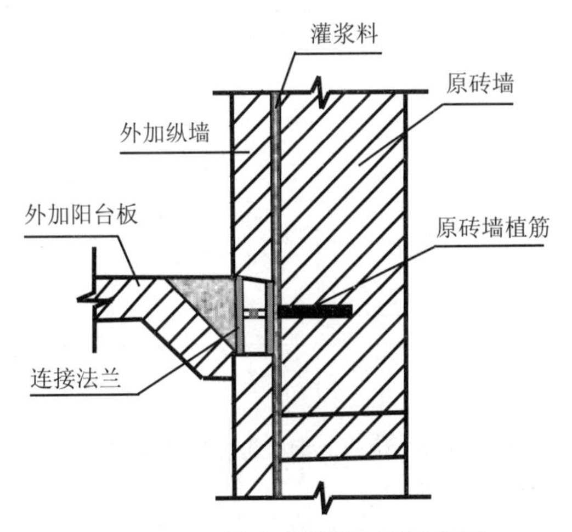

图 12.6.5　外套式整体加固示意图

2. 施工工艺

外套加固墙板包括 3 种类型，分别为纵墙方向的钢筋混凝土贴墙墙片、横墙方向的钢骨剪力墙和钢筋混凝土阳台板，三者通过后浇带组成一“外套单元”，外套单元之间采用位于楼层后浇带内的型钢抗剪键进行连接，外套单元与原砌体结构则依靠后锚固化学植筋形成有效连接。屋盖位置的钢筋混凝土梁和各层楼板下侧的对拉螺杆拉结两侧的外套单元，形成空间体系对原砌体结构进行整体外套约束（图 12.6.6）。

（a）水泥砂浆勾缝和制作抗剪键　（b）预制钢筋混凝土贴墙墙片

（c）使用花篮螺栓和钢拉杆连接楼板

（d）水平后浇带　（e）现浇构造柱和混凝土梁

图 12.6.6　外套式整体加固工艺图

12.6.4　预应力钢板带加固技术

1. 基本原理

在砖砌体墙两面布置横、竖向钢板带。横向钢板带布置在墙面的内侧，两面的钢板带和墙体之间通过对拉螺栓进行锚固连接（图 12.6.7）。对拉螺栓的紧固使得钢板带发生拉伸变形，产生预拉应力，从而实现加固模式由被动转为主动，提高了钢板带在正常使用状态下的利用效率。

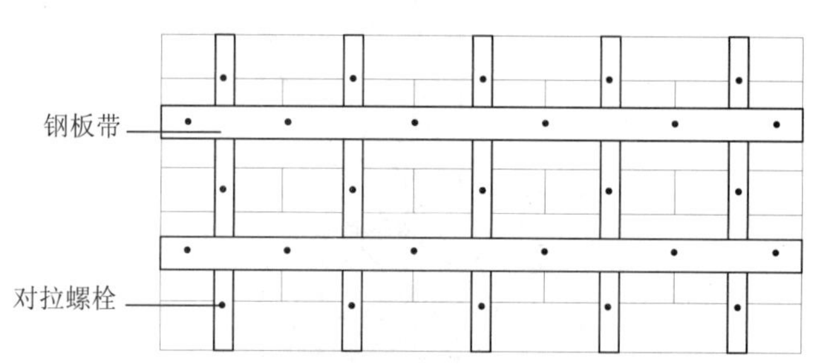

图 12.6.7　预应力钢板带加固技术示意图

2. 计算方法

横向钢板带的变形可以简化（图 12.6.8），图中 ABC 和 DEF 段可以近似看作直角三角形。BE 段可近似看作圆弧，且与两端连线段相切。基于几何条件，横向钢板带与竖向钢板带正交叠合处外表面理论拉应变（ε）可由式（12.6.6）计算。根据横向钢板带应变可计算得到施加的预应力值。

$$\varepsilon=\frac{2\left[\sqrt{t_2^2+d^2}+\left(\sqrt{\frac{b^2}{4}+\frac{b^2d^2}{4t_2^2}}+t_1\right)\arctan\frac{t_2}{d}\right]-(b+2d)}{b+2d}\tag{12.6.6}$$

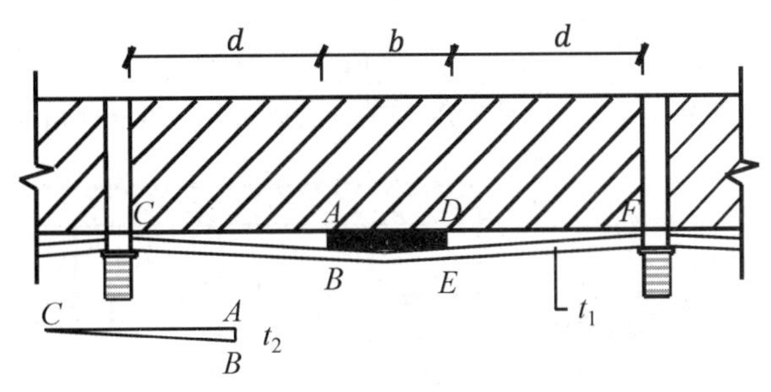

图 12.6.8　预拉应变计算示意图

式中，t_1 为竖向和横向钢板带厚度；t_2 为对拉螺栓的张拉深度（线段 AB 长度），该值不大于 t；d 为对拉螺栓边缘与竖向钢板带边缘的距离；b 为竖向钢板带宽度。

3. 施工工艺

预应力钢板带加固的具体步骤如下：①按照对拉螺栓设计位置分别在墙体及钢板带相应位置钻取孔洞。横向钢板带上的孔洞为长圆形，以便在拧紧对拉螺栓时钢板带可以单向滑动，从而在横向钢板带中产生较均匀的预拉应力。②在砌体墙表面安装竖向钢板带，竖向钢板带上下端与水平角钢焊接，再用 M12 化学锚栓将水平角钢分别与顶梁及底梁连接，锚栓锚固深度为 120mm。③在竖向钢板带外侧安装横向钢板带，墙体两侧面设置宽度为 100mm 的钢缀板，横向钢板带与钢缀板通过垂直角钢焊接，最终形成闭合约束。④拧紧横向钢板带上的对拉螺栓，使钢板带中出现预拉应力。如图 12.6.9 所示为预应力钢板带加固工艺图。

图 12.6.9　预应力钢板带加固工艺图

12.6.5　高强钢绞线-聚合物砂浆面层加固技术

1. 基本原理

高强钢绞线-聚合物砂浆面层加固技术是钢绞线通过黏合强度及弯曲强度优良的渗透性聚合物砂浆附着（图 12.6.10），与原砌体形成一体，共同承担荷载作用下的弯矩和剪力，适用于承受弯矩和剪力的砌体构件正截面、斜截面承载力加固。该方法能降低被加固构件的应力水平，不仅加固效果好，而且还能较大幅度地提高结构整体的承载力。

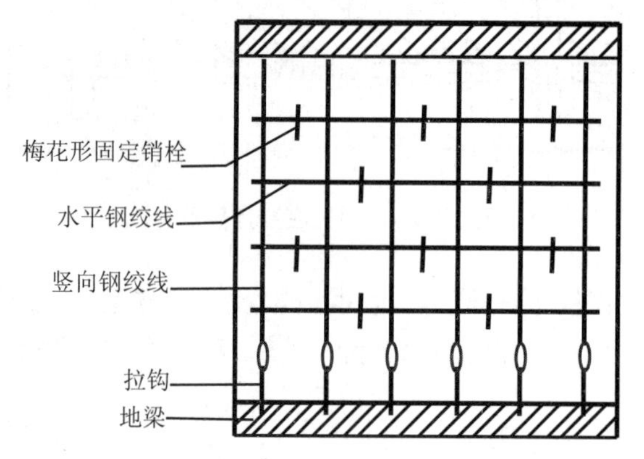

图 12.6.10 高强钢绞线-聚合物砂浆面层加固技术

2. 计算方法

高强钢绞线-聚合物砂浆面层加固砖墙受剪承载力可按式（12.6.7）计算（图 12.6.11）：

$$V = V_0 + V_1 \tag{12.6.7}$$

其中

$$V_0 = \left(f_m + 0.4\sigma_y\right)A \tag{12.6.8}$$

$$V_1 = \beta_{\mathrm{d}}\left(\beta_1 f_{tm} A + \beta_w n f_{yh} A_{yh}\right) \tag{12.6.9}$$

式中，V 为加固后墙体的受剪承载力；V_0 为加固前墙体的受剪承载力；V_1 为加固墙体中聚合物砂浆层和钢绞线所提供的受剪承载力；f_m 为砌体抗压强度标准值；σ_y 为正应力；A 为墙体截面面积；β_{d} 为复合面层与原墙体的共同工作系数，取 0.4；β_1 为聚合物砂浆应力发挥系数，取 0.3；f_{tm} 为聚合物砂浆抗压强度标准值；β_w 为钢绞线应力发挥系数，取 0.2；f_{yh} 为钢绞线抗拉强度标准值；A_{yh} 为单根钢绞线截面面积；n 为沿破坏方向截面上钢绞线数量。

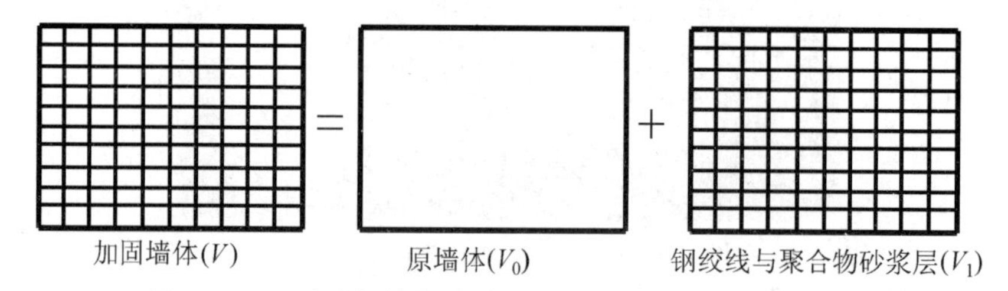

图 12.6.11 高强钢绞线-聚合物砂浆面层承载力计算示意图

3. 施工工艺

高强钢绞线-聚合物砂浆面层加固技术的主要程序为：①用固定钉将高强不锈钢绞线网固定在被加固面上，并用紧线器拉紧钢绞线网，对其进行预紧；②用清水冲洗墙面，除去墙体上的灰尘和杂质；③涂抹界面剂以保证聚合物砂浆与墙面黏结良好；④使用人工的方式对墙体进行聚合物砂浆面层抹面，对聚合物砂浆面层进行保水养护。如图 12.6.12 所示为该技术示意图。

图 12.6.12　高强钢绞线-聚合物砂浆面层加固技术示意图

12.6.6　滑移隔震层加固技术

1. 基本原理

滑移隔震结构由基础上下梁、石墨玻璃丝布板组成的石墨滑移隔震层、限位钢筋和砂浆抗剪键构成。其基本原理是当结构遭受较小的地震作用时，隔震层所受水平地震剪力小于静摩擦力，摩擦力会阻止上部结构滑动，使建筑物保持稳定；当隔震层承受的水平地震剪力大于静摩擦力时，滑动面开始滑移，因为结构滑移使得结构无固定的自震周期，从而能够有效地避免共振现象发生。如图 12.6.13 所示为滑移隔震层加固技术示意图。

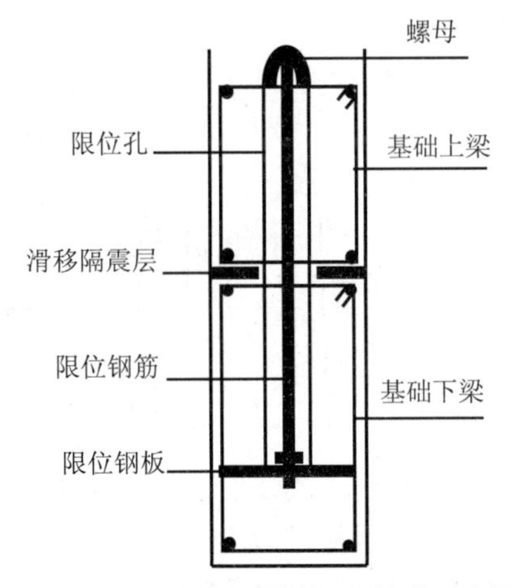

图 12.6.13　滑移隔震层加固技术示意图

2. 计算方法

由于结构上部层间刚度远大于隔震层水平刚度，故可认为地震中其上部层间位移值远远小于隔震层位移值。若忽略上部结构扭转，可将其简化为单质点结构动力分析模型（图 12.6.14），故可以将隔震层的刚度和阻尼近似看作结构的刚度和阻尼。

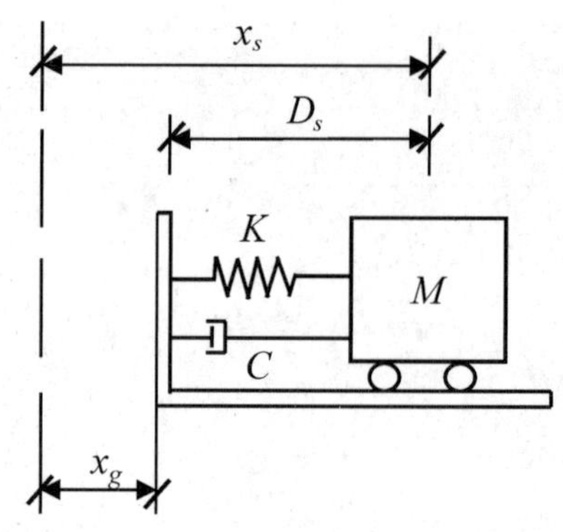

图 12.6.14　隔震层结构动力示意图

上部结构水平加速度、速度和位移记为 $\ddot{x}_s$、$\dot{x}_s$、x_s；$\ddot{x}_g$、$\dot{x}_g$、x_g 分别为地面加速度、速度和位移；D_s 为隔震层的相对运动位移；M 为上部结构总质量；K 和 C 分别为隔震装置的水平刚度和等效阻尼值。那么在地震作用下，结构体系动力微分方程式为

$$M\ddot{x}_s + C\dot{x}_s + Kx_s = C\dot{x}_g + Kx_g \tag{12.6.10}$$

式（12.6.10）两边均除 M，并设隔震结构体系固有频率为 ω_n，阻尼比为 ζ，有

$$\omega_n = \sqrt{\frac{K}{M}}，\ \zeta = \frac{C}{2M\omega_n} \tag{12.6.11}$$

为求得结构加速度 $\ddot{x}_s$，采用传递函数法。设结构的传递函数为 $H(\omega)$，场地特征频率为 ω，地面运动加速度为 $\ddot{x}_g = \mathrm{e}^{\mathrm{i}\omega t}$,则结构加速度为 $H(\omega)\ddot{x}_g = \mathrm{e}^{\mathrm{i}\omega t}$。

将 ω_n 和 ζ 代入式（12.6.10），可得

$$\ddot{x}_s + 2\zeta\omega_n\dot{x}_s + \omega_n^2 x_s = 2\zeta\omega_n\dot{x}_g + \omega_n^2 x_g \tag{12.6.12}$$

再将 $\ddot{x}_s$ 和 $\ddot{x}_g$ 代入式（12.6.12），整理得

$$H(\omega) = \frac{\ddot{x}_s}{\ddot{x}_g} = \frac{1}{\omega_n^2}\sqrt{\frac{1+\left(\frac{2\zeta\omega}{\omega_n}\right)^2}{\left[1-\left(\frac{\omega}{\omega_n}\right)^2\right]^2+\left(\frac{2\zeta\omega}{\omega_n}\right)^2}} \tag{12.6.13}$$

该传递函数表示隔震结构对地面运动加速度的衰减效果，即隔震结构的加速度衰减率。若建筑所在场地特征频率已知，则可通过选取合适的隔震装置参数为（ω_n，ζ），进而求出隔震结构的加速度衰减率，以确保地震中建筑物的安全。

3. 施工工艺

如图 12.6.15 所示，在滑移层上下基础梁轴线上设置若干竖向限位圆孔，并预埋带孔的方形钢板，用两端带螺纹的限位钢筋穿过上下限位钢板孔、玻璃丝布板和定位钢板，并套

一螺母，螺母与限位钢板间预留缝隙，并在螺母外侧套隔离盖，使螺母与其周围混凝土隔离。隔离盖直径大于螺母直径，以保证地震时限位钢筋端部可自由变形。

图 12.6.15　滑移隔震层示意图

习题

1. 限制多层砌体房屋的总高度和层数的原因是什么？

2. 为何控制房屋的最大高宽比？

3. 构造柱、芯柱及圈梁的布置原则与作用是什么？

4. 提高多层砌体房屋的抗震性能所采取的主要构造措施是什么？

5. 如何计算每片墙的地震剪力？

6. 如何计算多层砌体房屋的地震层间剪力？

7. 多层砌体房屋中，为什么楼梯间不宜设置在房屋的尽端和转角处？砌体结构中设置钢筋混凝土圈梁有何作用？

8. 某六层砖混结构房屋，底层计算高度 4.2m，其余各层层高 3.0m，出屋面楼梯间层高 2.7m，各层重力代表值分别为：首层顶 5000kN，二至五层顶 4200kN，六层顶 3200kN，出屋面楼梯间 500kN。该地区地震设防烈度为 8 度（设计基本地震加速度 0.3g），设计地震分组为第 1 组，Ⅲ类场地。试用底部剪力法计算在多遇横向水平地震作用下各楼层剪力标准值。

9. 某黏土砖承重墙，墙厚 240mm，墙长 3.3m，采用 MU10 砖 M7.5 混合砂浆砌筑（$f_v = 0.17\text{MPa}$），经计算该墙承受的重力荷载代表值为 403.92kN，墙两端均设有构造柱，试计算该墙的抗震承载力。

10. 多层砌体结构的类型有哪几种？试说明多层砌体结构的震害特点。为什么要限制该类结构的总高度及横墙间距？

11. 多层砌体结构抗震设计中，除进行抗震验算外，为何更要注意概念设计及抗震构造措施的处理？砌体结构房屋的概念设计包括哪些方面？

12. 砌体结构房屋的常见震害有哪些？一般会在什么情况下发生？设计时应如何避免破坏的发生？

13. 多层砌体结构房屋的计算简图如何选取？地震作用如何确定？层间地震剪力在墙体间如何分配？

14. 墙休间抗震承载力如何验算？

15. 底层框架砖房的底层为什么沿房屋纵横向需要布置一定数量的抗震墙？规范中对底层框架砖房的第二层与底层侧移刚度的比值有何限制？底层框架砖房底层地震剪力在抗震墙与柱之间如何分配？如何验算底层框架砖房二层以上砖墙的抗震承载力？

参考文献

[1] 龚思礼. 建筑抗震设计手册[M]. 2 版. 北京: 中国建筑工业出版社, 2002.
[2] 郭继武. 建筑抗震设计[M]. 3 版. 北京: 中国建筑工业出版社, 2011.
[3] 胡聿贤. 地震工程学[M]. 2 版. 北京: 地震出版社, 2006.
[4] 黄世敏, 杨沈. 建筑震害与设计对策[M]. 北京: 中国计划出版社, 2009.
[5] 李国强, 李杰, 苏小卒. 建筑结构抗震设计[M]. 3 版. 北京: 中国建筑工业出版社, 2009.
[6] 刘伯权, 吴涛, 等. 建筑结构抗震设计[M]. 北京: 机械工业出版社, 2011.
[7] 沈聚敏. 抗震工程学[M]. 2 版. 北京: 中国建筑工业出版社, 2015.
[8] 中国建筑科学研究院. 建筑抗震设计规范：GB 50011—2010[S]. 北京: 中国建筑工业出版社, 2010.
[9] 何建. 砌体结构房屋可靠性鉴定与加固方法及实例[D]. 重庆: 重庆大学, 2006.
[10] 隋政通. 斜置钢筋网水泥砂浆面层加固砌体结构墙体抗震性能研究[D]. 沈阳: 沈阳建筑大学, 2021.
[11] 王啸霆, 陈曦, 王涛, 等. 外套整体式加固砌体结构抗震性能试验研究[J]. 工程力学, 2022, 39(2): 13.
[12] 敬登虎, 乔墩, 邢凯丽. 预应力钢板带加固砖砌体墙抗震性能试验研究[J]. 湖南大学学报: 自然科学版, 2021, 48(7): 9.
[13] 周中一. 村镇砌体结构新型抗震与隔震技术研究[D]. 北京: 北京工业大学, 2012.

第 13 章　钢筋混凝土结构的抗震性能与设计

多高层钢筋混凝土结构以其优良的综合性能，在现代化城市建设中得到了广泛的应用。在我国城市中，大部分多高层建筑都采用钢筋混凝土结构形式。我国地处世界上两大地震带之间，受其影响，我国位于强地震区的城市占有很大的比重，位于 6 度区以上的城市占城市总数的 70%以上，近 60%的大城市位于 7 度以及 7 度以上的地震区。因此，掌握多高层钢筋混凝土结构抗震设计方法是十分重要的。

13.1　多层和高层钢筋混凝土结构的震害

13.1.1　场地引起的震害

1. 共振效应引起的震害

当建筑场地的卓越周期与建筑物的自振周期、地震的振动传播周期相近时，容易产生类共振效应而加剧建筑物的震害。如 1985 年墨西哥格雷罗（Guerrero）7.3 级地震，震中附近建筑物未遭到严重破坏，而远在 400km 以外的墨西哥城湖积区软弱场地上 10～15 层的高层建筑却由于土层和结构的双重共振作用出现了严重破坏和倒塌。

2. 地基失效引起的震害

地基土液化、软土震陷以及断层错动都可以导致地基失效。地基土液化最典型的工程实例是 1964 年日本新潟发生 6.8 级地震，因砂土地基液化，造成一栋四层公寓大楼连同基础倾倒了 80°，而这次地震中，用桩基支撑在密实土层上的建筑则破坏较少。1999 年我国台湾集集发生了 7.6 级大地震，也有很多因地基土液化而导致建筑物倾斜的例子。1976 年我国的唐山地震（7.8 级）、1999 年土耳其地震（7.4 级）都有软土震陷破坏的实例。这种极端的不均匀沉降作用在设计中基本上无法考虑。

13.1.2　结构布置引起的震害

1. 结构平面不规则引起扭转破坏

结构平面不对称有以下两种情况：一是结构平面形状的不对称，如 L 形、Z 形平面等；二是结构的平面形状对称但结构的刚度分布不对称，这往往是由于楼梯间或者剪力墙的布置不对称以及砌体填充墙的布置不合理等造成的。结构平面上的不对称会使结构的质量中心与刚度中心不重合，导致结构在水平地震作用下产生扭转和局部应力集中（尤其是在凹角处），若不采取相应的加强措施，就会造成严重的震害。1972 年的尼加拉瓜地震中，楼梯、电梯间和砌体填充墙集中布置在平面一端的 15 层马那瓜中央银行破坏严重，震后被拆除；而相距不远的 18 层马那瓜美洲银行由于采取了对称芯筒布置，震后仅局部连梁上有细微裂缝，稍加修理便恢复了使用，如图 13.1.1 所示。

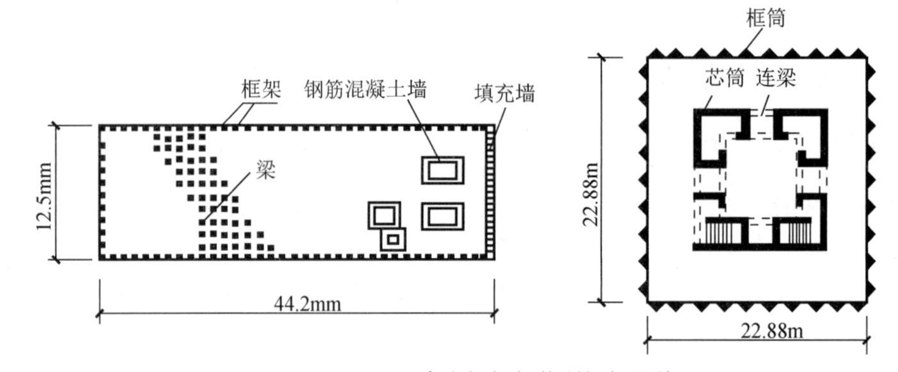

图 13.1.1　马那瓜中央银行与美洲银行图片

2. 结构竖向不规则导致薄弱层的破坏

结构某一层的抗侧刚度或层间水平承载力突然变小，形成软弱层或薄弱层，地震时，该层的塑性变形过大或承载力不足，会引起结构构件的严重破坏，造成楼层塌落或结构倒塌。1972 年美国圣费尔南多地震中，Olive View 医院主楼底层柱严重破坏，残余侧向位移达 60cm。1995 年日本阪神地震和 2008 年我国四川汶川地震中，许多底层空旷的建筑严重破坏或者倒塌（图 13.1.2）。阪神地震中，大量下部采用钢骨混凝土构件、上部采用钢构件或混凝土构件的多高层建筑，因竖向刚度和承载力突然变小，出现了中间层坍塌的震害现象。

突出屋面的附属结构物因与下部主体结构间存在明显的刚度突变，且建筑物顶部受高阶振型影响较大，地震响应显著增大，产生“鞭梢效应”而严重破坏，如图 13.1.3 所示。四川江油广电中心顶部，两层小塔楼上设有钢结构电视发射塔，汶川地震后，钢结构电视发射塔完好，但因支承小塔楼的 4 根钢筋混凝土圆柱上下端严重破坏而被分段拆除。

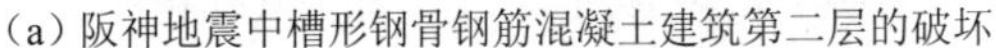
（a）阪神地震中槽形钢骨钢筋混凝土建筑第二层的破坏

（b）都江堰某框架结构底层破坏

图 13.1.2　结构竖向不规则破坏实例

3. 防震缝宽度不足引起的震害

国内外历次大地震中，都有因防震缝宽度不足而使建筑物碰撞破坏的实例。1976 年唐山大地震，京津唐地区设缝的高层建筑（缝宽 50～150mm），除北京饭店东楼（18 层框架-剪力墙结构，缝宽 600mm）外，均发生不同程度的碰撞，轻者外装修、女儿墙、檐口损坏，重者主体结构破坏。2008 年汶川地震中，防震缝的破坏较为普遍，如图 13.1.4 所示，主要震害表现为：盖缝材料挤压变形破坏或拉脱；缝两侧墙体及女儿墙碰撞破坏或面层脱落；缝两侧主体结构因碰撞发生破坏或垮塌。

图 13.1.3　都江堰公安局楼顶塔桅因“鞭梢效应”破坏

图 13.1.4　江油市某框架防震缝过窄发生碰撞

13.1.3　钢筋混凝土框架结构的震害

钢筋混凝土框架结构房屋是我国工业与民用建筑中最常用的结构形式之一，层数一般在 15 层以下，多数为 10～15 层。框架结构的特点是建筑平面布置灵活，可以取得较大的使用空间，具有相对较好的延性。但是，框架结构的整体抗侧刚度相对较小，抗震能力的储备亦相对较小；在强烈地震的作用下，其侧向变形相对较大，易造成部分框架柱的失稳破坏；另外，框架结构的冗余度较少，容易形成连续倒塌机制，而导致结构整体倾覆倒塌；同时，地震时该类结构非结构构件的破坏也比较严重，不仅会危及人身安全，造成较大的财产损失，而且其震后的加固修复费用很高。总之，框架结构的震害主要是由于其强度和延性不足而引起的，其破坏程度比砌体结构轻，但比有剪力墙的钢筋混凝土结构严重。未经抗震设计或概念设计上存在明显问题的钢筋混凝土框架结构，存在很多薄弱环节；遭遇 8 度或 8 度以上的地震作用时，这类结构会产生一定数量的中等或严重破坏，极少数甚至整体倒塌。框架结构的震害主要表现在以下几个方面。

1. 框架结构因形成“柱铰”机制而破坏

“强柱弱梁”屈服机制是延性框架结构抗震设计的主要目标之一，但即使按现行规范对其进行“强柱弱梁”设计，在强震作用下，其柱端仍可能出现塑性铰。震害资料表明：钢筋混凝土框架结构的震害一般表现为梁轻柱重，柱顶比柱底更重，尤其是角柱和边柱更易发生破坏，如图 13.1.5 所示。

图 13.1.5　都江堰市某六层钢筋混凝土框架结构柱头、柱脚、角柱、边柱破坏情况

2. 框架柱的破坏

框架柱的震害一般要比框架梁严重，其破坏主要集中在上、下柱端 1.0～1.5 倍柱截面高度的范围内。一般来说，角柱的震害重于内柱，短柱的震害重于一般柱，柱上端的震害重于下端。

（1）塑性铰处的压弯破坏：柱子在轴力和杆端弯矩的作用下，上下柱端出现水平裂缝和斜裂缝（也有交叉裂缝），混凝土局部被压碎，柱端形成塑性铰。严重时混凝土压碎剥落，箍筋外鼓崩断，柱筋屈曲成灯笼状。柱子轴压比过大、主筋不足、箍筋过稀等都会导致这种破坏，破坏大多出现在梁底与柱顶交接处，如图 13.1.6 所示。

（2）剪切破坏：柱在往复水平地震作用下，会出现斜裂缝或交叉裂缝，裂缝宽度较大，箍筋屈服崩断，难以修复，如图 13.1.7 所示。

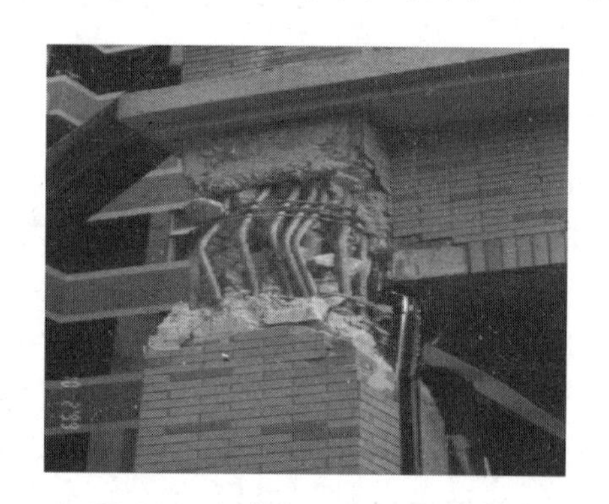

图 13.1.6　集集地震中主筋压屈

图 13.1.7　柱发生剪切破坏

（3）角柱的破坏：由于房屋不可避免地会发生扭转，角柱所受剪力最大，同时角柱承受双向弯矩作用，而约束又较其他柱小，震害比内柱严重，有的角柱上、下柱身错动，钢筋由柱内拔出。

（4）短柱的破坏：有错层、夹层或有半层高的填充墙，或不适当地设置某些连系梁，以及设置楼梯平台梁时，容易形成剪跨比不大于 2 的短柱，短柱刚度大，易产生剪切破坏，如图 13.1.8 所示。

（5）柱牛腿的破坏：结构单元之间或主楼与裙房之间若采用主楼框架柱设牛腿，低层屋面或楼面梁搁置在牛腿上的做法，地震时由于两边振动不同步，会造成牛腿上的混凝土被压碎、预埋件被拔出、柱边混凝土拉裂等震害。1976 年唐山地震时，天津友谊宾馆主楼（9 层框架）和裙房（单层餐厅）之间采用客厅层屋面梁支承在主框架牛腿上加以钢筋焊接，在地震中，牛腿拉断、压碎，产生了严重的震害。

图 13.1.8　短柱破坏

3. 框架梁的破坏

震害多发生在框架梁的梁端。在地震作用下梁端纵向钢筋屈服，出现上下贯通的垂直裂缝和交叉斜裂缝。在梁端负弯矩钢筋切断处，由于抗弯能力削弱也容易产生裂缝，造成梁剪切破坏，如图 13.1.9 和图 13.1.10 所示。框架梁发生剪切破坏主要是由于梁端屈服后所产生的剪力较大，超过了梁的抗剪承载力，梁内箍筋配置较稀，以及在地震反复荷载作用下，混凝土抗剪强度降低等因素引起的。

图 13.1.9　北川县红十字会大楼梁端出铰

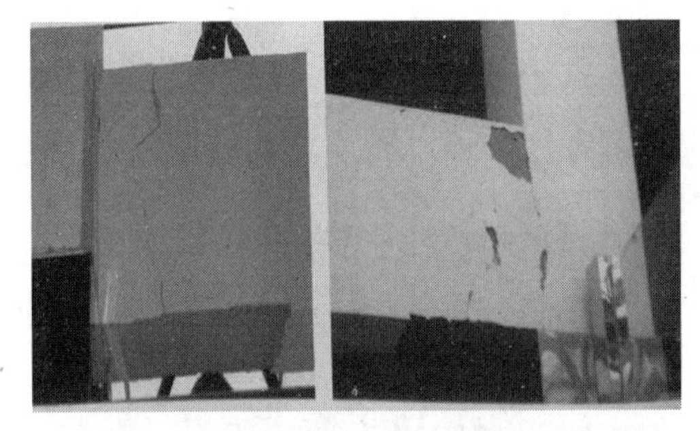

图 13.1.10　都江堰市建设大厦梁端破坏（两侧无楼板）

框架梁的震害较少，主要是因为按“强柱弱梁”原则进行框架设计时，未充分考虑现浇板及其配筋对框架梁抗弯承载力的影响。

4. 框架梁柱节点的破坏

框架节点核心区是梁柱端受力最大部位，是保证框架承载力和抗倒塌能力的关键区域。梁柱纵筋在节点区交汇锚固，钢筋配置密集，施工难度大，若节点内箍筋配置不足或不设箍筋就会造成节点破坏，产生对角方向的斜裂缝或交叉斜裂缝，导致混凝土剪碎剥落、柱纵向钢筋压曲外鼓。梁纵筋在节点区锚固长度不足时，钢筋会从节点内被拔出，将混凝土拉裂，产生锚固破坏，如图 13.1.11 和图 13.1.12 所示。

图 13.1.11　北川县在建框架节点破坏
（交叉斜裂缝）

图 13.1.12　绵竹市某餐厅节点破坏
（表层混凝土崩落，箍筋崩脱）

5. 框架填充墙的破坏

框架结构常采用各种烧结砖、混凝土砌块、轻质墙体等材料做填充墙。框架结构设计分析时，填充墙一般仅作为荷载考虑，但有些填充墙（如砖砌体）本身具有一定刚度，地震时作为整个结构系统的第一道防线承受地震剪力，但由于没有采取合理的抗震构造措施，造成了填充墙严重开裂和破坏，加之填充墙平面外的地震作用，导致墙体倒塌。填充墙面开洞过大过多、砂浆强度等级低、施工质量差、灰缝不饱满等因素都会使填充墙震害加重，端墙、窗间墙、门窗洞口边角部位以及突出部位的破坏更为严重。框架填充墙的震害总体表现为下重上轻。汶川地震中，大量框架结构出现了填充墙破坏，甚至倒塌，如图 13.1.13 和图 13.1.14 所示。

图 13.1.13　都江堰国税局大楼破坏严重

图 13.1.14　墙面形成交叉斜裂缝

填充墙除本身的震害较重外，其在平面及竖向的不合理布置还会引起下列震害：

（1）填充墙造成“短柱”的剪切破坏；

（2）填充墙平面布置不均匀造成结构实际楼层刚度偏心，导致结构扭转产生震害；

（3）填充墙沿高度方向不连续造成实际楼层刚度突变，导致薄弱楼层破坏或倒塌。

6. 楼梯间破坏

楼梯间是地震时重要的逃生通道。楼梯间及其构件的破坏会延误人员撤离及救援工作，造成严重伤亡。汶川地震中，许多框架结构的楼梯都发生了严重破坏，甚至楼梯板断裂，使得逃生通道被切断，如图 13.1.15 和图 13.1.16 所示。

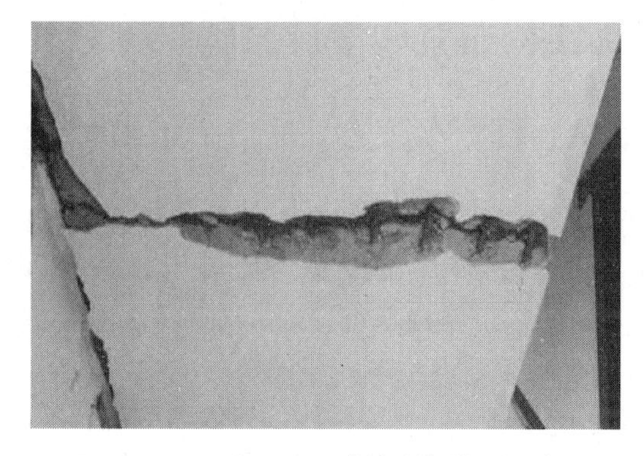

图 13.1.15　汶川地震时某结构梯段板破坏

图 13.1.16　梯梁及平台板破坏

框架结构抗侧刚度较小，当结构构件与主体结构整浇时，楼梯板类似斜撑，对结构刚度、承载力、规则性均有较大影响；另外楼梯结构复杂，传力路径也复杂，使得楼梯的震害加重。楼梯震害主要有以下几方面：

（1）上下梯段交叉处梯梁和梯梁支座剪扭破坏；

（2）楼梯受拉破坏或拉断；

（3）休息平台处短柱破坏。

13.1.4　剪力墙结构的震害

剪力墙刚度大，地震作用下侧移小，因而具有剪力墙的结构抗震性能较好，其震害较框架结构轻。汶川地震中，框架-剪力墙结构震害较轻，个别为中等破坏，无一例倒塌。

剪力墙结构的主要震害有连梁剪切破坏、墙肢出现剪切裂缝和水平裂缝等。汶川地震中框架-剪力墙结构还出现了边缘构件混凝土压碎及纵筋压屈、墙体沿施工缝滑移错动、墙体竖向钢筋剪断等震害现象，如图 13.1.17 和图 13.1.18 所示。

图 13.1.17　都江堰公安局大楼底层连梁破坏

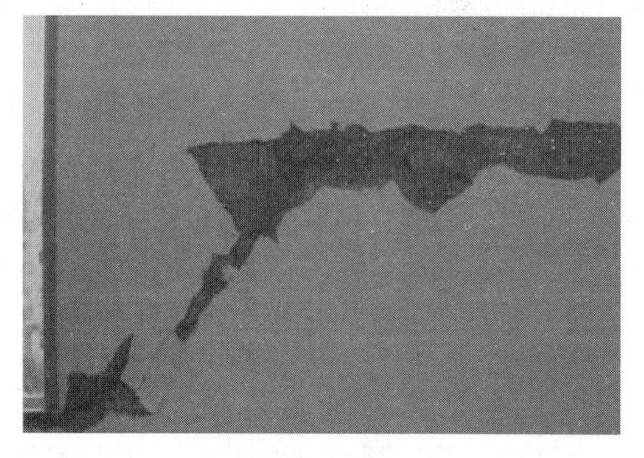

图 13.1.18　都江堰公安局大楼二层水平裂缝出现在施工缝处

连梁的震害以剪切脆性破坏为主。这主要是由于连梁的跨高比较小，形成深梁，在反复荷载作用下形成 X 形剪切裂缝。房屋 1/3 高度处的连梁破坏尤为明显。

狭而高的墙肢，其工作性能与悬臂梁相似，震害常出现在底部。

13.2 多高层钢筋混凝土结构选型、结构布置和设计原则

13.2.1 结构选型

梁、板等水平构件和柱、墙等竖向构件通过不同的组成方式和传力途径，构成了不同的抗侧力结构体系。采用相同的结构构件，按不同方式所组成的抗侧力体系，其整体性可能表现为截然不同的结果。抗侧力结构体系是多高层建筑结构是否合理、是否经济的关键，其选型与组成是多高层钢筋混凝土结构设计的首要决策重点。多高层建筑结构中，常用的抗侧力体系有框架结构、剪力墙（或抗震墙）结构、框架-剪力墙结构、筒体结构等。不同的结构体系，其抗震性能、使用效果与经济指标也不同。

框架结构由梁、柱组成，可同时抵抗竖向荷载及水平力。框架结构平面布置灵活，易于满足建筑物设置大房间的要求，且构件类型少，设计、计算、施工较简单，在工业与民用建筑中应用广泛。按照抗震要求设计的钢筋混凝土延性框架结构具有较好的抗震性能，延性大，耗能能力强，是多高层建筑中一种较好的结构体系。但由于其侧向刚度较小，水平力作用下结构的变形较大，故框架结构的高度不宜过高。

用钢筋混凝土剪力墙抵抗竖向荷载和水平力的结构称为剪力墙（或抗震墙）结构。这种结构体系整体性好、抗侧能力强、承载力大、水平力作用下侧移小，经合理设计，可表现出较好的抗震性能。但因受限于楼板跨度，剪力墙间距较小，一般为3～8m，平面布置不灵活，建筑空间受限。剪力墙结构一般用于10～30层的高层住宅、旅馆等建筑。剪力墙结构自重大、刚度大，结构基本周期较短，受到的地震力也较大，因此高度很大的剪力墙结构并不经济。

框架-剪力墙结构是由框架和剪力墙这两种受力、变形性能不同的抗侧力结构单元通过楼板或连梁协调变形，共同承受竖向荷载及水平力的结构体系。它兼有框架结构和剪力墙的优点，既能为建筑提供较灵活的使用空间，又具有良好的抗侧力性能。框剪结构中的剪力墙可以单独设置，也可利用电梯井、楼梯间、管道井等墙体。当建筑高度较大时，剪力墙可以做成筒体，形成框架-筒体结构。框架-剪力墙（筒体）结构适用于建造办公楼、酒店、住宅、教学楼、住院楼等各类高层建筑，是多高层建筑中应用最广泛的结构体系。

筒体结构是由四周封闭的剪力墙构成单筒式的筒状结构，或以楼、电梯为内筒，密排柱、深梁框架为外框筒组成的筒中筒结构，或以两个或两个以上的框筒紧靠在一起成“束”状排列，形成的束筒。这种结构的空间刚度大，抗侧和抗扭刚度都很大，建筑布局也灵活，常用于超高层公寓、办公楼和商业大厦建筑等。

除此之外，还有巨型框架结构、悬吊结构、脊骨结构体系等。

选择建筑结构体系时，要综合考虑建筑功能要求和结构设计要求。《抗规》在总结国内外大量震害和工程设计经验的基础上，根据地震烈度、抗震性能、使用要求及经济效果等因素，规定了地震区各种结构体系的最大适用高度。平面和竖向均不规则的结构，其适用的最大高度宜降低。超过表13.2.1所示高度的房屋应进行专门研究和论证，采取有效的加强措施。

选择结构体系时还应注意：①结构的自振周期要避开场地的特征周期，以免发生类共振而加重震害；②选择合理的基础形式，保证基础有足够的埋置深度，有条件时宜设置地下室。在软弱地基土上宜选用桩基、片筏基础、箱形基础或桩-箱、桩-筏联合基础。

表 13.2.1　现浇钢筋混凝土房屋适用的最大高度　单位：m

结构体系		设防烈度/度				
		6	7	8(0.2g)	8(0.3g)	9
框架		60	50	40	35	24
框架-抗震墙		130	120	100	80	50
抗震墙		140	120	100	80	60
部分框支抗震墙		120	100	80	50	不应采用
筒体	框架-核心筒	150	130	100	90	70
	筒中筒	180	150	120	100	80
板柱-抗震墙		80	70	55	40	不应采用

注：（1）房屋高度指室外地面到主要屋面板板顶的高度（不包括局部突出屋顶的部分）。
（2）框架-核心筒结构是指周边稀柱框架与核心筒组成的结构。
（3）部分框支抗震墙结构指首层或底部两层为框支层的结构，不包括仅个别框支墙的情况。
（4）表中框架不包括异形柱框架。
（5）板柱-抗震墙结构是指板柱、框架和抗震墙组成抗侧力体系的结构。
（6）乙类建筑可按本地区抗震设防烈度确定其适用的最大高度。
（7）超过表内高度的房屋结构，应按有关标准进行设计，采取有效的加强措施。

13.2.2　结构布置

1. 结构总体布置原则

多高层建筑的抗震设计除了要根据结构高度、抗震设防烈度等选择合理的抗侧力体系外，还要重视建筑形体和结构总体布置，即建筑的平面、立面布置和结构构件的平面、竖向布置。建筑形体和结构总体布置对结构的抗震性能有决定性的影响。

多高层钢筋混凝土结构房屋的建筑形体和结构总体布置应符合以下基本原则：

（1）采用对抗震有利的建筑平面和立面布置；采用对抗震有利的结构平面和竖向布置；采用规则结构，不应采用严重不规则结构。

（2）结构应具有明确的计算简图和合理、直接的地震作用或传递途径。

（3）合理设置变形缝；各结构单元之间、各构件之间或彻底分离，或牢靠连接，避免似分不分、似连非连的结构方案。

（4）尽可能设置多道地震防线，并应考虑部分构件出现塑性铰变形后的内力重分布。

（5）加强楼屋盖的整体性，注重构件之间的连接构造，使结构具有良好的整体牢固性和尽量多的冗余度。

（6）结构在两个主轴方向的动力特性宜相近。

2. 建筑结构的规则性

建筑结构的规则性是指建筑物的平、立面布置要对称、规则，其质量与刚度的变化要均匀。震害调查表明，建筑平面和立面不规则常是造成震害的主要原因。表 13.2.2 和表 13.2.3 分别列举了平面不规则和竖向不规则的建筑类型。

表 13.2.2　平面不规则的主要类型

不规则类型	定　义
扭转不规则	在规定的水平力作用下，楼层的最大弹性水平位移（或层间位移）大于该楼层两端弹性水平位移（或层间位移）平均值的 1.2 倍
凹凸不规则	结构平面凹进的一侧尺寸大于相应投影方向总尺寸的 30%
楼板局部不规则	楼板的尺寸和平面刚度急剧变化，例如有效楼板宽度小于该层楼板典型宽度的 50%，或开洞面积大于该层楼面面积的 30%，或较大的楼层错层

表 13.2.3　竖向不规则的主要类型

不规则类型	定　义
侧向刚度不规则	该层的侧向刚度小于相邻上一层的 70%，或小于其上相邻三个楼层侧向刚度平均值的 80%。除顶层或出屋面小建筑外，局部收进的水平向尺寸均大于相邻下一层的 25%
竖向抗侧力构件不连续	竖向抗侧力构件（柱、剪力墙、抗震支撑）的内力由水平转换构件（梁、桁架）向下传递
楼层承载力突变	抗侧力结构的层间受剪承载力小于相邻上一楼层的 80%

当混凝土房屋存在表 13.2.2 中所列举的某项平面不规则类型，或表 13.2.3 中所列举的某项竖向不规则类型以及类似的不规则类型时，应属于不规则建筑。不规则建筑应按下列要求进行地震作用计算和内力调整，并应对薄弱部位采取有效的抗震构造措施。

（1）平面不规则而竖向规则的建筑结构，应采用空间结构计算模型，并应符合下列要求：①扭转不规则时，应计入扭转影响，且楼层竖向构件最大的弹性水平位移和层间位移分别不宜大于楼层两端弹性水平位移和层间位移平均值的 1.5 倍，当最大层间位移远小于规范限值时，可适当放宽。②凹凸不规则或楼板局部不连续时，应采用符合楼板平面内实际刚度变化的计算模型；高烈度或不规则程度较大时，宜计入楼板局部变形的影响。③平面不对称且凹凸不规则或局部不连续时，可根据实际情况分块计算扭转位移比，对扭转较大的部位应采用局部的内力增大系数。

（2）平面规则而竖向不规则的建筑，应采用空间结构计算模型，刚度小的楼层的地震剪力应乘以不小于 1.15 的增大系数，其薄弱层应进行弹塑性变形分析，并应符合下列要求：①竖向抗侧力构件不连续时，该构件传递给水平转换构件的地震内力应根据烈度高低和水平转换构件的类型、受力情况、几何尺寸等，乘以 1.25～2.0 的增大系数；②侧向刚度不规则时，相邻层的侧向刚度比应依据其结构类型符合有关规定；③楼层承载力突变时，薄弱层抗侧力结构的受剪承载力不应小于相邻上一楼层的 65%。

（3）平面不规则且竖向不规则的建筑，应根据不规则类型的数量和程度，有针对性地采用不低于上述两项要求的各项抗震措施。

当存在多项不规则或某项不规则超过表 13.2.2 和表 13.2.3 中规定的参考指标较多时，应属于特别不规则的建筑；建筑形体复杂，多项指标超过前述限值或某一指标大大超过表 13.2.2 和表 13.2.3 中的规定值，具有现有技术和经济条件不能克服的严重抗震薄弱环节，可能导致地震破坏的严重后果，应属于严重不规则建筑。特别不规则的建筑，应经专门研究和论证，采取更有效的加强措施或对薄弱部位采用相应的抗震性能化设计方法。严重不规则的建筑不应采用。

3. 建筑结构的竖向布置

建筑竖向形体宜规则、均匀，不宜有过大的外挑或内收，如图 13.2.1 所示。当结构上部楼层收进部位到室外地面高度 H_1 与房屋总高度 H 之比大于 0.2 时，上部楼层收进后的水平尺寸 B_1 不宜小于下部楼层水平尺寸 B 的 0.75 倍。当上部结构楼层相对于下部楼层外挑时，下部楼层的水平尺寸 B 不宜小于上部楼层水平尺寸 B_1 的 0.9 倍，且水平外挑尺寸 a 不宜大于 4m。

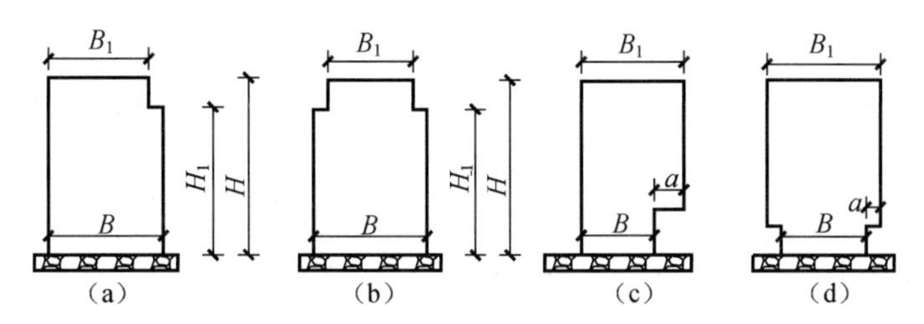

图 13.2.1　结构竖向收进与外挑示意

结构竖向抗侧力构件宜上、下贯通，截面尺寸和材料强度宜自下而上逐渐减小，避免侧向刚度和承载力突变形成薄弱层。构件上下层传力应直接、连续。同一结构单元中同一楼层应在同一标高处，尽可能不采用复式框架，避免局部错层和夹层。尽可能降低建筑物的重心，以利于结构的整体稳定性。高层建筑宜设地下室。

为增加结构的整体刚度和抗倾覆能力，使结构具有较好的整体稳定性和承载能力，钢筋混凝土高层建筑结构的高宽比不宜超过表 13.2.4 中的要求。

表 13.2.4　钢筋混凝土高层建筑结构适用的高宽比

结构体系	非抗震设计	设防烈度/度		
		6、7	8	9
框架	5	4	3	2
板柱-剪力墙	6	5	4	—
框架-剪力墙、剪力墙	7	6	5	4
框架-核心筒	8	7	6	4
筒中筒	8	8	7	5

地下室顶板作为上部结构的嵌固部位时，应符合下列要求：

（1）地下室结构顶板应避免开设大洞口；地下室在地上结构相关范围（地上结构周边外延不大于 20m）的顶板应采用现浇梁板结构，相关范围以外的地下室顶板宜采用现浇梁板结构；其楼板厚度不宜小于 180mm，混凝土强度等级不宜小于 C30，应采用双层双向配筋，且每层每个方向的配筋率不宜小于 0.25%。

（2）结构地上一层的侧向刚度不宜大于相关范围地下一层侧向刚度的 0.5 倍；地下室周边宜有与其顶板相连的剪力墙。

（3）地下室顶板对应于地上框架柱的梁柱节点除应满足抗震计算要求外，还应符合下列规定之一：①地下一层柱截面每侧纵向钢筋不应小于地上一层柱对应纵向钢筋的 1.1 倍；

地下一层柱上端和节点左右梁端实配的抗震受弯承载力之和应大于地上一层柱下端实配的抗震受弯承载力的1.3倍。②地下一层梁刚度较大时，柱截面每侧的纵向钢筋面积应大于地上一层对应柱每侧纵向钢筋面积的1.1倍；梁端顶面和底面的纵向钢筋面积均应比计算增大10%以上。

（4）地下一层抗震墙墙肢端部边缘构件纵向钢筋的截面面积，不应小于地上一层对应墙肢端部边缘构件纵向钢筋的截面面积。

框架-剪力墙结构和板柱-剪力墙结构中的剪力墙宜贯通房屋全高，剪力墙洞口宜上下对齐，洞口距端柱不宜小于300mm。

剪力墙结构和部分框支剪力墙中，剪力墙的墙肢长度沿结构全高不宜有突变；剪力墙有较大的洞口时，以及一、二级剪力墙的底部加强部位，洞口宜上下对齐。

矩形平面的部分框支剪力墙结构中，应限制框支层刚度和承载力的过大削弱，框支层的楼层侧向刚度不应小于相邻非框支层楼层侧向刚度的50%；为避免使框支层成为少墙框架体系，底层框架部分承担的地震倾覆力矩不应大于结构总地震倾覆力矩的50%。

4. 平面布置

建筑平面形状和结构平面布置力求简单、规则、对称。主要抗侧力构件宜规则对称布置，承载力、刚度、质量分布变化宜均匀，结构的刚心与质心尽可能重合，以减少扭转效应及局部应力集中；不宜采用角部重叠的平面图形或细腰形平面图形。楼电梯间不宜设在结构单元的两端及拐角处；剪力墙（包括框支剪力墙结构中的落地墙）的两端（不包括洞口两侧）宜设置端柱或与另一方向的剪力墙相连。

为抵抗不同方向的地震作用，框架结构和框架-剪力墙结构中，框架和剪力墙均应双向设置，当柱中线与剪力墙中线、梁中线与柱中线之间的偏心距大于柱宽的1/4时，应计入偏心的影响。甲、乙类建筑以及高度大于24m的丙类建筑不应采用单跨框架结构；高度不大于24m的丙类建筑不宜采用单跨框架结构。

框架-剪力墙结构和板柱-剪力墙结构中，楼梯间宜设置剪力墙，但不宜造成较大的扭转效应；为减少温度应力的影响，当房屋较长时，刚度较大的纵向剪力墙不宜设置在房屋的端开间。

为提高较长剪力墙的延性，剪力墙结构和部分框支剪力墙结构中，较长的剪力墙宜设置跨高比大于6的连梁形成洞口，将一道剪力墙分为长度较均匀的若干墙段，各墙段的高宽比不宜小于3；矩形平面的部分框支剪力墙结构，框支层落地剪力墙间距不宜大于24m，框支层的平面布置宜对称，且宜设抗震筒体。

楼、屋盖平面内若发生变形，就不能有效地将楼层地震剪力在各抗侧力构件之间进行分配和传递。为使楼、屋盖具有传递水平地震剪力的刚度，多高层的混凝土楼、屋盖宜优先选用现浇混凝土楼盖。当采用预制装配式混凝土楼、屋盖时，应从楼盖体系和构造上采取措施确保楼、屋盖的整体性及其与剪力墙的可靠连接。采用配筋现浇面层加强时，其厚度不应小于50mm。同时，框架-剪力墙、板柱-剪力墙结构以及框支层中，剪力墙之间无大洞口的楼、屋盖的长宽比不宜超过表13.2.5的规定；超过时，应计入楼盖平面内变形的影响。

表 13.2.5 抗震墙之间楼、屋盖的长宽比

<table>
<tr><th colspan="2" rowspan="2">楼、屋盖类型</th><th colspan="4">设 防 烈 度</th></tr>
<tr><th>6</th><th>7</th><th>8</th><th>9</th></tr>
<tr><td rowspan="2">框架-抗震墙结构</td><td>现浇或叠合楼、屋盖</td><td>4</td><td>4</td><td>3</td><td>2</td></tr>
<tr><td>装配整体式楼、屋盖</td><td>3</td><td>3</td><td>2</td><td>不宜采用</td></tr>
<tr><td colspan="2">板柱-抗震墙结构的现浇楼、屋盖</td><td>3</td><td>3</td><td>2</td><td>—</td></tr>
<tr><td colspan="2">框支层的现浇楼、屋盖</td><td>2.5</td><td>2.5</td><td>2</td><td>—</td></tr>
</table>

高层建筑宜选用风作用较小的平面形状。平面长度 L 不宜过长，突出部分 l 不宜过大，图 13.2.2 中，L、l 等值宜满足表 13.2.6 的要求。

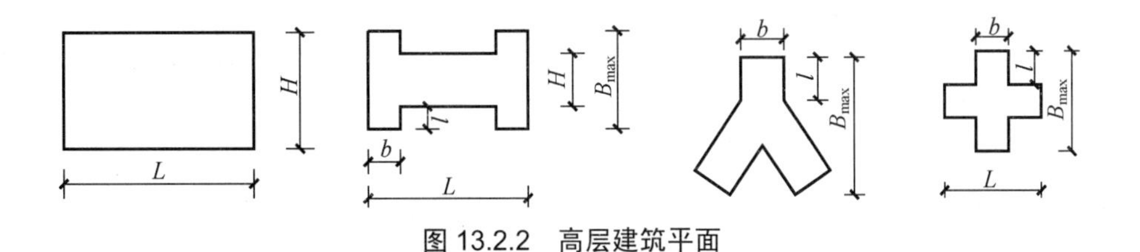

图 13.2.2 高层建筑平面

表 13.2.6 L、l 的限值

设防烈度	L/B	l/B_{max}	l/b
6、7	≤6.0	≤0.35	≤2.0
8、9	≤5.0	≤0.30	≤1.5

5. 防震缝的设置

设置防震缝可使结构抗震分析模型较为简单，容易估计其地震作用和采用抗震措施；但若防震缝宽度不够，防震缝两侧结构在强震下仍难免发生局部碰撞破坏，而防震缝宽度过大则会给立面处理带来困难，另外还会给地下室防水处理带来一定的难度。不设防震缝时，结构分析模型复杂，连接处局部应力集中需要加强，而且需仔细估计地震扭转效应等可能导致的不利影响。因此，体型复杂、平立面不规则的多高层钢筋混凝土建筑应根据不规则程度、地基基础条件和技术经济等因素的比较分析，确定是否设置防震缝。

当不设置防震缝时，建筑物各部分之间应牢固连接，或采用能适应地震作用下变形要求的连接方式。结构分析时应采用符合实际的计算模型，分析判明其应力集中、变形集中或地震扭转效应等导致的易损部位，并采取相应的措施。

当在适当部位设置防震缝时，宜形成多个较规则的抗侧力结构单元。防震缝应根据设防烈度、结构材料种类、结构类型、结构单元的高度和高差以及可能的地震扭转效应的情况，留有足够的宽度，其两侧的上部结构应完全分开。

当设置伸缩缝和沉降缝时，其宽度应符合防震缝的要求。防震缝可结合沉降缝要求贯通到地基，当无沉降问题时，也可以从基础或地下室以上贯通。当有多层地下室形成大底盘，上部结构为带裙房的单塔或多塔结构时，可将裙房用防震缝自地下室以上分隔。地下室顶板应有良好的整体性和刚度，能将上部结构的地震作用分布到地下室结构。

钢筋混凝土房屋需要设置防震缝时，其最小宽度应符合下列要求：

（1）框架结构（包括设置少量剪力墙的框架结构）房屋的防震缝宽度，当高度不超过15m时不应小于100mm；高度超过15m时，6、7、8、9度高度每增加5、4、3、2m，宜加宽20mm。

（2）框架-剪力墙结构房屋的防震缝宽度不应小于上述对框架规定数值的70%，剪力墙结构房屋的防震缝宽度不应小于上述对框架规定数值的50%，且均不宜小于100mm。

（3）防震缝两侧结构类型不同时，宜按需要对宽防震缝的结构类型和较低房屋高度确定缝宽。

8度、9度框架结构房屋的防震缝两侧结构层高相差较大时，防震缝两侧框架柱的箍筋应沿房屋全高加密，并可根据需要在缝两侧沿房屋全高各设置不小于两道垂直于防震缝的抗撞墙。抗撞墙的布置宜避免加大扭转效应，其长度可不大于1/2层高，抗震等级可同框架结构；框架结构的内力应按设置和不设置抗撞墙两种计算模型的不利情况取值。

6. 非承重墙体

钢筋混凝土结构中非承重墙体的材料、选型和布置要求，应根据抗震设防烈度、房屋高度、建筑体型、结构层间变形、墙体自身抗侧力性能的利用等因素，经综合分析后确定。非承重墙体应优先采用轻质墙体材料；采用砌体墙时，应采取措施减少对主体结构的不利影响，并应设置拉结筋、水平系梁、圈梁、构造柱等与主体结构可靠拉结；采用刚性非承重墙体时，其布置应避免使结构形成刚度和强度分布上的突变。当围护墙非对称均匀布置时，应考虑质量和刚度的差异对主体结构抗震的不利影响。

砌体女儿墙在人流出入口和通道处应与主体结构锚固；非出入口且无锚固的女儿墙高度，6～8度时不宜超过0.5m，9度时应有锚固。防震缝处女儿墙应留有足够的宽度，缝两侧的自由端应予加强。

钢筋混凝土结构中的砌体填充墙应符合下列要求：

（1）填充墙在平面和竖向的布置宜均匀、对称，避免形成薄弱层或短柱。

（2）砌体的砂浆强度等级不应低于M5；实心块体的强度等级不宜低于MU2.5，空心块体的强度等级不宜低于MU3.5；墙顶应与框架梁密切结合。

（3）填充墙应沿框架柱全高每隔500～600mm设2ϕ6拉筋；拉筋伸入墙内的长度，6度、7度时宜沿墙全长贯通，8度、9度时应全长贯通。

（4）墙长大于5m时，墙顶与梁宜有拉结；墙长超过8m或层高的2倍时，宜设置钢筋混凝土构造柱；墙高超过4m时，墙体半高宜设置与柱连接且沿墙全长贯通的钢筋混凝土水平系梁。

（5）楼梯间和人流通道的填充墙，尚应采用钢丝网砂浆面层加强。

13.2.3　钢筋混凝土结构房屋的抗震等级

钢筋混凝土房屋的抗震等级是重要的设计参数。抗震等级的划分，体现了不同抗震等级设防类别、不同结构类型、不同烈度、同一烈度但高度不同的钢筋混凝土房屋结构延性要求的不同，以及同一种结构在不同结构类型中延性要求的不同。钢筋混凝土房屋应根据设防类别、设防烈度、结构类型和房屋高度采用不同的抗震等级，并应符合相应的计算和构造措施要求。丙类建筑的抗震等级应按表 13.2.7 确定。

表 13.2.7　现浇钢筋混凝土房屋的抗震等级

结构类型		设防烈度									
		6		7			8			9	
框架结构	高度/m	≤24	＞24	≤24	＞24		≤24	＞24		≤24	
	框架	四	三	三	二		二	一		一	
	大跨度框架	三		二			一			一	
框架-抗震墙结构	高度/m	≤60	＞60	≤24	25～60	＞60	≤24	25～60	＞60	≤24	25～50
	框架	四	三	四	三	二	三	二	一	二	三
	抗震墙	三		三	二		二	一		一	
抗震墙结构	高度/m	≤80	＞80	≤24	25～80	＞80	≤80	25～80	＞80	≤24	25～60
	抗震墙	四	三	四	三	二	三	二	一	二	一
部分框支抗震墙结构	高度/m	≤80	＞80	≤24	25～80	＞80	≤24	25～80			
	抗震墙 一般部位	四	三	四	三	二	三	二			
	抗震墙 加强部位	三	二	三	二	一	二	一			
	框支层框架	二		二		一	一				
框架-核心筒结构	框架	三		二			一			一	
	核心筒	二		二			一			一	
筒中筒结构	外筒	三		二			一			一	
	内筒	三		二			一			一	
板柱-抗震墙结构	高度/m	≤35	＞35	≤35	＞35		≤35	＞35			
	框架、板柱的柱	三	二	二	二		一				
	抗震墙	二	二	二	一		二	一			

注：（1）建筑场地为Ⅰ类，除 6 度外，均允许按表内降低 1 度所对应的抗震等级采取抗震构造措施，但相应的计算要求不应降低。

（2）接近或等于高度分界时，应允许结合房屋不规则程度及场地、地基条件确定抗震等级。

（3）大跨度框架指跨度不小于 18m 的框架。

（4）高度不超过 60m 的框架-核心筒结构按框架-抗震墙的要求设计时，应按表中框架-抗震墙结构的刚度确定其抗震等级。

钢筋混凝土房屋抗震等级的确定还应符合下列要求：

（1）设置少量剪力墙的框架，在规定的水平力作用下，计算嵌固端所在的底层框架部分所承担的地震倾覆力矩，大于结构总地震倾覆力矩的 50%时，其框架的抗震级别应按框架结构确定，剪力墙的抗震等级可与其框架的抗震等级相同。

（2）设置个别或少量框架的剪力墙结构，属于剪力墙体系的范畴，其剪力墙的抗震等级仍按抗震墙结构确定；框架的抗震等级可参照框架-抗震墙结构的框架确定。

(3) 框架-剪力墙结构设有足够的剪力墙，其剪力墙底部承受的地震倾覆力矩不小于结构底部总地震倾覆力矩的50%时，其框架部分是次要抗侧力构件，按表13.2.7中的框架-抗震墙结构确定其抗震等级。

(4) 裙房与主楼相连，相关范围（一般可从主楼周边外延3跨且不大于20m）不应低于主楼的抗震等级，相关范围以外的区域可按裙房自身的结构类型确定其抗震等级。主楼结构在裙房顶板对应的上下各一层受刚度与承载力突变影响较大，抗震结构措施应适当加强。裙房与主楼分离时，应按裙房本身确定抗震等级。大震作用下裙房与主楼可能发生碰撞，需要采取加强措施；当裙房偏置时，其端部有较大的扭转效应，也需要加强。

(5) 带地下室的多高层建筑，当地下室结构的刚度和受剪承载力大于上部楼层很多时，地下室顶板可视作嵌固部位，在地震作用下其屈服部位将发生在地上楼层，同时将影响地下一层。地面以下地震响应虽然逐渐减小，但地下一层的抗震等级不能降低，应与上部结构相同；地下二层及以下抗震构造措施的抗震等级可逐层降低一级，但不应低于四级；地下室中无上部结构的部分，抗震构造措施的抗震等级可根据具体情况采用三级或四级。

(6) 当甲、乙类建筑按规定提高1度确定其抗震等级，而房屋的高度超过表13.2.7中相应规定的上界时，应采取比一级更有效的抗震构造措施。

13.2.4 钢筋混凝土结构房屋的延性和屈服机制

为实现“三水准”抗震设防目标，结构构件除了必须具备足够的承载力和刚度外，还应具有足够大的延性和良好的耗能能力。大震作用下，设计合理的抗震结构可通过结构构件的延性耗散地震能量，避免倒塌。

延性包括材料、截面、构件和结构的延性。延性实质上是材料、截面、构件或结构在强度或承载力无明显降低的前提下，发生非弹性（塑性）变形的能力。结构的位移延性可以用顶点位移延性系数μ来度量，即

$$\mu = \Delta\mu_p / \Delta\mu_y \tag{13.2.1}$$

式中，$\Delta\mu_y$、μ_p分别为结构顶点屈服位移和结构顶点弹塑性位移限值。

一般认为，在抗震结构中结构顶点位移延性系数应不小于3～4。

一般来说，对截面延性的要求高于对构件延性的要求，对构件延性的要求高于对结构延性的要求。结构在遭遇强烈地震时是否具有较好的延性和较强的抗倒塌能力，与构件形成塑性铰后的屈服机制有关。

多高层钢筋混凝土结构的屈服机制可分为总体机制、层间机制及由这两种机制组合而成的混合机制。结构的总体屈服机制是指结构可在承载能力基本保持稳定的条件下持续地变形而不倒塌，其延性和耗能能力优于层间机制。

对框架结构而言，理想的屈服机制是塑性铰出现在梁端，形成梁铰机制，此时结构有较大的内力重分布和能量消耗能力，极限层间位移大，抗震性能好。如果塑性铰出现在柱端，此时结构变形可能集中在某一薄弱层而形成层间柱铰机制，整个结构变形能力很小，耗能能力极差，容易形成倒塌机制，如图13.2.3所示。

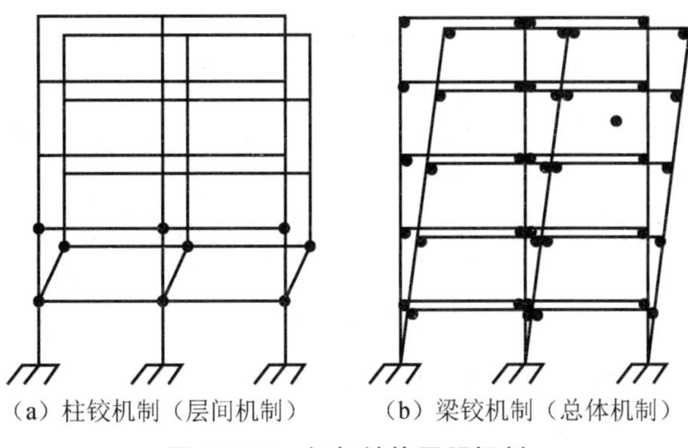

（a）柱铰机制（层间机制）
（b）梁铰机制（总体机制）

图 13.2.3　框架结构屈服机制

为使框架结构形成合理的屈服机制，具备良好的抗地震倒塌能力，在进行梁、柱截面设计和构造时，应遵循以下原则：

（1）强柱弱梁。要控制梁、柱的相对强度，按节点处梁端实际受弯承载力小于柱端实际受弯承载力进行设计，在强烈地震作用下，使塑性铰首先在梁端出现，实现梁铰机制，尽量避免或减少在柱端出现塑性铰，保证框架仍有承受竖向荷载的能力而免于倒塌。

（2）强剪弱弯。剪切破坏属延性小、耗能差的脆性破坏。梁、柱构件的塑性铰区要按照构件的受剪承载力大于其实际受弯承载力（按实际配筋面积和材料强度标准值计算的承载力）所对应的剪力进行设计，使结构构件在发生受弯破坏前不发生剪切破坏，以改善构件自身的抗震性能。

（3）强节点核心区、强锚固。框架的节点核心区是保障框架承载力和抗倒塌能力的关键部位，节点核心区破坏会使与之相关联的梁柱构件失去整体作用而失效，使梁纵筋在节点区失去可靠锚固而影响塑性铰的形成。节点核心区的设计应保证能充分发挥梁柱构件的延性和耗能能力，以实现预期的整体结构抗震能力。

13.2.5　材料及连接

抗震设计时，钢筋混凝土结构的材料应符合以下要求：

（1）混凝土的强度等级，框支梁、框支柱及抗震等级为一级的框架梁、柱、节点核心区不应低于 C30；构造柱、芯柱、圈梁及其他各类构件不低于 C20。混凝土结构的混凝土强度等级，现浇非预应力混凝土楼盖不宜超过 C40；剪力墙不宜超过 C60；其他构件，9 度时不宜超过 C60，8 度时不宜超过 C70。

（2）普通钢筋宜优先采用延性、韧性和焊接性好的钢筋。普通钢筋的强度等级，纵向受力钢筋选用符合抗震性能指标且不低于 HRB400 级的热轧钢筋，也可采用符合抗震性能指标的 HRB335 级热轧钢筋；箍筋宜选用符合抗震性能指标且不低于 HRB335 级的热轧钢筋，也可以选用 HRB300 级的热轧钢筋。抗震等级为一、二、三级的框架和斜撑构件（含梯段），其纵向受力钢筋采用普通钢筋时，钢筋的抗拉强度实测值与屈服强度实测值的比值不应小于 1.25，钢筋的屈服强度实测值与屈服强度标准值的比值不应大于 1.3，且钢筋在最大拉力下的总伸长率实测值不应小于 9%。

（3）在施工中，当需要以强度等级较高的钢筋替代原设计中的纵向受力钢筋时，应按照钢筋受拉承载力设计值相等的原则换算并应满足最小配筋率要求。

（4）混凝土结构构件的纵向钢筋锚固和连接，除应符合《混凝土结构设计规范》（GB 50010—2010）有关规定外，还应符合下列要求：

① 受力钢筋的连接接头宜设置在构件受力较小部位。钢筋连接可按不同情况采用机械连接、绑扎搭接或焊接。

a. 框架柱：一、二级抗震等级及三级抗震等级的底层宜采用机械连接接头，也可采用绑扎搭接或焊接接头；三级抗震等级的其他部位和四级抗震等级可采用绑扎搭接或焊接接头。

b. 框支梁、框支柱：宜采用机械连接接头。

c. 框架梁：一级宜采用机械连接接头，二、三、四级可采用绑扎搭接或焊接接头。

② 位于同一连接区段内的纵向受力钢筋接头面积百分率不宜超过 50%。纵向受力钢筋连接接头的位置宜避开梁端、柱端箍筋加密区；当无法避开时，应采用机械连接或焊接。受拉钢筋直径大于 28mm、受压钢筋直径大于 32mm 时，不宜采用绑扎搭接接头。

③ 结构构件中纵向受拉钢筋的最小锚固长度 l_{aE} 及绑扎搭接长度 l_{lE} 应符合下列要求：

$$l_{aE}=\zeta_{aE}l_a \tag{13.2.2}$$

$$l_{lE}=\zeta_1 l_{aE} \tag{13.2.3}$$

式中，l_a 为纵向受拉钢筋的非抗震锚固长度；ζ_{aE} 为纵向受拉钢筋抗震锚固长度的修正系数，一、二级抗震等级取 1.15，三级抗震等级取 1.05，四级抗震等级取 1.0；ζ_1 为纵向受拉钢筋搭接长度的修正系数，当同一连接区段内搭接钢筋的面积百分率为≤25%、50%、100%时，其值分别取 1.2、1.4、1.6。

13.2.6 楼梯间

多高层钢筋混凝土结构宜采用现浇钢筋混凝土楼梯；对于框架结构，楼梯间的布置不应导致结构平面严重不规则；楼梯构件与主体结构整浇时，应计入楼梯构件对地震作用及其效应的影响，并应进行楼梯构件的抗震承载力验算，宜采取构造措施，减少楼梯构件对主体结构刚度的影响；楼梯间两侧填充墙与柱之间应加强拉结。

13.2.7 基础结构

基础结构的抗震设计要求是：在保证上部结构实现抗震耗能机制的前提下，将上部结构在地震作用下形成的最大内力传给地基，保证建筑物在地震时不致由于地基失效而破坏，或者产生过量下沉和倾斜。因此，基础结构应采用整体性好、能满足地基承载力和建筑物容许变形要求，并能调节不均匀沉降的基础形式。

根据上部结构类型、层数、荷载以及地基承载力，基础形式一般可采用单独柱基、交叉梁式基础、筏板基础以及箱型基础；当地基承载力或变形不满足设计要求时，可采用桩基或复合地基。基础设计宜考虑与上部结构相互作用的影响。

单独柱基适用于层数不多、地基土质好的框架结构；交叉梁式基础以及筏式基础适用于层数较多的框架。为减少基础间的相对位移，减少地震作用引起的柱端弯矩和基础转动，加强基础在地震作用下的整体工作，当框架单独柱基有下列情况之一时，宜沿两个主轴方向设置基础系梁：①一级框架和Ⅳ类场地的二级框架；②各柱基础底面在重力荷载代表值作用下的压应力差别较大；③基础埋置较深，或各基础埋置深度差别较大；④地基主要受力层范围存在软弱黏性土层、液化土层或严重不均匀土层；⑤桩基承台之间。

框架-剪力墙结构、板柱-剪力墙结构中的剪力墙基础和部分框支剪力墙结构的落地剪力墙基础，应有良好的整体性和抗转动的能力。主楼和裙房相连宜采用天然地基，多遇地震下主楼基础地面不宜出现零应力区。

13.3　钢筋混凝土框架结构的抗震设计

框架结构的抗震设计是一个反复试算、逐步优化的过程。

13.3.1　水平地震作用计算

框架结构是一个由纵横向框架组成的空间结构（图 13.3.1），应采用空间框架的分析方法进行结构验算。当框架较规则时，可以忽略它们之间的联系，选取具有代表性的纵、横向框架作为计算单元，按平面框架分别进行计算。竖向荷载作用下，一般采用平面结构分析模型，如图 13.3.1（b）所示，图中阴影部分为计算单元所受竖向荷载的计算范围。水平力作用下，采用平面协同分析模型，取变形缝之间的区段为计算单元。

在一般情况下，应至少在结构的两个主轴方向分别考虑水平地震作用，各方向的水平地震作用全部由该方向的抗侧力框架结构承担。对于多层房屋，竖向的地震作用影响很小，可以不予考虑。

计算框架结构的水平地震作用时，可采用底部剪力法或阵型分解反应谱法。对于高度不超过 40m，以剪切变形为主，且质量和刚度沿高度分布比较均匀的框架结构、框架-剪力墙结构、剪力墙结构以及近似于单质点体系的结构，可采用底部剪力法。计算结构的基本自振周期时，一般采用顶点位移法，按下式计算：

$$T_1 = 1.7\psi_T\sqrt{u_T} \tag{13.3.1}$$

式中，T_1 为结构基本自振周期，s；u_T 为假想的结构顶点水平位移，即假想把集中在各楼层的重力荷载代表值 G_i 作为该楼层的水平荷载，按弹性方法所求得的结构顶点水平位移，m；ψ_T 为考虑非承重墙刚度对结构自振周期影响的折减系数（当非承重墙为砌体墙时，框架结构可取 0.6～0.7，框架-剪力墙结构可取 0.7～0.8，框架-核心筒结构可取 0.8～0.9，剪力墙结构可取 0.8～1.0；对于其他结构体系或采用其他非承重墙体时，可根据工程情况确定周期折减系数）。

对于有突出屋面的屋顶间（楼梯间、电梯间、水箱间）等的框架结构房屋，结构顶点假想位移 u_T 是指主体结构顶点的位移。

对于一些比较规则的高层建筑结构，根据大量的周期实测结果，已归纳出以下一些经验公式用于初步设计：

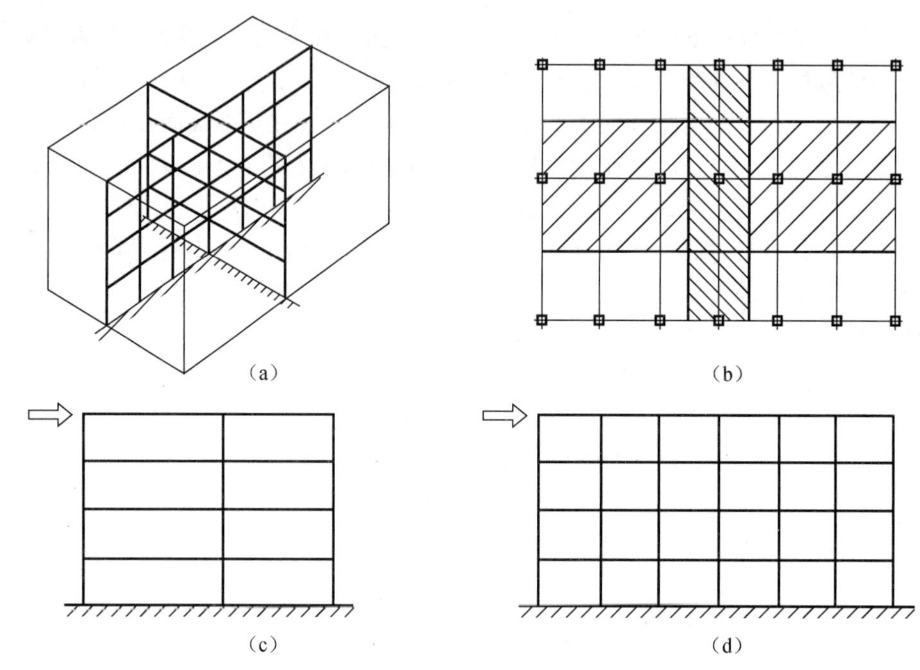

图 13.3.1　平面框架结构的计算单元与计算简图

（1）钢筋混凝土框架和框架-剪力墙结构基本自振周期经验计算公式为

$$T_1 = 0.25 + 0.53\times10^{-3}\frac{H^2}{\sqrt[3]{B}} \tag{13.3.2}$$

式中，H 为房屋主体结构高度，m；B 为房屋振动方向的长度，m。

（2）钢筋混凝土剪力墙结构基本自振周期经验计算公式为

$$T_1 = 0.03 + 0.03\frac{H}{\sqrt[3]{B}} \tag{13.3.3}$$

13.3.2　框架结构内力及水平位移计算

多高层框架是高次超静定结构，其内力计算的方法很多，如力矩分配法、无剪力分配法、迭代法等，以及实际设计中更为精确、更省人力的计算机程序分析方法（如有限元法）。在初步设计时，或计算层数较少且较规则框架的内力时，可采用下述近似的手算方法，即竖向荷载作用下的分层法、力矩二次分配法和水平荷载作用下的反弯点法和 D 值法。

计算框架结构内力时，对框架柱须按实际截面尺寸分别计算抗侧刚度和线刚度。计算梁截面惯性矩 I_b 时，为简化起见，可取以下增大系数：现浇整体梁板结构边框架梁为 1.5，中框架梁为 2.0；装配整体式楼盖梁边框架梁为 1.2，中框架梁为 1.5。无现浇面层的装配式楼面、开大洞口的楼板则不考虑板的作用。

1. 竖向荷载作用下的内力计算——分层法

力法和位移法的计算结果表明，竖向荷载作用下的多层多跨框架，其侧向位移很小；当梁的线刚度大于柱的线刚度时，在某层梁上施加的竖向荷载对其他各层杆件内力的影响不大。为简化计算，作以下假设：

（1）竖向荷载作用下，多层多跨框架的位移忽略不计；

（2）每层梁上的荷载对其他层梁、柱的弯矩、剪力的影响忽略不计。

这样，即可将 n 层框架分解成 n 个单层敞口框架，用力矩分配法分别计算，如图 13.3.2 所示。

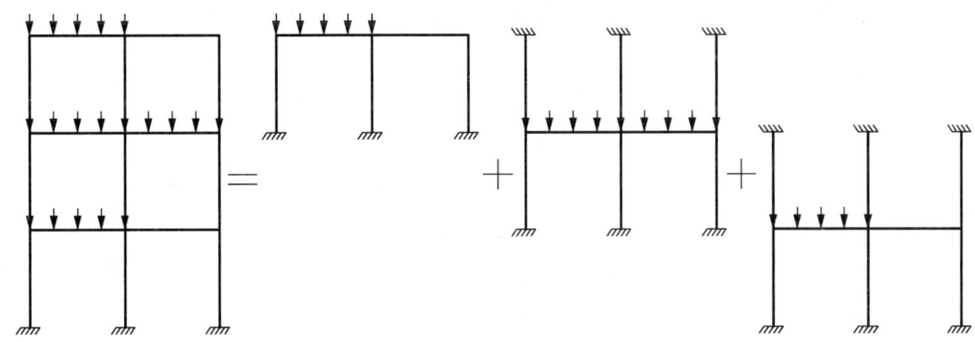

图 13.3.2　分层法的计算简图

分层计算所得梁的弯矩即为其最后的弯矩。除底层柱外，每一柱均属于上下两层，所以柱的最终弯矩为上下两层计算弯矩之和。上下层柱弯矩叠加后，在刚节点处弯矩可能不平衡，为提高精度，可对节点不平衡弯矩再进行一次分配（只分配，不传递）。

采用分层法计算框架时，还需注意以下问题：

（1）分层后，均假设上下柱的远端为固定端，而实际上除底层为固定端外，其他节点处都是转角的，为弹性嵌固。为减小由此引起的计算误差，除底层外，其他层各柱的线刚度均乘以折减系数 0.9，所有上层柱的传递系数取 1/3，底层柱的传递系数仍取 1/2。

（2）分层法一般适用于节点梁、柱线刚度比 $\sum i_b / \sum i_c \geqslant 3$，且结构与竖向荷载沿高度分布较均匀的多高层框架，若不满足此条件，则计算误差较大。

2. 竖向荷载作用下结构的内力计算——弯矩二次分配法

此法是对弯矩分配法的进一步简化，在忽略竖向荷载作用下框架节点侧移时采用。具体做法是将各节点的不平衡弯矩同时进行分配和传递，并以两次分配为限。其计算步骤如下：

（1）计算各节点的弯矩分配系数；

（2）计算各跨梁在竖向荷载作用下的固端弯矩；

（3）计算框架节点的不平衡弯矩；

（4）将各节点的不平衡弯矩同时进行分配，并向远端传递（传递系数均为 1/2），再将各节点不平衡弯矩分配一次后，即可结束。

弯矩二次分配法所得结果与精确法相比，误差甚小，其计算精度已可满足工程设计要求。

3. 竖向荷载的布置

竖向荷载有恒荷载和活荷载两种。恒荷载是长期作用在结构上的重力荷载，因此要按实际布置情况计算其对结构构件的作用效应。对活荷载则要考虑其不利布置。确定活荷载的最不利位置，一般有以下四种方法：

1）分跨计算组合法

此法是将活荷载逐层、逐跨单独作用在框架上，分别计算结构内力，根据所设计构件的某指定截面组合出最不利的内力。用这种方法求内力，计算简单明了，在运用计算机求解框架内力时常采用这一方法，但手算时工作量较大，较少采用。

2）最不利活荷载位置法

这种方法类似于楼盖连续梁、板计算中所采用的方法，即对于每一控制面，直接由影响线确定其最不利活荷载位置，然后进行内力计算。此法虽可直接计算出某控制截面在活荷载作用下的最大内力，但需要独立进行很多最不利荷载位置下的内力计算，计算工作量很大，一般不采用。

3）分层组合法

此法是以分层法为依据，对活荷载矩阵的最不利布置作简化：

（1）对于梁，只考虑本层活荷载的不利位置，而不考虑其他层活荷载的影响。因此其布置方法与连续梁的活荷载最不利布置方法相同。

（2）对于柱端弯矩，只考虑相邻上下层活荷载的影响，而不考虑其他层活荷载的影响。

（3）对于柱的最大轴力，则必须考虑在该层以上所有层中与该柱相邻的梁上活荷载的情况；但对于与柱不相邻的上层活荷载，仅考虑其轴向力的传递，而不考虑弯矩的作用。

4）满布荷载法

此法不考虑活荷载的最不利位置，而将活荷载同时作用于各框架梁上进行内力分析。这样求得的结果与按考虑活荷载最不利位置所求得的结果相比，在支座处内力极为接近，在梁跨中则明显偏低。因此，应对梁的跨中弯矩进行调整，通常乘以 1.1～1.2 的系数。设计经验表明，在高层民用建筑中，当楼面活荷载不大于 4kN/m^2 时，活荷载所产生的内力相较于恒荷载和水平荷载产生的内力要小很多，因此采用此法的计算精度可以满足工程设计的要求。

4. 内力调整

竖向荷载作用下梁端负弯矩较大，导致梁端的配筋量较大。钢筋混凝土框架结构属超静定结构，在竖向荷载作用下，可以考虑框架梁端塑性变形内力重分布，对梁端负弯矩乘以调幅系数 β 进行调幅，适当降低梁端负弯矩，以减少梁端负弯矩钢筋的拥挤现象。梁端负弯矩调幅还可以使框架在破坏时梁端先出现塑性铰，保证柱的绝对安全，以满足“强柱弱梁”的设计原则。对于现浇框架，β 可取 0.8～0.9；对于装配式整体式框架，β 可取 0.7～0.8。

支座弯矩调幅降低后，梁跨中弯矩应相应增加。按调幅后梁端弯矩的平均值与跨中弯矩之和不应小于按简支梁计算的跨中弯矩值的条件即可求得跨中弯矩，如图 13.3.3 所示，跨中弯矩为

$$M_4 = M_3 + \left[0.5\left(M_1 + M_2\right) - 0.5\beta\left(M_1 + M_2\right)\right] \tag{13.3.4}$$

截面设计时，框架梁跨中截面正弯矩设计值不应小于竖向荷载作用下按简支梁计算的跨中弯矩设计值的 50%；应先对竖向荷载作用下框架梁的弯矩进行调幅，再与水平作用产生的框架梁弯矩进行组合。

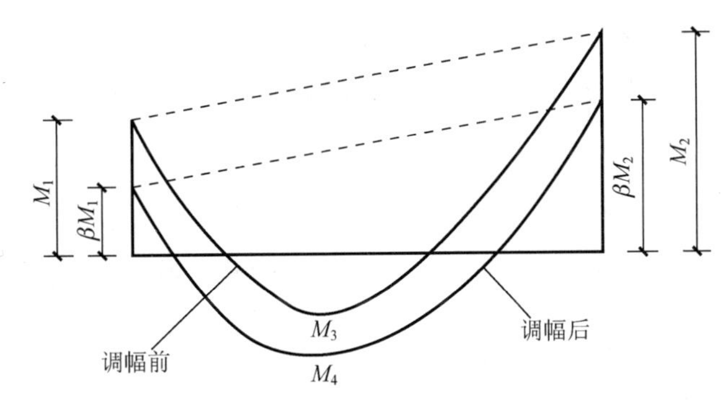

图 13.3.3　框架梁在竖向荷载作用下的调幅

5. 水平荷载作用下结构的内力计算——反弯点法

水平地震作用一般都可简化为作用于框架节点上的水平力。多层多跨框架在节点水平力作用下的弯矩图及变形如图 13.3.4 和图 13.3.5 所示，各杆的弯矩图均为直线，每杆均有一个弯矩为零但剪力不为零的点。若能确定各杆的剪力和反弯点的位置，就可以求得各柱端弯矩，进而由节点平衡条件求得梁端弯矩及框架结构的其他内力。为此，反弯点法假定：

（1）求框架柱抗侧刚度时，假定梁、柱线刚度之比为无穷大，即各柱上、下端都不发生角位移。

（2）确定柱的反弯点位置时，假定除底层柱脚处线位移和角位移为零外，其余各层柱的上、下端节点转角均相同。

（3）求各柱剪力时，假定楼板平面内刚度无限大，且忽略结构的扭弯变形。根据柱上下端转角为零的假定，可求得第 i 层第 k 框架柱的抗侧刚度 k_{ik} 为

$$k_{ik}=\frac{12i_c}{h_i^2} \tag{13.3.5}$$

式中，i_c、h_i 分别为柱的线刚度和高度。

柱抗侧刚度的物理意义是柱上下两端之间相对有单位侧移时在柱中产生的剪力。

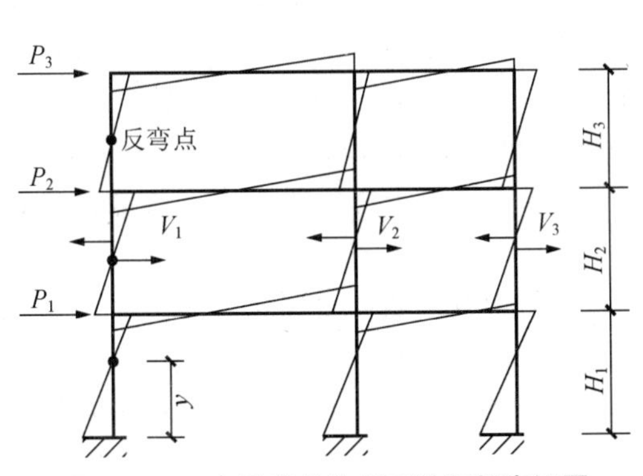

图 13.3.4　水平荷载作用下的框架弯矩图

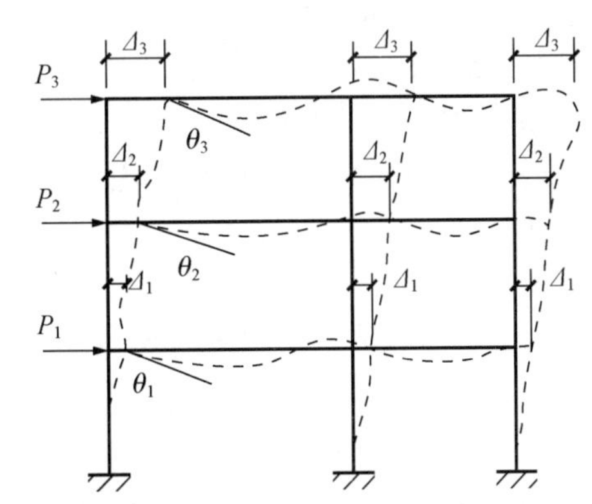

图 13.3.5　水平荷载作用下的框架变形

由假定（2）可知，对一般层柱，反弯点在其 1/2 柱高处；对于底层柱，则近似认为反弯点位于距固定支座 2/3 柱高处。

假定楼板平面内刚度无限大，楼板将各平面抗侧力结构连接在一起共同承受水平力，当

不考虑结构扭转变形时，第 i 层的各框架柱在楼、层盖处有相同的水平位移，该层各柱所承担的地震剪力与其抗侧刚度成正比，即第 i 层第 k 根柱所分配的剪力为

$$V_{ik}=\frac{k_{ik}}{\sum_{k=1}^{m}k_{ik}}V_i,\quad k=1,2,\cdots,m \tag{13.3.6}$$

式中，V_i 为采用底部剪力法或振型分解反应谱法求得的第 i 层楼层的地震剪力；k_{ik} 为第 i 层第 k 根柱的抗侧刚度，由式（13.3.5）求得。

求得各柱的剪力和反弯点高度后，便可求出各柱的柱端弯矩；考虑各节点的力矩平衡条件，梁端弯矩之和等于柱端弯矩之和，可求出梁端弯矩之和；按与该节点相连接的梁的线刚度进行分配，从而可求出该节点各梁的梁端弯矩；由梁端弯矩，根据梁的平衡条件可求出梁的剪力；由梁的剪力，根据节点的平衡条件可求出柱的轴力。

对于层数较少、楼面载荷较大的多层框架结构，因其柱截面尺寸较小，梁截面尺寸较大，梁、柱线刚度之比较大，实际情况与假定（1）较为符合。一般来说，当梁的线刚度和柱的线刚度之比大于 3 时，节点转角将很小，由上述假定所引起的误差能满足工程设计的精度要求。对于高层框架，由于柱截面加大，梁、柱线刚度比值相应减小，反弯点法的误差较大，此时就需采用改进反弯点法——D 值法。

6. 改进反弯点法

反弯点法假定节点转角为零，从而求得框架柱的抗侧强度，假定柱的上下端点转角相同，从而确定柱的反弯点高度，这使得框架结构水平荷载作用下的内力计算大为简化。但对于层数较多的框架，梁、柱线刚度比往往较小，节点转角较大，用反弯点法计算的内力误差较大。另外，实际的框架结构中，柱上下端的约束条件不可能完全相同，该条件与梁柱线刚度比、上下层横梁的线刚度比、上下层层高的变化等因素均有关，也就是说，采用柱上、下端节点转角相同的假设也会使计算结果产生较大误差。

日本武藤清教授在分析了上述影响因素的基础上，提出了用修正柱的抗侧刚度和调整反弯点高度的方法计算水平荷载下框架的内力，修正后的柱抗侧刚度用 D 表示，故该法称为 D 值法。该方法近似考虑了框架节点转动对柱的抗侧刚度和反弯点高度的影响，计算步骤与反弯点法相同，计算简便、实用，是目前分析框架内力比较精确的一种近似方法，在多高层建筑结构设计中得到广泛应用。用 D 值法计算框架内力的步骤如下：

（1）计算各层柱的抗侧刚度 D_{ik}。D_{ik} 为第 i 层第 k 框架柱的抗侧刚度，按下式计算：

$$D_{ik}=\alpha_c k_{ik}=\alpha_c\frac{12i_c}{h_i^2} \tag{13.3.7}$$

式中，i_c、h_i 分别为柱的线刚度和高度；α_c 为节点转动影响系数，是考虑柱上、下端节点弹性约束的修正系数，由梁、柱的线刚度确定，按表 13.3.1 选用。

（2）计算各柱所分配的剪力 V_{ik}。求得框架柱抗侧刚度 D_{ik} 后，与反弯点法相似，同层各柱所承担的剪力按其刚度进行分配，即

$$V_{ik}=\frac{D_{ik}}{\sum_{j=1}^{m}D_{ij}}V_i,\quad k=1,2,\cdots,m \tag{13.3.8}$$

式中，V_{ik} 为第 i 层第 k 根柱所分配的剪力；D_{ik} 为第 i 层第 k 根柱的抗侧刚度。

表 13.3.1　节点转动影响系数 α_c 的计算公式

楼层	计算简图		$\bar{K}$	α_c
	边柱	中柱		
一般层	i_2 i_c i_4	i_1 i_2 i_c i_3 i_4	$\bar{K}=\dfrac{i_1+i_2+i_3+i_4}{2i_c}$	$\alpha_c=\dfrac{\bar{K}}{2+\bar{K}}$
首层	i_2 i_c	i_1 i_2 i_c	$\bar{K}=\dfrac{i_1+i_2}{i_c}$	$\alpha_c=\dfrac{\bar{K}+0.5}{2+\bar{K}}$

注：边柱情况下，式中 i_1 和 i_3 取 0。

（3）确定反弯点高度 h'。影响柱子反弯点高度的主要因素是柱上下端的约束条件。当柱两端的约束条件完全相同时，反弯点在柱中点处。梁端约束刚度不相同时，梁端转角也不相同，反弯点会向约束刚度较小的一端移动。影响柱两端约束刚度的主要因素有：结构总层数及该层所在的位置；梁、柱的线刚度比；上层与下层梁的刚度比；上、下层层高变化。因此，框架柱的反弯点高度按以下公式计算：

$$h' = yh = \left(y_0 + y_1 + y_2 + y_3\right)h \tag{13.3.9}$$

式中，y_0 为标准反弯点高度比，取决于框架总层数、该柱所在层数及梁、柱线刚度比 $\bar{K}$，均布水平荷载和倒三角分布荷载作用下，可分别从表 13.3.2 和表 13.3.3 中查得。y_1 为某层上、下梁线刚度不同时该层柱反弯点高度比的修正值，其值根据比值 α_1 和梁、柱线刚度比 $\bar{K}$，由表 13.3.4 查得[当 $i_1+i_2<i_3+i_4$，$\alpha_1=(i_2+i_2)/(i_3+i_4)$ 时，反弯点上移，故其取正值；

表 13.3.2　规则框架承受均布水平力作用时标准反弯点的高度比 y_0 值

框架总层数 m	第 n 层 \ $\bar{K}$	0.1	0.2	0.3	0.4	0.5	0.6	0.7	0.8	0.9	1.0	2.0	3.0	4.0	5.0
1	1	0.80	0.75	0.70	0.65	0.65	0.60	0.60	0.60	0.60	0.55	0.55	0.55	0.55	0.55
2	2	0.45	0.40	0.35	0.35	0.35	0.35	0.40	0.40	0.40	0.40	0.45	0.45	0.45	0.45
	1	0.95	0.80	0.75	0.70	0.65	0.65	0.65	0.60	0.60	0.60	0.55	0.55	0.55	0.50
3	3	0.15	0.20	0.20	0.25	0.30	0.30	0.30	0.35	0.35	0.35	0.40	0.45	0.45	0.45
	2	0.55	0.50	0.45	0.45	0.45	0.45	0.45	0.45	0.45	0.45	0.45	0.50	0.50	0.50
	1	1.00	0.85	0.80	0.75	0.70	0.70	0.65	0.65	0.65	0.60	0.55	0.55	0.55	0.55
4	4	−0.05	0.05	0.15	0.20	0.25	0.30	0.30	0.35	0.35	0.35	0.40	0.45	0.45	0.45
	3	0.25	0.30	0.30	0.35	0.35	0.40	0.40	0.40	0.40	0.45	0.45	0.50	0.50	0.50

续表

框架总层数 m	$\bar{K}$ / 第 n 层	0.1	0.2	0.3	0.4	0.5	0.6	0.7	0.8	0.9	1.0	2.0	3.0	4.0	5.0
4	2	0.60	0.55	0.50	0.50	0.45	0.45	0.45	0.45	0.45	0.45	0.50	0.50	0.50	0.50
	1	1.10	0.90	0.80	0.75	0.70	0.70	0.65	0.65	0.65	0.60	0.55	0.55	0.55	0.55
5	5	−0.20	0.00	0.15	0.20	0.25	0.30	0.30	0.30	0.35	0.35	0.40	0.45	0.45	0.45
	4	0.10	0.20	0.25	0.30	0.35	0.35	0.40	0.40	0.40	0.40	0.45	0.45	0.50	0.50
	3	0.40	0.40	0.40	0.40	0.40	0.45	0.45	0.45	0.45	0.45	0.50	0.50	0.50	0.50
	2	0.65	0.55	0.50	0.50	0.50	0.50	0.50	0.50	0.50	0.50	0.50	0.50	0.50	0.50
	1	1.20	0.95	0.80	0.75	0.75	0.70	0.70	0.65	0.65	0.65	0.55	0.55	0.55	0.55
6	6	−0.30	0.00	0.10	0.20	0.25	0.25	0.30	0.30	0.35	0.35	0.40	0.45	0.45	0.45
	5	0.00	0.20	0.25	0.30	0.35	0.35	0.40	0.40	0.40	0.40	0.45	0.45	0.50	0.50
	4	0.20	0.30	0.35	0.35	0.40	0.40	0.40	0.45	0.45	0.45	0.45	0.50	0.50	0.50
	3	0.40	0.40	0.40	0.45	0.45	0.45	0.45	0.45	0.45	0.45	0.50	0.50	0.50	0.50
	2	0.70	0.60	0.55	0.50	0.50	0.50	0.50	0.50	0.50	0.50	0.50	0.50	0.50	0.50
	1	1.20	0.95	0.85	0.80	0.75	0.70	0.70	0.65	0.65	0.65	0.55	0.55	0.55	0.55
7	7	−0.35	−0.05	0.10	0.20	0.20	0.25	0.30	0.30	0.35	0.35	0.40	0.45	0.45	0.45
	6	−0.10	0.15	0.25	0.30	0.35	0.35	0.35	0.40	0.40	0.40	0.45	0.45	0.50	0.50
	5	0.10	0.25	0.30	0.35	0.40	0.40	0.40	0.45	0.45	0.45	0.45	0.50	0.50	0.50
	4	0.30	0.35	0.40	0.40	0.40	0.45	0.45	0.45	0.45	0.45	0.50	0.50	0.50	0.50
	3	0.50	0.45	0.45	0.45	0.45	0.45	0.45	0.45	0.45	0.45	0.50	0.50	0.50	0.50
	2	0.75	0.60	0.55	0.50	0.50	0.50	0.50	0.50	0.50	0.50	0.50	0.50	0.50	0.50
	1	1.20	0.95	0.85	0.80	0.75	0.70	0.70	0.65	0.65	0.65	0.55	0.55	0.55	0.55
8	8	−0.35	−0.05	0.10	0.15	0.25	0.25	0.30	0.30	0.35	0.35	0.40	0.45	0.45	0.45
	7	−1.00	0.15	0.25	0.30	0.35	0.35	0.40	0.40	0.40	0.40	0.45	0.50	0.50	0.50
	6	0.05	0.25	0.30	0.35	0.40	0.40	0.40	0.45	0.45	0.45	0.45	0.50	0.50	0.50
	5	0.20	0.30	0.35	0.40	0.40	0.40	0.45	0.45	0.45	0.45	0.50	0.50	0.50	0.50
	4	0.35	0.40	0.40	0.45	0.45	0.45	0.45	0.45	0.45	0.45	0.50	0.50	0.50	0.50
	3	0.50	0.45	0.45	0.45	0.45	0.45	0.45	0.45	0.50	0.50	0.50	0.50	0.50	0.50
	2	0.75	0.60	0.55	0.55	0.55	0.50	0.50	0.50	0.50	0.50	0.50	0.50	0.50	0.50
	1	1.20	1.00	0.85	0.80	0.80	0.75	0.70	0.65	0.65	0.65	0.55	0.55	0.55	0.55
9	9	−0.40	−0.05	0.10	0.20	0.25	0.25	0.30	0.30	0.35	0.35	0.45	0.45	0.45	0.45
	8	−0.15	1.05	0.25	0.30	0.35	0.35	0.35	0.40	0.40	0.40	0.45	0.45	0.50	0.45
	7	0.05	0.25	0.30	0.35	0.40	0.40	0.40	0.45	0.45	0.45	0.45	0.50	0.50	0.50
	6	0.15	0.30	0.35	0.40	0.40	0.45	0.45	0.45	0.45	0.45	0.50	0.50	0.50	0.50
	5	0.25	0.35	0.40	0.40	0.45	0.45	0.45	0.45	0.45	0.45	0.50	0.50	0.50	0.50
	4	0.40	0.40	0.40	0.45	0.45	0.45	0.45	0.45	0.45	0.45	0.50	0.50	0.50	0.50
	3	0.55	0.45	0.45	0.45	0.45	0.45	0.45	0.45	0.50	0.50	0.50	0.50	0.50	0.50

续表

框架总层数 m	第 n 层 \ $\bar{K}$	0.1	0.2	0.3	0.4	0.5	0.6	0.7	0.8	0.9	1.0	2.0	3.0	4.0	5.0
9	2	0.80	0.65	0.55	0.55	0.50	0.50	0.50	0.50	0.50	0.50	0.50	0.50	0.50	0.50
	1	1.20	1.00	0.85	0.80	0.75	0.70	0.70	0.65	0.65	0.65	0.55	0.55	0.55	0.55
10	10	−0.40	−0.05	0.10	0.20	0.25	0.30	0.30	0.30	0.35	0.40	0.40	0.45	0.45	0.45
	9	−0.15	0.15	0.25	0.30	0.35	0.35	0.40	0.40	0.40	0.45	0.45	0.45	0.50	0.50
	8	0.00	0.25	0.30	0.35	0.40	0.40	0.40	0.45	0.45	0.45	0.45	0.50	0.50	0.50
	7	0.10	0.30	0.35	0.40	0.40	0.45	0.45	0.45	0.45	0.50	0.50	0.50	0.50	0.50
	6	0.20	0.35	0.40	0.40	0.45	0.45	0.45	0.45	0.45	0.50	0.50	0.50	0.50	0.50
	5	0.30	0.40	0.40	0.45	0.45	0.45	0.45	0.45	0.45	0.50	0.50	0.50	0.50	0.50
	4	0.40	0.40	0.45	0.45	0.45	0.45	0.45	0.45	0.45	0.50	0.50	0.50	0.50	0.50
	3	0.55	0.50	0.45	0.45	0.45	0.50	0.50	0.50	0.50	0.50	0.50	0.50	0.50	0.50
	2	0.80	0.65	0.55	0.55	0.55	0.50	0.50	0.50	0.50	0.50	0.50	0.50	0.50	0.50
	1	1.30	1.00	0.85	0.80	0.75	0.70	0.70	0.65	0.65	0.60	0.60	0.55	0.55	0.55
11	11	−0.40	−0.05	−0.10	0.20	0.25	0.30	0.30	0.30	0.35	0.35	0.40	0.45	0.45	0.45
	10	−0.15	0.15	0.25	0.30	0.35	0.35	0.40	0.40	0.40	0.40	0.45	0.45	0.50	0.50
	9	0.00	0.25	0.30	0.35	0.40	0.40	0.40	0.45	0.45	0.45	0.45	0.50	0.50	0.50
	8	0.10	0.30	0.35	0.40	0.40	0.45	0.45	0.45	0.45	0.45	0.50	0.50	0.50	0.50
	7	0.20	0.35	0.40	0.45	0.45	0.45	0.45	0.45	0.45	0.45	0.50	0.50	0.50	0.50
	6	0.25	0.35	0.40	0.45	0.45	0.45	0.45	0.45	0.45	0.45	0.50	0.50	0.50	0.50
	5	0.35	0.40	0.40	0.45	0.45	0.45	0.45	0.45	0.45	0.50	0.50	0.50	0.50	0.50
	4	0.40	0.45	0.45	0.45	0.45	0.45	0.45	0.50	0.50	0.50	0.50	0.50	0.50	0.50
	3	0.55	0.50	0.50	0.50	0.50	0.50	0.50	0.50	0.50	0.50	0.50	0.50	0.50	0.50
	2	0.80	0.65	0.60	0.55	0.55	0.50	0.50	0.50	0.50	0.50	0.50	0.50	0.50	0.50
	1	1.30	1.00	0.85	0.80	0.75	0.70	0.70	0.65	0.65	0.65	0.60	0.55	0.55	0.55
12	↓1	−0.40	−0.05	0.10	0.20	0.25	0.30	0.30	0.30	0.35	0.35	0.40	0.45	0.45	0.45
	2	−0.15	0.15	0.25	0.30	0.35	0.35	0.40	0.40	0.40	0.40	0.45	0.45	0.50	0.50
	3	0.00	0.25	0.30	0.35	0.40	0.40	0.40	0.45	0.45	0.45	0.50	0.50	0.50	0.50
	4	0.10	0.30	0.35	0.40	0.40	0.45	0.45	0.45	0.45	0.45	0.50	0.50	0.50	0.50
	5	0.20	0.35	0.45	0.40	0.45	0.45	0.45	0.45	0.45	0.45	0.50	0.50	0.50	0.50
	6	0.25	0.35	0.40	0.45	0.45	0.45	0.45	0.45	0.45	0.45	0.50	0.50	0.50	0.50
	7	0.30	0.40	0.40	0.45	0.45	0.45	0.45	0.45	0.50	0.50	0.50	0.50	0.50	0.50
	8	0.35	0.40	0.45	0.45	0.45	0.45	0.45	0.50	0.50	0.50	0.50	0.50	0.50	0.50
	中间	0.40	0.40	0.45	0.45	0.45	0.45	0.50	0.50	0.50	0.50	0.50	0.50	0.50	0.50
	4	0.45	0.45	0.45	0.45	0.50	0.50	0.50	0.50	0.50	0.50	0.50	0.50	0.50	0.50
	3	0.60	0.50	0.50	0.50	0.50	0.50	0.50	0.50	0.50	0.50	0.50	0.50	0.50	0.50
	2	0.80	0.65	0.60	0.55	0.55	0.50	0.50	0.50	0.50	0.50	0.50	0.50	0.50	0.50
	↑1	1.30	1.00	0.85	0.80	0.75	0.70	0.70	0.65	0.65	0.65	0.55	0.55	0.55	0.55

表 13.3.3 规则框架承受倒三角分布水平力作用时标准反弯点的高度比 y_0 值

框架总层数 m	第 n 层 \ $\bar{K}$	0.1	0.2	0.3	0.4	0.5	0.6	0.7	0.8	0.9	1.0	2.0	3.0	4.0	5.0
1	1	0.80	0.75	0.70	0.65	0.65	0.60	0.60	0.60	0.60	0.55	0.55	0.55	0.55	0.55
2	2	0.50	0.45	0.40	0.40	0.40	0.40	0.40	0.40	0.40	0.45	0.45	0.45	0.45	0.50
	1	1.00	0.85	0.75	0.70	0.70	0.65	0.65	0.65	0.60	0.60	0.55	0.55	0.55	0.55
3	3	0.25	0.25	0.25	0.30	0.30	0.35	0.35	0.35	0.40	0.40	0.45	0.45	0.45	0.50
	2	0.60	0.50	0.50	0.50	0.50	0.45	0.45	0.45	0.45	0.45	0.50	0.50	0.50	0.50
	1	1.15	0.90	0.80	0.75	0.75	0.70	0.70	0.65	0.65	0.65	0.60	0.55	0.55	0.55
4	4	0.10	0.15	0.20	0.25	0.30	0.30	0.35	0.35	0.35	0.40	0.45	0.45	0.45	0.45
	3	0.35	0.35	0.35	0.40	0.40	0.40	0.40	0.45	0.45	0.45	0.45	0.50	0.50	0.50
	2	0.70	0.60	0.55	0.50	0.50	0.50	0.50	0.50	0.50	0.50	0.50	0.50	0.50	0.50
	1	1.20	0.95	0.85	0.80	0.75	0.70	0.70	0.70	0.65	0.65	0.55	0.55	0.55	0.55
5	5	−0.05	0.10	0.20	0.25	0.30	0.30	0.35	0.35	0.35	0.35	0.40	0.45	0.45	0.45
	4	0.20	0.25	0.35	0.35	0.40	0.40	0.40	0.40	0.40	0.45	0.45	0.50	0.50	0.50
	3	0.45	0.40	0.45	0.45	0.45	0.45	0.45	0.45	0.45	0.45	0.50	0.50	0.50	0.50
	2	0.75	0.60	0.55	0.55	0.50	0.50	0.50	0.50	0.50	0.50	0.50	0.50	0.50	0.50
	1	1.30	1.00	0.85	0.80	0.75	0.70	0.70	0.65	0.65	0.65	0.65	0.55	0.55	0.55
6	6	−0.15	0.05	0.15	0.20	0.25	0.30	0.30	0.35	0.35	0.35	0.40	0.45	0.45	0.45
	5	0.10	0.25	0.30	0.35	0.35	0.40	0.40	0.40	0.45	0.45	0.45	0.50	0.50	0.50
	4	0.30	0.35	0.40	0.40	0.45	0.45	0.45	0.45	0.45	0.45	0.50	0.50	0.50	0.50
	3	0.50	0.45	0.45	0.45	0.45	0.45	0.45	0.45	0.45	0.50	0.50	0.50	0.50	0.50
	2	0.80	0.65	0.55	0.55	0.55	0.50	0.50	0.50	0.50	0.50	0.50	0.50	0.50	0.50
	1	1.30	1.00	0.85	0.80	0.75	0.70	0.70	0.65	0.65	0.65	0.60	0.55	0.55	0.55
7	7	−0.20	0.05	0.15	0.20	0.25	0.30	0.30	0.35	0.35	0.35	0.45	0.45	0.45	0.45
	6	0.05	0.20	0.30	0.35	0.35	0.40	0.40	0.40	0.40	0.45	0.45	0.50	0.50	0.50
	5	0.20	0.30	0.35	0.40	0.40	0.45	0.45	0.45	0.45	0.45	0.50	0.50	0.50	0.50
	4	0.35	0.40	0.40	0.45	0.45	0.45	0.45	0.45	0.45	0.45	0.50	0.50	0.50	0.50
	3	0.55	0.50	0.50	0.50	0.50	0.50	0.50	0.50	0.50	0.50	0.50	0.50	0.50	0.50
	2	0.80	0.65	0.60	0.55	0.55	0.55	0.50	0.50	0.50	0.50	0.50	0.50	0.50	0.50
	1	1.30	1.00	0.90	0.80	0.75	0.70	0.70	0.70	0.65	0.65	0.60	0.55	0.55	0.55
8	8	−0.20	0.05	0.15	0.20	0.25	0.30	0.30	0.30	0.35	0.35	0.45	0.45	0.45	0.45
	7	0.00	0.20	0.30	0.35	0.35	0.40	0.40	0.40	0.40	0.45	0.45	0.50	0.50	0.50
	6	0.15	0.30	0.35	0.40	0.40	0.45	0.45	0.45	0.45	0.45	0.50	0.50	0.50	0.50
	5	0.30	0.40	0.40	0.45	0.45	0.45	0.45	0.45	0.45	0.45	0.50	0.50	0.50	0.50
	4	0.40	0.45	0.45	0.45	0.45	0.45	0.45	0.45	0.50	0.50	0.50	0.50	0.50	0.50
	3	0.60	0.50	0.50	0.50	0.50	0.50	0.50	0.50	0.50	0.50	0.50	0.50	0.50	0.50

续表

框架总层数 m	$\bar{K}$ / 第 n 层	0.1	0.2	0.3	0.4	0.5	0.6	0.7	0.8	0.9	1.0	2.0	3.0	4.0	5.0
8	2	0.85	0.65	0.60	0.55	0.55	0.55	0.50	0.50	0.50	0.50	0.50	0.50	0.50	0.50
	1	1.30	1.00	0.90	0.80	0.75	0.70	0.70	0.70	0.70	0.65	0.60	0.55	0.55	0.55
9	9	−0.25	0.00	0.15	0.20	0.25	0.30	0.30	0.35	0.35	0.40	0.45	0.45	0.45	0.45
	8	0.00	0.20	0.30	0.35	0.35	0.40	0.40	0.40	0.40	0.45	0.45	0.50	0.50	0.50
	7	0.15	0.30	0.35	0.40	0.40	0.45	0.45	0.45	0.45	0.45	0.50	0.50	0.50	0.50
	6	0.25	0.35	0.40	0.40	0.45	0.45	0.45	0.45	0.45	0.50	0.50	0.50	0.50	0.50
	5	0.35	0.40	0.45	0.45	0.45	0.45	0.45	0.45	0.50	0.50	0.50	0.50	0.50	0.50
	4	0.45	0.45	0.45	0.45	0.45	0.50	0.50	0.50	0.50	0.50	0.50	0.50	0.50	0.50
	3	0.60	0.50	0.50	0.50	0.50	0.50	0.50	0.50	0.50	0.50	0.50	0.50	0.50	0.50
	2	0.85	0.65	0.60	0.55	0.55	0.55	0.55	0.50	0.50	0.50	0.50	0.50	0.50	0.50
	1	1.35	1.00	0.90	0.80	0.75	0.75	0.70	0.70	0.65	0.65	0.60	0.55	0.55	0.55
10	10	−0.25	0.00	0.15	0.20	0.25	0.30	0.30	0.35	0.35	0.40	0.45	0.45	0.45	0.45
	9	−0.10	0.20	0.30	0.35	0.35	0.40	0.40	0.40	0.40	0.45	0.45	0.50	0.50	0.50
	8	0.10	0.30	0.35	0.40	0.40	0.40	0.45	0.45	0.45	0.45	0.50	0.50	0.50	0.50
	7	0.20	0.35	0.40	0.40	0.45	0.45	0.45	0.45	0.45	0.50	0.50	0.50	0.50	0.50
	6	0.30	0.40	0.40	0.45	0.45	0.45	0.45	0.45	0.45	0.50	0.50	0.50	0.50	0.50
	5	0.40	0.45	0.45	0.45	0.45	0.45	0.45	0.50	0.50	0.50	0.50	0.50	0.50	0.50
	4	0.50	0.45	0.45	0.45	0.50	0.50	0.50	0.50	0.50	0.50	0.50	0.50	0.50	0.50
	3	0.60	0.55	0.50	0.50	0.50	0.50	0.50	0.50	0.50	0.50	0.50	0.50	0.50	0.50
	2	0.85	0.65	0.60	0.55	0.55	0.55	0.55	0.50	0.50	0.50	0.50	0.50	0.50	0.50
	1	1.35	1.00	0.90	0.80	0.75	0.75	0.70	0.70	0.65	0.65	0.60	0.55	0.55	0.55
11	11	−0.25	0.00	0.15	0.20	0.25	0.30	0.30	0.30	0.35	0.35	0.45	0.45	0.45	0.45
	10	−0.05	0.20	0.25	0.30	0.35	0.40	0.40	0.40	0.40	0.45	0.45	0.50	0.50	0.50
	9	0.10	0.30	0.35	0.40	0.40	0.40	0.45	0.45	0.45	0.45	0.50	0.50	0.50	0.50
	8	0.20	0.35	0.40	0.40	0.45	0.45	0.45	0.45	0.45	0.50	0.50	0.50	0.50	0.50
	7	0.25	0.40	0.40	0.45	0.45	0.45	0.45	0.45	0.45	0.50	0.50	0.50	0.50	0.50
	6	0.35	0.40	0.40	0.45	0.45	0.45	0.45	0.50	0.50	0.50	0.50	0.50	0.50	0.50
	5	0.40	0.45	0.45	0.45	0.45	0.50	0.50	0.50	0.50	0.50	0.50	0.50	0.50	0.50
	4	0.50	0.50	0.50	0.50	0.50	0.50	0.50	0.50	0.50	0.50	0.50	0.50	0.50	0.50
	3	0.65	0.55	0.60	0.50	0.50	0.50	0.50	0.50	0.50	0.50	0.50	0.50	0.50	0.50
	2	0.85	0.65	0.60	0.55	0.55	0.55	0.55	0.50	0.50	0.50	0.50	0.50	0.50	0.50
	1	1.35	1.05	0.90	0.80	0.75	0.75	0.70	0.70	0.65	0.65	0.60	0.55	0.55	0.55
12	↓1	−0.30	0.00	0.15	0.20	0.25	0.30	0.30	0.30	0.35	0.35	0.40	0.45	0.45	0.45
	2	−0.10	0.20	0.25	0.30	0.35	0.40	0.40	0.40	0.40	0.40	0.45	0.45	0.45	0.50
	3	0.05	0.25	0.35	0.40	0.40	0.40	0.45	0.45	0.45	0.45	0.45	0.50	0.50	0.50

续表

框架总层数 m	$\bar{K}$ / 第 n 层	0.1	0.2	0.3	0.4	0.5	0.6	0.7	0.8	0.9	1.0	2.0	3.0	4.0	5.0
12	4	0.15	0.30	0.40	0.40	0.45	0.45	0.45	0.45	0.45	0.45	0.45	0.50	0.50	0.50
	5	0.25	0.35	0.50	0.45	0.45	0.45	0.45	0.45	0.45	0.45	0.50	0.50	0.50	0.50
	6	0.30	0.40	0.50	0.45	0.45	0.45	0.45	0.50	0.45	0.50	0.50	0.50	0.50	0.50
	7	0.35	0.40	0.55	0.45	0.45	0.45	0.50	0.50	0.50	0.50	0.50	0.50	0.50	0.50
	8	0.35	0.45	0.55	0.45	0.50	0.50	0.50	0.50	0.50	0.50	0.50	0.50	0.50	0.50
	中间	0.45	0.45	0.55	0.45	0.50	0.50	0.50	0.50	0.50	0.50	0.50	0.50	0.50	0.50
	4	0.55	0.50	0.50	0.50	0.50	0.50	0.50	0.50	0.50	0.50	0.50	0.50	0.50	0.50
	3	0.65	0.55	0.50	0.50	0.50	0.50	0.50	0.50	0.50	0.50	0.50	0.50	0.50	0.50
	2	0.70	0.70	0.60	0.55	0.55	0.55	0.55	0.50	0.50	0.50	0.50	0.50	0.50	0.50
	↑1	1.35	1.05	0.90	0.80	0.75	0.70	0.70	0.70	0.65	0.65	0.60	0.55	0.55	0.55

表 13.3.4 上下层横梁线刚度比对 y_0 的修正值 y_1

$\bar{K}$ / α_1	0.1	0.2	0.3	0.4	0.5	0.6	0.7	0.8	0.9	1.0	2.0	3.0	4.0	5.0
0.4	0.55	0.40	0.30	0.25	0.20	0.20	0.20	0.15	0.15	0.15	0.05	0.05	0.05	0.05
0.5	0.45	0.30	0.20	0.20	0.15	0.15	0.15	0.10	0.10	0.10	0.05	0.05	0.05	0.05
0.6	0.30	0.20	0.15	0.15	0.10	0.10	0.10	0.10	0.05	0.05	0.05	0.05	0	0
0.7	0.20	0.15	0.10	0.10	0.10	0.10	0.05	0.05	0.05	0.05	0.05	0	0	0
0.8	0.15	0.10	0.05	0.05	0.05	0.05	0.05	0.05	0.05	0	0	0	0	0
0.9	0.05	0.05	0.05	0.05	0	0	0	0	0	0	0	0	0	0

表 13.3.5 上下层高度比对 y_0 的修正值 y_2 和 y_3

α_2	$\bar{K}$ / α_1	0.1	0.2	0.3	0.4	0.5	0.6	0.7	0.8	0.9	1.0	2.0	3.0	4.0	5.0
2.0		0.25	0.15	0.15	0.10	0.10	0.10	0.10	0.10	0.05	0.05	0.05	0.05	0	0
1.8		0.20	0.15	0.10	0.10	0.10	0.05	0.05	0.05	0.05	0.05	0.05	0	0	0
1.6	0.4	0.15	0.10	0.10	0.05	0.05	0.05	0.05	0.05	0.05	0.05	0	0	0	0
1.4	0.6	0.10	0.05	0.05	0.05	0.05	0.05	0.05	0.05	0.05	0	0	0	0	0
1.2	0.8	0.05	0.05	0.05	0	0	0	0	0	0	0	0	0	0	0
1.0	1.0	0	0	0	0	0	0	0	0	0	0	0	0	0	0
0.8	1.2	−0.05	−0.05	−0.05	0	0	0	0	0	0	0	0	0	0	0
0.6	1.4	−0.10	−0.05	−0.05	−0.05	−0.05	−0.05	−0.05	−0.05	0	0	0	0	0	0
0.4	1.6	−0.15	−0.10	−0.10	−0.05	−0.05	−0.05	−0.05	−0.05	−0.05	−0.05	0	0	0	0
	1.8	−0.20	−0.15	−0.10	−0.10	−0.10	−0.05	−0.05	−0.05	−0.05	−0.05	−0.05	0	0	0
	2.0	−0.25	−0.15	−0.15	−0.10	−0.10	−0.10	−0.10	−0.10	−0.05	−0.05	−0.05	−0.05	0	0

当$i_1+i_2>i_3+i_4$，$\alpha_1=(i_1+i_2)/(i_3+i_4)$时，反弯点下移，故其取负值；对于首层不考虑该值]。y_2、y_3分别为上下层高度与本层高度h不同时反弯点高度比的修正值，其值可由表 13.3.5 查得（令上层层高与本层层高之比为$h_{上}/h=\alpha_2$，当$\alpha_2>1$时，y_2为正值，反弯点向上移；当$\alpha_2<1$时，y_2为负值，反弯点向下移。同理，令下层层高与本层层高之比为$h_{下}/h=\alpha_3$，可由表 13.3.5 查得修正值y_3）。

(4)计算柱端弯矩M_c和梁端弯矩M_b。由柱剪力V_{ik}和反弯点高度h'可求出各柱的弯矩。求出所有柱的弯矩后，考虑各节点的力矩平衡，对每个节点，由梁端弯矩之和等于柱端弯矩之和可求出梁端弯矩之和$\sum M_b$。把$\sum M_b$按与该节点相连的梁的线刚度进行分配（即某梁所分配到的弯矩与该梁的线刚度成正比），即可求出该节点各梁的梁端弯矩。

（5）计算梁端剪力V_b和柱轴力N。根据梁的两端弯矩可计算出梁端剪力V_b，由梁端剪力可计算出柱轴力，边柱轴力为各层梁端剪力按层叠加，中柱轴力为柱两侧梁端剪力之差，即按层叠加。

与反弯点法相同，D 值法只适于计算平面结构。D 值法虽然考虑了节点转角，但又假定同层各节点转角相等。推导 D 值及反弯点高度时，也忽略构件的轴向变形，同时还做了一些假定。因此，D 值法也是一种近似方法，适用于计算规则、均匀的框架结构。

13.3.3　内力组合及最不利内力

1. 控制截面及最不利内力

控制截面是指构件某一区段中对截面配筋起控制作用的截面，最不利内力组合就是控制截面处最大的内力组合。

对于框架梁，在竖向荷载作用下，荷载截面一般出现最大负弯矩和最大剪力；在水平荷载作用下，梁的跨中截面附近往往出现最大正弯矩。因此，框架梁通常选取梁端截面和跨中截面作为控制截面。梁端截面要组合最大负弯矩$-M_{\max}$；跨中截面要组合最大的正弯矩$M_{\max}$或可能出现的负弯矩。

对于框架柱，剪力和轴力值在同一楼层内变化很小，而弯矩最大值在柱的两端，因此可取各层柱的上下端截面作为设计控制截面。

框架柱一般为对称配筋的偏心构件，大、小偏压情况都可能出现。其控制截面的最不利内力应同时考虑以下四种情况，分别配筋后选用最大者：

（1）$|M_{\max}|$及相应的N、V。

（2）$N_{\max}$及相应的M、V。

（3）$N_{\min}$及相应的M、V。

（4）$|M|$比较大（不是绝对最大），但N比较小或N比较大（不是绝对最小或绝对最大）。柱子还要组合最大剪力$V_{\max}$。

在某些情况下，最大或最小内力不一定是最不利的。对大偏心截面而言，偏心距$e_0=M/N$越大，截面的配筋越多，因此有时M虽然不是最大，但对应的N较小，此时偏心距最大，也能成为最不利内力；对于小偏心截面而言，当N可能不是最大，但相应的M比较大时，配筋反而需要多一些，会成为最不利内力。因此，组合时常需考虑上述的第四种情况。

需要注意的是，在截面配筋计算时，框架梁应采用柱边截面的内力作为计算内力，框架柱应采用梁上、下边缘处的内力作为计算内力。

2. 内力组合

框架结构上作用的竖向荷载有永久荷载、楼屋面活荷载、积灰荷载和雪荷载等；水平荷载有风荷载和地震作用。通过框架内力计算，可得到各种荷载作用下构件的内力标准值。结构设计时，应根据可能出现的最不利情况确定构件控制截面的内力设计值，进行截面设计。多高层钢筋混凝土框架结构抗震设计时，控制截面的内力一般由式（9.3.25）进行内力组合。

对于普通框架构件的各个控制截面，应分别采用上述各式进行内力组合，选取最大的内力组合值进行截面配筋计算。

3. 框架结构水平位移验算

框架结构的抗侧刚度小，水平地震作用下位移较大。在多遇地震作用下，过大的层间位移会使主体结构受损，使填充墙和建筑装修开裂损坏，影响建筑的正常使用；在罕遇地震作用下，水平侧移过大，则会使主体结构遭受严重破坏甚至倒塌。因此，位移计算是框架结构抗震计算的一个重要内容，框架结构的构件尺寸往往取决于结构的侧移变形要求。按照“三水准、二阶段”的设计思想，框架结构应根据需要进行两方面的侧移验算，即多遇地震作用下的层间弹性位移验算和罕遇地震作用下的层间弹塑性位移验算。

13.3.4　框架结构截面设计

求出构件控制截面的组合内力值后，即可按一般钢筋混凝土结构构件的计算方法进行配筋计算。6 度（抗震设防烈度）时不规则结构和建造于Ⅳ类场地上高于 40m 的钢筋混凝土框架结构，以及 7 度和 7 度以上的结构应进行多遇地震下的截面抗震验算，其验算公式为

$$S \leqslant \frac{R}{\gamma_{RE}} \tag{13.3.10}$$

式中，S 为包含地震作用效应的结构构件内力组合设计值，包括组合的弯矩、剪力和轴力设计值等；R 为结构构件非抗震设计时的承载力设计值，按有关结构设计规范计算；γ_{RE} 为承载力抗震调整系数，除另有规定外，均按表 13.3.6 选用（当仅计算竖向地震作用时，各类结构构件承载力抗震调整系数均应采用 1.0）。

表 13.3.6　承载力抗震调整系数

结构构件类别			γ_{RE}
正截面承载力计算	受弯构件		0.75
	偏心受压柱	轴压比小于 0.15 的柱	0.75
		轴压比不小于 0.15 的柱	0.80
	偏心受压构件		0.85
	剪力墙		0.85
斜截面承载力计算	各类构件及框架节点		0.85
受冲切承载力计算			0.85
局部受压承载力计算			1.0

地震动具有明显的不确定性，结构地震破坏机理极其复杂，目前对影响结构地震作用计算和承载力计算的诸多不确定和不确知因素也难以做到精确分析，抗震计算设计还远未达到严密的科学程度。为了使结构具有尽可能好的抗震性能，除了进行细致的计算分析和截面承载力计算外，还必须重视基于概念设计的各种抗震措施，包括对地震作用效应的调整和合理地采取抗震构造措施。对于钢筋混凝土框架结构，关键在于做好梁、柱及其节点的延性设计。

1. 实现梁铰机制，避免柱铰机制

1）增大柱端弯矩设计值

柱端弯矩设计值应根据“强柱弱梁”原则进行调整。抗震设计时，一、二、三、四级框架的梁、柱节点处，除框架顶层和柱轴压比小于 0.15 者及框支柱的节点外，柱端组合的弯矩设计值均应符合下式要求：

$$\sum M_c = \eta_c \sum M_b \tag{13.3.11}$$

式中，$\sum M_c$ 为节点上、下柱端截面顺时针或逆时针方向组合的弯矩设计值之和，上、下柱端的弯矩设计值可按弹性分析分配；$\sum M_b$ 为节点左、右梁端截面逆时针或顺时针方向组合的弯矩设计值之和（一级框架节点左、右梁端均为负弯矩时，绝对值较小的弯矩应取零）。

一级框架结构和 9 度的一级框架可不符合式（13.3.11）的要求，但应符合下式要求：

$$\sum M_c = 1.2 \sum M_{bua} \tag{13.3.12}$$

式中，$\sum M_{bua}$ 为节点左、右梁端截面逆时针或顺时针方向实配的正截面抗震受弯承载力所对应的弯矩值之和，根据实配钢筋面积（计入梁受压筋和相关楼板钢筋）和材料强度标准值确定；η_c 为框架柱端弯矩增大系数（对框架结构，一、二、三、四级可分别取 1.7、1.5、1.3、1.2；其他结构类型的框架，一级可取 1.4，二级可取 1.2，三、四级可取 1.1）。

当反弯点不在柱的层高范围内时，柱端弯矩设计值可直接乘以柱端弯矩增大系数 η_c。

2）增大柱脚嵌固端弯矩设计值

框架结构计算嵌固端所在层（即底层）的柱下端若过早出现塑性屈服，将会影响整个结构的抗地震倒塌能力。为推迟框架结构柱下端塑性铰的出现，一、二、三、四级框架结构的底层，其柱下端截面组合的弯矩设计值应分别乘以增大系数 1.7、1.5、1.3、1.2。底层柱纵向钢筋宜按上、下端的不利情况配置。

3）增大角柱的弯矩设计值

地震时角柱受两个方向地震影响，受力状态复杂，需特别加强。框架角柱应按双向偏心受力构件进行正截面设计。一、二、三、四级框架的角柱，经“强柱弱梁”“强剪弱弯”及“柱底层弯矩”调整后的弯矩、剪力设计值还应乘以不小于 1.10 的增大系数。

2. 实现弯曲破坏，避免剪切破坏

框架梁、柱抗震设计时，应遵循“强剪弱弯”的设计原则。在大震作用下，构件的塑性铰应具有足够的变形能力，保证构件先发生延性的弯曲破坏，避免发生脆性的剪切破坏。

1）按“强剪弱弯”的原则调整框架梁的截面剪力

一、二、三级框架和剪力墙的梁，其梁端截面组合的剪力设计值应按下式调整：

$$V_b=\eta_{vb}(M_b^{\mathrm{l}}+M_b^{\mathrm{r}})/l_n+V_{Gb} \tag{13.3.13}$$

一级框架结构和9度的一级框架梁、连梁可不按式（13.3.13）调整，但应符合下式要求：

$$V_b=1.1(M_{bua}^{\mathrm{l}}+M_{bua}^{\mathrm{r}})/l_n+V_{Gb} \tag{13.3.14}$$

式中，l_n为梁的净跨；V_{Gb}为梁在重力荷载代表值（9度的高层建筑还应包括竖向地震作用标准值）作用下，按简支梁分析的梁端截面剪力设计值；M_b^{l}、M_b^{r}分别为梁左、右端逆时针或顺时针方向组合的弯矩设计值，框架两端弯矩均为负弯矩时，绝对值较小的弯矩应取零；M_{bua}^{l}、M_{bua}^{r}分别为梁左、右端逆时针弯矩或顺时针方向实配的正截面抗震受弯承载力所对应的弯矩值，根据实配钢筋面积（计入受压钢筋和相关楼板钢筋）和材料强度标准值确定；η_{vb}为梁端剪力增大系数（一级可取1.3，二级可取1.2，三级可取1.1）。

2）按“强剪弱弯”的原则调整框架柱的截面剪力

一、二、三、四级框架柱和框支柱组合的剪力设计值应按下式调整：

$$V_c=\frac{\eta_{vc}(M_c^{\mathrm{t}}+M_c^{\mathrm{b}})}{H_n} \tag{13.3.15}$$

一级框架结构和9度的一级框架可不按式（13.3.15）调整，但应符合下式要求：

$$V_c=\frac{1.2(M_{cua}^{\mathrm{t}}+M_{cua}^{\mathrm{b}})}{H_n} \tag{13.3.16}$$

式中，M_c^{t}、M_c^{b}分别为柱的上、下端顺时针或逆时针方向截面组合的弯矩设计值，应符合前述对柱端弯矩设计值的要求；M_{cua}^{t}、M_{cua}^{b}分别为偏心受压柱的上、下端顺时针或逆时针方向实配的正截面抗震受弯承载力所对应的弯矩值，根据实配钢筋面积、材料强度标准值和轴压力等确定；η_{vc}为柱剪力增大系数（对框架结构，一、二、三、四级可分别取1.5、1.3、1.2、1.1；对其他结构类型的框架，一级可取1.4，二级可取1.2，三、四级可取1.1）。

3）按抗剪要求的截面限制条件

截面上平均剪应力与混凝土抗压强度设计值之比称为剪压比，用V/f_cbh_0表示。截面出现斜裂缝之前，构件剪力基本由混凝土抗剪强度来承受，箍筋因抗剪引起的拉应力很小，如果构件截面的剪压比过大，混凝土就会过早发生斜压破坏，因此必须对剪压比加以限制。对剪压比的限制，也就是对构件最小截面的限制。钢筋混凝土结构的梁、柱、剪力墙和连梁，其截面组合的剪力设计值应符合下列要求：

对于跨高比大于2.5的梁和连梁及剪跨比大于2的柱和剪力墙为

$$V_b=\frac{1}{\gamma_{RE}}\times 0.20\beta_c f_c bh_0 \tag{13.3.17}$$

对于跨高比不大于2.5的梁和连梁及剪跨比不大于2的柱和剪力墙、部分框支剪力墙结构的框支柱和框支梁以及落地剪力墙的底部加强部位为

$$V_b=\frac{1}{\gamma_{RE}}\times 0.15\beta_c f_c bh_0 \tag{13.3.18}$$

剪跨比应按下式计算：

$$\lambda=M^{\mathrm{c}}/(V^{\mathrm{c}}h_0) \tag{13.3.19}$$

式中，λ为剪跨比（反弯点位于柱子中部的框架柱，该值可按柱净高与2倍柱截面高度之

比计算)；M^c、V^c 分别为柱端截面组合的弯矩计算值及对应的截面组合剪力计算值，均取上、下端计算结果的较大值；V_b 为调整后的梁端、柱端或墙端截面组合的剪力设计值；f_c 为混凝土轴心抗压强度设计值；β_c 为混凝土强度影响系数（当混凝土强度等级不大于 C50 时取 1.0；当混凝土强度等级为 C80 时取 0.8；当混凝土强度等级为 C50～C80 时可按线性内插取用)；b 为梁、柱截面宽度或剪力墙墙肢截面宽度，圆形截面柱可按面积相等的方形截面柱计算；h_0 为截面有效高度，剪力墙可取墙肢长度。

4）框架梁斜截面受剪承载力的验算

矩形、T 形和工字形截面一般框架梁，其斜截面抗震承载力仍采用非地震时梁的斜截面受剪承载力公式进行验算，但除应除以承载力抗震调整系数外，还应考虑在反复荷载作用下，钢筋混凝土斜截面强度有所降低。因此，框架梁受剪承载力抗震验算公式为

$$V_b = \frac{1}{\gamma_{RE}}\left(\alpha_{cv} f_t b h_0 + f_{yv}\frac{A_{sv}}{s}h_0\right) \tag{13.3.20}$$

式中，f_{yv} 为箍筋抗拉强度设计值；A_{sv} 为配置在同一截面内箍筋各肢的全部截面面积；s 为沿构件长度方向上的箍筋间距。

式（13.3.20）中，α_{cv} 为截面混凝土受剪承载力系数，对于一般受弯构件取 0.7；对集中荷载作用（包括作用有多种荷载，其中集中荷载对支座截面或节点边缘产生的剪力值占总剪力 75%以上的情况）下的框架梁，取为

$$\alpha_{cv} = \frac{1.75}{\lambda+1},\quad \lambda=\frac{a}{h_0} \tag{13.3.21}$$

式中，λ 为计算截面的剪跨比；a 为集中荷载作用点至支座截面或节点边缘的距离，$\lambda<1.5$ 时取 1.5，$\lambda>3$ 时取 3。

5）框架柱斜截面受剪承载力的验算

在进行框架柱斜截面承载力抗震验算时，仍采用非地震时承载力验算的公式形式，但应除以承载力抗震调整系数，同时考虑地震作用对钢筋混凝土框架柱承载力降低的不利影响，即可得出矩形截面框架柱和框支柱斜截面抗震承载力验算公式为

$$V_c = \frac{1}{\gamma_{RE}}\left(\frac{1.05}{\lambda+1} f_t b h_0 + f_{yv}\frac{A_{sv}}{s}h_0 + 0.056N\right) \tag{13.3.22}$$

式中，λ 为框架柱、框支柱的剪跨比，按式（13.3.19）计算($\lambda<1$ 时取 1；$\lambda>3$ 时取 3)；N 为考虑地震作用组合的框架柱、框支柱轴向压力设计值，当其值大于 $0.3f_cA$ 时，取 $0.3f_cA$。

当矩形截面框架柱和框支柱出现拉力时，其斜截面受剪承载力应按下列公式计算：

$$V_c \leqslant \frac{1}{\gamma_{RE}}\left(\frac{1.05}{\lambda+1} f_t b h_0 + f_{yv}\frac{A_{sv}}{s}h_0 - 0.2N\right) \tag{13.3.23}$$

式中，N 为与剪力设计值 V 对应的轴向拉力设计值，取正值；λ 为框架柱的剪跨比。

当式（13.3.23）右端括号内的计算值小于 $f_{yv}\frac{A_{sv}}{s}h_0$ 时，应取 $f_{yv}\frac{A_{sv}}{s}h_0$，且 $f_{yv}\frac{A_{sv}}{s}h_0$ 的值不应小于 $0.36f_t b h_0$。

3. 实现强节点核心区、强锚固

在竖向荷载和地震作用下，梁柱节点核心区受力复杂，主要承受压力和水平剪力的组

合作用。节点核心区破坏的主要形式是剪压破坏和黏结锚固破坏，节点核心区箍筋配置不足、混凝土强度等级较低是其破坏的主要原因。在地震往复作用下，因受剪承载力不足，节点核心区形成交叉裂缝，混凝土挤压破碎，箍筋屈服，甚至被拉断，纵向钢筋压屈失效，伸入核心区的框架梁纵筋与混凝土之间也随之发生黏结破坏。

剪切破坏和黏结破坏都属于脆性破坏，故核心区不能作为框架的耗能部位。节点破坏后修复困难，还会导致梁端转角和层间位移增大，严重的会引起框架倒塌。因此框架节点核心区的抗震设计应满足以下设计原则：

（1）节点的承载力不应低于其连接构件（梁、柱）的承载力；

（2）多遇地震时，节点应在弹性范围内工作；

（3）罕遇地震时，节点承载力的降低不得危及竖向荷载的传递；

（4）梁柱纵筋在节点区应有可靠的锚固。

为实现“强节点核心区、强锚固”的设计要求，一、二、三级框架的节点核心区应进行抗震验算；四级框架节点核心区可不进行抗震验算，但应符合抗震构造措施的要求。

1）节点核心区组合剪力设计值

节点核心区应能抵抗当节点区两边梁端出现塑性铰时的剪力。作用于节点的剪力来源于梁、柱纵向钢筋的屈服，甚至超强。对于强柱型节点，水平剪力主要来自框架梁，也包括一部分现浇板的作用。一、二、三级框架梁柱节点核心区组合的剪力设计值应按下式确定：

$$V_j = \frac{\eta_{jb}\sum M_b}{h_{bo} - a_s'}\left(1 - \frac{h_{bo} - a_s'}{H_c - h_b}\right) \tag{13.3.24}$$

式中，V_j 为梁柱节点核心区组合的剪力设计值；h_{bo} 为梁截面的有效高度，节点两侧梁截面高度不等时可采用平均值；a_s' 为梁受压钢筋合力点至受压边缘的距离；H_c 为柱的计算高度，可采用节点上下柱反弯点之间的距离；h_b 为梁的截面高度，节点两侧梁截面高度不等时可采用平均值；η_{jb} 为强节点系数（对于框架结构，一级宜取 1.5，二级宜取 1.35，三级宜取 1.2；对于其他结构中的框架，一级宜取 1.35，二级宜取 1.2，三级宜取 1.1）；$\sum M_b$ 为节点左右梁端逆时针或顺时针方向组合弯矩设计值之和，一级时节点左右梁端均为负弯矩，绝对值较小的弯矩应取零。

一级框架结构和 9 度的一级框架节点核心区组合的剪力设计值可不按式（13.3.24）确定，但应符合下式：

$$V_j = \frac{1.15\sum M_{bua}}{h_{bo} - a_s'}\left(1 - \frac{h_{bo} - a_s'}{H_c - h_b}\right) \tag{13.3.25}$$

式中，M_{bua} 为节点左右梁端逆时针或顺时针方向实配的正截面抗震受弯承载力所对应的弯矩值之和；其他符号的意义同式（13.3.24）。

2）节点剪压比的控制

为防止节点核心区混凝土斜压破坏，应控制剪压比，使节点区的尺寸不致太小。考虑到节点核心周围一般都受到梁的约束，抗剪面积实际比较大，故剪压比限值可适当放宽。节点核心区组合的剪力设计值应符合下列要求：

$$V_j \leqslant \frac{1}{\gamma_{RE}} \times 0.30\eta_j \beta_c f_c b_j h_j \tag{13.3.26}$$

$$\begin{cases} b_j = b_c \\ b_j = b_b + 0.5h_c \\ b_j = 0.5(b_b + b_c) + 0.25h_c - e \end{cases} \tag{13.3.27}$$

式中，η_j 为正交梁的约束影响系数（楼板为现浇、梁柱中线不重合、四侧各梁截面宽度不小于该侧柱截面宽度的 1/2，且正交方向梁高度不小于框架梁高度的 3/4 时，可采用 1.5，9 度、一级时宜采用 1.25，其他情况均采用 1.0）；h_j 为节点核心区的截面高度，可采用验算方向的柱截面高度；γ_{RE} 为承载力抗震调整系数，可采用 0.85；b_j 为节点核心区截面有效验算宽度[当验算方向的梁截面宽度不小于该侧柱截面宽度的 1/2 时，可按式（13.3.27）的第 1 式计算取值；当小于柱截面宽度的 1/2 时，按式（13.3.27）的第 1、2 式分别计算，取较小值；当梁、柱的中线不重合且偏心距不大于柱宽的 1/4 时，按式（13.3.27）中第 1、2、3 式分别计算，取较小值]；b_c 为验算方向的柱截面宽度；h_c 为验算方向的柱截面高度；b_b 为梁截面宽度；e 为梁与柱的中线偏心距。

如不满足式（13.3.26），则需加大柱截面或提高混凝土强度等级。节点区的混凝土强度等级应与柱的混凝土强度等级相同。当节点区混凝土与梁板混凝土一起浇筑时，须注意节点区混凝土的强度等级不能降低太多，其与柱混凝土强度等级相差不应超过 5MPa。

对于圆柱框架的梁柱节点，当梁中线与柱中线重合时，圆柱框架梁柱节点核心区组合的剪力设计值应符合下式要求：

$$V_j \leqslant \frac{1}{\gamma_{RE}} \times 0.30\eta_j f_c A_j \tag{13.3.28}$$

式中，η_j 为正交梁的约束影响系数，同式（13.3.26），其中柱截面宽度按柱直径采用；A_j 为节点核心区有效截面面积[梁宽 b_b 不小于柱直径 D 的 1/2 时，取 $0.8D^2$；梁宽 b_b 小于柱直径 D 的 1/2 且不小于 $0.4D$ 时，取 $0.8D(b_b + D/2)$]。

3）框架节点核心区截面抗震受剪承载力的验算

实验表明，节点核心区混凝土初裂前，剪力主要由混凝土承担，箍筋应力很小，节点受力状态类似于一个混凝土斜压杆；节点核心区出现交叉斜裂缝后，剪力由箍筋与混凝土共同承担，节点受力类似于桁架；与柱类似，在一定范围内，随着柱轴向压力的增加，不仅节点的抗裂度提高，而且节点的极限承载力也提高。另外，垂直于框架平面的正交梁如具有一定的截面尺寸，对核心混凝土将具有明显的约束作用，实质上是扩大了受剪面积，因而使节点的受剪承载力提高。

框架节点的受剪承载力可以由混凝土和节点箍筋共同组成。影响受剪承载力的主要因素有柱轴力、正交梁约束、混凝土强度和节点配箍情况等。节点核心区截面抗震受剪承载力应采用下列公式验算：

$$V_j \leqslant \frac{1}{\gamma_{RE}}\left(1.1\eta_j f_t b_j h_j + 0.05\eta_j N\frac{b_j}{b_c} + f_{yv}A_{svj}\frac{h_{bo} - a_s'}{s}\right) \tag{13.3.29}$$

$$V_j \leqslant \frac{1}{\gamma_{RE}}\left(0.9\eta_j f_t b_j h_j + f_{yv}A_{svj}\frac{h_{bo} - a_s'}{s}\right) \quad \text{（9 度、一级）} \tag{13.3.30}$$

式中，N 为对应于组合剪力设计值上柱组合轴向压力较小值，其取值不应大于柱的截面面积和混凝土轴心抗压强度设计值乘积的 50%，当为拉力时取 0；f_{yv} 为箍筋的抗拉强度设计值；f_t 为混凝土轴心抗拉强度设计值；A_{svj} 为核心区有效验算宽度范围内同一截面验算方向箍筋的总截面面积；s 为箍筋间距。

对于圆柱框架的梁柱节点，当梁中线与柱中线重合时，圆柱框架梁柱节点核心区截面抗震受剪承载力应采用下列公式验算：

$$V_j \leqslant \frac{1}{\gamma_{RE}}\left(1.5\eta_j f_t A_j + 0.05\eta_j \frac{N}{D^2} A_j + 1.57 f_{yv} A_{sh} \frac{h_{bo}-a_s'}{s} + f_{yv} A_{svj} \frac{h_{bo}-a_s'}{s}\right) \quad (13.3.31)$$

$$V_j \leqslant \frac{1}{\gamma_{RE}}\left(1.2\eta_j f_t A_j + 1.57 f_{yv} A_{sh} \frac{h_{bo}-a_s'}{s} + f_{yv} A_{svj} \frac{h_{bo}-a_s'}{s}\right) \quad \text{(9 度、一级)} \quad (13.3.32)$$

式中，A_{sh} 为单根圆形箍筋的截面面积；A_{svj} 为同一截面验算方向的拉筋和非圆形箍筋的总截面面积；D 为圆柱截面直径；N 为轴向力设计值，按一般梁柱节点的规定取值。

13.3.5 框架结构构造措施

1. 框架梁

1）截面尺寸

梁的截面宽度不宜小于 200mm，截面的高宽比不宜大于 4，梁净跨与截面高度之比不宜小于 4。

当采用梁宽大于柱宽的扁梁时，楼、屋盖应现浇，梁中线宜与柱中线重合，扁梁应双向设置。扁梁的截面尺寸应符合下列要求，并应满足现行有关规范对挠度和裂缝宽度的规定：

$$b_b \leqslant 2b_c \quad (13.3.33)$$

$$b_b \leqslant b_c + h_b \quad (13.3.34)$$

$$h_b \leqslant 16d \quad (13.3.35)$$

式中，b_c 为柱截面宽度，圆形截面取柱直径的 0.8；b_b、h_b 分别为梁截面宽度和高度；d 为柱纵向直径。

2）纵向钢筋

梁的纵向钢筋配置应符合下列各项要求：

（1）梁端计入受压钢筋的混凝土受压区高度与有效高度之比，一级不应大于 0.25，二、三级不应大于 0.35。

（2）梁端截面的底面和顶面纵向钢筋配筋量的比值，除按计算确定外，一级不应小于 0.5，二、三级不应小于 0.3。

（3）梁端纵向受拉钢筋的配筋率不宜大于 2.5%，沿梁全长顶面、底面的配筋，一、二级不应少于 2ϕ14，且分别不应少于梁顶面、底面两端纵向配筋中较大截面面积的 1/4，三、四级不应少于 2ϕ12。

（4）一、二、三级框架梁内贯通中柱的每根纵向钢筋直径，对框架结构不应大于矩形截面柱在该方向截面尺寸的 1/20，或纵向钢筋所在位置圆形截面柱弦长的 1/20；对其他结构类型的框架不宜大于矩形截面柱在该方向截面尺寸的 1/20，或纵向钢筋所在位置圆形截面柱弦长的 1/20。

（5）框架梁纵向受拉钢筋配筋率不应小于表 13.3.7 规定数值的较大值。此外，框架梁的纵向钢筋不应与箍筋、拉筋及预埋件等焊接。

表 13.3.7　框架梁纵向受拉钢筋最小配筋率 ρ_{min}

抗震等级	梁中位置	
	支座配筋率（取最大值）	跨中配筋率（取最大值）
一级	0.40，$80f_t/f_y$	0.30，$65f_t/f_y$
二级	0.30，$65f_t/f_y$	0.25，$55f_t/f_y$
三、四级	0.25，$55f_t/f_y$	0.20，$45f_t/f_y$

3）箍筋

震害调查和理论分析表明，在地震作用下，梁端剪力最大，该处极易产生剪切破坏。因此，在梁端一定长度范围内，箍筋间距应适当加密。一般称这一范围为箍筋加密区。

梁端加密区的箍筋设置应符合下列要求：

（1）加密区的长度、箍筋最大间距和最小直径应按表 13.3.8 选用；当梁端纵向受拉钢筋配筋率大于 2%时，表中箍筋最小直径数值应增大 2mm。

（2）梁端加密区的箍筋肢距，一级不宜大于 200mm 和 20 倍箍筋直径两者中的较大值，二、三级不宜大于 250mm 和 20 倍箍筋直径两者中的较大值，四级不宜大于 300mm。

表 13.3.8　梁端箍筋加密区的长度、箍筋最大间距和最小直径

单位：mm

抗震等级	加密区长度（取较大值）	箍筋最大间距（取最小值）	箍筋最小直径
一级	$2h_b$，500	$6d$，$h_b/4$，100	10
二级	$1.5h_b$，500	$8d$，$h_b/4$，100	8
三级	$1.5h_b$，500	$8d$，$h_b/4$，150	8
四级	$1.5h_b$，500	$8d$，$h_b/4$，150	6

注：（1）d 为纵向钢筋直径；h_b 为梁截面高度。

（2）箍筋直径大于 12mm、数量不少于 4 肢且肢距不大于 150mm 时，一、二级的最大间距应允许适当放宽，但不得大于 150mm。

框架梁的箍筋还应符合下列构造要求：

（1）梁端设置的第一个箍筋应距框架节点边缘不大于 50mm。

（2）箍筋应有 135° 弯钩，弯钩端头直段长度不应小于 10 倍的箍筋直径和 75mm 两者中的较大值。

（3）在纵向钢筋搭接长度范围内的箍筋间距，钢筋受拉时不应大于搭接钢筋较小直径的 5 倍，且不应大于 100mm；钢筋受压时不应大于搭接钢筋较小直径的 10 倍，且不应大于 200mm。

（4）框架梁非加密区箍筋最大间距不宜大于加密区箍筋间距的 2 倍。

（5）框架梁沿梁全长箍筋的面积配筋率 ρ_{sv} 不应小于表 13.3.9 的规定。

表 13.3.9 框架梁沿梁全长箍筋的面积配筋率 ρ_{sv} 限值

抗震等级	一级	二级	三级	四级
ρ_{sv}	$0.30f_t/f_{yv}$	$0.28f_t/f_{yv}$	$0.26f_t/f_{yv}$	$0.26f_t/f_{yv}$

2. 框架柱

1）截面尺寸

柱的截面尺寸宜符合下列要求：

（1）截面的宽度和高度，四级或不超过2层时不宜小于300mm，一、二、三级且超过2层时不宜小于400mm；圆柱的直径，四级或不超过2层时不宜小于350mm，一、二、三级且不超过2层时不宜小于450mm。

（2）剪跨比宜大于2，圆形截面柱可按面积相等的方形截面柱计算。

（3）截面长边与短边的边长比不宜大于3。

2）轴压比的限制

轴压比是指考虑地震作用组合的轴压力设计值 N 与柱全截面面积 bh 和混凝土轴心抗压强度设计值 f_c 乘积的比值，即 N/f_cbh。轴压比是影响柱延性的重要因素之一。实验研究表明，柱的延性随轴压比的增大而急剧下降，尤其在高轴压比的条件下，箍筋对柱的变形能力影响很小。因此，在框架抗震设计中必须限制轴压比，以保证柱有足够的延性。框架柱轴压比不宜超过表13.3.10的规定。建造于Ⅳ类场地上较高的高层建筑，其柱轴压比限值应适当减小。

表 13.3.10 轴压比限值

结构类型	抗震等级			
	一级	二级	三级	四级
框架结构	0.65	0.75	0.85	0.90
框架-剪力墙、板柱-剪力墙、框架-核心筒、筒中筒	0.75	0.85	0.85	0.85
部分框支剪力墙	0.60	0.70	—	

注：（1）对《抗规》规定不进行地震作用计算的结构，可取无地震作用组合的轴力设计值计算。

（2）表内限值适用于剪跨比大于2、混凝土强度等级不高于C60的柱；剪跨比不大于2的柱，轴压比限值应降低0.05；剪跨比小于1.5的柱，轴压比限值应专门研究，并采取特殊构造措施。

（3）沿柱全高采用井字复合箍，且箍筋肢距不大于200mm、间距不大于100mm、直径不小于12mm；或沿柱全高采用复合螺旋箍，且螺旋净距不大于100mm、箍筋肢距不大于200mm、直径不小于12mm；或沿柱全高采用连续复合矩形螺旋箍，且螺旋净距不大于80mm、箍筋肢距不大于200mm、直径不小于10mm；轴压比限值均可增加0.10。以上三种箍筋的最小配箍特征值均应按增大的轴压比确定（表13.3.13）。

（4）在柱的截面中部附加芯柱（图13.3.6），其中另加的纵向钢筋总面积不少于柱截面面积的0.8%，轴压比限值可增加0.05；此项措施与注（3）的措施共同采用时，轴压比限值可增加0.15，但钢筋的体积配箍率仍可按轴压比增加0.10的要求确定。

（5）柱轴压比不应大于1.05。

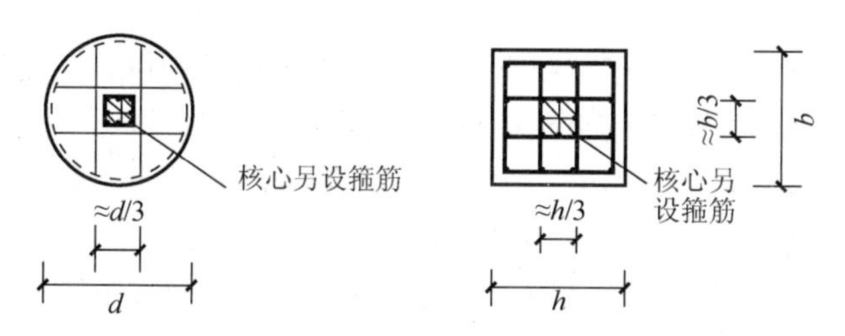

图 13.3.6　水平荷载作用下的框架弯矩图

3）纵向钢筋

柱的纵向钢筋配置应符合下列各项要求：

（1）纵向钢筋的最小总配筋率应按表 13.3.11 选用，同时每一侧纵筋配筋率不应小于 0.2%；对建造于Ⅳ类场地且较高的高层建筑，最小总配筋率应增加 0.1%。

（2）柱的纵向配筋宜采用对称配置。

（3）截面边长大于 400mm 的柱，纵向钢筋间距不宜大于 200mm。

（4）柱总配筋率不应大于 5%；剪跨比不大于 2 的一级框架的柱，每侧纵向钢筋配筋率不宜大于 1.2%。

（5）边柱、角柱及剪力墙端柱在小偏心受拉时，柱内纵筋总截面面积应比计算值增加 25%。

（6）柱纵向钢筋的绑扎接头应避开柱端的箍筋加密区。

（7）柱的纵向钢筋不应与箍筋、拉筋及预埋件等焊接。

表 13.3.11　柱截面纵向钢筋的最小总配筋率

类　别	抗震等级			
	一级	二级	三级	四级
中柱和边柱	0.9（1.0）	0.7（0.8）	0.6（0.7）	0.5（0.6）
角柱和框支柱	1.1	0.9	0.8	0.7

注：（1）表中括号内数值用于框架结构的柱。

（2）钢筋强度标准值小于 400MPa 时，表中数值应增加 0.1；钢筋强度标准值为 400MPa 时，表中数值应增加 0.05。混凝土强度等级高于 C60 时，上述数值应相应增加 0.1。

4）箍筋

柱箍筋的形式应根据截面情况合理选取，图 13.3.7 所示为目前常用的箍筋形式。抗震框架柱一般不用普通矩形箍；圆形箍或螺旋箍由于加工困难，也较少采用。工程上大量采用的是矩形复合箍或拉筋复合箍。箍筋应为封闭式，其末端应做成 135° 弯钩，且弯钩末端的平直段长度不应小于 10 倍箍筋直径，且不应小于 75mm。

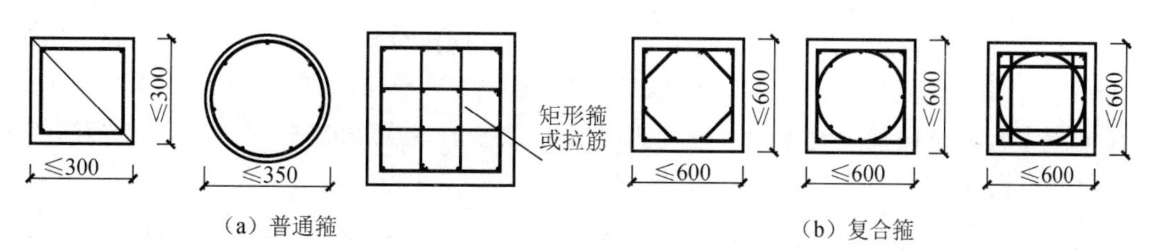

图 13.3.7　各类箍筋示意图（单位：mm）

框架柱的箍筋有三个作用，即抵抗剪力、对混凝土提供约束、防止纵筋压屈。加强箍筋约束是提高柱延性和耗能能力的重要措施。震害调查表明，框架柱的破坏主要集中在上下柱端1.0～1.5倍柱截面高度范围内；试验表明，当箍筋间距小于6～8倍柱纵筋直径时，在受压区混凝土压溃之前，一般不会出现钢筋压屈现象。因此，应在柱上下端塑性铰区以及需要提高其延性的重要部位加密箍筋。柱的箍筋加密范围应按下列规定采用：

（1）柱端，取截面高度（圆柱直径）、柱净高的1/6和500mm三者中的最大值；

（2）底层柱的下端不小于柱净高的1/3；

（3）刚性地面上下各500mm；

（4）剪跨比不大于2的柱、设置填充墙等形式的柱净高与柱截面高度之比不大于4的柱、框支柱、一级和二级框架的角柱，取全高；

（5）需要提高变形能力的柱的全高范围。

框架柱箍筋加密区的构造措施应符合下列要求：

（1）一般情况下，加密区箍筋的最大间距和最小直径应按表13.3.12选用。

表13.3.12 柱箍筋加密区箍筋的最大间距和最小直径

单位：mm

抗震等级	箍筋最大间距（取最小值）	箍筋最小直径
一级	$6d$，100	10
二级	$8d$，100	8
三级	$8d$，150（柱根100）	8
四级	$8d$，150（柱根100）	6（柱根8）

注：d为柱纵筋最小直径；柱根指底层柱下端箍筋加密区。

（2）一级框架柱的箍筋直径大于12mm且箍筋肢距不大于150mm，以及二级框架柱的箍筋直径不小于10mm且箍筋肢距不大于200mm时，除底层柱下端外，最大间距应允许采用150mm；三级框架柱的截面尺寸不大于400mm时，箍筋最小直径应允许采用6mm；四级框架柱剪跨比不大于2时，箍筋直径不应小于8mm。

（3）框支柱和剪跨比不大于2的框架柱，箍筋间距不应大于100mm。

（4）柱箍筋加密区的箍筋肢距，一级不宜大于200mm，二、三级不宜大于250mm，四级不宜大于300mm。至少每隔一跟纵向钢筋宜在两个方向有箍筋或拉筋约束；采用拉筋复合箍时，拉筋宜紧靠纵向钢筋，并钩住箍筋。

（5）柱箍筋加密区的体积配箍率应符合下列要求：

$$\rho_v \geqslant \lambda_v f_c / f_{yv} \tag{13.3.36}$$

式中，ρ_v为柱箍筋加密区的体积配箍率（一、二、三、四级分别不应小于0.8%、0.6%、0.4%和0.4%；计算复合螺旋箍的体积配箍率时，其非螺旋箍的箍筋体积应乘以换算系数0.8）；f_c为混凝土轴心抗压强度设计值，强度等级低于C35时，应按C35计算；f_{yv}为箍筋或拉筋抗拉强度设计值；λ_v为柱最小配箍特征值，宜按表13.3.13选用。

考虑到框架柱在层高范围内剪力不变及可能的扭转影响，为避免箍筋非加密区的受剪能力突然降低很多，导致柱的中段破坏，框架柱箍筋非加密区的箍筋配置应符合下列要求：

表 13.3.13　柱箍筋加密区的箍筋最小配箍特征值

抗震等级	箍筋形式	柱轴压比								
		≤0.30	0.4	0.5	0.6	0.7	0.8	0.9	1.0	1.05
一级	普通箍、复合箍	0.10	0.11	0.13	0.15	0.17	0.20	0.23	—	—
	螺旋箍、复合或连续复合矩形螺旋箍	0.08	0.09	0.11	0.13	0.15	0.18	0.21	—	—
二级	普通箍、复合箍	0.08	0.09	0.11	0.13	0.15	0.17	0.19	0.22	0.24
	螺旋箍、复合或连续复合矩形螺旋箍	0.06	0.07	0.09	0.11	0.13	0.15	0.17	0.20	0.22
三级	普通箍、复合箍	0.06	0.07	0.09	0.11	0.13	0.15	0.17	0.20	0.22
	螺旋箍、复合或连续复合矩形螺旋箍	0.05	0.06	0.07	0.09	0.11	0.13	0.15	0.18	0.20

注：（1）普通箍指单个矩形箍或单个圆形箍；复合箍指由矩形、多边形、圆形箍或拉筋组成的箍筋；复合螺旋箍指由螺旋箍与矩形、多边形、圆形箍或拉筋组成的箍筋；连续复合矩形螺旋箍指用一根通长钢筋加工而成的箍筋。

（2）框支柱宜采用复合螺旋箍或井字复合箍，其最小配箍特征值应比表内数值增加 0.02，且体积配箍率不应小于 1.5%。

（3）剪跨比不大于 2 的柱宜采用复合螺旋箍或井字复合箍，其体积配箍率不应小于 1.2%，9 度、一级时不应小于 1.5%。

（1）柱箍筋非加密区的体积配箍率不宜小于加密区的 50%。

（2）箍筋间距，一、二级框架柱不应大于 10 倍纵向钢筋直径；三、四级框架柱不应大于 15 倍纵向钢筋直径。

3. 节点核心区

抗震框架的节点核心区必须设置足够量的横向箍筋，其箍筋的最大间距和最小直径宜符合上述柱箍筋加密区的有关规定，一、二、三级框架节点核心区配箍特征值分别不宜小于 0.12、0.10、0.08，且箍筋体积配箍率分别不宜小于 0.6%、0.5%、0.4%。柱剪跨比不大于 2 的框架节点核心区配箍特征值不宜小于核心区上下柱端配箍特征值中的较大值。

13.3.6　预应力混凝土框架的抗震设计要求

预应力混凝土结构具有抗裂、耐久性能好、能满足较高的工艺和功能要求、综合经济效益好等优点，已成为“高、大、重、特”类土木工程结构中最为重要的技术之一。其中的预应力混凝土框架结构，因其能够提供易于满足现代建筑功能要求的大跨度、大柱网、大空间，且在使用荷载下具有较高的抗裂度和截面刚度，在结构工程界广受青睐，自 20 世纪 80 年代以来，在世界范围内得到了大量的推广和应用。众所周知，我国是一个多地震的国家，地震灾害频繁发生，已建或在建的预应力混凝土结构大多位于地震区，并且还将在地震区内不断地建造新的预应力混凝土结构。因此，深入研究包括预应力混凝土框架结构在内的预应力混凝土结构的抗震性能和设计方法已成为结构工程中的必需工作。与普通钢筋混凝土框架结构相比，预应力混凝土框架结构的跨度、柱距及承受的竖向荷载都要大很多，梁、柱尺寸的比例不同，梁的截面尺寸有时比柱还大，抗裂限制条件更严，导致其自振周期相对更长，因而，二者的抗震性能相差较大甚至完全不同，在强地震作用下，自振周期相对较长的预应力混凝土框架结构会产生更大的位移与变形，甚至是严重的破坏。然而，迄今有关预应力混凝土（框架）结构抗震性能与能力的研究成果主要是在常规远场地震动的基础上取得的，并且，国内外土木工程界仍对其抗震性能及设计方法存在不少的疑惑与争议。

我国《抗规》对于 6、7、8 度时预应力混凝土框架的抗震设计提出了下列要求（9 度时应作专门研究）。

1. 一般要求

抗震框架的后张预应力构件，框架、门架、转换层的转换大梁，宜采用有黏结预应力筋。无黏结预应力筋可用于采用分散配筋的连续板和扁梁，不得用于承重结构的受拉杆件和抗震等级为一级的框架。

抗侧力的预应力混凝土构件应采用预应力筋和非预应力筋混合配筋方式。二者的比例应根据抗震等级按有关规定控制，其预应力强度比不宜大于 0.75。

2. 框架梁

在预应力混凝土框架中应采用预应力筋和非预应力筋混合配筋方式，梁端截面配筋宜符合下列要求：

$$A_s \geqslant \frac{1}{3}\frac{f_{py}h_p}{f_y h_s}A_p \tag{13.3.37}$$

式中，A_p、A_s 分别为受拉区预应力筋和非预应力筋截面面积；f_{py}、f_y 分别为预应力筋和非预应力筋的抗拉强度设计值。

对二、三级抗震等级的框架-剪力墙、框架-核心筒结构中的后张有黏结预应力混凝土框架，式（13.3.37）中右端系数 1/3 可改为 1/4。

预应力混凝土框架梁端截面，计入纵向受压钢筋的钢筋混凝土的受压区高度 x，抗震等级为一级时应满足 $x \leqslant 0.25h_0$，抗震等级为二、三级时应满足 $x \leqslant 0.35h_0$；并且纵向受拉钢筋按非预应力筋抗拉强度设计值折算的配筋率不应大于 2.5%。

梁端截面的底面非预应力钢筋和顶面非预应力钢筋的配筋量的比值，除按计算确定外，一级抗震等级不应小于 0.5，二、三级不应小于 0.3；同时底面非预应力钢筋配筋量不应低于毛截面面积的 0.2%。

预应力混凝土框架柱可采用非对称配筋方式，其轴压比计算应计入预应力筋的总有效预应力形成的轴向压力设计值，并符合钢筋混凝土结构中对应框架柱的要求，箍筋宜全高加密。

预应力筋穿过框架节点核心区时，节点核心区的截面抗震验算应计入总有效预应力以及预应力孔道削弱核心区有效验算宽度的影响。

3. 框架柱和梁柱节点

后张预应力筋的锚具不应位于节点核心区内。

13.4　抗震墙结构的抗震分析

抗震墙结构一般有较好的抗震性能，但也应合理设计。前述的抗震设计所遵循的一般原则（如平面布置尽可能对称等）也适用于抗震墙结构。下面主要介绍抗震墙结构的设计特点。

13.4.1　抗震墙结构的设计要点

抗震墙结构中的抗震墙设置，宜符合下列要求：

（1）较长的抗震墙宜开设洞口，将一道抗震墙分成较均匀的若干墙段，洞口连梁的跨高比宜大于 6，各墙段的高度比不应小于 3。其目的主要是使构件（抗震墙和连梁）有足够的弯曲变形能力。

（2）墙肢截面的高度沿结构全高不应有突变；抗震墙有较大洞口时，以及一、二级抗震墙的底部加强部位，洞口宜上下对齐。

（3）部分框支抗震墙结构的框支层，其抗震墙的截面面积不应小于相邻非框支层抗震墙截面面积的 50%；框支层落地抗震墙间距不宜大于 24m；框支层的平面布置宜对称，且宜设抗震筒体；底层框架部分承担的地震倾覆力矩不应大于结构总地震倾覆力矩的 50%。

房屋顶层、楼梯间和抗侧力电梯间的抗震墙，端开间的纵向抗震墙和端山墙的配筋应符合关于加强部位的要求。底部加强部位的高度应从地下室顶板算起。部分框支抗震墙结构的抗震墙底部加强部位的高度，可取框支层加框支层以上两层的高度及落地抗震墙总高度的 1/10 二者的较大值。其他结构的抗震墙，房屋高度大于 24m 时，底部加强部位的高度可取底部两层和墙体总高度的 1/10 二者的较大值；房屋高度不大于 24m 时，底部加强部位可取底部一层。当结构计算嵌固端位于地下一层的底板或以下时，底部加强部位尚宜向下延伸到计算嵌固端。

13.4.2　地震作用的计算

抗震墙结构地震作用仍可视情况用底部剪力法、振型分解法、时程分析法计算。采用常用的葫芦串模型时，主要是确定抗震墙结构的抗侧刚度。为此，就要对抗震墙进行分类。

1. 抗震墙的分类

单榀抗震墙按其开洞的大小呈现不同的特性。洞口的大小可用洞口系数 ρ 表示：

$$\rho=\frac{\text{墙面洞口面积}}{\text{墙面不计洞口的总面积}} \tag{13.4.1}$$

另外，抗震墙的特性还与连梁刚度与墙肢刚度之比及墙肢的惯性矩与总惯性矩之比有关。故再引入整体系数 α 和惯性矩比 I_A/I，其中 α 和 I_A 分别定义为

$$\alpha=H\sqrt{\frac{24}{\tau h\sum_{j=1}^{m+1}I_j}\sum_{j=1}^{m}\frac{I_{bj}c_j^2}{a_j^3}} \tag{13.4.2}$$

$$I_A = I - \sum_{j=1}^{m+1} I_j \tag{13.4.3}$$

式中，τ 为轴向变形系数，3、4 肢时取 0.8，5～7 肢时取 0.85，8 肢以上时取 0.95；m 为孔洞个数；h 为层高；I_{bj} 为第 j 孔洞连梁的折算惯性矩；a_j 为第 j 孔洞连梁计算跨度的一半；c_j 为第 j 孔洞两边墙肢轴线距离的一半；I_j 为第 j 墙肢的惯性矩；I 为抗震墙对组合截面形心的惯性矩。

第 j 孔洞连梁的折算惯性矩 I_{bj} 的计算式为

$$I_{bj} = \frac{I_{bj0}}{1 + \dfrac{30\mu I_{bj0}}{A_b l_{bj}^2}} \tag{13.4.4}$$

式中，I_{bj0} 为连梁的抗弯惯性矩；A_b 为连梁的截面面积；l_{bj} 为连梁的计算跨度（取洞口宽度加梁高的一半）。

因而，抗震墙可按开洞情况、整体系数和惯性矩比分为以下几类：

（1）整体墙，即没有洞口或洞口很小的抗震墙［图 13.4.1（a)］。当墙面上门窗、洞口等开孔面积不超过墙面面积的 15%（即 $\rho \leqslant 0.15$），且孔洞间净距及孔洞至墙边净距大于孔洞长边时，即为整体墙。这时可忽略洞口的影响，墙的应力可按平截面假定用材料力学公式计算，其变形属于弯曲型。

（2）小开口整体墙。当 $\rho > 0.15$，$\alpha \geqslant 10$，且 $I_A/I \leqslant \xi$ 时，为小开口整体墙［图 13.4.1（b)］，其中 ξ 值的取值见表 13.4.1。此时，可按平截面假定计算，但所得的应力应加以修正。相应的变形基本属于弯曲型。

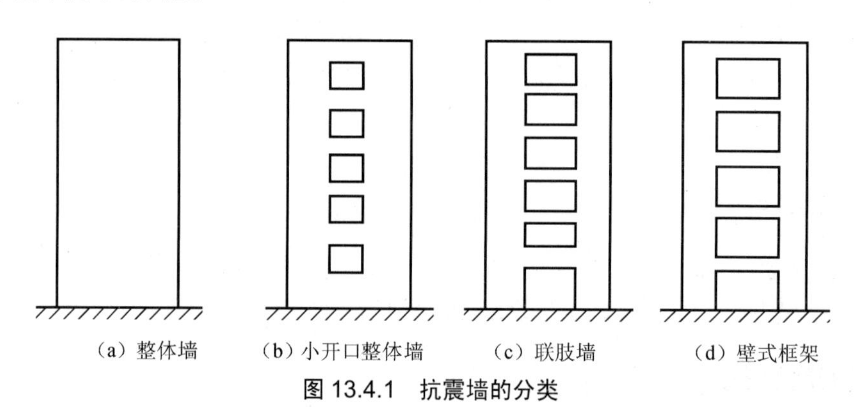

图 13.4.1 抗震墙的分类

（3）联肢墙。当 $\rho > 0.15$，$1.0 < \alpha < 10$，且 $I_A / I \leqslant \xi$ 时，为联肢墙［图 13.4.1（c)］。此时墙肢截面应力与由平面假定所得的应力差值更大，不能用平截面假定所得到的整体应力加上修正应力来分析。此时可借助于列微分方程来求解，它的变形已从弯曲型逐渐向剪切型过渡。

（4）壁式框架。当洞口很大，$\alpha \geqslant 10$，且 $I_A / I > \xi$ 时，为壁式框架［图 13.4.1（d)］。

2. 水平地震作用计算

抗震墙结构一般采用计算机程序计算，在特定情况下也可采用近似方法计算。

表 13.4.1　系数 ξ 的取值

α \ 层数	8	10	12	16	20	≥30
10	0.886	0.948	0.975	1.000	1.000	1.000
12	0.886	0.924	0.950	0.994	1.000	1.000
14	0.853	0.908	0.934	0.978	1.000	1.000
16	0.844	0.896	0.923	0.964	0.988	1.000
18	0.836	0.888	0.914	0.952	0.978	1.000
20	0.831	0.880	0.906	0.945	0.970	1.000
22	0.827	0.875	0.901	0.940	0.965	1.000
24	0.824	0.871	0.897	0.936	0.960	0.989
26	0.822	0.867	0.894	0.932	0.955	0.986
28	0.820	0.864	0.890	0.929	0.952	0.982
≥30	0.818	0.861	0.887	0.926	0.950	0.979

首先采用串联多自由度模型算出地震作用沿竖向的分布，然后再把地震作用分配给各榀抗侧力结构。一般假定楼板在其平面内的刚度无穷大，而在其平面外的刚度则为零。在下面的分析中，假定不考虑整体扭转作用。

用简化方法进行内力与位移的计算时，可将结构沿其水平截面的两个正交主轴划分为若干平面抗侧力结构，每一个方向的水平荷载由该方向的平面抗侧力结构承受，垂直于水平荷载方向的抗侧力结构不起作用。总水平力在各抗侧力结构中的分配，则由楼板在其平面内为刚体所推导出的协调条件确定。抗侧力结构与主轴斜交时，应考虑抗侧力结构在两个主轴方向上各自的功能。

对层数不高、以剪切变形为主的抗震墙结构，可用类似于砌体结构的计算方法计算其地震作用并分配给各片墙。

对以弯曲变形为主的高层剪力墙结构，可采用振型分解法或时程分析得出作用于竖向各质点（楼层处）的水平地震作用。整个结构的抗弯刚度等于各片墙的抗弯刚度之和。

3. 等效刚度

单片墙的抗弯刚度可采用一些近似公式计算。例如：

$$I_c = \left(\frac{100}{f_y} + \frac{P_u}{f_c' A_g}\right) I_g \tag{13.4.5}$$

式中，I_c 为单片墙的等效惯性矩；I_g 为墙的毛截面惯性矩；f_y 为钢筋的屈服强度，MPa；P_u 为墙的轴压力；f_c' 为混凝土的棱柱体抗压强度；A_g 为墙的毛截面面积。上式对应于墙截面外缘出现屈服时的情况。

按弹性计算时，沿竖向刚度比较均匀的抗震墙的等效刚度可按下列方法计算。

1）整体墙

等效刚度 E_cI_{eq} 的计算公式为

$$E_cI_{\text{eq}}=\frac{E_cI_w}{1+\dfrac{9\mu I_w}{A_wH^2}} \tag{13.4.6}$$

式中，E_c 为混凝土的弹性模量；I_{eq} 为等效惯性矩；H 为抗震墙的总高度；μ 为截面形状系数，对矩形截面取 1.20，I 字形截面 $\mu=$全面积/腹板面积，T 形截面的 μ 值如表 13.4.2 所示；I_w 为抗震墙的惯性矩，取有洞口和无洞口截面的惯性矩沿竖向的加权平均值，公式为

$$I_w=\frac{\sum I_ih_i}{\sum h_i} \tag{13.4.7}$$

式中，I_i 为抗震墙沿高度方向各段横截面惯性矩（有洞口时要扣除洞口的影响）；h_i 为相应各段的高度。

式（13.4.6）中的 A_w 为抗震墙折算面积，对小洞口整截面墙取

$$A_w=\gamma_{00}A=\left(1-1.25\sqrt{\frac{A_{0p}}{A_f}}\right)A \tag{13.4.8}$$

式中，A 为墙截面毛面积；A_{0p} 为墙面洞口面积；A_f 为墙面总面积；γ_{00} 为洞口削弱系数。

表 13.4.2　T 形截面剪应力不均匀系数 μ

B/t \ H/t	2	4	6	8	10	12
2	1.383	1.494	1.521	1.511	1.483	1.445
4	1.441	1.876	2.287	2.682	3.061	3.424
6	1.362	1.097	2.033	2.367	2.698	3.026
8	1.313	1.572	1.838	2.106	2.374	2.641
10	1.283	1.489	1.707	1.927	2.148	2.370
12	1.264	1.432	1.614	1.800	1.988	2.178
15	1.245	1.374	1.579	1.669	1.820	1.973
20	1.228	1.317	1.422	1.534	1.648	1.763
30	1.214	1.264	1.328	1.399	1.473	1.549
40	1.208	1.240	1.284	1.334	1.387	1.422

注：B 为翼缘宽度；t 为抗震墙厚度；H 为抗震截面高度。

2）整体小开口墙

等效刚度为

$$E_cI_{\text{eq}}=\frac{0.8E_cI_w}{1+\dfrac{9\mu I}{AH^2}} \tag{13.4.9}$$

式中，I 为组合截面惯性矩；A 为墙肢面积之和。

3）单片联肢墙、壁式框架和框架-剪力墙

对这类抗侧力结构，可取水平荷载为倒三角形分布或均匀分布，然后按下式之一计算其等效刚度：

$$EI_{eq}=\frac{qH^4}{8\mu_1}\qquad（均布荷载）\tag{13.4.10}$$

$$EI_{eq}=\frac{11q_{max}H^4}{120\mu_2}\qquad（倒三角形分布荷载）\tag{13.4.11}$$

式中，q、q_{max} 分别为均布荷载和倒三角形分布荷载的最大值，kN/m；μ_1、μ_2 分别为均布荷载和倒三角形分布荷载产生的结构顶点水平位移，m。

13.4.3　地震作用在各剪力墙之间的分配及内力计算

各质点的水平地震作用 F 求出后，就可求出各楼层的剪力 V 和弯矩 M。从而该层第 i 片墙所承受的侧向力 F_i、剪力 V_i 和弯矩 M_i 分别为

$$F_i=\frac{I_i}{\sum I_i}F,\quad V_i=\frac{I_i}{\sum I_i}V,\quad M_i=\frac{I_i}{\sum I_i}M\tag{13.4.12}$$

式中，I_i 为第 i 片墙的等效惯性矩；$\sum I_i$ 为该层墙的等效惯性矩之和。在上述计算中，一般可不计矩形截面墙体在其弱轴方向的刚度。但弱轴方向的墙起到翼缘作用时，在弯矩分配时可取适当的翼缘宽度。每一侧有效翼缘的宽度 $b_f/2$ 可取下列二者中的最小值：墙间距的一半，墙总高的 1/20。且每侧翼缘宽度不得大于墙轴线至洞口边缘的距离。在应用式（13.4.12）时，若各层混凝土的弹性模量不同，则应以 E_cI_i 替代 I_i。

把水平地震作用分配到各剪力墙后，就可对各剪力墙单独计算内力了。

1. 整体墙

对整体墙，可将其作为竖向悬臂构件按材料力学公式计算，此时，宜考虑剪切变形的影响。

2. 小开口整体墙

对小开口整体墙，截面应力分布虽然不再是直线形状，但偏离直线不远，可在直线分布的基础上加以修正。

第 j 墙肢的弯矩为

$$M_j=\left(0.85\frac{I_j}{I}+0.15\frac{I_j}{\sum I_j}\right)M\tag{13.4.13}$$

式中，M 为外荷载在计算截面所产生的弯矩；I_j 为第 j 墙肢的截面惯性矩；I 为整个剪力墙截面对组合形心的惯性矩。

求和号 $\sum$ 是对各墙肢求和。

第j墙肢的轴力为

$$N_j = 0.85M\frac{A_j y_j}{I} \tag{13.4.14}$$

式中，A_j为第j墙肢截面面积；y_j为第j墙肢截面重心至组合截面重心的距离。

3. 联肢墙

对双肢墙和多肢墙，可把各墙肢间的作用连续化，列出微分方程求解。

当开洞规则而又较大时，可简化为杆件带刚臂的“壁式框架”求解。

上述计算方法详见有关文献。当规则开洞进一步大到连梁的刚度可略去不计时，各墙肢又会变成相对独立的单榀抗震墙。

13.4.4 截面设计和构造

1. 体现“强剪弱弯”的要求

一、二、三级的抗震墙底部加强部位，其截面组合的剪力设计值应按下式调整：

$$V = \eta_{vw}V_w \tag{13.4.15}$$

9度时的一级可不按上式调整，但应符合下式要求：

$$V = 1.1\frac{M_{wua}}{M_w}V_w \tag{13.4.16}$$

式中，V为抗震墙底部加强部位截面组合的剪力设计值；V_w为抗震墙底部加强部位截面的剪力计算值；M_{wua}为抗震墙底部截面按实配纵向钢筋面积、材料强度标准值和轴力设计值计算的抗震承载力所对应的弯矩值，有翼墙时应考虑墙两侧各1倍翼墙厚度范围内的钢筋；M_w为抗震墙底部截面组合的弯矩设计值；η_{vw}为抗震墙剪力增大系数，一级可取1.6，二级可取1.4，三级可取1.2。

2. 抗震墙结构构造措施

两端有翼缘或端柱的抗震墙厚度，抗震等级为一、二级时不应小于160mm，且不应小于层高的1/20；三、四级时不应小于140mm，且不宜小于层高或无支长度的1/25。无端柱或翼墙时，一、二级时抗震墙厚度不宜小于层高或无支长度的1/16，三、四级不宜小于层高或无支长度的1/20。一、二级时底部加强部位的墙厚不宜小于层高或无支长度的1/16且不应小于200mm，当底部加强部位无端柱或翼墙时，一、二级时墙厚不宜小于层高或无支长度的1/12，三、四级不宜小于层高或无支长度的1/16。

抗震墙厚度大于140mm时，竖向和横向钢筋应双排布置；双排分布钢筋间拉筋的间距不宜大于600mm，直径不应小于6mm；在底部加强部位，边缘构件以外的拉筋间距应适当加密。

抗震墙竖向、横向分布钢筋的配筋，应符合下列要求：①一、二、三级抗震墙的水平和竖向分布钢筋最小配筋率均不应小于 0.25%；四级抗震墙不应小于 0.20%；间距不宜大于 300mm。②部分框支抗震墙结构的落地抗震墙底部加强部位墙板的纵向及横向分布钢筋配筋率均不应小于 0.3%，钢筋间距不应大于 200mm。③钢筋直径不宜大于墙厚的 1/10 且不应小于 8mm；竖向钢筋直径不宜小于 10mm。

一、二、三级抗震墙在重力荷载代表值作用下墙肢的轴压比，一级时，9 度不宜大于 0.4，7、8 度不宜大于 0.5；二、三级时不宜大于 0.6。

抗震墙两端和洞口两侧应设置边缘构件，并应符合下列要求：①对于抗震墙结构，底层墙肢底截面的轴压比不大于表 13.4.3 规定的一、二、三级抗震墙及四级抗震墙墙肢两端可设置构造边缘构件，其范围可按图 13.4.2 采用，其配筋除应满足受弯承载力要求外，还宜符合表 13.4.3 的要求。②底层墙肢底截面的轴压比大于表 13.4.3 规定的一、二、三级抗震墙，以及部分框支抗震墙结构的抗震墙，应在底部加强部位及相邻的上一层设置约束边缘构件，在以上的其他部位可设置构造边缘构件。约束边缘构件沿墙肢的长度、配箍特征值、箍筋和纵向钢筋应符合表 13.4.4 的要求。

表 13.4.3　抗震墙设置构造边缘构件的最大轴压比

抗震等级或烈度	一级（9 度）	一级（7、8 度）	二、三级
轴压比	0.1	0.2	0.3

表 13.4.4　抗震墙约束边缘构件的范围及配筋要求

项　目	一级（9 度）		一级（8 度）		二、三级	
	$\lambda\leqslant 0.2$	$\lambda>0.2$	$\lambda\leqslant 0.3$	$\lambda>0.3$	$\lambda\leqslant 0.4$	$\lambda>0.4$
l_c（暗柱）	$0.20h_w$	$0.25h_w$	$0.15h_w$	$0.20h_w$	$0.15h_w$	$0.20h_w$
l_c（翼墙或端柱）	$0.15h_w$	$0.20h_w$	$0.10h_w$	$0.15h_w$	$0.10h_w$	$0.15h_w$
λ_v	0.12	0.20	0.12	0.20	0.12	0.20
纵向钢筋（取较大值）	$0.012A_c$，$8\phi16$		$0.012A_c$，$8\phi16$		$0.010A_c$，$6\phi16$（三级 $6\phi14$）	
箍筋或拉筋沿竖向间距/mm	100		100		150	

注：（1）抗震墙的翼墙长度小于其 3 倍厚度或端柱截面边长小于 2 倍墙厚时，按无翼墙、无端柱查表。

（2）l_c 为约 6 束边缘构件沿墙肢长度，且不小于墙厚和 400mm；有翼墙或端柱不应小于翼墙厚度或端柱沿墙肢方向截面高度加 300mm。

（3）λ_v 为约束边缘构件的配箍特征值，体积配箍率可按本书公式计算，并可适当计入满足构造要求且在墙端有可靠锚固的水平分布配筋的截面面积。

（4）h_w 为抗震墙墙肢长度。

（5）λ 为墙肢轴压比。

（6）A_c 为图 13.4.2 中约束边缘构件阴影部分的截面面积。

抗震墙的约束边缘构件包括暗柱、端柱和翼柱（图 13.4.3），约束边缘构件应向上延伸到底部加强部位以上不小于约束边缘构件纵向钢筋锚固长度的高度。

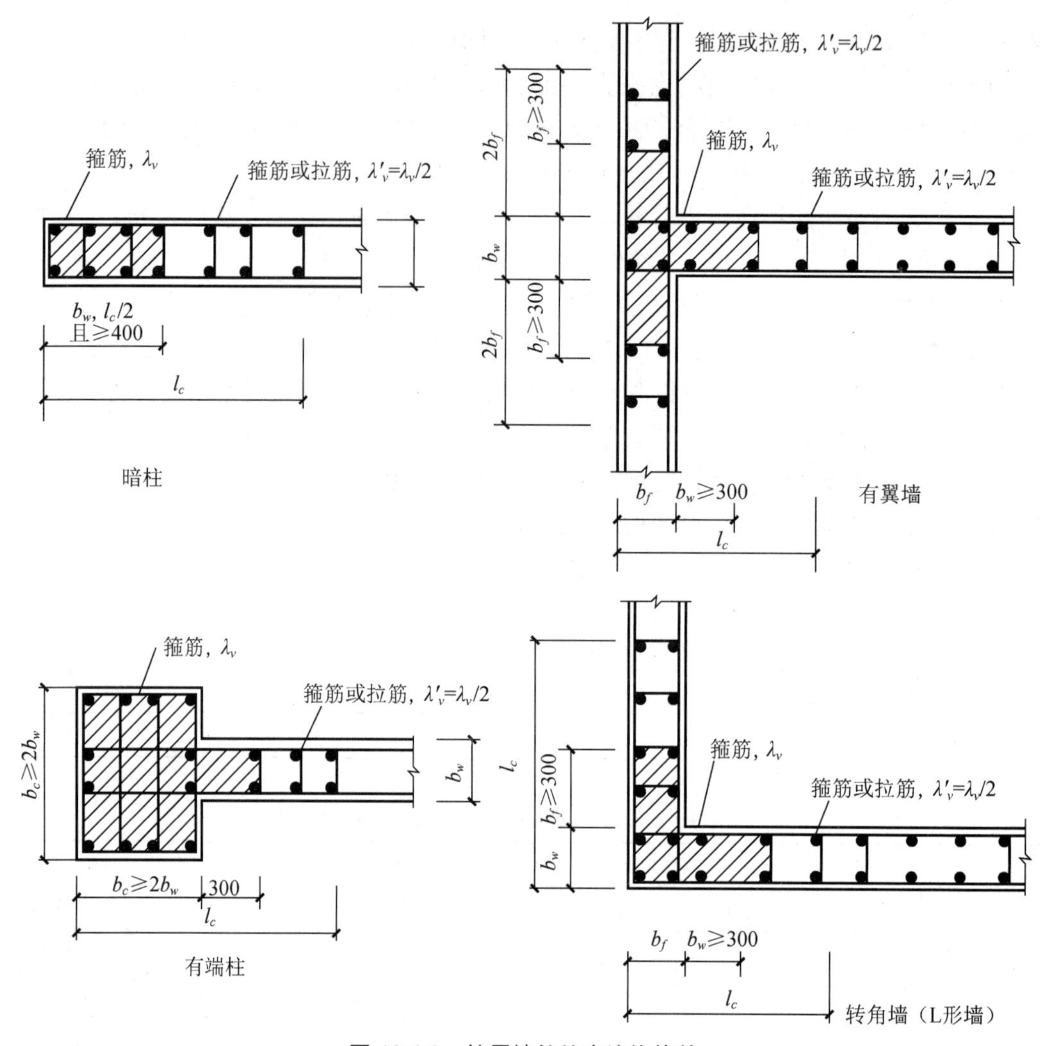

图 13.4.2　抗震墙的约束边缘构件

抗震墙的构造边缘构件的范围宜按图 13.4.3 采用。构造边缘构件的配筋应满足受弯承载力要求，并应符合表 13.4.5 的要求。

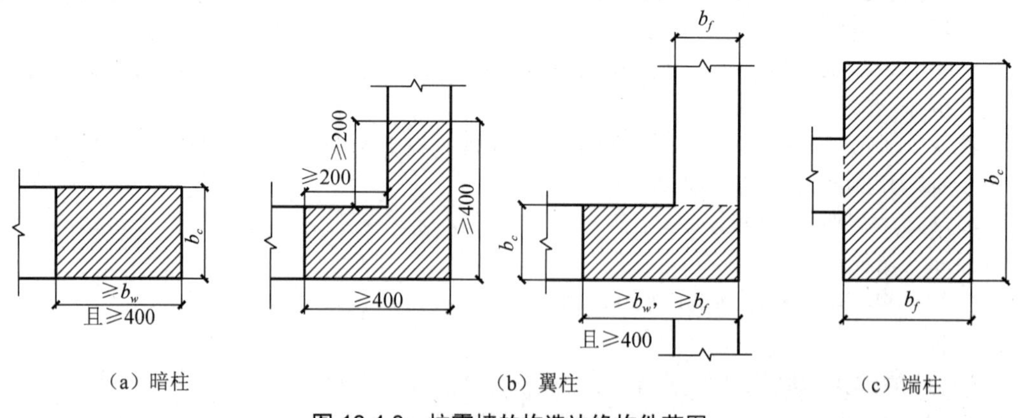

图 13.4.3　抗震墙的构造边缘构件范围

表 13.4.5　抗震墙构造边缘构件的配筋要求

抗震等级	底部加强部位			其他部位		
	纵向钢筋最小量（取较大值）	箍筋		纵向钢筋最小量（取较大值）	拉筋	
		最小直径/mm	沿竖向最大间距/mm		最小直径/mm	沿竖向最大间距/mm
一级	$0.010A_c$，$6\phi16$	8	100	$0.008A_c$，$6\phi14$	8	150
二级	$0.008A_c$，$6\phi14$	8	150	$0.006A_c$，$6\phi12$	8	200
三级	$0.006A_c$，$6\phi12$	6	150	$0.005A_c$，$4\phi12$	6	200
四级	$0.005A_c$，$4\phi12$	6	200	$0.004A_c$，$4\phi12$	6	250

注：（1）A_c为边缘构件的截面面积。
（2）其他部位的拉筋，水平间距不应大于纵筋间距的 2 倍，转角处宜用箍筋。
（3）当端柱承受集中荷载时，其纵向钢筋、箍筋直径和间距应满足柱的相应要求。

13.5　框架-抗震墙结构的抗震设计

13.5.1　框架-抗震墙结构的设计要点

框架-抗震墙结构中的抗震墙设置宜符合下列要求：①抗震墙宜贯通房屋全高；②楼梯间宜设置抗震墙，但不宜造成较大的扭转效应；③抗震墙的两端（不包括洞口两侧）宜设置端柱或与另一方向的抗震墙相连；④房屋较长时，刚度较大的纵向抗震墙不宜设置在房屋的端开间；⑤抗震墙洞宜上下对齐，洞边距端柱不宜小于 300mm。

框架-抗震墙结构中的抗震墙基础和部分框支抗震墙结构的落地抗震墙基础，应有良好的整体性和抗转动的能力。

框架-抗震墙结构采用装配式楼、屋盖时，应采取措施保证楼、屋盖的整体性及其与抗震墙的可靠连接；装配整体式楼、屋盖采用配筋现浇面层加强时，厚度不宜小于 50mm。

13.5.2　地震作用的计算方法

这里指整个结构沿其高度的地震作用的计算。可用底部剪力法计算，当用振型反应谱法等进行计算时，若采用葫芦串模型，则得出整个结构沿高度的地震作用；若采用精细的模型，则直接得出与该模型层次相应的地震内力。有时为简化计算，也可将总地震作用沿结构高度方向按倒三角形分布考虑。

13.5.3　结构内力计算

1. 计算方法简介

框架和剪力墙协同工作的分析方法可用力法、位移法、矩阵位移法和微分方程法。

力法和位移法（包括矩阵位移法）是基于结构力学的精确法。抗震墙被简化为受弯杆件，与抗震墙相连的杆件被模型化为带刚域端的杆件。

微分方程法则是一种较近似的便于手算的方法。

2. 微分方程法近似计算

1）微分方程及其解

用微分方程法进行近似计算（手算）时的基本假定如下：①不考虑结构的扭转。②楼板在自身平面内的刚度为无限大，各抗侧力单元在水平方向无相对变形。③对抗震墙，只考虑弯曲变形而不计剪切变形；对框架，只考虑整体剪切变形而不计整体弯曲变形（即不计杆件的轴向变形)。④结构的刚度和质量沿高度的分布比较均匀。⑤各量沿房屋高度为连续变化。

这样，所有的抗震墙可合并为一个总抗震墙，其抗弯刚度为各抗震墙的抗弯刚度之和；所有的框架可合并为一个总框架，其抗剪刚度为各框架抗剪刚度之和。因而，整个结构就成为一个弯剪型悬臂梁。

这种方法的特点是从上到下：先按粗略的假定形成总体模型，求出总框架和总抗震墙的内力后，再较细致地考虑如何把此内力分到各抗侧力单元。这种方法在逻辑上是不一致的，但却能得到较好的结果，其原因如下：此法所处理的实际上是两个或多个独立的问题，只是后面的问题要用到前面问题的结果。在每个独立问题的内部，逻辑上还是完全一致的。在目前所处理的问题中，列出和求解微分方程是一个独立问题。而数学上的逻辑一致仅要求在一个独立问题内成立。

总抗震墙和总框架之间用无轴向变形的连系梁连接。连续梁模拟楼盖的作用。关于连系梁，根据实际情况可有两种假定：①若假定楼盖的平面外刚度为零，则连系梁可进一步简化为连杆，如图 13.5.1 所示，称为铰接体系；②若考虑连系梁对墙肢的约束作用，则连系梁与抗震墙之间的连接可视为刚接，如图 13.5.2 所示，称为刚接体系。

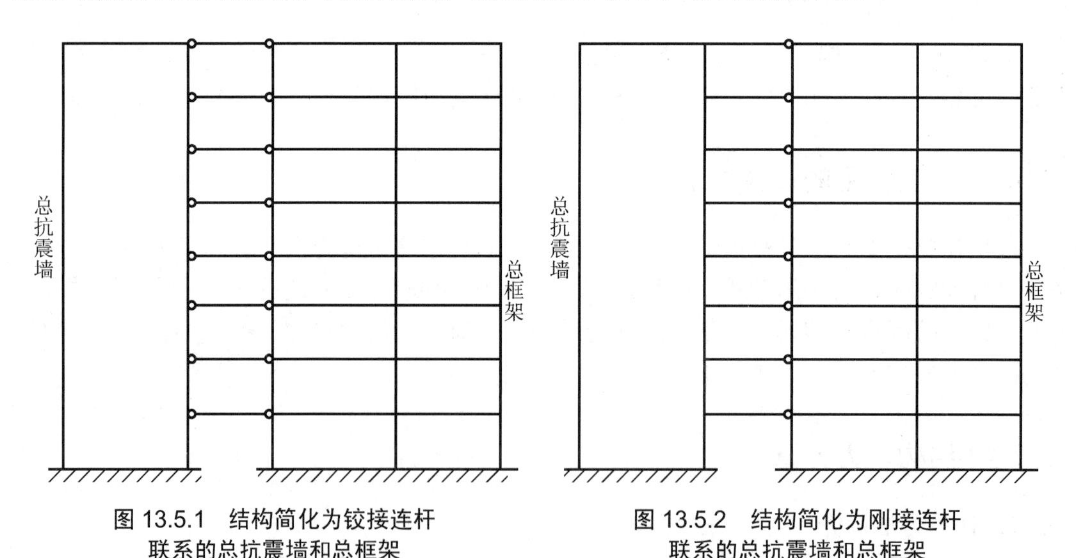

图 13.5.1　结构简化为铰接连杆联系的总抗震墙和总框架

图 13.5.2　结构简化为刚接连杆联系的总抗震墙和总框架

（1）铰接体系的计算

取坐标系如图 13.5.3 所示。把所有的量沿高度 x 方向连续化：作用在节点的水平地震作用连续化为外荷载 $p(x)$；总框架和总抗震墙之间的连杆连续化为栅片，沿此栅片切开，则在切开处总框架和总抗震墙之间的作用力为 $p_p(x)$；楼层处的水平位移连续化为 $u(x)$（图 13.5.3）。在下文中，在不致引起误解的情况下，也称总框架为框架，称总抗震墙为抗震墙。

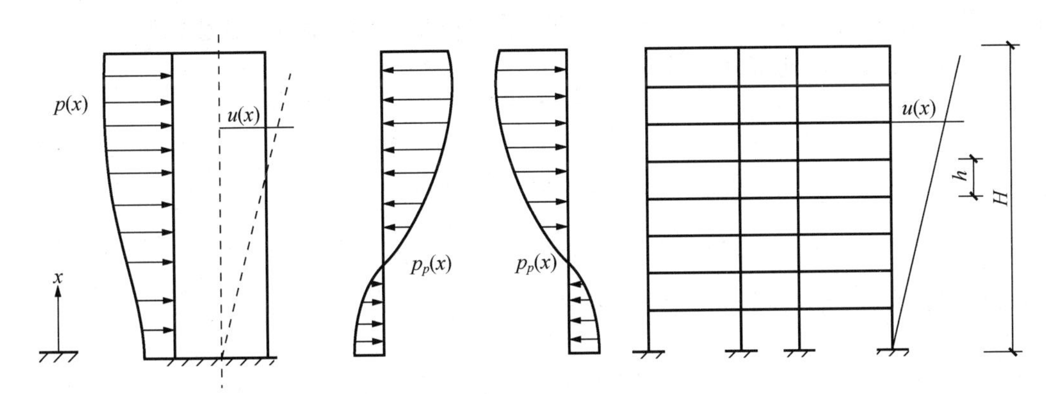

图 13.5.3 框架-抗震墙的分析

框架沿高度方向以剪切变形为主，故对框架使用剪切刚度 C_F。抗震墙沿高度方向以弯曲变形为主，故对抗震墙使用弯曲刚度 E_cI_{eq}。根据材料力学中的荷载、内力和位移之间的关系，框架部分剪力 Q_F 可表示为

$$Q_F = C_F \frac{\mathrm{d}u}{\mathrm{d}x} \tag{13.5.1}$$

式（13.5.1）也隐含地给出了 C_F 的定义。按图 13.5.3 所示的符号规则，框架的水平荷载为

$$p_p = -\frac{\mathrm{d}Q_F}{\mathrm{d}x} = -C_F \frac{\partial^2 u}{\partial x^2} \tag{13.5.2}$$

类似地，抗震墙部分的弯矩 M_w（以左侧受拉为正）可表示为

$$M_w = E_c I_{\mathrm{eq}} \frac{\partial^2 u}{\partial x^2} \tag{13.5.3}$$

设墙的剪力以绕隔离体顺时针旋转为正，则墙的剪力 Q_w 为

$$Q_w = -\frac{\mathrm{d}M_w}{\mathrm{d}x} = -E_c I_{\mathrm{eq}} \frac{\partial^3 u}{\partial x^3} \tag{13.5.4}$$

设作用在墙上的荷载 p_w 以图示向右方向为正，则墙的荷载 p_w 可表示为

$$p_w = -\frac{\mathrm{d}Q_w}{\mathrm{d}x} = E_c I_{\mathrm{eq}} \frac{\partial^4 u}{\partial x^4} \tag{13.5.5}$$

由图 13.5.3 可知，剪力墙的荷载为

$$p_w(x) = p(x) - p_p(x) \tag{13.5.6}$$

将式（13.5.6）代入式（13.5.5），得

$$E_c I_{\mathrm{eq}} \frac{\partial^4 u}{\partial x^4} = p(x) - p_p(x) \tag{13.5.7}$$

把 p_p 的表达代（13.5.2）代入式（13.5.7），得

$$E_c I_{\mathrm{eq}} \frac{\partial^4 u}{\partial x^4} - C_F \frac{\partial^2 u}{\partial x^2} = p(x) \tag{13.5.8}$$

式（13.5.8）即为框架和抗震墙协同工作的基本微分方程。求解此方程可得结构的变形曲线 $u(x)$，然后由式（13.5.1）和式（13.5.4）即可得到框架和抗震墙各自的剪力值。

下面求解方程式（13.5.8）。记

$$\lambda = H\sqrt{\frac{C_F}{E_c I_{\mathrm{eq}}}} \tag{13.5.9}$$

$$\xi = \frac{x}{h} \tag{13.5.10}$$

式中 H 为结构的高度，则式（13.5.8）可写为

$$\frac{\partial^4 u}{\partial x^4} - \lambda^2 \frac{\partial^2 u}{\partial x^2} = \frac{p(x)H^4}{E_c I_{\mathrm{eq}}} \tag{13.5.11}$$

参数 λ 称为结构刚度特征值，和框架抗震墙刚度之比有关。λ 值的大小对抗震墙的变形状态和受力状态有重要的影响。

微分方程式（13.5.11）就是框架-抗震墙结构的基本方程，其形式如同弹性地基梁的基本方程，框架相当于抗震墙的弹性地基，其弹性常数为 C_F。方程式（13.5.11）的一般解为

$$u(\xi) = A\sinh\lambda\xi + B\cosh\lambda\xi + C_1 + C_2\xi + u_1(\xi) \tag{13.5.12}$$

式中，A、B、C_1 和 C_2 为任意常数，其值由边界条件确定；$u_1(\xi)$ 为微分方程的任意特解，由结构承受的荷载类型确定。

边界条件如下。结构底部的位移为零：

$$u(0) = 0,\quad \xi = 0 \tag{13.5.13}$$

墙底部的位移为零：

$$\frac{\mathrm{d}u}{\mathrm{d}\xi} = 0,\quad \xi = 0 \tag{13.5.14}$$

墙顶部的弯矩为零：

$$\frac{\partial^2 u}{\partial \xi^2} = 0,\quad \xi = 0 \tag{13.5.15}$$

在分布荷载作用下，墙顶部的剪力为零：

$$Q_F + Q_W = C_F \frac{\mathrm{d}u}{\mathrm{d}x} - E_c I_{\mathrm{eq}} \frac{\partial^3 u}{\partial x^3} = 0,\quad \xi = H \tag{13.5.16}$$

在顶部集中水平力 P 作用下：

$$Q_F + Q_W = C_F \frac{\mathrm{d}u}{\mathrm{d}x} - E_c I_{\mathrm{eq}} \frac{\partial^3 u}{\partial x^3} = P,\quad \xi = H \tag{13.5.17}$$

根据上述条件，即可求出在相应荷载作用下的变形曲线 $u(x)$。

对于抗震墙，由 u 的二阶导数可求出弯矩，由 u 的三阶导数可求出剪力；对于框架，

由 u 的一阶导数可求出剪力。因此，抗震墙和框架内力及位移的主要计算公式为 u、M_w 和 Q_w 的表达式。

下面分别给出在三种典型水平荷载作用下的计算公式。

在倒三角形分布荷载作用下，设分布荷载的最大值为 q，则有

$$\begin{cases} u = \dfrac{qH^4}{\lambda^2 E_c I_{\mathrm{eq}}}\left[\left(1+\dfrac{\lambda\sinh\lambda}{2}-\dfrac{\sinh\lambda}{\lambda}\right)\dfrac{\cosh\lambda\xi-1}{\lambda^2\cosh\lambda}+\left(\dfrac{1}{2}-\dfrac{1}{\lambda^2}\right)\left(\xi-\dfrac{\sinh\lambda\xi}{\lambda}\right)-\dfrac{\xi^3}{6}\right] \\ M_w = \dfrac{qH^2}{\lambda^2}\left[\left(1+\dfrac{\lambda\sinh\lambda}{2}-\dfrac{\sinh\lambda}{\lambda}\right)\dfrac{\cosh\lambda\xi}{\cosh\lambda}-\left(\dfrac{\lambda}{2}-\dfrac{1}{\lambda}\right)\sinh\lambda\xi-\xi\right] \\ Q_w = \dfrac{-qH}{\lambda^2}\left[\left(1+\dfrac{\lambda\sinh\lambda}{2}-\dfrac{\sinh\lambda}{\lambda}\right)\dfrac{\lambda\sinh\lambda\xi}{\cosh\lambda}-\left(\dfrac{\lambda}{2}-\dfrac{1}{\lambda}\right)\lambda\cosh\lambda\xi-1\right] \end{cases} \tag{13.5.18}$$

在均布荷载 q 作用下，有

$$\begin{cases} u = \dfrac{qH^4}{\lambda^4 E_c I_{\mathrm{eq}}}\left[\left(1+\dfrac{\lambda\sinh\lambda}{\cosh\lambda}\right)(\cosh\lambda\xi-1)-\lambda\sinh\lambda\xi+\lambda^2\xi\left(1-\dfrac{\xi}{2}\right)\right] \\ M_w = \dfrac{qH^2}{\lambda^2}\left[\dfrac{1+\lambda\sinh\lambda}{\cosh\lambda}\cosh\lambda\xi-\lambda\sinh\lambda\xi-1\right] \\ Q_w = \dfrac{-qH}{\lambda}\left[\lambda\cosh\lambda\xi-\dfrac{1+\lambda\sinh\lambda}{\cosh\lambda}\sinh\lambda\xi\right] \end{cases} \tag{13.5.19}$$

在顶点水平集中荷载 P 作用下，有

$$\begin{cases} u = \dfrac{PH^3}{E_c I_{\mathrm{eq}}}\left[\dfrac{\sinh\lambda}{\lambda^3\cosh\lambda}(\cosh\lambda\xi-1)-\dfrac{1}{\lambda^3}\sinh\lambda\xi+\dfrac{1}{\lambda^2}\xi\right] \\ M_w = PH\left(\dfrac{\sinh\lambda}{\lambda\cosh\lambda}\cosh\lambda\xi-\dfrac{1}{\lambda}\sinh\lambda\xi\right) \\ Q_w = -P\left(\cosh\lambda\xi-\dfrac{\sinh\lambda}{\cosh\lambda}\sinh\lambda\xi\right) \end{cases} \tag{13.5.20}$$

式（13.5.18）～式（13.5.20）的符号规则如图 13.5.4 所示。根据上述公式，即可求得总框架和总抗震墙作为竖向构件的内力。

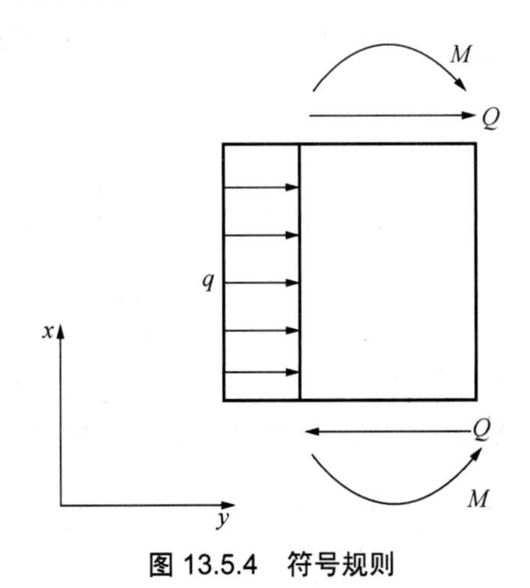

图 13.5.4　符号规则

（2）刚接体系的计算

对图 13.5.5 所示的有刚接连系梁的框架-抗震墙结构，若将结构在连系梁的反弯点处切开［图 13.5.5（b）]，则切开处作用有相互作用水平力 p_{pi} 和剪力 Q_i，后者将对墙产生约束弯矩 M_i［图 13.5.5（c）]。p_{pi} 和 M_i 连续化后成为 $p_{pi}(x)$ 和 $m(x)$［图 13.5.5（d）]。

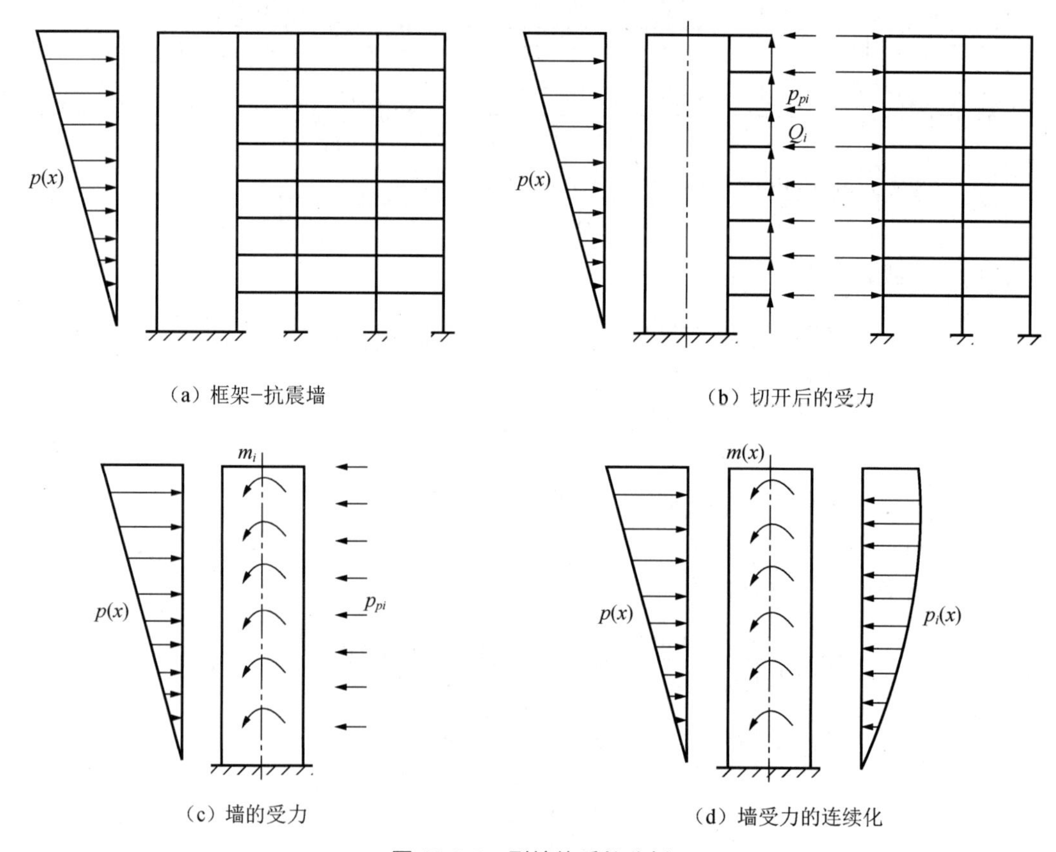

（a）框架-抗震墙　（b）切开后的受力　（c）墙的受力　（d）墙受力的连续化

图 13.5.5　刚接体系的分析

刚接连系梁在抗震墙内部分的刚度可视为无限大，故框架-抗震墙刚接体系的连系梁是端部带有刚域的梁（图 13.5.6）。刚域长度可取从墙肢形心到连梁边的距离减去 1/4 连梁高度。

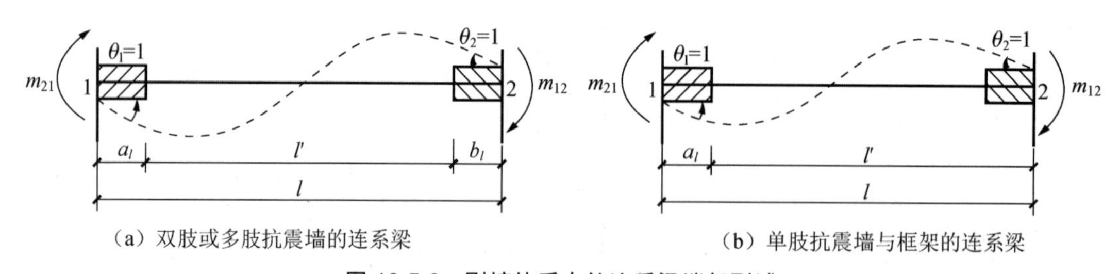

（a）双肢或多肢抗震墙的连系梁　（b）单肢抗震墙与框架的连系梁

图 13.5.6　刚接体系中的连系梁端部刚域

对两端带刚域的梁，当梁两端均发生单位转角时，由结构力学可得梁端的弯矩为

$$\begin{cases} m_{12} = \dfrac{6EI(1+a-b)}{l(1-a-b)^3} \\ m_{21} = \dfrac{6EI(1+b-a)}{l(1-a-b)^3} \end{cases} \tag{13.5.21}$$

其中各符号的意义如图 13.5.6 所示。

在上式中，令 $b=0$，则得仅左端带有刚域的梁的相应弯矩为

$$\begin{cases} m_{12} = \dfrac{6EI(1+a)}{l(1-a)^3} \\ m_{21} = \dfrac{6EI}{l(1-a)^2} \end{cases} \tag{13.5.22}$$

假定同一楼层内所有节点的转角相等，均为 θ，则连系梁端的约束弯矩为

$$\begin{cases} M_{12} = m_{12}\theta \\ M_{21} = m_{21}\theta \end{cases} \tag{13.5.23}$$

将集中约束弯矩 M_{ij} 简化为沿结构高度的线分布约束弯矩 m'_{ij} 得

$$m'_{ij} = \frac{M_{ij}}{h} = \frac{m_{ij}}{h}\theta \tag{13.5.24}$$

式中，h 为层高。设同一楼层内有 n 个刚节点与抗震墙相连接，则总的线弯矩为

$$m = \sum_{k=1}^{n}\left(m'_{ij}\right)_k = \sum_{k=1}^{n}\left(\frac{m_{ij}}{h}\theta\right)_k \tag{13.5.25}$$

式（13.5.25）中 n 的计算方法是：每根两端有刚域的连系梁有两个节点，m_{ij} 是指 m_{12} 或 m_{21}；每根一端有刚域的连系梁有一个节点，m_{ij} 是指 m_{12}。

图 13.5.7 表示了总抗震墙上的作用力。由刚接连系梁约束弯矩在抗震墙 x 高度截面产生的弯矩为

$$M_m = -\int_x^H m\mathrm{d}x \tag{13.5.26}$$

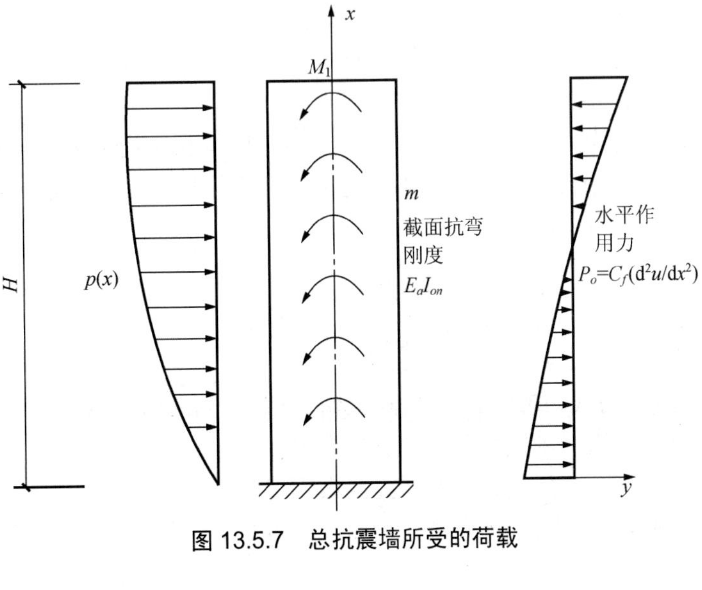

图 13.5.7　总抗震墙所受的荷载

相应的剪力和荷载分别为

$$Q_m = -\frac{\mathrm{d}M_m}{\mathrm{d}x} = -m = -\sum_{k=1}^{n}\left(\frac{m_{ij}}{h}\right)_k \frac{\mathrm{d}u}{\mathrm{d}x} \tag{13.5.27}$$

$$p_m = -\frac{\mathrm{d}Q_m}{\mathrm{d}x} = \sum_{k=1}^{n}\left(\frac{m_{ij}}{h}\right)_k \frac{\mathrm{d}^2u}{\mathrm{d}x^2} \tag{13.5.28}$$

式中，Q_m 和 p_m 分别为等代剪力和等代荷载。

这样，抗震墙部分所受的外荷载为

$$p_w(x) = p(x) - p_p(x) + p_m(x) \tag{13.5.29}$$

于是方程式（13.5.5）成为

$$E_c I_{\text{eq}} \frac{\mathrm{d}^4u}{\mathrm{d}x^4} = p(x) - p_p(x) + p_m(x) \tag{13.5.30}$$

将式（13.5.2）和式（13.5.28）代入上式，得

$$E_c I_{\text{eq}} \frac{\mathrm{d}^4u}{\mathrm{d}x^4} = p(x) + C_F \frac{\mathrm{d}^2u}{\mathrm{d}x^2} + \sum_{k=1}^{n}\left(\frac{m_{ij}}{h}\right)_k \frac{\mathrm{d}^2u}{\mathrm{d}x^2} \tag{13.5.31}$$

将式（13.5.31）加以整理，即得连系梁刚接体系的框架-抗震墙结构协同工作的基本微分方程为

$$\frac{\mathrm{d}^4u}{\mathrm{d}\xi^4} - \lambda^2 \frac{\mathrm{d}^2u}{\mathrm{d}\xi^2} = \frac{p(x)H^4}{E_c I_{\text{eq}}} \tag{13.5.32}$$

其中

$$\xi = \frac{x}{H} \tag{13.5.33}$$

$$\lambda = H\sqrt{\frac{C_F + C_b}{E_c I_{\text{eq}}}} \tag{13.5.34}$$

$$C_b = \sum \frac{m_{ij}}{h} \tag{13.5.35}$$

式中，C_b 为连系梁的约束刚度。

上述关于连系梁的约束刚度的算法适用于框架结构从底层到顶层层高及杆件截面均不变的情况。当各层的 m_{ij} 有改变时，应取各层连系梁约束刚度关于层高的加权平均值作为连系梁的约束刚度，公式为

$$C_b = \frac{\sum \frac{m_{ij}}{h} h}{\sum h} = \frac{\sum m_{ij}}{H} \tag{13.5.36}$$

可见，式(13.5.11)与式(13.5.32)在形式上完全相同，因此前面得出的解[式(13.5.18)～式（13.5.20)]完全可以用于刚接体系。但是二者有如下不同：

（1）二者的 λ 不同。后者考虑了连系梁约束刚度的影响。

（2）内力计算不同。在刚接体系中，由式（13.5.18）～式（13.5.20）计算的 Q_w 值不是

总剪力墙的剪力。在刚接体系中，把由 u 微分三次得到的剪力［由式（13.5.18）～式（13.2.20）中第三式求出的剪力］记作 Q'_w，则有

$$E_c I_{\text{eq}} \frac{\mathrm{d}^3 u}{\mathrm{d}x^3} = -Q'_w = -Q_w + m(x) \tag{13.5.37}$$

从而得墙的剪力为

$$Q_w(x) = Q'_w(x) + m(x) \tag{13.5.38}$$

由力的平衡条件可知，任意高度 x 处的总抗震墙剪力与总框架剪力之和应等于外荷载作用下的总剪力 Q_P：

$$Q_P = Q'_w + m + Q_F \tag{13.5.39}$$

定义框架的广义剪力 $\bar{Q}_F$ 为

$$\bar{Q}_F = m + Q_F \tag{13.5.40}$$

显然有

$$\bar{Q}_F = Q_p - Q'_w \tag{13.5.41}$$

则有

$$Q_P = Q'_w + \bar{Q}_F \tag{13.5.42}$$

刚接体系的计算步骤如下：①按刚接体系的 λ 值利用式（13.5.18）～式（13.5.20）计算 u、M_w 和 Q'_w；②按式（13.5.41）计算总框架的广义剪力 $\bar{Q}_F$；③把框架的广义剪力按框架的抗推刚度 C_F 和连系梁的总约束刚度的比例进行分配，得到框架总剪力 Q_F 和连系梁的总约束弯矩 m，见式（13.5.43）、式（13.5.44）；④由式（13.5.38）计算总抗震墙的剪力 Q_w。

$$Q_F = \frac{C_F}{C_F + \sum \frac{m_{ij}}{h}} \bar{Q}_F \tag{13.5.43}$$

$$m = \frac{\sum \frac{m_{ij}}{h}}{C_F + \sum \frac{m_{ij}}{h}} \bar{Q}_F \tag{13.5.44}$$

2）墙系和框架系的内力在各墙和框架单元中的分配

在上述假定下，可按刚度进行分配，即对于框架，第 i 层第 j 柱的剪力 Q_{ij} 为

$$Q_{ij} = \frac{D_{ij}}{\sum_{k=1}^{m} D_{ik}} Q_F \tag{13.5.45}$$

对于抗震墙，第 i 片抗震墙的剪力 Q_i 为

$$Q_i = \frac{E_{ci} I_{\text{eq}i}}{\sum_{k=1}^{n} E_{ck} I_{\text{eq}k}} Q_w \tag{13.5.46}$$

以上两式中，m 和 n 分别为柱和墙的个数。

进一步，在计算中还可考虑抗震墙的剪切变形的影响等因素。其细节可参阅有关文献。

3. 框架剪力的调整

对框架剪力进行调整有两个理由：①在框架-剪力墙结构中，若抗震墙的间距较大，则楼板在其平面内是能够变形的。在框架部位，由于框架的刚度较小，楼板的位移会较大，从而使框架的剪力比计算值大。②框架墙的刚度较大，承受了大部分地震水平力，会首先开裂，使抗震墙的刚度降低。这使得框架承受的地震力的比例增大，也使框架的水平力比计算值大。

上述分析表明，框架是框架-抗震墙结构抵抗地震的第二道防线。因此，应提高框架部分的设计地震作用，使其有更大的强度储备。调整的方法如下：①框架总剪力 $V_f \geqslant 0.2V_0$ 的楼层可不调整，按计算得到的楼层剪力进行设计；②对 $V_f < 0.2V_0$ 的楼层，应取框架部分的剪力为下面两式中的较小值：

$$\begin{cases} V_f = 0.2V_0 \\ V_f = 1.5V_{f\max} \end{cases} \tag{13.5.47}$$

式中，V_f 为全部框架柱的总剪力；V_0 为结构的底部剪力；$V_{f\max}$ 为计算的框架柱最大层剪力，取 V_f 调整前的最大值。

显然，这种框架内力的调整不是力学计算的结果，只是为保证框架安全的一种人为增大的安全度，所以调整后的内力不再满足、也不需满足平衡条件。

13.5.4 截面设计和配筋构造

框架-抗震墙的截面设计和构造显然与框架和抗震墙的相应要求基本相同。一些特殊要求如下：①抗震墙的厚度不应小于 160mm，且不宜小于层高或无支长度的 1/20，底部加强部位的抗震墙厚度不应小于 200mm 且不宜小于层高或无支长度的 1/16。②如果存在端柱，墙体在楼盖处宜设置暗梁，其截面高度不宜小于墙厚和 400mm 的较大值；端柱截面宜与同层框架柱相同；抗震墙底部加强部位的端柱和紧靠抗震墙洞口的端柱宜按柱箍筋加密区的要求沿全高加密箍筋。③抗震墙的竖向和横向分布钢筋，配筋率均不宜小于 0.25%，钢筋直径不宜小于 10mm，间距不宜大于 300mm，并应双排布置，双排分布钢筋间应设置拉筋。④楼面梁与抗震墙平面外连接时，不宜支承在洞口连梁上；沿轴线方向宜设置与梁连接的抗震墙；梁的纵筋应锚固在墙内；也可在支承梁的位置设置扶壁柱或暗柱，并应按计算确定其截面尺寸和配筋。

13.6 混凝土结构抗震加固

混凝土材料的劣化、钢筋的锈蚀、更高的抗震需求、超期服役等问题要求对混凝土结构进行抗震加固。适合混凝土结构的加固方法很多，选择哪种方法应根据被加固结构实际服役状态和地震需求来定，并结合各加固方法的主要特点、施工对建筑的影响、施工难易程度和经济可接受程度等进行选择。本节选取了扩大截面、粘贴钢板、碳纤维加固、附加子结构加固、消能减震加固和隔震加固六种常见的钢筋混凝土加固技术进行介绍。

13.6.1　扩大截面法

1. 基本原理和适用范围

扩大截面法即在原钢筋混凝土构件四周配置新的钢筋并浇筑混凝土使得截面增大，从而提高其抗震承载力的方法。该方法通过增大构件横截面面积的方式，提高构件的承载力、抗裂性、稳定性和刚度。由于刚度增大，结构频率一般也会相应地提高。

扩大截面法通常被应用在建筑结构的梁、板、柱、墙等构件上，也适用于其他受弯、受压构件。该方法操作较简单，施工方便。但缺点是现场存在湿作业，建筑空间利用率降低，同时会增大结构自重。

2. 计算方法

采用扩大截面法加固混凝土构件时，应根据实际受力状态进行计算。下面以常用的受弯构件为例，介绍扩大截面法加固的计算方法。

采用扩大截面法加固受弯构件时，应根据原结构构造和受力的实际情况，选择在受压区或受拉区增设现浇钢筋混凝土外加层。当在矩形截面受弯构件受拉区加固时（图 13.6.1），其正截面受弯承载力应按下列公式确定：

$$M \leqslant \alpha_s f_y A_s \left(h_0 - \frac{x}{2}\right) + f_{y0} A_{s0} \left(h_{01} - \frac{x}{2}\right) + f'_{y0} A'_{s0} \left(\frac{x}{2} - a'\right) \tag{13.6.1}$$

$$\alpha_1 f_{c0} bx = f_{y0} A_{s0} + \alpha_s f'_y A_s - f'_{y0} A'_{s0} \tag{13.6.2}$$

$$2a' \leqslant x \leqslant \xi_b h_0 \tag{13.6.3}$$

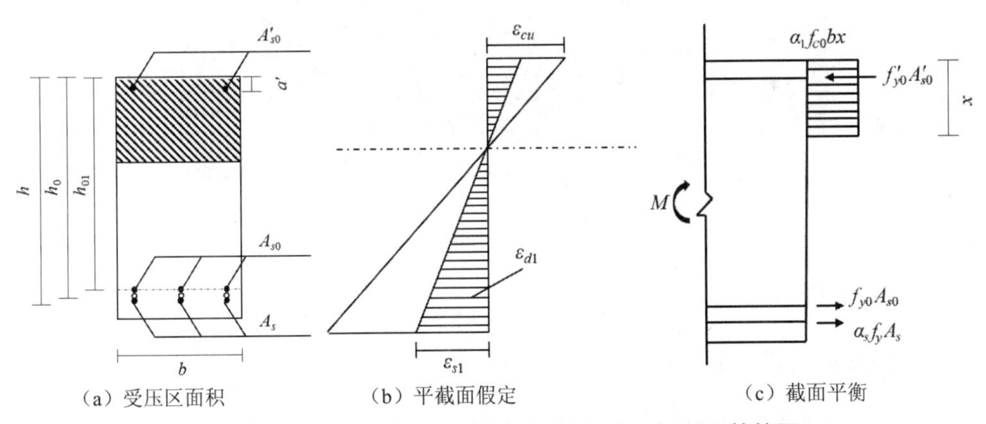

（a）受压区面积　（b）平截面假定　（c）截面平衡

图 13.6.1　扩大截面法加固受弯构件正截面加固计算简图

式中，M 为构件加固后弯矩设计值，kN • m；α_s 为新增钢筋强度利用系数，一般取 0.9；f_y 为新增钢筋的抗拉强度设计值，MPa；A_s 为新增受拉钢筋截面面积，mm^2；h_0、h_{01} 分别为构件加固后和加固前的截面有效高度，mm；x 为混凝土受压区高度，mm；f_{y0}、f'_{y0} 分别为原钢筋的抗拉、抗压强度设计值，MPa；A_{s0}、A'_{s0} 分别为原构件受拉钢筋和受压钢筋的截面面积 mm^2；a' 为纵向受压钢筋合力点至混凝土受压区边缘的距离，mm；α_1 为受压区混凝土矩形应力图的应力值与混凝土轴心抗压强度设计值的比值，当混凝土强度等级不超过 C50 时，取 $\alpha_1=1.0$，当混凝土强度等级为 C80 时，取 $\alpha_1=0.94$，其间按线性内插法确定；f_{c0} 为原构件混凝土轴心抗压强度设计值，MPa；b 为矩形截面宽度，mm；ξ_b 为构件扩大截面加固后的相对界限受压区高度。

3. 施工工艺

对钢筋混凝土构件进行增大截面法加固的主要流程为：①原结构加固部位定位放线；②在加固柱、墙周围梁、板处开洞；③对原结构进行凿毛处理；④剔除松散颗粒，清灰；⑤纵、横向钢筋植筋、安装；⑥将模板安装，进行混凝土浇筑、养护。第⑤步外包钢筋过程如图 13.6.2 所示。

其中，柱扩大截面加固时，模板和原混凝土之间空隙较小，为防止出现断柱现象，在作业中应用锤子等重物敲击模板，进行体外振捣，加快混凝土的流动；在柱模板中间位置处开浇筑口，以增加中间振捣，振捣完毕后封堵此浇筑口，并继续浇筑。在浇筑过程中要保证一次下料适量，混凝土每层厚度不得超过 500mm。

混凝土浇捣后，4h 以内开始养护，并常浇水保持其湿润，养护时间不少于 7d。

图 13.6.2　增大截面法外包钢筋

13.6.2　粘贴钢板加固法

1. 基本原理和适用范围

粘贴钢板加固是在钢筋混凝土构件表面用特制的建筑结构胶粘贴钢板，以提升构件的强度，该方法可以弥补原有构件钢筋的不足，避免裂缝的进一步发展。该方法用钢板替代钢筋或箍筋，可提高承载力、变形能力，但几乎不增加刚度。用该方法加固之后，外包钢板形成钢骨架，约束核心混凝土变形，可承受冲击荷载和地震荷载。

该方法适用于需要快速加固的建筑物和构筑物，适合于混凝土受弯、受拉和大偏心受压构件。接受加固的混凝土结构构件，其现场实测混凝土强度等级不低于 C15，且混凝土表面的正拉黏结强度不得低于 1.5MPa，长期使用的环境温度应低于 60℃。该法不适用于素混凝土构件。

粘贴钢板加固施工快，工期短，钢材利用率高；黏结剂的黏结强度高，可以使钢板和原构件形成良好的整体，而不会产生应力集中现象；钢板占用空间小，几乎不增加构件的截面尺寸和重量；可以大幅度提高构件的抗裂性，抑制裂缝的开展，提高承载力。缺点是受环境因素影响大，会影响钢材的使用寿命。

2. 计算方法

同样考虑矩形截面受弯构件，在截面受拉侧粘贴钢板进行加固，根据平截面假定和混凝土等效受压区高度内应力均匀分布的假定（图 13.6.3），其正截面受弯承载力应按下列公式确定：

$$M \leqslant \alpha_1 f_{c0} bx\left(h_0 - \frac{x}{2}\right) + f'_{y0} A'_{s0}(h - a') + f'_{sp} A'_{sp} h(h - h_0) \tag{13.6.4}$$

$$\alpha_1 f_{c0} bx = \psi_{sp} f_{sp} A_{sp} + f_{y0} A_{s0} - f'_{y0} A'_{s0} - f'_{sp} A'_{sp} \tag{13.6.5}$$

$$\psi_{sp} = \frac{(0.8\varepsilon_{cu} h / x) - \varepsilon_{cu} - \varepsilon_{cu,0}}{f_{sp} / E_{sp}} \tag{13.6.6}$$

$$x \geqslant 2a' \tag{13.6.7}$$

式中，M 为构件加固后弯矩设计值，kN • m；x 为混凝土受压区高度，mm；b、h 分别为矩形截面宽度和高度，mm；f_{sp}、f'_{sp} 分别为加固钢板的抗拉、抗压强度设计值，MPa；A_{sp}、A'_{sp} 分别为受拉钢板和受压钢板的截面面积，mm^2；A_{s0}、A'_{s0} 分别为原构件受拉钢筋和受压钢筋的截面面积，mm^2；a' 为纵向受压钢筋合力点至截面近边的距离，mm；h_0 为构件加固前的截面有效高度，mm；ψ_{sp} 为考虑二次受力影响时，受拉钢板抗拉强度有可能达不到设计值而引用的折减系数，当 ψ_{sp} ＞1.0 时，取 ψ_{sp} ＝1.0；ε_{cu} 为混凝土极限压应变，取 ε_{cu} ＝ 0.0033；$\varepsilon_{cu,0}$ 为考虑二次受力影响时，受拉钢板的滞后应变，应按《混凝土结构加固设计规范》（GB 50367—2013）第 9.2.9 条的规定计算，若不考虑二次受力影响，取 $\varepsilon_{cu,0}$ ＝0。

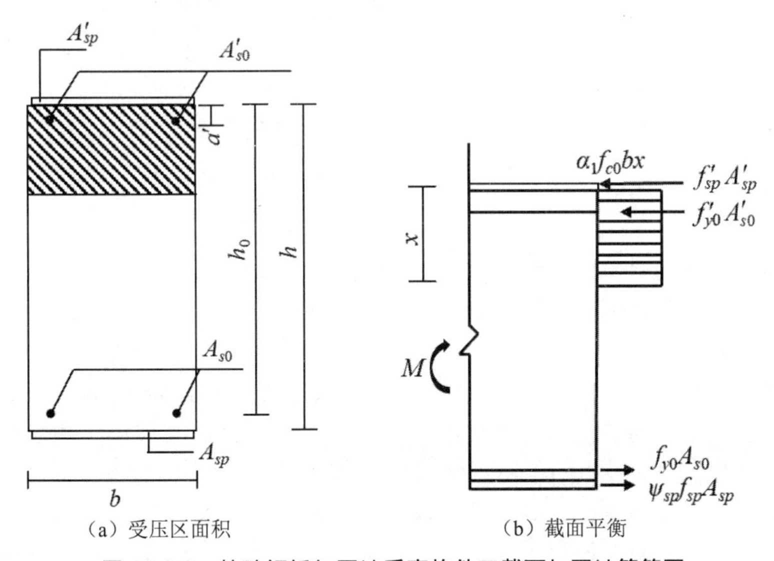

（a）受压区面积　　（b）截面平衡

图 13.6.3　粘贴钢板加固法受弯构件正截面加固计算简图

3. 施工工艺

粘贴钢板加固法施工时表面处理需要采用专门的灌浆和黏结工艺，加固材料须提前切割成型。黏结剂的强度应高于混凝土本体强度，严格要求黏结材料的力学性能，保证外贴钢材与原构件协同工作。

施工过程中注意对加固构件接合面和钢板黏合面的处理。对一般混凝土构件的黏合面，应先用硬毛刷沾高效洗涤剂，刷出表面油垢污物后用冷水冲洗，再对黏合面进行打磨，除去 2~3mm 表层。处理后，若表面严重凸凹不平，可使用环氧树脂砂浆修补。钢板应采用喷砂、砂布或平砂轮打磨等方式进行除锈处理，打磨粗糙度越大越好，打磨纹路尽量与钢板受力方向垂直，然后用脱脂棉花沾丙酮擦拭干净。加固所使用黏结剂应进行现场质量检验，合格后方能使用。黏结剂配制好后，用抹刀将其同时涂抹在已处理好的混凝土表面和钢板上，厚度 1~3mm，中间厚、边缘薄。然后将钢板贴于预定位置，若是立面粘贴，为防止流淌可加一层脱蜡玻璃丝布。粘贴好钢板后，沿粘贴面轻轻敲打钢板，如无空洞声，表明已粘贴密实；否则应剥下钢板补胶，重新粘贴。对一钢筋混凝土桥梁进行粘贴钢板加固现场如图 13.6.4 所示。

图 13.6.4 粘贴钢板加固钢筋混凝土桥梁

13.6.3 碳纤维加固法

1. 基本原理和适用范围

碳纤维加固法是利用结构胶将碳纤维(CFRP)复合材料粘贴在结构构件需要加固部位，形成抗弯曲、抗剪切的结构，可以显著提高混凝土构件的承载能力与抗震性能。

碳纤维加固适用于桥梁、隧道、民用建筑的混凝土梁、柱、剪力墙结构、衬砌、罐体等各种形状的建筑结构和建筑类型。在受力方面，该方法适用于钢筋混凝土受弯、受拉、轴心受压和大偏心受压构件的加固。被加固的混凝土结构构件，其现场实测混凝土强度等级不得低于 C15，且混凝土表面的正拉黏结强度不得低于 1.5MPa。与传统加固方法比较，碳纤维加固技术具有明显的优势，主要体现在其具有耐腐蚀性和耐久性，不增大构件的体积和结构的自重，并且不需要对原构件进行钻孔，因此不会造成新的应力集中。

2. 计算方法

采用纤维复合材料对梁、板等受弯构件进行加固时，除应符合现行国家标准《混凝土结构设计规范》（GB 50010—2010）正截面承载力计算的基本假定外，尚应符合下列规定：①纤维复合材料的应力与应变关系取直线式，其拉应力等于拉应变与弹性模量的乘积；②当考虑二次受力影响时，应按构件加固前的初始受力情况确定纤维复合材料的滞后应变；③在达到受弯承载能力极限状态前，加固材料与混凝土之间不致出现黏结剥离破坏。

以矩形截面受弯构件加固为例，在受拉侧混凝土表面上粘贴碳纤维复合材料进行加固时（图 13.6.5），其正截面受弯承载力应按下列公式确定：

$$M \leqslant \alpha_1 f_{c0} bx\left(h - \frac{x}{2}\right) + f'_{y0}A'_{s0}(h - a') - f_{y0}A_{s0}(h - h_0) \tag{13.6.8}$$

$$\alpha_1 f_{c0} bx = f_{y0}A_{s0} + \psi_f f_f A_{fe} - f'_{y0}A'_{s0} \tag{13.6.9}$$

$$\psi_{sp} = \frac{0.8\varepsilon_{cu}h/x - \varepsilon_{cu} - \varepsilon_{f0}}{\varepsilon_f} \tag{13.6.10}$$

$$x \geqslant 2a' \tag{13.6.11}$$

式中，M 为构件加固后弯矩设计值，kN • m；x 为混凝土受压区高度，mm；b、h 分别为矩形截面宽度和高度，mm；f_{y0}、f'_{y0} 分别为原构件受拉和受压钢筋的抗拉、抗压强度设计值，MPa；A_{s0}、A'_{s0} 分别为原构件受拉钢筋和受压钢筋的截面面积，mm^2；a' 为纵向受压钢筋合力点至截面近边的距离，mm；f_f 为纤维复合材料的抗拉强度设计值，MPa，应根据纤维复合材料的品种，分别按《混凝土结构加固设计规范》（GB 50367—2013）表 4.3.4 确定；A_{fe} 为纤维复合材料的有效截面面积，mm^2；ψ_f 为考虑纤维复合材料实际抗拉应变达不到设计值而引入的强度利用系数，当 ψ_f >1.0 时，取 ψ_f =1.0；ε_{cu} 为混凝土极限压应变，取 ε_{cu} =0.0033；ε_f 为纤维复合材料拉应变设计值，应根据纤维复合材料的品种，按《混凝土结构加固设计规范》（GB 50367—2013）表 4.3.5 采用；ε_{f0} 为考虑二次受力影响时纤维复合材料的滞后应变，若不考虑二次受力影响，取 ε_{f0}=0。

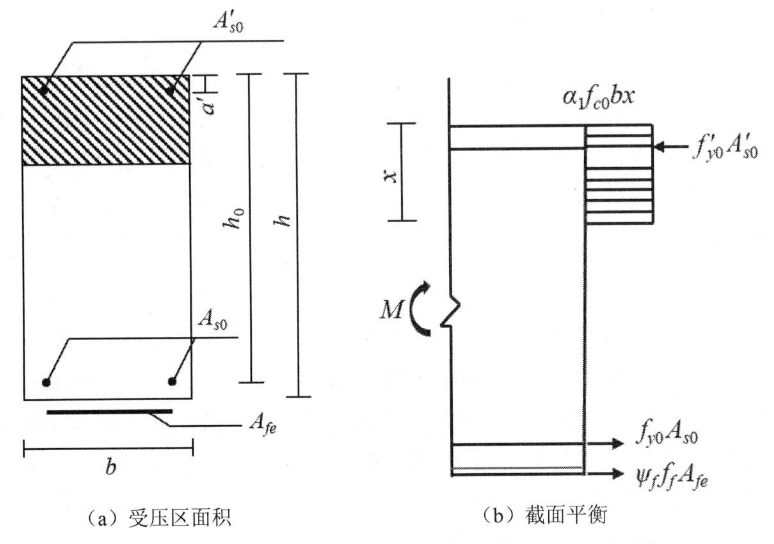

图 13.6.5　碳纤维加固法受弯构件正截面加固计算简图

3. 施工工艺

碳纤维加固施工前，剔除被粘贴面混凝土结构层表面的粉刷层并打磨平整，除去表层浮浆油污等，直至露出骨料新面；接着按照设计加固部位用墨斗线进行定位放线，要求定位准确，其中心线偏差不大于 10mm，长度偏差不大于 15mm；在配制结构胶时，需使用有计量合格证的电子秤按产品使用说明书称量甲、乙组分，采用低速搅拌机充分搅拌，拌好的胶液应色泽均匀，无气泡；将配制好的碳纤维浸渍、粘贴专用胶均匀涂抹于粘贴部位。将裁剪好的碳纤维布按照放线位置敷在涂好碳纤维胶的表面，碳纤维布应充分展平，不得有皱褶。碳纤维布胶粘完毕后应静置固化，且温度和固化时间需满足要求，若环境温度达不到，必须采取升温措施（图 13.6.6）。

图 13.6.6　碳纤维加固钢筋混凝土建筑

13.6.4　附加子结构加固法

1. 基本原理和适用范围

附加子结构加固法是增设多个构件形成一个抗侧力子结构，该抗侧力子结构通过与原结构可靠连接形成新的混合承载体系，或直接分担原结构的地震作用，如附加钢支撑框架，或通过改变抗侧力模式而进一步挖掘原结构的抗侧能力，如附加摇摆墙。附加子结构一般具有较大的刚度、承载力或耗能能力，可作为第一道抗震防线分担大部分的地震作用，同时由于附加子结构一般不承担结构竖向荷载，因而地震时允许发生较大的损伤，地震后可进行快速更换。附加子结构种类较多，包括摇摆墙、钢支撑框架、格构墙等。

附加子结构加固法适用于中低层建筑，且其主体结构的材料应具备一定的强度，可与附加子结构之间有效传递剪力。如果主体结构承载力不足，可采用扩大截面法适当加固后再附加子结构；对于某些较重的附加子结构，比如附加剪力墙，还应根据基础承载力确定是否需要扩大基础或新建基础。附加子结构加固适宜采用装配式工艺，可显著降低工艺难度，入户工作量较小，进度快，成本低廉，同时可以避免结构梁柱的大范围加固，对建筑使用功能影响小。

2. 计算方法

与基于构件的加固方法相比，基于结构体系的附加子结构抗震加固着眼于改善原结构的受力状态与变形模式，提高结构的抗震承载力、变形能力和耗能能力。

以混凝土框架结构为例，当结构受到一个方向水平地震作用时，作用由原结构、附加混凝土框架、预应力筋共同抵抗。忽略受压一侧预应力筋的刚度贡献，计算其水平抗侧刚度（图 13.6.7）。

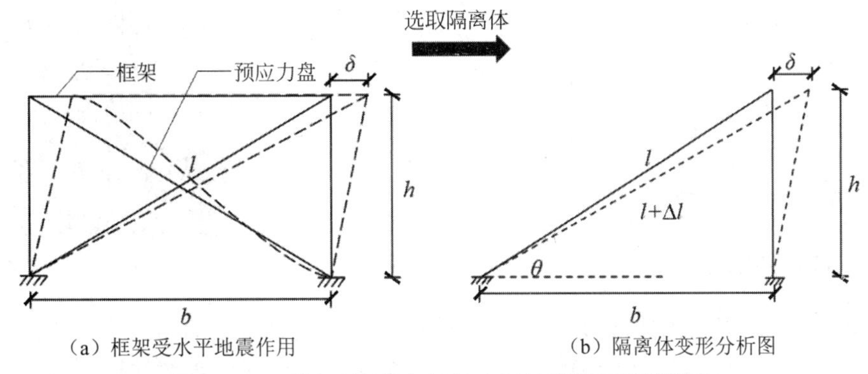

（a）框架受水平地震作用　（b）隔离体变形分析图

图 13.6.7　附加子结构加固法水平抗侧刚度计算简图

（1）在多遇地震下，原框架与附加框架结构基本处于弹性状态，结构的等效刚度计算公式如下：

$$K = K_m + K_n + K_p \tag{13.6.12}$$

$$K_p = \frac{E_p A_p \cos\theta}{l} \tag{13.6.13}$$

式中，K_m 为既有框架结构抗侧刚度；K_n 为外附框架结构抗侧刚度；K_p 为预应力筋提供的抗侧刚度；E_p 为预应力弹性模量；A_p 为预应力筋截面面积；θ 为预应力筋与水平面的夹角；l 为预应力筋长度。

（2）在罕遇地震下，原框架与附加框架结构均进入弹塑性状态，其等效刚度计算公式为

$$K = \frac{K_m + K_n}{\mu} + \frac{E_p A_p \cos\theta}{\mu l} \tag{13.6.14}$$

式中，μ 为框架结构延性。

按照能量法，加固后框架结构的等效阻尼比 ξ_d 可根据下面公式计算：

$$\xi_d = \frac{\sum_j E_{cj}}{4\pi E_s} \tag{13.6.15}$$

式中，E_{cj} 为第 j 个框架加固后整体在预期层间位移下循环一周消耗的能量；E_s 为加固后框架在预期位移下循环一周的总应变能。

3. 施工工艺

附加子结构的抗震加固方法不但可以有效改善结构的整体受力状态，提高结构的抗震性能，而且在加固施工期间可以尽量不中断建筑结构的正常使用。附加子结构抗震加固技术主要的施工内容分三个部分：准备工作、结构安装、装饰面恢复。具体流程为：①制作预制构件，对预应力筋进行加工；②对既有结构进行打孔，界面进行打磨；③将预制构件进行组装，张拉预应力筋；④在节点部位进行植筋、灌浆；⑤附加结构安装完毕后恢复装饰面层。如图 13.6.8 所示为附加子结构加固示例。

图 13.6.8　附加子结构加固示例

13.6.5　消能减震加固法

1. 基本原理和适用范围

消能减震加固是在原结构体系中设置消能器，在不明显提高加固后结构整体抗侧刚度的前提下提供附加阻尼，有效耗散地震作用输入能量，从而降低主体结构的地震响应并减少损伤。目前消能器的种类较多，按其承载力设计公式中的主要变参量分为速度相关型消能器和位移相关型消能器两大类。速度相关型消能器在其连接点之间出现相对速度时进入耗能状态，可分为黏滞消能器和黏弹性消能器，前者不附加任何刚度，后者具有一定的初始刚度。位移相关型消能器主要包括金属类消能器和摩擦类消能器。金属类消能器利用金属材料稳定的弹塑性滞回性能耗散能量，常见的金属类消能器有屈曲约束支撑、金属剪切型阻尼墙等。摩擦类消能器利用摩擦材料相互滑动行为，将动能转化为热能来耗散地震能量，Pall 型消能器即为典型的摩擦类消能器。

减震加固技术常用于中小学校建筑、医院、医疗中心建筑等需要大幅度提升抗震能力、快速施工的建筑。本节简要介绍消能减震加固技术，详细的设计方法见第 15 章。

2. 计算方法

采用消能减震技术进行加固时，应进行多遇地震下的强度验算和弹性变形计算，同时进行罕遇地震下的弹塑性变形计算。消能减震结构设计中最关键的工作是如何根据阻尼器的布置，正确合理地确定结构附加阻尼比的大小。《建筑抗震设计规范》(2016 版) 给出了相应的计算方法。消能部件附加给结构的有效阻尼比可按下式估算：

$$\xi_a = \sum_j W_{cj} / \left(4\pi W_s\right) \tag{13.6.16}$$

式中，ξ_a 为消能减震结构的附加有效阻尼比；W_{cj} 为第 j 个消能部件在结构预期层间位移 Δ_{uj} 下往复循环一周所消耗的能量；W_s 为设置消能部件的结构在预期位移下的总应变能。

不计扭转影响时，消能减震结构在水平地震作用下的总应变能可按下式估算：

$$W_s = \sum F_i u_i / 2 \tag{13.6.17}$$

式中，F_i 为质点 i 的水平地震作用标准值；u_i 为质点 i 对应于水平地震作用标准值的位移。

速度线性相关型消能器在水平地震作用下往复循环一周所消耗的能量可按下式估算：

$$W_{cj} = \left(2\pi^2 / T_1\right) C_j \cos^2 \theta_j \Delta u_j^2 \tag{13.6.18}$$

式中，T_1 为消能减震结构的基本自振周期；C_j 为第 j 个消能器的线性阻尼系数；Δu_j 为第 j 个消能器两端的相对水平位移；θ_j 为第 j 个消能器的消能方向与水平面的夹角。当消能器的阻尼系数和有效刚度与结构振动周期有关时，可取相应于消能减震结构基本自振周期的值。

位移相关型和速度非线性相关型消能器在水平地震作用下往复循环一周所消耗的能量，可按下式估算：

$$W_{cj} = A_j \tag{13.6.19}$$

式中，A_j 为第 j 个消能器的恢复力滞回环在相对水平位移 Δu_j 时的面积。消能器的有效刚度可取消能器的恢复力滞回环在相对水平位移 Δu_j 时的割线刚度。

对建筑进行消能减震加固设计时，要尽量对称布置消能器，每个消能器的出力不宜过大，最大阻尼力为 300kN 较为合适，最大不宜超过 500kN，以避免对原结构构件造成损伤。既有建筑的抗震构造措施相对较弱，地震作用下的变形能力相对也差，因此在确定消能减震技术加固既有建筑时，目标变形能力不宜过松。采用防屈曲约束支撑加固时，宜采用低屈服点、高延伸率的钢材作为芯材，避免消能器屈服过晚而起不到应有的消能减震加固效果。

3. 施工工艺

消能减震加固应根据抗震加固设计图纸进行。首先加工制作阻尼器的连接件，加工完毕后运输阻尼器和连接件至加固现场。同时，可进行加固部位装饰面的清理工作，露出结构后，按照连接件的锚固要求进行钻孔。如果是焊接锚固，则放入锚固钢筋，锚固长度须符合要求；如果是螺栓连接，则放入连接螺栓。注入结构胶，静置等待凝固。结构胶强度达到要求后，在连接表面敷设一层水泥砂浆，用于找平，然后安装连接件，焊接或用螺栓固定。也可直接安装连接件，初步固定，待阻尼器安装完毕后，用灌浆的方式将连接件与混凝土表面之间的空隙填平。最后对阻尼器连接件进行除锈和涂装防火材料，恢复装饰、填充墙、门窗。注意，如果填充墙与阻尼器处于同一位置，应保证阻尼器与填充墙之间有充分的空间，不影响阻尼器正常工作。对某幼儿园采用屈曲约束支撑抗震加固结果如图 13.6.9 所示。

图 13.6.9　某幼儿园采用屈曲约束支撑抗震加固

13.6.6 隔震加固法

1. 基本原理和适用范围

隔震加固是在基本保持上部结构原状的基础上附加水平方向柔软的隔震层，通过柔弱隔震层在地震下的大变形延长整体结构周期，起到隔离地震能量的目的，同时也可以在隔震层附加消能器，进一步消散地震能量，避免隔震层位移过大。隔震支座是隔震建筑的关键元件，常用的隔震支座包括橡胶支座和摩擦摆支座两类。

目前常用的橡胶支座有天然橡胶支座（NRB）、铅芯橡胶支座（LRB）、高阻尼橡胶支座（HDR）等。橡胶支座内分层设置的薄钢板对橡胶起约束作用，使橡胶支座具有很高的竖向承载能力，但水平刚度较小。摩擦摆支座采用低摩擦材料在球状曲面上滑动，其隔震周期只与球面曲率半径有关。

隔震加固适用于多层结构的抗震加固，特别是上部结构抗力严重不足的既有建筑，如文物古建等；也适合于加固中有维持使用功能的建筑，如学校、医院等。本节简要介绍隔震加固技术，更详细的设计方法见第16章。

2. 计算方法

隔震加固设计一般采用《抗规》建议的水平向减震系数法。水平向减震系数由隔震结构与非隔震结构在同样地震作用下计算得到，结构分析可以采用振型分解反应谱法或时程分析法。水平向减震系数是隔震结构各层层间剪力和倾覆力矩与非隔震结构相应层间剪力和倾覆力矩比值的最大值，它反映了隔震层对上部结构地震力的降低程度。隔震之后上部结构应满足各个性能指标要求。

上部结构在设防地震作用下，结构楼层内最大的弹性层间位移应符合下式规定：

$$\Delta u_e < [\theta_e]h \tag{13.6.20}$$

式中，Δu_e 为设防地震作用标准值产生的楼层内最大的弹性层间位移；$[\theta_\mathrm{e}]$为弹性层间位移角限值；h 为计算楼层层高。

上部结构在罕遇地震作用下，楼层内最大的弹塑性层间位移应符合下式规定：

$$\Delta u_p < [\theta_p]h \tag{13.6.21}$$

式中，Δu_p 是弹塑性层间位移，宜采用动力弹塑性时程分析方法计算，对规则建筑，也可采用静力弹塑性分析方法或等效线性化方法计算；$[\theta_p]$为弹塑性层间位移角限值。

隔震加固设计的主要工作是确定隔震层的等效水平刚度和等效黏滞阻尼比。等效水平刚度 K_eq 和等效黏滞阻尼比 ζ_eq 应按下列公式计算：

$$K_\mathrm{eq} = \sum K_j \tag{13.6.22}$$

$$\zeta_\mathrm{eq} = \sum K_j \zeta_j / K_\mathrm{eq} \tag{13.6.23}$$

式中，ζ_j 为隔震支座 j 的等效阻尼比；K_j 为隔震支座 j（含阻尼器）由试验确定的水平等效刚度。

3. 施工工艺

在既有建筑的隔震加固工程中，隔震层施工的一般次序是：土方开挖、托换支架、切割柱混凝土、浇筑下支墩、安装隔震支座、浇筑上支墩及顶部梁板。之后才能进行上部建筑装潢工程的施工，这种施工可称为“直线式”施工流程。隔震加固的施工是整个抗震加固工程成败的关键。在设计阶段就要考虑到施工过程可能会出现的各种不利因素影响，实施过程中设计单位应与施工单位密切配合，严格按规定的流程施工，同时还需要进行沉降观测。为保证隔震支座均匀受力、共同工作，在施工中必须严格控制施工和安装精度。支承隔震支座的下支墩顶面水平误差不宜大于 5‰；在隔震支座安装后，隔震支座顶面的水平误差不宜大于 8‰；隔震支座中心的平面位置与设计位置的偏差，以及隔震支座中心的标高与设计标高的偏差均不应大于 5mm。“都江之春”采用隔震加固现场如图 13.6.10 所示。

图 13.6.10　“都江之春”采用隔震加固

习题

1. 多高层钢筋混凝土结构房屋主要有哪几种结构体系？各有何特点及适用范围？
2. 多高层钢筋混凝土结构震害主要有哪些表现？
3. 为什么要限制各种结构体系的最大高度及高宽比？
4. 框架结构、框架-剪力墙结构、剪力墙结构的布置分别应着重解决哪些问题？
5. 多高层钢筋混凝土结构抗震等级是如何确定的？
6. 如何计算框架结构的自振周期和结构的水平地震作用？
7. 为什么要进行结构的计算？框架结构的侧移计算包括哪几个方面？各如何计算？
8. 框架结构在水平地震作用下的内力如何计算？在竖向荷载作用下的内力如何计算？

9. 如何进行框架结构的内力组合？

10. 框架结构抗震设计的基本原则是什么？

11. 如何进行框架梁、柱、节点设计？

12. 什么是楼层屈服强度系数？怎样判别结构薄弱层位置？

13. 《混凝土结构设计规范（2015年版）》（GB 50010—2010）规定，预应力混凝土结构，当采用碳素钢丝、钢绞线、热处理钢筋作预应力钢筋时，混凝土强度等级不宜低于多少？

14. 在受弯构件中有时在支座处将纵筋弯起形成弯起钢筋，其主要作用是什么？

15. 置换用混凝土强度等级应按照实际计算确定，一般比原设计强度等级至少提高几个等级？

16. 某单自由度体系，结构自振周期$T = 0.5\text{s}$，质点重力$G = 200\text{kN}$，位于设防烈度为8度的Ⅱ类场地上，该地区的设计基本地震加速度为0.20g，设计地震分组为第二组。试用底部剪力法计算结构在多遇地震作用时的水平地震作用。

17. 单层钢筋混凝土框架，集中在屋盖处的重力荷载代表值$G = 1200\text{kN}$，结构自振周期$T = 0.88\text{s}$，位于设防烈度为7度的Ⅱ类场地上，该地区的设计基本地震加速度为0.20g，设计地震分组为第二组。试用底部剪力法计算结构在多遇地震作用时的水平地震作用。

18. 如习题18图所示某二层钢筋混凝土框架，集中于楼盖和屋盖处的重力荷载代表值相等，$G_1 = G_2 = 1200\text{kN}$，柱的截面尺寸为350mm×350mm，采用C20混凝土，梁的刚度$EI = \infty$。场地为Ⅲ类，设防烈度为7度。试按底部剪力法计算水平地震作用和层间地震剪力。（已知$T_g = 0.40\text{s}$，$\alpha_{\max} = 0.08$，$T_1 = 1.028\text{s}$，$T_2 = 0.393\text{s}$）

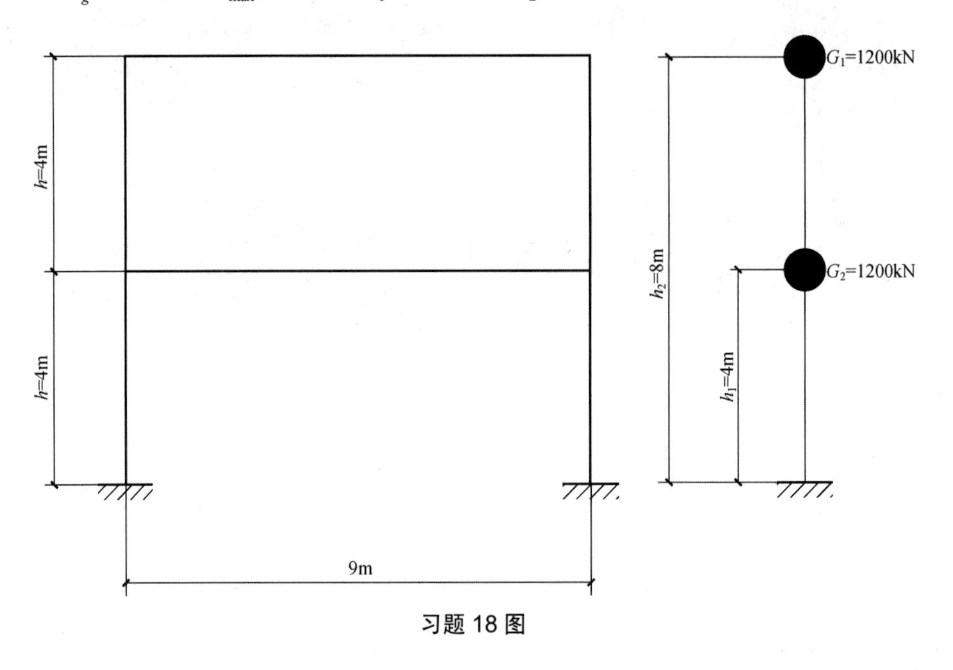

习题18图

19. 三层框架结构如习题19图所示，横梁刚度为无穷大，位于设防烈度为8度的Ⅱ类场地上，该地区的设计基本地震加速度为0.3g，设计地震分组为第一组。各层的质量分别为$m_1 = 2\times10^6\text{kg}$，$m_2 = 2\times10^6\text{kg}$，$m_3 = 1.5\times10^6\text{kg}$，结构的自振频率分别为$\omega_1 = 9.62\text{rad/s}$，

$\omega_2 = 26.88\text{rad/s}$，$\omega_3 = 39.70\text{rad/s}$。试用底部剪力法计算结构在多遇地震作用时各层的层间地震剪力。（已知 $T_g = 0.35\text{s}$，$\alpha_{\max} = 0.24$）

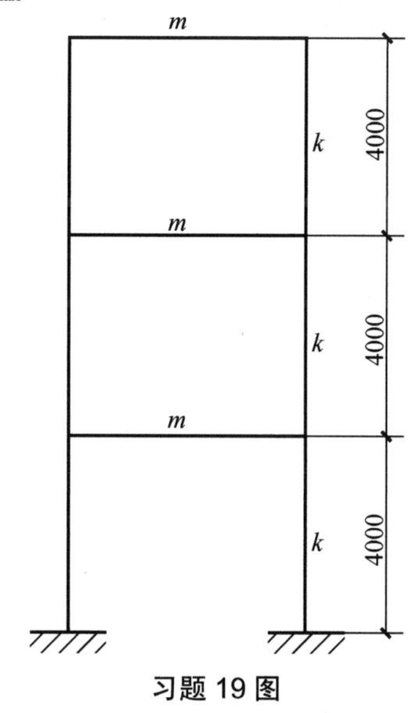

习题 19 图

20. 有一单层单跨框架，假设屋盖平面内刚度为无穷大，质量都集中于屋盖处。已知设防烈度为 8 度，Ⅰ类场地；设计地震分组为第二组；集中于屋盖处的重力荷载代表值为 $G = 700\text{kN}$，框架柱线刚度 $i_c = \dfrac{EI_c}{h} = 2.6\times10^4\text{kN}\cdot\text{m}$，框架高度 $h = 5\text{m}$。试求该结构的自振周期和多遇地震时的水平地震作用。（已知 $T_g = 0.30\text{s}$，$\alpha_{\max} = 0.16$）

21. 某三层钢筋混凝土框架结构，设防烈度为 8 度，设计基本加速度 0.30g，Ⅱ类场地，设计地震组别为第一组，底层高度 5.4m，二、三层层高 4.8m，各层重力荷载代表值为二、三层 8500kN，屋面 7500kN；已知结构各阶周期和振型为：$T_1 = 0.480\text{s}$，$T_2 = 0.305\text{s}$，$T_3 = 0.150\text{s}$，阻尼比 $\zeta = 0.07$，$\{\varphi_1\} = \begin{Bmatrix} 3.335 \\ -2.150 \\ 1.000 \end{Bmatrix}$，$\{\varphi_2\} = \begin{Bmatrix} 0.405 \\ 0.602 \\ 1.000 \end{Bmatrix}$，$\{\varphi_3\} = \begin{Bmatrix} -0.668 \\ -0.303 \\ 1.000 \end{Bmatrix}$。试按下述要求进行框架结构各层的地震剪力计算：①用振型分解反应谱法；②用底部剪力法；③对两者的计算结果进行比较说明。

22. 某多层现浇框架结构的底层内柱，轴向力设计值 $N = 2650\text{kN}$，计算长度 $l_0 = H = 3.6\text{m}$，混凝土强度等级为 C30（$f_c = 14.3\text{N/mm}^2$），钢筋用 HRB400 级（$f_y' = 360\text{N/mm}^2$），环境类别为一类。试确定柱截面尺寸及纵筋面积。

参考文献

[1] 龚思礼. 建筑抗震设计手册[M]. 2 版. 北京: 中国建筑工业出版社, 2002.

[2] 郭继武. 建筑抗震设计[M]. 3 版. 北京: 中国建筑工业出版社, 2011.

[3] 胡聿贤. 地震工程学[M]. 2版. 北京: 地震出版社, 2006.
[4] 黄世敏, 杨沈. 建筑震害与设计对策[M]. 北京: 中国计划出版社, 2009.
[5] 李国强, 李杰, 苏小卒. 建筑结构抗震设计[M]. 3版. 北京: 中国建筑工业出版社, 2009.
[6] 刘伯权, 吴涛, 等. 建筑结构抗震设计[M]. 北京: 机械工业出版社, 2011.
[7] 沈聚敏. 抗震工程学[M]. 2版. 北京: 中国建筑工业出版社, 2015.
[8] 王元栋. 受损钢筋混凝土梁增大截面法抗剪加固研究[D]. 北京: 北京建筑大学, 2013.
[9] 中国建筑科学研究院. 建筑抗震设计规范：GB 50011—2010[S]. 北京: 中国建筑工业出版社, 2010.
[10] 四川省住房和城乡建设厅. 混凝土结构加固设计规范：GB 50367—2010[S]. 北京: 中国建筑工业出版社, 2010.

第 14 章　钢结构的抗震性能与设计

钢结构在我国的发展已有几十年的历史，新中国成立初期主要用于厂房、屋盖、平台等工业建筑中，直到 20 世纪 80 年代初期才开始大规模地应用于民用建筑中。20 世纪 80 年代中期至 90 年代中期，在我国掀起了高层钢结构建设热潮。在近 20 年中，民用建筑钢结构在我国的发展迅速，结构体系呈多样化，纯框架结构、框架中心支撑结构、框架偏心支撑结构、框架抗震墙结构、筒中筒结构、带加强层框筒结构及巨型框架结构等各种类型的钢结构建筑物相继建成。与之相适应，我国钢铁工业也得到了迅猛的发展，钢铁的产量有了很大的提高，钢材的品种和规格也更加丰富。钢结构与其他建筑结构一样，其抗震设计亦包括三个方面的内容与要求，即概念设计、抗震计算与构造措施。概念设计是在总体上把握抗震设计的主要原则，弥补由于地震作用及结构地震响应的复杂性而造成抗震计算不准确的不足；抗震计算是为建筑抗震设计提供定量保证；构造措施则为概念设计与抗震计算的有效作用提供保障。结构抗震设计上述三个方面的内容是一个不可割裂的整体，忽略任何一部分都可能使抗震设计失效。

14.1　多层和高层钢结构房屋的主要震害特征

钢结构材料强度高、延性好、重量轻、抗震性能好，自诞生之日起，其卓越的抗震性能就在历次大地震中经受了考验。总体来说，在同等场地、烈度条件下，钢结构房屋的震害较钢筋混凝土结构房屋的震害要小。例如，在墨西哥城的高烈度区内有 102 幢钢结构房屋，其中 59 幢为 1957 年以后所建，在 1985 年 9 月的墨西哥大地震（里氏 8.1 级）中，1957 年以后建造的钢结构房屋倒塌或严重破坏的不多（表 14.1.1），而钢筋混凝土结构房屋的破坏则严重得多。

表 14.1.1　1985 年墨西哥地震中钢结构和钢筋混凝土结构的破坏情况

建造年份	钢　结　构		钢筋混凝土结构	
	倒塌	严重破坏	倒塌	严重破坏
1957 年以前	7	1	27	16
1957—1976 年	3	1	51	23
1976 年以后	0	0	4	6

多高层钢结构在地震中的破坏形式主要有三种，即节点连接破坏、构件破坏和结构倒塌。1994 年美国的 Northridge（北岭）地震和 1995 年日本的阪神地震中，钢结构出现了大

量的局部破坏，如梁柱节点破坏、柱子脆性断裂、腹板裂缝和翼缘屈曲等，阪神地震中，还发生了钢结构建筑中间楼层被震塌的现象。

14.1.1 梁柱节点连接的破坏

主要有两种节点连接破坏，一种是支撑连接破坏（图 14.1.1），另一种是梁柱连接破坏（图 14.1.2）。从 1978 年日本宫城县远海地震（里氏 7.4 级）所造成的钢结构建筑破坏情况来看（表 14.1.2），支撑连接更易遭受地震破坏。

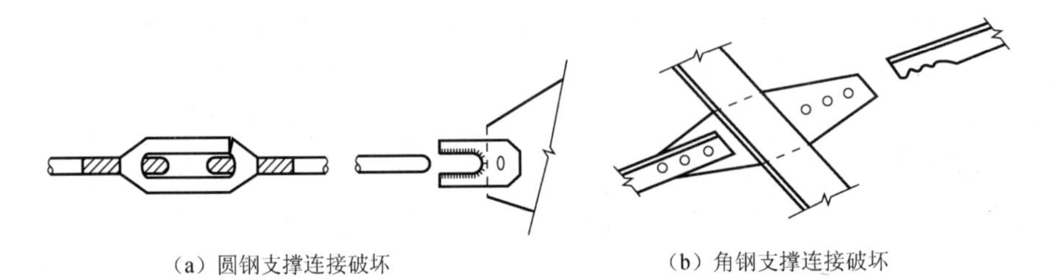

（a）圆钢支撑连接破坏　　（b）角钢支撑连接破坏

图 14.1.1 支撑连接破坏

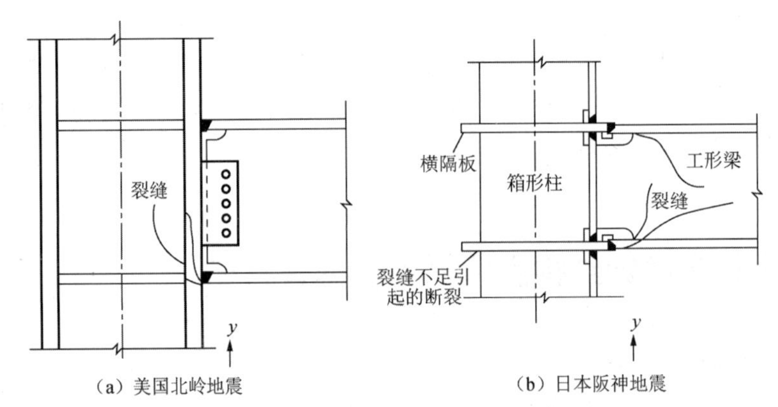

（a）美国北岭地震　　（b）日本阪神地震

图 14.1.2 梁柱刚性连接的典型震害现象

表 14.1.2 1978 年日本宫城县远海地震钢结构建筑破坏类型统计

类型		破坏等级*				统计	
		V	IV	III	II	总数	百分比/%
过度弯曲	柱	—	2	—	2	11	7.4
	梁	—	—	—	1		
	梁、柱局部屈曲	2	1	1	2		
连接破坏	支撑连接	6	13	25	63	119	80.4
	梁柱连接	—	—	2	1		
	柱脚连接	—	4	2	1		
	其他连接	—	1	—	1		
基础失效	不均匀沉降	—	2	4	12	18	12.2
总计		8	23	34	83	148	100

*：II 级为支撑连接出现裂纹，但没有不可恢复的屈曲变形；III级为出现小于 1/30 层高的永久层间变形；IV级为出现大于 1/30 层高的永久层间变形；V 级为倒塌或无法继续使用。

1994 年美国北岭地震和 1995 年日本阪神地震造成了许多梁柱刚性连接的破坏，震害调查发现，梁柱的连接破坏大多数发生在梁的下翼缘处，而上翼缘的破坏则少得多。这可能有两种原因：①楼板与梁共同变形导致下翼缘应力增大；②下翼缘在腹板位置焊接的中段是一个显著的焊缝缺陷的来源。图 14.1.3 给出了震后观察到的在梁柱焊接连接处的失效模式。

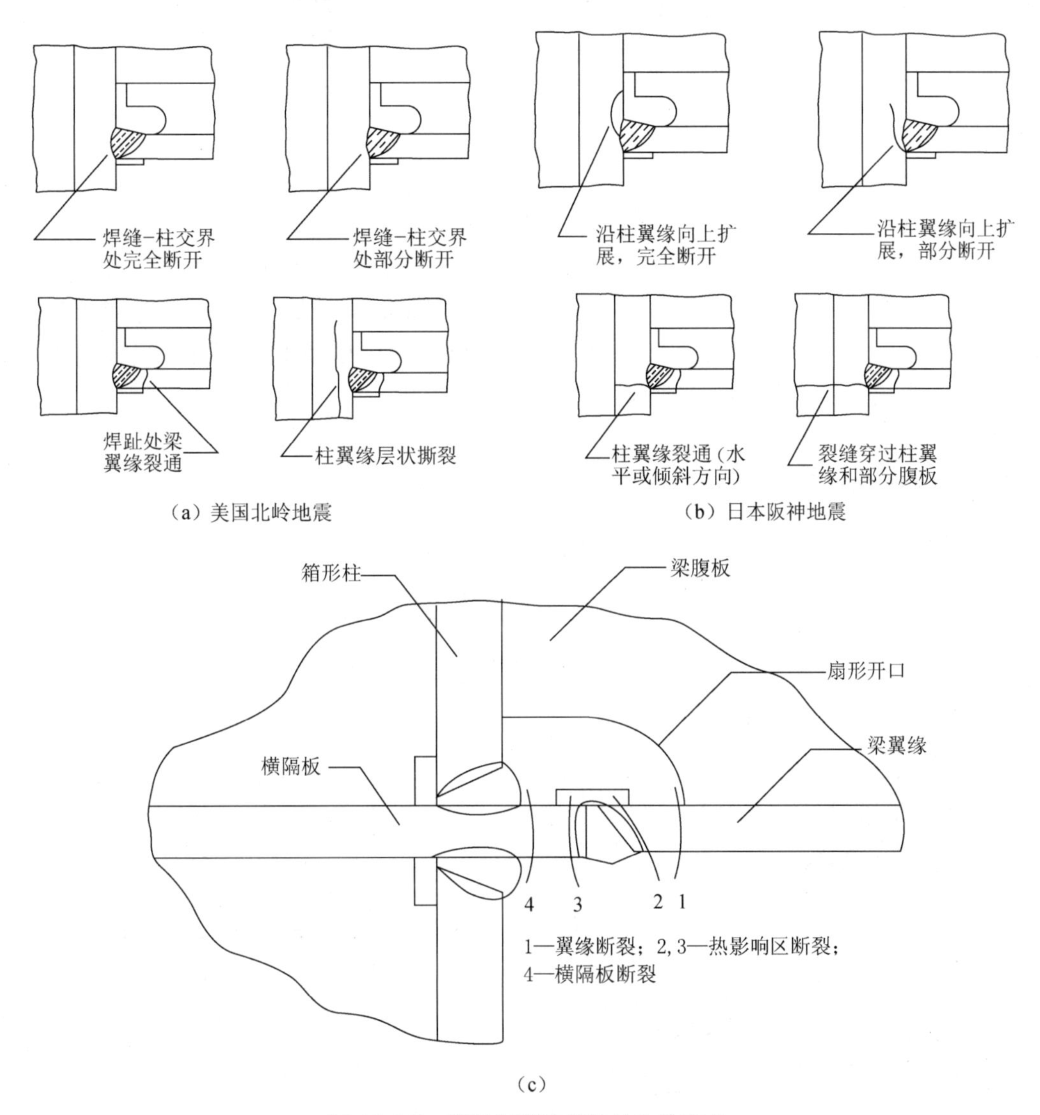

图 14.1.3　梁柱焊接连接处的失效模式

梁柱刚性连接裂缝或断裂破坏的原因如下：

（1）焊缝缺陷，如裂纹、欠焊、夹渣和气孔等。这些缺陷将成为裂缝开展直至断裂的起源。

（2）三轴应力影响。分析表明，梁柱连接的焊缝变形由于受到梁和柱约束，施焊后焊缝残存三轴拉应力，使材料变脆。

（3）构造缺陷。出于焊接工艺的要求，梁翼缘与柱连接处设有衬板，实际工程中衬板在焊接后就留在结构上，这样衬板与柱翼缘之间就形成一条“人工”裂缝，如图 14.1.4 所示，成为连接裂缝发展的起源。

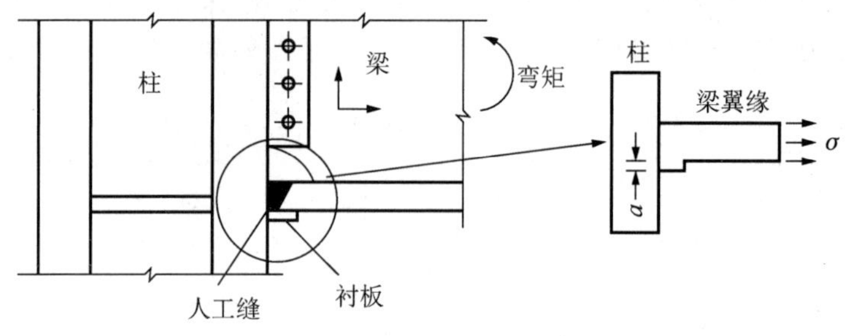

图 14.1.4　“人工”裂缝

（4）焊缝金属冲击韧性低。美国北岭地震前，焊缝采用 E70T-4 或 E70T-7 自屏蔽药芯焊条，这种焊条对冲击韧性无规定，实验室试件和实际破坏的结构中取出的连接试件在室温下的试验表明，其冲击韧性往往只有 10～15J，这样低的冲击韧性使得连接很容易产生脆性破坏，成为引发节点破坏的重要因素。

14.1.2　梁、柱、支撑等构件破坏

多高层建筑钢结构构件破坏的主要形式有：

（1）支撑压屈。支撑在地震中所受的压力超过其屈曲临界力时，即发生压屈破坏（图 14.1.5）。

（2）梁柱局部失稳。梁或柱在地震作用下反复受弯，在弯矩最大截面附近处由于过度弯曲可能发生翼缘局部失稳破坏（图 14.1.6）。

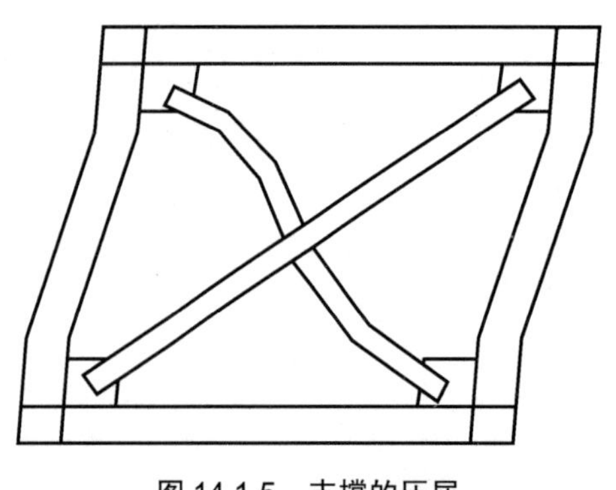

图 14.1.5　支撑的压屈

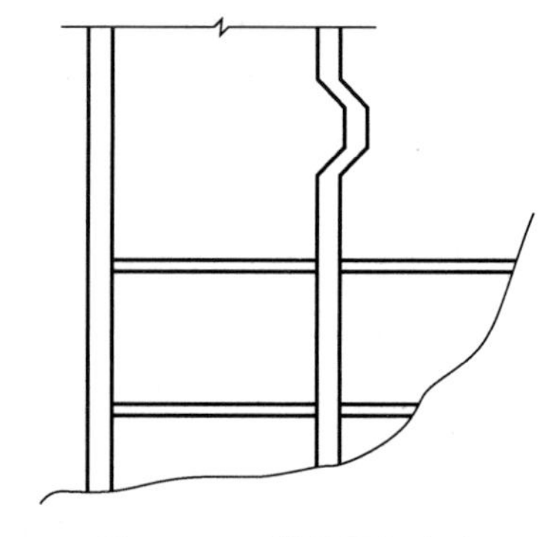

图 14.1.6　柱的局部失稳

（3）柱水平裂缝或断裂破坏。1995 年日本阪神地震，位于阪神地震区芦屋市海滨城的 52 栋高层钢结构住宅，有 57 根钢柱发生断裂，7 根钢柱在与支撑连接处断裂，其中 13 根钢柱为母材断裂，37 根钢柱在拼接焊缝处断裂，如图 14.1.7 所示。钢柱的断裂是出人意料的，分析原因认为：竖向地震使柱中出现动拉力，由于应变速率高，使材料变脆；地震时为日本严冬时期，钢柱位于室外，钢材温度低于 0℃；焊缝和弯矩与剪力的不利影响，造成柱水平断裂。

（a）母材断裂

（b）支撑处断裂

图 14.1.7　钢柱的断裂

14.1.3　结构倒塌

结构倒塌是地震中结构破坏最严重的形式。钢结构建筑尽管抗震性能好，但在地震中也有倒塌事例发生。1985 年墨西哥地震中有 10 幢钢结构房屋倒塌（表 14.1.1），1995 年日本阪神地震中也有钢结构房屋倒塌发生。表 14.1.3 所示为阪神地震中 Chou Ward 地区钢结构房屋震害情况。

表 14.1.3　1995 年日本阪神地震中 Chou Ward 地区钢结构房屋震害情况

建造年份	严重破坏或倒塌	中等破坏	轻微破坏	完好
1971 年以前	5	0	2	0
1971—1982 年	0	0	3	5
1982 年以后	0	0	1	7

钢结构房屋在地震中严重破坏或倒塌与结构抗震设计水平关系很大。1957 年和 1976 年，墨西哥结构设计规范分别进行过较大的修订，而 1971 年是日本钢结构设计规范修订的年份，1982 年是日本建筑标准法实施的年份。由表 14.1.1 和表 14.1.3 可知，由于新设计规范采纳了新的研究成果，提高了结构抗震设计水平，在同一地震中按新规范设计建造的钢结构房屋倒塌的数量就比按老规范设计建造的少得多。

综上所述，造成多高层钢结构房屋震害的主要原因如下：①梁柱节点的设计及构造不合理，造成梁柱节点的脆性破坏；②焊缝尺寸不合理或施工质量不过关，造成焊缝处开裂破坏；③构件的截面尺寸和局部构造如长细比、板件宽厚比设计不合理，造成构件脆性断裂、屈曲和局部破裂；④结构的楼层屈服强度系数和抗侧刚度沿高度分布不均匀，造成底层或中间层成为薄弱层，从而引起薄弱层的整体破坏。

14.2　多层和高层钢结构的选型与结构布置

14.2.1　多层和高层钢结构体系的选型

在结构选型上，多层和高层钢结构无严格界限。但为区分结构的重要性对结构抗震构造措施的要求不同，我国《抗规》将 50m 作为钢结构房屋抗震等级划分的依据。

有抗震要求的多高层建筑钢结构可采用纯钢框架结构体系（图 14.2.1）、框架-中心支撑结构体系（图 14.2.2）、框架-偏心支撑结构体系（图 14.2.3）及框筒结构体系（图 14.2.4）。框架结构体系的梁柱节点宜采用刚接。

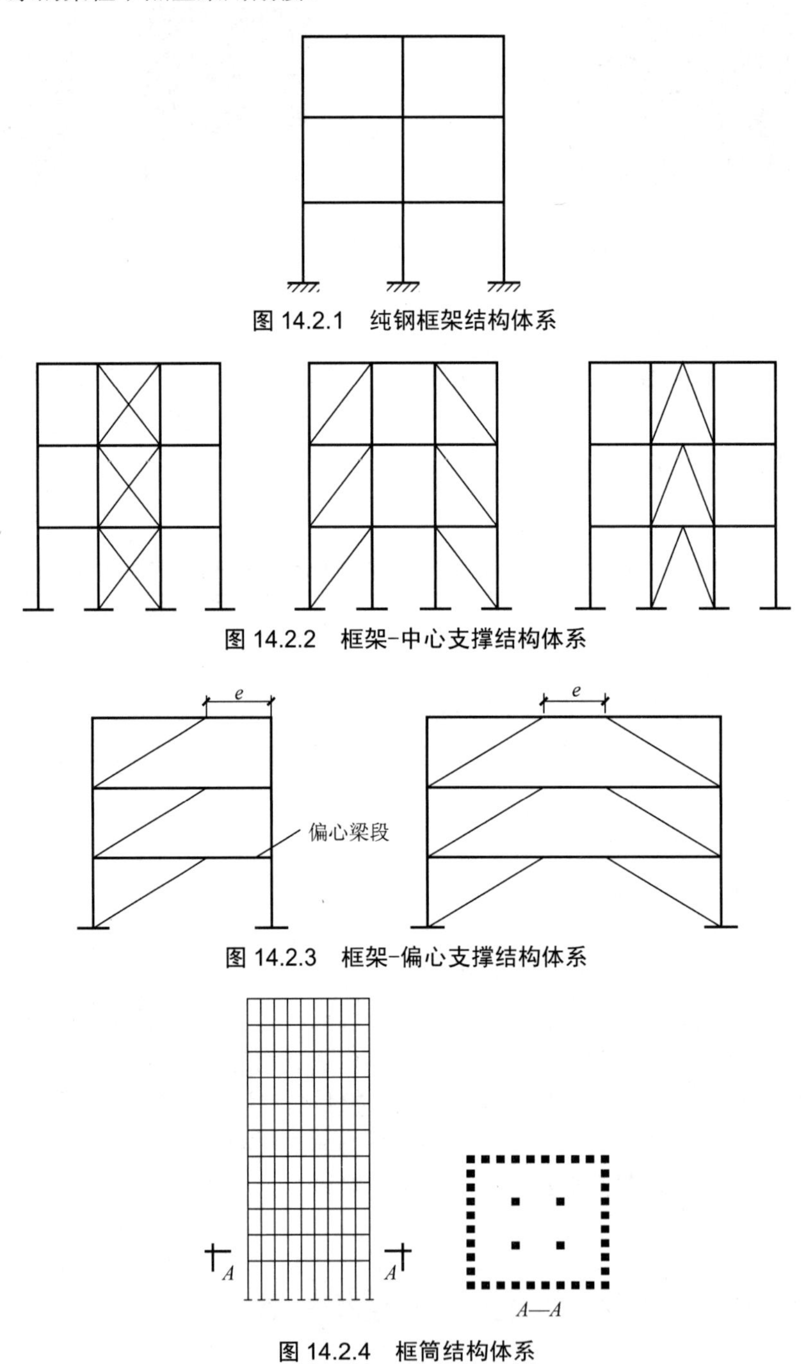

图 14.2.1　纯钢框架结构体系

图 14.2.2　框架-中心支撑结构体系

图 14.2.3　框架-偏心支撑结构体系

图 14.2.4　框筒结构体系

纯钢框架结构体系早在 19 世纪末就已出现，它是高层建筑中最早出现的结构体系，这种结构整体刚度均匀、构造简单、延性好，但抗侧刚度较差。中心支撑框架通过支撑提高刚度，但支撑受压会屈曲，支撑屈曲将导致原结构承载力降低。偏心支撑框架可通过偏心梁段剪切屈服限制支撑受压屈曲，从而保证结构具有稳定的承载能力和良好的耗能性能，而结构抗侧刚度介于纯钢框架和中心支撑框架之间。框筒结构实际上是密柱框架结构，由于梁跨度小、刚度大，使周圈柱近似构成一个整体受弯的薄壁筒体，具有较大的抗侧刚度和承载力，因而框筒结构多用于高层建筑。各种钢结构体系建筑的适用高度与高宽比不宜大于表 14.2.1 和表 14.2.2 给出的数值。

表 14.2.1　钢结构房屋适用的最大高度

单位：m

结构体系	设防烈度			
	6、7 度	7 度	8 度（0.30g）	9 度
框架	110	90	90（70）	50
框架-中心支撑	220	200	180（150）	120
框架-偏心支撑（延性墙板）	240	220	200（180）	160
筒体（框筒、筒中筒、桁架筒、束筒）和巨型框架	300	280	260（240）	180

① 括号内为 8 度区中设计基本加速度为 0.30g 地区的适用最大高度。

表 14.2.2　钢结构房屋适用的最大高宽比

设防烈度	6、7 度	8 度	9 度
最大高宽比	6.5	6.0	5.5

14.2.2　多层和高层钢结构房屋的平面布置原则

多高层钢结构的平面布置应尽量满足下列要求：

（1）建筑平面宜简单规则，并使结构各层的抗侧力刚度中心与质量中心接近或重合，同时各层刚心与质心接近在同一竖直线上。

（2）建筑的开间、进深宜统一，其常用平面的尺寸关系应符合表 14.2.3 和图 14.2.5 的要求。当钢框筒结构采用矩形平面时，其长宽比不应大于 1.5∶1；不能满足此项要求时，宜采用多束筒结构。

表 14.2.3　L、l、l'、B'的限值

L/B	L/B_{max}	l/b	l'/B_{max}	B'/B_{max}
<5	<4	<1.5	>1	<0.5

（3）高层建筑钢结构不宜设置防震缝，但薄弱部位应注意采取措施提高抗震能力。如必须设置伸缩缝，则应同时满足防震缝的要求。

（4）宜避免结构平面不规则布置。如在平面布置上具有下列情况之一者，为平面不规则结构：

① 任意层的偏心率大于 0.15。偏心率可按下列公式计算：

$$\varepsilon_x = \frac{e_y}{r_{ex}}, \qquad \varepsilon_y = \frac{e_x}{r_{ey}} \tag{14.2.1}$$

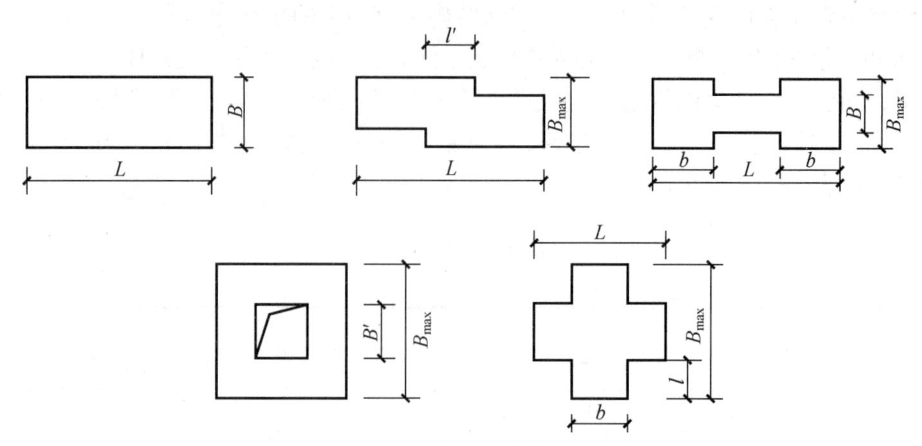

图 14.2.5　表 14.2.3 中各种结构平面变量的意义

其中

$$r_{ex}=\sqrt{\frac{K_T}{\sum K_x}},\quad r_{ey}=\sqrt{\frac{K_T}{\sum K_y}} \tag{14.2.2}$$

$$K_T=\sum(K_x y^2+K_y x^2) \tag{14.2.3}$$

式中，ε_x、ε_y 分别为所计算楼层在 x 和 y 方向的偏心率；e_x、e_y 分别为 x 和 y 方向楼层质心到结构刚心的距离；r_{ex}、r_{ey} 分别为结构 x 和 y 方向的弹性半径；$\sum K_x$、$\sum K_y$ 分别为所计算楼层各抗侧力构件在 x 和 y 方向的侧向刚度之和；x、y 为以刚心为原点的抗侧力构件坐标。

② 结构平面形状有凹角，凹角的伸出部分在一个方向的长度超过该方向建筑总尺寸的 25%。

③ 楼面不连续或刚度突变，包括开洞面积超过该层楼面面积的 50%。

④ 抗水平力构件既不平行又不对称于抗侧力体系的两个相互垂直的主轴。

属于上述情况第①、④项者应计算结构扭转影响，属于第③项者应采用相应计算模型，属于第②项者应在凹角处采用加强措施。

14.2.3　多层和高层钢结构房屋的竖向布置原则

多高层钢结构的竖向布置应尽量满足下列要求：

（1）楼层刚度大于其相邻上层刚度的 70%，且连续三层总的刚度降低不超过 50%。

（2）相邻楼层质量之比不超过 1.5（屋顶层除外）。

（3）立面收进尺寸比 $L_1/L>0.75$（图 14.2.6）。

（4）任意楼层抗侧力构件的总受剪承载力大于其相邻上层的 80%。

（5）框架-支撑结构中，支撑（或剪力墙板）宜竖向连续布置，除底部楼层和外伸刚臂所在楼层外，支撑的形式和布置在竖向宜一致。

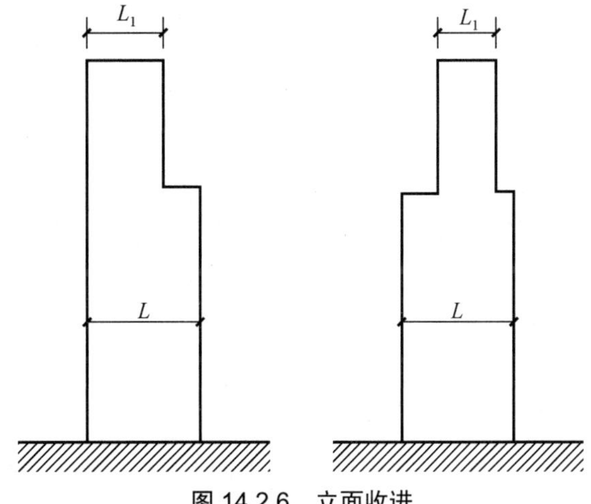

图 14.2.6　立面收进

14.2.4　多层和高层钢结构布置的其他要求

（1）高层钢结构宜设置地下室。在框架-支撑（剪力墙板）体系中，竖向连续布置的支撑（剪力墙板）应延伸至基础。设置地下室时，框架柱应至少延伸到地下一层。

（2）设防烈度为 8、9 度时，宜采用偏心支撑、带缝钢筋混凝土剪力墙板、内藏钢板支撑或其他消能支撑。

（3）采用偏心支撑框架时，顶层可为中心支撑。

（4）楼板宜采用压型钢板（或预应力混凝土薄板）加现浇混凝土叠合层组成的楼板。楼板与钢梁应采用栓钉或其他元件（图 14.2.7）。当楼板有较大或较多的开孔时，可增设水平钢支撑以加强楼板的水平刚度。

（5）必要时可设置由筒体外伸臂和周边桁架组成的加强层。

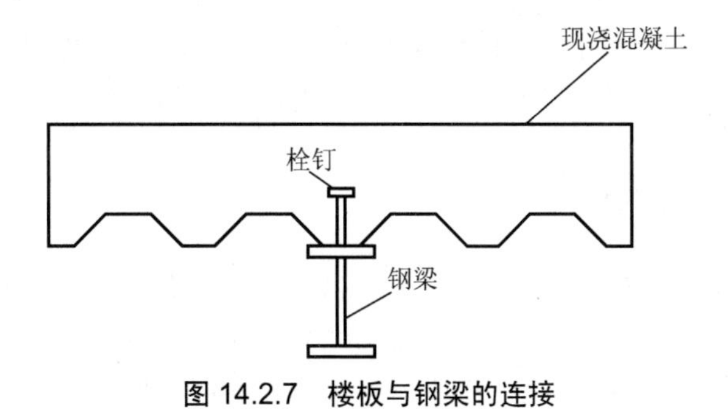

图 14.2.7　楼板与钢梁的连接

14.3　多层和高层钢结构房屋的抗震概念设计

高层钢结构抗震设计在总体上需要把握的主要原则有：保证结构的完整性，提高结构延性，设置多道结构防线。下面介绍实现这些原则的一些抗震概念及具体要求。

钢结构房屋应根据设防分类、设防烈度和房屋高度采用不同的抗震等级，并应符合相应的计算和构造措施要求。丙类建筑的抗震等级应按表 14.3.1 确定。

表 14.3.1 钢结构房屋的抗震等级

房屋高度	设防烈度			
	6度	7度	8度	9度
≤50m	—	四	三	二
>50m	四	三	二	一

注：（1）高度接近或等于高度分界时，应允许结合房屋不规则程度和场地、地基条件确定抗震等级。

（2）一般情况下，构件的抗震等级应与结构相同；当某个部位各构件的承载力均满足2倍地震作用组合下的内力要求时，7～9度的构件抗震等级应允许按降低1度确定。

14.3.1 结构方案的选择

对于钢结构，刚接框架、偏心支撑框架和框筒结构是延性较好的结构形式，在地震区应优先采用。然而，铰接框架具有施工方便的优点，中心支撑框架具有刚度大、承载力高的优点，在地震区也可以采用。在具体选择结构形式时应注意以下几点：

（1）多层钢结构可以采用全刚接框架，不允许采用全铰接框架及全铰接框架加支撑的结构形式。当采用部分钢接框架时，结构外围周边框架应采用刚接框架。

（2）高层钢结构应采用全刚接框架。当结构刚度不够时，可采用中心支撑框架、钢框架-混凝土芯筒或钢框筒结构形式；但在高烈度区（8度和9度区），宜采用偏心支撑框架和钢框筒结构。

14.3.2 多道防线的设置

对于钢框架-支撑结构及钢框架-混凝土芯筒（剪力墙）结构，钢支撑或混凝土芯筒（剪力墙）部分的刚度大，可能承担整体结构绝大部分地震作用力。但钢支撑或混凝土芯筒（剪力墙）的延性较差，为发挥钢框架部分延性好的优点，起到第二道结构抗震防线的作用，要求钢框架的抗震承载力不能太小，为此框架部分按计算得到的地震剪力应乘以调整系数，达到不小于结构底部总地震剪力的25%和框架部分地震剪力最大值1.8倍两者的较小值。

14.3.3 强节点弱构件的设计

在地震作用下，要求结构所有节点的极限承载力大于构件在相应节点处的极限承载力，以保证节点不先于构件破坏，防止构件不能充分发挥作用。为此，对于多高层钢结构的所有节点连接，除应按地震组合内力进行弹性设计验算外，还应进行“强节点弱构件”原则下的极限承载力验算。

1. 梁与柱的连接要求

梁与柱的极限受弯、受剪承载力应符合下列要求：

$$M_u \geqslant \eta_j M_p \tag{14.3.1}$$

$$V_u \geqslant 1.2\left(\frac{2M_p}{l_n}+V_0\right),\quad 且 V_u \geqslant 0.58 h_w t_w f_y \tag{14.3.2}$$

式中，M_u 为梁上下翼缘全熔透坡口焊缝的极限受弯承载力；V_u 为梁腹板连接的极限受剪承载力；M_p 为梁（梁贯通时为柱）的全塑性受弯承载力；V_0 为竖向荷载作用下梁端剪力设计值；η_j 为连接系数；l_n 为梁的净跨（梁贯通时取该楼层柱的净高）；h_w、t_w 分别为梁腹板的高度和厚度；f_y 为钢材的屈服强度。

2. 支撑连接要求

支撑与框架的连接及支撑拼接的极限承载力应符合下式要求：

$$N_{ubr} \geqslant \eta_j A f_y \tag{14.3.3}$$

式中，N_{ubr} 为螺栓连接和节点板连接在支撑轴线方向的极限承载力；A 为支撑截面的毛面积；η_j 为连接系数；f_y 为支撑钢材的屈服强度。

3. 梁、柱构件的拼接要求

梁、柱构件拼接的极限承载力应符合下列要求：

$$V_u \geqslant 0.58 h_w t_w f_y \tag{14.3.4}$$

无轴力时，

$$M_u \geqslant \eta_j M_p \tag{14.3.5a}$$

有轴力时，

$$M_u \geqslant \eta_j M_{pc} \tag{14.3.5b}$$

式中，M_u、V_u 分别为拼接构件的极限受弯、受剪承载力；h_w、t_w 分别为拼接构件截面腹板的高度和厚度；η_j 为连接系数；f_y 为被拼接构件的钢材屈服强度；M_p 为无轴力时构件截面塑性弯矩；M_{pc} 为有轴力时构件截面塑性弯矩，可按下列情况分别计算。

工字形截面（绕强轴）和箱型截面：

当 $N/N_y \leqslant 0.13$ 时，

$$M_{pc} = M_p \tag{14.3.6a}$$

当 $N/N_y > 0.13$ 时，

$$M_{pc} = 1.15(1 - N/N_y)M_p \tag{14.3.6b}$$

工字形截面（绕弱轴）：

当 $N/N_y \leqslant A_w/A$ 时，

$$M_{pc} = M_p \tag{14.3.7}$$

当 $N/N_y > A_w/A$ 时，

$$M_{pc} = \left[1 - \left(\frac{N - A_w f_y}{N_y - A_w f_y}\right)^2\right] M_p \tag{14.3.8}$$

式中，N 为构件内轴力；N_y 为构件轴向屈服力；A_w 为工字形截面腹板面积；A 为构件截面面积。

当拼接连接时，尚应符合下列要求：

翼缘：

$$nN_{cu}^b \geqslant \eta_j A_f f_y \tag{14.3.9}$$

且

$$nN_{vu}^b \geqslant \eta_j A_f f_y \tag{14.3.10}$$

腹板：

$$N_{cu}^b \geqslant \sqrt{(V_n/n)^2 + (N_M^b)^2} \tag{14.3.11}$$

且

$$N_{vu}^b \geqslant \sqrt{(V_n/n)^2 + (N_M^b)^2} \tag{14.3.12}$$

式中，N_{vu}^b、N_{cu}^b 分别为一个螺栓的极限受剪承载力和对应的板件极限承压力；A_f 为翼缘的有效截面面积；N_M^b 为腹板拼接中弯矩引起的一个螺栓的最大剪力；η_j 为连接系数；n 为翼缘拼接或腹板拼接一侧的螺栓数。

4. 连接极限承载力的计算

焊缝连接的极限承载力可按下列公式计算。

对接焊缝受拉，

$$N_u = A_f^w f_u \tag{14.3.13}$$

角焊缝受剪，

$$V_u = 0.58 n_f A_f^w f_u \tag{14.3.14}$$

式中，A_f^w 为焊缝的有效受力面积；f_u 为构件母材的抗拉强度最小值。

高强度螺栓连接的极限受剪承载力，应取下列二式计算的较小值：

$$N_{vu}^b = 0.58 n_f A_e^b f_u^b \tag{14.3.15}$$

$$N_{cu}^b = d\sum t f_{cu}^b \tag{14.3.16}$$

式中，N_{vu}^b、N_{cu}^b 分别为一个高强度螺栓的极限受剪承载力和对应的板件极限承压力；n_f 为螺栓连接的剪切面数量；A_e^b 为螺栓螺纹处的有效截面面积；f_u^b 为螺栓钢材的抗拉强度最小值；d 为螺栓杆直径；$\sum t$ 为同一受力方向的钢板厚度之和；f_{cu}^b 为螺栓连接板的极限承压强度，取 $1.5 f_u$。

14.3.4　强柱弱梁的设计

“强柱弱梁”型框架屈服时产生塑性变形耗能的构件比强梁弱柱型框架多，而在同样的结构顶点位移条件下，强柱弱梁型框架的最大层间变形比强梁弱柱型框架小，因此强柱弱梁型框架的抗震性能较强梁弱柱型框架优越。为保证钢框架为强柱弱梁型，框架的任一梁柱节点处需满足下列条件：

$$\sum W_{pc}(f_{yc} - N/A_c) \geqslant \eta \sum W_{pb} f_{yb} \tag{14.3.17}$$

式中，W_{pc}、$\sum W_{pb}$ 分别为柱和梁的塑性截面模量；N 为柱轴向压力设计值；A_c 为柱截面面积；f_{yc}、f_{yb} 分别为柱和梁的钢材屈服强度；η 为强柱系数，设防烈度超过 6 度的钢框架，6 度Ⅳ类场地和 7 度时可取 1.0，8 度时可取 1.05，9 度时可取 1.15。

当柱所在楼层的受剪承载力比上一层的受剪承载力高出 25%，或柱轴向力设计值与柱全截面面积和钢材抗拉强度设计值乘积的比值不超过 0.4，或作为轴心受压构件在 2 倍地震力下稳定性得到保证时，则无须满足式（14.3.17）的强柱弱梁要求。

14.3.5　偏心支撑框架的弱消能梁段要求

偏心支撑框架的设计思想是，在罕遇地震作用下通过消能梁段的屈服消耗地震能量，而达到保护其他结构构件不破坏和防止结构整体倒塌的目的。因此，偏心支撑框架的设计原则是强柱、强支撑和弱消能梁段。

为实现弱消能梁段要求，可对多遇地震作用下偏心支撑框架构件的组合内力设计值进行调整，调整要求如下：

（1）支撑斜杆的轴力设计值，应取与支撑斜杆相连接的消能梁段达到受剪承载力时支撑斜杆轴力设计值与增大系数的乘积，其值在 8 度以下时不应小于 1.4，9 度时不应小于 1.5。

（2）位于消能梁段同一跨的框架梁内力设计值，应取消能梁段达到受剪承载力时框架梁内力与增大系数的乘积，其值在 8 度以下时不应小于 1.5，9 度时不应小于 1.6。

（3）框架柱的内力设计值，应取消能梁段达到受剪承载力时柱内力与增大系数的乘积，其值在 8 度及以下时不应小于 1.5，9 度时不应小于 1.6。

偏心支撑框架消能梁段的受剪承载力可按下列公式计算：

当 $N \leqslant 0.15A_f$ 时，

$$V \leqslant \varphi V_l / \gamma_{RE} \tag{14.3.18}$$

$V_l = 0.58A_w f_y$ 或 $V_l = 2M_{lp} / a$，取较小值。其中

$$A_w = (h - 2t_f)t_w \tag{14.3.19}$$

$$M_{lp} = W_p f \tag{14.3.20}$$

当 $N > 0.15A_f$ 时，

$$V \leqslant \varphi V_{lc} / \gamma_{RE} \tag{14.3.21}$$

$$V_{lc} = 0.58A_w f_y \sqrt{1 - \left[N/(Af)^2\right]} \tag{14.3.22}$$

或

$$V_{lc} = 2.4M_{lp}\left[1 - N/(Af)\right]/a \tag{14.3.23}$$

式中，φ 为系数，可取 0.9；V、N 分别为消能梁段的剪力设计值和轴力设计值；V_l、V_{lc} 分别为消能梁段的受剪承载力和计入轴力影响的受剪承载力；M_{lp} 为消能梁段的全塑性受弯承载力；a、h、t_w、t_f 分别为消能梁段的长度、截面高度、腹板厚度和翼缘厚度；A、A_w 分别为消能梁段的截面面积和腹板截面面积；W_p 为消能梁段的塑性截面模量；f、f_y 分别为消能梁段钢材的抗拉强度设计值和屈服强度；γ_{RE} 为消能梁段承载力抗震调整系数，取 0.85。V_{lc} 取式（14.3.22）、式（14.3.23）计算所得结果的较小值。

14.3.6　其他抗震设计要求

1. 节点域的屈服承载力要求

试验研究发现，钢框架梁柱节点域具有很好的滞回耗能性能（图 14.3.1），地震作用下让其屈服对结构抗震有利。但节点域板太薄会使钢框架的位移增大较多，而太厚又会使节点域不能发挥耗能作用，故节点域既不能太薄又不能太厚。因此节点域除了满足弹性内力设计公式的要求条件外，其屈服承载力尚应符合下式要求：

$$\psi(M_{pb1}+M_{pb2})/V_p \leqslant (4/3)f_v \tag{14.3.24}$$

式中，M_{pb1}、M_{pb2} 分别为节点域两侧梁的全塑性受弯承载力；V_p 为节点域体积；f_v 为钢材的抗剪强度设计值；ψ 为折减系数，6 度Ⅳ类场地和 7 度时可取 0.6，8、9 度时可取 0.7。对于工字形截面柱和箱形截面柱的节点域应按下列公式验算：

$$f_w \geqslant (h_b+h_c)/90 \tag{14.3.25}$$

$$(M_{b1}+M_{b2})/V_p \leqslant (4/3)f_v/\gamma_{RE} \tag{14.3.26}$$

式中，h_b、h_c 分别为梁腹板高度和柱腹板高度；f_w 为柱在节点域的腹板厚度；M_{b1}、M_{b2} 分别为节点域两侧梁的弯矩设计值；V_p 为节点域的体积；γ_{RE} 为节点域承载力抗震调整系数，可采用 0.85。

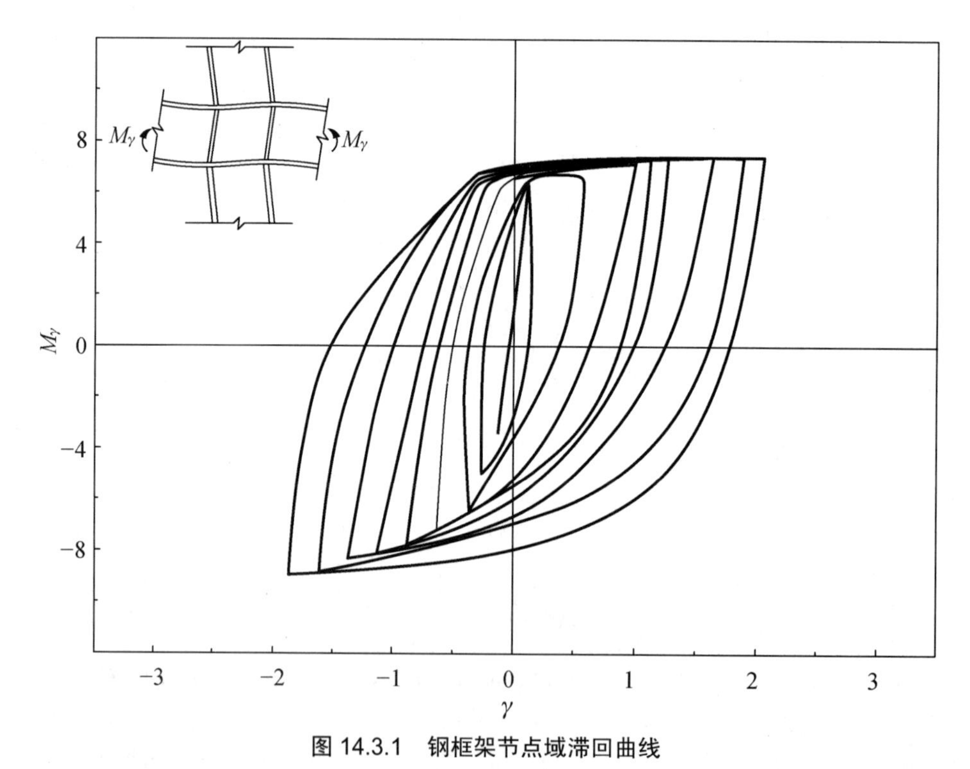

图 14.3.1　钢框架节点域滞回曲线

2. 支撑斜杆的抗震承载力

中心支撑框架的支撑斜杆在地震作用下将受反复作用，支撑既可受拉，也可受压。由于轴心受力钢构件的受压承载力小于受拉承载力，因此支撑斜杆结构的抗震应按受压构件进行设计。然而，试验发现支撑在反复轴力作用下有下列现象（图 14.3.2）。

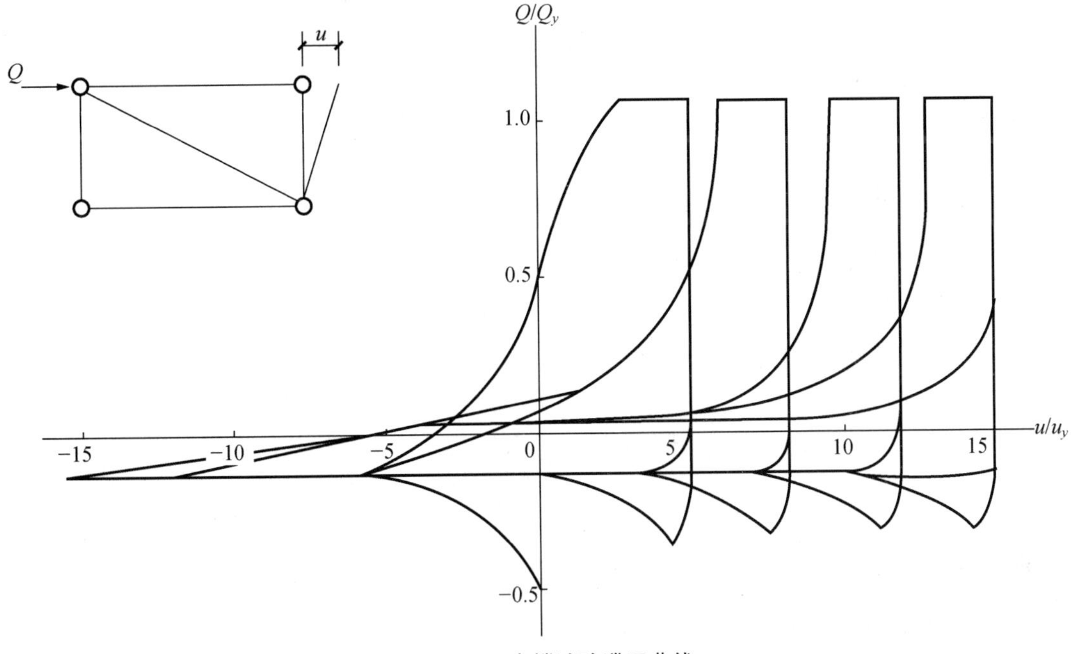

图 14.3.2　支撑试验滞回曲线

（1）支撑首次受压屈曲后，第二次屈曲荷载明显下降，而且以后每次的屈曲荷载还将逐渐下降，但下降幅度趋于收敛。

（2）支撑受压屈曲后的受压承载力的下降幅度与支撑的长细比有关，支撑的长细比越大，下降幅度越大；支撑的长细比越小，下降幅度越小。

考虑支撑在地震反复轴力作用下的上述受力特征，对于中心支撑框架支撑斜杆，其抗震承载力应按下式验算：

$$\frac{N}{\varphi A_{br}} \leqslant \psi f / \gamma_{RE} \tag{14.3.27}$$

其中

$$\psi = \frac{1}{1+0.35\lambda_n}, \quad \lambda_n = \frac{\lambda}{\pi}\sqrt{f_y / E}$$

式中，N 为支撑斜杆的轴向力设计值；A_{br} 为支撑斜杆的截面面积；φ 为轴心受压构件的稳定系数；ψ 为受循环荷载作用时的强度降低系数；λ_n 为支撑斜杆的正则化长细比；E 为支撑斜杆材料的弹性模量；f_y 为钢材屈服强度；γ_{RE} 为支撑承载力抗震调整系数，$\gamma_{RE}=0.8$。

3. 人字形和 V 形支撑框架设计要求

中心支撑框架采用人字形支撑或 V 形支撑时，需考虑支撑斜杆受压屈服后产生的特殊问题。人字形支撑在受压斜杆屈曲时楼板会下陷；V 形支撑在受压斜杆屈曲时楼板会向上隆起。为防止这种情况的出现，横梁设计除应考虑设计内力外，还应按中间无支座的简支梁（考虑弹塑性阶段梁端出现塑性铰）验算楼面荷载作用下的承载力，但在横梁支撑处可考虑支撑受压屈曲提供一定的与楼面荷载方向相反的反力作用，该反力可取为受压支撑屈曲压力竖向分量的30%。

此外，人字形和V形支撑抗震设计时斜杆地震内力应乘增大系数1.5，以减少楼板下陷或上隆现象的发生。

14.4　多层和高层钢结构房屋的抗震计算

14.4.1　结构计算模型

确定多高层钢结构抗震计算模型时，应注意以下方面的问题：

（1）进行多高层钢结构地震作用下的内力与位移分析时，一般可假定楼板在自身平面内为绝对刚性。对整体性较差、开孔面积大、有较长外伸段的楼板，宜采用楼板平面内的实际刚度进行计算。

（2）进行多高层钢结构多遇地震作用下的反应分析时，可考虑现浇混凝土楼板与钢梁的共同作用。在设计中应保证楼板与钢梁有可靠的连接措施。此时楼板可作为梁翼缘的一部分计算梁的弹性截面特性，楼板的有效宽度 b_e 按下式计算（图14.4.1）：

$$b_e = b_0 + b_1 + b_2 \tag{14.4.1}$$

式中，b_0 为钢梁上翼缘宽度；b_1、b_2 分别为梁外侧和内侧的翼缘计算宽度，各取梁跨度 l 的1/6和翼缘板厚度 t 的6倍中的较小值。此外，b_1 不应超过翼缘板实际外伸宽度 s_1；b_2 不应超过相邻梁板托间净距 s_0 的1/2。

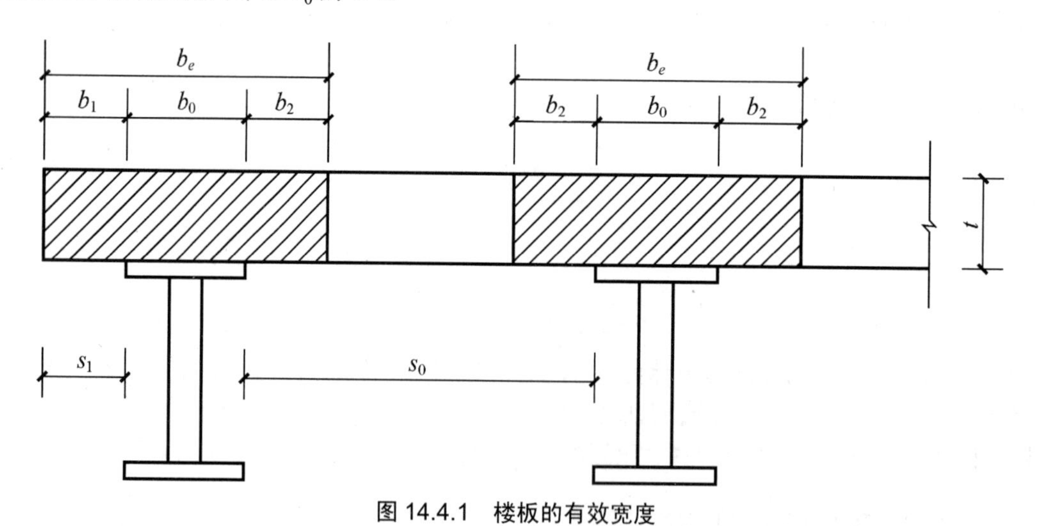

图14.4.1　楼板的有效宽度

进行多高层钢结构罕遇地震响应分析时，考虑到此时楼板与梁的连接可能遭到破坏，则不应考虑楼板与梁的共同工作。

（3）多高层钢结构的抗震计算可采用平面抗侧力结构的空间协同计算模型。当结构布置规则、质量及刚度沿高度分布均匀、不计扭转效应时，可采用平面结构计算模型；当结构平面或立面不规则、体型复杂，无法划分平面抗侧力单元的结构以及筒体结构时，应采用空间结构计算模型。

（4）多高层钢结构在地震作用下的内力与位移计算，应考虑梁柱的弯曲变形和剪切变形，尚应考虑柱的轴向变形。一般可不考虑梁的轴向变形，但当梁同时作为腰桁架或桁架的弦杆时，则应考虑轴力的影响。

（5）柱间支撑两端应为刚性连接，但可按两端铰接计算。偏心支撑中的耗能梁段应取为单独单元。

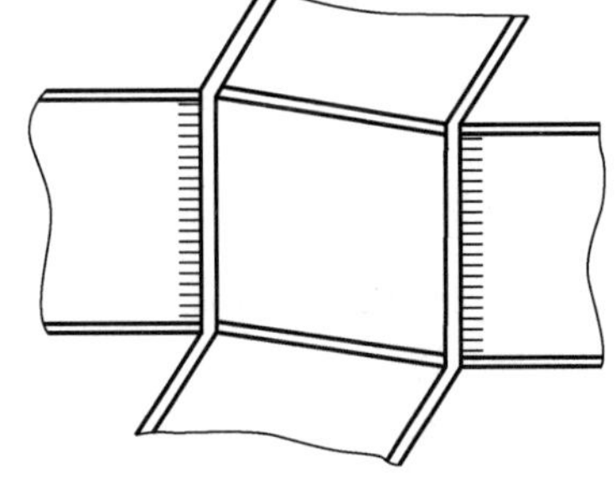

图 14.4.2　节点域剪切变形

（6）应计入梁柱节点域剪切变形（图 14.4.2）对多高层建筑钢结构位移的影响。可将梁柱节点域当作一个单独的单元进行结构分析，也可按下列规定作近似计算：

① 对于箱形截面柱框架，可将节点域当作刚域，刚域的尺寸取节点域尺寸的一半。

② 对于工字形截面柱框架，可按结构轴线尺寸进行分析。若结构参数满足 $EI_{bm}/K_m h_{bm}>1$ 且 $\eta>5$ 时，可按下式修正结构楼层处的水平位移：

$$u_i'=\left(1+\frac{\eta}{100-0.5\eta}\right)u_i \tag{14.4.2}$$

其中

$$\eta=\left[1.75\frac{EI_{bm}}{K_m h_{bm}}-1.8\left(\frac{EI_{bm}}{K_m h_{bm}}\right)^2-10.7\right]\sqrt[4]{\frac{I_{cm}h_{bm}}{I_{bm}h_{cm}}} \tag{14.4.3}$$

$$K_m=h_{cm}h_{bm}t_m G \tag{14.4.4}$$

式中，u_i' 为修正后的第 i 层楼层的水平位移；u_i 为不考虑节点域剪切变形并按结构轴线尺寸计算所得的第 i 层楼层的水平位移；I_{cm}、I_{bm} 分别为结构全部柱和梁截面惯性矩的平均值；h_{cm}、h_{bm} 分别为结构全部柱和梁腹板高度的平均值；K_m 为节点域剪切刚度的平均值；t_m 为节点域腹板厚度平均值；E 为钢材的弹性模量；G 为钢材的剪变模量。

14.4.2　地震作用的计算

多高层钢结构的阻尼比较小，按反应谱法计算多遇地震下的地震作用时，高层钢结构的阻尼比可取为 0.02，多层（不超过 12 层）钢结构的阻尼比可取为 0.035。但计算罕遇地震下的地震作用时，应考虑结构进入弹塑性状态，多高层钢结构的阻尼比均可取为 0.05。

14.4.3　计算要求

进行多高层钢结构抗震计算时，应注意满足下列设计要求：

（1）进行多遇地震下抗震设计时，框架-支撑（剪力墙板）结构体系中总框架任意楼层所承担的地震剪力不得小于结构底部总剪力的 25%。

（2）在水平地震作用下，如果楼层侧移满足下式，则应考虑 $P\text{-}\Delta$ 效应：

$$\frac{\delta}{h} \geqslant 0.1\frac{\sum V}{\sum P} \tag{14.4.5}$$

式中，δ 为多遇地震作用下楼层层间位移；h 为楼层高度；$\sum P$ 为计算楼层以上全部竖向荷载之和；$\sum V$ 为计算楼层以上全部多遇水平地震作用之和。

此时该楼层的位移和所有构件的内力均应乘以下式所示的放大系数 α：

$$\alpha = \frac{1}{1-\dfrac{\delta}{h}\dfrac{\sum P}{\sum V}} \tag{14.4.6}$$

（3）验算在多遇地震作用下整体基础（筏形基础或箱形基础）对地基的作用时，可采用底部剪力法计算作用于地基的倾覆力矩，但宜取 0.8 的折减系数。

（4）当在多遇地震作用下进行构件承载力验算时，托柱梁及承托钢筋混凝土抗震墙的钢框架柱的内力应乘以不小于 1.5 的增大系数。

14.5　多层和高层钢框架结构房屋的抗震构造措施

14.5.1　纯框架结构抗震构造措施

1. 框架柱的长细比要求

在一定的轴力作用下，柱的弯矩-转角关系如图 14.5.1 所示。研究发现，由于几何非线性（$P\text{-}\Delta$ 效应）的影响，柱的弯曲变形能力与柱的轴压比及柱的长细比有关（图 14.5.2 和图 14.5.3），柱的轴压比与长细比越大，弯曲变形能力越小。因此，为保障钢框架抗震构造的变形能力，需对框架的轴压比及长细比进行限制。

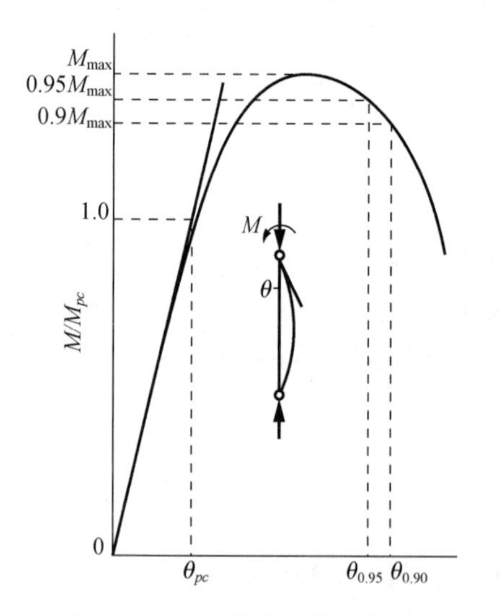

图 14.5.1　柱的弯矩转角关系

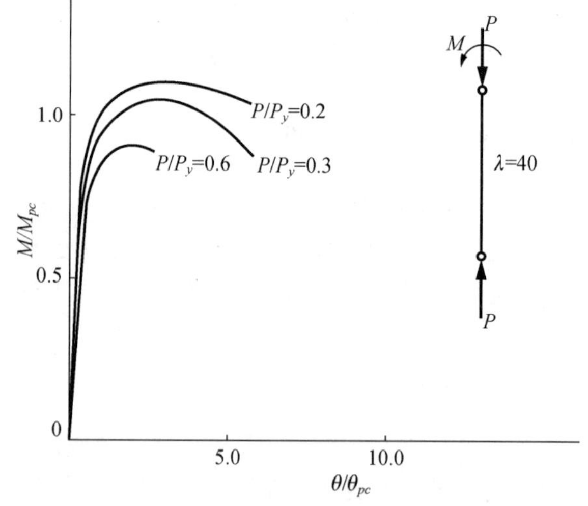

图 14.5.2　柱的变形能力与轴压比的关系

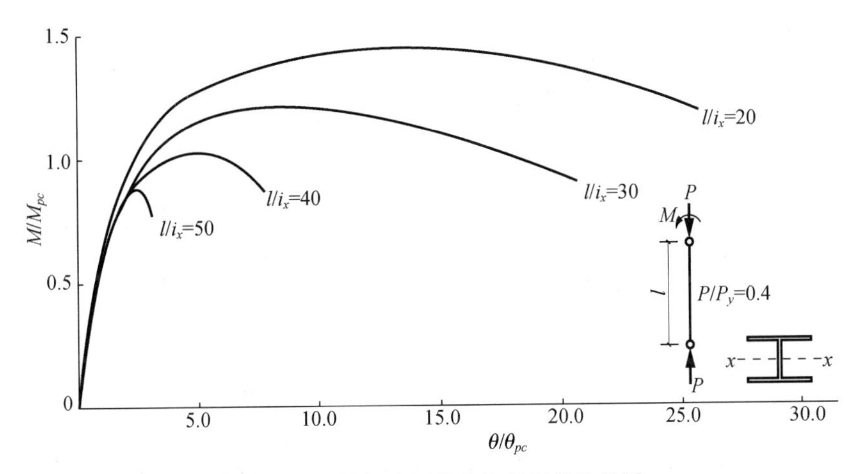

图 14.5.3　柱的变形能力与长细比的关系

我国规范目前对框架柱的轴压比没有提出要求，建议按重力荷载代表值作用下框架柱的地震组合轴力设计值计算的轴压比不大于 0.7。

框架柱的长细比应符合下列规定：

（1）不超过 12 层的钢框架梁柱的长细比，6～8 度时不应大于$120\sqrt{235/f_y}$，9 度时不应大于$100\sqrt{235/f_y}$；

（2）超过 12 层的钢框架柱的长细比，应符合表 14.5.1 的规定。

表 14.5.1　超过 12 层钢框架柱的长细比限值

设防烈度	6 度	7 度	8 度	9 度
长细比	120	80	60	60

注：表中的值适用于 Q235 钢，采用其他牌号钢材时，应乘以$\sqrt{235/f_y}$。

2. 梁、柱板件的宽厚比要求

图 14.5.4 所示为日本所做的一组梁柱试件在反复加载试验下的受力变形情况。可见，随着构件板件宽厚比的增大，构件反复受载的承载力与耗能能力将降低。其原因是，板件宽厚比越大，板件越易发生局部屈曲，从而影响后继承载性能。

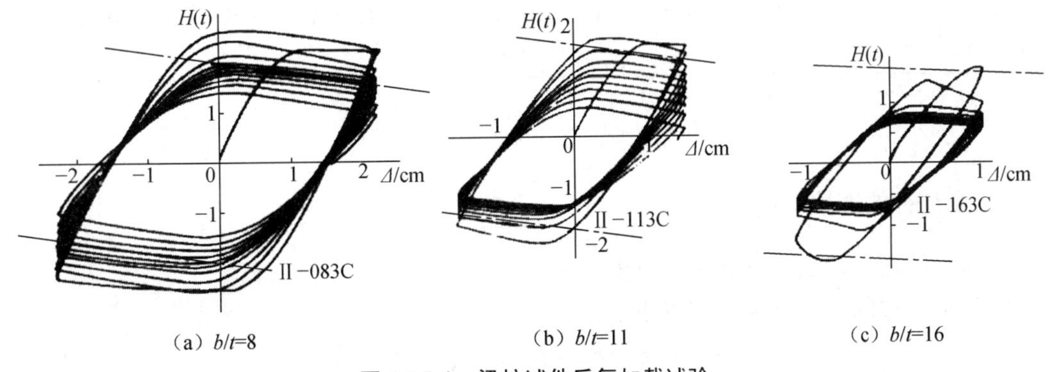

图 14.5.4　梁柱试件反复加载试验

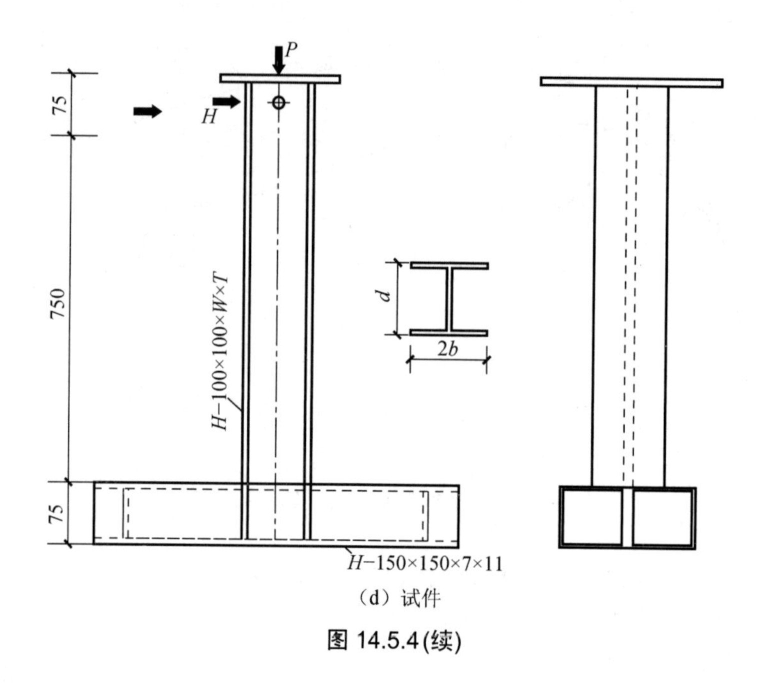

（d）试件

图 14.5.4(续)

考虑到框架柱的转动变形能力要求比框架梁的转动变形能力要求低，因此，框架柱的板件宽厚比限值比框架梁的大，具体要求应符合表 14.5.2 的规定。

表 14.5.2　框架梁、柱板件宽厚比限值

板件名称		板件等级			
		一级	二级	三级	四级
柱	工字形截面翼缘外伸部分	10	11	12	13
	工字形截面腹板	43	45	48	52
	箱形截面壁板	33	36	38	40
梁	工字形截面和箱形截面翼缘外伸部分	9	9	10	11
	箱形截面翼缘在两腹板之间的部分	30	30	32	36
	工字形截面和箱形截面腹板	(72~120) N_b/Af ≤ 60	(72~120) N_b/Af ≤ 60	(80~110) N_b/Af ≤ 70	(85~120) N_b/Af ≤ 75

注：(1) 表中数值适用于 Q235 钢，采用其他牌号钢材时，应乘以 $\sqrt{235/f_y}$。

(2) 表中 N_b 为梁的轴向力，A 为梁的截面面积，f 为钢材抗拉强度设计值。

3. 梁与柱的连接构造

梁与柱的连接构造应符合下列要求：

(1) 梁与柱的连接宜采用柱贯通型。

(2) 柱在两个相互垂直的方向都与梁刚接时宜采用箱形截面。当仅在一个方向刚接时宜采用工字形截面，并将柱腹板置于刚接框架平面内。

（3）梁翼缘与柱翼缘应采用全熔透坡口焊缝。

（4）柱在梁翼缘对应位置应设置横向加劲肋，且加劲肋厚度不应小于梁翼缘厚度。

（5）当梁翼缘的塑性截面模量小于梁全截面塑性截面模量的 70%时，梁腹板与柱的连接螺栓不得少于两列；当计算仅需一列时，仍应布置两列，且此时螺栓总数不得小于计算值的 1.5 倍。

为防止框架梁、柱连接处发生脆性断裂，可以采取如下措施：

（1）严格控制焊接工艺操作，重要的部位由技术等级高的工人施焊；减少梁、柱连接中的焊接缺陷。

（2）8 度乙类建筑和 9 度时，应检验梁翼缘处全焊透坡口焊缝 V 形切口的冲击韧性，其冲击韧性在-20℃时不低于 27J。

（3）适当加大梁腹板下部的割槽口（位于垫板上面，用于梁下翼缘与柱翼缘的施焊），以便于工人操作，提高焊缝质量。

（4）补充梁腹板与抗剪连接板之间的焊缝（图 14.5.5）。

（5）采用梁端加盖和加腋（图 14.5.6），或梁、柱采用全焊接方式来加强连接的强度。

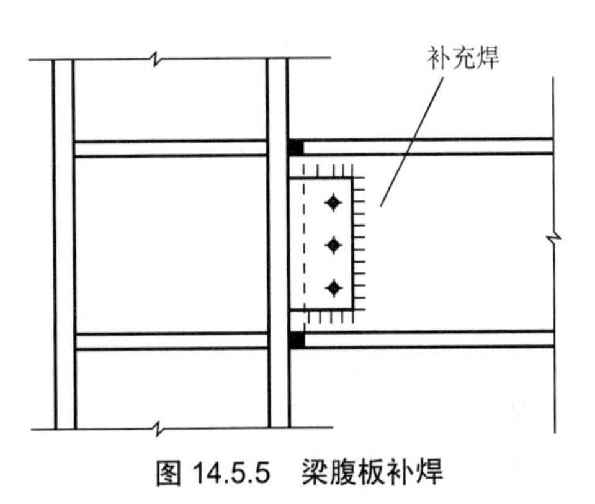

图 14.5.5　梁腹板补焊

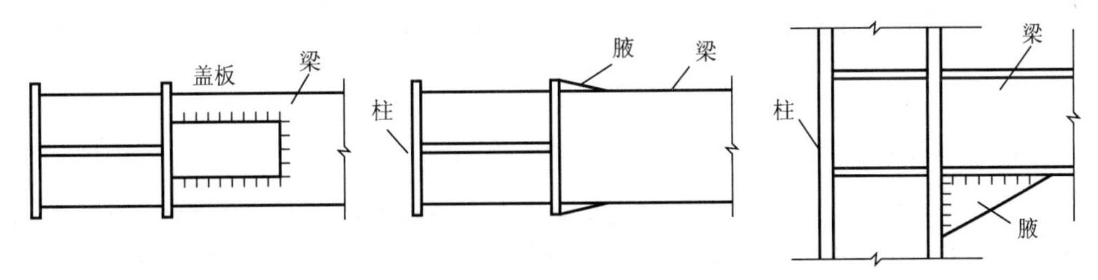

图 14.5.6　梁与柱连接的加强

（6）利用节点域的塑性变形能力，节点域可设计成先于梁端屈服，但仍需满足有关公式的要求。

（7）利用“强节点、弱构件”的抗震概念，将梁端附近截面局部削弱。试验表明，基于这一思想的梁端狗骨式设计（图 14.5.7）具有优越的抗震性能，可将框架的屈服控制在削弱的梁端截面处。设计与制作时，月牙形切削面应刨光，起点可距梁端约 150mm，切削后梁翼缘最小截面面积不宜大于原截面面积的 90%，并应能承受按弹性设计的多遇地震下的组合内力。为进一步提高梁端的变形延性，还可根据梁端附近的弯矩分布对梁端截面的削弱进行更细致的设计，使得梁在一个较长的区段（同步塑性区）能同步地进行塑性耗能（图 14.5.8）。

建议梁的同步塑性区 L_3 的长度取为梁高的一半，使梁的同步塑性区各截面的塑性抗弯承载力比弯矩设计值同等地低 5%～10%，在同步塑性区的两端各有一个 $L_2=L_4$=100mm 左右的光滑过渡区，过渡区离柱表面 L_1=50～100mm，以避开热影响区。

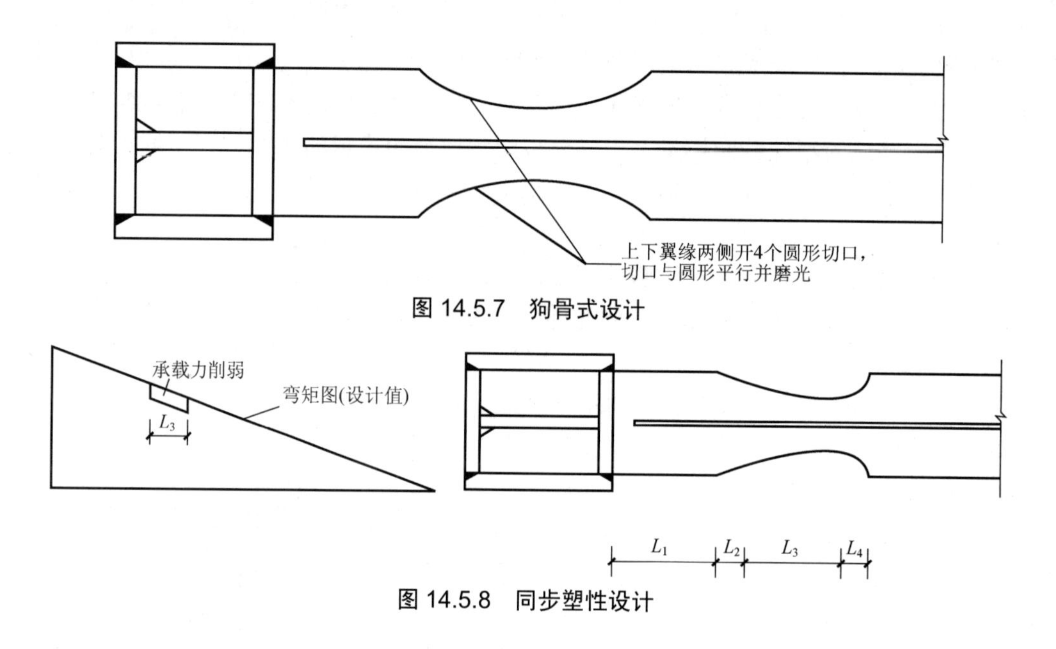

图 14.5.7　狗骨式设计

图 14.5.8　同步塑性设计

14.5.2　钢框架-中心支撑结构的抗震构造措施

1. 受拉支撑的布置要求

考虑地震作用方向是任意的，且为反复作用，当中心支撑采用只能受拉的斜杆体系时，应同时设置两组不同倾斜方向的斜杆，且两组斜杆的截面面积在水平方向的投影面积之差不得大于 10%。

2. 支撑杆件的要求

在地震作用下，支撑杆件可能会经历反复的压曲拉直作用，因此支撑杆件不宜采用焊接截面，应尽量采用轧制型钢。若采用焊接 H 形截面作支撑杆件时，在 8、9 度区，其翼缘与腹板的连接宜采用全焊透连接焊缝。

为限制支撑压曲造成的支撑板件局部屈曲对支撑承载力及耗能能力的影响，对支撑板件的宽厚比限制更严，应不大于表 14.5.3 规定的限值。

表 14.5.3　钢结构中心支撑板件宽厚比限值

板件名称	不超过 12 层			超过 12 层			
	7 度	8 度	9 度	6 度	7 度	8 度	9 度
翼缘外伸部分	13	11	9	9	8	8	7
工字形截面腹板	33	30	27	25	23	23	21
箱形截面壁板	31	28	25	23	21	21	19
圆管外径与壁厚比				42	40	40	38

注：表列数值适用于 Q235 钢，采用其他牌号钢材应乘以 $\sqrt{235/f_y}$。

为使支撑杆件具有一定的最低耗能性能，中心支撑杆件的长细比不宜大于表 14.5.4 的限值。此外，当支撑为填板连接的双肢组合构件时，肢件在填板间的长细比不应大于杆件最大长细比的 1/2，且不应大于 40。

表 14.5.4　钢结构中心支撑杆件长细比限值

类型		设防烈度		
		6、7 度	8 度	9 度
不超过 12 层	按压杆设计	150	120	120
	按拉杆设计	200	150	150
超过 12 层		120	90	60

注：表列数值适用于 Q235 钢，采用其他牌号钢材应乘以 $\sqrt{235/f_y}$。

3. 支撑节点要求

当结构超过 12 层时，支撑宜采用 H 型钢制作，两端与框架可采用刚接构造。支撑与框架连接处，支撑杆端宜放大做成圆弧状，梁柱与支撑连接处应设置加劲肋，如图 14.5.9 所示。

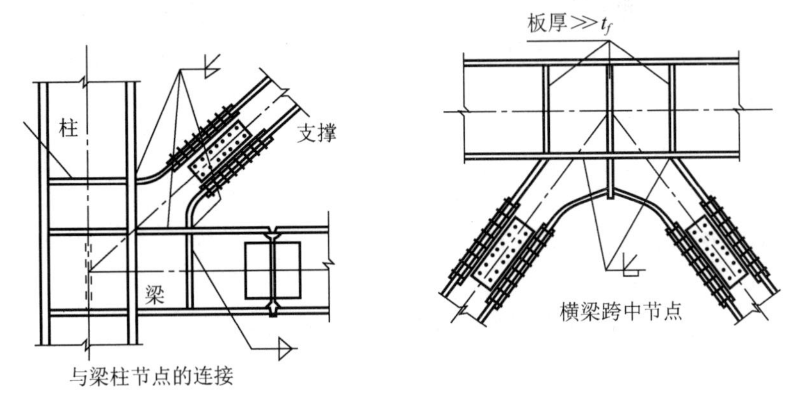

图 14.5.9　H 型钢支撑连接节点示例

当结构不超过 12 层时，若支撑与框架采用节点板连接，支撑端部至节点板嵌固点在支撑杆件方向的距离不应小于节点板厚度的 2 倍（图 14.5.10）。试验表明，这个不大的间隙允许节点板在强震时有少许屈曲，能显著减少支撑连接的破坏。

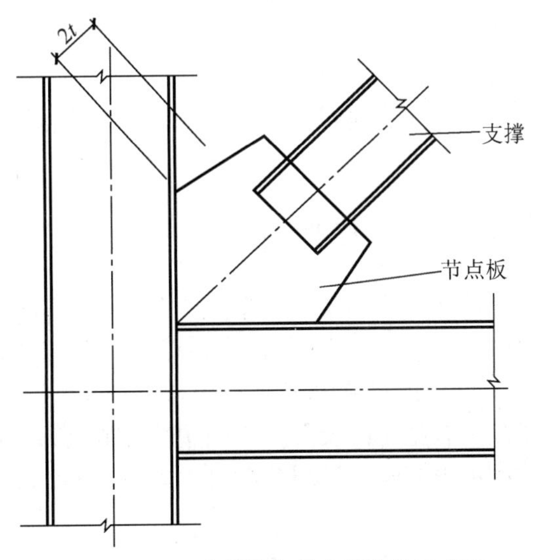

图 14.5.10　支撑端部节点板构造示意图

4. 框架部分要求

中心支撑框架结构框架部分的抗震构造措施要求可与纯框架结构的抗震构造措施要求一致。但当房屋高度不高于100m且框架部分承担的地震作用不大于结构底部总地震剪力的25%时，8、9度的抗震构造措施可按框架结构降低1度的相应要求采用。

14.5.3 钢框架-偏心支撑结构的抗震构造措施

1. 消能梁段的长度

偏心支撑框架的抗震设计应保证罕遇地震下结构屈服发生在消能梁段上，而消能梁段的屈服形式有两种，一种是剪切屈服型，另一种是弯曲屈服型。试验和分析表明，剪切屈服型消能梁段的偏心支撑框架和承载力较大，延性和耗能性能较好，抗震设计时，消能梁段宜设计成剪切屈服型。其净长a满足下列公式要求者为剪切屈服型消能梁段：

当$\rho(A_w/A)<0.3$时，

$$a\leqslant 1.6\times\frac{M_p}{V_p} \tag{14.5.1}$$

当$\rho(A_w/A)\geqslant 0.3$时，

$$a\leqslant\left(1.15-0.5\rho\frac{A_w}{A}\right)\times 1.6\times\frac{M_p}{V_p} \tag{14.5.2}$$

其中

$$V_p=0.58f_y h_0 f_w \tag{14.5.3}$$

$$M_p=W_p f_y \tag{14.5.4}$$

式中，V_p为消能梁段塑性受剪承载力；M_p为消能梁段塑性受弯承载力；h_0为消能梁段腹板高度；ρ为消能梁段轴向力设计值与剪力设计值之比，即$\rho=N/V$；W_p为消能梁段截面塑性抵抗矩；A为消能梁段截面面积；A_w为消能梁段腹板截面面积。

当消能梁段与柱连接，或在多遇地震作用下的组合轴力设计值$N>0.16Af$时，应设计成剪切屈服型。

2. 消能梁段的材料及板件宽厚比要求

偏心支撑框架主要依靠消能梁段的塑性变形消耗地震能量，故对消能梁段的塑性变形能力要求较高。一般钢材的塑性变形能力与其屈服强度成反比，因此消能梁段所采用的钢材的屈服强度不能太高，应不大于345MPa。

此外，为保证消能梁段具有稳定的反复受力的塑性变形能力，消能梁段腹板不得加焊贴板提高强度，也不得在腹板上开洞，且消能梁段在同一跨内的非消能梁段，其板件的宽厚比不应大于表14.5.5的限值。

表 14.5.5 偏心支撑框架梁板件宽厚比限值

板件名称		宽厚比限值
翼缘外伸部分		8
腹板	当 $N/(Af) \leqslant 0.14$ 时	$90\,[1-1.65N/(Af)]$
	当 $N/(Af) > 0.14$ 时	$33\,[2.3-N/(Af)]$

注：（1）表列数值适用于 Q235 钢，当材料为其他钢号时，应乘以 $\sqrt{235/f_y}$ 。

（2）N 为偏心支撑框架梁的轴力设计值，A 为梁截面面积，f 为钢材抗拉强度设计值。

3. 消能梁段加劲肋的设置

为保证在塑性变形过程中消能梁段的腹板不发生局部屈曲，应按下列规定在梁腹板两侧设置加劲肋（图 14.5.11）。

（1）在与偏心支撑连接处应设加劲肋。

（2）在距消能梁段端部 b_f 处应设加劲肋，其中 b_f 为消能梁段翼缘宽度。

（3）在消能梁段中部应设加劲肋，加劲肋间距 c 应根据消能梁段长度 a 确定：

当 $a \leqslant 1.6M_p/V_p$ 时，最大间距为 $30t_w - h_0/5$；

当 $a \leqslant 2.6M_p/V_p$ 时，最大间距为 $52t_w - h_0/5$。

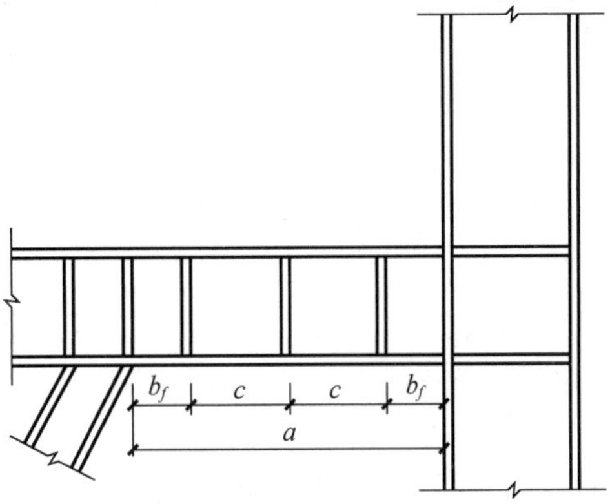

当 a 介于以上两者之间时，最大间距用线性插值法确定。其中 t_w、h_0 分别为消能梁段腹板的厚度与高度。

图 14.5.11 偏心支撑框架消能梁段加劲肋的布置

消能梁段加劲肋的宽度不得小于 $0.5b_f - t_w$，厚度不得小于 t_w 或 10mm。加劲肋应采用角焊缝与消能梁段腹板和翼缘焊接，加劲肋与消能梁段腹板的焊缝应能承受大小为 $A_{st}f_y$ 的力，与翼缘的焊缝应能承受大小为 $A_{st}f_y/4$ 的力，其中 A_{st} 为加劲肋的截面面积，f_y 为加劲肋屈服强度。

4. 消能梁段与柱的连接

为防止消能梁段与柱的连接破坏，而使消能梁段不能充分发挥塑性变形耗能作用，消能梁段与柱的连接应符合下列要求：

（1）消能梁段翼缘与柱翼缘之间应采用坡口全熔透对接焊缝连接，消能梁段腹板与柱之间应采用角焊缝连接；角焊缝的承载力不得小于消能梁段腹板的轴向承载力、受剪承载力和受弯承载力。

（2）消能梁段与柱腹板连接时，消能梁段翼缘与连接板件应采用坡口全熔透焊缝，消能梁段腹板与柱间应采用角焊缝；角焊缝的承载力不得小于消能梁段腹板的轴向承载力、受剪承载力和受弯承载力。

5. 支撑及框架部分要求

偏心支撑框架的支撑杆件的长细比不应大于 $120\sqrt{235/f_y}$，支撑板的板件宽厚比不应超过轴心受压构件按弹性设计时的宽厚比限值。

偏心支撑框架结构的框架部分的抗震构造措施要求可与纯框架结构抗震构造要求一致。但当房屋高度不高于 100m 且框架部分承载的地震作用不大于结构底部总地震剪力的 25% 时，8、9 度时抗震构造措施可按框架结构降低一度的相应要求采用。

14.6 钢结构抗震加固

14.6.1 钢结构抗震加固原则

钢结构建筑抗震加固设计应根据震损鉴定分析结果确定加固方案，可采用整体加固、区段加固或构件加固等手段，以加强房屋整体性、改善构件受力状况，达到提高抗震能力的目的。新增加固构件应防止局部加强而导致结构刚度或强度突变，避免形成薄弱部位或薄弱层。新增构件与原有构件之间应有可靠连接，新增的抗震墙、柱等竖向构件应有可靠的基础。当加固所用材料与原结构相同时，其强度等级不应低于原结构材料的实际强度。对于不规则的建筑，加固后应满足规范关于刚度、强度均匀性的要求。

在满足抗震力学要求后，加固方案宜结合维修改造，改善使用功能，并注意美观，且宜采用便捷的施工方式，以减少对生产、生活的影响。

14.6.2 改变结构体系加固法

当采用改变结构体系的加固方法时，可根据实际情况和条件，采用改变荷载分布方式、传力途径、节点性质、边界条件，增设附加杆件、施加预应力或考虑空间受力等措施对结构进行加固。

当采用改变结构或构件刚度的方法对钢结构进行加固时，可选用下列方法：

（1）增设支撑系统形成空间结构，并按空间受力进行验算（图 14.6.1）；

（2）增设支柱或撑杆以增加结构刚度（图 14.6.2）；

（3）增设支撑或辅助杆件使构件的长细比减小以提高稳定性（图 14.6.3）；

（4）在排架结构中，可重点加强某柱列的刚度（图 14.6.4）；

（5）在空间网架结构中，可通过改变网架结构形式提高刚度和承载力。

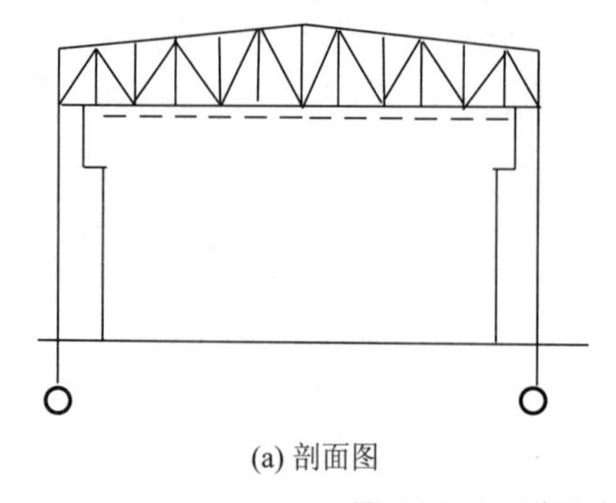

(a) 剖面图

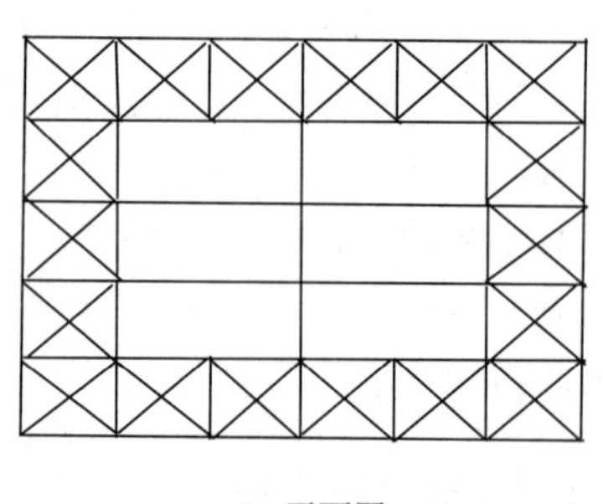

(b) 平面图

图 14.6.1 增设支撑系统以形成空间结构

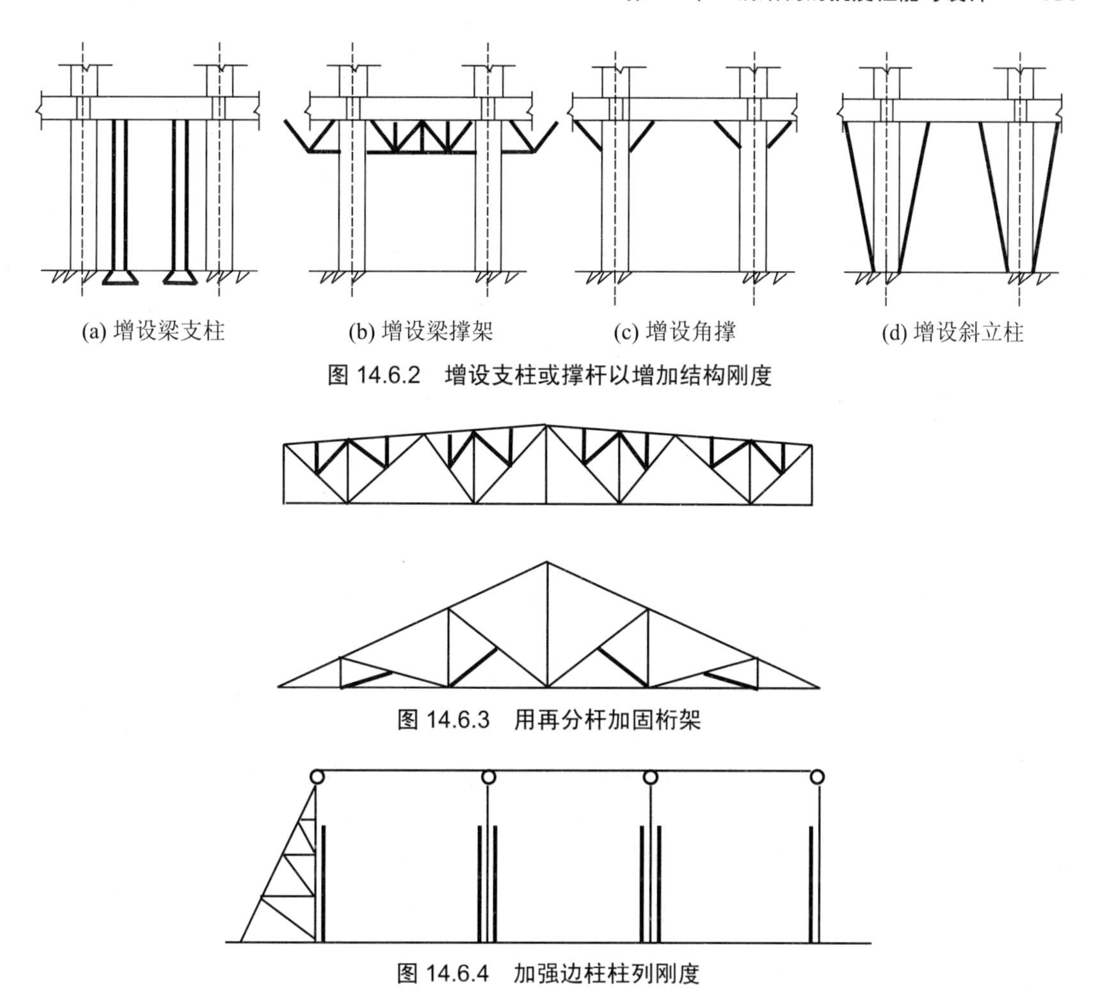

图 14.6.2　增设支柱或撑杆以增加结构刚度

图 14.6.3　用再分杆加固桁架

图 14.6.4　加强边柱柱列刚度

14.6.3　增大截面加固法

采用增大截面法加固钢结构构件时，加固件应有明确、合理的传力途径。加固件与被加固件应能可靠地共同工作，并采取措施保证截面不变形和板件的稳定性。对轴心受力、偏心受力构件和非简支受弯构件，其加固件应与原构件支座或节点有可靠的连接和锚固。加固件的布置不宜采用导致截面形心偏移的构造方式。加固件的切断位置选择应以最大限度减小应力集中为原则，并应保证未被加固处的截面在设计荷载作用下仍处于弹性工作阶段。

1. 加固计算

主平面内受弯的加固构件，应分别按下式验算其抗弯强度和整体稳定性：

$$\frac{M_x}{\gamma_x W_{nx}}+\frac{M_y}{\gamma_y W_{ny}}\leqslant \eta_m f \tag{14.6.1}$$

式中，M_x、M_y 分别为绕 x 轴和 y 轴的总最大弯矩，N・mm；W_{nx}、W_{ny} 分别为计算截面净截面面积对 x 轴和 y 轴的净截面抵抗矩，mm^3；γ_x、γ_y 为截面塑性发展系数；η_m 为受弯构件加固强度修正系数；f 为钢材抗弯强度设计值，MPa。

轴心受拉或轴心受压构件宜采用对称的或不改变形心位置的增大截面形式，其加固后强度应按下式验算：

$$\frac{N}{A_n}\leqslant\eta_n f \tag{14.6.2}$$

式中，N 为构件承受的总轴心力，N；A_n 为计算截面净截面面积，mm^2；η_n 为轴心受力构件加固强度修正系数。

拉弯或压弯构件的截面加固应根据原构件的截面特性、受力性质和初始几何变形等条件，综合考虑选择适当的增大截面形式，其截面强度应按下式验算：

$$\frac{N}{A_n}\pm\frac{M_x+N\omega_{Tx}}{\gamma_x W_{nx}}\pm\frac{M_y+N\omega_{Ty}}{\gamma_y W_{ny}}\leqslant\eta_{EM} f \tag{14.6.3}$$

式中，ω_{Tx}、ω_{Ty} 分别为构件对 x 轴和 y 轴的总挠度，mm；η_{EM} 为拉弯或压弯加固构件的强度修正系数。

2. 构造要求

负荷状态下进行钢结构加固时，应制定详细的加固工艺过程和技术条件，其所采用的工艺应保证加固件的截面因焊接加热、附加钻、扩孔洞等所引起的削弱不致产生显著影响，并应按隐蔽工程进行验收；采用螺栓或铆钉连接方法增大钢结构构件截面时，加固与被加固板件应相互压紧，并应从加固件端部向中间逐次做孔和安装、拧紧螺栓或铆钉，且不应造成加固过程中截面的过大削弱；采用增大截面法加固有两个以上构件的静不定结构时，应首先将加固与被加固构件全部压紧并点焊定位，并应从受力最大构件开始依次连续地进行加固连接。

14.6.4　粘贴钢板加固法

粘贴钢板加固法可用于钢结构受弯、受拉、受剪实腹式构件的加固以及受压构件的加固。粘贴钢板加固钢结构构件时，加固钢结构构件表面宜采取喷砂方法处理。贴在钢结构构件表面上的钢板，其最外层表面及每层钢板的周边均应进行防腐蚀处理。钢板表面处理用的清洁剂和防腐蚀材料不应对钢板及结构胶黏剂的工作性能和耐久性产生不利影响。

采用粘贴钢板对钢结构进行加固时，宜在加固前采取措施卸除或大部分卸除作用在结构上的活荷载。

1. 加固计算

受弯构件的受拉边或受压边翼缘粘贴钢板加固时（图 14.6.5），其正截面承载力应按下列公式确定：

$$\sigma_0=\frac{M_{x0}}{W_{nx0}} \tag{14.6.4}$$

$$\sigma_1=\frac{M_x-M_{x0}}{W_{nx}} \tag{14.6.5}$$

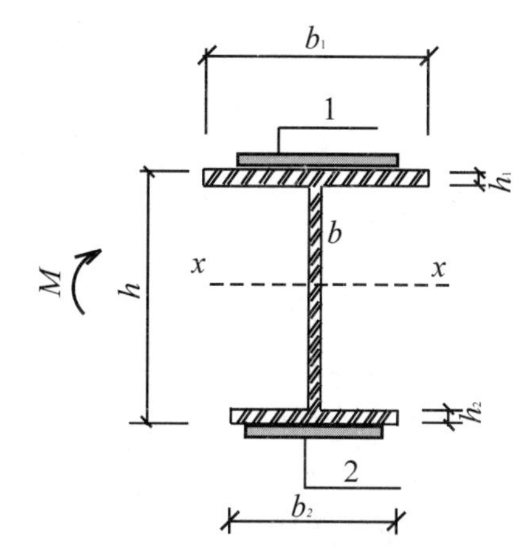

图 14.6.5　工字形截面构件正截面受弯承载力计算

$$\sigma = \sigma_0 + \sigma_1 = \frac{M_{x0}}{W_{nx0}} + \frac{M_x - M_{x0}}{W_{nx}} \leqslant \eta_m f \tag{14.6.6}$$

式中，σ_0 为不能卸载的初始荷载作用下构件最大应力，MPa；σ_1 为扣除初始荷载的使用荷载作用下构件最大应力，MPa；σ 为全部使用荷载作用下构件最大应力，MPa；W_{nx} 为加固后构件净截面模量，mm^3；W_{nx0} 为原构件净截面模量，mm^3；M_{x0} 为不能卸载的初始荷载作用下的弯矩设计值，N • mm；M_x 为构件加固后弯矩设计值，N • mm；f 为钢材的抗弯强度设计值，MPa；η_m 为受弯构件加固强度修正系数。

当粘贴钢板端部有可靠锚固时，轴心受拉构件的局部加固，其正截面承载力应同时符合下列公式规定：

$$N \leqslant fA_{n0} + \eta_n f_{sp} A_{sp} \tag{14.6.7}$$

$$N \leqslant 1.4 fA_{n0} \tag{14.6.8}$$

式中，N 为轴向拉力设计值，N；f 为钢材的抗弯强度设计值，MPa；A_{n0} 为原构件净截面面积，mm^2；η_n 为轴心受力构件加固强度修正系数；f_{sp} 为粘贴钢板的抗拉强度设计值，MPa；A_{sp} 为粘贴钢板的截面面积，mm^2。

粘贴钢板加固的拉弯或压弯构件，其截面强度应按式（14.6.3）验算。

2. 构造要求

在受弯构件的受拉边或受压边钢构件表面上进行粘贴钢板加固时，粘贴钢板的宽度不应超过加固构件的宽度；采用手工涂胶粘贴的单层钢板厚度不应大于 5mm，采用压力注胶粘贴的钢板厚度不应大于 10mm；当工字形钢梁的腹板局部稳定不足需要加固时，可采用在腹板两侧粘贴 T 形钢件的方法进行加固；加固件的布置不宜引起截面形心轴的偏移，当不可避免时，应在加固计算中考虑形心轴偏移的影响。

14.6.5　外包钢筋混凝土加固法

采用外包钢筋混凝土加固型钢构件时，宜采取措施卸除或大部分卸除作用在结构上的活荷载后再进行加固施工。待混凝土达到目标强度后可恢复荷载，此时混凝土部分和原构件共同受力。

1. 加固计算

在进行结构整体内力和变形分析时，采用钢筋混凝土外包加固的构件截面弹性刚度可按下列公式确定：

$$E_tI_t = EI_0 + E_cI_c \tag{14.6.9}$$

$$E_tA_t = EA_0 + E_cA_c \tag{14.6.10}$$

$$G_tA_t = GA_0 + G_cA_c \tag{14.6.11}$$

式中，E_tI_t、E_tA_t、G_tA_t 分别为加固后组合截面抗弯刚度、轴向刚度和抗剪刚度，单位分别为 $N\cdot mm^2$、N、N；EI_0、EA_0、GA_0 分别为原有型钢构件的截面抗弯刚度、轴向刚度和抗剪刚度；E_cI_c、E_cA_c、G_cA_c 分别为新增钢筋混凝土部分的截面抗弯刚度、轴向刚度和抗剪刚度。

采用外包钢筋混凝土加固压弯构件和偏心受压构件，其正截面承载力应按下列公式验算：

$$N \leqslant \eta_{cs}(N_{su} + N_{cu}) \tag{14.6.12}$$

$$M \leqslant \eta_{cs}(M_{su} + M_{cu}) \tag{14.6.13}$$

式中，N、M 分别为构件加固后的轴向压力设计值和考虑二阶效应后控制截面的弯矩设计值，单位分别为 N、N·mm；N_{su}、M_{su} 分别为型钢构件的轴心受压承载力及相应的受弯承载力；N_{cu}、M_{cu} 分别为钢筋混凝土部分承担的轴心受压承载力及相应的受弯承载力；η_{cs} 为被加固构件的强度修正系数。

2. 构造要求

采用外包钢筋混凝土加固法时，混凝土强度等级不应低于 C30；外包钢筋混凝土的厚度不宜小于 100mm；外包钢筋混凝土内纵向受力钢筋的两端应有可靠的连接和锚固；采用外包钢筋混凝土加固时，对于过渡层、过渡段及钢构件与混凝土间传力较大部位，经计算需要在钢构件上设置抗剪连接件时，宜采用栓钉抗剪。

14.6.6 连接与节点的加固

钢结构连接的加固，可依据原结构的连接方法和实际情况选用焊接、铆接、普通螺栓或高强度螺栓连接的方法。但是，在同一受力部位连接的加固中，焊缝与铆钉或普通螺栓连接刚度相差较大，不宜混合使用，而焊缝和摩擦型高强螺栓在一定条件下可共同受力，因此可共同使用。

负荷下连接的加固，当采用端焊缝或螺栓加固而需要拆除原有连接，或者需要扩大或增加原螺栓孔时，应采取合理的施工工艺和安全措施，并核算结构、构件及其连接是否具有足够的承载力。

1. 加固计算

1）节点加固

当端板连接节点承载力不足时，可采用侧面角焊缝加固或围焊加固；当受弯承载力满足要求时，可采用侧面角焊缝加固（图 14.6.6）。

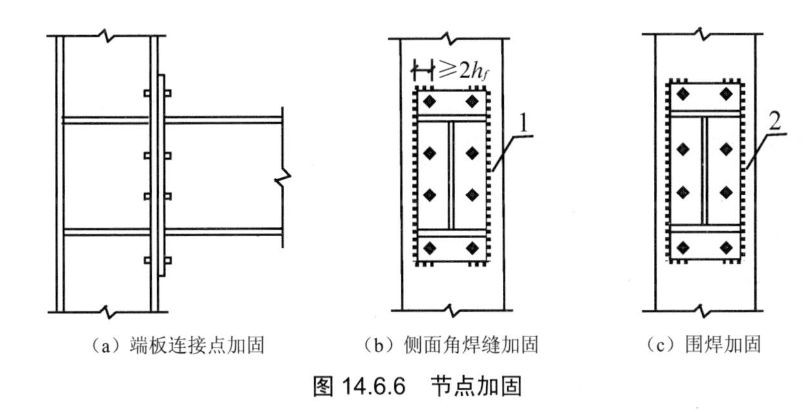

（a）端板连接点加固 （b）侧面角焊缝加固 （c）围焊加固

图 14.6.6 节点加固

螺栓连接节点的焊接加固，当螺栓承担的荷载大于其设计承载力的 65%时，不应考虑原螺栓的承载作用，而应按焊缝承担全部荷载进行验算；当螺栓承担的荷载小于其设计承载力的 65%时，允许原螺栓与新增焊缝共同受力。此时，受弯承载力应按下式计算：

$$M_{wb}=M_w+\eta_{\mathrm{ep}}M_b \tag{14.6.14}$$

式中，M_{wb} 为栓焊并用连接受弯承载力设计值，N·mm；M_w 为焊缝受剪承载力设计值；M_b 为高强度摩擦型螺栓连接受弯承载力设计值；η_{ep} 为高强度摩擦型螺栓连接受弯承载力修正系数，当螺栓承担的荷载小于其设计承载力的 20%时取 0.65，当螺栓承担的荷载为其设计承载力的 20%～40%时取 0.55，当螺栓承担的荷载为其设计承载力的 40%~65%时取 0.4。

栓焊并用连接的受剪承载力的计算应按照下列公式进行。

高强度摩擦型螺栓与侧焊缝并用连接：

$$N_V=\begin{cases}N_{fs}, & \psi<0.5\\ 0.75N_{fs}+N_b, & 0.5\leqslant\psi<0.8\\ 0.9N_{fs}+0.8N_b, & 0.8\leqslant\psi\leqslant2.0\\ N_{fs}+0.75N_b, & 2.0<\psi\leqslant3.0\\ N_b, & \psi>3.0\end{cases} \tag{14.6.15}$$

式中，ψ 为栓焊强度比，$\psi=N_b/N_{fs}$；N_V 为栓焊并用连接受剪的承载力设计值，N；N_{fs} 为侧焊缝受剪承载力设计值；N_b 为高强度摩擦型螺栓连接受剪承载力设计值。

高强度摩擦型螺栓与侧焊缝及端焊缝并用连接时，应按下式计算：

$$N_V=0.85N_{fs}+N_{fe}+0.25N_b \tag{14.6.16}$$

式中，N_{fe} 为连接接头中端焊缝受剪承载力设计值，N。

2）加固件连接

为加固结构而增设的板件除应有足够的设计承载能力和刚度外，还应与被加固结构进行可靠的连接。加固件与被加固结构间的连接应根据设计荷载计算并考虑构造和施工条件确定。对轴心受力构件，可根据式（14.6.17）计算；对受弯构件，应根据最大设计剪力计算；对压弯构件，可根据以上二者中的较大值计算。当仅用增设中间支承杆件或支点来减小受压构件自由长度时，支承杆件或支点与加固构件间的连接受力亦可按式（14.6.17）计算。

$$V=\frac{A_t f}{50}\sqrt{\frac{f_y}{235}} \tag{14.6.17}$$

式中，A_t为构件加固后的总截面面积，mm^2；f为构件钢材强度设计值，MPa，当加固件与被加固构件钢材强度不同时，取较高钢材强度的值；f_y为钢材的屈服强度，MPa，当加固件与被加固构件钢材强度不同时，取较高钢材强度的值。

2. 构造要求

焊缝连接加固时，新增焊缝宜布置在应力集中最小、远离原构件的变截面以及缺口、加劲肋的截面处；应使焊缝对称于作用力，并避免使之交叉；新增的对接焊缝与原构件加劲肋、角焊缝、变截面等之间的距离不宜小于100mm；各焊缝之间的距离不应小于被加固板件厚度的4.5倍。用盖板加固有动力荷载作用的构件时，盖板端应采用平缓过渡的构造措施，并应减少应力集中，减小焊接残余应力。

除焊接盖板加固方法外，钢结构梁柱节点加固还可选用焊接侧向盖板加固（图14.6.7）、梁翼缘加腋加固（图14.6.8）、翼缘增设肋板加固（图14.6.9）、高强度螺栓连接加固（图14.6.10）等方案，其设计方法应与焊接盖板加固方法设计方法一致，但应对加固件承载力折减系数进行专项论证。

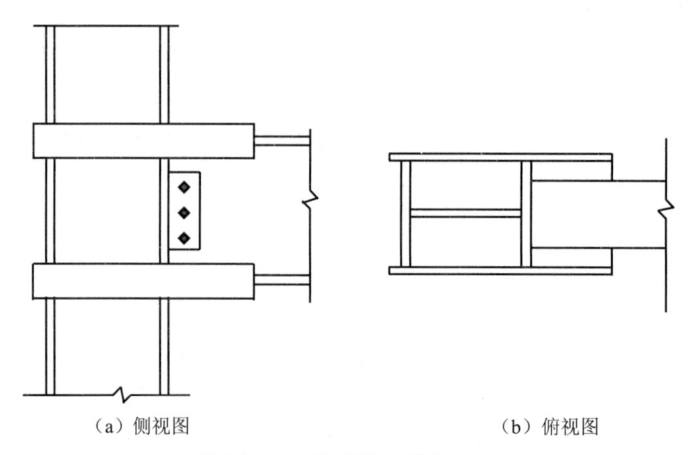

（a）侧视图　　（b）俯视图

图14.6.7　焊接侧向盖板加固

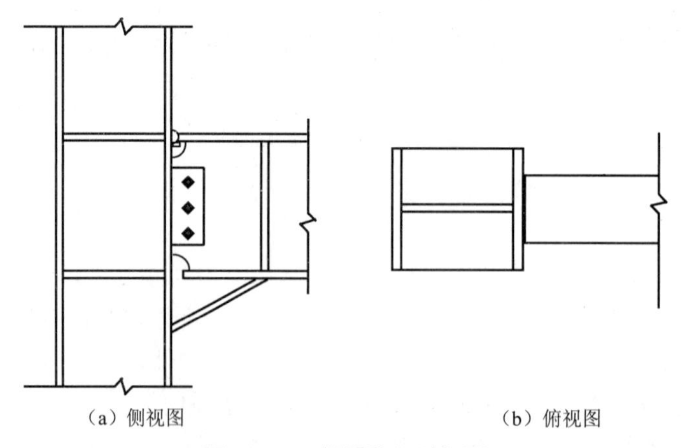

（a）侧视图　　（b）俯视图

图14.6.8　梁翼缘加腋加固

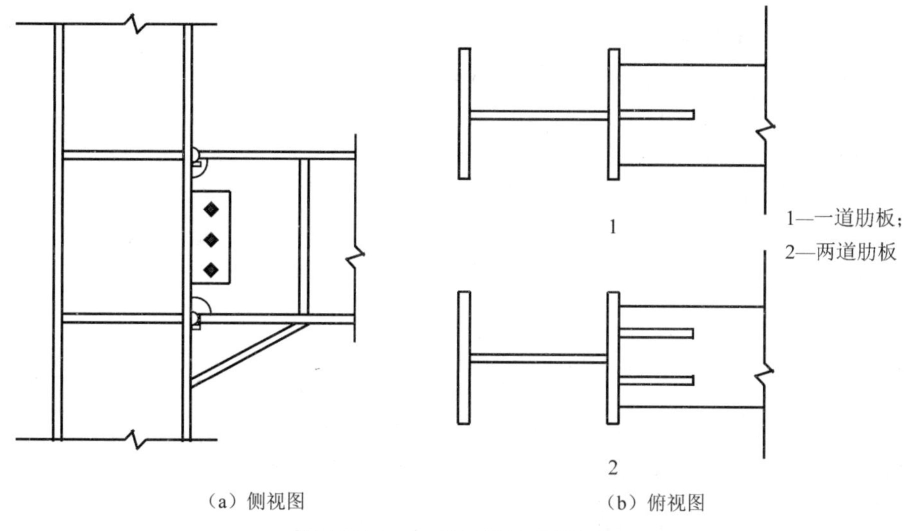

图 14.6.9　梁翼缘增设肋板加固

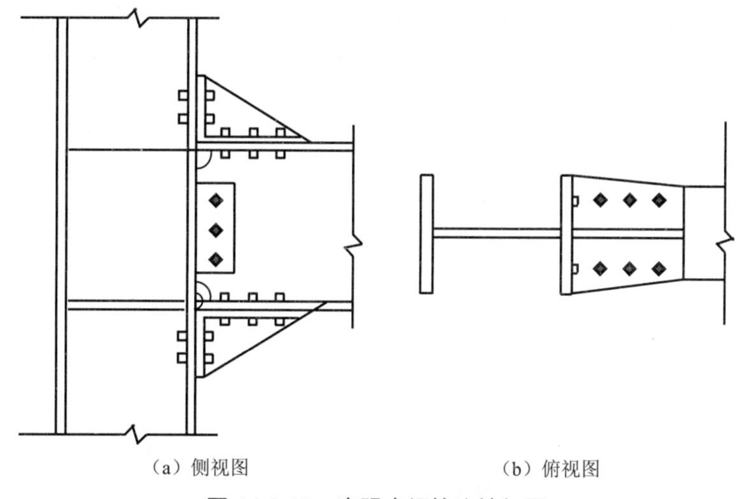

图 14.6.10　高强度螺栓连接加固

习题

1. 多高层钢结构梁柱刚性连接断裂破坏的主要原因是什么？

2. 在高层钢结构的抗震设计中，为何宜采用多道抗震防线？

3. 高层钢结构抗震设计中所采用的反应谱与一般钢结构相比有何不同？为什么？

4. 高层钢结构在第一阶段设计和第二阶段设计验算中，阻尼比有何不同？为什么？

5. 高层钢结构抗震设计中，“强柱弱梁”的设计原则是如何实现的？

6. 进行钢框架地震响应分析与进行钢筋混凝土框架地震响应分析相比有何特殊因素要考虑？

7. 对于框架-支撑结构体系，为什么要求框架任一楼层所承担的地震剪力不得小于一定的数值？

8. 中心支撑钢框架抗震设计应注意哪些问题?
9. 偏心支撑钢框架抗震设计应注意哪些问题?
10. 常见的钢结构震害有哪些?
11. 钢结构的抗震加固原则是什么?

参考文献

[1] 龚思礼. 建筑抗震设计手册[M]. 2 版. 北京: 中国建筑工业出版社, 2002.
[2] 郭继武. 建筑抗震设计[M]. 3 版. 北京: 中国建筑工业出版社, 2011.
[3] 胡聿贤. 地震工程学[M]. 2 版. 北京: 地震出版社, 2006.
[4] 黄世敏, 杨沈. 建筑震害与设计对策[M]. 北京: 中国计划出版社, 2009.
[5] 李国强, 李杰, 苏小卒. 建筑结构抗震设计[M]. 3 版. 北京: 中国建筑工业出版社, 2009.
[6] 刘伯权, 吴涛, 等. 建筑结构抗震设计[M]. 北京: 机械工业出版社, 2011.
[7] 沈聚敏. 抗震工程学[M]. 2 版. 北京: 中国建筑工业出版社, 2015.
[8] 中国建筑科学研究院. 建筑抗震设计规范：GB 50011—2010[S]. 北京: 中国建筑工业出版社, 2010.
[9] 尹保江, 杨沈, 肖疆. 钢结构震损建筑抗震加固修复技术研究[J]. 土木工程与管理学报, 2011, 28(3): 6.
[10] 中华人民共和国住房和城乡建设部. 钢结构加固设计标准：GB 51367—2019[S]. 北京: 中国建筑工业出版社, 2019.

第 15 章　消能减震结构设计

15.1　概述

15.1.1　基本概念

抗震结构利用结构自身的承载力和塑性变形能力抵御地震作用。当地震作用超过结构的承载力极限时，结构抗震能力将主要取决于其塑性变形能力和在往复地震作用下的滞回耗能能力，用振动能量方法分析，即利用结构的塑性变形耗能和累积滞回耗能来耗散地震输入结构中的能量。然而这一能量耗散过程势必会导致结构损伤，以致产生破坏。

消能减震结构是通过在结构（称为主体结构）中设置的消能装置（称为阻尼器）来耗散地震输入能量，从而减小主体结构的地震反应，实现抗震设防目标。消能减震结构将结构实现承载能力和耗能能力的部分区分开来，地震输入能量主要由专门设置的消能装置耗散，从而减轻主体结构的损伤和破坏程度，是一种积极主动的结构抗震设计理念。

结构的自身阻尼也会耗散地震输入能量，在结构中设置的消能装置相当于在主体结构中增加了附加阻尼，因此消能装置通常也称为阻尼器。

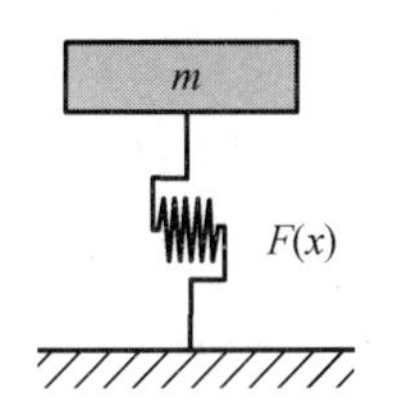

图 15.1.1　抗震结构分析模型

下面以单自由度体系为例，进一步从振动能量方程角度来说明消能减震结构的基本原理。图 15.1.1 所示为抗震结构的单自由度体系分析模型，其在地震作用下的振动方程为

$$m\ddot{x}+c\dot{x}+F(x)=-m\ddot{x}_0 \tag{15.1.1}$$

式中，m 为质点的质量；x、$\dot{x}$、$\ddot{x}$ 分别为质点相对于地面的位移、速度和加速度；$F(x)$ 为结构的恢复力。将上式左右两边乘以 $\dot{x}\mathrm{d}t$，并积分得

$$\int_0^t m\ddot{x}\dot{x}\mathrm{d}t+\int_0^t c\dot{x}^2\mathrm{d}t+\int_0^t F(x)\dot{x}\mathrm{d}t=\int_0^t -m\ddot{x}_0\dot{x}\mathrm{d}t \tag{15.1.2a}$$

$$E_K+E_D+E_S=E_{EQ} \tag{15.1.2b}$$

式中，$E_K=\int_0^t m\ddot{x}\dot{x}\mathrm{d}t=\frac{1}{2}m\dot{x}^2$，为结构的动能；$E_D=\int_0^t c\dot{x}^2\mathrm{d}t$，为结构的阻尼耗能；$E_S=\int_0^t F(x)\dot{x}\mathrm{d}t$，为结构的变形能，$E_S$ 由结构的弹性变形能 E_E、塑性变形能 E_P 和滞回耗能 E_H 三部分组成，即 $E_S=E_E+E_P+E_H$；$E_{EQ}=\int_0^t -m\ddot{x}_0\dot{x}\mathrm{d}t$，为地震作用输入结构的能量。

式（15.1.2）即为地震作用下的结构振动能量方程。地震结束后，质点的速度为 0，结构的弹性变形恢复，故动能 E_K 和弹性变形能 E_E 等于 0，因此能量方程（15.1.2b）成为

$$E_D+E_P+E_H=E_{EQ} \tag{15.1.3}$$

式（15.1.3）表明，地震作用输入结构中的能量 E_{EQ} 最终由结构的阻尼耗能 E_D、塑性变形能 E_P 和滞回耗能 E_H 所耗散。因此，从能量观点来看，只要结构在地震作用下振动过程中的阻尼耗能、塑性变形耗能和滞回耗能的能力大于地震输入能量 E_{EQ}，结构即可有效抵抗地震作用，而不发生倒塌。但一般抗震结构的阻尼耗能能力不大，当地震作用超过结构的承载力时，将主要依靠结构自身的塑性变形耗能和滞回耗能能力来耗散地震输入能量，从而导致结构的损伤和破坏，当损伤过大时将引起结构的倒塌。

单自由度体系的消能减震结构分析模型如图 15.1.2 所示，结构中设置了消能减震阻尼器，其所提供的恢复力为 $F_S(\dot{x},x)$，在地震作用下的振动方程为

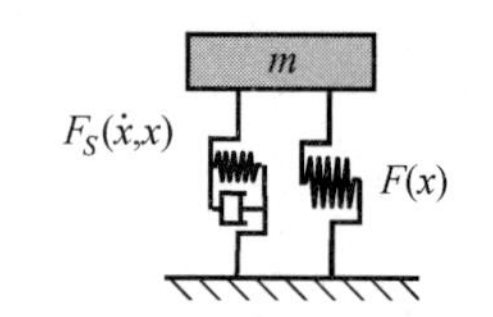

图 15.1.2 消能减震结构分析模型

$$m\ddot{x} + c\dot{x} + F(x) + F_S(\dot{x},x) = -m\ddot{x}_0 \tag{15.1.4}$$

采用与上述相同的方法，可得地震结束时的能量平衡方程为

$$E_D + E_P + E_H + E_S = E_{EQ} \tag{15.1.5}$$

式中，E_S 为消能减震装置的耗能。根据分析可知，在相同的地震作用下，附加阻尼器对结构的地震输入能量 E_{EQ} 基本没有影响。与式（15.1.3）相比，上式结构的耗能能力增加了 E_S，从而使得原主体结构的塑性变形耗能和滞回耗能的需求减少，减轻了其损伤程度，甚至无损伤。

15.1.2 消能减震结构的发展与应用

实际上，许多能够保留至今的古建筑就是消能减震结构，如我国的木结构中大量采用的“斗拱”就是一种耗能性能十分优越的消能节点。“斗拱”的多道“榫接”在承受很大的节点变形过程中反复摩擦可以消耗大量的地震输入能量，大大减小了结构的地震响应，使得结构免遭严重破坏。最典型的是山西应县木塔，历经近千年，遭遇多次强烈地震，迄今巍然屹立，是我国古建筑史上的奇迹。图 15.1.3 所示为某 21 层采用消能支撑的钢框架高层建筑结构，在 El Centro NS（1940）地震作用下进行时程分析得到的层间侧移分布。可见采用消能减震结构后，层间侧移显著减小。与抗震结构相比，消能减震结构的地震反应一般可减小 20%～40%，有的甚至可达到 70%。

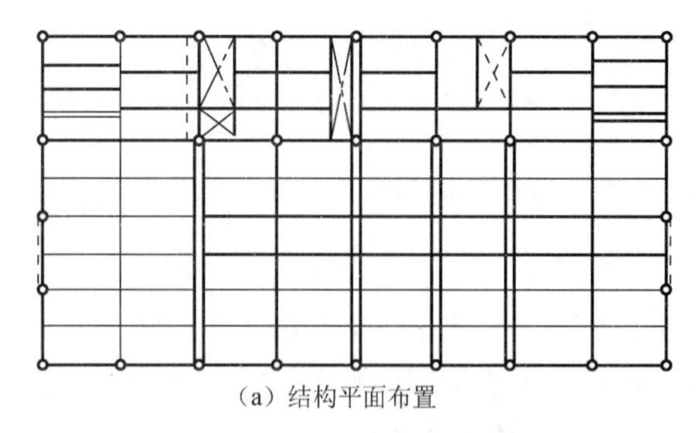

（a）结构平面布置

图 15.1.3 抗震结构分析模型

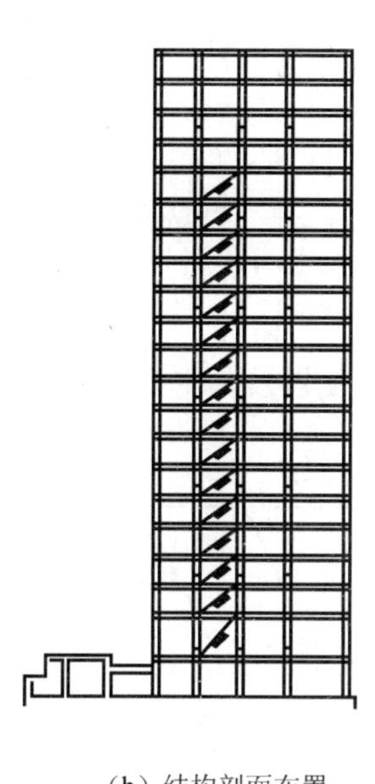

（b）结构剖面布置

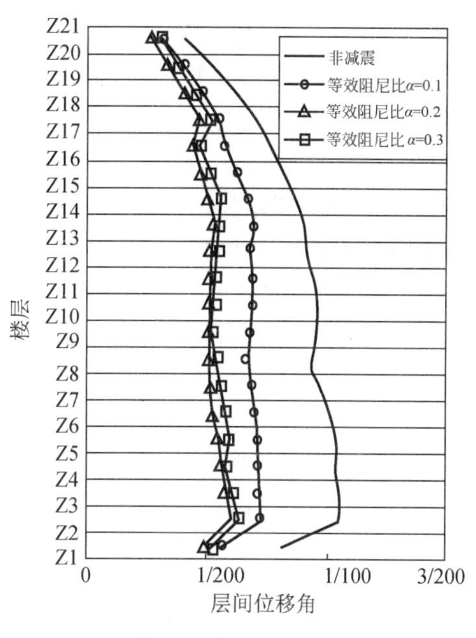

（c）层间变形对比

图 15.1.3(续)

现代消能减震技术的发展从 20 世纪 70 年代开始，经过多年的研究，目前已有多种技术成熟的消能减震阻尼器可供实际工程应用，设计计算方法也基本完善，并在国内外已有很多应用。

我国 2010 版《抗规》增加了消能减震结构的内容，2013 年发布了《建筑消能减震技术规程》（JGJ 297—2013）。此外，还发行了建筑工业行业标准《建筑消能阻尼器》（JG/T 209—2012）以及国家建筑标准设计图集《建筑结构消能减震（振）设计》（09SG610—2）。

15.2　阻尼器

消能减震结构中的附加耗能减震元件或装置一般统称为阻尼器。根据附加阻尼器耗能机理的不同，可分为速度相关型阻尼器和位移相关型阻尼器两大类。

（1）速度相关型阻尼器通常由黏滞材料制成，故也称为黏滞型阻尼器。

（2）位移相关型阻尼器通常由塑性变形性能好的材料制成，利用其在反复地震作用下良好的塑性滞回耗能能力来耗散地震能量，故也称为迟滞型阻尼器。

根据阻尼器的类型，式（15.1.4）中的阻尼器恢复力模型 $F_S(\dot{x},x)$ 有以下几种形式：

（1）黏滞型

$$F_S(\dot{x},x)=c\dot{x}^{\alpha} \tag{15.2.1}$$

（2）迟滞型

$$F_S(\dot{x},x)=f_S(x) \tag{15.2.2}$$

（3）复合型

$$F_S(\dot{x},x)=c\dot{x}^{\alpha}+f(x) \tag{15.2.3}$$

式中，c为黏滞型阻尼器的阻尼系数；α为黏滞型阻尼器系数，当$\alpha=1$时称为线性阻尼器，当$\alpha\neq1$时称为非线性阻尼器。对于非线性阻尼模型，为便于分析计算，可根据耗能等价原则将其等效为线性阻尼模型。

图 15.2.1 所示为各种阻尼器的恢复力-位移关系曲线，其中，图 15.2.1（a）所示为黏滞型阻尼器，图 15.2.1（b）所示为迟滞型阻尼器；图 15.2.1（c）所示为黏弹性阻尼器，是由黏滞型阻尼器与线弹性弹簧（线性力-位移关系）组合而成的；图 15.2.1（d）所示为摩擦型阻尼器，可认为是弹塑性迟滞型阻尼器的弹性刚度趋于无穷时的情况。根据所选用的材料，阻尼器又可进一步按图 15.2.2 细分。下面介绍几种典型的阻尼器及其主要性能。

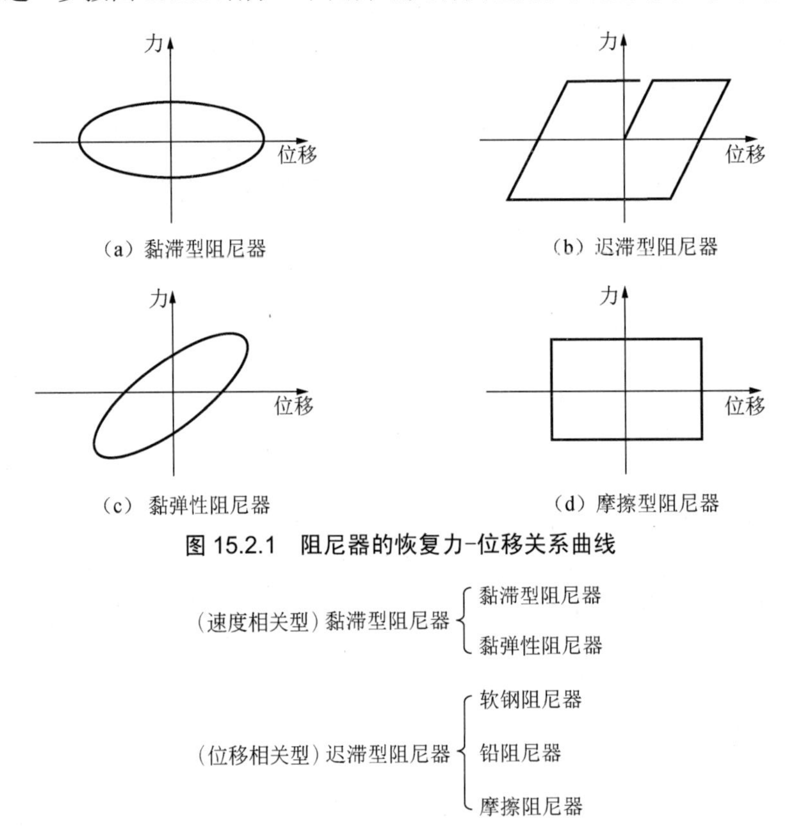

（a）黏滞型阻尼器　（b）迟滞型阻尼器　（c）黏弹性阻尼器　（d）摩擦型阻尼器

图 15.2.1　阻尼器的恢复力-位移关系曲线

图 15.2.2　阻尼器分类

15.2.1　速度相关型阻尼器

速度相关型阻尼器包括黏滞型阻尼器和黏弹性阻尼器。这类阻尼器的优点是阻尼器从小振幅到大振幅都可以产生阻尼耗能作用。但这种阻尼器一般采用黏性或黏弹性材料制作，阻尼力往往与温度有关。此外，这种阻尼器的制作需要精密加工，使用时需要进行必要的维护，一般价格较高。

1. 黏滞型阻尼器

黏滞型阻尼器是利用高黏性的液体（如硅油）中活塞或者平板的运动来耗能。这种阻尼器在较大的频率范围内都呈现比较稳定的阻尼特性，但黏性流体的动力黏度与环境温度有关，使得黏滞阻尼系数随温度变化。已经研制的黏滞型阻尼器主要有筒式流体阻尼器、黏性阻尼墙、油动式阻尼器等。

图 15.2.3（a）所示为油动式阻尼器的原理，它是利用活塞前后的压力差使油流过阻尼孔产生阻尼力，其恢复力特性如图 15.2.3（b）所示，形状近似椭圆。

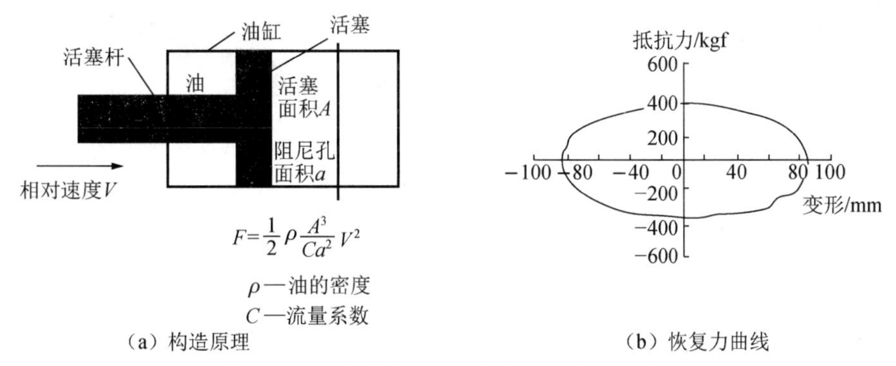

（a）构造原理　　（b）恢复力曲线

图 15.2.3　油动式阻尼器的原理及恢复力曲线

图 15.2.4 所示为黏滞阻尼墙的构造原理及变形示意，固定于楼层底部的钢板槽内填充黏滞液体，插入槽内的内壁钢板固定于上部楼层，当楼层间发生相对运动时，内壁钢板在槽内黏滞液体中来回运动，产生阻尼力。这种阻尼墙板提供的阻尼作用很大，目前日本已在 30 多栋高层建筑中采用，我国也有少量应用，但价格较贵。

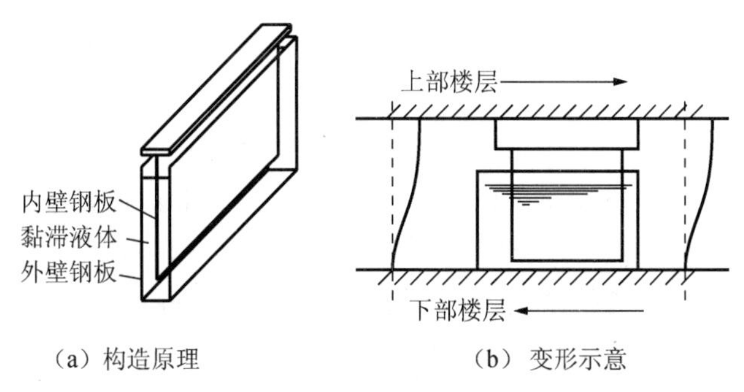

（a）构造原理　　（b）变形示意

图 15.2.4　黏滞阻尼墙的构造原理及变形示意

2. 黏弹性阻尼器

黏弹性阻尼器是利用异分子共聚物或玻璃质物质等黏弹性材料的剪切滞回耗能特性制成的，如图 15.2.5 所示。它构造简单、性能优越、造价低廉、耐久性好，在低水平激励下就可以工作，并在多种地震水平下都显示出良好的耗能性能；但它提供的阻尼力有限。美国纽约世贸中心在楼盖系统中就安装了类似的黏弹性阻尼器以控制其风振响应。

黏弹性阻尼器在结构抗震工程中应用较晚，其原因主要有以下两个方面：一是黏弹性材料性能随温度和荷载频率的变化较大，而地震波的频段较宽，结构所处的环境温度差异大，导致黏弹性阻尼器的设计参数难以确定；二是黏弹性阻尼器的黏弹性材料多为薄层状，剪切变形能力有限，不适合用于大变形的抗震工程中。开发适用于大变形、力学性能稳定的黏弹性阻尼器，是其在工程抗震中得到应用的关键。

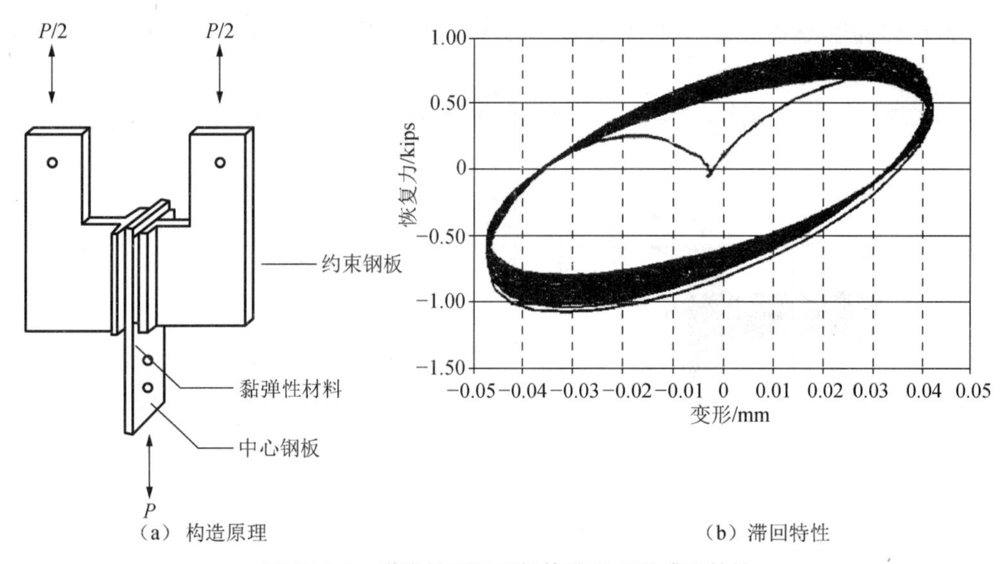

图 15.2.5 黏弹性阻尼器的构造原理及滞回特性

注：1kips=4.448kN

15.2.2 位移相关型阻尼器

位移相关型阻尼器包括金属屈服型阻尼器和摩擦阻尼器，属于迟滞型阻尼器。金属屈服型阻尼器一般采用低碳钢、铅等材料制成。

1. 软钢阻尼器

低碳钢屈服强度低，故由其制成的阻尼器也称为软钢阻尼器，与主体结构相比，一般软钢阻尼器可较早地进入屈服，并利用屈服后的塑性变形和滞回耗能来耗散地震能量，且耗能性能受外界环境影响小，长期性质稳定，更换方便，价格便宜。常见的软钢阻尼器主要有钢棒阻尼器、低屈服点钢阻尼器、加劲阻尼器、锥形钢阻尼器等。图 15.2.6 所示为几种典型的钢材阻尼器及设置形式，其中图 15.2.6（d）所示的蜂窝型钢阻尼器，其几何形状是根据阻尼器中钢板上下端产生相对位移时的弯矩图而变化的，这可使得更多的钢材进入屈服，增大阻尼器的耗能能力。

由于是利用钢材屈服后的塑性变形和滞回耗能发挥耗能作用，因此在屈服以前，软钢阻尼器只给结构增加附加刚度，不能发挥耗能作用。软钢阻尼器的刚度和屈服荷载是设计中需要确定的主要性能指标。

2. 铅阻尼器

铅具有较高的延展性能，储藏变形能的能力很大，同时有较强的变形跟踪能力，能通过动态恢复和再结晶过程恢复到变形前的性态，适用于大变形情况。此外，铅比钢材屈服早，所以在小变形时就能发挥耗能作用。铅阻尼器主要有挤压铅阻尼器、剪切铅阻尼器、铅节点阻尼器、异型铅阻尼器等。典型的几种铅阻尼器及其滞回特性如图 15.2.7 所示，可见铅阻尼器的滞回曲线近似矩形，有很好的耗能性能。

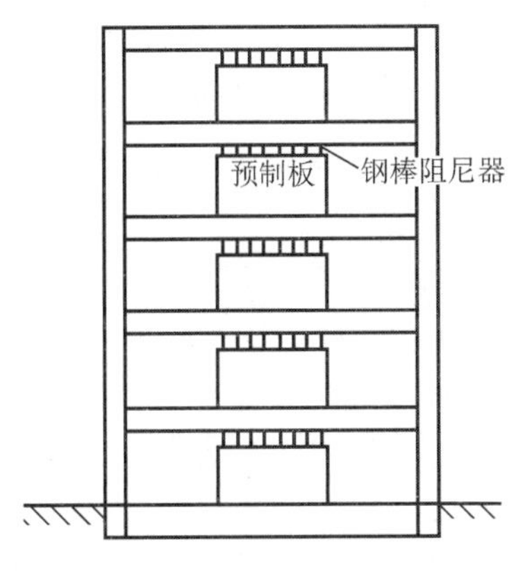

（a）钢棒阻尼器及设置

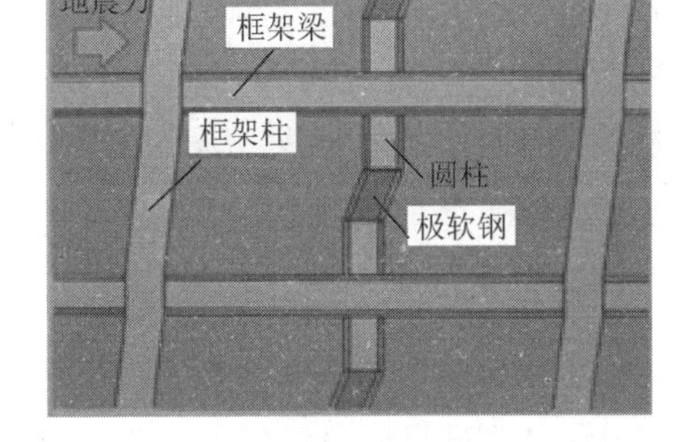

（b）软钢阻尼器及设置

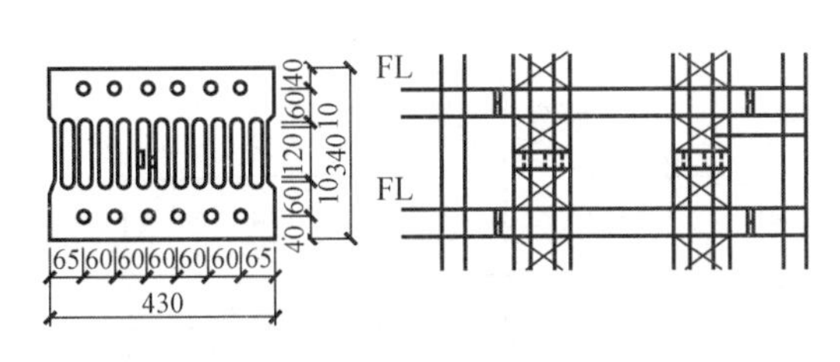

（c）钢栅阻尼器及设置

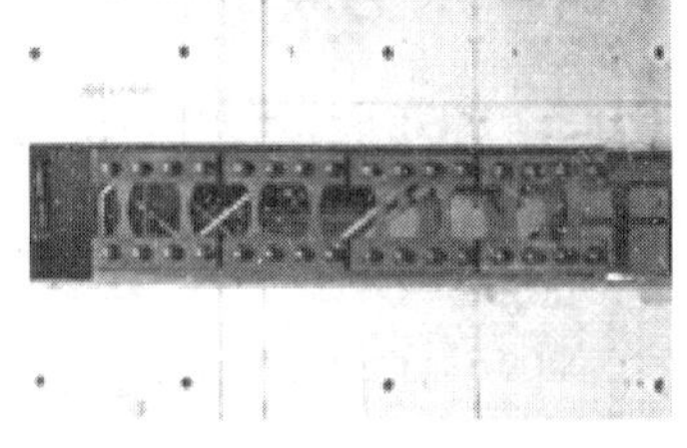

（d）蜂窝型钢阻尼器及设置

图 15.2.6　钢阻尼器及设置

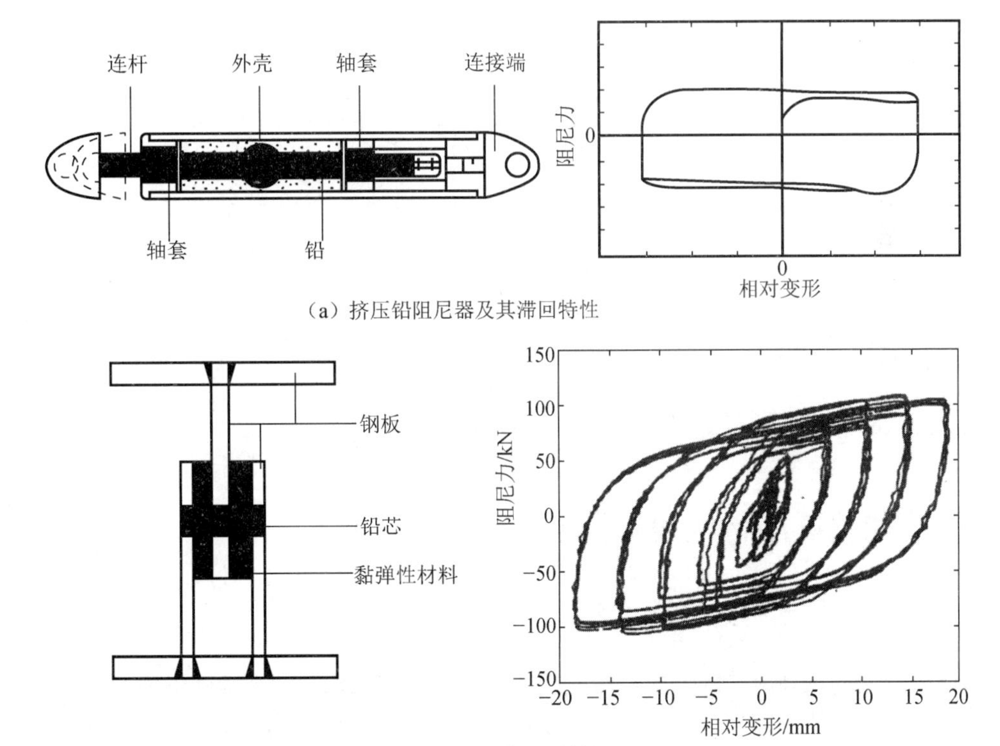

（a）挤压铅阻尼器及其滞回特性

（b）剪切铅阻尼器及其滞回特性

图 15.2.7　铅阻尼器及滞回特性

3. 摩擦阻尼器

摩擦阻尼器通过有预紧力的金属固体部件之间的相对滑动摩擦耗能，界面金属一般用钢与钢、黄铜与钢等。这种阻尼器耗能明显，可提供较大的附加阻尼，而且构造简单、取材方便、制作容易。

摩擦耗能作用需在摩擦面间产生相对滑动后才能发挥，且摩擦力与振幅大小和振动频率无关，在多次反复荷载下可以发挥稳定的耗能性能。通过调整摩擦面上的面压，可以调整起摩力。不过，与软钢阻尼器相同，在滑动发生以前，摩擦阻尼器不能发挥作用。

图 15.2.8 所示为 Pall 型摩擦阻尼器的构造及特性，它是由加拿大学者 A.S.Pall 发明的。该摩擦耗能装置为一正方形连杆机构，与 X 形支撑相连［图 15.2.8（c）］，当一个方向的支撑受拉时，通过连杆机构自动使另一个方向的摩擦装置也发挥作用，一方面增强了摩擦耗能能力，另一方面也避免了另一个方向支撑受压而产生的压曲问题。

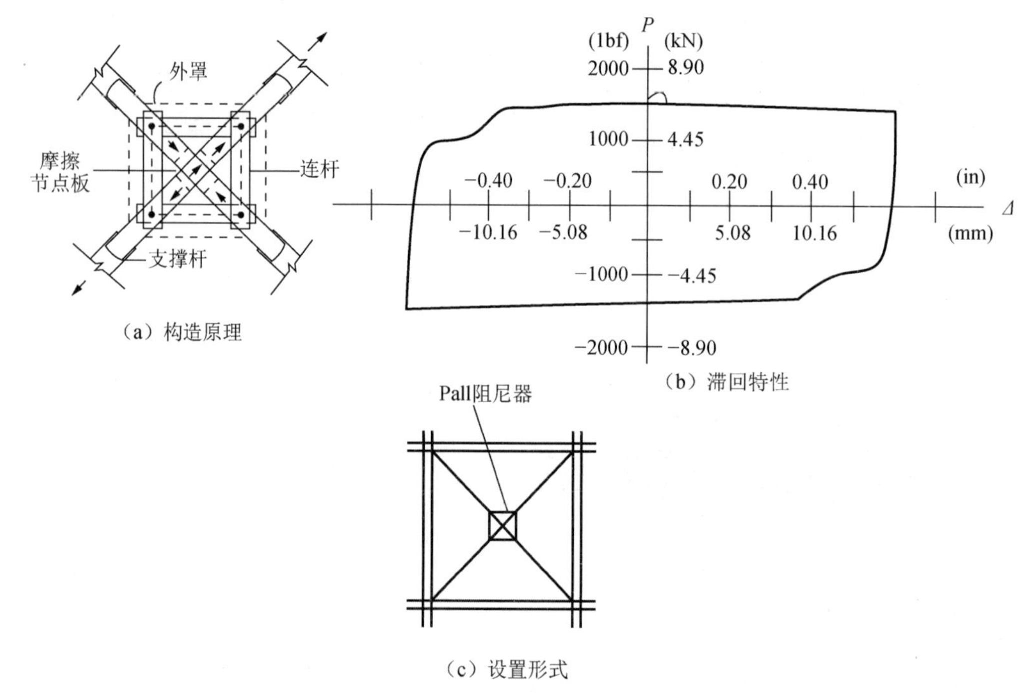

图 15.2.8 Pall 型摩擦阻尼器的构造及特性

注：1lbf=4.448N，1in=25.4mm

15.3 消能减震结构的设计要点

15.3.1 消能减震结构的设防水准

消能减震结构设计时，应根据多遇地震下的预期减震要求及罕遇地震下的预期结构位移控制要求设置适当的抗震性能目标。一般情况下可参照以下目标确定结构的抗震性能目标：

（1）在小震作用下，主体结构处于弹性工作状态，阻尼器工作性能良好，无损坏；震后主体结构和阻尼器均无须检修，结构可继续使用。

（2）在中震作用下，主体结构处于弹性工作状态，位移型阻尼器进入塑性阶段，但损伤不严重；黏滞型阻尼器应基本完好，震后需对阻尼器进行必要检查，经检修或必要时进行更换，经确认后可继续使用。

（3）在大震作用下，主体结构中的部分次要构件进入弹塑性阶段，产生有限程度的损伤，且结构整体性能保持完好，经过基本维修和可靠性检查后可使用；若位移型阻尼器的塑性变形较大，产生较大程度损伤，则须更换；黏滞型阻尼器应基本完好，但震后需进行必要的检修或必要时更换后才可继续使用。

15.3.2 消能减震结构方案

消能减震结构体系分为主体结构部分和阻尼器部分。主体结构是结构的主要承重骨架，按一般结构要求进行结构方案设计，应具有足够的承载力、适当的刚度和延性能力，能够独立可靠地承受结构的主要使用荷载，在消能减震部件失效后主体结构的稳定性不受影响。阻尼器是对主体结构抗震能力的补充，并控制结构在地震作用下的变形。在主体结构方案确定后，消能减震结构的设计工作主要是确定消能减震器的选型以及在结构中的分布，包括设置位置和设置数量。消能减震器布置的位置还应考虑易于修复和更换。

为充分发挥阻尼器的耗能效率，阻尼器一般应设置在结构相对位移和相对速度较大的部位，比如层间变形较大位置、节点和连接缝等部位。参照剪力墙的布置要求，一般可沿结构的两个主轴方向分别设置。在设置阻尼器的抗侧结构平面内将产生附加阻尼力和附加侧移刚度（位移型阻尼器），因此要求在结构平面中对称布置阻尼器，并使结构平面保持刚度均衡，避免结构产生扭转。此外，阻尼器的布置应尽量不影响建筑的使用空间。

阻尼器沿结构竖向的设置和分布，一般可根据各层层间变形的比例先初步设定各层阻尼器参数的比例，再根据分析结果进行适当调整，以使各楼层的减震效果基本一致。

阻尼器的设置数量应根据罕遇地震下的预期位移控制目标确定，这是消能减震结构设计的主要内容。位移控制目标可由设计人员与业主共同商议后确定，也可参照《抗规》对非消能减震结构“大震不倒”的位移限值要求，或采用更严格的控制要求。

此外，为保证消能减震结构的设计计算、分析可靠性，对所采用阻尼器的性能和所需的性能数据应有充分了解。阻尼器的性能主要用恢复力模型表示，一般需要通过试验确定。

15.3.3 消能减震结构的设计计算方法

由于消能减震结构附加了阻尼器，而且阻尼器的种类繁多，并具有非线性受力特征，因此其结构计算分析方法比一般抗震结构复杂，精确分析需要根据阻尼器的设置和恢复力模型建立相应的结构模型，采用非线性时程分析方法进行。但阻尼器在整体结构中为附属部件，当主体结构基本处于弹性工作阶段时，其对主体结构的整体变形特征影响不大，因此可根据能量等效原则，将阻尼器的耗能近似等效为一般线性阻尼耗能来考虑，确定相应的附加阻尼比，并与原结构阻尼比叠加后得到总阻尼比；然后根据设计反应谱，取高阻尼比的地震影响系数，采用底部剪力法或振型分解反应谱法计算地震作用。在计算中，应考虑阻尼器的附加刚度，即整体结构的总刚度等于主体结构刚度与阻尼器的有效刚度之和。

1. 底部剪力法

根据动力学原理，有阻尼单自由度体系在往复振动一个循环中的阻尼耗能W_c与体系最大变形能W_s之比有如下关系：

$$4\pi\xi=\frac{W_c}{W_s} \tag{15.3.1}$$

式中，ξ为体系的阻尼比。根据以上关系式，消能减震结构的附加阻尼比可按下式确定：

$$\xi_a=\frac{1}{4\pi}\frac{W_c}{W_s} \tag{15.3.2}$$

主体结构的总变形能W_s按下式计算：

$$W_s=\frac{1}{2}\sum F_i u_i \tag{15.3.3}$$

式中，F_i为在设防目标地震下（注意此时主体结构基本处于弹性）质点 i 的水平地震作用力；u_i为在相应设防目标地震下质点i的预期位移。

对于速度线性相关型阻尼器，其阻尼耗能W_c可按下式计算：

$$W_c=\frac{2\pi^2}{T_1}\sum C_i\cos^2\theta_i\Delta u_i^2 \tag{15.3.4}$$

式中，T_1为消能减震结构的基本周期；C_i为第 i 个阻尼器的线性阻尼系数，一般通过试验确定；θ_i为第i个阻尼器的消能方向与水平面的夹角；Δu_i为第i个阻尼器两端的相对水平位移。

对于位移相关型、速度非线性相关型和其他类型阻尼器，其W_c可按下式计算：

$$W_c=\sum A_j \tag{15.3.5}$$

式中，A_j为第j个阻尼器的恢复力滞回环在相对水平位移Δu_i时的面积。此时，阻尼器的刚度可取恢复力滞回环在相对水平位移Δu_i时的割线刚度。

整体结构的总阻尼比ξ为由式(15.3.2)计算的附加阻尼比ξ_a与主体结构自身阻尼比ξ_s之和，根据总阻尼比ξ计算地震影响系数，并按底部剪力法确定结构的地震作用，然后进行主体结构的受力分析，再与其他荷载组合后进行抗震设计。

2. 振型分解反应谱法

对于采用速度线性相关型阻尼器的消能减震结构，根据其布置和各阻尼器的阻尼系数，可以直接给出消能减震器的附加阻尼矩阵$[C_c]$，因此整体结构的阻尼矩阵等于主体结构自身阻尼矩阵$[C_s]$与消能减震器的附加阻尼矩阵$[C_c]$之和，即

$$[C]=[C_s]+[C_c] \tag{15.3.6}$$

通常上述阻尼矩阵不满足振型分解的正交条件，因此无法从理论上直接采用振型分解反应谱法来计算地震作用。但研究分析表明，若阻尼器设置合理，则附加阻尼矩阵$[C_c]$的元素基本集中于矩阵主对角附近，此时可采用强行解耦方法，即忽略附加阻尼矩阵$[C_c]$的非正交项，由此得到以下对应各振型的阻尼比：

$$\xi_j = \xi_{sj} + \xi_{cj} \tag{15.3.7}$$

$$\xi_{cj} = \frac{T_j}{4\pi M_j}\{\phi_j\}^{\mathrm{T}}[C_c]\{\phi_j\} \tag{15.3.8}$$

式中，ξ_j、ξ_{sj}、ξ_{cj} 分别为消能减震结构的 j 振型阻尼比、主体结构的 j 振型阻尼比和阻尼器附加的 j 振型阻尼比；T_j、$\{\phi_j\}$、M_j 分别为消能减震结构的第 j 自振周期、振型和广义质量。

按上述方法确定各振型阻尼比后，即可根据各振型的总阻尼比 ξ_j 计算各振型的地震影响系数，并按振型组合方法确定结构的地震作用效应，再与其他荷载组合后进行抗震设计。

3. 能量法

由前述结构振动能量方程知，消能减震结构通过设置附加阻尼器来耗散地震输入给结构的能量，从而减小原主体结构地震响应。设主体结构设置阻尼器前在地震作用下的最大位移反应为 $\{u\}$，设置阻尼器后最大位移反应的减震目标为 $\{u'\}$，由此可知设置阻尼器后原主体的变形能减小量。可由式（15.3.9）计算

$$\Delta E = \frac{1}{2}\left(\{u\}^{\mathrm{T}}[K]\{u\} - \{u'\}^{\mathrm{T}}[K]\{u'\}\right) \tag{15.3.9}$$

式中，$[K]$为主体结构的刚度矩阵。根据能量方程，主体结构这部分变形能的减少，将由阻尼器吸收和耗散，即

$$W_c = \Delta E \tag{15.3.10}$$

能量法概念清楚，计算简便，对于一般多高层建筑结构具有足够的准确性。计算中，主体结构在地震作用下的最大位移响应 $\{u\}$ 可根据主体结构位移模态的前 n 阶振型组合确定；设置阻尼器后最大位移响应减震目标 $\{u'\}$，可根据减震目标需要取 $\{u'\} = (1-\alpha)\{u\}$，其中 α 为减震率，如需将位移响应减小 20%，则 $\alpha = 0.2$。因此，式（15.3.9）和式（15.3.10）成为

$$W_c = \frac{1}{2}[1-(1-\alpha)^2]\{u\}^{\mathrm{T}}[K]\{u\} \tag{15.3.11}$$

将通过式（15.3.4）或式（15.3.5）计算得到的 W_c 与上式进行比较，即可判断阻尼器的布置方案能否满足既定的减震目标。

15.4　消能减震结构设计实例

15.4.1　项目背景

汶川地震后，四川省大部分地区设防烈度均有不同程度的提高。一些在震后无明显损伤的建筑，仍有可能不满足设防烈度调整后的抗震要求。对于钢筋混凝土框架结构，常规的加固方案一般采用加大梁柱截面，或增设剪力墙等方法提高结构的抗震能力。这种方法在很多情况下是有效的，但也存在以下主要问题：

（1）建筑内部空间减小；

（2）结构刚度增加，导致地震作用增大，经济性欠佳；

（3）结构损伤模式仍然难以控制；

（4）加固施工复杂，抗震构造措施有时难以满足要求。

采用消能减震加固方案，除可保证结构在地震作用下获得更高可靠度之外，与传统加固方案相比还有以下优点：

（1）仅需对部分竖向构件（柱）进行加固，无须增设抗震墙，可以减少加固工程量；

（2）湿作业工作量少，施工时间短，节约施工成本，对原结构影响小；

（3）阻尼器占用空间小，布置灵活，对建筑的使用功能限制少，日后可根据需要改变布置位置；

（4）在地震作用下，结构加速度及速度响应较常规结构小，可提高建筑的舒适度，保护内部设备。

本节以绵阳市某钢筋混凝土框架结构为例，介绍以使用黏滞型阻尼器为主的消能减震加固实用化分析和设计方法。此案例为消能减震结构加固案例，新建消能减震结构设计与消能减震加固类似，可参考本案例执行。

15.4.2 结构概况

该混凝土框架结构建于 1988 年，为 13 层混凝土框架结构，高 45.3m，标准层高 3.1m，无地下室，顶部有一层小塔楼，标准层建筑平面如图 15.4.1 所示。该工程原设计抗震设防烈度为 6 度，设计分组为第二组，设计基本地震加速度值为$0.05g$，多遇地震下，地震影响系数$\alpha_{\max}=0.04$。汶川地震后，绵阳市的抗震设防烈度调整为 7 度，设计分组第二组，设计基本地震加速度值为$0.10g$，多遇地震下$\alpha_{\max}=0.08$；罕遇地震下$\alpha_{\max}=0.50$。抗震设计按乙类建筑设防。

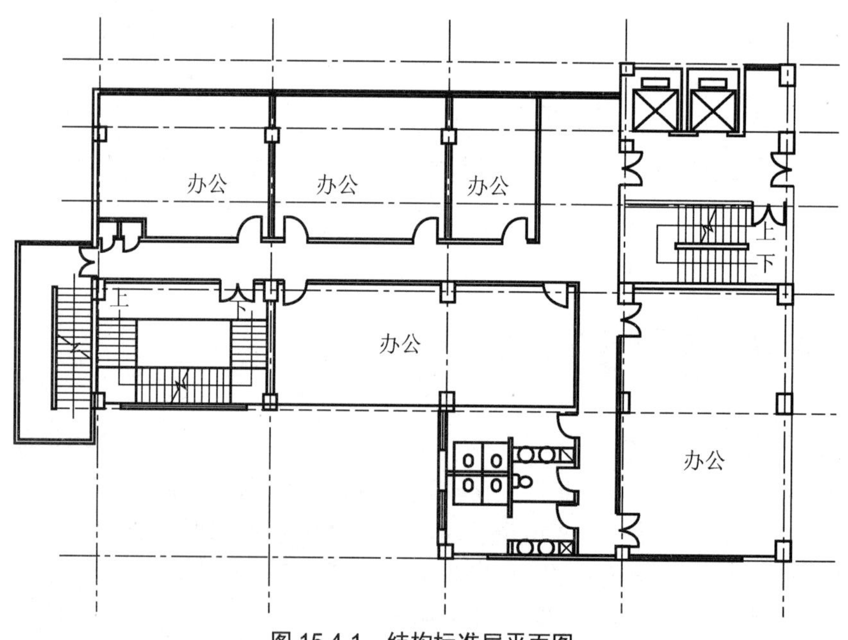

图 15.4.1 结构标准层平面图

根据该建筑的结构布置和建筑使用功能，在结构中布置 76 个黏滞型阻尼器，各层阻尼器布置如图 15.4.2 所示。本例中采用的阻尼器的阻尼指数均为 0.4，阻尼系数的取值在 200～800kN•s/m 范围内，均为速度非线性相关型阻尼器。

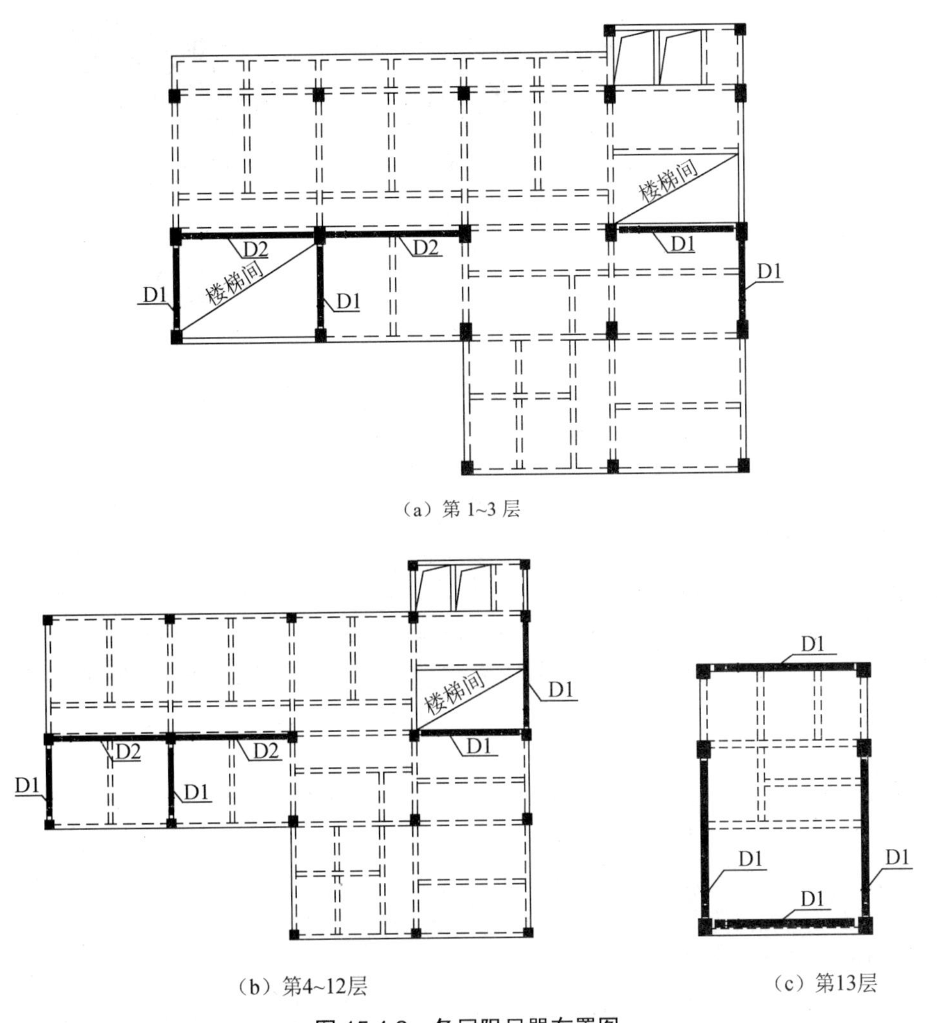

（a）第 1~3 层

（b）第4~12层

（c）第13层

图 15.4.2　各层阻尼器布置图

15.4.3　结构模型

为了考察该结构采用增设阻尼器加固前后的抗震性能，并进行相应的消能减震分析和设计，建立了以下两个模型［图 15.4.3（a）、（b）］：

（1）对于加固前的结构，用 ETABS/SAP2000 建立的无阻尼器三维有限元结构模型，称为“无阻尼器模型”。

（2）在 ETABS/SAP2000 无阻尼器模型的基础上增设阻尼器，模拟消能减震加固后的结构，称为“有阻尼器模型”。

两个模型的结构各阶振型阻尼比均取 5%。此外，还用 PKPM 软件建立了 5%振型阻尼比及 20%振型阻尼比的结构模型，如图 15.4.3（c）所示，分别用来与 ETABS/SAP2000 建立的“无阻尼器模型”(原结构)和“有阻尼器模型”(消能减震结构)进行对比并进行结构设计。

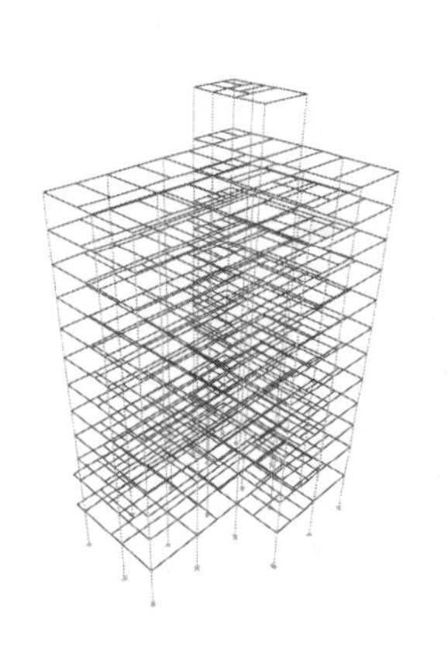

(a) ETABS/SAP2000 无阻尼器模型

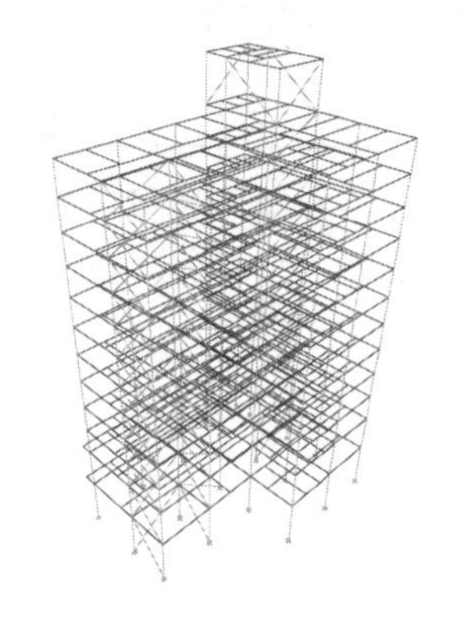

(b) ETABS/SAP2000 有阻尼器模型

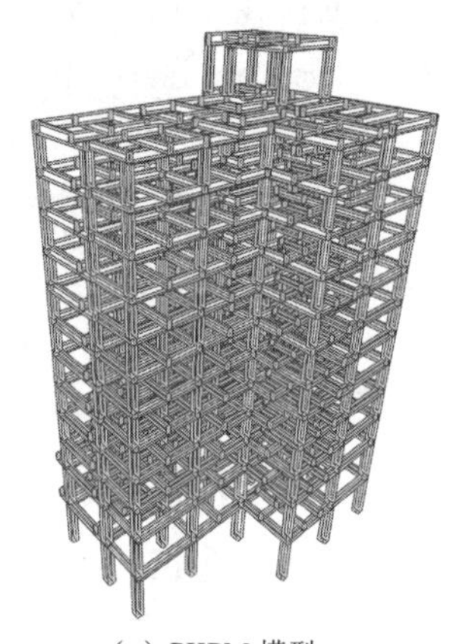

(c) PKPM 模型

图 15.4.3 分析计算模型

“无阻尼器模型”的结构，梁柱均采用程序内置的 Frame 单元，梁柱两端均设置美国 ATC40 默认的塑性铰。模型中的塑性铰仅在进行大震下动力时程分析时才发挥作用。“有阻尼器模型”是在“无阻尼器模型”的基础上，按照阻尼器的实际布置情况附加了非线性 LINK(Damper)单元。非线性 LINK(Damper)包括三个属性，分别是刚度 K、阻尼系数 C 和阻尼指数 α，用以模拟阻尼器的力学行为。在设计中忽略黏滞阻尼器的附加质量和对结构静刚度的贡献，因此有阻尼器模型的振型及质量参与系数和无阻尼器的模型完全相同。

用 PKPM 建立的 5%振型阻尼比模型用来与 ETABS/SAP2000 无阻尼器模型进行比较，以检验 PKPM 模型和 ETABS/SAP2000 模型的一致性。用 PKPM 建立的 20%振型阻尼比模型用来分析采用消能减震加固后的结构，将其地震响应与 ETABS/SAP2000 有阻尼器模型进行比较，以确定黏滞阻尼器带给结构的附加阻尼比。PKPM 的 20%阻尼比模型还可用来进行最终的框架梁柱配筋设计和验算。

PKPM 系列软件和 ETBAS/SAP2000 系列软件均可采用反应谱法进行弹性地震力计算。为验证 PKPM 模型和 ETBAS/SAP2000 模型的相似性，从而确保计算结果的准确性，对两套软件计算得到的层剪力进行了比较，结果如表 15.4.1 所示。由表可见，除顶层外，各层剪力比值差异均小于 2%，顶层剪力差异也小于 5%。此外，两个软件计算得到的前 20 阶周期相差也不超过 5%，振型基本相同。因此，PKPM 模型和 ETBAS/SAP2000 模型具有很好的一致性。最终设计的层剪力取 ETABS/SAP2000 软件的分析结果。

表 15.4.1 ETBAS/SAP2000 模型和 PKPM 模型的层剪力比

楼　层	13	12	11	10	9	8	7
SAP/PKPM	0.95	0.98	0.99	0.99	0.99	0.99	0.99
楼　层	6	5	4	3	2	1	
SAP/PKPM	0.98	0.98	0.98	0.98	0.98	0.98	

15.4.4　输入地震动评价

根据 15.3.1 节所述可知，设置阻尼器后的结构在大震作用下可控制在准弹性范围，因此可近似采用弹性时程分析方法来分析设置阻尼器加固后结构的抗震性能。

《抗规》规定：采用时程分析法时，应按建筑场地类别和设计地震分组选用不少于两组实际强震记录和一组人工模拟加速度时程曲线，其平均地震影响系数曲线应与《抗规》规定的地震影响系数曲线在统计意义上相符。弹性时程分析时，每条时程曲线计算所得结构底部剪力不应小于振型分解反应谱法计算结果的 65%，多条时程曲线计算所得结构底部剪力的平均值不应小于振型分解反应谱法计算结果的 80%。因此，采用三条适用于二类场地的地震波——1940 年 Imperial Valley 地震时 El Centro 记录的 NS 分量、1994 年 Los Angeles（洛杉矶）地震波和一条人工地震波进行时程分析。多遇地震及罕遇地震加速度峰值按《抗规》7 度（0.1g）设防要求分别调至 35Gal 及 220Gal。三条地震波大震加速度时程曲线如图 15.4.4（a）～（c）所示，大震反应谱与规范谱的比较如图 15.4.4（d）所示。

弹性时程分析得到的小震下“无阻尼器模型”基底剪力，及 PKPM 的 5%阻尼比模型振型分解反应谱法计算的基底剪力如表 15.4.2 所示。可见，每条地震波输入下弹性时程分析得到的结构底部剪力不小于振型分解反应谱法计算结果的 65%，三条地震波输入下时程分析所得的结构底部剪力的平均值不小于振型分解反应谱法计算结果的 80%，满足《抗规》中的要求。

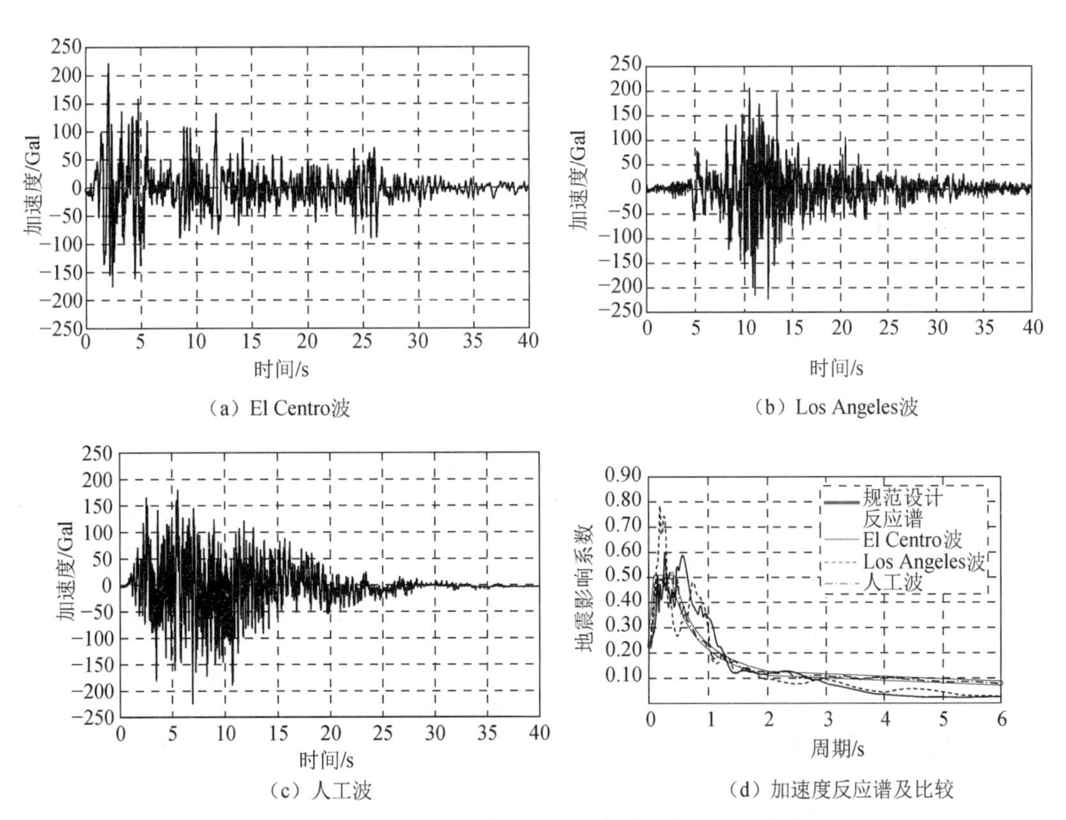

（a）El Centro波　（b）Los Angeles波　（c）人工波　（d）加速度反应谱及比较

图 15.4.4　三条地震波大震加速度时程曲线及反应谱

表 15.4.2 时程分析与振型分解反应谱法小震基底剪力

单位：kN

X 向地震输入			
地震波	时程分析法	反应谱法	比值
El Centro 波	1463	1625	0.900
Los Angeles 波	1454		0.895
人工波	1374		0.846
平均值	1430		0.880
Y 向地震输入			
地震波	时程分析法	反应谱法	比值
El Centro 波	1274	1729	0.737
Los Angeles 波	1628		0.942
人工波	1420		0.821
平均值	1441		0.833

15.4.5 分析流程概述

消能减震结构的分析流程如图 15.4.5 所示。

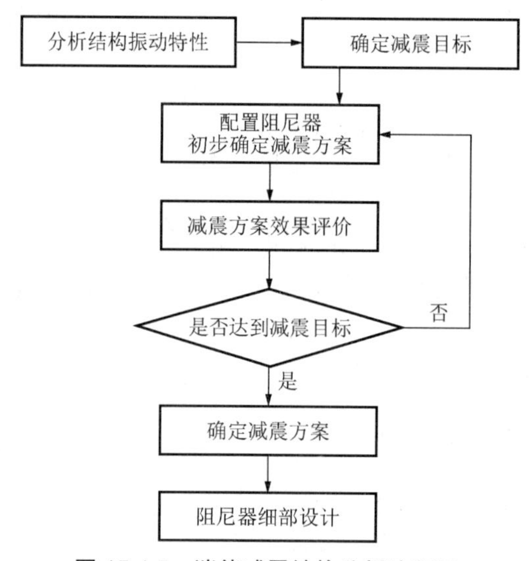

图 15.4.5 消能减震结构分析流程图

上述流程中，减震方案效果评价通常基于非线性时程分析法，根据时程分析的结果直接评价阻尼器方案的减震效果。但由于时程分析法比较复杂，耗时较多，对于一般体型规则、层数不多的多高层建筑结构，也可采用能量法评价阻尼器布置方案的减震效果。本例首先采用能量法，然后采用时程分析法评价阻尼器方案的减震效果。

15.4.6 基于能量法的减震效果评价

能量法首先要确定结构的地震反应，主要是结构位移；然后根据结构的地震反应评价消能减震方案的效果。

1. 消能减震结构的地震反应

确定结构位移时可以采用底部剪力法或振型分解反应谱法。具体计算时可以手算，也可通过程序进行计算。本例采用 PKPM 程序进行计算。计算过程中，无论采用底部剪力法还是振型反应谱法，都需要确定结构的总阻尼比。不同于常规结构，消能减震结构的阻尼比应包括主体结构的阻尼比和设置阻尼器后的附加阻尼比。由于本例采用了速度非线性相关型阻尼器，其给结构附加的阻尼比与结构的反应相关，因此需要迭代。具体迭代过程如下。

首先根据式（15.3.5）计算 W_c，然后根据式（15.3.2）计算附加阻尼比，从而得到结构的总阻尼比。根据此阻尼比，重新计算得到结构位移，以及在此位移下的附加阻尼比及结构的总阻尼比。当两次计算得到的位移差值小于误差限时停止迭代。本例的迭代计算结果如表 15.4.3 所示。

表 15.4.3　附加阻尼比计算

方向	楼层	剪力/kN	位移/mm	总弹性能/（kN·mm）	阻尼器总耗能/（kN·mm）	附加阻尼比
X 向	13	56.5	23.9	675.2	6362.5	0.161
	12	205.3	22.7	2330.2	11 839.6	
	11	353.0	22.0	3883.0	14 164.6	
	10	481.2	21.0	5052.6	13 271.5	
	9	591.9	19.7	5830.2	12 135.7	
	8	685.7	18.1	6205.6	10 778.6	
	7	770.1	16.3	6276.3	11 170.1	
	6	849.6	14.4	6117.1	10 955.9	
	5	925.1	12.5	5781.9	8987.0	
	4	997.3	10.4	5186.0	6946.8	
	3	1067.6	8.5	4537.3	5237.5	
	2	1147.5	6.4	3672.0	3017.5	
	1	1223.1	2.9	1773.5	1328.3	
Y 向	13	57.3	22.3	639.8	5785.2	0.151
	12	217.8	21.9	2383.8	11 252.4	
	11	374.8	21.3	3999.1	13 573.3	
	10	510.2	20.5	5219.3	12 796.2	
	9	625.6	19.3	6021.4	11 749.4	
	8	724.6	17.8	6456.2	10 545.9	
	7	812.6	16.1	6525.2	10 940.5	
	6	896.1	14.4	6456.4	10 966.6	
	5	976.2	12.5	6120.8	9027.3	
	4	1053.9	10.7	5622.6	7200.6	
	3	1129.6	8.6	4846.0	5306.7	
	2	1221.1	6.2	3761.0	2860.3	
	1	1281.5	2.5	1621.1	1097.2	

2. 消能减震方案的效果评价

根据本例中消能减震项目的实际情况，将减震目标设置为主体结构的位移反应减小 40%。根据上一步中确定的结构位移反应，用式（15.3.10）可以计算结构对阻尼器总耗能的需求 $W_{c\,\mathrm{Demand}X}=74\,476\mathrm{kN\cdot mm}$，$W_{c\,\mathrm{Demand}Y}=72\,567\mathrm{kN\cdot mm}$。注意此时应用无阻尼器的结构反应进行计算。

根据阻尼器布置方案，利用式（15.3.5）重新计算或者直接由表 15.4.3 得到阻尼器的实际耗能能力 $W_{c\,\mathrm{Capacity}X}=116\,195\mathrm{kN\cdot mm}$，$W_{c\,\mathrm{Capacity}Y}=113\,101\mathrm{kN\cdot mm}$。

根据上述计算结果可知，阻尼器实际耗能能力均远大于对应的阻尼器耗能的需求，可以实现减震目标。

15.4.7 基于时程分析法的减震效果评价

为进一步确认设置阻尼器后结构的减震效果，利用快速非线性分析方法（FNA）对设置阻尼器的消能减震结构进行 7 度多遇地震下（35Gal）的地震响应分析。快速非线性分析方法由 Edward L.Wilson 博士提出，根据结构中非线性单元的刚度构造等效弹性刚度矩阵，以减少迭代步数，从而加速方程收敛，该方法适合对配置有限数量非线性单元的结构进行非线性动力时程分析。在结构中配置消能部件实质是对结构附加阻尼，使结构的等效阻尼比增加，从而使结构的地震响应降低。非线性时程分析法可以直接考虑此效果。以下分别对比设置阻尼器前后的层剪力、层间位移角和楼层加速度，并给出结构耗能时程，对上述消能减震结构的抗震性能进行评价。

1. 设置阻尼器前后层剪力对比

设置阻尼器后，结构主体楼层剪力约减少 35%，顶层小塔楼层剪力减小 70%。设置阻尼器前后层剪力比较如图 15.4.6 所示。

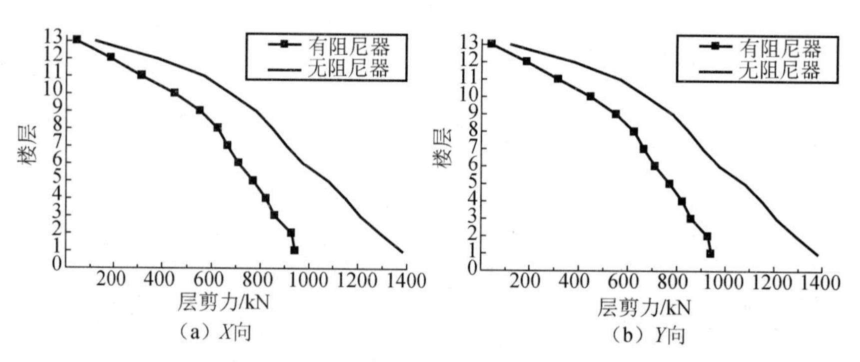

图 15.4.6 设置阻尼器前后层剪力比较

2. 设置阻尼器前后层间位移角对比

与层剪力类似，设置阻尼器后，结构主体层间位移角约减小 35%，顶层小塔楼层间位移角减小 60%。设置阻尼器前后层间位移角比较如图 15.4.7 所示。

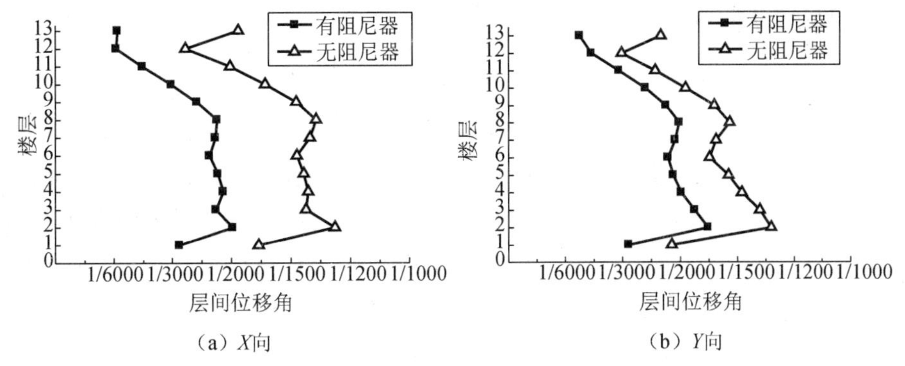

图 15.4.7 设置阻尼器前后层间位移角比较

3. 设置阻尼器前后楼层加速度对比

设置阻尼器前后楼层加速度比较如图 15.4.8 所示。设置阻尼器后，结构主体楼层加速度均有不同程度削减，幅度为 15%～40%。设置阻尼器后，结构顶层鞭梢效应得到有效控制，结构顶层加速度降至无阻尼器的 50%以下。

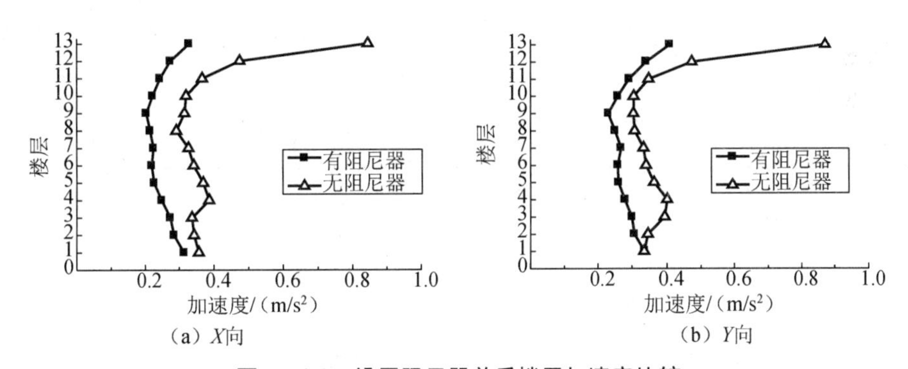

图 15.4.8 设置阻尼器前后楼层加速度比较

4. 结构能量时程

图 15.4.9 给出了 El Centro 波下结构能量时程，从图中可以看出，阻尼器耗能占输入总能量的很大一部分。其他两条地震波下结构能量时程与 El Centro 波类似，不再赘述。

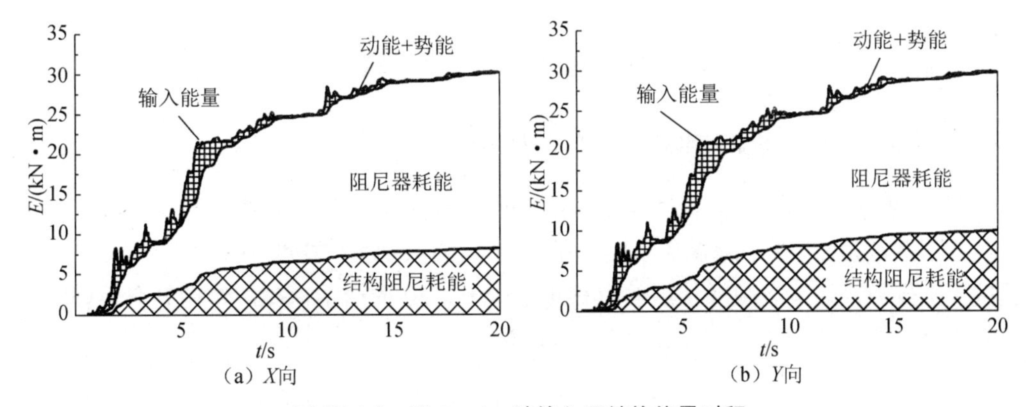

图 15.4.9 El Centro 波输入下结构能量时程

5. 减震结构附加阻尼比分析

在结构中设置阻尼器能够增加结构的阻尼，从而减小结构的地震响应，在实际设计中通常用附加阻尼比来分析减震效果。表 15.4.4 给出了结构在 7 度多遇地震作用下，“有阻尼器模型”和 PKPM 的 20%阻尼模型在 X 向和 Y 向的最大地震剪力对比。图 15.4.10 给出了具体剪力值。在 7 度多遇地震作用下，设置阻尼器的消能结构楼层最大地震剪力均小于原结构 20%阻尼比时楼层最大地震剪力。所以，在实际设计中可认为按照所配置的阻尼器方案，能够给原结构附加 15%的阻尼比，此结果和能量法计算得到的结果基本一致。

表 15.4.4　ETABS/SAP2000 有阻尼器模型和 PKPM 20%模型的楼层地震剪力比较

楼　层	13	12	11	10	9	8	7
SAP/PKPM（X 向）	0.554	0.679	0.712	0.761	0.779	0.784	0.757
楼　层	6	5	4	3	2	1	
SAP/PKPM（X 向）	0.736	0.736	0.729	0.716	0.713	0.672	
楼　层	13	12	11	10	9	8	7
SAP/PKPM（Y 向）	0.733	0.864	0.844	0.873	0.877	0.856	0.814
楼　层	6	5	4	3	2	1	
SAP/PKPM（Y 向）	0.788	0.784	0.775	0.754	0.758	0.727	

注：“有阻尼器模型”层剪力取 3 条地震波时程分析的平均值；PKPM 的 20%阻尼模型层剪力为振型分解反应谱法计算结果。

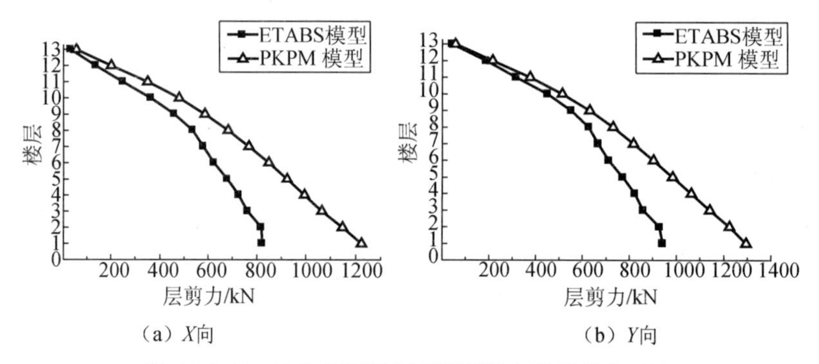

（a）X向　（b）Y向

图 15.4.10　7 度多遇地震下楼层最大地震剪力对比

6. 罕遇地震作用下减震结构的弹塑性时程分析

“有阻尼器模型”在 7 度罕遇地震作用下楼层最大层间位移角列于表 15.4.5。由表可见，“有阻尼器模型”在 7 度罕遇地震作用下两个方向的最大层间位移角均小于 1/150，满足我国《抗规》罕遇地震弹塑性层间位移角不大于 1/50 的要求，减震结构具有较好的抗震性能。此外，罕遇地震下阻尼器最大行程为 20.9mm。

表 15.4.5　ETABS/SAP2000 有阻尼器模型 7 度罕遇地震作用下楼层最大层间位移角

楼层	13	12	11	10	9	8	7
X 向	1/810	1/873	1/587	1/441	1/364	1/314	1/291
楼层	6	5	4	3	2	1	
X 向	1/273	1/241	1/219	1/209	1/205	1/355	
楼层	13	12	11	10	9	8	7
Y 向	1/965	1/1029	1/734	1/571	1/482	1/433	1/425
楼层	6	5	4	3	2	1	
Y 向	1/422	1/390	1/341	1/273	1/206	1/197	

注：表中结果为 3 条地震波的平均值。

15.5　其他结构减振（震）控制方法

消能减震结构是一种积极主动的结构设计理念，属于结构控制范畴。除消能减震结构外，结构控制方法还有隔震减震、质量调谐减振（震）、主动控制减振（震）以及混合控制减振（震）。

隔震减震是通过设置某种隔离装置，使结构周期大大增加，并使其远离地面运动的卓越周期，从而降低地震对结构的激励作用。隔震按隔离装置设置原理分为基底隔震、悬挂隔震两大类型。目前基底隔震技术方法比较成熟，已经大范围应用于实际工程，我国也已有专门的设计规程。由于要求基底隔震器承受上部建筑物重量，一般基底隔震结构适用于水平刚度较大、高度不大的多层结构。设置隔离装置后，使结构系统的周期比原结构周期大大加长，地震力可显著降低。

质量调谐减振（震）是在原结构上附加一具有质量、刚度和阻尼的子结构，并使该子结构系统的自振频率与主结构的基本频率和激振频率接近，使得在结构系统受激振动时子结构产生的惯性力与主结构振动方向相反，从而减小主结构的振动响应。质量调谐减振（震）适用于主振型比较明显和稳定的多高层和超高层建筑的风振控制。

消能减震、隔震减震和质量调谐减振（震）控制技术均无须外部能源输入，统称为被动减振（震）控制。被动减振（震）控制技术较为简单、实用、可靠，且较为经济易行，但其减振（震）效果有限。

主动控制减振（震）是在结构受激振动时，通过检测到的结构振动信号或地震动信号，快速计算分析并反馈给附加在结构上的作动装置，使其对结构施加一个与振动方向相反的作用力来减小结构的振动响应。作动装置提供的作动力需要外界能源。主动控制减振（震）是一种具有智能功能的减振（震）控制技术，理论上可以获得十分显著的减振（震）效果，但由于其控制系统较为复杂，并要求具备很高的可靠性，且提供的作动力要足够大，因此在具体工程实践上应用尚存在一定困难。近年来，采用智能材料（如磁流变体材料）的半主动控制技术发展受到关注，该项技术只需利用很小的能源，根据结构的动力响应和地震激励信号反馈，迅速调整阻尼器的阻尼力，使阻尼耗能作用得到更有效的发挥。

混合控制减振（震）系统是在一个结构上同时采用被动减振（震）与主动减振（震）的控制系统，它结合了两种控制技术的优点，以达到更加合理、可靠和经济的减振（震）目的。我国在南京电视塔工程中就采用质量调谐减振和主动控制减振的混合控制技术，用以控制其风振响应。

结构减振（震）控制技术是近年来发展起来并逐渐成熟的新技术，随着技术的不断进步和造价的不断降低，今后在工程实践中将得到越来越多的应用。

习题

1. 消能减震结构与抗震结构有什么区别？试简述消能减震的基本原理。
2. 消能减震阻尼器有哪些类型？各种阻尼器的耗能原理是什么？
3. 在进行消能减震结构的方案设计时，如何进行阻尼器的布置？
4. 消能减震结构的地震作用计算与抗震结构有何异同之处？

参考文献

[1] 潘鹏, 叶列平, 钱稼茹, 等. 建筑结构消能减震设计与案例[M]. 北京: 清华大学出版社, 2014.
[2] MAKRIS N, CHANG S P. Effect of viscous, viscoplastic and friction damping on the response of seismic isolated structures[J]. Earthquake engineering & structural dynamics, 2000, 29(1): 85-107.
[3] KELLY J M, SKINNER R I, HEINE A J. Mechanisms of energy absorption in special devices for use in earthquake resistant structures[J]. Bulletin of the New Zealand Society for Earthquake Engineering, 1972, 5(3): 63-88.
[4] 严红, 潘鹏, 王元清. 一字形全钢防屈曲支撑耗能性能试验研究[J]. 建筑结构学报, 2012, 33(11): 142.
[5] 赵刚, 潘鹏, 钱稼茹, 等. 黏弹性阻尼器大变形性能试验研究[J]. 建筑结构学报, 2012, 33(10): 126.
[6] MAIN J A, JONES N P. Free vibrations of taut cable with attached damper. I: Linear viscous damper[J]. Journal of Engineering Mechanics, 2002, 128(10): 1062-1071.
[7] DENG K, PAN P, WANG C. Development of crawler steel damper for bridges[J]. Journal of Constructional Steel Research, 2013, 85: 140-150.
[8] MAKRIS N, CONSTANTINOU M C, DARGUSH G F. Analytical model of viscoelastic fluid dampers[J]. Journal of Structural Engineering, 1993, 119(11): 3310-3325.
[9] FAJFAR P. A nonlinear analysis method for performance-based seismic design[J]. Earthquake spectra, 2000, 16(3): 573-592.
[10] SOONG T T, COSTANTINOU M C. Passive and active structural vibration control in civil engineering[M]. New York: Springer-Verlag, 1994.
[11] BLACK C J, MAKRIS N, AIKEN I D. Component testing, seismic evaluation and characterization of buckling-restrained braces[J]. Journal of Structural Engineering, 2004, 130(6): 880-894.
[12] 汪梦甫, 周锡元. 高层建筑结构抗震弹塑性分析方法及抗震性能评估的研究[J]. 土木工程学报, 2003, 36(11): 44-49.

第 16 章　隔震结构设计

16.1　概述

16.1.1　基本概念

传统抗震结构的设计思想是：在小中震时保证建筑功能基本完好；大震时利用结构自身的承载力与塑性变形能力吸收地震输入的能量，防止建筑物倒塌，保证生命安全。然而，经过实际地震检验之后，允许结构损伤的设计方法暴露出很多问题：尽管建筑结构没有倒塌，但由于建筑物内过大的加速度、速度和层间变形，建筑功能在震后严重丧失，且修复费用高昂。建筑功能丧失大致表现为：天花板、填充墙等非结构构件破坏严重，家具、电器等室内物品损失惨重，门窗变形过大导致逃生路线被封锁，以及发生煤气泄露、水电中断等地震次生灾害等。

历次地震灾害及其研究表明，在进行抗震结构设计时，除了应满足安全性（即结构不能倒塌）的要求外，还应考虑建筑不能丧失使用功能。对于特殊建筑，如医院、大型计算中心、核设施、救灾指挥中心等，功能性与安全性同等重要。隔震结构就是一种可以从根本上解决这些问题的新型抗震结构。

设置隔震结构的构想是：如果把上部结构与地面隔离开，即使发生比较大的地震，结构也不会受到影响。为了实现这一构想，需在基础结构与上部结构之间设置隔震层，将上部结构与水平地震动隔开。隔震层中主要设置有隔震支座与阻尼器。隔震支座有较大的竖向刚度与承载力，水平方向则刚度小、变形能力大；阻尼器用于吸收地震输入能量。图 16.1.1 给出了抗震结构与隔震结构对比示意图。

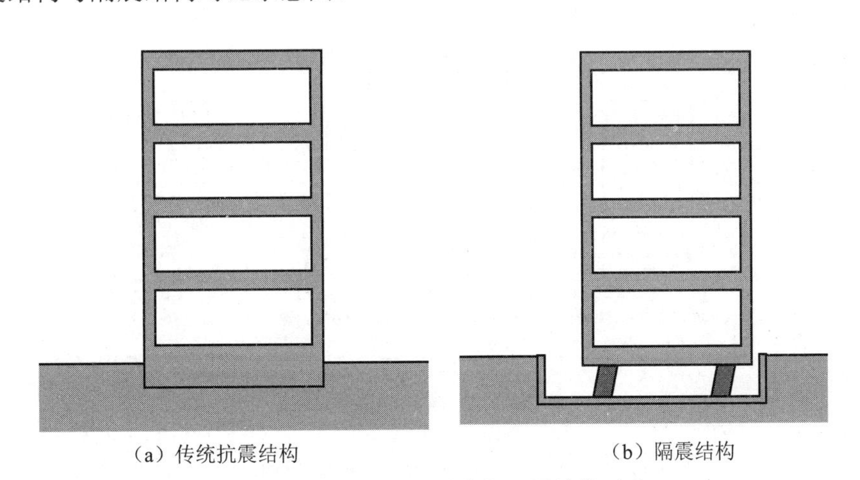

图 16.1.1　传统抗震结构与隔震结构对比

一般来说，遭遇罕遇地震时，隔震建筑的上部结构承受的地震力比一般结构有显著降低，提高了结构的安全性，为建筑设计提供了很大的自由度；隔震结构可以有效控制上部结构的速度与加速度，结构变形比较小，可有效避免非结构构件的破坏，防止建筑内部物品的翻倒和移动，提高建筑的舒适度。

16.1.2　隔震结构的发展与应用

“隔震”的思想是在抵抗地震灾害时自然而然产生的。在我国古代建筑中，可以看到一些将砂、滚木、石墨等天然材料进行简单加工后制作而成的隔震层，将上部结构与基础分隔开，从而减小地震动向上传播，对上部结构起到保护作用。图16.1.2给出了一些传统的隔震结构做法。

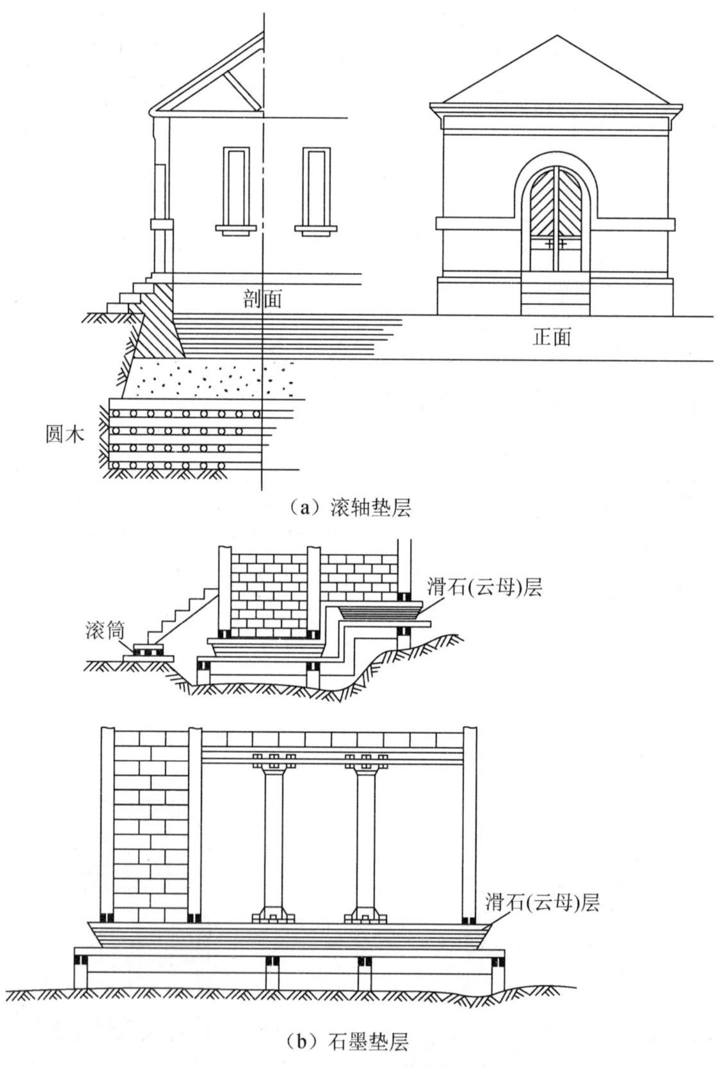

图16.1.2　传统隔震结构

由于传统的天然隔震层性能不稳定，无法进行良好的设计，尽管隔震思想很早就产生了，并在一些结构中得到了应用，但隔震结构并未真正在工程实践中得到普遍使用。直到约 50 年前，叠层橡胶支座的出现，才使隔震结构真正成为一种可以应用于工程设计的结构形式。自此之后，多种隔震支座陆续被开发出来；同时，隔震结构在美国、日本等地得到了广泛使用，并表现出良好的抗震性能。美国北岭地震（1994）中，采用抗震结构的 Olive View 医院尽管建筑结构基本完好，但内部设备翻倒、管线破裂，医院无法正常运转；而采用隔震结构的南加利福尼亚大学医院震后可正常运行。日本北海道地震（2003）中，某采用隔震结构的建筑经受住了地震考验。图 16.1.3 给出了该隔震结构中传感器的布置以及在地震中测得的结构不同部位的加速度。测量数据表明，隔震后楼层水平加速度仅为地面加速度的 1/3 左右；而传统的抗震结构，上部结构加速度响应通常是地面加速度的 2～3 倍。因此隔震结构可以显著减小建筑内部的晃动，大大增加了建筑内部的安全性与舒适度。

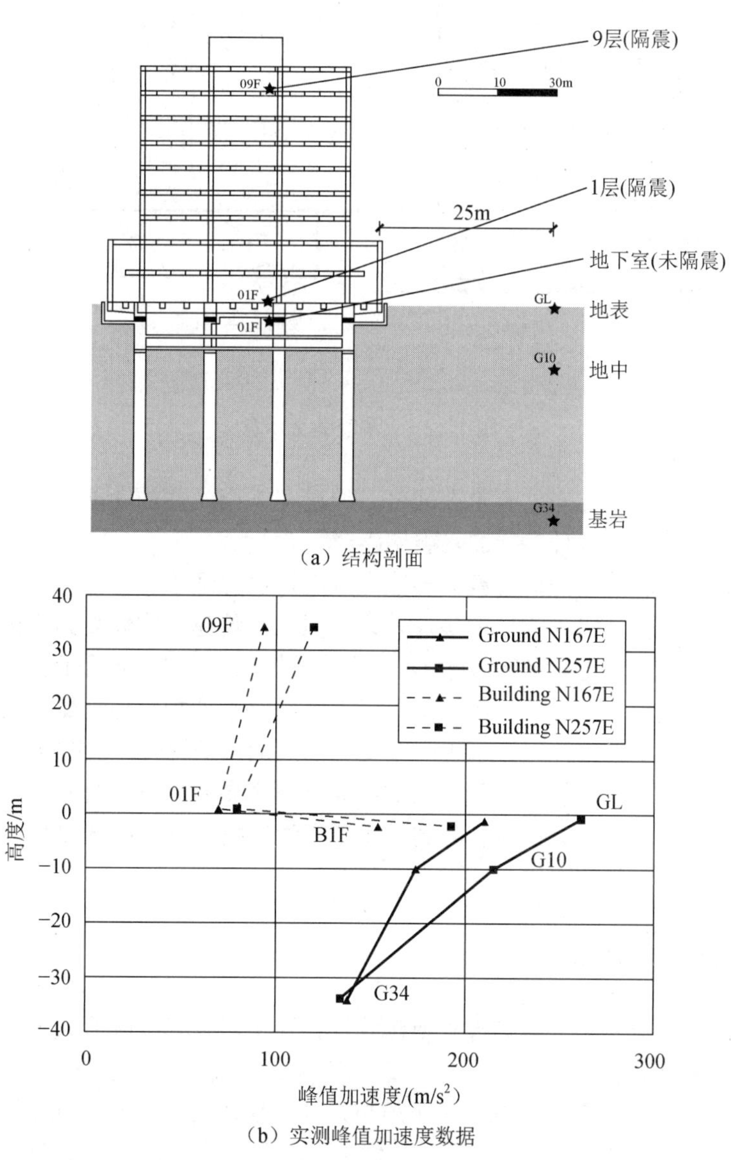

（a）结构剖面

（b）实测峰值加速度数据

图 16.1.3　日本北海道某隔震结构剖面及峰值加速度

1991 年，我国第一栋采用现代隔震技术的建筑在广东汕头建成，为 8 层钢筋混凝土框架结构住宅。此后，在全国各地先后兴建了多栋隔震建筑，我国 2001 版《抗规》中增加了隔震结构设计的相关内容，同时修订了相关的技术规程。

16.2 隔震支座

目前使用最多的隔震结构如图 16.2.1 所示。通过隔震构件，将上部结构与基础柔软连接。

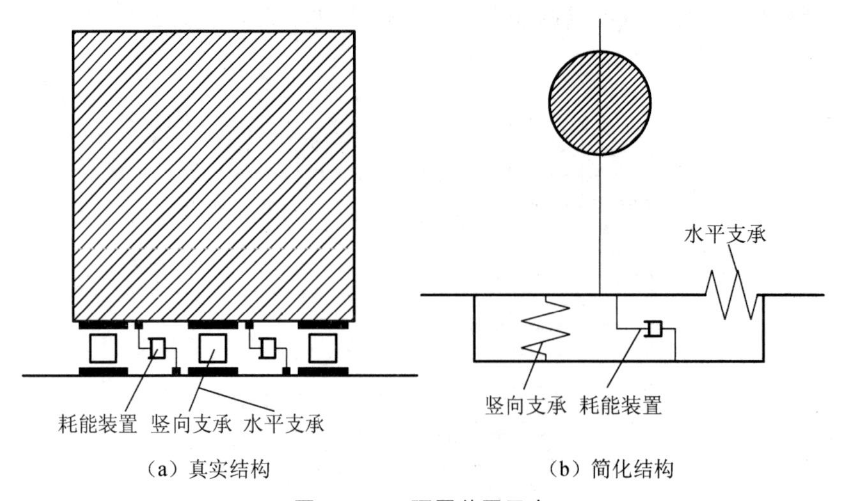

（a）真实结构　　（b）简化结构

图 16.2.1　隔震装置示意

在隔震装置中，隔震支座占有重要地位。通过将不同元件的功能进行组合，或选取不同的设计参数，可以得到多种多样的隔震支座。

隔震支座要求有较大的竖向承载力与竖向刚度，以保证承受上部结构的自重；水平方向上则较为柔软，以保证隔震支座的隔震效果，但应有使建筑物恢复到原位置的刚度，同时应注意保证水平方向有较大的变形能力，以充分发挥隔震效果。除了良好的力学性能，隔震支座还要有良好的耐久性与稳定的质量，以保证能够长期稳定地承受长期荷载。为了确保隔震支座的性能正常发挥，应当重视隔震支座的后期维护工作，及时维护、更换。

目前技术比较成熟、有较多工程应用的隔震支座主要有以下几种：①叠层橡胶隔震支座；②摩擦摆隔震支座；③摩擦滑移隔震支座；④滚动隔震支座；⑤弹簧隔震支座。

下面对以上几种常见的隔震支座进行介绍。

16.2.1 叠层橡胶隔震支座

叠层橡胶隔震支座由夹层薄钢板和薄橡胶片相互交错叠置组合而成（图 16.2.2），是使用最为广泛的隔震支座。

如图 16.2.3 所示，橡胶是一种不可压缩材料（泊松比约为 0.5）。优质橡胶有很好的弹性，使支座可以复位，且变形能力与耐久性优良。在竖向荷载作用下，若仅使用橡胶材料，橡胶会产生较大的竖向压缩变形，同时会向侧面膨胀，不利于承担竖向荷载；叠层橡胶

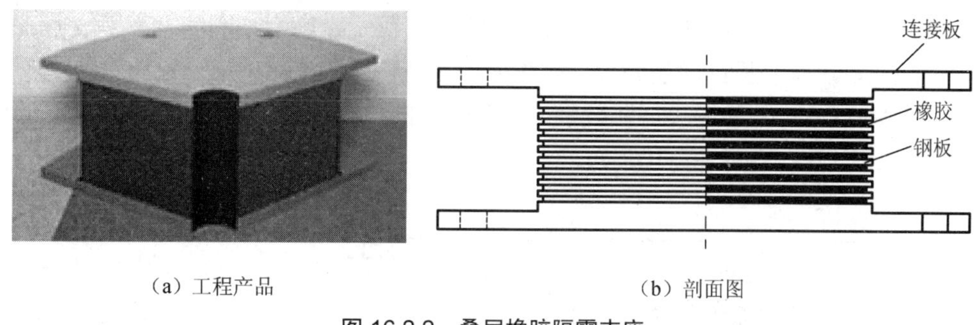

（a）工程产品　　（b）剖面图

图 16.2.2　叠层橡胶隔震支座

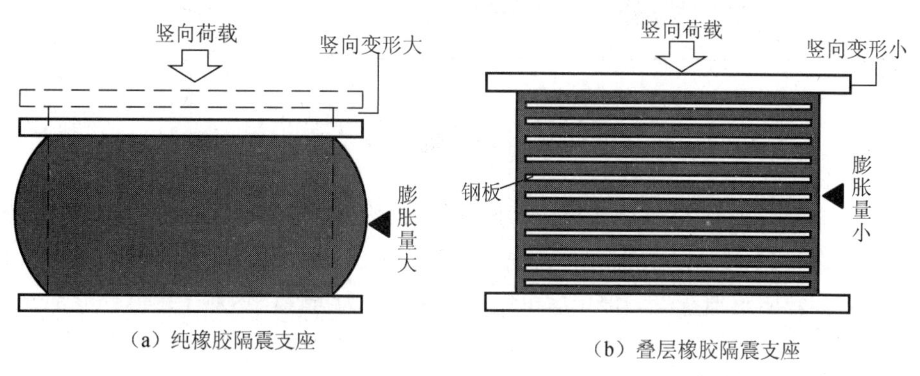

（a）纯橡胶隔震支座　　（b）叠层橡胶隔震支座

图 16.2.3　钢板对橡胶层进行约束

隔震支座受压时，由于受到内部钢板的约束，橡胶中心位置处于三向受压状态，因此整体上具有非常大的竖向刚度，承受的竖向荷载可高达 2000t。当橡胶层与钢板之间有可靠胶结时，支座在竖向压力下的极限状态是内部钢板受拉破坏导致橡胶层失去约束、支座因此破坏，故支座的极限承载力取决于内部钢板的强度。

当叠层橡胶隔震支座受到剪力作用时，内部钢板不约束橡胶层的剪切变形，因此橡胶片可以充分发挥自身柔软的水平特性，从而产生隔震效果。当上下有一定重叠面积时，叠层橡胶隔震支座可以产生非常大的水平变形而不破坏。

决定叠层橡胶隔震支座性能的主要参数有直径 D、单层橡胶厚度 t_R 和橡胶层数 n。由这些参数可以求出第 1 形状系数 S_1 和第 2 形状系数 S_2，其定义式分别为

$$S_1=\frac{\text{橡胶受约束面积（受压面积）}}{\text{单层橡胶的自由表面积（侧面积）}} \tag{16.2.1a}$$

$$S_2=\frac{\text{橡胶直径}}{\text{橡胶层总厚度}} \tag{16.2.1b}$$

S_1 主要与竖向刚度和转动刚度有关，S_2 主要与屈曲荷载和水平刚度有关。对于圆形支座，可按式（16.2.2）计算。在计算约束面积和自由表面积时，还要考虑是否有中心孔。

$$S_1=\frac{\pi D^2/4}{\pi D t_R}=\frac{D}{4t_R} \tag{16.2.2a}$$

$$S_2=\frac{D}{n t_R} \tag{16.2.2b}$$

天然橡胶隔震支座（NRB）的阻尼较小，仅能提供一定的水平刚度。为了增加隔震支座的阻尼耗能，进一步提高隔震效果，常见的做法是在橡胶支座中插入铅棒，即制成铅芯橡胶隔震支座（LRB），如图 16.2.4 所示；或对橡胶材料进行特殊调配，提高其阻尼特性，即制成高阻尼橡胶隔震支座（HDRB）。

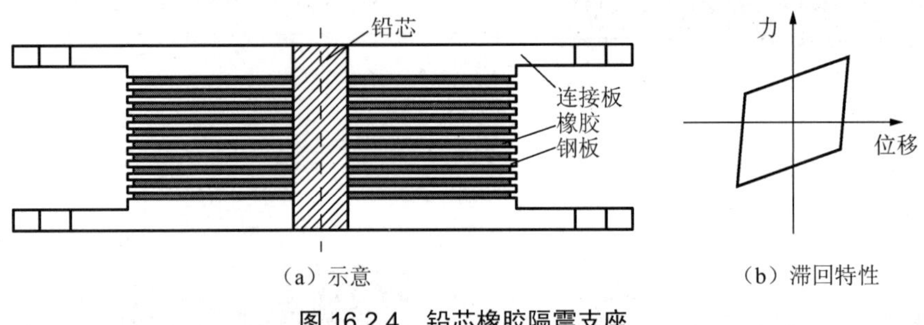

（a）示意　（b）滞回特性

图 16.2.4　铅芯橡胶隔震支座

铅芯橡胶隔震支座将铅棒插入叠层橡胶隔震支座增加阻尼，其制作的关键点是使铅棒与钢板紧密接触、协同工作。通常的做法是将体积稍大于孔的铅芯强行压入孔中。由于铅的再结晶化特点，阻尼器在受力停止后可恢复原来的受力特性，这对于阻尼耗能十分重要。

16.2.2　摩擦摆隔震支座

如图 16.2.5 所示，摩擦摆隔震支座利用滑动产生的摩擦力作为阻尼。摩擦可以耗散能量并限制位移，通过用曲面代替平面作为摩擦面，使支座可以自动对中，具有自复位能力。通过设计性能稳定且耐久性好的摩擦面，可以根据需要使摩擦摆隔震支座具有良好的性能，增强对结构反应的控制。

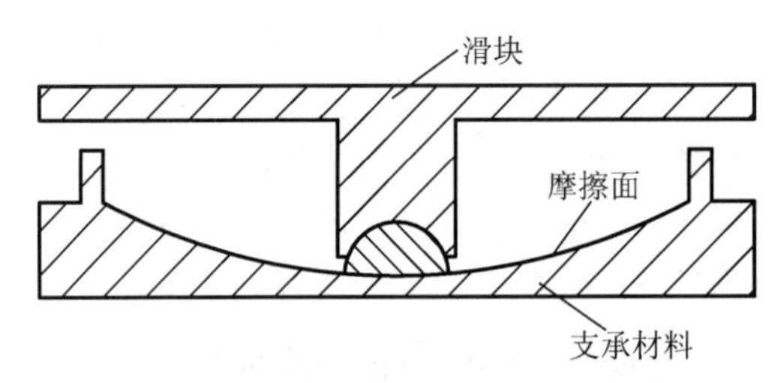

图 16.2.5　摩擦摆隔震支座

摩擦摆隔震支座的另一个突出优点是周期与上部质量无关，仅取决于凹面的曲率半径。以常见的单摆支座为例，其摆动周期为

$$T = 2\pi\sqrt{\frac{R}{g}} \tag{16.2.3}$$

式中，R 为摩擦面的曲率半径。由于隔震结构的隔震效果与隔震结构的特征周期密切相关，因此可以通过设计摩擦面的曲率半径来对结构的特征周期进行调整，而基本不需要考虑上部结构。这为结构设计提供了更大的自由度。

摩擦摆隔震支座的水平变形能力与支座长度密切相关。为了在有限的支座范围内提供更大的水平变形能力，设计人员研发出了复摆和三摆摩擦摆隔震支座，单摆与三摆对比如图 16.2.6 所示。

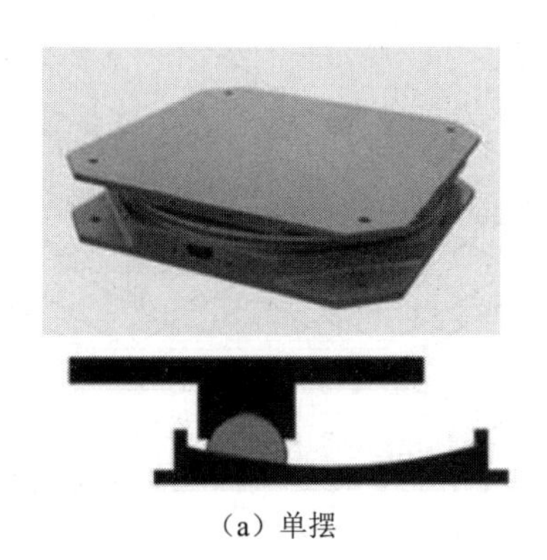

（a）单摆

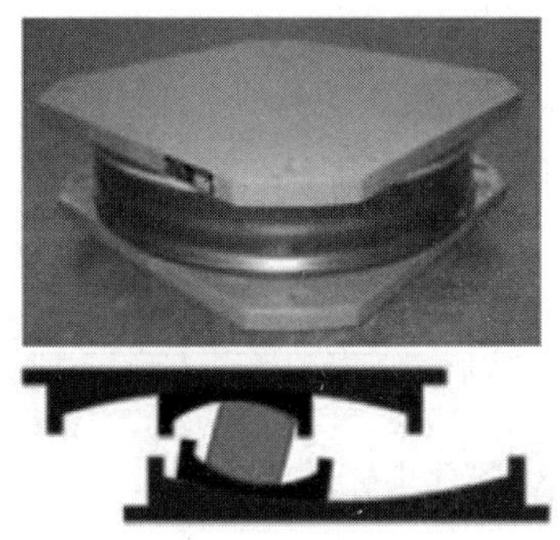

（b）三摆

图 16.2.6　不同类型的摩擦摆隔震支座

16.2.3　其他隔震支座

除了以上两种在实际工程中应用较广的隔震支座外，还有一些其他类型的隔震支座，简单介绍如下。

1. 摩擦滑移隔震支座

利用水平推力超过摩擦面的摩擦力之后，产生较大变形而耗能的装置称为摩擦滑动隔震支座。早期实践中尝试过使用云母、砂、石墨等材料作为隔震层，现在多采用聚四氟乙烯、不锈钢、陶瓷等，以保证动摩擦系数的稳定。

这类材料最大的特点在于没有明确的周期，对不同周期特性的地震均可起到隔离作用。其最大缺点是缺乏自复位功能，需要额外的复位装置；容易造成位移过大，不利于震后建筑功能恢复。

由于摩擦滑移隔震支座基本不具有恢复力性能，因此多数要与叠层橡胶隔震支座共用。通过改变摩擦面滑动材料的性质，并尝试不同的滑动材料与滑动面的组合，可以得到不同的滑动特性，在使用时需要进行充分的性能评估。

图 16.2.7 所示为一种得到实际应用的摩擦滑移隔震支座的模型。这种支座通过设计静摩擦力上限，在小震时仅叠层橡胶隔震支座发生水平变形；当发生大震时，叠层橡胶隔震支座除自身发生水平变形外，还可以在滑移支座上发生滑动，进一步提高隔震效率。

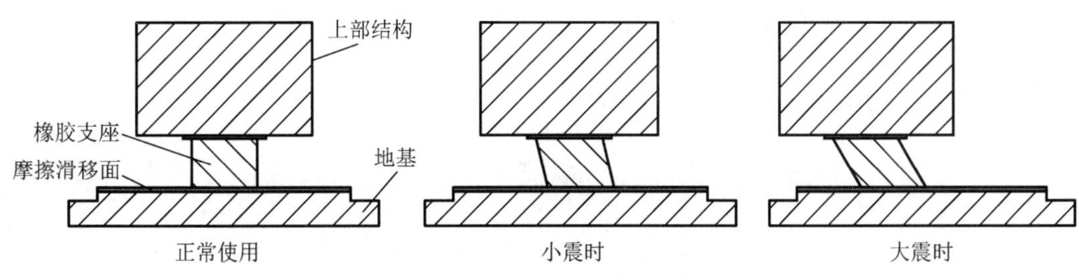

图 16.2.7　摩擦滑移隔震支座

2. 滚动隔震支座

滚动隔震支座主要可分为滚轴隔震和滚珠隔震两种。图16.2.8给出了滚轴隔震支座的构造示意图。由于滚动摩擦（摩擦系数约为1/1000）远小于滑动摩擦，上部结构受到的水平力非常小，不会产生变形。其缺点主要是水平位移无法控制，没有复位能力，因此需要与橡胶隔震支座联合使用。目前实际工程中此种支座应用较少。

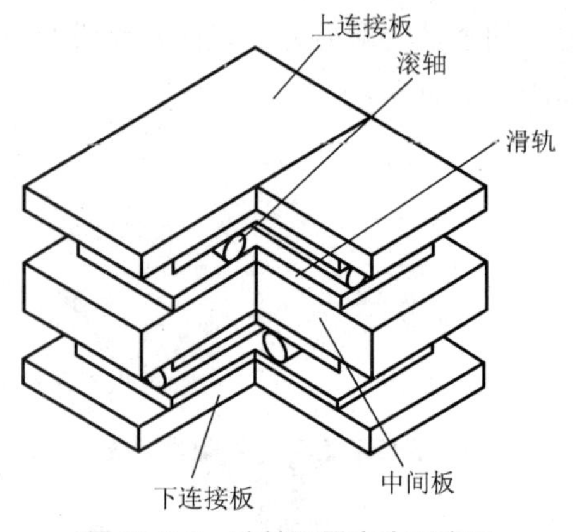

图16.2.8　滚轴隔震支座示意图

3. 弹簧隔震支座

以上介绍的几种隔震支座由于竖向刚度很大，对竖向震动没有隔震效果。弹簧隔震支座利用竖向弹簧减小上部结构在竖向地震下的动力响应，从而起到隔震效果，如图16.2.9所示。为了耗散竖向地震能量，往往还需要设置竖向阻尼器。

（a）工程产品

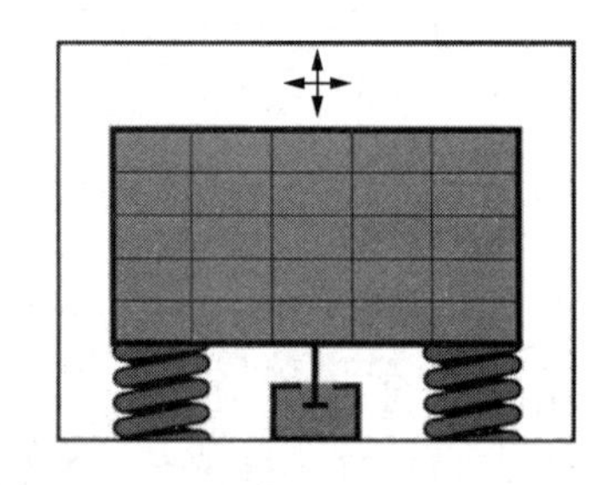

（b）原理

图16.2.9　弹簧隔震支座

16.3　隔震的基本原理

本节利用振型分解反应谱法介绍隔震的基本原理。将隔震结构的上部结构看作一个质量为 m、侧向刚度为 k、侧向阻尼为 c 的线弹性单自由度体系［图16.3.1（a）］。当加入侧向刚度为 k_b、侧向阻尼为 c_b 的隔震层，并在隔震层上设置质量为 m_b、刚度较大的基础梁后，整个体系可看作一个两自由度体系［图16.3.1（b）］。

对于原结构，由结构动力学可得其特征参数如下：

$$\omega_f = \sqrt{\frac{k}{m}} \tag{16.3.1a}$$

$$T_f = \frac{2\pi}{\omega_f} \tag{16.3.1b}$$

$$\xi_f = \frac{c}{2m\omega_f} \tag{16.3.1c}$$

式中，ω_f、T_f、ξ_f 分别为单自由度体系的固有频率、固有周期和阻尼比。对于如图 16.3.1（b）所示的隔震结构，假设上部结构为刚体，引入如下参数描述隔震系统：

$$\omega_b = \sqrt{\frac{k_b}{m + m_b}} \tag{16.3.2a}$$

$$T_b = \frac{2\pi}{\omega_b} \tag{16.3.2b}$$

$$\xi_b = \frac{c_b}{2(m + m_b)\omega_b} \tag{16.3.2c}$$

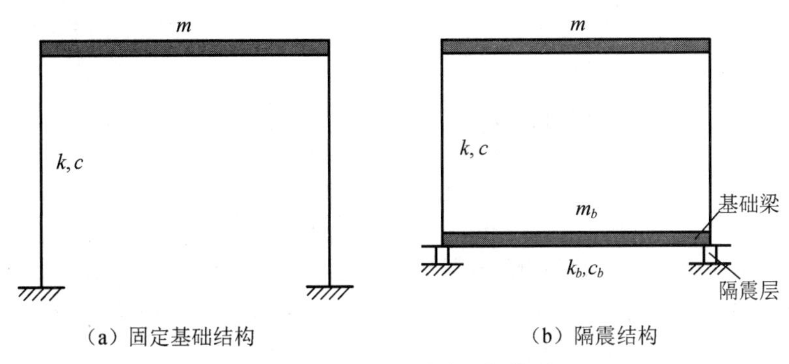

（a）固定基础结构　　（b）隔震结构

图 16.3.1　隔震系统分析模型

该两自由度体系的运动方程为

$$[M]\{\ddot{u}\} + [C]\{\dot{u}\} + [K]\{u\} = -[M]\{I\}\ddot{u}_g(t) \tag{16.3.3a}$$

式中

$$[M] = \begin{bmatrix} m_b & 0 \\ 0 & m \end{bmatrix} \tag{16.3.3b}$$

$$[C] = \begin{bmatrix} c_b + c & -c \\ -c & c \end{bmatrix} \tag{16.3.3c}$$

$$[K] = \begin{bmatrix} k_b + k & -k \\ -k & k \end{bmatrix} \tag{16.3.3d}$$

其特征方程为

$$\left([K] - \omega_n^2 [M]\right)\{\phi\}_n = \{0\} \tag{16.3.4}$$

求解式（16.3.4）即可得结构的自振频率与振型。

一般来说，隔震层的侧向阻尼与上部结构的侧向阻尼相差较大，即 $c_b > c$，该组合体系的阻尼是非经典阻尼，严格分析需要求解耦联方程组。尽管采用振型分解法、忽略非经典阻尼影响的结果不完全准确，但对于阐明隔震结构的基本原理是足够的。以下分析采用强行解耦的方式，使用振型分解反应谱法进行研究，即先获取结构的动力特性，通过反应谱分析得到各阶振型对应的地震反应，再通过振型组合得到结构的总地震反应。

为方便说明，假定如下特定体系：$T_f=0.4\text{s}$，$\xi_f=2\%$；$m_b=2m/3$，$T_b=2\text{s}$，$\xi_b=10\%$。由此可计算得到隔震结构的周期与振型（图 16.3.2）。

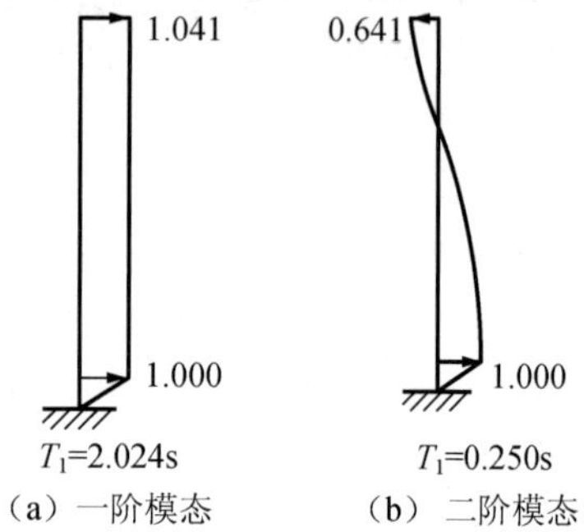

图 16.3.2 周期与振型

在第一阶振型中，隔震层产生了较大变形，上部结构变形很小，基本像刚体，因此该振型称为“隔震振型”，其周期T_1略大于隔震系统周期T_b。第二阶振型涉及隔震层及上部结构的变形，结构变形较大，该振型称为“结构振型”，其周期T_2远小于上部结构的特征周期T_f。

振型阻尼比可以通过下式确定：

$$\xi_n=\frac{C_n}{2M_n\omega_n} \tag{16.3.5a}$$

式中

$$M_n=\{\phi\}_n^{\mathrm{T}}[M]\{\phi\}_n,\quad C_n=\{\phi\}_n^{\mathrm{T}}[C]\{\phi\}_n \tag{16.3.5b}$$

对于该体系，计算得出

$$\xi_1=9.65\%,\quad \xi_2=5.06\% \tag{16.3.6}$$

隔震振型的阻尼比ξ_1非常接近隔震系统的阻尼比ξ_b，结构阻尼比ξ_f几乎对响应没有影响，这是由于上部结构的行为非常类似于刚体。由于隔震层参与结构振型的振动，因此其振型阻尼比ξ_2远大于上部结构的阻尼比ξ_f。

利用振型分解法，考察地震力与动力反应的模态参与程度，将有效地震力分布$\{s\}=[M]\{I\}$按下式进行振型展开：

$$\{s\}=\sum_{n=1}^{N}\{s\}_n=\sum_{n=1}^{N}\Gamma_n[M]\{\phi\}_n \tag{16.3.7}$$

式中，$\{s\}_n$为第 n 阶振型的贡献；$\Gamma_n=\sum_{j=1}^{N}m_j\phi_{jn}/M_n$，为第 n 阶振型的振型参与系数。

同样，可将位移$\{u(t)\}$按振型展开：

$$\{u(t)\}=\sum_{n=1}^{N}\{\phi\}_n q_n(t)=\sum_{n=1}^{N}\{u_n(t)\} \tag{16.3.8}$$

将其代入式（16.3.3a），并引入特征周期ω_n、振型质量M_n、振型阻尼ξ_n可得

$$\ddot{q}_n+2\xi_n\omega_n\dot{q}_n+\omega_n^2q_n=-\Gamma_n\ddot{u}_g(t) \tag{16.3.9}$$

与多自由度体系第 n 阶振型的振动方程：

$$\ddot{D}_n+2\xi_n\omega_n\dot{D}_n+\omega_n^2D_n=-\ddot{u}_g(t) \tag{16.3.10}$$

对比可得

$$q_n(t)=\Gamma_nD_n(t) \tag{16.3.11}$$

从而可得模态位移，并进行等代变换得

$$\{u_n(t)\}=\Gamma_n\{\phi\}_nD_n(t)=\frac{\Gamma_n\{\phi\}_n}{\omega_n^2}\omega_n^2D_n(t)=\{u\}_n^{\mathrm{st}}A_n(t) \tag{16.3.12}$$

式中，$\{u\}_n^{\mathrm{st}} = \Gamma_n\{\phi\}_n / \omega_n^2 = [K]^{-1}\{s\}_n$ 为模态地震力产生的静力位移；$A_n(t) = \omega_n^2 D_n(t)$ 为拟加速度。继而可得模态内力为

$$V_n(t) = V_n^{\mathrm{st}} A_n(t) \tag{16.3.13}$$

式中，V_n^{st} 为模态地震力作用下的静内力。计算得

$$V_{b1}^{\mathrm{st}} = 1.015m, \quad V_{b2}^{\mathrm{st}} = 0.015m \tag{16.3.14a}$$

$$\omega_1^2 u_{b1}^{\mathrm{st}} = 0.976, \quad \omega_2^2 u_{b2}^{\mathrm{st}} = 0.024 \tag{16.3.14b}$$

$$\Gamma_1 = 98\%, \quad \Gamma_2 = 2\% \tag{16.3.14c}$$

如图 16.3.3 所示，结构的地震响应几乎完全由第一阶振型（隔震振型）控制，第二阶振型（结构振型）几乎没有贡献。

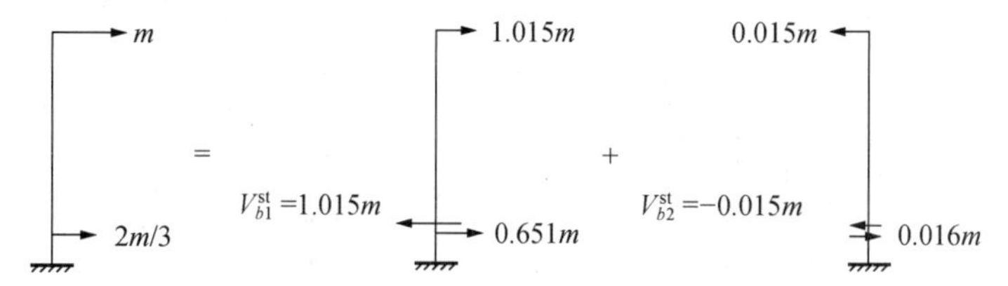

图 16.3.3　有效地震力振型展开与基座剪力的振型静态反应

第 n 阶振型对基底剪力 V_b 和隔震层变形 u_b 贡献的峰值为

$$V_{bn} = V_{bn}^{\mathrm{st}} A_n \tag{16.3.15a}$$

$$u_{bn} = \omega_n^2 u_{bn}^{\mathrm{st}} D_n \tag{16.3.15b}$$

式中，$A_n = A_n(T_n, \xi_n)$ 是阻尼比为 ξ_n 的拟加速度谱对应周期为 T_n 时的值；$D_n = A_n / \omega_n^2$，是相应位移谱的值。图 16.3.4 给出了一组不同阻尼比对应的典型加速度反应谱。

图 16.3.5 给出了非隔震结构以及隔震结构各阶振型的地震力。隔震结构第一阶振型显著延长，S_a 显著减小，因此振型地震力明显减小；第二阶振型对地震反应贡献非常小，因此振型地震力几乎可以忽略不计。经过 SRSS 组合，可以得到最终的结构剪力与位移分布（图 16.3.6）。

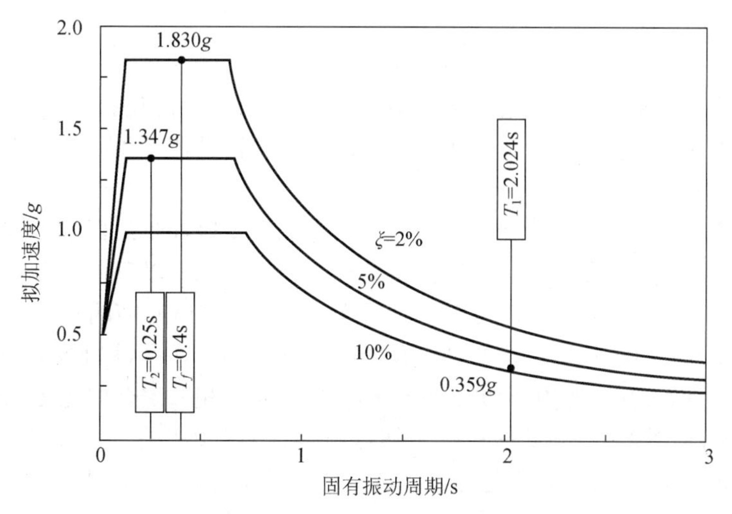

图 16.3.4　设计谱与谱值

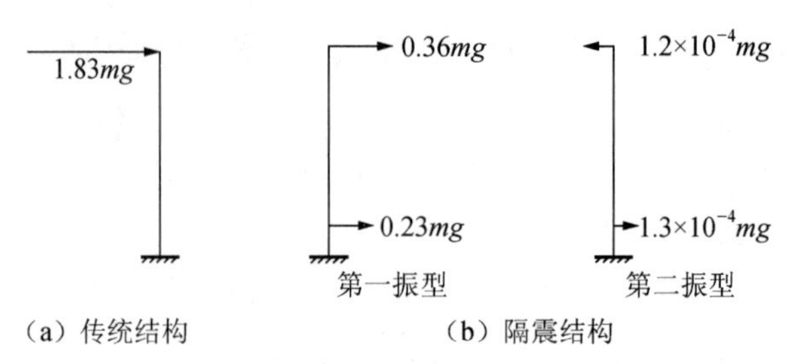

图 16.3.5 各振型地震力

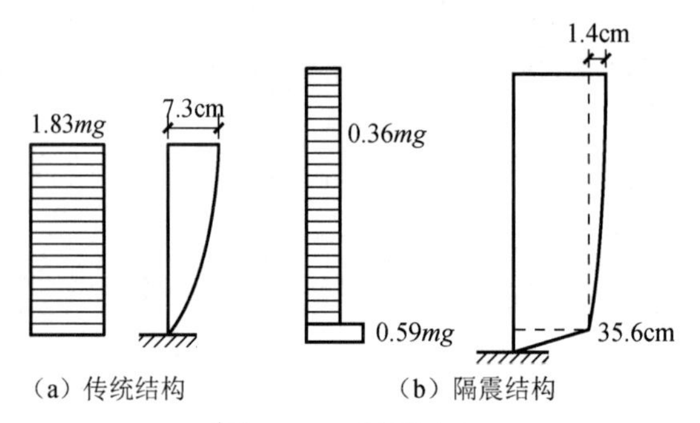

图 16.3.6 地震响应

尽管采取隔震措施后结构位移增大，但剪力和变形大大减小，仅为基础固定结构的 1/5。

根据以上分析可知，采取基底隔震措施后，第一阶振型为隔震层振动，上部结构的运动类似于刚体运动，延长了结构的基本振动周期，加速度反应减小，有效降低了结构中的地震力；结构振动的振型升为高阶振型，尽管其加速度反应大，但对于地震反应贡献很小。

隔震系统中的阻尼是降低结构反应的次要因素，但对于减小隔震层位移有着重要作用，因此在设计时需要在隔震层中设置比较大的阻尼。

16.4 隔震结构的设计要点

16.4.1 隔震结构基本要求

隔震结构通过设置隔震层吸收大部分地震能量，在设计时应注意与“非抗震”结构的区别，特别要考虑隔震层可能产生的较大位移。除了结构设计，还应充分考虑设备规划、施工规划等相关内容。

如何设计隔震层的性能是设计的重点，特别是隔震支座和阻尼器的布置最为重要。在设计时应明确需要达到的性能目标，以维持结构功能为目标或以确保生命安全为目标，将对隔震层提出不同的目标性能，需要根据这些来决定隔震层所必需的刚度、阻尼等特性。

隔震层的动力特性对隔震结构的地震反应起主导作用，在假设的地震动输入下，必须使隔震装置在水平、竖直方向的应力、应变和变形控制在相对安全的范围内。由于实际设计中存在诸多不确定因素，因此应充分了解隔震装置的破坏极限性能，把握其安全界限。另外还应考虑地震的不确定性，当超出了隔震装置的最大变形量，隔震支座发生破坏时，隔震层也要能支承上部结构的荷载。

为了预测地震时结构的响应，需要对结构输入地震动作用进行分析，有时还应对其他振动形式（如交通振动、风振）等进行分析。为使分析得到的结构响应与要求的性能目标吻合，需要针对具体外力作用进行设计。因此，除了按规范设计外，设计还应对以下几点加以综合考虑：分析状态与实际状态的差异；物理性能的偏差；不确定因素等。

16.4.2　隔震结构方案设计

隔震体系的方案设计包括隔震体系的布置和安装构造，取决于场地限制、结构类型、施工和其他相关因素。在进行方案设计时应至少对以下几方面进行充分考量。

1. 隔震层竖向布置

图 16.4.1 中给出了一些典型隔震层竖向布置位置以及这些布置的优缺点。一般来说，确定一个合适的布置方案应考虑以下内容：能在最大预计水平位移内自由移动；隔震层处服务设施（如楼梯和电梯）的连续性；隔震层以下结构的细部构造等。

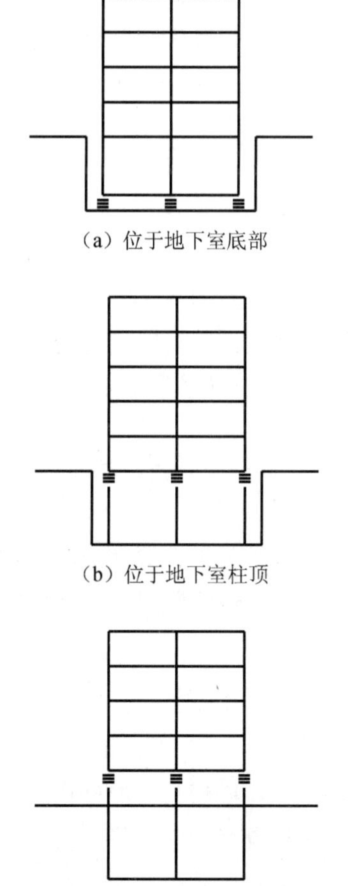

（a）位于地下室底部

优点：

- 内部设施不需特殊处理
- 不需将维护墙分离
- 柱底连接到隔震层的刚性梁上

缺点：

- 需要设置单独的挡土墙
- 增加结构造价

（b）位于地下室柱顶

优点：

- 不需另建地下室底层
- 结构造价增加少
- 柱底连接到隔震层的刚性梁上

缺点：

- 首层可能需要悬臂的电梯竖井
- 首层以下内楼梯需要特殊处理

（c）位于首层柱顶

优点：

结构造价增加少

缺点：

- 楼梯、电梯需要特殊处理
- 当首层封闭时，维护墙需要特殊处理
- 竖向设施、管线需要特殊处理

图 16.4.1　隔震层设置位置

2. 隔震层平面布置

隔震层的功能部件一般包括隔震支座、阻尼装置与抗风装置。隔震支座主要承担竖向荷载和隔震水平地震作用；阻尼装置主要防止隔震层产生位移并吸收地震能量；当初始刚度不足时，还应设置抗风装置，以抵抗风荷载引起的结构振动。

为了尽量减少扭转效应对结构的影响，在进行隔震装置平面布置时，应尽量使隔震层刚度中心与上部结构质量中心重合。阻尼器和抗风装置宜对称、分散地布置于建筑物周边。

隔震支座的平面布置宜与上部结构和下部结构中竖向受力构件的平面位置相对应。对于框架结构，采用每个柱下设置一个支座的方案是最为合理有效的。当需在同一支撑处布置多个支座时，应留有充足的安装、更换支座所需的空间。

在隔震支座选型时，应尽量减少选用的隔震支座的规格类型。当选用多种规格的隔震支座时，应充分发挥每个支座的承载能力与变形能力。

3. 构造措施

隔震结构在地震作用下，上部结构与下部结构之间会产生数十厘米的相对位移。为了不阻碍相对位移、充分发挥隔震效果，并避免位移造成的损失，必须保证上部结构与地基相连的部分有充足的间隔，电梯、楼梯同样应作相应处理，发生相对位移处的扶手、栅栏等必须采用柔性连接。各种水电暖通管线，在上部结构和下部结构两部分之间必须设置具有足够变形能力的软接头，保证管线等在最大位移下不被破坏。

采用上述措施，确定隔震层具体的间隔时，必须考虑地震时扭转反应的影响，尽可能减小隔震层的偏心率。

4. 建筑考虑

设置隔震装置时，必须考虑如何保证隔震装置长期发挥其功能，如避免橡胶在日光、紫外线下加速老化，减少钢材锈蚀。对于摩擦阻尼器，应采取保护措施使滑动面不沾染砂尘。

隔震装置周围必须留有充足的间隔，以保证其变形不会受到建筑物或设备管线的阻碍。在设计时需要预留检查、修补和更换的空间。

由于橡胶是可燃物，因此需要考虑其耐火性。当隔震装置设置在最下层楼板以下时，几乎不会暴露在火中，无须特别考虑；但是，当设置在其他位置时应当采取防火措施，如在隔震装置周围遮盖耐火板，或把隔震层设置在防火区中。

16.4.3 隔震结构的设计计算方法

对隔震结构进行动力分析一般采用时程分析法。计算模型与一般结构区别不大，但需要考虑隔震结构的地震反应特点，简化分析，减少工作量。对于一般结构，可采用层剪切模型，隔震层按等效线性模型，考虑隔震层的有效刚度和有效阻尼比。对于复杂的结构，应采用考虑扭转的空间模型进行分析，并考虑隔震层的非线性特性。当需要考虑竖向地震或进行竖向变形分析、考虑上部结构摆动等情况时，应另外增加自由度。

在画隔震结构的计算简图时，应增加由隔震支座和顶部梁板组成的质点。当隔震层以上结构的质量中心与隔震层刚度中心不重合时，应计算扭转效应的影响。隔震层顶部的梁板结构应作为上部结构的一部分进行计算和设计。

叠层橡胶隔震支座和阻尼器的刚度、阻尼比等性能在不同地震作用下会有所区别，在计算时应根据具体情况选取相应的参数。进行时程分析时，应以试验得到的滞回曲线为依据。隔震层的水平等效刚度和等效阻尼比可根据试验结果按下式进行计算：

$$K_h = \sum K_j \tag{16.4.1a}$$

$$\xi_{\mathrm{eq}} = \sum K_j \xi_j \big/ K_h \tag{16.4.1b}$$

式中，K_h 为隔震层的水平等效刚度；ξ_{eq} 为隔震层的等效阻尼比；K_j 为第 j 个隔震支座（含阻尼器）由试验确定的水平等效刚度；ξ_j 为第 j 个隔震支座由试验确定的等效阻尼比，当隔震层设置阻尼器时，ξ_j 应包含相应阻尼器的阻尼比。

进行时程分析时，应合理选择地震波。对于采用多条地震波进行时程分析的结果，宜取其包络值。当隔震结构距主断裂带较近时，尚应考虑地震近场效应。

隔震层的验算主要包括隔震支座的受压承载力验算，罕遇地震下隔震支座水平位移验算，抗风装置和隔震支座弹性水平恢复力验算，隔震结构抗倾覆验算，罕遇地震下拉应力验算等。除隔震支座外，尚应对隔震支座连接件和支座附近的梁、板进行刚度和承载力验算。

当计算得到隔震结构的水平减震系数后，将水平地震影响系数进行折减，并据此采用时程分析法或其他方法计算隔震结构的地震作用，并以此进行上部结构的截面设计计算。相应的抗震措施可适当降低。

下部结构和地基基础的设计与一般进行的承载力验算类似，但应注意的是，采用的内力为罕遇地震下各隔震支座底部向下传递的内力。这就要求，上部结构与支座的连接件、支座与基础的连接件应能传递上部结构的最大剪力。

对于砌体结构和基本周期与其相当、高宽比小于 4、建筑场地较好且风荷载作用不大的结构，《抗规》基于反应谱提出了简化计算方法。这些结构的上部结构刚度较大，基本自振周期较短，隔震后变形主要集中在隔震层，因此可将隔震结构体系简化为单质点体系，并将隔震层的刚度和阻尼作为整个结构的刚度和阻尼。

其基本思路是先计算隔震后结构的基本周期和水平减震系数，采用底部剪力法计算上部结构的总水平地震作用并进行分配，以此设计上部结构。求得隔震层在罕遇地震下的水平剪力和位移，并进行相关验算。最后进行连接件和下部结构的设计，并完善构造措施。

《叠层橡胶支座隔震技术规程》（CECS126：2001）针对层数较少、高度较低和刚度分布比较均匀的房屋，按单自由度计算模型、结构反应谱法建立了等效侧力法，可以得到较为可靠的计算结果。其基本思路与简化计算方法类似，最大的区别在于上部结构总水平地震作用标准值的计算。《抗规》的简化计算方法是在计算非隔震结构总水平地震作用的基础上，通过乘以折减系数得到隔震结构的总水平地震作用；而《叠层橡胶支座隔震技术规程》中的等效侧力法则直接利用隔震结构的基本自振周期、阻尼比等参数得到隔震结构的水平地震影响系数，然后计算总水平地震作用。

16.5 新建隔震结构的设计实例

16.5.1 结构概况

本小节以某新建办公楼为例，介绍新建隔震结构的设计方法。

某办公楼为地上 10 层，地下 1 层，上部结构形式为钢筋混凝土框架结构，如图 16.5.1 所示。抗震设计按丙类建筑设防。地震作用按 7 度抗震设防考虑，设计基本地震加速度值为 0.10g。设计地震分组为第二组，建筑场地类别为Ⅲ类，特征周期 $T_g = 0.55\text{s}$，设防烈度地震下 $\alpha_{\max} = 0.08$，罕遇地震下 $\alpha_{\max} = 0.5$。

该办公楼平面均较为规则，且结构高宽比小于 4；建筑场地类别为Ⅲ类，且地基基础稳定性较好；经计算，风荷载标准值产生的水平力不超过结构总重力的 10%。以上各项均满足《抗规》的相关要求。

本工程选用 LRB-G4 S2=5 系列铅芯橡胶隔震支座中的 LRB700、LRB800 型隔震支座，其相关产品参数如表 16.5.1 所示。

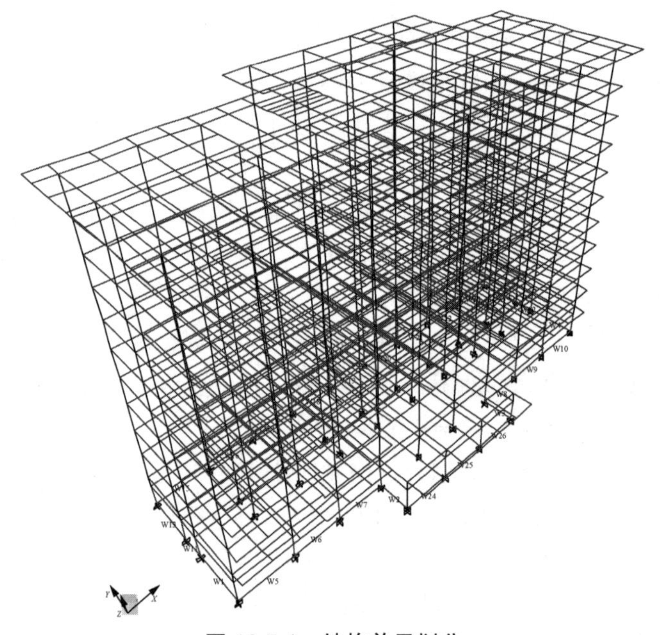

图 16.5.1 结构单元划分

表 16.5.1 隔震支座参数

性能指标		单位	LRB700	LRB800
隔震垫总高度		mm	344.3	364.6
形状尺寸	产品外径	mm	1000	1100
	橡胶外径	mm	700	800
	铅芯直径	mm	110	140
	第二形状系数	—	5.1	5.1
铅直性能	基准面压	MPa	15	15

续表

性能指标		单位	LRB700	LRB800
橡胶发生 100%剪切变形时的水平性能	设计荷载	kN	5758	7540
	铅直性能 K_v	kN/mm	3509	3973
	水平等效刚度 K_{eq}	kN/mm	1.661	2.044
界限性能	等效阻尼比 ξ_{eq}	%	20.4	23.1
	屈服后刚度 K_d	kN/mm	1.105	1.206
	屈服力 Q_d	kN	76	123
	界限变形	%	400	400

隔震层设在首层之下，地下 1 层柱顶。隔震支座顶部统一标高，共采用 11 个 LRB800 支座和 29 个 LRB700 支座。隔震支座平面布置方案如图 16.5.2 所示。

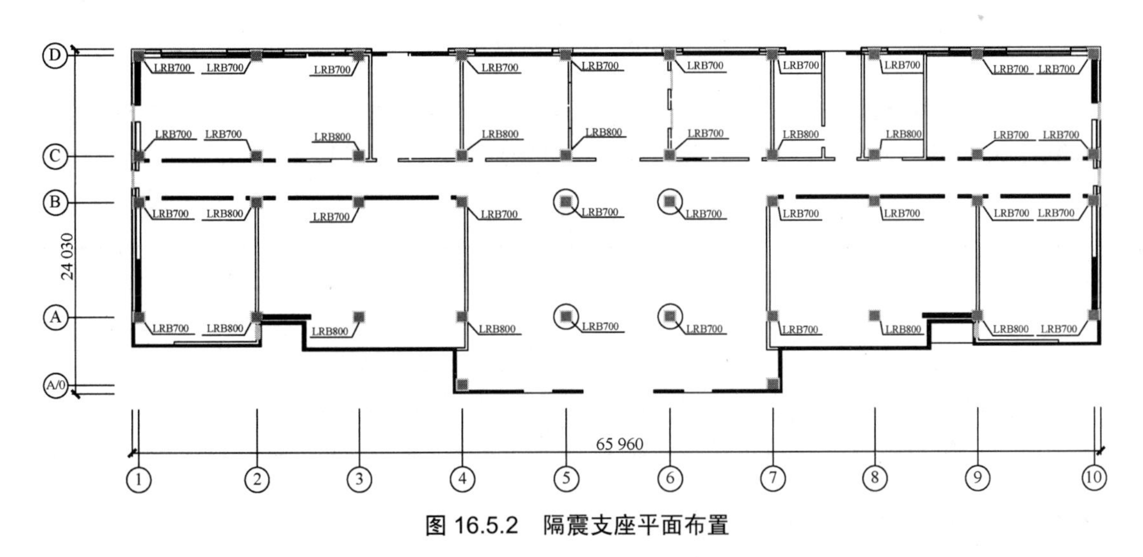

图 16.5.2 隔震支座平面布置

下部结构主要包括地下结构 1 层。要求在地下 1 层柱顶设置拉梁，增加隔震层下部结构的整体性。

16.5.2 结构模型

本工程采用通用结构分析软件 ETABS NonlinearC 作为动力分析软件。ETABS 软件具有方便且较灵活的建模功能，以及强大的线性和非线性动力分析功能。其中的非线性 LINK（Rubber Isolator）单元可用于准确模拟隔震支座的力学行为。

本结构采用模型 1 和模型 2 两个有限元计算模型，如图 16.5.3 所示。模型 1 用于模拟隔震前的办公楼结构，模型 2 用于模拟隔震后的办公楼结构。在两个模型中，框架梁柱均采用三维 Frame 单元模拟。在模型 2 中，隔震支座采用非线性 LINK（Rubber Isolator）模拟。

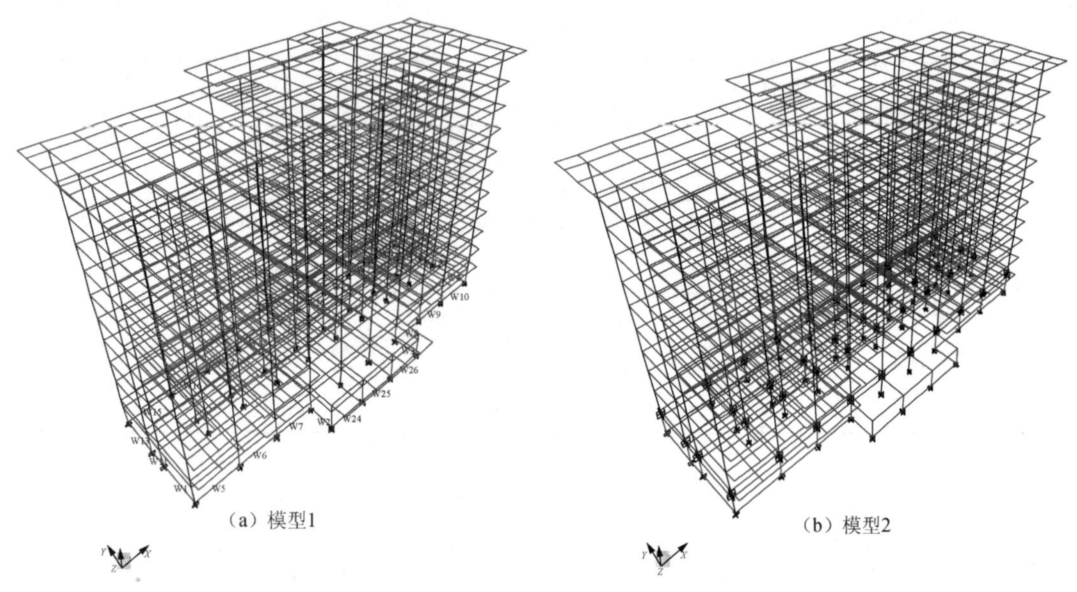

(a) 模型1　　(b) 模型2

图 16.5.3　计算模型

分别采用 PKPM 和 ETABS 软件计算办公楼结构周期和层剪力，二者计算结果接近，说明建立的模型是合理的，计算结果可靠。二者的周期对比如表 16.5.2 所示。

表 16.5.2　周期对比（前三阶振型）

振　型	周期/s	
	PKPM	ETABS
1	1.851	1.853
2	1.670	1.613
3	1.629	1.605

16.5.3　输入地震动评价

按照《抗规》要求，地震波输入选择符合场地的两条天然波和一条人工波。中震水平地震波加速度幅值被调至 100Gal，大震水平地震波加速度幅值被调至 220Gal。图 16.5.4 和图 16.5.5 分别给出了在设防烈度（中震）和罕遇地震（大震）水准下三条地震波时程曲线。

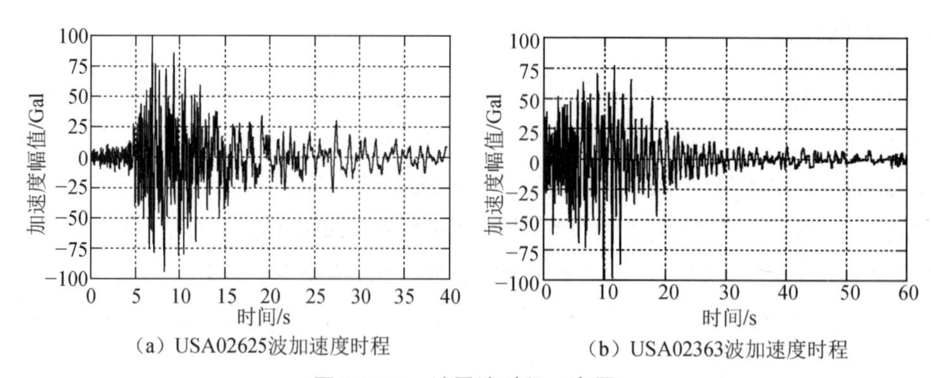

(a) USA02625波加速度时程　　(b) USA02363波加速度时程

图 16.5.4　地震波时程（中震）

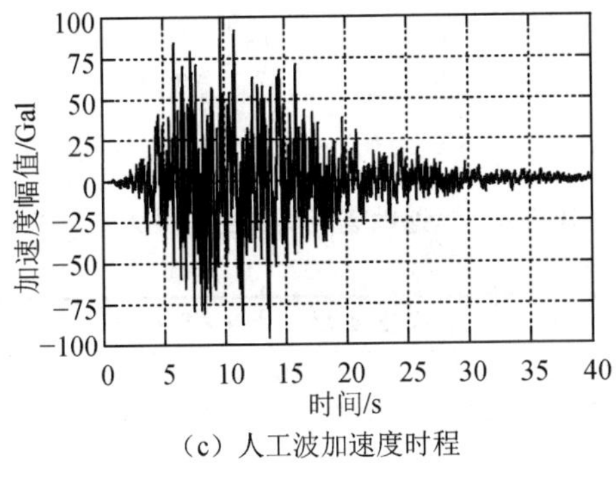

（c）人工波加速度时程

图 16.5.4(续)

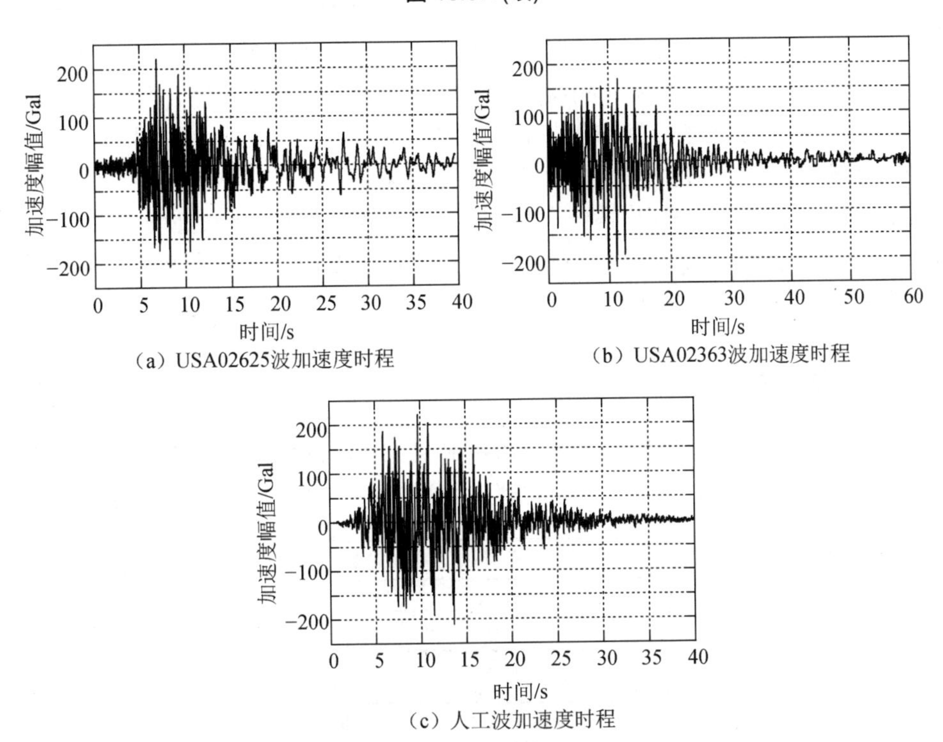

（a）USA02625波加速度时程

（b）USA02363波加速度时程

（c）人工波加速度时程

图 16.5.5　地震波时程（大震）

对办公楼地上部分采取隔震措施前后在设防烈度地震下的层剪力比进行了计算，如表 16.5.3 所示。计算结果表明：在设防烈度地震下，结构最大层剪力比为 0.60，说明采取隔震措施后结构层剪力有大幅降低。按《抗规》要求，水平向减震系数可以取 0.60，隔震后的水平地震影响系数可以取为隔震前的 0.75 倍。

表 16.5.3　设防烈度地震最大层剪力比

方向	隔震前后层剪力比最大值			最大值
	USA02625	USA02363	人工波	
X 向	0.600	0.532	0.542	0.600
Y 向	0.584	0.489	0.583	0.584

采用模型 2 计算罕遇地震下隔震支座最大水平位移，并考虑扭转效应。罕遇地震下隔震层最大水平位移为 188mm，小于橡胶支座直径（700×0.55mm=385mm）的 55%和 3 倍橡胶厚度（136.3×3mm=408.9mm），如表 16.5.4 所示。

表 16.5.4　罕遇地震下隔震支座最大水平位移

单位：mm

方向	隔震支座最大水平位移			最大值
	USA02625	USA02363	人工波	
X 向	188	77	41	188
Y 向	185	87	40	185

为验算隔震层的受压承载力，根据 SATWE 计算结果的标准值进行组合（恒荷载+0.5 活荷载）后计算柱底轴力，并验算隔震支座平均面压。计算结果表明，所有隔震支座面压均小于《抗规》针对丙类建筑规定的 15MPa 限值，符合《抗规》要求。另外，罕遇地震下隔震支座均未出现拉力，可以保证隔震支座不会出现受拉破坏。

为保证隔震层在风荷载作用下不屈服，防止产生较大位移影响房屋的适用性，需对隔震支座水平屈服荷载进行验算。经计算，在 *X* 和 *Y* 两个方向上，隔震支座水平屈服剪力设计值（3557kN）均大于 1.4 倍风荷载作用下隔震层的水平剪力标准值。

16.5.4　设计流程概述

隔震设计的流程可以参考图 16.5.6。其基本思路是：首先确定拟建建筑的设防标准和水平减震系数；对上部结构进行平立面布置，并初步进行隔震装置选型与布置；选择合适

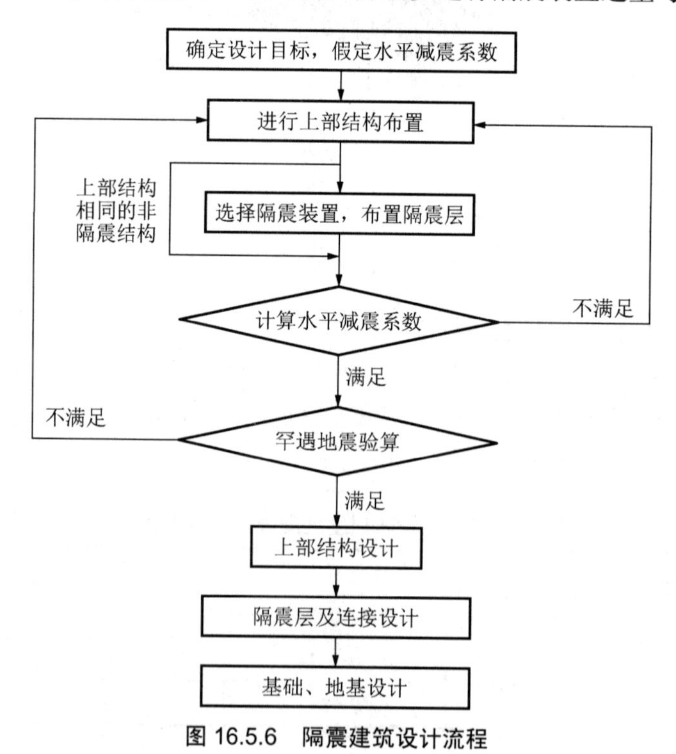

图 16.5.6　隔震建筑设计流程

的分析方法对隔震结构和非隔震结构在设防烈度地震下进行验算，若计算得到的水平减震系数与假定值相差较大，应重新进行上部结构布置或重新设计隔震层布置，若与假定值相符，则在罕遇地震下进行水平位移等验算，如不满足要求应调整上部结构或隔震层；验算通过后，进行上部结构、隔震层和基础的进一步设计。

16.6　隔震加固结构的设计实例

16.6.1　项目背景

汶川地震导致很多建筑破坏乃至倒塌，造成了大量的人员伤亡及财产损失。震后调查发现，首层或底部几层薄弱结构的震害为一种典型震害，其特点是：①首层或底部薄弱层震害严重，柱端出铰，产生较大残余变形甚至完全坍塌；②薄弱层以上楼层的震害轻微。这是由于结构底部薄弱层进入塑性后，结构的整体动力性态发生改变，结构变形和地震输入能量集中在结构底部薄弱层。该作用在增大首层震害的同时，也“保护”了结构上部其他楼层。

对于首层薄弱层严重破坏的建筑，若采用传统方法加固增大首层刚度和承载力，不但成本高，而且会影响建筑的使用功能；若全部拆除重建，则会耗费更多的人力物力。另外，汶川地震后，四川大部分地区的抗震设防烈度均有不同程度的提高。此类结构首层以上虽然震害轻微，但可能不符合设防烈度提高后的要求，仍需进行加固。如果采用传统加固方案，则须对全楼进行加固，成本高，工程量大。

对于首层薄弱结构，可考虑利用隔震技术，在结构首层设置隔震层，对其进行隔震加固改造。对既有建筑物进行隔震改造具有以下优越性：①提高建筑结构的抗震能力；②不影响上部建筑结构的正常使用；③不仅保护建筑结构，而且保护建筑内的仪器设备；④对于重要建筑进行隔震改造加固，其造价一般比传统抗震加固方法低得多。

本节以都江堰市某 6 层框架结构的柱顶隔震加固改造设计为例，介绍采用橡胶隔震支座进行既有结构隔震加固的实用化分析和设计方法。

16.6.2　结构概况

该工程建筑高度 21.22m，建筑面积约 5400m^2，为 6 层框架结构。首层为停车场，无填充墙；上部为公寓，有横向和纵向填充墙；屋面为坡屋面。标准层结构平面如图 16.6.1 所示。该建筑结构原设计抗震设防烈度为 7 度，设计地震分组为第一组。设计基本地震加速度值为 0.10g，多遇地震下 $\alpha_{\max}=0.08$，罕遇地震下 $\alpha_{\max}=0.50$。汶川地震后，都江堰市的抗震设防烈度调整为 8 度，设计地震分组为第二组，设计基本地震加速度值为 0.20g，多遇地震下 $\alpha_{\max}=0.16$，罕遇地震下 $\alpha_{\max}=0.90$。抗震设计按丙类建筑设防。建筑所在场地类别为Ⅱ类，特征周期 $T_g=0.4\text{s}$。

在汶川地震中，该建筑首层破坏严重，柱上下端均出现塑性铰，层间位移达 200mm，但上部楼层基本完好。考虑填充墙影响后，该结构的底层抗侧移刚度显著小于上部楼层，因此在汶川地震中底层所有框架柱上下端破坏，形成楼层屈服机制。由于底层屈服机制在一定程度上起到了隔震减震的效果，因此上部楼层基本无损伤。

根据该结构的震害特点，以及恢复底层继续作为停车场使用的需要，并考虑到该地区设防烈度提高一度的要求，决定对该结构采用隔震减震技术进行加固修复。加固修复方案为：先将结构复位，再用扩大截面方法加固首层框架柱，然后在首层柱顶设置铅芯橡胶隔震支座，形成隔震层，上部结构则不做进一步加固。

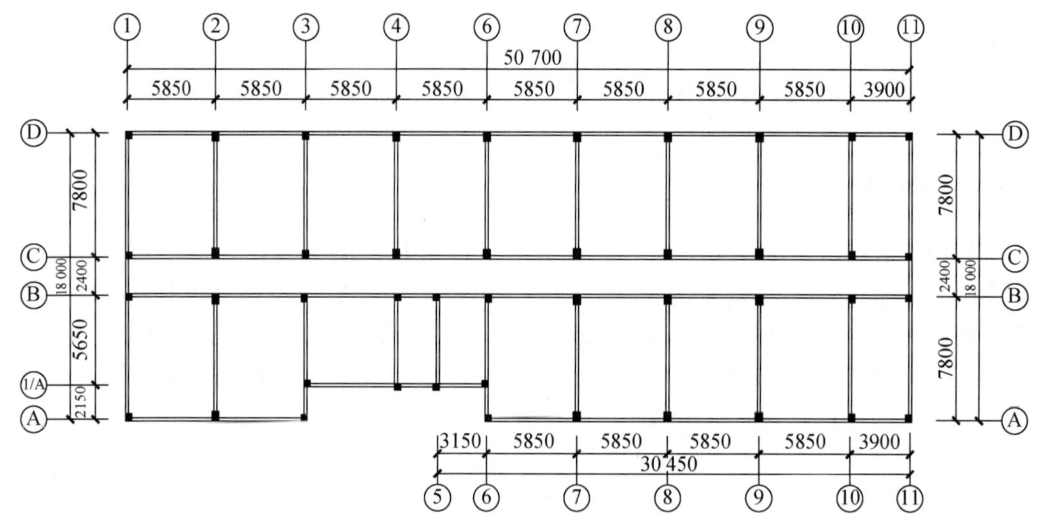

图 16.6.1　标准层结构平面图

本工程选用 LRB-G4 系列铅芯橡胶隔震支座中的 LRB500-90 及 LRB600-100 两种型号，100%水平变形等效阻尼比分别为 23.9%和 21.9%，第二形状系数均为 5.00。隔震支座布置在首层柱顶，隔震支座底面标高统一为 1.600m。布置隔震支座时，在 1.0 恒荷载+1.0 活载的轴力组合下，LRB500-90 隔震支座的压应力上限取 10MPa，LRB600-100 隔震支座的压应力上限取 13MPa。通过两种型号的隔震支座的精心布置，使隔震层刚心与结构质心尽量重合。隔震支座平面布置方案如图 16.6.2 所示。

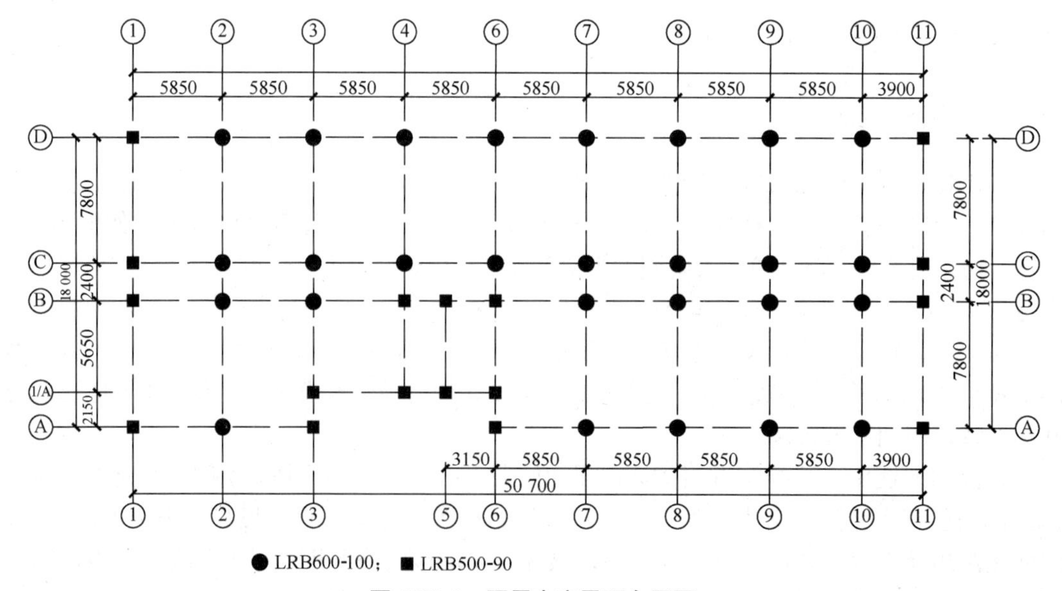

图 16.6.2　隔震支座平面布置图

下部结构包括首层柱和基础拉梁，首层柱柱底端固定在基础上，基础拉梁连接首层柱底部形成框架，首层柱顶放置橡胶隔震支座并与上部结构连接。本工程中将所有首层柱扩大截面进行加固。为降低工程造价，尽量不改变原结构的基础和基础拉梁，但对基础拉梁和基础进行承载力验算。

16.6.3　结构模型

采用通用结构分析软件 SAP2000 对隔震前后的结构进行结构建模和抗震性能分析，为结构隔震加固设计提供依据。分别采用两种计算模型进行计算分析。模型 1 用来模拟隔震加固前的结构（即原结构），采用串联质点模型，不考虑结构的扭转，如图 16.6.3（a）所示。各层的质量和刚度等数据来自 PKPM 计算模型的输出结果。

模型 2 用来模拟隔震加固后的结构，隔震支座按设计情况布置，并采用 SAP2000 提供的非线性 LINK 单元 Rubber Isolator 模拟，隔震层上部结构和下部结构各层质量布置在质量中心，层间采用两节点 LINK 单元并布置在层刚度中心。由于隔震后上、下部结构刚度远远大于隔震层，结构变形集中在隔震层，因此仅在隔震层考虑结构平面偏心可能引起的扭转效应。分析时仅考虑 U_X、U_Y 及 R_Z 三个自由度；各层质量、刚度、质心和刚心位置来自 PKPM 计算模型的输出结果，转动惯量由各层质量均布到该层等效矩形上计算得出。模型如图 16.6.3（b）所示。

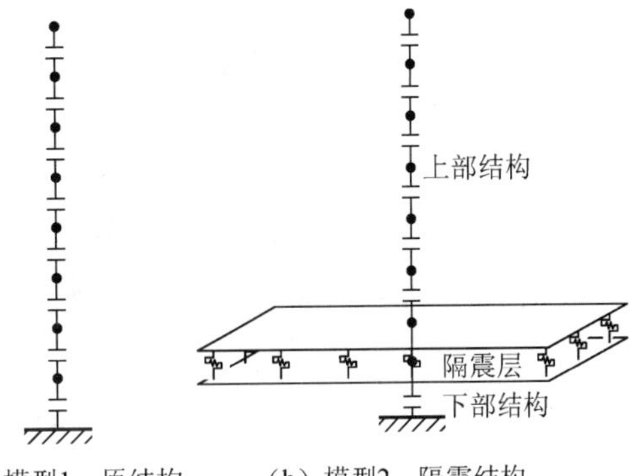

图 16.6.3　计算模型

16.6.4　输入地震动评价

按照《抗规》要求，地震波输入选择符合Ⅱ类场地的两条天然波（El Centro NS 波、Taft NS 波）和一条人工波。小震水平地震波加速度幅值调至 70Gal，中震水平地震波加速度幅值调至 200Gal，大震水平地震波加速度幅值调至 400Gal。图 16.6.4 给出了罕遇地震（大震）水准下三条地震波反应谱与规范用反应谱的比较。

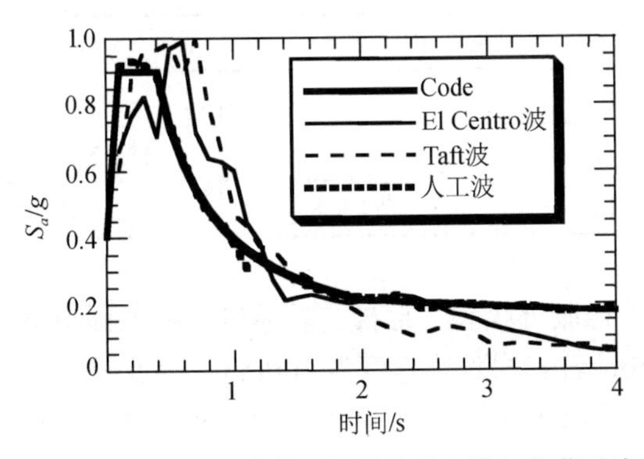

图 16.6.4　罕遇地震水准下地震波反应谱与规范反应谱

模型 1（隔震前）各阶周期和 PKPM 计算结果符合良好。模型 2（隔震后），X 向一阶周期由 0.609s 延长至 2.281s；Y 向一阶周期由 0.569s 延长至 2.267s。隔震后的一阶振型以隔震层沿 X 向平动为主，二阶振型以隔震层沿 Y 向平动为主，三阶振型以隔震层绕 Z 轴扭转为主。结构变形主要集中在隔震层。模型 2 的前三阶自振周期及质量参与系数如表 16.6.1 所示，可见隔震结构各自由度一阶振型质量参与系数均高于 90%，对结构动力性能起控制作用。

表 16.6.1　模型 2 的前三阶自振周期及质量参与系数

阶数	周期/s	U_X	U_Y	R_Z	Sum U_X	Sum U_Y	Sum R_Z
1	2.28	0.94	0.00	0.12	0.94	0.00	0.12
2	2.27	0.00	0.98	0.67	0.94	0.98	0.78
3	2.08	0.04	0.00	0.20	0.98	0.98	0.98

图 16.6.5 所示为隔震前后 8 度小震及原结构 7 度小震下的层剪力对比。由图可见，隔震后各层剪力减小为原结构的 40%以下，且隔震改造后结构在 8 度小震下的层剪力均小于原结构在 7 度小震下的层剪力。

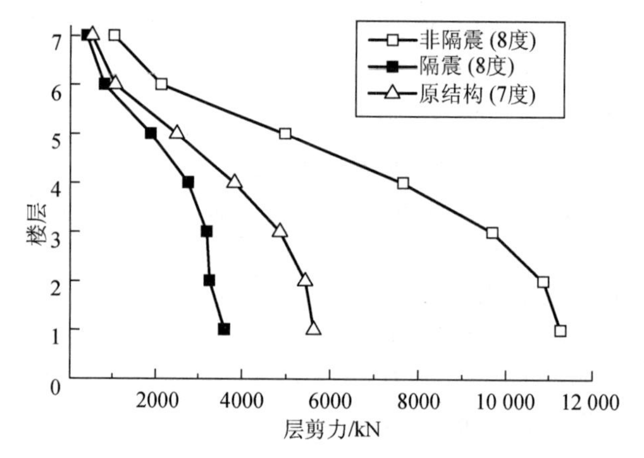

图 16.6.5　隔震前后层剪力对比

罕遇地震下隔震支座最大水平位移采用模型 2 计算，可考虑扭转效应，计算结果如表 16.6.2 所示。可以看出，隔震层的扭转效应并不明显。调整隔震支座的型号，使隔震层刚心与结构质心尽量重合的措施收到了良好的效果。

表 16.6.2　罕遇地震下隔震层最大水平位移　　单位：mm

地震波方向	不考虑扭转/考虑扭转			
	El Centro	Taft	人工波	平均值
X 向	118/119	122/123	158/161	132.7/134.3
Y 向	117/117	123/123	157/158	132.3/132.7

隔震支座的最大水平位移应小于 0.55 倍橡胶外径和 3 倍橡胶总厚度。本工程中最小的隔震支座型号为 LRB500-90，橡胶外径为 500mm，橡胶总厚度为 100mm。因此隔震支座最大水平位移限值为 275mm。由表 16.6.2 知隔震支座在罕遇地震下最大水平位移为 161mm，小于水平位移的限值。

根据《抗规》规定，隔震层以下结构的地震作用和抗震验算应采用罕遇地震下隔震支座底部的竖向力、水平力和力矩进行计算。隔震支座底部的水平力根据不隔震上部结构大震下的水平地震荷载和大震下的水平向减震系数确定。下部结构和基础要承受上部结构传递下来的各种荷载，满足大震不屈服的要求。隔震支座变形产生的剪力及附加弯矩作为节点荷载输入。荷载组合采用标准组合，材料强度应采用标准值。经校核，基础及承台、拉梁配筋均满足要求，可以不予加固。

16.6.5　设计流程概述

已有结构采用隔震措施加固的设计思路与新建隔震结构设计思路（16.5.4 节）有相似之处，即确定好设计目标后，假定水平减震系数，通过调整隔震层使计算结果与假定接近，并能满足各项计算要求。

上部结构是已有结构，对其进行大范围改造意义不大，同时也不经济，因此应当使上部结构采取隔震措施后的地震作用小于原设计值，以保证上部结构的安全。在上部结构与隔震层的连接处往往需要设置刚度较大的构件，因此可能需要对上部结构底板进行加固改造。原结构基础也应进行相应验算，保证在采取隔震措施后仍然满足性能要求。

16.7　高层结构隔震设计

实际上，无论上部结构是砌体结构、钢筋混凝土结构、钢结构或者组合结构，均可采用隔震技术。因此，《抗规》中并未就隔震技术适用的建筑类型进行规定。对于上部结构体型的要求主要包括建筑高度、高宽比和平立面规则性等。

隔震层能够减轻上部结构地震作用的重要原因是隔震层刚度很小，使整个基本周期大大延长，从而有效减少了地震对上部结构的能量输入。随着结构高度增加，其基本周期相应增加，隔震的效果可能并不明显。另外，在长周期地震作用下，由于隔震结构延长了原结构周期，有可能增大地震作用。

隔震层的受力状态与上部结构的体型特征有密切关系。对于隔震支座来说，理想状态是在地震作用下仅产生水平运动。如果上部结构高宽比过大，则可能使部分隔震支座受拉。当支座所受拉力超过其极限能力时，内部会产生很多孔隙，造成不可恢复的损伤，在较大变形下竖向刚度会大大折减。橡胶隔震支座的受拉强度远低于其受压强度。因此，为了确保隔震结构在地震来临时有足够的稳定性，防止上部结构与隔震层之间分离，应对结构的高宽比进行限制。当结构的高宽比较大时，应进行罕遇地震下的抗倾覆验算，防止支座压屈或出现过大拉应力。

相比低矮的结构，风荷载对于高层结构的作用相对显著。与地震作用不同，风荷载作用的方向在较长时间内是比较稳定的。如果不能保证隔震装置的弹性恢复力与抗风装置的抗剪承载力大于风荷载等长期水平荷载的作用，隔震层将产生不可恢复的变形，除了影响建筑美观外，也将影响隔震层的稳定性与变形能力。因此，对于受风荷载作用较大的高层结构，应设置可靠的抗风装置，保证隔震支座在风荷载作用下的弹性可恢复性。

综上所述，在高层建筑中也是可以使用隔震装置的，但应根据高层结构的特点，对如何充分发挥隔震效果与保证隔震层的可靠性进行仔细论证。

习题

1. 隔震的基本原理是什么？
2. 什么叫隔震支座？隔震支座有哪些类型？各有什么特点？

参考文献

[1] CHOPRA A K. Dynamics of structures[M]. Hoboken: Prentice Hall, 2000.
[2] 潘鹏, 曹海韵, 齐玉军, 等. 底部薄弱层结构的柱顶隔震加固改造设计[J]. 工程抗震与加固改造, 2009, 31(6): 69-73.
[3] 潘鹏, 潘振华, 曹海韵, 等. 钢筋混凝土框架结构采用粘滞性阻尼器的抗震加固分析[C]//高层建筑抗震技术交流会暨北京市建筑设计研究院 60 周年院庆学术交流会. 中国建筑学会, 2009.

第 17 章 震后功能可恢复的新型抗震体系

建筑抗震设计经过 100 多年的发展，在抗震设计理论和结构计算分析方面取得了明显的成果，目前已经可以做到避免结构在强震下倒塌，有效地控制了人员的伤亡与经济财产损失。《抗规》也明确指出我国的抗震设计标准：大震不倒，中震可修，小震不坏。然而，对于高层建筑，尤其是超高层建筑，其人员密集，现代化程度高，常常承担城市或地区的某些核心功能。这些建筑即使在经受强烈地震后没有倒塌，其结构也可能遭受严重破坏，失去使用功能。这将导致巨大的经济损失，为当地的抗震救灾、恢复生产生活带来巨大的困难。我国快速推进城市化建设，对建筑抗震设计提出了新的挑战——实现高层建筑乃至城市的震后快速恢复功能。

17.1 功能可恢复的概念

功能可恢复社会要求通过高效的防灾减灾系统，使社会在遭遇重大灾害的时候，仍可保持基本的重要功能不中断，或可快速恢复。Berke 在 2006 年提出了功能可恢复社会的几个具体特征：

（1）人员伤亡数量少；

（2）经济损失可控；

（3）救灾系统较为完善，且可快速启用；

（4）灾害不会产生链式反应，次生灾害少；

（5）生命线工程的可持续运营；

（6）灾后恢复时间和程度可满足社会需求。

Stephanie 建议采用受损程度以及恢复时间量化城市震后可恢复功能的能力，也就是所谓鲁棒性和恢复能力。图 17.1.1 中所示的曲线表示社会功能在地震时已经遭受到不可接受的破坏，但其恢复时间满足快速恢复功能社会的要求。当遭遇地震时，社会的功能水平从正常水平 R 下降到 R_0，其中 R^*表示社会可接受的最低功能标准。t_0 表示社会遭遇地震的时间，t^*表示社会可接受的最长恢复时间，t_1 为社会恢复至正常功能水平时的时间。

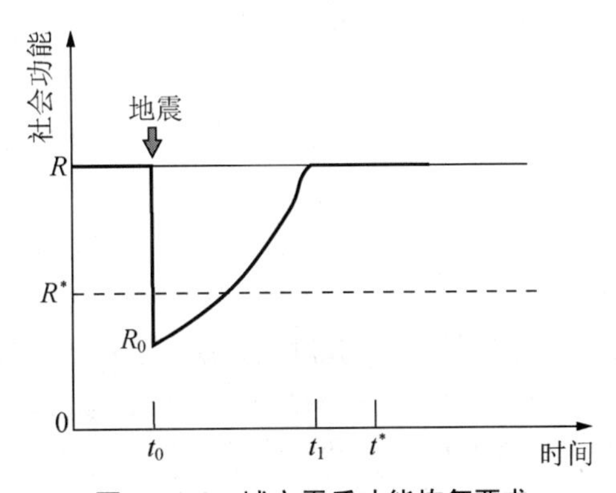

图 17.1.1 城市震后功能恢复要求

近些年来，尤其是日本 3・11 大地震以后，建设震后快速恢复功能社会成为国际地震工程领域的共识。美日地震工程会议上，将“震后可恢复功能”作为未来 5 年国际地震工程的重点合作研究方向。国内外学者提出了多种新型结构图体系以实现结构的震后快速恢复功能，自复位钢框架、自复位摇摆结构、可更换连梁的高层剪力墙结构等均表现出了良好的震后快速恢复功能的能力。

17.2　自复位框架结构

为了减小钢框架结构在震中的最大变形与震后的残余变形，震后具有自复位能力的结构成为学者们的研究热点，其中针对自复位钢框架的研究较为突出。研发具有自复位能力的构件是实现自复位结构的基础。在有关自复位钢框架的研究中，自复位梁柱节点与自复位支撑获得较多的关注。

17.2.1　自复位钢框架梁柱节点

从 20 世纪末一直到现在，国内外学者对一种新型的具有自复位与耗能能力的钢框架节点展开了广泛的研究。美国 Lehigh 大学的 J. Ricles 等将这类节点用于钢框架结构，并通过沿梁轴线方向给梁柱节点施加预应力的方法实现了具有自复位能力梁柱节点。图 17.2.1 所示为该节点的构造示意图。

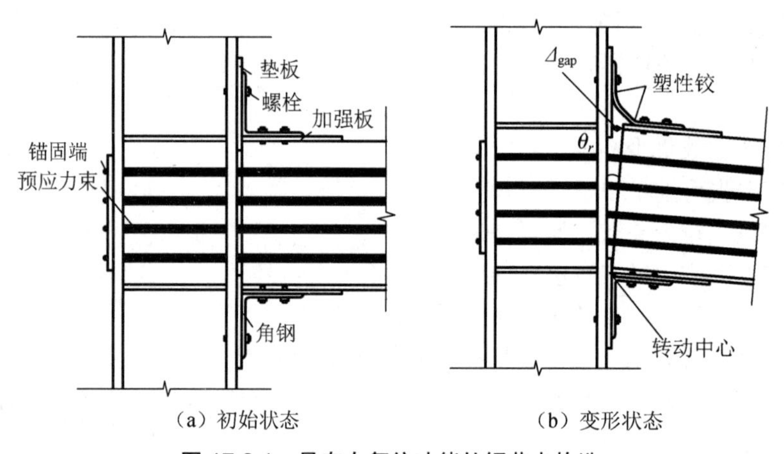

图 17.2.1　具有自复位功能的钢节点构造

Ricles 采用计算软件 DRAIN-2DX 提供的纤维元，建立了该类节点及梁柱的相关分析计算模型，并对 8 个节点进行了试验，通过对比试验结果对计算模型进行评价与校准。对比表明此模型对试验结果做了很好的预测，从而可以对具有自复位能力的节点进行参数分析。此外，Ricles 等还利用该分析模型对一个六层框架进行了动力时程分析。分析表明该框架具有足够的刚度、强度及延性，表现优于具有传统梁柱节点的框架系统。

在 Ricles 的研究基础上，Christopoulos 等采用耗能钢筋作为该节点的主要耗能构件[图 17.2.2（a)]，并对该节点进行了模拟分析与试验研究。Hyung-Joon Kim 在节点处加入摩擦型阻尼器[图 17.2.2（b)]，并通过试验考察该自复位节点的性能。Wolski 等采用了通过高强螺栓施加预紧力的摩擦型阻尼器［图 17.2.2（c）］，并对 7 个缩尺梁柱节点模型进行了试验。Ying-Cheng Lin 等也通过将摩擦型阻尼器置于梁腹板处实现了节点的耗能性能［图 17.2.2（d）］。分析与试验结果表明，这些形式的自复位钢节点均表现出良好的性能。这些自复位钢节点的可设计性较强，可以根据需求采用不同的耗能构件，使得结构具有不同的刚度和承载力。

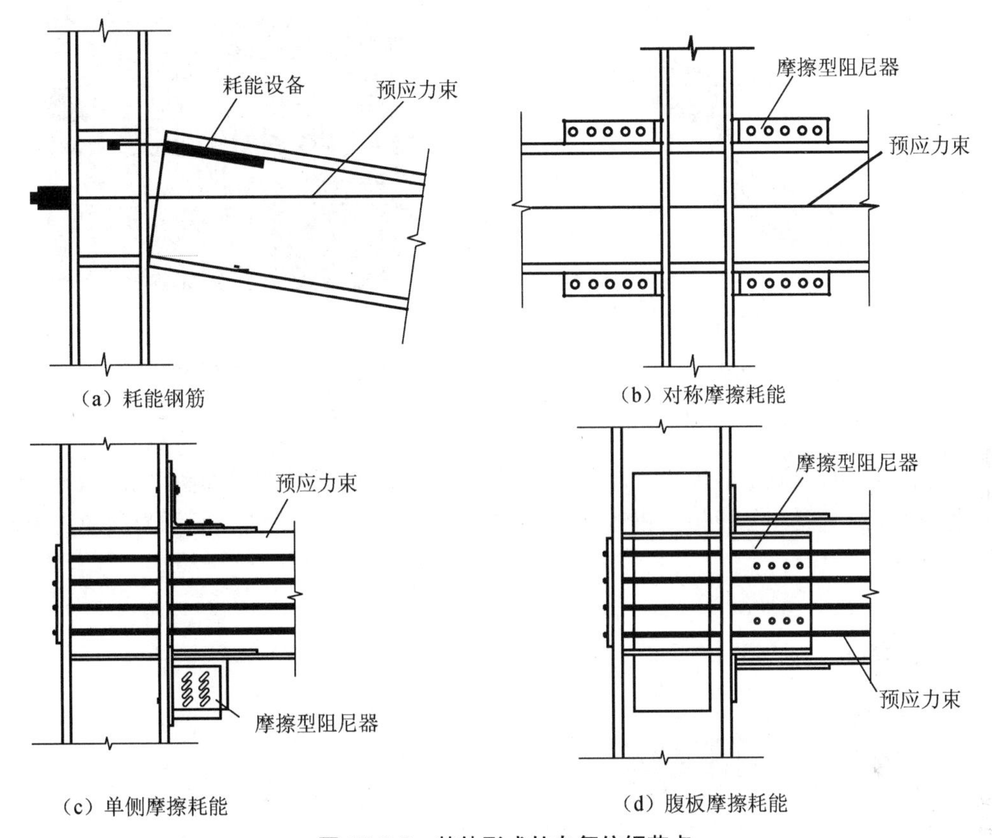

图 17.2.2　其他形式的自复位钢节点

笔者在 2010 年对图 17.2.1 中的自复位梁柱节点进行了拟静力试验研究。图 17.2.3 所示为试件的构造详图和照片。试验中考察了不同厚度的角钢、不同的初始预应力对该节点性能的影响。

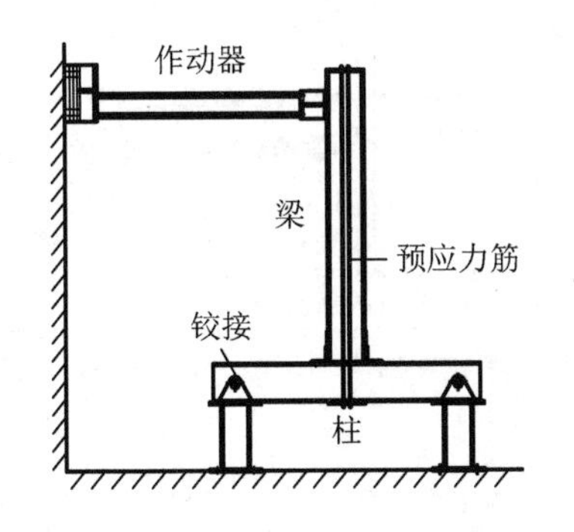

图 17.2.3　自复位梁柱节点

通过试验获得的节点滞回曲线如图17.2.4（a）所示。该滞回曲线表明，节点具有良好的自复位能力与耗能能力。在经历0.05rad的变形角以后，其残余变形仅有0.2%，证明该节点具有良好的自复位能力。图17.2.4（b）所示为该节点在试验中的照片。钢梁在侧向力的作用下与梁柱分离，角钢屈服耗能。需要注意的是，在实际工程中，梁上部还有楼面自重。角钢与柱子之间的螺栓承受了所有的楼面自重，在实际设计的时候需进行考虑。

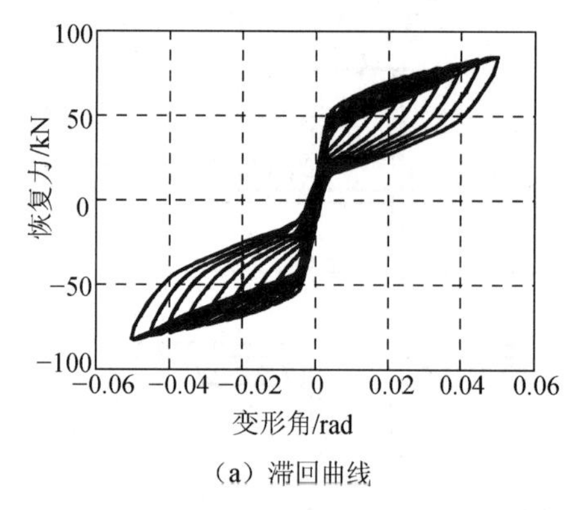

（a）滞回曲线

（b）梁柱节点变形

图17.2.4　自复位梁柱节点试验研究

在试验研究的基础上，建立了该自复位梁柱节点的有限元模型，如图17.2.5（a）所示。该有限元模型的重点在于模拟给钢绞线施加的预应力。图17.2.5（b）所示为预应力单元的本构示意图。

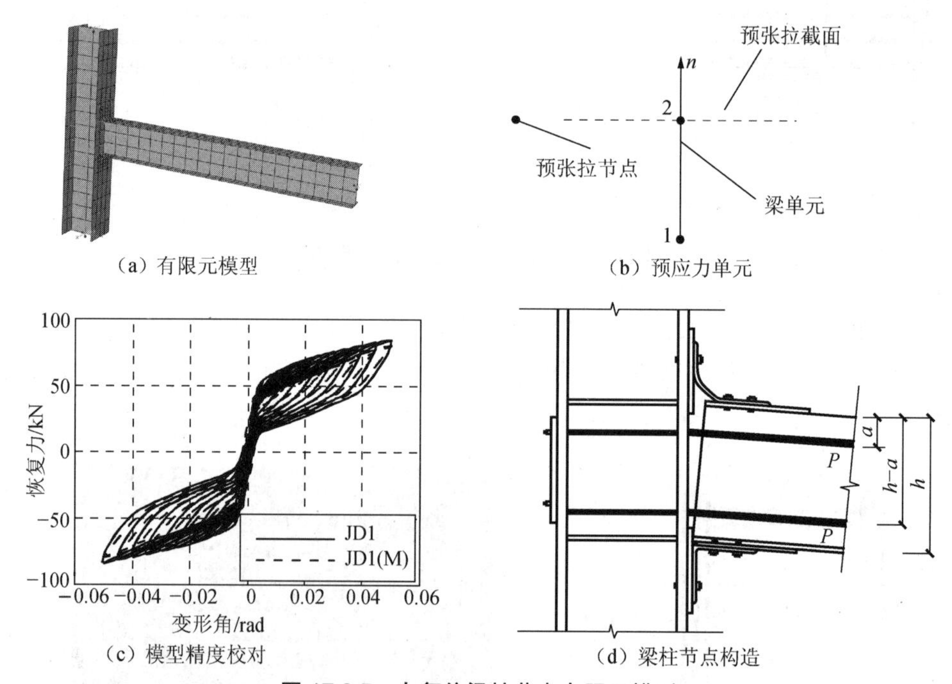

（a）有限元模型　（b）预应力单元

（c）模型精度校对　（d）梁柱节点构造

图17.2.5　自复位梁柱节点有限元模型

图17.2.5（c）显示了有限元模型计算结果与试验结果的对比，滞回曲线较为吻合，由此认为该模型具有良好的精度。笔者基于该模型进行了更多的参数分析，提出了适合工程

实践的设计公式。图 17.2.5（d）所示为该梁柱节点的受力模式，式（17.2.1）表示了预应力钢绞线提供的弯矩，其中 P 表示钢绞线的预应力，a 为钢绞线距梁翼缘的距离，h 为梁的高度。由此可见，当预应力钢绞线按梁中心轴线对称布置时，其提供的弯矩与预应力钢绞线的位置无关。但值得注意的是，当钢绞线远离中心线时，受拉侧的钢绞线应变较大，极限变形能力受到限制。因此，建议钢绞线尽量靠中心线布置。由此自复位梁柱节点可获得更好的变形能力。另外需要强调的是，这里提出的有限元模拟方法具有较强的普适性，适用于其他预应力结构的建模分析工作，如大跨度的张拉结构、悬索结构，以及某些情况下的施工模拟。

$$M = Pa + P(h-a) = Ph \tag{17.2.1}$$

在自复位梁柱节点性能研究的基础上，笔者对某 4 层自复位钢框架进行了分析研究。图 17.2.6 所示为该自复位钢框架的平面示意图。从图中可见，在该自复位框架中，边节点与中节点均采用了自复位技术。同时笔者也建立了另外一个传统框架的模型用于对比。

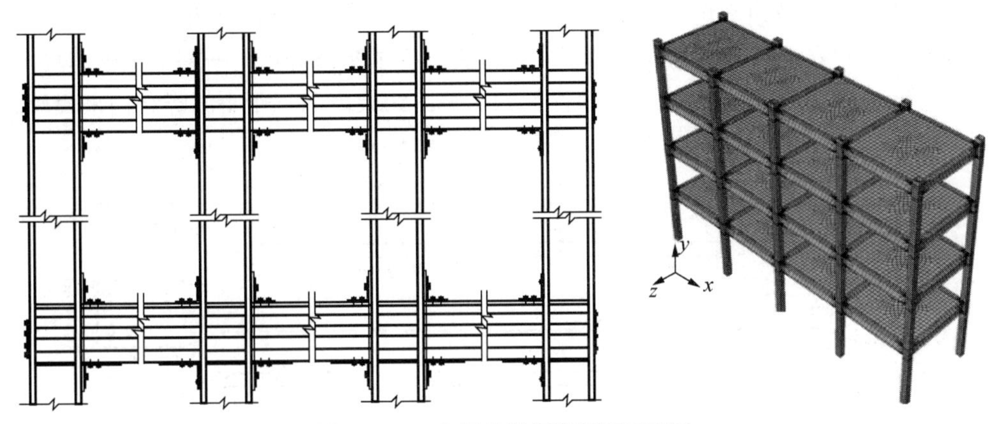

图 17.2.6　自复位钢框架平面示意图

通过进行弹塑性时程分析表明，自复位钢框架在控制结构残余变形方面具有非常显著的优势。图 17.2.7 显示了自复位框架与传统框架在 3 条地震波下的残余变形，可见自复位框架的残余变形显著小于传统框架。与此同时，由于自复位框架梁柱节点为半刚性，其刚

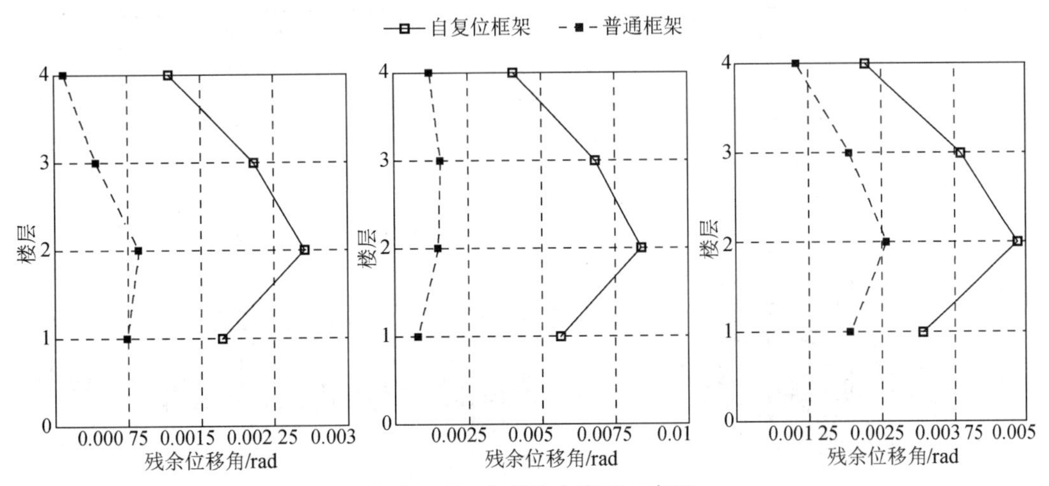

图 17.2.7　框架残余变形示意图

度较传统框架略小，使得自复位框架的基底反力、楼面加速度也略小于传统框架。

17.2.2 自复位钢支撑

在框架结构中，屈曲约束支撑（buckling restrained brace, BRB）是一种常用的金属屈服型阻尼器。但 BRB 屈服后刚度较小，不利于控制结构位移；同时 BRB 屈服以后有严重的塑性变形，为结构的修复工作增加了困难。

自复位支撑在传统 BRB 的基础上增加了预应力拉索，并设置合理的机构，使支撑拥有了自复位性能。其构造简单，布置灵活，不仅适用于新建建筑，还适用于结构加固，受到国内外学者的重视。

C. C Chou 对三明治式屈曲约束支撑进行了试验验证和有限元分析。三明治式屈曲约束支撑构成如图 17.2.8 所示，其主要由上下槽钢、中间芯材、约束混凝土和分布螺栓构成。在对四个试件进行试验研究后，认为合理设计的试件具有良好的滞回能力。同时，C. C Chou 在 ABAQUS 中建立了该支撑的数值模型，并对其进行了参数分析，研究了内核芯材尺寸、约束构件尺寸以及螺栓个数对支撑整体性能的影响。结果表明，用小间隙结构来代替无黏结材料对支撑的性能不会产生影响。

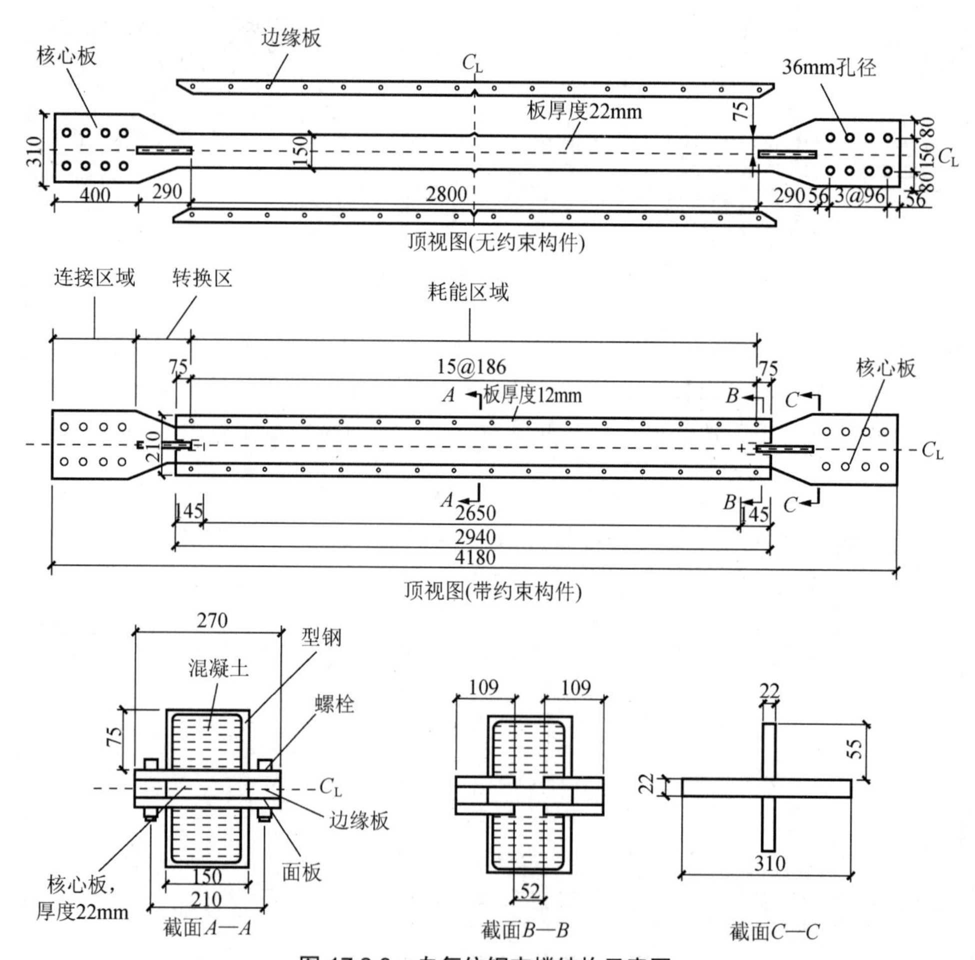

图 17.2.8 自复位钢支撑结构示意图

在自复位节点基础上，C. Christopoulos 等 2008 年又对自复位耗能支撑系统进行了地震下的响应研究，并提出了自复位耗能系统的概念，如图 17.2.9 所示。在其论文中，作者提出了自复位耗能支撑系统的基本构成：耗能系统可以使用摩擦装置、屈服装置、黏性装置来实现；自复位装置通过预拉筋、连接单元实现。在支撑受到拉、压力的情况下，结构构件通过相对运动触发耗能系统耗能，同时使得支撑总体变长，也使得预拉筋弹性伸长；卸掉外力之后，预拉筋缩短，从而达到自复位的效果。作者设计并加工了一个自复位支撑试件，试验结果表明，该自复位支撑具有稳定的耗能能力和自复位性能。但在试验中，大变形筋的力学性能不够稳定，需要进行大量试验才能应用到实际工程中。

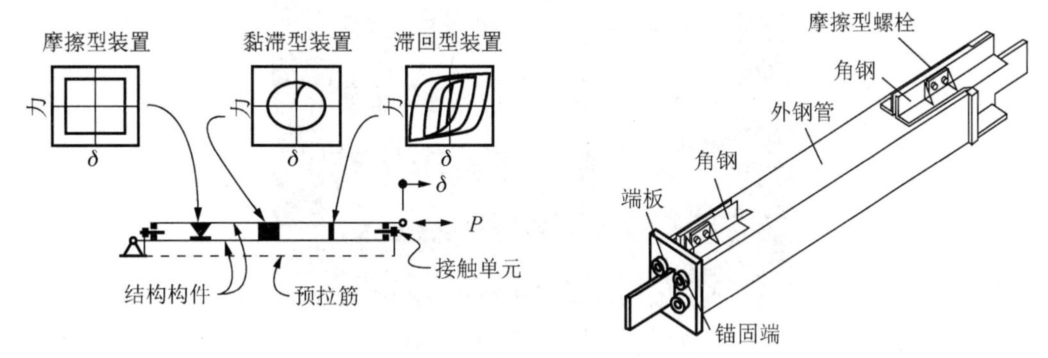

图 17.2.9　自复位钢支撑耗能系统

Miller 等提出了一种利用形状记忆合金作为受拉筋的自复位屈曲约束支撑，如图 17.2.10 所示。该支撑主要利用中间套管和外套管的相对变形，使支撑在受到拉力或者压力情况下，记忆合金均保持受拉状态，提供自复位的能力。形状记忆合金本身兼具自复位与耗能能力，因此此种支撑的耗能能力和自复位能力均得到提升。

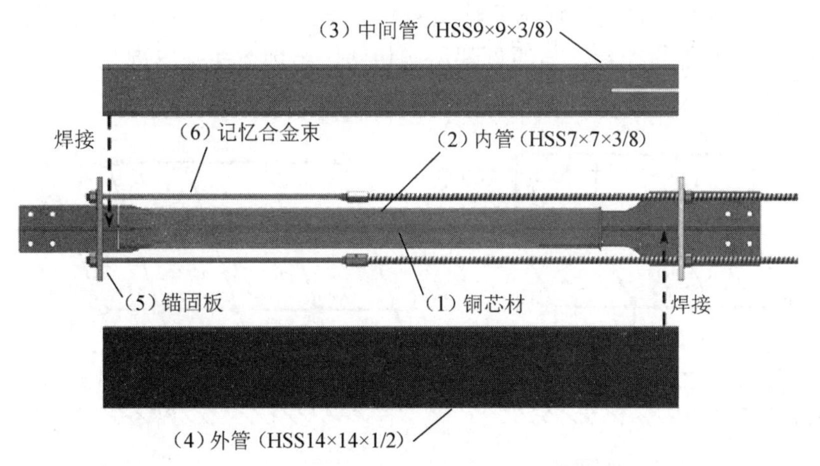

图 17.2.10　形状记忆合金式自复位屈曲约束支撑

从上面的研究可以看出，自复位支撑在 BRB 的基础上，利用内外约束套管的相对变形差，使得预应力钢绞线始终处于受拉范围。自复位钢支撑的研究还在起步阶段，其工程实践设计方法、结构分析实例尚缺乏深入细致的研究。

17.3　自复位摇摆墙

17.3.1　结构体系概述

框架结构在地震作用下有可能出现层倒塌破坏。图 17.3.1 所示为漩口中学教学楼在汶川地震中的破坏模式，一层完全倒塌，但上部建筑保存良好。现浇混凝土楼板大大提高了梁的承载力，使结构在地震下无法满足设计的强柱弱梁破坏模式。

图 17.3.1　漩口中学教学楼破坏照片

摇摆墙结构体系可以有效地避免框架结构的层倒塌机制。图 17.3.2 所示为框架-摇摆墙结构体系示意图。框架-摇摆墙（frame-rocking wall system）是一种具有特殊构造的墙体。墙底部与地面铰接，具有一定的转动能力，将摇摆墙与框架结构相连，就形成了框架-摇摆墙结构体系。框架-摇摆墙结构体系与一般框架结构的不同之处在于附加了摇摆墙子结构，有效控制了结构的屈服机制，使塑性铰主要产生在梁端，并且在各楼层间均匀分布，充分发挥整个框架结构的耗能能力，提高了结构的变形能力与耗能能力。值得注意的是，框架-摇摆墙结构体系墙底部为铰接，与原框架结构相比，结构体系基本周期基本不变，并不会显著增加地震力的输入，对基础承载力的需求并未显著增大。

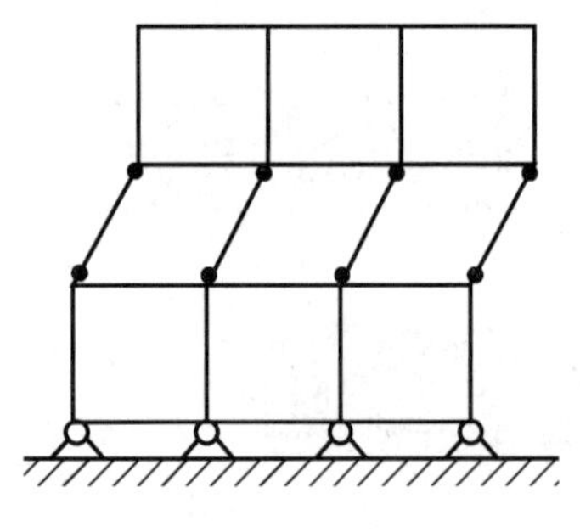

（a）框架结构，层屈服机制

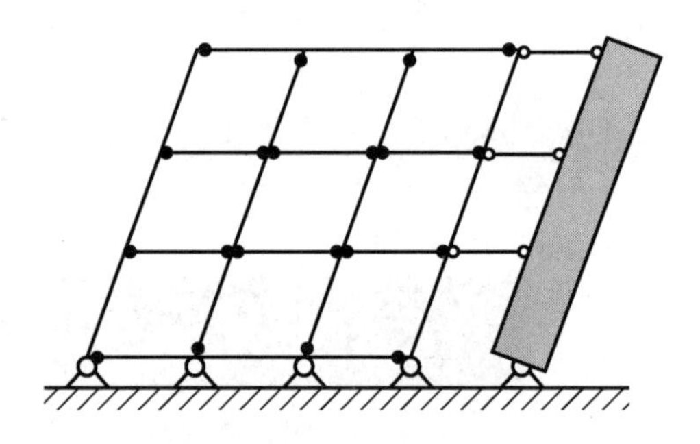

（b）摇摆墙体系，整体屈服机制

图 17.3.2　框架-摇摆墙结构体系示意图

采用摇摆墙的最典型案例是：日本的 Akira Wada 教授等利用摇摆墙对东京工业大学某 11 层混凝土框架进行了抗震加固，如图 17.3.3 所示。该工程中摇摆墙的作用之一是控制层变形的集中，作用之二是增大结构阻尼。该工程利用既有建筑楼梯间的凹槽，布置了 6 片摇摆墙。摇摆墙与既有结构之间通过水平钢支撑和金属屈服型阻尼器相连。该工程墙体底部通过齿槽与基础连接，墙体与结构间布置了大量阻尼器，墙体细部构造如图 17.3.4 所示。通过进行弹塑性时程分析表明，加入了摇摆墙以后，结构的抗震性能有了显著提高。

（a）原结构

（b）加固结构

图 17.3.3　东京工业大学 G3 教学楼摇摆墙加固工程

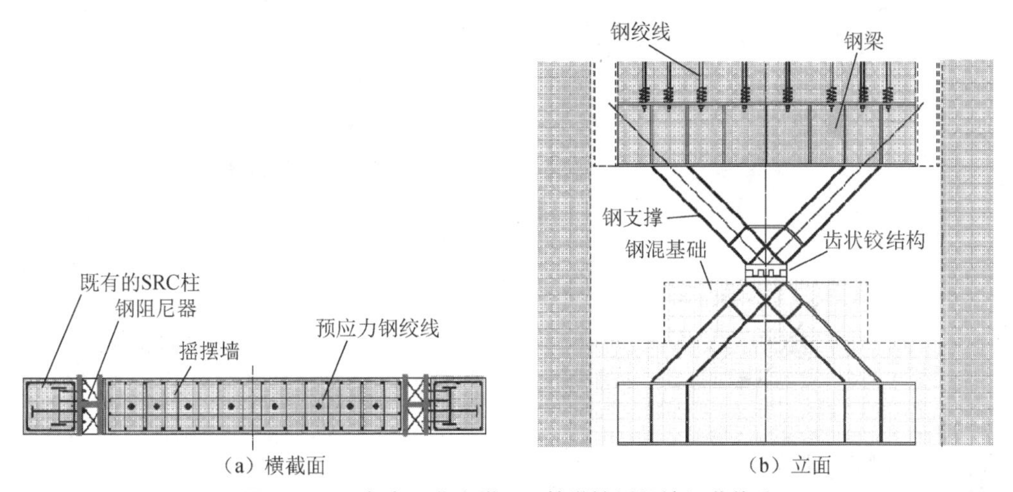

（a）横截面　（b）立面

图 17.3.4　东京工业大学 G3 教学楼摇摆墙细节构造

笔者也对框架-摇摆墙结构体系进行了一系列的研究。首先在有限元分析软件 ABAQUS 中建立了某 6 层框架-摇摆墙结构的有限元模型，如图 17.3.5 所示；并分析了纯框架、框架-摇摆墙以及框架-半高摇摆墙结构的抗震性能，计算模型如图 17.3.6 所示。动力时程分析的结果如图 17.3.7 所示。分析结果表明：加入摇摆墙（或半高摇摆墙）以后，1 层的剪切变形角得到有效控制。但半高摇摆墙会导致结构的剪切变形出现突变，不建议广泛使用。

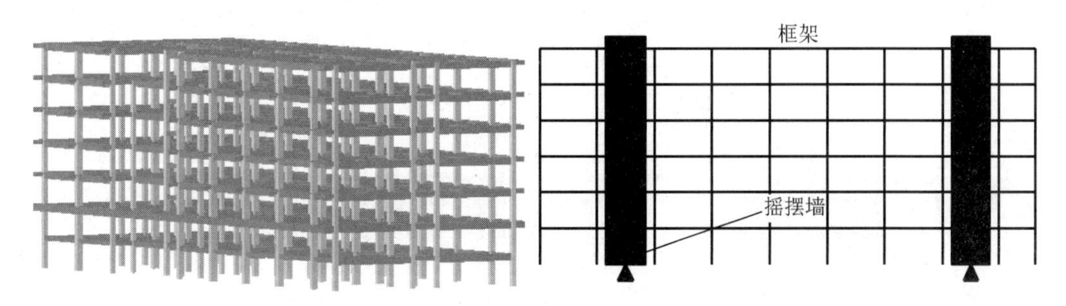

图 17.3.5　框架-摇摆墙结构模型

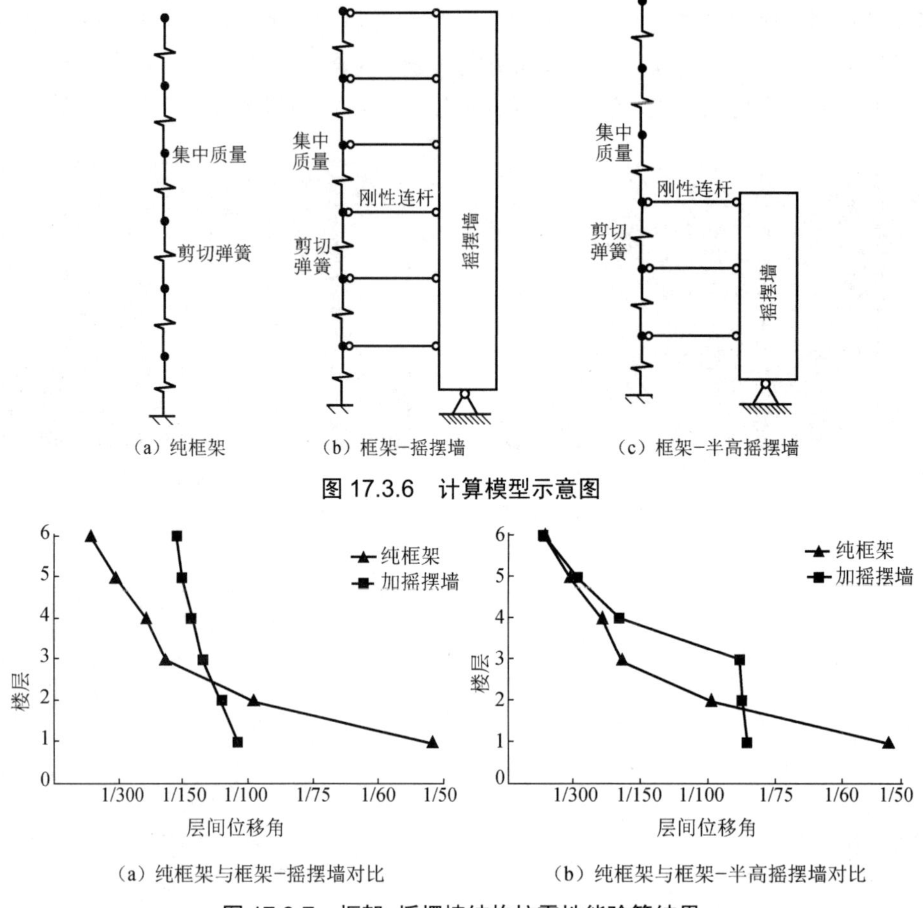

(a) 纯框架　　(b) 框架-摇摆墙　　(c) 框架-半高摇摆墙

图 17.3.6　计算模型示意图

(a) 纯框架与框架-摇摆墙对比　　(b) 纯框架与框架-半高摇摆墙对比

图 17.3.7　框架-摇摆墙结构抗震性能验算结果

17.3.2　工程应用实例

从上面的例子可以看出，框架-摇摆墙结构在地震作用下的表现显著优于纯框架结构。而目前国内并未形成成熟的框架-摇摆墙结构体系设计方法。笔者将框架-摇摆墙结构用于某实际结构的加固。

待加固的结构为山东省某医院，建于 20 世纪 80 年代，建筑面积约 1 万 m^2。该结构的混凝土强度等级为 C35，纵筋采用 HRB335 级钢筋。为了便于分析计算，对结构进行了简化。计算模型共 10 层，在 X 和 Y 向的尺寸分别约为 72m 和 15m。模型中各层的平面布置大致相同，每层的面积均为 1058.4m^2，结构的首层平面图如图 17.3.8 所示。

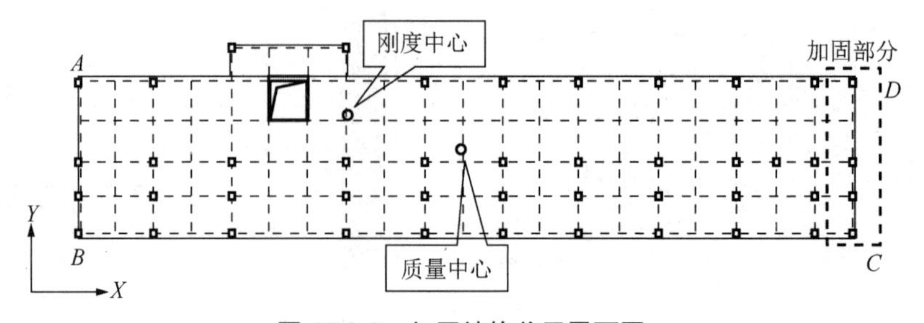

图 17.3.8　加固结构首层平面图

从首层平面图中可以看出，原结构平面左上角布置有剪力墙筒体，其余部分均为混凝土框架。原结构中，梁、柱和剪力墙的截面尺寸如表 17.3.1 所示。

表 17.3.1　原结构各构件截面尺寸

楼层	梁截面/（mm×mm）	柱截面/（mm×mm）	剪力墙厚度/mm
1～5	200×350；250×450；300×450	450×450	200
6～10	200×350；250×450；300×450	550×550	200

经过计算可知，结构平面的刚度中心和质量中心不重合，这在一定程度上加剧了结构扭转效应，不利于结构抗震。

扭转效应将导致远离剪力墙筒体一侧的框架承受较大变形，在地震下容易出现倒塌。为了改善整体结构的抗震性能，提高结构的抗倒塌能力，对图 17.3.8 所示最右侧一榀框架进行加固改造。

传统的剪力墙加固方法中，墙体在地震中需要分担较大的弯矩和剪力，这就对墙体和基础的承载力提出了较高要求。而在本工程中，既有结构的基础不便于重新施工开挖。此外，剪力墙在地震中容易发生损伤，不利于实现震后结构功能的快速恢复。因此，采用摇摆墙作为加固方法。原结构及摇摆墙加固方案如图 17.3.9 所示。

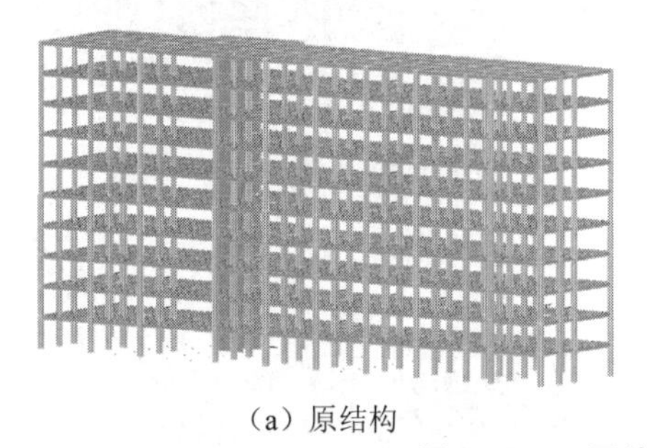

（a）原结构

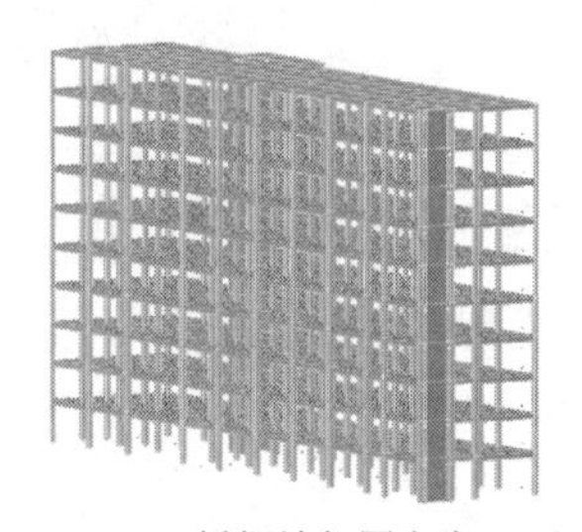

（b）摇摆墙加固方案

图 17.3.9　原结构及加固方案

摇摆墙加固方案中，摇摆墙墙体厚度为 400mm。如图 17.3.10 所示，摇摆墙通过墙底连接件与底部钢梁相连，与各楼层框架梁采用楼层抗剪连接件连接，与两侧的框架柱采用金属屈服型阻尼器连接。为了保证各连接件的承载力，采用锚筋将连接件锚固在混凝土内。

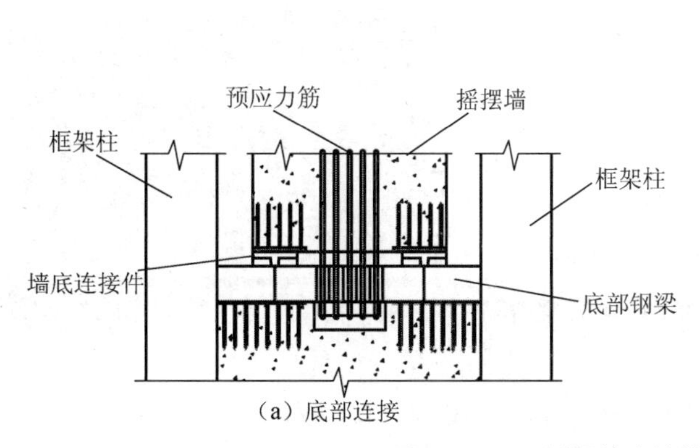

（a）底部连接

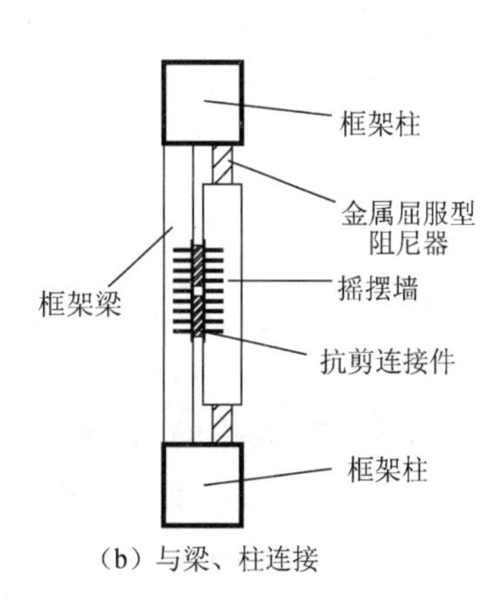

（b）与梁、柱连接

图 17.3.10　摇摆墙连接构造

摇摆墙墙底连接件能够限制摇摆墙面内和面外的水平侧移，但不限制墙体在面内的摇摆转动。墙底连接件能够承担压力，但不能承担拉力。楼层抗剪连接件能够有效地传递楼层剪力，控制结构的变形模式。为了保证摇摆墙在震后具有自复位能力，沿墙体全高范围内埋入预应力钢绞线，预应力采用后张法施加。

金属屈服型阻尼器的加入，一方面可以增大摇摆墙的转动能力，有利于摇摆墙发挥其“摇摆”功能；另一方面，墙体与框架的相对侧移能引起阻尼器的剪切变形，有利于提高结构的耗能能力。

该工程项目已在山东省成功实施，图 17.3.11 给出了施工过程中的部分照片。

为了考察原结构与摇摆墙加固方案的抗震性能，利用大型通用有限元软件 ABAQUS 进行了弹塑性时程分析。两种模型中，梁、柱和板采用 PKPM 的计算结果进行配筋。图 17.3.12 所示为摇摆墙加固方案的 ABAQUS 模型。

（a）摇摆墙整体

（b）阻尼器和墙底连接件

图 17.3.11　摇摆墙加固工程照片

时程分析选用的地震波为 El Centro 波。对 El Centro 波进行调幅，使其最大加速度满足《抗规》中 8 度大震的要求。

基于时程分析的结果，笔者对比了原结构与摇摆墙加固方案中结构顶层角点的侧移。图 17.3.13（a）和（b）所示分别为原结构顶层 A、C 点（图 17.3.8）在 X、Y 向大震作用下沿 X、Y 向的侧移。顶层各点位置如图 17.3.8 中的标注所示。在 X 向大震作用下，A 点和 C 点的 X 向侧移几乎完全吻合，且侧移较小。由此可见，原结构在 X 向刚度较大，且扭转效应很小。

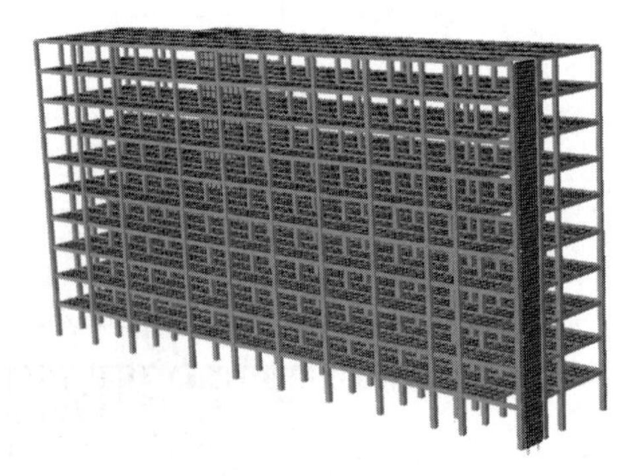

图 17.3.12　摇摆墙加固方案 ABAQUS 模型

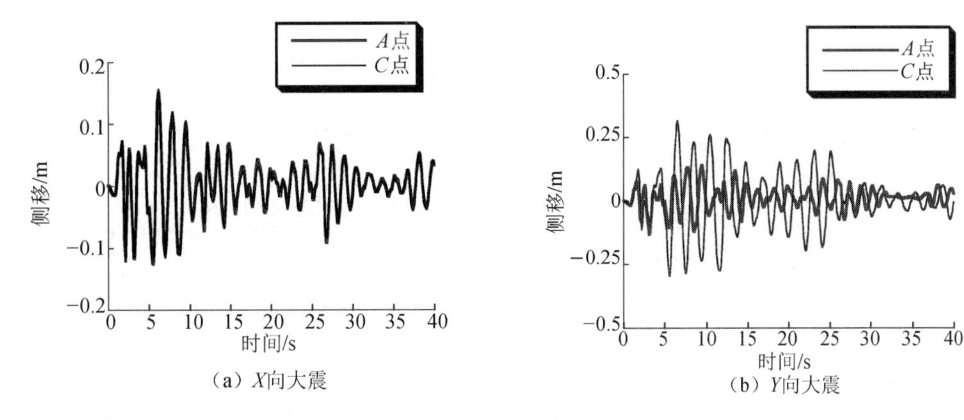

（a）X向大震　（b）Y向大震

图 17.3.13　原结构顶层位移时程

在 Y 向大震作用下，A 点和 C 点的 Y 向侧移差异较大。C 点的最大侧移为 0.44m，A 点的最大侧移为 0.18m。图 17.3.14（a）和（b）分别给出了摇摆墙加固方案下顶层 A、C 点在 X、Y 向大震作用下沿 X、Y 向的侧移。

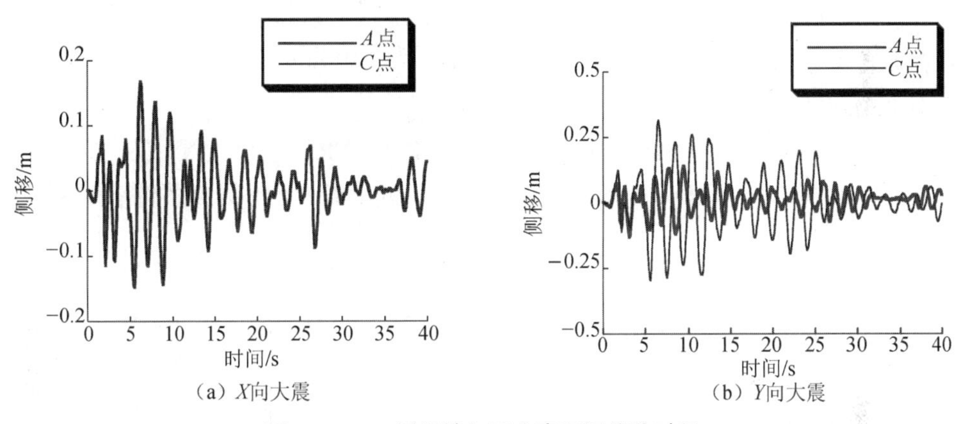

（a）X向大震　（b）Y向大震

图 17.3.14　摇摆墙加固方案顶层位移时程

时程分析结果表明摇摆墙加固方案下结构 X 向继续保持了良好的平动性能，而 Y 向的最大侧移较原结构有较大改善。C 点的最大侧移减小为 0.32m，而 A 点的最大侧移减小为 0.14m。摇摆墙在地震输入结束后摇摆幅值衰减迅速，这归因于金属阻尼器的变形有效消耗了地震能量。

图 17.3.15（a）和（b）分别给出了原结构和摇摆墙加固方案下，框架中塑性铰的分布情况。图中，框架为蓝色，塑性铰用红色标记。为了便于显示塑性铰的分布，隐藏了结构中楼板和摇摆墙。

对比两种结构塑性铰的发展和分布情况，可知相比于原结构，摇摆墙对侧移的控制延缓了框架中塑性铰的出现，减轻了地震对主体结构的集中损伤。在摇摆墙所在的平面内，塑性铰沿高度分布比较均匀。对于远离摇摆墙的部分，塑性铰则相对较少且大部分出现在结构下部几层。

原结构停止振动时顶层 C 点残余侧移为 5cm，而摇摆墙加固方案对应的 C 点残余侧移为 0.5cm。由此可见，摇摆墙加固方案使得结构具备了较好的自复位能力。

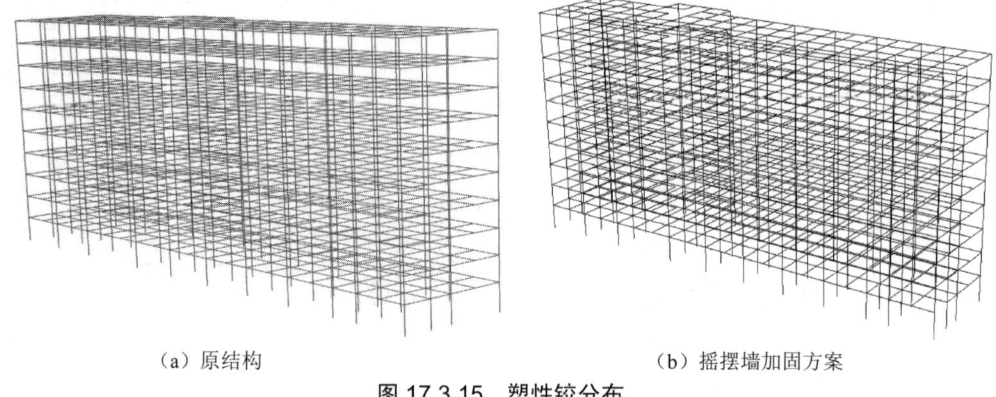

（a）原结构　　（b）摇摆墙加固方案

图 17.3.15 塑性铰分布

17.3.3 摇摆墙刚度需求

为了使框架-摇摆墙结构体系能更好地在工程实践中推广，笔者利用简单的分析模型，得到了摇摆墙的刚度需求。

在框架-摇摆墙结构中，摇摆墙在每个楼层位置通过抗剪连接件与框架连接。考虑到结构的对称性，采用如图 17.3.16（a）所示的平面模型。用刚性连杆代替抗剪连接件，连接件中的剪力用连杆轴力代替。

为了便于分析摇摆墙和框架的内力分布及承载力需求，采用连续化方法，以两根梁代替框架和摇摆墙。两根梁之间轴向分布力大小为 $p_F(x)$（表示实际结构中的剪力），如图 17.3.16（b）所示。

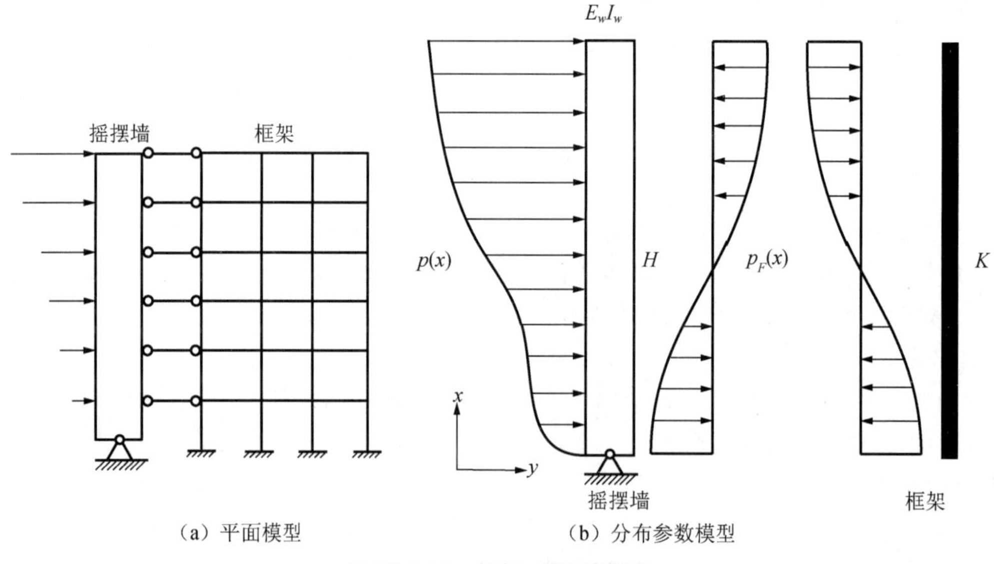

（a）平面模型　　（b）分布参数模型

图 17.3.16 框架-摇摆墙模型

框架-摇摆墙的分布参数模型基于以下 3 个假设：①框架采用剪切梁代替，剪切刚度为常数，仅考虑梁的剪切变形而忽略弯曲变形；②摇摆墙采用弯曲梁代替，抗弯刚度为常数，仅考虑梁的弯曲变形而忽略剪切变形；③两根梁之间紧密接触，轴向力在交界面连续分布。

设框架和摇摆墙轴线侧移为 $y(x)$，x 为高度方向。摇摆墙的抗弯刚度为 E_wI_w，框架的剪切刚度为 K，外荷载分布为 $p(x)$，摇摆墙和框架之间的分布内力为 $p_F(x)$。

由摇摆墙的受力平衡，可得

$$E_wI_w\frac{\mathrm{d}^4y}{\mathrm{d}x^4}=p(x)+K\frac{\mathrm{d}^2y}{\mathrm{d}x^2} \tag{17.3.1}$$

为了便于求解，引入无量纲参数 $\xi=\dfrac{x}{H}$。

$$\lambda=H\sqrt{\frac{K}{E_wI_w}} \tag{17.3.2}$$

方程（17.3.1）的一般解可表示为

$$y=C_1+C_2\xi+A\sinh\lambda\xi+B\cosh\lambda\xi+y_0 \tag{17.3.3}$$

式中，y_0 为一个特解。

求得 y 的表达式后，可计算摇摆墙的弯矩、剪力以及框架的剪力，如下：

$$M_w=E_wI_w\frac{\mathrm{d}\theta}{\mathrm{d}x}=\frac{E_wI_w}{H^2}\frac{\mathrm{d}^2y}{\mathrm{d}\xi^2} \tag{17.3.4}$$

$$V_w=-E_wI_w\frac{\mathrm{d}^2\theta}{\mathrm{d}x^2}=-\frac{E_wI_w}{H^3}\frac{\mathrm{d}^3y}{\mathrm{d}\xi^3} \tag{17.3.5}$$

$$V_F=K\mathrm{d}\theta=K\frac{\mathrm{d}y}{\mathrm{d}x} \tag{17.3.6}$$

假定外荷载为均布荷载，可依据该分布参数模型求解。

假设外荷载 $p(x)=q$，微分方程的边界条件如下：

（1）$x=H(\xi=1)$ 时，$V=V_w+V_F=0$；

（2）$x=0(\xi=0)$ 时，$M_w=0$；

（3）$x=H(\xi=1)$ 时，$M_w=0$；

（4）$x=0(\xi=0)$ 时，$y=0$。

可解得结构侧移为

$$y=\frac{qH^2}{\lambda^2K}\left(-1+\lambda^2\xi+\frac{1-\cosh\lambda}{\sinh\lambda}\sinh\lambda\xi+\cosh\lambda\xi-\frac{\lambda^2}{2}\xi^2\right) \tag{17.3.7}$$

摇摆墙的弯矩为

$$M_w=\frac{qH^2}{\lambda^2}\left(-1+\frac{1-\cosh\lambda}{\sinh\lambda}\sinh\lambda\xi+\cosh\lambda\xi\right) \tag{17.3.8}$$

摇摆墙的剪力为

$$V_w=-\frac{qH}{\lambda}\left(\frac{1-\cosh\lambda}{\sinh\lambda}\cosh\lambda\xi+\sinh\lambda\xi\right) \tag{17.3.9}$$

框架的剪力为

$$V_F=qH\left(1+\frac{1-\cosh\lambda}{\sinh\lambda}\frac{1}{\lambda}\cosh\lambda\xi+\frac{1}{\lambda}\sinh\lambda\xi-\xi\right) \tag{17.3.10}$$

同理，可求解外荷载为倒三角分布时摇摆墙和框架的内力。

在上述推导的基础上，图 17.3.17～图 17.3.20 基于分布参数模型，分别给出了框架-摇摆墙结构的侧移和内力沿结构全高的分布，并考察了相对刚度 λ 的影响。其中，图 17.3.17 给出了两种荷载分布下结构的侧移。由图可知，随着 λ 减小（即摇摆墙相对刚度增大），结构的侧移分布更趋于均匀，摇摆墙能有效地避免变形集中。图 17.3.18 给出了摇摆墙的弯矩分布，其中横坐标为墙体弯矩与相应外荷载倾覆力矩 M_0 的比值。在均布荷载作用下，摇摆墙的弯矩沿中部对称分布，最大弯矩出现在墙体半高位置。在倒三角荷载作用下，摇摆墙的弯矩分布不具有对称性，最大弯矩位置随着 λ 的减小而逐渐趋于墙体半高位置。图 17.3.19 给出了摇摆墙的剪力分布，其中横坐标为墙体剪力与相应外荷载作用下基底剪力 V_0 的比值。在均布荷载作用下，剪力分布同样具有对称性。当 λ 很大时，摇摆墙分担的剪力几乎为 0。随着 λ 的减小，摇摆墙的剪力逐渐变为随高度线性分布。图 17.3.20 给出了框架的剪力分布，其中横坐标为墙体剪力与相应外荷载作用下基底剪力 V_0 的比值。在两种分布荷载作用下，框架分担的剪力均随 λ 的减小而逐渐趋于沿高度均匀分布。摇摆墙在顶部“推”框架，而在底部“拉”框架，使得框架的剪力分布更加均匀。这就是摇摆墙能够使框架侧移分布更加均匀，增大变形能力的原因。由图 17.3.17～图 17.3.20 可以看出，随着 λ 减小（即摇摆墙相对刚度增大），摇摆墙分担的内力逐渐增大。但需要指出的是，在确定的外荷载作用下，随着刚度逐渐增大，墙体弯矩和剪力的需求收敛于特定的数值。

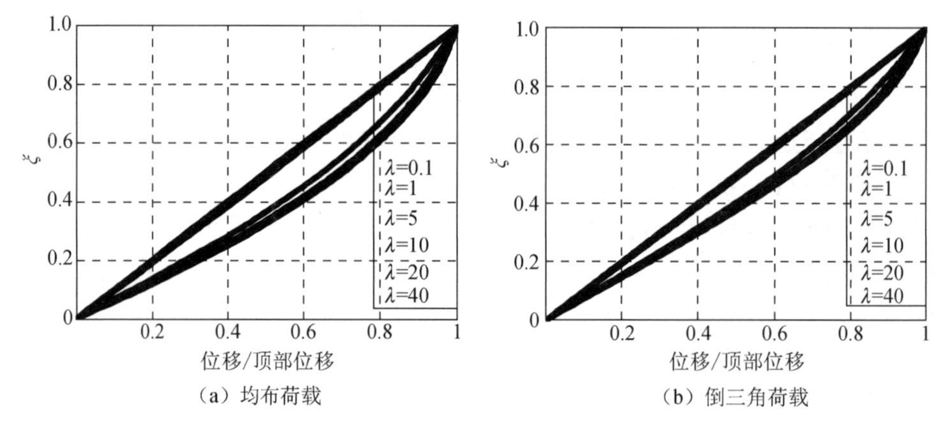

图 17.3.17　λ对结构侧移的影响

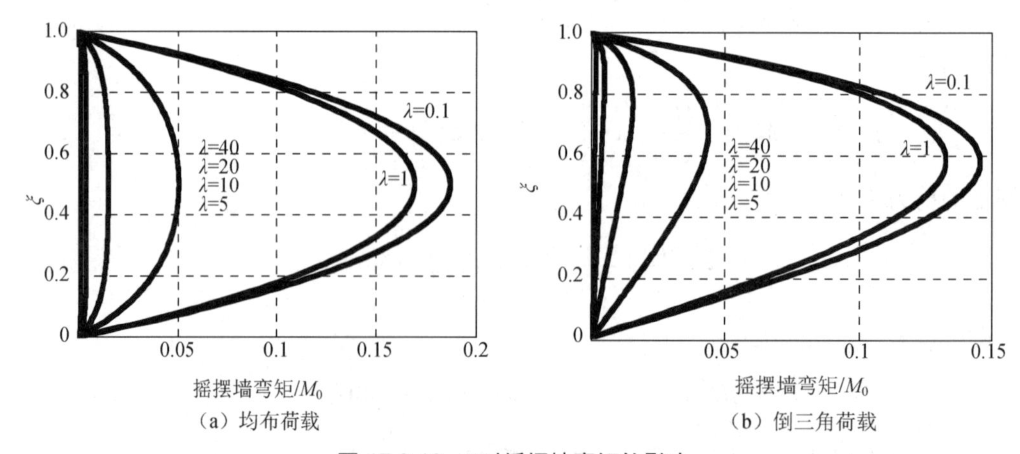

图 17.3.18　λ对摇摆墙弯矩的影响

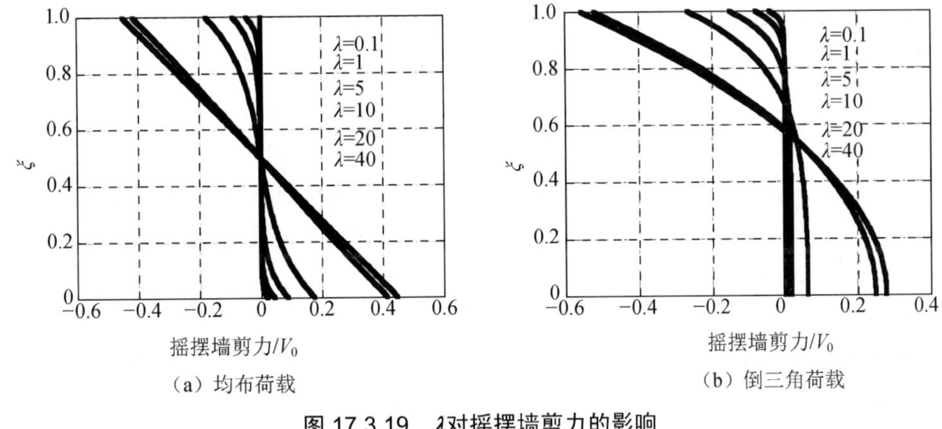

图 17.3.19　λ对摇摆墙剪力的影响

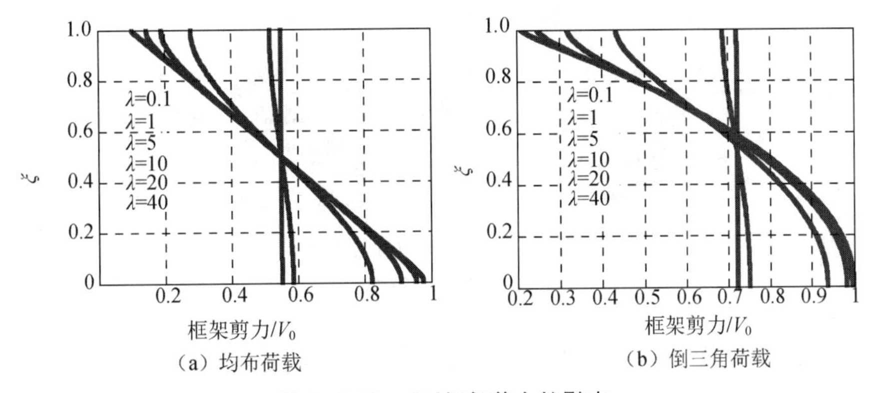

图 17.3.20　λ对框架剪力的影响

17.3.4　框架-墙连接形式探究

摇摆墙与框架间在各个楼层处的连接节点用以在地震作用下传递摇摆墙和框架之间的水平力，是框架-摇摆墙结构的关键连接构造。由于楼层连接件有特殊的性能需求，因此需要进行特别设计。

楼层连接件位置及坐标系如图 17.3.21 所示。楼层连接件的主要功能是传递 X 向（墙面内方向）的楼层剪力，确保摇摆墙对框架结构变形模式的控制。同时连接件还能传递 Y 向（墙厚度方向）的剪力。但由于不需要摇摆墙在 Y 向发挥对框架结构的控制作用，故 Y 向的剪力需求远小于 X 向。同时，为保证摇摆墙在面内摆动，还应限制摇摆墙绕 Z 轴转动。为了保证楼层连接件在墙体摆动过程中不引起结构或自身的破坏，应放松楼层连接件在 Z 向的平动自由度和绕 Y 轴的转动自由度。另外，为了使摇摆墙能够在面外摆动，楼层连接件绕 X 轴的转动自由度也应当放松。

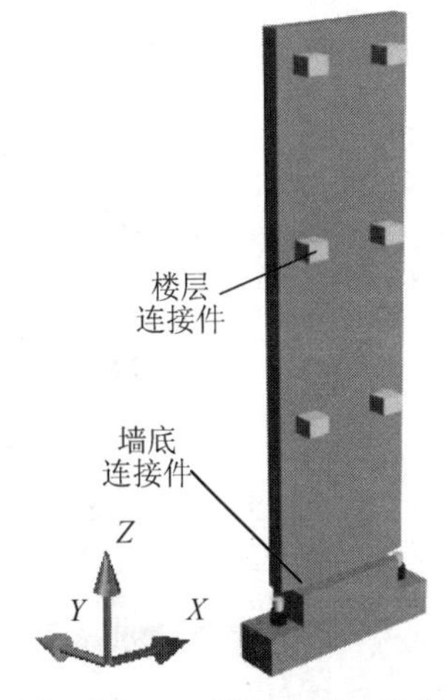

图 17.3.21　楼层连接件位置及坐标系

为满足上述要求，设计了如图 17.3.22 所示的凸齿与凹齿相咬合的楼层连接件。该连接件通过凸齿与凹齿间的相互作用传递X向剪力，利用销轴传递Y向剪力。绕Z轴的转动通过同一楼层设置两个连接件加以约束。凸齿中有一长孔，销轴可以在长孔中上下滑动，因此楼层连接件可沿Z向相对错动，从而放松了Z向平动约束。凸齿的两齿面被加工成圆弧面，使凸齿和凹齿间可以产生有限的绕Y轴转动。这种方式与通过加大凸齿与凹齿间间隙实现转动的方式相比，齿间间隙明显减小，有利于充分发挥摇摆墙对框架侧移的控制效果。在凸齿顶部和凹齿底部，以及凹齿顶部和凸齿底部之间都留有一定空隙，允许连接件绕X轴产生有限的旋转。连接件的设计变形能力允许墙体面内转动 0.05rad，即容许框架结构层间位移角达到 1/20；试验时摇摆墙摆动最大幅度约为 0.04rad，相当于层间位移角 1/25。实际工程中连接件通过焊接或栓接与框架结构及摇摆墙相连，本研究采用栓接。需要特别指出的是，为了控制试验中的参数以便更加准确地考察摇摆墙对结构性能的影响，连接件在试验前进行了精细的设计以保证其强度。

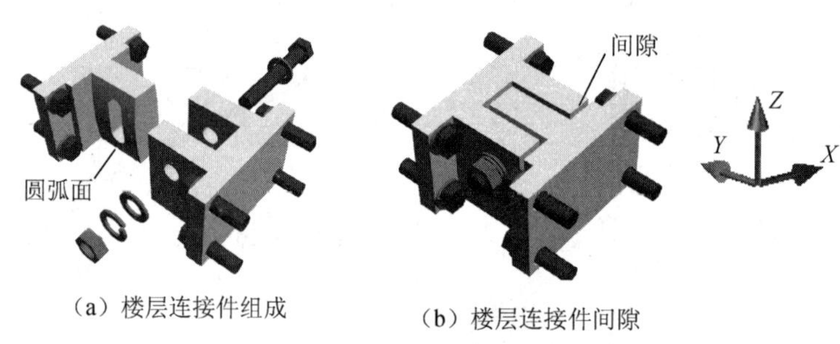

（a）楼层连接件组成　（b）楼层连接件间隙

图 17.3.22　楼层连接件

为了检验框架-摇摆墙结构关键节点在大变形工况下的工作性能，设计了一个具有大变形能力且可以反复使用的 3 层钢框架，如图 17.3.23 所示。框架外形尺寸为 3500mm×2500mm×1500mm，层高为 1000mm。钢框架共有 4 根柱，柱截面为 140mm×140mm×10mm 方钢管；每层有 4 根梁，梁为 120mm×120mm×10mm 工字钢，为加强每层面内的刚度和承载力，在每层共设置 5 根支撑，支撑截面为 100mm×100mm×10mm 的工字钢。钢框架立面图如图 17.3.23（a）和（b）所示。在每层柱中间安装一个直径为 300mm、高度为 166mm 的叠层橡胶垫，以增加框架的层间变形能力，并使框架结构在试验中保持弹性，以便进行多工况加载。带有叠层橡胶垫钢框架的层间变形可达 120mm，相当于 1/8 层间位移角。

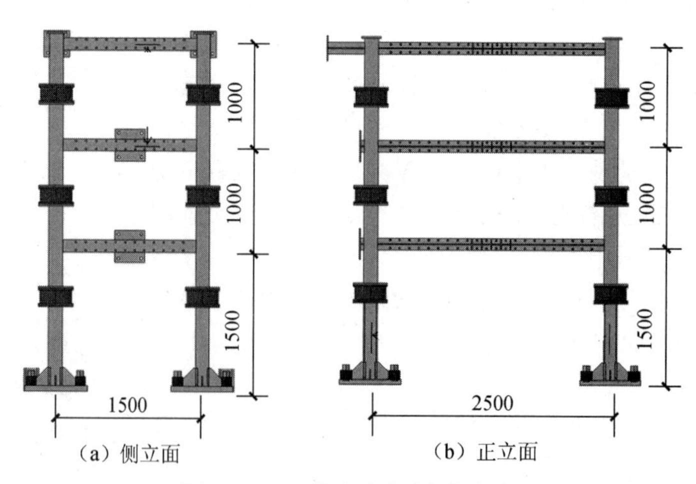

（a）侧立面　（b）正立面

图 17.3.23　带橡胶支座的钢框架

试验采用 MTS 电液伺服加载设备进行加载。共采用了 4 个水平作动器，其中 2 个作动器放置在结构第 3 层，另外 2 个作动器分别放置在结构 1 层和 2 层。

试验中考虑 3 个模型，分别为框架模型、框架-摇摆墙模型、框架-面外摇摆墙模型（以下简称“面外模型”），如图 17.3.24 所示。框架模型用于测定框架部分的基本力学特性，包括框架刚度以及不同工况下的变形模式等。框架-摇摆墙模型用于研究楼层连接件的性能，检验摇摆墙的面内转动能力，并与相同加载工况下框架模型的受力性能和变形模式进行对比，考察摇摆墙对结构水平位移的控制效果。面外模型用于考察摇摆墙作面外摆动时的楼层连接件性能。

(a) 框架模型

(b) 框架-摇摆墙模型

(c) 面外模型

图 17.3.24　试验模型

试验考虑了四种加载工况：工况 1 仅在框架顶层采用位移控制循环加载；工况 2 在 1～3 层按水平力保持 1∶2∶3 的比例循环加载；工况 3 在 1～3 层按水平力保持 1∶1∶1 的比例循环加载；工况 4 仅在框架底层采用位移控制循环加载。各加载工况示意如图 17.3.25 所示。试验中测量内容包括各楼层位移和各个作动器的反力。

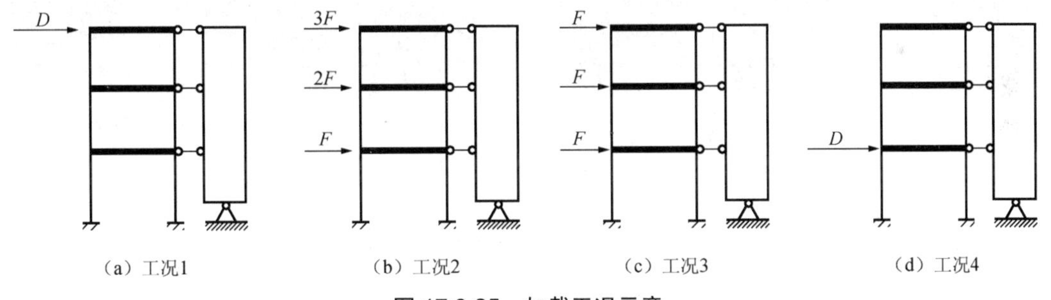

(a) 工况1　(b) 工况2　(c) 工况3　(d) 工况4

图 17.3.25　加载工况示意

各模型的加载工况如表 17.3.2 所示。框架模型和框架-摇摆墙模型均完成了加载工况 1～4，面外模型仅完成了加载工况 1。

表 17.3.2　各模型试验的加载工况

模　型	工　况
框架模型	工况 1～4
框架-摇摆墙模型	工况 1～4
面外模型	工况 1

试验采用加载位移幅值不断增大的循环加载模式，框架模型工况 1 每级荷载循环 2 次，其余工况每级荷载仅循环 1 次。工况 1 采用顶部位移控制加载时，顶部位移最大幅值为 120mm，结构整体位移角达到 1/25。工况 2～4 加载时，实时监测结构顶部位移，当结构顶部最大位移达到 120mm 时，完成本次循环后停止加载。

框架-摇摆墙模型的加载工况 1 用于检验摇摆墙面内转动能力。工况 1 均采用加载幅值不断增大的循环加载，最大顶部位移达到 120mm。图 17.3.26 所示为摇摆墙试验工况 1 照片，其中图 17.3.26（a）～（c）分别对应顶层位移 –120、±0、+120mm 的情况。工况 1 的基底剪力-顶层位移曲线如图 17.3.27 所示。注意到在图 17.3.27 中，顶层位移与基底剪力并不完全呈现线性关系，框架-摇摆墙体系的顶层位移与基底剪力滞回曲线出现了一定程度的滞回环。这是由于试验中橡胶支座发生大变形，其受力性能并不完全呈现线性特征，并非节点或摇摆墙出现了塑性损伤。楼层连接件与墙底支座变形如图 17.3.28 和图 17.3.29 所示，连接件的变形模式和预期的变形模式完全一致。

试验结果表明摇摆墙具有足够的面内转动能力。试验中高度为 3000mm 摇摆墙的顶部最大位移为 120mm，转动能力相当于 1/25 整体位移角，这得益于特别设计的楼层连接件及摇摆墙底的铰支座。

面外模型的加载工况 1 用于检验摇摆墙面外转动能力。面外模型加载工况 1 照片如图 17.3.30 所示，其中图 17.3.30（a）～（c）分别对应顶层位移-120、±0、+120mm 的情

（a）顶层位移-120mm

（b）顶层位移±0mm

（c）顶层位移+120mm

图 17.3.26　框架-摇摆墙模型的加载工况 1

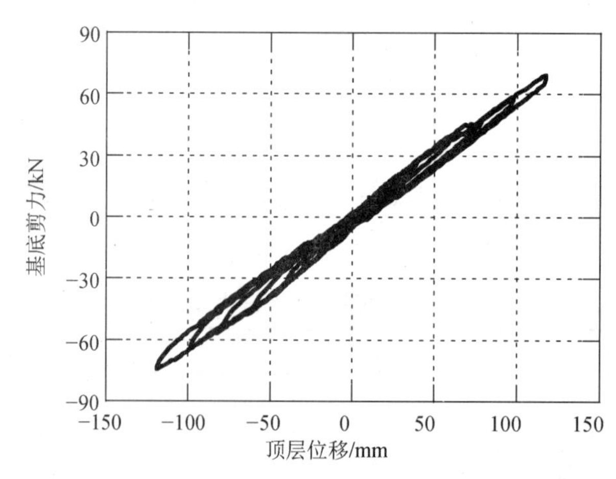

图 17.3.27　框架-摇摆墙模型加载工况 1 的基底剪力-顶层位移曲线

（a）平衡位置

（b）凸齿向上错动

（c）凸齿向下错动

图 17.3.28　楼层连接件变形照片

（a）顶层位移-120mm

（b）顶层位移±0mm

（c）顶层位移+120mm

图 17.3.29　墙底支座变形照片

（a）顶层位移-120mm

（b）顶层位移±0mm

（c）顶层位移+120mm

图 17.3.30　面外模型加载工况 1

况。该工况的基底剪力-顶层位移曲线如图 17.3.31 所示，在面外试验中框架-摇摆墙体系的顶层位移与基底剪力滞回曲线同样出现了一定的滞回环，这仍然是由于试验中橡胶隔震支座的受力性能并不完全呈现线性特征，并非节点或摇摆墙出现了塑性损伤。楼层连接件与墙底节点变形如图 17.3.32 所示，连接件的变形模式完全符合预期。试验结果表明摇摆墙及其相关构造措施具有足够的面外转动能力，可满足对应于 1/25 整体位移角的变形需求。

通过上述分析可以看出，笔者所设计的节点可在摇摆墙与框架结构之间实现可靠的水平力传递，保证摇摆墙在面内和面外均具有 0.04rad（层间位移角为 1/25）的转动能力。

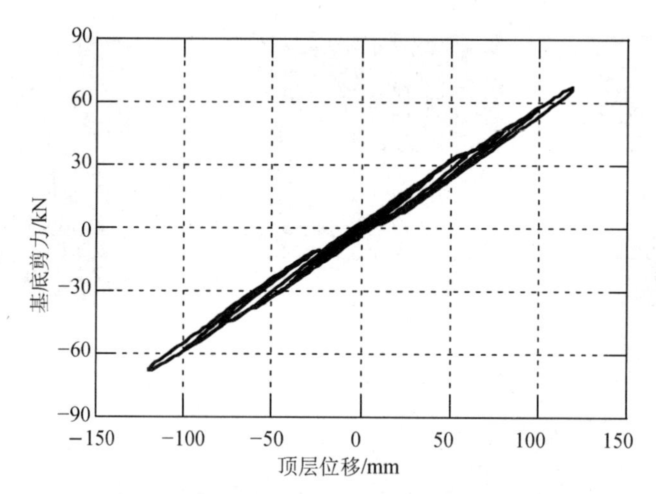

图 17.3.31　摇摆墙面外试验工况 1 基底剪力-顶层位移曲线

(a) 楼层连接件

(b) 墙底节点

图 17.3.32　面外模型试验中节点变形

17.3.5　填充墙作为摇摆墙

在普通钢筋混凝土框架中，填充墙主要承担自重，不承担主体框架的荷载。笔者考虑将普通填充墙设计为可控制结构变形的摇摆填充墙。在摇摆填充墙-框架中，摇摆填充墙不再是结构的非结构构件，而成为控制结构变形模式的主要受力构件。如图 17.3.33 所示，摇摆填充墙-框架结构中，摇摆填充墙体采用混凝土现浇施工，沿结构全高布置。各楼层填充墙通过配筋与周围框架梁、柱连接形成承载力较大的刚性墙体。刚性填充墙两侧框架柱柱底与基础断开，两者接触但不连接。其他部位的填充墙采用轻质砌块砌筑，与周围梁、柱之间填充隔断材料，形成柔性填充墙，避免墙体对框架传力路径的影响。

当摇摆填充墙受到平面内侧向力作用时，柱底抬起，整片墙体围绕柱底转动。摇摆填充墙周边框架梁通过轴向变形在框架与摇摆墙之间传递剪力，与墙体平面垂直的框架梁为摇摆墙提供面外约束，防止墙体失稳破坏。摇摆墙及两侧框架柱底部可安装消能减震装置，利用摇摆变形提高结构耗能能力。此外，摇摆填充墙中可张拉预应力钢筋实现墙体的自复位功能。本节中未考虑消能减震装置与预应力钢筋的影响。

普通框架中，框架梁的主要作用是将楼板荷载传递给框架柱，并与柱共同形成抗侧刚度。当结构受到侧向荷载时，梁两端相对侧移几乎为 0。而在摇摆填充墙-框架结构中，墙

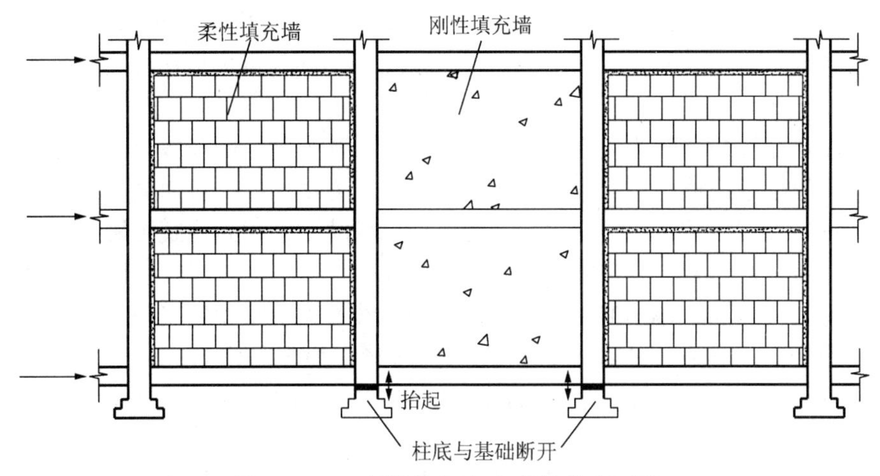

图 17.3.33　摇摆填充墙-框架结构立面图

体的摆动大大增加了与墙体相连的框架梁的侧向变形。当墙体宽度较大或框架梁跨度较小时，梁的相对侧移角则较大。墙体摆动对框架梁变形能力提出了较高要求，在工程应用中需要充分考虑。

为了考察摇摆填充墙-框架结构的抗震性能，建立了典型的普通框架和摇摆填充墙-框架的模型。结构共 6 层，层高为 3.3m，各层平面布置相同，摇摆填充墙-框架和普通框架的首层平面图如图 17.3.34 所示。其中，柱网间距为 6m，柱截面尺寸为 500mm×500mm，梁截面尺寸为 500mm×250mm。楼板的厚度为 200mm，恒载大小为 6kN/m^2，活载大小为 2kN/m^2。普通框架中，图 17.3.34 所示框线区域为框架梁。摇摆填充墙-框架中，刚性填充墙沿结构全高布置于图 17.3.34 所示框线区域，墙体厚度 t_w 为 300mm，墙宽 l_w 为 6m。数值模型中未考虑普通填充墙的影响，除摇摆填充墙两侧的框架柱外，其余框架柱均与基础刚接。场地类别为 II 类场地，设计地震分组为第二组，设防烈度为 8 度。

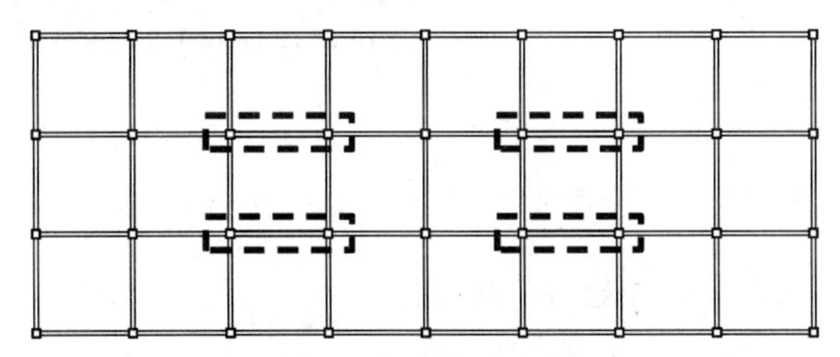

图 17.3.34　摇摆填充墙-框架和普通框架首层平面图

按照《抗规》要求设计了普通框架，梁、柱和楼板的混凝土强度均为 C30。梁的顶部配筋率为 1.12%，底部配筋率为 0.64%，柱配筋率为 0.91%。摇摆填充墙-框架的框架梁柱配筋与普通框架相同，其摇摆填充墙采用 C20 混凝土。摇摆填充墙在结构中起到控制结构变形的作用，在地震中应免受损伤并保持弹性。考虑到墙体截面较大，且底部不受基础约束，弯矩很小，按照《抗规》中剪力墙分布钢筋最小配筋率配筋，水平和竖向配筋率均为 0.25%。针对两个模型建立了相应的 ABAQUS 模型。其中梁、柱混凝土本构为考虑抗拉强度及损失退化的混凝土模型 UConcrete02，通过清华大学开发的用户子程序 PQFiber 嵌入

ABAQUS。填充墙和楼板本构为ABAQUS内置的混凝土损伤塑性（concrete damage plastic）模型。钢筋强度为HRB335，钢筋采用再加载刚度按Clough本构退化的随动硬化单轴本构模型。

普通填充墙底部与框架梁刚接，已有大量文献对其力学性能和数值模拟方法等进行了探讨。然而，摇摆填充墙与框架梁、柱紧密连接，其力学性能与普通填充墙有较大差异。摇摆填充墙整体性好，在侧向力作用下绕两侧柱底摆动。考虑到柱底接触力相对集中，工程应用中柱底应采取一定构造措施加固，提高其局部抗压强度，保证在墙体摇摆时不被压碎。摇摆填充墙-框架的ABAQUS模型中，采用非线性弹簧模拟墙底与基础的接触。忽略接触中柱底变形，弹簧受压刚度可取很大数值，本模型为2×10^9 kN/m。试算发现，进一步增大弹簧刚度对摇摆填充墙-框架承载力没有影响。当柱底与基础分离时，接触力为0。因此，非线性弹簧的受拉段力取值恒为0。

根据FEMA 356推荐的有关非线性静力分析方法，采用弹塑性推覆分析考察摇摆填充墙对框架性能的影响。推覆分析中，侧向集中力采用倒三角分布模式，即第1～6层的推覆力比例保持1∶2∶3∶4∶5∶6不变。推覆力沿摇摆填充墙布置方向（图17.3.34)，作用点位于各层楼板处。

图17.3.35所示为摇摆填充墙-框架与普通框架的顶部位移与基底剪力曲线。增加摇摆填充墙后，结构的承载力有大幅提高。为了进一步量化摇摆填充墙对承载力和延性的影响，

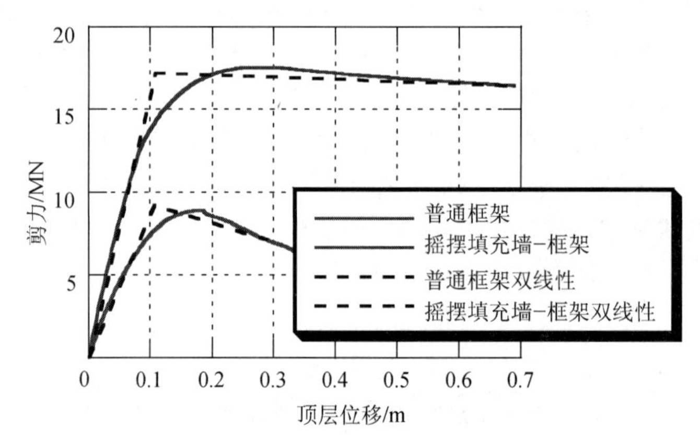

图17.3.35　摇摆填充墙-框架与普通框架推覆曲线对比

采用FEMA 356推荐的方法对推覆曲线双线性化。双线性化基于等能量原理，即双折线和推覆曲线与位移轴围成的面积相等。如图17.3.36所示，设结构的初始刚度为K_i，弹性刚度为K_e。结构屈服时基底剪力为V_y，位移为Δ_y，屈服剪力-位移关系与推覆曲线交点对应的基底剪力为$0.6V_y$。结构屈服后的刚度为αK_e，极限承载力为V_u，极限位移为Δ_u，延性系数$\mu=\Delta_u/\Delta_y$。一般情况下，V_u可取推覆曲线峰值基底剪力的0.8倍。摇摆填充墙-框架延性较

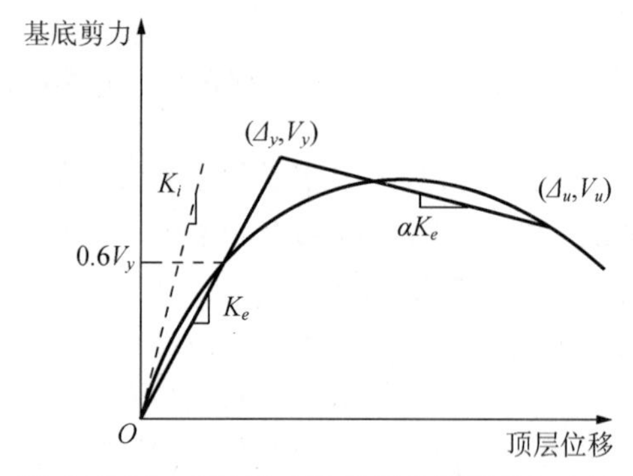

图17.3.36　FEMA 356推荐的双线性化方法

好，推覆终点承载力仍未降低到峰值的 0.8 倍以下。因此，摇摆填充墙-框架中 V_u 取推覆终点的基底剪力。

表 17.3.3 所示为双线性化后普通框架和摇摆填充墙-框架的结果对比。承载力方面，摇摆填充墙-框架的屈服基底剪力 V_y 为 17.15MN，约为普通框架的 1.86 倍。刚度方面，增加摇摆填充墙后，框架的初始刚度 K_i 提高了 62.7%，弹性刚度 K_e 提高了 85.4%。摇摆填充墙能够有效提高结构初始刚度。这是因为，附加摇摆墙通过抗剪连接件与框架相连时，墙体底部铰接，结构发生侧移时墙体仅起到控制位移分布模式的作用，并且墙体运动不能引起框架中其他构件的变形。而在摇摆填充墙-框架中，墙体运动增大了与其相连的框架梁的变形，因此提高了结构抗倾覆的能力和抗侧刚度。

表 17.3.3　双线性化结果对比

类型	K_i/(MN/m)	K_e/(MN/m)	αK_e/(MN/m)	V_y/MN	Δ_y/mm	V_u/MN	Δ_u/mm	μ
普通框架	109.8	84.9	−11.8	9.22	108.7	7.11	288.5	2.65
摇摆填充墙-框架	178.6	157.4	−1.2	17.15	109.0	16.43	688.7	6.32

屈服后普通框架的刚度降低为 −11.8MN/m，承载力下降迅速，而摇摆填充墙-框架的刚度为 −1.2MN/m，承载力下降缓慢。延性方面，摇摆填充墙-框架的屈服位移为 109mm，与普通框架大致相等。框架的极限位移为 288.5mm，远小于摇摆填充墙-框架的极限位移 688.7mm。摇摆填充墙极大地改善了框架的延性，延性系数 μ 从 2.65 增加为 6.32。因此，摇摆填充墙有利于减轻大震下框架变形集中引发的破坏。

综上所述，目前有关摇摆填充墙-框架结构的研究尚处于探究阶段，距大规模工程应用还需要更多的试验结果以及分析结果的支撑。此外，在摇摆墙中加入阻尼器和自复位能力能进一步提高其抗震性能，摇摆墙的设计方法、刚度需求、摇摆填充墙-框架结构与框架-剪力墙结构的性能对比均值得进一步研究。

17.4　可更换连梁高层剪力墙结构

如图 17.4.1 所示，实体剪力墙仅靠墙体截面的抗弯能力抵抗水平荷载，而联肢剪力墙由连梁和墙肢组成，方便建筑的门窗洞的布置。连梁可有效地在墙肢之间传递轴力，同时在地震作用下承受较大变形，在地震时可以屈服从而耗散能量，保护墙肢，使其不发生破坏。另外，由于墙肢截面高度减小，墙体底部混凝土的应变也有所减小，大大提高了结构的变形能力。

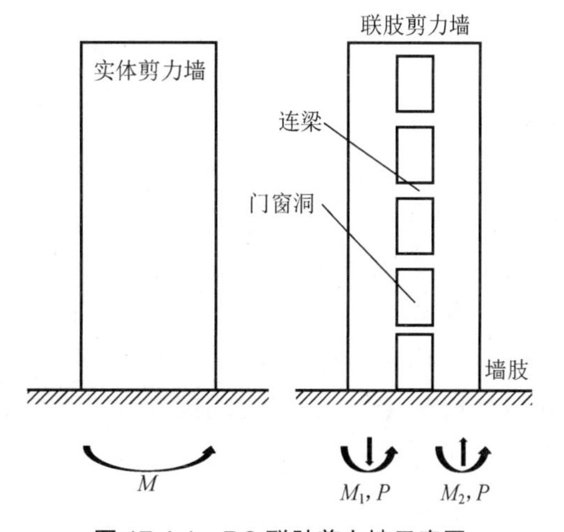

图 17.4.1　RC 联肢剪力墙示意图

但传统的钢筋混凝土联肢剪力墙在地震作用下容易出现较大损伤，尤其是连梁部位承受较大的剪切变形，在地震中损伤较为严重。传统的钢筋混凝土构件的修复工作量大，需要湿作业，严重损害建筑的震后功能可恢复能力。

为了将结构在地震下的损伤控制在可接受的范围内，20 世纪 60 年代，美、日学者提出混合联肢剪力墙结构体系。其主要特征为，以耗能钢连梁替换传统的钢筋混凝土连梁，其变形能力大，同时可稳定地耗散地震能量，减小结构响应。图 17.4.2（a）所示为一典型的混合联肢剪力墙结构体系，其采用钢连梁替代传统的钢筋混凝土连梁，两端锚固在混凝土墙肢中。混合联肢剪力墙结构的一个非常重要的参数为耦合比（coupling ratio，CR），其计算公式如下：

$$\mathrm{CR}=\frac{L\sum V_{\text{beam}}}{L\sum V_{\text{beam}}+\sum m_i}=\frac{L\sum V_{\text{beam}}}{\mathrm{OTM}} \tag{17.4.1}$$

式中，L 为墙肢的中心距；V_{beam} 为各个钢连梁提供的剪力；m_i 为各墙肢底部截面的弯矩。耦合比也反映了连梁对整个结构抗倾能力贡献的程度，其中 OTM（overturning moment）为结构承受的倾覆力矩。当耦合比为 0 时，图 17.4.2（b）中两个墙肢独立变形，均依靠墙肢截面的抗弯承载力抵抗倾覆弯矩；当耦合比为 1 时，连梁可提供充分的约束作用，使得两个墙肢协同变形，与整体墙肢受力状态基本一致；当耦合比为 0～1 之间的某个数值时，则墙肢截面本身提供部分抗倾覆弯矩，同时连梁发挥部分耦合作用，两个墙肢的轴力形成力偶，抵抗部分倾覆弯矩。

（a）混合联肢剪力墙施工图

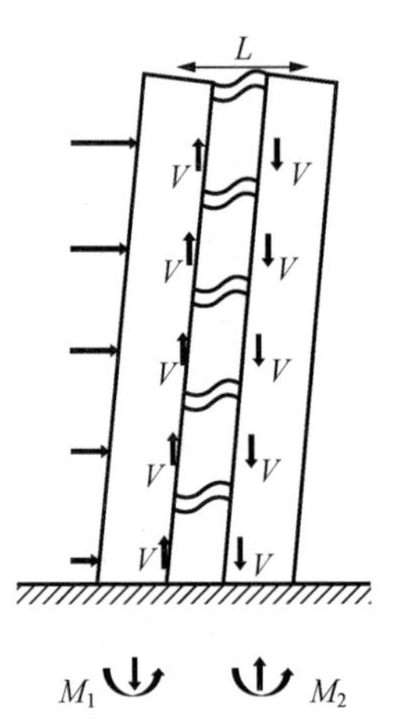

（b）耦合比计算示意图

图 17.4.2　混合联肢剪力墙结构体系

El-Tawil 等以某 12 层混合联肢剪力墙结构为例，分析了耦合比对联肢剪力墙结构的影响。他们设计了几个典型的具有不同耦合比的联肢剪力墙结构，并对其进行了推覆分析。分析结果认为，当耦合比取值在 0.6 左右时，该混合联肢剪力墙结构在地震作用下可出现设计的变形模式。分析中也考察了混合联肢剪力墙结构的钢材与混凝土的用量，当耦合比增加时（不超过 0.6）混凝土的用量显著降低，连梁用钢量有所增加，但混凝土中所用钢筋可以大幅度减少，结构总用钢量有所下降。他们认为混合联肢剪力墙的耦合比在 0.3～0.45 时，具有良好的变形能力，适用于地震设防烈度较高的地区。

针对混合联肢剪力墙结构的特点，Harries 等对钢连梁与混凝土墙肢的连接方式进行了较为细致的试验研究。图 17.4.3 所示为钢连梁与混凝土墙肢的试验照片，试验中重点研究了钢连梁在混凝土墙肢中的预埋深度。如图 17.4.4（a）所示，钢连梁在混凝土墙肢中有足够的埋入深度 l_e 时，才可在地震下提供稳定的恢复力与耗能能力。得益于 Harries、Yun 等人的工作，目前关于钢连梁的埋入深度已经有较为成熟的设计公式。但该连接方式导致墙肢边缘的混凝土损伤严重，图 17.4.4（b）所示为钢连梁-混凝土墙肢节点在试验中的损伤情况，可见钢连梁与混凝土墙肢连接处混凝土在循环往复荷载作用下损伤严重。

图 17.4.3　钢连梁与混凝土墙肢的连接试验照片

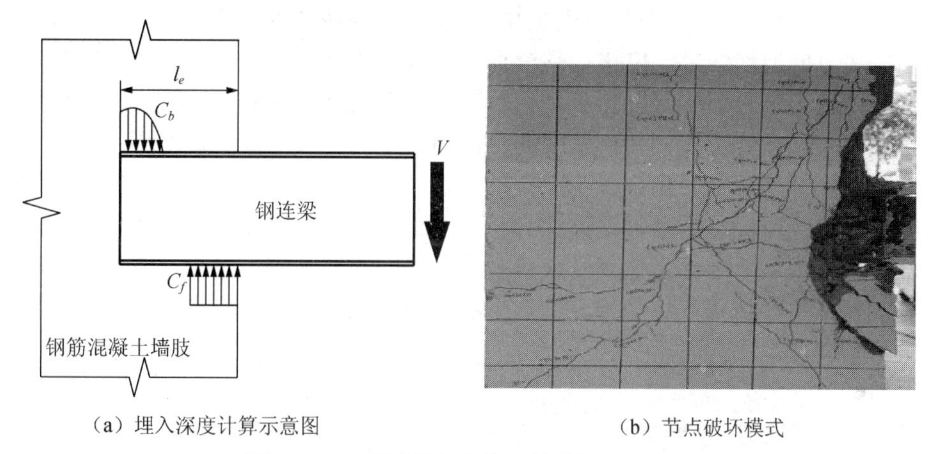

（a）埋入深度计算示意图　　（b）节点破坏模式

图 17.4.4　钢连梁与混凝土墙肢的连接试验

在此基础上，国内外学者希望通过特殊的连接构造，将耗能钢连梁分为耗能段与非耗能段，耗能段通过机械方式与非耗能段连接，在震后可以轻松替换，如图 17.4.5 所示。

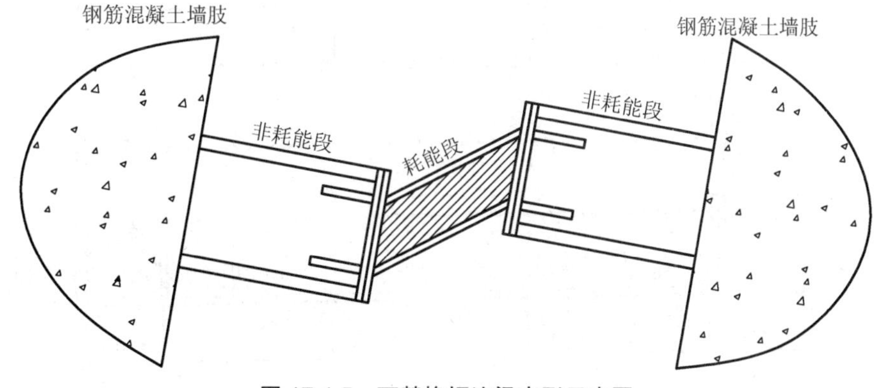

图 17.4.5　可替换钢连梁变形示意图

结构遭遇较大地震时，耗能段屈服耗能，非耗能段保持弹性，未发生较大的变形，非耗能段与混凝土墙肢的连接部分保持完好。由于非耗能段的存在，耗能段的剪切变形角显著增加，这要求耗能段在大变形下仍然具有稳定的恢复力和耗能能力。因此，高性能的耗能段（也可称为连梁阻尼器）的研发是实现该结构体系的重要部分。在现有的研究中，耗能段主要采用钢连梁，其在地震下须在塑性范围内工作。耗能钢连梁在往复荷载下的低周疲劳能力应受到极大的重视，目前已有不少研究工作致力于提高耗能钢连梁的低周疲劳性能。

综上，新型的混合联肢剪力墙结构体系可满足震后功能可恢复结构的性能要求。该新型结构体系目前已用于某11层的高层建筑，经过分析验算可知，其在地震下表现良好，适合在抗震设防烈度较高地区推广。

但是，混合联肢墙结构体系尚存在不少问题，主要为以下3个：

（1）高性能连梁的研发；

（2）损伤可控的墙肢的研发；

（3）非结构构件的损伤控制。

我国《抗规》要求，剪力墙结构在大震下的最大容许层间位移角为1/100，连梁的变形角一般为层间位移角的2.5～3倍，而采用耗能段+非耗能段设计的连梁，耗能段在地震下可能会承受更大的剪切变形，位移角甚至有可能达到1/20。提高连梁耗能段的极限变形能力与低周疲劳能力是目前的研究热点之一。根据震后功能可恢复结构的要求，钢筋混凝土墙肢在地震下的损伤也需控制在可接受的范围内。而实际震害表明，当钢筋混凝土墙体承受较大变形时，墙体底部会出现较为严重的损伤——混凝土剥落以及纵筋屈曲。墙体的修复工作非常困难，一般都需要拆除重建。研究新型具有大变形能力且损伤可控的钢筋混凝土剪力墙，是实现震后功能可恢复联肢剪力墙结构的重要内容。另外，要满足震后功能可恢复结构的要求，楼板等非结构构件的损伤也应控制在较小的范围内，以保证结构在震后不会丧失使用功能。

17.4.1 组装式自复位连梁

图17.4.6所示为笔者提出的组装式自复位钢连梁。该连梁分为3个部分，其中左边连接段与中间段之间有预留空隙，为连梁的伸长提供了充足的空间。预应力钢绞线将中间连

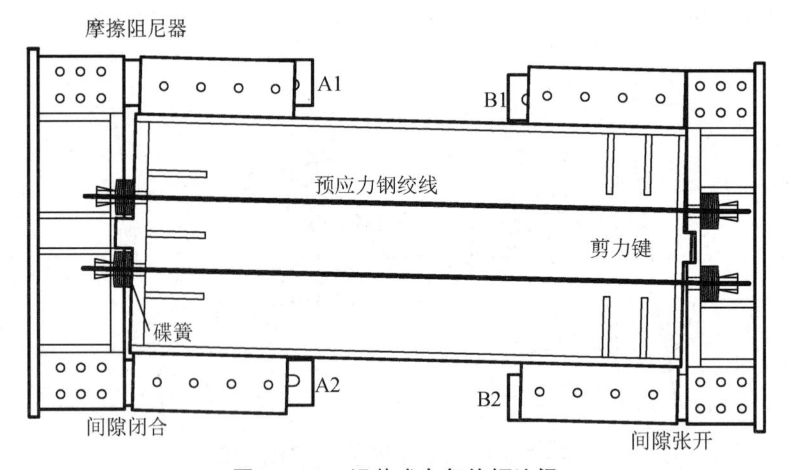

图17.4.6 组装式自复位钢连梁

接段与右连接段连接在一起，中间段与两侧的连接段之间均有抗剪件。当连梁承受剪切变形时，中间连接段转动，预应力钢绞线受到拉伸，提供恢复力，实现自复位能力。预留的间隙使得中间段有充分的变形空间。为了增加耗能能力，在连梁的 4 个角上设置了摩擦阻尼器。

笔者对该连梁进行了试验研究，图 17.4.7 所示为该自复位连梁的试验照片。图 17.4.8 所示为该连梁在剪切荷载下的变形模式。可以看出，中间段出现明显转角，预留的间隙闭合，而右侧出现明显的间隙。该间隙需要考虑连梁的高度并对剪切变形角进行设计。间隙大小一般建议为

$$G_{ap} = h\theta \tag{17.4.2}$$

式中，h 为连梁的高度；θ 为设计的连梁转角。

图 17.4.7　自复位连梁试验照片

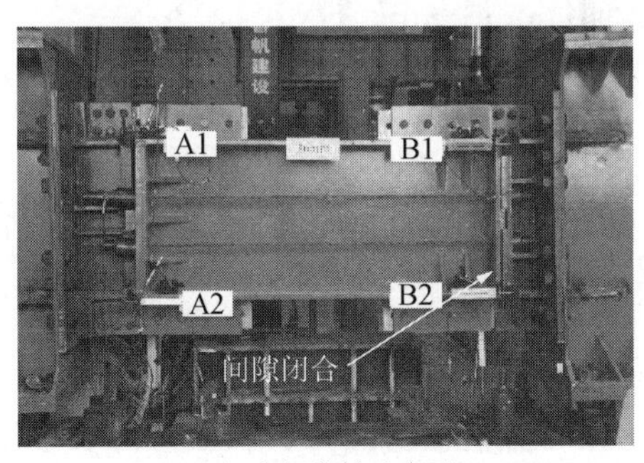

（a）中间段转动变形

（b）缝隙的开闭

图 17.4.8　自复位连梁变形图

图 17.4.9（a）所示为试验得到的滞回曲线。从图中可以看出，该滞回曲线为典型的双旗帜型，表明该连梁具有良好的自复位能力与耗能能力。图 17.4.9（b）所示为滞回曲线的骨架线。其中 F_{fric} 为摩擦力，F_{PT} 为自复位钢绞线的拉力。根据图中的示意及简单的力学关系，可以得到以下公式：

$$F_{\mathrm{fd}}=\frac{F_{\mathrm{fric}}}{4}\times\left(\frac{1550}{2500}\times\frac{780}{1460}\right)=25.24\mathrm{kN} \tag{17.4.3}$$

$$F_{A,\mathrm{cal}}=2\times\left(\frac{F_{\mathrm{PT}}\times 0.63}{1.46}+\frac{F_{\mathrm{fd}}\times 0.78}{1.46}\right)\times\frac{2.50}{1.55}=115.07\mathrm{kN} \tag{17.4.4}$$

式中，$F_{A,\mathrm{cal}}$ 为 A 点理论计算承载力。公式中的几何尺寸参见图 17.4.7。计算得到的承载力值与试验中得到的 114.2kN 非常接近。图 17.4.9（c）所示为预应力钢绞线的拉力，可以看出试验结束以后，预应力损失了约 30kN。图 17.4.9（d）所示为左上（A2）以及右上（B2）的摩擦阻尼器变形。左右对称布置的摩擦阻尼器，一个压缩，另一个伸长。当反向加载时，另外一组摩擦阻尼器发挥作用，这一组摩擦阻尼器变形很小。

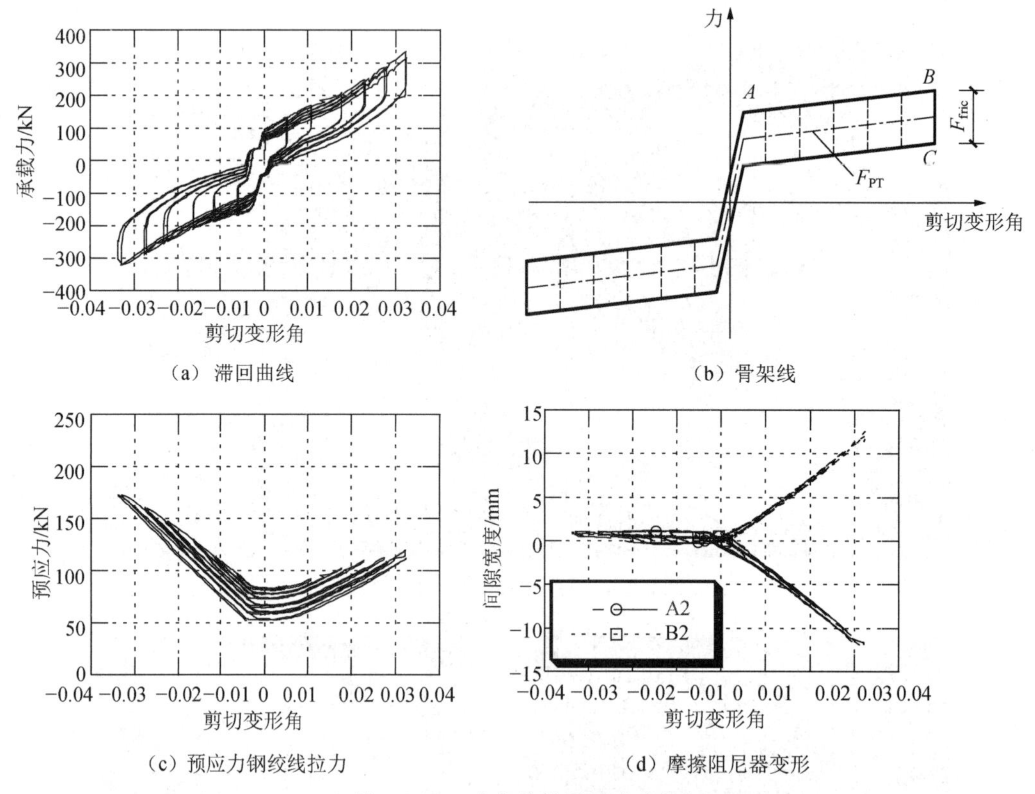

图 17.4.9　自复位连梁试验曲线

利用通用有限元软件 ABAQUS 建立了该自复位连梁的模型。图 17.4.10（a）所示为该阻尼器的模型，图 17.4.10（b）所示为试验结果与数值模拟结果。从图中可以看出，该模型具有很好的精度。

基于该模型，考察具有不同间隙宽度的自复位连梁对于结构性能的影响。图 17.4.11 右侧为两个不同模型的示意图，分别表示连梁部位的间隙为 30mm 以及没有间隙的情况。图 17.4.12 所示为两个联肢剪力墙结构的分析结果。从图 17.4.12 中可以看出，没有间隙的连梁承受了更大的挤压应力，同时，混凝土的损伤也更为显著；而 30mm 的间隙可为连梁提供良好的变形空间，保护连梁和墙肢不受损伤。

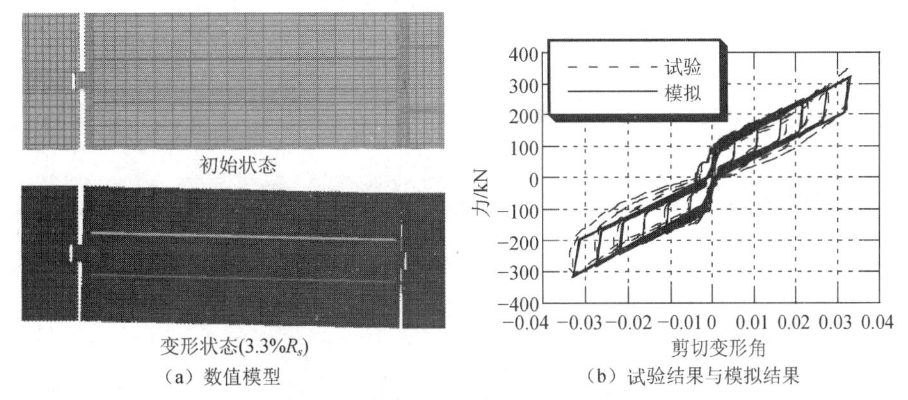

（a）数值模型　　（b）试验结果与模拟结果

图 17.4.10　自复位连梁的有限元模型

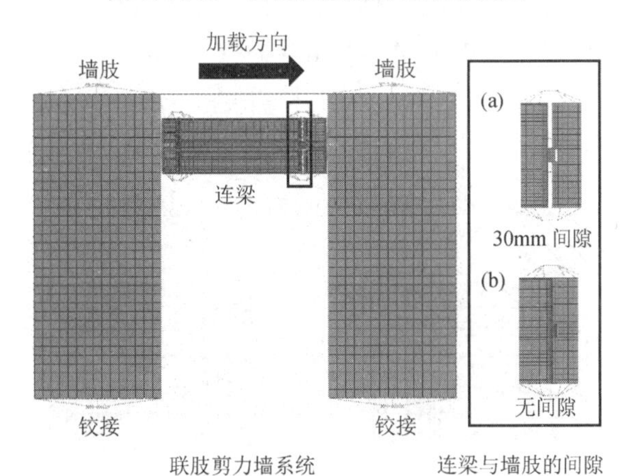

联肢剪力墙系统　　连梁与墙肢的间隙

图 17.4.11　不同构造的联肢剪力墙模型

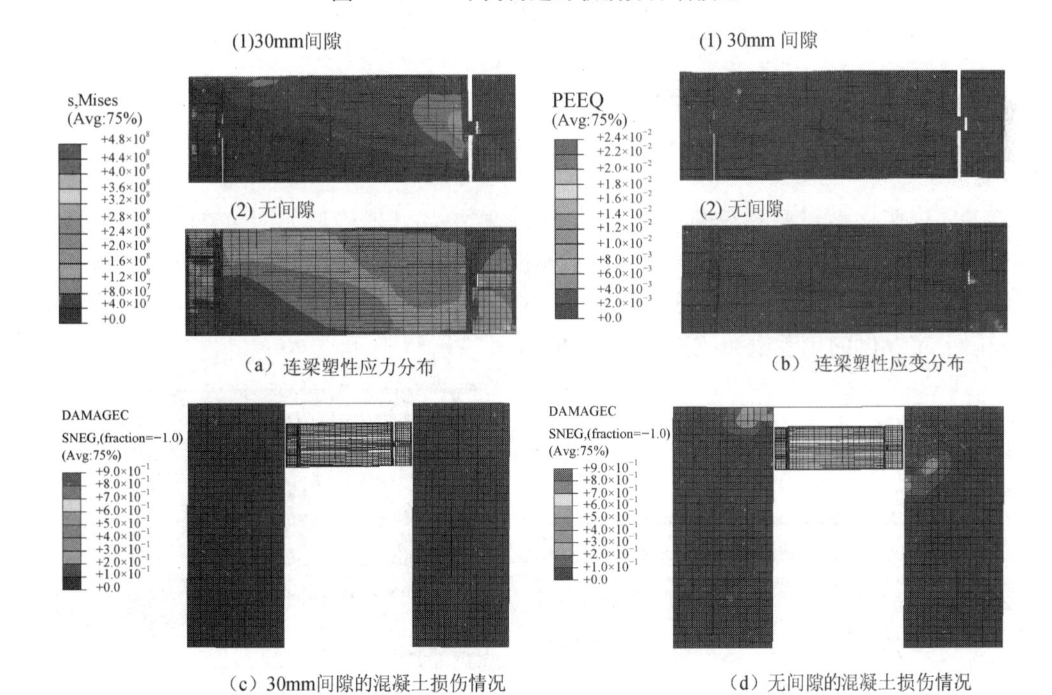

（a）连梁塑性应力分布　　（b）连梁塑性应变分布

（c）30mm间隙的混凝土损伤情况　　（d）无间隙的混凝土损伤情况

图 17.4.12　联肢剪力墙结构变形

综上，我们可以认为该组装式自复位连梁满足功能可恢复结构的要求，可用于工程实践中。其中值得注意的是摩擦力大小，以及预应力钢绞线的变形能力，避免出现摩擦力大丁预应力钢筋提供的自复位拉力，以及预应力钢绞线超出极限变形能力的情况。

17.4.2　开槽式楼板

对于钢筋混凝土联肢剪力墙结构而言，地震损伤容易集中在连梁部位。传统的钢筋混凝土连梁在地震作用下损伤严重，修复工作量大，无法满足功能可恢复结构的要求。目前工程中常采用金属耗能连梁或黏弹性耗能连梁替代传统的钢筋混凝土连梁，如图17.4.13所示。耗能连梁可提供较大的附加阻尼比，减小结构的地震响应，震后易于修复或替换。目前学者们较多地关注耗能连梁在地震下的性能，而连梁上部楼板的性能特征尚未得到充分的研究。若钢筋混凝土楼板在地震下损伤严重，需要大规模的湿作业修复，则结构无法实现震后快速恢复功能。

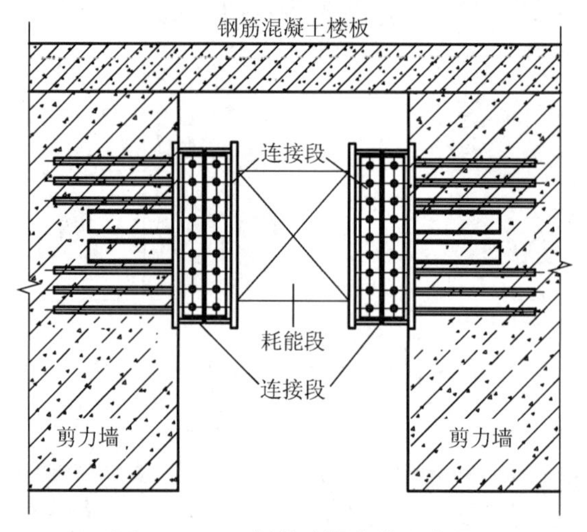

图17.4.13　耗能连梁安装示意图

笔者提出了一种新型的开槽式楼板。开槽式楼板的开槽构造如图17.4.14（a）所示，钢筋在穿过楼板-剪力墙交界面时弯折，使该处成为铰接构造。同时该处的混凝土预留一定宽度的槽口，采用聚苯板填充。图17.4.14（b）所示为制作试件时的照片，钢筋在该处弯起，采用一定厚度的聚苯板布置在上下表面。

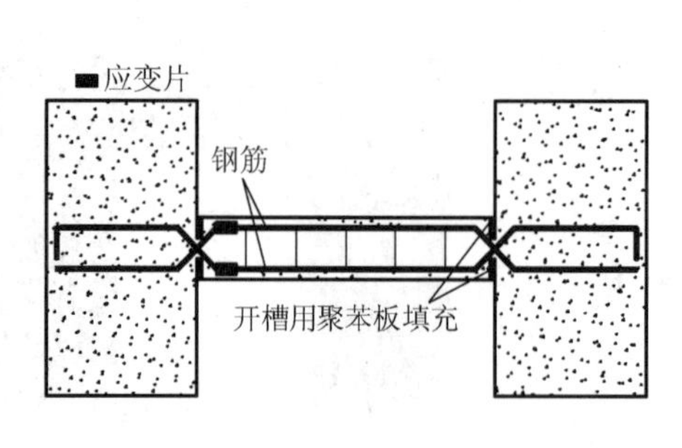

（a）开槽构造示意图

（b）开槽处钢筋弯折

图17.4.14　开槽式楼板构造示意图

为了研究开槽式楼板的性能，设计了 6 个不同的钢筋混凝土楼板，包括 4 个普通钢筋混凝土楼板与 2 个新型的开槽式楼板。试件的详细构造如图 17.4.15 所示。所有试件的楼板的尺寸均为 1600m×1600mm，两侧的钢筋混凝土剪力墙厚 400mm，宽 300mm，高 1600mm。为了方便对比并保护试件在吊装过程中不受损伤，在每个试件中浇筑两块楼板。对于传统的钢筋混凝土楼板，试验主要对比不同楼板厚度以及不同的配筋方式对楼板性能的影响。对于开槽式钢筋混凝土楼板，试验考察不同长度的开槽对楼板性能的影响。开槽楼板在槽口端部的上下表面配置了 X 形的防裂钢筋，防止混凝土裂缝由槽口处向外延伸。图中“■”表示布置应变片的位置，主要用于监测钢筋应变的分布情况。

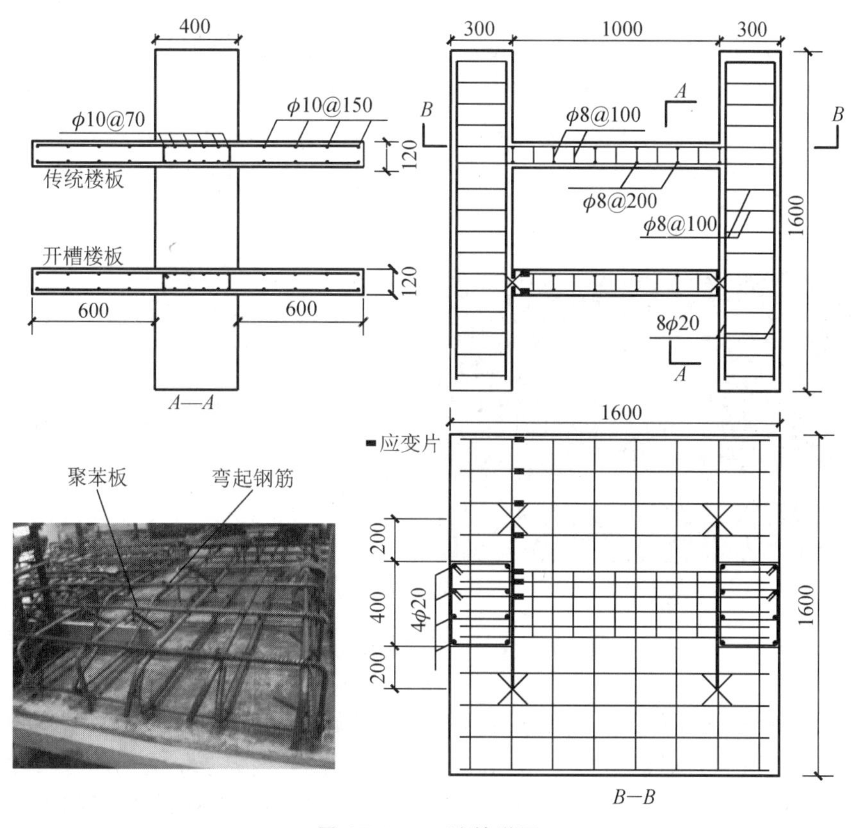

图 17.4.15　试件详图

表 17.4.1 所示为此次试验的具体参数。试验中共设计了 6 种楼板，包括 4 个传统楼板以及 2 个新型的开槽式楼板。其中 S120B、S120、S140B、S140 为传统楼板试件，Slot-800 和 Slot-1200 为开槽式楼板试件。以 S120B 为例，“120”表示该楼板厚 120mm，“B”表示在剪力墙之间的区域配置暗梁（图 17.4.15），若名称中没有 B，则表示无暗梁。暗梁配置于剪力墙宽度范围内的区域，纵筋为 $\phi10@70$，配置箍筋 $\phi8@100$。若无暗梁，该区域纵筋为 $\phi10@130$，无箍筋。开槽式楼板试件的基本构造与 S120B 相同，均采用有暗梁的配筋方式以提高端部截面的抗剪承载力。Slot-800 和 Slot-1200 的槽口宽度均为 5mm，采用等厚度的聚苯板填充。Slot-800 表示槽口长度为 800mm，Slot-1200 表示槽口长度为 1200mm。本次试验采用的混凝土立方体强度为 46.6MPa，$\phi10$ 钢筋的屈服应力为 390MPa。

表 17.4.1 试件主要参数表

试件名称	楼板类型	楼板厚度/mm	配筋方式	开槽长度/mm
S120B	传统楼板	120	有暗梁	—
S140	传统楼板	140	无暗梁	—
S120	传统楼板	120	无暗梁	—
S140B	传统楼板	140	有暗梁	—
Slot-800	开槽楼板	120	有暗梁	800
Slot-1200	开槽楼板	120	有暗梁	1200

如图 17.4.16（a）所示，试件安装在一个剪切加载架上。该加载架有 4 个可自由转动的铰接点。试件安装在上下加载梁之间，承受剪切变形。本次试验上下剪力墙的距离为 1000mm，以其相对变形为加载控制位移，依次为 1/2000、1/1000、1/800、1/550、1/250、1/120、1/100、1/50、1/30、1/20 以及 1/10，每个位移幅值加载 2 圈，如图 17.4.16（b）所示。

（a）加载装置

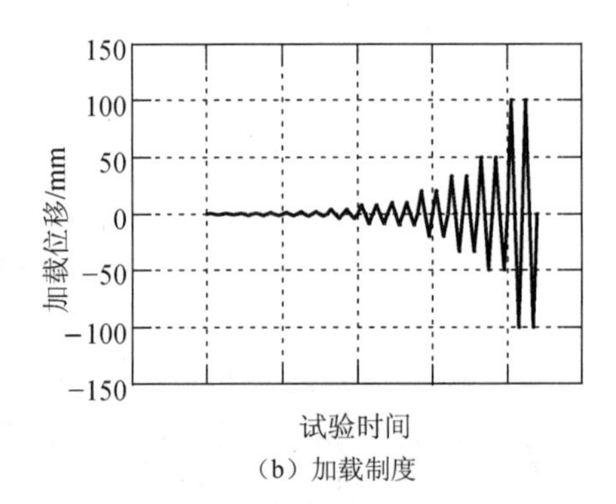

（b）加载制度

图 17.4.16 加载装置和加载制度

6 个试件的钢筋应变如图 17.4.17 所示。图中数据采用的楼板剪切变形角为 1/120，在该变形下，应变片的数据较为稳定。图 17.4.17 表明，传统楼板中部的钢筋应变较大，外侧的钢筋应变较小。在 140mm 厚楼板中，钢筋的最大应变约为 2.3×10^{-3}，而 120mm 厚楼板的钢筋最大应变约为 1.3×10^{-3}，尚未达到屈服应变 1.8×10^{-3}。对于 4 个传统楼板来说，在剪力墙边缘外侧 200mm 处，钢筋的应变较小，约为 0.8×10^{-3}，楼板最外侧的钢筋应变仅为 0.55×10^{-3}。

图 17.4.17 右侧表示了开槽式楼板中钢筋的应变，其中开槽区域内的钢筋用“＊”表示。从图中可以看出，开槽处钢筋应变明显小于槽口外侧钢筋的应变。由于槽口的存在，楼板与剪力墙铰接，纵筋并未承受太大变形，应变均未超过 0.7×10^{-3}。槽口外侧的钢筋应变稍大，但也未超过 1.2×10^{-3}。

试件 S120B 的裂缝分布如图 17.4.18（a）所示。裂缝主要沿着剪力墙分布，并向两侧延伸。图 17.4.18(b)显示了楼板 4 种典型的开裂状态：楼板的剪切变形角为 1/800 时，S120B 在靠近剪力墙位置处出现第一条水平裂缝；剪切变形角达到 1/250 时，水平裂缝贯穿整个楼板；剪切变形角达到 1/120 时，在剪力墙两侧出现斜裂缝；随着剪切变形角进一步增大

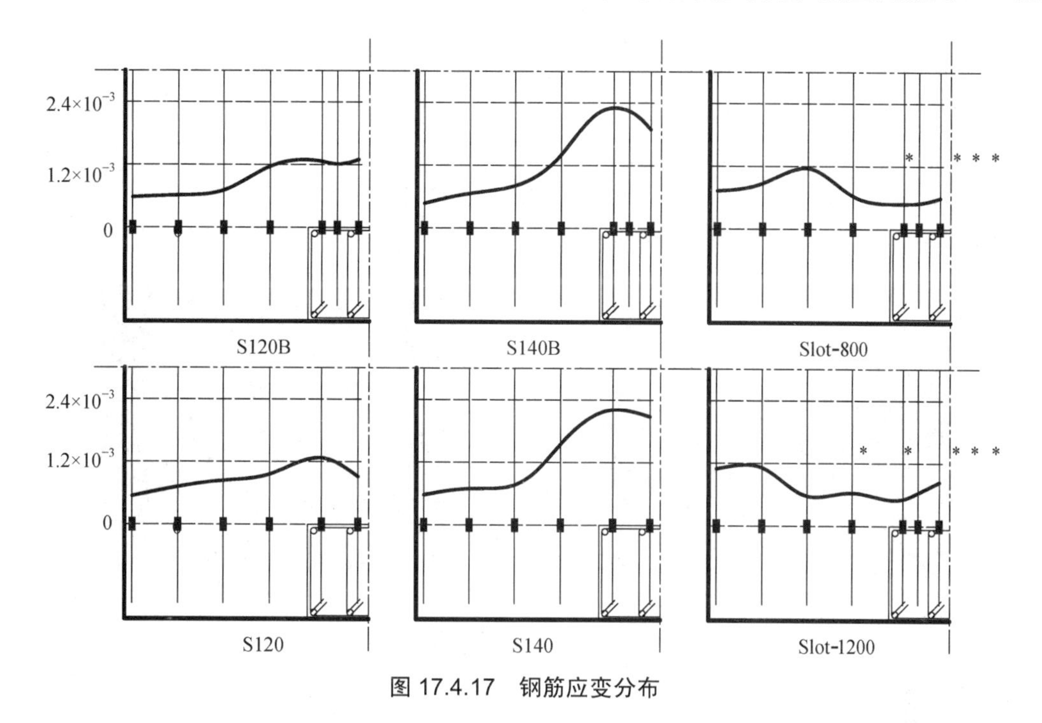

图 17.4.17　钢筋应变分布

到 1/50，裂缝向楼板中部发展。最终在楼板的剪切变形角达到 1/20 时，出现大面积的混凝土剥落，如图 17.4.18（c）所示。其他 3 个传统楼板的裂缝分布、破坏模式与 S120B 基本相同，最终的裂缝分布和破坏状态如图 17.4.18（d）～（f）所示。

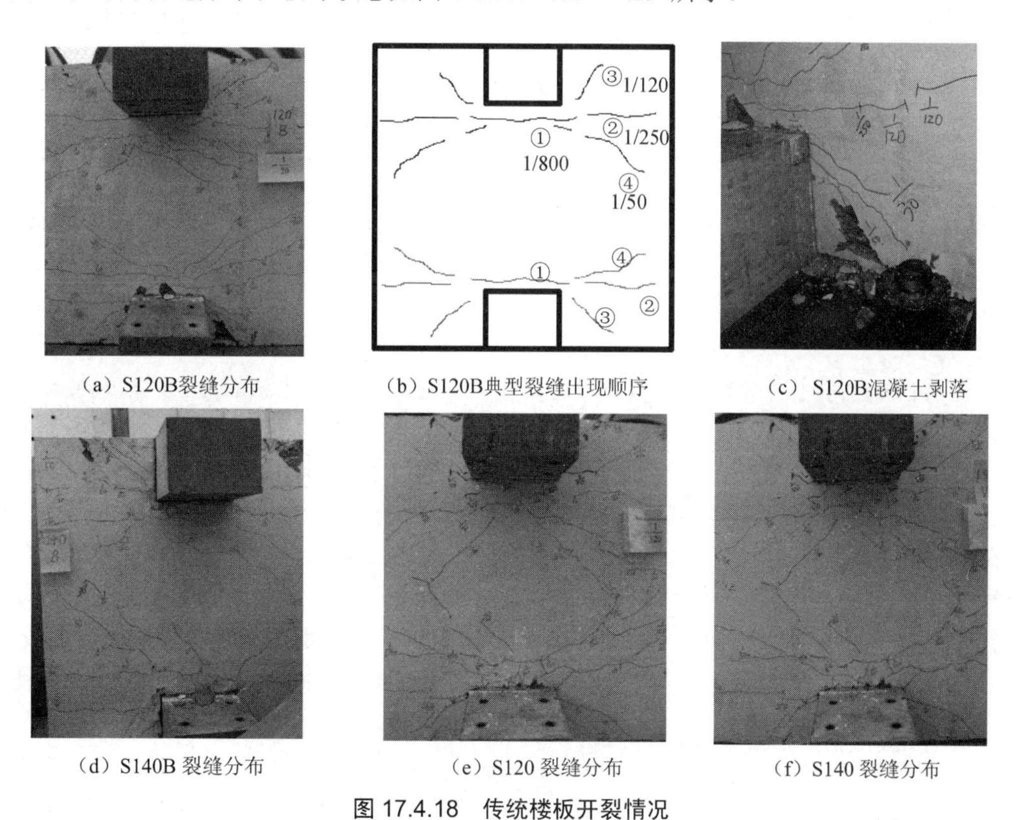

（a）S120B裂缝分布　（b）S120B典型裂缝出现顺序　（c）S120B混凝土剥落

（d）S140B 裂缝分布　（e）S120 裂缝分布　（f）S140 裂缝分布

图 17.4.18　传统楼板开裂情况

开槽式楼板的裂缝分布如图 17.4.19 所示。其裂缝分布区域较传统的钢筋混凝土楼板小，主要集中在槽口外侧。加载初期，开槽式楼板在槽口边缘处较早地出现了第一条裂缝。Slot-800 楼板裂缝横向贯穿的时间较晚；而 Slot-1200 楼板，其槽口距试件边缘仅有 200mm，裂缝在剪切变形角达到 1/800 时已经贯穿整个楼板。但开槽式楼板斜裂缝出现得非常晚，同时极限变形能力良好，在剪切变形角达到 1/10 时才出现混凝土大面积剥落。

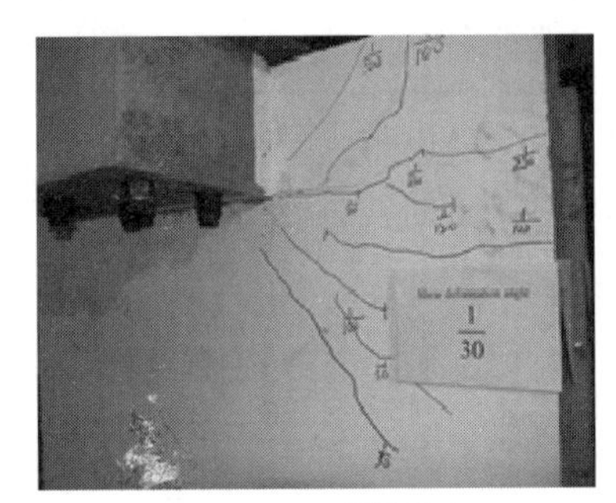

(a) Slot-800 裂缝分布

(b) Slot-1200 裂缝分布

图 17.4.19 开槽式楼板开裂情况

表 17.4.2 总结了 6 个楼板的特征性能点。从表中可以看出，对于传统楼板，厚度是影响楼板开裂的主要参数。140mm 厚楼板的各个裂缝特征状态均较 120mm 厚楼板出现得早。对于 120mm 厚的楼板，暗梁的约束作用使得混凝土剥落的时间稍晚，S120B 在极限剪切变形角达到 1/20 时才出现混凝土大面积剥落。开槽式楼板在 1/100 或 1/50 剪切变形角下出现斜裂缝，在 1/10 剪切变形角下混凝土才大面积剥落，可见开槽式楼板具有更好的变形能力。

表 17.4.2 楼板性能点

性能点	S120B	S140B	S120	S140	Slot-800	Slot-1200
初始开裂	1/800	1/1000	1/800	1/1000	—	—
裂缝横向贯穿	1/250	1/550	1/250	1/550	1/250	1/800
出现斜裂缝	1/120	1/120	1/120	1/120	1/100	1/50
混凝土剥落	1/20	1/50	1/30	1/50	1/10	1/10

图 17.4.20 显示了各个楼板的最大裂缝宽度发展情况。值得注意的是，开槽式楼板的最大裂缝宽度指除槽口以外混凝土的最大裂缝宽度，聚苯板与混凝土之间初始裂缝不计入此图。S140 的裂缝宽度最大，在剪切变形角为 1/30 时，其裂缝宽度为 3.02mm。S140B 在相同的剪切变形角下，裂缝宽度仅为 1.83mm。S120B 的最大裂缝宽度小于 S120，表明暗梁可显著地减小楼板的最大裂缝宽度。我国的《抗规》要求剪力墙结构在大震下的层间变形角不超过 1/100，《混凝土结构设计规范》要求混凝土结构正常使用的裂缝宽度不能超过 0.4mm。对于连梁来说，其自身的剪切变形角一般为结构层间变形角的 2.5～3 倍，结构层间变形角为 1/100 时，连梁的变形角为 1/40～1/33，而 4 种不同构造的传统楼板在此变形角下的裂缝宽度均远远超过 0.4mm，不满足规范的要求。

另外，如图 17.4.20 中显示，开槽式楼板的裂缝宽度远远小于常规楼板，在 1/30 的剪切变形角下，楼板的最大裂缝宽度约为 0.41mm；当剪切变形角达到 1/20 时，楼板的最大裂缝宽度也没有超过 0.5mm。槽口处的聚苯板吸收了绝大部分的变形，使楼板上下表面的混凝土并未承受太大的应变，混凝土的裂缝宽度较小，满足规范要求。开槽式楼板在震后不需修复或仅需要少量修复即可恢复使用功能。

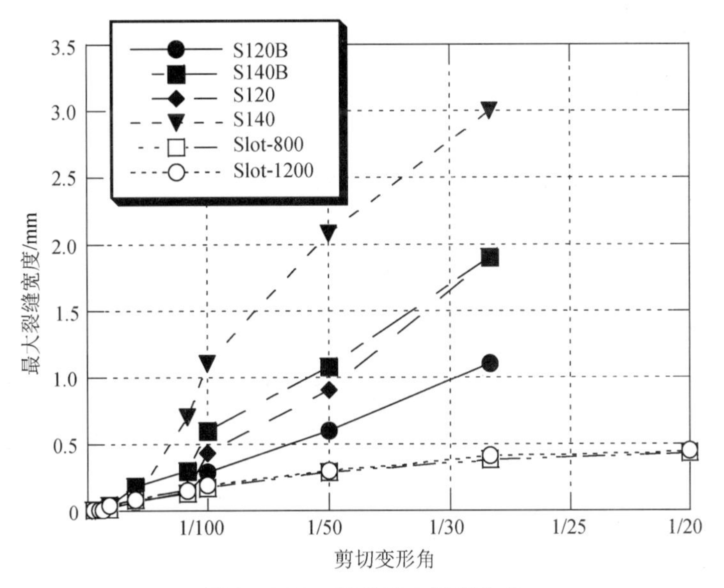

图 17.4.20 楼板最大裂缝宽度

图 17.4.21 直观地比较了传统楼板与开槽式楼板的最终破坏状态。在经历了 1/10 的剪切变形角加载以后，图中右侧的传统楼板出现了大面积的混凝土剥落，而开槽式楼板尚未出现大面积的混凝土剥落，仅在斜裂缝出现的地方有些许混凝土掉落。在经历较大的地震后，开槽式楼板所需的修复工作量远远小于传统楼板。

（a）Slot-800 和 S120B 的最终破坏状态

（b）Slot-1200 和 S140 的最终破坏状态

图 17.4.21 楼板最终破坏状态比较

上述研究表明，开槽式楼板在地震作用下较传统楼板损伤更小，极限变形能力更好。传统钢筋混凝土楼板的极限变形能力一般不超过 1/30，且损伤范围较大，震后需做大量修复工作。对于传统钢筋混凝土楼板而言，较厚的楼板裂缝较宽，配置暗梁有助于延缓混凝土剥落；开槽式楼板的极限变形能力达到 1/10，其开裂范围与裂缝宽度均小于传统楼板，在 1/20 剪切变形角下，裂缝宽度也不超过 0.5mm，震后进行较小的修复即可恢复使用。

习题

1. 设置摇摆墙的主要目的是什么？它与传统剪力墙相比有什么区别？
2. 摇摆墙连接件的设计重点是什么？耗能件的安装原则是什么？
3. 如何理解自复位支撑的工作模式？套管的形式能否优化？
4. 混合联肢剪力墙的优势是什么？
5. 实现连梁的可替换还有哪些新的构造？
6. 联肢剪力墙结构中，RC 楼板的设计能否优化？
7. 如何减小 RC 墙体的损伤？

参考文献

[1] 吴守君. 摇摆填充墙-框架结构抗震性能研究[D]. 清华大学, 2017.
[2] 曹海韵, 潘鹏, 吴守君, 等. 框架-摇摆墙结构体系中连接节点试验研究[J]. 建筑结构学报, 2012, 33(12): 9.
[3] 曹海韵, 潘鹏, 叶列平. 基于推覆分析混凝土框架摇摆墙结构抗震性能研究[J]. 振动与冲击, 2011, 30(11): 5.
[4] 纪晓东, 马琦峰, 王彦栋, 等. 钢连梁可更换消能梁段抗震性能试验研究[J]. 建筑结构学报, 2014(6): 11.
[5] 纪晓东, 钱稼茹. 震后功能可快速恢复联肢剪力墙研究[C]. 第 23 届全国结构工程学术会议论文集, 2014.
[6] 吕西林, 周颖, 陈聪. 可恢复功能抗震结构新体系研究进展[J]. 地震工程与工程振动, 2014, 34(4): 10.
[7] 潘振华, 潘鹏, 邱法维, 等. 具有自复位能力的钢结构体系研究[J]. 土木工程学报, 2010(S1): 8.
[8] 潘振华. 具有自复位能力的钢框架体系研究[D]. 北京:清华大学, 2010.
[9] 曲哲. 摇摆墙—框架结构抗震损伤机制控制及设计方法研究[D]. 北京:清华大学, 2010.
[10] AJRAB J J, PEKCAN G, MANDER J B. Rocking Wall-Frame Structures with Supplemental Tendon Systems[J]. Journal of Structural Engineering, 2004(6): 130.
[11] AU E. The Mechanics and Design of a Non-tearing Floor Connection using Slotted Reinforced Concrete Beams[D]. Christchurch: University of Canterbury, 2023.
[12] BRUNEAU M, CHANG S E, EGUCHI R T, et al. A Framework to Quantitatively Assess and Enhance the Seismic Resilience of Communities[J]. EARTHQUAKE SPECTRA, 2003(4), 19(4): 733-752.
[13] CHANG S E, SHINOZUKA M. Measuring improvements in the disaster resilience of communities[J]. Earthquake Spectra, 2004, 20(3): 739-755.
[14] CHOU C C, CHEN Y C. Development of Steel Dual-Core Self-Centering Braces: Quasi-Static Cyclic Tests and Finite Element Analyses[J]. Earthquake Spectra, 2015, 31(1): 247-272.
[15] CHRISTOPOULOS C, TREMBLAY R, KIM H J, et al. Self-Centering Energy Dissipative Bracing System for the Seismic Resistance of Structures: Development and Validation[J]. Journal of Structural Engineering, 2008, 134(1): 96-107.
[16] EATHERTON M R, XIANG M, KRAWINKLER H, et al. Design Concepts for Controlled Rocking of Self-Centering Steel-Braced Frames[J]. Journal of Structural Engineering, 2014, 140(11): 04014082.

[17] EL-TAWIL S, HARRIES K A, FORTNEY P J, et al. Seismic Design of Hybrid Coupled Wall Systems: State of the Art[J]. Journal of structural engineering, 2010, 136(7): 755-769.
[18] EL-TAWIL S, KUENZLI C M, HASSAN M. Pushover of Hybrid Coupled Walls. I: Design and Modeling[J]. Journal of Structural Engineering, 2002, 128(10): 1272-1281.
[19] LU Y. Comparative Study of Seismic Behavior of Multistory Reinforced Concrete Framed Structures[J]. Journal of Structural Engineering, 2002, 128(2): 169-178.
[20] MANSOUR N, CHRISTOPOULOS C, ASCE M, et al. Experimental Validation of Replaceable Shear Links for Eccentrically Braced Steel Frames[J]. Journal of Structural Engineering, 2011, 137(10): 1141-1152.
[21] MANSOUR N. Development of the Design of Eccentrically Braced Frames with Replaceable Shear Links [D]. Toronto: University of Toronto (Canada). 2010.
[22] QU Z, WADA A, MOTOYUI S, et al. Pin-supported walls for enhancing the seismic performance of building structures[J]. Earthquake engineering & structural dynamics, 2012, 41(14): 2075-2091.
[23] RICLES J M, SAUSE R, GARLOCK M M, et al. Posttensioned Seismic-Resistant Connections for Steel Frames[J]. Journal of Structural Engineering, 2001, 127(2): 113-121.
[24] RICLES J M, SAUSE R, PENG S W. Experimental Evaluation of Earthquake Resistant Posttensioned Steel Connections[J]. Journal of Structural Engineering, 2002(7/9): 128.
[25] WADA A, QU Z, ITO H, et al. Seismic Retrofit Using Rocking Walls and Steel Dampers[C]// ATC/SEI Conference on Improving the Seismic Performance of Existing Buildings & Other Structures. 2009: 1010-1021.

第 18 章　非结构构件抗震设计

18.1　概述

我国《抗规》认为，持久性的建筑非结构构件和支承于建筑结构上的附属机电设备与管道系统（mechanical, electrical, plumbing, MEP）均属于非结构构件的范畴。国外规范将非结构构件的定义进行了扩展，包括建筑中除结构构件以外的所有构件，如建筑业主所使用的家具、设备等（furniture, fixtures, equipment, FF&E）也属于非结构构件。现代公共建筑非结构构件的建造成本占据了建筑总投资的大部分，Taghavi 等的统计数据显示，办公楼、酒店、医院等现代公共建筑中非结构构件的投资比分别达到了 82%、87%、92%，远远大于结构构件。震害调查数据显示，非结构构件地震破坏所导致的经济损失也远远高于结构构件。图 18.1.1 比较了三种不同类型现代公共建筑中，非结构构件与结构构件投资占比及震后经济损失占比。强震中非结构构件极易发生破坏，且由于结构与非结构构件力学性能的差异，建筑在遭受地震作用时非结构构件往往会先于主体结构发生破坏，且容易导致建筑功能瘫痪。

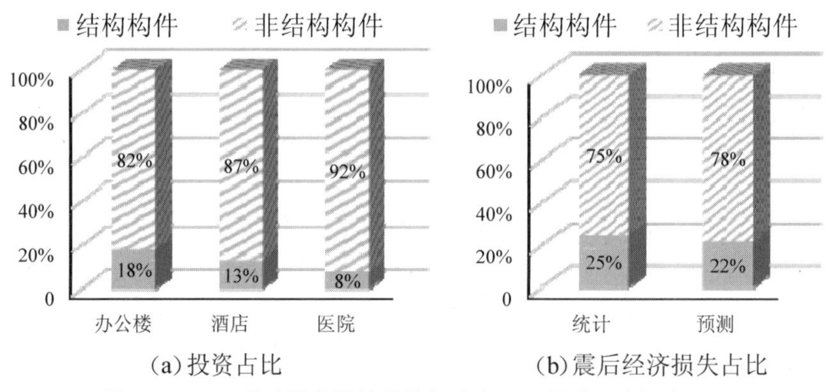

图 18.1.1　公共建筑非结构构件投资占比及震后经济损失占比

18.2　非结构构件震害

非结构构件破坏会造成建筑使用功能中断，严重影响社会生产活动。对非结构构件在地震中的宏观表现进行分析，总结其破坏规律及原因，这是进行非结构构件抗震设计的重要依据。

18.2.1　建筑非结构构件

建筑非结构构件包括隔墙、围护墙、天花板、吊顶、外墙饰面、幕墙、烟囱、其他建筑装饰物等，本节选择典型的建筑非结构构件进行震害分析。

1. 非承重墙体

在近年来国内外发生的地震中，填充墙、围护墙等非承重墙体的破坏较为普遍，也较为严重。图 18.2.1 所示为 2008 年汶川地震（8.0 级）中非承重墙体的破坏情况。填充墙的破坏严重影响建筑使用功能，降低建筑整体的性态水平。其震害主要表现为平面内的交叉斜裂缝、墙柱分离、墙角损坏和平面外的倒塌等。震害调查发现填充墙的震害明显高于主体结构，2008 年汶川地震中当主体框架结构仍基本保持完好或轻微破坏时，建筑因填充墙破坏而出现暂时功能丧失和全部功能丧失的比例分别为 15%和 17%。填充墙破坏的主要原因是主体结构变形或层间侧移过大，与主体结构没有可靠连接，以及自身材料密度较大或与主体结构的刚度不协调等。

（a）框架结构填充墙破坏

（b）工业厂房围护墙破坏

图 18.2.1　汶川地震中非承重墙体的破坏

2. 吊顶

在非结构构件震害中，吊顶的震害较为突出，尤其在机场、医院、商场、体育馆等重要建筑中，吊顶大面积的坍塌更为常见。图 18.2.2 所示为 2008 年汶川地震中吊顶的破坏图片。从震害表现上看，吊顶的破坏一般较少造成人员的伤亡，但是吊顶的大面积坍塌会造成建筑功能中断，间接破坏其他建筑系统，从而引起重大经济损失。吊顶破坏的主要原因是由于地震时水平和竖向运动造成吊顶系统的吊件和龙骨失效，并由此导致吊顶板大量坠落。表 18.2.1 给出了近年来吊顶的震害情况。

图 18.2.2　汶川地震中吊顶系统的破坏

表 18.2.1 吊顶的破坏情况统计

地　震	年　份	破坏情况
Northridge	1994	吊顶面板严重掉落，周边构件破坏，部分钢网格骨架破坏
El Salvador	2001	机场吊顶面板普遍掉落
Denali(Alaska)	2002	学校吊顶面板和钢网格骨架破坏
Kiholo Bay	2006	吊顶面板掉落，洒水装置破坏
Hengchun	2006	学校大面积面板掉落
Niigata	2007	体育馆、发电厂的吊顶大面积坍塌
汶川	2008	广元机场航站楼、绵阳机场航站楼等大跨建筑的吊顶局部或大面积脱落
Chile	2010	两大机场的吊顶大面积坍塌
Tōhoku	2011	体育馆、商场的吊顶破坏严重
台湾南投	2013	医院、办公楼的吊顶局部掉落
芦山	2013	医院、商场的吊顶严重破坏

3. 幕墙

幕墙是重要的外围护构件，其破坏将威胁到人员生命安全，因此需要严格的抗震设计。各国也多对幕墙的受力控制指标做出了规定，比如我国《抗规》规定幕墙的动力放大系数不低于5。幕墙的震害主要分为支撑结构破坏和面板失效破坏两类，面板失效破坏更为常见。黄连金、田敬博等对面板失效破坏的原因进行了分析，认为主要原因是面板材料直接受到地震惯性力和支撑结构传递的力，因连接不牢靠或是变形超过了设计变形而导致面板材料破碎和脱落。在1985年Mexico地震（7.8级）中，17%的玻璃幕墙发生破坏，造成多起玻璃碎片伤人事件。1994年Northridge地震（6.6级）和2008年我国汶川地震（8.0级）中均发生了幕墙玻璃脱落破坏的现象，如图18.2.3所示。

图 18.2.3 汶川地震中玻璃幕墙破坏

18.2.2 机械、电气和管道（MEP）构件

1. 机械和电气设备

建筑中的机械和电气设备主要包括电梯、照明和应急电源、空调机组、通信设备等，是维持建筑功能的重要构件。它们一般有较大的自重，同时具有较高的安装精度，一般有

严格的位移和变形限制要求。在地震中，未采取固定措施或固定措施不牢的设备会发生滑动或侧翻，不仅自身会受到损坏，与其连接的线缆或者管道也会产生拉裂破坏或过大变形。而对于有良好固定连接的设备，其破坏多是因连接或支撑失效而产生的设备侧移变形，悬吊的设备在地震中会因摇晃过大而造成固定破坏，甚至可能撞击其他相邻构件。1971 年 San Fernando 地震（6.6 级）中，有 670 座电梯因导轨变形过大，致使平衡锤脱轨，而这些电梯所在的建筑主体结构大部分保持完好。1995 年 Kobe 地震（7.2 级）中，多数机器因为基础固定不良而遭到破坏。图 18.2.4 和图 18.2.5 所示分别为 2010 年 Chile 地震（8.8 级）中空调设备的破坏情况和 2011 年 Tōhoku 地震（9.0 级）中自动扶梯的破坏情况。

图 18.2.4　2010 年 Chile 地震中空调设备的破坏

图 18.2.5　2011 年 Tōhoku 地震中自动扶梯的破坏

2. 管道系统

建筑中有大量的通风、采暖、燃气和给排水等设备管道，它们是维持建筑功能的重要非结构构件。在历次地震中，管道系统发生破坏的情况较为严重，且不易恢复，甚至会产生次生灾害。建筑中的管道系统一般依附于主体结构，结构的变形是管道破坏的主要诱导因素。从多次地震中管道系统的震害调查可以发现，其破坏的主要原因是不合理约束导致的管道系统不协调运动，或是与其他结构及非结构构件之间的碰撞。1933 年 Long Beach 地震（6.3 级）中，管道系统发生大面积破坏，其中大量的消防管道无法工作。1994 年 Northridge 地震中，一家医院水管破裂，各层浸水严重，建筑物不能使用，完全丧失医院使用功能。图 18.2.6 所示为 2010 年 Chile（8.8 级）地震中管线的破坏情况。

图 18.2.6　2010 年 Chile 地震中管线破坏

18.2.3　建筑内部家具

建筑内部家具是根据使用功能灵活布置的，比如文件柜、药柜、电视、台式电脑等，但它们又有各自不同的特点和安装形式，如柜子的高度、是否固定等，这些因素都影响其震害表现。通过对历次地震的震害调查发现，建筑内部家具的破坏非常普遍，震害程度也各不相同。究其原因主要是文件柜、电脑等自由放置，未与主体结构形成可靠的连接，致使其在地震作用下发生倾倒。1989 年 Loma Prieta 地震（7.1 级）中，旧金山的两个图书馆由于书架的破坏而损失一百多万美元。2011 年土耳其东部地区地震（7.3 级）中，某大学医学院建筑内部的家具破坏较为严重，致使医疗服务无法进行，导致这个拥有近 500 个床位的医院完全封闭，并进行应急设施搬迁。2008 年汶川地震中建筑内部家具的破坏较为普遍和严重，图 18.2.7 所示为安县花荄镇中国移动公司办公大楼内饮水机和背投电视等物品破坏情况。

图 18.2.7　汶川地震中家具的破坏

18.3　非结构构件抗震设计方法

随着人们对地震震害认识的不断加深，非结构构件震害得到越来越多的关注，许多国家将非结构构件抗震性能要求和抗震措施纳入规范中，并采用等效侧力法等方法进行简单的地震作用计算。

18.3.1　美国统一建筑规范

美国统一建筑规范每三年修订一次，1994 年修订出版的该规范首次纳入非结构构件地震力简化计算方法。该方法忽略非结构构件与结构构件连接处相对位移的影响，只考虑水平地震力作用，公式如下：

$$F_p = ZI_pC_aW_p \tag{18.3.1}$$

式中，系数 Z 为与地震分区和土壤类型相关的参数；系数 I_p 为与非结构构件重要性相关的调整参数；系数 C_a 为与非结构构件自身性能相关的参数；W_p 为构件自重。

18.3.2　美国 FEMA 273/356 规范

1997 年美国应急管理局出版了 FEMA 273 规范，该规范考虑了水平地震作用下最不利方向上非结构构件的地震力简化公式。随后于 2000 年在 FEMA 273 的基础上出版了 FEMA 356 规范。FEMA 356 规范不仅给出了水平地震力作用下非结构构件的简化计算公式，还给出了竖向地震作用下的地震力计算公式。对于非结构构件在水平地震作用下的简化计算公式，这两本规范相同，计算公式如下：

$$F_p = \frac{0.4a_p S_{XS} I_p W_p \left(1+\dfrac{2x}{h}\right)}{R_p} \tag{18.3.2}$$

式中，a_p 为取值在 1.0~2.5 之间的放大系数；S_{XS} 为与场地类别相关的短周期加速度反应谱相关参数；h 为建筑物高度；I_p 为不同性能水平下非结构构件性能系数；R_p 为取值范围在 1.25~6.0 之间的非结构构件特征修正系数；W_p 为构件自重；x 为非结构构件在建筑中所处位置的高度。

18.3.3　欧洲 BSEN 1998-1-2004 规范

欧洲 BSEN 1998-1-2004 规范是 2004 年在 BSEN 1998 规范基础上进行修订而成。非结构构件地震力采用简化计算方法，只考虑了在最不利方向上作用于非结构构件重心处的水平作用力，计算公式如下：

$$F = \frac{S_a W_a \gamma_a}{q_a} \tag{18.3.3}$$

式中，S_a 为地震系数；γ_a 为与重要性相关的调整参数；q_a 为与非结构构件自身性能相关的参数；W_a 为非结构构件自重。

18.3.4　中国 GB 50011—2010（2016）规范

我国《抗规》对非结构构件等效侧力简化计算方法进行了明确规定，2016 年对该规范进行了修订，修正了部分参数取值。规范考虑了水平地震作用下在最不利方向上非结构构件重心处的地震力，计算公式如下：

$$F = \gamma\eta\zeta_1\zeta_2\alpha_{\max}G \tag{18.3.4}$$

式中，γ 为非结构构件与功能相关的调整系数；η 为非结构构件类别系数；ζ_1 为取值范围在 1.0~2.0 之间的状态参数；ζ_2 为取值范围在 1.0~2.0 之间的位置参数；$\alpha_{\max}$ 为地震影响系数最大值；G 为非结构构件自重。

18.3.5　其他国家规范

日本在 1990 年出版的《日本建筑结构的抗震条例》中给出了非结构构件关于水平地震作用的简化计算公式。公式如下：

$$F = KG \tag{18.3.5}$$

式中，K 为非结构构件功能相关参数；G 为构件自重。

新西兰 NZS 4203 规范中给出的非结构构件地震力简化计算公式如下：

$$F_p = IC_{p,\max}G \tag{18.3.6}$$

式中，I 为非结构构件功能相关参数；$C_{p,\max}$ 为地震影响系数最大值；G 为构件自重。

18.3.6　各国关于非结构构件水平地震作用计算公式的比较

各国关于非结构构件在水平地震作用下的简化计算公式在形式上大致相同，但参数及其取值存在一定差异。以清华大学秦权教授课题组所采用的试验对象为例对上述计算公式进行比较分析。试验对象是质量为 2.867t 的冷风机，用不同规范公式计算的该冷风机所受地震力如表 18.3.1 所示。

由计算结果可知，我国规范给出的地震力最大，日本规范计算得到的结果最小，两者相差 2.5 倍；新西兰 NZS 4203 规范、欧洲 BSEN 1998-1-2004 规范和我国规范计算出的结果较为接近，三者安全储备较高，日本规范安全储备较低。对比可知，各国规范中参数取值相差较大，这是导致最后计算结果存在差别的主要原因。这也体现了工程人员对于非结构构件抗震性能的理解仍然存在较大的差异。因此，仍需结合更多试验和实际地震灾害对非结构构件的地震需求进行研究。

表 18.3.1　国内外规范计算公式比较

公式	规范	参数	对应的参数取值	地震力/kN
$F = \gamma\eta\zeta_1\zeta_2\alpha_{\max}G$	中国 GB 50011—2010	$\gamma,\eta,\zeta_1,\zeta_2,\alpha_{\max}$	1.4，1.2，1.0，1.5，1.0	72.2
$F_p = IC_{p,\max}G$	新西兰 NZS 4203	$I,C_{p,\max}$	1.5，1.6	68.8
$F = \dfrac{S_a W_a \gamma_a}{q_a}$	欧洲 BSEN 1998-1-2004	S_a,γ_a,q_a	2.28，1.5，1.5	65.4
$F_p = \dfrac{0.4a_p S_{XS} I_p W_p\left(1+\dfrac{2x}{h}\right)}{R_p}$	美国 FEMA 356	a_p,S_{XS},R_p,I_p,x,h	2.0，1.0，1.5，1.0，0.35，0.35	45.9
$F = KG$	日本《建筑结构抗震条例》	K	1.0	28.7

18.4　填充墙

18.4.1　填充墙的受力特点与震害特征

由于取材方便、成本低廉且能满足一般建筑结构的使用功能，非承重的砌体墙在世界范围内被广泛用于外围护墙和内隔墙的填充材料。作为非结构构件，砌体填充墙本身并不承担建筑物的竖向荷载，但是砌体填充墙往往采用直接接触的刚性连接方式与周围主体结构连接，砌体填充墙较大的刚度和承载力对整体结构的地震响应和相邻构件的受力状态均有显著的影响。这主要体现在以下三个方面：

（1）砌体填充墙在面内具有较大的抗侧承载力和刚度，框架侧向变形会沿填充墙对角线方向产生斜压作用，同时框架柱端受到来自填充墙的附加剪力，并可能造成柱端剪切破坏［图 18.4.1（a）］。此外，非全高布置的填充墙会显著减小框架柱的剪跨比，使其易于发生“短柱破坏”［图 18.4.1（b）］。

（2）填充墙在建筑平面上的不规则布置会使结构的刚心与质心不重合，从而增大结构的扭转反应，使边框架更容易遭受损坏。如图 18.4.2（a）所示为汶川地震中都江堰某商住楼西侧，因围护需要布置了填充墙，在地震中只是填充墙发生了破坏，框架梁柱基本完好。而图 18.4.2（b）中为同一建筑的东侧，由于功能需要没有设置填充墙，填充墙在平面内非对称设置，导致框架梁柱发生了严重破坏。

（3）为了满足空间需求，建筑中某些楼层（往往是底层）的填充墙远少于其他楼层，造成结构竖向刚度不均匀，容易引起薄弱层倒塌。如图 18.4.3 所示的两栋建筑在二层以上都设置了填充墙，而在底层没有设置填充墙，使底层成为薄弱层并在地震中受损严重。

（a）尼泊尔地震中 Charikot 县某框架结构

（b）东日本大地震中仙台市某教学楼

图 18.4.1　与墙相邻的柱剪切破坏

（a）汶川地震中都江堰某商住楼西侧

（b）汶川地震中都江堰某商住楼东侧

图 18.4.2　填充墙平面不规则布置导致边框架严重破坏

除了对主体结构的抗震性能产生不利影响外，与主体结构采用刚性连接的砌体填充墙还易于在面内变形和面外惯性力的作用下发生破坏。砌体本身是一种脆性材料，历次地震表明，砌体填充墙往往先于主体结构破坏。在地震作用下，砌体填充墙轻则表面抹灰砂浆面层开裂，影响观感；重则裂缝贯通墙厚，影响房间密闭性并丧失使用功能；碎裂墙体甚

（a）尼泊尔地震中某框架结构

（b）汶川地震中都江堰都江之春住宅

图 18.4.3　填充墙竖向不规则布置导致薄弱层破坏

至可能发生坠落或面外倒塌的现象，危及人们生命和财产安全。在 2008 年汶川 8.0 级地震、2013 年芦山 7.0 级地震、2015 年尼泊尔 8.1 级地震和 2017 年九寨沟 7.0 级地震中，大量框架结构中的砌体填充墙发生了不同程度的破坏，如图 18.4.4 所示。

（a）2008 年汶川地震

（b）2013 年芦山地震

（c）2015 年尼泊尔地震

（d）2017 年九寨沟地震

图 18.4.4　地震中的砌体填充墙破坏

由于砌体填充墙与框架结构二者变形能力相差悬殊，填充墙的开洞方式又十分灵活，二者在地震中的相互作用十分复杂。正确认识填充墙的受力性能，一方面可以更好地估计结构抗震体系中填充墙刚度与承载力的贡献，以及对整体结构和局部构件的影响，另一方面也可以为有效控制砌体填充墙的地震损伤提供依据。另外，在把握砌体填充墙地震损伤特性基础上建立的地震易损性模型是地震损失评估的重要组成部分。

18.4.2　砌体填充墙面内抗震性能研究

国内外对砌体填充墙平面内抗震性能的试验研究多数是对采用不同设计参数（如墙体高宽比、厚度、砌块类型、有无开洞、构造措施、与框架的连接方式等）墙体的破坏模式、滞回特性、试件强度和刚度、耗能能力等抗震性能进行对比分析，主要关注填充墙框架结构的力学性能和墙体对框架整体结构或者相邻柱构件的影响。一些学者基于试验数据和理论分析，提出了填充墙框架结构的刚度和承载力计算方法。

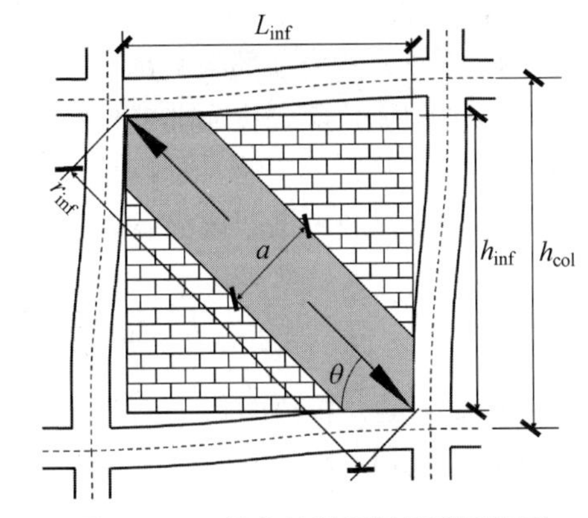

图 18.4.5　填充墙斜压杆模型示意图

填充墙简化分析模型常采用等效斜压杆模型，如图 18.4.5 所示，只考虑墙体的面内行为。简化模型在弹性工作阶段与墙体的水平刚度相同，斜压杆在模型中属于二力杆，其宽度与墙体厚度相同，截面高度按式（18.4.1）计算。

$$a = 0.175\left(\lambda_l h_{col}\right)^{-0.4} r_{inf} \tag{18.4.1a}$$

$$\lambda_l = \left(\frac{E_{me} t_{inf} \sin 2\theta}{4E_{fe} I_{col} h_{inf}}\right)^{\frac{1}{4}} \tag{18.4.1b}$$

$$\theta = \arctan\frac{h_{inf}}{L_{inf}} \tag{18.4.1c}$$

式中，a 为等效压杆高度；h_{col} 为框架柱上下层梁轴线间高度；r_{inf} 为填充墙对角线长度；λ_l 为等效压杆截面调整系数；t_{inf} 为填充墙厚度；E_{me} 为填充墙砌体弹性模量；θ 为填充墙对角线与水平面的夹角；E_{fe} 为框架材料弹性模量；I_{col} 为柱面内惯性矩；h_{inf} 为填充墙净高度；L_{inf} 为填充墙净跨度。

对于开洞填充墙，可采用折减因子法分析洞口带来的影响，根据试验和模拟的结果拟合出等效宽度折减因子的计算公式：

$$R = \begin{cases} 0.6r^2 - 1.6r + 1, & r < 0.6 \\ 0.0, & 0.6 \leqslant r \end{cases} \tag{18.4.2}$$

式中，R 为压杆高度折减系数；r 为开洞面积与总面积之比，即开洞率。

18.4.3　砌体填充墙平面内外耦合作用研究

填充墙平面外抗震性能主要受此方向上加速度的影响，尤其是砌体填充墙在遭受了面内损伤的情况下，其面外承载力会显著降低，面外抗震能力的不足会引起墙体倒塌，危及人们生命及财产安全，因此，对平面内外耦合作用下砌体填充墙的抗震性能研究具有重要意义。我国关于砌体填充墙面外抗震性能的研究比较少，近些年才逐渐受到重视，而国外学者早在 20 世纪 50 年代就开展了相关研究，其中，墙体面内损伤作为影响面外承载力的重要因素之一，逐渐成为研究热点。

按现行的《抗规》，填充墙虽然具有一定的面外承载力，但是在地震作用下很容易发生平面外倒塌。通过填充墙面外受力性能的各种试验研究发现：四边约束强弱决定着填充墙的破坏位置和墙体破坏形式；高厚比和砌体抗压强度对面外承载力起到了决定性作用。

砌体填充墙的面外拱作用理论把填充墙看作刚性约束下的单向条带，在地震作用下，墙体上下两部分分别绕顶部与底部转动，直至砌体压碎。因此，这一理论认为砌体填充墙面外承载力由砌体抗压强度而非弯曲抗拉强度决定，同时受墙体的高厚比影响。这一理论被学者广泛认可并进行发展，是砌体填充墙面外性能研究的理论基础。基于双向拱作用理论提出的考虑墙体周围框架边界条件影响的砌体填充墙面外承载力计算公式为

$$P_{\max}=4.5f_m^{0.75}t_w^2\left(\frac{\alpha}{l_w^{2.5}}+\frac{\beta}{h_w^{2.5}}\right) \tag{18.4.3}$$

式中，$P_{\max}$ 为墙体单位面积上的荷载即等效压强，MPa；t_w 为墙体厚度，mm；l_w、h_w 分别为墙体的长度和高度，mm；α、β 分别为框架柱和框架梁的边界系数。

18.5 吊顶

吊顶系统是建筑居住空间与顶部管线系统间的隔断构件，广泛应用于各类公共建筑，其典型的布置形式如图 18.5.1 所示。震害资料表明，吊顶系统的地震损伤破坏是导致公共建筑震时功能丧失、震后恢复周期长的重要原因。如 2010 年 Chile 地震中，圣地亚哥机场航站楼吊顶系统发生了严重损坏，极大影响了机场物资输送能力，严重阻碍了防震救灾工作的开展；2014 年芦山地震中，芦山市体育馆作为震后临时指挥中心与灾民庇护中心，虽主体结构震害较轻，但其内部吊顶系统损伤严重，影响其庇护功能的实现；2016 年意大利拉齐奥地震中，医院吊顶大面积坠落，导致其内部医疗设备严重损坏，致使大量伤员无法得到及时救治。因此，吊顶系统的抗震性能研究及提升技术是实现建筑震后功能可维持的重要基础。

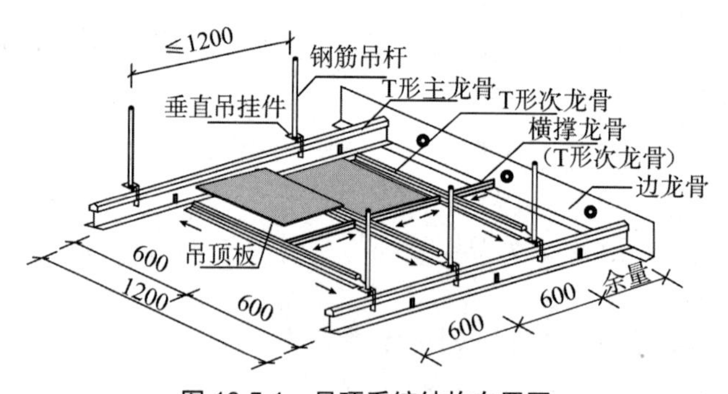

图 18.5.1 吊顶系统结构布置图

18.5.1 影响吊顶抗震性能的因素

震害调查及以往振动台试验结果表明，吊顶系统的典型震害形式包括吊顶板移位坠落、周边连接处损坏、龙骨及其节点失效、与其他非结构构件相互作用破坏等。图 18.5.2 给出了震后吊顶系统各种典型破坏形式。

(a) 吊顶板移位坠落

(b) 周边连接处损坏

(c) 龙骨及其节点失效

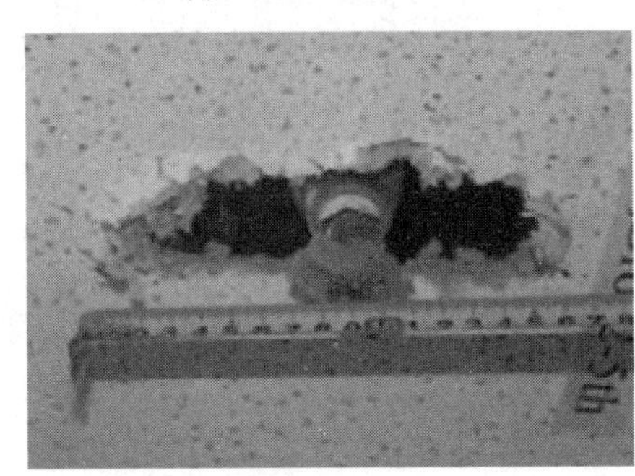

(d) 与其他非结构构件相互作用破坏

图 18.5.2　吊顶系统的典型震害形式

近年来，国内外学者开展了大量吊顶振动台试验，研究吊顶横向支撑的安装、抗震夹的使用、龙骨强度、吊顶面积及吊顶板密度等构造措施与设计参数对吊顶系统抗震性能的影响规律，为吊顶系统抗震设计提供支撑。试验结果表明：利用抗震夹将吊顶板固定在龙骨网格上，可减小吊顶板移位、坠落的概率，进而减轻吊顶系统破损程度。然而抗震夹的使用虽一定程度上减小了吊顶板脱离龙骨网格的概率，同时也增加了龙骨网格的惯性荷载，在高强度激励下，易引起吊顶系统因龙骨损伤而发生大规模“脆性”破坏。除上述构造措施外，不同设计参数对吊顶系统抗震性能的影响同样不容忽视，低强度龙骨的使用降低了龙骨网格承载能力，增加了吊顶系统破损概率；较大面积吊顶系统对结构加速度放大效应显著，吊顶板在地震作用下加速度响应较大，使得传递到吊顶边界与龙骨网格的惯性荷载增加，降低了吊顶系统的抗震性能；此外，高密度吊顶板同样会增大吊顶板产生的惯性荷载，降低吊顶系统的抗震性能。

18.5.2　吊顶抗震加固措施

基于吊顶系统震损机理及不同因素对其抗震性能影响规律，学者们通常采用局部加强或整体振动控制两种方式提高吊顶系统的抗震性能。第一种方式利用加固件加强吊顶系统局部薄弱部位，提高其整体性能；第二种方式则是通过改变吊顶系统整体动力特性，降低其地震响应。虽然规范中没有规定，但是我国室内吊顶标准图集中指出可在抗震设防区的建筑吊顶中设置抗震夹以提高主次龙骨连接节点的抗震性能［图 18.5.3（a）、（b）］。在美国经常通过设置斜拉绳和压杆提高吊顶的抗震性能［图 18.5.3（c）］。此外，也可通过在吊顶下表面安装具有初始张力的抛物线形加强拉索对其进行抗震改造（图 18.5.4），在吊顶系统吊杆间设置铰链以限制其竖向振动，或采用全浮式柔性吊顶系统，通过解除吊顶与周边隔墙的连接，并利用隔震材料填充二者的间隙，以减小吊顶系统的动力响应。

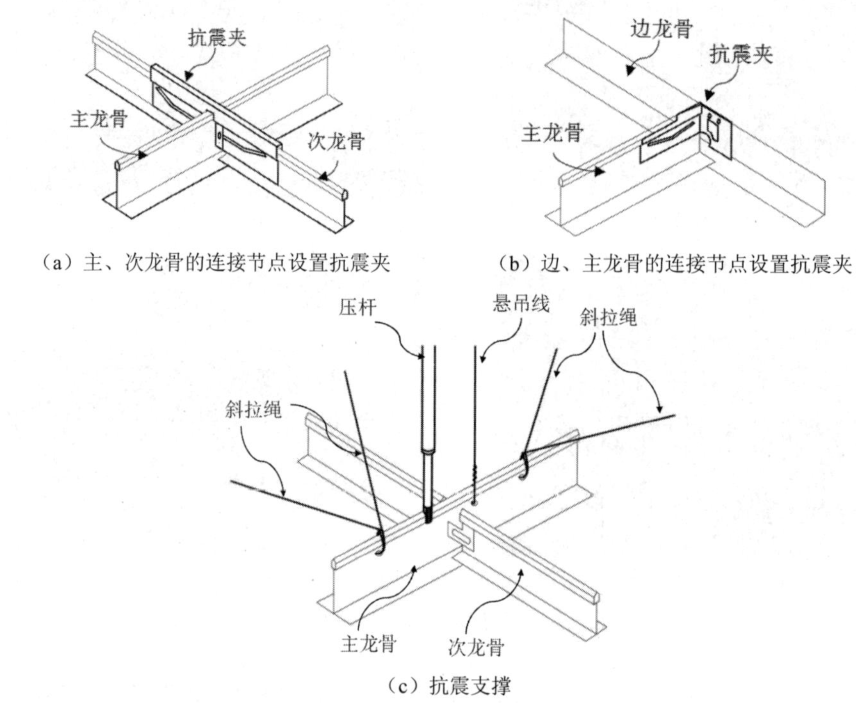

（a）主、次龙骨的连接节点设置抗震夹　（b）边、主龙骨的连接节点设置抗震夹

（c）抗震支撑

图 18.5.3　主、次龙骨连接处的抗震措施

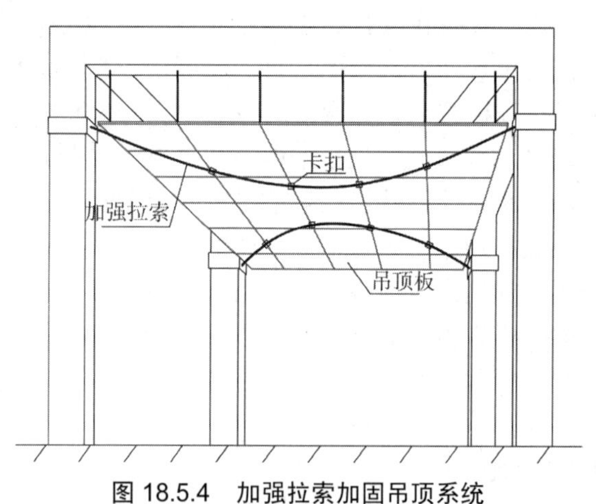

图 18.5.4　加强拉索加固吊顶系统

18.6　管线

18.6.1　管线系统的震害特征

各类非结构构件中，作为控制地震后次生灾害的重要设施，管线系统的破坏将造成建筑消防能力、给排水功能丧失，这将严重影响应急救援、灾后重建工作。1994 年 Northridge

地震中，消防喷淋管线系统破坏，造成消防用水的大规模泄漏，导致当地许多建筑丧失使用功能。2010 年 Chile 地震后，当地 4 家医院完全丧失使用功能，12 家医院丧失近 75%的使用功能，医院的损伤部位主要集中在吊顶、灯固定架、消防喷淋管线系统等非结构构件。智利最大的两家机场均由于包括喷淋管线在内的非结构构件破坏而暂停使用。调查发现管线系统的破坏原因有三类，一是管线之间的连接接头开裂破坏或管线被拔出；二是管线与结构之间的连接破坏，如侧向、纵向、悬吊支撑系统破坏导致管线跌落，以及由此导致管线系统的开裂泄漏；三是管线与其他非结构构件之间的耦合破坏，如喷淋端与吊顶之间的耦合破坏等（图 18.6.1）。

（a）管线-吊顶耦合破坏

（b）管线间相互碰撞

（c）管线接头破坏

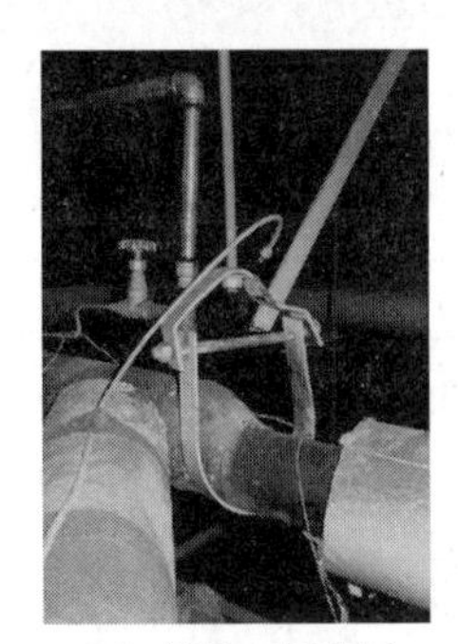

（d）管线支架破坏

图 18.6.1　管线系统典型破坏模式

18.6.2　管线系统的抗震设计及验算

采用抗震支吊架可有效保护管线系统免受地震损伤，且抗震支吊架的设计及安装应根据所承受荷载［按式（18.3.4）计算］进行抗震验算，并调整抗震支吊架间距，直至各点均满足抗震荷载要求。典型抗震支吊架构造如图 18.6.2 所示，它由两根 41mm×41mm×2mm 的 C 型槽钢斜撑和 16mm 垂直吊杆构成，通过顶部连接件与结构相连，垂直吊杆通过 C 型槽钢及槽钢紧固件进行加强，防止其过早发生屈曲。

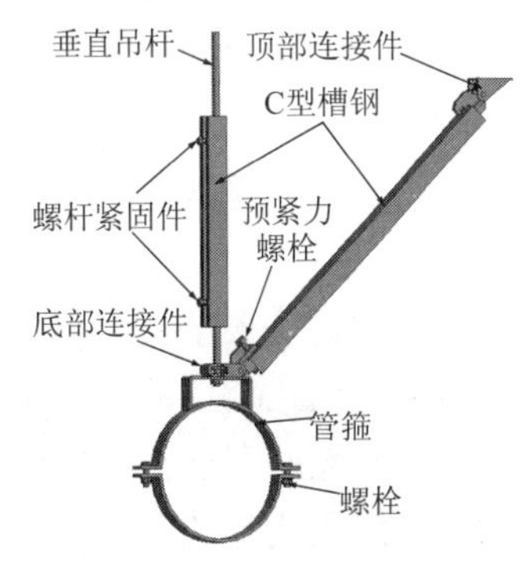

图 18.6.2　典型抗震支吊架构造

抗震支吊架设计应该符合如下要求：①每段水平直管道应在两端设置侧向抗震支吊架；②当两个侧向抗震

支吊架间距大于最大设计间距时，应在中间增设侧向抗震支吊架；③每段水平直管道应至少设置一个纵向抗震支吊架，当两个纵向抗震支吊架间的距离大于最大设计间距时，应按规定间距依次增设纵向抗震支吊架；④抗震支吊架的斜撑与吊架的距离不得大于 0.1m；⑤刚性连接的水平管道，两个相邻的抗震支吊架间允许纵向偏移值应不得大于最大侧向支吊架间距的 1/16。

水平管道应在离转弯处 0.6m 范围内设置侧向抗震支吊架。当斜撑直接作用于管道时，可作为另一侧管道的纵向抗震支吊架，且距下一纵向抗震支吊架的距离应按下式计算：

$$L = \frac{L_1 + L_2}{2} + 0.6 \tag{18.6.1}$$

式中，L 为距下一纵向抗震支吊架的距离，m；L_1 为纵向抗震支吊架间距，m；L_2 为侧向抗震支吊架间距，m。

水平管道通过垂直管道与地面设备连接时，管道与设备之间应采用柔性连接，水平管道距垂直管道 0.6m 范围内设置侧向支撑，垂直管道底部距地面大于 0.15m 处应设置抗震支撑。当抗震支吊架吊杆长细比大于 100 或当斜撑杆件长细比大于 200 时，应采取加固措施。所有抗震支吊架应与结构主体可靠连接，当管道穿越建筑沉降缝时应考虑不均匀沉降的影响。水平管道在安装柔性补偿器及伸缩节的两端应设置侧向及纵向抗震支吊架。侧向、纵向抗震支吊架的斜撑安装，垂直角度宜为 45°，且不得小于 30°。抗震吊架斜撑安装不应偏离其中心线 2.5°。沿墙敷设的管道当设有入墙的托架、支架且管卡能紧固管道四周时，可作为一个侧向抗震支撑。

单管（杆）抗震支吊架的设置应符合下列规定：①连接立管的水平管道应在靠近立管 0.6m 范围内设置第一个抗震吊架；②当立管长度大于 1.8m 时，应在其顶部及底部设置四向抗震支吊架；③当立管长度大于 7.6m 时，应在中间加设抗震支吊架；④当立管通过套管穿越结构楼层时，可设置抗震支吊架；⑤当管道中安装的附件自身质量大于 25kg 时，应设置侧向及纵向抗震支吊架。

门型抗震支吊架的设置应符合下列规定：①门型抗震支吊架至少应有一个侧向抗震支撑或两个纵向抗震支撑；②同一承重吊架悬挂多层门型吊架，应对承重吊架分别独立加固并设置抗震斜撑；③门型抗震支吊架侧向及纵向斜撑应安装在上层横梁或承重吊架连接处；④当管道上的附件质量大于 25kg 且与管道采用刚性连接时，或附件质量为 9～25kg 且与管道采用柔性连接时，应设置侧向及纵向抗震支撑。

18.7 非结构构件抗震检测方法

非结构构件根据其受力特点可分为位移敏感型、加速度敏感型和混合敏感型，其中位移敏感型非结构构件的破坏主要受结构层间位移角控制，其抗震性能研究大多采用拟静力试验；混合敏感型非结构构件的破坏与层间位移角和楼层加速度均有密切关系；而加速度敏感型非结构构件的破坏主要受所在楼层加速度控制，其抗震性能检测多采用动力加载试验或振动台试验。就振动台试验而言，常需要根据检测需求确定相应的楼层加速度反应谱，并依据楼层谱生成合适的人工加速度时程用于非结构构件的抗震性能检测。鉴于非结构构件抗震性能检测大多是在未知非结构构件在建筑结构中具体安装位置、非结构构件动力特性的情况下进行，往往需要确定检测用的通用楼层反应谱，如式（18.7.1）所示，其非结构构件动力放大系数分为短周期段（0~0.06s）、上升段（0.06~0.25s）、平台段（0.25~2.0s）及下降段（2.0s 以后），其中平台段取值为 3.0。

$$\beta=\begin{cases}1.0, & 0\leqslant T\leqslant 0.06\\ 10.53T+0.37, & 0.06<T\leqslant 0.25\\ 3.0, & 0.25<T\leqslant 2.0\\ 3.0\left(\dfrac{2}{T}\right)^{1.5}, & T>2.0\end{cases}\tag{18.7.1}$$

式（18.7.1）定义的放大系数与现有规范（如 AC156、IEEE Std 693、YD 5083—2005）及文献中检测楼层反应谱定义的放大系数对比如图 18.7.1 所示，其中，Anajafi 定义的放大系数如式（18.7.2）所示，YD 5083—2005 用于电信设备抗震性能检测的放大系数如表 18.7.1 所示，表 18.7.1 定义的各频率点之间的动力放大系数在对数坐标系下为线性分布。式（18.7.1）建议的非结构构件检测楼层谱短周期段（0~0.06s）参照我国现有规范的相关规定确定；平台段动力放大系数取值与 YD 5083—2005、Anajafi 相同，平台段起始周期分别取为 0.25s 和 2.0s，包含量大面广的建筑结构周期以考虑结构与非结构构件可能发生的共振作用影响。

$$2\beta=\begin{cases}2.0, & 0\leqslant T\leqslant 0.06\\ 66.7T-2.0, & 0.06<T\leqslant 0.11\\ 6.0, & 0.11<T\leqslant 1.0\\ \dfrac{6}{T}, & T>1.0\end{cases}\tag{18.7.2}$$

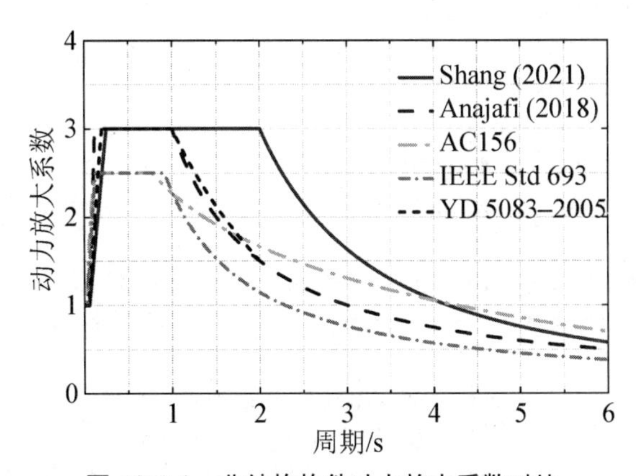

图 18.7.1　非结构构件动力放大系数对比

表 18.7.1　YD 5083—2005 定义的动力放大系数

固有频率/Hz	0.5	1.0	5.0	10.0	20.0	50.0
动力放大系数	1.5	3.0	3.0	1.5	1.0	1.0

习题

1.《抗规》中对于非结构构件是如何分类的，它包含哪几部分？

2. 采用等效侧力法计算非结构构件地震作用时，应确定哪些参数？如何计算？

参考文献

[1] 韩淼, 刘洋博, 杜红凯, 等. 非结构构件抗震性能研究进展[J]. 建筑结构, 2020, 50(S2): 270-277.

[2] 韩庆华, 寇苗苗, 卢燕, 等. 国内外非结构构件抗震性能研究进展[J]. 燕山大学学报, 2014(2): 181-188.

[3] 韩庆华, 赵一峰, 芦燕. 大型公共建筑非结构构件抗震性能及韧性提升研究综述[J]. 土木工程学报, 2020, 53(12): 1-10.

[4] 尚庆学, 李泽, 刘瑞康, 等. 管线系统抗震支架力学试验研究[J]. 工程力学, 2018, 35(S1): 120-125, 133.

[5] 滕睿, 徐国贤, 张锡朋, 等. 非结构构件振动台试验楼面响应谱再现技术研究[J]. 结构工程师, 2018, 34(S1): 115-121.

[6] 郑山锁, 杨松, 郑跃, 等. 吊顶系统抗震性能研究综述[J]. 工程力学, 2021, 38(9): 1-14.

[7] 中国建筑设计院有限公司. 建筑机电工程抗震设计规范：GB 50981−2014[S]. 北京：中国建筑工业出版社, 2014.

[8] 中国建筑科学研究院. 建筑抗震设计规范：GB 50011—2010[S]. 北京：中国建筑工业出版社, 2010.

[9] 中国建筑科学研究院. 非结构构件抗震设计规范：JGJ 339−2015[S]. 北京：中国建筑工业出版社, 2015.

[10] 中国通信建设第一工程局抗震研究所. 电信设备抗地震性能检测规范：YD5083−2005[S]. 北京：北京邮电大学出版社, 2006.

[11] ANAJAFI H. Improved seismic design of non-structural components (NSCs) and development of innovative control approaches to enhance the seismic performance of buildings and NSCs[D]. Durham: University of New Hampshire, NH, USA, 2018.

[12] FEMA E-74. Reducing the risks of nonstructural earthquake damage: A practical guide[R]. Washington, DC: Federal Emergency Management Agency, 2011.

[13] FEMA 273. NEHRP Guidelines for the Seismic Rehabilitation of Buildings[S]. Washington, D. C.: Federal Emergency Management Agency, 1997.

[14] FEMA 356. Pre-standard and Commentary for the Seismic Rehabilitation of Buildings[S]. Washington, D. C.: Federal Emergency Management Agency, 2000.

[15] ICBO 1994. Uniform Building Code(UBC) 1994[S].Los Angeles: International Conference of Building Officials,1994.

[16] IEEE Power Engineering Society, IEEE Std 344-2004. Recommended Practice for Seismic Qualification of class 1E Equipment for Nuclear Power Generating Stations[S]. New York, USA: IEEE Power Engineering Society, 2005.

[17] International Code Council Evaluation Service (ICC-ES), 2012. AC156: Acceptance Criteria for Seismic Qualification by Shake-Table Testing of Nonstructural Components and Systems[S]. Washington DC: International Code Council (ICC), 2006. International Building Code, Whittier, CA.

[18] MIRANDA E, MOSQUEDA G, RETAMALES R, et al. Performance of Nonstructural Components during the 27 February 2010 Chile Earthquake[J]. Earthquake Spectra, 2012,28(S1):2354-2361.